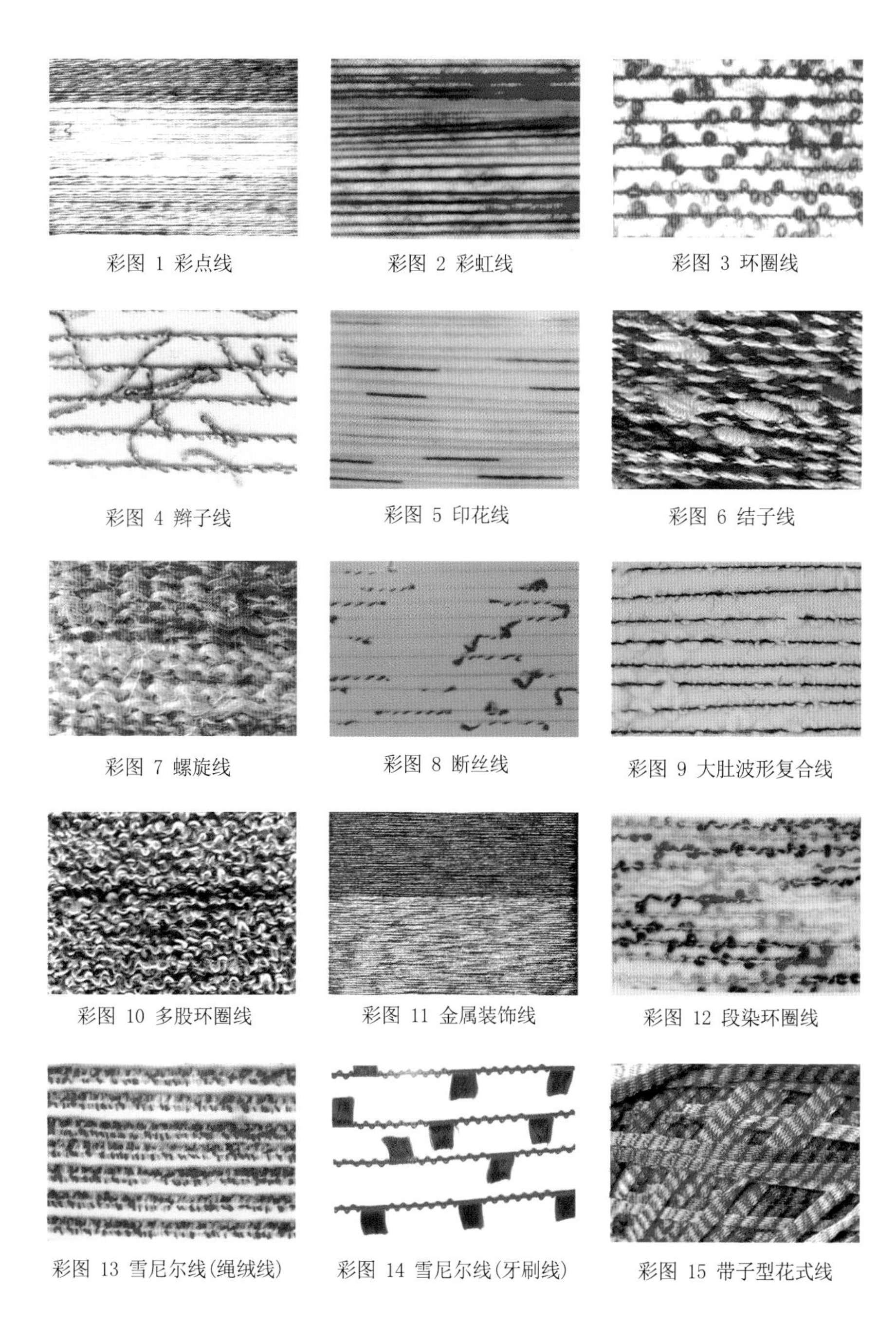

彩图 1 彩点线

彩图 2 彩虹线

彩图 3 环圈线

彩图 4 辫子线

彩图 5 印花线

彩图 6 结子线

彩图 7 螺旋线

彩图 8 断丝线

彩图 9 大肚波形复合线

彩图 10 多股环圈线

彩图 11 金属装饰线

彩图 12 段染环圈线

彩图 13 雪尼尔线(绳绒线)

彩图 14 雪尼尔线(牙刷线)

彩图 15 带子型花式线

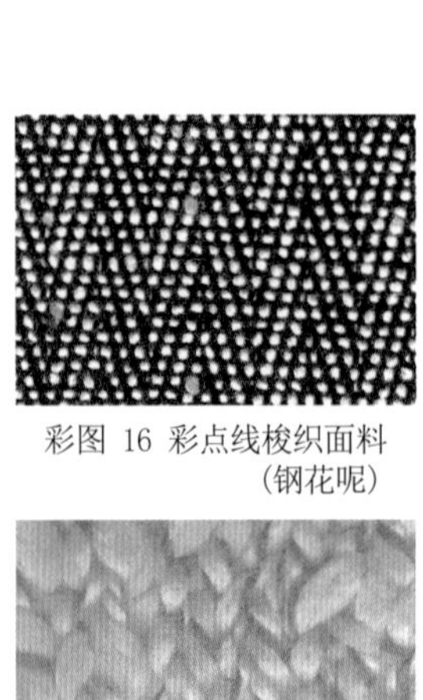

彩图 16 彩点线梭织面料（钢花呢）

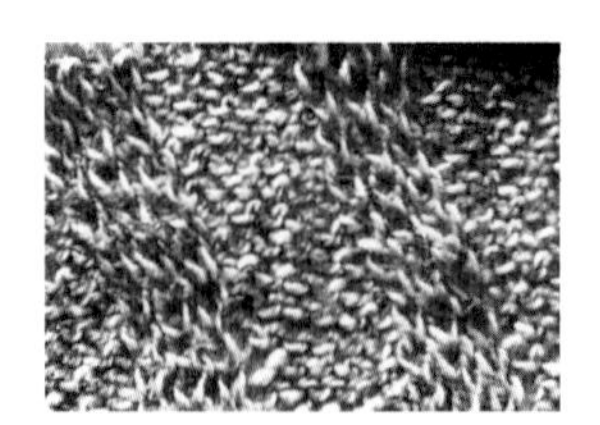

彩图 17 彩点线针织面料

彩图 18 带子线针织面料

彩图 19 大肚线针织面料

彩图 20 环圈线精纺花呢

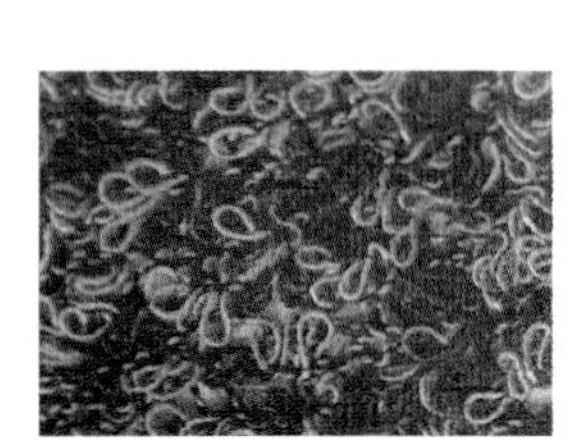

彩图 21 环圈线针织面料

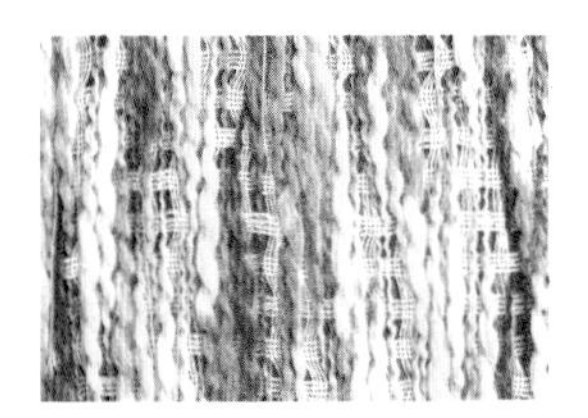

彩图 22 螺旋线梭织面料

彩图 23 结子线针织面料

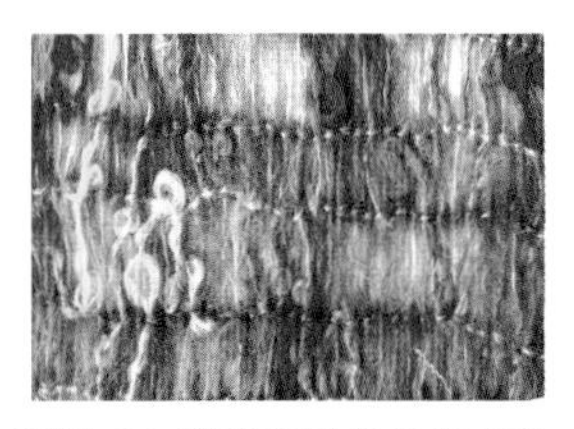

彩图 24 段染环圈线针织面料

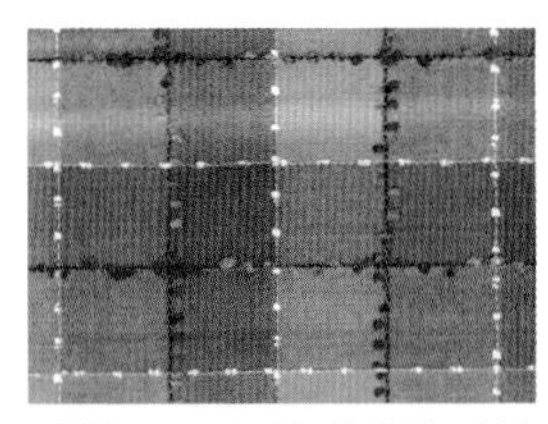

彩图 25 雪尼尔线装饰面料

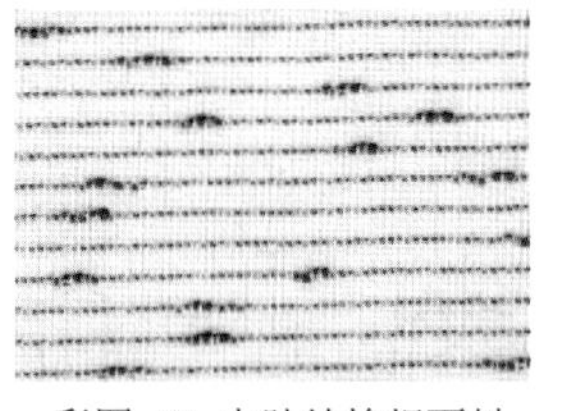

彩图 26 大肚纱梭织面料

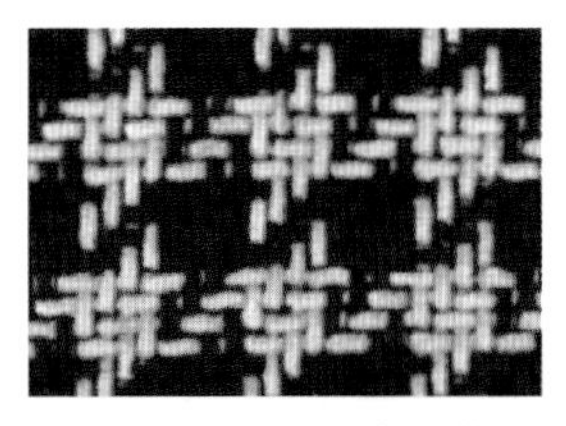

彩图 27 雪尼尔线粗纺格呢

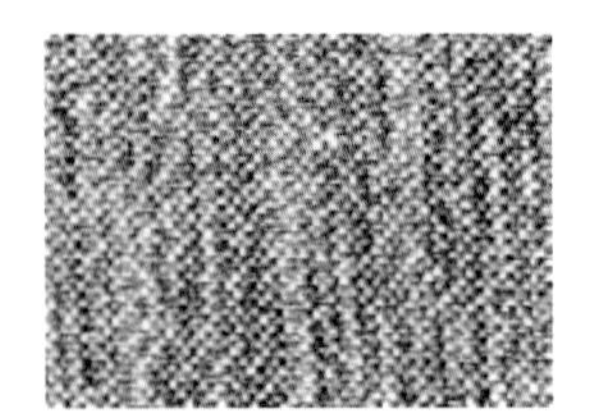

彩图 28 金属线装饰面料

彩图 29 多股花式线面料

彩图 30 螺旋线装饰面料

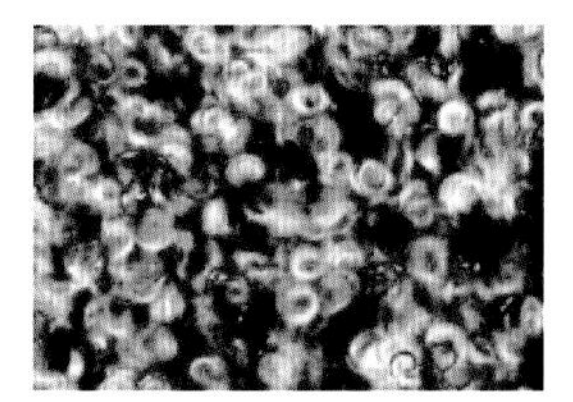

彩图 31 环圈加金属线面料

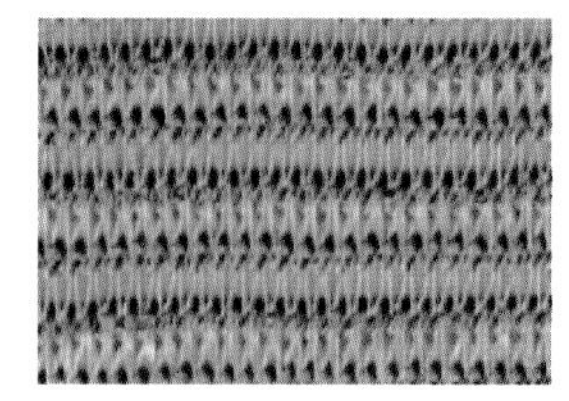

彩图 32 多股线针织面料

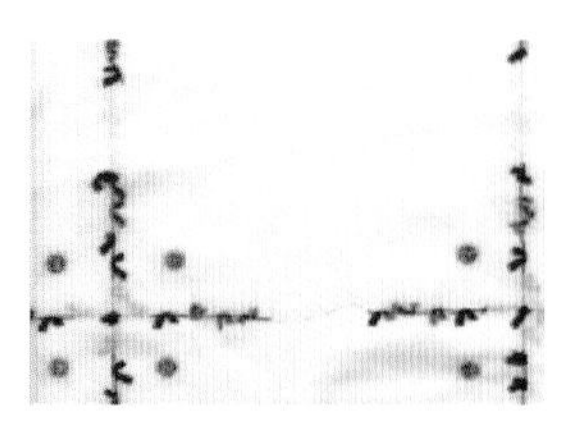

彩图 33 花式线装饰面料

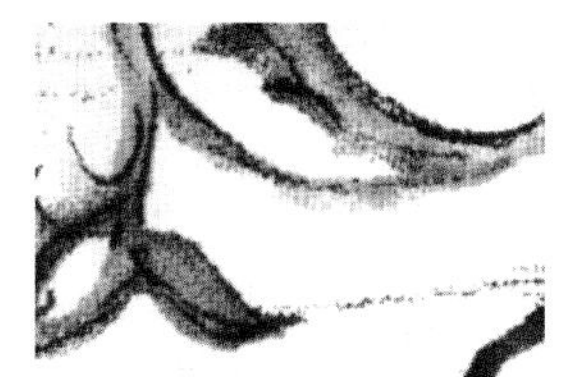

彩图 34 棉布(平纹组织)

彩图 35 纱卡其(斜纹组织，左斜)

彩图 36 纱斜纹(斜纹组织，左斜)

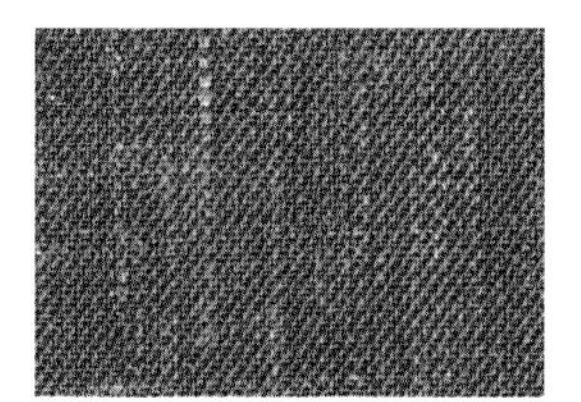

彩图 37 线斜纹(斜纹组织，右斜)

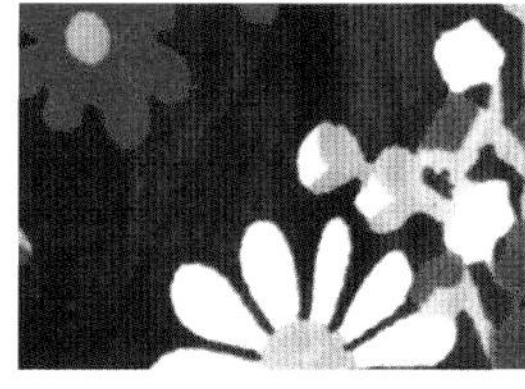

彩图 38 横贡缎(纬面缎纹组织)

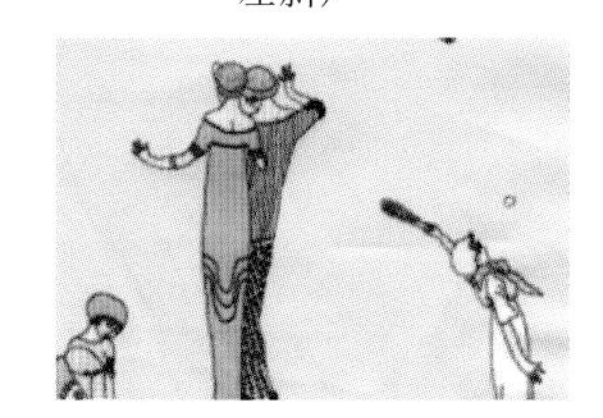

彩图 39 直贡缎(经面缎纹组织)

彩图 40 麻纱(变化纬重平组织)

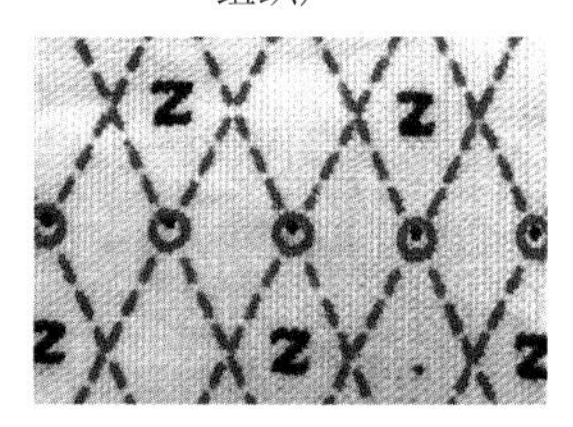

彩图 41 仿麻(变化纬重平组织)

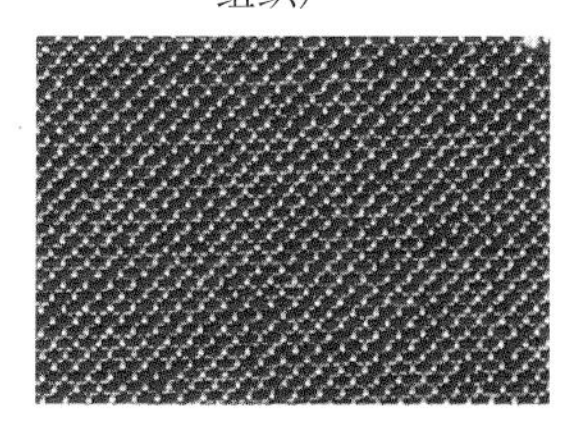

彩图 42 薄花呢(经重平组织)

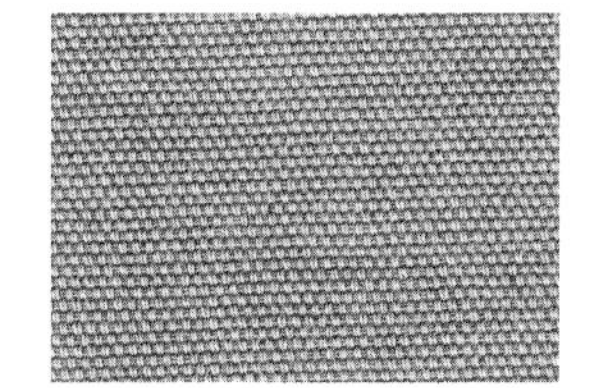

彩图 43 板丝呢(方平组织)

彩图 44 巧克丁(复合斜纹组织)

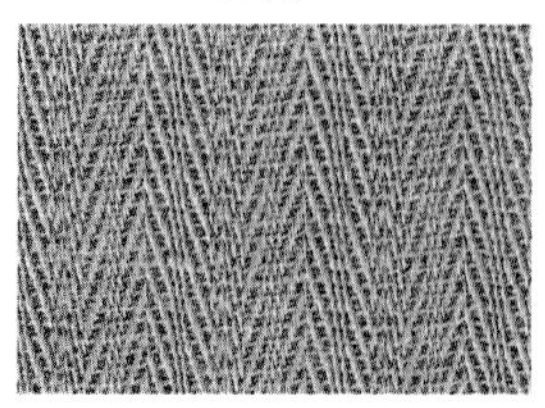

彩图 45 海力蒙(破斜纹组织)

彩图 46 缎面织物(加点缎纹组织)

彩图 47 顺毛大衣呢(变则缎纹组织)

彩图 48 女衣呢(蜂巢组织)

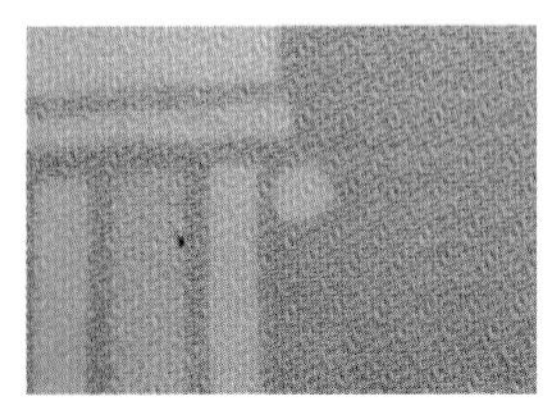
彩图49 女衣呢(绉组织)

彩图 50 女衣呢(双面组织,表里换层)

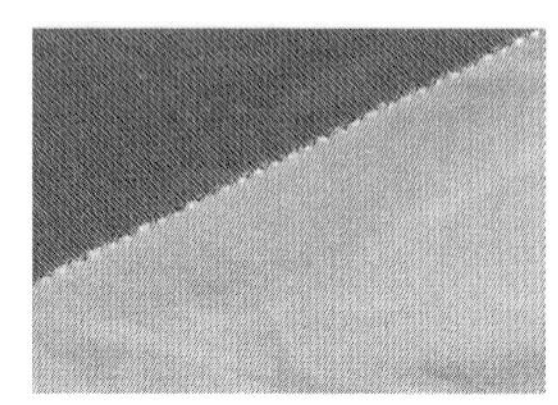
彩图 51 女衣呢(双面组织,双色)

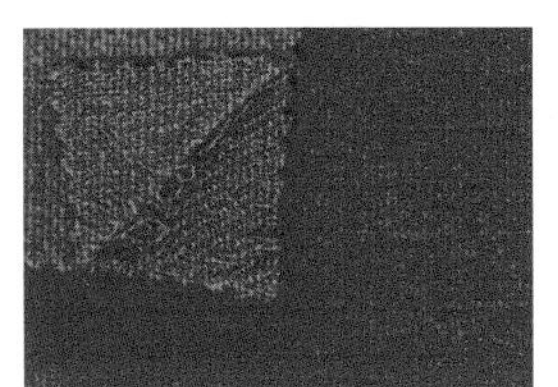
彩图 52 女衣呢（双面组织）

彩图 53 棉绒布（平纹拉绒）

彩图 54 灯芯绒（纬起毛组织）

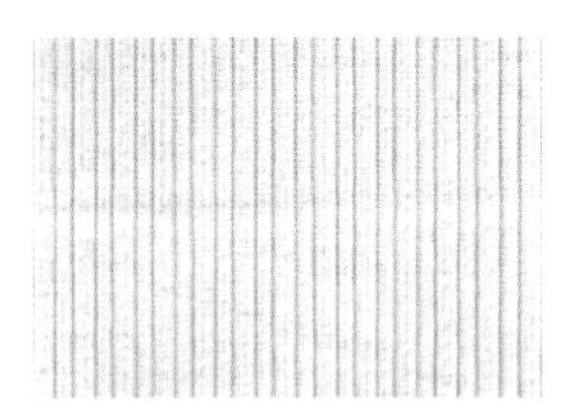
彩图 55 宽窄条灯芯绒（纬起毛组织）

彩图 56 毛巾布（纬起毛组织）

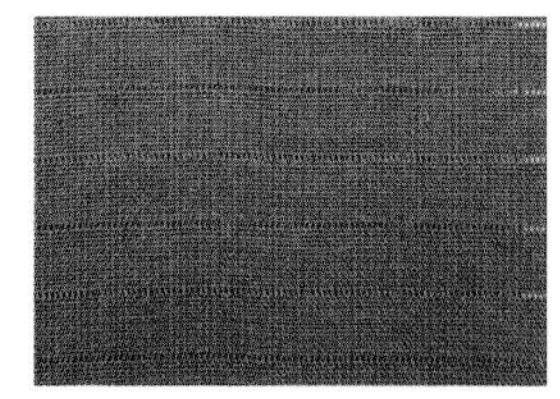
彩图 57 杭罗（纱罗组织）

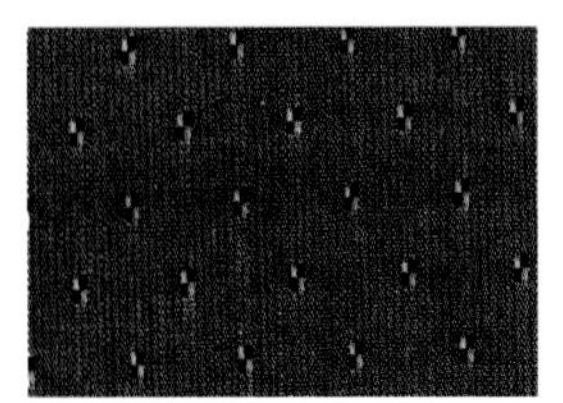
彩图 58 小提花布（提花组织）

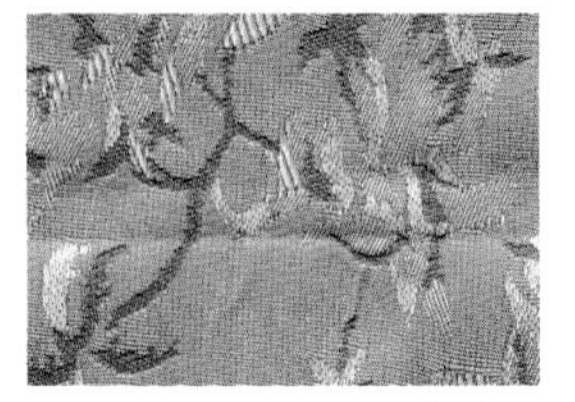
彩图 59 大提花布（提花组织）

彩图 60 汉布（针织纬平针组织）

彩图 61 弹力布（罗纹组织）

彩图 62 双面布（双反面组织）

彩图 63 迷彩印花棉毛布（双罗纹组织）

彩图 64 提花面料（提花组织）

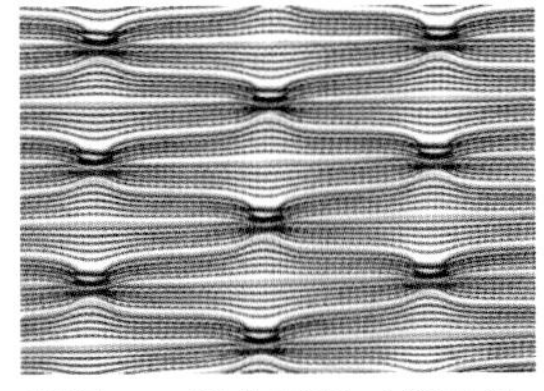

彩图 65 凹凸面料（集圈组织加氨纶）

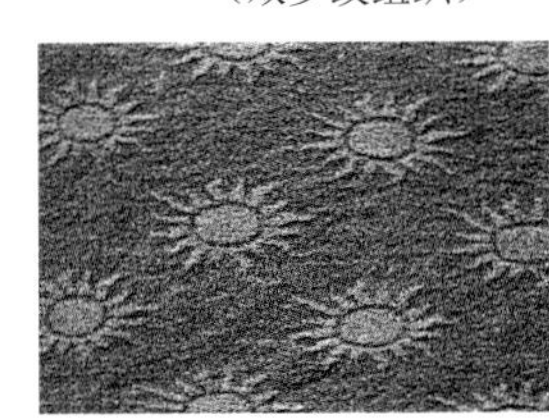

彩图 66 添纱提花面料（添纱组织）

彩图 67 起绒面料（衬垫组织）

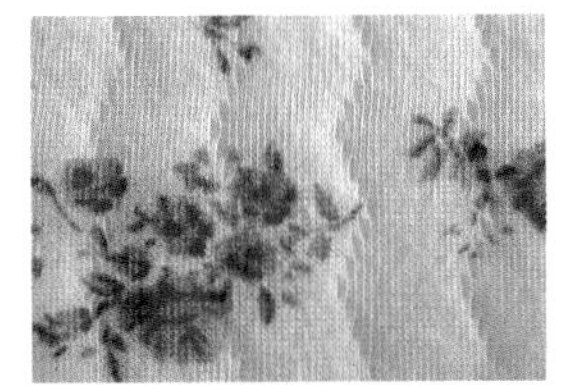

彩图 68 三层保暖面料（夹层绗缝组织）

彩图 69 毛巾布（提花毛圈组织）

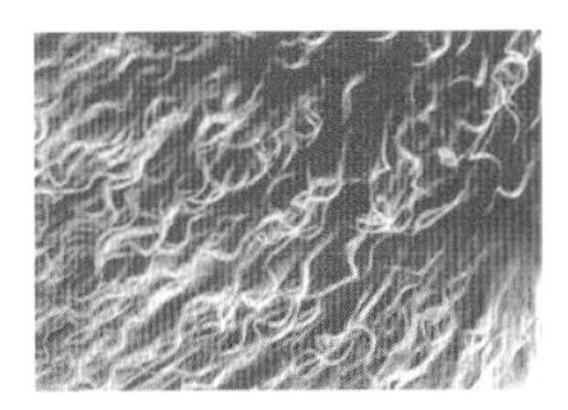

彩图 70 长毛绒（长毛绒组织）

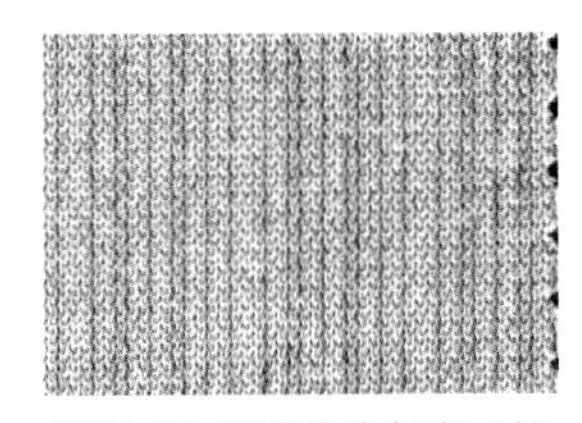

彩图 71 经编仿牛仔布（经斜编链组织）

彩图 72 涤氨印花平布（经平绒组织）

彩图 73 经编网眼布（网眼垫纱）

彩图 74 提花布（多梳栉组织）

彩图 75 经编提花毛圈起绒（毛圈组织）

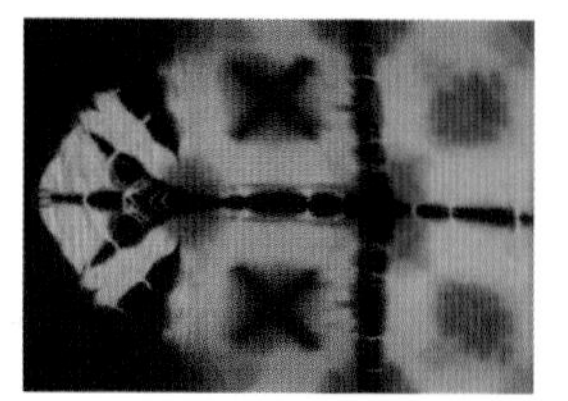

彩图 76 扎染

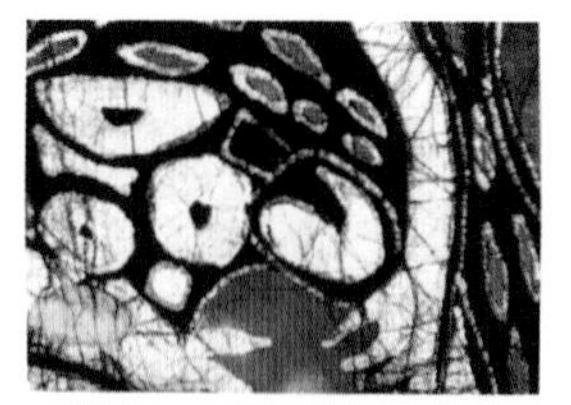

彩图 77 彩色蜡染（蜡防印花）

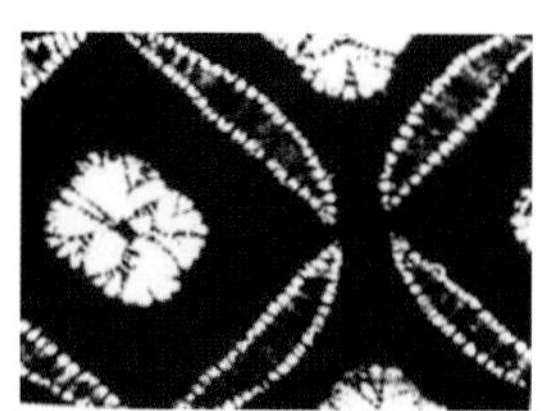

彩图 78 蜡染（蜡防印花）

彩图 79 涂料印花

彩图 80 转移印花

彩图 81 数码印花

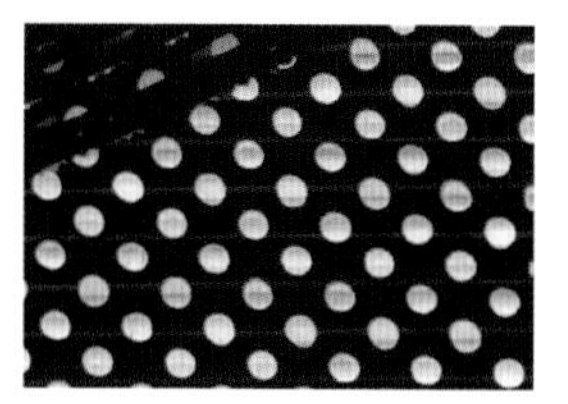

彩图 82 发泡印花

彩图 83 金粉印花

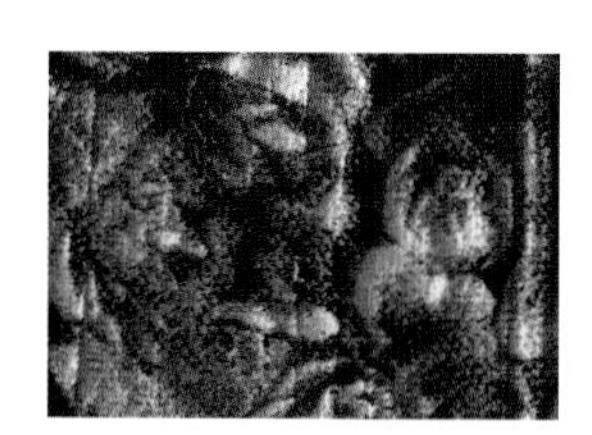

彩图 84 银粉印花

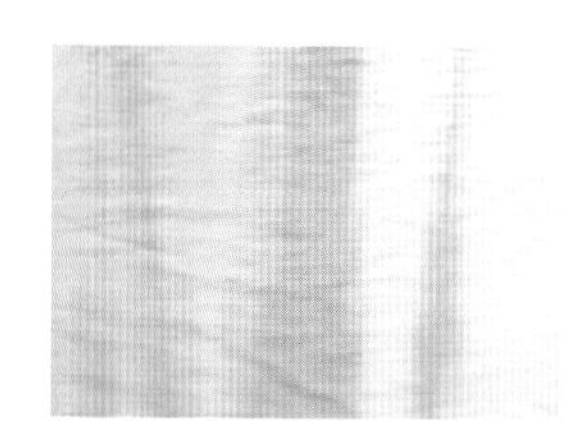

彩图 85 渗化印花（一）

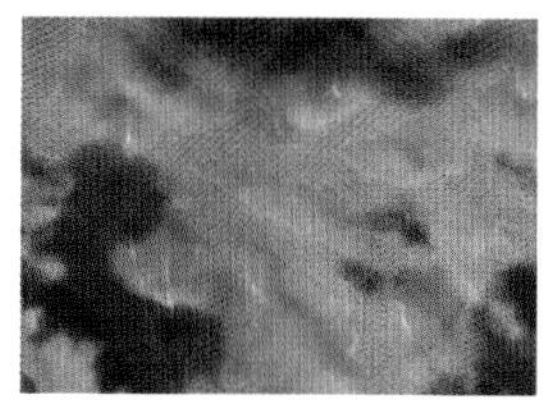

彩图 86 渗化印花（二）

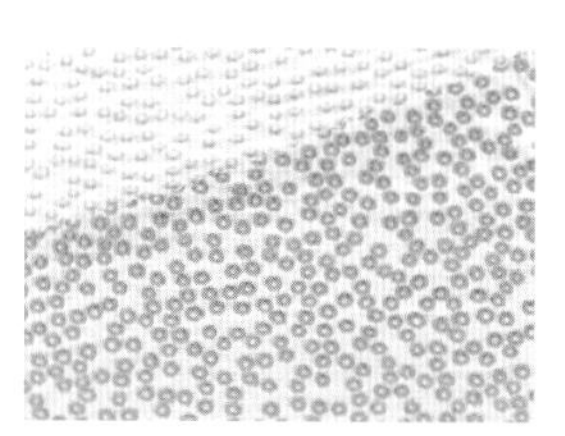

彩图 87 静电植绒印花

彩图 88 拔染印花

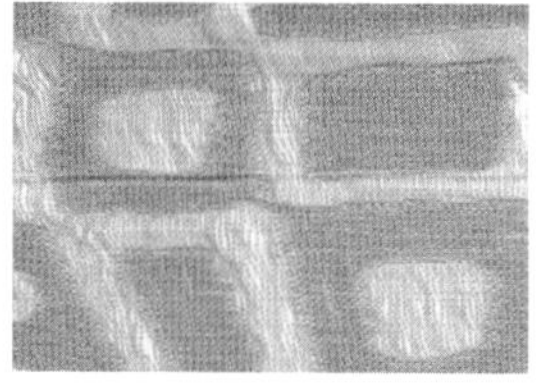

彩图 89 烂花整理

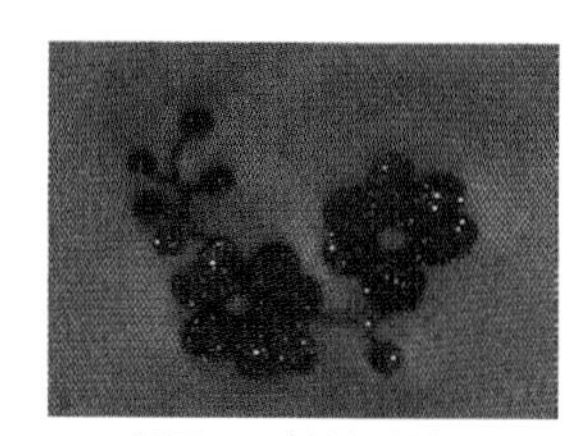

彩图 90 植绒贴钻

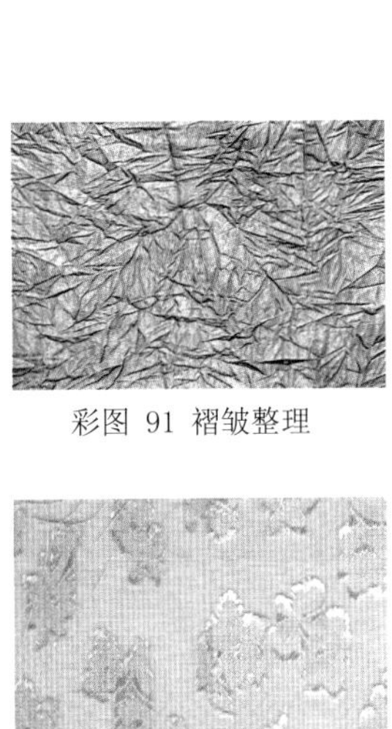

彩图 91 褶皱整理

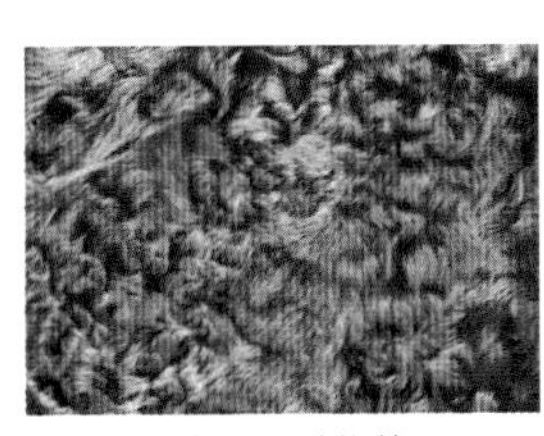

彩图 92 刷花整理

彩图 93 轧花整理

彩图 94 剪花整理

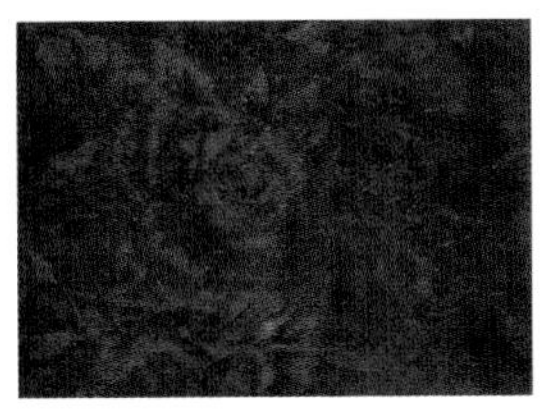

彩图 95 毛圈割绒

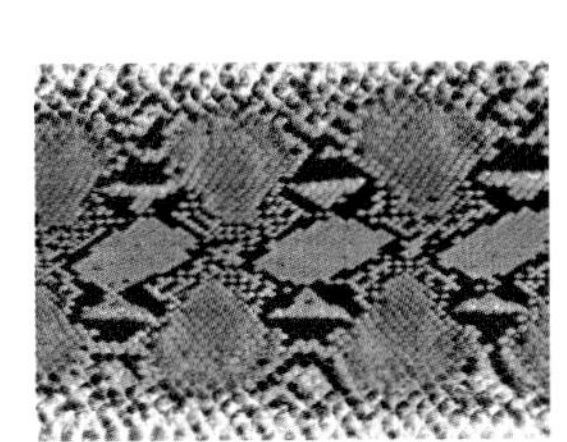

彩图 96 涂层轧纹整理

彩图 97 烫金整理

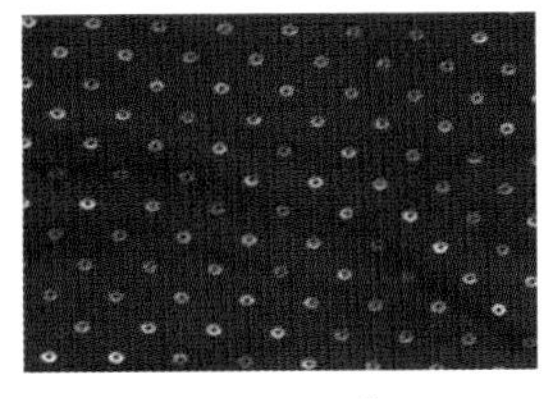

彩图 98 烫银整理

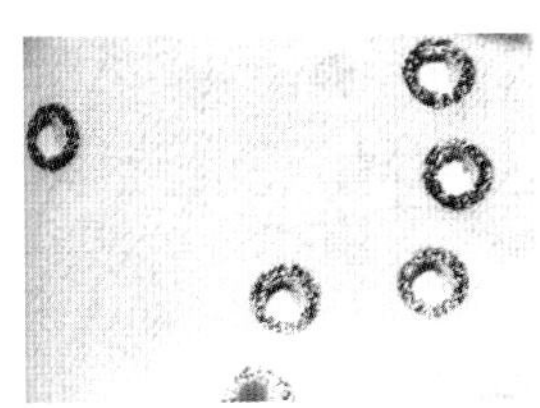

彩图 99 激光镂空整理

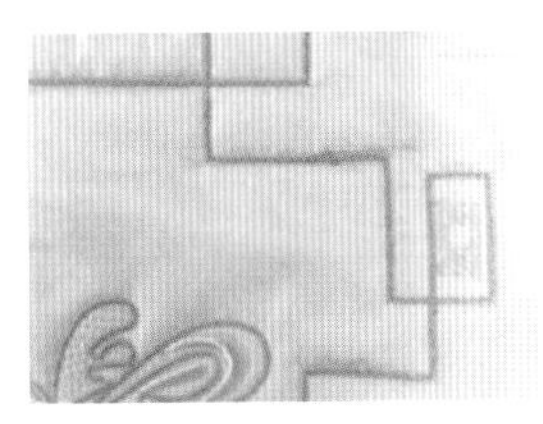

彩图 100 复合面料

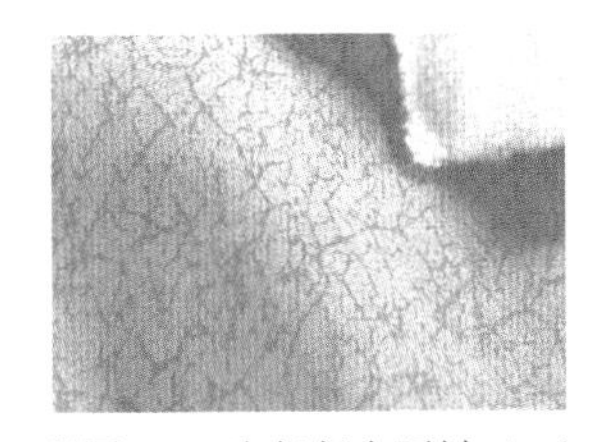

彩图 101 牛仔复合面料（一）

彩图 102 牛仔复合面料（二）

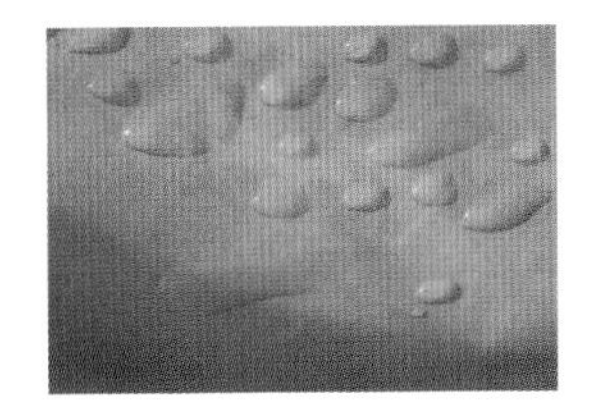

彩图 103 防水透气面料

彩图 104 绣花面料

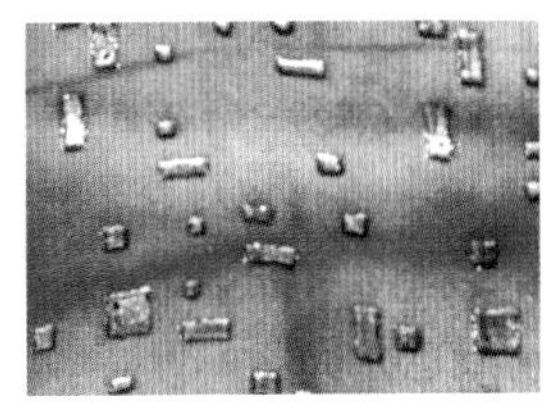

彩图 105 钻石印花

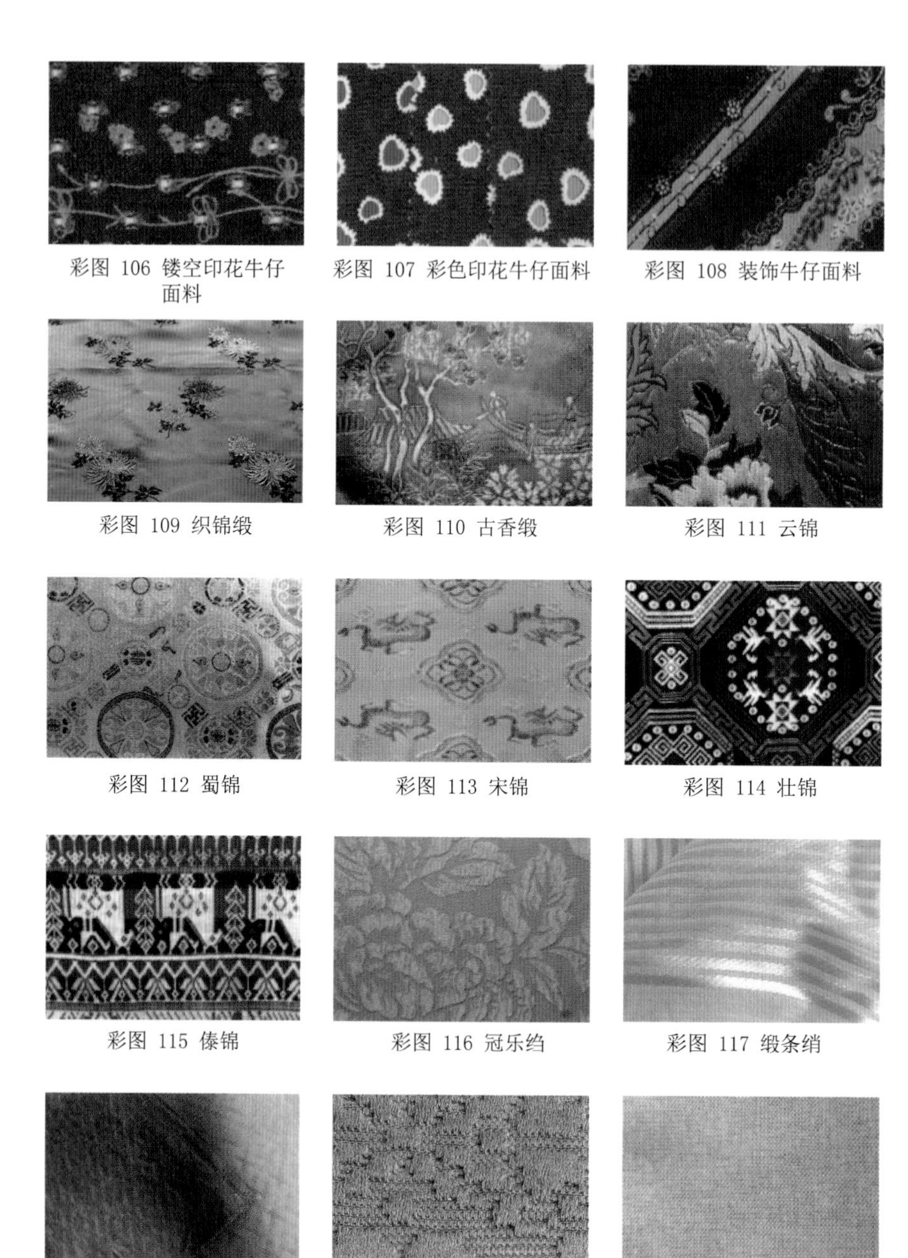

彩图 106 镂空印花牛仔面料

彩图 107 彩色印花牛仔面料

彩图 108 装饰牛仔面料

彩图 109 织锦缎

彩图 110 古香缎

彩图 111 云锦

彩图 112 蜀锦

彩图 113 宋锦

彩图 114 壮锦

彩图 115 傣锦

彩图 116 冠乐绉

彩图 117 缎条绡

彩图 118 香云纱

彩图 119 文尚葛

彩图 120 牛津纺

彩图 121 凹凸花纹针织面料

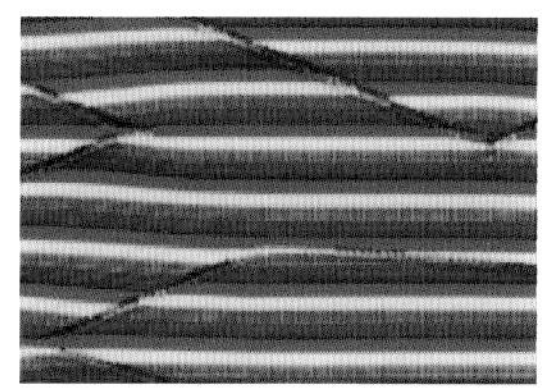
彩图 122 针织变化彩条面料

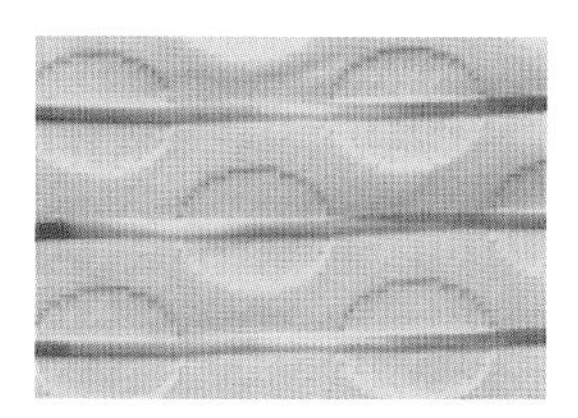
彩图 123 架空添纱面料

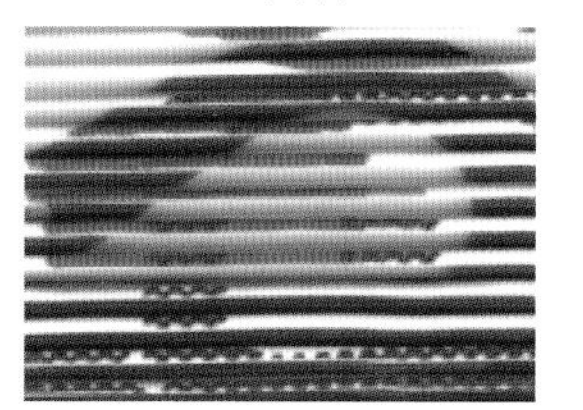
彩图 124 印花横楞针织面料

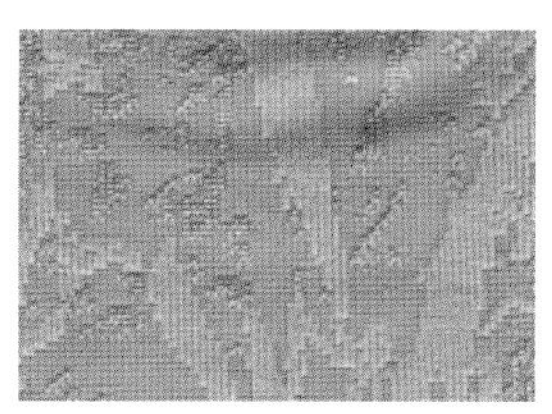
彩图 125 针织闪光面料

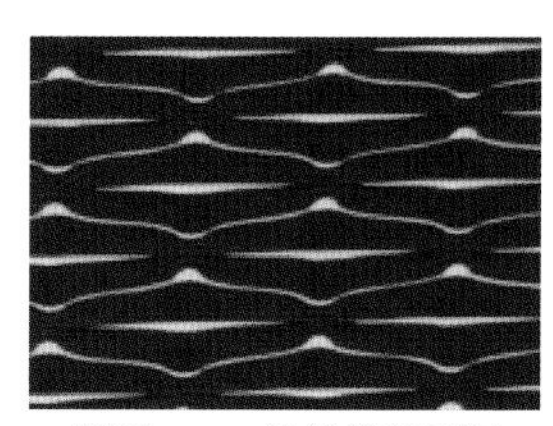
彩图 126 针织褶裥面料

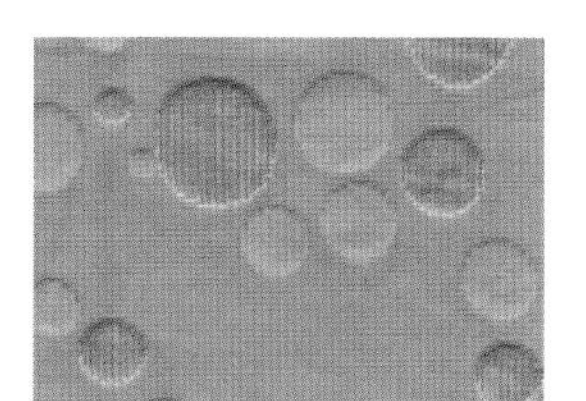
彩图 127 针织凹凸面料

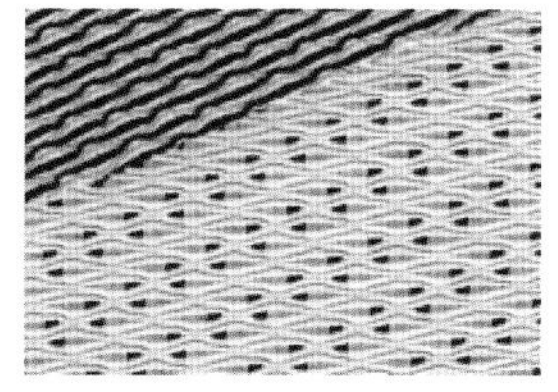
彩图 128 针织装饰面料

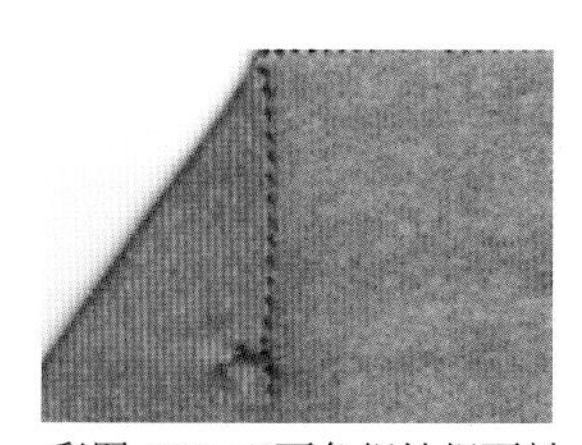
彩图 129 双面色织针织面料

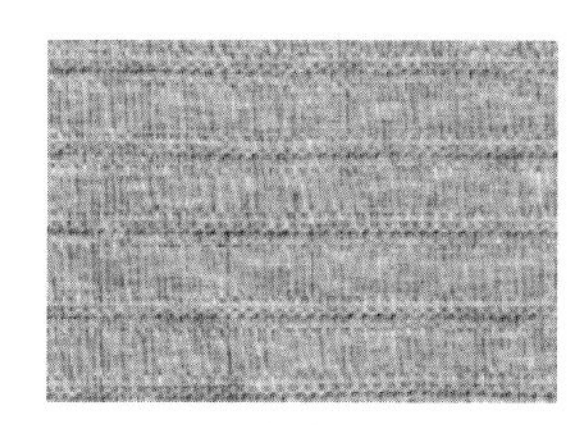
彩图 130 加氨纶针织面料

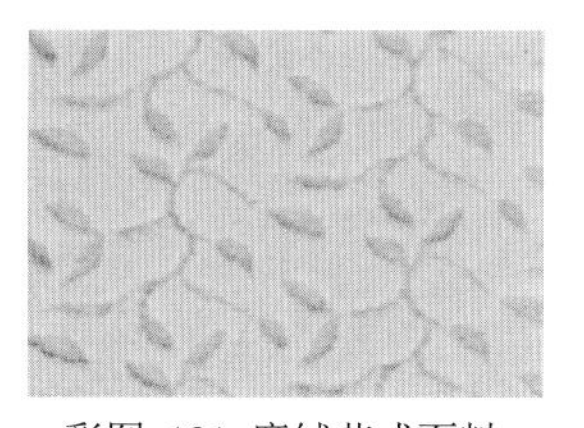
彩图 131 磨绒花式面料

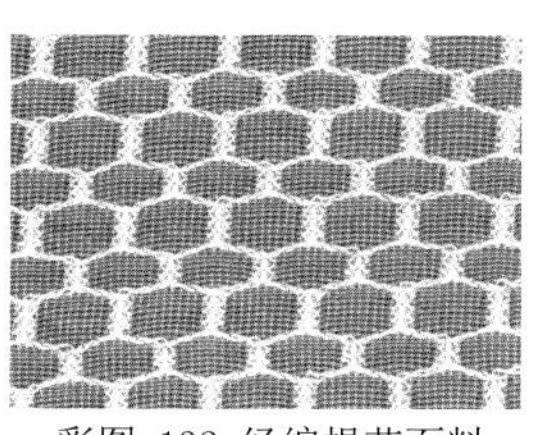
彩图 132 经编提花面料

彩图 133 小花纹面料

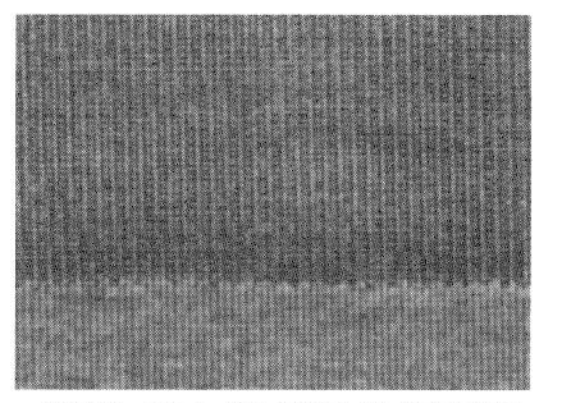
彩图 134 粗细针针织面料

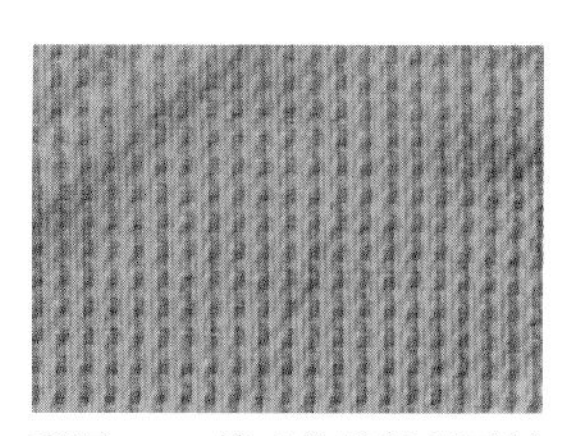
彩图 135 棉毛抽针针织面料

彩图 146 素色非织造布（一）

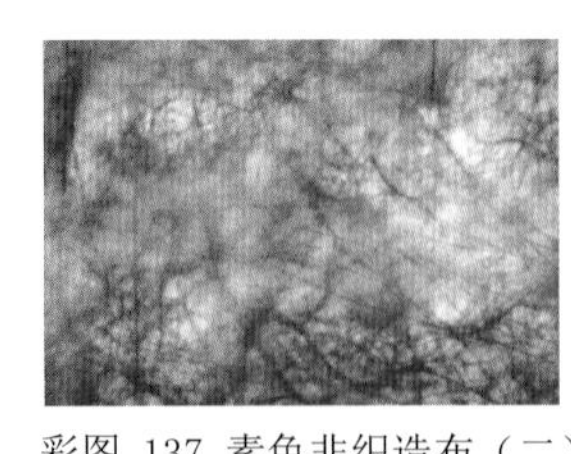

彩图 137 素色非织造布（二）

彩图 138 印花非织造布（一）

彩图 139 印花非织造布（二）

彩图 140 印花非织造布（三）

彩图 142 印花非织造布（四）

彩图 142 牛皮革

彩图 143 羊皮革

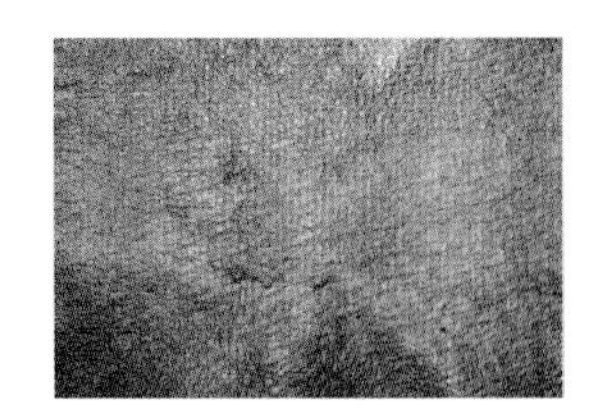

彩图 144 猪皮革

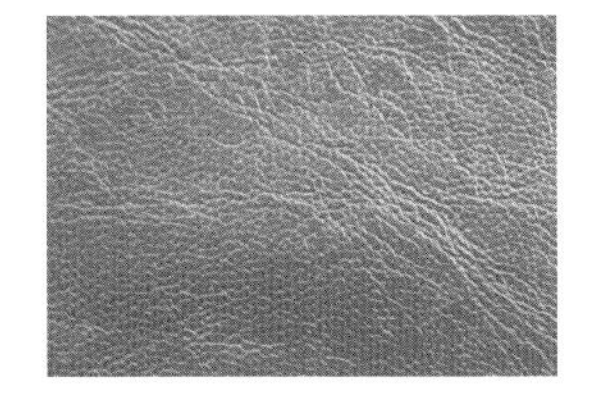

彩图 145 人造革

彩图 146 绒面革

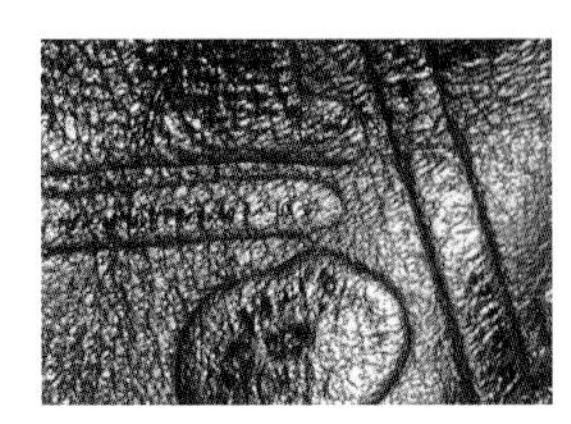

彩图 147 轧花革

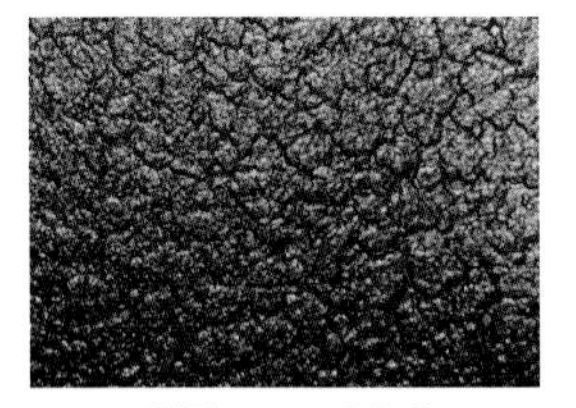

彩图 148 再生革

彩图 149 雨点印花革

彩图 150 鹿皮革

彩图 151 针织黏合衬

彩图 152 梭织黏合衬

彩图 153 有色非织造布黏合衬（一）

彩图 154 有色非织造布黏合衬（二）

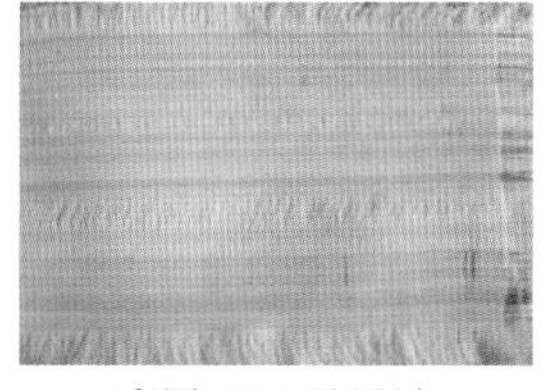

彩图 155 马尾衬

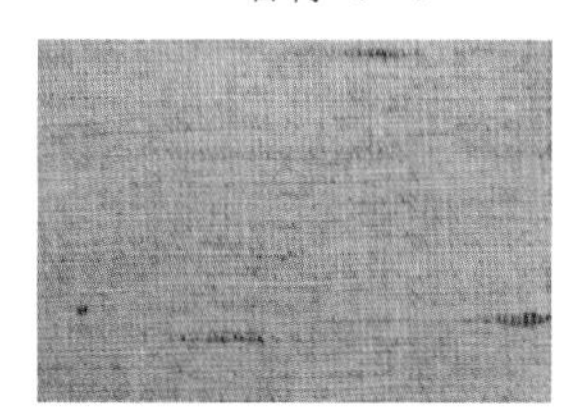

彩图 156 黑炭衬

彩图 157 麻衬

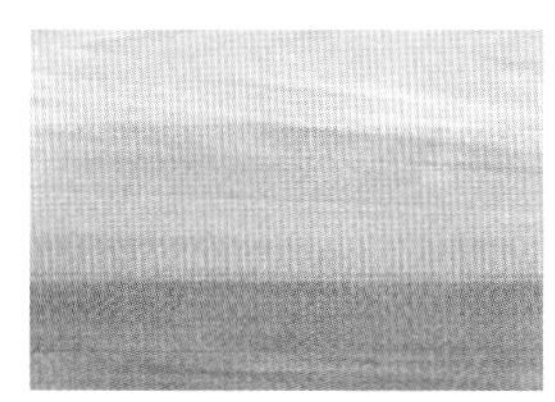

彩图 158 分段衬

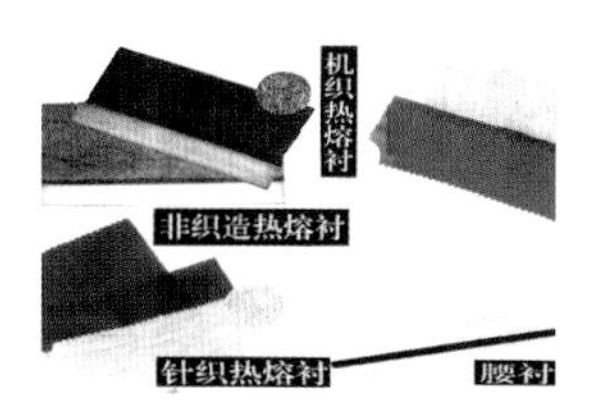

彩图 159 服装用衬

彩图 160 垫肩

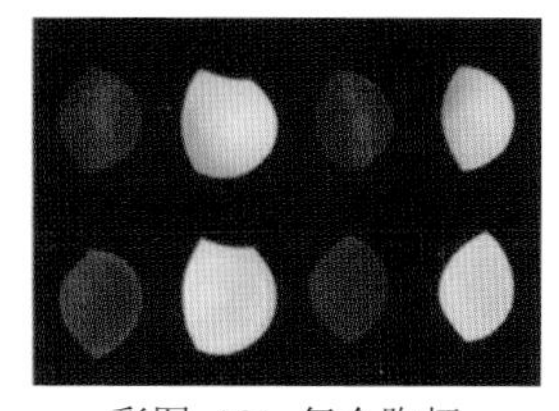

彩图 161 复合胸杯

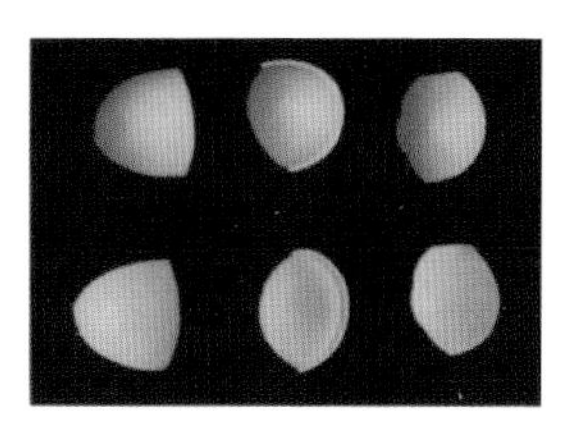

彩图 162 海绵定型胸杯

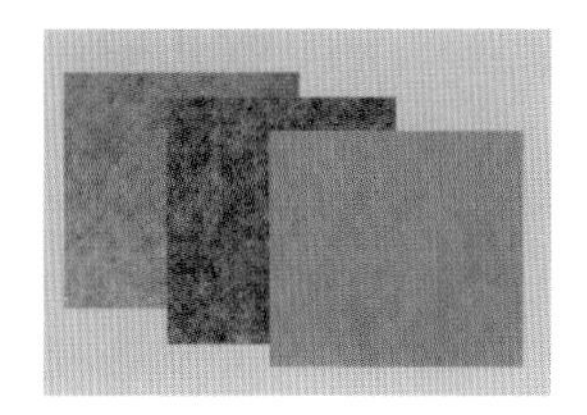

彩图 163 喷胶棉、胸绒

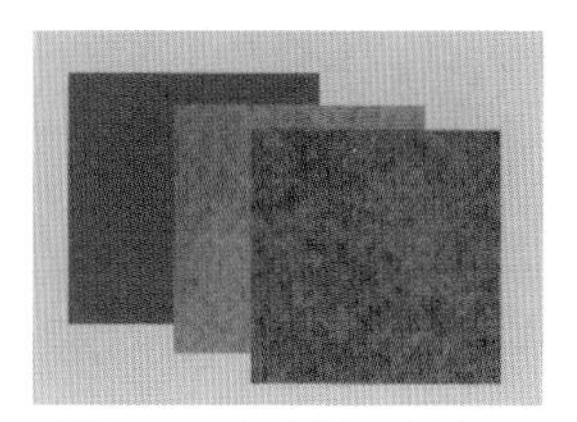

彩图 164 针刺棉、领底呢

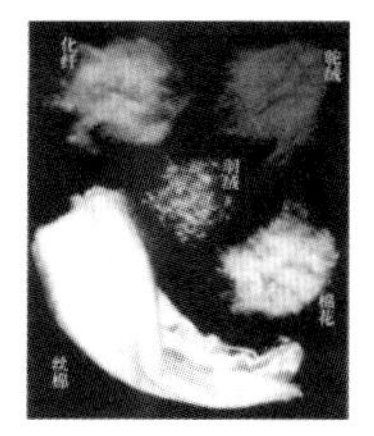

彩图 165 填充材料

彩图 166 木质椰壳扣

彩图 167 贝壳扣

彩图 168 免缝扣

彩图 169 树脂扣

彩图 170 仿皮扣

彩图 171 布包扣

彩图 172 组合扣

彩图 173 铜扣

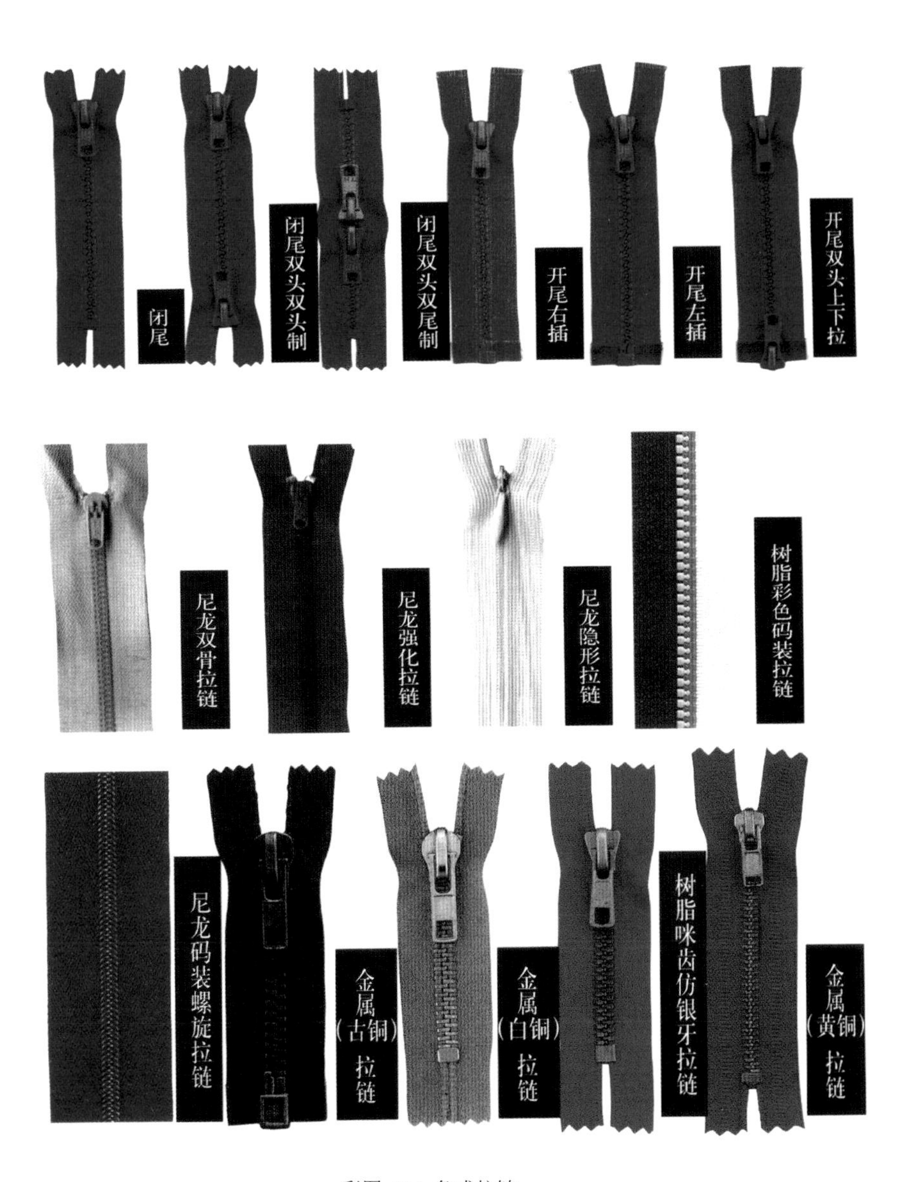
闭尾
闭尾双头双头制
闭尾双头双尾制
开尾右插
开尾左插
开尾双头上下拉
尼龙双骨拉链
尼龙强化拉链
尼龙隐形拉链
树脂彩色码装拉链
尼龙码装螺旋拉链
金属（古铜）拉链
金属（白铜）拉链
树脂咪齿仿银牙拉链
金属（黄铜）拉链

彩图 174 各式拉链

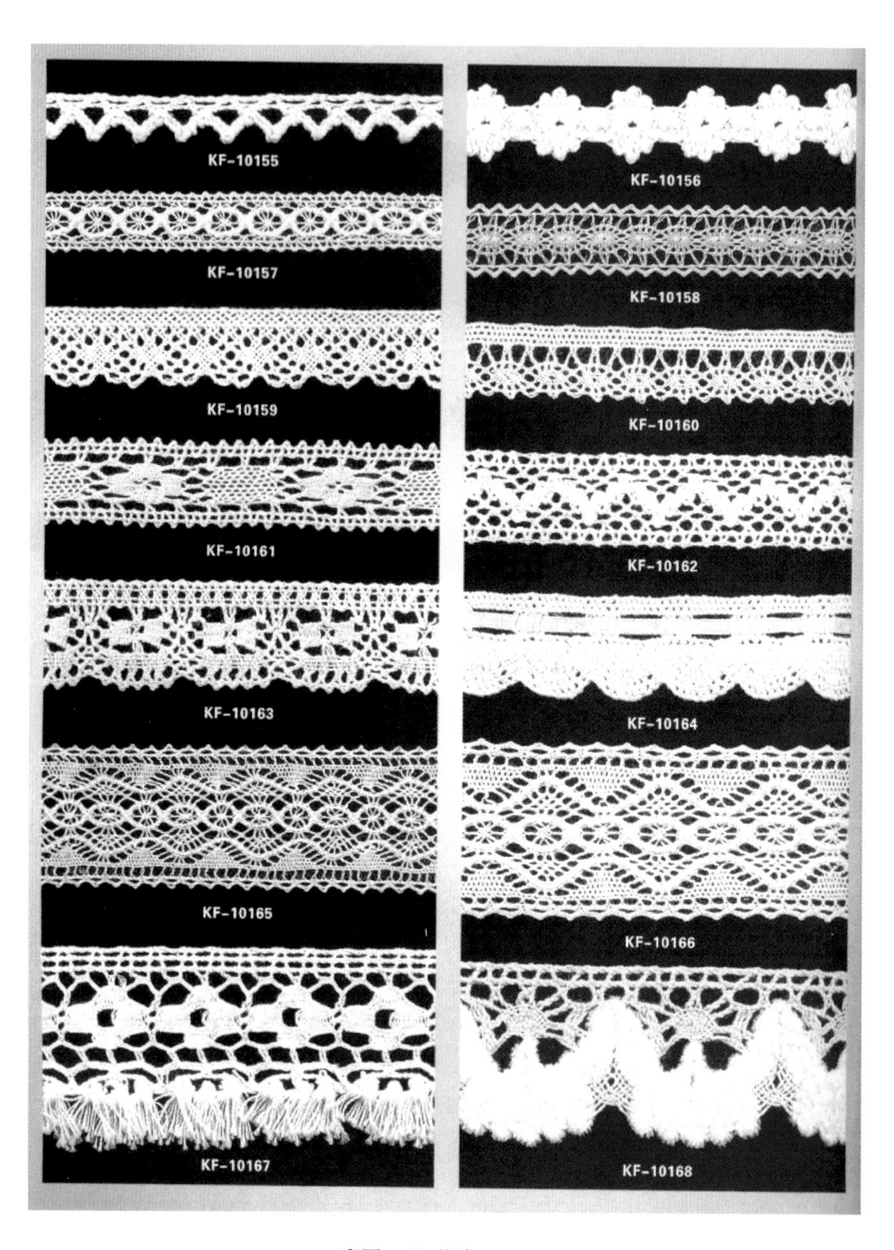

KF-10155
KF-10156
KF-10157
KF-10158
KF-10159
KF-10160
KF-10161
KF-10162
KF-10163
KF-10164
KF-10165
KF-10166
KF-10167
KF-10168

彩图 175 花边（一）

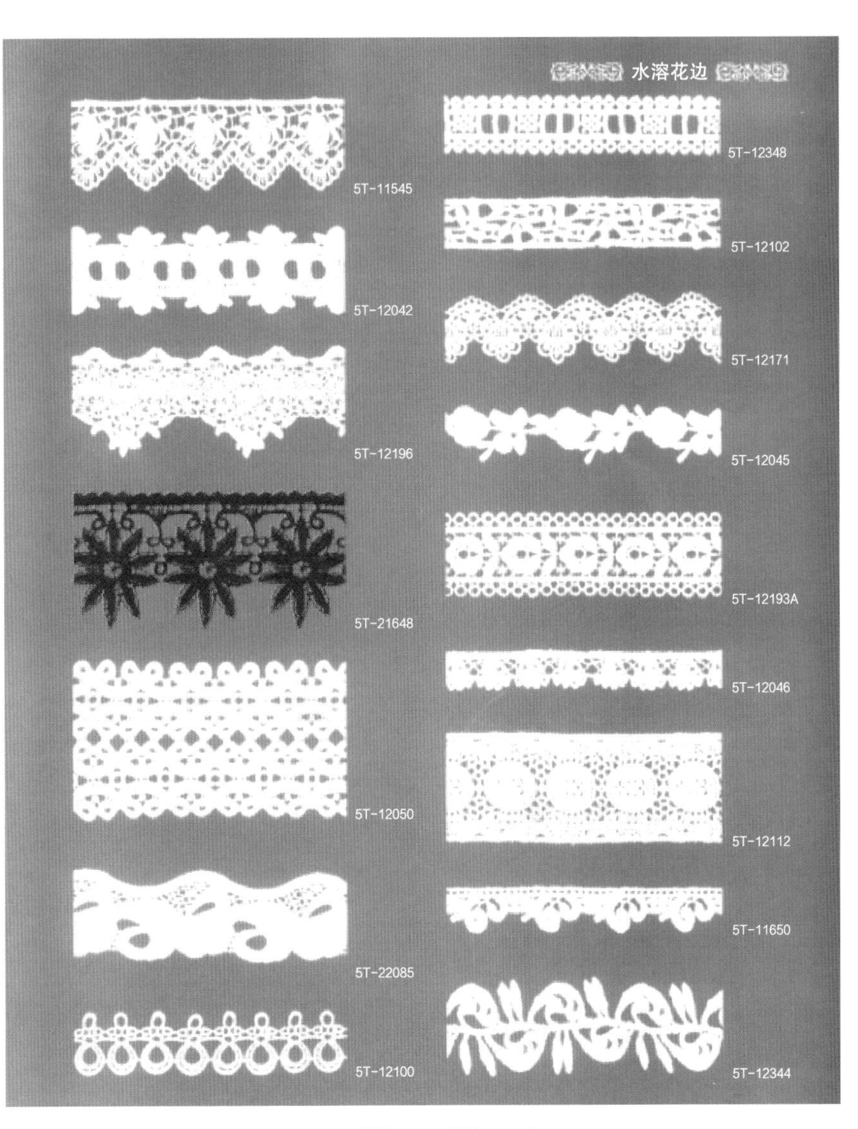
水溶花边
5T-11545
5T-12042
5T-12196
5T-21648
5T-12050
5T-22085
5T-12100
5T-12348
5T-12102
5T-12171
5T-12045
5T-12193A
5T-12046
5T-12112
5T-11650
5T-12344

彩图 176 花边（二）

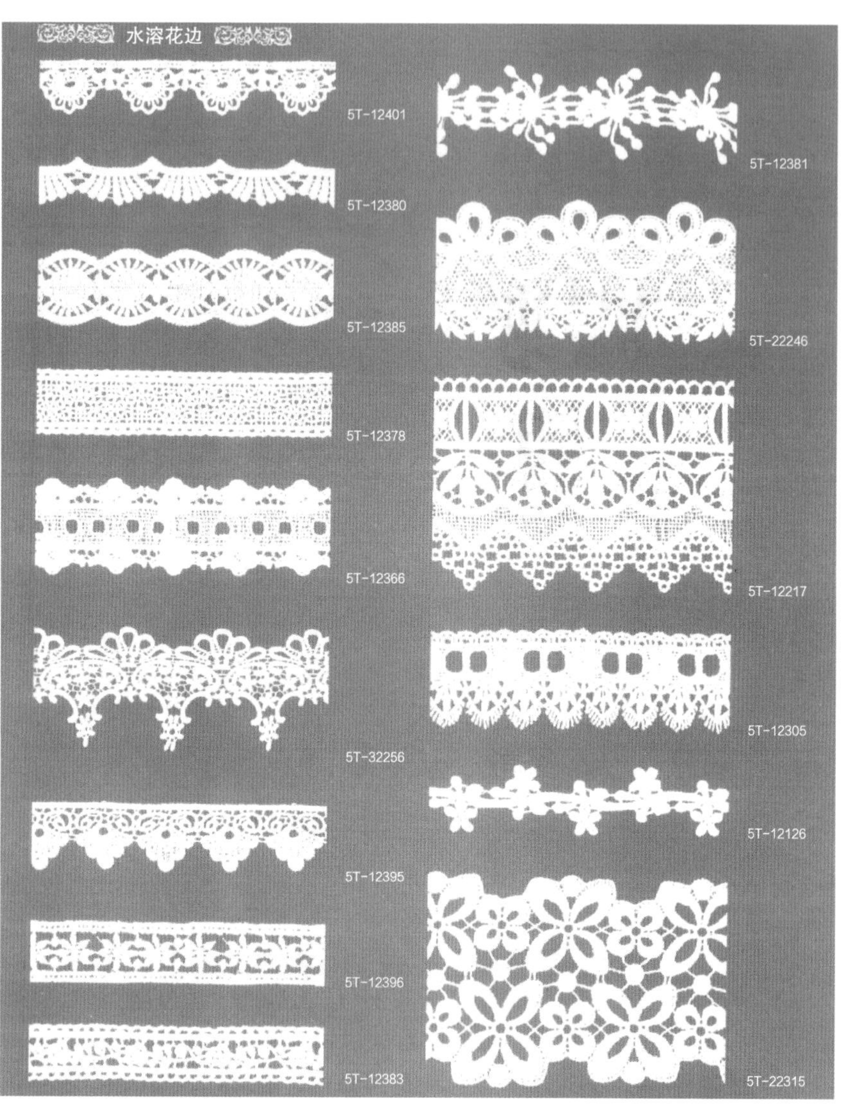

水溶花边
5T-12401
5T-12380
5T-12385
5T-12378
5T-12366
5T-32256
5T-12395
5T-12396
5T-12383
5T-12381
5T-22246
5T-12217
5T-12305
5T-12126
5T-22315

彩图 177 花边（三）

FUZHUANG MIANLIAO YU
FULIAO SHOUCE

服装面料与辅料手册

邢声远　郭凤芝　主编

化学工业出版社
·北京·

本书内容翔实、品种齐全、实用性强，共收集品种近2000种，全面介绍了服装面料、辅料相关知识。书中彩插部分展示了多种典型面料及辅料的彩色图，是纺织艺术的具体体现。上篇服装面料与辅料基础知识，介绍了构成面料和辅料的各种原材料、面料的构成方式与结构；中篇服装面料品种，内容包括棉型织物、麻型织物、竹原纤维织物、毛型织物、丝型织物、针织面料、裘皮面料、皮革面料、复合面料、新型面料；下篇服装辅料品种，内容包括里料、衬料、保暖絮料、垫料、纽扣、服饰性辅料、拉链、金属扣件、缝纫线、工艺装饰线、标签与吊牌。

本书提供详尽的面料与辅料基础知识，编排新颖，检索方便。适于从事纺织、服装行业的投资、管理、贸易、研究、生产、设计人员查阅，也可供相关专业的大中专院校师生参考。

图书在版编目（CIP）数据

服装面料与辅料手册/邢声远，郭凤芝主编. —2版. —北京：化学工业出版社，2019.6（2024.3重印）

ISBN 978-7-122-34088-7

Ⅰ.①服… Ⅱ.①邢… ②郭… Ⅲ.①服装面料-手册②服装辅料-手册 Ⅳ.①TS941.4-62

中国版本图书馆CIP数据核字（2019）第049600号

责任编辑：李晓红　　文字编辑：张　欣

责任校对：王　静　　装帧设计：韩　飞

出版发行：化学工业出版社（北京市东城区青年湖南街13号　邮政编码100011）

印　　装：北京新华印刷有限公司

880mm×1230mm　1/32　印张32½　彩插8　字数1326千字

2024年3月北京第2版第5次印刷

购书咨询：010-64518888　　售后服务：010-64518899

网　　址：http://www.cip.com.cn

凡购买本书，如有缺损质量问题，本社销售中心负责调换。

定　　价：128.00元

编写人员名单

主　　编　邢声远　郭凤芝

编写人员　（按姓氏笔画排序）

马雅芳　邢宇东　邢宇新　邢声远　刘　政

张长林　张文菁　周湘祁　赵翰生　耿　灏

耿小刚　耿铭源　殷　娜　郭凤芝　萧群峰

前　言

《服装面料与辅料手册》自2008年1月出版以来，深受广大消费者的喜爱，并得到纺织服装界工程技术人员的好评，在短短十年间，前后13次重印，发行量达到数万册。近年来，有不少读者反馈希望增加新的品种，扩充手册的内容，进行修订。这不仅是希望与要求，而且也是对我们工作的肯定、鼓励与鞭策。为满足广大读者的需求，也为了使手册的内容与时俱进，自2017年起，应化学工业出版社的邀请，我们在第一版的基础上对手册内容进行增删与完善。重点是增补一些使用面较大和新近出现的品种，以感谢广大读者对本手册的厚爱。

手册第一版共收录了服装面料与辅料1600个品种。第二版共收录1919个品种，新增加品种319个，分别是：面料品种，棉织物新增20个；麻织物新增93个；毛织物12个；丝绸新增174个；针织物新增9个；在辅料方面，衬料新增1个；保暖絮料新增1个；拉链新增1个；服饰性辅料新增5个；标签与吊牌新增3个。在内容方面，对每个品种增加了概述，便于读者快速了解各种面料和辅料的基础知识。

近年来，随着科学技术的飞速发展，大大推动了纺织服装业的进步与发展，一批高技术含量的新型纺织纤维和辅料与新型纺、织、染新工艺与新技术及新设备相继问世，为高技术含量的新颖、时尚服装的开发提供了技术支持，也在一定程度上满足了人们对衣着时尚与审美的追求，同时也增加了服装附加值，提高了国际市场的竞争力，为伟大的中华民族赢得了荣誉。

由于编者经验和水平有限，在产品品种选择以及内容的表述方面可能存在欠妥之处，热诚欢迎行内专家和广大读者提出批评意见，不胜感激！

邢声远

2019年10月于北京

第一版　前　　言

在人类赖以生存的衣、食、住、行四大要素中，衣是第一位的。在人们的日常生活中历来有“巧妇难为无米之炊”的道理，说明了各种材料对成品的重要性。服装也不例外，服装设计三要素（服装色彩、款式造型和材质）中的服装色彩和材质两个因素就是直接由选用的服装面料来体现的，服装的款式造型除了与设计和制作工艺有关外也需依靠服装面料和辅料的柔软、硬挺、悬垂及厚薄轻重等特性来保证。可见服装设计中的三要素在很大程度上要依赖服装面料和辅料来实现。服装面料和辅料的装饰性、覆盖性、加工性、舒适性、保健性、耐用性、保管性及价格等都直接影响着服装的形态、加工、性能、保养和成本，是体现服装的流行性、艺术性、技术性、实用性和经济性等的关键要素。服装在国民经济中占有重要的地位。随着人们生活水平、审美意识的提高，人们选用服装不但要考虑服装的审美及价格因素，还要考虑服装的功能性、舒适性等。这些都说明了服装面料和辅料是服装使用价值的基础。

纵观各个历史阶段，各种服装面料和辅料的问世，始终伴随和直接推动着服装业的迅速发展，每一种新型服装材料的出现就会掀起新的服装潮流（如的确良面料、雪花牛仔面料、水洗面料、砂洗面料、太空棉、弹力织物、多层保暖织物等）。新面料的问世不但可以造就新的服装而且可以打开一个新的服装市场，很多服装设计师为了在服装上创新，便大胆地在面料上进行突破，这种突破来源于设计师对面料的了解、认识、熟悉和掌握。例如在一些时装发布会或者服装设计大赛上，就有设计师进行大胆创新，在自己设计的服装上尝试运用一般人想象不到的材料如蛋糕纸、方便面的包装袋、牛皮纸粘塑条、布上加饰闪光条、拿颜料直接刷布、利用纽扣作局部造型、在布面上进行植物或动物的“雕刻”等。这些材料的运用都使服装有了耳目一新的感觉，说明服装面料运用的创新，直接影响服装的创新。同时服装的发展也要求服装面料和辅料要不断发展（如国内一直力图开发新型面料，具有远见卓识的企业家、艺术家和商人们正在发挥团队精神，为进一步开发和合理使用服装面、辅料加强合作）。所以服装面料和辅料与服装两者存在着相互依存、相互促进和共同发展的关系。服装面料和辅料与服装的这种关系，决定了服装面料和辅料不但是消费者选购服装的首要因素，也是服装设计人员服装设计成功与否的极其重要的影响因素，成为服装营销过程中必须考虑的问题。因此，可以说服装面料和辅料并不仅仅是服装专业人员知识结构中不可缺少的内容，即使不是服装专业人员，作为一个普通消费者在生活中也需要具有这方面的知识。例如，某人要选购一套出国服装，首先要根据本人活动（是出国旅游、访问、讲学等）选购不同质地面料的服装，还要考虑服装面料的色彩、图案与该国的风俗习惯是否冲突，是不是该国禁忌的色彩或图案（如美国讨厌红色，意大利讨厌菊花，英国讨厌大象的图案等），以上都说明了解服装面料和辅料的重要性。

有鉴于此，为了满足服装面料和辅料生产企业、服装企业、商贸行业的需要，我们组织了北京联合大学、北京服装学院、湖南华升株洲雪松有限公司和川联（北京）制衣有限公司等单位的有关专家、学者编写了这本实用性手册，以飨广大读者。本书由邢声远、郭凤芝主编并负责修改定稿，由刘政、萧群峰、耿灏任副主编。前言部分由邢声远、郭凤芝共同编写，服装面料和辅料基础知识、针织面料、裘皮面料、皮革面料、复合面料、新型面料部分由郭凤芝编写，棉型面料、丝型面料、非织造面料、服装辅料部分由邢声远、邢宇新编写，麻型面料、竹纤维面料部分由刘政、萧群峰、耿灏、周湘祁编写，毛型面料部分由马雅芳、耿小刚编写，附录部分由张长林、扈明光、张文菁、殷娜编写。

在本书编写时，贯彻了科学性、知识性和实用性原则，力争实用，便于查阅。在编写过程中，得到了耿道儒、刘文敏、撖增祺、马雅琳、殷长生、张娟、刘杰、杨宏伟等同志的大力帮助，提出了不少有益的建议，并参考了不少书刊上的文献资料，对被参考文献的作者和帮助过本书编写、出版的同志表示衷心的感谢和敬意！

由于本书涉及的内容广泛，资料来源有限，加上编者的水平和经验有限，难免有疏漏和不足之处，恳请行业内各专家、学者和读者批评指正，不胜感激！

编者

2007 年 9 月于北京

目　录

上篇
服装面料与辅料基础知识

中篇

服装面料品种

五、丝型织物（丝绸、丝织物、绸缎）

下篇

服装辅料品种

上篇

服装面料与辅料基础知识

一、构成面料和辅料的各种原材料

概括地讲，在构成服装的材料中，除了面料以外，其他一切材料均被称为辅料。面料是制作服装时用于服装表面、构成服装外观主体特征的材料，又称主料。面料以自身的造型特征、色彩、花型、弹性、悬垂性、坚牢度、吸湿性、透气性、保温性等决定服装的风格和特征；辅料包括里料、衬料、垫料和充填材料、缝纫线、纽扣、拉链、钩环、绳带、商标、花边等装饰材料、号型尺码带及使用示明牌等。辅料是辅助面料的轮廓，起到对服装衬托保形、装饰遮掩，对人体进行修饰使服装达到最佳的穿着效果，提高服装的外观性、耐用性，增加服装的保暖性和改善服装的加工性等作用。构成面、辅料的各种原材料具体见表1，服装用纤维及性能见表2、表3，各种纤维的优、缺点及用途见表4。

表1　构成面料和辅料的各种原材料

分类		构成面、辅料成品的普通原材料
面料	纤维类	天然纤维 natural fiber 　植物纤维(纤维素纤维)：棉花、亚麻、苎麻、大麻、罗布麻等 vegetable fiber(cellulose fiber) 　动物纤维(蛋白质纤维)：毛、蚕丝 animal fiber(protein fiber) 化学纤维 chemical fiber 　人造纤维(再生纤维) regenerated fiber 　　纤维素纤维：黏胶、富强、铜氨、醋酯 　　莫代尔(Modal)、Lyocell(Tencel)等 　　蛋白质纤维：花生、大豆、牛奶、蛹蛋白、仿蜘蛛丝纤维等 　合成纤维 synthetic fiber 　　聚酯纤维(涤纶) 　　聚酰胺6纤维(锦纶) 　　聚丙烯腈纤维(腈纶) 　　聚丙烯纤维(丙纶) 　　聚乙烯醇纤维(维纶) 　　聚氯乙烯纤维(氯纶) 　　聚氨基甲酸酯纤维(氨纶) 　　其他(芳纶、碳纤维等)
	皮革类	天然兽皮革、鱼皮革等，人造革
	毛皮类	天然毛皮等，人造毛皮
	皮膜类	动物皮膜、塑料薄膜、黏胶薄膜
辅料		泡沫薄片、泡沫衬垫、天然及合成纤维、金属、木制、石料、竹、玻璃、骨质、贝壳、橡胶、塑料等

表 2　天然纤维性能及形态结构

分类	品种	回潮率 W /%	密度 /(g/cm³)	耐化学试剂	拉伸强度 /(cN/dtex)	热导率 /[W/(m·℃)]	燃烧特征	形态结构
植物纤维（纤维素纤维）	棉 cotton	7～8	1.54	耐碱不耐酸，可溶于70%以上的硫酸和铜氨溶液（可碱缩、丝光）	2.0～4.3 湿强度增加	0.071～0.073	燃烧速度快，放出烧纸味，留下灰烬少，呈灰白色	纵向呈扁平状，有天然扭曲，横截面呈腰圆形或椭圆形，有胞腔
	苎麻 ramie 亚麻 flax	12～13	1.54～1.55	耐碱不耐酸，可溶于70%以上的硫酸和铜氨溶液，比棉的耐酸碱性要强	4.9～5.5 湿强度增加	—	容易燃烧，燃烧特性同棉	纵向大多平直，有横节、竖纹，无扭曲，横截面苎麻有腰圆或椭圆，表面有小裂纹，亚麻是不规则的多边形，也有胞腔
动物纤维（蛋白质纤维）	羊毛 wool	15～16	1.30～1.32	耐酸不耐碱，可溶于5%的烧碱溶液中。可用浓硫酸对羊毛进行碳化处理。不能用含氯氧化剂	0.88～1.5 湿强度降低	0.052～0.055	缓慢燃烧，边收缩边冒泡边炭化，放出烧毛发味，灰烬黑色松脆，能捏碎	纵向表面有鳞片，横截面圆形或椭圆形
	蚕丝 silk	11	1.33～1.45	耐酸不耐碱，但耐酸性小于羊毛，可溶于70%以上的硫酸和盐酸，耐碱性稍强于羊毛	2.6～3.5 湿强度降低	0.05～0.055	同羊毛	纵向平直光亮，横截面近似三角形

表 3　化学纤维性能及形态结构

分类	品种	回潮率 W /%	密度 /(g/cm³)	耐化学试剂	拉伸强度 /(cN/dtex)	热导率 /[W/(m·℃)]	燃烧特征	形态结构	备　注
人造纤维（再生纤维）	黏胶纤维 rayon; viscose fiber	13～15 吸湿膨胀	1.5～1.52	耐碱不耐酸，可溶于60%的 H_2SO_4 及浓盐酸和铜氨溶液（不能丝光和碱缩）	2.2～2.7 湿强度降低	0.055～0.07	容易燃烧，燃烧特性同棉	纵向平直有沟槽，横截面呈带锯齿的皮芯结构	湿强度降低最多接近50%

续表

分类	品种	回潮率 W /%	密度 /(g/cm^3)	耐化学试剂	拉伸强度 /(cN/dtex)	热导率 /[W/(m·℃)]	燃烧特征	形态结构	备注
人造纤维(再生纤维)	醋酯纤维 acetate fiber	二醋纤 6～7 三醋纤 2.5～3.5	1.3～1.32	耐酸碱性不如纤维素纤维。可溶于冰醋酸和60%以上的硫酸、浓硝酸	1.1～1.4 湿强度降低	0.05	燃烧速度慢，遇火熔融分解，放出醋酸味，留下黑色硬脆灰烬	纵向平直光滑，横截面像花朵状	
合成纤维	涤纶 Dacron；terylene (polyester fiber)	0.4	1.38～1.39	耐酸不耐碱。35%盐酸、75%硫酸、60%硝酸对其无影响，可用碱减量处理	4.1～5.7 干、湿强度接近	0.084	燃烧时收缩熔融，有滴落拉丝现象，放出芳香气味，灰烬呈黑褐色，不易碎	纵向平直光滑，横截面圆形。可根据需要做成异形截面	
	锦纶 Chinlon (polyamide 6 fiber)	4	1.14～1.15	耐碱不耐酸。溶于20%以上盐酸、40%以上硫酸、65%～68%硝酸。10%氢氧化钠在95℃处理16h强度不减	4.0～6.6 湿强度降低	0.244～0.337	燃烧现象同涤纶，放出芹菜气味，灰烬呈褐色硬球，不易捏碎	与涤纶类似	最耐磨的纤维
	腈纶 Jinglun (polyacrylonitrile fiber)	1.5～2.0	1.14～1.17	耐酸碱性适中，能溶于95%～98%硫酸和65%～68%硝酸及二甲基甲酰胺	2.2～4.4	0.051	燃烧火焰明亮有力，一边收缩焦化，一边迅速燃烧，放出辛辣气味留下黑色硬性灰烬，能捏碎	纵向成平滑柱状，有少许沟槽，横截面有哑铃形，也可制成圆形或异形	最耐光的纤维
	维纶 Vinylon (polyvinyl alcohol fiber)	4.5～5.0	1.26～1.30	耐化学试剂较强，不霉不蛀，能溶于60%硫酸、20%盐酸、65%～68%硝酸	3.3～5.5		燃烧时迅速收缩，缓慢燃烧，留下褐色小硬球(沸水中处理强度降低，部分溶解)	纵向成平滑柱状，有少许沟槽，横截面呈腰圆形或有皮芯层	最耐腐的纤维

续表

分类	品种	回潮率 W /%	密度 /(g/cm^3)	耐化学试剂	拉伸强度 /(cN/dtex)	热导率 /[W/(m·℃)]	燃烧特征	形态结构	备注
合成纤维	丙纶 Binglun (polypropylene fiber)	0	0.91	化学稳定性好，耐浓硫酸硝酸盐酸和大多数化学试剂的作用	3.0～6.5	0.221～0.302	燃烧现象同涤纶	纵向成平滑柱状，横截面圆形或异形	质量最轻的纤维
	氯纶 Chloro fiber (polyvinyl chloride fiber)	0	1.39～1.40	化学稳定性强，耐浓硫酸，只溶于某些有机溶剂如环己铜、二甲基甲酰胺	1.8～2.5	0.042	不易燃烧，接近火焰收缩软化，离开火焰自灭，留下黑色硬块	纵向成平滑柱状，有少许沟槽，横截面接近圆形	最难燃烧的纤维
	氨纶 Anlun (poly-urethanee-lastic fiber)	1	1.0～1.3	不耐浓硫酸及一些有机溶剂如环己铜、二甲基甲酰胺	0.44～0.88		边燃烧边熔融，离开火焰停止燃烧，放出异味，灰烬为黏性橡胶样块状	纵向不明显的经向宽条纹，横截面有圆形和不规则形	高弹性纤维

表 4　各种纤维的优、缺点及用途

分类		纤维种类	优点	缺点	用途	熨烫温度/℃
天然纤维	植物纤维	棉	吸湿性好，湿强度高，耐洗，手感柔软	弹性差、易起皱	适宜做四季各类日常服装，特别是内衣、睡衣	190～210
		麻	吸湿性好，湿强度高，耐洗，散热快	弹性差、易起皱、伸张小、手感粗糙	可与毛、涤混纺或纯纺做服装面料，特别是夏装	190～210

续表

分类		纤维种类	优点	缺点	用途	熨烫温度/℃
天然纤维	动物纤维	羊毛	吸湿性、保湿性、弹性、保暖性、染色性均好	不耐碱和氧化剂作用，紫外线照射易泛黄	根据织物的薄厚可做不同季节的高档服装面料	160～180
		蚕丝	光泽明亮，吸湿性、弹性、染色性均好	不耐碱、氧化剂和盐水的作用，紫外线照射易泛黄	主要做夏季服装、时装、头巾	160～180
化学纤维	再生纤维	黏胶	吸湿性、染色性好	强度小、湿强度降低最大，不耐洗	适宜做内衣、裙装、夏季休闲装及里料	120～160
		醋纤	丝般手感和光泽，有弹性、热可塑性	耐碱性稍差	仿真丝服装或里绸	110～130
	合成纤维	涤纶	强度高，干湿强度基本不变，耐磨性、耐热性、热可塑性、弹性和保形性均好	吸湿性差，易起球，不容易染色	四季外衣面料，混纺以后可作内衣及床上用品	140～150
		锦纶	耐磨性最好，质量轻，强度高，弹性好不易起皱	白色面料在紫外线照射下易泛黄	袜子、手套、针织运动服装、登山服、羽绒服、降落伞等	120～130
		腈纶	耐光性最好，蓬松、柔软、保暖，最酷似羊毛	耐热性差，易起球	膨体针织纱、秋冬季服装面料、仿裘皮的人造毛、拉舍尔毛毯、壁毯、挂毯	130～140
		维纶	耐化学试剂能力最高，不霉不蛀，长期放在海水中或日晒、土埋对其影响都不大。在化纤中吸湿性最好，耐磨性好	不耐湿热，消毒、熨烫时要注意	军用迷彩服、工作服以及缝纫线、床单布、装饰布、工业用布等	120～140
		丙纶	强度高，干湿强度不变，耐浓硫酸，质量最轻	耐热性差（100℃以上收缩），染色性差	用途广泛，如服装、塑料包装绳、包装袋等	90～100
		氯纶	强度高，干湿强度不变，耐浓硫酸，不易燃烧，保暖性好	耐热性差（70℃以上收缩），染色性差	与其他纤维混纺做阻燃服装面料	不可熨烫
		氨纶	具有高弹性，强度、耐磨性、耐气候性均比橡胶好	不耐漂白	袜口、游泳衣、胸罩及其他弹性服装	90～110

二、面料的构成方式与结构

以各种天然纤维和化学纤维为原料，运用各种方法制成的柔软的片状制品就叫做织物，即服装面料的最主要形式。虽说天然纤维和化学纤维各有利弊，是决定服装面料性能的主要因素，但并不是唯一的因素。服装面料和辅料的最终性能和风格除了先天因素——原料的影响以外，还受纱线结构和性能、织物结构和性能、后整理等因素的影响。

(一) 组成面料的纱线

众所周知，散乱的短纤维是不能直接形成织物的（非织造布例外），纱线是纤维通往织物的桥梁。同纤维相比较，纱和线的结构对纺织品的内在和外观质量有着更为直接的影响。在织物中纱和线的概念是不同的。由一种或数种短纤维（长度如表 5、表 6 所示）经过纺纱过程的开松、除杂、混合、梳理、并合、牵伸，使纤维沿轴向排列并经加捻纺制而成的具有一定强度、细度和其他性能的产品称纱。一根的称单纱；由两根或两根以上的单纱并合加捻成为股线，简称线。线根据合股纱的根数，又分为双股线、三股线、四股线等。纱和线可作为梭织面料和针织面料的原料。线还可作缝纫线、绣花线、工艺装饰线等。

按纺纱所用原料的不同有棉纱、毛纱、绢丝纱、麻纱、化纤纱及混纺纱等种类。按所用纤维长度的不同，有短纤维纱、长丝纱及由短纤维和长丝组合成的纱（包芯纱）等。

只用纱织成的织物称为纱织物；只用股线织成的织物称为线织物；若同时用纱和线织成的织物称为半线织物。纱织物的特点是柔软、轻薄，但其强力和耐磨性能较差；半线织物和线织物都比纱织物强力大、弹性好、耐磨性强、手感硬挺。具体是纱织物还是半线织物或线织物，在斜纹织物里还涉及识别织物的正、反面的问题。

1. 长丝与短纤维纱线

通常所谓的纱线，是指纱和线的统称，是由短纤维或长丝线型集合体所组成的具有纺织品特性的连续纤维束。

纤维的长度可用 mm、cm、m 来表示，而直径以 μm（$1\mu m=10^{-3}mm$）表示。若长度达到几十米或几百米，称为长丝，如蚕丝（一个茧所缫的丝平均长度 800～1000m）、人造丝、涤纶长丝等。长度较短的称短纤维，如棉的长度约 40mm 以下、毛的长度 300mm 以下。化学纤维可根据需要纺成长丝、短纤维或中长纤维。如将化学纤维切成棉型长度，适宜与棉纤维混纺；切成毛型长度，可与毛纤维混纺，也可纯纺、织制混纺或仿毛织物；切成中长型，也可织制仿毛织物。此外，纤维除了长度不同，细度也有差别，如表 5、表 6 所示。

表 5 天然纤维的细度和长度

纤维名称	长度/mm	细度/μm	纤维名称	长度/mm	细度/μm
棉	20～60	15～24	毛	50～300	15～40
亚麻(细而短)	20～50(20～30)	20～30(15～24)	丝	1000～15000	10
苎麻(粗而长)	70～280(20～60)	30～70(20～80)			

表 6 化学纤维中短纤维的细度和长度

分 类	毛 型		棉 型	中长型
	粗 梳	精 梳		
长度/mm	64～76	76～114	33～38	51～76
细度/旦①	3～5	3～5	1.2～1.5	2～3
直径/μm	20～370		10～47	

① 旦为非法定计量单位,其与法定计量单位 tex 的换算关系见附录三。

注:化纤长丝的长度可以是任意的,细度也可以在纺丝过程中进行控制。

短纤维纱一般结构比较疏松，含有较多的空气，毛茸多，光泽不强，但具有良好的手感及覆盖能力。用它织成的面料有较好的舒适感及外观特征（如柔和的光泽、手感丰满等），适当的强度和均匀度。

长丝纱表面光滑，光泽好，摩擦力小，覆盖能力较差。但具有良好的强度和均匀度，可制成较细的纱线。用它织成的面料手感光滑、凉爽、光泽明亮、均匀平整，其强力和耐磨性优于短纤维纱织物。纱线的类型及用途见表 7。

除了长丝和短纤维纱线以外，为了丰富面料的外观，改善面料的服用性能，还生产一类花式纱线。花式纱线是指通过各种加工方法而获得的具有特殊外观、手感、结构和质地的纱线。

表 7 纱线的类型及用途

分 类			品 种 及 用 途
短纤维纱线	按组成纱线的纤维成分	纯纺纱	由一种纤维材料纺成的纱,如棉纱、毛纱、麻纱、绢纺纱、纯化纤纱等。此类纱适宜制作纯纺织物
		混纺纱	由两种或两种以上的纤维所纺成的纱,如涤/棉混纺纱、羊毛/黏胶混纺纱等。此类纱用于突出两种纤维优点的混纺织物
	按纺纱工艺	环锭纱线	指在环锭细纱机上,用传统的纺纱方法加捻制成的传统纱线和一些新型纱线。其中新型纺纱线又可再细分为喷气纺纱线、赛络纺纱线、赛络菲尔纺纱线、缆型纺纱线等
		自由端纱线	指在高速回转的纺杯流场内或在静电场内使纤维凝聚并加捻成纱,其纱的加捻与卷绕作用分别由不同的部件完成,因而效率高,成本较低,如转杯纺纱和静电纺纱等

续表

分类			品种及用途
短纤维纱线	按纺纱工艺	非自由端纱线	是由一种与自由端纱不同的新型纺纱方法纺制的纱。即在对纤维进行加捻过程中，纤维条两端是受握持状态，不是自由端。这种新型纱线包括自捻纱、摩擦纺纱和平行纺纱等
	按纺纱系统	棉纺纱线	包括精梳棉纱、粗梳棉纱（也称普梳棉纱）和废纺纱。1.精梳棉纱是指通过精梳工序纺成的纱。纱中纤维平行伸直度高，条干均匀、光洁，但纺纱成本较高、纱支较高。主要用于高档面料细纺及针织品的原料。2.粗梳棉纱是指按一般的纺纱系统进行梳理，不经过精梳工序纺成的纱。粗梳纱中短纤维含量较多，纤维平行伸直度差，结构松散、毛茸多、纱支较低、品质较差。此类纱多用于一般面料和针织品的原料，如中特以上的棉织物。3.废纺纱是指用棉纺织下脚料（废棉）或混入低级原料纺成的纱。纱线品质差、松软、条干不匀、含杂多、色泽差，一般只用来织造粗棉毯、厚绒布和包装布等低级的产品
		麻纺纱线	分为干纺纱和湿纺纱。亚麻（或称胡麻）先采用化学脱胶方法除去大部分非纤维素杂质，然后进行高分子基团接枝，再用机械梳理，提高亚麻的工艺纤维支数，同时保持工艺纤维最佳的可纺长度，采用湿纺法或干纺法纺制亚麻纯纺纱或各种混纺纱；苎麻采用干纺法进行纺纱
		毛纺纱线	包括精纺毛纱和粗纺毛纱。1.精纺毛纱是指通过精纺工序纺成的纱，纱中纤维平行伸直度高，条干均匀、光洁，但纺纱成本较高、纱支较高，主要用于精纺毛织物及高档针织品的原料，如华达呢、薄花呢、高档羊毛衫等。2.粗纺毛纱是指按一般的纺纱系统进行纺纱，不经过精纺工序纺成的纱，纱中短纤维含量较多，纤维平行伸直度差，结构松散、毛茸多、纱支较低、品质较差，多用于粗纺毛织物、长毛绒、毛毯和一般针织品的原料，如粗花呢等粗纺毛织物
		丝纺纱线	包括绢丝和䌷丝。绢丝是指一些不能用于正常缫丝的废茧，经打茧开松，再用梳棉机梳理制成，是各种绢纺面料的原料；䌷丝是缫丝及丝织过程中所产生的屑丝、废丝及茧渣等，再加工处理纺成的绢丝，粗细不匀，丝条杂质较多，常用来织绵绸
	按纱线结构	单纱	只有一股纤维束捻合的纱。主要做织物的原料
		股线	由两根或两根以上的单纱捻合而成的线。其强力、耐磨性好于单纱。有双股线、三股线和多股线。如缝纫线、绣花线和编织线
		复捻多股线	把几根股线按一定方式捻合在一起的纱线。如花式线、装饰线、绳索等
长丝纱线	普通长丝	单丝	是由一根长丝构成的，直径大小决定于纤维长丝的粗细。一般只用于加工细薄织物或针织物，如尼龙袜、面纱巾等
		复丝	由多根单丝合并而成的长丝。很多丝绸是由复丝织造而成的，如素软缎、电力纺等
		复合捻丝	复丝加捻而成的长丝，如丝绸中的绉类织物用复合捻丝
	变形长丝	高弹丝	具有很高的伸缩性，而蓬松性一般。主要用于弹力织物，以锦纶高弹丝为主
		低弹丝	具有适度的伸缩性和蓬松性。多用于针织物，以涤纶低弹丝为多
		膨体纱	具有较低的伸缩性和很高的蓬松性。主要用来做绒线、内衣或外衣等要求蓬松性好的织物，其典型代表是腈纶膨体纱，也叫做开司米
		网络丝（交络丝）	指单股复丝在交络喷嘴中被压缩空气按垂直方向或呈一定角度方向喷吹，使复丝中的单根丝强烈振动，形成错位、弯曲和缠绕，产生周期性的局部缠络的交络点，增加了抱合力，可以代替加捻。此丝手感柔软、蓬松，仿毛效果好，多用于女士呢

续表

分类			品种及用途
花式纱线	花色线	彩点线	主要用于传统的粗纺花呢火姆司本(Homespun,或称钢花呢)。其特征为纱上有单色或多色彩点,这些彩点长度短,体积小。通常的加工方法是先把彩色纤维(细羊毛或棉花)搓成用来点缀的结子,再按一定的比例混入到基纱的原料中,结子和基纱具有鲜明的对比色泽,从而形成有醒目彩色点的纱线。这种纱线织制的织物多用于制作女装和男夹克
		彩虹线	是在染色时的一大绞纱上至少染三种以上色泽,织成织物呈现不规则的自由花型,如云纹、斑纹等不规则的奇异图案
		印花线	是一种采用间隔染色方法制得的色段长度不同的印花纱,其织物颜色随机无规律性,具有独特别致的外观效果
		夹花线	也称多股线或花股线,是由两根或多根不同颜色的单纱并捻而成的双色或多色股线
	花式线	环圈线	是花式线中最松软的一种,由连续或间断出现的环状或半环状纱圈的股线。根据环圈形状可分为毛巾线(饰纱在芯纱周围形成连续丰满且均匀分散的纱圈)、花圈线(饰纱在芯纱周围形成连续饱满稀疏匀散的大环圈)、波浪线(饰纱在芯纱周围形成连续匀散分布的波浪形曲波,不是圈圈状,而仅仅起伏于纱线表面)、辫子线(起伏的纱圈因强捻而产生扭绞,在纱线表面形成均匀分布的辫子形状)和混合环圈线(几种环圈线的混合)等
		螺旋线	是由不同色彩、纤维、粗细或光泽的纱线捻合而成。一般饰纱的捻度较少,纱较粗,它绕在较细且捻度较大的纱线上,加捻后,纱的松弛能加强螺旋效果,使纱线外观好似旋塞。这种纱弹性较好,织成的织物比较蓬松
		结子线	也称疙瘩线或毛虫线。其特征是饰纱围绕芯纱,在短距离上形成一个结子,结子可有不同长度、色泽和间距。长结子称为毛虫线,短结子可有单色或多色
		竹节纱	其特征是具有粗细分布不匀的外观。有粗细节状竹节纱、疙瘩状竹节纱、蕾状竹节纱和热收缩竹节纱等。根据使用原料又有短纤维竹节纱和长丝竹节纱等。竹节纱可用于织制轻薄的夏季织物和厚重的冬季织物,花型醒目,风格别致,立体感强
		大肚线	也称断丝线。其主要特征是两根交捻的纱线中夹入一小段断续的纱线或粗纱。输送粗纱的中罗拉由电磁离合器控制其间歇运动,从而把粗纱拉断而形成粗节段,该粗节段呈毛茸状,易被磨损。但是由它织成的织物花型凸出,立体感强,像远处的山峰和蓝天上的白云
	特殊花式线	雪尼尔线	是一种特制的花式纱线,其特征是纤维被握持在合股的芯纱上,形状如瓶刷,手感柔软,广泛用于植绒织物、穗饰织物和手工毛衣,具有丝绒感,可以用作家具装饰织物、针织物等
		断丝线	是在两根交捻的纱线中夹入断续的饰纱即人造丝(或粗纱),根据断续饰纱的外观形成不同装饰效果
		包芯纱线	由芯纱和外包纱所组成。芯纱在纱的中心,通常为强力和弹性都较好的合成纤维长丝(涤纶或锦纶丝),外包棉、毛等短纤维纱,这样就使包芯纱既具有天然纤维的良好外观、手感、吸湿性能和染色性能,又兼有长丝的强力、弹性和尺寸稳定性。通常把短纤维作为芯纱,而以长丝作为外包纱时称为包缠纱
		金银线	把铝片夹在透明的涤纶薄膜片之间,如果要银色,将薄膜片和铝片黏合在一起的黏着剂应是很透明的;如果要金色或其他色彩,则需要在黏着剂中加入涂料或在薄金属片和薄膜黏在一起之前,在薄膜上印上颜色。另一种加工方法是真空技术或称为三明治技术,它与上一种方法的主要区别是采用真空技术,把铝蒸着在涤纶薄片上,这种金属丝既可用于织物,也可用于装饰用缝纫线

花式纱线及面料见彩图 1～彩图 33。

2. S 捻与 Z 捻

所谓纱是由纤维组成的连续纤维束，用放大镜来看纱的表面形状如同麻花，有螺旋状的外观。纺纱工艺过程中，锭带拉动锭盘飞速旋转的时候，通过罗拉牵伸而成的均匀细洁的纤维束，不断受到锭子旋转所产生的力偶作用，被加捻成麻花状。也就像搓草绳一样，把几根稻草的一端合在掌心里进行搓动，或在裤腿上一搓，这就加了捻。

加了捻的草绳强度加大，同样道理，纱的强度也随捻度（单位长度内捻回数的多少）增大而增大，当然如果超出临界值则强度反而降低。捻度大的纱线，缩水率大，染色性不好。所以不同风格和性能的织物对纱线捻度的要求不同。滑爽感强的织物，则捻度要大，如双绉、乔其纱；柔软的织物，捻度要小；绒类织物，捻度更要小，便于起绒。当然纱线捻度过小，强度较差，织物容易起毛起球，特别是合成纤维。纱线的捻度见表 8。

表 8　纱线的捻度及应用

纱的名称	捻度/(捻/m)	应用	纱的名称	捻度/(捻/m)	应　　用
弱捻纱	300 以下	绒布、针织面料等	强捻纱	1000～3000	比较挺爽的面料、褶皱面料
中捻纱	300～1000	比较柔软的面料	极强捻纱	3000 以上	褶皱面料

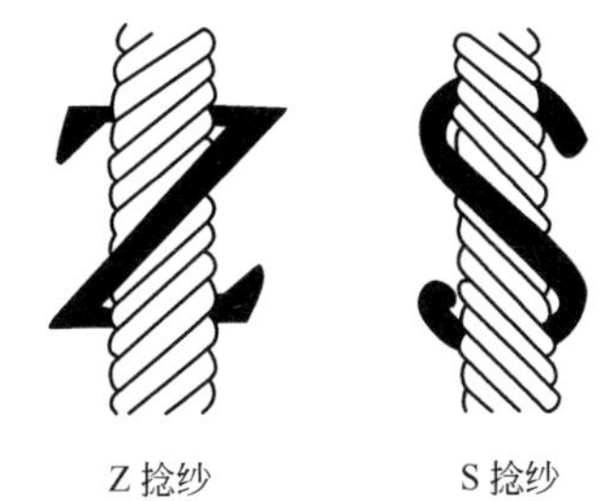

图 1　纱线捻向示意图

加捻时搓的方向不同，纱中纤维的倾斜方向——加捻的捻向也不同。捻向分为 S 捻与 Z 捻。如加捻后，竖着看，纱中纤维自右下向左上倾斜为 S 捻或称顺手捻、右捻；纱中纤维自左下向右上倾斜为 Z 捻或称反手捻、左捻。如图 1 所示。

纱线的捻向与面料的外观、手感有很大关系。织造过程中可以利用经纬纱捻向和组织相配合，织出组织点突出、纹路清晰、光泽好、手感适中的织物，见表 9。

表 9　纱线的捻向与斜纹织物条纹清晰度的关系

斜纹的斜向	经纱捻向	纬纱捻向	斜纹织物条纹清晰度		
右斜纹	S	Z	经突出	纬突出	斜纹不清晰
左斜纹	S	Z	经不突出	纬不突出	斜纹不清晰
右斜纹	Z	S	经不突出	纬不突出	斜纹不清晰

续表

斜纹的斜向	经纱捻向	纬纱捻向	斜纹织物条纹清晰度		
左斜纹	Z	S	经突出	纬突出	斜纹不清晰
右斜纹	S	S	经突出	纬不突出	经面斜纹清晰
左斜纹	S	S	经不突出	纬突出	纬面斜纹清晰
右斜纹	Z	Z	经不突出	纬突出	纬面斜纹清晰
左斜纹	Z	Z	经突出	纬不突出	经面斜纹清晰

3. 纱线细度的表示方法

面料用的纱线有粗有细，这种粗细程度通常用支数（公制支数、英制支数）表示，也有用号和旦表示的。支数越高，纱线越细，支数越低，纱线越粗。纱线细度不仅影响服装面料的厚薄、重量，而且对其外观风格和服用性能也构成一定的影响。显然纱线越细，织出的织物越轻薄，其外观紧密细致、光洁、柔软、色泽均匀，加工的服装越轻便，档次较高。而纱线越粗，织出的织物越厚重，其成品外观纹理较粗，织物强力较好。纺高支纱，织轻薄面料是近年来服装行业的一个发展趋势，如高支精梳棉衬衫、高档轻薄羊毛面料等已逐渐成为服装之精品。纱线细度的表示方法见表10，纱线细度的换算见表11，特克斯与其他指标的对照关系见表12，常用纱线的规格见表13。

表10 纱线细度的表示方法

纱线细度指标		定义及应用
定长制	特克斯（tex）	在公定回潮率下，1000米（m）长纱线的重量克数。是国家法定计量单位，简称为号数。目前常用于表示棉纱的细度 （注：数值越大，纱线越粗）
	旦尼尔（D）	在公定回潮率下，9000米（m）长纤维（或纱线）的重量克数。常用于表示化纤长丝和蚕丝的细度。不是国家法定计量单位 （注：数值越大，纱线越粗）
定重制	公制支数（Nm）	在公定回潮率下，1克（g）重纱线有多少米。常用于表示毛纱的细度。虽不是国家法定计量单位，现仍有使用（过去也表示麻纱细度）。 （注：数值越大，纱线越细）
	英制支数（Ne）	在公定回潮率下，1磅（1磅等于16盎司，合45359克）重的纤维纱线长度有多少个840码（1码等于3英尺，合0.9144米），称多少英支（S）。也常用于表示棉纱线的细度。不是国家法定计量单位 （注：数值越大，纱线越细）

注：过去我国习惯上棉、麻纤维细度用公制支数（Nm）表示；羊毛纤维细度用直径及品质支数表示；蚕丝、化纤细度用旦尼尔（D）表示；棉纱细度用英制支数（Ne）表示；毛、麻纱细度用公制支数（Nm）表示。它们之间可以换算。根据国务院1984年2月27日发布的《关于在我国统一实行法定计量单位的命令》，从1986年起，纺织纤维和纱线细度的法定计量单位为特克斯（tex）、分特克斯（dtex），简称特、分特。羊毛的细度单位仍可用品质支数表示。

表 11　纱线细度指标之间的换算

指　　标	换　算　公　式
英制支数与特克斯的换算	$\text{tex}=(590.54/\text{Ne})\times\dfrac{100+\text{特克斯制的公定回潮率}\%}{100+\text{英制公定回潮率}\%}$
公制支数与特克斯的换算	tex=1000/Nm
特克斯与旦尼尔的换算	1 旦(尼尔)$=\dfrac{1}{9}$tex=1.1dtex(注:1tex=10dtex)

表 12　特克斯与其他指标对照

英制支数与特克斯对照	Ne	120	115	110	105	100	90	86	80	60	57	50
	tex	5	5.1	5.3	5.6	5.9	6.6	6.9	7.5	10	10.5	12
	Ne	42	40	36	34	32	30	28	24	21	20	18
	tex	14	14.5	16.5	17.5	18.5	19.5	21	25	28	30	33
	Ne	14	10	8	6	5	2	1				
	tex	42	59	74	100	120	300	590				
公制支数与特克斯对照	Nm	200	180	140	125	120	100	90	84	77	72	69
	tex	5	5.6	7.1	8	8.3	10	11.1	11.9	13	14	14.5
	Nm	60	56	50	48	40	38	30	20	13	10	5
	tex	16.7	18	20	20.8	25	26.3	33	50	77	100	200
旦尼尔与特克斯对照	D	1	3	5	7	10	12	15	18	20	28	30
	dtex	1.1	3.3	5.5	7.8	11	13	17	20	22	31	33
	D	20	35	40	45	50	56	70	75	100	150	300
	dtex	22	39	44	50	56	62	78	82.5	110	167	330

表 13　常用纱线的规格

纱线类型	常 用 规 格
棉纱	12tex,14.5tex,18.5tex,21tex,28tex,33tex 等
毛纱	10tex,11.8tex,12.3tex,15.5tex 等
绢丝	4.76tex,5.9tex,7.14tex 等
桑蚕丝	14.3/16.5dtex,22/24.2dtex,30.8/33dtex,38.5dtex,77dtex 等
化纤长丝	56dtex,66dtex,82.5dtex,110dtex,167dtex 等

(二) 织物的构成

1. 织物的分类

由纤维或纱线形成织物，因构成方式不同，其外观和性能都不相同。服装上所用织物主要有梭织物（过去称为机织物）、针织物、非织造布、缝编织物等。此外，还可以按织物使用原料情况分为纯纺织物、混纺织物、交织物、交并织物；按织物使用纱线的种类分为纱织物、半线织物、线织物；按不同的纺纱系统纺出的不同种类的纱线所织成的织物又有不同分类：棉纺纱线织成的织物有精梳织物、粗梳织物、废纺织物，毛纺纱线织成的织物有精纺织物、粗纺织物，麻纺纱线织成的织物有苎麻织物、亚麻织物及少量的大麻织物，丝纺纱线织成的织物有纺类、绸类、纱类、罗类、肖类、绡类、葛类、绉类、缎类、绫类、绨类、锦类、绒类、呢类；按纤维的长度和细度分棉型织物、中长型织物、毛型织物、长丝型织物；按染整加工方式分本色布、色织布、漂白布、染色布（素色布）、印花布等等，见表14。

表14　织物的分类及主要特点

织物分类			主要特点
按织物使用原料情况	纯纺织物	织物经纬纱线是由单一的纯纺纱线构成，如棉织物、麻织物、丝织物、毛织物或纯化纤织物（如黏胶人造丝绸、人造棉、富纤布、涤纶绸、锦纶绸、维尼纶布、腈纶呢等）	主要体现了所用纤维的基本性能
	混纺织物	织物经纬纱线由两种或两种以上纤维混纺成的纱线而织成的织物，如麻/棉、毛/棉、毛/麻/绢等天然纤维混纺的各种织物，以及涤/棉、涤/毛、黏/棉、毛/腈、涤/麻、涤/黏等纤维混纺的织物	体现所组成原料中各种纤维优势互补，用以提高织物的服用性能
	交织物	织物经纱和纬纱原料不同，或者经纬纱中一组为长丝纱、一组为短纤维纱，交织而成的织物，如丝毛交织物（经向为真丝、纬向为毛纱）、丝棉交织（如线绨，经向为人造丝、纬向为棉纱）	由不同种类的纱线决定，一般具有经纬向各异的特点
	交并织物	织物经纱和纬纱采用同一种交并纱（以不同纤维的单纱或长丝经捻合或并合）织成，如棉毛交并、棉麻交并	兼具两种原料的外观风格和服用性能
按织物使用纱线的种类	纱织物	织物经纱和纬纱都是采用单纱编织而成	织物比较柔软、轻薄
	半线织物	织物经、纬纱中分别有一组采用单纱，另一组采用股线编织的情况	柔软、坚牢度介于纱织物和线织物之间
	线织物	织物经纱和纬纱都是采用股线编织的情况	织物厚实、手感挺爽，坚牢耐磨

续表

织物分类				主要特点
按纺纱系统	棉纺纱线	精梳织物	织物是采用棉型精梳纱线编织而成，也称棉型精梳面料	布面光洁、细致，纹理清晰，品质好，档次高
		粗梳织物	织物是采用棉型粗梳纱线编织而成，也称棉型粗梳面料	布面丰满，有绒毛覆盖，保暖性好
		废纺织物	织物是采用废纺纱线编织而成	布面粗糙，杂结较多，一般做包装布
	毛纺纱线	精纺织物	织物是采用毛型精纺纱线编织而成，也称精纺毛呢	布面光洁、细致，以纹面为主，品质好，档次高
		粗纺织物	织物是采用毛型粗纺纱线编织而成，也称棉型粗纺毛呢	布面丰满，有绒毛覆盖，织物相对较厚，保暖性好
	麻纺纱线	苎麻织物	织物是用苎麻纤维纺制纱线再织成的。由于苎麻本身强力高、刚性大，织物挺爽、透气性好，吸湿散湿快，但其弹性差，耐磨性也差，服装折边处易磨损	布面常有不规则的粗节纱，形成独特的风格，服用性较好，但面料容易起皱
		亚麻织物	织物是以天然的亚麻纤维纺制而成的，是纯亚麻纱线织成的织物，透凉爽滑，服用舒适，但弹性较差，不耐折皱和磨损。此外由于亚麻单纤维相对较细、短，故较苎麻织物松软，光泽柔和	布面呈现有粗细条痕，并夹有粗节纱，形成特殊的麻布风格
	丝纺纱线	纺类	一般采用不加捻桑蚕丝、人造丝、锦纶丝、涤纶丝等原料，也有以长丝为经，人造丝、绢纺纱为纬丝交织的产品，编织时采用梭织平纹组织（如洋纺、柞丝纺、电力纺、富春纺、杭纺等）。又称纺绸	织物密度较绸类稀疏，质地较绸类轻薄，手感滑爽挺括，穿着舒适凉爽
		绸类	原料采用人造丝、合纤丝等纯织或交织。纱线有加捻的和不加捻的。按工艺分生织（白织）和熟织（色织）编织时采用梭织平纹、斜纹或各种变化组织（如双宫绸、砂洗绢丝绸、绵绸等）	织物质地细密，是较纺类稍厚的薄型绸，但绸类织物也因轻重、厚薄不同，后整理工艺不同而有不同之用
		纱类	采用的纱线大多是强捻纱，编织时采用梭织纱组织织成（如莨纱、乔其纱、麻纱等）	织物表面具有全面或局部均匀、细密、透明的小孔眼这种纱眼特征

续表

织物分类				主要特点
按纺纱系统	丝纺纱线	罗类	一般是用合股丝做经、纬纱织成的绞经织物，经纬密度较疏松，表面具有横条或直条形孔眼特征。经向孔眼称直罗，纬向孔眼称横罗（如杭罗）	织物质地较轻薄，织纹孔眼清晰，透气性好
		绡类	经纬常用不加捻或加中、弱捻桑蚕丝或黏胶丝等。编织时采用梭织平纹或透孔组织为地纹，经纬密度小，分素色绡、提花绡和修花绡等	织物质地爽挺轻薄，透明，孔眼方正清晰
		绢类	采用平纹或重平组织，经纬先染色或部分染色后进行色织或半色织套染，染色后因两种丝的染色不同而为双色	质地较缎类和锦类薄而坚韧，绢面有闪色亮花，反面花纹无光
		葛类	采用的纱线一般经细纬粗，经密纬疏，经纬用相同或不相同种类的原料，编织时采用梭织平纹、经重平或急斜纹组织，织制成素织物、花织物	织物地纹无光泽，表面具有明显的横棱凸纹，而反面较亮。葛的质地厚实而较坚牢，手感较硬
		绉类	采用工艺手段和结构手段，以丝线加捻和采用平纹或绉组织相结合，织制外观呈现皱纹效应，富有弹性的丝织物（如顺纡绉、碧绉、双绉、冠乐绉、桑波缎等）	织物表面有较明显的各种皱纹，风格新颖别致，质地轻薄柔软，面料适宜做夏季女装
		缎类	采用的原料有桑蚕丝、黏胶丝和其他化纤丝，经纬丝均不加捻（除经纬纱采用强捻丝织成的绉缎外）。编织成梭织缎组织（如素软缎、花纬缎、绉缎等）	织物质地紧密柔软，绸面平滑光亮（除经纬纱采用强捻丝织成的绉缎外）
		绫类	采用斜纹或各种变化斜纹为基础组织，表面具明显的斜纹纹路，或以不同的斜向组成的山形、条格形，以及阶梯形花纹的花织物、素织物（如斜纹绸、美丽绸、羽纱）	织物表面呈现明显的斜向条纹或由斜条纹组成的图案花纹，绸面斜纹纹路细密清晰
		绨类	用长丝作经，棉纱或蜡纱作纬（分线绨和蜡纱绨），编织时采用梭织平纹变化或提花进行交织，如线绨（以人造丝作经，棉纱作纬）。西汉时代的丝织物中就有绨	织物绸面平整，色泽匀净，质地粗厚、紧密，织纹简洁而清晰
		锦类	是缎纹的提花织物，是桑蚕丝和人造丝交织，先练染后织造，纬丝的色泽均在三色以上，是中国有三千多年历史的传统丝织品之一，在部分织品中还织入光亮美丽的金属丝，有的多达六、七色之多（如宋锦、织锦缎、古香缎等）	织物质地厚实、紧密坚牢，缎身平挺，色泽绚丽、光耀夺目，不同的锦有不同花色

续表

织物分类				主要特点
按纺纱系统	丝纺纱线	绒类	采用桑蚕丝和人造丝交织成起毛组织织物，在织物表面覆盖一层绒毛或绒圈。其组织有平纹、斜纹、缎纹及变化组织（如丝绒、利亚绒、烂花绒、闪光乔奇绒）	质地柔软、色泽鲜艳光亮，绒毛绒圈紧密，装饰性强
		呢类	采用绉组织、平纹、斜纹组织或其他短浮纹联合组织织制，属丝织物中的仿毛织物。如四维呢其正面有隐约的横罗纹状绉纹，反面缎地较正面光亮，质地密实，坚牢耐穿，光泽柔和，可用于做衬衫、裙、裤等	具有光泽柔和，质地紧密，手感柔软而有呢料感的特征
按纤维的长度和细度	棉型织物		使用的纤维长度(33～38mm)、细度与棉接近	外观风格和服用性接近于棉织物
	中长型织物		使用的纤维长度介于棉和毛纤维的长度之间，为51～76mm，细度与毛接近	一般做仿毛风格的织物
	毛型织物		使用的纤维长度(64～70mm)、细度与毛接近	织物挺括、富有弹性，舒适保暖
	长丝型织物		使用的纤维长度为几百或上千米，细度与长丝接近	织物表面光洁、富有光泽，手感滑爽
按染整加工方式	本色布		使用的纱线和织成的织物都未经漂染加工	具原纱的天然色泽，一般不做成品服装
	色织布		使用经过染色成不同颜色的纱线织成的织物	外观风格独特
	漂白布		白坯布经练漂加工后所获得的织物。常见的品种如漂白棉布、漂白麻布、漂白针织汗布等	布面匀净、颜色洁白
	染色布（素色布）		坯布进行匹染或为了毛织物染色均匀，提高布面质量，采用纤维染色、毛条染色或者染纱而织成的织物	单色为主，如各种杂色棉布、各种精纺或粗纺素色毛料
	印花布		白坯布经炼漂加工后再印花而获得的花色织物	有各种独特的花型

2. 织物的组织结构

(1) 梭织物

梭织物是指以纱线作经纬，按各种织物组织结构相交织造的织物。最早的电动织机是由木梭带动纬纱与经纱交织（如图 2 所示），逐渐发展为片梭织机、剑杆织机、喷气织机和喷水织机。但无论用什么样的织机，只要是由相互垂直排列的经纬纱按一定的规律浮沉交织而成的织品都被称为梭织物坯布，未经过染色加工的坯布称为本色布，经过染整加工可成为漂白布、色布、印花布。还可采用轧花、涂层、防缩、防水、阻燃、防蛀、防污、烂花等各种特殊整理而使其具有各种特殊功能，如采用有色纱织造可得到具有组织和色彩相互衬托、花纹图案富有立体感的色织布。

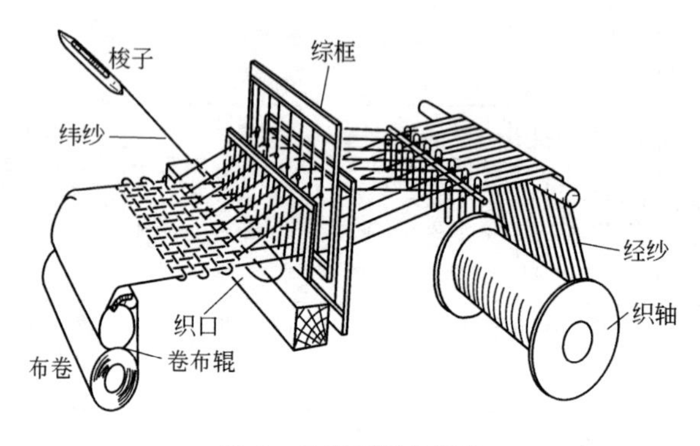

图 2　梭织面料的织造

在梭织物中经纬纱有规律地浮沉交织便成为织物组织。织物组织不同，织物的外观和性能也有差别。简单地说织物组织也就是我们看到的布面上的织纹。目前服装面料市场上，布面织纹的种类很多。实际上织物组织通常可分为原组织（原组织有三种，也称三原组织，见表 15)、平纹变化组织（见表 16)、斜纹变化组织（见表 17)、缎纹变化组织（见表 18)、联合组织（见表 19)、复杂组织（见表 20）等。

三原组织由于结构不同，织物的外观风格和性能也有所不同，主要突出在以下几方面。

光泽：平纹较灰暗；斜纹较光亮；缎纹为最亮。

密度：(采用相同的经纬纱）缎纹最大；平纹最小。

手感：平纹坚挺；斜纹次之；缎纹最柔软光滑。

强度及耐磨性：（采用相同的经纬纱，相同密度情况下）平纹最坚牢；斜纹次之；缎纹最差。

梭织物除了通过应用不同组织再加上色彩的变化可以形成外观风格各异、五彩缤纷的服装面料外，还可根据织造时所用的原料不同，使面料有不同的服用性能，例如棉纤维是天然纤维，经多方面检测和穿着实践证明，其织物与肌肤接触无任何刺激和副作用，久穿对人体有益无害，因其良好的吸湿性、保温性、耐热性、耐碱性使之用途广泛。但棉织物也有些不足之处：如柔软度不如丝织物，挺括性不如毛织物，悬垂性不如丝和毛织物；棉纤维抗酸性较差，常温下，棉布遇酸很快就会腐蚀，所以纯棉织物在穿用时要避免酸的侵蚀；还应避免在日光下暴晒，否则会使棉织物发硬、变色和降低强力。

梭织组织部分面料见彩图 34～彩图 59。

表 15　梭织三原组织结构、特征及应用

组织名称	织物组织（意匠图、结构图）	外观特征及性能	应　　用
平纹组织 plain weave	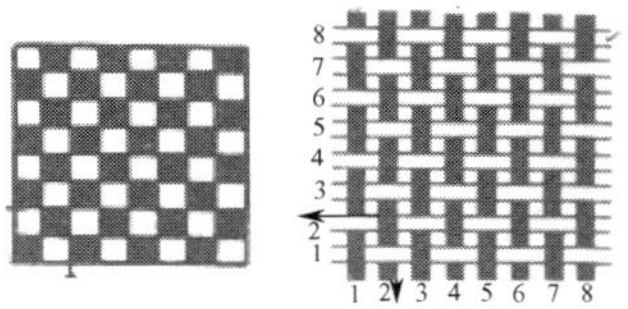	经纬纱交织点多，纱线屈曲最多，织物表面平整，正反面外观效应相同。织物坚牢耐磨、硬挺，但弹性较小，光泽一般，密度不能很大	棉织物中的平布、细布、府绸；毛织物中的凡立丁、派力司、法兰绒；丝织物中的电力纺、洋纺、杭纺、塔夫绸、双绉、乔其纱；麻织物中的夏布；化纤织物中的人造棉、涤丝纺、尼龙绸以及一些毛涤薄花呢等都采用平纹组织
斜纹组织 twill weave	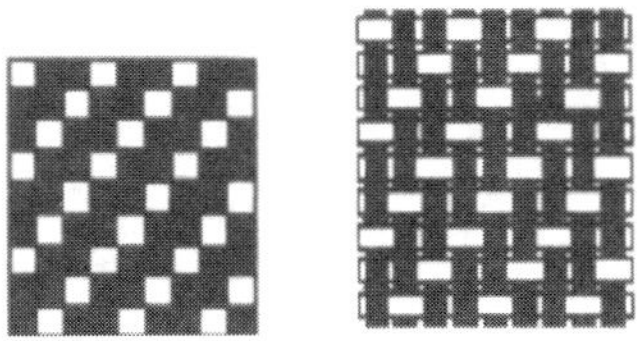	经纬纱交织次数比平纹少，使经纬纱间的空隙较小，纱线可以排列得较密，从而使织物比较致密厚实。斜纹较平纹织物手感柔软，弹性好，但由于斜纹织物浮长线较长，在经纬纱粗细、密度相同的条件下，耐磨性、坚牢度不如平纹织物。织物表面呈现明显的由经浮长线或纬浮长线构成的斜向条纹外观效应，如：经面斜纹和纬面斜纹；左斜纹和右斜纹；单面斜纹和双面斜纹；纱斜纹、半线斜纹和线斜纹	棉织物中的斜纹布、花哔叽、卡其、牛仔布；毛织物中的啥味呢、哔叽、华达呢；丝织物中的真丝斜纹绸、美丽绸等
缎纹组织 satin weave	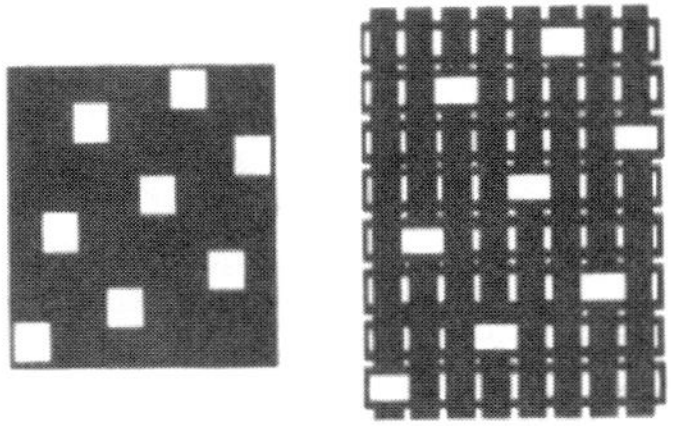	经纬交织点间距较长，而交织点最少，织物的正反面有明显差别，正面由长浮线构成平滑匀整光亮的外观，反面不同。织物的质地柔软，富有光泽，悬垂性较好，坚牢度较差，易擦伤、起毛、破损	棉织物中的直贡缎、横缎纹；毛织物中的贡呢（礼服呢）、顺毛大衣呢；丝织物中应用最多的有绉缎、素软缎、花软缎等。缎纹组织除用于服装以外，还常用于被面、装饰品，如壁挂、台布、名贵书籍的装裱、手饰盒面料等

表 16 梭织平纹变化组织结构、特征及应用

组织名称		织物组织(结构图、意匠图)	外观特征及性能	应用
平纹变化组织 plain derivative weave	$\frac{2}{1}$经重平组织 warp rib weave		当采用较大经密，较细经纱和较粗纬纱时，经重平织物表面呈现明显的横凸条纹，并可借经纬纱的粗细搭配而使凸纹更为明显	改变平纹织物平坦的外观，利用不同粗细的纱线开发新型面料
	$\frac{2}{1}$纬重平组织 weft rib weave; plain moreen		当采用较大纬密，较细纬纱和较粗经纱时，纬重平织物呈现纵凸条纹（如文尚葛），并可借经纬纱的粗细搭配而使凸纹更为明显	改变平纹织物平坦的外观，利用不同粗细的纱线开发新型面料
	方平组织 matt weave		是以平纹组织为基础，沿着经纬方向同时延长其组织点，并把组织点填成小方块而成。方平组织的织物外观平整，质地松软	方平组织如配以不同色纱和纱线，则织物表面可呈现色彩美丽、式样新颖的小方块花纹。如中厚花呢中的板司呢

表 17　梭织斜纹变化组织结构、特征及应用

组织名称		织物组织(结构图、意匠图)	外观特征及性能	应用
斜纹变化组织 twill derivative weave	加强斜纹组织 double twill weave	$\frac{2}{2}$经面斜纹	也叫重斜纹组织，是在斜纹组织的组织点旁沿经向或纬向增加其组织点而成。分经面、纬面和双面斜纹三种	$\frac{2}{2}$双面斜纹，广泛用于棉、毛以及合成纤维等各种织物中，如哔叽、啥味呢、华达呢、卡其、麦尔登、花呢、法兰绒、大众呢、制服呢、海军呢、女式呢等
	复合斜纹组织 compound twills weave		在一个组织循环中具有两条或两条以上不同宽度的斜纹线	复合斜纹组织有经面、纬面和双面，一般用于花呢。毛织物中的巧克丁、马裤呢、直贡呢、横贡呢、驼丝锦等都是由复合斜纹形成的
	山形斜纹 破斜纹 pointed twill; broken twill; cross twill	山形斜纹　破斜纹	在一个组织循环中斜纹向一个方向倾斜后再折返向另一个方向倾斜，两条倾斜纹路有对称点的为山形斜纹，没有对称点的为破斜纹	山形斜纹形成外观的典型面料是粗纺毛织物中的人字呢，破斜纹形成外观的典型面料是精纺毛织物中的海力蒙，也用于粗纺呢、女士呢和大衣呢等

表 18 梭织缎纹变化组织结构、特征及应用

组织名称		织物组织(结构图、意匠图)	外观特征及性能	应用
缎纹变化组织 satin derivative weave	加强缎纹 double satin		以原组织的缎纹组织为基础,在其单个经(或纬)组织点四周添加单个或多个经(或纬)组织点而形成。通常增加组织点后用于拉毛织物,可防止拉毛时纱线的移动,增强拉毛织物的坚牢度	织物若配以较大经密,就可得到正面呈斜纹而反面呈经面缎纹的外观,即缎背,如缎背华达呢、驼丝锦等
	变则缎纹 irregular satin		原组织中的飞数(R)为变数(即有两个以上的飞数),但仍保持缎纹外观,这就可以不受 $R \geqslant 5, R \neq 6$ 等条件的限制	一般用于顺毛大衣呢或女式呢、花呢等起毛组织织物,但不如加强缎纹应用广泛

表 19 梭织联合组织的结构、特征及应用

组织名称		织物组织(结构图、意匠图)	外观特征及性能	应用
联合组织 combined weave	条格组织 check weave		以两种或两种以上的组织沿织物的纵向(构成纵条纹)或横向(构成横条纹)并列配制而成,使织物表面呈现清晰的条、格外观	用于织制手帕、围巾、床单及色织面料等
	假纱罗组织 imitation gauze weave; mockleno weave		利用平纹和重平组织联合,经纬线相互垂直交织,由于经纬线浮长的不同,在交织作用下,经纱相互靠拢并集合成束,使组织表面均匀分布小孔,透气性得到提高	用于精纺高支纱织制成的夏季轻薄类服装面料、窗帘等。如丝纱绸、薄花呢等

续表

组织名称		织物组织(结构图、意匠图)	外观特征及性能	应用
联合组织 combined weave	网目组织 spider weave; linear zigzag weave		以平纹或斜纹组织为地组织,每间隔一定距离,又以曲折的经(或纬)长浮线浮在织物表面,形如网络,可以通过色泽对比突出经纬浮线的曲折效果,织物具有较强的装饰性	用于细纺、泡泡纱、花呢、女式呢和装饰织物等
	凸条组织 rib weave; raised line weave		以一定的方式把平纹或斜纹与平纹变化组织组合,使织物表面具有纵向或斜向的凸条效果,凸条之间有细的沟槽	用于凸条花呢、色织线呢、灯芯布、中长仿毛织物等
	蜂巢组织 honey comb weave		以菱形斜纹为基础组织变化而成,织物表面形成四边凸出中间凹进的方格花纹,其形似蜂巢而得名。织物外形美观,质地松软,保暖,富有弹性,缩水率大,穿着中要防止钩丝	用于精纺花呢、粗纺花呢、女式呢、沙发用呢、汽车、飞机、家具用呢、童装面料或织制围巾、床单等
	绉组织 crepe weave		利用织物中不同浮长的经纬纱线,在纵横方向交错排列,使织物表面形成分散且规律不明显的细小颗粒外观,呈微微凹凸绉纹状,织物手感柔软、厚实且有弹性、光泽柔和	用于绉纹呢、女式呢、女线呢、乔其纱等

表 20 梭织复杂组织的特征及应用

组织名称		外观特征及性能	应用
复杂组织 composed weave	二重组织 backed weave	分经二重组织和纬二重组织。由两个系统的经纱与一个系统的纬纱交织而成的组织，称经二重组织；两个系统的纬纱与一个系统的经纱交织而成的组织，称纬二重组织。主要特征是纱线在织物中呈重叠状配置，织物的正反面可采用相同或不同的组织、纱支、颜色，呈现不同的花纹	经二重组织有中厚牙签呢，纬二重组织有织锦缎、古香缎、双面缎等
	双层组织 double weave	由两组经纱和两组纬纱分别织成重叠的上下两层组织	适用于织制管状织物、厚重毛织物或构成各种配色花纹的花呢
	起毛组织 nap weave	利用一组起毛的纱线与普通的经纬纱进行交织，经整理加工，使成品织物的表面呈现毛圈或毛绒的外观。形成毛绒的是纬纱，称纬起毛组织；形成毛绒的是经纱，称经起毛组织	纬起毛组织适用于灯芯绒、拷花大衣呢，经起毛组织适用于长毛绒和天鹅绒
	毛巾组织 terry weave	能使织物表面起毛圈外观，一般由一根或多根起毛圈的纱线和一组经纬纱交织而成，手感柔软保温性增加，纯棉毛巾组织吸水性好	适用于睡衣、浴衣、沙滩服、毛巾等
	纱罗组织 leno weave	是用绞经的方法编织一定的空隙，而形成透气的纱孔，经纱扭绞一次织入一根纬纱为纱组织，经纱扭绞一次织入三根以上的奇数纬纱为罗组织，纱罗组织质地轻薄，纱孔透气，穿着舒适凉快	纱罗组织织物适用于做男女夏季衬衫便服，耐洗涤，耐穿着，服用性能良好
	大花纹组织 big jacguard weave	也称为大提花组织，它的组织循环经纱数，少则十多根，多达数千根。大多以一种组织为地部，另一组织显示出花纹图案。也有用不同的表里组织，不同色彩或原料的经纬纱，使之在织物表面显示出彩色花纹，如花鸟虫鱼、飞禽走兽、风景人物、喜庆图案或民族纹样等，大花纹组织需由提花织机织制(即织机上有专门机构进行提花)	大花纹组织的织物有织锦缎、九霞缎、大提花毛毯、装饰用布等

(2) 针织物

在服装面料或里料中，除了人们比较熟悉的梭织物外，另一大类就是针织物。针织物在人类发展的进程中是伴随古代文明逐渐形成和发展的。据史料记载，远在上古时代，我们的祖先就穿用针织品了。我国《易·系辞传》中有伏羲氏“作结绳而为网罟，以佃以渔”的记载。伏羲氏是渔猎时代的领袖人物，其时间在公元前五千年。1982年湖北江陵马山战国墓出土纺织品表明，早在公元前4世纪，中国已有了编织物，实物现存放荆州博物馆，称为“战国动物纹提花针织条”，是现今保存的世界上最早的针织物。中国历史博物馆通史厅中展出的战国时期的残片是真丝纬编平针织物，残片长约10cm、宽5cm，横向有23个纵行，线圈高度约1mm，下端三个横列上的线圈十分清晰，排列整齐，说明当时已经使用了棒针类的工具，该产品系湖南长沙出土，也能说明我国最晚在公元前3世纪，就有针织实物。我国有关成形针织物的最早记载：魏文帝曹丕（公元220—226年称帝）之妃给他织出成形的袜子。说明早在3世纪初，我国已出现成形的编织品。其他国家如印度、埃及、希腊等，都有史料记载和考古实物提供针织演变的历史素材。

当然，最早的针织物和梭织物一样，都是手工编织的。针织物最早的手工编织就是用两根或多根木质或骨质的直针，对纱线进行串套，并且由开始的游戏形式逐渐演变成有趣的家庭手工业。从手工编织到机械编织技术的出现经过了几千年的反复实践，直到16世纪的1589年由英国人威廉·李（William Lee）发明了具有历史意义的平袜机，这是历史上的第一台针织机，开创了针织工业的历史。又经过二百多年到19世纪的1857年已经有了各种各样的袜机、台车、吊机、花边机、经编机、织带机和横机问世。1896年国内第一家针织厂成立（即原来的上海云章衫袜厂），标志着我国针织工业的开始。

实际上针织就是利用织针将纱线弯曲成圈并相互串套而形成织物的一种方法（见图3）。针织面料和梭织面料的最大区别是纱线在织物中的形态不同。针织以线圈的形式相互连接，不像梭织物中近似平行或垂直的纱线，当然针织组织中也有衬经衬纬组织带有平行或垂直的纱线，但它们都穿插在线圈中。构成针织物的基本结构单元为线圈，决定是否为针织物，只要看布的结构中是否有线圈。有些织物从外观上看像针织物，但没有线圈；相反地有些织物从外观上看似梭织物，而往往是由连续的线圈形成的针织物。大多数针织物仅凭外观就可以判断，但有些需仔细观察判断。

过去外衣（包括礼服）几乎都用梭织面料制作，针织面料的用途仅限于内衣、手套、袜子、围巾、羊毛衫、运动服装等。然而，近年来针织服装几乎占据整个内衣领域，而且其独特优势在家用、休闲、运动服装方面也充分体现出来。由于现代针织面料的丰富多彩、多功能和高档化，使之在外衣甚至时装领域得到广泛应用。在服装市场上无论哪个季节人们都可以选购到合体的针织服装。

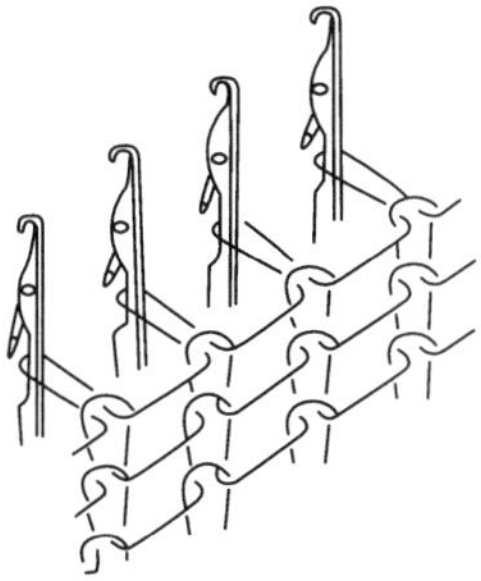

针织物根据编织时使用的设备和编织方法的不同，分为经编针织物和纬编针织物，见表21。

图3 针织面料的织造

表 21　经、纬编针织物

项　目	经编针织物 warp knitted fabric	纬编针织物 weft knitted fabric
定义	编织时将一组或几组（甚至几十组）平行排列的纱线由经向绕垫在针织机所有的工作针上同时进行成圈，线圈纵向互相串套横向连接而形成的针织物	编织时用一根或数根纱线分别由纬向喂入针织机的工作针上，使纱线在横向顺序地弯曲成圈并在纵向相互串套而形成的针织物
编织示意图及线圈配置形式	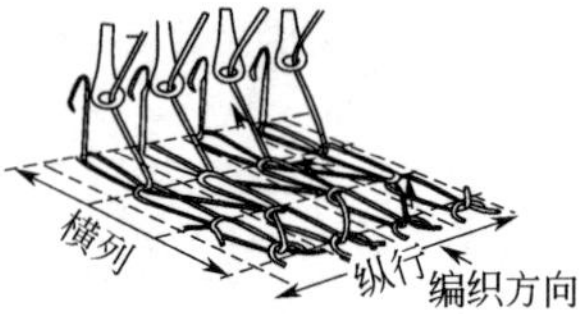 横列　纵行　编织方向	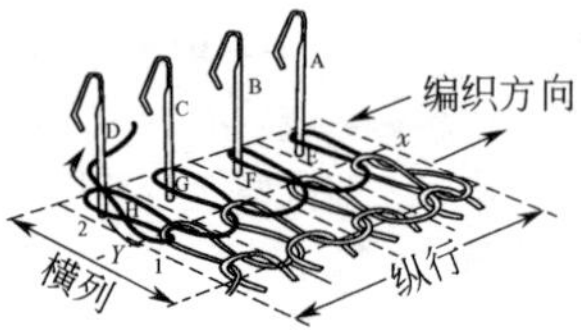 编织方向　横列　纵行
布面外观	反面沉降弧呈折线形式	反面沉降弧基本上与线圈横列平行
脱散性 延伸性	基本无（个别有轻微的） 较小	有（个别较大） 较大

针织物中，线圈由近似直线部分（称为圈柱）和近似圆弧部分（称为圈弧）组成，在静力平衡状态下，线圈呈稳定状态，当有外力作用于针织物时，这两部分可以相互转移，这种线圈各部分的转移恰好提供给针织物良好的弹性和延伸性，这也是与梭织物的主要区别之一。针织物根据编织针床数的不同分为单面针织物和双面针织物，如表 22 所示。

表 22　针织物的单双面

名　　称	定　　义	正面外观	反面外观
单面针织物 single-faced knitted fabric	在单针床针织机上编织的织物	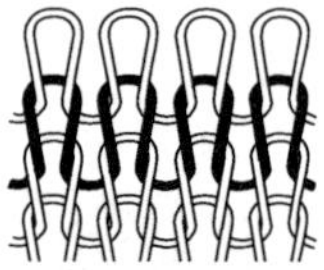 圈柱遮盖圈弧的一面	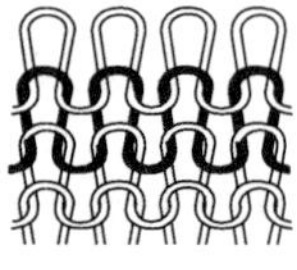 圈弧遮盖圈柱的一面
双面针织物 double-faced knitted fabric	在双针床针织机上编织的织物	双正面即针织物的两面外观都是圈柱遮盖圈弧，即两面都如单面针织物的正面外观形式 双反面即针织物的两面外观都是圈弧遮盖圈柱，即两面都如单面针织物的反面外观形式	

纬编针织物同梭织物一样，也分基本组织（包括原组织、变化组织）（见表 23）和花色组织（见表 24）。

在经编针织中，如果单用一组平行排列的纱线编织，其织物的缺点是线圈不够稳定，个别组织易松散，花色少。服装用经编织物常用两组或两组以上平行排列的纱线进行编织。即联合应用原组织或变化组织，形成织物的尺寸稳定性、挺括性都比纬编织物要好，但伸缩性、柔软性不如纬编织物，见表 25。

表 23 针织纬编基本组织结构、特征及应用

组织名称		织物组织(结构图)	外观特征及性能	应用
原组织 foundation weave	纬平针组织 weft plain-knitted weave	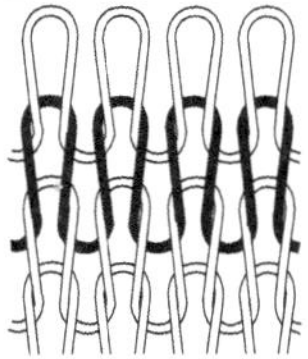	是由一根纱线沿着线圈横列顺序形成线圈的单面组织,正面有圈柱构成的纵行条纹,反面是圈弧构成的横向条纹。织物具有以下特性:横向比纵向更易延伸的特性,而且横向延伸度几乎是纵向延伸度的二倍;脱散性,织物如有漏针或线头出现,组织很快会沿其纵行分散开来,影响外观和牢度;卷边性	纬平针织物可以用来制作汗衫、背心、T恤衫、童装、睡衣等。用真丝织成的平针织物薄如蝉翼,是内衣中的上品。此外平针织物还大量应用于成形服装包括袜子、手套的编织。脱散性和卷边性在设计上都可以被利用设计成独特的造型
	罗纹组织 rib stitch		是由一根纱线依次在正面和反面形成线圈纵行的针织物。它是纬编双面原组织,其外观特征是正反面都呈现正面线圈,织物具有较大的延伸性和弹性。脱散性与织物的密度、纱线的摩擦力等有关。正反面线圈相同的罗纹,卷边力彼此平衡,不卷边。正反面线圈不同的罗纹,相同纵行可以产生包卷的现象	罗纹织物广泛用于需具有较大弹性和延伸性的内外衣制品,如制作弹力背心、弹力衫裤、游泳衣裤或用于服装的领口、袖口、裤口、袜口、下摆等处
	双反面组织 purl stitch; pearl stitch	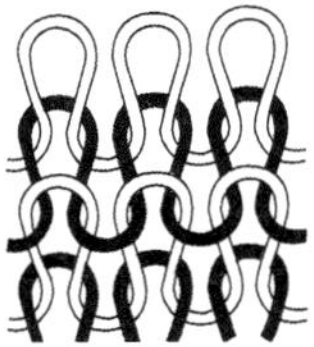	是由正面线圈横列和反面线圈横列相互交替配制而成,是双面组织中的原组织。1+1双反面织物正、反两面都如同纬平针织物的反面,所以被称为双反面组织。它还可以根据组合形式的不同而形成风格多样的横向凹凸条纹。该织物纵向缩短,厚度及纵向密度增加,具有纵横向延伸度相近的特点,如正反面横列数相等的组合,因卷边力互相抵消而不卷边	双反面织物主要用于婴儿衣物及手套、袜子、羊毛衫等成形服装的编织
变化组织 derivative weave	双罗纹组织 interlock weave; interlock	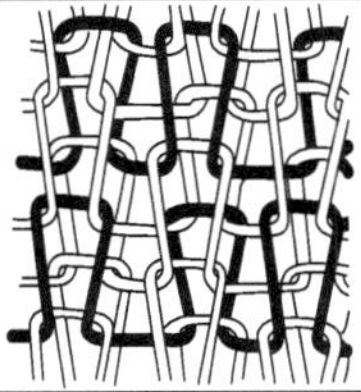	由两个罗纹组织彼此复合而成,属于双面组织的变化组织。俗称棉毛组织。双罗纹织物的延伸性和弹性都比罗纹织物小。而且个别线圈断裂,因受另一罗纹组织线圈摩擦的阻碍,使脱散不容易进行。双罗纹织物不卷边,表面平整且保暖性好	双罗纹织物一般加工成棉毛衫裤,儿童套装。近年来,由于针织内衣向外衣的发展,棉毛织物也拓宽了应用范围,即通过一定的变化生产腈棉混纺灯芯绒,黏棉混纺派力司以及涤盖棉等织物用于外衣面料

表 24　针织纬编花色组织结构、特征及应用

组织名称		结构图	外观特征及性能	应用
花色组织 fancy weave	提花组织 jacguard weave		提花织物是编织时将纱线垫放在按花纹要求所选择的某些织针上进行成圈而形成花纹图案的织物。有单面提花和双面提花。提花织物的横向延伸性和弹性较小；单面提花织物的卷边性同纬平针织物，双面提花织物不卷边；提花织物中纱线与纱线之间的接触面增加，具有较大的摩擦力，阻止线圈的脱散，所以提花织物的脱散性小；织物稳定性好，布面平坦，美观大方；单位面积重量大，厚度大	单面提花组织，利用不同种类、不同颜色的纱线编织可以得到不同的色彩效应、闪色效应和凹凸效应的面料，制作内外衣面料。双面提花织物大多用于色彩设计，使之产生各色横条效应、直条效应、格形效应、图案花纹效应或用于得到凹凸效应。这样的织物均可作为外衣面料或装饰用布
	集圈组织 tuck stitch		是在针织物的某些线圈上，除套有一个封闭的旧线圈外，还有一个或几个未封闭的悬弧。集圈编织使织物表面产生了网眼与小方格的外观效应。可以形成许多花纹。如果适当增加编织集圈的弯纱深度和集圈的列数，则线圈中有的伸长有的抽紧，悬弧还有将相邻线圈纵行向两边推开的作用，变化就更为突出，同时还可增加织物的透气性，但由于线圈的严重不匀，将影响织物的坚牢度。有单面集圈组织和双面集圈组织。集圈组织面料纵密大，横密小，长度缩短，宽度增加；面料较平针和罗纹组织为厚；脱散性较平针组织小	用集圈方法织成的六角网眼称作单面双珠地，织成的四角网眼称作单面单珠地。是夏季T恤衫的常用面料。仿机织乔其纱也是采用这种单面集圈组织。若用纯棉或涤棉混纺原料编织则手感柔软，吸湿性好，适于作夏季衬衫或裙料
	添纱组织 plated wore		凡针织物的一部分线圈或全部线圈是由两根或两根以上纱线形成的即为添纱组织。可以是单面的也可以是双面的。可以编织成单色的也可以编织成多色的。采用添纱组织的目的是使针织物的正、反面有不同的色泽或性质（如丝盖棉）；使针织物的正面具有花纹（如绣花添纱）；消除针织物线圈的歪斜（不同捻向的纱线）现象	在单面机上编织涤盖棉织物就用此组织，此外，还作衬垫组织的地组织，用交换添纱的方法生产花型独特的针织成形服装，但添纱组织更多地用于绣花袜品的生产

续表

组织名称		结构图	外观特征及性能	应用
花色组织 fancy weave	衬垫组织 laying in stitch		是以一根或几根衬垫纱线按一定比例在织物的某些线圈上形成不封闭的圈弧，在其余的线圈上呈浮线停留在织物反面。起绒针织面料是对衬垫针织物的反面进行拉毛处理，使之形成绒面。起绒用的衬垫纱宜采用粗支纱，且捻度要小，按纱线粗细不同，拉出的绒面厚薄不同，可有厚、薄细绒。该织物厚实、手感柔软、保暖性好	可用于缝制冬季的绒衫裤、运动衣、外衣、童装，棉绒多用作婴幼儿装，并可供装饰和工业用
	夹层绗缝组织 sandwish basting weave		是在双面机上进行编织，采用单面编织和双面编织相结合，在上、下针分别进行单面编织而形成的夹层中衬入不参加编织的纬纱，然后由双面编织成绗缝。这种织物中间有较大的空气层，保暖性好	夹层绗缝针织面料是近年来国际上较为流行的织物，大量用于保暖内衣，被称为三层保暖内衣
	毛圈组织 terry weave; terry pile structure		是由平针线圈和带有拉长沉降弧的毛圈线圈组合而成的	毛圈组织面料根据用纱不同，可以作夏季服装、睡衣、浴衣面料等
	长毛绒组织 high pile weave		凡在编织过程中用纤维同地纱一起喂入织针编织，纤维以绒毛状附在针织物表面的组织，称为长毛绒组织。长毛绒组织一般是在纬平针组织上形成的。长毛绒组织面料属人造毛皮针织物，有经编与纬编两种。共同点是一面有较长的绒毛覆盖，外观类似动物毛皮，另一面为针织底布。若在底布上粘贴一层人造麂皮或起绒处理，可达到两面穿的作用。此类面料手感柔软丰满，质轻保暖，防蛀，可水洗，易存放	人造毛皮的底布现常用化纤作原料，绒毛采用腈纶或改性腈纶，适宜做男女服装、卡通玩具等

表 25 针织经编组织结构、特征及应用

组织名称		结构图	外观特征及性能	应用
基本组织 basic stitch	编链组织 warp chain stitch; pillar stitch		是每根经纱始终在同一枚织针上垫纱成圈的。其纱线只在本纵行的上下线圈之间串套，不与左右纵行连接，本身不能形成织物，要与其他组织结合起来，方可得到纵向延伸性小、横向收缩小、布面稳定性好的织物。织物中的编链组织采用色纱配合，可获纵条效果	用不同的原料编织，可作各类纵条状外观的面料
	经平组织 tricot stitch		每根经纱在相邻的两枚织针上轮流垫纱成圈的组织。也就是经纱首先在一个纵行成圈，然后在这一相邻的纵行成圈。经平组织织物在纵向或横向拉伸时，由于线圈倾斜角的改变及线圈中各部段的转移，使织物具有较大的延伸性，织物在受力情况下可以产生一定的卷边，在一个线圈断裂后，横向受到拉伸时，线圈纵行有逆编织方向脱散的现象，并能导致织物纵向分裂	经平组织一般不单独使用，经常与其他组织结合而得到不同性能和效应的织物。广泛用于内、外衣和衬衫类面料
	经缎组织 traverse work; atlas weave		每根经纱顺序地在三根或三根以上的针上垫纱成圈，然后再顺序地返回原位过程中，逐针成圈而织成的组织。具有不同倾斜方向的条纹，呈现交叉横纹的外观。经缎组织的性能有些像经平，如弹性好，有卷边，在一根纱线断裂时也逆编织方向脱散，但纵向不分裂	常与其他组织共同制成内、外衣面料

续表

组织名称		结构图	外观特征及性能	应用
变化组织 derivative weave	经绒组织 cord stitch		每根经纱在中间相隔一针的左右两枚织针上轮流编织成圈的组织。织物线圈向延展线的反向歪斜，延展线比经平的延展线长，覆盖性能好；由于延展线与横向构成的倾斜角小，所以横向延伸性较经平小；纵向拉伸，线圈各部段互相转移，其延伸性大；从反面看，延展线一横列左斜，一横列右斜，并有所浮起，通过光线反射，呈横向条纹。经绒组织卷边性同经平组织，脱散性小	一般与经平组织复合编织内、外衣面料
	经斜组织 warp twill weave		每根经纱在中间相隔二针的左右两枚织针上轮流编织成圈的组织称经斜组织。织物的延展线比经绒组织还长，经斜组织不卷边、不脱散，是拉毛的理想组织	和其他组织联合使用，多作为起绒面料
双梳组织 double comb weave	经平绒组织；经绒平组织 locknit weave; reverse locknit weave		后梳为经平，前梳为经绒形成的组织称为经平绒组织；后梳为经绒，前梳为经平形成的组织为经绒平组织。这种织物弹性好，脱散性小，用纱得当织物覆盖性能好，手感好，纹路清晰	常应用不同的原料编织，可作为内、外衣面料

针织组织部分面料见彩图60～彩图75。

(3) 非织造布

非织造布是指直接由纺织纤维、纱线或长丝，经机械（缝编法、针刺法）或化学加工（黏合法），使之黏合或结合而成的薄片状或毛毡状的结构（见图4）。用纤维铺网时，纤维层可以是梳理网或由纺丝法直接制成的薄网，纤维可以呈杂乱排列或像用纱线或长丝铺网那样呈定向铺叠。应用的纤维包括：各种纺织纤维及传统纺织工艺难以使用的原料，如纺织纤维的下脚料、玻璃纤维、金属纤维、碳纤维、矿物纤维等，都可以根据成品特性和用途要求来选择。非织造布的基本加工路线为纤维准备→成网→加固→烘燥→后整理→卷绕。

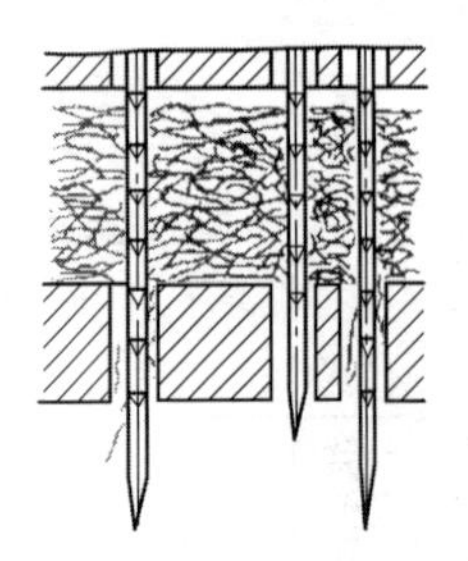
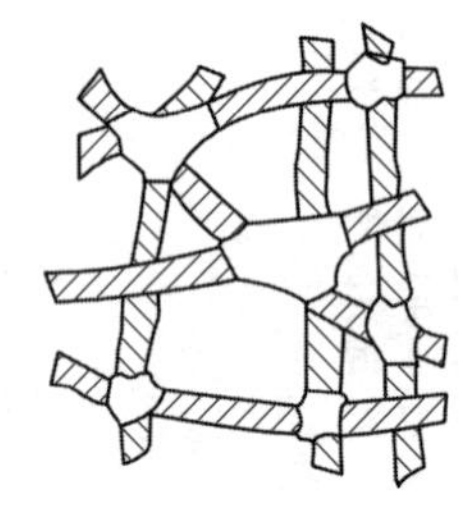

图4　纤维网结构非织造织物

非织造布打破了从纤维→纱线→织造→织物的传统纺织工艺，而是用有方向性的或杂乱的纤维网制成的布状材料，从纤维直接到织物，大大缩短了生产周期，提高了效率，降低了成本，因此有很大发展前途。

非织造布应用越来越广泛，目前已经有医用卫生非织造布、服装用非织造布、日常生活用非织造布、工业用非织造布、农业用非织造布和国防用非织造布等。非织造布在服装上的应用，可以用作外衣面料，如缝编衬衫料、缝编儿童裤料、针刺呢；仿皮革料，如缝编仿毛皮、仿山羊皮、仿鹿皮、合成革等；絮片，如热熔絮棉、喷浆絮棉；衬料，如热熔衬、肩衬、胸衬、衬绒、鞋衬、帽衬等。

(4) 缝编织物

缝编织物是利用针织经编原理在纤维网或纱线层上以线圈纵向串套来进行缝固而形成的织物，也可在底布（纤维网或纱线层）上编以一定的组织制成。缝编织物的外观和性能介于梭织物和针织物之间。由于制造工艺简单、产量高、能利用各种纺织纤维及其加工下脚作原料，经济效益较高，在服装、装饰、工业等领域中应用较广。

纤维网缝编织物有两种：一种是经纱以编链、经平或经缎等组织将纤维网缝固而成；另一种是从纤维网中抽取纤维束以编链线圈将纤维网缝固而成。纤维网缝编织物大部分或全部由纤维网构成，可用作过滤、绝缘、装饰、衬垫、涂层底布、玩具等材料。

纱线层缝编织物是用经纱形成线圈将纬向纱线层缝固而成。其外观类似梭织物，抗撕裂强度比梭织物高。主要作工业用布，如充气建筑物用涂层底布和传送带等，也可作服用或装饰（见图5）。

毛圈缝编织物又称缝编绒，主要有三种：一种是用毛圈纱缝编在底布上形成毛圈经拉绒而成；另一种是利用两把梳栉，其中一把梳栉的导纱针穿入地纱，形成线圈将纱线层加固，另一把梳栉的导纱针穿入毛纱，作针背垫纱形成多针衬纬组织，再将衬纬纱起绒而成；还有一种是底布与纤维一起喂入缝编区，直接从纤维网中抽取纤维束形成毛圈，将纤维网与底布缝固而成（见图 6）。这种织物比较蓬松，可作衬里织物、人造毛皮、地毯和毛毯等。

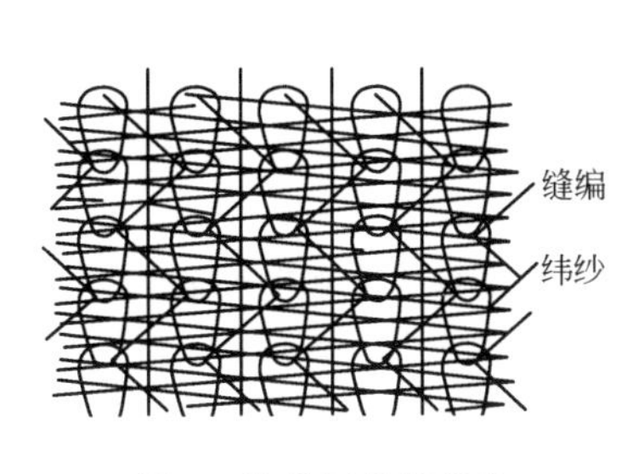

图 5　纱线层缝编织物

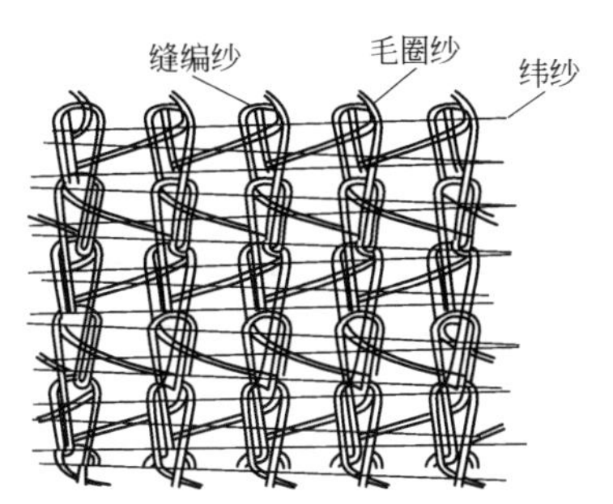

图 6　纱线层毛圈缝编织物

（5）复合织物

复合织物是由两种或两种以上不同外观或不同性能的织物（也包括一些透湿薄膜和泡沫塑料等材料）经过特殊层压方法而制得的二合一、三合一面料，经过这样的复合形成了一种性能比原织物更为优异的新面料，扩大了织物适用性、功能性，提高了织物附加值。复合织物总体上分为三大类。第一类，布薄膜复合织物，即各类针织物、梭织物与不同厚度的聚氨酯（PU）、聚四氟乙烯（PTFE）、亲水性聚酯（PET）、聚乙烯（PE）、聚丙烯（PP）、热塑性聚氨酯（TPU）等热塑性薄膜的复合；第二类，布布复合织物，即梭织面料与梭织面料的复合、针织面料与针织面料的复合、梭织面料与非织造面料的复合、非织造面料与针织面料的复合、梭织面料与针织面料的复合以及纺织面料与毛皮、皮革及泡沫塑料等材料的复合；第三类，布膜布复合织物，即由正反面的两层织物之间夹一层薄膜或者薄膜和海绵材料，有人形容此类复合织物为三明治类产品。

复合材料发展势头强劲，由于通过不同材料的复合，可以使织物获得多种多样的外观风格及功能上的优势互补，体现新一代功能性复合面料的优势特点。使得目前在服装上复合型面料应用非常普遍，如保暖内衣、防水透湿服装、防风保暖服装和特殊保健服装等。

3. 织物的主要结构参数

织物的主要结构参数包括织物的密度与紧度、匹长与幅宽、厚度与重量等，这些参数是定量的比较或评价织物的客观指标。

（1）密度与紧度

消费者在穿用化纤面料服装时经常出现钩丝，这是由于纱线比较光滑，遇到尖硬物品钩挂致使织物中的纱线被抽出，形成丝环。这是比较常见的。可是往往在上衣的侧缝处、袖窝处或裤子底裆缝合处，容易因织物中的经纱或者纬纱发生滑动移位的现象而出现较大的裂缝，影响牢度。即使在缝迹处以外，因某种力的作用也能使经纬纱发生相对位移，造成织物表面有的地方紧密，有的地方稀疏，不但影响外观，也破坏其强度，严重影响使用。裁剪过程中，织物边缘纱线的滑落，给加工制作带来困难。这些都是俗称的拔丝现象。拔丝程度的大小除与纱线光滑程度有关外，织物密度的大小对拔丝也有直接的影响。

织物密度是指单位长度内，织物中纱线排列的疏密程度。梭织物中纬向10cm内的经纱根数为经密，经向10cm内的纬纱根数为纬密；针织物中横向5cm内的纵行数为横密，纵向5cm内的横列数为纵密。

织物密度与织物的性能特点密切相关，是织物质量的一项重要指标。密度越大，织物的坚牢度越高、保温性越好，手感厚实、身骨硬挺、布面紧密厚实、重量大，耐磨性好，但透气性、透水性、柔软性等较差。同时，若密度过小，织物外观稀疏，身骨薄，组织松，强度低，重量轻，耐磨牢度也差。

梭织物中织物密度大，其经纬纱接触点多，不容易发生相对滑移；织物密度小其经纬纱接触点少，而容易发生相对滑移，即前面说的拔丝现象越严重。针织物中织物密度大，线圈长度小，伸长小，手感相对较硬。实际上织物密度既不能太大，也不能太小，一般根据织物品种而定，例如仿羽绒织物密度相对要大，而纱类织物密度则要相对较小。

密度只表示单位长度内纱线根数（针织物表示单位长度内线圈数），而对于不同粗细纱线织物的疏密却无法衡量，所以采取织物的相对密度指标——织物紧度（针织物用未充满系数）来评定。梭织物的经向紧度、纬向紧度和织物总紧度是指织物中的经纱或纬纱的覆盖率，或经纬纱的总覆盖面积与织物全面积的比值。具体数值可通过纱线的平均直径和密度等数据计算得到（针织物通过用线圈长度与纱线直径相比得到）。

(2) 织物匹长、幅宽、厚度和平方米重

织物的匹长、幅宽、厚度和平方米重见表26。

表26　织物匹长、幅宽、厚度和平方米重

项　目	匹长/m	幅宽/m	厚度/mm	平方米重/(g/m^2)
影响因素	织物用途、厚度与织机的卷装容量等	织物用途、织机的工作幅宽等	纱线支数、组织结构、织物密度等	纤维的相对密度、纱线支数、纱线结构、组织结构、织物密度等
棉型织物	30～60	80～120 127～168 230～300	轻薄型0.24以下 中厚型0.24～0.40 厚重型0.40以上	70～250

续表

项　目	匹长/m	幅宽/m	厚度/mm	平方米重/(g/m²)
精纺毛型织物	大匹 60～70 小匹 30～40	144 或 149 147 或 154	轻薄型 0.40 以下 中厚型 0.40～0.60 厚重型 0.60 以上	130～350
粗纺毛型织物	30～40	143、145、150 146、148、155	轻薄型 1.10 以下 中厚型 1.10～1.60 厚重型 1.60 以上	300～750
丝型织物	20～50	63～142	轻薄型 0.14 以下 中厚型 0.14～0.28 厚重型 0.28 以上	20～100
麻型织物	16～35	40～75 80～140	0.4～1.6	100～250
针织物	纬编:40～60 经编:40～100	纬编:狭幅 90～125 宽幅 130～152 特宽幅 160～180 经编:狭幅 95～125 宽幅 132～162 特宽幅 170～198	0.20～6.20	薄型织物,如蚊帐布、网眼布和窗纱类装饰织物:35～170 作为服装和致密性装饰织物:170～635
服用及加工性能影响	染整后处理工序,裁剪的铺料和排料	裁剪的铺料和排料	影响织物的坚牢度、保暖性、透气性、防风性、悬垂性和刚度等	重要的经济指标,影响服装的成本

注:1. 针织面料的匹长是根据工厂的具体条件而定,主要考虑原料、织物品种和针织物染整工序要求。一种是定长方式,即每匹长度一定。更多的是以定重方式,织造的坯布按每匹重量下机。经编针织物匹长以定重方式较多,因为布卷直径一般的在 30～40cm,重量在 20～25kg,根据织物的厚薄不同长度在 40～100m。目前生产的氨纶面料和汽车面料有一种专门的大卷装可以达到卷装直径 100cm,重量在 80～100kg。纬编中汗布的匹重为(12+0.5)kg,绒布匹重为 13～(15+0.5)kg。

2. 棉织物常用一系列数字表示其规格,如 28×2×28×252×228×30×137,表示经纱使用 2 股 28tex 的股线,纬纱使用 28tex 单纱;经纱密度 252 根/10cm,纬纱密度 228 根/10cm;匹长 30m,幅宽 137cm。

我国在毛、丝织物的标准中，将织物偏离（主要为偏轻）于产品品种规定重量的最大允许公差（%）作为品等评定的一个重要指标（见表 27）。毛、丝织物单位面积的重量通常用每平方米织物公定回潮率时的重量表示。棉、麻织物单位面积的重量多用每平方米织物的去边干量或退浆干量来表示，虽然未列入棉、麻织物的品等指标，但一直是考核棉、麻织物内在品质的重要参考指标。这是因为织物重量的大小，可以反映织物中纱线特（支）数及其排列疏密程度是否正常、纤维混纺比例是否有较大出入以及染整加工质量控制是否得当等决定织物内在质量的基本要素。

表 27　各种织物质量的分等规定

织物种类	标　　准	质量偏差率/%		
		优等品	一等品	二等品
精梳毛织物	FZ/T 26382—2011	−4.0～+4.0	−5.0～+7.0	−14.0～+10.0
粗梳毛织物	FZ/T 24003—2006	−4.0～+4.0	−5.0～+7.0	−14.0～+10.0
精梳化纤织物	FZ/T 24004—2009	—	−5.0～+7.0	−14.0～+10.0
针织人造毛皮、平剪绒、仿羔绒	FZ/T 72002—2006	−5.0	−7.0	−10.0
桑蚕丝织物	GB/T 15551—2016	±2.0	±3.0	±4.0
合成纤维丝织物	GB/T 17253—2008	±3.0	±4.0	±5.0(合格品)
涤纶针织面料	FZ/T 72001—2009	4.0	5.0	6.0(合格品)

(三) 面料的风格、服用性能及识别

1. 面料的风格特征

(1) 面料风格特征的基本概念

通俗地说，面料风格特征是指人的感觉器官对面料所作的综合评价，它是织物本身固有的物理机械性能作用于人的感觉器官所产生的综合效应。或者说是指人们对织物的内在物理性能及外在表现特点的感觉和直观印象，是一种受物理、生理和心理因素共同作用而得到的评价结果。当依靠人的触觉、视觉及听觉等方面对面料作风格评价时称为广义风格（目前可以用专门的仪器进行测试评价，也称客观评价）；仅以手感来评价织物风格则为狭义风格（也称主观评价）。面料风格及其表征见表 28。

表 28　面料风格及其表征

面料风格分类	表 征 的 指 标
视觉风格	如毛、如丝、如麻、如棉、如皮等
触觉风格	刚柔、粗细、滑爽、滑挺、滑糯、身骨、冷暖、丰厚等
外形风格	轻飘、细洁、粗犷、光亮、漂亮、时髦、立体感、厚实感等
材质风格	轻重感、软硬感、厚薄感、光滑感、粗细感、凹凸感、透明感、蓬松感等
艺术风格	现代、民族、经典、超现实主义等
时代风格	即风格的时代性，不同的时代则表现为不同的艺术风格

由于面料风格涉及物理方面、生理方面和心理方面的许多特性，其内容比较复杂，概念比较模糊，评价方法不一，至今还没有一种统一的、公认的标准。例如材料的轻重感、软硬感等，并不是简单的轻重、软硬，除了物理上的实际轻重、软硬

外，还有心理上的因素，如色彩、花型、造型、式样等方面的影响。有些风格则是复合性的，而且内容错综复杂，甚至难以用确切的语言表达，如手感中的常用语滑爽、滑挺、滑糯之类。大多数人在选购服装和面料时，先通过眼睛的观看（外观），如光泽明亮或暗淡、柔和或刺眼；颜色是否鲜艳、纯正、匀净，是流行还是过时；面料表面纹路清晰或模糊、平整与凹凸、有无杂疵等，从而得出第一印象。再以手触摸面料的感觉（手感），对面料作进一步的评价，如面料的身骨（弹挺性）的挺括或松弛；面料表面的光滑与粗糙（表面特征）；面料的柔软与坚挺（软硬度）；面料薄与厚（体积感）；面料的温暖与阴凉（冷暖感）及面料对皮肤刺激与无刺激的感觉。通过判断面料的风格特征，分析是否符合穿着和使用要求。

(2) 影响面料风格特征的主要因素

面料风格特征是一项综合性感觉特征，特别是视觉和触觉效应并非孤立存在，而是相互融合、彼此渗透。单凭某方面的判断是不够的，如某项特征，从视觉角度和触觉角度感受不同，看似硬挺，却手感柔软；看似纹理饱满，却手感平坦。因此，所表现的是一种综合而复杂的风格效果。影响面料风格特征的主要因素见表29。

表29　影响面料风格特征的主要因素

影响因素	主 要 内 容	表 征 指 标
光泽感	由表面的反射光形成的视觉效果，取决于面料的颜色、光洁度、纱线性质、组织结构、后整理和使用条件等。长丝、缎纹、细密的精纺面料等光泽较好	柔光、膘光、金属光、电光、极光
色感	面料颜色形成的视觉效果，与纤维种类、染料、染整加工和穿着条件等有关。色感对服装的整体效果起着重要的作用	冷暖、明暗、轻重，收缩与扩张，远与近，和谐与杂乱，宁静与热烈，快乐与烦躁的感觉
质感	面料外观形象和手感质地的综合效果。取决于纤维的性质、组织的纹路和后整理加工。如蚕丝大多柔软、滑爽，麻则比较硬挺、粗犷；提花组织、绉组织立体感强，缎纹组织光滑感强；起绒、起毛、水洗、仿丝等整理均可以改变面料的质感特征	粗、细、厚、薄、滑、糯、弹、挺、细腻、粗犷、平面感、立体感及光滑、起绉等织纹效应
立体感	面料的形体感觉，通过多方面因素的作用使衣料表面呈现出起绉、凹凸不平、褶裥等立体视觉形态，反映出面料的造型能力	悬垂性、飘逸感、成裥能力、线条表现能力等
舒适感	由面料光泽感、色感、质感、立体感带给人的心理、生理舒适感觉	冷、暖、闷、爽、涩、黏感等

(3) 面料风格特征的应用

服装面料的风格为众多特征的综合表现，无论是面料设计、生产或者选用中都必须清楚以下两个方面。

第一，不同材料的服装面料会具有不同的风格特征。天然纤维的服装面料都具有各自独特、自然的风格，如纯毛服装面料手感柔和、弹性丰富、挺括抗皱、身骨良好、丰满滑糯、呢面匀净、光泽自然而有膘光。但因毛类型不同，风格特征也不尽相同。光面精纺面料注重表面滑爽、挺括、纹理清晰的特点；毛面精纺面料则注重滑糯、温和、朦胧感的特点；粗纺呢面的面料丰满平整，质地紧密；绒面的面料柔软丰厚，突出绒毛特色；纹面的面料则追求清晰、匀净、松快的感觉。可见精纺面料要突出线与面的效果，粗纺面料则表现立体感；丝绸风格的面料与呢绒风格的面料截然不同，它柔软细腻，轻盈飘逸，光滑爽洁、悬垂流畅、光泽柔和悦目、色彩鲜艳明快。

化学纤维的面料则表现出复杂、多样的风格特征。如人造纤维悬垂、光亮；涤纶硬挺、坚牢；腈纶丰满、蓬松等。人们一直希望化学纤维能够完全取代天然纤维，实际上差距较大，主要表现在纤维的性能与结构方面。随着化学纤维天然化的深入，通过对纤维、纱线和后整理等各项加工进行仿真设计，化学纤维可表现出棉型、毛型、麻型、丝型外观及天然皮革的风格特征。从物质属性上讲，化学纤维永远不可能成为真正的天然纤维，所谓仿真，实际上只是风格和性能的模仿。目前也提出化学纤维超天然的口号，不但追求外观的以假乱真，而且要达到天然纤维的舒适效果，并且还要在有些方面或整体超过天然纤维效果。仿真丝、仿毛、仿麻、仿裘皮和仿皮革是当前最流行的化学纤维仿真面料。综上所述，不同纤维所形成的面料其风格特征不同，如表30所示。

表30　各种纤维面料风格特征

面料分类			风格特征
天然纤维面料	毛织物	精纺毛织物	手感柔和、弹性丰富、挺括抗皱、身骨良好、丰满滑糯、呢面匀净、光泽自然而有膘光。光面精纺毛织物注重表面滑爽、挺括、纹理清晰的特点；毛面精纺毛织物则注重滑糯、温和、朦胧感的特点。精纺毛织物要突出线与面的效果
		粗纺毛织物	表现立体感。织物丰满平整，质地紧密；绒面织物柔软丰厚，突出绒毛特色；纹面织物则追求清晰、匀净、松快的感觉
	棉织物		舒适柔软，光泽自然，风格朴实随意，但弹性差，不挺括，穿着时易起皱，起皱后不易恢复，经常进行混纺或免烫整理
	麻织物		比棉织物硬、挺、爽、结实，吸湿散热快，出汗后不贴身，不易吸附尘埃，风格粗犷自然，光泽柔和，但弹性恢复差，不耐折皱
	丝织物		光泽柔和、明亮悦目，不刺眼，色彩鲜艳明快、均匀，手感柔软细腻，轻盈飘逸，光滑爽洁、悬垂流畅
化学纤维面料	黏胶纤维织物		手感柔软、悬垂好、光亮但抗皱性欠佳。棉型黏胶纤维织物外观似棉，身骨比棉疲软；丝型黏胶纤维织物其外观与蚕丝相似，光泽稍亮，有点刺眼；毛型黏胶纤维织物有毛型感，但光泽有点呆板
	涤纶织物		有仿棉型、仿毛型和仿丝型，其织物光泽较亮，手感滑爽、硬挺，织物坚牢，弹性好，不起皱

续表

面料分类		风格特征
化学纤维面料	锦纶织物	有仿毛型和仿丝型，其织物色泽鲜艳，光泽有蜡状感，具有优异的耐磨性，质轻，出现折痕能缓慢恢复
	腈纶织物	主要是仿毛型，其织物丰满、光泽柔和，手感蓬松柔软，毛型感强，有弹性
	维纶织物	具有类似棉织物的风格特征，其颜色不鲜艳，且有不匀感，光泽暗淡，身骨不够挺括，手感较蓬松
	丙纶织物	颜色少、简单，光泽有蜡状感，手感粗糙，但具有质轻、不霉不蛀、便于清洗的风格特征且成本低廉
	氨纶织物	颜色丰富，光泽较好，手感平滑，有较大的伸缩性，能适应身体各部位弯曲的需要，不易起皱，不易产生褶裥（一般以5%～10%比例的氨纶与其他纤维纱线交织形成织物）
	氯纶织物	光泽比较暗淡，耐热性差，保温性强，具有一定的弹性，电绝缘性高

第二，不同用途、不同季节的服装面料对其风格特征有不同的要求。外衣面料要求有挺括、丰满的毛型感；内衣面料要求有柔软舒适的棉型感；夏季服装面料应具轻薄光滑的丝绸感或挺爽清凉的麻型感；冬季服装面料则应富有丰满、蓬松的温暖感；时装、表演或舞台装面料要比生活装面料更注重表现风格，如光感、色感、形感和质感甚至声感对表演效果都有重大影响；专用服装都有特殊要求，如军队制服以实用为主，对面料的形感与质感不必过分追求，但光感与色感要与作战环境相吻合。此外，南方的夏季潮湿、闷热，多选择夏布、乔其纱、巴厘纱，突出凉爽、舒适的功能；北方的冬季寒冷干燥，多选择呢面或绒面的面料，如啥味呢、法兰绒、麦尔登、粗花呢、中厚大衣呢等，突出温暖、蓬松的舒适功能。

面料生产商要根据不同需求生产不同风格的面料，消费者也要根据不同季节、不同用途来选择不同风格特征的服装面料。

2. 面料的服用性能及影响因素

（1）面料的服用性能

面料的服用性能直接影响服装的服用性能。服装面料的服用性能是指形成服装后在穿着和使用过程中所表现出来的一系列性能。例如吸湿性、透气性、刚柔性、保形性、强度、弹性、色牢度、洗涤性和熨烫性等。归纳起来可分为四个方面：外观性、舒适性、耐用性和保养性。

外观性包括两个方面，表现性和保持性。外观表现性是指服装面料审美效果，当然与设计师的设计意图、服装的款式造型是否能得以正确体现与设计制作等多方面有关，更与服装面料本身的软硬感（硬挺度及柔软度）、粗滑感（布面触感粗糙或光滑）、轻重感（轻薄或厚重）、冷热感（颜色和质感带给人的暖和或凉爽）、悬垂性以及透明或不透明等有关；外观保持性是指服装面料在穿着过程中的稳定性，与服装面料的抗皱性（抵抗由于揉搓或使用过程中引起弯曲而变形的能力）、免烫性（经洗涤后，不需熨烫而保持平整状态）、收缩性（使用过程中发生的收缩）、染色牢度（在加工和使用过程能保持原有的颜色和光泽）、钩丝及起毛、起球等有关。

舒适性是指服装面料满足人体生理卫生和活动自如所需要具备的各种性能，具体包括吸湿性、透气性、透湿性、保暖性、手感、伸缩性、绝热性等。

耐用性是指服装面料耐加工与应用性能，具体包括强度、耐磨、耐燃、抗钩丝、抗脱散、抗污、防尘和色牢度等。

保养性是指服装面料便于整理、保管的性能。

(2) 面料服用性能的影响因素

① 纤维的结构和性能对面料服用性能的影响　纤维的结构和性能对面料服用性能起着至关重要的作用，这是最根本的特性，包括机械、物理、化学和生物等方面的。如耐酸、耐碱、耐化学品等化学性能，防霉、防蛀等生物性能几乎完全取决于纤维；大部分物理机械性能，如强伸性、耐磨性、吸湿性、易干性、热性能、电性能等，纤维的影响则是主要的；外观方面的性能，如悬垂性、抗皱性、挺括性、尺寸稳定性、色泽、光泽、质感之类的外观，与纤维的纤度、断面形状和表面反射效应等因素有密切的关系。纤维的有些性能可以通过一些方法予以改善、提高，有些则很难做到。如天然纤维与合成纤维由于分子结构的原因，它们在吸湿性上存在着本质差别。天然纤维易与水分子亲和，吸湿性好，舒适感强。合成纤维分子中无亲水基团，普遍吸湿性差，穿这样的服装在人体出汗时有闷热感。当然可以通过对某种合成纤维进行改性处理来改变其吸湿性能。又如纤维的导热性直接影响保暖性能，羊毛和腈纶的导热系数比棉花和锦纶纤维小，因而羊毛和腈纶保暖性优于棉和锦纶。

② 纱线的结构和性能对面料服用性能的影响　相同原料的纱线，由于细度、均匀度、捻度、混纺比等结构因素不同，其在服用性能上也有差异。如高支高捻度纱线的织物光洁、滑爽、硬挺，而低支低捻度织物则蓬松、温暖、柔软。短纤维纱与长丝纱结构不同，短纤维纱有温暖感，强度不是很大，易起毛起球；光滑型长丝则有阴凉感，强度大，不易起毛起球，但易钩丝；而变形长丝的服装性能则介于上述两类之间。可以通过改变纱线的结构、性能、花色，还可以通过混合、复合以及各种纤维不同的混纺比决定主要性能的侧重面。如涤棉混纺纱，若涤纶占65%，棉占35%，其性能侧重于涤纶，光滑、挺括、不易折皱、坚牢；若棉占65%，涤纶占35%，其性能侧重于棉，略粗糙、暗淡、柔软，挺括性和抗皱性不够好，但吸湿透气，舒适感较强。

③ 织物组织结构对面料服用性能的影响　织物组织循环内，经纬纱的交织次数影响到织物光泽、手感和耐磨性等，如平纹组织交织次数最多，耐磨性好；缎纹组织浮线长而多，其光滑、明亮、柔软、不易折皱，但耐磨性较差，易擦伤、破损；双层组织和起毛组织，厚实丰满，含有大量静止空气，保暖性较好。织物的经纬密度可改善织物的透气性、防风性，要求防风保暖或硬挺的服装一般密度要大些，如冬季服装；而要求透气凉爽或柔软的一般比较稀疏，如夏季服装。当然密度

过大过小都会对织物的坚牢度不利。

④ 织物后整理对面料服用性能的影响　后整理中的印染（除普通的印花、染色外，还包括扎染、蜡染、泼染等）加工对产品花色及服用性的影响众所周知，可以在一定程度上改善和提高其服用性能，并可获得附加价值，一块形如麻袋的呢坯经过整理以后，柔软、蓬松、弹性、光洁，令人爱不释手。另外现代化新型后整理，如碱减量整理，牛仔布的酶-石洗处理，树脂整理，桃皮绒效果整理，阻燃、防缩、防水、防霉、抗皱整理等，不仅可以使织物面目改观、焕然一新，更重要的是赋予其高功能、多功能和特殊功能，进一步提高服用性或增加附加价值。如在日本利用化妆技术把香料装进直径 0.01mm 的微胶囊内，通过染色将微胶囊染到织物上，制作的服装在穿用时，由于身体活动的摩擦，微胶囊便可徐徐地散发出香味；还可将变色染料（一种对温度变化敏感的染料）装在直径 0.02mm 的微胶囊中，通过树脂涂在化纤上，遇到温度变化时，粉红色或白色的衣服立即会变成蓝色或橘红色；再如保健卫生衫、舒适空调衣、太阳能防寒服、安全防毒服、新颖的变色衣、闪烁的夜光服等。

3. 面料的缩水

新的针织面料和梭织面料在使用过程中会发生收缩，实际上，面料的收缩包括自然收缩、热收缩和遇水收缩三种情况，见表 31。

表 31　面料的收缩

面料的收缩		影响因素
自然收缩	是指面料从出厂到商店存放直至卖出前或使用前的收缩现象。新出厂的织物其自然回缩比存放时间长的布收缩要大一些	纤维的种类、加工工艺、存放条件、时间等。棉织物自然收缩大
热收缩	主要是指熨烫过程的收缩。大多合成纤维是热塑性高聚物，熨烫温度过高会发生收缩（高速缝纫也可发生热收缩）	纤维的热塑性、熨烫温度等。合成纤维织物热收缩大
遇水收缩（缩水）	即指面料在洗涤或浸水后的收缩，是面料收缩中表现最为突出的现象。面料收缩的百分数，一般用缩水率表示	织物的回潮率、密度、加工工艺等。凡是吸湿性好的织物缩水大

面料缩水率是服装制作时考虑加放尺寸的主要依据，直接影响科学地计算服装面料用量，所以缩水率是影响面料选择和服装制作的一个重要的指标。人们必须了解和掌握常见服装面料的缩水率，避免造成所购面料的短缺，买了合身的服装经洗涤后因缩水影响穿着之类的损失。由于各种面料使用的原料、加工工艺、织物规格、纱支粗细和密度大小的不同，其缩水率也有很大的差异。一般来说，面料使用的纤维吸湿性好，其面料本身缩水率也大，面料使用的纤维吸湿性差，其面料本身缩水率也小。另外织物的密度、生产加工中受到张力的大小都会影响缩水率。缩水率最小的面料是合成纤维及其混纺织物；其次是毛织物、麻织物；棉织物居中；丝

织物缩水较大；最大的是黏胶纤维织物，如人造棉、人造毛类织物。表32列出了常见面料的缩水率范围，供消费者选购面料时参考。

表32 常见面料缩水率

面料种类		缩水率/%	面料种类		缩水率/%
棉织物	平纹类	6～7	混纺织物	黏胶丝交织物	8
	丝光整理织物	3～5		黏纤混纺织物	8～10
	府绸	4～6		涤/棉混纺织物	1～2
	斜纹类	6.5～8		涤纶丝织物	2
	男女线呢	8		涤黏混纺织物	2
	被单布	8～9		维/棉混纺织物	4～5
	劳动布	9～10		棉/维卡其华达呢	5.5
	绒布	6～7		棉/维府绸	4.5
	灯芯绒	5～6		棉/维平布	3.5
	印花平纹布	3～4		棉/丙织物	3
	丝光、漂、色麻纱	3～4		毛涤织物(涤45%以上)	1
丝织物	羽纱	10		毛腈织物	3.5
	真丝塔夫绸	2	毛织物	毛华达呢	2～3.5
	真丝乔其纱	10～12		海军呢	2～3.5
	真丝双绉	10		大衣呢	2～3.5
	杭纺、电力纺	5		毛涤混纺织物	1～2
	杭罗	5		含毛在70%的棉毛织物	3.5～4.5
	美丽绸、富春纺	8		组织结构比较疏松的织物	5以上
	线绨	10	黏胶纤维织物	人造棉	10
	柞蚕丝织物	5		人造毛	10

4. 面料外观特征的识别

选购时首先想到的是看看面料的正反面。在服装制作过程中的排料和裁剪前，不但要区分面料的正反面，而且还要了解面料的经纬向，特别是对有图案花纹或绒毛的面料更要找出其倒顺，以避免造成难以挽回的差错。因为面料正反面和不同倒顺方向的色泽深浅、光泽明暗、图案清晰、织纹效果以及经纬向的强力、伸长和悬垂等都有一定的差异，直接关系到服装使用、款式风格的体现及穿着效果等方面的问题。面料的外观特征识别主要包括面料的经纬向、正反面、倒顺的识别。

识别面料的经纬向、正反面、倒顺的方法很多，消费者可以采用最简单的方法，根据面料的特点进行感官识别。

(1) 面料经纬向的识别（见表33）

表33 面料经纬向的识别

识别方法	具体内容
按布幅的边缘情况	整幅布十分容易识别其经纬向，与布边平行的方向为经向，这一方向的纱线为经纱，俗称直丝，是成衣时与人体长度方向一致的；与布边垂直的方向为纬向，纬纱也就是横丝，成衣时与人体宽度方向一致
按面料的经纬密度	多数面料经密大于纬密（横贡缎类织物除外）
按纱线上浆情况	上浆的一方为经向，不上浆的一方为纬向
按面料的伸缩性	一般面料经向伸缩性较小，手拉时紧而不易变形；纬向伸缩性稍大，手拉时略松而有变形；斜向伸缩性最大，极易变形
按纱线的粗细	若面料经纬纱粗细不同时，一般细者为经纱（经向），粗者为纬纱（纬向）；若一个系统有粗细两种纱相间排列，另一个系统是同粗细的纱线，则前者为经向，后者为纬向；若一个系统为股线，另一个系统为单纱，则股线一方为经向，另一方为纬向
按经纬纱的捻度	有些传统产品两个系统捻度不同，一般捻多的一方为经向，捻少的一方为纬向（少数面料例外，如碧绉、双绉等）
按经纬纱的捻向	一般Z捻为经向，S捻为纬向
按面料外观	条纹外观面料，顺条为经向；长方形格子外观面料，一般沿长边方向为经向（正方形格子可用其他方法识别）
按面料中纱线的平行度	一般经向平行度好于纬向
按纱线条干均匀度	若两个系统纱的条干均匀度不同，则纱线条干均匀，光泽好的一般为经向。若面料中有竹节纱，竹节一方为纬向
按面料类型	毛圈面料，有毛圈的一方为经向；纱罗面料，有扭绞的是经向；绒条面料，一般沿绒条方向为经向（纬起毛）；花式线织物，一般花式线多用于纬向
纬编针织物面料	针织物的线圈依次沿纵行穿套，横向连接，线圈纵行方向为纵向（即梭织物的经向），纬编针织物面料横向延伸性优于纵向
经编针织物面料和横机织制的片状面料	沿布边方向为纵向

(2) 面料正反面的识别

面料正反面的确定一般是依据其不同的外观效应加以判断的，但是在实际使用中，有些面料的正面和反面是极难确定的，稍不注意，就会造成剪裁和缝制的错误，影响服装成品的外观。常用的识别面料正反面的方法见表34。

表34　面料正反面的识别

识别方法	具体内容
按面料的组织结构	素色平纹面料正反面无明显区别，一般正面比较平整光洁，色泽匀净鲜明
	斜纹面料的正面纹路清晰，分左、右斜纹，纱结构斜纹面料左斜纹为正面，半线和线结构斜纹面料右斜纹为正面
	缎纹面料平整、光滑、明亮、浮线长而多的一面为正面，反面组织不清晰、光泽较暗，不如正面光滑。经面缎纹的正面布满经浮长线，纬面缎纹的正面布满纬浮长线（绉缎除外）
按面料的外观效应	双面起毛面料，以绒毛丰满、整齐、匀净的一面为正面；单面起毛面料，一般以绒面为正面；印花起绒面料，应根据印花图案清晰度和方向性及绒面效果决定正反面；毛圈面料，一般以毛圈丰满面为正面；轧花、轧纹、轧光面料，以光泽好、花纹清晰面为正面；烂花、植绒面料，以花型饱满、轮廓清晰面为正面
按花纹图案与光泽	提花、凸条、凸格、凹凸花纹的正面，面料紧密细腻，突出饱满，一般浮线较少，反面略粗，花纹不清晰，有较长的浮线；各类面料一般正面光泽较好，颜色匀净，反面质地不如正面光洁，疵点、杂质、纱结等多留在反面；印花面料的正面，花纹图案清晰明显，立体感强，反面则模糊不清，缺乏层次和光泽（个别面料反面花纹较正面别致）
按面料的毛绒结构	绒类面料分单面起绒面料和双面起绒面料。单面起绒面料如灯芯绒、平绒等正面有绒毛，反面无绒毛；双面起绒面料如双面绒布、粗纺毛面料等正面绒毛较紧密整齐，反面光泽稍差
按布边特征	一般面料的布边，正面较平整、光洁，反面稍粗些，有纬纱纱头的毛边，且边缘稍向里卷曲。有些面料布边织有或印有文字、号码，字迹清晰、突出、正写的一面为正面。若布边有针眼，则针眼凸出的一面一般为正面
按面料上的商标和印章	整匹面料在出厂前的检验中，一般粘贴产品商标纸或说明书于反面；每匹、每段面料的两端盖有出厂日期和检验印章的是反面。外销产品相反，商标和印章均贴在正面
按包装形式	各种整理好的面料在成匹包装时，每匹布头朝外的一面为反面，双幅呢绒面料大多对折包装，里层为正面，外层为反面

（3）面料倒顺方向的识别

起绒面料由于面料组织结构、工艺等原因，毛不能完全与地组织垂直，会略倒向一边，因而倒毛顺毛方向不同，表现出面料的光泽不同，制作过程中不注意倒顺毛的配置会造成服装表面的色差明显，外观质感不一致，影响服装的协调统一性和质量。带有方向性图案的面料也存在类似问题。一般服装制作过程中应保持整件服装的裁片上毛绒、格子、图案等一致，以免产生色差、反光不均匀、格子对不齐等现象。所以对面料倒顺的识别也很重要，具体见表35。

表 35 面料倒顺方向的识别

面料种类	倒顺方向的识别方法	备　　注
起绒面料	平绒、灯芯绒、金丝绒、乔其绒、长毛绒和顺毛呢绒倒顺方向明显。用手抚摸面料表面，毛头倒伏，顺滑且阻力小的方向为顺毛，顺毛光亮、颜色浅淡；用手抚摸面料表面，毛头撑起，顶逆而阻力大的方向为倒毛。逆毛光泽暗，颜色深	通常灯芯绒、平绒采用倒毛制作，而顺毛类呢绒则采用顺毛制作。凡有倒顺毛的面料都应采用单片裁剪，主副件及各衣片要倒顺一致，当然也可以巧妙搭配。使服装整体光泽一致或明暗错落有序
	立绒类面料，绒毛直立无倒顺	
带方向性图案的面料	有些印花图案和格子面料是不对称的，具有方向性，按其头尾、上下来分倒顺。有些闪光面料，在各个方向闪光效应不同，要注意倒顺方向光泽的差别，使衣片连接处光泽一致	

（4）面料疵点的识别

布面上有无疵点是衡量面料质量的重要标准。疵点的存在，轻微的会影响服装的美观效果，严重的则会影响服装的使用寿命，不能忽视。面料疵点分纱疵、织疵、整理疵点几大类。其中，纱疵是纤维中杂质纺进纱造成的疵点；织疵是在织布过程中产生的疵点；而整理疵点则是在印染、整理过程中产生的疵点。另外，也可按对服用的影响程度与出现的状态不同，分为局部性疵点和散布性疵点两类。不论属于哪一类疵点，在裁剪制作时都应尽量避开，实在避不开的疵点则应安排在服装的隐蔽处和不常受磨的部位。各类面料的常见疵点种类见表 36。

表 36 各类面料的常见疵点种类

面料种类	常见疵点种类
棉型面料	破洞、边疵、斑渍、狭幅、稀弄、密路、跳花、错纱、吊经、吊纬、双纬、百脚、错纹、霉斑、棉结杂质、条干不匀、竹节纱、色花、色差、横档、纬斜等
毛型面料	缺纱、经档、厚薄档、跳花、错纹、蛛网、色花、沾色、色差、呢面歪斜、光泽不良、发毛、露底、折痕、边道不良、污渍、吊纱等
丝型面料	经柳、浆柳、箱柳、断通丝、断把吊、紧懈线、绞路、松紧档、缺经、断纬、错经、叠纬、跳梭、斑渍、卷边、例绒、厚薄绒、横折印等
麻型面料	条干不匀、粗经、错纬、双经、双纬、破洞、破边、跳花、顶绞、稀弄、油锈渍、断疵、蛛网、荷叶边等
针织面料	云斑、横条、纵条、厚薄档、色花、接头不良、油针、破洞、断纱、毛针、毛丝、花针、稀路针、三角眼、漏针、错纹、纵横歪斜、油污、色差、搭色、露底、幅宽不一等

5. 面料和辅料原料成分的鉴别

所谓面、辅料原料成分的鉴别，是指运用各种物理、化学方法，在已掌握的各类纤维的特性、面料的性能基础之上，借助一些现代的检测仪器和手段进行的原料成分分析和判断。面、辅料原料成分的鉴别方法有很多，常见的有感观鉴别法、燃烧鉴别法、显微镜观察法、溶剂溶解法、药品着色法、比重测定法、光谱分析法等，见表37。其中以感观法和燃烧法最为简单和常用。

表37　织物原料成分的鉴别方法

鉴别类型	鉴别方法
感官鉴别法	通过人的眼睛看(颜色、质地、光泽等)、手摸(质地、厚薄等)、抓捏(弹性、硬挺度等)、耳听(撕裂声、丝鸣等)等来鉴别组成织物的纤维种类的一种直观方法。其优点是方法简单、无需仪器,缺点则是主观随意性强,受物理、心理、生理等很多因素的制约,鉴别正确率有一定的局限性,大多作为鉴别的初步参考。见表38
燃烧鉴别法	利用各种纤维的化学成分不同,其燃烧特性也不同,从而对面料成分加以鉴别的一种方法。一般只适用于纯纺织物或交织面料,而不适用于混纺织物原料的鉴别。鉴别时,从衣料中抽出纱线或纤维(经、纬纱分别抽取),用镊子夹住慢慢移近火焰,仔细观察并记录其受热后的变化情况:接近火焰时是否收缩、熔融;在火焰中是否燃烧,燃烧的颜色、速度及散发的气味;离开火焰后是否续燃、燃烧的灰烬特征(颜色、形状、硬度)等,粗略地鉴别纤维类别。见表39
显微镜观察法	根据不同的纤维具有不同的外观特征、横断面形态,借助100～500倍生物显微镜来观察纤维的这些特征并加以鉴别的一种方法。这种方法不局限于纯纺、混纺和交织产品的鉴别,能正确地将天然纤维和化学纤维区分开,但对合成纤维却只能确定其大类,不能确定具体的品种。因此,要明确合成纤维的品种,还需结合其他的方法加以鉴别和验证。见表40、表41
溶剂溶解法	利用不同纤维在不同溶剂和不同浓度下具有不同的溶解度来鉴别纤维成分的一种方法。适用于各类织物和各种纤维,既可鉴别纯纺织物的纤维成分,也可鉴别混纺织物中的纤维组分,实现了定性和定量分析,且准确率较高。见表42
药品着色法	根据各种纤维对不同染料的着色差异来鉴别纤维原料的一种方法。能迅速鉴别纤维品种,但只适用于未染色织物。常用的着色剂有通用和专用两种,用以鉴别某类特定纤维的是专用着色剂;由几种染料混合,可使各种纤维被染成各种不同颜色的是通用着色剂。见表43
化纤熔点测定法	根据化学纤维的熔融特性,在化纤熔点仪上或在附有热台和测温装置的偏光显微镜下,观察两个玻璃片之间微量纤维的变化,直至偏光消失或纤维消失(熔融)时的温度即熔点,依此鉴别纤维类别的方法。此方法虽鉴别速度较快,但由于某些化纤的熔点比较接近,有的纤维没有明显熔点,因此,一般不单独应用,而是作为验证的辅助方法。见表44
比重测定法	也称密度测定法,根据纤维原料各有不同密度的特点来鉴别纤维成分的方法。通常采用密度梯度法(即用标准密度玻璃小球标定梯度管内液体,使其形成上轻下重的密度梯度分布)测定未知纤维密度并将其与已知纤维密度进行对比,从而鉴别未知纤维的类别。见表45
红外吸收光谱法	用一束具有连续波长的红外光照射在被测纤维试样上,由于各种纤维分子中原子基团和化学键不同,其振动(转动)能级差都有特定的数值,只有当入射红外光的能量与其振动(转动)能级差相同时,该波数的红外光才能被吸收,并转变为分子振动(转动)能,使分子由较低能级跃迁到较高能级,因此各种纤维对红外光的吸收具有选择性。若以波数或波长为横坐标,以吸收率或透光率为纵坐标,借助仪器作图,即可得到某种纤维试样的红外吸收光谱图。其依据各种纤维具有不同的红外光谱图,将未知纤维原料与已知纤维的标准红外光谱进行比较来鉴别纤维的成分。由于此法所用仪器精密、价格高,故应用范围受到限制。各种纤维红外吸收光谱情况见表46

续表

鉴别类型	鉴别方法
紫外吸收光谱法	原理同红外吸收光谱法，利用紫外光谱仪，通过测定材料对各种不同波长入射光的吸收率，从而绘制紫外吸收光谱图来鉴别纤维成分
双折射率测定法	由于纤维具有双折射性质，不同纤维的双折射率不同，因此可用偏光显微镜（400～500倍）观察浸油中的单根纤维，依据贝克线变化，调换不同折射率的浸油，直至贝克线看不见为止，此时所测纤维的折射率与浸油的折射率相等。由于纤维具有双折射性质，故可分别测得平面偏光振动方向的平行于纤维长轴方向的折射率 $n_{\parallel}$ 和垂直于纤维长轴方向的折射率 $n_{\perp}$。根据不同纤维的不同双折射率 Δn（$\Delta n = n_{\parallel} - n_{\perp}$）来鉴别各种纤维原料。见表47

表38　常见织物的感官鉴别

织物类别		手感目测（看、摸、捏、听）特征
棉型织物	纯棉织物	光泽较暗（如果是丝光产品则光泽亮），手感柔软有温暖感，但不光滑，弹性较差，容易产生褶皱；用手捏紧布料后再松开，可见明显折痕；从布边抽出几根纱解捻后观察，纱中纤维细而柔软、长短不一；比蚕丝重，垂感差
	涤/棉织物	光泽明亮，色泽淡雅，布面平整洁净，手摸布面有滑、挺、爽的感觉；用手捏布面能感觉出一定的弹性，放松后折痕不明显且恢复较快
	黏/棉织物	布面光泽柔和，色彩鲜艳，用手摸布面平滑光洁，触感柔软，但捏紧放松后的布面有明显折痕，不易恢复
	维/棉织物	布面光泽不如纯棉布，色泽较暗，手感较粗糙，有不匀感，捏紧布料放松后的折痕情况介于涤/棉和黏/棉织物之间
	丙/棉织物	外观类似涤/棉织物的风格，挺括、弹性好，但手摸感觉稍粗糙，弹性稍差
麻型织物	纯麻织物	具有天然麻纤维的淳朴、自然柔和的光泽，手感较棉粗硬，但具有挺括、凉爽的感觉；其纱线或纤维强力较大，湿强力更高；用手捏紧布料后再松开，折痕多，恢复慢，比蚕丝重，垂感差
	涤麻织物	布面纹路清晰，光泽较亮，手感较柔软，手捏布面放松后不易产生折痕
	棉麻织物	外观风格介于纯麻与纯棉织物之间，有不硬不软的手感
	毛麻织物	布面清晰明亮、弹性好，手捏紧放松后不易产生折痕
毛型织物	纯毛织物	布面平整、丰满，色泽柔和自然，手感柔软有弹性，用手捏紧布面后再松开，几乎无折痕，即使有折痕也能尽快恢复原状；织物垂感较好；从织物中拆出纱线观察，其纤维较棉粗、长，有天然的弯曲、卷曲
	毛/黏织物	布面光泽较暗，手感柔软身骨差。捏紧布面后松开有折痕，可以慢慢恢复（黏胶纤维比例大时折痕明显不易恢复）
	毛/涤织物	布面光泽较明亮，织纹清晰，手感平整、光滑、稍有硬板感，弹性很好，手捏紧布面后再松开，几乎无折痕或少量折痕，迅速恢复原状
	毛/腈织物	具有毛型感强、色泽鲜艳的特点，手感蓬松，富有弹性，手捏紧布面后再松开，折痕少，恢复快
	毛/锦织物	布面平整、但毛型感差，外观似蜡样光泽，手感硬挺不柔软，用手捏紧布料后松开有一定折痕，可慢慢恢复

续表

织物类别		手感目测(看、摸、捏、听)特征
丝型织物	蚕丝织物	绸面平整细洁,色泽柔和、均匀、自然,悦目不刺眼,外观悬垂飘逸,手感柔软光滑,有身骨;用手捏紧绸面后再放松,无折痕产生或轻微折痕,恢复较纯毛织物慢;纤维细而长,长度在 1000m 左右
	黏胶丝织物	绸面光泽明亮、耀眼,但不如蚕丝柔和,手感滑爽柔软,悬垂性好,但不及真丝绸挺括、飘逸,用手捏绸面后有折痕,且恢复较慢。从纱中抽出的纤维沾湿后,很容易拉断(湿强大大低于干强)
	涤长丝织物	绸面光泽明亮,有闪光效应,手感滑爽、平挺而不柔和,用手捏紧绸面后再松开,无明显折痕;垂感较好;纱中纤维沾湿后,强力无变化,不易拉断
	锦纶丝织物	绸面光泽较暗,有蜡样光泽,色彩亦不鲜艳,手感较硬挺,身骨疲软,用手捏紧绸面后再松开出现折痕较轻,但能缓慢恢复;垂感一般;纱中纤维沾湿后,可见明显强力变化(湿强低于干强)

表 39　服装用纤维燃烧特征

纤维名称	燃烧状态			燃烧时放出的气味	燃烧后残留余渣形态
	接近火焰	在火焰中	离开火焰		
棉、麻、竹原纤维、黏胶、富纤、铜氨纤维、天丝、莫代尔	即燃、不熔不缩	迅速燃烧,橘黄色火焰	继续燃烧	烧纸气味	少量灰白色灰烬,细软轻
毛、蚕丝	不熔、收缩、卷曲	缓慢燃烧,冒烟起泡	不易延燃	烧羽毛或毛发臭味	黑色松脆小球易碎,粉末较细
大豆蛋白纤维	熔融、卷曲、收缩	熔融燃烧,燃烧速度快,并产生火花	继续燃烧	烧羽毛或毛发臭味	灰烬呈松而脆硬块,用手指可压碎
醋酯纤维	软化,不熔不缩	收缩熔融,冒烟	熔化燃烧	醋酸气味	呈硬脆不规则、有光泽的灰烬,用手指可压碎
涤纶	收缩、熔融	先熔后烧,缓慢燃烧,有熔液滴落拉丝现象,火焰黄白色,有黑烟	继续燃烧,有时停止燃烧自熄	特殊芳香气味	玻璃状黑褐色硬球,不易碾碎
锦纶	收缩、熔融	先熔后烧,缓慢燃烧,有熔液滴落拉丝现象,火焰呈蓝色,无烟或少量白烟	继续燃烧,有时停止燃烧自熄	氨基味、芹菜气味	玻璃状浅褐色硬球,不易碾碎
腈纶	收缩、微熔、发焦	边收缩边燃烧,有发光火花,火焰亮,黄色,冒黑烟	继续燃烧,但燃烧速度缓慢	类似烧煤焦油的鱼腥(辛辣)气味	黑色硬球,脆,可碾碎,粉末较粗

续表

纤维名称	燃烧状态			燃烧时放出的气味	燃烧后残留余渣形态
	接近火焰	在火焰中	离开火焰		
维纶	收缩软化，颜色由白变黄到褐色	迅速收缩，缓慢燃烧，很小的红色火焰，冒黑烟	继续缓慢燃烧，有时会熄灭	难闻的特殊气味	黑色硬块，不易碾碎
乙纶	软化收缩	边熔融，边燃烧，燃烧速度缓慢，冒黑色浓烟，有胶状熔融物滴落	继续燃烧，有时会熄灭	类似烧石蜡气味	鲜艳的黄褐色不规则硬块，不易碾碎
丙纶	缓慢收缩	边收缩边燃烧，火焰明亮呈蓝色，有熔融物滴落拉丝	继续燃烧，有时会熄灭	烧石蜡气味	硬黄褐色球，不易碾碎
氯纶	软化收缩	不易燃烧，有大量黑烟	自行熄灭，不延燃	氯气的刺激性气味	不规则的黑色硬块，不易碾碎
氨纶	先膨胀成圆形，而后收缩熔融	熔融燃烧，但燃烧速度缓慢，火焰呈黄色或蓝色	缓慢地自行熄灭	特殊气味	黏着性块状物
碳纤维	不熔不缩	像燃烧铁丝样发红	不燃烧	略有辛辣味	呈原来纤维束状
玻璃纤维	不熔不缩	变软，发红光	不燃烧，变硬	无味	变形，呈硬珠状，不能压碎
不锈钢纤维	不熔不缩	像燃烧铁丝样发红	不燃烧	无味	变形，呈硬珠状，不能压碎

表40　服装用纤维形态特征

纤维名称	纵向形态	横截面形态
棉	扁平带状，有天然扭曲	不规则的腰圆形，带有中腔
丝光棉	顺直，粗细有差异	接近圆形
彩色棉	同棉，但颜色深浅不一致	不规则的腰圆形，带有中腔
苎麻	有横节、竖纹	腰圆形，有中腔，胞壁有裂纹
亚麻	有横节、竖纹	多角形，中腔较小
大麻	有竹节，带有束状条纹，较粗	扁平长形，有中腔，胞壁有裂纹
黄麻	有竹节，带有束状条纹，粗细有差异	多角形，有圆形或卵圆形中腔
竹原纤维	有外突形竹节，带有束状条纹，粗细差异较大	扁平长形，有中腔，胞壁均匀

续表

纤维名称	纵向形态	横截面形态
羊毛	表面分布鳞片，有卷曲	圆形或近似圆形，个别纤维有髓质层
山羊绒	有鳞片，纤维顺直，较细，鳞片边缘光滑	近似圆形
牦牛绒	有鳞片，纤维顺直，鳞片边缘光滑	近似圆形
驼绒	有鳞片，纤维顺直，粗细差异大，鳞片边缘光滑	近似圆形和椭圆形
马海毛	有鳞片，纤维顺直，粗细差异大，鳞片边缘光滑	近似圆形
兔毛	有鳞片且密度大，纤维顺直，较细有髓腔	圆形或腰圆形，髓腔有单列和多列
羊驼毛	有鳞片，纤维顺直，粗细差异大，鳞片边缘光滑，有通体髓腔	近似圆形和椭圆形，圆形髓腔
桑蚕丝	平滑、光亮、顺直，纤维较细	不规则三角形
柞蚕丝	纵向有条纹，粗细差异较大	近似扁长三角形
黏胶	纵向光滑，有细沟槽，粗细一致	不规则锯齿形，有皮芯层
富强纤维	纵向光滑，纤维顺直，粗细一致	多为圆形
天丝	纵向光滑，纤维顺直，较细，粗细一致	多为圆形
莫代尔	纵向带有斑点，纤维顺直，粗细一致	圆形
大豆蛋白纤维	有不规则的裂纹，纤维顺直，粗细一致	哑铃形
牛奶蛋白纤维	有较浅的条纹，纤维顺直，粗细一致	圆形或腰圆形
铜氨纤维	纵向光滑，较细，纤维顺直，粗细一致	圆形
醋酯纤维	纵向有1～2根沟槽	不规则的花朵状
涤、锦、丙纶	平滑，粗细一致	圆形或异形
乙纶	平滑，有的带有疤痕	圆形或近似圆形
维纶	纵向有1～2根沟槽	腰圆形，有皮芯结构
腈纶	平滑或有1～2根沟槽	圆形或哑铃形，有空穴
改性腈纶	长形条纹	不规则哑铃形、椭圆形
氯纶	平滑或有1～2根沟槽	哑铃形或其他型
氨纶	平滑	不规则的形状，有圆形或腰圆形
芳纶	纵向光滑顺直，粗细一致，较细	圆形
碳纤维	黑而匀的长杆状	不规则的炭末状
玻璃纤维	平滑，透明	透明圆珠形
不锈钢纤维	边线不直，黑色长杆状	大小不一的长圆形

表 41　常见服装用纤维的纵横向截面形态

名称	纤维纵向与横截面形态	名称	纤维纵向与横截面形态
棉纤维	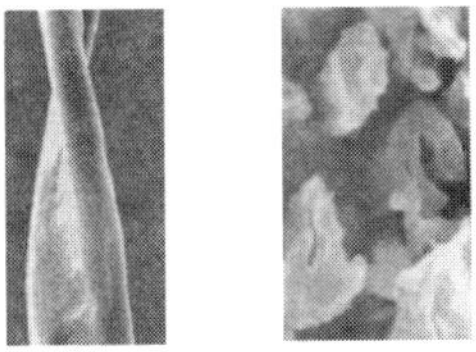	亚麻纤维	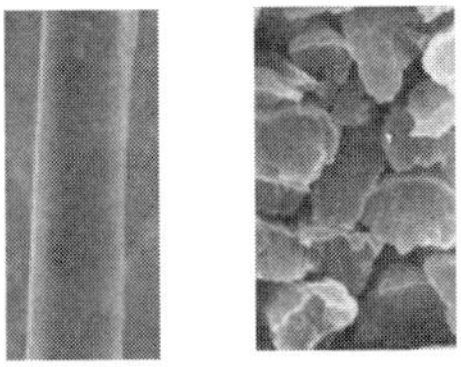
黄色彩棉纤维	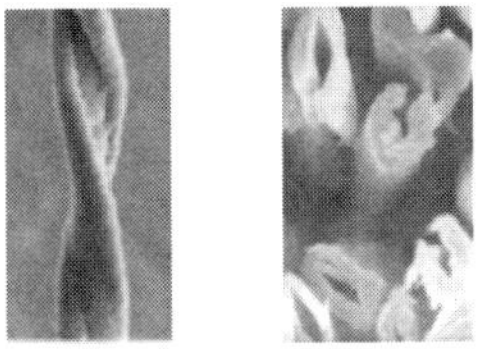	苎麻纤维	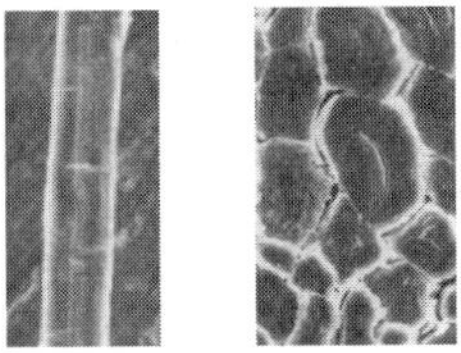
绿色彩棉纤维	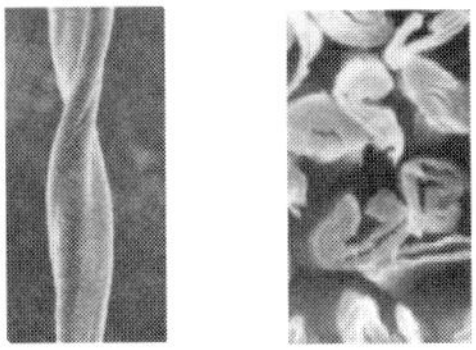	大麻纤维	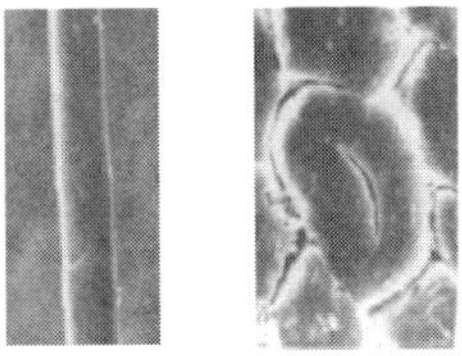
黏胶纤维	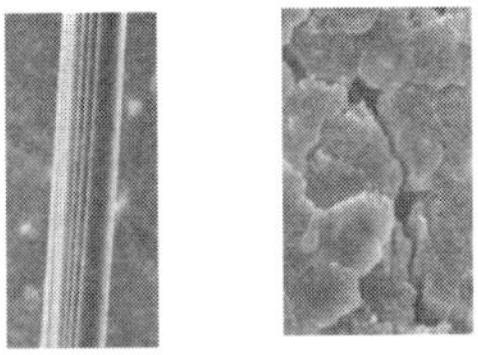	竹原纤维	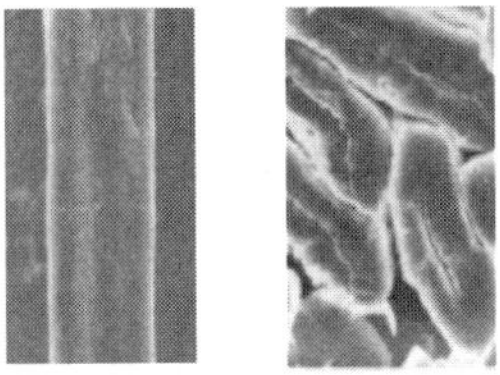
醋酯纤维	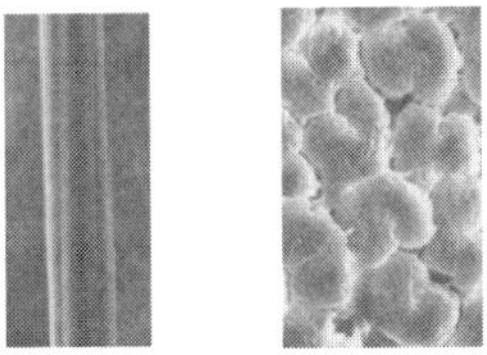	铜氨纤维	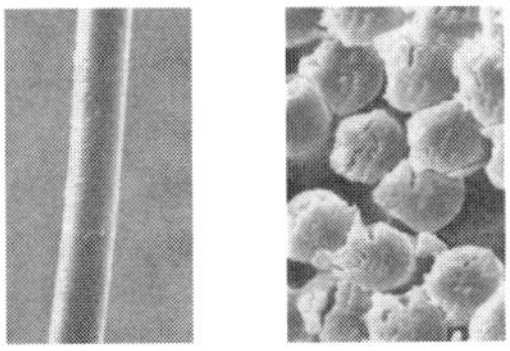
天丝	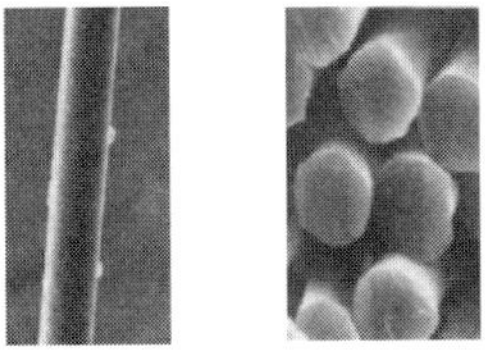	莫代尔	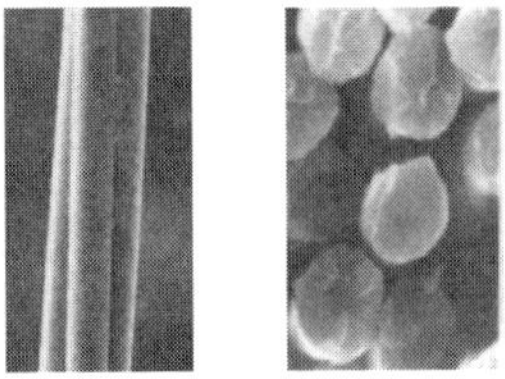

续表

名称	纤维纵向与横截面形态	名称	纤维纵向与横截面形态
羊毛纤维	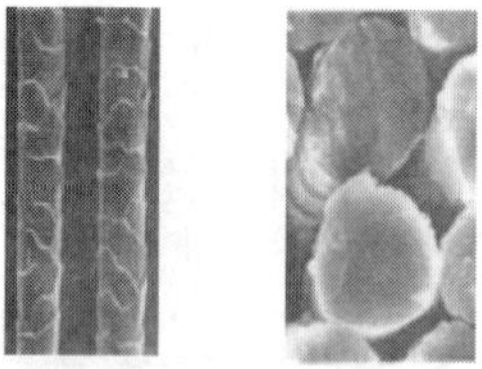	大豆蛋白纤维	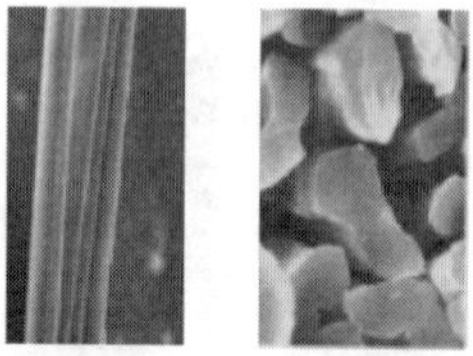
牛奶蛋白纤维	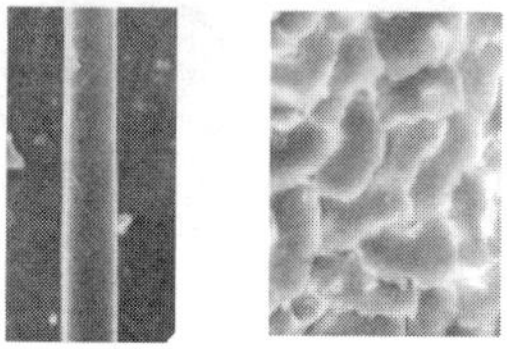	兔毛纤维	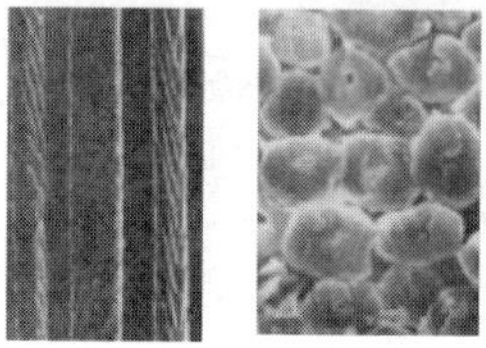
马海毛纤维	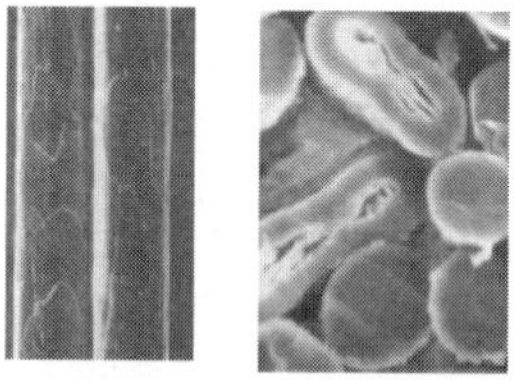	驼绒纤维	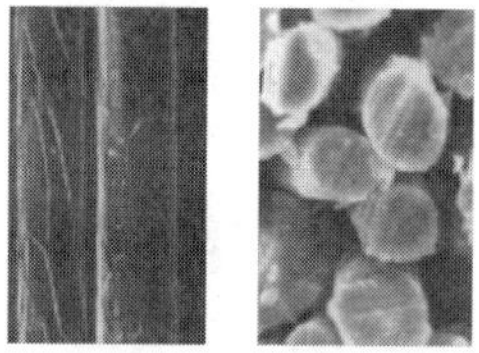
牦牛绒纤维	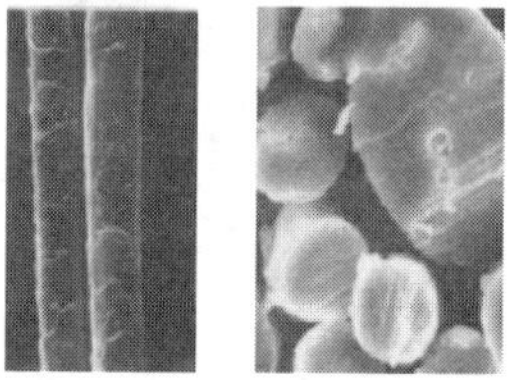	山羊绒纤维	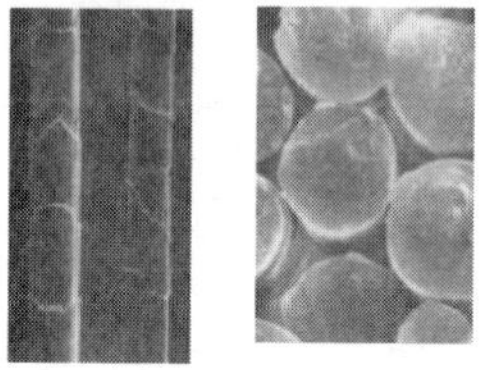
柞蚕丝	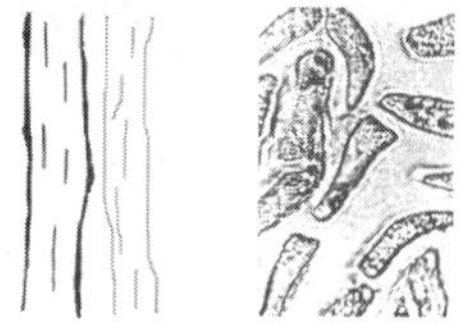	桑蚕丝	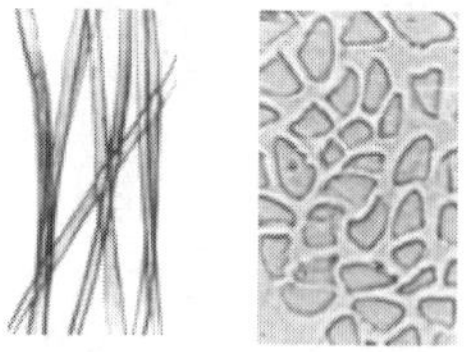
涤纶纤维	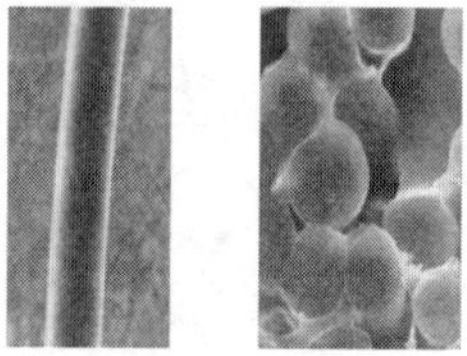	芳纶纤维	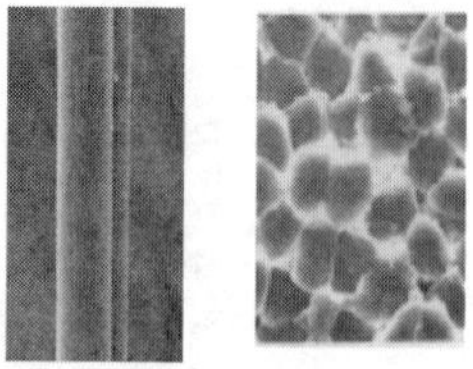

续表

名称	纤维纵向与横截面形态	名称	纤维纵向与横截面形态
腈纶纤维	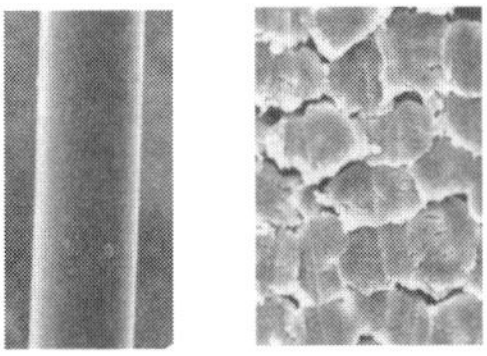	锦纶纤维	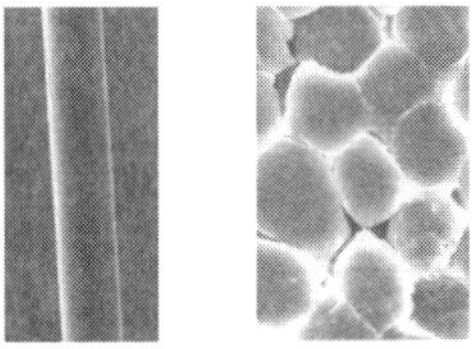
维纶纤维	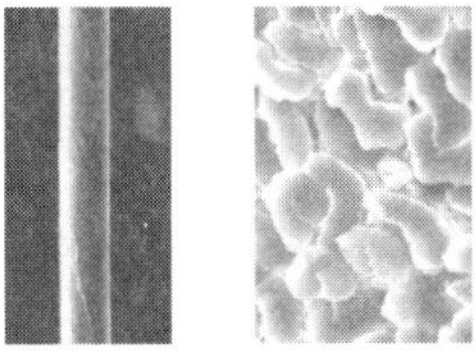	丙纶纤维	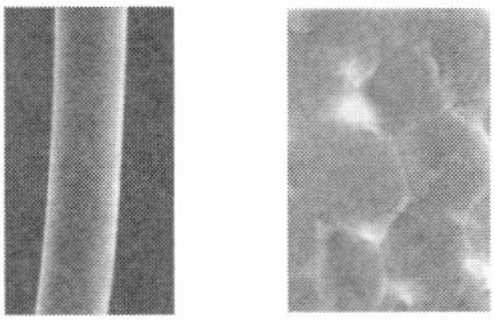
氯纶纤维	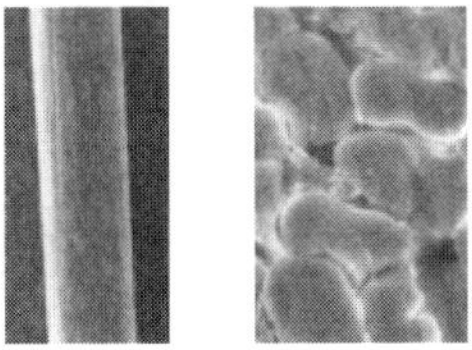	氨纶纤维	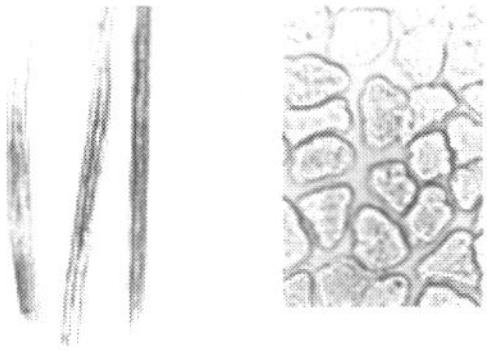

表 42　服装用纤维溶解性能

纤维种类	盐酸（37%，24℃）	硫酸（75%，24℃）	氢氧化钠（5%，煮沸）	甲酸（85%，24℃）	冰醋酸（24℃）	间甲酚（24℃）	二甲基甲酰胺（24℃）	二甲苯（24℃）
棉	I	S	I	I	I	I	I	I
羊毛	I	I	S	I	I	I	I	I
蚕丝	S	S	S	I	I	I	I	I
麻	I	I	I	I	I	I	I	I
黏胶	S	S	I	I	I	I	I	I
醋纤	S	S	P	S	S	S	S	I
涤纶	I	I	I	I	I	S(93℃)	I	I
锦纶	S	S	I	S	I	S	I	I
腈纶	I	SS	I	I	I	I	S(93℃)	I
维纶	S	S	I	S	I	S	I	I
丙纶	I	I	I	I	I	I	I	S
氯纶	I	I	I	I	I	I	S(93℃)	I

注：S—溶解；SS—微溶；P—部分溶解；I—不溶解。

表 43　服装用纤维的着色反应

纤维种类	HI 着色剂着色	碘-碘化钾溶液着色	锡莱着色剂 A 着色
棉	灰	不染色	蓝
麻(苎麻)	青莲	不染色	蓝紫(亚麻)
蚕丝	深紫	淡黄	褐
羊毛	红莲	淡黄	鲜黄
黏胶	绿	黑蓝青	紫红
铜氨	—	黑蓝青	阴紫蓝
醋酯	橘红	黄褐	绿黄
维纶	玫红	蓝灰	褐
锦纶	酱红	黑褐	淡黄
腈纶	桃红	褐色	微红
涤纶	红玉	不染色	微红
氯纶	—	不染色	不染色
丙纶	鹅黄	不染色	不染色
氨纶	姜黄	—	—

表 44　服装用合成纤维熔点

纤维种类	熔点/℃	纤维种类	熔点/℃
二醋酯	255～260	腈纶	不明显(软化点 190～240)
三醋酯	280～300	维纶	不明显(软化点 220～230)
涤纶	255～260	丙纶	165～170
尼龙 6	215～224	氯纶	200～210
尼龙 66	250～260	氨纶	220～230
尼龙 11	180～185	乙纶	130～138

表 45　服装用纤维密度

纤维种类	密度/(g/cm^3)	纤维种类	密度/(g/cm^3)	纤维种类	密度/(g/cm^3)
棉	1.54	羊毛	1.30～1.32	尼龙 66	1.14～1.15
苎麻	1.54～1.55	山羊绒	1.30～1.31	腈纶	1.14～1.17
亚麻	1.46	山羊毛	1.20	腈氯纶	1.23～1.28
大麻	1.40～1.49	牦牛绒	1.32	维纶	1.26～1.30
黏胶	1.50～1.52	驼绒	1.31～1.32	维氯纶	1.23～1.28
富强纤维	1.49～1.52	兔毛	0.96	丙纶	0.90～0.91
莫代尔	1.45～1.52	兔绒	1.10	氯纶	1.39～1.40
天丝	1.56	马海毛	1.32	氨纶	1.00～1.30
铜氨纤维	1.53	桑蚕丝	1.33～1.45	陶瓷纤维	2.70～4.20
二醋酯	1.32	柞蚕丝	1.38～1.65	碳纤维	1.70～1.90
三醋酯	1.30	涤纶	1.38～1.39	玻璃纤维	2.55
大豆蛋白纤维	1.28	尼龙 6	1.14～1.15	不锈钢纤维	7.80
聚乳酸纤维	1.25	尼龙 11	1.10	改性丙纶	1.23～1.28

表 46　服装用纤维红外光谱的主要吸收谱带及其特性频率表

纤维种类	制样方法	主要吸收谱带及其特性频率/cm^{-1}
纤维素纤维	K	3450～3200,1640,1160,1064～980,893,671～667,610
动物纤维	K	3450～3300,1658,1534,1163,1124,926
丝	K	3450～3300,1650,1520,1220,1163～1149,1064,993,970,550
黏胶纤维	K	3450～3250,1650,1430～1370,1060～970,890
醋酯纤维	K	1745,1376,1237,1075～1042,900,602
聚酯纤维	F(热压成膜)	3040,2358,2208,2079,1957,1724,1242,1124,1090,870,725
聚丙烯腈纤维	K	2242,1449,1250,1075
尼龙 6	F(甲酸成膜)	3300,3050,1639,1540,1475,1263,1200,687
尼龙 66	F(甲酸成膜)	3300,1634,1527,1473,1276,1198,933,689
尼龙 1010	F(热压成膜)	3300,1635,1535,1467,1237,1190,941,722,686
聚乙烯醇缩甲醛纤维	K	3300,1449,1242,1149,1099,1020,848
聚氯乙烯纤维	F(二氯甲烷成膜)	1333,1250,1099,971～962,690,614～606
聚乙烯纤维	F(热压成膜)	2925,2868,1471,1460,730,719
聚丙烯纤维	F(热压成膜)	1451,1475,1357,1166,997,972
聚氨基甲酸乙纤维	F(DMF 成膜)	3300,1730,1590,1538,1410,1300,1220,769,510
聚四氟乙烯纤维	K	1250,1149,637,625,555
维氯纶	K	3300,1430,1329,1241,1177,1143,1092,1020,690,614
腈氯纶	K	2324,1255,690,624
碳素纤维	K	无吸收
不锈钢纤维	K	无吸收
玻璃纤维	K	1413,1043,704,451

注:1. 羊毛在 1800～1000cm^{-1} 范围内皆为宽谱带。

2. 生丝在 1710～1370cm^{-1} 范围内皆为宽谱带。

3. 各种纤维的吸收频率,按使用红外光谱仪的不同,差异约有±20cm^{-1}。

4. 制样方法一栏中的 K 指溴化钾压片法,F 指薄膜法。

表 47　常用纤维的折射率（20℃±2℃，RH 65%±2%）

纤维种类	平行折射率 $n_{\parallel}$	垂直折射率 $n_{\perp}$	双折射率 $\Delta n=n_{\parallel}-n_{\perp}$
棉	1.576	1.526	0.050
麻	1.568～1.588	1.526	0.042～0.062
黏胶	1.540	1.510	0.030
富强纤维	1.551	1.510	0.041
铜氨纤维	1.552	1.521	0.031
醋酯纤维	1.478	1.473	0.005
羊毛	1.549	1.541	0.008
桑蚕丝	1.591	1.538	0.053
柞蚕丝	1.572	1.528	0.044

续表

纤维种类	平行折射率 $n_{\parallel}$	垂直折射率 $n_{\perp}$	双折射率 $\Delta n=n_{\parallel}-n_{\perp}$
涤纶	1.725	1.537	0.188
尼龙 6	1.575	1.526	0.049
尼龙 66	1.578	1.522	0.056
腈纶	1.510～1.516	1.510～1.516	0.000
维纶	1.547	1.522	0.025
氯纶	1.548	1.527	0.021
丙纶	1.523	1.491	0.032
玻璃纤维	1.547	1.547	0.000
木棉纤维	1.528	1.528	0.000

下面是利用表 37 中前四种方法对纤维进行系统鉴别过程的示意图：

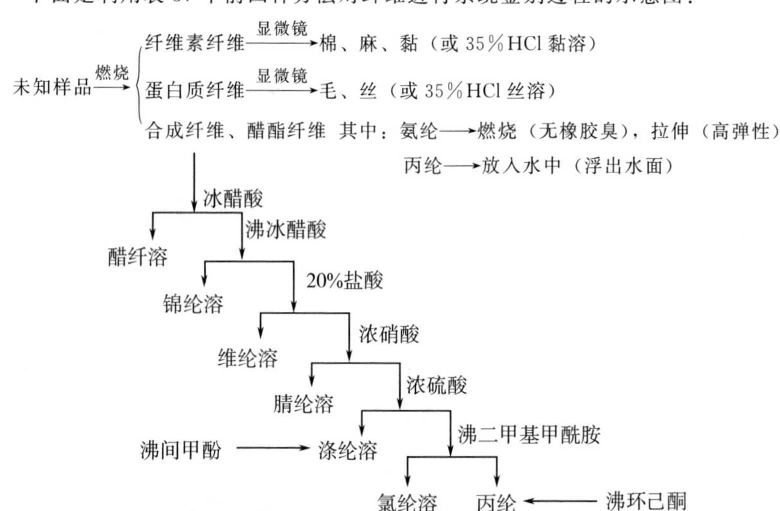

（四）裘皮和皮革

裘皮也称毛皮或皮草，按其来源分为天然毛皮和人造毛皮两大类。天然毛皮是由动物皮板中的真皮层和毛被组成，直接从动物身上剥下来的皮称为生皮，湿的时候容易腐烂，干燥后则干硬如甲，而且怕水，易发霉发臭，经过鞣制等处理后，才能形成服装用的裘皮或皮革。裘皮行业包括毛皮动物养殖、毛皮鞣制染色加工、毛皮化工机械、毛皮制品加工等几个方面。由于多方面的原因，各国养殖的毛皮动物的品种与数量，毛皮鞣制染色加工的花色、风格与加工技巧，毛皮制品的款式，毛皮化工中特效材料及加工机械的种类都有变化。

天然毛皮是防寒的理想材料，它的皮板密不透风，毛绒间的静止空气可以保存热量，使之不易流失，保暖性强，既可做服装面料，又可充当里料与絮料。特别是裘皮服装在外观上保留了动物毛皮自然的花纹，而且制作过程中又可以通过挖、补、镶、拼等手段形成绚丽多彩的花色，成为制作高档服装、时尚服装的原材料。天然毛皮主要来源于毛皮兽。一般兽毛是由表皮层及其表面密生着的针毛、绒毛和粗毛所组成，针毛生长数量少、较长、呈针状、鲜丽而富有光泽，弹性好；绒毛的数量较多，短而细密，呈浅色调的波卷；粗毛的数量和长度介于针毛和绒毛之间，其上半部像针毛，下半部像绒毛。动物种类不同，针毛、粗毛和绒毛组成比例不同，因而决定了毛坯的质量有高低、好坏之分。用作服装材料的毛皮应具有密生的绒毛、厚度厚、重量轻。天然毛皮的分类方法见表 48。

表 48　天然毛皮的分类

分类方法	品　　种	备　注
按毛被成熟期先后	早期成熟类、中期成熟类、晚期成熟类、最晚期成熟类	
按加工方式	鞣制类、染整类、剪绒类、毛革类	
按外观特征归纳	厚型皮草(如狐皮)、中厚型皮草(如貂皮)、薄型皮草(如波斯羊羔皮)	
按原料皮的毛质和皮质	小毛细皮、大毛细皮、粗毛皮、杂毛皮(见表 49)	较为常用

表 49　天然毛皮常按原料皮的毛质和皮质分类方法

类型	特　　点	品　　种	用　　途
小毛细皮	针毛稠密，直而较细短，毛绒丰足、平齐、灵活，色泽光润，弹性好，多带有鲜艳而漂亮的颜色，皮板薄韧，毛皮张幅较小，尾毛长而坚挺，弹性好。小毛细皮是制裘价值较高的一类皮张，属于高档毛皮	紫貂皮、水貂皮、水獭皮、海龙皮、扫雪皮、黄鼬皮、艾虎皮、灰鼠皮、银鼠皮、麝鼠皮、海狸皮、猸子皮等	主要适于制作美观、轻便的高档裘皮大衣、皮领、披肩、镶头围巾、皮帽等
大毛细皮	针毛较长，直而较粗，稠密，弹性较强，光泽较好，绒毛长而丰足，毛皮张幅大，色泽鲜艳，板质轻韧的皮，这种皮具有较高的制裘价值，属于高档毛皮	狐皮、貉子皮、猞猁皮、獾皮、狸子皮等	主要适于制作毛皮帽子、大衣、皮领、斗篷等
粗毛皮	物体形大，毛皮张幅大，毛长，属于中档毛皮	羊皮、狗皮、狼皮、豹皮	主要适于制作帽子、长短大衣、坎肩、衣里、褥垫等
杂毛皮	皮质稍差，产量较多的一类低档毛皮	猫皮、兔皮等	主要适于制作服装配饰、衣、帽及童大衣等，价格较低

裘皮中，尤以水貂皮、波斯羔皮和狐狸皮最为珍贵，在国际上被称为裘皮的三大支柱。

近年由于野生动物存在濒临灭绝的危险，世界上已有45个国家联合签订了保护野生动物的条约。随着人们环境保护意识的增强和科技的进步，各种各样的人造毛皮（或称仿裘皮）服装以其具有天然毛皮的外观和良好的服用性、易于保存及物美价廉，成为极好的裘皮代用品，更多地占据了裘皮市场。人造毛皮是仿兽皮保暖材料的总称，一般人造毛皮都是利用针织或梭织的方法生产，即在利用纱线织布的同时加进纤维束，使之在织物表面形成绒毛来仿制天然毛皮的毛被。形成毛绒的纤维一般有羊毛、黏胶纤维、腈纶、改性腈纶及氯纶等，形成底布用的纤维有腈纶、棉和涤纶纱线等。人造毛皮张幅较大，可以染成各种明亮的色彩，可以具有动物毛皮的外观，各种野生和养殖的毛皮种类都可以仿制。其优点是毛皮质量轻、光滑柔软、蓬松保暖，仿真皮性强，而且色彩丰富，结实耐穿，不霉不蛀易保管，耐晒，价廉，可以湿洗。缺点是静电、沾尘，洗涤后仿真效果变差。人造毛皮包括针织人造毛皮、梭织人造毛皮和黏胶人造短毛皮。针织人造毛皮采用的原料有羊毛、腈纶、氯纶、黏胶纤维做毛纱，涤、腈、棉做底纱编织成针织长毛绒组织的坯布，再经后整理而成；梭织人造毛皮采用双层结构的经起毛组织织制坯布，再经后整理而成，其中毛绒纱（经纱）采用羊毛、腈纶、氯纶、黏胶等纤维的低捻纱，纬纱采用毛纱或棉纱，在长毛绒织机上织制而成；黏胶人造短毛皮是采用黏胶或腈纶制造卷毛，通过胶黏合在基布上，再经过加热、滚压、修饰成为人造卷毛皮。

目前人造毛皮仿天然裘皮效果逼真，仅从外观上观察对天然毛皮和人造毛皮很难进行识别，一般的识别方法见表50。

表50　天然毛皮的识别

识别方法	具体操作
识别裘皮毛绒的根部(底布)形态如何	真裘皮的底布是皮板,而人造毛皮(仿裘皮)的底布是针织布或梭织布,即观察仿裘皮的反面或正面毛绒的根部,可以看到针织物的线圈或梭织物的经纬纱
识别毛皮的毛根和毛尖	人造毛皮的毛被是采用各种纤维形成,纤维各部段的细度相同,所以毛根和毛尖粗细相同。而天然毛皮的毛根粗于毛尖
手感识别	天然毛皮手感活络、弹性足,人造毛皮的手感不如天然毛皮,且人造毛皮比天然毛皮要轻
燃烧识别	天然毛皮在燃烧时会放出烧毛的气味,而人造毛皮在燃烧时放出的气味根据使用的纤维情况而不同,但不会放出烧毛的气味

皮革按其来源也分为天然皮革和人造皮革两大类。天然皮革是动物毛皮经化学处理后去掉毛被和皮板中的表皮层、皮下组织等而保留的真皮层。天然皮革的分类方法见表51。

目前服装用皮革除了主要用羊皮、猪皮、牛皮等皮革外，随着皮革处理高新技术的应用，出现了更多种类的新产品，极大地丰富了传统而古老的皮革肌理效果，如形象生动的镂空皮革、触感柔软的双面绒皮革等新型皮革，还有皮革的条块通过编结、镶拼以及同各种面料的组合，既可使皮革获得较高的利用率又能获得新风格的服装面料。特别是利用织物涂层和印、轧、滚、烫等技术生产的一类具有色彩斑斓、肌理丰富、手感柔软细腻的各种近似天然皮革外观的人造皮革，在进一步丰富了皮革品种的同时也使皮革服装更时尚、多变，而且降低了成本，进一步扩大了皮革服装的应用范围，使服饰领域增添了新鲜的活力。人造皮革面料主要有三类，见表 52。

表 51　天然皮革的分类

分类方法	品　　种	备　　注
按原料皮的来源分类	兽皮革、海兽皮革、鱼皮革、爬虫皮革等	为了提高原料皮的利用率，往往将较厚的皮板片切成多张皮革，故有头层革、二层革、三层革等之分
按皮革鞣制方法分类	铬鞣革、植鞣革、醛鞣革、油鞣革及结合鞣革等	
按革的外观形态分类	光面革、磨面革、轧花革、绒面革、二层革、漆面革、双面革等	
按用途分类	服装革、鞋用革、工业用革、装具革、球革、箱包革等	

表 52　人造皮革的分类

品　种	简　称	特　　点
聚氯乙烯人造革	PVC 革	使用混有增塑剂的聚氯乙烯涂敷在针织物或梭织物的底布上制成。再在人造革的表面轧上类似天然皮革的花纹。其耐用性较好，强度与弹性也较好，耐热、耐寒、耐油、耐酸碱、耐污、易洗、不燃烧、不吸水、不脱色，而且厚薄均匀、张幅大，裁剪缝纫工艺简便。但这种人造皮革的缺点是透气性和透湿性太差，做成的服装、鞋帽穿着舒适性较差
聚氨酯合成革	PU 革	以各种织物为底布，在其上涂敷聚氨酯涂层，这层树脂具有微孔结构，使之具有良好的透气性和透湿性，而且柔软、有弹性，手感和服用性能都比聚氯乙烯人造革好。从外观和服用性方面看仿真效果好，完全可以与天然皮革相媲美
再生皮革	—	用废旧皮革和其他各种配料，压合而成。正面的涂饰具有皮革的光泽和花纹，反面也有类似天然皮革的绒毛纤维束，断面也可见纤维。属于蛋白质制品，若进行燃烧的话，有烧毛气味，但仔细观察和分析就可得知，一是皮革表面虽然有花纹但没有毛孔眼，可见不是天然皮革；再就是皮革里面没有底布（织物），可见也不是人造皮革。再生皮革经过数十次曲折后，便可见到皮革表面上的死皱褶和出现涂饰掉色、裂痕等现象，其弹性和柔软度都较差。虽然这种再生皮革有一定的强力，但其性能不如天然皮革，多用于腰带和各种小物件，价格低廉

随着后整理技术的进步，人造皮革的仿真效果越来越好，天然皮革和人造皮革在外观及物理性能上日趋接近，但在服用性上还是有差别的。如天然皮革的含水量可达 28%～30%，人造皮革只能吸收 3%～4%的水分，所以人造皮革制品的舒适性与天然皮革制品还有一定的差距，价格也相差不少，为了避免市场上用仿皮革来冒充真皮出售，消费者选购皮革制品时一定要注意识别真假，一般可按表 53 中的几个方面来识别。

表 53　天然皮革的识别

识别方法	具 体 操 作
外观识别	天然皮革的革面光泽柔和自然，有自己特殊的天然花纹，即相对不规则的粒面花纹，粒面涂饰不同的部位有所不同，也有不均匀的地方，革面可能有小的伤残，当用手按或捏革面时，革面活络而细，无死皱或死褶，也无裂痕；人造皮革的革面虽然仿制得很像天然皮革，但仔细观看花纹很均匀一致，不自然，光泽较天然皮革亮，颜色多很鲜艳。部分人造皮革表面光亮无花纹，这种更好识别
断面和反面识别	天然皮革无论是哪一种兽皮，其切口处颜色应一致，纤维清楚可见，且细密。天然皮革的革里与革面也明显不同，其革面光滑平整，有毛孔和花纹，革里是明显的纤维束，虽然内部纤维排列不规则但外部呈均匀的毛绒状。人造皮革制品的断面处无天然纤维感，或可见底布的纤维及树脂，从断面处还可看出底布与树脂胶成两个层次，从皮革商品上面观察，天然皮革制品的断面会刻意留在外面，便于消费者观察，相反人造皮革制品的断面往往会被涂敷或用皮条包敷，不容易被看见
手感识别	天然皮革手感舒适、丰满柔软、有温暖感；人造皮革死板、干瘪、较冰冷
吸湿透气性识别	天然皮革吸湿透气性优于人造皮革。天然皮革滴水后被皮面吸收的多，用布擦掉后，该处颜色和其他处不同，而人造皮革上面化工材料非常致密，水剂不容易穿过，所以表面无变化
闻气味识别	天然皮革具有动物毛皮的特殊气味。人造皮革由化工原料合成而来，常散发出某种化学气味
燃烧识别	天然皮革在燃烧时会放出烧毛的气味，而人造皮革在燃烧时具有特殊的化学气味。当然精确区分还要靠化学的方法或仪器加以鉴定

（五）服装面料染整加工

服装面料斑斓的色彩，各种各样保健卫生、特殊防护等功能都与其后整理有密切的关系。服装面料染整加工的目的就是为了丰富面料的花色品种、改善织物的外观风格和服用性能、提高面料的档次、增加面料附加值、赋予面料特殊功能、提高其利用率和进一步扩大应用领域等。染整加工中的“染”是指染色和印花，“整”是指后整理，其主要内容概括起来，包括预处理、染色、印花和后整理。

1. 预处理

预处理主要是采用化学方法去除织物上的各种天然杂质以及纺织加工过程中所附加的浆料、助剂和沾污物，提高织物的润湿性、洁白度、光泽和渗透能力，以便后续加工更顺利。当然不同原料成分的织物其预处理工艺也有差别：如棉麻织物的预处理工艺有烧毛、退浆、煮练、精练、漂白、碱缩、丝光和预定型等；蚕丝织物的预处理工艺有精练和漂白等。

2. 染色

染色过程是通过染料溶解或分散在作为染色介质的水中，并在一定温度、pH 值条件下与纱线、织物或成衣中的纤维进行结合，使纱线、织物或成衣着色，并获得一定的坚牢度及鲜艳度。特别是生产时尚面料首先就是强调面料的流行色，这就依赖于染色。根据把染料施加于被染物及染料固着在纤维中的方式不同，染色方法可分手工染色和机械染色，手工染色包括手绘、扎染、泼染等，机械染色为浸染（竭染）和轧染两种，如表54所示。此外不同种类的纤维织物需用相应种类的染料方能获得满意的染色效果。如直接染料和活性染料在相应的条件下可以对棉纤维、麻纤维、黏胶纤维、蚕丝和锦纶面料等进行染色，酸性染料适用于蛋白质纤维和锦纶、氨纶面料的染色，分散染料适用于疏水性纤维（涤纶、锦纶、腈纶、氨纶和改性丙纶）面料的染色等。织物的染色设备包括绳状染色机、液流染色机、气流染色机、经轴染色机和连续轧染机等。

表54 染色方法与特点

染色方法		特点
手工染色	手绘	直接用染料或颜料在面料上绘制图案或花纹等，具有欣赏与实用的双重价值。多用于蚕丝的双绉、电力纺、花绉缎、素绉缎、乔其纱等面料，这些手绘面料一般用于方巾、长巾、手帕、短袖衫、无袖衫、夹克衫等女装。常用技法为手指弹射法、泼墨点缀法、喷雾法、勾勒深色法、压印与手绘相结合、扑印与手绘相结合等。所用染料主要为酸性、中性、直接和活性等几大类。蚕丝绸手绘产品是艺术与工艺相结合的结晶，受到人们的喜爱
	扎染	古称绞缬，为我国民间传统技艺。扎染的基本原理是防染，是借助于纤维本身及运用不同的扎结方法，有意识地控制染液渗透的范围和程度，形成色差变化，从而表现出无级层次的色晕。扎染的染色方法有煮染、浸染、套染、点染、喷染、转移染、综合染色法等。不同于一般染织美术，不可复制为其特色。其形、色变化自然天成，非笔墨所能随意画就
	泼染	可谓染色与印花的结合，是以手绘方式将染液绘制于织物面上，再用盐或其溶液汲取染液的水分，使上染部分的染料浓度增加，直至染液自然干燥。结果形成或如烟花四射、或如奇花怒放、或如流星飞泻等变化多端的花纹图案。其图案形象生动，色彩丰富，风格多样，且花形抽象随意、造型神奇，可达到一般染色和印花所达不到的效果，因而极具吸引力。泼染一般用弱酸性染料，所用织物以蚕丝类的双绉、绉缎等织物效果为好
机械染色	浸染	将被染物浸渍在染液中，经一定时间使染料上染纤维并固着在纤维中的染色方法。使用设备为绳状染色机等
	轧染	将被染物在染液中浸渍后，用轧辊轧压，将染液挤入被染物的组织空隙中，同时将被染物上多余的染液挤掉，使染液均匀地分布在被染物的纤维中，再经汽蒸或焙烘等后处理使染料上染纤维。轧染是连续加工，生产效率高，但被染物所受张力大。使用设备为液流染色机、气流染色机等

3. 印花

印花是用染料或颜料制成印花浆，局部施加在织物上，通过一系列后续处理，使之固着在织物上而使面料获得各色花纹图案的加工过程。这种方法在运用过程中可以方便地生产紧随流行的图案、花纹，像印制徽标、吉祥物图案、明星头像、宣传标语等。印花过程包括图案设计、筛网制作、色浆调制、印制花纹、后处理（烘燥、蒸化、水洗）等工序。印制花纹的工艺有四种，可以根据印花效果、染料性质、成品色牢度、花型以及加工成本等因素选用，具体见表55。选用的工艺不同，印制的效果往往不一样。印花方式可以有手工印花和机械印花。机械印花有四种方式，见表56。另外，根据印花使用的颜料或染料还分涂料印花、分散染料印花和酸性染料印花等。此外，也可以将其他不溶性物质的材料运用到涂料印花中，以获得更加鲜艳夺目的印花效果，被称为特种印花。特种印花具有普通印花难以达到的特殊艺术效果，产品具有高档化、个性化和多样化的特征（见表57）。

表55　印花工艺

印花工艺	方法及特点
直接印花	将调好的印花浆通过印花机直接印在白地或浅地色织物上，再经后处理，即为直接印花。可采用直接、酸性、金属络合及活性染料等。印花之处染料上染，而未印花之处保持原来的地色。直接印花的特点是工艺简单，但只在织物正面出现印花图案，反面基本上无色或仅有模糊的颜色
渗透印花	直接印花的一种。其关键在于利用色浆的渗透作用，使印在织物正面的色浆渗到反面去，收到正反面色泽基本相近的印制效果
拔染印花	将印花色浆印到先经染色或已染色但未固色的织物上，印花浆中含有能破坏地色染料的化学药剂（称拔染剂），它能在适当的条件下将地色染料破坏，而后将破坏的染料洗去，印花的局部便成为白色（称拔白）；若在色浆中加入不能被拔染剂所破坏的染料，则色浆中的染料在破坏色的同时发生上染，经洗涤后，印花的局部成为另一种颜色（称色拔）。拔染印花一般都是印深色花布，能在深地色上得到浅花细茎的效果。拔染印花的特点是织物两面都有花纹图案，色泽鲜亮丰满，正面更加清晰细致，适用于印制较为细致的满地花纹，有花清地匀的效果
防染印花	先用含有防染剂（能破坏地色染料或阻止地色染料上染的化学药剂）的印花浆进行印花，然后进行染色。印花局部地色染料不能够上染，洗涤后印花局部呈白色花纹（称防白印花）；若在印花浆中加入不与防染剂发生反应的染料，则在防染的同时染料上染，洗涤后印花局部呈有色花纹（称色防印花）。防染印花的特点也是织物两面都有花纹图案，但色泽较暗，不如直接印花和拔染印花精细，主要用于中、深色满地印花
防浆印花	先在织物上印上防染色浆，然后在上面罩印地色色浆；或是在织物上先印上地色色浆，然后在上面罩印拔染色浆。地色和花纹可在一次印花中完成，也可分两次先后进行。这是在印花机上进行的防染或拔染印花工艺
渗化印花	这种印花系通过电子分色将原样中各种颜色分别制成分色片，获得黑白稿，或人工分色描稿，并用适当的工艺路线和印花色浆，在印花织物上表现富有立体感、由深到浅向四周逐渐渗化的印制效果。一般织物越薄，渗化越容易，而织物越厚，组织越紧密，渗化越难

表56　机械印花方式

印花方式	印花设备	方法及特点
平网印花	平网印花机	先制备平板筛网，在筛网上有花纹的地方网眼镂空，无花纹处网眼被涂没，印花色浆通过网眼印到织物上。平网印花应用灵活，制网雕花方便，适合于小批量生产，对单元花样大小及套色数的限制较少，印花时织物承受张力小，因此特别适合于易变形的针织物、真丝绸织物和弹性织物的印花

续表

印花方式	印花设备	方法及特点
圆网印花	圆网印花机	与平网印花的不同在于将筛网成圆形，印制过程中圆形筛网在织物上面固定位置旋转，织物随橡胶导带前进，可以连续进行印花工作，适于印制各种连续纹样，劳动强度低、生产效率高、对织物适应性强，是目前应用最广泛的筛网印花方法
转移印花	转移印花机	属于一种新颖的干法印花，即非水印花工艺。先将染料配成色墨，用印刷的方法印在纸上，成为转移印花用的花纸。印花时将转印纸正面与织物正面紧贴在一起，在适当的条件下（高温、加压或负压），使染料升华为气态转移到织物上，印花后不需要蒸化和水洗等后处理，节能无污染，图案精细、层次丰富，手感很好。适用于包括针织物、梭织物、丝绒和弹性织物在内的各种织物
数码喷射印花	数码喷射印花机（喷墨印花机）	完全不同于传统印花，是将通过各种数码输入手段（扫描仪、数码相机等）所得的图案输入计算机，利用其辅助设计系统产生的数据驱动喷墨印花机，使色墨喷射到织物上完成印花，可以缩短印花工艺流程，染化料几乎无浪费，生产过程无废水，减少污染。非常适合于个性化、时尚化和环保化的发展方向

表 57 普通颜料或染料印花及特种印花

印花种类		特点与用途
普通印花	涂料印花	适用于各种纤维的针织物和梭织物的印花。是借助黏合剂在织物上形成树脂薄膜，将不溶性颜料固着在织物上。涂料印花色谱齐全，拼色方便，印制的花纹清晰，外观质量好，印花完毕再经烘干或焙烘后即可，不需水洗等后处理，工艺简便，节约能源，减少污染，成为最常用的一种印花方式
	分散染料印花	适用于疏水性纤维面料，如涤纶、锦纶、腈纶面料等。分散染料有低温型、中温型和高温型。在印花前必须进行的前处理主要是绳状水洗；有时为了使印花产品具有很高的白度，还可用荧光增白剂增白；为了保证加工中织物的状态稳定，水洗后印花前还需要预定型；印花后的固色处理则根据选择的染料，低温型分散染料适合于汽蒸固色，高温型分散染料采用常压高温汽蒸固色，高温高压汽蒸则选用中温或高温分散染料
	酸性染料和中性染料印花	适用于蚕丝和锦纶面料。蚕丝面料印花花型精细、色光鲜艳、印制均匀、轮廓清晰，常用直接印花和拔染印花，主要采用弱酸性染料，部分采用中性染料、直接染料印花。直接印花在印花后要经蒸化、水洗、固色和水洗；拔染（或拔印）要经染色（或印地色色浆）、印拔白（或色拔）浆、烘干、经蒸化、水洗和固色等。锦纶面料一般采用直接印花，常用弱酸性染料、中性染料，深色用一部分直接染料印花。印花前精练（汽蒸定型）印花后蒸化、水洗、固色整理
	阳离子染料印花	主要用于腈纶面料。其印花工艺有直接印花和拔染印花。其色泽浓艳，色谱齐全，色牢度较好。印花以后要经蒸化、水洗、皂洗等
	活性染料印花	活性染料是印花中使用最普遍和最常用的染料之一，可以用于棉、麻、蚕丝、锦纶和大豆蛋白纤维面料的印花。活性染料品种繁多、色谱齐全，印花产品色泽鲜艳，手感柔软，湿处理色牢度好。缺点是耐氯漂牢度差，水洗不当易造成白地不白

续表

印花种类		特点与用途
特种印花	荧光印花	常用于功能运动衣、游泳衣、T恤衫或装饰服装等面料。荧光涂料能吸收紫外光或可见光波中波长较短的光，转变为可见光反射出来。用这种涂料浆印花，印花图案处除具有色泽（嫩黄、金黄、橘黄、艳橙、艳红、绯红、玫瑰红、品红、紫、艳绿、天蓝、品蓝等）外，还能产生荧光效果，起到点缀的作用。荧光涂料的印花工艺与普通涂料印花相仿，能与普通涂料、活性染料、分散染料等共同印花。荧光涂料在织物上主要是耐气候牢度不够理想，为了提高荧光印花的耐气候牢度，要求所用的黏合剂黏结牢度高、透明度好。一般采用自交联型黏合剂
	金银粉印花	主要用于装饰织物、舞台服装面料的印花，使织物更加华丽，产生似乎镶金嵌银的感觉。金银粉印花是用类似金银色泽的金属（铜粉、青铜粉、纯铝粉等）粉末做着色剂的涂料印花，印花处具有金属光泽，一般采用台板印花。花型面积大，可增加闪光效果，但会影响织物的手感和透气性。要注意金银粉在空气中易被氧化，使颜色发暗而失去金属光泽，所以印花中要加入抗氧化剂
	金箔印花	适用于各种纤维面料的印花（不耐高温的除外）。先按花型将黏合剂印在织物上，然后将原来覆盖在聚酯薄膜上的金属箔（电化铝）通过热压转移到织物上形成图案的一种印花方法，是直接印花和转移印花的结合。金箔印花织物具有雍容华贵之感，但由于金属箔质地较硬，印制面积不宜太大，一般在深色织物或服装上，用金属箔转印点、线等小面积花纹或镶嵌在浅色花纹的周围，呈现出金属光泽，起到装饰作用
	珠光印花	是把一种类似珍珠一样闪烁光芒的物质加到印花浆中，印制到织物上，经一定温度烘燥后，印花织物在日光或强光照射下，由于珠光颜料具有高折射层和平面结构，能对入射光多层次反射，使被印织物闪烁珍珠般光泽，点缀出光彩夺目的印花图案，给人以柔和、高雅的感觉。珠光印花浆是由珠光粉、透明成膜黏合剂和增稠剂组成。其中珠光粉有天然珍珠粉、人造珠光粉、激光珠光粉和钛膜珠光粉。目前多采用钛膜珠光粉，亦称云母钛珠光粉，由云母包覆二氧化钛组成，有很好的闪光效果，且能耐酸、碱，耐高温，制成的浆液稳定性好。珠光印花适用于装饰面料
	宝石印花	是将闪光物质印制到织物上去。与珠光印花不同，宝石印花织物在光线的照射下能反射出几种不同色泽的光芒，视觉角度不同，入射光强度不同，所反射光芒呈现的色相也不同，其色调有动态优雅之感，犹如宝石光芒。其宝石发光粉是由人造包覆材料制成，即将氧化铝薄膜包覆在二氧化钛微粒上，由于两者光线的曲折率差别，对光线有很强的折射效果。宝石印花一般都在色地织物上印花，故浆料要用有遮盖力的彩印印花浆，不能与有色涂料拼混使用，否则影响发光效果
	发泡印花	将发泡浆印在织物上，形成凸起的花纹，使织物产生立体图案的效果。应用较多的是物理发泡浆。物理发泡浆中含有微胶囊，在高温时，囊芯中的低温有机溶剂汽化，使微胶囊膨胀，相互挤压，形成不规则重叠分布，在视觉上形成绒绣效果的立体花型，借助涂料黏合剂固着于织物表面使其具有独特风格
	蜡防印花	俗称蜡染。利用能在织物上自行固定的液态或半液态物质，如石蜡、松香、石灰、泥土、凡士林等进行印花（做防染材料），再进行染色，借人工难以描绘的蜡韵冰纹、块及点的防染作用，将染料多层次地相互叠加渗透，在织物上形成色彩浓艳华丽的图案，特别是在织物上自然形成的裂纹是蜡防印花特有的肌理效果。多用于棉织物和真丝绸织物，蜡防印花面料一般用于制作头巾、民族服装、高档时装、家用装饰及艺术品等

续表

印花种类		特点与用途
特种印花	钻石印花	所使用的发光粉在外观上与银粉相似，但印制在织物上后，在日光的照射下，银粉反射出的是银白色光芒，而钻石发光粉发出的是强烈的闪烁光芒。钻石印花一般在深地色织物上印花。当光线照在钻石印花图案上时形成强烈反射，呈现钻石般效果。钻石印花浆中要用有遮盖力的彩印印花浆和罩印白浆
	喷雾印花	用喷雾方式将染液从不同口径的喷嘴口通过型版上的镂空花纹喷射到面料上，借助于染液喷射的密度不同而获得多层次的色调。喷雾印花具有手感柔软，层次丰富，花型自然优美，浓淡相宜并有一定的立体感。其缺点是花型重现性差
	夜光印花	在印花浆中加入光致发光物质，可以使印制在面料上的图案经光照后能在黑暗中发光，显示晶莹美丽和多彩的花纹。当利用不同发光波长和不同余晖的光致发光物质时，能得到各种形象生动的动态效果。适用于各种装饰面料的印花
	变色印花	是利用近年科研人员开发的光敏、热敏、湿敏物质作为印花添加剂，使印花面料可以随环境条件的变化而产生色泽变化的一种印花方法。根据目前人们生活环境条件，要求变色体的灵敏度要高
	烂花和仿烂花印花	是利用面料中两种纤维的化学性质不同，将一种纤维去除，而保留另一种纤维印花工艺。经烂花印花后的面料花纹处呈现镂空网眼式半透明花纹，类似于抽绣风格，立体感强。采用烂花印花最多的是涤/棉包芯纱面料或丝绒面料。坯布在印花时印上酸，通过高温焙烘或汽蒸，花纹处的棉和黏胶纤维发生水解，并脱水碳化，而涤纶长丝、蚕丝和锦纶丝等得以保留，形成透明感及凹凸感的花纹。仿烂花印花又称透明印花，是采用一种透明印花黏合剂，印花时这种黏合剂填充于织物内部，使折射率降低，漫反射减少，在印花处得到透明效果。仿烂花印花用于锦纶/氨纶、涤纶/氨纶等面料的印花效果较好
	静电植绒印花	是利用高压静电场，将短纤维绒毛（可以用棉、黏胶、羊毛、锦纶、维纶和丙纶等）植入已经涂有黏合剂的底布上，从而形成绒毛状花纹，花型饱满，丝绒感、立体感强
	转移植绒印花	类似于转移印花工艺，是将预先印制好的植绒花型纸与织物一起经高温压烫，使纸上的植绒花型转移到面料上。面料外观类似静电植绒印花，花型饱满，丝绒感、立体感强

4. 整理

整理是指通过物理、化学或二者联合的方法以及近年来发展起来的生物方法，改善织物的外观风格和内在质量，提高织物服用性能或赋予织物某些特殊功能的加工过程。广义上，织物从离开编织机后到成品前所进行的各种加工都属于整理的范畴，但在实际生产中常将预处理、染色和印花以后的加工称为整理（也称后整理）。整理的内容非常广泛，按整理方法和目的归纳为表58。

表58　服装面料的整理

分类		整理方法	目的
改善织物外观风格，提高织物的服用性能	热定型整理	主要针对合成纤维及其混纺和交织织物。利用合成纤维的热塑性，将织物在适当的张力下加热到所需温度，并在此温度下加热一定时间，然后迅速冷却，达到永久定型的目的。经热定型以后的织物布面平整光洁，尺寸稳定，具有优异的抗皱性和免烫性，织物的强力、手感、起毛起球性、染色性能等获得一定的改善	使织物表面光洁平整，改善其光泽，并使手感柔软和富有弹性
	轧光整理	利用棉织物在湿热条件下具有一定的可塑性，通过机械压力作用，将织物表面的纱线及竖立的绒毛压平压伏，织物表面变得平滑光洁，对光线的漫射程度降低，从而使织物的光泽提高	
	电光整理	利用机械压力、温度等的作用，使织物具有细密平行线条的表面和比轧光整理更好的光泽。电光整理机的机械构造原理和加工过程都与轧光整理类似，电光机多由一硬一软两只辊筒组成，其中硬辊不但可以加热，而且在表面刻有与辊筒轴心呈一定角度且相互平行的细斜纹。所以电光整理不仅把织物轧平整，而且在织物表面轧出互相平行的线纹，掩盖了织物表面纤维或纱线不规则排列现象，因而对光线产生规则的反射，获得强烈的光泽和丝绸般的感觉	
	丝光整理	利用棉纤维比较耐碱又湿强力增加的特性进行的一种整理。即在常温或低温下把棉织物浸入浓度为18%～25%的氢氧化钠溶液中，纤维直径膨胀，长度缩短，此时对织物施加外力，限制其收缩，则可产生强烈光泽，强度增加，提高吸色能力，易于染色印花。目前纯棉丝光T恤、汗衫、衬衫等已成为纯棉精品潮流	
	生物抛光整理	适用于棉、亚麻、苎麻、黏胶和lyocell等纤维素纤维的纯纺、混纺、交织织物。是利用纤维素酶改善纤维素纤维织物的外观，获得持久的抗起毛起球性，并增加织物光洁度和柔软度的整理工艺。因为用纤维素酶在一定条件下处理织物，可以去除织物表面的毛羽，使织物表面光洁、纹路清晰，并能改善其起毛起球性，对麻类织物可以减少穿着时的刺痒感，增加织物的悬垂性，使织物具有滑爽的身骨。整理所用酶剂可完全生物降解，使用量也相对较少，是一种绿色环保整理工艺	
	起绒整理	主要用于粗纺毛织物、腈纶织物、棉织物等。是将织物逆向通过转动的刺辊或金属钢针，把坯布浮线中的纤维拉出，在表面形成一层绒毛。经起绒整理的织物绒面丰满，手感柔软，保暖性提高。有些织物可以单面起绒，也可以双面起绒。起绒后，根据具体情况还要进行其他物理或化学整理，如预缩、剪绒、轧光、拷花、刷花、磨绒、热定型等	增加或减少织物表面绒毛，获得特殊的肌理质感，显著提高抗皱性
	磨绒整理	多用于对针织经编织物的整理，进行仿鹿皮加工。也有磨绒卡其、磨绒帆布等。是用金刚砂辊将织物表面磨出一层细密的绒毛，改善织物的手感，使之更加柔软，面料厚度增加，保暖性增强。还可以在磨绒基础上对面料进行轧花，获得特殊的肌理质感	
	剪绒整理	主要用于针、梭织天鹅绒等。是将毛圈织物中的毛圈剪断而形成绒毛，再经剪毛、烫毛整理。经剪绒整理的织物手感柔软、厚实、绒毛浓密耸立，光泽柔和	

续表

分类		整理方法	目的
改善织物外观风格，提高织物的服用性能	割绒整理	是将双层绒组织织物进行剖绒及后整理加工形成两块单面毛绒织物。割绒整理的织物质地优良、毛绒丰满、花色丰富，主要做毛毯、挂毯和装饰面料	增加或减少织物表面绒毛，获得特殊的肌理质感，显著提高抗皱性
	砂洗整理	称桃皮绒整理，即采用超细纤维编织的织物经过砂洗整理产生绒面似水蜜桃表皮的细密、短绒毛的面料。实际上，各种纤维的织物均可进行砂洗整理。砂洗整理是采用化学助剂在无张力、低压力的中温条件下使织物表面的纤维膨胀，再借助水流冲击和滚磨的机械作用增加纤维在松弛状态下的摩擦效应，有控制地产生“灰伤”(使膨胀的纤维磨毛而将微原纤磨断外伸)，并用柔软剂使摩擦中松散的纤维挺起，形成细密的茸毛。砂洗后织物浑厚、绒面细密，手感柔糯细腻，光泽柔和，悬垂性和抗皱性显著提高。砂洗效果随砂洗剂浓度、温度、时间增加而增加，随浴比增加而减小。但过大的浓度、过高的水温和过长的时间会导致织物强力损失严重，因此要注意恰当掌握砂洗剂浓度、砂洗温度、时间和浴比	
	防蛀整理	主要针对动物纤维面料，应用永久性防蛀化学整理剂整理织物。这种方法成本较低，但必须在羊毛或其他动物纤维染色过程中将化学整理剂加入染浴，使面料永久不会被蛀虫或地毯虫所蛀蚀消化	使织物防蛀
	轧花整理	是用刻有花纹的轧辊在一定温度下压轧织物，使织物产生具有浮雕般的凹凸花纹和特别的光泽效果。合成纤维织物染色印花或者起绒后可直接进行轧纹，花纹即可保持持久。其他纤维织物为了使轧纹永久保型，在轧纹前要浸渍树脂溶液预烘后进行轧纹，再经松式焙烘，形成耐久性轧纹	使织物表面出现别致花纹，丰富面料品种
	刷花整理	是利用镂空花纹滚筒内的毛刷不停地转动，对正在加热的热缩性纤维绒面进行刷或压的处理，根部受热的热缩性绒毛通过花滚筒，一部分绒毛受到花滚筒表面的挤压，绒毛被压扁，另一部分绒毛通过花滚筒的镂空部分，受到毛刷辊反向拉力的作用，绒毛被进一步刷起，使绒面呈现有毛高差异并凹凸分明的立体毛绒花纹	
	激光镂空整理	是通过激光器发射的高强度激光，由先进的振镜控制其运动轨迹，在各种布匹面料上雕花打孔，用激光打出的孔直接组成图形，可以创造出时尚的绣花效果，但又同绣花机绣出的效果有着本质的不同。激光镂空整理加工可以用于各种面料，皮革，纸料，有机玻璃，竹，木，薄膜等。激光镂空整理加工后的面料由局部镂空组成花纹，新颖别致，其服用性能与原来材料相同	
	防缩防皱整理	在天然的棉、毛、丝织物中得到了大量使用。对棉型织物防缩整理主要是针对棉织物进行的超喂湿扩幅、超喂烘干、超喂轧光整理，用以防止棉织物在后续加工和使用中收缩。由于棉织物缩水率较大，要降低其缩水率除了在染整加工中减小张力，采用松式加工或采取丝光、碱缩处理外，采用这种物理机械的防缩整理能比较有效的控制棉织物收缩。防皱整理是利用树脂来改变纤维及织物的物理、化学性能，提高防缩防皱性能的加工。树脂防皱整理已成为常规整理，有防缩防皱、免烫(或“洗可穿”)和耐久压烫(简称 PP 或 DP 整理)等。但树脂整理一定要避免甲醛超标；对丝织物的防缩抗皱处理，不仅使蚕丝绸的缩水率下降，且对绸面的光泽和平整度以及手感柔软性等有所改善；对毛织物的防缩处理则是针对其毡缩性进行的，所谓“机可洗”羊毛产品的概念，即羊毛产品在按照使用说明进行机械洗涤的情况下，不会发生毡缩	

续表

分类		整理方法	目的
改善织物外观风格，提高织物的服用性能	褶皱整理	一般应用于纯棉、涤棉和合成纤维织物等。是由手工和机械加压的方法使织物产生规则或不规则的凹凸折痕（规则褶皱有折裥皱、山形皱和叶纹皱等，不规则褶皱有自然、随意、疏密相间、深浅不同皱纹等）。热定型较好的合成纤维织物在一定的温度、压力、时间作用下褶皱整理效果持久，而天然纤维必须经树脂整理后其褶皱耐久性才得以提高	使织物表面出现别致花纹，丰富面料品种
	柔软整理	是在织物上施加柔软剂，降低纤维之间、纱线之间及织物与人手之间的摩擦系数，从而获得柔软平滑的手感。一般分机械整理和化学整理两种，多用于丝绸类织物。用于柔软剂的物质有四大类，包括石蜡、油脂等乳化物、各种表面活性剂、反应性柔软剂、有机硅柔软剂。柔软整理不仅在感官上赋予真丝绸高品质化，而且在功能上赋予真丝绸复合功能，即在获得柔软手感的同时，还使织物具有了拒水、抗静电、防污、抗皱等功能	
赋予织物特殊功能	抗静电整理	有物理方法和化学方法，物理方法是利用纤维的电序列将带有相反电荷的纤维混纺进行中和，或用油剂增加纤维的润滑性，减小加工或使用中的摩擦，防止静电产生等；化学方法是利用抗静电剂对织物进行整理或对纤维改性消除静电。具体可以用具有亲水性的非离子表面活性剂整理织物，提高其吸湿性，减少静电发生率；或者用离子型表面活性剂整理织物，这类离子型整理剂受到纤维表层含水的作用，发生电离，具有导电性能，从而降低其静电的集聚，起到抗静电的作用	防止静电的产生或者使产生的静电荷快速逸去
	阻燃整理	是利用阻燃剂对面料进行整理，使面料具有不同程度的阻止燃烧或阻止火焰迅速蔓延的功能。经阻燃整理的面料适合一些特殊用途的服装，如消防服、炼钢服、军用服装、地毯等，一些婴儿和老年人的服装也要求有一定的阻燃性能，因此有必要对某些织物进行阻燃整理，但要注意对皮肤不能有刺激性	使面料获得难于燃烧的保护功能
	涂层整理	是在织物表面均匀地涂布一层或多层能成膜的高聚物，使织物的正反面具有不同的外观和功能。涂布的高聚物称为涂层剂，织物称为基布。可以根据需求，在基布上用适当的涂层剂进行涂布，成膜后再进行必要的后处理加工。通过涂层整理可以改变织物的外观，使织物具有高度的回弹性、柔软丰满的手感，使织物具有特殊功能，如防羽绒、防水透湿、防紫外线、遮光隔热、拒水、耐水压、防污和阻燃等功能。此外，还可以利用涂层整理改变织物外观，如金属涂层、珠光涂层、夜光涂层、荧光涂层、仿皮革涂层、漆面涂层	使面料具有更丰富多彩的外观和各种特殊功能
	防紫外线整理	是在面料上施加一种能反射（紫外线屏蔽剂）或能强烈选择性吸收紫外线（紫外线吸收剂），并能进行能量转换，以热能或其他无害低能辐射，将能量释放或消耗的物质，使整理过的面料保护人体免遭过量的紫外线照射而引起伤害。一般合成纤维可以通过在纺丝溶液中加入能防紫外线的纳米材料进行纺丝而得到防紫外线功能。利用防紫外线整理的方法主要是针对天然纤维面料，提高其防紫外线功能。防紫外线整理有浸渍和涂层两种方法	使面料获得防紫外线功能

续表

<table>
<tr><th colspan="2">分　类</th><th>整　理　方　法</th><th>目　的</th></tr>
<tr><td rowspan="3">赋予织物特殊功能</td><td>防水整理</td><td>是指织物经过防水整理后，在织物表面形成一层不透水、不溶于水的连续薄膜，赋予织物防水性能。这种织物不透水，常用作装饰物和工业用品，如帐幕和帐篷等</td><td rowspan="2">使面料获得防水和清洁功能</td></tr>
<tr><td>拒水拒油整理</td><td>是在织物上施加一种具有特殊分子结构的整理剂（拒水剂和拒油剂），改变纤维表面层的组成，并牢固地附着于纤维或与纤维产生化学结合，使织物不再被水和常用的食用油所润湿。拒水整理是利用具有低表面能的整理剂，其表面层原子或原子团的化学力使水不能润湿，所以面料经拒水整理后，在织物表面不形成连续性薄膜，仍能保持良好的透气和透湿性，但不易被水润湿，更不会恶化其手感和风格</td></tr>
<tr><td>热熔黏合整理</td><td>是将一层或多层织物叠合在一起，通过加压黏结成一体，也可以是织物与高聚物薄膜或非织造布、毛皮、皮革等材料黏结在一起，形成新型面料，又称为复合面料、层压面料或层叠面料。主要用于合成纤维织物，如织物与不同厚度的聚氨酯（PU）、聚四氟乙烯（PTFE）、亲水性聚酯（PET）、聚乙烯（PE）、聚丙烯（PP）等热塑性薄膜复合的布薄膜复合面料，针织布、梭织布、绒布、羊羔绒布、海绵、麂皮绒、摇粒绒、网眼布、毛圈布、非织造布等相互复合的布布复合面料，以及布膜布类复合面料等。热熔黏合整理的产品具有优良的黏合牢度和撕破强度，柔软、挺括，适合做各种时装、休闲装、保暖服装以及服饰品，也可作为装饰布、工业用布等</td><td>获得多种多样的优势互补的复合型面料</td></tr>
</table>

染色整理部分面料图样见彩图 76～彩图 108。

中篇

服装面料品种

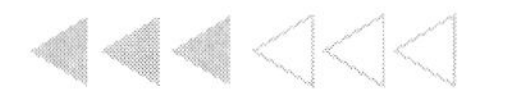

一、棉型织物(棉织物，棉布)(cotton type fabric)

1. 棉布(总论)

棉布是用棉纤维纯纺或用棉纤维与其他纤维混纺或交织的织物。棉布有多种分类方法，常用的有四种：(1) 按花色；(2) 按织物组织；(3) 按印染整理加工；(4) 按销售习惯，此外还有其他分类方法。介绍如下：

(1) 按花色(商业经营管理上的分类)

分类	定　义	品种举例
原色布	用原色棉纱织成而未经过漂染、印花和染色加工的布，统称为原色布。包括坯布和白布，供印染加工的原色布，一般称为坯布，供应市场销售的称为白布	市布、细布、粗布、斜纹布、包皮布等
色布	各种不同组织规格的原色布经过漂白或染色加工后的布	硫化元布、硫化蓝布、硫化灰布；深浅士林蓝布、士林灰布、凡拉明蓝布、海昌蓝布；各色线或纱哔叽、卡其、华达呢、直贡；各色斜纹布、府绸、灯芯绒；红布、酱布、漂布和其他杂色布
印花布	各种坯布经过印花加工，印上各种各样花型的布	花哔叽、花直贡、花斜纹、深色花布、浅色花布、花府绸及其他花布等
色织布	先把纱线经过漂白或染色，然后织出来的布	男女线呢、劳动布、条格布、被单布、蚊帐布和其他色织布等

(2) 按织物组织

分类	定义与特点	品种举例
平纹布	经纱和纬纱以一上一下的规律交织，由两根经纱和两根纬纱构成一个完全组织循环。平纹织物正反面外观相同，经纱与纬纱间的交织点最多，经纬纱弯曲密集，浮在织物表面的经纬纱较短。因此，平纹织物质地坚牢，表面平整，均匀，无正反面之分。其缺点是手感较硬，缺乏弹性，光泽不佳	粗布、市布、细布、标准布、府绸、帆布等
斜纹布	经纬组织点在织物表面连续倾斜构成斜向纹路的组织称为斜纹组织。斜纹组织循环中至少有3根经纱和3根纬纱。飞数值恒等于1。斜向纹路自右下方朝左上方倾斜的叫左斜纹；斜向纹路自左下方朝右上方倾斜的叫右斜纹。斜纹布的特点是织物表面浮线长，光泽和柔软度较平纹好，在经纬纱线密度(支数)和密度相同的条件下其强力比平纹织物差，可用增加经纬密度的办法来增加织物的强力	斜纹布、哔叽、卡其、华达呢等

续表

分类	定义与特点	品种举例
缎纹布	其特点是相邻两根纱线上的单独组织点相隔较远，且有规律地匀布在完全组织中。经纬纱的组织循环数等于或大于5。飞数值大于1而小于完全组织循环纱线数减1。单独组织点为两侧的经(或纬)浮长线所遮盖。经面缎纹经密大于纬密；纬面缎纹则纬密大于经密。特点：由于经纬纱上下交叉次数最少，纱线浮线较长，当纱线很细、密度较大时，经纬上下交叉的地方，几乎被浮长纱所遮盖。因此，织物表面光滑而富有光泽，手感柔软，缺点是不太牢固，不耐磨，表面容易起毛	纱直贡、半线直贡、横贡等

(3) 按印染整理加工

分　类	定　义	品种举例
漂白棉布	以本色棉布为坯布，经过漂白加工而成的各类棉布	漂白平布，漂白府绸，漂白纱卡，漂白直贡等
染色棉布	以本色棉布为坯布，经过漂练后进行轧染染色、精元染色、卷染染色等加工而成的各类棉布	卷染染色纱哔叽，卷染染色半线卡其，精元染色纱府绸等
印花棉布	以本色棉布为坯布，经过漂白或染色后，再进行印花加工使布面获得不同色彩和花纹的各类棉布	印花细平布，印花纱斜纹，精元印花纱直贡等

(4) 按销售习惯

分　类	特　点	品种举例
夏令棉布	织物的纱支较细，质地轻薄，色泽浅淡，适合夏令衣着	府绸、麻纱、泡泡纱等
冬令棉布	织物的纱支较粗或为线制品，质地坚实，布身厚实，色泽较深，适合冬令衣着	色粗布、灯芯绒、男女线呢等

(5) 其他

分　类	特　点		品种举例
按棉布品质分	高档品种	经纬纱支采用细支纱或股线，经纬密度比较紧密，质地又较细洁坚实的棉布	府绸、卡其、灯芯绒、高档男女线呢等
	低档品种	经纬纱支品质一般，密度比较稀松的品种	硫化布、杂色布等
按所用纱线分	纱制品	经纬纱都用单纱织造而成的布	市布、斜纹布、浅花布等
	线制品	经纬纱都用股线，或者经纱用股线，纬纱用单纱的都叫线制品	线卡其、线府绸等

续表

分　类	特　点		品种举例
按用途分	衣着用布	用作服装、服饰的各种棉布，具有优良的穿着舒适性、美观大方、坚牢耐用、经济实惠	府绸、卡其、华达呢、哔叽、线呢、灯芯绒、色织绒布等
	家具装饰用布	用作沙发、椅子和家用机具的面料或罩套的装饰织物，具有装饰和保护家具的	粗平布、细帆布、各种提花布、印花布、色织布、涤棉混纺布等
	复制工业用布	作用于制作床上用品、手帕、台布等棉织物，具有布面平整光洁、手感柔软，耐磨等特点	白粗布、白市布、漂白布、哔叽、色直贡、横贡缎、漂白粗斜纹、罗布、泡泡纱、手帕布等
	工业用布	根据各种工业生产技术上的特殊要求而专门生产的棉织物	帆布、人造革底布、帘子布、篷盖布、白市布、白细布、平绒、打包布、印花衬布、印刷布等
	交通运输用布	用于汽车、飞机、轮船等交通运输工具起美化装饰作用的实用性棉织物	白坯粗斜纹、玻璃纱、装饰布、帆布、汽车绒等

编号

分类	编　号	品　种	分　类	编　号	品　种
原色布类	0100	标准市布	色布类	2100	各色纱卡其
	0200	普通市布		2200	各色斜纹布
	0300	细布		2300	红布
	0400	粗布		2400	酱布
	0500	斜纹布		2500	漂布
	0600	其他原色布		2600	各色府绸
色布类	0700	硫化元布		2700	各色灯芯绒
	0800	硫化灰布		2800	其他色布类
	0900	硫化蓝布	花布类	2900	花哔叽
	1000	深士林蓝布		3000	花直贡
	1100	浅士林蓝布		3100	印花斜纹
	1200	士林灰布		3200	深色花布
	1300	凡拉明蓝布		3300	浅色花布
	1400	海昌蓝布		3400	印花府绸
	1500	各色线哔叽		3500	其他印花布
	1600	各色线直贡	色织布类	3600	线呢
	1700	各色线卡其		3700	绒布
	1800	各色华达呢		3800	条格布
	1900	各色纱哔叽		3900	被单布
	2000	各色纱直贡		4000	其他色织布

注：1. 本(原)色棉布的编号用三位数字表示。第一位数字表示品种类别。其中，1—平布；

2—府绸;3—斜纹布;4—哔叽;5—华达呢;6—卡其;7—直贡及横贡;8—麻纱;9—绒布坯。第二、三位数字表示顺序号。例如,纱府绸编号为 201、202、……214;半线府绸编号为 231、232;全线府绸编号为 251、252、……255。其中第一位数字 2 即表示府绸类,01、02 等即表示纱府绸的各种不同规格品种的顺序号,依此类推。

2.印染棉布编号用四位数字表示。第一位数字表示加工类别。其中,1—漂白布类;2—卷染染色布类;3—轧染染色布类;4—精元染色布类;5—硫化染色布类;6—印花布类;7—精元底色印花布类;8—精元印花布类;9—本光漂色布类。第二、三、四各位数字为本色棉布的编号。例如,印花纱直贡编号为 8702,其中第一位数字 8 表示印花布类,第二、三、四位数字 702 表示采用了直贡呢品种的 02 序号坯布。

(一) 市布 (muslin)

市布又称中平布，经、纬纱以中特纱织制的平布。坯布直接供市销。市布的特点是布身厚薄适中，手感较粗平布细软，以棉纱为原料织制，纬纱的特数等于或略大于经纱的特数。其坯布和经印染加工的漂白布、染色布、印花布，可用于做内衣、被单、衬布等，也可用于作绝缘布、化工原料包布和塑料衬布等。

2. 原色白市布 (grey cloth)

别名 白坯布、本色布

棉织物名称 / 规格		市布(中平布、白市布、普通市布、标准市布、龙头市布、五福市布)			黏纤市布(人造棉布)		
英文名		muslin			rayon muslin		
品名		标准市布	普通市布	普通市布			
经纬纱线密度	经纱/tex(英支)	26(23)棉纱	30(20)棉纱	28(21)棉纱	32(18)黏纤纱	30(20)黏纤纱	30(20)黏纤纱
	纬纱/tex(英支)	28(21)棉纱	同经纱	同经纱	同经纱	同经纱	同经纱
经纬密度	经纱/(根/10cm)	252	236	236	236	236	252
	纬纱/(根/10cm)	248	200	228	200	236	248
织物组织		平纹组织			平纹组织		
成品幅宽/cm		96.5	96.5	96.5	96.5	96.5	96.5
特点		布面平整丰满,纱支条干均匀,布面常附有棉结杂质,布身有浆料,手感较硬挺,色泽多呈淡米黄色。天然淡米黄色及其所附杂质等在多次洗涤后,易逐渐消除,故有越洗越白的优点,质地较坚牢,耐穿用			白度好,光泽足,布身柔软,布面洁净,外观胜过原色棉布		
用途		宜作衬衫、衬里、短裤、兜布、被里、袄里、被单等,也可作工业用布,但大部分供印染厂加工成中档漂白布、色布和印花布等			主要用于加工印染各种黏纤色布和花布,部分市销可作衬衣裤、衬里布等		

续表

规格＼棉织物名称	市布（中平布、白市布、普通市布、标准市布、龙头市布、五福市布）	黏纤市布（人造棉布）
备注	标准市布所用的纱支较细，质量较好；普通市布的质量稍差，市销量比标准市布少。市布除纯棉品种外，还有化纤白市布，如黏纤、富纤、棉黏、涤棉和棉维市布等。白市布的缩水率在10%左右，布身硬，在使用前，应先下水充分预缩并洗去部分浆料。暂时不用的白市布，在收藏前应洗净晒干，以免布上的浆料日久发霉，影响布的质量	黏纤市布的缩水率较大，一般在10%左右，裁剪前需下水预缩。洗涤时，避免用力搓洗，以免损伤纤维，影响使用寿命

规格＼棉织物名称		富纤市布（虎木棉、强力人造棉布）	棉黏市布		涤棉市布（涤棉回花市布）	棉维市布
英文名		polynosic muslin	cotton/rayon mixed muslin		polyester/cotton mixed muslin	cotton/vinylon mixed muslin
经纬纱线密度	经纱/tex（英支）	22(26)富纤纱	32(18)混纺纱（棉75、黏25）	30(20)混纺纱（棉75、黏25）	28(21)混纺纱（涤65、棉35，或涤50、棉50；也有用涤50、棉33、锦17）	30(20)混纺纱（棉50、维纶50，或其他混纺比例）
经纬纱线密度	纬纱/tex（英支）	同经纱	同经纱	同经纱	同经纱	同经纱
经纬密度	经纱/(根/10cm)	236.8	236	252	252	236
经纬密度	纬纱/(根/10cm)	252	236	248	248	236
织物组织		平纹组织	平纹组织		平纹组织	平纹组织
成品幅宽/cm		96.5	96.5		96.5	96.5
特点		布面光滑柔软，吸湿性和透气性好，质地比黏纤市布结实耐用	质地比黏纤市布坚牢结实，布身比棉市布光洁柔软		布身平挺、不皱不缩，强力高，耐穿用，色泽较白，含棉结杂质少，手感较柔软，价格要比纯棉市布高	布面平整，强力较高，较结实，耐穿用，棉结杂质少，白度好，重量较市布轻些
用途		主要供加工印染富纤色布和花布用，部分市销本白布可做衬衣裤、衬里布等	主要供加工印染棉黏色布和花布用，部分市销本白布可做衬衣裤、衬里布、被里等用		主要用作服装衬布、衣装布、衬裤、被里等	主要用作内衣、衬布、被里以及供加工染色布和印花布，也可作工业用布
备注		缩水率在8%左右，裁剪前，需下水预缩	缩水率在10%左右，裁剪前需下水预缩。洗涤时不宜用力搓洗，以免布面起毛		是利用棉纺厂在生产涤棉混纺纱时所产生的涤棉回花纺纱织布，故又称为涤棉回花市布。缩水率仅为1%左右。其缺点是易起球	缩水率约4%左右，裁剪前可先下水预缩

续表

规格 \ 棉织物名称		细布(细平布、白细布、5600细布、6000细布、7000细布)				黏纤细布(棉绸)	
英文名		cambric				rayon cambric	
经纬纱线密度	经纱/tex(英支)	19(30)棉纱	18(32)棉纱	19(30)棉纱	15(40)棉纱	19(30)黏纤纱	19(30)黏纤纱
	纬纱/tex(英支)	19(30)棉纱	18(32)棉纱	16(36)棉纱	15(40)棉纱	19(30)黏纤纱	19(30)黏纤纱
经纬密度	经纱/(根/10cm)	311	311	284	358	252	264
	纬纱/(根/10cm)	319	307	268	315	236	252
织物组织		平纹组织				平纹组织	
成品幅宽/cm		96.5				98	
特点		布面平整，纱支条干均匀，质地细洁紧密，比市布轻薄，手感较光滑，柔软，布面棉结杂质少				其特点与黏纤市布相仿，质地比较细洁柔软，类似丝绸	
用途		主要用于做衬衫、内衣裤、家用白布和被里等，大部分用于印染加工成漂白细布、色细布、印花细布以及工业用布等				主要供加工印染色布和花布用，部分市销可作衬衣裤、衬里布用	
备注		商标为丰鹤、彩花蝶、跳鲤等细布是过去原色细布的名牌产品。细布除纯棉品种外，还有纯化纤及其混纺品种，如黏纤、富纤、棉黏、涤棉、棉维、棉丙等。细布的缩水率在10%左右，布身有浆料，因此，在裁剪前，需先下水预缩，以保持其尺寸稳定性，存放时宜洗净去浆收藏，以防受潮霉烂				缩水率在10%左右，使用前需下水预缩，洗涤时不可用力搓洗，以免损伤纤维	

规格 \ 棉织物名称		富纤细布			
英文名		polynosic cambric			
经纬纱线密度	经纱/tex(英支)	20(28)富纤纱	19(30)富纤纱	15(40)富纤纱	12(50)富纤纱
	纬纱/tex(英支)	同经纱	同经纱	同经纱	同经纱
经纬密度	经纱/(根/10cm)	268	305	339	378
	纬纱/(根/10cm)	268	267.7	295	323
织物组织		平纹组织			
成品幅宽/cm		96.5		98	
特点		其特点与富纤市布相仿。布身轻薄细密，手感光滑柔软，白度较好			
用途		主要供加工印染富纤色布和花布。部分市销用于做衬衣裤、裤里布			
备注		富纤细布的缩水率在10%左右，使用前需下水充分预缩，洗涤时轻搓轻揉，以免损伤纤维			

续表

规格＼棉织物名称		巴　里　纱							
英文名		voile							
品名		棉巴里纱					涤棉巴里纱		
经纬纱线密度	经纱/tex(英支)	J14.6(J40)棉纱	J9.7(J60)棉纱	J7.3×2(J80/2)棉股线	J5.8×2(J100/2)棉股线	J4.9×2(J120/2)棉股线	13(45)涤棉混纺纱	J7.5×2(J80/2)涤棉混纺股线	J6.5×2(J90/2)涤棉混纺股线
	纬纱/tex(英支)	J14.6(J40)棉纱	J9.7(J60)棉纱	J7.3×2(J80/2)棉股线	J5.8×2(J100/2)棉股线	J4.9×2(J120/2)棉股线	13(45)涤棉混纺纱	J7.5×2(J80/2)涤棉混纺股线	J6.5×2(J90/2)涤棉混纺股线
经纬密度	经纱/(根/10cm)	228	314.5	212.5	212.5	267.5	236	236	236
	纬纱/(根/10cm)	204.5	291	196.5	216.5	251.5	228	216.5	216.5
织物组织		平纹组织							
成品幅宽/cm									
特点		质地稀薄,手感挺爽,布孔清晰,透明度强,透气性好。涤棉巴里纱还有免烫和良好的弹性等							
用途		宜做夏令女装、衬衫、衬裙、睡衣、浴衣、艺装、时装、头巾及抽纱、装饰用等							
备注		是指用细特强捻纱线制织的稀薄平纹织物,俗称玻璃纱。用棉或涤棉混纺精梳纱线制织。高级巴里纱织物,纱线还经烧毛工艺,以去除纱身毛茸。织物的经纬向紧度大致相同,一般为25%～40%。染整加工工艺同一般产品,但要注意纬斜,染整加工后的产品“布孔”要呈方形,经硬挺整理后,手感挺爽。产品有漂白、杂色和印花三种							

规格＼棉织物名称		棉黏细布		棉维细布	
英文名		cotton/rayon mixed cambric		cotton/vinylon mixed cambric	
经纬纱线密度	经纱/tex(英支)	19(30)混纺纱(棉75、黏25)	15(40)混纺纱(棉75、黏25)	18(32)混纺纱(棉50、维50)	18(32)混纺纱(棉50、维50)
	纬纱/tex(英支)	16(36)混纺纱(棉75、黏25)	同经纱	同经纱	同经纱
经纬密度	经纱/(根/10cm)	280	339	311	284
	纬纱/(根/10cm)	272	339	307	284
织物组织		平纹组织		平纹组织	
成品幅宽/cm		96.5		96.5	
特点		其特点与棉黏市布相仿。质量接近棉细布,外观比棉白细布光滑细洁		其特点与棉维市布相仿。布身比较细洁,外观与棉细布相仿,但比棉细布耐洗耐穿	

①符号“J”表示精梳,余同。

续表

<table>
<tr><td>规格 \ 棉织物名称</td><td>棉黏细布</td><td>棉维细布</td></tr>
<tr><td>用途</td><td>主要供加工染成棉黏色布和花布，部分市销作衬衣用</td><td>主要供加工印染棉维色布和花布，部分市销用于做内衣裤、衬里布、被里等</td></tr>
<tr><td>备注</td><td>缩水率在10%左右，使用时需先下水预缩，洗涤时，不要用力搓洗，以免布面起毛</td><td>缩水率在10%左右，使用前需先下水预缩</td></tr>
</table>

<table>
<tr><td colspan="2">规格 \ 棉织物名称</td><td colspan="4">涤棉细布</td><td colspan="2">棉丙细布</td></tr>
<tr><td colspan="2">英文名</td><td colspan="4">polyester/cotton mixed cambric</td><td colspan="2">cotton/polypropylene mixed cambric</td></tr>
<tr><td colspan="2">品名</td><td>涤棉细布</td><td>涤棉细布</td><td>涤棉细布</td><td>涤棉回花细布</td><td colspan="2"></td></tr>
<tr><td rowspan="2">经纬纱线密度</td><td>经纱/tex(英支)</td><td>14.5(40)混纺纱(涤65、棉35)</td><td>13(45)混纺纱(涤65、棉35)</td><td>10(60)混纺纱(涤65、棉35)</td><td>21(28)混纺纱(涤65、棉35)</td><td>18(32)混纺纱(棉50、丙纶50)</td><td>18(32)混纺纱(棉50、丙纶50)</td></tr>
<tr><td>纬纱/tex(英支)</td><td>同经纱</td><td>同经纱</td><td>同经纱</td><td>同经纱</td><td>同经纱</td><td>同经纱</td></tr>
<tr><td rowspan="2">经纬密度</td><td>经纱/(根/10cm)</td><td>394</td><td>394</td><td>394</td><td>268</td><td>311</td><td>284</td></tr>
<tr><td>纬纱/(根/10cm)</td><td>343</td><td>362</td><td>362</td><td>256</td><td>307</td><td>272</td></tr>
<tr><td colspan="2">织物组织</td><td colspan="4">平纹组织</td><td colspan="2">平纹组织</td></tr>
<tr><td colspan="2">成品幅宽/cm</td><td>96.5</td><td>99</td><td>134.5</td><td>96.5</td><td colspan="2">96.5</td></tr>
<tr><td colspan="2">特点</td><td colspan="4">布面平挺，细支细洁，成品质地轻薄，手感滑爽，抗皱性能好，较坚牢，耐穿用，缩水率小，成衣的尺寸稳定性好</td><td colspan="2">织物强度高，耐磨性好，结实耐穿，易洗快干，外观近似涤棉细布，但耐光性差，耐热性也较差，不能染成深色，目前多数染成中色或浅色</td></tr>
<tr><td colspan="2">用途</td><td colspan="4">主要用于做衬衣裤、服装的衬布和袋布、被里、袄里，大部分供印染厂加工成漂白布、色布和印花布等</td><td colspan="2">宜作衬里布、服装衬布与袋布等</td></tr>
<tr><td colspan="2">备注</td><td colspan="4">涤棉细布的混纺比例一般为涤纶65%，棉35%，也有采用其他混纺比例或涤棉回花纺纱织造(称为涤棉回花细布)的。缩水率为1%左右</td><td colspan="2">缩水率在3%左右，洗后不宜于烈日下曝晒，不能熨烫</td></tr>
</table>

<table>
<tr><td colspan="2">规格 \ 棉织物名称</td><td colspan="2">粗布(白粗布、粗平布)</td><td>黏纤粗布</td><td colspan="3">本白斜纹布</td></tr>
<tr><td colspan="2">英文名</td><td colspan="2">crash</td><td>rayon crash</td><td colspan="3">drill</td></tr>
<tr><td rowspan="2">经纬纱线密度</td><td>经纱/tex(英支)</td><td>58(10)棉纱</td><td>48(12)棉纱</td><td>30(20)黏纤纱</td><td>30(20)棉纱</td><td>28(21)棉纱</td><td>26(23)棉纱</td></tr>
<tr><td>纬纱/tex(英支)</td><td>58(10)棉纱</td><td>44(13)棉纱</td><td>58(10)黏纤纱</td><td>30(20)棉纱</td><td>28(21)棉纱</td><td>28(21)棉纱</td></tr>
<tr><td rowspan="2">经纬密度</td><td>经纱/(根/10cm)</td><td>200</td><td>204</td><td>327</td><td>362</td><td>327</td><td>363</td></tr>
<tr><td>纬纱/(根/10cm)</td><td>173</td><td>204</td><td>133</td><td>252</td><td>213</td><td>228</td></tr>
<tr><td colspan="2">织物组织</td><td colspan="2">平纹组织</td><td>平纹组织</td><td colspan="3">$\frac{2}{1}$或$\frac{3}{1}$斜纹组织</td></tr>
</table>

续表

规格＼棉织物名称	粗布（白粗布、粗平布）		黏纤粗布	本白斜纹布
成品幅宽/cm	86	86	96.5	91
特点	布身厚实粗糙，布面棉结杂质较多，价格低廉，耐穿用，手感糙硬		其特点与黏纤市布相仿，系采用粗特黏纤纱织制。质地比较厚实，手感并不粗糙，外观比棉布洁净	织物紧密适中，质地较柔软，耐穿用
用途	主要用作衬衫、短裤、袋布、衬布、袄里、被里以及工业和印染加工用布等		可作衬衣和衬里布	主要用作内衣裤、短裤、被里以及工业用布和印染加工成漂白布、色布、印花布
备注	缩水率在10%左右，并带有浆料，在裁剪前需先下水预缩，以保持尺寸的稳定性。经多次洗涤后，布面的棉结杂质逐渐脱落，白度增加，具有越洗越白的特点		缩水率在10%左右，裁剪前应先下水充分预缩。洗涤时不要用力搓洗，以免损伤纤维	斜纹布有纯棉和混纺品种之分。一般经密略大于纬密，斜纹角度为45度左右。缩水率一般为8%～10%，在裁剪前宜先下水预缩，并可除去织物上的浆料。斜纹布的棉结杂质一般较少，混纺斜纹布的白度较好，含棉结杂质也少

（二）色布（染色布）(dyeing cloth)

色布又称染色布，是指坯布经过预处理(如烧毛、脱浆等)后浸入染液中，染料与织物中纤维发生化学或物理化学结合，或在纤维上生成不溶性有色物质，染成各种所需的颜色，然后经过汽蒸等后处理，使染料扩散进纤维或发生反应并固化，形成染色布。

3. 元布 (black cloth)

元布又称黑布、青布。元布是色布中的大类品种之一，它的色泽乌黑，使用方便，有耐污易洗的特点。元布所使用的原料为棉纱、黏纤以及涤棉、涤富、棉维等混纺纱。染色使用硫化元和精元染料，织物组织为平纹组织，使用的坯布有元粗布、元布和元细布。精元布的色泽乌黑光亮，能耐洗耐晒，硫化元布的色泽虽乌黑，但不及精元布光亮、深艳。元布为农村和山区的主要衣着，可作单、夹、棉衣料用。

规格＼棉织物名称		硫化元布（硫化黑布、硫化青布）				黏纤元布		
英文名		sulfur black cloth				viscose black cloth		
品名		硫化元粗布	硫化元布	硫化元布	硫化细布			
经纬纱线密度	经纱/tex（英支）	48(12)棉纱	28(21)棉纱	26(23)棉纱	18(32)棉纱	32(18)黏纤纱	30(20)黏纤纱	19(30)黏纤纱
	纬纱/tex（英支）	44(13)棉纱	28(21)棉纱	28(21)棉纱	18(32)棉纱	32(18)黏纤纱	30(20)黏纤纱	19(30)黏纤纱
经纬密度	经纱/(根/10cm)	204	236	252	311	236	252	263.8
	纬纱/(根/10cm)	204	228	248	307	236	248	252

续表

规格 \ 棉织物名称	硫化元布(硫化黑布、硫化青布)				黏纤元布
织物组织	平纹组织				平纹组织
成品幅宽/cm	91	91	91	91	80
特点	色泽坚牢,呈乌黑,耐洗耐晒,但不耐摩擦,洗刷容易发花泛白,染色简单,工本费低,价格低廉,厚薄适中,耐穿用				布身柔软滑爽,色泽乌黑光亮,有元色丝绸的风格,穿着舒适耐脏
用途	硫化元粗布宜做低档夹衣、棉衣;硫化元布宜做山区、农村秋冬季男女服装;硫化细节宜做春、夏、秋季黑色男女服装、学生装、童装等				宜作夏季衣着用
备注	硫化元布是指用硫化染料染色的粗布、市布和细布。硫化元粗布因其坯布粗糙,亦称为毛元粗布。硫化元布耐洗耐晒但不耐摩擦,洗刷容易发花泛白。缩水率在4%左右,在成衣裁剪前需先下水预缩,并可洗去布上可能存在的酸分				缩水率较大,一般在10%左右,下水后会膨胀发硬,干燥后会收缩,成衣容易变形,裁剪前需下水充分预缩

规格 \ 棉织物名称		涤棉元布	涤富元布	棉维元布
英文名		polyester/cotton mixed black cloth	polyester/polynosic mixed black cloth	cotton/vinylon mixed black cloth
经纬纱线密度	经纱/tex(英支)	15(40)涤棉纱	12(50)涤富纱	18(32)棉维纱
	纬纱/tex(英支)	同经纱	同经纱	同经纱
经纬密度	经纱/(根/10cm)	394	378	311
	纬纱/(根/10cm)	343	319	307
织物组织		平纹组织	平纹组织	平纹组织
成品幅宽/cm		91	89	85
特点		织物轻薄挺爽,耐磨耐穿,不皱不缩,易洗快干,色泽乌黑度不及纯棉元布和黏纤元布	织物细洁柔软,吸湿性好于涤棉元布,穿着舒适	织物较坚牢,耐穿用
用途		宜作夏令女裤、便装、棉袄罩衫、裙料、民族装等用	宜作夏令衣料等用	宜作秋冬季男女中装、便装、袄面、裤料等用
备注		由涤纶65%、棉35%混纺纱织制,采用涤棉细布染色。染色时以分散染料染涤纶,硫化染料套染棉纤维。缩水率在1%左右,可直接裁剪,不需下水预缩	由涤纶65%、富强纤维35%混纺织造,采用涤富细布染色,缩水率在2%左右,洗涤时宜在皂液中轻揉以免损伤富强纤维	以棉和维纶各50%混纺的细布染色而成。由于维纶染色性能较差,故色泽乌黑度不及纯棉元布和黏纤元布深浓,色泽坚牢度也较差。缩水率在4%左右,成衣前需先下水预缩,洗后熨烫要干烫,不能垫湿布,温度不宜超过150℃

4. 灰布 (grey cloth)

灰布是一种大众化的棉布。色泽文雅，价廉物美，为日常服装用料，又为服装的衬里布料。灰布所用原料有棉纱、黏纤纱和涤棉、棉维、棉丙混纺纱等。染色所使用的染料有硫化染料和士林染料。品种有灰粗布、灰布和灰细布。根据色泽深浅，可分为深灰布和浅灰布，其色光又可分为红光和青光两种。士林灰布因色泽坚牢度好，适宜作夏季服装面料，硫化灰布因色泽坚牢度较差，容易泛红变色，多用作衬里布。

规格＼棉织物名称		棉维灰布	硫化灰布			士林灰布		
英文名		cotton/vinylon mixed grey cloth	sulfur grey cloth			indanthrene grey cloth; purplish grey cloth		
品名			硫化灰布	硫化灰细布	硫化灰粗布	士林灰布	士林灰布	士林灰细布
经纬纱线密度	经纱/tex(英支)	18(32)棉维纱	30(20)棉纱	19(30)棉纱	44(13)棉纱	30(20)棉纱	26(23)棉纱	18(32)棉纱
	纬纱/tex(英支)	同经纱	同经纱	16(36)棉纱	同经纱	同经纱	28(21)棉纱	同经纱
经纬密度	经纱/(根/10cm)	311	236	280	161	236	252	313
	纬纱/(根/10cm)	307	236	272	181	236	248	307
织物组织		平纹组织	平纹组织			平纹组织		
成品幅宽/cm		85	81～90	86～91	87～93	81	81	81
特点		织物坚牢,耐穿用	色泽文雅,但色牢度不及士林灰布,不耐洗晒,易泛红变色			布面匀净细洁,光泽好,耐洗晒,色泽匀净明亮		
用途		宜做男女外衣,内衣等	一般多用作衬里布			主要用做中式便装、女装、内衣、袄罩、衬里、民族装,也可作宗教用布		
备注		是由维纶和棉各50%混纺纱织造的细布,其色泽有浅灰、中灰、深灰。价格一般较低,是广大农村、山区和渔民喜爱的灰布品种。缩水率在4%左右	由于采用硫化染料染色而得名。有丝光和本光灰布两种,本光灰布不经过丝光,而丝光灰布则经过丝光工艺。本光灰布的色泽较暗,丝光灰布的色泽明亮。本光硫化灰布有的经过轧光整理,布身比较光亮洁净,外观有所改善,但经水洗后,光泽随之消失。丝光硫化灰布的缩水率在3%左右,不需下水预缩,而本光硫化灰布则在6%左右,裁剪前需下水充分预缩			因采用士林染料染色而得名。染色时一般先经丝光再染色,缩水率在3%左右,由于士林染料不耐摩擦,洗涤时不能用力擦刷,以免色泽磨白		

续表

棉织物名称 规格		黏纤灰布			涤棉灰布			棉丙灰布
英文名		viscose grey cloth			polyester/cotton grey cloth			cotton/polypropylene grey cloth
品名		黏纤灰布	黏纤灰布	黏纤灰细布				
经纬纱线密度	经纱/tex(英支)	32(18)黏纤纱	30(20)黏纤纱	19(30)黏纤纱	21(18)涤棉混纺纱	14.5(40)涤棉混纺纱	13(45)涤棉混纺纱	18(32)棉丙混纺纱
	纬纱/tex(英支)	同经纱	同经纱	同经纱	同经纱	同经纱	同经纱	同经纱
经纬密度	经纱/(根/10cm)	236	236	264	311	394	394	311
	纬纱/(根/10cm)	221	236	252	299	343	362	276
织物组织		平纹组织			平纹组织			平纹组织
成品幅宽/cm		80	85～91	78	89	89	91	85
特点		色泽均匀、鲜艳			布面细洁挺薄，强力好，耐穿用，不皱不缩，易洗快干，免熨烫			织物比重轻，较轻薄，强力好，抗皱性能强，具有耐洗快干的特点，较耐穿用。但耐热、耐光性能差，色泽不深，也欠纯正
用途		主要用作夹里布			宜做夏令中式便装、罩衫、衬衫、女装、童装、民族装等			宜做男女外衣、内衣等
备注		采用中特和细特黏纤纱织制的坯布染色，染色时采用直接染料或硫化染料，以直接染料的染色效果较好，色泽均匀。缩水率在10%左右，裁剪前需下水充分预缩，洗涤时不宜用力搓洗，以免损伤纤维			是由涤纶65%、棉35%混纺纱织造的细布经分散染料染涤纶，再套染灰色而成，其色泽有浅灰、中灰、瓦灰、深灰、黑灰等。缩水率一般在1%左右，裁剪成衣前不需下水预缩，但涤棉灰布的日晒牢度较差些，成衣洗涤后不宜在阳光下曝晒，以免褪色变色			是由丙纶和棉各50%混纺制织的细布，经士林染料染成的灰布。缩水率在3%左右

5. 蓝布（blue cloth）

蓝布为色布的主要品种，在色布中占有重要的位置。蓝布色泽鲜艳，朴素大方。所使用的原料有纯棉、黏纤、富纤纱以及棉黏、涤棉、棉维、棉丙混纺纱等。蓝布染色使用的染料有凡拉明蓝、士林蓝、硫化蓝、海昌蓝、靛蓝和酞菁蓝等。织物为平纹组织。品种按采用的染料分主要有凡拉明蓝布、士林蓝布、硫化蓝布、海昌蓝布、毛蓝布和酞菁蓝布等。按使用原料分，除纯棉蓝布外，还有黏纤蓝布、富纤蓝布、涤棉蓝布、棉维蓝布和棉丙蓝布等混纺和纯化纤蓝布。蓝布用途很广，宜做男女老少四季服装面料。

<table>
<tr><th colspan="2">棉织物名称
规格</th><th colspan="5">凡拉明蓝布(凡蓝布、安安蓝布)</th><th colspan="2">海昌蓝布</th></tr>
<tr><td colspan="2">英文名</td><td colspan="5">variamine blue cloth; dark blue cloth</td><td colspan="2">hydron blue cloth;
pure indigo cloth</td></tr>
<tr><td colspan="2">品名</td><td colspan="2">凡拉明蓝粗布</td><td colspan="2">凡拉明蓝布</td><td>凡拉明蓝细布</td><td>海昌蓝粗布</td><td>海昌蓝布</td></tr>
<tr><td rowspan="2">经纬纱线密度</td><td>经纱/tex(英支)</td><td>48(12)棉纱</td><td>48(12)棉纱</td><td>28(21)棉纱</td><td>26(23)棉纱</td><td>18(32)棉纱</td><td>44(13)棉纱</td><td>32(18)棉纱</td></tr>
<tr><td>纬纱/tex(英支)</td><td>44(13)棉纱</td><td>同经纱</td><td>同经纱</td><td>28(21)棉纱</td><td>同经纱</td><td>同经纱</td><td>同经纱</td></tr>
<tr><td rowspan="2">经纬密度</td><td>经纱/(根/10cm)</td><td>205</td><td>203</td><td>236</td><td>252</td><td>311</td><td>165</td><td>252</td></tr>
<tr><td>纬纱/(根/10cm)</td><td>205</td><td>197</td><td>228</td><td>248</td><td>307</td><td>181</td><td>244</td></tr>
<tr><td colspan="2">织物组织</td><td colspan="5">平纹组织</td><td colspan="2">平纹组织</td></tr>
<tr><td colspan="2">成品幅宽/cm</td><td>95</td><td>91</td><td>91</td><td>91</td><td>91</td><td>85</td><td>81</td></tr>
<tr><td colspan="2">特点</td><td colspan="5">色泽比士林蓝布鲜艳，但耐气候牢度较差，在高温潮湿中晾晒易褪色和泛红</td><td colspan="2">色泽浓深，但稍带红，不太鲜艳、纯正。其色牢度介于士林蓝布和硫化蓝布之间。织物比较紧密坚牢，成衣较耐穿用</td></tr>
<tr><td colspan="2">用途</td><td colspan="5">宜做单夹衣、罩衣、中式便装、学生装、工作服等</td><td colspan="2">宜做中式单夹衣、棉衣裤、中老年人罩衣、女装等</td></tr>
<tr><td colspan="2">备注</td><td colspan="5">简称凡蓝布，是纯棉蓝布中的主要品种。最初用纳夫妥染料中的安安蓝染料染色，所以也称安安蓝布。后来采用凡拉明蓝染料染色，色泽蓝艳，染色牢度提高，改称凡拉明蓝布。缩水率在3%左右。品种有凡拉明蓝粗布，凡拉明蓝布和凡拉明蓝细布等</td><td colspan="2">是用海昌蓝染料染色的粗平布或平布。缩水率在3%左右，裁剪成衣时需留有一定的缩水尺寸，成衣洗涤后不宜曝晒，宜在阴凉通风处晾干，以防色泽泛红</td></tr>
</table>

续表

棉织物名称 规格		士林蓝布					硫化蓝布			
英文名		indanthrene blue cloth;purplish blue cloth					sulfur blue cloth			
品名		士林毛蓝粗布		士林蓝布		士林蓝细布	硫化蓝粗布	硫化蓝布	硫化蓝布	硫化蓝细布
经纬纱线密度	经纱/tex(英支)	48(12)棉纱	48(12)棉纱	28(21)棉纱	26(23)棉纱	18(32)棉纱	48(12)棉纱	28(21)棉纱	26(23)棉纱	18(32)棉纱
	纬纱/tex(英支)	同经纱	44(13)棉纱	同经纱	28(21)棉纱	同经纱	44(13)棉纱	同经纱	28(21)棉纱	同经纱
经纬密度	经纱/(根/10cm)	203	205	236	252	311	205	236	252	311
	纬纱/(根/10cm)	197	205	228	248	307	205	228	248	307
织物组织		平纹组织					平纹组织			
成品幅宽/cm		91					91			
特点		色泽较鲜艳,质地细洁,染色牢度好,耐洗晒,深为农村群众喜爱					色泽不够鲜艳,色坚牢度也较差,不耐摩擦,穿着日久易泛红褪色			
用途		宜做中装、便装、女装、童装、罩衣、棉袄面等					宜作低档衣料、衣里布等			
备注		是用士林染料染色的平纹组织的蓝粗布、蓝布和蓝细布的泛称。按色泽的深浅不同,可分为深士林蓝布和浅士林蓝布,常用色号区别。例如:30、45、50、……190、200号等,其中小号为浅,大号为深,人们熟知的阴丹士林蓝布,色号为190号,故可简称190士林,色泽鲜艳纯正,1000号士林蓝布色泽浓深,为稍带红的深藏青色。士林蓝布的缩水率为4%左右,裁剪前需下水预缩或留有预缩尺寸					是用硫化蓝染料染色的各类蓝粗布、蓝布和蓝细布的泛称。主要品种有本光硫化蓝布和丝光硫化蓝布。色泽以中深色居多。染色简便,价格较便宜,丝光硫化蓝布的缩水率约为3%左右,本光硫化蓝布的缩水率约为6%左右,裁剪前需先下水预缩			

棉织物名称 规格		毛蓝布							
英文名		darish blue cloth							
品名		尺一五毛蓝土布	尺一五毛蓝土布	加阔毛蓝土布	毛蓝粗布	毛蓝粗布	毛蓝粗布	毛蓝粗布	毛蓝布
经纬纱线密度	经纱/tex(英支)	48(12)棉纱	48(12)棉纱	48(12)棉纱	60(10)棉纱	特纺48(特纺12)棉纱	特纺48(特纺12)棉纱	特纺36(特纺16)棉纱	特纺32(特纺18)棉纱
	纬纱/tex(英支)	36(16)棉纱	36(16)棉纱	同经纱	同经纱	特纺44(特纺13)棉纱	特纺36(特纺16)棉纱	同经纱	同经纱
经纬密度	经纱/(根/10cm)	228	228	211	181	205	228	228	252
	纬纱/(根/10cm)	236	252	228	142	205	232	228	244
织物组织		平纹组织							
成品幅宽/cm		38	38	42	82～85	83	82～85	81	81
特点		布面粗糙发毛,手感厚实,色泽蓝艳明快,朴素大方,具有自然的粗犷美							

续表

规格＼棉织物名称	毛蓝布
用途	宜做民族装、旗袍、女装、时装、便装、学生装、裙料及手工艺品等
备注	是我国传统的品种，具有浓厚的乡土气息。此产品最初多采用土布和土靛染料，不经烧毛，而以手工土法将毛坯直接染色，故称毛蓝布。土布门幅一般只有38cm(合1.15尺)左右，所以又有尺一五毛蓝布的俗称。毛蓝布的品种有毛蓝粗布、毛蓝布和毛蓝花布等。毛蓝花布多为蓝地白花的手工印花粗布，花型图案具有浓厚的民族风格和艺术性，深受消费者的青睐。毛蓝布的色泽分靛月蓝、溴靛蓝、潮蓝等。经水洗后，深度会逐渐变浅，但蓝色的色光越洗越艳亮，布面的棉结杂质也逐渐洗净，显得清洁，所以经久穿用，显得越来越漂亮，深受使用者的喜爱。缩水率在8%左右，裁剪前需下水充分预缩，以免成衣后变形

规格＼棉织物名称		酞菁蓝布				黏纤蓝布(人棉绸、棉绸)		
英文名		brilliant blue cloth				rayon blue cloth		
品名		酞菁蓝粗布	酞菁蓝布	酞菁蓝细布	酞菁蓝细布	黏纤蓝布	黏纤蓝布	黏纤蓝细布
经纬纱线密度	经纱/tex(英支)	特纺44(特纺13)棉纱	30(20)棉纱	精梳13(精梳45)棉纱	精梳10(精梳60)棉纱	32(18)黏纤纱	30(20)黏纤纱	19(30)黏纤纱
	纬纱/tex(英支)	同经纱	同经纱	精梳14(精梳42)棉纱	同经纱	同经纱	同经纱	同经纱
经纬密度	经纱/(根/10cm)	156	236	350	378	236	236	264
	纬纱/(根/10cm)	181	221	335	347	221	236	252
织物组织		平纹组织				平纹组织		
成品幅宽/cm		85～92	80	86	89	80	91	86
特点		色泽蓝艳，色光带绿，色泽坚牢度优良，耐洗耐晒				比纯棉蓝布鲜艳美观，手感好，具有一定的丝绸感		
用途		宜做民族装、艺装等				宜做中装、便装、罩衣、女装、童装、民族装等		
备注		是用酞菁染料染色的酞菁蓝粗布、酞菁蓝布和酞菁蓝细布的总称				是由黏纤纱制织的中特或细特平纹布经漂染成蓝色的纯化纤织物。有纯黏纤蓝布、富纤蓝布和富黏蓝布等。由于黏纤织物有丝绸般的风格，故也称为人棉绸或棉绸。缩水率在10%左右，裁剪前需下水充分预缩，洗涤时随浸随洗，在洗液中轻揉轻搓，洗后带水晾干		

续表

规格＼棉织物名称		富纤蓝布				棉黏蓝布			
英文名		polynosic blue cloth				cotton/rayon mixed blue cloth			
品名		富纤蓝布	富纤蓝细布			棉黏蓝布		棉黏蓝细布	
经纬纱线密度	经纱/tex(英支)	22(26)富纤纱	20(28)富纤纱	19(30)富纤纱	12(50)富纤纱	32(18)棉黏纱	30(20)棉黏纱	19(30)棉黏纱	15(40)棉黏纱
	纬纱/tex(英支)	同经纱	同经纱	同经纱	同经纱	同经纱	同经纱	16(36)棉黏纱	同经纱
经纬密度	经纱/(根/10cm)	264	268	307	378	236	252	284	339
	纬纱/(根/10cm)	244	268	276	323	236	248	272	339
织物组织		平纹组织				平纹组织			
成品幅宽/cm		85	86	83	91	80	80	86	85
特点		布面紧密细洁，手感好，有丝绸风格				比纯棉蓝布细密，手感滑柔，吸湿性强，但织物的湿强力较差			
用途		同黏纤蓝布				宜做衬里、罩衫、棉袄面、衬衣裤、便装、童装等			
备注		是用富纤纱制织的中特(中支)或细特(细支)平纹布漂染成的纯化纤蓝布。成衣结实耐用，缩水率8%～10%，裁剪前需先下水预缩，成衣洗涤时宜轻揉轻搓，不宜用力绞拧，不宜在强阳光下曝晒				由棉和黏胶纤维各50%的混纺纱制织的市布和细布，经染色而成的蓝布。缩水率约为8%左右，裁剪前需先下水预缩，洗涤时勿用力搓擦，以免损伤纱线、起毛和褪色			

规格＼棉织物名称		涤棉蓝布			棉维蓝布	棉丙蓝布
英文名		polyester/cotton mixed blue cloth			cotton/vinylon mixed blue cloth	cotton/polypropylene mixed blue cloth
品名		涤棉藏蓝细布	涤棉深蓝细布	涤棉深蓝细布		
经纬纱线密度	经纱/tex(英支)	20(28)涤棉纱	15(40)涤棉纱	13(45)涤棉纱	18(32)棉维纱	18(32)棉丙纱
	纬纱/tex(英支)	同经纱	同经纱	同经纱	同经纱	同经纱
经纬密度	经纱/(根/10cm)	311	394	394	311	287
	纬纱/(根/10cm)	299	343	362	308	272
织物组织		平纹组织			平纹组织	平纹组织
成品幅宽/cm		89	91	91	89～91	85

续表

规格＼棉织物名称	涤　棉　蓝　布	棉维蓝布	棉丙蓝布
特点	布面平整、细洁挺括，色牢度好	质地坚牢，耐磨耐穿	织物较轻，较耐磨，成衣挺括，耐穿用，价格便宜。风格近似涤棉蓝布，但耐光与耐热性较差
用途	宜做男女衬衫、罩衣、棉袄面、便装、女装等	宜做衬衫、罩衣、便装、女装、童装等	同涤棉蓝布
备注	是由涤纶65%、棉35%的混纺纱制织的涤棉细布染成蓝色的织物。缩水率为1%左右，裁剪前不需下水预缩，洗涤后置通风处晾干，以保持色泽蓝艳	是由棉、维各50%的混纺纱制织的细布染色而成，色泽以深蓝、藏蓝居多。缩水率约为3%	是由棉和丙纶各50%的混纺纱制织的细布经染色而成。一般采用士林染料对棉进行染色，丙纶不染色，布面形成浅蓝或中色蓝，不宜染深色(丙纶染色性能差)

6. 哔叽（serge）

哔叽是指经纬用纱或线以二上二下加强斜纹组织制织的斜纹织物，是由毛织物移植为棉织物的品种。名称来源于英文 beige 的音译。织物质地柔软，正反面织纹相同，倾斜方向相反。按所用纤维原料不同，可分为纯棉哔叽，黏胶哔叽；按使用的纱线不同，可分为纱哔叽、半线哔叽和全线哔叽。哔叽的经纬纱线密度和密度比较接近，使斜纹倾角约为45°。坯布经印染加工后，元色、杂色的多用于做老年男女服装、童帽，印花哔叽常于做妇女、儿童衣料，大花哔叽常用于做被面、窗帘等。

规格＼棉织物名称		永固呢	色　哔　叽							
英文名		everlasting cloth	coloured serge							
品名			精元线哔叽	杂色线哔叽	精元尖格哔叽	精元映格哔叽	元纱哔叽	元纱哔叽	杂色纱哔叽	杂色人字纱哔叽
经纬纱线密度	经纱/tex(英支)	30(20)棉纱	14×2(42/2)棉股线	14×2(42/2)棉股线	14×2(42/2)棉股线	14×2(42/2)棉股线	特纺40(特纺14)棉纱	30(20)棉纱	28(21)棉纱	48(12)棉纱
	纬纱/tex(英支)	36(16)棉纱	28(21)棉纱	28(21)棉纱	18(32)棉纱	28(21)棉纱	特纺36(特纺16)棉纱	同经纱	同经纱	44(13)棉纱
经纬密度	经纱/(根/10cm)	315	319	319	327	370	299	284	327	311
	纬纱/(根/10cm)	256	248	248	307	256	197	248	240	197
织物组织		$\frac{2}{2}$斜纹组织	$\frac{2}{2}$斜纹组织							
成品幅宽/cm		77	77	77	77	77	87	78	77	78

续表

规格＼棉织物名称	永固呢	色哔叽
特点	质地厚实,纹路粗壮,色泽鲜艳	布身柔软,布面光洁,质地紧密,并有很多的倾斜纹路,斜纹纹路间距较大,斜纹线条的倾斜角度约为45°,正反面的斜纹线条都很明显
用途	主要用于儿童服装	宜做男女服装、童装、民族装、罩衫及被面、被里等
备注	属纱哔叽类,色泽以元、蓝、红、酱、绿为多,也有其他杂色。缩水率在4%左右,裁剪前宜下水预缩,洗涤时不宜擦刷,以免褪色	是哔叽的重要品种,可分为线哔叽和纱哔叽两类。色线哔叽中有漂白、元、蓝、灰与其他杂色哔叽。精元线哔叽是色哔叽中的主要品种,其中包括精元尖格哔叽和精元映格哔叽等。精元尖格和映格哔叽的布面为提花的尖格和映格花纹,美观细致,色泽乌黑,是广西壮族人民所喜爱的品种。各色纱哔叽中有漂白、元、蓝、红、酱、灰、绿、棕等色,以元纱叽和蓝纱叽为多。各色纱哔叽中尚有各色人字纱哔叽,花纹美观,质地厚实。色哔叽的经向缩水率在4%左右,使用时需下水预缩。洗涤后宜于阴凉通风处晾干,以保持色泽美观

规格＼棉织物名称		团结布	漂白哔叽	纱哔叽					
英文名		unite cloth	bleached serge	single serge					
经纬纱线密度	经纱/tex（英支）	14×2(42/2)棉股线	30(20)～14(42)单纱或股线	32(18)棉纱	29(20)棉纱	29(20)棉纱	28(21)棉纱	28(21)棉纱	28(21)棉纱
	纬纱/tex（英支）	28(21)棉纱	同经纱	同经纱	同经纱	同经纱	同经纱	同经纱	同经纱
经纬密度	经纱/(根/10cm)	376	299～319	310	283	315	283	327	335
	纬纱/(根/10cm)	256	197～248	220	248	252	248	240	236
织物组织		$\frac{2}{2}$斜纹组织	$\frac{2}{2}$斜纹组织	$\frac{2}{2}$斜纹组织					
成品幅宽/cm		77	77～87						
特点		织物紧密结实,较耐穿用,色牢度好	布面平整莹白、紧密,光泽好,斜纹纹路清晰	质地厚实,手感松软,布的反面织物斜向与正面相反					
用途		宜做民族装、一般中装、中式便装、单夹衣等	宜做学生服、运动装、童装、医护用服及床单、被里等	经印染加工成印花、杂色,其中深色印花哔叽为主要产品,用作被面;印有小花朵、几何图案、条格花型的小花哔叽,主要用于做妇女服装、儿童服装等					
备注		是半线哔叽的一个品种,采用斜纹组织制织,因其主要是供应部分少数民族衣着穿用,故称团结布。缩水率约为4%左右,裁剪前需下水预缩	是线哔叽或纱哔叽的原坯经漂白整理后的哔叽品种。缩水率均为4%左右,裁剪前需先下水预缩,成衣洗涤后宜放在阴凉通风处晾干,穿久的漂白成衣宜用有荧光漂白的洗剂洗涤,以保持成衣洁白如初,不泛黄	是经纬纱用单纱,以二上二下加强斜纹组织织制,布面呈现相邻经纱的经组织点排列由右下方向左上方倾斜织纹的左斜纹织物					

续表

棉织物名称 规格		线 哔 叽			黏纤哔叽		中长化纤哔叽			
英文名		thready serge			viscose serge		mid-length chemical fiber serge			
品名		半线哔叽					涤黏中长哔叽		涤黏中长明条哔叽	涤黏中长条形哔叽
经纬纱线密度	经纱/tex（英支）	18×2（32/2）棉线	14×2（42/2）棉线	14×2（42/2）棉线	30(20)黏纤纱	19(30)黏纤纱	19×2（31/2）涤黏股线	20×2（28/2）涤黏股线	18×2（32/2）涤黏线嵌17×2（34/2）腈纶线	20×2（28/2）涤黏股线
	纬纱/tex（英支）	36(16)棉纱	28(21)棉纱	28(21)棉纱	同经纱	24(24)黏纤纱	同经纱	同经纱	18×2（32/2）涤黏股线	同经纱
经纬密度	经纱/(根/10cm)	354	325	319	315	358	297	301	301	299
	纬纱/(根/10cm)	220	240	248	252	268	236	213	213	205
织物组织		$\frac{2}{2}$斜纹组织			$\frac{2}{2}$斜纹组织		$\frac{2}{2}$斜纹组织			
成品幅宽/cm					70～83	87～91	148	160	91	91
特点		布面光洁，质地结实，手感柔软，正反面织纹倾斜方向相反			质地细密柔软，色泽鲜艳，有丝绸风格		手感厚实，外观平整光洁，斜纹清晰，色泽匀净，有一定的毛型感			
用途		元色哔叽用作棉衣、夹衣面料，藏青等色多用作外衣面料			宜做单、夹、棉衣裤，童装，罩衫及被面等		宜作男女服装面料			
备注		是经纬用股线，以二上二下斜纹组织织制的右斜纹织物。半线哔叽的经纱采用股线，纬纱采用单纱织造制。线哔叽一般经染色加工成杂色，其中以元色为主，藏青、蓝色次之。是我国部分少数民族所喜爱的传统产品			有黏纤色哔叽和黏纤花哔叽两种。黏纤色哔叽的色泽有漂白、元、蓝、灰、藏青、蟹青、咖啡等色。缩水率在4%左右，使用前需先下水预缩。洗涤时应轻揉轻搓，以免损伤纤维		是采用65%的涤纶中长纤维与35%的黏胶中长纤维混纺的哔叽，采用中长化纤仿呢绒中的毛哔叽风格织制，成品有一定的毛型感。色泽以藏青色为多，也有各种杂色，采用分散、士林、活性等染料染色。有的以斜纹变化组织织成条形哔叽，或者加上腈纶嵌条成为明条哔叽。风格新颖，适宜做秋冬服装。缩水率2%～3%			

7. 直贡 (twilled satin)

直贡又称直贡缎、直贡呢、贡呢，是以五枚三飞经面缎纹组织制织的织物。具有布面光洁、富有光泽、手感柔软厚实，经轧光后与丝绸中真丝缎有相似外观效应的特点。直贡有纱直贡（纱经纱纬）和半线直贡（线经纱纬）之分，多以天然棉为原料。经纬一般为中、细特纱，配置有两种方法，即经纬用相同线密度或经纱线密度小于纬纱线密度，以便突出经纱效应。制织直贡由于布身组织的交织点少，为了保持布边平整有利于印染加工，边组织选用方平组织，两侧布边的组织点要错开，方可使布边交织良好。直贡坯布多加工为元色，宜作老年人冬季服装面料、鞋面，或印花作被面等家用装饰织物。

规格 \ 棉织物名称		纱直贡				线直贡
英文名		single twilled satin				thready twilled satin
品名						
经纬纱线密度	经纱/tex(英支)	29(20)棉纱	29(20)棉纱	28(21)棉纱	28(21)棉纱	14×2(42/2)棉股线
	纬纱/tex(英支)	36(16)棉纱	同经纱	同经纱	同经纱	28(21)棉纱
经纬密度	经纱/(根/10cm)	504	354	354	374	350～370
	纬纱/(根/10cm)	236	240	232	268	240～272
织物组织		五枚三飞经面缎纹组织				五枚三飞经面缎纹组织
成品幅宽/cm						
特点		布面光洁,富有光泽,质地柔软,经轧光后与真丝缎有相似外观效应				布面光洁,缎纹线清晰,质地厚实
用途		大花型直贡主要用做被面,小花型直贡用做儿童服装等				宜做老年男女服装、鞋面等
备注		是经纬均为单纱的直贡织物,是直贡织物中的一个主要品种,原料多用棉纱;所用经纬纱细度范围较大,粗可至58tex(10英支),细可至7.5tex(80英支),常见的为28tex(21英支)单纱。纱直贡的织坯经加工成杂色、大花或小花直贡,大花型直贡地色多为红和紫酱,色泽浓艳。小花直贡花型多样,如小朵花、几何图案、条、格等				是用线经纱纬织制的直贡。常见的线直贡多为纯棉织物,多用阿尼林黑或硫化元染成黑色

续表

规格 \ 棉织物名称		色直贡(色直贡缎、色直贡呢、色贡呢)							
英文名		colour satin drill;colour twilled satin;colour venetian							
品名		精元纱贡	凡拉明蓝纱贡	杂色纱贡	杂色纱贡	杂色纱贡	精元线贡	杂色线贡	杂色线贡
经纬纱线密度	经纱/tex(英支)	30(20)棉纱	30(20)棉纱	特纺36(特纺16)棉纱	30(20)棉纱	精梳18(精梳32)棉纱	14×2(42/2)棉股线	14×2(42/2)棉股线	18×2(32/2)棉股线
	纬纱/tex(英支)	特纺36(特纺16)棉纱	同经纱	同经纱	特纺36(特16)棉纱	同经纱	28(21)棉纱	28(21)棉纱	60(10)棉股线
经纬密度	经纱/(根/10cm)	504	354	453	504	543	354	354	413
	纬纱/(根/10cm)	236	240	236	236	256	240	240	197
织物组织		缎纹组织							
成品幅宽/cm		87	77	87	77	88	77	77	75
特点		布面细洁光滑,纹路清晰而有光泽,手感柔软。色线贡的质地比色纱贡紧密厚实,光洁柔软,多用作外衣							
用途		宜做马甲、单夹衣、长短大衣、儿童服装及被面、褥面							
备注		分色纱直贡呢和色线直贡呢两种。前者有精元纱贡、蓝纱贡和漂白、咖啡、蟹青、棕色、酞菁、艳绿等杂色纱贡。色线直贡呢简称色贡,以精元贡为主,还有蓝灰、咖啡、绿色等。色纱贡的缩水率在4%左右,裁剪成衣前需下水预缩,经过优级防缩整理的缩水率在2%左右,裁剪成衣前可不必下水预缩。色线贡的缩水率在4%左右,使用前需下水预缩。洗涤时切忌用重力擦洗,以免布面起毛							

规格 \ 棉织物名称		黏纤直贡	横贡缎(横贡)		
英文名		viscose satin drill; viscose twilled satin	sateen(filling sateen)		
品名			杂色横贡缎		精元横贡缎
经纬纱线密度	经纱/tex(英支)	19(30)黏纤纱	精梳15(精梳40)棉纱	精梳15(精梳40)棉纱	精梳15(精梳40)棉纱
	纬纱/tex(英支)	同经纱	同经纱	精梳10(精梳60)棉纱	同经纱

续表

棉织物名称 规格		黏纤直贡	横贡缎(横贡)		
经纬密度	经纱/(根/10cm)	391	370	394	390
	纬纱/(根/10cm)	268	551	610	551
织物组织		缎纹组织	缎纹组织		
成品幅宽/cm		81～91	89	89	89
特点		布面平整光洁，手感柔软滑细，光泽好	布面润滑，手感柔软，纱支细洁，光泽好，织物紧密，较耐穿用。在阳光照射下，反光强，具有丝绸风格，但又比丝绸价格低，较坚挺		
用途		宜做单夹衣、女装、中式便装、童装及被面、褥面等	宜做女装、罩衣、时装、童装、棉衣面及被面等		
备注		黏纤直贡有黏纤色直贡和黏纤花直贡。黏纤色直贡的色泽有漂白、元、藏青、蓝等，布面光洁，质地细致。缩水率在10%左右，裁剪前应先下水充分预缩，洗涤时不要用力搓擦以免布面起毛	又称横贡、贡缎，一般为五枚三飞纬面缎纹，是贡呢的重要品种。横贡的品种有色横贡和花横贡之分。其中色横贡以元横贡为主，还有漂白、蓝、灰、绿、蟹青、咖啡、棕等色。缩水率在4%左右，裁剪成衣前需下水预缩。由于横贡是缎纹组织，纱的浮线长，故较不耐摩擦，布面易起毛		

8. 卡其 (drill)

卡其是一种高紧度的斜纹织物。具有质地紧密、织纹清晰、手感丰满厚实、布面光洁莹润、色泽鲜明均匀，挺括耐穿等特点。品种规格较多，按使用原料不同，分纯棉卡其、涤/棉卡其、棉/维卡其等；按组织结构不同，分单面卡其、双面卡其、人字卡其、缎纹卡其等；按使用纱线种类不同，分普梳卡其、半精梳卡其和全精梳卡其等。坯布经染整加工后，漂白的多做制服、运动裤，杂色的宜做男女外衣，特细卡其为理想的衬衫面料，防雨卡其多加工成雨衣、风衣等，纱卡其多做外衣、工作服等。

棉织物名称 规格		单面卡其								
英文名		one-sided drill								
品名		单面纱卡其							单面线卡其	
经纬纱线密度	经纱/tex(英支)	48(12)单纱	36(16)单纱	36(16)单纱	32(18)单纱	29(20)单纱	29(20)单纱	28(21)单纱	19.5×2(30/2)股线	16×2(36/2)股线
	纬纱/tex(英支)	58(10)单纱	48(12)单纱	同经纱	同经纱	42(14)单纱	同经纱	同经纱	同经纱	24×2(24/2)股线
经纬密度	经纱/(根/10cm)	315	378	362	409	425	425	425	437	449
	纬纱/(根/10cm)	181	189	197	213	236	228	228	228	226

续表

规格 \ 棉织物名称	单面卡其								
织物组织	$\frac{3}{1}$左斜纹组织							$\frac{3}{1}$右斜纹组织	
成品幅宽/cm									
特点	正面织纹粗壮突出，质地紧密厚实，手感挺括。织纹倾斜方向，纱卡其向左，线卡其向右								
用途	宜做男女衣裤、衬裤、工作服等								
备注	是经纬用单纱或股线以三上一下斜纹组织织制的卡其，正面织纹明显，反面不甚明显，故称单面卡其。单面卡其大部分加工为藏青、凡拉明蓝、灰色和元色								

规格 \ 棉织物名称		双面卡其									
英文名		reversible drill									
品名		双面半线卡其			双面全线卡其	双面全线精梳卡其		涤/棉双面半线卡其			涤/棉双面全线卡其
经纬纱线密度	经纱/tex（英支）	16×2（36/2）棉股线	14×2（42/2）棉股线	14×2（42/2）棉股线	14×2（42/2）棉股线	J10×2（J60/2）棉精梳股线	J7.5×2（J80/2）棉精梳股线	14×2（42/2）涤棉混纺股线	13×2（45/2）涤棉混纺股线	10×2（60/2）涤棉混纺股线	10×2（60/2）涤棉混纺股线
	纬纱/tex（英支）	32(18)棉纱	28(21)棉纱	28(21)棉纱	同经纱	同经纱	同经纱	28(21)涤棉混纺纱	25(23)涤棉混纺纱	19.5(30)涤棉混纺纱	同经纱
经纬密度	经纱/（根/10cm）	467	512	543	471	614	677	512	532	614	606
	纬纱/（根/10cm）	214	276	276	268	299	354	276	276	299	303
织物组织		$\frac{2}{2}$加强斜纹组织									
成品幅宽/cm											
特点		织纹细密，布面光洁，质地厚实，手感挺括，耐穿用									
用途		漂白双面卡其可做工作服，杂色的可做男女外衣。双面卡其经柔软防缩、防水后整理工艺，用做男女上装、夹克衫、雨衣等。精梳细特纱双面卡其宜做内衣、男女春秋衫，也可做高级雨衣和风衣面料等									
备注		是经纬用股线或经用股线、纬用单纱以二上二下加强斜纹组织织制的卡其，正反面织纹相同（斜向相反），故称双面卡其。经纬常用棉纱线或涤/棉混纺纱，以高经密与低纬密配置。本色双面卡其经漂染成漂白、藏青、元色、灰色等品种									

续表

规格 \ 名称 棉织物		人字卡其		色线卡其(色线卡)(1)					
英文名		pointed drill		coloured thread khaki drill; coloured thready drill					
品名		纯棉人字纱卡	涤/棉人字线卡	杂色半线卡			杂色全线卡		
经纬纱线密度	经纱/tex (英支)	48(12) 棉纱	17×2(34/2) 涤棉混纺股线	14×2 (42/2) 棉股线	14×2 (42/2) 棉股线	16×2 (36/2) 棉股线	19×2 (30/2) 棉股线	16×2 (36/2) 棉股线	14×2 (42/2) 棉股线
	纬纱/tex (英支)	58(10)棉纱	同经纱	28(21) 棉纱	28(21) 棉纱	特纺 48 (特纺 12) 棉纱	同经纱	24×2 (24/2) 棉股线	同经纱
经纬密度	经纱/(根/10cm)	315	433	543	512	417	433	449	512
	纬纱/(根/10cm)	181	220	276	276	236	221	226	276
织物组织		$\frac{2}{2}$斜纹组织		$\frac{3}{1}$斜纹组织			$\frac{2}{2}$加强斜纹组织		
成品幅宽/cm				69～91	77～106	77	72～106	72	77
特点		与普通卡其相仿，正反面织纹相同		织物厚重，布面光洁柔糯，实物质量高					
用途		同其他卡其		宜做春、秋、冬季各类男女外装、风雨衣、工作服等					
备注		是以斜纹组织为基础组织，在一个完全织纹内，斜纹一半向右，另一半向左，使布面呈现“人”字形外观效应的卡其。正反面织纹相同。布面织纹的明显程度与所用股线的捻向有关，经线捻向与织纹斜向成垂直状态，受光线反射，织纹明显，光泽良好，反之光线反射方向与织纹斜向不一致，则织纹不甚明显，光泽较暗。一般人字图案为对称形，如若使左右斜纹线不对称，可根据设计要求改变经纱循环根数		是由线卡其坯布经染色整理后而成。按经纬用纱的不同，可分为半线卡其、全线卡其和精梳卡其。其颜色主要有黑、蓝、灰、米黄、棕、酞菁、咖啡、蟹青，以及大红、绿、驼等鲜艳女装色等。半线卡其的缩水率一般约为 5%～6%，裁剪成衣前需先下水预缩，部分经防缩整理的产品，缩水率在 2%左右，裁剪成衣前可不必先下水预缩。全线卡其成衣洗涤时，由于织物厚重需经冷水浸泡，脏污严重的部位宜顺其纹路刷洗，然后在皂液或洗衣粉液中轻轻揉搓，经多次冲洗后，轻轻拧绞，放阴凉通风处晾干，忌放在阳光下曝晒					

续表

棉织物名称 规格		色线卡其(色线卡)(2)			色纱卡其(色纱卡)(1)				
英文名		coloured thread khaki drill; coloured thready drill			coloured yarn khaki drill; coloured yarn drill				
品名		杂色全线卡			杂色粗纱卡				杂色纱卡
经纬纱线密度	经纱/tex(英支)	精梳12×2(精梳50/2)棉股线	精梳10×2(精梳60/2)棉股线	精梳7×2(精梳80/2)棉股线	60(10)棉纱	特纺48(特纺12)棉纱	特纺36(特纺16)棉纱	特纺36(特纺16)棉纱	32(18)棉纱
	纬纱/tex(英支)	同经纱	同经纱	同经纱	同经纱	特纺60(特纺10)棉纱	同经纱	特纺48(特纺12)棉纱	同经纱
经纬密度	经纱/(根/10cm)	575	614	669	354	315	362	390	425
	纬纱/(根/10cm)	291	299	358	190	181	197	205	228
织物组织		$\frac{2}{2}$加强斜纹组织			$\frac{3}{1}$斜纹或$\frac{2}{1}$斜纹组织				
成品幅宽/cm		93	91	93	89	70～93	70～89	89～93	79～81
特点		同上页(1)			布面有细密的经纱斜纹路，质地结实，布身紧密、光洁莹润，手感丰满厚实，色泽纯正，色牢度好				
用途		同上页(1)			同色线卡。细支纱卡可做内衣裤				
备注		同上页(1)			是由纱卡布经染色整理后而成的棉织物。因其坯布纱支粗细不同可分为粗纱卡、纱卡和细纱卡。其色泽繁多，有黑、灰、蓝、米黄、棕、驼、咖啡、蟹青、大红、绿、藕荷、锈红等，多用士林染料染色，一般色泽纯正、色牢度好，也有用纳夫妥、活性、硫化、精元染料染色的。经向缩水率较大，一般在5%左右，裁剪成衣前应先下水预缩，部分产品染色后经过优级防缩整理，缩水率在2%左右，可不必缩水。此外，色粗纱卡还可经过磨毛整理，一般多染成杂色，表面有均匀的绒毛覆盖，使布身柔软，手感舒适，保暖性和耐磨性好，近似麂皮绒风格，最适宜做夹克、猎装、风雨衣等				

续表

规格 \ 棉织物名称		色纱卡其(色纱卡)(2)					漂白纱卡(漂白纱卡其)
英文名		coloured yarn khaki drill; coloured yarn drill					bleached yarn khaki drill; bleached yarn drill
品名		杂色纱卡			杂色细纱卡		
经纬纱线密度	经纱/tex(英支)	30(20)棉纱	28(21)棉纱	30(20)棉纱	精梳15(精梳40)棉纱	精梳18(精梳32)	36(16)～15(40)精梳棉纱
	纬纱/tex(英支)	同经纱	同经纱	32(18)棉纱	同经纱	同经纱	同经纱
经纬密度	经纱/(根/10cm)	425	421	433	698	547	362～698
	纬纱/(根/10cm)	228	221	221	315	268	197～315
织物组织		$\frac{3}{1}$斜纹或$\frac{2}{1}$斜纹组织					$\frac{3}{1}$或$\frac{2}{1}$斜纹组织
成品幅宽/cm		70～106	77～91	89～103	74	89	89～93
特点		同上页(1)					布面平整、光洁，纹路清晰，洁白莹润，手感滑挺，成衣挺括，多为礼仪和专业服装用布
用途		同上页(1)					宜做宾馆和饭店的工作服、艺装、学生装及家具、台布等
备注		同上页(1)					是由纱卡坯布经漂白、丝光整理后而成。由于坯布中纱支的不同，可分为粗漂白纱卡、一般漂白纱卡和细纱卡三种。缩水率较大，一般约为4%～5%，裁剪前需先下水预缩

规格 \ 棉织物名称		纯棉缎纹卡其(缎纹卡、克罗丁、双经呢、国光呢、如意呢、青年呢)			涤棉缎纹卡其(涤棉缎纹卡、涤棉克罗丁)
英文名		all cotton sateen drill; all cotton whipcord			polyester/cotton mixed sateen drill; polyester/cotton mixed whipcord
品名					
经纬纱线密度	经纱/tex(英支)	16×2(36/2)棉股线	14×2(42/2)棉股线	14×2(42/2)棉股线	13×2(45/2)涤棉混纺股线
	纬纱/tex(英支)	28(21)棉纱	28(21)棉纱	28(21)棉纱	28(21)涤棉混纺纱

续表

规格＼棉织物名称		纯棉缎纹卡其(缎纹卡、克罗丁、双经呢、国光呢、如意呢、青年呢)			涤棉缎纹卡其(涤棉缎纹卡、涤棉克罗丁)
经纬密度	经纱/(根/10cm)	431	553	583	524
	纬纱/(根/10cm)	236	299	252	276
织物组织		急斜纹组织			急斜纹组织
成品幅宽/cm		87	77	77	91
特点		布面斜纹纹路明显，粗壮突出，布身厚实，手感较柔软，光泽好，富有弹性，抗皱性能好，但因经纱浮线较长，故不耐磨，易起毛			布面挺括美观，强力好，光泽足，染色均匀，色牢度好，弹性好，耐穿用，抗皱性能强，易洗快干
用途		宜做男女上衣、两用衫、猎装、夹克衫、童装、帽料及家具、装饰用布			宜做男女上装、两用衫、夹克、猎装等
备注		是急斜纹组织，也可看成是变化缎纹，故有缎纹卡之称，又因其呢面外观多呈双道斜纹，于是又有双经呢、克罗丁别称，至于国光呢、如意呢、青年呢均为商品名称或商标名称。由于经密比纬密高三分之一以上，因此经向强力较大，纬向强力较低，在使用中纬向易先破断。其色泽主要有蓝、灰、黑、棕、米黄、咖啡及杂色等。在成衣洗涤时忌重洗重搓，以防布面起毛			混纺比例为涤纶65%、棉35%。色泽以中深、杂色为多，例如混灰、混驼、橄榄绿、深咖啡等。缩水率约为2%左右，裁剪成衣前不需下水预缩。由于经纬纱浮线长，布面不耐磨，易发毛起球，加之织物较厚重，一般不宜作裤料，在成衣洗涤时不宜重搓重揉，洗后可免熨烫

规格＼棉织物名称		涤棉卡其(涤卡)						
英文名		polyester/cotton mixed sateen drill；polyester/cotton mixed whipcord						
品名		涤棉杂色纱卡		涤棉杂色半线卡			涤棉杂色全线卡	
经纬纱线密度	经纱/tex(英支)	28(21)涤棉混纺纱	19.5(30)涤棉混纺纱	14×2(42/2)涤棉混纺股线	13×2(45/2)涤棉混纺股线	10×2(60/2)涤棉混纺股线	9×2(65/2)涤棉混纺股线	7×2(80/2)混棉混纺股线
	纬纱/tex(英支)	同经纱	同经纱	28(21)涤棉混纺纱	26(23)涤棉混纺纱	19.5(30)涤棉混纺纱	同经纱	同经纱
经纬密度	经纱/(根/10cm)	425	492	512	532	614	626	756
	纬纱/(根/10cm)	228	256	276	276	299	323	327

续表

规格＼棉织物名称	涤棉卡其(涤卡)						
织物组织	$\frac{3}{1}$斜纹或$\frac{2}{1}$斜纹		$\frac{3}{1}$斜纹组织			$\frac{2}{2}$加强斜纹	
成品幅宽/cm	91	91	92	92	92	92	90
特点	布面光洁柔滑，纹路清晰，布身紧密挺爽，色泽鲜艳，织物强力和耐磨性都很好，比棉卡其坚牢耐穿，具有良好的弹性，挺括不走样，洗后不缩、不皱，快干、免烫						
用途	宜做男女中装、西装、中山装、猎装、便装及童装等						
备注	混纺比例为涤纶65%、棉35%，也有少量采用涤纶45%、棉55%，涤纶40%、棉60%及涤纶20%、棉80%等所谓倒比例混纺的。其中品种有纱卡、半线卡和全线卡之分。色泽有漂白、黑、蓝、灰、蟹青、军绿、咖啡、驼、棕、米色等。另外，还有杂色和经纬异色的闪光涤卡和经防水处理的防雨涤卡等。部分产品染色后再经过树脂整理，成衣后褶裥持久性和尺寸稳定性更好。涤卡的缩水率约在1%左右，易洗快干，但要勤换勤洗，以保持整洁。低比例产品国外称为C.V.C(Chief Value Cotton)						

规格＼棉织物名称		棉维卡其		纯棉精细卡其	涤棉薄型卡其	中长克罗丁(中长双纹呢)	
英文名		cotton/vinylon mixed sateen drill; cotton/vinylon mixed whipcord		all cotton fine drill; all cotton whipcord	polyester/cotton mixed lightweight drill	mid-length whipcord	
品名		棉维线卡其	棉维纱卡其				
经纬纱线密度	经纱/tex(英支)	14×2(42/2)棉维混纺股线	30(20)棉维混纺纱	14.6(40)精梳棉纱	6.5×2(90/2)涤棉混纺股线	18×2(32/2)中长涤黏混纺股线	18×2(32/2)中长涤黏混纺股线
	纬纱/tex(英支)	28(21)棉维混纺纱	同经纱	同经纱	18(32)涤棉混纺纱	同经纱	同经纱
经纬密度	经纱/(根/10cm)	512	422	524	600	390	394
	纬纱/(根/10cm)	276	236	274	287	221	219
织物组织		$\frac{3}{1}$斜纹	$\frac{3}{1}$斜纹	地组织$\frac{3}{1}$斜纹，边组织方平	斜纹组织	斜纹组织	
成品幅宽/cm		91	89	119.5	121	91	144

续表

规格＼名称（棉织物）	棉维卡其	纯棉精细卡其	涤棉薄型卡其	中长克罗丁（中长双纹呢）
特点	布面光洁柔滑，纹路清晰，布身紧密，颜色较少且不鲜艳，耐磨性良好，耐洗耐穿，弹性差，易起皱	布面精致、光洁、细腻，纹路突出、清晰、匀整，质地结实饱满，布身紧密，手感滑挺，坚牢耐穿用	除具有一般涤卡的特征外，还具有布身轻薄，斜纹纹路细腻，布面平滑，有良好的手感和抗皱、防雨、拒油等性能	布身挺括厚实，色牢度好，耐洗涤，富有毛型感
用途	宜做男女中装、便装、两用衫、童装、猎装及被褥面、装饰用布等	宜做中山装、军便装、夹克衫、学生装、猎装、风雨衣、女装、西装、童装、内衣裤、两用衫等	宜做夏秋季制服、工作服、夹克衫、衬衫、罩衣、西装等	宜做男女上装、两用衫等
备注	由棉纤维和维纶各半混纺织造而成。有线卡其和纱卡其两类，色泽以深灰、蓝为主，用士林染料染色。缩水率在5%左右，裁剪成衣前应下水充分预缩，洗后易起皱，熨烫时应干烫，不能覆盖湿布，以免损伤纤维		原料选用含杂少的优质原棉，涤纶选用0.132～0.154tex(1.2～1.4D)、长度为38mm，混合比为涤纶65%、棉35%，不经过精梳工序。织物经过磨毛、拒油、防水、砂洗等整理工艺，可进一步提高其产品档次	由65%的中长涤纶和35%的中长黏胶混纺纱织造白坯经染色而成，其色泽与纯棉缎纹卡其相仿，外观很像毛克罗丁，缩水率在2%左右，使用前不需下水预缩，洗后不需熨烫，由于布面浮线较长，洗涤时不宜用力搓擦，以免起毛

9. 华达呢 (gubardine)

华达呢是斜纹类棉型织物，来源于毛织物，经移植为棉型织物后仍沿称“华达呢”。具有斜纹清晰，质地厚实而不硬，耐磨而不易折裂，手感柔软，富有光泽等特点。多用纯棉或涤/黏中长等混纺纱线制织，一般单纱用中特，股线用细特并股，织物组织为二上二下加强斜纹，正反面织纹相同但斜纹方向相反。经纬密度配置，经密一般大于纬密，其比约为2∶1。常见的华达呢大多为半线织物，即线经纱纬；也有用单纱作经纬的，称纱华达呢，但不多见。织坯经染整加工成藏青、元色、灰色等各种色布，适宜于制作春秋冬季各式男女服装。

规格＼名称（棉织物）	漂白华达呢	色华达呢		
英文名	bleached gabardine; bleached gaberdine; bleached gabardeen	coloured gabardine; coloured gaberdine; coloured gabardeen		
品名		杂色纱华达呢	杂色线华达呢	杂质金线华达呢

续表

规格＼棉织物名称		漂白华达呢	色华达呢			
经纬纱线密度	经纱/tex(英支)	36(16)～14(42) 棉单纱或股线	28(21) 棉纱	14×2 (42/2) 棉股线	16×2 (36/2) 棉股线	14×2 (42/2) 棉股线
	纬纱/tex(英支)	同经纱	同经纱	28(21) 棉纱	32(18) 棉纱	同经纱
经纬密度	经纱/(根/10cm)	425～484	410	457	455	455
	纬纱/(根/10cm)	212～268	236	252	213	252
织物组织		$\frac{2}{2}$加强斜纹组织	$\frac{2}{2}$加强斜纹组织			
成品幅宽/cm		81～87	77	78	82	77
特点		布面平整光洁，色泽莹白，纹路清晰，手感滑润	布面平整光洁，纹路清晰，质地比较厚实，手感滑润，色泽纯正，色牢度好			
用途		主要用于做宾馆和礼仪等服装、艺装、学生装及医院和床上用布	宜做春、秋、冬三季男女服装，如中山装、军便装、学生装、棉袄、棉大衣、女装、童装、帽子等			
备注		是用原坯纱华达呢或线华达呢经丝光、漂白的纯白色品种。缩水率为3%～5%，裁剪成衣前需下水预缩，成衣的洗涤与熨烫要十分小心，防止脏污，以免影响洁净的外观，穿洗久了易泛黄，洗涤时可适当加荧光漂剂或在投洗时投放少量蓝色，以减少泛黄	由华达呢坯布经染色整理而成，有色纱华达呢和色线华达呢两种。色线华达呢有全线和半线两种，以半线华达呢为多。色华达呢有元、蓝、灰、棕、咖啡、驼灰、米黄、蟹青、酞菁等色，也有鲜艳的红、绿、紫等色。一般色华达呢的经向缩水率在5%，成衣前需下水预缩。部分经过优级防缩整理的华达呢，缩水率较小，在2%左右，不需下水预缩。色华达呢服装洗后不宜在日光下曝晒，以免色泽变浅			

规格＼棉织物名称		纱华达呢		
英文名		single gabercord		
品名		纯棉华达呢		棉/维华达呢
经纬纱线密度	经纱/tex(英支)	32.4(18) 棉纱	27.8(21) 棉纱	28(21)棉/维混纺纱(棉50，维纶50)
	纬纱/tex(英支)	32.4(18) 棉纱	27.8(21) 棉纱	28(21)棉/维混纺纱(棉50，维纶50)
经纬密度	经纱/(根/10cm)	377.5	409	425
	纬纱/(根/10cm)	236	236	224
织物组织		$\frac{2}{2}$加强斜纹组织		

续表

规格＼棉织物名称	纱华达呢		
成品幅宽/cm			
特点	质地厚实,手感柔软,斜纹向左倾斜		
用途	宜做男女服装、运动裤等		
备注	是指经纬均为单纱的华达呢。多用纯棉纱制织,也可用棉/维混纺纱作经纬,经纬纱线密度配置大致相同,均为中特纱。织物的正反面斜纹明显程度相仿,但矢向相反。织物的经向紧度为75%～95%,纬向为45%～55%,经纬向紧度比约为2∶1,总紧度为85%～90%,坯布经加工成漂白和杂色		

规格＼棉织物名称		线华达呢		
英文名		thready gabercord		
品名		纯棉半线华达呢		
经纬纱线密度	经纱/tex（英支）	18.2×2(32/2) 棉股线	16.2×2(36/2) 棉股线	13.8×2(42/2) 棉股线
	纬纱/tex（英支）	36.4(16) 棉纱	32.4(18) 棉纱	27.8(21) 棉纱
经纬密度	经纱/(根/10cm)	409	425	484
	纬纱/(根/10cm)	204.5	236	236
织物组织		$\frac{2}{2}$加强斜纹组织		
成品幅宽/cm				
特点		质地厚实,织纹清晰,手感滑爽		
用途		宜做男女各种服装、罩衫等		
备注		是指半线(线经纱纬)和全线(线经线纬)华达呢的通称。常见的华达呢多为半线织物,原料为棉纱线或涤/黏等混纺纱线,纱线配置,一般经为14tex×2(42英支/2)～18tex×2(32英支/2),纬为28tex(21英支)～36tex(16英支)。织物正反面织纹相同,但斜向相反。织物经向紧度为75%～95%,纬向紧度为45%～55%,经纬向紧度比约为2∶1,总紧度为90%～97%。经密为401.5～488根/10cm,纬密为204.5～259.5根/10cm。坯布经染整加工成藏青、深灰等杂色		

规格＼棉织物名称	棉黏华达呢	棉维华达呢
英文名	cotton/rayon mixed gabardine;cotton/rayon mixed gaberdine;cotton/rayon mixed gabardeen	cotton/vinylon mixed gabardine;cotton/vinylon mixed gaberdin;cotton/vinylon mixed gabardeen

续表

规格 \ 棉织物名称		棉黏华达呢			棉维华达呢		
品名		棉黏杂色纱华达呢	棉黏杂色半线华达呢	棉黏杂色全线华达呢	棉维杂色纱华达呢	棉维杂色线华达呢	棉维闪色华达呢
经纬纱线密度	经纱/tex(英支)	32(18)棉黏混纺纱	16×2(36/2)棉黏混纺股线	19×2(30/2)棉黏混纺股线	28(21)棉维混纺纱	14×2(42/2)棉维混纺股线	16×2(36/2)棉维混纺股线
	纬纱/tex(英支)	同经纱	30(20)棉黏混纺纱	同经纱	同经纱	28(21)棉维混纺纱	28(21)棉维混纺纱
经纬密度	经纱/(根/10cm)	408	410	390	471	484	398
	纬纱/(根/10cm)	228	244	236	213	236	236
织物组织		$\frac{2}{2}$加强斜纹组织			$\frac{2}{2}$加强斜纹组织		
成品幅宽/cm		87	79	91	76	80	91
特点		布面平整光洁，手感较柔软，质地厚实，色泽鲜艳，色牢度好			布面平整光洁，手感较柔软，质地厚实，较坚牢，耐穿用，且价格较低，经济实惠		
用途		同棉华达呢			同棉华达呢		
备注		是由棉和黏胶纤维各50%混纺制织的华达呢品种，通常有杂色的纱华达呢、半线华达呢和全线华达呢。有蓝、灰、黑、驼、绿、红、咖啡、棕、草绿、蟹青等色，色泽鲜艳，以士林染料为主，也有凡拉明蓝、海昌蓝等。缩水率在8%左右，裁剪前需下水充分预缩。部分棉黏杂色华达呢经过树脂整理后，缩水率降低，尺寸稳定性有所提高			是由棉和维纶各50%混纺制织的华达呢。有棉维纱华达呢和线华达呢两种，其中以线和半线华达呢居多。色泽除平素的蓝、灰和杂色外，还有采用棉纱和维纶纱交织的经纬异色棉维华达呢，如白经蓝纬、红经黑纬等交织，具有闪色效果。经向缩水率约为5%左右，裁剪前需先下水预缩。织物的弹性较差，洗涤后易起皱。熨烫时应干烫，熨烫温度应掌握在150℃内		

规格 \ 棉织物名称		中长华达呢		
英文名		mid-length polyester/viscose gabardine		
品名		中长染色华达呢		
经纬纱线密度	经纱/tex(英支)	20×2(28/2)中长涤黏混纺股线	18×2(32/2)中长涤黏混纺股线	15×2(40/2)中长涤黏混纺股线
	纬纱/tex(英支)	同经纱	同经纱	同经纱
经纬密度	经纱/(根/10cm)	339	390	441
	纬纱/(根/10cm)	197	221	252

续表

棉织物名称 / 规格	中长华达呢		
织物组织	$\frac{2}{2}$加强斜纹组织		
成品幅宽/cm	91	91	91
特点	质地厚实，手感厚糯，弹性好，经穿耐磨，快干免烫，无型感强		
用途	同棉花达呢		
备注	是由65%的中长涤纶与35%的中长黏胶纤维混纺而得，有染色和色织两种。由于采用中长化纤纱织成，并经过树脂整理，成品具有一定的毛型感。色泽以藏青、深灰等深色为主，使用分散、士林染料染色。缩水率在2%～3%，洗涤后，于阴凉通风处晾干，不要在日光下曝晒，以免色泽变浅		

10. 斜纹（drill）

斜纹又称斜纹布。布面有明显的斜向纹路，纹路由右下方向左上方倾斜，斜纹线条的倾斜角为45°。布的正面纹路比较明显，反面纹路比较模糊，故又称单面斜纹。斜纹布比平纹布紧密厚实，手感柔软，是服装面料的重要品种之一。斜纹的原料为棉纱和黏纤纱。斜纹的织物组织大都是二上一下斜纹组织，少数品种采用三上一下斜纹组织。斜纹染色使用的染料有硫化、精元、士林、纳夫妥、海昌、活性和铜盐等。印花使用的染料有纳夫妥、士林和活性等。斜纹的品种根据用纱的不同有粗斜纹、普通斜纹和细斜纹等；按原料分有纯棉斜纹、黏纤斜纹和涤棉斜纹等。坯布用作橡胶鞋基布、球鞋夹里布、金刚砂基布，色细斜纹宜做夏季服装、裤子等。色斜纹中的电光元斜纹用作阳伞布。蓝斜纹一般为复制加工的辅料。漂白斜纹宜做运动短裤，漂白粗斜纹可做台布、床上用品。杂色光斜纹大多用作衬里布。花斜纹宜做妇女、儿童服装和被面。白坯粗斜纹可用作船用帆篷。

棉织物名称 / 规格		纱　斜　纹						
英文名		single drill						
品名								
经纬纱线密度	经纱/tex（英支）	42(14)棉纱	32(18)棉纱	29(20)棉纱	29(20)棉纱	28(21)棉纱	25(23)棉纱	24(24)棉纱
	纬纱/tex（英支）	同经纱	同经纱	36(16)棉纱	同经纱	同经纱	28(21)棉纱	同经纱
经纬密度	经纱/(根/10cm)	320	346	315	325	325	360	378
	纬纱/(根/10cm)	189	236	256	205	220	226	252
织物组织		$\frac{2}{1}$斜纹组织						

续表

棉织物名称 规格	纱斜纹					
成品幅宽/cm						
特点	质地松软，正面纹路明显					
用途	本色纱斜纹大多用作鞋夹里、金刚砂布底布和衬垫布；漂白和杂色纱斜纹常用于做工作服、制服、运动服等；阔幅纱斜纹经漂白和印花可做床单					
备注	是经纬纱均用单纱，采用二上一下斜纹组织制织，布面呈现相邻经纱的经组织点排列由右下方向左上方倾斜织纹的斜纹布。单位质量为150～180g/m^2					

棉织物名称 规格	线斜纹				粗斜纹		细斜纹			
英文名	thready drill				coarse drill		jean			
品名										
经纬纱线密度 经纱/tex（英支）	18×2（32/2）股线	18×2（32/2）股线	18×2（32/2）股线	14×2（42/2）股线	42（14）单纱	32（18）单纱	28（21）单纱	25（23）单纱	18（32）单纱	24（24）单纱
经纬纱线密度 纬纱/tex（英支）	28（21）单纱	28（21）单纱	28（21）单纱	28（21）单纱	同经纱	同经纱	同经纱	28（21）单纱	同经纱	同经纱
经纬密度 经纱/（根/10cm）	264	287	344	453	320	346	325	361	346	378
经纬密度 纬纱/（根/10cm）	236	213	236	236	189	236	220	228	236	252
织物组织	$\frac{2}{1}$斜纹组织				$\frac{2}{1}$斜纹组织		$\frac{2}{1}$斜纹组织			
成品幅宽/cm										
特点	布面光洁，质地松软，手感厚实，耐穿用				织纹粗壮，手感厚实，质地坚牢		织纹细密，质地较薄，手感柔软			
用途	经染整加工后可做工作服等				本色粗斜纹可做船篷帆、金刚砂布底布；漂白后可做运动裤、工作服等		本色细斜纹一般加工成大花和小花斜纹布。大花斜纹布可做被面，小花斜纹布可做儿童服装和女罩衫等			
备注	是用线经纱纬（半线斜纹）以二上一下斜纹组织织制，布面呈现相邻经纱组织点排列由左下方向右上方倾斜织纹的斜纹布。经纱不上浆，采用湿并工艺				是经纬均用单纱织制的斜纹布		是经纬纱均用单纱以二上一下斜纹组织织制的织物			

续表

规格＼棉织物名称		色斜纹					漂白斜纹
英文名		coloured drill					bleached drill
品名		杂色粗斜纹	杂色斜纹	杂色或精元斜纹			
经纬纱线密度	经纱/tex（英支）	48(12)棉纱	32(18)棉纱	30(20)棉纱	28(21)棉纱	26(23)棉纱	32(18)～18(32)棉纱[其中以28(21)～18(32)棉纱居多]
	纬纱/tex（英支）	44(13)棉纱	同经纱	同经纱	同经纱	28(21)棉纱	同经纱
经纬密度	经纱/(根/10cm)	274	347	362	327	362	326～362
	纬纱/(根/10cm)	190	236	252	213	228	213～252
织物组织		$\frac{2}{1}$斜纹或$\frac{3}{1}$斜纹组织					$\frac{2}{1}$斜纹或$\frac{3}{1}$斜纹
成品幅宽/cm		81	78～86	81～91	77～91	72～82	78～91
特点		布面细洁，纹路清晰，色泽鲜艳、纯正，色谱齐全					布面紧密，手感柔软细洁，色泽莹白，纹路清晰
用途		主要用作一般服装面料、衬里及伞衣等					宜做男女服装、学生装、医院和饮食部门工作服及床上用品、少数民族用布
备注		是由斜纹坯布经漂白、染色整理而成，多用中特(中支)纱斜纹。色泽主要有蓝、灰、黄、绿、咖啡、棕、大红、橘红、枣红、黑以及杂色。有本光和丝光两个品种。阳伞用斜纹布一般经过电光整理，织物紧密、光亮。也有经过轧光、防水、防缩处理的色斜纹布。缩水率约为4%左右，裁剪前需先下水预缩，成衣洗涤后不宜放在阳光下曝晒，以防止褪色和变色					是用中细特纱织造的斜纹坯布经漂白整理而成。有本白和丝光等不同品种。用作床上用品的漂白斜纹幅宽一般为110～127cm，也有更宽的品种。缩水率约为4%左右，裁剪成衣前需先下水预缩，成衣洗涤后勿在阳光下曝晒，以免老化泛黄

规格＼棉织物名称		黏纤斜纹	涤棉斜纹	
英文名		viscose drill	polyester/cotton mixed drill	
品名			涤棉色细斜纹	涤棉色斜纹
经纬纱线密度	经纱/tex（英支）	30(20)黏纤纱	21(28)涤棉纱	30(20)涤棉纱
	纬纱/tex（英支）	同经纱	同经纱	同经纱

续表

棉织物名称 规格		黏纤斜纹	涤棉斜纹	
经纬密度	经纱/(根/10cm)	362	488	370
	纬纱/(根/10cm)	228	256	236
织物组织		$\frac{2}{1}$斜纹或$\frac{3}{1}$斜纹	$\frac{2}{1}$斜纹或$\frac{3}{1}$斜纹	
成品幅宽/cm		72	91	119.5
特点		布身轻柔，色泽鲜艳，近似丝绸	布面紧密细洁，色泽鲜艳，光泽晶莹，强力好，耐磨损，抗皱性能强，成衣挺括，洗涤简便，快干免烫	
用途		宜做男女服装、衣里布等	宜做中老年外衣、中式便装、罩衫、女装、童装等	
备注		采用黏纤纱织造而成，主要品种是黏纤色斜纹，色泽有元、藏青和其他杂色。缩水率约为10%左右，裁剪成衣前需先下水预缩，洗涤时不要用力搓擦，以免损伤纤维	是由涤纶65%、棉35%混纺纱制织的斜纹品种，多为色织和套染。缩水率约为1%左右，裁剪成衣前不需先下水预缩，洗涤后不需熨烫	

11. 红布 (red cloth)

棉织物名称 规格		红布(大红布、纳夫妥红布、旗红布)			
英文名		red cloth			
品名		红粗布	红布	红布	红细布
经纬纱线密度	经纱/tex(英支)	44(13)棉纱	28(21)棉纱	26(23)棉纱	19(30)棉纱
	纬纱/tex(英支)	同经纱	同经纱	28(21)棉纱	同经纱
经纬密度	经纱/(根/10cm)	165	236	252	268
	纬纱/(根/10cm)	181	228	248	236
织物组织		平纹组织			
成品幅宽/cm		85	81～112	81	85
特点		布面光洁平整，色泽鲜艳纯正，耐洗耐晒			
用途		宜做女装、童装、红领巾及旗帜、标语等各种宣传用布			
备注		是采用平纹组织织造的粗布、市布或细布为原坯漂染的红色布。按原坯可分为粗红布、红布和细红布；按染整工艺不同，可分为丝光红布和本光红布。缩水率为3%～4%，成衣和宣传用布等应防止曝晒和雨淋，特别是防止与酸性液体接触，以防止红布强力的减弱和变色褪色等			

12. 酱布（brown cloth）

<table>
<tr><th colspan="2">棉织物名称
规格</th><th>棉维酱布</th><th colspan="4">酱布（紫酱布、纳夫妥酱布）</th></tr>
<tr><td colspan="2">英文名</td><td>cotton/vinylon mixed dard reddish brown cloth</td><td colspan="4">dark reddish brown cloth</td></tr>
<tr><td colspan="2">品名</td><td></td><td>酱粗布</td><td>酱布</td><td>酱布</td><td>酱细布</td></tr>
<tr><td rowspan="2">经纬纱线密度</td><td>经纱/tex（英支）</td><td>18(32)棉维混纺纱</td><td>特纺 44（特纺 13）棉纱</td><td>30(20)棉纱</td><td>26(23)棉纱</td><td>19(30)棉纱</td></tr>
<tr><td>纬纱/tex（英支）</td><td>同经纱</td><td>同经纱</td><td>同经纱</td><td>28(21)棉纱</td><td>同经纱</td></tr>
<tr><td rowspan="2">经纬密度</td><td>经纱/(根/10cm)</td><td>311</td><td>165</td><td>236</td><td>252</td><td>268</td></tr>
<tr><td>纬纱/(根/10cm)</td><td>307</td><td>181</td><td>221</td><td>248</td><td>236</td></tr>
<tr><td colspan="2">织物组织</td><td>平纹组织</td><td colspan="4">平纹组织</td></tr>
<tr><td colspan="2">成品幅宽/cm</td><td>85</td><td>85</td><td>85</td><td>85</td><td>75～112</td></tr>
<tr><td colspan="2">特点</td><td>布面较细洁、耐磨，由于维纶染色性能差，色泽不如纯棉酱布浓艳纯正，但比纯棉酱布坚牢耐穿用</td><td colspan="4">布面光洁平整，布身洁净，色泽浓艳纯正</td></tr>
<tr><td colspan="2">用途</td><td>同纯棉酱布</td><td colspan="4">宜作女装、童装、裙料、宗教用布及沙发套、窗帘、幕布等用</td></tr>
<tr><td colspan="2">备注</td><td>是由棉和维纶各50%的混纺纱制织的细布，用纳夫妥染料染成的紫酱色布。缩水率约为 4%左右，裁剪前需先下水预缩，成衣洗涤时勿重力揉搓，以免局部褪色发花，洗涤后不宜在阳光下曝晒</td><td colspan="4">是由平纹组织的粗布、平布、细布经漂白、染色成紫酱色，故有酱布的名称。又因用纳夫妥染料染此色，故又有纳夫妥酱布之别称。按染整工艺的不同，可分为丝光和本光两类；按纱支粗细的不同，可分为酱粗布、酱布和酱细布；按所用原料的不同，可分为纯棉酱布和棉混纺酱布（如棉维酱布等）。丝光酱布的缩水率约为 3%左右，不需下水预缩，本光酱布的缩水约为 6%左右，裁剪前需先下水预缩</td></tr>
</table>

13. 漂布（white sheeting）

漂布又称漂白织物，系指各类织物经烧毛、退浆、煮练（又称精练）、漂白等前处理加工后，再经适当整理加工的织物总称。因在前处理加工过程中充分去除了织物上存留的天然杂质和浆料等，使织物具有良好的白度，故称为漂白织物。各类织物所使用的纤维原料不一，生产漂白织物的前处理工艺也各不相同。一般而言，天然纤维含杂较化学纤维高，其前处理要求较高，工艺也较复杂；混纺织物的前处理应兼顾混纺纤维各组分的要求。漂白棉织物一般经烧毛、退浆、漂白、丝光等前处理后，再经上浆、拉幅、轧光、预缩等加工。成品布面细密、平整光洁，手感滑爽，可作夏季服装面料和被套等。

规格＼棉织物名称		漂白布(漂布)					黏纤漂白布	
英文名		bleached sheeting;white sheeting					rayon bleached sheeting	
品名								
经纬纱线密度	经纱/tex(英支)	48(12)棉纱	30(20)棉纱	26(23)棉纱	19(30)棉纱	19(30)棉纱	30(20)黏纤纱	19(30)黏纤纱
	纬纱/tex(英支)	44(13)棉纱	同经纱	28(21)棉纱	同经纱	16(36)棉纱	同经纱	同经纱
经纬密度	经纱/(根/10cm)	204	236	252	311	284	236	264
	纬纱/(根/10cm)	204	236	248	319	272	236	252
织物组织		平纹组织					平纹组织	
成品幅宽/cm		81				91	71	91
特点		布面平整、细密，色泽洁白，有莹润悦目的光泽布身柔软光洁					布面洁白，手感柔软，质地光洁，吸湿性良好，穿着舒适，近似丝绸	
用途		宜做内衣、衬衫、工作服及被褥、床上用品等					同漂白布	
备注		属于色布中的漂白类，是将白布经过退浆、煮练和漂白工艺而成。漂白布有丝光和本光漂白布之分，在纱支应用上有粗特纱、中特纱和细特纱漂白布。有的漂白布漂白后采用荧光增白剂处理，使白度增加，并带有荧光光泽，比一般漂白布美观，称为特白漂布。除纯棉漂白布外，还有化纤、黏纤、涤棉、棉黏、棉丙漂白布等，其中以涤棉漂白布为多					是纯化纤的漂白布，采用黏纤纱坯布漂白。成品的缩水率在10%左右，裁剪前需下水预缩，否则成衣后容易变形，湿强力也较差，在洗涤时应避免用力搓擦，随浸随洗，洗后不需拧绞，带水晾干	

规格＼棉织物名称	涤棉漂白布	涤黏漂白布		棉丙漂白布
英文名	polyester/cotton mixed bleached sheeting	polyester/viscose mixed bleached sheeting		cotton/polypropylene mixed bleached sheeting
品名		涤黏漂白布	涤富漂白布	

续表

规格 \ 棉织物名称		涤棉漂白布			涤黏漂白布		棉丙漂白布
经纬纱线密度	经纱/tex（英支）	21(28)涤棉混纺纱	14.5(40)涤棉混纺纱	13(45)涤棉混纺纱	13(44)涤黏混纺纱	12(50)涤富混纺纱	18(32)棉丙混纺纱
	纬纱/tex（英支）	同经纱	同经纱	同经纱	同经纱	同经纱	同经纱
经纬密度	经纱/(根/10cm)	311	394	347	343	378	287
	纬纱/(根/10cm)	299	343	252	354	319	272
织物组织		平纹组织			平纹组织		平纹组织
成品幅宽/cm		89	91	112	91	91	86
特点		布面光滑洁白，挺爽轻薄，易洗快干，成衣抗皱性强，洗可穿，免熨烫			布身柔软，手感滑爽，吸湿性比涤棉漂白布好，颇适合夏令穿着		布身细薄挺括，不皱不缩，易洗快干，近似涤棉漂白布，但不如涤棉漂白布光洁，吸湿性很差，穿着比较闷气
用途		宜做衬衫、工作服、女装、童装及床上用品			同涤棉漂白布		同涤棉漂白布
备注		采用涤纶65%、棉35%混纺组织造。部分涤棉漂白布经过树脂整理后，可增加弹性，提高织物服用性能，成衣后不皱、不变形、不需熨烫。缩水率在1%左右，裁剪前不需预缩。漂白涤棉服装容易吸尘沾污，穿后就洗，以免积垢难除			采用涤纶65%、黏纤35%混纺，也有以富纤代替黏纤和涤纶混纺，成为涤富漂白布		采用棉与丙纶各50%混纺的细布加工漂白而成。缩水率在3%左右，裁剪前不需下水预缩。棉丙漂白布的耐热性和耐光性很差，洗后不能熨烫，不宜在烈日下曝晒，以免加快纤维老化

14. 府绸（popeline）

府绸是中高档服装的主要用料之一。布面呈现由经纱构成的菱形颗粒效应的平纹织物，其经密高于纬密，比例约为2∶1或5∶3。府绸具有良好的外观，有丝绸的风格，质地轻薄，结构紧密，颗粒清晰，布面光洁，手感滑爽，色泽均匀艳丽，并有丝绸感的特点。府绸品种繁多，按纱线结构分，有纱府绸、半线府绸（线经纱纬）和全线府绸；按纺纱工艺分，有普梳府绸、半精梳府绸（经纱精梳、纬纱普梳）和全精梳府绸；按原料分，有纯棉府绸、涤/棉府绸、棉/维府绸；按加工整理工艺分，有漂白府绸、杂色府绸、印花府绸、防缩府绸、防雨府绸和树脂府绸等；还有以色纱制织的条、格府绸和以平纹组织为基础的小提花府绸等。府绸系高经密织物，制织技术难度较高，要求原纱棉结杂质少，条干均匀。纯棉府绸的染整加工，前处理工艺要十分注意，特别是紧度较高的府绸，必须退浆尽、煮练透、漂白好、丝光足，只有这样才能获得晶莹的白度、艳丽的色泽、均匀的满地花纹和突出的颗粒效应。府绸用途广泛，主要用于男女衬衫、外衣、风衣和雨衣等。

规格 \ 棉织物名称		漂白府绸					
英文名		bleached poplin;bleached popeline					
品名		漂白纱府绸		漂白线府绸			
经纬纱线密度	经纱/tex（英支）	15(40)棉纱	12(50)棉纱	14×2(42/2)棉股线	10×2(60/2)棉股线	7×2(80/2)棉股线	6×2(100/2)棉股线
	纬纱/tex（英支）	同经纱	同经纱	17(34)棉纱	同经纱	同经纱	同经纱
经纬密度	经纱/(根/10cm)	524	614	347	472	512	610
	纬纱/(根/10cm)	280	315	252	236	295	299
织物组织		平纹或提花组织					
成品幅宽/cm		90	92	81	91	91	92
特点		布面洁白，菱形颗粒丰满，经过荧光增白剂处理的府绸，更加莹白，布面光亮美观。6tex×2(100英支/2)以上的细特纱漂白府绸轻盈细致，穿着舒适，更具有丝绸的风格					
用途		宜做高级衬衫、两用衫、女装等					
备注		是指经过烧毛、精练、丝光、漂白整理的细支府绸织物。品种有漂白纱府绸、漂白线府绸、漂白提花府绸、优级防缩漂白府绸和隐条漂白府绸等。漂白府绸的经纬纱大都为精梳纱，有的成品经过树脂整理，使织物具有防缩、防皱、手感柔软、弹性好、洗后免烫等性能，有久洗不走样的效果。缩水率在4%左右，使用前应下水预缩。洗涤后应充分用水漂清，或用有增白剂的皂粉洗涤，使白度能持久。洗涤时不要用力搓洗，以免损伤布身					

规格 \ 棉织物名称	纱府绸		
英文名	single poplin;poplinette		
品名	普梳纱府绸	半精梳纱府绸	精梳纱府绸

续表

规格＼棉织物名称		纱府绸								
经纬纱线密度	经纱/tex（英支）	29.2(20)棉纱	19.4(30)棉纱	19.4(30)棉纱	16.2(36)棉纱	14.6(40)棉纱	14.6(40)棉纱	J16.2(J36)棉纱	J14.6(J40)棉纱	J14.6(J40)棉纱
	纬纱/tex（英支）	29.2(20)棉纱	19.4(30)棉纱	14.6(40)棉纱	19.4(30)棉纱	14.6(40)棉纱	14.6(40)棉纱	J16.2(J36)棉纱	J19.4(J30)棉纱	J14.6(J40)棉纱
经纬密度	经纱/(根/10cm)	362	393.5	393.5	480	511.5	523.5	480	511.5	547
	纬纱/(根/10cm)	196	236	236	275.5	279.5	283	275.5	267.5	283
织物组织		平纹或提花组织								
质(重)量/(g/m^2)		110～125								
成品幅宽/cm		81～92,大多为91								
特点		布面平整洁净,有菱形状颗粒,粒纹饱满清晰,手感滑爽,近似丝绸。精梳府绸布面光洁,手感和染色均匀性均好于普梳府绸								
用途		宜做男女衬衫、女装、两用衫、中式便装、学生装、裙料、童装等								
备注		是指经纬都用单纱制织的府绸。纱府绸可分为普梳、半精梳和精梳三种。经纬粗细配置一般比较接近。经向紧度为61%～75%,纬向紧度为40%～50%,纱府绸经纬向紧度差异较大,为了改善布面菱形颗粒效应和穿着牢度,纬纱也可略粗于经纱。坯布经染整加工成漂白、杂色、印花府绸,也可经特殊后整理成树脂府绸。纯棉纱府绸品种较多,市场销售量最大的以14.6tex(40英支)纱作经纬的纱府绸								

规格＼棉织物名称		色府绸											
英文名		coloured poplin;coloured popeline											
品名		条府绸	全线条府绸	纱条府绸	纱条府绸	提条府绸	缎条府绸	缎条纱府绸	格子府绸	纱格府绸	纱彩格府绸	提格府绸	缎格府绸
经纬纱线密度	经纱/tex（英支）	14×2(42/2)棉股线	10×2(60/2)棉股线	15(40)棉纱	18(32)棉纱	14×2(42/2)棉股线	19(30)或10×2(60/2)棉纱线	15(40)棉纱	14×2(42/2)棉股线	18(32)棉纱	18(32)棉纱	14×2(42/2)棉股线	14×2(42/2)棉股线
	纬纱/tex（英支）	17(34)棉纱	同经纱	同经纱	同经纱	17(34)棉纱	19(30)棉纱	同经纱	20(28)棉纱	同经纱	20(28)棉纱	17(34)棉纱	17(34)棉纱

续表

规格 \ 棉织物名称		色府绸											
经纬密度	经纱/(根/10cm)	347	426	472	421	347	429	469	347	421	413	347	347
	纬纱/(根/10cm)	260	240	268	268	260	252	268	236	268	244	236	260
织物组织		平纹或提花组织											
成品幅宽/cm		78.5	91	91	91	91	91	91	78.5	91	91	91	91
特点		布面平整洁净，有菱形状颗粒，粒纹饱满清晰，色泽鲜艳纯正，手感滑爽，近似丝绸											
用途		宜做衬衫、女装、两用衫、中式便装、学生装、裙料、童装等											
备注		是由府绸坯布经烧毛、精练、丝光、漂白、染色整理而成的府绸。色府绸的色泽繁多，主要有蓝灰、蟹青、黑、绿、驼、咖啡、棕、藏青、青莲、酞菁蓝、杏黄、米黄，以及各种混色、杂色等。其品种有全线、半线和全纱府绸，还有提花、防雨、防缩、隐条、缎条等花式和经特殊整理的府绸。缩水率在4%左右，裁剪前需下水预缩，以保证成衣尺寸的稳定性											

规格 \ 棉织物名称		涤棉府绸				
英文名		polyester/cotton mixed poplin;polyester/cotton mixed popeline				
品名		涤棉杂色纱府绸		涤棉杂色线府绸		涤棉杂色全线府绸
经纬纱线密度	经纱/tex(英支)	13(45)涤棉纱	14.5(40)涤棉纱	14×2(42/2)涤棉股线	10×2(60/2)涤棉股线	10×2(60/2)涤棉股线
	纬纱/tex(英支)	同经纱	同经纱	19.5(30)涤棉纱	19.5(30)涤棉纱	同经纱
经纬密度	经纱/(根/10cm)	524	480	331	472	472
	纬纱/(根/10cm)	280	276	236	276	276
织物组织		平纹或提花组织				
成品幅宽/cm		91		91		9
特点		布面洁净平整，质地细致，布面上具有均匀的菱状颗粒，粒纹饱满清晰，光泽莹润柔和，手感柔软滑润，色泽均匀艳丽，具有丝绸的风格				
用途		宜做衬衫、罩衣、女装、内衣、裙料、两用衫、风雨衣等				

续表

规格＼棉织物名称	涤棉府绸
备注	是采用涤纶65%与棉35%的混纺纱或线制织的府绸。品种较多，按使用的纱线分，有全纱、全线和半线之分；按花色分，有漂白、染色、色织、提花、闪色、隐条、缎条及印花等。缩水率为1%左右，裁剪前不需下水预缩，成衣挺括，易洗快干，免烫，弹性好，抗皱性能强，但吸湿性差，易产生静电。此外，还有一种采用涤纶45%、棉55%的含涤比例低的涤棉府绸，又称棉涤府绸，其用途与涤棉府绸类同。其优点是比涤棉府绸的吸湿性好，穿着舒适，透气性好，静电少，但洗可穿、强力、耐磨性等性能稍差些。经过特种防缩、防皱整理后，可大大提高其性能

规格＼棉织物名称		富纤府绸	棉维府绸
英文名		polynosic poplin; polynosic popeline	cotton/vinylon mixed poplin; cotton/vinylon mixed popeline
品名		富纤杂色提花府绸	棉维色府绸
经纬纱线密度	经纱/tex（英支）	14(42)富纤纱	18(32)棉维纱
	纬纱/tex（英支）	同经纱	同经纱
经纬密度	经纱/(根/10cm)	492	449
	纬纱/(根/10cm)	315	276
织物组织		平纹或提花组织	平纹组织
成品幅宽/cm		89	91
特点		质地轻薄，布身光洁滑爽，比棉府绸更具有丝绸感	质地细洁，布面洁净平整，手感柔软滑润，坚牢耐穿用
用途		宜做衬衫、夏令衣着、日常衬衣裤等	宜做衬衫、罩衣、女装、内衣、两用衫等
备注		由细特（细支）富纤纱织制。其品种有富纤色府绸、杂色提花府绸、印花提花府绸和色织富纤府绸等。其中色府绸有藏青、蓝和其他杂色，色织富纤府绸以格府绸居多。缩水率在10%左右，成衣前需下水充分预缩。洗涤时宜轻揉轻搓，以免损伤纤维	是由棉与维纶各50%混纺纱织制而成。品种有棉维色府绸、棉维花府绸和棉维色织府绸等。棉维色府绸的色泽有元、蓝、灰、草绿与其他杂色，也有两种色泽混合在一起的闪色府绸等。棉维色府绸以士林、硫化、活性等染料染色，其中以士林染料染色的耐洗耐晒，色泽牢度比较好。棉维花府绸是用纱府绸印花，以浅色花纹为多，花纹与涤棉花府绸近似，但不及涤棉花府绸美观细致。色织棉维府绸以格府绸为多，外观与纯棉格府绸相似。缩水率在4%～5%，裁剪前应下水预缩，洗后易起皱，熨烫宜干熨，不能覆盖湿布，温度控制在150℃内

15. 灯芯绒（corduroy）

灯芯绒又称棉条绒、条子绒、趟绒。布面呈现灯芯状绒条的织物。具有布面绒条圆润丰满，质地手感厚实，保暖性能好，绒条纹路清晰，绒面整齐，光泽好，绒毛耐磨，不易脱落，色泽鲜艳，耐洗涤等特点，但缩水率较大。织物组织采用起毛组织，由绒组织和地组织两部分组成，绒组织由绒纬与经纱交织组成，形成一列列毛圈，经过割绒将绒纬的毛圈割断；刷毛后，在织物表面就形成了灯芯状的绒条。地组织由平纹或斜纹组织组成，以平纹组织较为普遍。斜纹组织能适应较高的纬密，织物比较厚实。

灯芯绒的品种较多，按原料分，可分为棉灯芯绒和化纤灯芯绒两类；其中，棉灯芯绒又可分为经纬均用股线的全线灯芯绒、股经纱纬的半线灯芯绒和经纬均为单纱的全纱灯芯绒；化纤灯芯绒包括涤棉灯芯绒、棉维灯芯绒、棉腈灯芯绒、弹力灯芯绒和仿银枪大衣呢等。按织造工艺分，有色织灯芯绒和提花灯芯绒。按染整加工工艺分，有杂色灯芯绒和印花灯芯绒等。按绒条的宽度来分，有阔条、粗条、中条、细条、特细条、阔狭间隔条和仿平绒等。灯芯绒绒条的阔狭是按布面每 2.5 厘米（一英寸）中绒条的数目来区分的。其中，6 条以下的称为阔条灯芯绒，9 条以下的称为粗条灯芯绒，9～14 条的称为中条灯芯绒，15～19 条的称为细条灯芯绒，20 条以上的称为特细条灯芯绒。

灯芯绒适合男女老幼做春、秋、冬三季各式服装、鞋、帽，也宜做家具装饰用布、窗帘、沙发套、幕帷、眼镜匣和各种仪器匣箱的内衬、手工艺品、玩具等。缝制服装以中条灯芯绒最普遍，其条纹适中，宜做男女各式服装。阔、粗条灯芯绒的绒条粗壮，宜做夹克衫、两用衫、猎装、短大衣等，适合青年男女穿着。细条和特细条灯芯绒的绒条细密，质地柔软，可做衬衫、罩衫、裙料等。

规格 \ 棉织物名称		粗条灯芯绒			
英文名		spacious waled corduroy			
经纬纱线密度	经纱/tex(英支)	14×2(42/2)股线	14×2(42/2)股线	18×2(32/2)股线	28×2(21/2)股线
	纬纱/tex(英支)	32(18)单纱	28(21)单纱	36(16)单纱	28(21)单纱
经纬密度	经纱/(根/10cm)	213	228	189	161
	纬纱/(根/10cm)	945	835	780	1134
织物组织		$\frac{2}{2}$斜纹组织			
成品幅宽/cm					
特点		绒条圆阔,手感厚实,结构紧密			
用途		宜做外衣或西服上装等			
备注		是每 10cm 内有 32 条以下绒条的灯芯绒。地组织多用$\frac{2}{2}$斜纹组织,地纬与绒纬的排列比为 1∶2,绒毛用 V 型固结法			

续表

规格＼棉织物名称		灯芯绒(棉条绒、条子绒、趟绒)(1)								
英文名		corduroy;corded velveteen;cord;rib velvet;patent velvet								
品名		杂色灯芯绒				杂色阔条灯芯绒				杂色阔条纱灯芯绒
经纬纱线密度	经纱/tex(英支)	14×2(42/2)棉线	14×2(42/2)棉线	14×2(42/2)棉线	28×2(21/2)棉线	14×2(42/2)棉线	14×2(42/2)棉线	14×2(42/2)棉线	10×2(60/2)棉线	特紧36(特紧16)棉纱
	纬纱/tex(英支)	28(21)棉纱	28(21)棉纱	30(20)棉纱	28(21)棉纱	28(21)棉纱	28(21)棉纱	28(21)棉纱	30(20)棉纱	特纺36(特纺16)棉纱
经纬密度	经纱/(根/10cm)	228	300	268	169	161	228	252	310	190
	纬纱/(根/10cm)	669	669	669	957	1004	835	803	803	740
织物组织		纬起绒组织(由地组织和绒组织形成)								
成品幅宽/cm		76	76	76	91	91	91	91	91	91
特点		表面呈现耸立的绒毛,排列成条状,似灯芯草。布面绒毛圆润丰满,手感厚实,保暖性能好,绒条纹路清晰,绒面整齐,光泽好,绒毛耐磨,不易脱落,色泽鲜艳,耐洗,但缩水率较大								
用途		宜做春、秋、冬三季各式服装、鞋、帽,也宜作家具装饰用布、窗帘、沙发套、幕帷、眼镜匣和各种仪器匣箱的内衬、手工艺品、玩具等。缝制服装以中条灯芯绒最普遍,其条纹适中,适合做男女各式服装。阔、粗条灯芯绒的绒条粗壮,制作两用衫、夹克衫、猎装、短大衣等,适合青年男女穿着。细条和特细条灯芯绒的绒条细密,质地柔软,可制作衬衫、罩衫、裙料等								
备注		是纬起绒组织的棉织物,织物由地组织和绒组织形成,经过割绒将绒纬的毛圈割断,经刷毛后在织物表面就形成了一条条灯芯状的绒条。地组织多由平纹或斜纹组成,其中以平纹为多见。斜纹组织能适应较高的纬密,织物更加厚重。灯芯绒的品种很多,按原料分,有纯棉、混纺和纯化纤等;按织造和加工工艺分,有色织灯芯绒、提花灯芯绒、色灯芯绒、印花灯芯绒;按绒条的宽度分,有宽条灯芯绒(每10cm 22条以下)、粗条灯芯绒(每10cm 32条以下)、中条灯芯绒(每10cm 32～50条)、细条灯芯绒(每10cm 56～64条)、特细灯芯绒(每10cm 72条以上)。灯芯绒按不同品种的要求,所采用的纱支粗细也不同。一般厚重的品种采用粗支纱,中厚型的品种采用中支纱,薄型品种采用细支纱。还有采用粗支的,如48tex(12英支)单纱,以及特纺和紧捻纱(或线)的品种。产品质量要求不能有因漏割绒条生成的绒面凹凸不平、布面染色要均匀,不能有色差。缩水率一般在4%～6%,裁剪成衣前应先下水预缩,裁剪时要注意倒顺毛方向,以免缝制成衣后色泽不一致,单层灯芯绒服装穿着日久,在肘、膝和衣袋内壁的绒毛易脱落,缝制时如果衬上软薄的衬里,可克服脱绒的现象。在洗涤成衣时不宜用硬毛刷重力刷洗,洗后不宜用力拧绞,不需熨烫,可用软刷顺着毛绒方向轻刷,使绒毛耸立如新,收藏时不要重压以防绒毛倒伏,影响外观								

续表

棉织物名称 规格		灯芯绒(棉条绒、条子绒、趟绒)(2)											
英文名		同上页(1)											
品名		杂色粗条灯芯绒	杂色细条灯芯绒	杂色细条纱灯芯绒			杂色纱灯芯绒				杂色提花仿平绒	杂色仿平绒	
经纬纱线密度	经纱/tex(英支)	18×2(32/2)棉线	18×2(32/2)棉线	特纺36(特纺16)棉纱	特紧36(特紧16)棉纱	紧捻18(紧捻32)棉纱	特紧36(特紧16)	36(16)棉纱	紧捻36(紧捻16)棉纱	28(21)棉纱	18×2(32/2)棉线	28(21)棉纱	14×2(42/2)棉线
	纬纱/tex(英支)	特纺36(特纺16)棉纱	特纺36(特纺16)棉纱	30(20)棉纱	30(20)棉纱	18(32)棉纱	特纺36(特纺16)棉纱	30(20)棉纱	特纺36(特纺16)棉纱	30(20)棉纱	36(16)棉纱	特纺36(特纺16)棉纱	28(21)棉纱
经纬密度	经纱/(根/10cm)	190	158	172	309	315	175	201	268	309	190	299	252
	纬纱/(根/10cm)	779	629	528	551	843	614	803	528	583	614	535	669
织物组织		同上页(1)											
成品幅宽/cm		91	91	91	91	91	91	91	91	91	91	91	91
特点		同上页(1)											
用途		同上页(1)											
备注		同上页(1)											

续表

规格＼棉织物名称		漂白灯芯绒(白灯芯绒)	涤棉灯芯绒
英文名		bleached corduroy; bleached rib velvet	T/C mixed corduroy; T/C mixed rib velvet
经纬纱线密度	经纱/tex(英支)	28(21)～10(60)棉纱或棉线	28(21)涤棉混纺纱 (涤65%、棉35%)
	纬纱/tex(英支)	同经纱	28(21)棉纱
经纬密度	经纱/(根/10cm)	169～310	173
	纬纱/(根/10cm)	803～957	606
织物组织		同灯芯绒	同灯芯绒
成品幅宽/cm		76～122	91
特点		绒面洁白,绒条莹润丰满,光泽好,富有典雅文静感,是灯芯绒的娇嫩者,绒坯要求严	绒面丰满,手感柔软,吸湿性好,抗皱性能强,强力高,耐穿用,成衣挺括
用途		宜做女时装、女装、浴衣、睡衣及医院用布等。细条用于做内衣、衬衫、裙子等	宜做春、秋、冬三季男女老少各种服装面料、鞋料、帽料及家具装饰用布、幕帷、眼镜盒、各种仪器盒的内衬
备注		是各种不同规格的灯芯绒原坯的丝光漂白品种。一般以中厚型和薄型为多见。割绒要十分仔细小心,不允许有漏割和破地现象。缩水率约为5%左右,裁剪成衣前应下水预缩	是用涤棉混纺纱作经纱,用纯棉纱作纬纱交织而成。也可经过与涤棉烂花布相似的烂花工艺,加工成与烂花丝绒风格相似的烂花灯芯绒。如在棉和涤纶中加入一定比例的氨纶,可织成弹力灯芯绒,最适宜做运动服、猎装、旅游服、便装等。缩水率为3%～4%,易洗快干,穿着不易变形

规格＼棉织物名称		棉/涤灯芯绒	
英文名		cotton/polyester(C/T)corduroy	
经纬纱线密度	经纱/tex(英支)	29(20)棉/涤混纺纱(棉55,涤45)	29(20)棉/涤混纺纱(棉55,涤45)
	纬纱/tex(英支)	36.4(16)棉纱	36.4(16)棉纱

续表

<table>
<tr><td colspan="2">棉织物名称
规格</td><td colspan="2">棉/涤灯芯绒</td></tr>
<tr><td rowspan="2">经纬密度</td><td>经纱/(根/10cm)</td><td>299</td><td>299</td></tr>
<tr><td>纬纱/(根/10cm)</td><td>535</td><td>590.5</td></tr>
<tr><td colspan="2">织物组织</td><td colspan="2">纬起绒组织</td></tr>
<tr><td colspan="2">成品幅宽/cm</td><td></td><td></td></tr>
<tr><td colspan="2">特点</td><td colspan="2">绒面丰满，手感柔软，吸湿性好，抗皱性能强，强力高，耐穿用</td></tr>
<tr><td colspan="2">用途</td><td colspan="2">宜做春、秋、冬三季男女老少各种服装面料、鞋料、帽料及家具装饰用布、幕帷、眼镜盒、各种仪器盒的内衬</td></tr>
<tr><td colspan="2">备注</td><td colspan="2">是指以棉/涤混纺纱作经，纯棉纱作地纬和绒纬的灯芯绒。地纬与绒纬排列比为1∶2，绒毛用W型固结法。经用纱的混纺比为55∶45的棉/涤混纺纱。经向紧度为50%～60%，纬向紧度为105%～125%</td></tr>
</table>

<table>
<tr><td colspan="2">棉织物名称
规格</td><td colspan="7">中条灯芯绒</td></tr>
<tr><td colspan="2">英文名</td><td colspan="7">mid-wale corduroy</td></tr>
<tr><td rowspan="2">经纬纱线密度</td><td>经纱/tex(英支)</td><td>14×2(42/2)股线</td><td>14×2(42/2)股线</td><td>14×2(42/2)股线</td><td>14×2(42/2)股线</td><td>36(16)单纱</td><td>48(12)单纱</td><td>48(12)单纱</td></tr>
<tr><td>纬纱/tex(英支)</td><td>29(20)单纱</td><td>28(21)单纱</td><td>28(21)单纱</td><td>28(21)单纱</td><td>同经纱</td><td>36(16)单纱</td><td>36(16)单纱</td></tr>
<tr><td rowspan="2">经纬密度</td><td>经纱/(根/10cm)</td><td>295</td><td>228</td><td>252</td><td>299</td><td>252</td><td>228</td><td>254</td></tr>
<tr><td>纬纱/(根/10cm)</td><td>685</td><td>669</td><td>646</td><td>669</td><td>528</td><td>543</td><td>528</td></tr>
<tr><td colspan="2">织物组织</td><td colspan="7">平　纹　组　织</td></tr>
<tr><td colspan="2">成品幅宽/cm</td><td></td><td></td><td></td><td></td><td></td><td></td><td></td></tr>
<tr><td colspan="2">特点</td><td colspan="7">绒条丰满，质地厚实，耐磨耐穿，保暖性好</td></tr>
<tr><td colspan="2">用途</td><td colspan="7">宜做男女服装、衫裙、牛仔裤、童装、鞋帽，也可作家具装饰用布等</td></tr>
<tr><td colspan="2">备注</td><td colspan="7">是10cm内有32～52条绒条的灯芯绒。地组织用平纹组织或平纹变化组织，采用平纹变化组织有单经保护层和双经保护层；地纬与绒纬排列比为1∶2，绒毛用V型和W型固结法</td></tr>
</table>

续表

规格 \ 棉织物名称		细条灯芯绒				特细条灯芯绒		提花灯芯绒	
英文名		pinwale corduroy				ultra-fine corduroy		figured corduroy	
经纬纱线密度	经纱/tex（英支）	36(16)单纱	36(16)单纱	19(30)单纱	14×2(42/2)股线	J10×2(J60/2)股线	J10×2(J60/2)股线	28×2(21/2)股线	14×2(42/2)股线
	纬纱/tex（英支）	同经纱	29(20)单纱	14.5(40)单纱	28(21)单纱	J14.5(J40)单纱	J14.5(J40)单纱	36(16)单纱	28(21)单纱
经纬密度	经纱/(根/10cm)	161	173	236	228	315		161	228
	纬纱/(根/10cm)	571	528	1181	532	803		780	669
织物组织		平纹组织				平纹组织		提花组织	
成品幅宽/cm									
特点		绒条丰满，质地厚实，耐磨耐穿，保暖性好				绒条特细，手感柔软		花型美观，立体感强	
用途		宜做男女服装、衫裤、牛仔裤、儿童服装、鞋帽及家具装饰布等				宜做男女服装、女衫裙等		宜做妇女、儿童外衣、裙子及窗帘、沙发、家用电器套等装饰物	
备注		是每10cm内有52～72条绒条的灯芯绒。地组织为平纹，地纬与绒纬排列比例为1∶2，绒毛用W型固结法。细条灯芯绒多为印花或染色				是每10cm内有72条以上绒条的灯芯绒。地组织为平纹，地纬与绒纬的排列比为1∶2，绒毛用W型固结法。特细条灯芯绒的本色坯经染整加工后可用于做服装		是织物表面部分起绒毛，其余部分不起绒毛，构成各种花型、图案或格子的灯芯绒。设计提花组织时，先确定绒毛部分的意匠图，再按经纬密度比例，正确绘出不起绒部分的组织	

规格 \ 棉织物名称	弹力灯芯绒		烂花仿平绒	提格布	华夫格
英文名	elastic corduroy		etched-out velveteen-like fabric	checks	walf checks
品名	经向弹力灯芯绒	纬向弹力灯芯绒（地纬用弹力纱）			

续表

规格		弹力灯芯绒		烂花仿平绒	提格布	华夫格
经纬纱线密度	经纱/tex(英支)	28(21)氨纶包芯纱	36(16)纯棉纱	绒经和地经均为14×2(42/2)棉线	18(32)棉纱	14×2(42/2)股线
	纬纱/tex(英支)	28(21)纯棉纱	同经纱	绒纬 28(21)	同经纱	28(21)单纱
经纬密度	经纱/(根/10cm)	252	161	236	429	339
	纬纱/(根/10cm)	571	630	669	283	260
织物组织		平纹组织		平纹组织	$\frac{5}{2}$经面缎纹和$\frac{5}{2}$纬面缎纹交叉排列	蜂巢组织
成品幅宽/cm						
特点		具有良好的弹性伸长和穿着舒适等特点		花地分明,花型轮廓清晰,富有立体感等	结构紧密,方格明显,有较强的立体感	花型别致，手感柔软，弹性良好，花型立体感强
用途		常用来做牛仔裤等服装		一般用来做台布、窗帘、床罩和妇女衬衫等	用作阿拉伯民族服装长袍的面料	宜作男、女上衣面料等
备注		是经或地纬用具有高弹性的氨纶包芯纱,绒纬用纯棉纱织制的灯芯绒。分经向弹力灯芯绒和纬向弹力灯芯绒两种,一般规定弹性伸长不大于15%,两种弹力灯芯绒的组织结构与一般灯芯绒大致相同,但织制工艺各有不同要求。经向弹力灯芯绒的经用100dtex(90 旦)氨纶长丝作芯外包棉纤维,细度为 28tex(21 英支)的氨纶包芯纱,地纬和绒纬用 28tex(21 英支)纯棉纱。纬向弹力灯芯绒的经与绒纬均为纯棉纱,地纬为28～36tex(21～16 英支)氨纶包芯纱		是经烂花工艺处理,表面呈现凹凸花纹的仿平纹。绒坯经割绒后,经染整烂花工艺处理,利用棉纤维不耐酸的特性,按照设计花型,使布面一部分纯棉绒毛被酸溶蚀,另一部分棉绒毛不吸酸仍保留于布面,形成新颖的凹凸花纹	是以织纹在布面上形成方格图案的织物。由于经向紧度大于纬向紧度,因此由经面缎纹构成的方格紧密而突出,有较强的立体感,而由纬面缎纹构成的方格,其丰满及突出程度不及经面缎纹	是布面有凹凸方格，因酷似华夫饼干上花纹而得名的织物。织坯经染整加工成中、浅色

续表

规格＼棉织物名称		拷花灯芯绒	仿人造皮灯芯绒
英文名		emboss corduroy； goffer corduroy； gauffer corduroy	imtation artificial fur corduroy
经纬纱线密度	经纱/tex（英支）	36(16)～10(60) 棉纱	36(16)～10(60) 棉纱或棉线
	纬纱/tex（英支）	同经纱	30(20)～28(21)棉纱 或棉线（纬起绒纱原 料为腈纶或黏纤）
经纬密度	经纱/(根/10cm)	158～310	228～310
	纬纱/(根/10cm)	528～1004	669～956
织物组织		纬起绒组织	纬起绒组织
成品幅宽/cm		76～122	76～91
特点		花型变化多，富有立体感，花色新颖	布面绒毛耸立，圆润丰满，绒面整齐，手感厚实，光泽好，图案形象逼真
用途		宜做女装、时装、裙子及装饰布、窗帘等	宜做女装、童装、长短大衣及沙发套、家具装饰用布等
备注		是将各种花式灯芯绒坯布，经拷花工艺整理而成。拷花就是将灯芯绒色坯在刻有花纹的金属辊筒的热压轧下，使一部分绒面凹下，另一部分绒面凸起，形成凹凸的花纹。也有用织物组织的不同形成拷花效果的品种。通常花纹是由后整理形成的，比提花灯芯绒工艺简单。多用色织灯芯绒拷花，也有用印花灯芯绒拷花的品种，可谓花上加花，使原有的花色更加突出美观，更加形象逼真。不宜经常洗涤，成衣存放时忌重压	一般采用腈纶或黏纤为原料纺制纬起绒纱，地组织的经纬纱采用纯棉单纱或股线，经割绒后，灯芯绒面呈现豹皮、虎皮状花纹。多用印花灯芯绒为原坯，印制花形图案和色泽模仿动物皮毛的花纹、颜色，再加以绒毛配合，更显形象逼真

规格＼棉织物名称	仿平绒		仿平绒灯芯绒（仿平绒）
英文名	velveteen-like fabric		velveteen-like corduroy； velveteenrib velvet
品名	全纱仿平绒	半线仿平绒	

续表

<table>
<tr><td colspan="2">棉织物名称
规格</td><td colspan="2">仿平绒</td><td>仿平绒灯芯绒
(仿平绒)</td></tr>
<tr><td rowspan="2">经纬纱线密度</td><td>经纱/tex
(英支)</td><td>28(21)棉纱</td><td>14×2(42/2)棉股线</td><td>28(21)单纱或14×2
(42/2)股线</td></tr>
<tr><td>纬纱/tex
(英支)</td><td>36(16)棉纱</td><td>28(21)棉纱</td><td>特纺36(特纺16)单纱
或28(21)单纱</td></tr>
<tr><td rowspan="2">经纬密度</td><td>经纱/(根/10cm)</td><td>299</td><td>228</td><td>252～299</td></tr>
<tr><td>纬纱/(根/10cm)</td><td>531.5</td><td>629.5</td><td>535～669</td></tr>
<tr><td colspan="2">织物组织</td><td>变化平纹组织</td><td>平纹组织</td><td>平纹或斜纹组织</td></tr>
<tr><td colspan="2">成品幅宽/cm</td><td></td><td></td><td>91</td></tr>
<tr><td colspan="2">特点</td><td colspan="2">质地紧密,手感厚实,绒面类似平绒</td><td>外观酷似平绒,采用特细密的绒条形成绒面无明显条纹,绒毛密集,手感软糯、滑润,光泽好</td></tr>
<tr><td colspan="2">用途</td><td colspan="2">宜做春、秋、冬季妇女、儿童服装及家具布、窗帘布等</td><td>主要用于做女装、中式便装、套装及窗帘、沙发套、幕帷等</td></tr>
<tr><td colspan="2">备注</td><td colspan="2">是由一组经与两组纬(绒纬和地纬)按一定组织交织,经割绒整理后,表面形成绒毛的织物。经纬纱多用中、粗特普梳纱。经纱捻度略高于一般用纱、纬纱捻度略低于一般用纱。绒纬与地纬排列比为2∶1,经向紧度为50%～60%,纬向紧度为90%～120%,经纬向紧度比约为1∶2。绒毛用V型和W型交叉固结。用单纱作纬的,浆料不宜用CMC,因CMC吸湿性强,常引起割绒跳针,造成割绒困难,上浆率宜掌握在10%～12%。坯布经加工成杂色或印花</td><td>是灯芯绒中的一个新品种,采用改变灯芯绒割绒的方法,达到仿造丝光平绒的风格。主要品种有杂色、印花和提花仿平绒灯芯绒</td></tr>
</table>

16. 罗缎 (leno)

罗缎是指表面呈现凹凸明显的横条罗纹，光亮如缎的棉织物。具有布面有细致的花纹，布身紧密，质地厚实，色泽鲜艳，富有光泽，花纹美观，坚牢耐磨，但经纬向强力不平衡，经向易先断裂。织物组织为斜纹变化组织，原料为纯棉纱。罗缎为全线织物，经密大于纬密，坯布染色使用的染料有精元、纳夫妥、士林、活性和酞菁等染料。罗缎有花罗缎、纱罗缎和四罗缎三种。品种以杂色罗缎为主，色泽较多，有漂白、米黄、红棕、湖绿、豆灰、艳蓝、翠绿、酞菁、咖啡、精元等色。罗缎可作各种男女服装、童装、鞋帽、运动衣裤以及沙发套、窗帘、幕布等装饰用品。

棉织物名称 / 规格		双经布					双纬布		
英文名		double ends fabric					double weft fabric		
品名		双经装饰布		双经细布	双经府绸				
经纬纱线密度	经纱/tex（英支）	58(10)单纱	29(20)单纱	14.5(40)单纱	14.5(40)单纱	6×2(100/2)股线	58(10)棉纱	58(10)棉纱	42(14)棉纱
	纬纱/tex（英支）	同经纱	58(10)单纱	36(16)单纱	29(20)单纱	同经纱	72(8)棉纱	72(8)棉纱	58(10)棉纱
经纬密度	经纱/(根/10cm)	276	331	354	532	524	215	217	220
	纬纱/(根/10cm)	165	197	181	236	386	157	173	189
织物组织		平纹组织					平纹组织		
成品幅宽/cm									
特点		采用两根经纱并列突出于布面呈现纵向条纹，手感柔软					两根纬纱并列突出于布面呈现横向条纹，颇似罗布的外观效应，手感粗厚，具有粗犷自然的风格		
用途		用细特纱织制的双经布，染色后经防水整理，主要用作雨衣、风衣面料。用粗特纱织制的双经布，用于筛网印花，色泽鲜艳，立体感强，可作窗帘、沙发套等室内装饰用布					坯布经树脂整理、液氨整理，使其具有厚而不硬、挺而不糙、软而不疲、尺寸稳定的性能，可作各种服装面料，如单面印花可用于做妇女、儿童衣裙；双面印花或染色可用于做男女两用衫		
备注		是用双根经纱与单根纬纱交织成的平纹织物。多用纯棉，也有用涤棉混纺纱织制					是用单根经纱与双根纬纱交织而成的平纹织物。多采用纯棉粗特纱织制。双纬布大多采用筛网印花加工成花布，使其色彩鲜艳、立体感强，主要用作窗帘布、家具布，经树脂整理、液氨整理后，可用作服装面料		

棉织物名称 / 规格		横　罗	纱罗缎（纱罗布、横罗）	线罗缎（四罗缎、横罗缎）
英文名		horizontal leno	yarn bengaline; yarn faille; yarn grosgrain; yarn tussores	thread bengaline; thread faille; thread grosgrain; thread tussores
经纬纱线密度	经纱/tex（英支）	15(40)棉纱	25(23)～16(36)棉纱	精梳 10×2(60/2)棉股线
	纬纱/tex（英支）	30(20)棉纱	同经纱	28×2(21/2)棉股线

续表

规格 \ 棉织物名称		横　　罗	纱罗缎(纱罗布、横罗)	线罗缎(四罗缎、横罗缎)
经纬密度	经纱/(根/10cm)	524	420～457	平纹组织:255～190 变化斜纹:520～158
	纬纱/(根/10cm)	299	290～345	平纹组织:255～190 变化斜纹:520～158
织物组织		斜纹变化组织	斜纹变化组织	平纹或斜纹变化组织
成品幅宽/cm		89～91	91	78
特点		布面呈现明显的凹凸横条形罗纹,条纹美丽,色泽鲜艳,布身厚实,光泽好	布面细致美观,布身紧密,质地厚实,色泽鲜艳匀净,富有光泽	布面光洁厚实,纬向罗纹清晰突出,经纱比纬纱细,经纬向之间的强力很不平衡,布面呈现明显的线状横向罗纹等,似丝绸中的缎类织物,色泽鲜艳明亮
用途		宜做男女服装、童装等	宜做女装、便装、罩衣、棉衣面及装饰用布	宜做中式外衣、女装、罩衣、童装、绣花底布等
备注		原料为纯棉、全纱织物,纬纱比经纱粗。在织造时,一个梭口内重复打入两根纬纱,在成布后有突出的横条形罗纹出现,故名横罗。品种有杂色横罗和印花横罗两种。杂色横罗的色泽有漂白、精元、翠绿、艳蓝、酞菁、藏青、褐棕、咖啡等。横罗的缩水率在4%左右。部分杂色横罗染色后,经过优级防缩整理,缩水率可降至2%左右。未经优级防缩整理的横罗,使用前需先下水预缩,经防缩整理的不必预缩	指经纬纱采用单纱制织的罗缎,采用斜纹变化组织及纬重方式织造,即在制织时同一梭口织入两根纬纱,达到布面呈现横条纹,故有时也称为横罗。通常是经纱细、纬纱粗或同支纬纱双根织入,色泽较多,主要有漂白、米黄、红棕、湖蓝、灰、艳蓝、翠绿、咖啡、黑色等,也有杂色品种	线罗缎的纬纱多用粗特线,使条纹横向更加突出清晰。经纱一般采用精梳纱,并经烧毛等处理,是棉织物中高档品种之一。色泽有蓝、灰、绿灰、蟹青、咖啡、瓦灰、驼、黑等色以及杂色,也有米黄、浅驼、浅藕荷等浅色。穿着日久,经纱易先行断裂,所以适宜做上装,不宜作裤料。缩水率约为4%左右。裁剪成衣前需先下水预缩

规格 \ 棉织物名称		罗缎(花罗缎)	涤棉四罗缎	羽绸(伞绸)	
英文名		bengaline;faill;grosgrain;tussores	polyester/cotton mixed four bengaline(faill,grosgrain,tussores)	satinet	
品名				全纱羽绸	半线羽绸
经纬纱线密度	经纱/tex(英支)	14×2(42/2)棉股线	9×2(65/2)涤棉混纺股线	18(32)棉纱	10×2(60/2)棉股线
	纬纱/tex(英支)	28×3(21/3)棉股线	28×2(21/2)涤棉混纺股线	同经纱	18(32)棉纱

续表

规格＼棉织物名称		罗缎(花罗缎)	涤棉四罗缎	羽绸(伞绸)	
经纬密度	经纱/(根/10cm)	244	543	457	457
	纬纱/(根/10cm)	190	173	315	315
织物组织		斜纹变化组织	平纹或斜纹变化组织	斜纹变化组织	
成品幅宽/cm		72		75～88	
特点		布面有细致的花纹，布身紧密，质地厚实，色泽鲜艳，富有光泽	布面挺括光洁，横向罗纹突出，色泽鲜艳美观，具有快干免烫的优点，耐磨性能较好，经纱易先断的现象有所改善	布面挺括平滑，织纹紧密，质地细洁，富有光泽丝绸感	
用途		宜做男女服装、童装、帽子、运动衣裤及沙发套、窗帘等	宜做男女上装、两用衫、罩衣、童装及绣饰底布等	主要用于制鞋滚口、制帽用，也可作阳伞用布，杂色羽绸可做夏令衬衫、内衣、服装里衬等	
备注		是用纯棉纱和斜纹变化组织织造的全线织物。由于布面上满布花纹，经染色成各种色泽后鲜艳美丽，故又称花罗缎。经密大于纬密，品种以杂色罗缎为主，色泽较多，有漂白、米黄、红棕、湖绿、豆灰、艳蓝、翠绿、酞菁、咖啡、精元等色。缩水率约为5%左右，使用前先下水预缩，经优级防缩处理的罗缎，缩水率在2%左右，不需下水预缩	是纯棉四罗缎的同类品种，由65%的涤纶和35%的棉混纺织造而成。色泽以深蓝、藏蓝、海蓝、瓦灰、咖啡、黑等深色为主，也有中浅色的驼、米黄、杏黄、浅绿等。缩水率约在2%左右，裁剪成衣前不需要先下水预缩，比纯棉四罗缎强力好，耐穿用，耐磨损等	是由纯棉纱线以斜纹变化组织织制的棉织物。有全纱羽绸和半线羽绸两种。色泽以黑色为主，也有漂白、艳蓝、浅绿、瓦灰、红、黄及其他杂色。缩水率约为4%左右，使用前需下水预缩	

规格＼棉织物名称		罗布(上海罗、灯芯罗、青年罗、香港罗)					
英文名		leno-like cloth; striped fabric					
品名		杂色上海罗	杂色和印花灯芯布			杂色青年罗	杂色香港罗
经纬纱线密度	经纱/tex(英支)	21(28)棉纱	28(21)棉纱	18(32)棉纱	15(40)棉纱	24(24)棉纱	28(21)棉纱
	纬纱/tex(英支)	同经纱	同经纱	同经纱	同经纱	18(32)棉纱	同经纱

续表

规格 \ 棉织物名称		罗布(上海罗、灯芯罗、青年罗、香港罗)					
经纬密度	经纱/(根/10cm)	350	374	512	581	324	319
	纬纱/(根/10cm)	260	284	402	343	260	236
织物组织		平纹变化组织					
成品幅宽/cm		74～80	80～91	91	80	76	76
特点		质地细洁，织纹细巧，色泽匀净，布面呈现出突起的罗纹条状，在纹路的两侧密布着均匀的小孔，质地轻薄，通风透凉，色泽均匀					
用途		宜做夏令男女服装、童装、帽子及复制加工用布					
备注		原料为棉，采用平纹变化组织制织。罗布的花色有杂色和印花罗布两种，杂色罗布的色泽较多，有漂白、元、蓝、藏青、咖啡、灰、果绿、湖蓝等色，耐洗耐晒，适合夏令穿着。花罗布以浅色小花为主，如花灯芯布等，花色新鲜，又有灯芯条衬托，美观别致。罗布除棉罗布外，还有涤棉混纺的涤棉罗布。缩水率在4%左右，成衣裁剪前需下水预缩。罗布的夏令品种，需经常洗涤，洗后不宜曝晒，以保持色泽持久					

规格 \ 棉织物名称		纱罗(透凉罗、网眼布)			
英文名		gaze;gauze leno			
品名		漂白和杂色纱罗			
经纬纱线密度	经纱/tex(英支)	14×2(42/2)棉股线或15(40)棉纱	28×2(21/2)棉股线或15(40)棉纱	14×2(42/2)棉股线或15(40)棉纱	15(40)棉纱
	纬纱/tex(英支)	15(40)棉纱	15(40)棉纱	15(40)棉纱	同经纱
经纬密度	经纱/(根/10cm)	366	278	311	295
	纬纱/(根/10cm)	284	190	217	190
织物组织		纱　罗　组　织			
成品幅宽/cm		91	91	91	91
特点		布面具有清晰而均匀的纱孔，透气性好，轻薄凉爽。纱罗结构松软，手感疲软，缺少挺爽的感觉，缩水率大，容易发生变形。有的采用淀粉浆上浆，增加硬挺度，改善手感，但不能持久。部分产品经树脂整理后，具有挺爽持久和不变形的特点，缩水率也明显降低			
用途		宜做夏令衬衫、裙子、艺装、童装、民族装、披肩巾及面罩纱、窗帘、蚊帐、装饰用布等			

续表

规格＼棉织物名称	纱罗(透凉罗、网眼布)
备注	是利用纱罗组织制织的织物总称。在织制时有两组经纱(地经与绞经)与一组纬纱进行交织。地经纱仅作上下运动,而绞经纱在地经纱的左侧和右侧与纬纱交织,在织物表面构成明显的空隙而成纱孔。纱罗织物都采用细特纱和较低的密度织成。纱罗除采用两组经纱与一组纬纱进行交织外,也有部分仅采用一组经纱而不是采用绞经织成的仿纱罗织物,外观与纱罗接近,有的也称为纱罗。纱罗的品种有漂白、杂色、印花和色织纱罗等。漂白纱罗的白度较好,纱孔清晰,适合夏令穿着。杂色纱罗以浅色为主,用活性染料染色,色泽鲜艳匀净,布身轻薄透气,印花纱罗使用纱罗坯,以纳夫妥、活性、士林染料印花,质地细软,花纹美观别致。纱罗织物除纯棉纱罗外,还有采用涤棉混纺的涤棉纱罗。纱罗的缩水率较大,约为6%～7%,裁剪成衣前需先下水预缩。选作男式服装用料的纱罗纱孔可适当大些,作女式服装用料的应适当小而密些

规格＼棉织物名称		涤棉纱罗		剪花纱罗
英文名		T/C mixed gaze; T/C mixed gauze leno		clipping and carving gaze; clipping and carving gauze leno
品名		杂色涤棉纱罗		
经纬纱线密度	经纱/tex(英支)	13(45)涤棉混纺纱	13(45)涤棉混纺纱	地经:21(28)～13(45)棉纱 绞经:13×2(45/2)棉股线
	纬纱/tex(英支)	同经纱	同经纱	21(28)～13(45)棉纱
经纬密度	经纱/(根/10cm)	299	301	417
	纬纱/(根/10cm)	291	268	299
织物组织		纱罗组织		纱罗组织
成品幅宽/cm		91	91	91
特点		织物轻薄滑爽,丝绸感强,成品经热定型和树脂整理后,更能增加挺括度,色牢度好,耐洗涤		色泽多与提花图案或花朵成协调色或对比色,以衬托剪花图形更加醒目、秀丽
用途		宜做男女夏装、童装、裙料、面罩纱及蚊帐、窗帘、装饰用布		宜做艺装、披肩、时装、衬衫及装饰用布等
备注		是采用涤纶65%和棉35%的混纺纱制织的纱罗织物。有漂白、杂色、印花和色织等品种。由于混入涤纶后,织物轻薄滑爽,有丝绸风格。成品均经过定型整理,增进挺括程度,稳定缩水率在4%左右。涤棉纱罗为轻薄织物,洗涤时应轻揉轻搓,以免损伤织物		是平纹经起花和简单纱罗组织或变化纱罗组织的联合组织。该织物经纬交织起花形成小型花朵或几何图形,然后在织物背面剪去纱的长浮线,使其布面呈现单独花型,具有刺绣的效果

续表

规格＼棉织物名称		胸襟纱罗	网目纱罗	弹力纱罗
英文名		bosom gaze; bosom gauze leno	mesh gaze;mesh gauze leno; eyelet gaze;eyelet gauze leno	stretch gaze; stretch gauze leno
经纬纱线密度	经纱/tex(英支)	地经:21×2(28/2)棉股线 绞经:[13棉纱+36棉纱+13毛巾纱或结子纱](13/16/13)三合股线	地经:13(45)棉纱 绞经:21×2(28/2)~13×2(45/2)棉股线	地经:13(45)单纱 绞经:13×2(45/2)股线
	纬纱/tex(英支)	21×2(28/2)棉股线	13(45)棉纱	13(45)单纱
经纬密度	经纱/(根/10cm)	177	442	406
	纬纱/(根/10cm)	125	236	252
织物组织		平纹和变化纱罗的联合组织	纱罗组织或联合组织	缎纹和变化纱罗的联合组织
成品幅宽/cm		91~120	91~120	91
特点		色泽富于变化,一般以各种混花色为多	布面呈现网目状对称花型,似网如目	弹性好,特别是混用高弹氨纶丝的产品弹力更佳,光泽好
用途		宜做时装、艺装、胸襟装饰用布等	宜做衬衫、裙子、披肩巾及装饰用布等	宜做女装、衬衫、艺装、童装、披肩巾、头巾及装饰用布等
备注		由于纱罗织物具有多孔性,故常用于做胸花,这也是胸襟纱罗名称的由来	是纱罗中的一个品种,一般为对称简单纱罗组织或平纹和简单纱罗的联合组织,因布面呈现网目状对称花型,似网如目,故有网目纱罗之称	

17. 绉布 (crape; crepe; sheer sucker)

绉布又称绉纱、绉纱布。指用一般经纱与高捻纬纱交织成织坯，经染整加工使高捻纬纱收缩，布面形成绉纹效应的织物。原始于丝绸的顺纡乔其织物。织造时采用强捻纬纱，坯布先经松式湿热起绉前处理，使高捻纬纱产生强烈的收缩，从而在织物表面形成皱纹或皱条。经起绉的织物，可进一步加工成纯白、杂色和印花织物。为了保持绉布在穿着过程中的形态稳定性，需要进行松式的防缩防皱整理。织物表面具有皱纹或皱条，质地轻薄，皱纹持久，手感滑爽松软，富有弹性，穿着舒适透凉、宽紧适度，类似丝绸，风格别致等特点。绉布按外观形态可分为条形绉和羽状绉。又有有规则的和无规则的皱条皱纹，无规则的皱纹又有深、浅之分。按条形的宽狭又可分为阔条形绉和狭条形绉。由细特和特细特纱织制的绉布适宜做春夏季服装、妇女衬衫、睡衣、灯笼袖衫裤、裙子及装饰用布等。由中特纱织制的绉布可用于加工童装。

规格＼棉织物名称		绉布(绉纱)				
英文名		crape;crepe;sheer sucker				
品名		漂白和杂色绉布				提花绉布
经纬纱线密度	经纱/tex(英支)	15(40)棉纱	19(30)棉纱	15(40)棉纱	15(40)棉纱	10(60)棉纱
	纬纱/tex(英支)	19(30)棉纱	30(20)棉纱	14(42)棉纱	19(30)棉纱	10+14(60+42)棉合股线
经纬密度	经纱/(根/10cm)	224	181	177	258	299
	纬纱/(根/10cm)	165	146	158	197	272
织物组织		平纹组织				
成品幅宽/cm		91				
特点		织物表面具有绉纹或绉条,绉缩均匀,轻薄松软,手感滑爽、糯润,光泽自然柔和,透气性好,穿着舒适透凉,宽紧适度,弹性好,不贴身,类似丝绸,风格别致				
用途		宜做中式便装、罩衣、衬衫、睡衣、裙子、时装、艺装、民族装、童装及装饰用布等				
备注		经纱为普通捻度纱,纬纱为强捻纱,通过印染整理后,因经纬缩率的不同,使布面均匀起绉纹,故称绉布。它是仿丝绸绉类织物起绉方式的棉织物,通过经纬纱的强弱捻引起缩率不同形成布面均匀起绉或起绉纹、绉条等。绉布按外观形态,可分为条形绉和羽状绉;按染整加工方式不同,可分为漂白绉、杂色绉、印花绉、色织绉和提花绉等。绉布除纯棉品种外,还有涤棉绉布和维棉绉布等。缩水率较低,裁剪成衣前可不必下水预缩,成衣洗涤时宜轻洗轻搓,以保持布面绉纹持久不变				

规格＼棉织物名称		涤棉绉布(涤棉绉纱)		棉维绉布
英文名		T/C mixed crape;T/C mixed crepe;T/C mixed sheer sucker		C/V mixed crape;C/V mixed crepe;C/V mixed sheer sucker
经纬纱线密度	经纱/tex(英支)	精梳13(精梳45)棉纱	13(45)棉纱	28(21)棉维混纺纱
	纬纱/tex(英支)	同经纱	同经纱	同经纱

续表

规格 \ 棉织物名称		涤棉绉布(涤棉绉纱)		棉维绉布
经纬密度	经纱/(根/10cm)	220	228	319
	纬纱/(根/10cm)	197	205	291
织物组织		平纹组织		绉组织
成品幅宽/cm		91		132
特点		质地细薄,绉纹细巧,手感滑爽,具有丝绸乔其纱的风格		布面平整,纹路清晰,花型新颖,配色调和
用途		同绉布		宜做女装、衬衫、童装及床上用布、装饰用布等
备注		是由涤纶65%和棉35%的混纺纱制织而成。通过经纬纱捻度的不同而达到起绉,涤棉绉布的品种有杂色和印花绉布两种。缩水率小,裁剪成衣前可不必下水预缩,成衣易洗、快干、免烫,洗涤时宜在皂液中轻漂轻搓,水温不要超过50℃,以免影响布面绉纹		是由棉65%和维纶35%混纺纱制织的坯布,用还原、活性染料和涂料等印染而成。绉布印花大多为中浅色,以大花型居多。缩水率为5%左右,裁剪成衣前需下水预缩,成衣洗涤后易皱褶,如需熨烫宜干烫,不要垫湿布

规格 \ 棉织物名称		绉纹布(绉纹呢)						黏纤绉纹布	棉维绉纹布
英文名		pucker cloth;fluting						viscose pucker cloth;viscose fluting	cotton/vinylon mixed pucker cloth;cotton/vinylon mixed fluting
品名		漂白绉纹布		杂色绉纹布		杂色绉布			
经纬纱线密度	经纱/tex(英支)	28(21)棉纱	28(21)棉纱	28(21)棉纱	28(21)棉纱	28(21)棉纱	15(40)棉纱	30(20)黏纤纱	28(21)棉维混纺纱
	纬纱/tex(英支)	同经纱	同经纱	同经纱	同经纱	36(16)棉纱	同经纱	同经纱	同经纱
经纬密度	经纱/(根/10cm)	319	335	339	335	307	469	339	319
	纬纱/(根/10cm)	291	252	252	252	236	382	252	291
织物组织		绉地组织						绉地组织	绉地组织
成品幅宽/cm		77～88	119	91	119	75	88	91	132
特点		纹路清晰,花型具有立体感,色泽好,手感丰厚,有呢绒感						质地柔软,花色比棉绉纹布艳丽,布面绉纹效应好,近似丝绸	布面平整,纹路清晰花型新颖,配色调和
用途		宜做衬衫、女装、裙料、童装、睡衣、浴衣及窗帘、沙发套、家具用布、装饰用布等						宜作衣料及窗帘等不常洗涤的装饰用布	宜做女装、衬衫、童装及床上用布、装饰用布等

续表

规格＼棉织物名称	绉纹布(绉纹呢)	黏纤绉纹布	棉维绉纹布
备注	是绉布中的一种,其布面绉纹呈规律性细小菱形花纹,系绉组织的棉织物。杂色绉纹布的色泽主要有蓝、湖蓝、咖啡、酞菁、黑、墨绿等色,色泽鲜艳,光泽好,自然柔和。漂白绉纹布洁白光亮,绉纹秀美。绉纹布的缩水率一般为4%左右,裁剪成衣前需下水预缩,成衣洗涤时宜轻揉轻搓,以防布面起毛,洗涤后避免在日光下曝晒,以保持花色鲜艳,减少褪色。宜在低温下轻熨烫	是纯黏胶纤维织物,有漂白、杂色和印花等品种。缩水率较大,在10%左右,使用前需下水预缩。洗涤时不宜用力搓揉,以免损伤布面皱纹	

18. 麻纱 (hair cords; dimity)

麻纱的布面纵向呈现宽狭不等的条纹，因织物外观和手感与麻织物相仿，故名。采用捻度较紧的细特纱，低密度织制。在经纱中有双纱和单纱相互间隔排列，织成布面有阔狭不同的条纹和细小孔隙。按使用原料分，有纯棉、涤/棉、涤/富、涤/麻、棉/麻、棉/丙等麻纱。按织物组织结构分，有普通、柳条、异经和提花等麻纱。按织物外形分，有凸条麻纱、柳条麻纱和提花麻纱。按染整加工方式的不同，可分为漂白麻纱、杂色麻纱和印花麻纱等。杂色麻纱的色泽颇多，有蓝、绿、棕、驼、咖啡、灰、酞菁、元、蜜色等。杂色麻纱中的杂色提花麻纱、花纹和色调相衬，别具风格。印花麻纱以浅色印花为多，其中的印花提花麻纱，布身细洁，花色调和。麻纱的特点是条纹清晰，薄爽透气，抗皱挺滑，穿着舒适，手感如麻，但抗皱性能优于麻织物。麻纱坯布在染整加工时经硬挺树脂整理，可增强麻感和尺寸稳定性。适用于做夏令服装。漂白和浅色麻纱可做男女衬衫。印花麻纱可做妇女、儿童服装。深色印花麻纱可用作裙料。

规格＼棉织物名称		麻纱			异经麻纱			涤棉麻纱	
英文名		hair cords;dimity			end-and-end hair cords			T/C mixed hair cords;T/C mixed dimity	
品名		漂白麻纱		杂色麻纱	棉异经麻纱	涤棉异经麻纱		涤棉漂白和杂色麻纱	涤棉杂色麻纱
经纬纱线密度	经纱/tex(英支)	18(32)棉纱	15(40)棉纱	15(40)棉纱	18.2+12.7(32+46)棉纱	13×2+13(45/2+45)涤棉混纺纱、线(涤65,棉35)	10×2+14.5(60/2+40)涤棉混纺纱、线(涤40,棉60)	21(28)涤棉混纺纱	13(45)涤棉混纺纱
	纬纱/tex(英支)	同经纱	同经纱	同经纱	18(32)棉纱	13(45)涤棉混纺纱(涤65,棉35)	14.5(40)涤棉混纺纱(涤40,棉60)	同经纱	同经纱

续表

棉织物名称 规格		麻纱			异经麻纱			涤棉麻纱	
经纬密度	经纱/(根/10cm)	280	384	378	277.5	362	338.5	311	402
	纬纱/(根/10cm)	311	284	252	313	303	322.5	295	339
织物组织		纬重平组织			$\frac{2}{1}$纬重平组织	变化平纹组织		纬重平组织	
成品幅宽/cm		88～91	86～91	86～91				90	91
特点		布面光洁匀净，条纹清晰，纱捻度大，布身轻薄，滑、挺爽，成衣挺括，透气性好，外观和手感如麻织物，穿着舒适凉爽			条纹清晰而明显，薄爽透气，穿着舒适			质地滑爽挺括，成衣耐穿耐磨，易洗快干免烫	
用途		宜做夏令衣着用，如男女衬衫等			宜做夏季男衬衫等			宜做衬衫、女装、时装、童装、裙料等	
备注		是经纱在织物表面经向呈现宽窄不同的细条纹路的纯棉纱织制，也有用棉麻混纺纱织制的。具有挺爽透气的特点，外观和手感很像麻织物，故称麻纱。麻纱按染整加工方式的不同，可分为漂白、杂色和印花麻纱等。按组织结构的不同，可分为普通麻纱和复杂麻纱(如异经、变化麻纱)等。按织物外形的不同，可分为凸条麻纱、柳条麻纱和提花麻纱等。按原料分，有涤棉麻纱，涤棉包芯麻纱、棉维麻纱和丙棉麻纱等。漂白麻纱布面洁白，条纹清晰，漂白提花麻纱布面有直条纹和提花花纹。杂色麻纱的色泽颇多，色谱齐全，主要有蓝、绿、棕、咖啡、灰、黑、烟、驼、酞菁等，各类中深浅色，杂色麻纱也有杂色提花品种。麻纱的缩水率约为4%左右，裁剪前需先下水预缩			是指用不同粗细的经纱，按规定的顺序排列与纬纱交织成的织物，是麻纱的一个品种。常见的异经麻纱、经纱用不同线密度的棉纱或涤棉混纺纱，按设计顺序排列与纬纱交织，使布面形成明显的条纹。但两根异经的粗细程度相差不宜过大，一般单根经纱的线密度略小于双根并列经纱的单纱线密度，两者差异在20%左右为好；纬纱线密度与单根经纱相同或略小，以取得条纹清晰、布面匀整的效果。坯布经漂白或染色整理。			是由涤纶65%、棉35%的混纺纱制织的麻纱品种，可分为漂白、杂色和印花三类。漂白品种中有一种涤棉漂白异经麻纱是利用不同的经纱有规律地排列着，相隔一定的距离，夹入一根较粗的纱线，使织物上出现有规律的条纹，为麻纱中颇受欢迎的品种。涤棉麻纱的缩水率在2%左右，裁剪前不需先下水预缩，衣服洗涤后于通风处阴干，以保持色泽持久	

续表

规格 \ 棉织物名称		涤棉包芯麻纱（涤棉舒适麻纱）	棉维麻纱	棉丙麻纱	中长麻纱
英文名		T/C core-spun hair cords;T/C core-spun dimity	cotton/vinylon mixed hair cords;cotton/vinylon mixed dimity	cotton/polypropylene mixed hair cords;cotton/polypropylene mixed dimity	mid-lengthfiber hair cords;mid-length fiber dimity
经纬纱线密度	经纱/tex（英支）	21(28)～13(45) 涤棉包芯纱	18(32) 棉维混纺纱	18(32) 棉丙混纺纱	18(32) 中长涤黏混纺纱
	纬纱/tex（英支）	同经纱	同经纱	同经纱	同经纱
经纬密度	经纱/(根/10cm)	311～402	280	280	276
	纬纱/(根/10cm)	295～338	311	311	299
织物组织		纬二重或纬二重变化平纹	纬重平组织	纬重平组织	纬重平组织
成品幅宽/cm		91	91	91	91
特点		既具有涤棉麻纱布身挺括、洗可穿和免烫等优点，又具有纯棉麻纱透气性好，吸湿性强，静电少等优点，适宜夏令穿着，舒适滑爽	布身轻薄透气，较耐穿用，坚牢耐磨，比纯棉麻纱耐穿，但弹性较差，不挺括，容易起绉，色泽也欠鲜艳、纯正	质地轻薄，成衣挺括，易洗快干，强力好，有较好的抗绉性，不吸湿，但价格低	布身轻薄，色泽较浅，具有挺爽、易洗、快干等特点
用途		宜做衬衫、女装、时装、童装、裙料等	宜做衬衫、女装、童装等	宜做衬衫、女装、童装等	宜做春、夏季服装
备注		是用涤棉包芯纱制织的麻纱织物，其品种有漂白和杂色等，常见的色泽有浅蓝、豆绿、驼、米黄、银灰、漂白等，也有印花产品。缩水率约为1%左右，裁剪成衣前不需先下水预缩，成衣洗涤时不宜用重力揉搓，以防止褪色和损伤包芯纱的棉纤维	是由棉和维纶各50%混纺纱制织并经漂白、染色而成的麻纱织物。缩水率约为4%左右，裁剪成衣前需先下水预缩，成衣宜干烫	是由棉和丙纶各50%混纺纱制织的麻纱织物。多染成浅色或为漂白，一般使用还原染料染棉，丙纶不染色。棉丙麻纱耐热性和耐光性差，成衣洗涤后不宜熨烫和曝晒	是由65%的中长涤纶和35%的中长黏胶纤维混纺纱制织的化纤织物，有杂色和印花两种，为中长化纤织物中的全纱薄型织物。缩水率在2%左右，有一定的毛型感

19. 平布 (pluin cloth)

平布是指采用平纹组织，用线密度和密度接近或相同的经纬纱制织的平纹织物。因布面平坦而得名。它具有组织简单，结构紧密，布面平整，坚牢耐用的特点。按经纬纱粗细的不同，可分为粗平布、中平布和细平布三种。按所使用原料的不同，可分为纯棉、黏纤、富纤、维纶、涤/棉、涤/黏、棉/维、棉/丙、黏/棉、黏/维等纯纺和混纺平布。平布用途广泛，普遍用于服装、装饰和产业用三大领域。

规格 \ 棉织物名称		色双经布		黏纤双纬布	线平布		
英文名		colour double ends fabric;colour grog		viscose double weft fabric	thread plain cloth;thread plains;thread calico		
经纬纱线密度	经纱/tex(英支)	24(24)棉纱	15(40)棉纱	19(30)黏纤纱	28×2(21/2)棉股线	14×2(42/2)棉股线	14×2(42/2)棉股线
	纬纱/tex(英支)	特纺72(特纺8)棉纱	19(30)棉纱	30(20)黏纤纱	60(10)棉纱	28(21)棉纱	28(21)棉纱
经纬密度	经纱/(根/10cm)	276	537	350	201	328	297
	纬纱/(根/10cm)	158	236	284	173	252	284
织物组织		平纹组织		平纹组织	平纹组织		
成品幅宽/cm		70～84		91	80		
特点		色泽艳亮,布纹明显		质地柔软,布面光洁,色泽匀净	布身紧密、光洁,质地比较厚实硬挺,坚牢		
用途		宜做窗帘、台布等装饰用,少量作衣着用		同色双经布	宜做男女衣裤、风雪衣、夹克衫等		
备注		采用双经布坯经染色而成,其色泽有漂白、元、深蓝、艳蓝、品蓝、酞菁、深绿、深棕等色。粗支色双经布质地比较厚实,细支色双经布质地比较细洁。缩水率在4%左右,使用前应下水预缩。缝制时需包边,以防止布边纱线松散脱开		为纯化纤双经双纬品种。有黏纤杂色双纬布和黏纤花双纬布两种。黏纤杂色双纬布的色泽有漂白、元、灰、蓝、咖啡与其他杂色等。缩水率在10%左右,使用前需下水预缩。洗涤时不宜用力搓擦,以免布面起毛和损伤纤维	采用平纹组织织制的线织物,故称线平布。以深色线平布为多,为外衣用料。主要为杂色线平布,以深色半线线平布为多、有元、蓝、灰、绿、酱、咖啡等色。线平布除棉线平布外,还有黏纤线平布、棉黏线平布和涤棉线平布等化纤纯纺和混纺织物。缩水率在4%左右,使用前应先下水预缩。线平布色泽较深,织物较厚,洗涤时不宜用力刷擦,以免洗后布面发花或起白条		

续表

棉织物名称 规格		黏纤线平布		棉黏线平布		涤棉线平布	
英文名		viscos thread plain cloth; viscos thread plains; viscos thread calico		cotton/viscose mixed thread plain cloth; cotton/viscose mixed thread plains; cotton/viscose mixed thread calico		T/C mixed thread plain cloth; T/C mixed thread plains; T/C mixed thread calico	
品名		黏纤色或花线平布	黏纤色或花凡立丁	棉黏杂色线平布	棉黏色或花凡立丁	涤棉线平布	涤棉线绢
经纬纱线密度	经纱/tex（英支）	16×2(36/2) 黏纤股线	14×2(42/2) 黏纤股线	16×2(36/2) 棉黏混纺股线	16×2(36/2) 棉黏混纺股线	14×2(42/2) 涤棉混纺股线	9×2(65/2) 涤棉混纺股线
	纬纱/tex（英支）	30(20) 黏纤纱	同经纱	32(18) 棉黏混纺纱	同经纱	28(21) 涤棉混纺纱	同经纱
经纬密度	经纱/(根/10cm)	236	260	236	236	327	512
	纬纱/(根/10cm)	244	228	236	221	252	256
织物组织		平纹组织		平纹组织		平纹组织	
成品幅宽/cm		80	85～91	86		87～92	91
特点		质地比较厚实，布身光洁柔软		布身紧密、光洁，质地厚实		涤棉线平布，光滑挺括，快干免烫；涤棉线绢布面紧密，粒纹突出，手感滑爽	
用途		同线平布		宜做男女衣裤、风雪衣、夹克衫等		宜做男女衣裤、风雪衣、夹克衫等	
备注		是黏纤平纹线织物。有半线织物和全线织物两种，以半线织物为主。有杂色和印花两种，杂色线平布的色泽有元、灰、蓝、上青、蟹青、咖啡、草绿等色。印花半线线平布的花色鲜艳多彩，有丝绸般的色调。黏纤线平布的全线织物又称黏纤凡立丁，比半线的结实耐穿，有呢的感觉。黏纤凡立丁有色凡立丁和花凡立丁两种，外观特点与黏纤线平布相似。黏纤线平布的缩水率在10%左右，使用前应先下水预缩，洗涤时不宜用力搓擦，以免损伤纤维		是由棉和黏胶纤维各50%混纺纱织造。有半线和全线产品两种。全线织物又称棉黏凡立丁。以杂色棉黏线平布为主，色泽有元、蓝、灰、草绿、咖啡、蟹青、扎蓝等色。缩水率在8%左右，使用前需先下水预缩，洗涤时不宜用力搓擦，以免布面起毛		是由涤纶65%和棉35%混纺平纹线织物，有半线和全线两种。半线以杂色为主，色泽有蓝、灰、草绿、藏青等色。全线线平布又称涤棉线绢，近似丝绸中的绢类织物，故称为线绢，其色泽与涤棉半线线平布相仿，以深色为多，也有中色和其他杂色等。涤棉线平布的缩水率在2%左右，涤棉深色线平布洗涤时，不能用力擦刷，以免色泽发花	

20. 绒布 (flannelette)

绒布由普通捻度的经纱与低捻的纬纱交织而成，经拉绒后布面呈现绒毛的织物。具有绒面丰满，手感松软，保暖性好，吸湿性强，穿着舒适等特点。按织物组织分，有平纹、哔叽和斜纹等绒布；按使用原料分，有纯棉、涤/棉、腈纶等绒布；按拉绒面分，有单面绒布和双面绒布；按织物厚度分，有薄绒布和厚绒布；按染整加工分，有漂白、染色和印花等绒布。平纹绒坯常正反两面拉绒，故又称双面绒布；哔叽绒坯常一面拉绒，故又称单面绒布。绒布主要用于制作各式衬衫、睡衣裤、外衣夹里或衬绒及被套等。花绒布宜做春秋季妇女、儿童内外衣和罩衣等。经阻燃整理可做儿童服装面料；眼镜、照相机和仪表行业等。

棉织物名称 规格		色绒布							
英文名		colour flannelette;colour cotton flannel;colour napped fabric;colour twilled swansdown							
品名		杂色斜绒		杂色双面绒			杂色哔叽绒	杂色双面	哔叽绒
经纬纱线密度	经纱/tex(英支)	28(21)棉纱	24(24)棉纱	30(20)棉纱	28(21)棉纱	24(24)棉纱	28(21)棉纱	28(21)棉纱	18(32)棉纱
	纬纱/tex(英支)	96(6)棉纱	96(6)棉纱	60(10)棉纱	40(14)棉纱	60(10)棉纱	40(14)棉纱	36(16)棉纱	40(14)棉纱
经纬密度	经纱/(根/10cm)	311	236	158	197	158	291	252	291
	纬纱/(根/10cm)	165	268	165	213	190	268	284	228
织物组织		双面绒布为平纹组织,平面绒布是$\frac{2}{1}$或$\frac{2}{2}$斜纹组织							
成品幅宽/cm		86	66.5	91	66.5	91	91	91	68
特点		绒布表面的纤维蓬松,有一层绒毛,使导热性降低保暖性增加,穿着时可减少人体热量的散失,并具有一定的吸湿性。绒布的外观优美,手感柔软厚实,绒面丰润,色泽调和,有舒适温暖的感觉,为冬季御寒衣着用料							
用途		宜做冬季内衣、外衣夹里或衬绒							
备注		绒布类织物是在原来无绒毛的坯布表面,拉起一部分纤维而形成绒毛的。绒布绒毛的稀密厚薄程度,根据纤维和纱线性能、织物组织以及拉绒次数等因素而定。绒布使用的原料有棉、涤棉、腈纶等。绒布的品种较多,按织物组织可分为平布绒、哔叽绒和斜纹绒等;按拉绒方法可分为单面绒和双面绒等;按织物厚薄可分为厚绒和薄绒;按印染加工方法可分为漂白绒、杂色绒、印花绒和色织绒等(色织绒布中又有条绒、格绒、彩格绒、芝麻绒、直条绒、衬绒和斜纹绒等);按使用原料成分的不同,可分为纯棉绒布、涤棉绒布和腈纶绒布等。绒布因织物表面经过反复拉绒,使织物的强力损失,纬向强力降低50%左右。织物在洗涤时不宜用力搓洗,以免损伤织物和绒面绒毛的丰满度。色绒布由绒布坯经漂染整理而成,其使用的坯布有平纹绒坯、哔叽绒坯和斜纹绒坯等。色绒布有杂色单面绒和杂色双面绒两种。色泽有漂白、元、蓝、灰、酞菁、藏青、果绿等色。缩水率在4%左右							

续表

规格 \ 棉织物名称	漂白绒布	凸凹绒布(凸凹绒)
英文名	bleached flannelette;bleached cotton flanne; bleached napped fabric; bleached twilled swansdown	raised flannelette
品名		
经纬纱线密度 经纱/tex(英支)	24(24)～18(32)棉纱	28(21)棉纱
经纬纱线密度 纬纱/tex(英支)	60(10)～36(16)棉纱	42(14)棉纱
经纬密度 经纱/(根/10cm)	157～311	240～295
经纬密度 纬纱/(根/10cm)	165～284	240～295
织物组织	平纹或斜纹组织	$\frac{3}{1}$左斜纹和$\frac{1}{3}$右斜纹
成品幅宽/cm		81～91
特点	表面纤维蓬松,绒毛均匀、平齐紧密,手感舒适、柔软丰厚,布面洁白柔软,保暖性好,吸湿性强	色泽鲜艳,立体感强
用途	宜做婴幼儿服、女装、包衬、睡衣、浴衣、内衣裤等	宜做睡衣、浴衣、童装、女装等
备注	是由平布绒、哔叽绒或斜纹绒布坯布经过漂白、荧光增白剂处理的绒布。缩水率约为4%左右,裁剪成衣前需下水预缩。洗涤时不宜用力搓洗,以免损伤织物和绒面绒毛的丰满度	又称凸凹绒,它的相邻纱线的经纬组织点相反,例如三上一下左斜纹和一上三下右斜纹相间排列。由于组织点显经或显纬及缩率的不一致性,使布面呈凸凹,经拉绒后布面的凸凹立体感更加明显,为了加强凸凹效果,一般凸凹绒的经纬纱异支。色泽以鲜艳色为主,如姜黄、浅天蓝、艳蓝、驼、藕荷、银灰、果绿等,也有中深色的

规格 \ 棉织物名称	单面绒布(哔叽绒)				双面绒布				
英文名	irreversible flannelette				both-side raised flannelette				
品名									
经纬纱线密度 经纱/tex(英支)	28(21)单纱	24(24)单纱	24(24)单纱	18(32)单纱	29(20)单纱	29(20)单纱	28(21)单纱	26(22)单纱	24(24)单纱
经纬纱线密度 纬纱/tex(英支)	42(14)单纱	39(15)单纱	32(18)单纱	42(14)单纱	58(10)单纱	58(10)单纱	48(12)单纱	48(12)单纱	44(13)单纱
经纬密度 经纱/(根/10cm)	252	264	283	291	157	197	173	157	165
经纬密度 纬纱/(根/10cm)	283	276	252	228	165	181	173	173	173
织物组织	$\frac{2}{2}$斜纹组织				平纹组织				

续表

规格＼棉织物名称	单面绒布(哔叽绒)	双面绒布
成品幅宽/cm		
特点	手感松软，保暖性好，吸湿性强，穿着舒适	手感松软，保暖性好，吸湿性强，穿着舒适
用途	宜做男女衬衫、儿童服装等	宜做睡衣、冬季衬衫等
备注	又称哔叽绒，多为正面印花，反面拉绒。织纹向右倾斜	正反面均经拉绒，有单面印花与双面印花两种

规格＼棉织物名称		斜纹绒布(斜绒)					手套绒布(手套绒)	涤棉绒布(涤棉绒、涤棉维也纳绒布)
英文名		beaverteen; twilled fustian; flannel twills					gloves flannelette	T/C mixed flannelette
品名		斜绒		双面斜纹	工业用原色斜绒			
经纬纱线密度	经纱/tex(英支)	28(21)棉纱	36(16)棉纱	30(20)棉纱	28×2(21/2)棉股线	40×2(14/2)棉股线	28(21)棉纱	18(32)～14(42)涤棉混纺纱
	纬纱/tex(英支)	96(6)棉纱	60(10)棉纱	同经纱	96(6)棉纱	96×2(6/2)棉股线	42(14)棉纱	同经纱
经纬密度	经纱/(根/10cm)	311	252	248	244	201	212～372	
	纬纱/(根/10cm)	165	221	193/193	173	102	212～372	
织物组织		$\frac{3}{1}$斜纹组织					$\frac{3}{1}$人字斜纹组织	$\frac{2}{2}$斜纹组织
成品幅宽/cm		91	99	91	99	99	91	
特点		布身柔软厚实，绒毛丰满，柔软温暖					布身柔软厚实，绒毛丰满，柔软温暖	布面轻微拉绒，形成细密的短绒毛，手感柔软舒适，具有不皱、不缩、易洗、快干和免烫等优点
用途		宜做内衣裤、衣里衬、鞋帽里子等，也常作工业用布、装潢用布等					宜做手套衬里、军帽衬里等	宜做衬衫、女装、裙料、睡衣、童装及窗帘、装饰用布等
备注		又称斜绒，绒面呈斜纹纹路，故称斜纹绒布。有单面绒和双面绒两个品种。工业用斜纹绒布，市销常称16磅和13磅斜纹绒布。斜纹绒布的缩水率约为4%左右，裁剪成衣前应注意留有缩水尺寸					一般为单面拉绒	类似色织维也纳绒布，故又称涤棉维也纳绒布。采用涤纶65%、棉35%混纺纱制织，用分散和士林染料染色，色泽与花型较多。缩水率约为2%左右，裁剪成衣前不必先下水预缩，成衣洗涤时宜轻揉轻搓，以保持绒面丰满，减少起球

续表

规格 \ 棉织物名称		麂皮绒布(麂皮绒)	色平绒			
英文名		suede nap	colour[cotton]velveteen；colour velvet-plain；colour velours panne			
品名			元色平绒	杂色平绒	杂色阔条平绒	杂色割纬平绒
经纬纱线密度	经纱/tex(英支)	14×2(42/2)棉股线	地经：14×2(42/2) 绒经：14×2(42/2)棉股线	地经：18×2(32/2) 绒经：14×2(42/2)棉股线	地经：14×2(42/2) 绒经：14×2(42/2)棉股线	10×2(60/2)棉股线
	纬纱/tex(英支)	28(21)棉纱	地纬：14(42)棉纱	地纬：18(32)棉纱	地纬：14(42)棉纱	地纬：15(40)棉纱
经纬密度	经纱/(根/10cm)	228	366	339	546	289
	纬纱/(根/10cm)	622	378	319	420	1146
织物组织		坯布为斜纹组织，植绒麂皮绒的基布为平纹	平纹组织或$\frac{2}{1}$和$\frac{2}{2}$斜纹组织			
成品幅宽/cm		91	76	80	91	80
特点		绒毛密集，似麂皮，绒面柔软舒适。采用静电植绒的麂皮绒，绒面细腻，近似麂皮，效果很好。绒毛整齐匀密，手感软糯，有麂皮感	色泽鲜艳纯正，光泽自然柔和，绒毛匀密丰满，手感柔软，布身厚实，弹性好，不起皱，具有丝绒风格			
用途		适宜做各式服装、夹克衫、风衣等	宜做女上衣、马甲、夹衣、旗袍、民族装、鞋料、帽料及幕布、工业仪器仪表等装衬用绒布等			
备注		属于绒类织物。它是将绒坯经拉毛、剪毛整理，在表面上形成密集的绒毛，类似麂皮模样，故称麂皮绒，成衣后近似麂皮衫。也可采用在棉布上以静电植绒的方法，将黏胶或锦纶短绒毛移植到布面上去，形成细腻的绒面，近似麂皮，效果甚佳。起绒麂皮绒的绒坯为棉布，植绒麂皮绒的底布也为棉布。按绒毛形成的方法，有起绒和植绒两种。前者采用斜纹布经拉毛起绒，剪毛整理而成。后者是以一般平布作基布，用静电植绒的方法将绒毛整齐地竖立于织物上，形成似麂皮状的绒毛，效果比前者好。麂皮绒可以染成杂色，色泽鲜艳莹润。洗涤时不宜擦刷绒面，以免绒毛受损	是平绒中数量最多的品种，其色泽主要有黑、蓝、绿、蟹青、米黄、藏青等色，也有杂色和混色的品种，其中，黑平绒是色平绒中数量最多、用途最广的品种。平绒又称丝光平绒，是由双层复杂组织织制的织物，一般有纬起绒或经起绒两种。地组织多用平纹或二上一下或二上二下斜纹组织，绒经(或绒经)呈"V"或"W"固结在地组织上，使织物表面均匀耸立稠密绒毛，将布面全面覆盖，形成平整的绒面，故称平绒。平绒耐磨性好，比一般织物高4～5倍，保暖性极佳，肤感舒适。缩水率约为8%左右，裁剪成衣时应留有的缩水余量，一般不下水预缩，以防影响成衣美观，成衣洗涤时不宜重搓，以防止绒毛损伤，宜浸泡后轻揉轻洗，正面朝外晒干，存放时不宜重压，防止绒毛倒伏，应罩布悬挂			

续表

规格 \ 棉织物名称		漂白平绒	沙发绒(衣领绒，火车绒)	麻　绒	厚绒布		
英文名		bleached velveteen; bleached velvet-plain; bleached velours panne	sofa velveteen; sofa velvet-plain; sofa velours panne	velludo; velvet velludo	heavy flannelette		
品名							
经纬纱线密度	经纱/tex(英支)	地经:18×2(32/2)～14×2(42/2)棉股线 绒经:14×2(42/2)～10×2(60/2)棉股线	地经:18×2(32/2)棉股线 绒经:14×2(42/2)棉股线	地经:14(42)棉纱 绒经:13(120旦)人造丝	28(21)棉纱	28(21)棉纱	29(20)棉纱
	纬纱/tex(英支)	地纬:18(32)～14(42)棉纱	地纬:14×2(42/2)棉股线	地纬:18(32)棉纱	96(6)棉纱	144(4)棉纱	96(6)棉纱
经纬密度	经纱/(根/10cm)	经起绒:366～546; 纬起绒:289	291～295	地经:192; 绒经:383	173	157	157
	纬纱/(根/10cm)	经起绒:318～420; 纬起绒:1146	242～248	280	165	157	133
织物组织		平纹或$\frac{2}{1}$和$\frac{2}{2}$斜纹组织	双层经起绒组织	双层经起绒组织	平纹组织		
成品幅宽/cm		76～91	76～91	91			
特点		绒面丰满，莹润光洁，富贵典雅，成衣具有亭亭玉立、一尘不染的娇姿，多为经起绒，也有纬起绒的品种	绒毛紧密，耐磨，不掉绒，多呈“W”形固结	绒面丰满，绒毛密集，光泽鲜艳，自然柔和，富有高级感	手感松软，保暖性好		
用途		宜做时装、女装、艺装、衣服的滚边、民族装、帽料及仪器、仪表、首饰、镜片等盒子装潢与保护用织物	宜做火车坐垫、沙发套，也常用做棉衣领、服装的滚边、艺装等	宜做女装、帽子及帷幕等装饰用布	宜做冬季衬衣，也可作装饰和产业用布		
备注		是平绒中娇嫩的品种，生产的数量不多，是经丝光漂白整理的本色平绒制成的产品。缩水率为7%～8%，裁剪成衣时应考虑缩水率，以确保成衣尺寸的稳定性	是平绒织物中绒毛较长的品种，属于双层组织的经起绒织物。绒长一般为3～4mm。沙发绒多染成平素墨绿、藏青、咖啡、葡萄紫、深红、深驼等色。缩水率约为8%，裁剪时应注意留有缩水余量	为双层组织的经起绒织物，是由人造丝和棉纱交织而成。色泽多为平素黑、红、绿、橘黄、咖啡等色，也有杂色的产品。由于麻绒的绒丝为人造丝，故湿强力低，洗涤时不宜重搓，以免损伤绒毛。存放时不宜重压，防止绒毛倒伏变形，影响织物的外观	厚绒布是相对于薄绒布而言，两者主要区别在于纬纱粗细，前者纬纱约在58tex以上(10英支以下)，后者纬纱约在58tex以下(10英支以上)。厚绒布的经纱多为29～28tex(20～21英支)纬纱用144～96tex(4～6英支)经纬纱特数比约为1∶4左右;经密为155～175根/10cm，纬密为135～165根/10cm		

21. 其他色布（other color cloth）

规格＼棉织物名称		涤棉灯芯布	色巴里纱（色玻璃纱、色麦尔纱）				
英文名		polyester/cotton mixed ribless corduroy; polyester/cotton mixed pique	coloured voile				
品名			漂白和杂色巴里纱				漂白和杂色线巴里纱
经纬纱线密度	经纱/tex（英支）	28(21)涤棉混纺纱	15(40)棉纱	15(40)棉纱	11(55)棉纱	精梳11（精梳55）棉纱	6.5×2(90/2)棉股线
	纬纱/tex（英支）	同经纱	13(46)棉纱	同经纱	同经纱	11(55)棉纱	同经纱
经纬密度	经纱/（根/10cm）	433	264	228	236	234	236
	纬纱/（根/10cm）	315	193	205	197	236	217
织物组织		平纹变化组织	平　纹　组　织				
成品幅宽/cm		91	78～107	78～87	87～91	89～91	91
特点		质地细洁，纹路细巧，条纹别致，布身挺括滑爽，色泽匀净	质地轻薄，手感滑爽，外观透明度差，色调自然柔和，富有丝绸感，色泽纯正，牢度好				
用途		宜做夏令男女服装、童装、帽子等，也可作复制加工用料	宜做女装、衬衫、裙子、艺装及家具装饰用布等				
备注		是涤棉罗布的主要品种。由65%的涤纶和35%的棉混纺织成，布面似灯芯圆拱状的条纹。以漂白和浅杂色居多，采用分散和士林染料染色。缩水率约为2%左右，易洗快干	是由巴里纱经漂染加工整理而成，有全纱和全线巴里纱、精梳和非精梳巴里纱。其色泽有漂白、元、蓝、酞菁、灰、咖啡和其他杂色等。目前，以外销为主，外销市场也有逐年增加的趋势，是夏令棉布衣料的轻薄、高档品种之一。缩水率在5%左右，裁剪前需先下水预缩，成衣洗涤时宜轻轻揉搓，以防起毛和损伤纱线，影响使用寿命和外观				

规格＼棉织物名称	杂色涤棉巴里纱	色泡泡纱	
英文名	assorted T/C mixed voile	colour seersucker; colour crimp fabric; colour blister crepe	
品名		杂色泡泡纱	杂色精梳泡泡纱

续表

规格＼棉织物名称		杂色涤棉巴里纱		色泡泡纱			
经纬纱线密度	经纱/tex（英支）	10(60)涤棉混纺纱	13(45)混棉混纺纱	19(30)棉纱	15(40)棉纱	精梳10（精梳60）棉纱	精梳7（精梳80）棉纱
	纬纱/tex（英支）	同经纱	同经纱	同经纱	19(30)棉纱	同经纱	同经纱
经纬密度	经纱/(根/10cm)	315	252	284	311	378	421
	纬纱/(根/10cm)	291	224	272	276	347	516
织物组织		平　纹　组　织		平　纹　组　织			
成品幅宽/cm		91		75	91	76～81.5	71～76
特点		弹性好，抗皱性能强，手感滑爽，强力高，耐穿用，易洗快干。色泽鲜艳		布身轻薄，布面犹如泡泡一样，泡泡凹凸不平，颇有立体感，不会紧贴皮肤			
用途		宜做衬衫、女装、艺装及家具装饰用布		宜做夏令妇女儿童衣着、睡衣裤及窗帘等装饰用布			
备注		是由65%的涤纶与35%的棉混纺织造经染成浅杂色而成。缩水率约为2%，裁剪前不必先下水预缩，成衣的洗涤宜轻不宜重，以免损伤织物		是由平素白坯泡泡纱经漂染而成的品种。其色泽主要以浅色为主，如粉、豆绿、浅天蓝、浅黄、米色、月白、蟹青、藕荷等。泡泡形状有满幅小泡，也有宽条或窄条泡泡等。一般采用还原染料染色，耐晒耐洗，适宜夏令穿着。洗涤时忌用热水和长时间水浸，洗后也不宜用力拧绞，防止泡泡凹凸减弱或不明显			

规格＼棉织物名称		漂白泡泡纱		防绒布(防羽绒织物)						
英文名		bleached seersucker; bleached crimp fabric; blea-ched blister crepe		down-proof fabric						
品名		漂白泡泡纱	薄细漂白泡泡纱	纯棉防绒布						
				纯棉防绒布					涤/棉防绒布	
经纬纱线密度	经纱/tex（英支）	19(30)棉纱	15(40)～7(80)棉纱	精梳14.6（精梳40）棉纱	精梳14.6（精梳40）棉纱	精梳14.6（精梳40）棉纱	精梳14.6（精梳40）棉纱	29.2(20)棉纱	精梳13（精梳45）涤/棉混纺纱	精梳10×2（精梳60/2）涤/棉混纺股线
	纬纱/tex（英支）	19(30)棉纱	15(40)～7(80)棉纱	精梳14.6（精梳40）棉纱	精梳14.6（精梳40）棉纱	精梳14.6（精梳40）棉纱	精梳14.6（精梳40）棉纱	19.4(30)棉纱	精梳13（精梳45）涤/棉混纺纱	精梳10×2（精梳60/2）涤/棉混纺股线

续表

规格＼棉织物名称		漂白泡泡纱		防绒布(防羽绒织物)						
经纬密度	经纱/(根/10cm)	284		472	523.5	547	553	338.5	547	472
	纬纱/(根/10cm)	272		433	401.5	393.4	393.5	314.5	370	275.5
织物组织		平纹组织		平纹组织或纬重平组织(双经单纬)						
成品幅宽/cm		81～112		91～110						
特点		布身轻薄,布面犹如泡泡一样,泡泡凹凸不平,颇有立体感。色泽莹白,光泽好,手感薄细,起泡均匀		结构紧密,平整光洁,富有光泽,防绒效果好,质地坚牢,透气性好,手感柔软滑爽,具有防寒、防缩、防水、重量轻等性能						
用途		宜做女装及床罩、台布等。薄细漂白泡泡纱宜做衬衫、裙料及窗帘等		宜做登山服、防寒服、滑雪服、夹克衫、背心及鸭绒被褥、枕头、靠垫、睡袋等						
备注		是平素原坯泡泡纱的漂白产品		是一种以细支纱、高密度制织的平纹织物,其外观与府绸相似,但纬密高于府绸,经纬密度接近,经强与纬强也接近。羽绒布可使羽绒不外钻,达到防绒效果,故又称为防绒布或防羽布。品种很多,按织物厚薄不同,可分为薄型和厚型两种,目前国内以薄型为多;按采用的纱线不同,可分为精梳和半精梳羽绒布;按服用性能的不同,可分为床上用羽绒布和服装用羽绒布;按印染加工工艺的不同,可分为漂白羽绒布、杂色羽绒布和印花羽绒布,其中以杂色羽绒布居多。经过树脂或涂层处理的织物,缩水率小于2%,裁剪成衣前不需下水预缩,但成衣不宜经常洗涤。羽绒布的色泽漂亮,有艳蓝、海蓝、红、深红、黄、棕、米色、咖啡、奶白、绿、豆沙、墨绿等						

规格＼棉织物名称		纯棉羽绒布(防绒布、防羽布)			涤棉羽绒布			
英文名					polyester/cotton mixed down-proof fabric			
品名		精梳羽绒布		半精梳羽绒布				
经纬纱线密度	经纱/tex(英支)	精梳12(精梳50)棉纱	精梳15(精梳40)棉纱	精梳15(精梳40)棉纱	精梳13(精梳45)涤棉混纺纱	精梳30(精梳20)涤棉混纺纱	精梳13(精梳45)涤棉混纺纱	精梳13(精梳45)涤棉混纺纱
	纬纱/tex(英支)	精梳15(精梳40)棉纱	同经纱	同经纱	精梳30(精梳20)涤棉混纺纱	同经纱	同经纱	同经纱
经纬密度	经纱/(根/10cm)	532	492	547	524	401	524	472
	纬纱/(根/10cm)	417	421	394	307	236	378	378
织物组织		平纹组织			平纹组织			
成品幅宽/cm		91～110			91			
特点					织物强力高,较纯棉坚牢耐用,抗皱性能好,防绒效果也好,是目前羽绒布中使用较多的品种,但吸湿性比纯棉差些,静电作用大			

续表

规格＼棉织物名称	纯棉羽绒布(防绒布、防羽布)	涤棉羽绒布
用途		宜做登山服、防寒服、滑雪服、夹克衫、背心、女装、罩衫、服装里衬及鸭绒被褥、帆套、靠垫、睡袋等
备注		是由65%的涤纶和35%的棉混纺而成的羽绒布。主要是杂色涤棉羽绒布，其色泽很多

规格＼棉织物名称		纯棉高支斜纹防羽绒布	氯纶布					
英文名		all cotton high count twill down-proof fabric	chlorofibre cloth					
品名			(50/50)棉氯混纺布		(50/50)棉氯混纺哔叽	(50/50)黏氯纺凡立丁	(70/30)黏氯混纺凡立丁	(70/30)黏氯混纺哔叽
经纬纱线密度	经纱/tex(英支)	5.8×3(100/3)棉股线	14×2(42/2)棉氯混纺股线	18×2(32/2)棉氯混纺股线	14×2(42/2)棉氯混纺股线	16×2(36/2)黏氯混纺股线	16×2(36/2)黏氯混纺股线	16×2(36/2)黏氯混纺股线
	纬纱/tex(英支)	5.8×2(100/2)棉股线	28(21)棉氯混纺纱	32(18)棉氯混纺纱	28(21)棉氯混纺纱	同经纱	同经纱	同经纱
经纬密度	经纱/(根/10cm)	598	284	240	337	236	236	291
	纬纱/(根/10cm)	472	280	236	207	228	228	252
织物组织		$\frac{2}{1}$斜纹组织	平纹组织		斜纹组织	平纹组织		斜纹组织
成品幅宽/cm		99	91		78	91	91	78
特点		布面平整细腻，手感柔软，结构清晰，斜纹线细致紧密，透气量小，防雨性能好，防羽绒性强，光泽柔和，织物轻薄，具有高档感	耐热性差，在60～70℃时开始收缩，在沸水中收缩10%～30%。染色性能也差，缺少氯纶专用染料，不能染成深色。吸湿性非常差，穿着闷气。静电作用很强，保暖性良好，患有风湿性关节炎的患者穿着氯纶织物，有辅助治疗的效果					
用途		宜做羽绒服、滑雪衫、夹克衫、风雨衣等外衣及鸭绒被、睡袋等床上用品	可供风湿性关节炎患者穿着，有一定的辅助疗效。又由于其化学稳定性好，耐酸碱，耐腐蚀，不燃烧，可做劳动保护用布、过滤布、安全帐幕、窗帘、家具布等					
备注			是由氯纶与其他纤维混纺制织而成，氯纶具有优良的性能，且原料丰富，工艺简单，成本低廉。因氯纶布不耐热，洗涤时，不能用沸水浸泡。洗后不能熨烫、烤火，以免损伤织物					

续表

棉织物名称 规格	全包芯纱烂花布					
英文名	composite yarn etched-out fabric					
品名	涤/棉全包芯纱烂花布				丙/棉全包芯纱烂花布	
经纬纱线密度 经纱/tex(英支)	15(38)涤棉包芯纱(涤56:棉44)	14.5(40)涤棉包芯纱(涤59:棉41)	14(42)涤棉包芯纱(涤50:棉50)	11(55)涤棉包芯纱(涤49:棉51)	16(36)丙棉包芯纱(丙纶50:棉50)	13(45)丙棉包芯纱(丙纶50:棉50)
经纬纱线密度 纬纱/tex(英支)	同经纱	同经纱	同经纱	同经纱	同经纱	同经纱
经纬密度 经纱/(根/10cm)	354	374	390	394	307	339
经纬密度 纬纱/(根/10cm)	335	315	343	362	305	323
织物组织	平纹组织					
成品幅宽/cm						
特点	质地细薄,花纹凹凸,富有立体感,手感挺爽,回弹性好,并具有易洗、快干、免烫等特点					
用途	宜做妇女衬衫及窗帘、台布、床罩等					
备注	是经纬均用包芯纱,经烂花工艺处理的织物。包芯纱是用一根涤纶长丝或丙纶长丝作纱芯,外包棉纤维或黏胶纤维而成。外包棉纤维的包覆量为40%~60%。织物的经向紧度约为47%~56%,纬向紧度约为44%~45%。长丝的细度与织物烂花部分的细、薄程度有密切关系。选用较细的长丝,则烂花部分细、软;反之,选用较粗的长丝,则烂花部分硬、挺					

棉织物名称 规格	混纺纱烂花布					
英文名	blended yarn etched-out fabric					
品名	涤/棉烂花布					涤/黏烂花布
经纬纱线密度 经纱/tex(英支)	15(38)涤棉混纺纱(涤50:棉50)	14.5(40)涤棉混纺纱(涤50:棉50)	14.5(40)涤棉混纺纱(涤50:棉50)	14.5(40)涤棉混纺纱(涤50:棉50)	13(45)涤棉混纺纱(涤65:棉35)	18(32)涤黏混纺纱(涤65:黏35)
经纬纱线密度 纬纱/tex(英支)	同经纱	同经纱	同经纱	同经纱	同经纱	同经纱
经纬密度 经纱/(根/10cm)	354	370	378	394	398	303
经纬密度 纬纱/(根/10cm)	335	315	236	343	370	272
织物组织	平纹组织					
成品幅宽/cm						

续表

棉织物名称 规格	混纺纱烂花布
特点	具有与全包芯纱烂花布相仿的外观效应，穿着舒适性优于一般涤/棉织物
用途	宜做妇女衬衫及窗帘、台布、床罩等
备注	是经纬均用合成短纤维与棉或黏胶纤维混纺纱织制的织物经烂花工艺处理而成。常见的混纺纱烂花布主要用涤/棉混纺纱织制，涤纶与棉的混纺比为(50∶50)～(65∶35)。为防止织物烂花部分涤纶纱的结构松弛，通常捻系数选用360左右，并对经纬纱进行定捻处理。织物的经向紧度为50%～55%，纬向紧度为45%～50%，可使织物的烂花部分有一定的透明度

棉织物名称 规格		拷花布(轧花布)		烂花布(凸花布)			
英文名		embossed cloth;gauffered cloth;dacian cloth		burnt-out fabric;etched-out fabric			
品名		杂色涤棉拷花布		涤棉烂花布			
经纬纱线密度	经纱/tex(英支)	13(45)涤棉混纺纱	13(45)涤棉混纺纱	14(42)涤棉混纺纱	15(38)涤棉混纺纱	16(35)涤棉混纺纱	12(50)涤棉混纺纱
	纬纱/tex(英支)	同经纱	同经纱	同经纱	同经纱	同经纱	同经纱
经纬密度	经纱/(根/10cm)	378	396	390	358	303	394
	纬纱/(根/10cm)	343	362	343	335	284	362
织物组织		平纹组织		平纹组织			
成品幅宽/cm		91	91	91			
特点		布面有凹凸的花纹，富有光泽，花色新颖别致，颇有立体感。染色的色泽鲜艳，印花的花色丰富多彩		布面具有透明、凹凸的花纹，富有立体感，花型设计新颖，花色变化繁多，其透明部分犹如蝉翼，凸花部分近似烂花丝绒，组成轻盈滑爽			
用途		宜做妇女、儿童夏令衬衫		宜做女装、时装、裙子、旗袍、衬衫、艺装、童装及台布、窗帘、头巾、茶巾、床罩等			
备注		是在涤棉细布上拷出凹凸花纹制得。花型变化多，有几何图案、朵花和绉纹等。使用的原料为涤棉混纺纱，混纺配比为涤纶65%，棉35%。拷花布上凹凸花纹的形成是利用刻有花纹的辊筒将已经印染好的织物轧出凹凸的花纹，再经过树脂整理，使轧出的凹凸花纹在布面上固定，具有一定的耐洗性。拷出布采用涤棉细布或薄型的色织布加工整理。涤棉拷花布有杂色拷花布、印花拷花布和色织拷花布等。杂色拷花布有漂白和各种浅染色。缩水率在1%左右		是利用涤纶长丝外包棉纤维的包芯纱织成织物后用酸剂制糊印花，经烘干、蒸化使印着部分的棉纤维水解烂去，经过水洗，则呈现出只有涤纶的半透明花型。包芯纱除涤棉外，还可以是黏纤、醋纤与涤丝包芯纱，也可以是涤麻等。总之，利用两种纤维对耐酸的能力不同，可以腐蚀掉一部分纤维，保留一部分纤维。这种去留纤维的烂花可按事先设计的花型图案进行，这样就形成凹(腐蚀部分)凸(未腐蚀部分)花纹。烂花布的品种有漂白、染色、印花和色织等。漂白烂花布洁白细致，花地相配，具有丝绸美感。染色烂花布色泽齐全，花色秀丽，花地图案清晰。印花烂花布有白地上印花，也有色地上印花；有单套色印花，也有多套色印花。在彩色花纹上再加上透明、凹凸的花纹，既多彩又有立体感。色织烂花布由涤棉色织布经烂花整理，形成既有彩色的色织花纹，又有透明的凹凸花纹。烂花布缩水率约为1%左右，不需预缩			

续表

棉织物名称 规格		油光布 (涤棉油光布)	漂白帆布	色细帆布(色帆布)	绢棉交织绸
英文名		water proof finished cloth	bleached canvas; bleached duck; bleached sailcloth	coloured fine canvas; coloured fine duck; coloured fine sailcloth	spun cotton silk
品名					
经纬纱线密度	经纱/tex(英支)	13(45) 涤棉混纺纱	28(21)～18(32), 2～4股线	18(32)～14(42), 2～4股线	13.2×2(120旦×2) 绢丝
	纬纱/tex(英支)	同经纱	同经纱	同经纱	18(32)棉纱
经纬密度	经纱/(根/10cm)	394	199～275		
	纬纱/(根/10cm)	362	130～197		
织物组织		平纹组织	平纹组织	平纹组织	平纹组织
成品幅宽/cm		91～112	91～104		
特点		布面平整光洁,色泽滋润,光泽明亮,手感滑软,具有耐久的光泽和防水性能,成衣后不缩不皱,尺寸稳定	布面平整光洁,身骨紧密,但不板硬,抗皱性能好,坚牢耐穿用	同漂白帆布	织物既保持了绢的风格,又兼有棉的优点,在桑蚕丝的光泽中增添了棉的洁白度,色泽鲜艳。织物轻薄光洁,手感柔软滑爽,具有较好的吸湿性、透气性、延伸性和服用性
用途		宜做风雪衣、运动服、滑雪衣、女装、时装、童装、便装等	宜做夹克、猎装、工作服、青年装、运动装等,也可做旅行装、背包、书包等	宜做夹克、猎装、工作服、运动装、青年装、女装及背包、书包、帆布箱、领衬等	宜做衬衫、睡衣、浴衣、手帕及台布等
备注		是一种特制的涤棉混纺织物。由涤纶65%与棉35%混纺制织,织物染成深色后,经防水整理、树脂整理和摩擦轧光相结合的加工,使织物表面产生明亮光泽,并具有良好的防水性能,是新颖的涤棉混纺衣料。缩水率在1%左右,使用前不需下水预缩。洗涤时不宜用力搓擦,以免光泽和防水效果减弱	漂白帆布是经纬纱采用中支或细支纱的2～4股线制织的平纹漂白棉织物。成衣洗涤时宜刷洗,不宜揉搓,冲洗要干净,以防残留皂碱泛黄,影响织物外观	由原坯帆布经漂染而成,其色泽有黑、蓝、黄、草绿、红酱、棕、驼等。另外,还有一种雷同色帆布的花帆布品种,系采用14tex×2(42英支/2)股线和28tex(21英支)单纱织成的细帆布印花织物。花型多为满地彩色小朵花,常用作儿童鞋面。近年来,又流行印制大花细帆布,并套色,花色新颖大方,花型活泼,多用来做装饰布、沙发套、窗帘、坐垫等	是类似绢的绢棉交织物。织物中绢丝重量占55%,棉纱占45%

续表

规格 \ 棉织物名称		鞋面帆布								
英文名		shoe canvas;shoe duck								
品名		42/2×21/2鞋面帆布	42/2×21/3鞋面帆布	21/3 4632鞋面帆布	21/3×21/4鞋面帆布	32/2×21/3鞋面帆布	32/2 7050帆布	21/2 5140帆布	21/4×21/3帆布	色织双层鞋面布
经纬纱线密度	经纱/tex(英支)	14×2(42/2)	14×2(42/2)	28×3(21/3)	28×3(21/3)	18×2(32/2)	18×2(32/2)	28×2(21/2)	28×4(21/4)	28×2(21/2)
	纬纱/tex(英支)	28×2(21/2)	28×3(21/3)	同经纱	28×4(21/4)	28×3(21/3)	同经纱	同经纱	28×3(21/3)	同经纱
经纬密度	经纱/(根/10cm)	412	405	181	276	449	276	200	199	154
	纬纱/(根/10cm)	158	158	126	102	133	197	158	130	95
织物组织		平纹组织与经重平组织,也有采用双层组织								
成品幅宽/cm		94.6	91.4	91.4	78.4	91.4	91	104	91.4	76
特点		布面平整紧密,经纬强力接近,耐穿用,强力高								
用途		主要用于做鞋面,也可用于做工作服、夹克、青年装等								
备注		属于细帆布,专供制鞋用,比粗帆布细而薄,大多数采用中特纱和细特纱的股线织成。也有采用双层组织的,可将鞋面和鞋里连在一起织成,以供制造男女儿童胶鞋,可提高鞋帮的质量。原色细帆布一般直接用作鞋里用。细帆布经过染色后,也称色帆布,可应用于各种胶鞋鞋面。色泽较多,采用硫化染料和还原染料染色,主要有黑、蓝、黄、草绿、红酱、棕、漂白等。除供鞋面用外,也可做衣着、工作服、旅行袋、背包、书包、帆布箱、领衬布、篷盖布等。鞋面帆布除有棉鞋面帆布外,还有棉维混纺的鞋面帆布。花帆面系采用14tex×2(42英支/2)股线和28tex(21英支)纱织成的细帆布印花,花纹有满地彩色小朵花,用来做儿童胶鞋面。大花细帆布套色多,花色新颖,花型活泼,多用作装饰布,可做沙发套、窗帘、坐垫等								

规格 \ 棉织物名称		衬布								
英文名		interlining[cloth];lining cloth;padding cloth;(鞋子)doubler								
品名		硬浆衬布	本白黄衬	本白软衬	本白软衬	白领衬布	上浆白领衬布		耐氯白领衬布(脂)	优级防缩上浆白线领衬布
经纬纱线密度	经纱/tex(英支)	30(20)棉纱	30(20)棉纱	60(10)棉纱	48(12)棉纱	特纺36(特纺16)棉纱	60(10)棉纱	40(14)棉纱	特纺44(特纺13)棉纱	14×2(42/2)棉纱
	纬纱/tex(英支)	同经纱	同经纱	同经纱	同经纱	特纺48(特纺12)棉纱	96(6)棉纱	同经纱	同经纱	28×2(21/2)棉纱

续表

规格 \ 棉织物名称		衬布								
经纬密度	经纱/(根/10cm)	190	123	161	190	213	197	190	165	412
	纬纱/(根/10cm)	173	130	158	165	185	133	190	181	158
织物组织		平纹组织								
成品幅宽/cm		98	69	73	84	91	90	90	90	86
特点		穿着贴身、挺括,服装尺寸稳定性、保形性好,水洗后不缩不变形,弹性好								
用途		主要用作服装的衬布,如领衬、肩衬、襟衬、胸衬等								
备注		是纱支较粗、较硬挺、弹性好的平纹棉织物。其厚薄和软硬可根据用户的需要生产。常见的品种,按原料分,有棉、毛、麻、化纤以及混纺衬布等。棉衬主要有黄衬、软衬和领衬等。黄衬也称硬浆衬布,经漂白和上浆后供服装领衬等用,也有米黄衬,使用不经漂白的原色坯布。软衬不经漂白,也称本白软衬。经上浆、上蜡后供服装做衬里用,也可做西服衬。领衬均经漂白处理,又称白领衬布。有的经上浆称上浆白领衬布,有的经耐氯漂白,称耐氯白领衬布,此衬布水洗后不泛黄;有的经优级防缩整理,称为优级防缩白领衬布;有的经树脂整理,具有防缩持久、挺括的效果。领衬布用纱大都是特纺纱,纱线条干好,表面光洁匀净,有全纱和全线产品,可根据衬衫厂的具体要求选择相应的品种								

规格 \ 棉织物名称		涤棉衬布							
英文名		T/C mixed interlining[cloth];T/C mixed lining cloth;T/C mixed padding cloth							
品名		普涤棉耐氯白领衬布(脂)	普涤棉耐氯漂白领衬纱卡(脂)	普涤棉上浆漂白领衬布	涤棉漂白衬布(脂)			涤棉漂白黏合衬	涤棉回花漂布
经纬纱线密度	经纱/tex(英支)	44(13)涤棉混纺纱	20(28)涤棉混纺纱	20(28)涤棉混纺纱	36(16)涤棉混纺纱	28(21)涤棉混纺纱	13(45)涤棉混纺纱	36(16)涤棉混纺纱	20(28)涤棉混纺纱
	纬纱/tex(英支)	同经纱	同经纱	同经纱	同经纱	同经纱	同经纱	同经纱	同经纱
经纬密度	经纱/(根/10cm)	205	504	504	181	181	347	181	276
	纬纱/(根/10cm)	213	276	276	205	173	252	205	268
织物组织		平纹组织							
成品幅宽/cm		90	93	93	90	112	112	87	90
特点		布面平整细洁,挺括,结实耐用,弹性好,抗皱性能强,缩水率小							
用途		主要用作服装衬布,如领衬、肩衬、襟衬、胸衬等							
备注		是指用涤纶65%、棉35%的混纺纱制织的衬布,其品种有涤棉衬布、涤棉领衬布和涤棉回花漂白衬布三种。涤棉衬布又可分为漂白和树脂整理的涤棉白衬布与涤棉漂白贴合衬布两种。涤棉领衬布又可分为普梳涤棉领衬布、上浆并经耐氯漂白整理的耐氯漂白领衬布及领衬纱卡三种。涤棉衬布专供衬衫和服装作衬布用。涤棉漂白黏合衬专用于衬衫黏合领。回花涤棉漂布由涤棉回花纺织而成,做一般服装衬布用							

续表

规格＼棉织物名称		白纱布						手帕布(1)	
英文名		white yarn cloth						handkerchief cloth；hankie(hanky)cloth	
品名		白纱布		重浆白纱布	白纱布	白橡胶纱布		白手帕布	
经纬纱线密度	经纱/tex(英支)	28(21)棉纱	16(36)棉纱	15(40)棉纱	精梳10(精梳60)棉纱	30(20)棉纱	18(32)棉纱	19(30)棉纱	15(38)棉纱
	纬纱/tex(英支)	同经纱	同经纱	同经纱	同经纱	同经纱	同经纱	16(36)棉纱	14(42)
经纬密度	经纱/(根/10cm)	118	121	92	236	110	126	284	268
	纬纱/(根/10cm)	118	112	96	197	106	142	272	248
织物组织		平纹组织						平纹组织	
成品幅宽/cm		86	91	101	88	88	87	91	86
特点		布面平整、稀薄，白度洁白，布边整齐						织物洁白细薄，吸水性好	
用途		主要用来做白橡皮胶布、包扎纱布、绷带、口罩等						专供做男女手帕用	
备注		为纯棉产品，有轻浆白纱布、重浆白纱布和一般白纱布，也包括口罩布和白橡胶纱布等。口罩白纱布色泽洁白，稀松柔软，制成口罩后，透气性好。橡皮胶布是供医药生产用白橡皮胶的面布，织物的纱支细、密度稀，经纬纱之间的空隙较大，每平方英寸($25.4 \times 25.4mm^2$)要求有不超过35个孔眼，一般以30孔眼适宜，经过漂白和上浆后，布身硬挺，能保持橡皮胶的黏性。用作橡皮胶底布的是漂白细布，密度紧密，以供上胶时不会渗出						专供加工印花手帕用。经过漂白成为白手帕布，均用细特纱织成，有的经过精梳以供加工麻纱手帕用。白手帕布大多用于网印印花，成为女式花手帕；也有用石印印花的，成为男式手帕	

规格＼棉织物名称		手帕布(2)			漂白巴里纱	涤棉富棉交织横贡缎
英文名		handkerchief cloth			bleaching voile	polyester/cotton and polynosic/cotton union sateen
品名		白手帕布		精梳白手帕布		
经纬纱线密度	经纱/tex(英支)	15(40)棉纱	14(42)棉纱	精梳10(精梳60)	15(40)～11(55)棉纱或6×2(100/2)棉股线	13(45)涤(65%)棉(35%)混纺单纱
	纬纱/tex(英支)	40(14)棉纱	同经纱	同经纱	同经纱	14(42)富纤(67%)棉(33%)混纺单纱

续表

规格＼棉织物名称		手帕布(2)			漂白巴里纱	涤棉富棉交织横贡缎
经纬密度	经纱/(根/10cm)	248	248	284	228～264	382
	纬纱/(根/10cm)	244	244	272	193～236	551
织物组织					平纹组织	缎纹组织
成品幅宽/cm		68	99	81	78～107	119
特点		色彩和谐、组织多变、轻薄吸湿、柔软滑爽、美观耐用			经平纬直,布孔清晰均匀,纱线条干均匀,手感爽挺、弹性好,抗皱性能强	织物紧密,质地柔软,表面平滑匀整,富有光泽,耐磨性强,光洁丰满,吸湿性强,透气性好,富有缎纹效应
用途		用于擦脸、擦手			宜做夏令女装、衬衫、衬裙、睡衣、浴衣、艺装、时装、纱笼、头巾及窗帘、家具用布等	宜做时装、女装、罩衣、童装、棉袄面及被面等
备注		采用细线密度纱经机织工艺织成的几何小方块,经染整处理后缝制加工而成的方形产品。可根据加工工艺、原料、功能、边型、使用场合、使用对象分类。传统的手帕分为织造手帕、印花手帕、绣花手帕、染色手帕等			是由巴里纱织物经漂白整理成的纯白平素薄织物。品种有全纱和全线以及精梳和普梳织物。缩水率为5%左右,裁剪成衣前需下水预缩,成衣洗涤时要轻揉轻搓,熨烫时要轻压,温度不宜超过150℃	

规格＼棉织物名称		涤棉牛仔布(仿牛仔布)	高级棉绉纹布	条纹织物
英文名		T/C mixed denim; T/C mixed jean	high grade cottoncrepe; high grade pique crepe	striped fabric;stripes
品名				
经纬纱线密度	经纱/tex(英支)	60(10)～28(21)涤棉混纺单纱或股线	3.6×2(160/2)棉精梳股线	36.4(16)棉结子纱
	纬纱/tex(英支)	同经纱	同经纱	58.3(10)棉纱
经纬密度	经纱/(根/10cm)	280～360	423	232
	纬纱/(根/10cm)	165～213	413	197
织物组织		斜纹(急斜纹)组织	变化绉纹组织	
成品幅宽/cm		76～91		

续表

规格＼棉织物名称	涤棉牛仔布(仿牛仔布)	高级棉绉纹布	条纹织物
特点	强力好,耐磨损,成衣挺括,抗皱能力强,耐穿用,缩水率比纯棉小,成衣易洗快干,保形性能好,是牛仔布中比较坚牢耐穿用的品种	织物轻薄、光洁,表面有绉纹,穿着舒适、凉爽,透气性好,具有仿印花的表面效应	织物粗犷,表面有细绒毛,手感柔软,穿着舒适,吸湿透气性好
用途	宜做各类牛仔裤、牛仔衫、牛仔童装、牛仔背心、牛仔包、牛仔鞋帽、牛仔风雨衣、牛仔领带等	宜做女衬衫、连衣裙、旗袍等	宜做女时装、女裤、裙子等
备注	是白织染布产品。采用本白棉线为经,本白涤纶65%、棉35%混纺纱为纬,织造后用硫化、靛蓝染料染色。利用涤纶和棉对不同染料的上染程度不同达到经纬异色效果,即仿色织牛仔布风格	为纯棉织物,是极佳的、令人喜爱的夏令妇女衣着面料	是纯棉织物,织物密度粗犷,并带有蓝色浓淡相间的条形花纹,经起毛加工。是妇女喜爱的夏令理想服装面料

规格＼棉织物名称		高支棉涤交织织物	棉麻轻薄织物	高支纯棉织物	高支纯棉仿麻织物
英文名		high count cotton and polyester union fabric	cotton ramie top fabric;cotton ramie light fabric	high count all cotton fabric	high all cottonlinen-like fabric;high all cotton linnet;high all cotton linnette
品名					
经纬纱线密度	经纱/tex(英支)	7.3×2(80/2)棉股线	36.4(16)棉纱	7.3×2(80/2)棉股线	9.7×2(60/2)棉股线
	纬纱/tex(英支)	7.3×2(80/2)涤纶股线	19.4(30)棉(70%)麻(30%)混纺纱	9.7×2(60/2)棉股线和146(4)弱捻棉单纱	同经纱
经纬密度	经纱/(根/10cm)	339	213	335	409
	纬纱/(根/10cm)	394	189	236	268
织物组织		平纹组织	平纹组织	平纹组织	平纹组织
成品幅宽/cm					
特点		织物轻薄,手感柔软,穿着舒适、美观,具有立体感和高雅感	织物表面平整,吸湿排湿快,透气性好,穿着凉爽舒适,具有优雅的风格	布面光洁平整,手感柔软,吸湿、透气性好,穿着舒适,具有高级感	布面平整,光洁细腻,纹路清晰,手感柔软,经丝光整理后具有麻织物的风格

续表

规格＼棉织物名称	高支棉涤交织织物	棉麻轻薄织物	高支纯棉织物	高支纯棉仿麻织物
用途	宜做女时装、女衬衫、女罩衫、连衣裙等	宜做妇女衬衫、罩衫、连衣裙等	宜做连衣裙、女罩衫等	宜做夏令服装，如女时装、男女衬衫、夹克衫、罩衣、裤子、连衣裙、裙子等
备注	经起毛和凹凸复合整理可增强织物立体感和柔软感。还有一种织物，经纬纱支同上，经纬密度为 339 根/10cm × 374 根/10cm，织物经凹凸花纹和变化组织复合处理，增强了立体感和柔软感		146tex 粗支弱捻单纱以纬向一定间隔配列制织	采用棉股线 9.7tex × 2 先加反捻 1200 捻/m，再进行解捻增大扭矩，使其成为具有高收缩性的纱线，制织成绉纹组织

规格＼棉织物名称		高级棉绢交织织物	纯棉抗癣布	抗　菌　布	柔道运动服织物
英文名		high count cotton andplain silk union fabric	all cotton tinea resistance fabric	antibacterial cloth	fabric of judo wear
品名					
经纬纱线密度	经纱/tex（英支）	4.9×2(120/2)棉股线	29(20)～28(21)棉纱	13(45)单纱	14×2(42/2) 29×12(20/12)或 28×12(21/12)棉股线
	纬纱/tex（英支）	24.2(220 旦)绢丝长竹节纱	同经纱	同经纱	28×2(21/2)或 29×2(20/2)棉股线
经纬密度	经纱/(根/10cm)	445	220～250	366	433
	纬纱/(根/10cm)	276	200～240	326	535
织物组织		平纹组织	平纹组织	平纹组织	双层提花组织表、里层地组织为经重平组织
成品幅宽/cm			91～152	112	122
特点		表面平整光洁，具有绢丝特有的光泽，吸湿排湿性能好，透气性强，穿着舒适，富于高级感	对皮肤有保护和保健作用	对病菌具有快速灭杀作用	表层提花，浮点突出，便于比赛时扭住对方，而里层平整柔软，穿着舒适，不伤皮肤

续表

规格 \ 棉织物名称	高级棉绢交织织物	纯棉抗癣布	抗　菌　布	柔道运动服织物
用途	宜做高级女衬衫、女罩衫、连衣裙等	宜做保健的衬衣、衬裤、鞋垫及被褥等	主要供卫生部门、食品行业、宾馆和养鸡场等单位制作工作服及窗帘、拖把等	主要用于柔道运动服
备注		是用普通的纯棉织物在后整理过程中，经过药物制剂的特殊处理，使其织物长期具有较强抑菌、杀菌、抗过敏和制氧作用，对人体皮肤产生保护和保健作用，对体癣、股癣、阴囊皮炎、足癣等皮肤病，以及预防妇女阴道炎、宫颈炎等有明显作用	有 28tex(21 英支)漂白纯棉平纹布，也有 13tex(45 英支)涤棉混纺布和漂白涤棉卡其，还有色织品种。可染成各种颜色。抗菌布是织物在后整理过程中，加入抗菌药物制剂制得，如北京达美牌 ME8701 抗菌保健布，在 1～5min 内对痢疾杆菌、伤寒杆菌、绿脓杆菌和金黄色葡萄球菌等具有快速杀灭作用	是柔道运动服的专用面料，为双层提花织物。原料为纯棉，布重 680g/m^2。其表、里层地组织为经重平。用 29tex×2(20 英支/2)经纱将表、里层接结，并起花型成花纹，每花组织循环为经向 24 根，纬向 40 根，两种经纱(14tex × 2 和 29tex×12)排列比为 10∶2

规格 \ 棉织物名称		竹　节　布							
英文名		slubbed fabric							
品名		纯棉竹节布		涤棉竹节布		涤黏竹节布			
经纬纱线密度	经纱/tex(英支)	28(21)棉纱	14×2(42/2)棉股线	29×2(20/2)涤棉股线	13(45)涤棉纱	13×2(45/2)涤棉股线	29.5×2(20/2)涤黏股线	18.5×2(32/2)涤黏股线	15.9×2(37/2)涤黏股线
	纬纱/tex(英支)	96(6)棉纱	同经纱	同经纱	14(42)涤棉纱	同经纱	同经纱	同经纱	同经纱
经纬密度	经纱/(根/10cm)	264	236	165	433	161	165	197	244
	纬纱/(根/10cm)	91	236	165	252	157	157	169	213
织物组织		平纹组织							
成品幅宽/cm									
特点		布面呈现不规则分布的竹节，具有类似麻织物外观的风格特征。美观，立体感强，穿着舒适							

续表

规格＼棉织物名称	竹节布
用途	主要用作服装面料及窗帘、茶巾等家用室内装饰用
备注	是用竹节纱(线)织制的织物。其经纬纱配置,有经纬均用竹节纱(线),也有经或纬用竹节纱(线)与一般纱线交织。竹节布的结构可用节的粗细、节长和节距三个参数表示。一般节的粗细约为原纱的1.5～3倍,节长为5～12cm,节距为0.5～1m,上述三个参数可根据织物结构、用途和风格决定,其中节距的长短是决定布面竹节多少的关键参数。竹节布可根据设计要求选用粗长竹节的粗特纱(线)或细长竹节的细特纱(线),织制外观效应各异的竹节布,可用各种纤维纯纺或混纺成竹节纱,组织多为平纹。经纬密度可参照相应的各类织物结构进行配置,但紧度不宜太高。织制竹节布如用竹节单纱作经,织造难度较大,一般可将竹节纱与一根正常纱并捻成股线用作经纱,其织造工艺与相应组织结构的织物相同,但浆纱质量是影响能否顺利织制的关键因素

规格＼棉织物名称		结子布					提花布			
英文名		knop fabric					figured cloth			
品名		涤棉结子布				棉涤交织结子布	纯棉提花布			
经纬纱线密度	经纱/tex(英支)	19.5(30)涤棉混纺纱	14(42)涤棉混纺纱	14(42)涤棉混纺纱	14(42)涤棉混纺纱	19.5(30)棉涤混纺纱	14×2(42/2)棉股线	28(21)棉线	14×2(42/2)棉股线	J14.5(40)精梳棉纱
	纬纱/tex(英支)	23(25)涤棉结子纱	19.5(30)涤棉结子纱	19.5(30)涤棉结子纱	28(21)涤棉结子纱	19.5(30)棉涤结子纱	28(21)棉纱	同经纱	28(21)棉纱	同经纱
经纬密度	经纱/(根/10cm)	280	329	380	236	252	437	339	429	386
	纬纱/(根/10cm)	236	246	250	244	226	236	260	283	323
织物组织		平纹组织					平纹或斜纹			
成品幅宽/cm										
特点		布面有大小适中的结子,颗粒挺凸,立体感强,色彩新颖,别具风格					按组织规律的不同,经纱可分为地经和花经。地经在一个循环组织中占有较大比例,其组织一般为平纹或斜纹,组织点的浮沉变化较多,平均浮长较小;花经在一个组织循环中占较小比例,组织点的浮沉变化较少,平均浮长较长			
用途		用途广泛,毛型结子布用作秋冬季上衣面料;绢子结子布和棉结子布用作夏季的轻薄上衣面料;化纤结子布用作春秋外衣面料,也可制作各种装饰用品					一般提花多用来做床单及台布、窗帘等室内装饰布;提花府绸、提花麻纱和提花线呢多作服装用料,如提花织物的织坯经漂白或染整加工后可作男、女衬衫用料或装饰用布等			

续表

规格＼棉织物名称	结子布	提花布
备注	是采用表面缠绕大小不等结子的纱线织制的织物。通常采用中、细特纱织制，经纱多用一般单纱，纬纱则用结子纱交织。经纬纱的配置大多为经细纬粗。结子纱的种类较多，有棉纱上缠绕棉结子、化纤结子、绢子结子、毛型结子及化纤纱上缠绕化纤结子、棉结子、毛结子等。坯布在染整加工时，可利用两种纤维吸色性能的不同，获得各种色彩效果。结子的直径：绢丝型的约 2mm，化纤型和棉型的一般为 2～5mm，毛型的约 4～7mm。这可根据织物的用途来选用，例如，绢丝型结子适用于夏令季节的细薄织物，毛型结子的颗粒较大，适用于粗犷织物的点缀	是布面织有简单小花纹图案的织物。经纬大多用中、细特纱。原料为棉、涤棉混纺纱或各种纱交织。其组织结构一般是在平素的地纹上分布小花纹。提花图案的配置有：散点或连缀排列，图案均由不太长的经浮长或纬浮长构成；条状排列，以平纹或斜纹等原组织与其他变化组织呈条状间隔配置，形成的为提花条子或格子织物

规格＼棉织物名称		稀密条织物					经条呢	
英文名		thick and thin striped fabric					warp striped fabric	
品名		纯棉稀密条布	涤棉稀密条布				纯棉经条呢	涤/棉经条呢
经纬纱线密度	经纱/tex（英支）	14(42)棉纱	13(45)棉纱	13(45)棉纱	13(45)棉纱	10(60)棉纱	J14×2(J40/2)精梳棉股线	J13×2(J45/2)精梳涤/棉股线（涤65/棉35）
	纬纱/tex（英支）	同经纱	同经纱	同经纱	同经纱	同经纱	28(21)棉纱	28(21)涤棉纱（涤65/棉35）
经纬密度	经纱/（根/10cm）	305	321	350	380	404	512	433
	纬纱/（根/10cm）	240	250	213	283	317	276	268
织物组织		平纹组织					平纹＋五枚缎纹	平纹＋$\frac{3}{1}$斜纹
成品幅宽/cm								
特点		轻薄透气，穿着舒适					经向条纹清晰饱满，立体感强，质地厚实	
用途		宜做夏令男、女衣料等					宜做春秋外衣、西服、风衣、夹克衫、童装等	
备注		是布面呈现有规则的疏密相间的经向条纹的织物。经纬纱采用棉或涤棉混纺纱。织坯经加工成漂白、印花和杂色产品					是布面呈现纵向凹凸条纹的织物。可用各种天然纤维或化学纤维织制。经条呢以平纹、斜纹和缎纹为基础组织进行自由组合。条纹的阔狭可以改变每一个条纹循环中的基本组织的循环数，再配以较高的织物紧度，使布面形成宽度不一的凹凸条纹。条纹变化较多，可以形成各种条纹外观的品种，经染整加工后的成品即可用于缝制服装	

续表

规格＼棉织物名称		巴拿马						
英文名		panama						
品名		厚型巴拿马				中型巴拿马	薄型巴拿马	
经纬纱线密度	经纱/tex（英支）	107+26（5.5+22）涤黏混纺交并纱	80+21（7+28）涤黏混纺交并纱	72+18（8+32）涤黏混纺交并纱	58+21（10+28）涤黏混纺交并纱	18×2（32/2）涤腈混纺股线	18×2（32/2）涤黏混纺股线	22×2（26/2）涤黏混纺股线
	纬纱/tex（英支）	同经纱	同经纱	同经纱	同经纱	58(10)涤腈混纺单纱	同经纱	同经纱
经纬密度	经纱/(根/10cm)	95	110	110	133	244	299	276
	纬纱/(根/10cm)	102	110	110	125	110	248	228
织物组织		平纹组织				$\frac{2}{2}$方平组织		
成品幅宽/cm								
特点		质地厚实、松挺，风格粗犷，具有较好的透气性和抗曲折、耐磨性能						
用途		宜做中档西装、男女夹克衫、牛仔裤等						
备注		巴拿马为织物译名，原为法国生产的一种棉经、毛纬交织物。经用化纤混仿纱线仿制为棉型织物，仍用原译名。棉型巴拿马分厚、中、薄型三种，原料多用涤麻、涤黏和涤腈等中长纤维混纺股线，其混纺比例为涤 65、黏 35 或涤 65、腈 35。厚型的经纬用粗细不同的单纱并捻，单纱特数比约为 4∶1 配置，中薄型的经、纬用相同特数单纱并捻，单纱特纱在 18tex(32 英支)左右。粗特纱用转杯纱。巴拿马组织为平纹或方平组织；经纬密度根据所用股线粗细而定，一般股线特数高，密度低；特数低，密度高。巴拿马织坯经染色、树脂和防缩整理后即成为成品						

规格＼棉织物名称		黏纤织物（人棉布）					富纤织物		
英文名		spun rayon fabric					polynosic fabric		
品名		黏纤平布	黏纤哔叽	黏棉平纹	黏棉哔叽	黏维平布	富纤平布		涤富平布
经纬纱线密度	经纱/tex（英支）	19.7(30)黏纤纱	29.5(20)黏纤纱	32.5(18)黏棉纱	32.5(18)黏棉纱	19.7(30)黏维纱	19.7(30)富纤纱	14(42)富纤纱	13(45)涤(65%)富(35%)纱
	纬纱/tex（英支）	同经纱	同经纱	同经纱	同经纱	同经纱	同经纱	同经纱	同经纱
经纬密度	经纱/(根/10cm)	264	315	252	315	266	307	346	378
	纬纱/(根/10cm)	252	252	244	252	268	276	315	283
织物组织		平纹组织	斜纹组织	平纹组织	斜纹组织	平纹组织	平纹组织		

续表

棉织物名称 规格	黏纤织物(人棉布)				富纤织物		
成品幅宽/cm							
特点	质地柔软，布面洁净，手感滑爽，吸湿性好，穿着舒适。其缺点是弹性差，不耐磨，缩水率大，不耐水洗，保形性差，湿强度低(湿强为干强的40%～50%)				在水中溶胀度低，弹性回复率高，尺寸稳定性好，湿强约为干强的80%		
用途	宜做妇女、儿童的衫裙及被面和窗帘等装饰用布				宜做男女衬衫、妇女儿童衫裙、冬季外衣、睡衣、床上用品及装饰用布		
备注	是用黏胶短纤维纯纺或混纺纱织制的织物，俗称人棉布。黏胶纤维根据制造工艺、纤维结构和性能的不同，分为黏胶纤维、高湿模量黏胶纤维、强力黏胶纤维(即富强黏胶纤维)和改性黏胶纤维。棉纺织工业常用的是普通黏胶纤维和强力黏胶纤维，并分有光、无光和半无光三种。棉型黏胶纤维性状接近天然棉纤维，多为无光，长度为32～40mm，纤维细度为1.65～2.2dtex(1.5～2旦)。黏纤织物有用黏胶与棉或维纶的混纺纱织制的，可改善织物服用性能。黏胶与棉的混纺比有67∶33、50∶50等，黏胶与维纶混纺比有70∶30、50∶50等				是经纬用富纤纯纺或与涤纶短纤维混纺纱织制的织物。富纤是富强纤维的简称，是黏胶纤维的一种，日本称为虎木棉。常见的富纤织物多为平纹，经纬为富纤纱或涤纶与富纤的混纺纱，其混纺比有涤65/富35或富65/涤35等。经纬细度为：纯纺纱多用14.5tex(40英支)，混纺纱多用12tex(50英支)		

棉织物名称 规格	氨纶弹力织物					
英文名	spandex stretch fabric					
品名	坚固呢	华达呢	涤棉府绸	粗平布	灯芯绒	坚固呢
经纬纱线密度 经纱/tex(英支)	83(7) 单纱	14×2(42/2) 股线	13(45) 单纱	58(10) 单纱	29×2(20/2) 股线	73+氨纶丝 7.8交并纱
经纬纱线密度 纬纱/tex(英支)	73+氨纶丝 7.8交并纱	23+氨纶丝 7.8交并纱	13+氨纶丝 3.3交并纱	83+氨纶丝 7.8交并纱	36 +氨纶丝 36 7.8交并纱	83(7) 单纱
经纬密度 经纱/(根/10cm)	307	491	425	229	299	264
经纬密度 纬纱/(根/10cm)	173	229	279	136	362 181	177
织物组织	$\frac{3}{1}$斜纹	$\frac{2}{2}$斜纹	平纹组织	平纹组织	5条/cm	$\frac{3}{1}$斜纹 组织
成品幅宽/cm	114	112	112	106.5	106.5	121.5
弹性方向，弹性率/%	纬向，20	纬向，25	纬向，25	纬向，20	纬向，20	经向， 20～25
特点	保持原有各种纤维品种的特点，且具有良好的弹性，蓬松柔软。由它加工成的服装穿着舒适、轻松，体型线条美观，服用性能好					
用途	宜做运动服、工作服、内衣、舞蹈练习服、牛仔裤、短裤等					

续表

规格＼棉织物名称	氨纶弹力织物
备注	是用氨纶丝包芯纱与其他纤维混纺纱交织而成的织物。氨纶呈长丝状，有良好的伸缩性，断裂伸长可达5～7倍，回复率为95%以上，是所有纤维中弹性最好的一种。还具有良好的耐油、耐老化、耐磨等性能，且有一定的定型性。纺丝纤度较细，最细可达22dtex(20旦)，故有较好的纺织性能。首先将氨纶丝加工成弹力纱，然后织成弹力布，通常是将氨纶丝纺成包芯纱，在纺纱时将氨纶丝加3～4倍预牵伸后包覆各种短纤维，纱中所含氨纶丝只要有3%～10%就具有良好的弹性。不同线密度的纱应选用不同纤度的氨纶丝，特细特纱选用44dtex(40旦)氨纶丝；细特纱选用44dtex(40旦)、78dtex(70旦)氨纶丝；中特纱选用78dtex(70旦)氨纶丝；粗特纱选用78dtex(70旦)、156dtex(140旦)氨纶丝。织物的弹性率根据其用途来确定。运动服弹性率在30%以上，内衣及衬衫料为20%～30%，外衣裤为15%～20%。为适应人体活动，织物弹性有纵向(经向)、横向(纬向)和双向(经纬向)之分，一般横向弹性已可满足要求。织物的组织对弹性有较大的影响，斜纹比平纹弹性大。密度低的比密度高的弹性大。一般纬弹织物，平纹经向紧度(坯布)在50%以下，斜纹在80%以下，纬向紧度为经向紧度2/3时，能获得较为理想的弹性，织制经向弹力织物时，可用高上浆率固化经纱，以利织造。在印染加工中不能用氯漂，可采用双氧水漂白，后整理时可用热定形稳定布幅

规格＼棉织物名称		包芯弹力布	
英文名		core-spun elastic fabric; spandex core spun	
品名		薄型包芯弹力布	中薄型包芯弹力布
经纬纱线密度	经纱/tex(英支)	19.5(30)黏纤纱	29.5(20)黏纤纱
	纬纱/tex(英支)	18(32)黏纤氨纶包芯纱(氨纶含量一般为10%左右)	29.5(20)黏纤氨纶包芯纱(氨纶含量一般为10%左右)
经纬密度	经纱/(根/10cm)	314.5	271.5
	纬纱/(根/10cm)	259.5	236
织物组织		平纹组织	
成品幅宽/cm			
特点		经向尺寸稳定，纬向弹性优良，无压迫感，手感柔软，悬垂性、透气性及吸湿性好	
用途		宜做女性弹力健美服饰、各类时装等	
备注		是指一种以黏纤纱作经，黏纤氨纶弹力包芯纱作纬交织的织物，有薄型和中薄型两种规格	

规格＼棉织物名称	中长化纤织物(1)		
英文名	midfibre fabric		
品名	涤/黏平纹呢	涤/黏隐条呢	涤/黏凡立丁

续表

规格 \ 棉织物名称		中长化纤织物(1)							
经纬纱线密度	经纱/tex(英支)	21(28)涤(65%)黏(35%)纱	18.5(32)涤(65%)黏(35%)纱	21×2(28/2)涤(65%)黏(35%)纱	16×2(36/2)涤(65%)黏(35%)纱	21(28)涤(65%)黏(35%)纱	18.5×2(32/2)涤(65%)黏(35%)股线	21×2(28/2)涤(65%)黏(35%)股线	15×2(40/2)涤(65%)黏(35%)股线
	纬纱/tex(英支)	同经纱	同经纱	同经纱	同经纱	同经纱	同经纱	同经纱	同经纱
经纬密度	经纱/(根/10cm)	268	283	217	244	283	220	220	236
	纬纱/(根/10cm)	252	268	189	220	268	209	197	220
织物组织		平纹组织							
成品幅宽/cm		91	91	91	91				
特点		手感糯软，仿毛感强，质地挺括，弹性好，抗皱免烫							
用途		平纹呢宜做春秋季男女衣裤、两用衫、罩衫等；凡立丁、哔叽、华达呢和隐条呢宜作男女外衣面料、妇女裙料等							
备注		是经纬用中长化纤(纤维长度为 51～65mm 的称中长纤维)混纺纱织制的织物。其仿毛感主要取决于选用的原料、织物组织和加工整理工艺。常见的中长化纤织物，经纬多用涤纶与黏胶或腈纶混纺纱。选用纤维的细度和长度，一般为 2.2～2.75dtex(2～2.5 旦)和 51mm，或 2.75～3.3dtex(2.5～3 旦)和 65mm。为了增加织物的毛型感，亦有用不同纤维细度和长度的纤维或异形纤维进行混纺，也有用有色涤纶混纺成纱。一般选用松式染整设备进行加工							

规格 \ 棉织物名称		中长化纤织物(2)				纬长丝大提花仿绸织物	仿麻布
英文名		midfibre fabric				silk-like fabric jacquard	linen type cloth
品名		涤/黏哔叽		涤/黏华达呢	涤/腈隐条呢		
经纬纱线密度	经纱/tex(英支)	18.5×2(32/2)涤(65%)黏(35%)股线	21×2(28/2)涤(65%)黏(35%)股线	18.5×2(32/2)涤(65%)黏(35%)股线	18.5×2(32/2)涤(65%)黏(35%)股线	13(45)涤(65%)棉(35%)混纺纱	29(20)棉纱
	纬纱/tex(英支)	同经纱	同经纱	同经纱	同经纱	83dtex(75 旦)三叶异形涤纶长丝	同经纱
经纬密度	经纱/(根/10cm)	299	299	390	220	402	260
	纬纱/(根/10cm)	213	213	220	205	323	236
织物组织		$\frac{2}{2}$斜纹组织			平纹组织	地组织为平纹，纬起花	经纬变化重平组织
成品幅宽/cm				91			

续表

规格＼棉织物名称	中长化纤织物	纬长丝大提花仿绸织物	仿　麻　布
特点	同上页(1)	具有丝绸效应，手感柔软、滑爽、平挺，并有免烫、花型突出、立体感强、闪光等特点。外观似绸	具有条干不匀而形成的独特风格，以及一定的凉爽、透气，挺而不硬，轻而不飘的纯麻织物的特性，外观类似麻纱
用途	同上页(1)	宜做男女衬衫、裙子、女套装等	宜做男女衬衣及装饰用布
备注	同上页(1)	是以涤棉混纺纱作经，涤纶长丝作纬的大提花织物，织坯经碱减量整理。地组织一般为平纹纬起花，也可采用经纬都起花，使花型更富有层次和立体感	是仿制天然麻织物外观风格特性的非麻类织物。天然麻纱毛羽多，条干不匀，纱身常留有少量短小粗节，从而在布面上形成长短和粗细不等的自由短条纹，这是天然麻织物特有的粗犷风格，仿麻布的外观，类似天然麻织物

规格＼棉织物名称		合纤长丝仿麻布		低弹涤纶丝仿毛织物				
英文名		polyester linen type filament fabric		wool-like fabric with trueran low-elastic yarn				
品名				普通低弹丝华达呢			普通低弹丝哔叽	网络低弹丝凡立丁
经纬纱线密度	经纱/tex(英支)	20(180旦)涤纶长丝	16.7(150旦)涤纶长丝	16.7(150旦)	16.7(150旦)	16.7(150旦)	33.3(300旦)	20(180旦)
	纬纱/tex(英支)	同经纱	11.1(100旦)涤纶长丝	16.7(150旦)	16.7(150旦)	16.7(150旦)	33.3(300旦)	20(180旦)
经纬密度	经纱/(根/10cm)	276	323	358	404	406	264	374
	纬纱/(根/10cm)	213	252	323	366	315	228	299
织物组织		平纹变化	平纹＋透孔	$\frac{2}{2}$斜纹组织			$\frac{2}{2}$斜纹组织	平纹组织
成品幅宽/cm								

续表

棉织物名称 规格	合纤长丝仿麻布	低弹涤纶丝仿毛织物
特点	手感挺爽，弹性良好，透气性良好，具有麻织物的外观	质地丰满厚实，挺括滑糯，不缩不皱，毛型感强
用途	宜做内衣、外衣	宜做春、夏、秋季男女外衣、老年服装、儿童服装、鞋帽等
备注	是用涤纶仿麻丝织制的仿麻织物。仿麻丝由两根不同纤度、熔点和热收缩率的涤纶复丝组成，通过并合、超喂假捻变形、高温热处理，融结成有规律的麻型感很强的仿麻丝。仿麻织物可采用平纹变化、绉地、透孔、斜纹变化等组织，经纬密度可略低于一般长丝织物	是经纬均用低弹涤纶丝织制而成的具有毛织物风格的织物。品种较多，主要有哔叽、华达呢、嵌条呢、牙签条、凡立丁等，与棉型卡其相比，透气量是其4～6倍，单位体积质(重)量也较轻，强度、抗皱性则更高；与精纺毛织物相比，在急缓弹性和耐磨、洗可穿性方面也有十分明显的优越性，且价格低廉。低弹涤纶仿毛织物所用长丝分低弹无捻长丝和低弹网络丝两种，由于无捻长丝在织造前需要上浆，织造工艺流程较长，而网络丝是由无捻长丝进一步通过假捻而具有间隔相等的网络结，织造前无需上浆，产品质量也有所提高，目前已逐渐取代无捻长丝

棉织物名称 规格		纬长丝织物								
英文名		weft filament mixed fabric								
品名		涤棉异形纬长丝府绸					涤棉圆形纬长丝府绸	涤棉异形纬长丝细纺	涤棉圆形纬长丝细纺	
经纬纱线密度	经纱/tex(英支)	13(45)涤(65%)棉(35%)纱	13(45)涤(65%)棉(35%)纱	13(45)涤(65%)棉(35%)纱	13(45)涤(65%)棉(35%)纱	13(45)涤(65%)棉(35%)纱	13(45)涤(65%)棉(35%)纱	13(45)涤(65%)棉(35%)纱	13(45)涤(65%)棉(35%)纱	13(45)涤(65%)棉(35%)纱
	纬纱/tex(英支)	83.3dtex(75旦)涤纶长丝	83.3dtex(75旦)涤纶长丝	83.3dtex(75旦)涤纶长丝	83.3dtex(75旦)涤纶长丝	83.3dtex(75旦)涤纶长丝	83.3dtex(75旦)涤纶长丝	83.3dtex(75旦)涤纶长丝	75.5dtex(68旦)涤纶长丝	75.5dtex(68旦)涤纶长丝
经纬密度	经纱/(根/10cm)	394	402	413	402	433	469	394	378	394
	纬纱/(根/10cm)	331	315	331	323	315	295	362	283	394
织物组织		平纹或绉组织								
成品幅宽/cm										
特点		质地轻薄，手感软滑，光泽晶莹，色泽柔和，抗皱性强，易洗快干								
用途		一般用于男女衬衫、连衣裙等								

续表

规格＼棉织物名称	纬长丝织物
备注	是以涤/棉混纺纱作经，涤纶长丝作纬的交织物。一般以化纤长丝作纬纱的交织物，均可称为纬长丝织物。纬长丝织物的经向紧度为50%～55%，纬向紧度35%～40%，经密375～415根/10cm，纬密320～370根/10cm。涤纶长丝有圆形、异形、改性以及原液着色等各种长丝。纬长丝织物以提花为多，一般以平纹或绉组织作地，适当点缀一些小花型，花型要小巧精细，排列稀疏，提花部分比例不宜过大，也不宜集中，以免织物过于稀松，造成排丝，影响缝纫牢度。花型应利用纬浮长在织物表面提花，突出纬纱的光泽，可使花纹在织物表面闪烁发光。纬纱浮长以跨越3～5根经纱较合适，浮长过短不易突出织物特点，过长又会造成排丝和钩丝等疵点

规格＼棉织物名称		凉　爽　呢				
英文名		wool-like fabric				
品名		涤黏中长凉爽呢	涤黏中长凉爽呢	涤黏丝中长凉爽呢	涤腈中长凉爽呢	中长低弹丝并捻凉爽呢
经纬纱线密度	经纱/tex（英支）	14.1×2+14.1/14.1(42/2+42/42)交并纱（涤65/黏35）	14.8×2(40/2)胶线(涤65/黏35)	14.8×2+18.5/16.7(40/2+32/150旦)交并股线(涤65/黏35,涤纶长丝)	14.1×2(42/2)股线(涤50/腈50)	13.1+7.8(45+70旦)交并纱(涤65/腈35,涤纶低弹丝)
	纬纱/tex（英支）	同经纱	同经纱	同经纱	同经纱	同经纱
经纬密度	经纱/(根/10cm)	236	236	228	236	276
	纬纱/(根/10cm)	205	197	205	205	252
织物组织		平纹组织			$\frac{2}{2}$方平组织	平纹组织
成品幅宽/cm						
特点		结构疏松，质地轻薄，手感滑挺，防缩防皱，易洗快干，透气凉爽				
用途		宜做春、夏季男女套装、西裤、连衣裙等				
备注		是一种仿毛型夏令男女服装面料。所用原料主要有涤黏中长化纤、涤腈中长化纤、涤纶长丝等，因使用原料的不同，除上面所述共同特点外，还具有各自不同特点：涤腈中长凉爽呢色泽鲜艳、易洗快干，但较易起毛；涤黏中长凉爽呢不易粘贴、不易起毛，但色泽不如涤腈；涤纶长丝凉爽呢挺括抗皱、尺寸稳定，但吸湿性较差。织物色泽有浅灰、米色、浅驼、浅蓝等淡雅的偏冷色调，以适应季节需要，使织物有轻薄凉爽感。缩水率在2%左右，洗涤时宜轻揉轻搓，于通风处晾干，快干免烫				

续表

规格 \ 棉织物名称		麦尔纱						
英文名		mull						
品名		纯棉麦尔纱			涤/棉麦尔纱	涤/富麦尔纱	棉/维麦尔纱	
经纬纱线密度	经纱/tex(英支)	14.5(40)棉纱	14.5(40)棉纱	11(55)棉纱	10(60)棉纱	18(32)棉纱	18(32)棉纱	14.5(40)棉纱
	纬纱/tex(英支)	同经纱	13(45)棉纱	同经纱	同经纱	同经纱	同经纱	同经纱
经纬密度	经纱/(根/10cm)	228	264	236	311	181	252	220
	纬纱/(根/10cm)	205	193	197	220	157	248	205
织物组织		平纹组织						
成品幅宽/cm								
特点		结构稀疏、质地轻薄、手感柔软、透气性好						
用途		主要用于穆斯林的头巾、面纱、衬衣等						
备注		是一种低经纬密度的平纹织物。名称来源于英文音译。大多用纯棉纱织制，也有用涤纶与棉、涤纶与富纤、棉与维纶等混纺纱作经纬，混纺比一般为：涤纶与棉或富纤为65∶35，棉与维纶为50∶50，经纬纱线密度基本接近。麦尔纱多为漂白和杂色，主要用于穆斯林的服饰						

(三) 花布 (coloured cloth)

22. 花布 (印花布)(coloured cloth; coloured goods; cotton prints)

花布又称印花布，深浅花布。是指应用手工或机械对织物印染着色，呈现花纹、图案的织物。商业习惯上将印花布按色泽划分为浅色花布和深色花布。按织物组织可分为印花哔叽、印花府绸、印花细布、印花巴里纱、印花卡其、印花各类针织物和毛织物等。为使花纹图案清晰，用浆料作介质，将染料配成印花色浆，印在织物上，然后经烘燥、蒸化、水洗等后处理，使染料渗入织物与纤维固化。印花工艺有直接印花、防染印花、拔染印花等。手工印花有手绘蜡染印花、扎染和折染印花等，大多用于民族纹样，是国际市场上的高档产品。机械印花有模板、型板、喷墨、筛网（平网、圆网）、辊筒、转移、感光、静电植绒等。深色花布宜作春秋季妇女、儿童服装。浅色花布宜做夏令服装，也可做窗帘、被面、衬衫裤等。花粗布可用作沙发套、窗帘、家具装饰布等。

规格＼棉织物名称		花　哔　叽				花直贡（花贡）			
英文名		brocaded serge				figured satin drill;figure twill satin			
品名		大花哔叽		小花哔叽		大花贡	大花贡	小花贡	小花贡
经纬纱线密度	经纱/tex（英支）	30(20)棉纱	28(21)棉纱	30(20)棉纱	26(23)棉纱	28(21)棉纱	26(23)棉纱	30(20)棉纱	30(20)棉纱
	纬纱/tex（英支）	同经纱	同经纱	同经纱	28(21)棉纱	同经纱	28(21)棉纱	同经纱	36(16)棉纱
经纬密度	经纱/(根/10cm)	283.5	330.7	315	311	354.3	370	354.3	503.9
	纬纱/(根/10cm)	248	248	252	248	240.2	236.2	240.2	236.2
织物组织		$\frac{2}{2}$斜纹组织				缎纹组织			
成品幅宽/cm		77	82	77	77	77	77	77	87
特点		布身紧密厚实，坚牢耐穿				布面细洁光滑，纹路清晰、匀直光泽好，手感柔软厚实，富有丝绸感。花色鲜艳，图案精美，别具风格			
用途		宜做女装、童装及被面等				宜做春、秋、冬季女装、便装、童装、棉袄面及被面等			
备注		是由斜纹纱哔叽原坯经漂洗印花的棉布品种，属于深色印花布类。大花哔叽的花型图案以大朵花和飞禽为主，花色艳丽，衬以大红、紫酱、咖啡、墨绿、藕荷等地色，花地衬托，构成漂亮的布面，常用做被面。小花哔叽的花型主要是小朵花、几何图案、条格及儿童喜欢的花鸟动物等，小花哔叽地色多以中浅色为主，常用做女装、童装。花哔叽的缩水率约为4%左右，裁剪前需下水预缩，成衣洗涤后不宜在强日光下晾晒，以免花色减褪				是采用纱直贡坯布，以士林、纳夫妥、活性和涂料等染料印花而成的产品。有大花贡和小花贡之分，其中以大花贡居多。大花贡的花型较大，布面光滑，色泽浓艳漂亮，多以热烈、奔放、吉祥的红地和酱地为主，主要用做被面。小花贡的花型较小，配色协调，常见的色泽有红、酱、咖啡、黑、蓝、紫等花色。有时在地色上加上白色雪花点，故又称为雪花贡。花型小巧秀丽，花色和地色调和相配，加上具有较好的光泽，使花直贡别具风格。缩水率约为4%左右，裁剪成衣前应下水预缩，成衣洗涤时不宜用力搓揉，以免布面起毛和花色减褪			

续表

规格＼棉织物名称		黏纤花直贡	花横贡缎		花斜纹（花斜、花光斜纹）		花纱卡其（花纱卡）
英文名		viscose figured satin drill; viscose twill satin	brocade sateen; brocade filling sateen		brocade drill		printed yarn khaki drill; printed single drill
品名					大花斜纹	小花斜纹	
经纬纱线密度	经纱/tex（英支）	19(30)黏纤纱	精梳15（精梳40）棉纱	精梳15（精梳40）棉纱	28(21)～26(23)棉纱	18(32)棉纱	28(21)或30(20)棉纱
	纬纱/tex（英支）	同经纱	同经纱	同经纱	同经纱	同经纱	同经纱
经纬密度	经纱/(根/10cm)	391.1	370	393.7	326	327	421～425
	纬纱/(根/10cm)	267.7	551.2	610.2	212～228	205	220～229
织物组织		缎纹组织	缎纹组织		$\frac{2}{1}$斜纹或$\frac{3}{1}$斜纹		$\frac{3}{1}$斜纹或$\frac{2}{1}$斜纹组织
成品幅宽/cm		91	89～90	89	72～91	86	89～103
特点		光滑细洁，色彩鲜艳，手感柔软。部分产品采用网印印花，印制精细，更近似丝绸风格	布面润滑，手感柔软，织物紧密。花型图案美观，色彩鲜艳，光泽好，有印花丝绸缎的风格		布面紧密，手感柔软细洁，纹路清晰，花色艳丽，图案秀美		布面光洁，布身厚实而实用，花型活泼，色彩浓艳
用途		宜做单夹衣、女装、中式便装、童装及被面、褥面等	宜做女装、罩衣、时装、童装、棉袄面及被面等		大花斜纹宜做女装、时装、裙料、童装及被面等；小花斜纹宜做女装、童装及被面等		宜做女装、童装，大部分用作窗帘、沙发套、椅套等家具、装饰用布
备注		黏纤直贡是用黏胶纤维纱制织的直贡织物，分为黏纤色直贡和黏纤花直贡。黏纤花直贡色彩鲜艳，布面光滑细洁，有丝绸的风格。缩水率在10%左右，裁剪成衣前需先下水预缩，黏纤湿强力低，并且吸湿膨胀，成衣洗涤时宜轻揉轻搓，局部严重脏污处可顺直贡纹路轻轻刷洗	横贡缎又称横贡、贡缎一般为五枚三飞纬面缎纹，是贡呢的重要品种。横贡的品种有色横贡和花横贡之分。花横贡多采用网印印花，并采用多次套色。有的还经树脂和轧光整理，光泽更加持久不变。缩水率在4%左右，裁剪前需下水预缩，由于横贡是缎纹织物，纱的浮线长，故较不耐摩擦，布面易起毛		简称花斜，采用中特（中支）斜纹坯布经漂白、印花而成。一般分大花斜纹和小花斜纹两种。织物多经轧光整理，故又称花光斜纹，布身细洁光亮。缩水率约为4%左右，裁剪成衣前需先下水预缩，成衣洗涤后不宜在阳光下曝晒，以防花色减褪或变色		是棉纱卡的印花织物，多用纳夫妥、活性和士林等染料印花染色，以中深色花为主。由于纱卡比较紧密厚实，透染性较轻薄织物差些，一般呈单面花色效果。花纱卡其的缩水率约为4%～5%，裁剪成衣前需预缩，成衣洗涤后不宜在强阳光下曝晒，应反面晾晒，以防花色减褪，影响织物的美观

续表

规格＼棉织物名称		印花横罗(花横罗)		印花涤棉纱罗		印花巴里纱(花巴里纱)	
英文名		printed horizontal leno		printed T/C mixed gaze; printed T/C mixed gauze leno		printed voile	
经纬纱线密度	经纱/tex(英支)	15(40)棉纱		13(45)涤棉混纺纱	13(45)涤棉混纺纱	13(45)棉纱	10(60)棉纱
	纬纱/tex(英支)	30(20)棉纱		同经纱	同经纱	同经纱	同经纱
经纬密度	经纱/(根/10cm)	524	299	303	252	315	
	纬纱/(根/10cm)	299	291	268	224	291	
织物组织		斜纹变化组织		纱罗组织		平纹组织	
成品幅宽/cm		89～91		91		91	
特点		布面呈现明显的凹凸横条形罗纹，条纹美丽，布身厚实，色彩丰富，层次清晰，花纹更觉饱满		织物轻薄滑爽，丝绸感强，成品经热定型和树脂整理后，更能增加挺括度，色牢度好，耐洗涤		织物稀薄，印花效果非常好，透染性强，两面均有花型图案，酷似双面印花，优美的图案设计，富有艺术品的价值，别具风采。花型活泼，配色鲜艳协调，彩色深浓	
用途		宜做男女服装、童装等		宜做妇女夏装、裙子、童装及窗帘、装饰用布		宜做女装、衬衫、时装、艺装、裙子、头巾及窗帘、装饰用等	
备注		横罗纹为纯棉全纱织物，纬纱比经纱粗。在织造时，一个梭口内重复打入两根纬纱，在成布后有突出的横条形罗纹出现，故名横罗。横罗的品种有杂色横罗和印花横罗。印花横罗通过印花工艺在横向的罗纹上印上彩色花纹，别有风格。部分花横罗采用网印印花。横罗的缩水率在4%左右，使用前需先下水预缩。洗涤时，勿用力搓擦，以免色泽发花和损伤织物		是采用涤纶65%和棉35%混纺纱制织的坯布经印花加工而成。由于混入涤纶后，织物轻薄滑爽，有丝绸风格。成品均经过定型整理，增进挺括程度，稳定缩水率在4%左右。涤棉纱罗为轻薄织物，洗涤时应轻揉轻搓，以免损伤织物		是由本白巴里纱经漂白、印花工艺整理后的印花产品。由于大小花间配花纹彼此搭错，使透明度减弱，宜于缝制各种外装，大有薄透而不露的优点，深受妇女喜爱。缩水率为4%～5%左右，裁剪前需先下水预缩，成衣洗涤时宜轻揉轻搓，熨烫时宜轻压、低温，切忌在阳光下曝晒，以防褪色，影响外观	

续表

规格 \ 棉织物名称		印花绉纹布(印花绉纹呢)				印花麻纱		
英文名		printed pucker cloth;printed fluting				printed hair cords;printed dimity		
品名		印花绉纹布			印花线绉纹布	印花麻纱	印花提花麻纱	
经纬纱线密度	经纱/tex(英支)	28(21)棉纱	19(30)棉纱	15(40)棉纱	14×2(42/2)棉股线	18(32)棉纱	15(40)棉纱	15(40)棉纱
	纬纱/tex(英支)	同经纱	同经纱	同经纱	28(21)棉纱	同经纱	同经纱	同经纱
经纬密度	经纱/(根/10cm)	339	424	406	340	280	384	378
	纬纱/(根/10cm)	252	313	286	260	311	284	252
织物组织		绉地组织				纬重平组织		
成品幅宽/cm		117	77	88	77	88～91	86～91	86～91
特点		布面上具有独特的绉纹呈现着细小的菱形花纹,纹路清晰,具有立体感,色泽艳亮,手感厚实,有呢绒的感觉,加上印制不同风格的彩色大花,花纹有毛绒和绣花感,它的经纱浮点不长,耐磨性能好,印制精细花型活泼新颖,花色鲜艳				布面光洁匀净,条纹清晰,纱捻度大,布身轻薄、滑挺爽,成衣挺括,透气性好,穿着舒适凉爽,外观和手感如麻织物,花纹和色调相衬,别具风格		
用途		主要用于做窗帘、沙发套、椅套、缝纫机套,也可作部分衣料及室内装饰用				宜做妇女、儿童衣着,深色印花麻纱可作裙料等		
备注		以彩色大花花纹为多,花型图案活泼生动,花色浓艳富丽,细支纱的花绉纹布绉纹细巧,布身光洁,印制精致,更显高贵。缩水率在4%左右,使用前需先下水预缩,洗涤时避免强力搓洗,以免起毛				麻纱是经纱在织物表面经向呈现宽窄不同的细条纹路的纯棉纱织制,也有用棉麻混纺纱织制的。具有挺爽透气的特点,外观和手感很像苎麻织物,故称麻纱。印花麻纱以浅色印花为多,其中的印花提花麻纱,布身细洁,花色协调。缩水率在4%左右,裁剪前需先下水预缩。洗后不宜曝晒,宜于阴凉处晾干,以免造成泛色		

续表

<table>
<tr><th colspan="2">规格 \ 棉织物名称</th><th colspan="2">柳条麻纱</th><th colspan="3">提花麻纱</th></tr>
<tr><td colspan="2">英文名</td><td colspan="2">striped hair cords;fancy dimity</td><td colspan="3">figured hair cords</td></tr>
<tr><td colspan="2">品名</td><td>纯棉柳条麻纱</td><td>涤棉柳条麻纱</td><td>棉条子麻纱</td><td>棉格子麻纱</td><td>涤棉格子麻纱</td></tr>
<tr><td rowspan="2">经纬纱线密度</td><td>经纱/tex(英支)</td><td>J[①]5.8×2(J100/2)棉股线</td><td>J13(J45)涤棉混纺纱(涤 65,棉 35)</td><td>14.6(40)棉纱</td><td>18.2(32)棉纱</td><td>13(45)涤棉混纺纱(涤 65,棉 35)</td></tr>
<tr><td>纬纱/tex(英支)</td><td>J5.8×2(J100/2)棉股线</td><td>J13(J45)涤棉混纺纱(涤 65,棉 35)</td><td>17.2(34)棉纱</td><td>18.2(32)棉纱</td><td>13(45)涤棉混纺纱(涤 65,棉 35)</td></tr>
<tr><td rowspan="2">经纬密度</td><td>经纱/(根/10cm)</td><td>415</td><td>326.5</td><td>356</td><td>372</td><td>476</td></tr>
<tr><td>纬纱/(根/10cm)</td><td>281.5</td><td>314.5</td><td>295</td><td>307</td><td>267.5</td></tr>
<tr><td colspan="2">织物组织</td><td>平纹组织</td><td>平纹组织</td><td colspan="3">小提花组织</td></tr>
<tr><td colspan="2">成品幅宽/cm</td><td></td><td></td><td></td><td></td><td></td></tr>
<tr><td colspan="2">特点</td><td colspan="2">质地细薄,手感滑、挺、爽,孔隙清晰,穿着舒适</td><td colspan="3">布面条纹清晰,还有花纹点缀,增加了织物的美感,质地薄爽透气,穿着舒适</td></tr>
<tr><td colspan="2">用途</td><td colspan="2">宜做男女夏季衬衫等</td><td colspan="3">宜做男、女、儿童夏季服装等</td></tr>
<tr><td colspan="2">备注</td><td colspan="2">是指将经纱按规定组织循环排列形成条纹的织物,条纹与条纹之间有一条孔隙,是麻纱织物中的一个品种。常见的柳条麻纱大多用棉纱或涤棉混纺纱织制。单纱捻系数为 390～410,股线捻系数为 350～380。柳条宽度约 2.0～2.5mm,纵向条纹的孔隙约为柳条宽度的 1/4,即 0.5～0.6mm。织物的经向紧度一般为 50%～60%,纬向紧度为 35%～45%之间。经纬纱因用高捻,必须经定捻工艺,使捻度稳定,以防止在织造过程中产生扭结。柳条麻纱织坯需经漂白加工</td><td colspan="3">是指布面上呈现各种花纹图案的麻纱,是麻纱织物中的一个品种。花纹设计以基本组织为基础,组合成各种花纹图案,如条子麻纱、方格麻纱、凸条麻纱等。提花麻纱的密度配置是:经密高于一般麻纱,纬密略低于经密,具体密度的确定应视织物的组织结构而定。坯布经漂白、染色等后整理</td></tr>
</table>

① J 指精梳,余同。

续表

规格＼棉织物名称		涤棉印花麻纱	花泡泡纱	花双经布		黏纤花双纬布
英文名		T/C mixed printed hair cords; T/C mixed printed dimity	printed seersucker; printed crimp fabric; printed blister crepe	printed double ends fabric; printed grog		viscos printed double weft fabric
品名				花双经粗布	中特纱花双经布	
经纬纱线密度	经纱/tex（英支）	13(45)涤棉混纺纱	10(60)～7(80)精梳棉纱	48(12)棉纱	30(20)棉纱	19(30)黏纤纱
	纬纱/tex（英支）	同经纱	同经纱	同经纱	同经纱	30(20)黏纤纱
经纬密度	经纱/(根/10cm)	402	378～421	244	343	350
	纬纱/(根/10cm)	339	346～516	173	150	284
织物组织		纬重平组织	平纹组织	平纹组织		平纹组织
成品幅宽/cm		91	76～82	89～109	114.5	91
特点		布面细致精致，质地滑爽挺括，成衣耐穿耐磨，易洗快干免烫	质地轻薄，布面布满泡泡，凹凸不平，立体感强，成衣穿着透凉，不贴身	花双经粗布质地厚实，布面的纹路与花纹相陪衬，使花色更觉美观；中特纱花双经布质地较薄，花纹比较细致，色彩鲜艳明亮，花型活泼		花色浓艳，布面的色彩花纹加上纬向纹路衬托，比黏纤花布美观
用途		宜做妇女夏令衬衫、女装、时装、童装、裙子等	宜做夏令女装、裙子、童装、浴衣、睡衣、连衣裙及床上用品、窗帘等	宜做窗帘、台布等装饰用布，少量作衣料		宜做窗帘、台布等装饰用布，少量作衣料
备注		是由涤纶65%和棉35%的混纺纱制织的麻纱品种。织物细薄精致，以浅色印花为多。缩水率在2%左右，裁剪前不需下水预缩，衣服洗涤后于通风处阴干，以保持色泽持久	是采用细布原坯印花、起泡的产品，花型多以小花为主，浅地印花，起泡后的布面花型若隐若现，别具花色效果，洗后不需熨烫	缩水率在4%左右，使用前宜下水预缩。缝制时需包边，防止布边纱线松散脱开		采用双纬布坯经漂白、印花而成。缩水率在10%左右，使用前需下水预缩，洗涤时不要用力搓擦，以免布面起毛和损伤纤维

续表

棉织物名称 / 规格		花绒布						花平绒
英文名		printed flannelette; printed cotton flannel; printed napped fabric;printed twilled swansdown						printed velveteen; printed velvet-plain; printed velours panne
品名		花绒	花双面绒	里子花绒	花叽绒	花双面斜绒	双面印花双面绒	
经纬纱线密度	经纱/tex(英支)	28(21)棉纱	28(21)棉纱	24(24)棉纱	18(32)棉纱	30(20)棉纱	30(20)棉纱	地经:18×2(32/2)～14×2(42/2)棉股线 绒经:14×2(42/2)～10×2(60/2)棉股线
	纬纱/tex(英支)	40(14)棉纱	40(14)棉纱	44(13)棉纱	40(14)棉纱	96(6)棉纱	60(10)棉纱	地纬:18(32)～14(42)棉纱
经纬密度	经纱/(根/10cm)	158	218	165	291	150	158	经起绒:366～546;纬起绒:289
	纬纱/(根/10cm)	165	213	173	228	133	165	经起绒:318～420;纬起绒:1146
织物组织		双面绒布为平纹组织,单面绒布为$\frac{2}{1}$或$\frac{2}{2}$斜纹组织						平纹或$\frac{2}{1}$和$\frac{2}{2}$斜纹组织
成品幅宽/cm		91	91	91	80	91	91	76～91
特点		绒布表面的纤维蓬松,有一层绒毛,绒毛短、匀、密,使导热性降低,保暖性增加,穿着时可减少人体热量的散失,并具有一定的吸湿性。印制的花型精致秀美手感柔软厚实,有舒适温暖的感觉						印花纬起绒:绒面平整,绒毛短密,易于印花,花型清晰,绒面光泽自然柔和,色彩丰富 印花经起绒:绒毛较长,花型更富于立体感
用途		宜做女装、童装、外衣、晨衣、睡衣、内衣、服装衬里等						宜做女便装、上衣、礼服、旗袍、艺装、时装、童装及家具装饰用布
备注		是由绒布坯经拉绒印花的绒布,有单面和双面花绒布之分。坯布先经拉绒后印花。通常,单面绒的图案花纹是印在没有拉绒的一面,双面绒的图案花纹是印在绒毛平整度较好的一面,也有双面都印花的品种。花型活泼多样,有条、格、小花及儿童喜欢的花型、动物等,色彩鲜艳,印制效果好。为内外销适销品种之一。缩水率在4%左右,缝制时应考虑其缩水因素,洗涤时不宜用力搓洗,以免绒毛起球和花色模糊						是纬割绒或经割绒的印花平绒织物,分印花经起绒和印花纬起绒两类产品。前者一般采用绢网印花,后者一般采用辊筒、平版或圆网印花。缩水率7%～8%,裁剪成衣时应留有缩水余量,洗涤时不宜重搓,晾晒时应正面朝外通风阴干,存放时勿重压,以防止绒毛倒伏,影响织物美观

续表

棉织物名称 规格		印花灯芯绒	印花布(花布、深浅花布、印花平布)(1)					
英文名		printed corduroy; printed rib velvet	printed cloth;printed calico;calico;prints					
品名			深花布		网印深花布		网印花裙布	浅花布
经纬纱线密度	经纱/tex(英支)	14×2(42/2)～10×2(60/2)棉股线	30(20)棉纱	19(30)棉纱	28(21)棉纱	19(30)棉纱	19(30)棉纱	30(20)棉纱
	纬纱/tex(英支)	30(20)～28(21)棉纱	同经纱	同经纱	同经纱	同经纱	16(36)棉纱	同经纱
经纬密度	经纱/(根/10cm)	228～310	236	311	228	268	284	236
	纬纱/(根/10cm)	669～956	221	319	228	238	272	236
织物组织		起绒组织	平纹组织					
成品幅宽/cm		76～91	65～86	67～85	126	127	106.5	76～88
特点		色泽鲜艳，花型丰富逼真	地色和套色丰富多彩，花样变化灵活，花纹精细，具有印花丝绸的风格。浅花布比深花布细薄透凉，花型活泼而多变化，色彩鲜艳美观，花纹细致，穿着凉爽					
用途		宜做女装、童装、浴衣、睡衣及家具装饰用布等	宜做春秋季妇女、儿童衣着用料。浅花布宜做夏令衣着，也可作窗帘、被面、衬衫裤等用。花提花布宜作妇女衬衫、两用衫、连衣裙、裙料等用。花粗布供沙发套、窗帘、家具装饰布用					
备注		是由中、细条灯芯绒坯经漂染印花的灯芯绒品种。可分为深色印花和浅色印花两种。深色印花品种花色多浓艳，浅色印花多在浅地印花，花色较浅，淡雅文静。花型图案有条、格等几何图形、人物花卉，也有仿色织格子花型，仿呢绒产品人字花呢以及风景建筑等，装饰用印花灯芯绒等。印花方式有辊筒印花、圆网印花和平网印花。缩水率在5%左右，裁剪成衣前应下水预缩，洗涤时不宜重揉和重搓	棉布的主要品种之一，有深色花布和浅色花布两种，都采用平布印花。深花布最早以黑地单套色图案花为主，称为黛绸。目前的地色为深色，花型配色与小花哔叽相似。印花布使用的原料主要为棉纱。缩水率在4%左右，裁剪前需下水预缩					

续表

规格＼棉织物名称		印花布(花布、深浅花布、印花平布)(2)								
品名		浅　花　布				花提花布			花　粗　布	
经纬纱线密度	经纱/tex(英支)	19(30)棉纱	15(40)棉纱	精梳10(精梳60)棉纱	精梳7(精梳80)棉纱	28(21)棉纱	19(30)棉纱	15(40)棉纱	48(12)棉纱	特纺44(特纺13)棉纱
	纬纱/tex(英支)	同经纱	同经纱	同经纱	同经纱	同经纱	同经纱	同经纱	44(13)棉纱	同经纱
经纬密度	经纱/(根/10cm)	268	378	378	500	339	347	586	205	165
	纬纱/(根/10cm)	236	323	347	480	252	303	284	205	181
织物组织		平纹组织								
成品幅宽/cm		75～85	87～103	112	91	87	91	91	80	83
特点		同上页(1)								
用途		同上页(1)								
备注		同上页(1)								

规格＼棉织物名称		靛蓝印花布
英文名		indigo prints; indigo blue printed fabric; indigo printed fabric
品名		
经纬纱线密度	经纱/tex(英支)	36.4(16)～58.3(10)棉纱
	纬纱/tex(英支)	36.4(16)～58.3(10)棉纱
经纬密度	经纱/(根/10cm)	
	纬纱/(根/10cm)	
织物组织		平纹组织
成品幅宽/cm		
特点		布身质地厚实,花型古朴、典雅、自然,常用花卉、龙凤等充满民族气息的纹样,但产品的留白部分有一定的沾色
用途		宜做农村妇女服装、艺装、头巾、围裙及被面、包袱等
备注		是指用靛蓝防白印花工艺印制的蓝地白花织物。其坯布是一种粗平布,门幅较窄,染整加工一般不经烧毛、丝光处理。靛蓝花布最早的染料取自靛青草,现用合成靛蓝染料印制。印花方法从手工印花发展成现代化机器生产。最早典型的靛蓝花布是蓝白花布,现已向生产蓝地彩色花布发展。深受东南亚、日本等国人民的喜爱,我国西南地区少数民族及江苏、浙江省一带农村妇女常用于做服装、服饰等

续表

规格 \ 棉织物名称		黏纤花布			富纤花布			
英文名		viscose printed cloth；viscose printed calico；viscose calico；viscose prints			polynosic printed cloth；polynosic printed calico；polynosic calico；polynosic prints			
品名		黏纤花布	黏纤花细布		富纤花布	富纤花细布		
经纬纱线密度	经纱/tex(英支)	30(20)黏纤布	19(30)黏纤布	19(30)黏纤布	22(26)富纤纱	19(30)富纤纱	15(40)富纤纱	12(50)富纤纱
	纬纱/tex(英支)	同经纱	同经纱	同经纱	同经纱	同经纱	同经纱	同经纱
经纬密度	经纱/(根/10cm)	236	252	264	264	303	339	378
	纬纱/(根/10cm)	236	236	252	252	268	295	323
织物组织		平纹组织			平纹组织			
成品幅宽/cm		85	68～91	69～101	80～85	80～84	91	91
特点		吸色性好，色彩浓艳，花纹精致，比棉印花布漂亮，有印花丝绸的风格。网印黏纤花布印制精良，层次分明，套色多，比机印黏纤花布美观			同黏纤花布的特点，但比黏纤花布结实耐穿，尺寸稳定性好			
用途		宜做衬衫、两用衫、连衣裙、裙子、童装、睡衣、浴衣、裤子、窗帘、被面及沙发套、家具装饰用布等			同黏纤花布			
备注		用人造棉平布印花。有机印和网印两种，印花工艺和应用染料基本上与棉布相同。用纱有中特纱和细特纱两种，细特纱的黏纤花布细洁轻薄，更适合夏令穿用。缩水率在10%左右，使用前需下水预缩。洗涤时不要用力搓洗，以免损伤纤维			采用富强纤维平布印花，与黏纤花布相仿。布身细洁柔软，以细特纱织成的为多，印花使用的染料与棉印花布同，有的经过树脂整理，使弹性增加，缩水率降低。一般富纤花布的缩水率在8%左右，使用前需下水预缩，洗涤时不要用力搓洗，以免损伤纤维			

规格 \ 棉织物名称		棉黏花布(棉黏印花平布)			涤棉花布(涤棉印花平布)				
英文名		cotton/viscose mixed printed cloth			polyester/cotton mixed printed cloth				
品名		(50/50)棉黏花布	(75/25)棉黏细花布		涤棉花布				涤棉涤丝花布
经纬纱线密度	经纱/tex(英支)	30(20)棉黏混纺纱	19(30)棉黏混纺纱	15(40)棉黏混纺纱	14.5(40)涤棉混纺纱	13(45)涤棉混纺纱	13(45)涤棉混纺纱	10(60)涤棉混纺纱	13(45)涤棉混纺纱
	纬纱/tex(英支)	同经纱	16(36)棉黏混纺纱	同经纱	同经纱	同经纱	同经纱	同经纱	68旦涤丝

续表

规格＼棉织物名称		棉黏花布(棉黏印花平布)			涤棉花布(涤棉印花平布)				
经纬密度	经纱/(根/10cm)	252	284	339	394	394	378	394	394
	纬纱/(根/10cm)	248	272	339	343	362	343	362	394
织物组织		平纹组织			平纹组织				
成品幅宽/cm		80	85～91	91	89～91	91	91	91～124	91
特点		具有黏纤花布的特点,但比黏纤花布结实,手感柔软,富有光泽,但花色不如黏纤花布鲜艳			织物轻薄光洁,弹性好,抗皱性能强,易洗、快干、免烫,花型美观,配色协调,多印成浅色和中深色,也有少数深色产品。涤棉涤丝花布手感非常滑爽,富有丝绸感,但吸湿性和抗静电性略差些,印花较困难				
用途		同黏纤花布			宜做衬衫、两用衫、裙子、女装、旗袍、中式便装及家具、装饰用布。涤棉涤丝花布产品一般适宜于做夏令女装、艺装和裙子等				
备注		由棉与黏纤各50%混纺,也有75%棉与25%黏纤混纺的,印花工艺及应用染料与棉印花布相同。有机印和网印两种,其中网印花型更为精美,色彩多变化。缩水率约为8%左右,使用前需下水预缩,成衣抗皱性能差些,洗涤时不宜用重力搓洗,以防布面起毛,影响外观			用涤纶65%和棉35%的混纺纱织制的平纹花布。缩水率一般在1%左右,裁剪前不必预缩				

规格＼棉织物名称		涤棉印花仿丝绸	印花涤棉丝缕绉	涤黏花布	涤富花布		
英文名		T/C mixed printed silk-like fabric	printed T/C mixed velvet crepe	polyester/vicose mixed printed cloth	polyester/polynosic mixed printed cloth		
品名					涤富花布		富涤花布
经纬纱线密度	经纱/tex(英支)	14.6(40)～9.7(60)涤棉混纺纱	13(45)涤棉混纺纱	13(44)涤黏混纺纱	12(50)涤富混纺纱	13(45)涤富混纺纱	14.5(40)涤富混纺纱
	纬纱/tex(英支)	同经纱	同经纱	同经纱	同经纱	同经纱	同经纱

续表

规格＼棉织物名称		涤棉印花仿丝绸	印花涤棉丝缕绉	涤黏花布	涤富花布		
经纬密度	经纱/(根/10cm)	378～394	433	343	378	390	
	纬纱/(根/10cm)	342～362	295	354	323	354	
织物组织		平纹组织	平纹组织	平纹组织	平纹组织		
成品幅宽/cm		112	119	91	91	91	91
特点		具有真丝绸的轻薄爽挺性，抗皱性能好，不黏皮肤，穿着凉爽，易洗快干	花样变化多，布面富有光泽，仿丝绉效应较强，手感挺中有爽，穿着舒适，不黏身，透气性和尺寸稳定性好，易洗、快干、免烫	花色鲜艳，吸湿性和透气性较好，手感柔软	外观与涤黏花布相仿，质地比涤黏花布结实耐穿，穿着滑爽舒适，有的经过树脂整理，弹性增加，缩水减少，服用性能改善		
用途		宜做夏令女装、便装、睡衣裤等	宜做女时装、衬衫、裙子、童装等	宜做女时装、衬衫、裙子、童装等	宜做夏令衣着		
备注		是涤棉混纺高支夏令仿丝绸织物，其混纺比例为涤纶35%～65%，棉65%～35%。采用套色印花	由涤纶65%和棉35%混纺制织而成	由涤纶65%与黏胶纤维35%混纺制织而成。采用与涤棉花布同样的工艺和染料印花	一般由涤纶65%与富强纤维35%混纺制织而成。也有少数以涤纶35%与富强纤维65%混纺，由于混入涤纶的比例较低，称为富涤花布，质地不如涤富花布，但吸湿性较好。一般涤富花布的缩水率在2%～3%，比涤棉花布大		

规格＼棉织物名称		棉维花布			中长印花布(中长印花呢)			
英文名		cotton/vinylon mixed printed cloth			mid-length fiber printed cloth			
品名					中长涤黏纱印花布		中长涤黏线印花布	
经纬纱线密度	经纱/tex(英支)	18(32)棉维混纺纱	18(32)棉维混纺纱	18(32)棉维混纺纱	19(30)中长涤黏纱	20(28)中长涤黏纱	18×2(32/2)中长涤黏线	18×2(32/2)中长涤黏线
	纬纱/tex(英支)	同经纱	同经纱	同经纱	同经纱	同经纱	同经纱	同经纱

续表

规格＼棉织物名称		棉维花布			中长印花布(中长印花呢)			
经纬密度	经纱/(根/10cm)	311	284	252	284	268	224	230
	纬纱/(根/10cm)	307	284	248	252	252	213	201
织物组织		平纹组织			平纹组织			
成品幅宽/cm		85	80～91	91	91	91	91	91
特点		质地轻薄坚牢，耐洗耐穿，染色性能较差，弹性不好，花纹色泽不及涤棉花布鲜艳美观，容易起皱			质地厚实耐穿，毛型感较强，布身挺括，花纹图案新颖美观。全纱印花布质地轻薄，印制精细，但耐磨性较差			
用途		宜做妇女、儿童衣着用料			宜做妇女、儿童春秋季衣料及装饰用布，其中中长涤黏全纱印花布质地轻薄，宜做上衣、衬衫、两用衫等			
备注		由棉与维纶各50%混纺的细布印花，以中浅色为多，使用活性、还原、可溶性还原、缩聚染料以及涂料等印染			以中长涤黏平纹呢使用分散、活性和可溶性还原染料印制，具有薄型毛织物风格，故又称中长印花呢。有全纱和全线品种。洗涤时不要用力搓洗，以免花色减褪			

规格＼棉织物名称		棉丙花布	腈纶花布	印花涤棉拷花布		麦里司	疏松布
英文名		cotton/polypropylene mixed printed cloth	acrylic printed cloth	printed T/C mixed embossed cloth		mailisi	slack cloth
经纬纱线密度	经纱/tex(英支)	18(32)棉丙混纺纱	16×2(36/2)腈纶股线	13(45)涤棉混纺纱	13(45)涤棉混纺纱	18(25)涤棉混纺纱，16.5(150旦)低弹涤纶丝	34(17)～28(21)单纱
	纬纱/tex(英支)	同经纱	同经纱	同经纱	同经纱	16.5(150旦)低弹涤纶丝	同经纱
经纬密度	经纱/(根/10cm)	311	278	378	396	196	157～221
	纬纱/(根/10cm)	308	220	343	362	190	157～216
织物组织		平纹组织	平纹组织	平纹组织		方平组织	平纹组织
成品幅宽/cm		85	91	91	91	145	91

续表

棉织物名称 规格	棉丙花布	腈纶花布	印花涤棉拷花布	麦里司	疏松布
特点	具有近似涤棉花布的特点，挺括不皱，易洗快干，尺寸稳定性好，缩水小，不易变形	花色非常鲜艳，布身轻松柔软，带有毛型感，缩水小，不起皱，易洗快干	布面有凹凸的花纹，印花的花色丰富多彩，富有光泽，花色新颖别致，颇有立体感	质地稀松，布面平整，透气性能好	布面平整，松软爽滑，吸湿性和通气性好，轻薄透凉
用途	宜做春秋季衣着	宜做妇女、儿童衣着及被面、窗帘等	宜做妇女、儿童夏季衬衫等	宜做女装、窗帘等	宜做夏令服装、主要是做衬衫、女上衣、童装、连衣裙、睡衣、睡裤及窗帘、门帘等
备注	由棉与丙纶各半混纺制织而成。丙纶的染色性能较差，只能使用染棉的染料对棉印花，故大都印制浅色花布。耐热性也差，不宜熨烫。洗涤时宜用温水，不能用沸水浸泡，洗后不宜在日光下曝晒，以免老化。缩水率在3%左右，使用前不需下水预缩	由纯腈纶坯布用阳离子染料印花。缩水率在2%左右，使用前不需下水预缩	是在涤棉细布上拷出凹凸的花纹。花型变化多，有几何图案、朵花和皱纹等，印花的花色丰富多彩。使用的原料为涤棉混纺纱，混纺配比为涤纶65%、棉35%，印染使用的染料有分散、活性、可溶性还原染料和涂料等。凹凸花纹的形成是利用刻有花纹的辊筒将已经印染好的织物轧出凹凸的花纹，再经过树脂整理，使轧出的凹凸花纹在布面上固定，具有一定的耐洗性。缩水率在1%左右	是流行于热带地区透气性能好的松结构的方平织物。经纬纱以化纤为主，也有混纺和交织品种。多为印花产品，色泽以中浅色为主，如橘红、中驼、天蓝，地加印浅色花卉，也有平素品种	以纯棉为主，也有棉与涤纶、棉与维纶等混纺品种，是以中高特(中低支)强捻棉纱制织成经纬密度较低的平纹织物，也有少量斜纹品种。经染整加工后，形成稀疏松软的透气性好的、具有特殊风格的织物，故称疏松布。其色泽以印花为主，也有平素杂色产品。缩水率约为8%左右，裁剪成衣前需下水预缩，成衣洗涤时宜轻揉轻搓，以防止布面变形和起毛，勿用力拧绞，一般可抻平带水晾干

（四）色织布（dyed yarn weaved fabric）

色织布又称色织物。采用染色纱线，结合组织结构与配色的变化、整理工艺处理等生产的织物。可构成各种花形图案，较印花布丰富多彩，色彩调和，色调显明，花型多变，层次清晰，立体感强。花色品种和组织规格甚多，采用原纱染色，染料渗透性强，色牢度高。常见品种有线呢（男线呢和女线呢）、色织哔叽、直贡、色织绒布、条格布、劳动布、府绸、细纺、被单布、家具布、垫子布、雨布、里布等。

23. 线呢（cotton suiting）

线呢是色织布中的主要品种之一，采用染色的纱线或花式纱线为经、纬纱，模仿精梳毛花呢类织物风格的棉织物，故名。线呢的花纹图案方案细巧，布面光洁平挺，手感滑爽，光泽柔和自然，纹理清晰，色泽鲜艳。商品名称与产品规格较多，是色织物中的传统品种。按色泽的深浅可分为深色线呢和浅色线呢；按纱线不同可分为全线线呢和半线线呢（线经纱纬）；按穿用对象可分为男线呢和女线呢。男线呢的特点是花型色泽素雅大方，质地坚牢厚实，有毛料花呢的感觉。按外观特征又可将男线呢分为素线呢、条线呢和格线呢等，条线呢又可分为素条、暗条和明条。女线呢的花型新颖亮丽，变化繁多，色彩丰富鲜艳，主要品种有格花呢、提花呢、花线呢、绉线呢、结子线呢等。深色线呢适合做秋冬季服装，浅色线呢适合做春秋季和初夏服装。

规格 \ 棉织物名称		女　线　呢(1)				
英文名		cotton suiting for women				
品名		格花呢(纯棉)	格花呢(纯棉)	格花呢(纯棉)	格花呢(纯棉)	格花呢(涤65、棉35)
经纬纱线密度	经纱/tex(英支)	14×2(42/2) 棉股线	18×2(32/2) 棉股线	36(16) 棉纱	18×2(32/2) 棉股线	[(13+13)+21] (45/45+28) 混纺交并纱
	纬纱/tex(英支)	28(21) 棉纱	36(16) 棉纱	36(16) 棉纱	18×2(32/2) 棉股线	28(21) 混纺纱
经纬密度	经纱/(根/10cm)	291	252	299	284	362
	纬纱/(根/10cm)	236	221	221	213	260
织物组织		一般在平纹或绉地上形成条格及各种起花方式				
成品幅宽/cm		81.5	81.5	81.5	81.5	91.5
特点		质地厚实,坚牢耐穿,仿毛感强。花纹图案丰富细巧,布面光洁平挺,手感滑爽,光泽柔和,纹理清晰,色泽鲜艳。部分经过防缩、防皱和树脂整理的成品,服用性能有所提高。除了上述共同特点外,不同原料的女线呢还具有各自独有的特点,如纯棉女线呢的手感柔软,吸湿性好;维棉女线呢与纯棉相似,使用寿命比纯棉长;涤棉女线呢具有挺括、耐穿、免烫的优点,但吸湿性较差;涤黏、涤腈女线呢保暖性、吸湿性、弹性、蓬松性好;膨体腈纶女线呢厚实丰满,易洗快干,防蛀耐晒				

续表

棉织物名称 / 规格	女 线 呢(1)
用途	宜做妇女、青年、儿童两用衫、裙子等，主要做女装
备注	是用有色纱线织制的外观具有类似毛料呢绒风格的棉织物。其原料已从纯棉发展到涤棉、维棉、涤黏、涤腈、膨体腈纶等多种。采用各种原料的有色股线、双色花线、多色花线、花式捻线等织制的女线呢，花式品种丰富多彩，并各具特点。按经纬纱线的不同，女线呢又可分为全线、半线、全纱三类。织物组织变化范围广，一般在平纹或绉地上形成条格及各种起花方式，有绉花呢、松花呢、经花呢、提花呢等；以平纹绉纹为基础地纹，经纬纱中除色纱外采用不同比例的花式捻线为主织成的织物，称为绉花呢；以平纹绉纹为基础组织，结合缎纹的纵向或横向与有色纱线相互交织形成条子或格子的各种仿毛呢织物，称为格花呢；应用特别经线在普通织机上织制而成的各种纵向起花织物，称为经花呢；以色线及多色花线结合，利用组织变化达到经纬向有各种提花的织物，称为提花呢。按其组织结构的不同，女线呢又可分为灯芯类、仿印线类、灯笼类、凸条类、联合变化类等

棉织物名称 / 规格		女 线 呢(2)				
品名		格花呢 (涤 65、黏 35)	格花呢 (涤 50、腈 50)	绉花呢 (纯棉)	绉花呢 (涤 65、棉 35)	绉花呢 (涤 65、黏 35)
经纬纱线密度	经纱/tex (英支)	[(18+18)+(18×2)] (32/32+32/2)，混纺交并股线	[(16×2)+(16+16)] (36/2+36/36) 混纺交并股线	[(18×2)+(14+14+14)] (32/2+42/42/42) 交并股线	[(13+13)+(13+13+13.3+13)] (45/45+45/45/120 旦/45)交并纱	[(18+18)+毛巾结子] (32/32+毛巾结子)交并纱
	纬纱/tex (英支)	同经纱	同经纱	[36+(14+14+14)] (16+42/42/42) 交并纱	同经纱	[18+18] (32/32) 交并纱
经纬密度	经纱/(根/10cm)	228	268	268	291	217
	纬纱/(根/10cm)	205	221	213	201	197
织物组织		同上页(1)				
成品幅宽/cm		91.5	91.5	81.5	91.5	91.5
特点		同上页(1)				
用途		同上页(1)				
备注		同上页(1)				

续表

规格＼棉织物名称	女　线　呢(3)				
品名	经花呢(纯棉)	经花呢(纯棉)	提花呢(纯棉)	提花呢(纯棉)	提花呢(纯棉)
经纬纱线密度 经纱/tex(英支)	18×2(32/2)股线	18×2(32/2)股线	14×2(42/2)股线	[(18×2)+(18+18)](32/2+32/32)交并股线	18×2(32/2)股线
经纬纱线密度 纬纱/tex(英支)	[14+14](42/42)交并线	36(16)棉纱	28(21)棉纱	[36+(18+18)](16+32/32)交并纱	36(16)棉纱
经纬密度 经纱/(根/10cm)	315	295	394	319	223
经纬密度 纬纱/(根/10cm)	252	228	236	236	228
织物组织	同上页(1)				
成品幅宽/cm	81.5	81.5	81.5	81.5	81.5
特点	同上页(1)				
用途	同上页(1)				
备注	同上页(1)				

规格＼棉织物名称	男　线　呢						
英文名	cotton suiting for men						
品名		绢纹呢	雪花男线呢	夹丝男线呢			
经纬纱线密度 经纱/tex(英支)	[(14+14)+(14×2)](42/42+42/2)交并线	14×2(42/2)股线	[(18+7.5+18)+(18×2)](32/80/32+32/2)交并线	[(18+13.3人丝+18)+(18×2)](32/120旦/32+32/2)交并线	[(18+18)+(18×2)](32/32+32/2)交并线	[(14+28)+(18×2)](42/21+32/2)交并线	[(14+14+14)+(18×2)](42/42/42+32/2)交并线
经纬纱线密度 纬纱/tex(英支)	29(20)单纱	同经纱	18×2(32/2)股线	18×2(32/2)股线	同经纱	同经纱	18×2(32/2)股线
经纬密度 经纱/(根/10cm)	315	370	315	315	299～315	299～315	354
经纬密度 纬纱/(根/10cm)	252	220	236	228	220～236	220～236	252
织物组织	$\frac{2}{2}$左、右斜纹和变化斜纹等						

续表

棉织物名称 规格	男线呢						
成品幅宽/cm	74	74	74	74	76(部分外销 81.5～91.5)	76	76
特点	质地坚牢,手感厚实,保暖性好,具有类似毛料呢绒的外观风格						
用途	宜做春、秋、冬季外衣等服装						
备注	是一种纯棉中支纱线织制的具有类似毛料呢绒外观风格的色织棉布。其品种按生产用纱分为线经、线纬的全线呢和线经、纱纬的半线呢,造型设计以仿毛料条子花呢为主,部分为素色,格子很少。常用配色以深色调为主,如深咖啡,藏青、铁灰、深蟹青等,部分为中浅色,如驼灰、青灰、中灰、蓝灰等捻花线混色。男线呢一般只经轧光整理,缩水率大,达 8%～9%(除大整理产品)。随着化纤的发展,纯棉男线呢正逐渐被涤/棉、涤/黏、涤/腈和它们的互捻等各类仿毛花呢产品所替代						

棉织物名称 规格		色织涤棉线绢
英文名		yarn dyed T/C tussore
品名		
经纬纱线密度	经纱/tex(英支)	13×2(45/2)涤/棉混纺股线
	纬纱/tex(英支)	13×2(45/2)涤/棉混纺股线
经纬密度	经纱/(根/10cm)	314.5
	纬纱/(根/10cm)	236
织物组织		平纹组织
成品幅宽/cm		141.5
特点		织物具有毛女式平纹呢的外观特点,在手感、服用性能等方面仍保持原有涤棉混纺织物的特性,经树脂整理后,织物具有持久的抗皱免烫性能,其成品布面平整,光滑如绢,色泽柔和,手感厚实、挺括,富有弹性
用途		宜做春、秋季上装、西裤、裙子等
备注		色织涤/棉线绢的名称系经纬均采用双股有色线而来,是 20 世纪 70 年代开发的色织新品种,平纹组织,以格为主,色泽以趋于中浅复色为基本色调,如蓝、米、灰色等

24. 色织绒布 (dyed yarn flannelette)

色织绒布是指通过机械起绒的方法，使表面具有绒毛的色织物。质地柔软厚实，绒毛稠密而蓬松，具有良好的保暖性、吸湿性和耐磨性。运用织物的规格、组织和色彩变化的科学配合，可以形成各种不同的品种和风格。按起绒方法的不同，可分为拉绒布和磨绒布；按织物组织的不同，可分为平纹绒、斜纹绒、提花绒和凹凸绒等；按单面或双面拉绒的不同，可分为单面绒和双面绒；按色纱配置的不同，可分为条绒和格绒；按织物厚薄的不同，可分为厚绒和薄绒。绒布的绒毛由纬纱形成，拉绒时将纬纱的部分纤维一端拉出织物表面形成绒毛，为便于拉绒和增加织物的厚度，使用的纬纱比经纱粗得多。色织绒布主要用作内、外衣料，也有少数用作过滤材料。

规格＼棉织物名称		色织绒布	双纬绒	厚格绒(双面绒)
英文名		yarn-dyed flannelette	double-weft flannelette	heavy flannelette checked
经纬纱线密度	经纱/tex(英支)	27.8(21)、29.2(20)、18.2×2(32/2)棉纱线	29(20)单纱	28(21)纯棉纱
	纬纱/tex(英支)	41.7(14)、97.2(6)、41.7(14)+41.7(14)、29.2(20)+29.2(20)、36.4(16)棉纱	29+29(20+20)交并纱	96(6)纯棉纱
经纬密度	经纱/(根/10cm)		248	180
	纬纱/(根/10cm)		193	220
织物组织		平纹或斜纹组织，较厚的采用纬二重组织	$\frac{2}{2}$斜纹组织	纬二重或纬三重变化组织
成品幅宽/cm			91.5～114.5	114.5～147.5
特点		布身柔软厚实，绒毛稠密而蓬松，具有良好的保暖性、吸湿性和耐磨性。运用织物的规格、组织，色彩变化的配合，可形成各种不同的品种和风格	织物的手感较一般绒类织物柔软，质地厚实，绒毛丰满、稠密	手感厚实、柔软，绒毛丰满，保暖性好，立体感强
用途		宜做内、外衣等	主要做睡衣	宜做童毯和装饰品，既能衣着用，又是艺术装饰品
备注		是指通过机械起绒的方法，使其表面产生绒毛的色织物。按起绒方法的不同，可分为拉绒布和磨绒布；按织物组织的不同，可分为平纹绒、斜纹绒、提花绒、凹凸绒等；按单面或双面拉绒的不同，可分为单面绒和双面绒；按色纱的配置不同，可分为条绒、格绒；按织物的厚薄不同，可分为厚绒和薄绒等。色织绒布主要是指拉绒布，所用原料为棉纱、线间有使用化纤纱、线，在织物的一面拉绒，另一面保持织物的固有特点(如哔叽绒)；双面绒布两面都拉绒，绒坯为平纹或斜纹组织，较厚的双面绒则为纬二重组织。绒布的绒毛由纬纱经拉绒形成，为便于拉绒和增加织物厚度，纬纱比经纱粗得多。双面绒布的经、纬纱线密度之比均为1∶2，单面绒布约为1∶(1.5～2)。纬向紧度大于经向紧度，双面绒布的经纬向紧度比为1∶1.7左右，单面绒为1∶(1.2～1.7)	是经向采用单纱、纬向采用两根纱线并合(无捻)的双纬织制的起绒织物，有单面拉绒和双面拉绒原料采用优质纯棉特纺纱，纬纱为松捻纱，便于拉绒	纬纱采用两种以上色纱交织，使布面呈现不同颜色的几何图形，富有立体感。是一种较厚实的纯棉双面格子绒布

续表

规格＼棉织物名称	色织彩格绒布					
英文名	yarn dyed flannelette checked;yarn-dyed checked flannelette					
品名						
经纬纱线密度 经纱/tex(英支)	28(21)棉纱	28(21)棉纱	[28+(28+28)](21+21/21)交并纱	[28+(18+18)](21+32/32)交并纱	[28+(18+18)](21+32/32)交并纱	[28+(28+28)](21+21/21)交并纱
经纬纱线密度 纬纱/tex(英支)	36(16)棉纱	28(21)棉纱	36(16)棉纱	36(16)棉纱	同经纱	[36+(28+28)](16+21/21)交并纱
经纬密度 经纱/(根/10cm)	264;315	264;315	315	315	315	264
经纬密度 纬纱/(根/10cm)	213;228	213;228	228	228	228	213
织物组织	$\frac{2}{2}$斜纹组织					
成品幅宽/cm	76;81.5;91.5					
特点	布面柔软,配色文雅					
用途	宜作内衣套裙、男装、女装、童装等的面料					
备注	是一种彩色格子起绒棉织物,有单面绒和双面绒之分。成品幅宽根据客户要求选定,有76cm(30英寸)、81.5cm(32英寸)和91.5cm(36英寸)。后整理工艺多为先轧光后拉绒,也有采用防缩整理。颜色有橄榄青、咖啡、月黄、秋香、浅灰、浅蓝等较为文静的色泽					

规格＼棉织物名称	条绒布(条绒)			格绒布(格绒、格子绒布)			
英文名	stripe flannelette; stripe cotton flannel; stripe napped fabric; stripe twilled swansdown			checked flannelette; checked cotton flannel; checked napped fabric; checked twilled swansdown			
品名	单面条绒	双面条绒	双面提条绒	单面格绒	单面格绒	双面格绒	双面厚衬绒
经纬纱线密度 经纱/tex(英支)	28(21)棉纱	30(20)棉纱	28(21)棉纱	28(21)棉纱	36(16)棉纱	28(21)棉纱	28(21)棉纱
经纬纱线密度 纬纱/tex(英支)	40(14)棉纱	同经纱	36(16)棉纱	36(16)棉纱	60(10)棉纱	40(14)棉纱	96(6)棉纱
经纬密度 经纱/(根/10cm)	252	248	252	315	248	252	231
经纬密度 纬纱/(根/10cm)	284	386	276	228	221	284	284

续表

规格＼棉织物名称	条绒布(条绒)			格绒布(格绒、格子绒布)			
织物组织	平纹或斜纹组织			平纹或斜纹组织			
成品幅宽/cm	71～91	91	91	91	91	91	91
特点	织物表面纤维蓬松,绒毛均匀、平齐紧密,手感舒适、柔软丰厚,保暖性强,有一定的吸湿性,因织物表面经过反复拉绒,强力损失较多,通常纬向强力为原来的一半左右,耐磨而不耐拉伸			单面格绒的绒面柔软,保暖性好,肤感舒适;双面格绒的布身厚重,绒毛紧密丰满			
用途	宜做内衣裤、睡衣、浴衣、童装等也可用于做被里			宜做内衣裤、睡衣(单面格绒布)、童装大衣、女装、晨衣及毯子(双面格绒)等			
备注	是色织绒布的一个品种,一般采用$\frac{2}{2}$斜纹组织制织。条绒的条子是由彩色经纱排列成条纹或用提花形成提花条纹。在绒面上形成彩色条纹的称为彩条绒;形成提花花纹的称为提花条绒;形成单一平素色的称为平素色条绒。条绒有单面绒和双面绒之分。缩水率约为8%,裁剪成衣前需下水预缩,成衣洗涤时不宜用力揉搓,以免绒毛起球			是色织绒布的一个品种,其绒面大都是彩色格子,也有单色格子。有单面格绒和双面格绒之分。缩水率约为7%～8%,裁剪成衣前需下水预缩或留有缩水尺寸,成衣洗涤时不宜用力搓揉,宜反复挤压洗涤,以免绒毛起球			

规格＼棉织物名称	彩格绒布(彩格绒)				提花绒布	芝麻绒布(芝麻绒)	
英文名	colour checked flannelette; colour checked cotton flannel; colour checked napped fabric; colour ckecked twilled swansdown				jacquard flannelette; jacquard cotton flannel; jacquard napped fabric; jacquard twilled swansdown	jaspe flannelette	
品名						杂色或元灰芝麻绒	
经纬纱线密度 经纱/tex(英支)	28(21)棉纱	18×2(32/2)或28/28(21/21)棉线	28(21)或14/14(42/42)棉纱线	36(16)棉纱	28(21)棉纱	28(21)棉纱	60(10)棉纱
经纬纱线密度 纬纱/tex(英支)	36(16)棉纱	14×2/14(42/2/42)棉线	36(16)或14/14(42/42)棉纱线	60(10)棉纱	42(14)棉纱	40/40(14/14)棉纱线	36/36(16/16)棉纱线

续表

棉织物名称 规格		彩格绒布(彩格绒)				提花绒布	芝麻绒布(芝麻绒)	
经纬密度	经纱/(根/10cm)	297	262	307	248	185～350	216	173
	纬纱/(根/10cm)	236	228	228	260	185～350	158	158
织物组织		由$\frac{2}{2}$加强斜纹组织,并有各种变化组织和复杂组织				平纹或斜纹组织	斜纹组织	
成品幅宽/cm		91	81.5	81.5	91	81～91	81.5	
特点		织物既有一定的保暖性,又有一定的挺括、悬垂性,即既有绒布织物的特点,又有一般非拉绒织物的特点				表面纤维蓬松,有一层绒毛,保暖性好,并有一定的吸湿性,手感丰润,有仿毛感	绒毛较长,保暖性好,较耐脏污(不显脏),质地柔软厚实	
用途		宜做男女外衣,如夹克、女装、罩衣、童装、两用衫、裙装等				宜做内衣裤、女装外衣、童装、睡衣、浴衣等	宜做夹衣衬里、手套、鞋帽夹里等	
备注		是色织绒布的一个品种,经纬纱都是由彩色纱线或花线纵横排列交织成彩格。其格型与女线呢相类似,反面起绒,绒毛柔密,手感丰润。彩格绒一般可分为双面拉绒和单面拉绒两种。色泽有红、绿、黄、蓝、咖啡等各种大小不同的彩格。成衣时以绒面为正面,能有仿毛感。缩水率在8%左右,洗涤时,不宜用力搓洗,以免绒毛起球,彩色减褪				是以平纹或斜纹组织为地组织,再制织各种小提花纹,使绒面呈现各种花纹图案,是色织绒的一个复杂品种。缩水率在8%左右,裁剪成衣前需下水预缩或留有缩水尺寸,成衣洗涤时不宜用力搓揉,以防止绒毛起球、花型模糊和串色褪色	是色织绒布的一个品种,经纱一般采用色纱或本色纱,纬纱一般采用深浅两色合股的花线。一般为单面起绒,由于起绒的纬纱是花线,又加上经纬纱多为异色,起绒后布面呈现星星点点芝麻花纹,故名。色泽以灰色和杂色居多,杂色主要是酱、藏青、墨绿等。缩水率在8%左右,裁剪成衣前宜先下水预缩或留有缩水尺寸	

续表

<table>
<tr><th colspan="2">棉织物名称
规格</th><th colspan="2">衬绒布
（衬绒）</th><th>双纬绒布
（双纬绒）</th><th>双面薄绒布
（双面薄绒）</th><th>维也纳绒</th></tr>
<tr><td colspan="2">英文名</td><td colspan="2">pile liner</td><td>double welf flannelette</td><td>double faced thin fleece cloth</td><td>vienna flannelette</td></tr>
<tr><td colspan="2">品名</td><td>厚衬绒</td><td>薄衬绒</td><td></td><td></td><td></td></tr>
<tr><td rowspan="2">经纬纱线密度</td><td>经纱/tex（英支）</td><td>28(21)棉纱</td><td>28(21)棉纱</td><td>30(20)棉纱</td><td>28(21)棉纱</td><td>28(21)纱</td></tr>
<tr><td>纬纱/tex（英支）</td><td>96(6)棉纱</td><td>60(10)棉纱</td><td>30(20)无捻或弱捻双根棉纱</td><td>60(10)棉纱</td><td>同经纱</td></tr>
<tr><td rowspan="2">经纬密度</td><td>经纱/(根/10cm)</td><td>176</td><td>228</td><td>190～265</td><td>190～228</td><td>228～270</td></tr>
<tr><td>纬纱/(根/10cm)</td><td>221</td><td>228</td><td>190～265</td><td>190～228</td><td>228～270</td></tr>
<tr><td colspan="2">织物组织</td><td colspan="2">平绒或$\frac{3}{3}$急斜纹或斜纹</td><td>平纹变化组织</td><td>平纹组织</td><td>$\frac{2}{2}$斜纹组织</td></tr>
<tr><td colspan="2">成品幅宽/cm</td><td colspan="2">70</td><td>91</td><td>81～91</td><td>91</td></tr>
<tr><td colspan="2">特点</td><td colspan="2">双面起绒，绒毛丰满，布身柔软</td><td>绒面柔软，穿着舒适。彩色浮悬，似彩云悬空，别具风格</td><td>织物轻起绒，绒毛不太稠密，手感柔软，绒毛短而均匀，吸湿性能好</td><td>织物轻起绒，绒毛柔软，绒毛短而均匀，保暖性好，吸湿性强</td></tr>
<tr><td colspan="2">用途</td><td colspan="2">厚衬绒宜做衣帽、手套衬里及儿童床上用品等；薄衬绒宜做童装、婴幼儿装、服装衬里等</td><td>宜做睡衣、浴衣、童装、女装、时装等</td><td>宜做内衣裤、睡衣、童装、婴幼儿服、服装衬里绒布等</td><td>宜做男女衬衫、童装、女装、裙装等</td></tr>
<tr><td colspan="2">备注</td><td colspan="2">又称衬绒，属于色织绒布。有厚衬绒布和薄衬绒布之分。色泽以白色为主，也有浅色、米黄、粉、浅天蓝等。缩水率约为8%～9%，裁剪成衣前需先下水预缩，洗涤时宜用挤压法洗，忌用重力揉搓，以免绒毛起球</td><td>是双纬色织平纹变化组织，其纬纱多用两根不同的无捻或弱捻色纱，制织双纬，故称。分为单面和双面拉绒两种。缩水率约为8%～10%，裁剪成衣前需先下水预缩，成衣洗涤时勿用重力揉搓，以免绒毛起球和串色</td><td>是采用平纹组织制织的平素起绒织物，多为色绒布，属于色织产品。色泽有本白、漂白、浅天蓝、米色、淡绿、湖蓝等</td><td>一般为二上二下斜纹组织，纱线原料为棉与化纤（例如棉和涤纶各50%）或化纤与化纤（例如涤纶45%和黏胶55%）混纺的拉绒织物，属于色织绒布类。产品多为条格型，单面或双面轻拉绒</td></tr>
</table>

续表

规格 \ 棉织物名称		突　桑		直条绒(冲驼绒)
英文名		tussore		vertical flannelette
品名				
经纬纱线密度	经纱/tex(英支)	10(60)丝光棉纱或6×2(100/2)丝光棉纱	16(30)或60(10)棉纱(彩色)	60×2(10/2)棉股线
	纬纱/tex(英支)	60(10)～100(6)棉纱或36×2(16/2)～42×2(14/2)丝光棉股线	25(23)或50(12)棉纱(灰色)	28(21)棉纱
经纬密度	经纱/(根/10cm)	280～390	283	173
	纬纱/(根/10cm)	140～170	150	141
织物组织				斜纹组织
成品幅宽/cm				
特点		纬纱较粗,纬向产生凸条效应		质地厚实柔软,绒毛丰满
用途		宜做高档凸条服装等		主要用于做棉衣衬里等
备注		突桑始产于19世纪,一般采用丝光棉为原料织制。而在埃及与近东国家市场上,该织物的经纱多采用彩色,纬纱为灰色,呈现浅棕色或浅黄褐色的深色条纹		属于色织绒布,经纱用粗特纱以硫化染料染成元色,纬纱用较细的中特纱,以斜纹组织制织。单面经纱起绒,绒面很像驼绒,故又称冲驼绒。缩水率在8%左右,使用前需下水预缩或留有缩水尺寸。洗涤时不宜用力搓洗,以免绒面起球

25. 色织灯芯绒 (yarn dyed corduroy)

色织灯芯绒是由色经、色纬纱依靠特殊的织物组织织制成坯布，在整理加工时将部分纬纱的浮线割断，使表面形成灯芯条状毛绒的织物，故名。它是灯芯绒的一个品种，与其他灯芯绒的不同之处是：先将纱线染色后再织成各种花色的灯芯绒，而不是先织成灯芯绒白坯再染色加工。色织灯芯绒质地坚牢耐用，美观大方，手感丰满。它由两个系统的纬纱（地纬和绒纬）与一个系统的经纱交织，其中地纬和经纱交织成地布，绒纬和经纱交织后，其浮长部位在整理加工中被割断、松解而形成毛绒。色织灯芯绒利用色纱排列、花色线和组织的配合，能使绒面形成多种不同的色彩和花纹图案。用途广泛，适合用作男女老少的春、秋、冬季服装面料和装饰用料。

规格＼棉织物名称		色织灯芯绒		色织提花灯芯绒		仿烂花丝绒灯芯绒
英文名		yarn dyed corduroy		varicolour jacquard corduroy		imitation faconne velvet corduroy
经纬纱线密度	经纱/tex（英支）	14×2(42/2)～28×2(21/2)股线	18×2(32/2)～14×2(42/2)棉线	紧捻18×2(紧捻32/2)棉线	14×2(42/2)棉线	18×2(32/2)～14×2(42/2)棉线
	纬纱/tex（英支）	28(21)～36(16.2)单纱	36(16)～28(21)棉纱(有时采用特纺纱或特紧纱)	特纺36(特纺16)棉纱	28(21)棉纱	36(16)～28(21)棉纱
经纬密度	经纱/(根/10cm)	190～229	190～229	190	228	190～229
	纬纱/(根/10cm)	614～921	614～921	669	921	614～921
织物组织		平纹、$\frac{2}{1}$或$\frac{2}{2}$斜纹、$\frac{2}{2}$经纬重平等	纬起绒组织	提花组织		纬起绒组织
成品幅宽/cm		91	91	91	91	91
特点		手感柔软，线条圆润，纹路清晰，绒毛丰满，色彩富于变化，色泽纯正，配色调和，色牢度好	色彩富于变化，色泽纯正，配色调和，色牢度好	布面绒毛松软一致，绒条圆润丰满，绒条间纹路清晰，手感柔软糯、厚实，保暖性和耐磨性能好，光泽好		绒面美观，手感滑糯柔软，花型逼真，具有立体感
用途		主要用作一般女装、时装、艺装、睡衣、童装、高档帽、鞋等的用料	宜做女装、时装、艺装、睡衣、童装及装饰用布	大提花灯芯绒宜做时装、艺装、裙子及装饰用布，小提花灯芯绒宜做女装、童装；轻薄产品宜做两用衫、裙子等；绒编提花灯芯绒宜做女装上衣、短大衣、两用衫		宜做艺装、旗袍及家具装饰用布等
备注		是利用特殊的织物组织和整理加工工艺，将部分纬纱切割而在织物表面形成灯芯绒条状毛绒的织物，是先染色后织造，利用色泽的变化和花式线及提花组织的配合形成各种不同图案	是纱或线经染色后制织的各种花色灯芯绒品种。可以通过织物组织上的变化形成更多的花型，也可嵌入装饰用纱或线，例如金银丝、彩色涤纶或锦纶变形丝、花色线等，使色织灯芯绒面更加富丽堂皇。价格比色灯芯绒贵	是用提花组织制织的色织灯芯绒，绒面上除有灯芯条外，还布满大小不同的提花图案花纹。有大提花、小提花和绒编提花等品种。大提花灯芯绒图案复杂，花型大而活泼；小提花灯芯绒是以不同提花组织，在绒条上织出各种灵活小巧的图形；绒编提花灯芯绒是运用织造和割绒相结合的工艺，其外观很像绒线编结织物，美观别致，经整理后，产品绒面具有松散柔软的绒编花纹的独特风格		是灯芯绒的新品种，属色织产品。主要是通过用多色纬纱或线的变化，经过纬割绒后，使灯芯绒面的花色图案具有烂花丝绒效果

26. 条格布 (striped and checked cloth)

条格布是色织布中的大路品种，花型大都为条格，故名。条格布的质地轻薄滑爽，花色文静明朗，在外观上与男女线呢相似，一般是全纱织物，也有少数是半线与全线织物。它与线呢的主要区别是：它的经纬纱很少配置花线，如配置花线，一般也不超过三分之一，幅宽较宽。一般不经过丝光和大整理。使用的原料主要为棉纱，也有富纤纱、涤/棉纱和棉/维纱。织物组织以平纹组织为主，也有小花纹、蜂巢和纱罗组织等。品种主要是深色条格布和浅色条格布。其他还有冲条格府绸、哔叽条格和嵌线条格等。深浅条格布以条型和格型以及色泽的深浅而分为深色条布、深色格布、浅色条布、浅色格布等。深浅条格布大都为全纱织品，少数全线织品称线条布和线格布，质地比较厚实。有的成品最后还要经过磨绒整理，使布面成为绒面称为磨绒线条布或磨绒线格布。条格布多用作内衣衫裤、夏季外衣、冬服衣里及鞋帽等。

规格＼棉织物名称		色织自由条布	纬昌呢	色织拎包布（色织方格布）		全棉向阳格布		
英文名		yarn dyed gingham; yarn-dyed free striped cloth	cotton check cord fabric	gingham for handbag		yarn dyed checks		
经纬纱线密度	经纱/tex（英支）	28(21)或[28+28](21/2+21)纯棉色纱或花线（交并纱）	[28+28](21/21)交并棉纱	18×2(32/2)棉股线	28×2(21/2)棉股线	[18+29+18](32+20/32)交并纱	[18+18](32/32)交并纱	[14.5+14.5](40/40)交并纱
	纬纱/tex（英支）	同经纱	同经纱	同经纱	同经纱	同经纱	同经纱	同经纱
经纬密度	经纱/（根/10cm）	276	283	315	252	315	315	362
	纬纱/（根/10cm）	236	268	256	189	268	268	276
织物组织		平纹组织	$\frac{2}{2}$双面斜纹组织	五枚经面缎纹		平纹组织		
成品幅宽/cm		81.5;91.5		91.5				
特点		织物较轻薄、凉爽，穿着舒适，表面具有不规则的条格形	布面平挺、丰满、厚实，有呢绒的外观效应，吸湿性好，服用舒适	格型明朗，线条清晰		色泽鲜明，白度洁白		
用途		宜作上衣、内衣面料，四季皆宜	主要用做男女老少衬衣、儿童衣裙、女两用衫等	主要用作大、小手拎箱和各种手拎包面料，也有部分用作上衣面料		宜作中小学生和儿童内外衣面料		

续表

规格＼棉织物名称	色织自由条布	纬昌呢	色织拎包布（色织方格布）	全棉向阳格布
备注	是一种表面具有不规则条格形的色织布。花型图案有多种风格，色纱排列一般采用色经黑纬较多，组织运用以下几种：①以平纹为地组织阴阳斜纹结合形成不规则的格型；②以平纹为基础，点缀新颖的小提花；③以平纹组织为基础，采用稀密筘形成不规则条形；④经向穿插黑白花线，有浅色或中复色成条型	是纯棉条格织物。最初由上海纬昌棉织厂生产，是20世纪50年代国内市场的畅销产品，故名。其经纬密度比一般纱格布紧密坚实，色泽用文静大方的米、咖啡、灰、蓝等色调条格套叠。采用树脂整理后，织物表面平挺滑爽，光泽增加，提高了产品仿呢效果，改善了服用性能，且能防缩、防皱	以中支或粗支全棉股线为原料，织物组织除采用五枚经面缎纹组织交织外，也有采用$\frac{2}{1}$斜纹组织的。色泽以大红、黑色、红黑格子为主色，也有以橘黄与黑色、藏青配色	是一种配色循环很小，经纬色和白各占50%的薄型色织格子布，尤其适宜中小学生和儿童穿着，使儿童更显得活泼可爱，朝气蓬勃，故名向阳格布。该品种有一整套大小格子，同时还有一整套相应的大小条子被称为向阳条。在原料上还有涤棉混纺产品，称为涤棉向阳格、涤棉向阳条

规格＼棉织物名称		色织维棉条格布		
英文名		vinylon/cotton yarn-dyed check；yarn dyed V/C gingham		
经纬纱线密度	经纱/tex（英支）	18.3(32)维棉混纺纱（维50、棉50）	18.3(32)维棉混纺纱（维50、棉50）	18.3(32)维棉混纺纱（维50、棉50）
	纬纱/tex（英支）	同经纱	同经纱	同经纱
经纬密度	经纱/(根/10cm)	315	300	292
	纬纱/(根/10cm)	264	236	244
织物组织		平　纹　组　织		
成品幅宽/cm		91.4		
特点		布面光洁，质地轻薄，手感较同类纯棉条格布挺括、滑爽，吸湿性、透气性均较好，穿着舒适，不感闷热，且坚牢耐穿		
用途		宜做夏、秋季的衬衣、衬裤、童装等		
备注		是用维/棉混纺细支纱织造而成的平纹薄型色织布。以白底浅色调的套格或条子为主，配色文雅大方		

续表

规格 \ 棉织物名称		条　格　布(1)							
英文名		striped and checked cloth							
品名		深条布		深格布		浅条布		浅格布	
经纬纱线密度	经纱/tex(英支)	28(21)棉纱	36(16)棉纱	28(21)棉纱	36(16)棉纱	28(21)棉纱	36(16)棉纱	28(21)棉纱	36(16)棉纱
	纬纱/tex(英支)	同经纱	同经纱	同经纱	同经纱	同经纱	同经纱	同经纱	同经纱
经纬密度	经纱/(根/10cm)	271	268	252	268	221	256	284	249
	纬纱/(根/10cm)	190	221	228	236	190	213	268	213
织物组织		以平纹组织为主,也有小花纹、蜂巢和纱罗组织							
成品幅宽/cm		91	91	91	91	91	91	91	91
特点		质地轻薄滑爽,花色文静明朗,在外观上与男女线呢相似							
用途		宜做内衣衫裤、夏令外衣、冬令衣里、鞋、帽及其他制品的里布							
备注		是色织布中的大路品种,花型大都为条格,故名。一般是全纱织物,也有少数是半线与全线织物。条格布与线呢的主要区别,在于它的经纬纱很少配置花线,一般如配置花线也不超过三分之一,幅宽较阔。条格布一般不经过丝光和大整理,价格较低,适合大众需要。有的成品最后通过磨绒整理,使布面成为绒面,称为磨绒线条布或磨绒线格布。部分深浅条格布经过树脂整理或预缩整理,成品服用性能有所改善。条格布除棉织品外,还有富纤、涤棉、棉维等产品							

规格 \ 棉织物名称		条　格　布(2)							富纤条格布			
英文名		striped and checked cloth							polynosic striped and checked cloth			
品名		磨绒线条布	冲条格府绸	彩条格斜	哔叽条格	嵌线条格	线条布	线格布	富纤条布		富纤格布	
经纬纱线密度	经纱/tex(英支)	28/28(21/21)棉纱	28(21)棉纱	28(21)棉纱	28(21)棉纱	30(20)棉纱	18×2(32/2)棉纱	18×2(32/2)棉纱	14(42)富纤染色纱	14(42)富纤染色纱	14(42)富纤染色纱	14×2(42/2)富纤染色股线
	纬纱/tex(英支)	同经纱	同经纱	18(32)棉纱	同经纱	同经纱	同经纱	同经纱	同经纱	同经纱	14、14/14(42、42/42)富纤染色纱	19(30)富纤染色纱

续表

规格＼棉织物名称		条　格　布(2)							富纤条格布			
经纬密度	经纱/(根/10cm)	294	283	260	276	259	274	298	362	425	358	291
	纬纱/(根/10cm)	199	236	260	244	238	181	213	284	284	284	236
织物组织									同条格布			
成品幅宽/cm		91	91	81	81	81	81	81	91			
特点		同上页(1)							布身细洁光滑,色泽浓艳,比纯棉条格布的外观漂亮,近似丝绸风格,穿着舒适滑爽			
用途		同上页(1)							宜做妇女夏令衣服			
备注		同上页(1)							由14tex(42英支)富强纤维染色纱织成,成品经过树脂整理,弹性增加,缩水率在8%左右,使用前需先下水预缩,洗涤时应轻揉轻捏,以免损伤织物			

规格＼棉织物名称		涤棉条格布						
英文名		polyester/cotton mixed striped and checked cloth						
品名		涤棉条布			涤棉格布			涤棉线格布
经纬纱线密度	经纱/tex(英支)	20(28)涤棉混纺纱	13(45)涤棉混纺纱	13(45)涤棉混纺纱	20(28)涤棉混纺纱	13(45)涤棉混纺纱	13(45)涤棉混纺纱	13×2(45/2)涤棉混纺股线
	纬纱/tex(英支)	同经纱	同经纱	同经纱	同经纱	同经纱	同经纱	同经纱
经纬密度	经纱/(根/10cm)	443	315	394	382	315	394	315
	纬纱/(根/10cm)	276	276	284	213	276	362	236
织物组织		同支格布						
成品幅宽/cm		91	114	91	91	114	91	91
特点		质地细薄,花色繁多,滑爽挺括,易洗快干,缩水率小(2%左右)						
用途		宜做妇女衬衫等						
备注		由涤纶65%、棉35%混纺得细特纱经染色后织成,分为涤棉条布和涤棉格布,为涤棉色织布中的主要品种之一。涤棉条格布的经纬纱以13tex(45英支)为多,也有少数涤棉线条布和涤棉线格布,质地比较挺括						

续表

棉织物名称 / 规格		棉维条格布	条格纱罗	格　花　呢
英文名		cotton/vinylon mixed striped and checked cloth	checked striped gaze;checked striped gauze leno	check fancy suitings
品名		棉维混纺条格布	半线纯棉条格纱罗	纯棉格花呢
经纬纱线密度	经纱/tex(英支)	18(32)棉维混纺纱(棉 50、维纶 50)	地经:13(45)棉纱 绞经:13×2(45/2)棉股线	18×2(32/2)～14×2(42/2)棉股线
	纬纱/tex(英支)	同经纱	13(45)棉纱	18×2(32/2)～14×2(42/2)棉股线或36(16)～28(21)棉纱
经纬密度	经纱/(根/10cm)	315	318～409	267～299
	纬纱/(根/10cm)	276	236～284	205～244
织物组织		同条格布	联合纱罗组织	平纹组织
成品幅宽/cm		91	91	81～99
特点		质地比纯棉条，格布细洁，但比纯棉条格布耐磨耐穿，外观和花型基本上与纯棉条格布相仿	布面呈条格花型，配色协调，色泽鲜艳，织物薄透秀丽	花纹图案丰富细巧，布面光洁平挺，手感滑爽，光泽自然柔和，纹理清晰，色泽鲜艳
用途		宜做妇女衬衫	宜做夏令服装，如做衬衫、连衣裙、艺装等用，也可做装饰用布等	宜做女装、童装等
备注		棉维条格布由棉与维纶各50%混纺织造，缩水率在6%左右，使用前需下水预缩	多为色织平纹和变化纹的联合纱罗组织	是女线呢的一个品种，常见的格型有彩虹格、风行格、丰彩格、卫星格、大方格、小方格等。彩虹格就是用多彩的经纬纱织成彩虹状，但也未必红橙黄绿青蓝紫七色均有，只是表示经纬纱色彩多，具有彩虹风格而已。卫星格则是大格配小格。风行格自然格型和彩线相配置如风扫过，有时也称市销流行格型为风行格。半彩格则经纬色纱较多，格型多变

27. 色织府绸（yarn dyed poplin）

色织府绸是指采用漂染过的纱线织制的仿绸型府绸织物。手感柔软，绸面细洁滑爽，色彩调和，经丝光整理，富有丝绸感。根据经、纬纱原料的不同，可分为纯棉府绸、涤棉府绸及涤棉纬长丝府绸等。根据经纬纱的结构不同，也可分为纱府绸、半线府绸和全线府绸。按组织及花式的不同，又可分为条格府绸、提花府绸、剪花府绸、缎条府绸、嵌线府绸和套色府绸等。色织府绸宜做男、女、老、幼四季穿用的内衣、衬衫和裙料等。纯棉精梳高支府绸可做高档衬衫面料；色织半线府绸的花型、色泽千变万化，宜做男、女睡衣裤；涤棉提花府绸质地挺括，手感柔滑，抗皱性强，宜作内、外衣料。

规格＼棉织物名称		色织府绸			
英文名		yarn dyed paplin			
品名		纯棉全纱府绸	涤棉提花府绸	涤棉提花府绸	涤棉纬长丝府绸
经纬纱线密度	经纱/tex（英支）	J14.5(J40) 精梳棉纱	J13(J45) 涤棉混纺纱	J13(J45) 涤棉混纺纱	J13(J45) 涤棉混纺纱
	纬纱/tex（英支）	同经纱	同经纱	同经纱	8.3(75) 涤纶长丝
经纬密度	经纱/(根/10cm)	472	441	394	394
	纬纱/(根/10cm)	268	283	276	331
织物组织		平纹小提花			
成品幅宽/cm		79～91			
特点		布面细洁滑爽，色彩调和，色泽纯正，染色牢度好。织物表面呈现菱形颗粒的特征，手感柔软滑爽，有丝绸感			
用途		宜做衬衫、女装、便装、裙子童装等			
备注		是先染纱后织布的色府绸织物，其色彩丰富，有各种条、格、提花、缎条、缎格等花色，一般采用细支纱、花色线制织，经纬线采用18tex(32英支)～10tex(60英支)单纱或股线，一般以全线、半线色织府绸居多，也有部分全纱色织府绸。成品的经纬密度为(347～469根/10cm)×(236～268根/10cm)。色织府绸的缩水率约为5%，裁剪前需下水预缩，成衣洗涤时宜轻揉轻搓，水温不宜过高，以保持花色鲜艳不褪色			

规格＼棉织物名称		色织纯棉精梳高支府绸(1)				
英文名		yarn dyed combed cotton high count poplin				
品名		全纱府绸	全纱府绸	全线府绸	全线府绸	全线府绸
经纬纱线密度	经纱/tex（英支）	10(60)纯棉 精梳纱	7.5(80)纯棉 精梳纱	7.5×2(80/2) 纯棉精梳股线	6×2(100/2) 纯棉精梳股线	5×2(120/2) 纯棉精梳股线
	纬纱/tex（英支）	同经纱	同经纱	同经纱	同经纱	同经纱

续表

<table>
<tr><td colspan="2">棉织物名称
规格</td><td colspan="5">色织纯棉精梳高支府绸(1)</td></tr>
<tr><td rowspan="2">经纬密度</td><td>经纱/(根/10cm)</td><td>496</td><td>591</td><td>591</td><td>488</td><td>591</td></tr>
<tr><td>纬纱/(根/10cm)</td><td>409</td><td>378</td><td>244</td><td>315</td><td>378</td></tr>
<tr><td colspan="2">织物组织</td><td colspan="5">平纹组织</td></tr>
<tr><td colspan="2">成品幅宽/cm</td><td>114.5</td><td>114.5</td><td>91.5</td><td>91.5</td><td>91.5</td></tr>
<tr><td colspan="2">特点</td><td colspan="5">除表面具有菱形颗粒的府绸特征之外，比一般府绸的外观更细洁、光亮，更有丝绸感。成衣尺寸稳定，缩水率低，具有良好的透气性、吸湿性，色牢度好，日晒、洗涤后仍能保持本色，穿着文雅华美</td></tr>
<tr><td colspan="2">用途</td><td colspan="5">主要用作高档衬衫面料</td></tr>
<tr><td colspan="2">备注</td><td colspan="5">是色织府绸的一种，采用细支精梳棉纱织制而成。按其织物组织及花式的不同大致可分为以下几种类型：①条格府绸，以平纹为基础地纹，经纬纱运用彩色纱线配置形成条型或格子，此外，也有的结合采用不同捻向形成条格等；②提花府绸，以平纹为地纹，结合提、织各种小提花（变化组织）织纹布面呈现稀疏细巧的小花纹，还有在大提花织机上生产的复杂大花纹图案以及利用两种不同地经、花经织纹呈现单独花朵和几何图案，似刺绣品等的府绸织物；③缎条府绸，以平纹为基础地纹，结合缎纹组织在表面形成凸条，经整理后，凸条光泽似缎条府绸织物。按其使用纱线结构的不同，可分为全纱府绸、半线府绸和全线府绸等</td></tr>
</table>

<table>
<tr><td colspan="2">棉织物名称
规格</td><td colspan="2">色织纯棉高支壁织府绸(2)</td><td colspan="2">色织半线府绸
（色织4234府绸、色织缎条府绸）</td></tr>
<tr><td colspan="2">英文名</td><td colspan="2">yarn dyed cotton high count wall weaving poplin</td><td colspan="2">yarn dyed half thread poplin</td></tr>
<tr><td colspan="2">品名</td><td colspan="2"></td><td>缎条府绸</td><td>提花府绸</td></tr>
<tr><td rowspan="2">经纬纱线密度</td><td>经纱/tex(英支)</td><td>6×2(100/2)
纯棉股线</td><td>5×2(120/2)
纯棉股线</td><td>14×2(42/2)
纯棉股线</td><td>14×2(42/2)
纯棉股线</td></tr>
<tr><td>纬纱/tex(英支)</td><td>同经纱</td><td>同经纱</td><td>17(34)
纯棉单纱</td><td>17(34)
纯棉单纱</td></tr>
<tr><td rowspan="2">经纬密度</td><td>经纱/(根/10cm)</td><td>394</td><td>520</td><td>346</td><td>346</td></tr>
<tr><td>纬纱/(根/10cm)</td><td>370</td><td>394</td><td>260</td><td>260</td></tr>
<tr><td colspan="2">织物组织</td><td colspan="2"></td><td>地纹、平纹
起条部分：$\frac{5}{3}$经面缎</td><td>地纹：平纹
起条部分：经起花</td></tr>
<tr><td colspan="2">成品幅宽/cm</td><td colspan="2">91.5</td><td>91</td><td>91</td></tr>
<tr><td colspan="2">特点</td><td colspan="2">除具有高支全棉织物所特有的优良服用性能外，有绸的手感，柔和的色泽，配以富有特色的壁织（管状），体现了别具一格的新奇格调</td><td colspan="2">产品经过烧毛、丝光、漂白等工艺，手感滑、挺、爽、薄，富有绸缎光亮感。花型、色泽千变万化，有深、中、浅各色</td></tr>
<tr><td colspan="2">用途</td><td colspan="2">宜做时装、女装等</td><td colspan="2">宜做男女睡衣裤、衬衫、两用衫、女装、内衣裤等</td></tr>
</table>

续表

规格 \ 棉织物名称	色织纯棉高支壁织府绸(2)	色织半线府绸 (色织4234府绸、色织缎条府绸)
备注		是经纱采用股线，纬纱为单纱织制的色府绸，是一种纯棉织物。根据织物组织、颜色、花式线的使用不同，大致可分为色织条格府绸、缎条缎格府绸、提花府绸、嵌线府绸和套色府绸等

规格 \ 棉织物名称		涤棉提花府绸 (色织棉涤纶府绸)	涤棉纬长丝府绸 (色织涤棉纬三叶丝府绸)	色织树皮绉
英文名		yarn dyed T/C jacquard poplin	T/C jacquard poplin with weft filament;"trueran"yarn-dyed weft filament poplin	yarn dyed tree bark like crepe
经纬纱线密度	经纱/tex(英支)	13(45)涤棉混纺纱 (涤65、棉35，也有少量为涤45、棉55)	13(45)涤棉混纺纱 (涤65、棉35)	13(45)涤棉混纺纱(涤65、棉35)
	纬纱/tex(英支)	同经纱	83dtex(75旦/36F) 三叶丝	同经纱
经纬密度	经纱/(根/10cm)		394	409
	纬纱/(根/10cm)		331	283
织物组织		原组织平纹起花，变化、联合组织各种提花组织相结合以及点缀较复杂的组织等	平纹与小花纹提花；平纹绉地联合组织；绉地缎纹联合组织；经纬缎纹联合组织；仿大花纹组织	树皮绉组织
成品幅宽/cm				114.5
特点		质地挺爽，手感柔滑，抗皱性强，具有色织府绸类产品的风格特征，并兼有各路的特色	质地挺括，手感滑爽糯软，光泽柔和，纬浮花纹闪烁，丝绸感强	经浮点较长，吸湿、透气性好，表面及光柔和。纹路清晰流畅，过渡自然，经向色泽浓艳，纬向稍次，层次分明，立体感强
用途		宜做内、外衣	宜做男女衬衫及装饰用	宜做青年男女春、夏、秋三季衬衫、裤子、裙子等
备注		其品种大致可归纳为8种类型，有细条小格、平素提花、彩条彩格、胸花、剪花、左右捻隐条隐格、织花印花和提花、烂花。织造除采用涤棉混纺纱外，也可织人条种花式捻线、铝质金银彩皮、印节纱和棉结疙瘩粗细纱等，使品种风格多样，花色丰富多彩	现称色织涤棉纬三叶丝府绸，因纬纱采用异形(三叶丝)涤纶长丝，故名。产品花样不断翻新，有平素提花、宽中细条、胸襟花、裙料花等。三叶丝是一种异形涤纶长丝，横截面形状呈Y型与Δ型两种。Y型光泽柔和，Δ型较亮，有良好的光反射性。为了突出三叶丝府绸的装饰效果，可适当镶嵌银丝、自由纱、竹节纱、弱捻花线和经三叶丝线等花式线进行交织，使织物更加美观	属府绸类品种，因外观酷似树皮而得名

续表

规格 \ 棉织物名称		花府绸				
英文名		popline broche				
品名		花纱府绸			花提花府绸	花线府绸
经纬纱线密度	经纱/tex(英支)	30(20)棉纱	30(20)棉纱	19(30)棉纱	15(40)棉纱	精梳 6×2(精梳 100/2)棉股线
	纬纱/tex(英支)	同经纱	同经纱	15(40)棉纱	同经纱	同经纱
经纬密度	经纱/(根/10cm)	327	362	394	472	610
	纬纱/(根/10cm)	190	197	236	268	299
织物组织		平纹或提花组织				
成品幅宽/cm		88	91	91	91	91
特点		布身细洁光滑,布面花纹精致,图形美观,套色多,色彩鲜艳				
用途		宜做女装、罩衣、女便装、童装及被面等				
备注		通常指由纱府绸经烧毛、精练、洗漂而得的印花府绸品种。其品种按花色深浅可分为深色花府绸和浅色花府绸,也有经特殊整理的高档品种。缩水率为4%左右,裁剪前需下水预缩,成衣洗涤时勿重力搓揉,不宜在阳光下曝晒,以防止色花和褪色				

规格 \ 棉织物名称		线府绸					
英文名		thread poplin; thready poplin					
品名		普梳半线府绸		精梳全线府绸			
经纬纱线密度	经纱/tex(英支)	13.8×2(42/2)棉线	13.8×2(42/2)棉线	J[①]9.7×2(J60/2)棉线	J7.3×2(J80/2)棉线	J5.8×2(J100/2)棉线	J4.9×2(J120/2)棉线
	纬纱/tex(英支)	41.7(14)棉纱	20.8(28)棉纱	J10×2(J60/2)棉线	J7.5×2(J80/2)棉线	J6×2(J100/2)棉线	J5×2(J120/2)棉线
经纬密度	经纱/(根/10cm)	393.5	346	472	511.5	610	629.5
	纬纱/(根/10cm)	196.5	236	236	295	299	346
织物组织		平纹或提花组织					
成品幅宽/cm							
特点		布面光滑细洁,手感柔软滑爽,菱形颗粒清晰,丝绸感强,吸湿透气性能好,服用性能良好					
用途		宜做衬衫、睡衣、罩衫及床罩、枕套等。高级纯棉线府绸经各种特殊后整理工艺,具有防缩防皱、免烫等优良性能,用于制作高级衬衫,穿着舒适					

① J表示精梳,余同。

续表

<table>
<tr><td>棉织物名称
规格</td><td colspan="6">线府绸</td></tr>
<tr><td>备注</td><td colspan="6">是指用股线制织的府绸。以股线为经,单纱为纬的称为半线府绸,经纬均为股线的称全线府绸。用于制织线府绸的经纱一般不上浆,在浆纱机上进行湿并、烘干卷绕成织轴,股线伸长常出现负数或无伸长。特细股线可用淀粉或其他化学浆料上薄浆(上浆率为3%~5%),以提高可织性</td></tr>
</table>

<table>
<tr><td colspan="2">棉织物名称
规格</td><td colspan="6">色织涤棉府绸</td></tr>
<tr><td colspan="2">英文名</td><td colspan="6">yarn-dyed T/C mixed poplin;yarn-dyed T/C mixed popeline</td></tr>
<tr><td colspan="2">品名</td><td colspan="2">涤棉花纱府绸</td><td>色织涤棉条府绸</td><td>色织涤纶条府绸</td><td>色织涤纶格府绸</td><td>色织涤纶纬长丝府绸</td></tr>
<tr><td rowspan="2">经纬纱线密度</td><td>经纱/tex(英支)</td><td>13(45)涤棉纱</td><td>13(45)涤棉纱</td><td>13(45)涤棉纱</td><td>20(28)涤棉纱</td><td>13(45)涤棉纱</td><td>13(45)涤棉纱</td></tr>
<tr><td>纬纱/tex(英支)</td><td>同经纱</td><td>同经纱</td><td>同经纱</td><td>同经纱</td><td>同经纱</td><td>7.6(68旦)涤纶长丝</td></tr>
<tr><td rowspan="2">经纬密度</td><td>经纱/(根/10cm)</td><td>524</td><td>433</td><td>417</td><td>441</td><td>441</td><td>441</td></tr>
<tr><td>纬纱/(根/10cm)</td><td>280</td><td>276</td><td>280</td><td>236</td><td>280</td><td>339</td></tr>
<tr><td colspan="2">织物组织</td><td colspan="6">平纹或提花组织</td></tr>
<tr><td colspan="2">成品幅宽/cm</td><td>91</td><td>113</td><td>91</td><td>91</td><td>91</td><td>91</td></tr>
<tr><td colspan="2">特点</td><td colspan="6">布面洁净平整,质地细致,布面上具有均匀的菱状颗粒,粒纹饱满清晰,光泽莹润柔和,手感柔软滑润,色泽均匀艳丽,具有丝绸的风格</td></tr>
<tr><td colspan="2">用途</td><td colspan="6">宜做衬衫、罩衣、女装、内衣、裙装、两用衫、风雨衣等</td></tr>
<tr><td colspan="2">备注</td><td colspan="6">见涤棉府绸</td></tr>
</table>

<table>
<tr><td colspan="2">棉织物名称
规格</td><td>涤棉纬长丝仿绸织物</td></tr>
<tr><td colspan="2">英文名</td><td>T/C warp/filament weft-silk type fabric</td></tr>
<tr><td colspan="2">品名</td><td></td></tr>
<tr><td rowspan="2">经纬纱线密度</td><td>经纱/tex(英支)</td><td>12(50)~14.5(40)涤/棉混纺纱 涤:棉为65:35;50:50;75:25</td></tr>
<tr><td>纬纱/tex(英支)</td><td>7.5(68旦)、8.3(75旦)圆柱形或三叶形异形涤纶长丝</td></tr>
<tr><td rowspan="2">经纬密度</td><td>经纱/(根/10cm)</td><td></td></tr>
<tr><td>纬纱/(根/10cm)</td><td></td></tr>
<tr><td colspan="2">织物组织</td><td>平纹纬起花的小提花组织</td></tr>
<tr><td colspan="2">成品幅宽/cm</td><td></td></tr>
<tr><td colspan="2">特点</td><td>织物轻盈飘逸,手感柔软滑爽,易洗快干,抗皱免烫,色泽艳丽,晶莹悦目</td></tr>
<tr><td colspan="2">用途</td><td>宜做衬衫、裙子及装饰用窗帘、台布等</td></tr>
</table>

续表

规格 \ 棉织物名称	涤棉纬长丝仿绸织物
备注	是指经特定的染整整理的涤/棉混纺纱与涤纶长丝交织的织物，因具有丝绸风格，故名。织物组织以平纹纬起花的小提花组织为主，纬浮线所形成的花纹，形状有断续直线、曲线、波形、菱形等，在布面上起分散点缀作用。经向紧度为50%～55%，纬向紧度为35%～40%，经纬向紧度比值约为1.4，使经纬向强力基本接近。坯布在染整加工时经仿绸“减量”处理，以获得轻滑柔润的丝绸风格

规格 \ 棉织物名称		色织富纤府绸		色织棉维府绸		
英文名		yarn-dyed polynosic poplin; yarn-dyed polynosic popeline		yarn-dyed cotton/vinylon mixed poplin; yarn-dyed cotton/vinylon mixed popeline		
品名		富纤印花提花府绸	色织富纤格府绸	棉维花府绸	色织棉维格府绸	棉维闪色府绸
经纬纱线密度	经纱/tex(英支)	14(42)富纤纱	19(30)富纤纱	18(32)棉维纱	18(32)棉维纱	19(30)棉纱
	纬纱/tex(英支)	同经纱	同经纱	同经纱	同经纱	19(30)棉(64%)维(36%)混纺纱
经纬密度	经纱/(根/10cm)	492	394	449	394	394
	纬纱/(根/10cm)	315	252	276	244	236
织物组织		平纹或提花组织		平纹或提花组织		
成品幅宽/cm		91	91	91	91	90
特点		质地轻薄，布身光洁滑爽，比棉府绸更具有丝绸感		质地细洁，布面洁净平整，手感柔软滑润，坚牢耐穿用		
用途		宜做衬衫、夏令衣着、日常衬衣裤等		宜做衬衫、罩衣、女装、内衣、两用衫等		
备注		见富纤府绸		见棉维府绸		

规格 \ 棉织物名称		条格府绸	提花府绸	印线府绸
英文名		gingham poplin; gingham popeline	figured poplin	thread printed poplin
经纬纱线密度	经纱/tex(英支)	18(32)～10(60)棉纱或线	15(40)～14(42)精梳单纱或股线	14×2(42/2)股线或18(32)～15(40)单纱
	纬纱/tex(英支)	同经纱	同经纱	同经纱
经纬密度	经纱/(根/10cm)	347～426	265～472	267～425
	纬纱/(根/10cm)	236～267	265～472	267～425

续表

棉织物名称 规格	条格府绸	提花府绸	印线府绸
织物组织	平纹组织	平纹组织	平纹组织
成品幅宽/cm	79～91	91	81～100
特点	布面平整细洁，手感滑爽，文静高雅	布面平整细洁，手感滑爽，文静高雅	布面平整细洁，手感柔软滑爽，花型美观
用途	宜做衬衫、内衣、女装罩衣等	宜做高级衬衫、两用衫、女装等	宜做女装、罩衣、衬衫、两用衫、裙装、童装等
备注	以线织物居多。运用色纱线的色彩协调搭配或不同捻向的纱线排列形成条格花型或隐条、隐格、闪光等府绸。色泽以浅色为主	一般以平纹地组织配以提花纹，使彩条、彩格的府绸布面呈现出精美的小花纹或类似大提花。色泽以中浅色为主	是由扎线染纱发展而来的传统花色府绸，因其花色酷似竹节，因而又有竹节府绸的俗称。色泽以中浅色为主，也有深色的品种

棉织物名称 规格		双纬府绸	套色府绸	露依绸
英文名		double welf poplin	topping	louyi silk
经纬纱线密度	经纱/tex（英支）	18(32)～15(40) 单纱或股线	18(32)～15(40) 单纱或股线	7.3×2(80/2) 纯棉股线
	纬纱/tex（英支）	同经纱	同经纱	同经纱
经纬密度	经纱/(根/10cm)	255～480		113
	纬纱/(根/10cm)	255～480		102
织物组织		平纹组织		平纹组织
成品幅宽/cm		81～91		
特点		布面形成不规则的云彩状的花型	布面洁白，菱形颗粒丰满，色泽莹润柔和、均匀纯正，手感柔软滑爽，具有丝绸风格	高支、高密，布面光洁、匀整、丰满挺括，光泽好耐磨性强，具有良好的吸湿性、透气性和染色性，质地挺爽，缩水率低，穿着舒适，高雅，有高档感
用途		宜做女装、罩衣、衬衫、旗袍、裙装、童装等	宜做女装、衬衫、两用衫、罩衫、童装等	宜做风雨衣、夹克衫、羽绒服等的高档面料
备注		织造时采用两根不同颜色的纱线合并（不加捻度）作纬纱（相当于纬重组织）。色泽以中浅淡雅色为主，也有彩色产品	是以原色纱作经纬纱，在经纱或纬纱中夹入了少量耐煮练、耐氯漂的色纱线，形成条子或格子，使其具有色织产品的风格	是色织纯棉高全线织物。采用100%埃及棉纺织而成

28. 色织仿毛织物 (yarn dyed wool-like fabric)

色织仿毛织物是利用各种化纤纱经染色并线后，仿照毛织物的风格，织出各种具有毛型感的织物。具有轻、软而富有弹性，光泽自然滋润，良好的悬垂性，手感挺括等特点。色织仿毛织物使用的原料为涤/黏、涤/腈中长纤维混纺纱，织物品种有色织中长中厚花呢、中复式中长花呢、中长薄型花呢、中长啥味呢、中长马裤呢、中长板司呢、中长海力蒙、中长凡立丁和海力斯等，用途主要用于制作男女各式服装面料等。

规格＼棉织物名称		色织中长中厚花呢		
英文名		yarn dyed medium weight wool-like fancy suitings		
经纬纱线密度	经纱/tex(英支)	[(21.1×2)+(21.1+21.1)](28/2+28/28)涤/黏或涤/腈混纺交并股线	[(18.5×2)+(18.5+18.5)](28/2+28/28)涤/黏或涤/腈混纺交并股线	29.5×2(20/2)涤/黏或涤/腈混纺纱线
	纬纱/tex(英支)	21.1×2(28/2)涤/黏或涤/腈混纺纱线	18.5×2(32/2)涤/黏或涤/腈混纺纱线	同经纱
经纬密度	经纱/(根/10cm)	283;276	315;299	220
	纬纱/(根/10cm)	228;236	236	189
织物组织		$\frac{2}{2}$斜纹组织		平纹组织
成品幅宽/cm				
特点		布面平整丰满,有厚实花呢绒之感		
用途		宜作秋、冬季男女及儿童的套装、外衣、西装面料		
备注		是中长花呢的一种,一般以含有混色纤维的双股花线为基础嵌以若明若暗的条型、格型的产品。色泽选用中深色,以各类复色花线作底色,以同类色或调和色作嵌线,色泽和谐稳重		

规格＼棉织物名称		中复色中长花呢		色织中长薄型花呢	
英文名		medium shade wool-like fancy suitings; medium shade midfibre famcy suitings		yarn dyed wool-like tropical suiting; yarn dyed midfibre tropical suitings	
经纬纱线密度	经纱/tex(英支)	21.1×2(28/2)涤/黏或涤/腈混纺纱线	18.5×2(32/2)涤/黏或涤/腈混纺纱线	16.4×2(32/2)混纺纱(涤65/黏35或涤60/腈40)	14.8×2(40/2)混纺纱(涤65/黏35或涤60/腈40)
	纬纱/tex(英支)	同经纱	同经纱	同经纱	同经纱
经纬密度	经纱/(根/10cm)	232	236	236	236
	纬纱/(根/10cm)	197	205	205	213
织物组织		平　纹　组　织		平　纹　组　织	
成品幅宽/cm					
特点		织物外观平整,织纹细洁,色泽文静调和		织物轻薄、滑爽、挺括,色泽淡雅,文静	

续表

规格＼棉织物名称	中复色中长花呢	色织中长薄型花呢
用途	宜作春、秋、初夏季节的两用衫、裤、裙等面料，也可用作秋、冬季的罩衫和棉衣面料	宜作春、夏、秋季男女上衣、裙、裤等面料
备注	又称中色中长花呢，是一种厚薄适中，外观效果仿毛涤花呢的中长色织物。选用中浅色、中色花线作底色，以同类色和调和色作嵌线，色泽文静调和	是一种仿全毛派力斯、凡立丁风格的中长色织产品。一般选用中浅色、浅色或浅复色花线为底色，以同类色及调和色作嵌线，色泽淡雅而文静，织物组织以平纹为主，或平纹点缀零星小提花或绉纹、原组织起花

规格＼棉织物名称		色织中长啥味呢		色织中长马裤呢（化纤马裤呢）
英文名		yarn dyed wool-like semifinish serge; midfibre yarn-dyed semifinish serge		yarn dyed polyester/viscose cavalry twill; midfibre yarn-dyed whipcord
经纬纱线密度	经纱/tex（英支）	[(21.1×2)+(21.1+21.1)]（28/2+28/28）混纺交并股线（涤65/黏35或涤60/腈40）	[(18.5+18.5)+18.5×2]（32/32+32/2)混纺交并股线（涤65/黏35或涤60/腈40）	(18.5+18.5)(32/32)涤黏混纺交并纱（涤65/黏35）
	纬纱/tex（英支）	(21.1+21.1)(28/28)混纺交并纱（涤65/黏35或涤60/腈40）	(18.5+18.5)(32/32)混纺交并纱（涤65/黏35或涤60/腈40）	21×2(28/2)涤黏混纺纱（涤65/黏35）
经纬密度	经纱/(根/10cm)	283	299	413
	纬纱/(根/10cm)	228	236	228
织物组织		$\frac{2}{2}$斜纹组织		加强急斜纹组织
成品幅宽/cm				91.5
特点		手感滑糯、柔软，弹性好，布面绒毛均匀、丰满，外观有呢绒效果，酷似全毛啥味呢		色泽柔和文静，组织结构紧密，斜纹纹路清晰、粗壮而突出，手感厚实，富有弹性，毛型感强
用途		宜作男女外衣面料		宜做春、秋、冬季外衣、套装、夹克衫等
备注		是一种仿全毛啥味呢风格的中长织物，以两根单纱染成姐妹色或近似色并合加捻成花线，分别作经纱和纬纱交织而成。色泽为素色，如灰、咖、米、棕、蓝灰、黑、藏青等。后整理采用在织物表面进行二正、二反轻起绒，使织物表面有均匀短密的绒毛，然后进行树脂整理		是采用中长纤维为原料，经纬密度较高的斜纹织物，因仿效毛织物马裤呢而得名。混纺纱经染色后，用同类姐妹色或对比调和色之两根单纱捻合成花线作经纱，仿毛马裤呢风格织制而成

续表

规格 \ 棉织物名称		色织中长板司呢					
英文名		midfibre yarn-dyed hopsack					
品名		色织涤黏中长板司呢			色织涤腈中长板司呢		色织涤黏腈中长板司呢
经纬纱线密度	经纱/tex(英支)	21.1×2(28/2)涤黏混纺纱	18.5×2(32/2)涤黏混纺纱	14.8×2(40/2)涤黏混纺纱	18×2(32/2)、18(32)涤腈混纺纱线	18/18(32/32)、18×2(32/2)涤腈混纺股线	17×2(34/2)、18×2(32/2)涤黏混纺股线
	纬纱/tex(英支)	同经纱	同经纱	同经纱	19×2(30/2)涤腈混纺纱	同经纱	18×2(32/2)腈纶股线
经纬密度	经纱/(根/10cm)	平纹:232 斜纹:283	平纹:236 斜纹:315	平纹:236 斜纹:276	307	268	280
	纬纱/(根/10cm)	平纹:197 斜纹:228	平纹:205 斜纹:236	平纹:205 斜纹:236	205	236	248
织物组织		平纹或斜纹组织			平　纹　组　织		
成品幅宽/cm					148	148	165
特点		织物质地平挺，织纹颗粒突出，利用色纱排列与组织配合，形成配色模纹，毛型感强					
用途		宜做男、女西装、套装等					
备注		是仿毛花呢的一种，有全毛板司呢的风格特征。通常采用涤/黏混纺纱线织制，经纱配色为2根深色、2根浅色，或1根深色、1根浅色相间排列，纬纱也是2根深色、2根浅色相间排列采用平纹或方平组织交织，或经纬纱均为4根深色、4根浅色相间排列，采用斜纹组织交织					

规格 \ 棉织物名称		色织中长海力蒙	色织中长凡立丁(色织凡立丁、化纤凡立丁)	涤黏海力斯	
英文名		yarn dyed wool-like herringbone; midfibre ya-rn-dyed herringbone	yarn dyed polyester/viscose valitin; midfibre yarn-dyed valitin	yarn dyed polyester/viscose harris	
经纬纱线密度	经纱/tex(英支)	[(18.5+18.5)+18.5×2](32/32+32/2)中长混纺交并股线(涤50/腈50)	14×2(42/2)混纺股线(涤65/黏35)	18.5×2(32/2)混纺纱(涤65/黏35或涤80/黏20)	21.1×2(28/2)混纺纱(涤65/黏35或涤80/黏20)
	纬纱/tex(英支)	[(18.5+18.5)+18.5×2](32/32+32/2)中长混纺纱(涤65/黏35)	同经纱	同经纱	同经纱
经纬密度	经纱/(根/10cm)	299	252		
	纬纱/(根/10cm)	228	220		

续表

棉织物名称 规格	色织中长海力蒙	色织中长凡立丁 (色织凡立丁、化纤凡立丁)	涤黏海力斯
织物组织	$\frac{2}{2}$人字斜纹组织	平纹组织	平纹组织
成品幅宽/cm		147.5	
特点	质地紧密,色泽纯正,条型活泼,手感糯爽,布边挺括的毛织物外观,快干免烫	织物手感挺爽,富有弹性,毛型感强	布面丰满,质地粗厚、挺糯,毛型感强
用途	宜作春、秋季中厚型仿毛西装面料	宜做男女春秋衫、裤子、裙子等	宜作春、秋季男女服装面料
备注	是仿效毛织物海力蒙风格的中长化纤色织物,是一种中低档化纤仿毛产品。经纱采用涤/腈色纺纱,使前道工序简便,且颜色层次多,毛型感强,可提高织物弹性、强力、手感,但其表面毛糙无光泽。纬纱采用涤/黏混纺纱,遮盖了经向涤/腈纱表面毛糙的缺点,使织物挺而不硬,柔而不疲,可达到较好的服用要求	是仿效毛织物凡立丁的中长化纤色织物,是价廉物美的夏令用产品。为达到仿毛效果,在色泽上以中色偏浅为主,以米、灰两色居多	是中长化纤仿毛中厚型织物。组织采用平纹、斜纹或松结构对原组织进行变化,有时采用结子线、毛圈线等花式线点缀,使织物粗厚,有呢绒效果。经松式树脂整理以提高仿毛效果

棉织物名称 规格		涤黏低弹交并花呢		色织富纤细纺
英文名		fancy suitings(with polyester/viscose twist yarn)		yarn dyed polynosic lawn
经纬纱线密度	经纱/tex (英支)	(16.7+18.5) (150旦/32)混纺交并纱	[(18.5+18.5)+ (18.5+16.7)+16.7] (32/32+32/150旦+150旦) 涤黏混纺交并纱	(14+14)(42/42) 富强纤维交并纱
	纬纱/tex (英支)	16.7(150旦) 低弹涤纶长丝	(21.1+21.1)(28/28)	同经纱
经纬密度	经纱/(根/10cm)	268	268	362
	纬纱/(根/10cm)	228	205	276
织物组织		$\frac{2}{2}$斜纹组织	$\frac{2}{2}$变化斜纹	平纹组织
成品幅宽/cm		91.5;147.5		91.4

续表

规格 \ 棉织物名称	涤黏低弹交并花呢	色织富纤细纺
特点	由于改善了织物结构,在光泽和手感方面更具有仿毛型感,挺括、滑爽、强度高且弥补了纯低弹产品易滑移和拉光等缺点	手感柔软似绸,穿着轻盈飘逸,透气滑爽,外观风格介于全棉和涤棉之间,色泽丰润、悦目、鲜艳
用途	宜做春、秋季裤子、套装、两用衫、裙子和冬装	宜做妇女上衣、衬衫、袍裙等
备注	是用低弹涤纶长丝与涤黏混纺纱交并交织的化纤仿毛色织物。原料选用低弹涤纶长丝,中长纤维涤 65/黏 35。颜色有深、中、浅不同色泽,一般套装用蓝、灰、咖较多,女装有藕红、湖蓝、青莲等色,可稍加小提花点缀	是用富强纤维纱织制的轻薄色织物,具有良好的吸湿性能。仿丝绸风格,大多为套格、散格,部分为大格、彩格,很少为条子花样。色彩配置大多为冷暖兼有,红绿并蓄的块面,色彩艳丽醒目

规格 \ 棉织物名称		色织烂花布(绸)					
英文名		yarn dyed burnt-out cloth					
品名		色织涤棉烂花绸	色织涤棉烂花绸	色织涤棉烂花绸	色织涤棉烂花绸	色织涤棉烂花绸	色织涤棉烂花绸(低比例)
经纬纱线密度	经纱/tex(英支)	15(38)涤棉混纺纱(涤 52、棉 48)	15(38)涤棉混纺纱(涤 52、棉 48)	15(38)涤棉混纺纱(涤 52、棉 48)	15(38)涤棉混纺纱(涤 52、棉 48)	15(38)涤棉混纺纱(涤 52、棉 48)	14.5(40)涤棉混纺纱
	纬纱/tex(英支)	同经纱	同经纱	同经纱	同经纱	同经纱	同经纱
经纬密度	经纱/(根/10cm)	335	335;311	335	335	335	370
	纬纱/(根/10cm)	292	299	299	299	299	335
织物组织		平纹组织	斜纹变化	缎格	绉地	树皮绉	平纹组织
成品幅宽/cm							
特点		花型逼真,层次分明,立体感强,透气性能较烂花前提高 2～3 倍,有丝绸感,高雅美观					
用途		宜作妇女衣料、裙料,特别适宜制作台布、窗帘、床罩等装饰用品					
备注		烂花是利用两种具有不同耐酸牢度纤维的包芯纱、混纺纱织制的色织物,经烂花工艺酸碱法处理后,除去一部分碳化纤维而呈现设计的各种花型。经烂花留下的长丝部分透明匀称、薄如蝉翼,非常高雅美观。烂花布除了用经纬纱都是涤棉包芯纱的坯布(称全包芯坯布)加工外,还可选用涤棉混纺纱作经纱,涤棉包芯纱作纬纱的坯布(称半包芯布),或用经纬纱混纺比都是 T65/C35 混纺纱织成的色织细纺、府绸的坯布进行烂花加工,使成本降低、价格相对便宜,但透明度、花型清晰度、立体感及手感滑爽度等较差,显然比不上全包芯烂花布(绸)具有的丝绸效应					

续表

规格＼棉织物名称		色织涤黏巴拿马花呢	
英文名		yarn dyed polyester/viscose panama	
经纬纱线密度	经纱/tex（英支）	(10.7+26.8) (5.5/22)交并纱	(84.4+21.1) (7/28)交并纱
	纬纱/tex（英支）	同经纱	同经纱
经纬密度	经纱/(根/10cm)	102	118
	纬纱/(根/10cm)	98	114
织物组织		平　纹　组　织	
成品幅宽/cm		91.5	147.5
特点		织物表面具有粒纹粗而清晰，质地松、挺、厚、软等特征，毛型感强	
用途		宜作春、秋、冬季套装面料、裙料等	
备注		是一种中长仿毛花呢，采用中长纤维粗支纱织制，原料成分为涤纶 65、黏胶 35。品种有仿女衣呢的藕红、蓝、米等一色平纹呢；有在蓝或灰底色上织入浅咖、蟹蓝嵌条的仿毛粗花呢；也有在浅色底上配以多种花式线加以衬托的仿毛厚花呢，产品色泽素雅大方，手感厚实挺括	

规格＼棉织物名称		色织化纤派力司							
英文名		chemical fiber yarn-dyed wool-like palaces							
品名		纯涤纶派力司			涤腈派力司			涤黏派力司	
经纬纱线密度	经纱/tex（英支）	7.4×2 (80/2)纯涤纶股线	9.8×2 (60/2)纯涤纶股线	10.7×2 (55/2)纯涤纶股线	15.5×2 (38/2)涤腈混纺股线	18.5×2 (32/2)涤腈混纺股线	10.7×2 (55/2)涤腈混纺股线	18.5×2 (32/2)涤黏混纺股线	10.7×2 (55/2)涤黏混纺股线
	纬纱/tex（英支）	同经纱	同经纱	同经纱	同经纱	同经纱	18.5×2 (32/2)涤腈混纺股线	同经纱	18.5×2 (32/2)涤黏混纺股线
经纬密度	经纱/(根/10cm)	406	362	335	252	283	295	283	295
	纬纱/(根/10cm)	291	260	236	220	268	236	208	236
织物组织		平　纹　组　织							
成品幅宽/cm		91.5				91.5； 147.5	91.5		

续表

棉织物名称 规格	色织化纤派力司
特点	质地轻薄,色泽淡雅,并特意使色纤维在纱线中混色不匀,因而使织物表面具有明显的疏密不匀、随机分布、纵横交错的夹色条纹,形成派力司织物的外观特征,而且在手感、服用性能等方面仍保持原有化纤混纺织物的特性,毛型感较强
用途	宜作春、夏、秋季服装面料、夏季裤料和上装面料等
备注	是以化纤原料仿毛派力司的风格特征织制而成的色织物。经向有疏密不匀的夹色条纹,一般为浅灰色、浅棕色等。纯涤纶派力司采用纯涤纶中长纤维混纺纱作经纬,其混纺比为白87、色13,其成分为2.2dtex(2旦)71mm白涤纶37,2.8dtex(2.5旦)76mm白涤纶50,2.8dtex(2.5旦)76mm色涤纶13。涤腈派力司采用涤腈中长纤维色混纺环锭纱,混纺比为涤60、腈40,其中色涤纶28,白涤纶32[细度2.8dtex(2.5旦),长65mm],白腈纶40[细度3.3dtex(3旦),长65mm]。涤黏派力司采用涤黏中长纤维色混纺环锭纱,混纺比为涤65、黏35,其中色涤纶13,白涤纶52,白黏胶35[细度2.8dtex(2.5旦),长65mm]

棉织物名称 规格		色织凉爽呢 (化纤凉爽呢、凉爽呢)	色织涤棉牙签条	色织拷花绒
英文名		yarn dyed polyester/viscose modelon; midfibre yarn-dyed modelon	yarn dyed lawn (pin-waled)	yarn dyed embossed velvet
经纬纱线密度	经纱/tex (英支)	[(14.8×2)+(14.8+11.1)] (40/2+40/100旦)涤腈长丝强捻花线交并股线	21×2(28/2)白涤棉股线和21(28)色涤棉单纱	地经:14×2(42/2)棉线 绒经:14×2(42/2)棉线
	纬纱/tex (英支)	14.8×2(40/2)涤腈S向强捻股线(呈现隐条)	21(28)涤棉混纺纱	14(42)棉纱
经纬密度	经纱/(根/10cm)	224	362	地经:170;绒经:170
	纬纱/(根/10cm)	197	268	378
织物组织		平纹组织	平纹组织	地组织:平纹;绒组织V形固结;边组织:纬重平
成品幅宽/cm		91.5;147.5		
特点		织物呈现隐条,透气性好,挺括耐磨,富有弹性,手感疏松而滑爽,仿毛感良好	质地紧密,布身挺括,手感滑爽,条纹富有立体感,服用性能良好	绒面上呈现人字形(或斜纹)绒纹,明暗隐约,风格别致,外观效果犹如拷花大衣呢,色泽鲜艳,人字形绒毛丰满
用途		宜做夏秋季男女上装、裤料、裙子、套装等	宜做衬衫、西裤、裙子、外套、童装等	宜做服装及装饰用

续表

规格 \ 棉织物名称	色织凉爽呢 （化纤凉爽呢、凉爽呢）	色织涤棉牙签条	色织拷花绒
备注	是类似毛凉爽呢的平纹色织物，采用涤 65、腈 35 混纺纱作经纬纱。常用色有淡雅的浅灰、浅米、浅棕、浅驼、浅蓝等	是布面纵向呈现凸条纹路的色织物，条子犹似牙签，故名。原料为混纺比 T65/C35 的涤棉混纺纱。经纱排列为 21tex×2(白)2 根和 21tex(色)3 根间隔排列	是经平绒类织物中的新品种，是提花绒类织物，系双层经起绒织物，经过割绒分成两片单层的绒坯布。由两组经纱与一组纬纱交织而成，织物结构为经起绒 V 型固结双层织物，上下层地布组织为平纹，绒经在一个完全纬循环中有时起绒，有时织入地组织中，在一个完全绒经循环中，绒经起绒和织地的纬依次交错，从而形成绒纹。再利用山形穿法，即可形成人字绒纹。绒毛长度 1.2cm，绒经缩率 8.6%，地经缩率 1.5%，纬纱缩率 6.5%

规格 \ 棉织物名称		纯涤纶低弹长丝仿毛花呢(1)						
英文名		wool-like fancy suitings with low elastic filament						
经纬纱线密度	经纱/tex（英支）	167dtex（150 旦）涤纶变形长丝	167dtex（150 旦）涤纶变形长丝	[167dtex+111dtex]（150 旦+100 旦）涤纶变形长丝交并纱	[(167dtex+167dtex)+(167dtex×2)]（150 旦/150 旦+150 旦/2）涤纶变形长丝交并股	167dtex×2（150 旦/2）涤纶变形长丝	167dtex（150 旦）涤纶变形长丝	[333dtex+(167dtex+167dtex)]（300 旦+150 旦/150 旦）涤纶变形长丝交并纱
	纬纱/tex（英支）	同经纱	同经纱	167dtex（150 旦）涤纶变形长丝	167dtex(150 旦)涤纶变形长丝	同经纱	同经纱	167dtex（150 旦）涤纶变形长丝
经纬密度	经纱/(根/10cm)	409	386	374	268	276	287	259
	纬纱/(根/10cm)	291	276	260	228	252	252	236
织物组织		斜纹变化组织						
成品幅宽/cm		91.5;147.5						

续表

棉织物名称 规格	纯涤纶低弹长丝仿毛花呢
特点	织物滑爽，有弹性，表面呈直条形，具有弹、挺、丰、爽、匀的毛型感
用途	宜做男女套装、裤子等
备注	是仿毛花呢的一个品种，其原料采用涤纶变形长丝，如仿麻丝、网络丝、六叶丝等各种异型纤维和有色长丝。由斜纹变化组织构成条形模纹，织物的规格较多，采用粗支经纱，其支数一般大于纬纱支数

<table>
<tr><td colspan="2">棉织物名称
规格</td><td colspan="4">纯涤纶低弹长丝仿毛花呢(2)</td></tr>
<tr><td rowspan="2">经纬纱线密度</td><td>经纱/tex
(英支)</td><td>(167dtex+167dtex)
(150 旦/150 旦)
涤纶变形
长丝交并纱</td><td>[(167dtex+167dtex)+(167dtex×2)](150 旦/150 旦+150 旦/2)
涤纶变形
长丝交并纱</td><td>[(167dtex+167dtex)+(167dtex×2)]
(150 旦/150 旦+150 旦/2)
涤纶变形
长丝交并纱</td><td>[(167dtex×2)+(167dtex+167dtex)]
(150 旦/2+150 旦/150 旦)
涤纶变形
长丝交并纱</td></tr>
<tr><td>纬纱/tex
(英支)</td><td>167dtex(150 旦)
涤纶变形长丝</td><td>333dtex(300 旦)
涤纶变形长丝</td><td>167dtex(150 旦)
涤纶变形长丝</td><td>167dtex(150 旦)
涤纶变形长丝</td></tr>
<tr><td rowspan="2">经纬密度</td><td>经纱/(根/10cm)</td><td>268</td><td>291</td><td>291</td><td>276</td></tr>
<tr><td>纬纱/(根/10cm)</td><td>228</td><td>197</td><td>252</td><td>252</td></tr>
<tr><td colspan="2">织物组织</td><td colspan="4">斜纹变化组织</td></tr>
<tr><td colspan="2">成品幅宽/cm</td><td colspan="4">91.5;147.5</td></tr>
<tr><td colspan="2">特点</td><td colspan="4">同上页(1)</td></tr>
<tr><td colspan="2">用途</td><td colspan="4">同上页(1)</td></tr>
<tr><td colspan="2">备注</td><td colspan="4">同上页(1)</td></tr>
</table>

续表

规格 \ 棉织物名称		大提花中长纬低弹花呢	色织仿毛双层粗厚花呢	
英文名		yarn dyed jacquard wool-like fancy suitings	yarn dyed wool-like two layer tweed	
经纬纱线密度	经纱/tex（英支）	18.5×2(32/2)中长涤黏纱股线	[18.5×2+18.5×2](32/2+32/2)涤黏交并股线(涤65、黏35)	[(18.5+18.5)+(18.5×2)](32/2+32/2)涤黏交并股线(涤65、黏35)
	纬纱/tex（英支）	167dtex(150旦)低弹涤纶长丝	同经纱	同经纱
经纬密度	经纱/(根/10cm)	315	362	449
	纬纱/(根/10cm)	252	339	315
织物组织		纬起花、绉地	提花、斜纹	$\frac{2}{2}$斜纹
成品幅宽/cm			91.5	147.5
特点		织物的滑糯性、挺括性介于中长织物和纯涤纶织物之间，而防起毛起球和防静电性能优于纯涤纶织物	织物构思巧妙，配色各异，色彩柔和，织纹精细，正面为浅米色和驼色交织的小提花纹，反面为彩色斜纹钢花呢，具有高档女衣呢风格	
用途		主要用作女式上衣料等	宜做各种流行时髦的旅游、装饰织物	
备注		是采用中长纤维涤/黏混纺纱作经，低弹涤纶丝作纬纱织制的织物，颜色有深、中、浅色，适用时间长、范围广	是仿毛粗厚花呢的一种，采用经纬双重组织，织物正反两面花型色泽各不相同，可两面穿着，经轻起绒处理后毛型感强，是一种高档仿毛产品	

规格 \ 棉织物名称		色织腈纶膨体粗花呢					
英文名		yarn dyed bulky acrylic tweed					
品名		一般膨体仿毛织物		花式膨体仿毛织物			
经纬纱线密度	经纱/tex（英支）	16.9×4(35/4)腈纶膨体线	32.8×4(18/4)腈纶膨体线	[(16.9×4+16.9×4)+(16.9×4)+毛圈](35/4/35/4+毛圈)腈纶膨体交并股线	[(16.9×4)+14.8×2+彩丝](35/4+40/2/彩丝)腈纶膨体交并股线	[(21.1×4中长)+(16.9×4)](28/4中长+35/4)腈纶膨体交并股线	[(24.6×4)+膨体结子](24/4+膨体结子)腈纶膨体交并股线
	纬纱/tex（英支）	同经纱	同经纱	[(16.9×4+16.9×4)+毛圈](35/4/35/4+毛圈)腈纶膨体交并股线	[(16.9×4)+(14.8×2)](35/4+40/2)腈纶膨体交并股线	[(21.1×4中长)+(16.9×4)+毛圈](28/4中长+35/4+毛圈)腈纶膨体交并股线	24.6×4(24/4)腈纶膨体线

续表

规格＼棉织物名称		色织腈纶膨体粗花呢					
经纬密度	经纱/(根/10cm)	126	110	137	169	142	173
	纬纱/(根/10cm)	118	102	106	260	118	150
织物组织		以平纹、套格为主		以提花、斜纹变化组织为主			
成品幅宽/cm		89～147.5					
特点		质地厚实丰满，保暖性强，装饰性好，易洗快干，防蛀耐晒，价格适中，手感蓬松柔软					
用途		主要用作中青年女式上衣、童装、中长大衣、两用衫、裙套装等面料					
备注		是一种化纤仿毛织物，以40%高收缩腈纶和60%收缩腈纶为主要原料，混纺自捻纱，经膨化和阳离子染料染色后，手感蓬松柔软，运用斜纹变化组织及配色上的变化，加上花色膨体纱的点缀，使色织腈纶膨体粗花呢能与毛织物相媲美。颜色以中深色为佳，外观类似粗毛花呢。近年来采用了毛茸、结子线、波纹线、彩点球球线与彩点色纺、喷点彩色线等新颖花式线，以山形变化斜纹和提花相结合的组织织制，使产品丰满厚实，华丽雅致。其品种很多，有双色毛圈彩星大衣呢、毛圈套格提花膨体大衣呢、原液着色竹节纱腈纶女衣呢、喷印竹节金丝交织腈纶女衣呢等					

规格＼棉织物名称		色织丙纶吹捻丝粗花呢				色织维棉交织花呢
英文名		yarn dyed polypropylene air textured yarn tweed				yarn dyed V/C mixed fancy suitings
品名		单面法兰绒	钢花呢	银枪大衣呢	女式条格花呢	
经纬纱线密度	经纱/tex(英支)	[(18.5×2)T65/R35混纺纱+833dtex丙纶变形丝](32/2/750旦)交并股线	[(18.5×2)T65/R35混纺纱+833dtex丙纶变形丝](32/2/750旦)交并股线	[(18.5黑+18.5灰)+840dtex丙/涤变形丝](32/32/760旦)交并纱	[(18.5×2)棉线+833dtex丙纶变形丝](32/2/750旦)交并纱	18.3×2(32/2)维棉股线
	纬纱/tex(英支)	同经纱	同经纱	同经纱	同经纱	(18.3+18.3)(32/32)维棉花线和18.3×2(32/2)纯棉股线和交并纱
经纬密度	经纱/(根/10cm)	169	299	185	有多种	260
	纬纱/(根/10cm)	165	142	142	有多种	228
织物组织		$\frac{1}{3}$破斜纹组织	$\frac{2}{2}$方平组织	$\frac{4\ 1\ 1}{2\ 2\ 2}$急斜纹组织	织纹多样	变化斜纹组织
成品幅宽/cm						99;91.5

续表

规格＼棉织物名称	色织丙纶吹捻丝粗花呢	色织维棉交织花呢
特点	织物手感粗涩，风格粗犷，仿毛型感很强	外观近似色织中长仿毛花呢，以中色调的套格或条子为主，其配色调和，质地厚实，手感不软不糙，穿着效果比其他合纤织物舒适，无闷感，服用牢度好
用途	宜作男女老少冬季服装面料	宜做女装、裤子、童装及沙发套等
备注	是化纤粗花呢的一种，采用丙纶吹捻丝为原料，故名。吹捻丝是一种用气流加捻设备变形成毛茸的又似波浪线的粗纱。纺纱原料适宜用无捻长丝，如涤纶(低弹、三叶丝)、丙纶、锦纶、黏胶等长丝，又称空气变形丝，简称空变丝。由于吹捻丝粗纱的张力很差，故在粗花呢中仅作纬纱使用，其经纱通常为纯棉或化纤混纺纱。单面法兰绒的色泽多为浅咖啡、烟灰等；钢花呢多为驼、鸽灰等；银枪大衣呢有黑灰、深灰等；女式条格花呢的颜色多变	是采用维/棉混纺纱和纯棉纱织制而成的仿毛织物。采用深色纯棉纱作嵌线，维/棉的混纺比为38∶62或50∶50，经纬向的缩水率分别为4%左右和2%以内

规格＼棉织物名称		涤棉花呢							
英文名		polyester/cotton mixed fancy suitings							
品名		涤　棉　花　呢						涤棉夹丝花呢	
经纬纱线密度	经纱/tex(英支)	20(28)涤棉混纺纱	13×2(45/2)涤棉混纺股线	13×2(45/2)涤棉混纺股线	13/13(45/45)涤棉混纺并合线	13×3(45/3)涤棉混纺股线	13×2(45/2)涤棉混纺股线	120旦/13夹黏丝	13×2(45/2)夹金丝
	纬纱/tex(英支)	同经纱	同经纱	同经纱	13(45)涤棉混纺纱	同经纱	13(45)涤棉混纺纱	120旦/45夹黏丝	13/13(45/45)夹金丝
经纬密度	经纱/(根/10cm)	370	272	393	315	244	393	290	307
	纬纱/(根/10cm)	260	197	236	256	173	165	165	244
织物组织		平纹组织							
成品幅宽/cm		91							

续表

规格＼棉织物名称	涤棉花呢
特点	织物外观厚实,带有毛型花呢的风格,配色调和,织纹清晰,布面光洁,手感丰满,具有滑、挺、爽的特点,经久耐穿,易洗快干
用途	宜做春、秋、冬季男女套装等
备注	是由涤纶 65%、棉 35%混纺纱线织造,有纱制品和线制品,先染纱后织造。花色品种变化多,有条花呢、格花呢和提花呢等。涤棉花呢除采用花色线、结子线外,也夹入化纤长丝、金银丝等,成为涤棉夹丝花呢,使布面光彩闪烁。缩水率在3%左右

规格＼棉织物名称		色织中长克罗丁(色织中长双纹呢)	中长色织华达呢
英文名		yarn dyed mid-length whipcord	mid-length yarn dyed gabardine
经纬纱线密度	经纱/tex(英支)	18×2(32/2),18×18(32/32) 色织中长涤黏混纺股线	18×2(32/2) 中长涤黏混纺股线
	纬纱/tex(英支)	18×2(32/2) 色织中长涤黏混纺股线	同经纱
经纬密度	经纱/(根/10cm)	354	370
	纬纱/(根/10cm)	236	221
织物组织		斜纹组织	$\frac{2}{2}$加强斜纹组织
成品幅宽/cm		144	148
特点		布身挺括厚实,色牢度好,耐洗涤,花色比较调和,仿毛感较强	质地厚实,手感厚糯,弹性好,经穿耐磨,快干免烫。花色美观,毛型感好,近似毛织品
用途		宜做男女上衣、两用衫等	同棉花达呢
备注		是由 65%的中长涤纶和 35%的中长黏胶混纺色纱织造而成。缩水率在 2%左右,使用前不需下水预缩,洗后不需熨烫。由于布面经纱浮线较长,洗涤时不宜用力搓擦,以免起毛	是由 65%的中长涤纶与 35%的中长黏胶纤维混纺花色线织成。缩水率在2%～3%,洗涤后,于阴凉通风处晾干,不要在日光下曝晒,以免色泽减褪变浅

续表

规格＼棉织物名称		中长色织花呢(1)							
英文名		mid-length yarn-dyed suitings							
品名		涤黏中长花呢			涤腈中长花呢	涤富中长花呢		涤黏中长纬低弹花呢	弹涤黏花呢
经纬纱线密度	经纱/tex(英支)	13/13(44/44)涤黏混纺股线	18×2(32/2)涤黏混纺股线	15/15(40/40)涤黏混纺股线	14×2(42/2)涤腈混纺股线	19×2(30/2)涤富混纺股线	19/19(30/30)19×2(30/2)涤富混纺股线	18×2(32/2)涤黏混纺股线	15/150旦(40/150旦)
	纬纱/tex(英支)	同经纱	同经纱	15×2(40/2)涤黏混纺股线	同经纱	同经纱	同经纱	150旦	150旦
经纬密度	经纱/(根/10cm)	311	260	236	272	252	276	319	268
	纬纱/(根/10cm)	236	213	205	244	221	221	244	228
织物组织		平纹组织、斜纹组织和提花组织							
成品幅宽/cm		91			91			112	91
特点		男花呢的花色比较文静，以条格花呢为多，有浅色、深色、嵌条等，有时也混入异形化纤或夹入化纤长丝等。女花呢的花色比较鲜艳，以提花呢为多，并夹入毛巾线、结子线、竹节纱、金银丝、涤丝等，呢面显得丰富多彩。部分女花呢以中长涤黏与弹涤丝交织或采用膨体腈纶纱织成，织物丰厚，弹性好，手感和毛型感均可增强，更带有毛型女花呢的特色							
用途		宜做春、秋、冬三季的男女套装							
备注		由中长涤黏、涤腈、涤富等混纺纱线织造，纱线先用分散、阳离子、士林等染料染色，然后织造。品种有男花呢和女花呢等。缩水率在3%左右，不需下水预缩可直接裁剪。洗涤时勿用力刷洗，洗后挂于阴凉通风处晾干，以保持花色鲜艳							

续表

规格 \ 棉织物名称		中长色织花呢(2)		
英文名		mid-length yarn-dyed suitings		
品名		涤黏中长纬低弹中空花呢	腈纶膨体花呢	涤黏腈花呢
经纬纱线密度	经纱/tex(英支)	15×2(40/2) 涤黏混纺股线	16×4(35/4) 腈纶膨体股线	18×2(32/2) 涤黏混纺股线
	纬纱/tex(英支)	15×2(40/2) 150旦	同经纱	18×2(32/2) 腈纶膨体股线
经纬密度	经纱/(根/10cm)	236	165	252
	纬纱/(根/10cm)	228	150	197
织物组织		平纹组织、斜纹组织和提花组织		
成品幅宽/cm		91	147.5	91
特点		同上页(1)		
用途		同上页(1)		
备注		同上页(1)		

规格 \ 棉织物名称		中长条纹呢(中长明条呢)			中长绉纹呢	
英文名		midfiber mixed striped cloth			midfiber polyester/viscose mixedpucker cloth(fluting)	
品名		涤黏中长条纹呢		涤黏中长嵌银丝条纹呢	涤黏中长绉纹呢	涤黏中长纬涤弹绉纹呢
经纬纱线密度	经纱/tex(英支)	18×2(32/2) 涤黏混纺股线	18×2(32/2) 涤黏混纺股线	18(32) 涤黏混纺纱	18.5×2(31/2) 涤黏混纺股线	15×2(40/2) 涤黏混纺股线
	纬纱/tex(英支)	同经纱	30(20)涤黏混纺纱	同经纱	同经纱	150旦 涤纶长丝

续表

规格＼棉织物名称		中长条纹呢(中长明条呢)			中长绉纹呢	
经纬密度	经纱/(根/10cm)	230	228	284	234	370
	纬纱/(根/10cm)	205	205	268	221	252
织物组织		平 纹 组 织			绉 组 织	
成品幅宽/cm		91		91～150	148	91
特点		布面上有比较明显的直条形纹,有阔有狭。条纹中嵌有不同色泽的纱线,有规则地间隔排列,有阔有狭,使织物增加仿毛感,类似于条子花呢			布面有密集的绉纹,花纹细致美观,手感软糯,质地厚实,色泽匀净,毛型感强	
用途		宜做男女套装			宜作女式服装面料及装饰用布	
备注		使用的原料有中长涤黏和中长涤腈混纺纱。染色使用分散和士林染料。中长条纹呢有全线、半线和全纱等品种。主要是涤黏混纺品种,也有少量涤腈混纺品种。条纹的嵌线有白色纱线、染色纱线或金银丝等,运用不同色泽的嵌线,以及条纹的阔狭,形成各种花色。缩水率在2%左右,洗涤比较方便,易洗快干,洗后不需熨烫。嵌金银丝的条纹呢在成衣后不宜用碱性皂液洗涤,不宜浸泡,避免搓刷,以免损伤嵌条的光泽效果			是采用绉组织织造的中长化纤混纺织物。由65%的中长涤纶与35%的中长黏胶纤维混纺,为全线织物。也有涤黏纱与低弹涤纶丝交织的交织绉纹呢,手感和毛型感都比涤黏中长绉纹呢有所提高。其色泽主要为深色,也有部分杂色。缩水率在3%左右。因为是绉地组织,有的采用低弹涤丝交织,洗涤时不宜用力搓擦,以免起毛	

规格＼棉织物名称		中长提花呢							
英文名		midfiber mixed figured cloth							
品名		涤黏中长提花呢				涤黏中长纱提花呢		涤黏中长银丝提花呢	涤黏中长纬腈提花呢
经纬纱线密度	经纱/tex(英支)	18×2(32/2)涤黏混纺股线	15×2(40/2)涤黏混纺股线	15×2(40/2)涤黏混纺股线	18×2(32/2)涤黏混纺股线	18(32)涤黏混纺纱	30(20)涤黏混纺纱	18×2(32/2)涤黏混纺股线	18×2(32/2)涤黏混纺股线
	纬纱/tex(英支)	30(20)涤黏混纺纱	30(20)涤黏混纺纱	同经纱	同经纱	同经纱	同经纱	30(20)涤黏混纺纱	36(16)涤黏混纺纱

续表

规格＼棉织物名称		中长提花呢							
经纬密度	经纱/(根/10cm)	284	319	284	230	311	236	264	286
	纬纱/(根/10cm)	236	244	236	205	276	228	228	221
织物组织		提花组织							
成品幅宽/cm		91							
特点		布面上的提花仿照呢绒的花纹，花纹图案变化多，美观大方，织纹清晰，配色协调，毛型感强，富有呢绒的风格							
用途		宜做男女上装、两用衫、裤装等							
备注		是采用提花组织织造的中长化纤混纺织物。原料有中长涤黏和中长涤腈混纺。根据提花花纹的不同，有提花呢、提条呢和提格呢。有的产品还嵌入金银丝点缀或采用腈纶纱作纬纱交织而成，增加了花色，提高了毛型感。缩水率在2%左右。其布面均为提花花纹，浮线较长，容易起毛，洗涤时不宜擦刷							

规格＼棉织物名称		中长平纹呢(中长织物、仿毛织物、中长凡立丁)							
英文名		midfibrer mixed plain cloth							
品名		涤黏中长平纹呢				涤黏纱中长平纹呢	涤腈平纹呢		涤黏中长纬弹涤平纹呢
经纬纱线密度	经纱/tex(英支)	18×2(32/2)涤黏混纺股线	18×2(32/2)涤黏混纺股线	20×2(28/2)涤黏混纺股线	15×2(40/2)涤黏混纺股线	20(28)涤黏混纺纱	18×2(32/2)涤腈混纺股线	18×2(32/2)涤腈混纺股线	18×2(32/2)涤黏混纺股线
	纬纱/tex(英支)	30(20)涤黏混纺纱	同经纱	同经纱	同经纱	同经纱	30(20)涤腈混纺纱	同经纱	150旦涤纶丝
经纬密度	经纱/(根/10cm)	228	228	221	252	284	228	217	236
	纬纱/(根/10cm)	205	205	197	205	268	205	205	236

续表

规格 \ 棉织物名称	中长平纹呢(中长织物、仿毛织物、中长凡立丁)							
织物组织	平 纹 组 织							
成品幅宽/cm	91	91	91	147	91	91	91	91
特点	具有中长化纤仿呢绒的凡立丁风格,布面平整挺括,织纹清晰,手感丰满滑糯,弹性好,光泽足							
用途	宜做春秋季男女衣裤、两用衫、罩衫等							
备注	利用中等长度的化学纤维织造。纤维的长度为51~76mm,细度为2.5~3.5旦,介于棉和羊毛之间,故称中长纤维。中长纤维织物很像毛织物,故也称仿毛织物。挺括而富有弹性,褶裥保持性好,缩水率小,成衣后不变形,又具有洗后快干免烫的特点。使用的原料有中长涤黏和中长涤腈混纺。染色使用分散和士林染料。中长平纹呢按使用原料的不同,有涤黏和涤腈混纺两种,以涤黏混纺为主。按使用纱线的不同,有全线、半线和全纱产品。涤黏中长平纹呢由65%的涤纶与35%的黏胶纤维混纺。由于含有黏纤成分,染色性能改善,织物的吸湿性和透气性提高,穿着比较舒适。涤黏中长平纹呢均经过树脂整理,缩水率降到2%左右,改进了弹性,增强了毛型感。涤腈中长平纹呢由涤纶与腈纶各50%混纺,质地比涤黏挺括,毛型感强,缩水率小于2%,尺寸稳定性好。部分中长平纹呢嵌入金、银丝,增加了花色,有的与低弹涤纶丝交织,增加毛型感。成衣后易洗快干,洗涤后挂于阴凉通风处晾干,以免色泽减褪							

规格 \ 棉织物名称		中 长 隐 条 呢					
英文名		midfiber mixed concealed stripe fancy suitings					
品名		涤黏中长隐条呢		涤黏中长异经隐条呢	涤黏中长纱隐条呢		涤黏中长纬弹涤隐条呢
经纬纱线密度	经纱/tex(英支)	18×2(32/2)涤黏混纺股线	20×2(28/2)涤黏混纺股线	18×2(32/2) 30(20) 涤黏混纺纱线	20×2(28/2)涤黏混纺股线	18(32)涤黏混纺纱	18×2(32/2)涤黏混纺股线
	纬纱/tex(英支)	同经纱	同经纱	30(20)涤黏混纺纱	同经纱	同经纱	150旦涤纶丝
经纬密度	经纱/(根/10cm)	224	221	221	284	284	236
	纬纱/(根/10cm)	205	197	213	268	268	236

续表

棉织物名称 规格	中长隐条呢
织物组织	平纹组织
成品幅宽/cm	91
特点	呢面上呈现隐条花纹,条形细致美观,若隐若现,排列协调,文静大方,和呢绒中的隐条花呢相似,使织物更接近呢绒风格
用途	宜做春、秋、冬三季男女套装、罩衫等
备注	为中长化纤仿毛织物,由于呢面上呈现隐条花纹,故称隐条呢。使用的原料有中长涤黏和中长涤腈混纺纱,染色使用的染料有分散和士林染料等。采用不同捻向的纱线,在经向间隔排列,织物经染色后,布面上就出现有协调的隐条,给人以舒适的感觉。有涤黏和涤腈混纺两种,以涤黏混纺居多,又可分为全线、半线和全纱织物三种。涤黏中长隐条呢由涤纶65%与黏胶纤维35%混纺,涤腈中长隐条呢由涤纶与腈纶各50%混纺。涤黏中长隐条呢有的经纱采用纱和线间隔排列而形成隐条的称为异经隐条呢;也有的将低弹涤纶丝作纬纱与中长涤黏交织成为交织隐条呢,增加织物的毛型感,手感软糯。缩水率在2%左右,易洗快干。洗后挂于阴凉处晾干,以保持色泽持久不变

棉织物名称 规格		中长法兰绒				
英文名		midfiber mixed flannel				
品名		中长涤腈 法兰绒	中长涤腈 半线法兰绒	中长涤腈 纱法兰绒	中长腈涤 黏法兰绒	中长腈纶 法兰绒
经纬纱线密度	经纱/tex (英支)	40×2(14/2) 涤腈混纺股线	36×2(16/2) 涤腈混纺股线	48(112) 涤腈混纺纱	20×2(28/2) 腈涤黏 混纺股线	60×2(10/2) 48×2(12/2) 腈纶股线
	纬纱/tex (英支)	同经纱	72(8)涤 腈混纺纱	同经纱	同经纱	96(6) 腈纶纱
经纬密度	经纱/(根/10cm)	128	179	221	150	112
	纬纱/(根/10cm)	133	133	252	146	133
织物组织		平纹组织和斜纹组织				
成品幅宽/cm		144	91			
特点		呢面经起绒后,有丰满细洁的绒毛覆盖,色泽呈混色夹花风格,有深灰、浅灰和其他杂色。手感厚实,保暖性好,仿毛型感强				

续表

规格＼棉织物名称	中长法兰绒
用途	宜做春秋季男女套装、两用衫等
备注	是仿照呢绒中法兰绒风格织制的中长混纺织物。使用的原料有中长涤黏和中长涤腈混纺纱。有全线、半线和全纱等品种。用有色涤纶与其他纤维经色纺后成为混纺有色纱，一般采用涤腈各50%混纺或腈涤黏三合一混纺。成品经起绒后，绒毛均匀，有混色夹花风格，有深灰、浅灰、驼色、米色、绯色、茜红、浅蓝、湖蓝等色。有的成品经树脂整理和防缩整理后可提高其服用性能增加毛型感。除素色法兰绒外，还有素色细条、细格和彩色的彩条、彩格法兰绒等，新颖美观。腈纶厚法兰绒是用腈纶粗纱织成，质地厚实，毛型感强，手感好，保暖性强。缩水率在2%左右。洗涤时，不要刷洗绒面，以免起毛起球

规格＼棉织物名称		中长派力司					
英文名		midfiber mixed palace					
品名		涤黏中长派力司					涤腈中长纱派力司
经纬纱线密度	经纱/tex（英支）	12×2(50/2)涤黏混纺股线	13×2(45/2)涤黏混纺股线	15×2(40/2)涤黏混纺股线	13×2(45/2)涤黏混纺股线	18(32)、18×18(32/32)涤黏混纺股线	18(32)涤腈混纺纱
	纬纱/tex（英支）	同经纱	同经纱	同经纱	18(32)涤黏混纺纱	同经纱	同经纱
经纬密度	经纱/(根/10cm)	303	236	268	268	284	284
	纬纱/(根/10cm)	221	205	405	236	252	252
织物组织		平纹组织					
成品幅宽/cm		91	147	147	147	91	91
特点		布面散布着均匀的白点和纵横交错、隐约可见的有色细线条纹，织物手感滑爽，弹性好，身骨挺薄，为中长化纤织物中的薄型织物					
用途		宜作夏令男女衣裤用料等					

续表

<table>
<tr><td>棉织物名称
规格</td><td>中长派力司</td></tr>
<tr><td>备注</td><td>是仿呢绒中的派力司风格，以有色中长化纤纱制织。使用的原料为中长涤黏和中长涤腈混纺纱。涤黏中长派力司是由65%的涤纶与35%的黏胶纤维混纺。涤腈中长派力司是涤纶和腈纶各50%混纺。中长派力司的织造有先染纱后织布，以及将有色涤纶或腈纶纺成色纱后再织造两种方法。品种有全线、半线和全纱三种。色泽以浅灰色居多，有的增加节子线点缀布面，使织物具有仿麻效果。涤腈中长派力司较涤黏中长派力司挺括，仿毛感好，但吸湿性较差。缩水率在2%左右。洗涤时宜在洗涤剂溶液内轻揉轻漂，以避免损伤织物</td></tr>
</table>

<table>
<tr><td colspan="2">棉织物名称
规格</td><td colspan="4">中长大衣呢</td></tr>
<tr><td colspan="2">英文名</td><td colspan="4">midfiber popular cloth;midfiber union cloth</td></tr>
<tr><td colspan="2">品名</td><td>涤腈大衣呢</td><td>涤腈银枪大衣呢</td><td colspan="2">涤腈拷花大衣呢</td></tr>
<tr><td rowspan="2">经纬纱线密度</td><td>经纱/tex
(英支)</td><td>16.5×4(35/4)
涤腈混纺股线</td><td>60×2(10/2)
涤腈混纺股线</td><td>16.5×4(35/4)
涤腈混纺股线</td><td>24×4(24/4)
涤腈混纺股线</td></tr>
<tr><td>纬纱/tex
(英支)</td><td>18×4(32/4)
涤腈混纺股线</td><td>96×2(6/2)
涤腈混纺股线</td><td>24×4(24/4)
涤腈混纺股线</td><td>同经纱</td></tr>
<tr><td rowspan="2">经纬密度</td><td>经纱/(根/10cm)</td><td>181</td><td>126</td><td>165</td><td>177</td></tr>
<tr><td>纬纱/(根/10cm)</td><td>126</td><td>114</td><td>142</td><td>150</td></tr>
<tr><td colspan="2">织物组织</td><td colspan="4">斜纹组织</td></tr>
<tr><td colspan="2">成品幅宽/cm</td><td>91</td><td>91</td><td>91</td><td>147</td></tr>
<tr><td colspan="2">特点</td><td colspan="4">呢面丰满，绒毛密集，手感厚实柔软，富有保暖性，花色繁多，具有仿呢绒大衣呢的风格</td></tr>
<tr><td colspan="2">用途</td><td colspan="4">宜做冬令外衣和大衣</td></tr>
<tr><td colspan="2">备注</td><td colspan="4">涤纶和腈纶各50%混纺，纱支较粗，先染成色纱然后织造。部分产品还在纤维中混入锦纶丝，使呢面有银色枪光，制成银枪大衣呢，有的在呢面上织出花纹，在呢面绒毛中隐约可见，有如呢绒中拷花大衣呢风格，故称为中长拷花大衣呢。缩水率在3%左右。为厚型织物，不宜常洗，洗时不宜用力搓擦，以免起毛起球</td></tr>
</table>

29. 牛仔布 (Jean)

牛仔布又称劳动布、坚固呢。是一种较粗厚的色织经面斜纹棉布，经纱颜色深，一般为靛蓝色，纬纱颜色浅，一般为浅灰或煮练后的本白纱。采用三上一下组织，也有采用变化斜纹、平纹或绉组织织造。坯布经防缩整理，缩水率比一般织物小，质地紧密，手感厚实，色泽鲜艳，织纹清晰，坚固耐穿，可形成特殊的外观风格。品种有氨纶弹力牛仔布、白花蓝底大提花牛仔布、色织印花牛仔布、纬向嵌金银丝的金银丝牛仔布等。适宜于缝制男（女）式牛仔衫（裤）、牛仔背心、牛仔坎肩、牛仔短裤、牛仔裙和牛仔包等。

规格 \ 棉织物名称		色织牛仔布（靛蓝劳动布、坚固呢）			劳动呢（劳动布、劳动卡、中联呢、坚固呢）				
英文名		yarn dyed denim			labour cloth				
品名					全线劳动呢	半线劳动呢	全纱劳动呢		
经纬纱线密度	经纱/tex（英支）	80(7)棉纱	58(10)棉纱	36(16)棉纱	28×2(21/2)棉股线	28×2(21/2)棉股线	60(10)棉纱	36(16)棉纱	40(14)棉纱
	纬纱/tex（英支）	96(6)棉纱	58(10)棉纱	48(12)棉纱	同经纱	60(10)棉纱	同经纱	48(12)棉纱	同经纱
经纬密度	经纱/(根/10cm)	256	295	213	293	293	280	366	315
	纬纱/(根/10cm)	165	165	115	205	165	165	212	173
织物组织		$\frac{3}{1}$斜纹组织			$\frac{2}{1}$斜纹组织，也有部分是$\frac{3}{1}$斜纹组织				
成品幅宽/cm		114.5			76	91	91	91	91
特点		纱粗，织物密度高，手感厚实，色泽鲜艳，织纹清晰			布身坚牢结实，密度大，结构紧密，织物硬挺，强力高，弹性好				
用途		主要用做男女式牛仔裤、牛仔上装、牛仔短裤、牛仔裙等			宜做劳动工作服、防护服、青年男女衣裤子等				
备注		是一种较粗厚的色织斜纹布，一般为蓝色，其名称来源于美国西部牧童穿的牛仔裤。除纯棉牛仔布外，还有氨纶弹力牛仔布、白花蓝底大提花牛仔布、纬向嵌金（银）丝的金银丝牛仔布、织物反面染有各种颜色的单面染色的牛仔布等。牛仔布经防缩处理，缩水率比一般织物小			是用色纱织成的色织布，经纬纱色泽不同，深浅分明，其布身正反面的色泽也不一样，正面深而反面浅，形成了劳动呢正反面色泽深浅不同的外观特征。所用原料主要为棉纱，除纯棉劳动呢外，还有棉维劳动呢、中长化纤劳动呢和弹力劳动呢等。劳动呢缩水率较大，在5%左右，成衣前需先下水浸渍，给予充分预缩，干后熨平再裁剪				

规格 \ 棉织物名称	棉维劳动呢		中长劳动呢
英文名	cotton/vinglon mixed labour cloth		midfibre labour cloth
品名	全线棉维劳动呢	半线棉维劳动呢	

续表

规格 \ 棉织物名称		棉维劳动呢				中长劳动呢
经纬纱线密度	经纱/tex(英支)	28×2(21/2)棉维股线(棉50/维50)	18×2(32/2)棉维股线(棉50/维50)	28×2(21/2)棉维股线(棉50/维50)	30×2(20/2)棉维股线(棉50/维50)	36×2(16/2)中长涤黏混纺股线(涤65/黏35)
	纬纱/tex(英支)	同经纱	32(18)棉维混纺纱(棉50/维50)	48(12)棉维混纺纱(棉50/维50)	36(16)棉维混纺纱(棉50/维50)	同经纱
经纬密度	经纱/(根/10cm)	276	406	264	286	265
	纬纱/(根/10cm)	181	252	224	213	164
织物组织		$\frac{2}{1}$斜纹组织，也有部分$\frac{3}{1}$斜纹组织				$\frac{2}{1}$斜纹或$\frac{3}{1}$斜纹
成品幅宽/cm		81	91	91	80	91
特点		布身坚牢结实，比纯棉劳动呢耐穿，服用性能好				布面挺括丰满，富有呢的风格，毛型感强
用途		宜做劳动工作服、防护服等				宜做劳动工作服和防护服等
备注		由棉与维纶各50%混纺，缩水率在7%左右，经过预缩整理缩水率可降低到4%左右				由中长涤黏混纺的有色股线织物，混纺比为涤65、黏35，为中长化纤织物中的厚型品种，缩水率在3%左右

规格 \ 棉织物名称		牛仔布(坚固呢、劳动布、劳动呢、劳动卡、中联呢)
英文名		denim;jean
经纬纱线密度	经纱/tex(英支)	60(10)～28(21)单纱或股线
	纬纱/tex(英支)	同经纱
经纬密度	经纱/(根/10cm)	280～360
	纬纱/(根/10cm)	165～213
织物组织		$\frac{2}{1}$或$\frac{3}{1}$斜纹(急斜纹)组织

续表

规格＼棉织物名称	牛仔布(坚固呢、劳动布、劳动呢、劳动卡、中联呢)
成品幅宽/cm	76～91
特点	布身紧密结实,耐穿用,成衣保形性好,强力高,耐磨损和刮扯,较硬挺,成衣具有自然粗犷美
用途	主要用于做各类男女服装、工装、时装及箱包等。服装有各类牛仔裤、牛仔衫、牛仔童装、牛仔背心、牛仔包、牛仔鞋帽、牛仔风雨衣、牛仔领带等
备注	是用色纱织成的色织布。美国牧民多称为“蓝色的琼”(Jeans),是源于1873年美国的德国移民利维·斯特劳斯,将其缝制成牛仔裤,并加固铜铆钉,充分满足了当时美国西部淘金工和放牛仔们对坚固耐磨损衣裤的要求,最初多做牛仔裤。随后发展成各种类型,成为当今国际服装中的时装、箱包等一系品外饰包装用品的主要棉纺织品种。牛仔布的分类,按用途分,有重磅牛仔布(456～492g/cm^2)、中磅牛仔布(305～373g/m^2)、轻磅牛仔布(152～238g/cm^2)。按原料分,有全棉牛仔布、纯丝牛仔布、混纺牛仔布(如棉与涤纶、锦纶、氨纶、黏胶、麻等混纺)。按加工方法和后整理方法分,有弹力牛仔布、紧捻纱起绉牛仔布、预缩牛仔布、漂洗牛仔布、磨毛牛仔布、砂洗牛仔布、酰洗牛仔布、印花牛仔布等。按织物组织分,有斜纹牛仔布、破斜纹牛仔布、凸条牛仔布、提花牛仔布等。牛仔布有全线、半线和全纱品种,其中以全线牛仔布居多,常见的色泽有蓝、浅蓝、藏青、墨绿、深红及黑色,还有丝光、摆花、人字等品种。牛仔布是经纬异色产品,一般经纱为染色,纬纱为白色,其中以蓝经白纬居多数。由于经纬异色布面呈现双色效果,一般正面显经,色泽较深,反面显纬,色泽较浅。牛仔布所用纱支粗,密度大,布身厚实,成衣不易起皱。成衣穿着日久,在袖、裤脚、领口等处易折裂、磨损露出白纬纱,但青年人常以此为破损美。出口的牛仔布常用火山石洗涤或局部漂白处理,布面呈现不规则“花”,常为国际市场流行的抢手货。缩水率为5%左右,裁剪成衣前应下水预缩,干后熨平裁剪,成衣洗涤不宜用沸水或碱性过大的洗涤剂,以免沾色和发花,通常采用顺纹路刷洗,充分投洗干净

规格＼棉织物名称		重磅牛仔布	中磅牛仔布	轻磅牛仔布	弹力牛仔布(牛筋布)
英文名		heavy weight denim;heavy weight jean	medium weight denim;medium weight jean	light weight denim;light weight jean	lycra denim
品名					
经纬纱线密度	经纱/tex(英支)	116(5)～83(7)棉单纱或股线	83(7)～36(16)棉单纱或股线	58(10)～28(21),常用36(16)棉单纱或股线	65tex/70旦氨纶包芯纱
	纬纱/tex(英支)	同经纱	同经纱	同经纱	36tex/70旦氨纶包芯纱或股线
经纬密度	经纱/(根/10cm)	250～360	190～350	180～340	260～280
	纬纱/(根/10cm)	150～220	130～210	125～210	165～190

续表

规格＼棉织物名称	重磅牛仔布	中磅牛仔布	轻磅牛仔布	弹力牛仔布(牛筋布)
织物组织	$\frac{3}{1}$斜纹组织	$\frac{3}{1}$斜纹或$\frac{2}{1}$斜纹或平纹	$\frac{2}{1}$斜纹或平纹	平纹、斜纹、凸条、树皮绉组织等
成品幅宽/cm	76～152	91～152	91～152	112～152
特点	同牛仔布	同牛仔布	同牛仔布	富有弹性，穿着舒适，紧身而能突出体形美，能充分体现人体的健美和潇洒风度
用途	同牛仔布	宜做时装、运动装、猎装、夹克衫等	宜做衬衫、童装等	宜做青年男女紧身衣裤、时装、运动装、牛仔裤等
备注	又称传统牛仔布，成品重量约为491.6g/m^2(14.5盎司/码^2)，超此重量的牛仔布，又称超重磅牛仔布，如重560g/m^2(16.5盎司/码^2)。此类牛仔布多为纯棉纺制	重305.1～372.9g/m^2(9～11盎司/码^2)。品种繁多，色泽多样	重152.6～237.3g/m^2(4.5～7盎司/码^2)。品种繁多，色泽鲜艳，是传统牛仔布系列品种的扩展	是富有弹性的棉氨(纶)包芯纱和棉纱交织的产品。可分为经向弹力牛仔布和纬向弹力牛仔布两种。经向弹力牛仔布又称经弹牛仔布，经纱用棉氨包芯纱，纬纱用棉纱交织。纬向弹力牛仔布则相反，经纱用棉纱，纬纱用棉氨包芯纱。经纬纱全用棉氨包芯纱，则织物经纬向均有较好的伸缩性。弹力纱除采用棉氨包芯纱外，也有采用包缠纱、转杯纺紧捻纱、高弹涤纶长丝及PBT等，其中以氨纶包芯纱、包缠纱为多。特别是纬向弹力牛仔布的纬纱浮绒收缩自如，富有弹性，伸率约为30%以上

规格＼棉织物名称		紧捻纱起绉牛仔布	麻棉牛仔布	棉维牛仔布	
英文名		hard twist yarn creping denim	ramie/cotton blended denim; ramie/cotton blended jean	cotton/vinylon mixed denim; cotton/vinylon mixed jean	
品名				全线棉维牛仔布	半线棉维牛仔布
经纬纱线密度	经纱/tex(英支)	83(7)棉纱	83(7)～36(16)麻棉混纺单纱或股线	28×2(21/2)棉维混纺股线	30×2(20/2)～18×2(32/2)棉维混纺股线
	纬纱/tex(英支)	83(7)棉强捻纱	同经纱	同经纱	48(12)～32(18)棉维混纺单纱

续表

规格＼棉织物名称		紧捻纱起绉牛仔布	麻棉牛仔布	棉维牛仔布	
经纬密度	经纱/(根/10cm)	180	260～320	276	264～406
	纬纱/(根/10cm)	135	165～195	181	213～252
织物组织		平纹组织	$\frac{2}{1}$斜纹或平纹组织	斜纹或平纹	
成品幅宽/cm		152	112～152	81～91	80～91
特点		具有良好的服用性能，透气性好，吸湿性强，质地柔软，富有弹性，绉纹自然、潇洒，美观大方	手感挺爽，比纯棉薄型牛仔布穿着舒适凉爽	布身坚牢结实，比纯棉产品耐穿用	
用途		多用作夏季衣料、裙料及装饰用布	宜做衬衫、夏装、童装等	主要用于做工作服、防护服等	
备注		多为纯棉织物，是利用纱线捻度不同，其扭转缩率不同使织物起绉，富有弹性。成品重 339g/m^2（10盎司/码^2）	一般采用麻纤维（精梳落麻）40%～60%，棉纤维50%左右织制，常为印花和彩色品种	是棉和维纶各50%的混纺纱制织的色织物。分为全线和半线两个品种。以全线产品居多，半线产品轻薄些，成衣抗皱性能差。由于维纶染色性能差，色泽一般不太鲜艳和纯正	

30. 其他色织布（other dyed yarn weaved fabric）

规格＼棉织物名称		二六元贡（礼服呢）	填芯织物（高花织物）	色织纯棉双层鞋面帆布	色织纯棉树脂青年布
英文名		yarn dyed sateen; 2-6 black drill	fabric with coarse and fine yarn in weft; wadding threads yarn dyed fabric	yarn dyed cotton shoe canvas	yarn dyed resin finished chambray
品名					
经纬纱线密度	经纱/tex（英支）	14×2(42/2)股线	13.5(43.2)单纱	28×2(21英支/2)纯棉纱线	28(21)优质纯棉专纺纱（70捻/10cm）
	纬纱/tex（英支）	28(21)单纱	(13.5+97.5)(43.2/6)交并纱	同经纱	同经纱
经纬密度	经纱/(根/10cm)		441	602	272
	纬纱/(根/10cm)		377	374	240

续表

棉织物名称 / 规格	二六元贡(礼服呢)	填芯织物(高花织物)	色织纯棉双层鞋面帆布	色织纯棉树脂青年布
织物组织	变化斜纹组织	凹凸组织	表层：$\frac{2}{2}$斜纹(色纱)，里层：$\frac{2}{2}$方平组织(本白纱)	平纹组织
成品幅宽/cm	91	91	78.5	91.5
特点	色泽乌黑均匀，带青光，丝光度足，斜纹纹路清晰而陡直；布面光洁平整，少茸毛，无条状色光色差，无极光；布身紧密，手感厚实，略具毛型感，布边平直	布面花纹凹凸明显，立体感强。织物的底色多为浅色，以充分呈现其凹凸效应，使其外观风格多姿多彩，是一种工艺性强、风格独特的高档产品	双色经、纬纱形成条格或正、反面异色，色泽鲜艳，花色繁多，具有丰满、挺括，不起毛，色牢度好，耐磨等优点，穿着牢度比原来黏合布缝制的鞋子可提高30%左右，还可减少一道黏合工序	布面光洁，条干均匀，手感挺括，具有良好的吸湿性、透气性，穿着舒适，因经树脂整理，织物具有持久的抗皱免烫性能，布身挺括，弹性良好
用途	主要用作男女布鞋面料	宜作外衣料及装饰用布	主要供制鞋用	宜作衬衫面料
备注	是用元色棉纱织制而成的斜纹贡呢织物，因其幅宽91cm(36英寸)，合市尺2尺6寸，故名。在20世纪初，我国北方主要用来裁制外套礼服，故又有礼服呢之称。其别称还有冲服呢、冲毛呢、大贡呢、大花呢、元密呢、经济呢等	是采用填芯凹凸组织的织物。花型凸起部分的织物表面是平纹组织，其经纱较细，密度较高。在花型背面有经纱(称缝经)沉于其后，沉纱的长短及范围与花型轮廓相同，平纹与缝经之间多数填有较粗的纬纱(称为填芯纬纱或芯纬)。作芯纬纱的有棉纱、涤棉混纺纱、腈纶膨体纱、空气变形丝、雪尼尔纱、摩擦纺纱等。为了充分表现这类织物的凹凸效应，织物底色以浅色为多，有特白、浅湖蓝、浅水蓝、浅血牙、浅紫罗兰色等	是一种表面交织成一体的制鞋用色织帆布，采用纯棉纱先染后织，形成条格。又因其表、里经与纬纱交织在一起，因而布幅一致，布面平整，避免了用两种布黏合因布幅不一致而造成的浪费	是一种色经白纬平纹织物

续表

规格 \ 棉织物名称		牛津布(牛津纺)				
英文名		oxford cloth; oxford shirting				
品名		涤/棉经与棉纬交织				棉经与涤/棉纬交织
经纬纱线密度	经纱/tex(英支)	14.5(40)涤/棉混纺纱	13(45)涤/棉混纺纱	13(45)涤/棉混纺纱	13(45)涤/棉混纺纱	J7.3×2(J80/2)棉股线
	纬纱/tex(英支)	J36.4(J16)精梳棉纱	J36.4(J16)精梳棉纱	J18.2×2(J32/2)精梳棉股线	J41.7×2(J14/2)精梳棉股线	J13(J45)涤/棉精梳纱
经纬密度	经纱/(根/10cm)	377.5	397.5	397.5	399.5	397.5
	纬纱/(根/10cm)	177	196.5	196.5	181	334.5
织物组织		纬重平组织				方平组织
成品幅宽/cm						
质(重)量/(g/m²)						
特点		布面平滑爽，手感松软、吸湿性好、易洗快干、外观似色织物，穿着舒适				
用途		宜做男女衬衫等				
备注		亦称牛津纺，原为色织物。后由合成纤维混纺纱与纯棉纱交织成本色织物，经染色后呈现色织效应的牛津布，故又称染色牛津布。多用涤/棉混纺纱与棉纱交织。涤纶与棉的混纺比为40∶60、65∶35等。经纱一般为12～29tex(20～50英支)，纬纱为29～58tex(10～20英支)，经纬线密度比约为1∶3(英制支数比约为3∶1)。经向紧度为50%～60%，纬向紧度为45%～50%。在染整加工中，染色时必须选用不沾污或极少沾污棉的分散性染料染色，染色后经充分还原清洗，能保证棉成分的洁白，使布面具有清晰的色点效果，并经洗可穿整理以提高其使用价值				

规格 \ 棉织物名称		色织牛津纺						
英文名		yarn dyed oxford						
品名		纯棉牛津纺			涤/棉牛津纺			
经纬纱线密度	经纱/tex(英支)	7.5×2(80/2)棉股线	7.5×2(80/2)棉股线	14×2(42/2)棉股线	13(45)涤棉混纺纱	13×2(45/2)涤棉混纺股线	13×2(45/2)涤棉混纺股线	21(28)涤棉混纺纱
	纬纱/tex(英支)	同经纱	14.5(40)棉纱	30(16)棉纱	13×2(45/2)涤棉混纺股线	13(45)涤棉混纺纱	同经纱	13×2(45/2)涤棉混纺股线

续表

规格 \ 棉织物名称		色织牛津纺						
经纬密度	经纱/(根/10cm)	591	638	378	378	378	378	362
	纬纱/(根/10cm)	244	165	205	213	228	228	228
织物组织		$\frac{2}{2}$纬重平组织						
成品幅宽/cm		112;114.5						
特点		织纹的颗粒丰满，色彩淡雅，具有纱线条干均匀，手感柔软、滑爽、挺括，透气性好等特点						
用途		主要用作衬衫、运动衣、睡衣等面料						
备注		起源于英国，曾经用作英国牛津大学的学生服面料，故名。一般选择较细的精梳棉纱，高档的采用优质长绒棉细支纱线作经纬，近年来，也有采用涤棉混纺纱线的。其中，细支纯棉织物经液氨整理更为光洁，富有丝绸感，缩水率低，一般保持在1%～2%。花色有素色、漂色、色经白纬、色经色纬以及中浅色地纹上嵌以简练的条格等						

规格 \ 棉织物名称		俄罗斯防雨布							色织涤棉细纺		
英文名		fabric for raincoat of Russia							yarn dyed T/C lawn;"trueran" yarn-dyed lawn		
品名		3104	3202	3234	3272	OM-52-01-Бy802	Ћ-52-08-AN/910	Ⅱ			
经纬纱线密度	经纱/tex(英支)	29×2(20/2)棉股线	16.5×2(35/2)棉精梳股线	29×2(20/2)棉股线	15.4×2(38/2)精梳棉股线	11.8×2(50/2)精梳涤棉混纺股线	11.8×2(49/2)精梳涤棉股线	11.8×2(50/2)棉股线	13(45)涤棉混纺纱	13(45)涤棉混纺纱	13(45)涤棉混纺纱
	纬纱/tex(英支)	50(12)棉纱	同经纱	42(14)棉转杯纺单纱	36(16)棉纱	15.4(38)精梳涤棉混纺纱(涤67,棉33)	25(23)涤棉混纺纱	25(227旦)涤纶长丝	同经纱	同经纱	同经纱
经纬密度	经纱/(根/10cm)	272	492	233	429	443	460	439	315	354	354
	纬纱/(根/10cm)	224	240	226	192	275	240	250	276	236	276
织物组织		平纹组织	$\frac{2}{1}$斜纹组织	平纹组织					平纹组织		
成品幅宽/cm									91.5～114.5		

续表

规格＼棉织物名称	俄罗斯防雨布							色织涤棉细纺
质(重)量/(g/m^2)	301	250	246	212	150	172	167	
特点	质地紧密，不透气，不透湿，布面平整、滑爽							布面平整细洁，质地柔软滑爽，透气吸湿性好，色泽鲜艳，花型条格多变
用途	宜做风衣、雨衣							宜作夏季衬衫料、裙料等
备注	是指用棉纱或混纺纱(涤纶短纤混纺或涤纶长丝)制织的高密平纹或斜纹雨衣类织物。经纬用11.8～50tex单纱或股线为原料，织物单位面积质量为150～301g/m^2，坯布一般经整理染成流行色彩，并经防水浸渍或丝光等整理。品号为OM-52-01-БY802的防雨布所用的纱线中涤纶占67%，棉占33%，品号为Д-52-08-АЛ/910中涤纶占50%，棉占50%							是一种轻薄的平纹色织物，原料多采用中细支涤棉混纺纱，混纺比例为涤65、棉35，也有采用涤45、棉55的低比例混纺纱。采用耐久定型PP整理，可使产品缩水率降到1%以内。采用光电整纬后，可使弧形纬斜在2%以内

规格＼棉织物名称		色织涤棉稀密织物						
英文名		yarn dyed T/C thick and thin stripe fabric						
经纬纱线密度	经纱/tex(英支)	13(45)涤棉混纺纱	13(45)涤棉混纺纱	13(45)涤棉混纺纱	13(45)涤棉混纺纱	13(45)涤棉混纺纱	13(45)涤棉混纺纱	13(45)涤棉混纺纱
	纬纱/tex(英支)	同经纱	同经纱	(13+13)(45/45)涤棉交并纱	同经纱	同经纱	(13+13)(45/45)涤棉交并纱	同经纱
经纬密度	经纱/(根/10cm)	315	315	315	346	362	362	394
	纬纱/(根/10cm)	276	276	276	276	276	276	276
织物组织								
成品幅宽/cm								
特点		具有凉爽、易于散热和透气等特点						
用途		宜做夏季男女服装等						
备注		是一种涤棉细纺类织物，也有少量为府绸规格。经纬纱通常采用涤棉混纺纱，其混纺比为涤65、棉35或涤55、棉45。近些年来，纬纱常用40tex(15英支)疙瘩纱或(10+13)tex(60/45英支)结子纱点缀，使织物不仅凉爽轻薄，而且具有麻织物的风格，立体感强						

续表

规格 \ 棉织物名称		色织绞纱罗织物(1)			
英文名		yarn dyed leno fabric			
品名		结子线纱罗	毛巾线纱罗	条形纱罗	提花纱罗
经纬纱线密度	经纱/tex（英支）	[13+(13×2)] (45+45/2) 交并股线	[13+(13×2)] (45+45/2) 交并股线	[13+(13×2)] (45+45/2) 交并股线	[13+(13×2)+21] (45+45/2+28) 交并股线
	纬纱/tex（英支）	[13+9.7 结子] (45/60 结子) 交并纱	$\left[\frac{13}{13}+36+13\text{毛巾}\right]$ $\left(\frac{45}{45}/16/45\text{毛巾}\right)$ 交并纱	13(45)单纱	$\left[\frac{13}{13}+36+13\right]$ $\left(\frac{45}{45}/16/45\right)$ 交并纱
经纬密度	经纱/(根/10cm)	319	319	382	276
	纬纱/(根/10cm)	181	83	299	110
织物组织		对称简单纱罗	对称简单纱罗	平纹+变化纱罗	经起花+简单纱罗
成品幅宽/cm		91.4			
特点		织物的表面具有清晰均匀的孔眼和屈曲的网目，织纹精致美观，经纬密度小，织物透气性好，结构稳定，具有透、凉、轻、薄、爽的独特风格			
用途		宜作夏季衣料及蚊帐、窗帘、装饰等用			
备注		是采用染色纱线，以纱罗组织织制的色织物。由两组经纱(地经和绞经)和一组纬纱交织而成，经纱间有规律地相绞，织造时地经纱的位置不动，绞经纱时而在地经之右、时而在地经之左与纬纱交织，绞经左右扭转，从而在绞转处与纬纱之间形成较大的空隙。绞纱罗织物原料因品种不同要求而异，服用面料采用涤棉或纯棉细支纱为主；装饰织物采用腈纶膨体纱，摩擦纺结子纱，以及各种毛巾、毛圈、断丝等花式纱，用以增加织物的装饰效果			

规格 \ 棉织物名称		色织绞纱罗织物(2)			
英文名		yarn dyed leno fabric			
品名		网目纱罗	毛巾线纱罗	剪花纱罗	弹力纱罗
经纬纱线密度	经纱/tex（英支）	[13+(13×2)] (45+45/2) 交并股线	$\left[(21\times2)+\frac{13}{13}+36+13\text{毛巾}\right]\left(28/2+\frac{45}{45}/16/45\text{毛巾}\right)$交并股线	[13+21+(13×2)] (45+28+45/2) 交并股线	[13+(13×2)] (45+45/2) 交并股线
	纬纱/tex（英支）	13(45)单纱	21×2(28/2)股线	13(45)单纱	13(45)单纱
经纬密度	经纱/(根/10cm)	319	173	417	406
	纬纱/(根/10cm)	236	157	299	124

续表

规格 \ 棉织物名称	色织绞纱罗织物(2)			
织物组织	对称简单纱罗	平纹＋变化纱罗	平纹＋经起花＋变化纱罗	缎纹＋变化纱罗
成品幅宽/cm	91.4			
特点	织物表面具有清晰均匀的孔眼和屈曲的网目，织纹精致美观，经纬密度小，织物透气性好，结构稳定，具有透、凉、轻、薄、爽的独特风格，穿着凉爽舒适			
用途	适宜制作夏季服装			
备注	该织物在我国历史上具有悠久的历史，从汉唐时期开始就有了生产。服用织物面料采用涤棉或纯棉细特纱为主。股线一般比单纱粗一倍左右，与单纱地经起纹，使纹经形成网目，既清晰又有立体感			

规格 \ 棉织物名称		色织涤棉裙布	色织巴里纱					色织复合丝闪光绸	
英文名		yarn dyed T/C sarong	yarn dyed voile					yarn dyed glittering poplin with compound silk thread	
品名			巴里纱	精梳巴里纱	精硫巴里纱	涤棉巴里纱	涤棉巴里纱	色织有光复合丝毛圈绸	变化多样的提花品种
经纬纱线密度	经纱/tex(英支)	13(45)涤棉纱(涤65、棉35)	14.5(40)单纱(110捻/10cm)	J11(J55)精梳单纱(127捻)	J6.5×2(J90/2)精梳股线纱(148捻/10cm)	J10(J60)涤棉纱(158捻/10cm)	J10(J60)涤棉纱(165捻/10cm)	16.7tex有光复合丝＋印线＋毛圈＋结子＋银丝	16.7(150旦)复合有光丝
	纬纱/tex(英支)	同经纱	同经纱	同经纱	同经纱	同经纱	同经纱	16.7tex有光复合丝＋毛圈＋结子	7.6(68旦)复合有光丝
经纬密度	经纱/(根/10cm)	441				347	347	335	252
	纬纱/(根/10cm)	283				284	284	213	236
织物组织		平纹组织	平　纹　组　织					平纹组织	平纹组织
成品幅宽/cm									

续表

棉织物名称 规格	色织涤棉裙布	色织巴里纱	色织复合丝闪光绸
特点	布面光洁，色泽鲜艳，手感滑爽	质地轻薄，布眼清晰，手感滑、挺、爽，透气良好，富于弹性，淡雅清丽，文静中显出华贵	光泽含蓄，色彩丰富，手感挺爽，质地轻盈，抗皱性能好
用途	宜作非洲女装料、裙料	宜作夏季女式衬衫、裙子、童装、男礼服衬衫、民族服装、头巾、面纱及窗帘等的用料	宜做各种时装
备注	是专销非洲等地区的色织特色织物，是专为非洲妇女设计的有一定花型特色、每段定长为2码的裙料，故名。色彩配置富有非洲民族风格，通常以元、白、红、黄色为多，以色地为主，色彩鲜艳	是用强捻细支单纱或股线织成的轻薄、稀疏平纹色织物。有纯棉细支精梳纱和涤棉混纺纱产品，品种有提花、剪花、缎条加印花、裙料花、稀密条、纱罗以及与其他组织相联合等多系列品种	是采用有光复合丝织制的仿丝毛色织物，运用长丝与有光复合丝交织，再辅以银丝、印丝作点缀而成。经防缩处理的织物，缩水率在1%左右

棉织物名称 规格		泡泡纱							
英文名		seersucker; crimp fabric; blister crepe							
品名		棉色织普梳泡泡纱	棉色织精梳泡泡纱	涤/棉色织泡泡纱		棉普梳泡泡纱	棉精梳泡泡纱		
经纬纱线密度	经纱/tex(英支)	18.2×2(32/2)棉股线	J14.6+27.8(J40+29)棉精梳纱	21+28(28+21)涤棉纱	13+13×2(45+45/2)涤棉纱线	19.4(30)棉纱	J9.7(J60)棉精梳纱	J9.7(J60)棉精梳纱	J7.3(J80)棉精梳纱
	纬纱/tex(英支)	36.4(16)棉纱	J14.6(J40)棉精梳纱	28(21)涤棉纱	13(45)涤棉纱	16.2(36)棉纱	J9.7(J60)棉精梳纱	J9.7(J60)棉精梳纱	J7.3(J80)棉精梳纱
经纬密度	经纱/(根/10cm)	314.5	346	314.5	314.5	283	354	393.5	472
	纬纱/(根/10cm)	236	299	228	275.5	271.5	314.5	314.5	425
织物组织		平纹组织							
特点		质地轻薄，泡泡立体感强，外观别致，穿着不贴身							
用途		宜做妇女、儿童夏令衫、裙、彩条泡泡纱可做窗帘、床罩等装饰用							
备注		是指布面全幅或部分呈现凹凸泡泡，状似核桃壳的织物。经纬纱多用棉或涤/棉混纺的中特纱或细特纱，组织多为平纹。经纬密度一般视所用纱线粗细进行设计，通常细特纱高于中特纱。泡泡纱的形成有两种方法：一是织造的泡泡纱，包括棉色织普梳泡泡纱、棉色织精梳泡泡纱、涤/棉色织泡泡纱等。多为条子泡泡纱，经纬用单纱，或经用股线，纬用单纱。为强化泡泡条，其经密可大于平条的经密，一般应在设计穿综图中加以注明。经纬向紧度越高，起泡越明显；二是碱缩的泡泡纱，它是利用棉纤维受到浓碱液浸渍后，产生收缩的特性，使织物							

续表

规格＼棉织物名称	泡泡纱
备注	表面起泡泡。碱缩泡泡纱以纯棉细特纱平纹织物为底坯。将已经染色或印花的底坯，按照图案的要求，将浓碱液印于底坯上，印有浓碱液的布面发生收缩，未印浓碱液的部分不收缩，如此布面形成泡泡。碱缩泡泡纱包括棉普梳泡泡纱、棉精梳泡泡纱等。用同样的方法也可加工彩条泡泡纱，即采用防染方法，在彩条部分涂防缩浆后，将织物浸入碱液，则因彩条两边收缩而形成彩条泡泡纱，碱缩泡泡纱耐久性差，进行树脂整理后，可提高泡泡的耐久性

规格＼棉织物名称		色织泡泡纱				
英文名		yarn dyed seersucker；yarn-dyed crimp fabric；yarn-dyed blister crepe				
品名		全棉泡泡纱	涤棉泡泡纱	涤棉纬三叶丝泡泡纱	织格或织条纱泡泡纱	织格或织条半线泡泡纱
经纬纱线密度	经纱/tex（英支）	(14.5+28)(40+21)棉交并纱	(13+13×2)(45+45/2)涤棉交并线(涤65、棉35)	(13+13×2)(45+45/2)涤棉混纺交并股线(涤65、棉35)	精梳15(精梳40)或28(21)棉纱	精梳14×2(精梳42/2)或28(21)棉股线或棉纱
	纬纱/tex（英支）	14.5(40)棉纱	13(45)涤棉混纺单纱(涤65、棉35)	8.3(75旦/36F)涤纶三叶长丝	精梳15(精梳40)棉纱	精梳15(精梳40)棉纱
经纬密度	经纱/(根/10cm)	346	394	362	313	347
	纬纱/(根/10cm)	299	276	339	299	299
织物组织		平纹组织				
成品幅宽/cm		91.5	91.5;114.5	91.5	91	91
特点		布面起泡与不起泡部分的间隔呈纵向条形，泡泡条宽狭并存，棱次排列清晰整齐，泡峰泡谷起伏均匀，立体感强，耐穿耐洗，以永久性泡泡著称，经烧毛、平洗、松式工艺整理及永久性定型后，更丰满光洁，色泽鲜艳，质地柔软滑爽，穿着舒适				
用途		宜做妇女衬衫、连衣裙、各式童装及床罩、窗帘等装饰品				
备注		是泡泡纱织物的一种，用两组不同粗细的经纱分别作起泡纱与地纹纱，起泡纱较地纹纱稍粗，织造时，两组经纱分别卷绕于两个织轴，利用两轴送经比例的不同形成经向明显的泡泡效应				

规格＼棉织物名称		色织绉纱			色织起圈织物		
英文名		yarn dyed crepe			yarn dyed looped cloth		
经纬纱线密度	经纱/tex（英支）	14.5(40)棉纱	10(60)棉纱	10(60)涤棉混纺纱(涤65、棉35)	(10+13×2+银丝)(60+45/2+银丝)涤棉交并股线	(13+13×3+银丝)(45+45/3+银丝)涤棉交并股线	(13+13×3+银丝)(45+45/3+银丝)涤棉交并股线
	纬纱/tex（英支）	19.5(30)棉纱	14.5(40)棉纱	13(45)涤棉混纺纱(涤65、棉35)	8.3(75旦)涤丝	8.3(75旦)涤丝	8.3(75旦)涤丝

续表

规格 \ 棉织物名称		色织绉纱			色织起圈织物		
经纬密度	经纱/(根/10cm)	236	315	276	394	404	407
	纬纱/(根/10cm)	181	213	236	315	315	315
织物组织		平纹组织		提花组织	平纹组织		
成品幅宽/cm							
特点		轻薄飘逸,有绉纹自然丰满的特点,织物表面呈现不规则柳条状效应,绉纹立体感较丝绸更强,手感柔软,吸湿透气性良好			具有滑爽、挺括、光泽好、丝绸感强等特点,且起圈花点稳定不变,富有立体感。纱圈分散在织物表面,并完全浮在织物上面起装饰作用		
用途		主要用于做春、夏、秋三季的女装、童装、裙料、衬衣及窗帘等装饰用布			宜做男女衬衣、女装、连衣裙等		
备注		属细纺类品种,主要有全棉绉纱和涤棉绉纱两类。适用高强捻度的纬纱在一定张力条件下定型,结合适当的组织结构织成坯布,通过松式大整理,使纬纱复苏其高强捻度所具有的收缩力,在织物表面呈现不规则柳条状效应。绉纱织物按其起绉风格可分为单向绉纱织物和双向绉纱织物,前者起绉似波浪或柳条状,后者根据交织数不同可形成双绉或胡桃绉纹样,另外,通过稀密筘、提花、缎条等设计手法可呈现强烈的起绉效应			是在平纹组织的基础上织出起圈小点的色织物,由两种经纱和一种纬纱交织而成,经纱是由地经和花经组成,采用多臂织机、双轴织造		

规格 \ 棉织物名称		色织薄型弹力绉				涤黏低弹仿麻织物		
英文名		yarn dyed light-weight seersucker				yarn dyed low elastic imitation linen fabric		
经纬纱线密度	经纱/tex(英支)	10(60)棉纱	13(45)棉纱	21(28)棉纱	48(12)棉纱	(14.8+111 dtex)(40+100旦)或(14.8+83 dtex)(40+75旦)交并纱	(18.5+83dtex)(31.5+75旦)交并纱	(36.9+333dtex)(16+300旦)交并纱
	纬纱/tex(英支)	(10+13)(60+45)氨纶交并纱	(13+8.3/24F)(45+75/24F)涤纶长丝并交纱	(21+18.5)(28+32)氨纶交并纱	(48+49)(12+12)氨纶交并纱	同经线	同经线	同经线

续表

规格＼棉织物名称		色织薄型弹力绉				涤黏低弹仿麻织物		
经纬密度	经纱/(根/10cm)	394	299	260	276			
	纬纱/(根/10cm)	276	276	220	173			
织物组织		平纹组织	平纹变化组织	平纹提花	平纹组织	变化平纹组织		
成品幅宽/cm		91.5	106.5	91.5	112			
特点		绉泡自然、灵活多变，久洗不变形，立体感强，手感滑爽，弹性和变形恢复性好，有丝绸高级感，穿着舒适合体				具有麻织物粗犷、挺爽的风格特征，织物坚牢、挺括、免烫		
用途		宜作春、夏季服装面料				宜作春、夏、秋季男女服装面料及窗帘、床罩、台布等装饰用布		
备注		是一种薄型起泡起绉色织物。原料选用PBT聚氨酯纤维(氨纶)和高收缩涤纶长丝POY，有耐化学药性、耐油污、耐腐蚀的特性，延伸性能为45%～65%，在织物中含有2%～15%这种纤维就能发挥起泡、起绉、延伸的作用。该产品是利用棉纱与氨纶纱或涤纶长丝的不同缩率，通过各种变化组织和图案造型、经纬密度的配置，结合松式起绉、起泡整理工艺来产生泡绉效应				是采用涤黏混纺纱(涤65、黏35)和低弹涤纶长丝并捻的股线或花色线织制的织物。织物中的涤纶含量在80%及以上。织物色泽以麻纤维的天然色为主色调，如米、咖、灰等		

规格＼棉织物名称		色织高绉中长织物	色织涤棉结子花呢				
英文名		yarn dyed crepon; midfibre yarn-dyed crepe	yarn dyed T/C boucle fancy suitings				
经纬纱线密度	经纱/tex(英支)	18.5×2(32/2)涤黏中长混纺纱(涤65、黏35)	13(45)涤棉混纺纱(涤65、棉35)	13(45)涤棉混纺纱(涤65、棉35)	13(45)涤棉混纺纱(涤65、棉35)	13(45)涤棉混纺纱(涤65、棉35)	13(45)涤棉混纺纱(涤65、棉35)
	纬纱/tex(英支)	18.5×2(32/2)自捻纺高收缩涤腈中长混纺纱	[13+(13+10结子)](45+45/60)涤棉混纺纱与纯棉精梳结子纱交并纱	(13+10结子)(45/6)涤棉纱与结子纱交并纱	[(13+10结子)+21](45/60+28)涤棉混纺纱与纯棉精梳结子纱交并纱	[13+(13+10结子)](45+45/60)涤棉混纺纱与纯棉精梳结子纱交并纱	[(13+10结子)+13](45/60+45)涤棉混纺纱与纯棉精梳结子纱交并纱

续表

规格＼棉织物名称		色织高绉中长织物	色织涤棉结子花呢				
经纬密度	经纱/(根/10cm)	252	315	362	394	394	394
	纬纱/(根/10cm)	248	276	276	260	276	260
织物组织		假双层组织、蜂巢组织、经纬起花组织	平纹加结子	仿麻	双经加结子	平纹加结子	平纹加结子
成品幅宽/cm		86.5	91.5～114.5				
特点		手感厚实，弹性好，花型清晰，布面丰满，具有凹凸效果显著、立体感强等特点	质地较一般细纺织物厚实丰满，柔软而有弹性，立体感强，结子点缀如雪花				
用途		主要用作外衣面料	主要用作衬衣和裙子面料等				
备注		是采用高收缩纤维与涤、腈、黏等纤维为原料织制而成的，通过后整理受热而形成丰满的布面	是采用花色结子线织制的色织物，经纬纱采用13tex(45英支)涤棉混纺纱及10tex(60英支)纯棉精梳结子纱，涤棉混纺比为涤65%、棉35%。色彩以复色为主，明朗、素静，偶尔以鲜艳嵌线点缀，或以深色为底，也有独特的艺术效果。缩水率在2%以下。经高温定型，使产品柔软防缩、滑爽、丰满				

规格＼棉织物名称		色织涤纶竹节丝仿丝麻花呢		
英文名		yarn dyed imitation silk and linen fancy suitings		
经纬纱线密度	经纱/tex(英支)	344dtex/84F(310旦/84F)	13(45)涤棉混纺纱	344dtex/84F(310旦/84F)
	纬纱/tex(英支)	(344dtex/84F+344dtex/84F)(310旦/84F/310旦/84F)交并纱	344dtex/84F(310旦/84F)	同经纱
经纬密度	经纱/(根/10cm)	275.5	378	220
	纬纱/(根/10cm)	133	260	181
织物组织		平纹、提花或斜纹组织		
成品幅宽/cm				
特点		织物具有丝的光泽、麻织物的风格，且手感滑爽，挺括免烫		

续表

棉织物名称 规格	色织涤纶竹节丝仿丝麻花呢
用途	宜作春、夏季男女服装面料等
备注	是一种化纤仿丝麻的色织花呢，采用粗特涤纶混纤竹节长丝为原料，也有采用腈、涤、毛三合一混纺纱与粗特涤纶长丝交织的，织物的风格、花型、色彩变化多样。利用两根熔点和热缩率不同的化纤长丝并合再经假捻变形以形成竹节丝，竹节的距离一般为30～60mm，这种变形丝的手感挺爽，弹性、透光性好，在织物表面呈现若隐若现、风格高雅的竹节模纹。织物需经柔软、防静电、防缩和定型等后整理

棉织物名称 规格		色织七梭织物	印经布		色织涤棉弹力绉
英文名		yarn dyed 4×4 shuttle box fabric	warp printed fabric		yarn dyed T/C seersucker
品名					
经纬纱线密度	经纱/tex（英支）	16.9×4(35/4) 腈纶膨体股线	14×2(42/2) 棉股线	J14.5(40) 棉纱	13×2(45/2) 涤棉混纺股线
	纬纱/tex（英支）	同经纱	96(6)棉纱	同经纱	13×2(45/2)或9.7×2(60/2)涤棉混纺纱与8.25(75旦)PBT按一定比例间隔交织
经纬密度	经纱/(根/10cm)	150	246	473	315～362
	纬纱/(根/10cm)	150	157	268	276～291
织物组织		斜纹组织	平纹或联合组织小提花		平纹＋纬起花或双层提花组织
成品幅宽/cm		147.5			91
特点		外观五彩缤纷，绚丽多彩	不同于普通印花布，布面呈现似花非花、若隐若现、抽象含蓄、立体感强的美丽图案和丰富色彩，具有既像印花布又非印花布的独特风格		运用平纹地原组织起花，由于PBT纤维具有较好的弹性和收缩率，起花部分用PBT作纬纱交织，使布面呈现凹凸起绉效果，花型丰满而有立体感，穿着舒适，独具风格
用途		宜做女装及装饰用织物	主要用来做沙发套、窗帘、帷幕等装饰用布	宜作男女夏令用衫、裙面料等	宜做女时装、衬衫、春秋衫等

续表

棉织物名称 规格	色织七梭织物	印　经　布	色织涤棉弹力绉
备注	是用7种颜色织制的色织花呢，原料可采用腈纶及涤/棉、涤/黏等中长混纺纱。纬纱有天蓝、新蓝、俏蓝、藏青、墨绿、鲜绿、果绿7种颜色	是先在经纱上印花，而后与纬纱交织成的色织物，因加工工艺而得名。大多采用中、粗特棉纱织制，织纹一般为平纹或联合组织小提花，经向镶嵌不同色彩的嵌线，也可配以多纬色织制。织物紧度较高，手感丰满、厚实，耐摩擦牢度好。也可采用相同的印经工艺织制各种印经色织府绸、细纺和印经色织泡泡纱等薄型织物都属于多工艺、精加工的中高档产品	

棉织物名称 规格		色织断丝织物(雪花呢)			
英文名		yarn dyed fabric with broken filaments; yarn-dyed broken filament fabric			
品名		涤棉断丝花呢	涤棉断丝府绸	涤棉断丝细纺	涤棉长丝剪花纱罗
经纬纱线密度	经纱/tex (英支)	[13+(13+13.3+13)](45+45/120旦/45)交并纱	[13+($\frac{13}{13}$+13.3+13)](45+$\frac{45}{45}$/120旦/45)交并纱	[(13×2)+13+(13+13+13.3+13)](45/2+45+45/45/120旦/45)交并股线	[13+(13×2)+($\frac{13}{13}$+13.3+13)](45+45/2+$\frac{45}{45}$/120旦/45)交并股线
	纬纱/tex (英支)	同经纱	7.6/42F (68旦/42F)	13(45)	8.3+彩皮线 (70+彩皮线)
经纬密度	经纱/(根/10cm)	315	417	362	323
	纬纱/(根/10cm)	220	339	276	354
织物组织		以平纹为主，也可采用绉组织			
成品幅宽/cm		91.5	91.5～114.5	91.5～114.5	91.5～114.5
特点		色泽鲜艳柔和，质地细腻高雅			
用途		宜作妇女、儿童的外衣面料等			
备注		是采用断丝花色线织制的色织物，通常采用棉或涤棉、涤黏纱与13.3tex(120旦)黏胶人造丝交并加捻，由于黏胶丝湿强力低，而棉或涤棉、涤黏纱湿强力高，经罗拉牵伸将黏胶丝拉断，同时进行加捻，将被拉断的黏胶丝捻夹在两根纱之间，再加一根外包纱线并合加捻而成。断丝花呢是在色地上点缀洁白细如茸毛的断丝，故又名雪花呢，也有在白地或浅色地上点缀彩色丝。断丝花呢的外观和品质完全取决于断丝花线的捻线质量，要求断丝雪花短而密，切忌长而稀或长短不一			

续表

规格＼棉织物名称		青年布(自由布、桑平布)				
英文名		chambray				
品名		青　年　布			自由布	桑平布
经纬纱线密度	经纱/tex(英支)	36(16)棉纱	28(21)棉纱	28(21)棉纱	28(21)棉纱	14×2(42/2)棉股线
	纬纱/tex(英支)	同经纱	同经纱	同经纱	同经纱	特纺36(特纺16)棉纱
经纬密度	经纱/(根/10cm)	257	279	228	272	378
	纬纱/(根/10cm)	244	236	209	240	165
织物组织		平　纹　组　织				
成品幅宽/cm		91	91	112	91	81
特点		布面光洁平整，形成双色效应，色泽调和文静，风格特殊，质地轻薄，穿着舒适				
用途		宜做衬衫、内衣、被套等				
备注		属于色织布，其经纬纱色泽不同，经纱先染色，纬纱先漂白，然后交织而成。原料主要为棉纱，大多为全纱织物，也有少数为半线织物。部分成品经树脂整理或预缩整理，弹性增加，手感比较硬挺，缩水率有所降低。青年布除纯棉品种外，还有棉维和涤棉等混纺品种。未经预缩整理的青年布，缩水率在9%左右，裁剪前宜先下水预缩				

规格＼棉织物名称		涤棉青年布(牛津布)				棉维青年布	二二元叽	
英文名		polyester/cotton mixed chambray				cotton/vinylon mixed chambray	2-2 black serge	
品名		涤棉青年布			涤棉印花青年布		全线二二元叽	半线二二元叽
经纬纱线密度	经纱/tex(英支)	13(45)涤棉混纺纱	13(45)双经涤棉混纺纱	13(45)涤棉混纺纱	13(45)涤棉混纺纱	32(18)棉维混纺纱	14×2(42/2)或18×2(32/2)棉股线	14×2(42/2)棉股线
	纬纱/tex(英支)	36(16)精梳棉纱	36(16)精梳棉纱	18×2(32/2)精梳棉股线	36(16)精梳棉纱	同经纱	同经纱	28(21)
经纬密度	经纱/(根/10cm)	394	433	396	394	273	250	
	纬纱/(根/10cm)	213	191	185	213	236	250～300	

续表

规格＼棉织物名称	涤棉青年布(牛津布)				棉维青年布	二二元叽
织物组织	平纹组织				平纹组织	$\frac{2}{2}$斜纹组织
成品幅宽/cm	91	104	91	144	91	
特点	同青年布				外观与棉青年布相似，质地比较坚牢	布身紧密，质地厚实，坚牢耐穿用，色泽乌黑
用途	宜做衬衫等				宜做衬衫、内衣及装饰用布	宜作鞋面料等
备注	又叫牛津布，采用涤纶 65%、棉 35%混纺的涤棉纱作经纱、用精梳棉纱作纬纱交织而成。涤棉混纺纱先经染色，棉纱先经漂白，交织后呈现调和的双色效应。色泽有红、蓝、棕等色。织物含棉成分大于涤纶，吸湿透气，穿着舒适。缩水率在 2%左右，洗涤时因经纱较细，纬纱较粗，不宜用力搓擦，以免损伤织物，缝衣时宜采用包缝，以免纱线松开				由棉与维纶各50%混纺，经纱为色纱，纬纱为漂白纱。织物的缩水率在 6%左右，使用前应下水预缩，洗涤时不宜用力搓洗，以免造成沾色而使色泽不清晰	是色织布中的传统产品，幅宽合我国老尺二尺二寸，故名。纱线先经硫化元染料染成黑色，然后织布。缩水率在 10%左右，裁剪前应下水预缩。因硫化元染料不耐摩擦，洗涤时不宜用力洗刷，否则色泽容易发白

规格＼棉织物名称		色织涤棉纱罗				花线纱罗	中长元贡呢
英文名		yarn dyed T/C mixed gaze; yarn dyed mixed gauze leno				fancy thread gaze; fancy thread gauze leno	mid-length black satin drill; mid-length black twilled satin
经纬纱线密度	经纱/tex(英支)	13(45)涤棉混纺色纱	13×2(45/2)或13(45)涤棉混纺色线或纱	13×2(45/2)或13(45)涤棉混纺色纱或线	10×2(60/2)或13(45)涤棉混纺色线或纱	地经:13(45)棉纱 绞经:13×2(45/2)棉股线	15×2(40/2)中长股线
	纬纱/tex(英支)	同经纱	13(45)涤棉混纺色纱	13(45)涤棉混纺色纱	13(45)涤棉混纺色纱	13(45)棉纱，另外加织 36(16)～10(60)结子线或毛巾单纱	30(20)中长纱
经纬密度	经纱/(根/10cm)	311	319	410	367	319	492
	纬纱/(根/10cm)	268	236	284	276	236	291

续表

规格＼棉织物名称	色织涤棉纱罗	花线纱罗	中长元贡呢
织物组织	纱罗组织	纱罗组织	缎纹组织
成品幅宽/cm	91	91	91
特点	织物轻薄滑爽,丝绸感强,成品经热定型和树脂整理后,更能增加挺括度,色牢度好,耐洗涤	布面富于变化,呈现结子线、毛巾纱等花式效果	布身紧密挺括,手感厚实,光泽好,纹路清晰,色泽乌黑纯正,富有毛贡呢感
用途	宜做男女夏装、童装、裙子及装饰用布	宜做时髦女装、披肩、衬衫、裙子、童装及家具等的装饰用布	宜做长短大衣、猎装、女装、民族装、鞋面等
备注	是采用涤纶65%、棉35%的混纺纱经染色后制织的纱罗织物。色织涤棉纱罗中,部分品种的涤纶的配比在40%左右,棉的配比在60%左右,称为色织棉涤纱罗,挺括度较差,吸湿性较好。色织涤棉纱罗为轻薄织物,经定型整理后的缩水率在4%左右,洗涤时应轻揉轻搓,以免损伤织物	是采用花式线制织的色织纱罗,常用的花式线有结子线、毛巾线等,其织物多为对称的简单纱罗组织	是用涤纶65%、黏纤35%的混纺纱制织的化纤贡呢品种,属于色织产品。缩水率约为2%,裁剪成衣前不需先下水预缩。成衣洗涤时宜轻揉轻搓,可顺纹路进行轻轻刷洗,以免色泽发花和布面起毛

规格＼棉织物名称		色织涤棉提花巴里纱	色织绉布	色织涤棉拷花布
英文名		yarn dyed T/C jacquard voile	yarn dyed crape; yarn dyed crepe; yarn dyed sheer sucker	yarn-dyed T/C mixed embossed cloth
经纬纱线密度	经纱/tex(英支)	6×2(100/2)或21×2(28/2)涤棉混纺股线	18(32)棉纱	13(45)涤棉混纺纱
	纬纱/tex(英支)	6×2(100/2)(加锦纶三角丝)涤棉混纺股线	同经纱	同经纱
经纬密度	经纱/(根/10cm)	335	264	362
	纬纱/(根/10cm)	276	161	276

续表

规格 \ 棉织物名称	色织涤棉提花巴里纱	色织绉布	色织涤棉拷花布
织物组织	平纹组织	平纹组织	平纹组织
成品幅宽/cm	91	91	91
特点	配色调和，花型美观，手感挺爽，光泽和透明度均较好，特别是织有装饰纱的品种，色彩更加丰富、秀丽。弹性好，抗皱性能强，耐穿用，易洗快干	织物表面具有绉纹或绉条，绉缩均匀，轻薄松软，手感滑爽、糯润，光泽自然柔和，透气性好，穿着舒适透凉，宽紧适度，弹性好，不贴身，类似丝绸，风格别致	布面有凹凸的花纹，富有光泽，花色新颖别致，既有色织花型风格，又有凹凸花纹的立体感
用途	宜做高档衬衫、女装、童装、裙装及室内装饰用布	宜做中式便装、罩衣、衬衫、睡衣、裙子、时装、艺装、民族装、童装及装饰用布等	宜做妇女、儿童夏令衬衫
备注	是由65%的涤纶与35%的棉混纺织造而成。品种有平素和提花等，还有夹织锦纶三角丝、金银丝等装饰纱。缩水率在2%左右，裁剪前不必先下水预缩，成衣的洗涤宜轻不宜重，以防损伤织物	绉布是强捻起绉织物。色织绉布的纬向也为强捻纱，经纱通常采用异经的方法，并配置不同的色纱，按绉布特殊整理方法，起绉后，外观形态更为美观。绉布经树脂整理后可提高尺寸稳定性，改进手感，避免手感疲软	使用的原料为涤棉混纺纱，混纺配比为涤纶65%，棉35%。拷花布上凹凸花纹的形成是利用刻有花纹的辊筒将织物轧出凹凸的花纹，再经过树脂整理，使轧出的凹凸花纹在布面上固定，具有一定的耐洗性。花型变化多，有几何图案、朵花和绉纹等。缩水率在1%左右

规格 \ 棉织物名称		色织涤棉烂花布	色织花呢	棉维色织花呢
英文名		yarn-dyed T/C mixed burnt-out fabric; yarn-dyed T/C mixed etched-out fabric	yarn-dyed suitings	cotton/vinylon mixed yarn-dyed suitings
经纬纱线密度	经纱/tex(英支)	15(38) 涤棉混纺纱	使用原料有涤棉纱、棉纱、中长涤黏纱、涤腈混纺纱、弹力涤纶丝、涤纶丝、膨体腈纶纱和中空纤维、异形纤维等	18×2(32/2) 棉维混纺股线
	纬纱/tex(英支)	同经纱	同经纱	同经纱

续表

规格＼棉织物名称		色织涤棉烂花布	色织花呢	棉维色织花呢
经纬密度	经纱/(根/10cm)	362		260
	纬纱/(根/10cm)	335		228
织物组织		平纹组织	斜纹组织和提花组织等	斜纹组织和提花组织等
成品幅宽/cm		91		91
特点		布面具有透明的凹凸花纹，富有立体感，花型设计新颖，花色变化繁多，其透明部分犹如蝉翼，凸出部分近似烂花丝绒，组成轻盈滑爽	花色品种丰富，配色调和，色泽文雅，织纹清晰大方，弹性好，手感厚实，布身挺括滑糯，富有毛型感	外观与涤棉花呢相仿，质地厚实坚牢，但不及涤棉花呢光洁挺括。布面厚实，耐穿用，但染色性能差
用途		宜做女装、时装、裙子、旗袍、衬衫、艺装、童装及台布、窗帘、头巾、茶巾、床罩等	使用范围广泛，宜做春、秋、冬三季男女套装	宜做春、秋、冬三季男女套装
备注		是由涤棉色织布经烂花整理而得，既有彩色的色织花纹，又有透明的凹凸花纹。缩水率约为1%左右，裁剪成衣前不需先下水预缩。洗涤时要小心揉搓，以防损伤花纹	根据使用的化纤原料不同，分为涤棉花呢、棉维花呢、中长花呢、中空纤维花呢、腈纶膨体花呢等；按花色分，有条花呢、格花呢、雪花呢、薄花呢、提花呢等。洗涤时，不宜用热水浸泡，不要用力擦刷，以免影响色泽和损伤织物表面	由棉和维纶各50%的混纺纱线经中性和士林染料染色的产品。花型有条、格等。一般染成中浅色，缩水率为5%～6%，裁剪成衣前需下水预缩，成衣洗涤时易起绉，因此，宜抻平，在阴凉通风处晾干。熨烫时宜低温干烫

<table>
<tr><td colspan="2">规格＼棉织物名称</td><td colspan="8">涤　棉　色　织　花　呢</td></tr>
<tr><td colspan="2">英文名</td><td colspan="8">polyester/cotton mixed yarn dyed suitings</td></tr>
<tr><td colspan="2">品名</td><td colspan="6">涤棉花呢</td><td colspan="2">涤棉夹丝花呢</td></tr>
<tr><td rowspan="2">经纬纱线密度</td><td>经纱/tex（英支）</td><td>20(28)
涤棉
色纱</td><td>13×2
(45/2)
涤棉
色线</td><td>13×2
(45/2)
涤棉
色线</td><td>13/13
(45/45)
涤棉色
股线</td><td>13×3
(45/3)
涤棉色
股线</td><td>13×2
(45/2)
涤棉色
股线</td><td>120旦/13
(120旦/45)
涤棉色纱
夹黏丝</td><td>13×2
(45/2)
涤棉色纱
夹金丝</td></tr>
<tr><td>纬纱/tex（英支）</td><td>同经纱</td><td>同经纱</td><td>同经纱</td><td>13(45)
涤棉色纱</td><td>同经纱</td><td>13(45)
涤棉色纱</td><td>同经纱</td><td>13/13
(45/45)
涤棉色纱
夹金丝</td></tr>
</table>

续表

规格＼棉织物名称		涤棉色织花呢							
经纬密度	经纱/(根/10cm)	370	272	393	315	244	393	290	307
	纬纱/(根/10cm)	260	197	236	256	173	165	165	244
织物组织		平纹组织、斜纹组织和提花组织							
成品幅宽/cm		91							
特点		布面平整光洁,强力高,耐穿用,弹性和抗皱性能好,配色协调,花型鲜艳,富于变化,手感丰满,夏季面料滑挺爽,秋冬季面料滑挺糯。夹丝产品色彩富丽,光彩闪烁,富有高级感							
用途		主要用来做套装、便装、女装、时装、裙装、童装、艺装、民族装及家具装饰用布等。涤棉夹丝花呢主要用来做时装和夜礼服							
备注		是由涤纶65%和棉35%混纺制织的花呢品种。所含品种很多,按纱线分,有纱、线和半线品种;按纱线的花式分,有花式线、结子线、金银丝、化纤长丝等花纱线品种							

规格＼棉织物名称		结子纱色织物		经　花　呢	提　花　呢	麻棉色织竹节布
英文名		knop yarn coloured woven cloth		warp fancy suitings	jacquard cotton suitings, jacquard twine cloth	ramie/cotton mixed yarn dyed union slubbed fabric
经纬纱线密度	经纱/tex(英支)	36.4(16)棉纱	36.4(16)棉结子纱	18×2(32/2)～14×2(42/2)股线或36(16)～18(32)单纱	28×2(21/2)～18×2(32/2)棉股线	133.3(7.5公支)纯麻相节纱
	纬纱/tex(英支)	19.4×2(30/2)棉色织节染纱股线	145.8(4)粗细节棉纱	同经纱	同经纱	54.5×2(18.3公支/2)麻棉色纱
经纬密度	经纱/(根/10cm)	232	228	220～410	254～370	103
	纬纱/(根/10cm)	197	130	220～410	220～315	122
织物组织			斜纹组织	平纹、斜纹、缎纹、双层组织	平纹或斜纹为地的提花组织	平纹组织
成品幅宽/cm				81～110	81～110	160

续表

棉织物名称 规格	结子纱色织物		经花呢	提花呢	麻棉色织竹节布
特点	布面平整光洁，手感柔软，吸湿透气，穿着舒适	布面呈结子状，粗犷，悬垂性好，具有艺术和装饰效果	同格花呢	同格花呢	手感硬挺，质地厚实，线条粗犷，布面上有较强的立体效应和外观花纹效应，外观新颖独特。穿着舒适，吸湿性和透气性好，特别是不规则的竹节纱在布面上呈现不规则的分布，具有独特的风格和韵味
用途	宜做妇女时装、女裤、短裙、连衣裙等	宜作女裤及室内装饰用料	宜做女装、时装、艺装、童装等	宜做女装、时装、童装等	宜做西装、夹克等
备注	是纯棉织物。由于经起毛加工并具有碎纹花型，布面呈现出朦胧色效应，是深受青年女性喜爱的夏令服装面料	织物常染成素净茶色	是女线呢中布面色彩变化较大，商业名称较多的一类线呢品种，主要有映雪呢、元霄呢、群星呢、培立呢、乐思呢、孔雀锦、肤雪呢、丰彩呢等，它是利用花线或经向组织纹提花，达到各种花色效果。组织比较复杂，有平纹、斜纹、缎纹和双层组织，并有经向提花。例如，深色地经花呢多以色线为主，利用组织变化达到仿格线呢的效果；彩色地经花呢以色线为主，采用变化或双层组织，布面多呈现各种凸条，色彩艳丽，富于变化	是以色线为主的纬向提花织物，还有仿针织经编的提花线呢，是女线呢中花色变化较复杂的一种织物	是采用麻棉混纺交织的色织布。竹节纱有节距、节粗、节长三个参数，改变这三个参数，可得到多种类型的竹节纱。竹节纱又可分为等距和不等距竹节纱两种。后者应用广泛，故麻棉色织竹节布采用不等距竹节纱

续表

棉织物名称 / 规格		雪尼尔织物		
英文名		chenille fabric		
品名		新绒呢	平绒呢	丽绒呢
经纬纱线密度	经纱/tex(英支)	14.8×2(40/2)涤/黏中长股线	59.1×2(10/2)黏胶纤维股线	59.1×2(10/2)黏胶纤维股线
	纬纱/tex(英支)	454.2(2.2公支)绳绒 14.1×2(42/2)涤/黏中长股线	59.1×2(10/2)黏纤股线 454.5(2.2公支)绳绒	59.1×2(10/2)黏纤股线 454.5(2.2公支)绳绒
经纬密度	经纱/(根/10cm)	155	171	124
	纬纱/(根/10cm)	113	98	73
织物组织				
成品幅宽/cm		150	150	144
特点		绒面丰满，手感柔软，悬垂性好，有丝绒感		
用途		宜做服装及各种装饰用织物(如床罩、床毯、台毯、沙发套、墙饰、窗帘、帷幕)等		
备注		是指用雪尼尔线(绳绒线)织制的织物。有机织和针织两类。前者是以雪尼尔线作纬，通过织造和后整理工艺而成，后者是将雪尼尔线用针织提花横机或手工编织，织出的有高档感、立体感强、手感柔软、风格独特的各式男女开衫、风衣、披风等。雪尼尔机织物采用腈纶针织绒、中长线和雪尼尔线为原料织制		

二、麻型织物(bast type fabric)

1. 苎麻织物 (ramie fabric)

苎麻织物是以苎麻纤维为原料制织的织物。苎麻纤维具有吸湿散湿快、光泽好、断裂强度高、湿强高于干强、断裂伸长率极小、遇水膨润性较好等特点。由它制织的苎麻织物布身细洁、紧密、布面光洁、手感挺爽，强力高，刚性强，吸湿散湿快，散热性好，穿着透凉爽滑，出汗不粘身，凉爽舒适，是夏季衣着的理想衣料。苎麻织物的品种规格比较简单，按织物的色相分，有原色苎麻布、漂白苎麻布、染色苎麻布和印花苎麻布四种，原色苎麻布主要作漂白、染色和印花加工用坯布。苎麻织物适宜做夏季服装、床单、被褥、蚊帐、床罩、台布、窗帘、工艺品抽绣、手帕等，也可用作特殊要求的国防和工农业用布，如皮带尺、过滤布、钢丝针布的基布、子弹袋、水龙带等。

规格＼麻织物名称		粗支苎麻布	纯苎麻细布		
英文名		low count ramie cloth	pure ramie cambric;pure ramie fine cloth		
经纬纱线密度	经纱/tex(公支)	73(13.5)纯苎麻纱	16.7(60)	20.8(48)	13.9(72)
	纬纱/tex(公支)	73(13.5)纯苎麻纱	16.7(60)	20.8(48)	13.9(72)
经纬密度	经纱/(根/10cm)	276	312	248	310
	纬纱/(根/10cm)	150	260	224	268
织物组织		斜纹组织	平纹	平纹	平纹、提花
质(重)量/(g/m^2)		312	97	95	78
成品幅宽/cm		145	142	145	145
特点		布面的纱线具有自然、不均匀粗糙感,风格粗犷、个性化强、质地紧密坚牢,手感干爽、挺括,耐水洗,耐摩擦	织物细薄,手感滑爽,可进行多种印染技术加工	布面平整光洁,可进行各种后染整加工	织物轻薄柔爽,可印花、染色、刺绣
用途		宜做春秋季男女休闲风衣、西装、套裙、裤装等	适用于夏季高档女装	适用于夏季服装	适用于夏季高级时装及服饰产品

续表

规格 \ 麻织物名称	粗支苎麻布	纯苎麻细布		
备注	属于传统的苎麻粗纺类产品，原料采用精梳落麻或切断精干麻，经过棉纺工艺流程进行环锭或转杯纺纱。环锭纺纱线的强力较好，转杯纺纱线的均匀度较优			

规格 \ 麻织物名称		高支纯麻细布	特高支纯麻细布	夏　布
英文名		fine count pure ramie fine cloth	extra fine count pure ramie fine cloth	grass linen
经纬纱线密度	经纱/tex(公支)	10(100)	6.25(160)	
	纬纱/tex(公支)	10(100)	6.25(160)	
经纬密度	经纱/(根/10cm)	382	380	371
	纬纱/(根/10cm)	287	267	436
织物组织		平纹	平纹	平纹组织
质(重)量/(g/m^2)		65	40	42.87
成品幅宽/cm		145	140	40～70
特点		经高级后整理加工，具轻柔细腻、飘逸感	麻类产品中的极品，薄如蝉翼	穿着时有清汗离体、透气散热、爽挺凉快的特点
用途		适用于夏季高级时装、晚装及服饰产品	适用于夏季高级时装、晚装及服饰产品	宜做夏令服装及蚊帐等
备注				夏布是对手工制织的苎麻布的统称。是用手工将半脱胶的苎麻韧皮撕劈成细丝状，再头尾捻绩成纱，然后织成狭幅苎麻布，是我国传统纺织品之一。因用作夏令服装和蚊帐而得名。夏布历史悠久(达6000余年)，品种与名称繁多。有淡草黄本色或漂白的，也有染色和印花的。有纱细布精的，也有纱粗布糙的，全由手工操作者掌握。目前，在江西万载、湖南浏阳、四川隆昌等地仍有手工生产的夏布。一般以平纹狭幅为主，仅有本色和漂白两种，苎麻纱用头尾捻绩，不统体加捻

续表

规格 \ 麻织物名称	纯苎麻面料									
英文名	pure ramie fabric									
经纬纱线密度 经纱/tex(公支)	97(10)纯苎麻纱	73(13.5)纯苎麻纱	42(24)纯苎麻纱	42(24)纯苎麻纱	28(36)纯苎麻纱	28(36)纯苎麻纱	41.7(24)纯苎麻纱	41.7(24)纯苎麻纱	31.3(32)纯苎麻纱	28(36)纯苎麻纱
经纬纱线密度 纬纱/tex(公支)	同经纱	同经纱	同经纱	同经纱	同经纱	同经纱	同经纱	同经纱	同经纱	同经纱
经纬密度 经纱/(根/10cm)	118	165	213	244	205	236	239	236	260	406
经纬密度 纬纱/(根/10cm)	122	150	213	185	236	236	196	198	226	343
织物组织	平纹组织			斜纹组织	平纹组织		$\frac{3}{1}$斜纹	平纹组织	平纹组织	斜纹组织
质(重)量/(g/m^2)	235	232	181	182	125	134	182	168	150	212
成品幅宽/cm	135	135	135	142	142	142	142	142	112	162
特点	纱线有较明显的竹节，手感挺括、干爽，布面平整光洁、纹路清晰，质地坚牢，耐洗涤，耐摩擦，具有良好的吸湿排汗性能，穿着舒适、凉爽、色泽鲜艳，多为染色和印花产品。通常经水洗、空气柔软整理、可改善手感和外观风格									
用途	宜做春、秋季男女休闲西服、外套、风衣和夏季男士休闲衫及各种女士衣服、裙子、宽松裤装等									
备注	原料可用精梳落麻或切断精干麻。织物经丝光后染色，可呈现苎麻纤维的漂亮光泽									

规格 \ 麻织物名称	纯苎麻异支条纹面料	纯苎麻竹节布			
英文名	pure ramie different count stripe fabric	pure ramie slubbed fabric			
经纬纱线密度 经纱/tex(公支)	28+97(36+10)纯苎麻纱	55.6(18)	105.3(9.5)	133.3(7.5)	100(10)
经纬纱线密度 纬纱/tex(公支)	28(36)纯苎麻纱	55.6(18)	105.3(9.5)	133.3(7.5)	100(10)
经纬密度 经纱/(根/10cm)	205	200	155	116	134
经纬密度 纬纱/(根/10cm)	236	184	130	118	120
织物组织	平纹组织	平纹	平纹	平纹	平纹

续表

<table>
<tr><td>规格 \ 麻织物名称</td><td>纯苎麻异支条纹面料</td><td colspan="4">纯苎麻竹节布</td></tr>
<tr><td>质(重)量/(g/m²)</td><td>194</td><td>180</td><td>350</td><td>390</td><td>306</td></tr>
<tr><td>成品幅宽/cm</td><td>150</td><td>55</td><td>144</td><td>144</td><td>142</td></tr>
<tr><td>特点</td><td>经纱由细支麻纱与粗支麻纱按照一定比例搭配，在布面形成凸显的纵向条纹花型，较同类产品的平纹织物更具个性化，风格独特</td><td>织物风格自然、粗犷，具朴实感</td><td>织物风格自然、粗犷，竹节突出，经染色或色织后水洗加工</td><td>织物厚重感强，竹节明显，古朴自然</td><td>织物风格自然、粗犷，竹节突出，经染色或色织后水洗加工</td></tr>
<tr><td>用途</td><td>宜做夏季男士休闲衫及女士的上衣、裙装、宽松裤装等</td><td>适用于秋、冬休闲装及西服</td><td>适用于怀旧类或休闲西服</td><td>适用于秋、冬休闲装等</td><td>适用于怀旧类或休闲西服</td></tr>
<tr><td>备注</td><td>将两种不同粗细的经纱分别整经、浆纱，采用双织轴织造，一般采用常规的印染工艺加工，价格适中</td><td></td><td></td><td></td><td></td></tr>
</table>

<table>
<tr><td colspan="2">规格 \ 麻织物名称</td><td colspan="2">纯苎麻皱织物</td><td colspan="2">双　经　布</td><td>高支苎麻色织提花布</td><td colspan="2">纯苎麻提花布</td></tr>
<tr><td colspan="2">英文名</td><td colspan="2">pure ramie crepe fabric; pure ramie crape cloth</td><td colspan="2">double ends fabric;grog</td><td>high count ramie yarn-dyed jacguard cloth</td><td colspan="2">pure ramie jacquard cloth</td></tr>
<tr><td rowspan="2">经纬纱线密度</td><td>经纱/tex(公支)</td><td>9.7(102)纯苎麻纱</td><td>14(72)纯苎麻纱</td><td>55.6/2(18/2)</td><td>41.7(24)</td><td>14(72)纯苎麻纱</td><td>27.8(36)</td><td>27.8+41.7(36+24)</td></tr>
<tr><td>纬纱/tex(公支)</td><td>同经纱</td><td>同经纱</td><td>133.3(9.5)</td><td>100(10)</td><td>同经纱</td><td>41.7(24)</td><td>27.8(36)</td></tr>
<tr><td rowspan="2">经纬密度</td><td>经纱/(根/10cm)</td><td>323</td><td>236</td><td>212</td><td>213</td><td>280</td><td>230</td><td>280</td></tr>
<tr><td>纬纱/(根/10cm)</td><td>339</td><td>286</td><td>118</td><td>128</td><td>299</td><td>218</td><td>218</td></tr>
<tr><td colspan="2">织物组织</td><td colspan="2">平纹组织</td><td>双经(纬重平)</td><td>双经</td><td>小提花组织</td><td>提花</td><td>提花</td></tr>
<tr><td colspan="2">质(重)量/(g/m²)</td><td>65</td><td>71</td><td>340</td><td>252</td><td>82</td><td>194</td><td>182</td></tr>
<tr><td colspan="2">成品幅宽/cm</td><td>145</td><td>145</td><td>142</td><td>142</td><td>140</td><td>142</td><td>142</td></tr>
</table>

续表

规格＼麻织物名称	纯苎麻皱织物	双经布		高支苎麻色织提花布	纯苎麻提花布
特点	面料轻透、细薄，布面呈现真丝乔其的精细皱纹，是一种具有独特、典雅、高档的麻类中的精品	织物厚重感强，竹节明显，古朴自然	纹路清晰、平整，手感爽	织物纵向花纹精细、清秀、文雅，质地轻薄，干爽透气，光泽柔亮，色泽温和，穿着舒适、凉爽宜人，不沾身，清新、飘逸、高雅	凉爽挺括，小提花纹式样多，可依服装用途设计
用途	宜做夏季女士装饰类服装，如披肩、空调围巾及高档服装等	适用于秋、冬休闲装等	适用于春秋男女各类服装	宜做夏季高档女士服装、多为休闲、宽松款式	适用于春末夏初服装
备注	采用优质麻条与水溶性纤维混纺织造，后整理去除水溶性纤维。价格偏高			对纱线质量要求较高，在提花设计时，通常将综框控制在16页以内，以免织造断头过多而影响布面质量和生产效率	

规格＼麻织物名称		苎麻斜纹布			高支苎麻色织布
英文名		ramie drill; ramie serge twill; ramie twill			high count ramie yarn-dyed cloth
经纬纱线密度	经纱/tex(公支)	27.8(36)纯苎麻纱	27.8(36)纯苎麻纱	21(48)纯苎麻纱	14(72)纯苎麻色纱
	纬纱/tex(公支)	同经纱	同经纱	同经纱	同经纱
经纬密度	经纱/(根/10cm)	276	280	280	283
	纬纱/(根/10cm)	216	224	244	299
织物组织		人字纹	$\frac{3}{1}$斜纹	斜纹	平纹组织
质(重)量/(g/m^2)		158	164	111	82
成品幅宽/cm		142	140	140	140

续表

规格 \ 麻织物名称	苎麻斜纹布	高支苎麻色织布
特点	布面光亮平整，织纹精细，色泽柔和，手感爽滑、挺括，吸湿排汗不粘身，穿着舒适宜人	质地轻薄，干爽透气，光泽柔亮，色泽温和、雅致，穿着舒适凉爽宜人，不沾身，清新、飘逸、高雅
用途	宜做春末夏初男女服装等	宜做夏季高档女士服装，多为休闲、宽松款式
备注	采用优质苎麻生产。丝光产品色泽鲜艳，水洗产品手感较柔软，具有自然、怀旧的风格	属于传统的高档苎麻面料，多为染色、印花产品。花色品种的变化多由染整加工产生。染色、印花、水洗等都能为面料带来不一样的效果

规格 \ 麻织物名称		苎麻高支异支提花细布		苎麻高支提花细布		色织苎麻面料
		R813-0402	R813-0403	R819-0604		
英文名		high-count differential-count ramie jacquard cambric		high-count ramie jacquard cambric		yarn-dyed ramie fabric
经纬纱线密度	经纱/tex（公支）	27.8＋16.7（36＋60）	27.8＋16.7（36＋60）	13.9(72)	13.9(72)	16/2(62.5/2)纯苎麻纱线
	纬纱/tex（公支）	27.8＋16.7（36＋60）	16.7(60)	13.9(72)	13.9(72)	21(48)纯苎麻纱
经纬密度	经纱/(根/10cm)	250	256	300	310	256
	纬纱/(根/10cm)	256	270	276	270	256
织物组织		提花	提花	提花	提花	斜纹组织
质(重)量/(g/m^2)		100	81	76	94	136
成品幅宽/cm		150	150	148	145	145
特点		花纹清秀，品质优良，生产难度大，改变了苎麻的简约风格，属苎麻织物中的优质品		花纹清秀，品质优良，生产难度大，改变了苎麻的简约风格，属苎麻织物中的优质品		织纹清晰、明亮，布面平滑，光泽度好，手感挺爽，吸湿排汗性能优良，穿着舒适不沾身
用途		适用于夏季高级女时装		适用于夏季高级女时装		宜做男士休闲衫和女士各种服装、裙子、宽松裤装等
备注						该产品是由高支苎麻股线与细支苎麻纱交织而成，别具风格

续表

规格＼麻织物名称		苎麻牛仔布	苎麻弹力牛仔布
英文名		ramie denim; ramie jean	ramie stretch denim; ramie stretch jean
经纬纱线密度	经纱/tex(公支)	28(36)纯苎麻纱	28(36)纯苎麻纱
	纬纱/tex(公支)	同经纱	28+70D(36+70D) 苎麻氨纶包芯纱
经纬密度	经纱/(根/10cm)	268	264
	纬纱/(根/10cm)	236	213
织物组织		斜纹组织	斜纹组织
质(重)量/(g/m²)		142	135
成品幅宽/cm		150	150
特点		纯麻牛仔布比麻棉牛仔布的服用性能更加干爽透气，易洗快干。水洗后布面的麻质感透出自然、怀旧的独特风格	纬向弹性较好、服用性能和保形性能优良，吸湿透气性能优越，易洗快干，穿着舒适、干爽
用途		宜做夏季女士高档牛仔服装等	宜做夏季女士高档牛仔服装等
备注			包芯纱中氨纶含量小于3%

规格＼麻织物名称		苎麻棉双经牛仔面料			
英文名		ramie/cotton blended double ends denim; ramie/cotton blended double ends jean			
经纬纱线密度	经纱/tex(公支)	53+53(18.5+18.5)苎麻棉混纺纱	73+58(13.5+17)苎麻棉混纺纱	83+58(12+17)苎麻棉混纺纱	83+58(12+17)苎麻棉混纺纱
	纬纱/tex(公支)	130(7.6) 苎麻棉混纺纱	97+65(10+15) 苎麻棉混纺纱	83(12) 苎麻棉混纺纱	58(17) 苎麻棉混纺纱
经纬密度	经纱/(根/10cm)	190	299	281	295
	纬纱/(根/10cm)	122	197	190	157
织物组织		经重平组织	斜纹组织	斜纹组织	斜纹组织
质(重)量/(g/m²)		264	358	358	300

续表

规格＼麻织物名称	苎麻棉双经牛仔面料			
成品幅宽/cm	140	127	140	140
特点	双经、粗纬配制，纹路粗犷，能体现牛仔的风格	经纱采用不同粗细的纱线混和搭配，增加了布面的粗糙感和条影效果，经后整理加工后纹路更有特征，别具一格。手感丰厚、紧密，吸湿透气性能优良，穿着舒适宜人		
用途	宜做高档牛仔服装、工作帽、休闲帽等	宜做男女各种牛仔服装、休闲裤装、裙装等		
备注	双经设计可提高织造效率、改善织物手感柔软度	采用斜纹组织设计，增加了织物的柔软度和手感舒适性，麻棉纱线的混纺比例为苎麻55%、棉45%，可用普通梳理，落麻与棉混纺，采用转杯纺纱产量高，成本低，具有竞争力		

规格＼麻织物名称		苎麻棉交织牛仔布			苎麻黏胶弹力牛仔布	
英文名		ramie/cotton union denim；ramie/cotton union jean			ramie/viscose lycra denim	
经纬纱线密度	经纱/tex（公支）	18(54)棉纱	29(34)棉纱	36(27)棉纱	28(36)苎麻纱	28(36)苎麻纱
	纬纱/tex（公支）	21(48)苎麻纱	28(36)苎麻纱	28(36)苎麻纱	19＋40D（51＋40D）黏胶氨纶包芯纱	19＋40D（51＋40D）黏胶纶包芯纱
经纬密度	经纱/（根/10cm）	472	374	307	268	246
	纬纱/（根/10cm）	331	256	256	303	291
织物组织		斜纹组织			斜纹组织	平纹组织
质(重)量/(g/m²)		153	182	187	136	125
成品幅宽/cm		150	150	150	150	150
特点		布面平整，手感舒适，轻薄、透气，吸湿排汗功能强，穿着舒适宜人			具有麻纤维的粗犷特征，风格别具一格，贴身穿着比棉牛仔服的吸湿透气性能更优良，麻纤维的除异味功能得到充分发挥	
用途		宜做夏季男士休闲短袖衫、夹克式背心、女士各种服装、裙装、裤装及遮阳帽等			宜做男女各种高档牛仔服装等	
备注		采用不同的后整理加工工艺，可以获得较丰富的产品风格			织物的经向为苎麻纱，纬向为黏胶氨纶弹力纱交织，充分体现麻纤维的粗犷特质，风格别致	

续表

麻织物名称 规格		苎麻棉牛仔布					苎麻亚麻交织牛仔布
英文名		ramie/cotton blended denim；ramie/cotton blended jean					ramie/linen union denim；ramie/linen union jean
经纬纱线密度	经纱/tex（公支）	83(12)苎麻/棉混纺纱	58(17)苎麻/棉混纺纱	28(36)苎麻/棉混纺纱	53(18.5)苎麻/棉混纺纱	58(17)苎麻/棉混纺纱	28(36)苎麻纱
	纬纱/tex（公支）	58(17)苎麻/棉混纺纱	同经纱	42(24)苎麻/棉混纺纱	同经纱	同经纱	36(27)亚麻纱
经纬密度	经纱/（根/10cm）	283	283	268	228	315	268
	纬纱/（根/10cm）	173	165	220	181	181	213
织物组织		平纹组织		斜纹组织			斜纹组织
质（重）量/（g/m^2）		336	261	170	218	289	153
成品幅宽/cm		140	140	140	140	140	142
特点		布面纹路清晰、平整，手感柔软、丰厚，质地，外观粗犷、古朴，风格独特，吸湿透气性能优良，穿着舒适宜人					手感柔软、挺括、滑爽，有身骨，色彩丰富，吸湿排汗性能优良，易洗快干，穿着舒适宜人
用途		宜做男女各种牛仔服装、裤装、裙装、帽子等					宜做夏季女士时尚牛仔服装、男士休闲短袖衫等
备注		苎麻棉的混纺比例大多为 55∶45，采用转杯纺纱。坯布经水洗、石磨等后整理工艺加工，其效果更佳					由苎麻与亚麻纱交织而成，织物密度较低，有利于改善手感柔软度

续表

规格＼麻织物名称		苎麻棉竹节牛仔布					苎麻棉弹力牛仔布
英文名		ramie/cotton slubbed denim (jean)					ramie/cotton lycra denim
经纬纱线密度	经纱/tex（公支）	SB73＋58（SB13.5＋17）	SB73＋58（SB13.5＋17）	SB83＋58（SB12＋17）	SB73＋58（SB13.5＋17）	SB58（17）	29(34)棉纱
	纬纱/tex（公支）	同经纱	同经纱	SB58＋97（SB17＋10）	SB58＋97（SB17＋10）	同经纱	28＋70D（36＋70D)苎麻氨纶包芯纱
经纬密度	经纱/(根/10cm)	299	283	276	276	276	374
	纬纱/(根/10cm)	181	181	173	190	220	256
织物组织		平纹组织					斜纹组织
质(重)量/(g/m²)		370	303	332	395	290	219
成品幅宽/cm		140	140	140	140	140	136
特点		经纬纱由平纱和竹节纱组合而成，突出了竹节效果，手感丰厚、密实，外观粗犷、古朴，质感强，风格独特		不同粗细的平纱与竹节纱组合，外观效果自然、粗犷，别具一格，手感丰厚、紧密，穿着舒适宜人		经纬全为竹节纱，织物纹路凸显隐约的凹凸感，张扬，粗犷手感丰厚，质地紧密	纬向弹性好，质地紧密，采用斜纹组织设计，使织物表面体现棉的精细，反面获得麻的吸湿透气功能，使面料的服用性能优良
用途		宜做各种男女牛仔服、休闲裤装、裙装等					宜做各种高档男女牛仔服装、休闲运动鞋的鞋面等
备注		织物设计采用平纱加竹节纱1∶1的组合，有利于提高织造的效率，减少织造断头。若经纬纱全部采用竹节纱，则竹节纱的承节在整经，织造过程中易造成断头率较高，影响产品质量可通过改善苎麻和棉纤维的品质，增加细纱捻度，提高纱线强力及条干均匀度。坯布经水洗、石磨等后整理加工效果更佳					经纱采用棉纱，与麻氨纶包芯纱为纬纱交织而成

续表

麻织物名称 规格		爽　丽　纱		苎亚麻格呢
英文名		all ramie sheer		ramie and linen blending cloth
经纬纱线密度	经纱/tex (公支)	16.7(60)	10(100)	31.3×2(32/2)苎亚麻混纺纱 (苎麻65%,亚麻35%)
	纬纱/tex (公支)	16.7(60)	10(100)	同经纱
经纬密度	经纱/(根/10cm)	316	368	185
	纬纱/(根/10cm)	239	287	162
织物组织		平纹组织		平纹变化组织
质(重)量/(g/m²)				
成品幅宽/cm				97
特点		具有苎麻织物的丝样光泽和挺爽感,是细特单纱织成的薄型织物,略呈透明、犹如蝉翼,非常华丽,穿着舒适、高雅		布面光洁、平整,手感滑爽、挺括,保持了苎麻和亚麻的良好风格,具有一定的特色。如在后整理时印上深本色的格型图案,则更增添了织物粗犷、豪放及较强的色织感
用途		用于制作高档衬衫、裙料、装饰用手帕和工艺抽绣制品		宜做春、夏、秋季各种服装等
备注				是指采用苎麻与胡麻(油用种亚麻)混纺纱织成的麻织物,由广西壮族自治区桂林绢麻纺织厂创。布面上呈现隐隐约约的小格效应,较好地掩盖了苎亚麻混纺纱条干不匀的缺陷。所用的原料,苎麻采用经脱胶后的精干麻,规格为0.67tex以下(1500公支以上),单纤维平均长度约80mm,而亚麻则是将打成麻再经纺前脱胶(不完全脱胶),但仍呈纤维束状,其规格为1.67～2tex(500～600公支),纤维束平均长度50～60mm

麻织物名称 规格	涤麻派力司				鱼冻布(鱼冻绸)
	涤75%、麻25%	涤80%、麻20%	涤65%、麻35%	涤65%、麻35%	
英文名	polyester/ramie blanding palace				silk/ramie mixed cloth; silk/ramie xixed fabric

续表

<table>
<tr><td colspan="2" rowspan="2">麻织物名称
规格</td><td colspan="4">涤麻派力司</td><td rowspan="2">鱼冻布(鱼冻绸)</td></tr>
<tr><td>涤 75%、麻 25%</td><td>涤 80%、麻 20%</td><td>涤 65%、麻 35%</td><td>涤 65%、麻 35%</td></tr>
<tr><td rowspan="2">经纬纱线密度</td><td>经纱/tex(公支)</td><td>25(40)</td><td>13.9×2(72/2)</td><td>12.5×2(80/2)</td><td>16.7×2(60/2)</td><td>5×2(200 公支/2)绢丝双股线</td></tr>
<tr><td>纬纱/tex(公支)</td><td>25(40)</td><td>25(40)</td><td>18.5(54)</td><td>同经纱</td><td>18.5(54)苎麻单纱</td></tr>
<tr><td rowspan="2">经纬密度</td><td>经纱/(根/10cm)</td><td>224</td><td>232</td><td>245</td><td>250</td><td>472</td></tr>
<tr><td>纬纱/(根/10cm)</td><td>216</td><td>223</td><td>226</td><td>206</td><td>287</td></tr>
<tr><td colspan="2">织物组织</td><td>平纹</td><td>平纹</td><td>平纹</td><td>平纹</td><td>平纹组织</td></tr>
<tr><td colspan="2">质(重)量/(g/m^2)</td><td></td><td></td><td></td><td></td><td>112;137;152.5</td></tr>
<tr><td colspan="2">成品幅宽/cm</td><td>92</td><td>96.5</td><td>92</td><td>92</td><td></td></tr>
<tr><td colspan="2">特点</td><td colspan="4">布面具有疏密不规则的浅灰或浅棕(红棕)色夹花条纹,平纹组织,形成了派力司独具的色调风格。既具有苎麻织物吸湿排湿快、手感挺爽的特点,又具有快干易洗及免烫的特点</td><td>织物柔软、坚韧,富有光泽,色泽洁白如鱼冻,而且越洗越白</td></tr>
<tr><td colspan="2">用途</td><td colspan="4">宜作春末、夏季直至秋初的男女服装面料</td><td>宜做夏季服装及床单、被褥、蚊帐、手帕等</td></tr>
<tr><td colspan="2">备注</td><td colspan="4"></td><td>是指我国古代用桑蚕丝与苎麻交织的织物,又名鱼谏绸。据明代屈大钧《广东新语》记载,这种交织物起始于广东东莞一带,当时从捕鱼的破旧渔网中拆取苎麻纱(渔网原用苎麻编织而成)与桑蚕丝交织。丝经麻纬,桑蚕丝柔软,苎麻坚韧,两者均有光泽,织成布后“色白若鱼冻,愈浣则愈白”,故称鱼冻布。现在采用生苎麻化学脱胶,精梳成单纤维后,取其长纤维纺成纯苎麻纱,与绢丝进行交织。除上述品种规格外,也有用27.8tex(36 公支)苎麻纱交织的,有的还在经向绢丝中夹入一根 22dtex(20 旦)桑蚕丝,以增加织物的光泽</td></tr>
</table>

续表

规格 \ 麻织物名称		涤麻(麻涤)混纺花呢(1)					
		TR1101	TR1101	TR2101	TR2101	TR3101	TR3101
英文名		polyester/ramie blending fancy suiting					
品名		本光漂白涤麻混纺布	丝光漂白涤麻混纺布	本光染色涤麻混纺布	丝光染色涤麻混纺布	本光印花涤麻混纺布	丝光印花涤麻混纺布
经纬纱线密度	经纱/tex(公支)	18.5(54)	18.5(54)	18.5(54)	18.5(54)	18.5(54)	18.5(54)
	纬纱/tex(公支)	18.5(54)	18.5(54)	18.5(54)	18.5(54)	18.5(54)	18.5(54)
经纬密度	经纱/(根/10cm)	314	328	314	328	314	328
	纬纱/(根/10cm)	269	266	269	266	269	266
织物组织							
质(重)量/(g/m^2)							
成品幅宽/cm		92	88	92	88	92	88
特点		是20世纪80～90年代开发的新品种，成品外观类似毛料花呢，具有苎麻织物的挺爽感，又有洗可穿、免烫的特点。内在质量比一般涤黏类化纤织物有身骨，成品缩水率在0.5%～0.8%之间					
用途		适宜于作春秋季男女服装的面料，单纱织物也可作夏令衬衫面料和裙料等					
备注		是指以苎麻精梳落麻或中长型精干麻等苎麻纤维与涤纶短纤维混纺的纱线，织制成的中厚型织物。其产品大多设计成隐条、明条、色织、提花，染整后具有仿毛型花呢的效果和风格，故名。织物中，涤纶含量大于50%的，称涤麻花呢；反之，则称为麻涤花呢。其大宗产品的混纺比为涤纶65%、苎麻35%，也有苎麻55%、涤纶45%或苎麻60%、涤纶40%的，俗称倒比例混纺花呢					

规格 \ 麻织物名称		涤麻(麻涤)混纺花呢(2)					
		TR1201	TR1201	TR2201	TR2201	TR3201	TR3201
品名		本光漂白涤麻混纺布	丝光漂白涤麻混纺布	本光染色涤麻混纺布	丝光染色涤麻混纺布	本光印花涤麻混纺布	丝光印花涤麻混纺布
经纬纱线密度	经纱/tex(公支)	10×2(100/2)	10×2(100/2)	10×2(100/2)	10×2(100/2)	10×2(100/2)	10×2(100/2)
	纬纱/tex(公支)	20(50)	20(50)	20(50)	20(50)	20(50)	20(50)
经纬密度	经纱/(根/10cm)	281	291	281	291	281	291
	纬纱/(根/10cm)	244	242	244	242	244	242

续表

规格 \ 麻织物名称	涤麻(麻涤)混纺花呢(2)					
	TR1201	TR1201	TR2201	TR2201	TR3201	TR3201
织物组织						
质(重)量/(g/m²)						
成品幅宽/cm	89	86	89	86	89	86
特点	是20世纪80～90年代开发的新品种，成品外观类似毛料花呢，具有苎麻织物的挺爽感，又有洗可穿、免烫的特点。内在质量比一般涤黏类化纤织物有身骨，成品缩水率在0.5%～0.8%之间					
用途	适宜于作春秋季男女服装的面料，单纱织物也可作夏令衬衫面料和裙料等					
备注	是指以苎麻精梳落麻或中长型精干麻等苎麻纤维与涤纶短纤维混纺的纱线，织制成的中厚型织物。其产品大多设计成隐条、明条、色织、提花，染整后具有仿毛型花呢的效果和风格，故名。织物中，涤纶含量大于50%的，称涤麻花呢；反之，则称为麻涤花呢。其大宗产品的混纺比为涤纶65%、苎麻35%，也有苎麻55%、涤纶45%或苎麻60%、涤纶40%的，俗称倒比例混纺花呢					

规格 \ 麻织物名称		涤麻(麻涤)混纺花呢(3)					
		涤65%、麻35%	涤65%、麻35%	涤65%、麻35%	涤65%、麻35%	涤65%、麻35%	涤65%、麻35%
品名		涤麻绉纹呢	涤麻隐条呢	涤麻明条呢	涤麻条花呢	涤麻格子花呢	涤麻单纱布
经纬纱线密度	经纱/tex(公支)	18.5×2(54/2)	18.5×2(54/2)	18.5×2(54/2)	18.5×2(54/2)	18.5×2(54/2)	18.5(54)
	纬纱/tex(公支)	37(27)	18.5×2(54/2)	同经纱	同经纱	同经纱	18.5(54)
经纬密度	经纱/(根/10cm)	223	225	220	228	242	303
	纬纱/(根/10cm)	206	212	205	212	235	286
织物组织		平纹隐条	平纹隐条	平纹明条	平纹色织	色织提花	平纹组织
质(重)量/(g/m²)							
成品幅宽/cm		92	92	92	92	91.4	91.4
特点		同上页(2)					
用途		同上页(2)					
备注		同上页(2)					

续表

麻织物名称 / 规格		涤麻(麻涤)混纺花呢(4)				
		涤 65%、麻 35%	涤 65%、麻 35%	涤 50%、麻 50%	涤 50%、麻 50%	涤 50%、麻 50%
品名		涤麻板司呢	涤麻锦花呢	麻涤树皮绉	麻涤菱花呢	麻涤影格呢
经纬纱线密度	经纱/tex(公支)	20.8×2(48/2)	20.8×2(48/2)	20.8×2(48/2)	20.8×2(54/2)	20.8×2(54/2)
	纬纱/tex(公支)	同经纱	同经纱	同经纱	同经纱	同经纱
经纬密度	经纱/(根/10cm)	244	244	221	221	220
	纬纱/(根/10cm)	236	236	205	205	197
织物组织		色织提花	色织提花	色织提花	色织提花	色织提花
质(重)量/(g/m²)						
成品幅宽/cm		92	92	92	92	91.4
特点		同上页(2)				
用途		同上页(2)				
备注		同上页(2)				

麻织物名称 / 规格		苎麻扎染布	棉麻交织布						棉麻交织弹力布
英文名		ramie tie-dyed fabric;ramie tie-dye	cotton warp ramie						ramie warp cotton stockinet
经纬纱线密度	经纱/tex(公支)	66.7(15)	C:27.8(36)	C:27.8(36)	C:27.8(36)	C:23.8(42)	C:18.5(54)	C:13.9(72)	R:31.25(32)
	纬纱/tex(公支)	74.1(13.5)	R:31.25(32)	R:31.25(32)	R:41.7(24)	R:31.3(32)	R:27.8(36)	R:18.5(54)	C弹:37(27)
经纬密度	经纱/(根/10cm)	165	236	362	236	280	370	257	360
	纬纱/(根/10cm)	142	212	230	220	232	252	215	200
织物组织		平纹	平纹	斜纹	平纹	平纹	平纹	平纹	平纹

续表

规格 \ 麻织物名称	苎麻扎染布	棉麻交织布						棉麻交织弹力布
质(重)量/(g/m²)	243	128	191	176	154	153	140	207
成品幅宽/cm	140	132	132	132	114	107	83	132
特点	具有中国民族特色，淳朴自然，图案丰富	布面柔软，可进行各种染整加工	色泽柔和光亮，纹路细腻，手感舒适	布面柔软，可进行各种染整加工	布面平整，手感舒适，凉爽透气		细薄织物，风格自然大方，穿着舒适	手感厚实，弹性好，布面平整
用途	适用于春夏服装及头巾、披肩、包、袋等装饰用品	适用于夏季服装及家用纺织品	适用于夏季女装	适用于夏季服装及家用纺织品	适用于夏季服装及床上用品、服饰产品		适用于夏季女装及服饰产品	适用于春秋服装
备注								

规格 \ 麻织物名称		高支苎麻棉交织提花面料		麻棉交织提花布	苎麻棉交织提花面料	
英文名		high-count ramie/cotton union jacguard fabric		ramie warp cotton jac-quard cloth	ramie/cotton union jacguard fabric	
经纬纱线密度	经纱/tex(公支)	9.7(102)苎麻纱	7×2(137/2)棉纱	R:27.8×2(36/2)	7×2(143/2)棉股线	27.8×2(36/2)苎麻股线
	纬纱/tex(公支)	9.7(102)棉纱	21(48)苎麻纱	C:37(27)	12(83)苎麻纱	37(27)棉纱
经纬密度	经纱/(根/10cm)	409	535	310	236	310
	纬纱/(根/10cm)	378	346	220	354	220
织物组织		小提花组织		小提花	小提花组织	
质(重)量/(g/m²)		78	153	284	80	284
成品幅宽/cm		140	140	132	140	132
特点		满地花结构，花纹精细，颇有朦胧感，手感滑爽，质地轻柔、飘逸，色泽高雅、温润，呈现高档风格，吸湿排汗性能优良，穿着舒适宜人		织物悬垂性好，纹路细腻，穿着舒适	织物紧密，质感强，小提花纹路凸显个性，手感坚实，挺括，耐磨、不起毛、色光纯正饱满、自然，吸湿透气性优良	织物悬垂性好，纹路细腻，穿着舒适

续表

规格＼麻织物名称	高支苎麻棉交织提花面料	麻棉交织提花布	苎麻棉交织提花面料	
用途	宜做夏季高档女装系列的时尚款式及春秋季高档女士休闲西服、套装、裙装、裤装、围巾、披巾、裙衬等	适用于夏季服装及装饰产品	宜做男士休闲西服、两用衫、夹克、休闲裤，女士商务套装裙装、裤装、时尚个性化服装等	宜做夏季服装及装饰用品等
备注	适用于多种后整理工艺的加工，染整多采用松式小张力加工，加工时要避免纬斜和破洞的产生		用于商务休闲西服面料时，一般选择丝光整理，使面料的光泽感强，显现高档。用于个性化休闲服装时，一般选择水洗，空气柔软、石磨、涂层等后整理工艺，能突出麻棉质地的独特风格	

规格＼麻织物名称		黏麻交织布				黏麻交织布		
英文名		viscose warp ramie				viscose warp ramie		
经纬纱线密度	经纱/tex（公支）	黏:19.6（51）	黏:19.2×2（52/2）	黏:29.4×2（34/2）	黏:29.4（34）	黏:19.6（51）	黏:29.4（34）	黏:20（50）
	纬纱/tex（公支）	R:20.8（48）	R:41.7（24）	R:133.3（7.5）	R:27.8（36）	R:31.2（32）	R:31.25（32）	R:20.8（48）
经纬密度	经纱/（根/10cm）	288	208	200	244	268	222	270
	纬纱/（根/10cm）	328	220	120	218	228	220	202
织物组织		平纹	平纹	平纹	平纹	平纹	平纹	平纹
质（重）量/（g/m²）		136	194	329	148	154	170	123
成品幅宽/cm		132	132	132	132	140	140	140
特点		粗犷风格，自然淳朴，悬垂性佳	布面柔软，可进行各种染整加工	凸显苎麻风格，纹路粗犷，厚重	花纹突出，立体感强，质地紧密	悬垂透气性能好，质地柔软，穿着舒适		
用途		适用于夏季女装	适用于夏季服装及家用纺织品	适用于秋冬休闲服装	适用于春秋休闲服装	适用于春季服装、服饰产品		

续表

规格 \ 麻织物名称		高支苎麻黏胶交织面料	苎麻黏胶交织色纺面料
英文名		high-count ramie/viscose union fabric	ramie/viscose union dyed fiber yarn fabric
经纬纱线密度	经纱/tex(公支)	9.7(102)苎麻纱	18(54)苎麻纱
	纬纱/tex(公支)	9.7(102)黏纤纱	12(82)棉/黏色纺纱
经纬密度	经纱/(根/10cm)	397	236
	纬纱/(根/10cm)	339	291
织物组织		斜纹组织	平纹组织
质(重)量/(g/m^2)		103	78
成品幅宽/cm		140	140
特点		布面平整、细腻,手感滑糯、轻薄柔软,悬垂性能好,光泽明亮,时尚潮流,吸湿透气性能优良,适合染色、印花整理	面料色泽饱满、丰富,层次感强。可以根据流行趋势改变色系,保持面料的时尚感。手感滑爽、挺括,吸湿透气性能优良
用途		宜做夏季高档女装系列时尚款式的服装及春秋季围巾、披巾等	宜做夏季高档女装系列的时尚款式服装等
备注		苎麻纤维必须选用绢纺工艺生产的优质麻条,赛络纺纱,纱线为无接头。染整尽量采用短流程小张力工艺,以避免布面纱线滑移及破洞、皱条的产生	苎麻纤维必须选用绢纺工艺生产的优质麻条,纱线为无接头纱

规格 \ 麻织物名称		苎麻黏胶长丝交织面料		苎麻黏胶交织面料	丝麻交织布	
英文名		ramie/viscose filament union fabric		ramie/viscose union fabric	silk warp ramie	
经纬纱线密度	经纱/tex(公支)	9.7(102)苎麻纱	9.7(102)苎麻纱	42+73(24苎麻纱+13.5苎麻竹节纱)	绢丝:4.9×2(204/2)	绢丝:8.2×2(122/2)
	纬纱/tex(公支)	100D有光黏胶丝	9.7+100D(102+100D)苎麻纱+黏胶长丝	33(300D)无光黏胶长丝	R:27.8(36)	R:27.8(36)
经纬密度	经纱/(根/10cm)	346	327	205	252	256
	纬纱/(根/10cm)	303	260	228	244	260

续表

麻织物名称 规格	苎麻黏胶长丝交织面料		苎麻黏胶交织面料	丝麻交织布	
织物组织	小提花组织	平纹组织	平纹组织	平纹	平纹
质(重)量/(g/m²)	70		202	91.4	113
成品幅宽/cm	140	142	140	101	145
特点	手感滑爽、轻柔、飘逸，布面具有类似涂层的反光效果，光泽柔和亮丽，风格独特、经典、高雅，时尚感强		织物的经向显现细微的竹节感，无光黏胶长丝带给布面朦胧效果，色泽丰满、有层次，风格独特。个性化、时尚感强	织物轻薄，织纹细腻、平整，手感柔软，悬垂飘逸，服用性能舒适	手感柔爽，有丝的光泽、麻的风格
用途	宜做夏季高档女装系列的时尚款式服装及春秋季围巾、披巾等		宜做夏季高档女装系列时尚款式服装、披肩、围巾、高档睡衣等	适用于夏季高级女装产品	适用于夏季高级女装产品
备注	浅色染整更能呈现面料的光泽效果。染整尽量采用短流程小张力工艺，以避免布面纱线滑移及破洞、皱条的产生		面料的经纬纱由3种不同外观、风格及性能的纱线组成。织造时需控制好纬纱的张力，避免产生亮丝疵布		

麻织物名称 规格		麻棉交织弹力布		天丝麻交织布	涤棉麻交织布
英文名		ramie warp cotton stockinet		Tencel warp ramie	T/C warp ramie
经纬纱线密度	经纱/tex(公支)	R:16.7(60)	R:27.7(36)	Tenco7.4×2(57.5/2)	涤65%、C35% 13.9×2(72/2)
	纬纱/tex(公支)	C弹:14.7(68)	C弹:37(27)	R:20.8(48)	R:105.3(9.5)
经纬密度	经纱/(根/10cm)	418	380	394	360
	纬纱/(根/10cm)	224	170	268	220
织物组织		平纹	平纹	提花	提花
质(重)量/(g/m²)		131	222	128	140
成品幅宽/cm		102	102	140	376
特点		质地紧密、厚实，弹性好		悬垂透气，性能好，质地柔软，穿着舒适	风格粗犷，强力高，厚重
用途		适用于春秋衣裤、裙装		适用于春季服装、服饰产品	适用于秋冬休闲类服装产品

续表

麻织物名称 / 规格		高支苎麻棉交织面料		
英文名		high-count ramie/cotton union fabric		
经纬纱线密度	经纱/tex（公支）	9.7(102)苎麻纱	9.7(102)棉纱	7×2(143/2)棉股线
	纬纱/tex（公支）	同经纱	28(36)苎麻纱	21(48)苎麻纱
经纬密度	经纱/(根/10cm)	327	740	406
	纬纱/(根/10cm)	362	307	311
织物组织		斜纹组织		平纹组织
质(重)量/(g/m²)		69	148	124
成品幅宽/cm		132	142	142
特点		布面平整、光洁，手感柔软、挺括，色泽纯正、饱满、自然，色光优雅、漂亮，吸湿透气性能优良，穿着舒适宜人		
用途		宜做春秋季男士休闲西服、两用衫，夹克、休闲裤，女士商务套装、裙装、裤装、时尚个性化服装、休闲长短衬衫、围巾、披巾、裙衬及高档春秋床上用品等		
备注		采用丝光整理，可增强面料的光泽度，显现面料的高档品质。用于个性化的休闲服装时，一般选用水洗、空气柔软、石磨、涂层等后整理工艺，能突出麻棉质地的独特风格		

麻织物名称 / 规格		棉苎麻尼龙交织面料	苎麻亚麻棉交织面料	苎麻涤纶长丝交织面料
英文名		cotton/ramie/nylon union fabric	ramie/linen/cotton union fabric	ramie/polyester filament union fabric
经纬纱线密度	经纱/tex（公支）	9.7(102)+20D 苎麻纱+尼龙长丝	14(72)苎麻纱	9.7(102)苎麻纱
	纬纱/tex（公支）	9.7(120)棉纱	42+15(24+39) 亚麻纱+棉纱	9.7(102)涤纶长丝
经纬密度	经纱/(根/10cm)	461	240	390
	纬纱/(根/10cm)	339	228	291
织物组织		斜纹组织	平纹组织	斜纹组织
质(重)量/(g/m²)		90	96	99
成品幅宽/cm		140	140	127

续表

规格＼麻织物名称	棉苎麻棉尼龙交织面料	苎麻亚麻棉交织面料	苎麻涤纶长丝交织面料
特点	质地轻薄、爽滑，不仅吸湿透气性能优良，而且耐水洗、免熨烫，时尚、经典	质地轻薄、爽滑，手感柔软、挺爽，吸湿透气性能优良，服用性能和染色性能佳，穿着舒适宜人，时尚、经典	面料轻薄滑爽，透视感强，涤纶长丝的光泽隐约闪烁，彰显时尚魅力。印花、染色效果极佳，具有独特的外观风格
用途	宜做夏季高档时尚女装及春秋季披肩、装饰围巾、头纱等	宜做夏季各种高档女士时尚款式的服装、裙装、裤装及男士休闲衫等	宜做夏季高档时尚女装及春秋季披肩、装饰围巾、头纱
备注	面料采用了三种原料，通过三种纤维性能的互补，改善了面料的服用性能和染色性能。高支苎麻纱与细旦尼龙长丝在并纱、捻线时，要特别注意调试张力，避免纱线气圈或扭结现象的产生。染整加工时应考虑染料和化学助剂对3种纤维的匹配相符合	织物通过三种纤维原料性能的互补，改善了织物的服用性能和染色性能。适合多种方式的染整工艺加工。水洗后具有怀旧感	细旦涤纶长丝用于纬纱生产时，要特别注意引纬张力的控制，避免亮丝的产生造成坯布降等

规格＼麻织物名称		苎麻棉交织斜纹织物					
英文名		ramie/cotton union twill fabric					
经纬纱线密度	经纱/tex（公支）	42(24) 苎麻纱	15(68) 棉纱	5×2(68/2) 棉股线	14×2(72/2) 棉股线	7(137) 棉纱	9.7×2 (102/2) 棉股线
	纬纱/tex（公支）	12(83) 棉竹节纱	28(36) 苎麻纱	16(62) 苎麻纱	28(36) 苎麻纱	9.7+9.7 (102+102) 苎麻纱+ 棉纱	28(36) 苎麻纱
经纬密度	经纱/(根/10cm)	228	488	472	350	539	508
	纬纱/(根/10cm)	236	335	327	240	339	339
织物组织		斜纹组织					
质(重)量/(g/m²)		62	166	196	166	75	194
成品幅宽/cm		132	160	142	142	140	140
特点		布面斜纹纹路清晰，平整度和光泽度好，色泽稳重、自然、大方，吸湿透气性能强，手感柔软、挺括、耐磨、质感强，穿着舒适宜人					

续表

规格＼麻织物名称	苎麻棉交织斜纹织物
用途	宜做男士休闲服、两用衫，女士各种时尚休闲服、裙装、裤装、高档衬裙、围巾、披巾及床上用品等
备注	用于商务休闲服面料时，一般选择丝光整理，使面料的光泽感强，显现面料的高档品质。用于个性化的休闲服面料时，一般选择水洗、空气柔软、石磨、涂层等后整理工艺，能突出麻棉质地的独特风格，也可做旧风格的成品外观，更能体现麻面料的天然纤维机理效果

规格＼麻织物名称		苎麻亚麻黏胶交织面料	棉麻交织府绸
英文名		ramie/linen/viscose union fabric	cotton/ramie union poplin/cotton/ramie union popline
经纬纱线密度	经纱/tex(公支)	15(68)黏纤维	12(83)棉纱
	纬纱/tex(公支)	28+28(36+36)苎麻纱+亚麻纱	12+21(83+48)棉纱+苎麻纱
经纬密度	经纱/(根/10cm)	480	508
	纬纱/(根/10cm)	386	362
织物组织		斜纹组织	平纹组织
质(重)量/(g/m^2)		176	112
成品幅宽/cm		142	142
特点		布面纬向呈现影条竹节纹路，手感干爽、柔滑，色泽柔和、稳重，悬垂性优良，时尚感强	布面呈现不规则的隐约横条，质地紧密，有身骨，光泽好，色泽纯正、饱满，吸湿透气性能优良，穿着舒适宜人
用途		宜做夏季高档女装系列的时尚款式服装等	宜做春末、秋初高档男士休闲西服、两用衫、休闲长裤，女士商务西服、套裙、裤装等
备注		经纱为细支黏胶纱，纬纱由苎麻纱与亚麻纱按一定比例搭配组合，致使纬向呈现影条竹节纹路，进行浅色染整可增强其光泽。染整尽量采用短流程小张力工艺，避免布面纱线滑移及破洞、皱条的产生	后整理采用丝光整理可得到光泽度好、色泽亮丽的成品，采用水洗、空气柔软、石磨等工艺整理，可获做旧的效果。织物中纬纱的排列，棉纱与麻纱的比例为1∶1

规格＼麻织物名称	苎麻改性涤长丝交织面料	苎麻改性涤纶交织面料
英文名	ramie/modified polyester filament union fabric	ramie/dodified terylene union fabric

续表

规格＼麻织物名称		苎麻改性涤长丝交织面料	苎麻改性涤纶交织面料	
经纬纱线密度	经纱/tex(公支)	9.7(102)苎麻纱	28(36)苎麻纱	9.7(102)苎麻纱
	纬纱/tex(公支)	9.7苎麻纱+70D改性涤长丝	28(36)苎麻改性涤纶丝(按1:1组合排列)	36(28)苎麻/改性涤长丝混纺纱
经纬密度	经纱/(根/10cm)	327	406	346
	纬纱/(根/10cm)	260	303	205
织物组织		平纹组织	斜纹组织	平纹组织
质(重)量/(g/m²)		64	230	115
成品幅宽/cm		142	162	112
特点		布面呈现明显的纬向收缩和细微的水波纹,风格独特,手感滑爽,悬垂性能优良,时尚感强	布面呈现明显的纬向收缩和细微的水波纹,风格独特,质地紧密、坚实,身骨好,手感滑爽,悬垂性能优良,时尚感强	
用途		宜做夏季高档女装系列的时尚款式服装等	宜做春秋季女士风衣、套裙、休闲西服等	
备注		只染单纤维可使布面产生麻石花纹效果,对坯布进行套染可产生杂色效果或多彩效果。后整理时注意定形工艺,以保证改性涤纶弹性纤维的弹性	只染单纤维可使布面产生麻石花纹效果,对坯布进行套染,可产生杂色效果或多彩效果。后整理时注意定形,以保证改性涤纶弹性纤维的弹性	

规格＼麻织物名称		苎麻亚麻交织面料					
英文名		ramie/linen union fabric					
经纬纱线密度	经纱/tex(公支)	28(36)苎麻纱	36(60)苎麻纱	14(72)苎麻纱	9.7(102)苎麻纱	9.7(102)苎麻纱	14(72)苎麻纱
	纬纱/tex(公支)	65(15)亚麻纱	36(60)亚麻纱	14(72)亚麻纱	25(39)亚麻纱	9.7(102)苎/亚麻混纺纱	14(72)亚麻纱
经纬密度	经纱/(根/10cm)	185	283	287	276	323	283
	纬纱/(根/10cm)	181	276	276	276	260	302
织物组织		平纹组织					
质(重)量/(g/m²)		166	90	77	97	57	80
成品幅宽/cm		140	142	145	142	145	145

续表

规格＼麻织物名称	苎麻亚麻交织面料
特点	手感柔软、干爽，质地轻薄、飘逸，色彩丰富多样，有身骨，挺滑爽，易洗快干。吸湿、排汗、透气性能佳，色泽稳重、平和质温文尔雅，显高档。特别是9.7(102)面料，系麻类面料中的超轻薄、透气性强，尽显麻纤维的肌理特征，融时尚、古朴为一体
用途	宜做各种高档女士服装，如晚礼服、裙装、裤装、头巾、围巾披肩及男士夏季休闲衫等
备注	坯布适合染色、印花、涂层、水洗工艺的加工，对高支面如9.7(102)产品在染整加工中应充分考虑小张力、短流手工印花、扎染、吊染等方式的加工工艺。注意调整张力，避免纬斜、皱条的产生。水洗后具有自然怀旧风格

规格＼麻织物名称		苎麻黏胶交织斜纹面料		麻交布(苎麻)
英文名		ramie/viscose union twill fabric		ramie/cotton interweave
经纬纱线密度	经纱/tex(公支)	19(51)黏纤纱	14(72)苎麻纱	18.5×2(32英支/2)棉股线
	纬纱/tex(公支)	24(41)+300D苎麻纱+有光黏胶长丝	51(19)+40D黏纤纱+黏胶长丝	50(20)纯苎麻纱
经纬密度	经纱/(根/10cm)	433	390	
	纬纱/(根/10cm)	302	370	
织物组织		斜纹组织		平纹组织
质(重)量/(g/m^2)		156	132	
成品幅宽/cm		140	140	
特点		细支黏胶短纤纱与苎麻加有光黏胶长丝交织，长丝特有的光泽，赋予面料隐约闪烁的外观效果，时尚感强，经向悬垂性好，斜纹组织带来更好的手感舒适度，柔糯、滑爽，服装有飘逸感，适合染色或漂白加工，充分体现面料光泽		布面纬向突出纯麻风格
用途		宜做夏季女士各种时尚休闲服装等		宜做夏令西服等
备注		后整理加工应充分考虑黏胶长丝对染化料的耐受性能，避免长丝光泽的损失。在染整加工时，要控制好加工张力，否则易产生剪切应力造成布匹断裂		泛指用麻纱线与其他纱线交织的布。现在专指苎麻精梳长纤维纺制的纱线(长麻纱线)与棉纱线交织的布。在我国，麻交布最早出现在明代，当时是从破旧渔网中拆取苎麻纱线，以棉为经，麻为纬交织而成。在清末民初进入工业化生产。现在生产的麻交布大多加工成抽绣工艺品，以外销为主。为区别于以前的麻交布品种，改称为棉麻交织布，其品种规格参见“棉麻交织布”

续表

规格 \ 麻织物名称		天丝麻混纺布	天丝麻棉混纺布	麻棉混纺布			麻天丝棉混纺布
		Tencel 70%、R30%	Tencel 35%、R 15%、C50%	R55%、C45%		R30%、C70%	R15%、Tencel 35%、C50%
英文名		Tencel/ramie mixed fabric	Tencel/ramie/cotton mixed fabric	ramie/cotton mixed fabric			ramie/Tencel/cotton mixed fabric
经纬纱线密度	经纱/tex（公支）	16.7（60）	16.7（60）	55.5（18）	33.3（30）	19.4（51.5）	16.7(60)
	纬纱/tex（公支）	16.7（60）	16.7（60）	55.5（18）	33.3（30）	19.4（51.5）	16.7(60)
经纬密度	经纱/(根/10cm)	370	386	220	308	315	386
	纬纱/(根/10cm)	260	242	176	176	228	242
织物组织		平纹	平纹	平纹	斜纹	平纹	平纹
成品幅宽/cm		114	140	140	140	140	140
质(重)量/(g/m²)		128	118	247	179	117	115
特点		布面平整光洁，手感爽，服用性能好	布面平整光洁，手感爽，服用性能好	织物柔软，吸湿透气，风格质朴、自然		织物柔软，吸湿透气，风格质朴、自然	织物细薄光洁，上色性好，鲜艳，穿着舒适
用途		适用于夏季服装及服饰产品	适用于夏季服装及服饰产品	适用于夏季服装、服饰及家用产品		适用于夏季服装、服饰及家用产品	适用于夏季高级女装产品

规格 \ 麻织物名称		苎麻棉混纺斜纹布	高支苎麻棉绉布					
英文名		ramie/cotton blended twill fabric	high-count ramie/cotton sheer sucker; high-count ramie/cotton crape(crepe)					
经纬纱线密度	经纱/tex（公支）	16(62) 麻/棉混纺布	9.7(102) 苎麻纱	9.7(102) 苎麻纱	9.7(102) 苎麻/棉混纺纱	9.7(102) 苎麻纱	9.7(102) 苎麻纱	14(72) 苎麻纱
	纬纱/tex（公支）	同经纱	9.7(102) 棉纱	9.7+12 (102+83) 苎麻纱+强捻棉纱	9.7+12 (102+86) 苎麻/棉混纺纱+强捻棉纱	14(72) 苎麻/棉混纺纱	9.7(102) 棉强捻纱	15(67) 棉纱
经纬密度	经纱/(根/10cm)	323	323	390	323	268	323	236
	纬纱/(根/10cm)	315	339	291	260	236	260	368

续表

规格 \ 麻织物名称	苎麻棉混纺斜纹布	高支苎麻棉绉布					
织物组织	斜纹组织	平纹组织					
质(重)量/(g/m^2)	108	68	71	89	77	62	66
成品幅宽/cm	145	132	120	112	132	122	132
特点	质地柔软、干爽、细腻，有较好的亲肤效果，吸湿透气性能优良，出汗不沾身，色泽自然、柔和，光泽好，风格别致	经纱为优质高支苎麻纱或麻/棉混纺纱，纬纱为优质高支强捻棉纱或强捻棉纱与麻纱组合，强捻棉纱与麻纱或麻棉纱 1∶1 组合。布面呈现细密的纵向皱纹，自然柔和或横向呈现不规则的泡泡皱纹或条纹状。手感轻柔滑爽，悬垂性好，色泽高雅、时尚，呈现低调的奢华，吸湿排汗性能强，出汗不沾身					
用途	宜做夏季高档女装系列的时尚款式服装及春秋季围巾、披巾等	宜做夏季高档女装系列的时尚款式服装及年轻女性的时装及个性化服装等					
备注	染整尽量采用短流程小张力工艺，避免布面纱线滑移及破洞、皱条的产生	苎麻纱必须选用绢纺工艺生产的优质麻条，无接头筒子纱，强捻棉纱捻度在 1500～1800 捻/米左右，后整理采用松式设备加工，防止布面褶皱的损失，烘干工艺控制得到，避免幅宽的差异度					

规格 \ 麻织物名称		高支苎麻亚麻混纺面料	苎麻棉混纺纱卡	高支苎麻棉缎纹布
英文名		high-count ramie/linen blended fabric	ramie/cotton blended yarn khaki drill; ramie/cotton blended single drill	high-count ramie/cotton union satin fabric; high-count ramie/cotton union satin and sateen fabric
经纬纱线密度	经纱/tex(公支)	9.7(102)苎麻/亚麻混纺纱	29(34)苎麻/棉混纺纱	9.7(102)棉纱
	纬纱/tex(公支)	同经纱	36(27)苎麻/棉混纺纱	28(36)苎麻纱
经纬密度	经纱/(根/10cm)	287	460	748
	纬纱/(根/10cm)	299	244	354
织物组织		平纹组织	斜纹组织	缎纹组织
质(重)量/(g/m^2)		57	223	178
成品幅宽/cm		145	142	140

续表

规格 \ 麻织物名称	高支苎麻亚麻混纺面料	苎麻棉混纺纱卡	高支苎麻棉缎纹布
特点	质地轻薄，透光感强，手感挺爽。由于纱支细，织物尽显麻纤维的肌理特征，非常引人注目，融时尚、古朴于一体	既体现了麻的外观风格又融合了棉的柔软手感，提升了织物的染色性能。具有良好的吸湿透气性能，穿着舒适宜人。斜纹组织增加了面料的光泽效果，更显高雅气质	纬纱粗于经纱约3倍，使织物的悬垂性大增，缎纹组织极大地改善了手感柔软度，提高了布面的平整度和光洁度，色泽纯正，色光优雅、漂亮，服用性能优良
用途	宜做高档晚礼服、头巾、披肩、围巾等	宜做男装类商务西服、休闲裤、夹克衫及女装类的商务西服套装、西服裙、时尚秋冬靴裤等	宜做春夏季高档女装，休闲长、短衬衣、连衣裙、长短大摆裙及床上用品等
备注	由于织物非常轻薄，属麻类织物中的极品，染整加工时应充分考虑小张力、短流程、手工印花、扎染、吊染等方式的加工工艺	苎麻与棉的混纺比例为55∶45。纺纱原料采用品质较好的复精梳落麻与棉混纺，可减少纱线的毛羽、粒头，减少细纱断头，提高纱线品质，有利于提高织布效率和面料品质。适合进行各种染整工艺的加工，得到丰富的外观效果	染整加工时需注意加工张力控制，防止缎纹组织纬向产生滑移，破坏织物的外观

规格 \ 麻织物名称		苎麻棉混纺直贡	苎麻棉乔其	苎麻弹力斜纹布
英文名		ramie/cotton blended satin drill	ramie/cotton georgette	ramie stretch twill
经纬纱线密度	经纱/tex（公支）	29(34)麻/棉混纺纱	9.7(102)棉纱	42(24)纯苎麻纱
	纬纱/tex（公支）	36+70D(27+70D)麻/棉氨纶包芯纱	14×2(72/2)苎麻/棉混纺纱	28(36)+70D苎麻氨纶包芯纱
经纬密度	经纱/(根/10cm)	394	268	236
	纬纱/(根/10cm)	228	268	216
织物组织		经面缎纹组织	平纹组织	斜纹组织
质(重)量/(g/m^2)		198	66	160
成品幅宽/cm		136	132	112

续表

规格＼麻织物名称	苎麻棉混纺直贡	苎麻棉乔其	苎麻弹力斜纹布
特点	面料的经向条纹突显，纹理清晰，纬纱为弹力包芯纱，增加了织物的紧密度和厚实感。色泽以中性素色调为主，稳重大方，吸湿透气性能优良，穿着舒适宜人	布面呈隐约的不规则细微纹样，增加了布面朦胧感。麻纤维含量高，手感滑爽，透气性强，吸湿排汗功能好，外观风格独特，时尚感强，多为素色，色泽高雅、纯正	具有苎麻织物的优良性能，而且纬向（横向）弹性较好
用途	宜做男装类的商务西服、休闲裤、夹克衫及女装类的商务西服套装、西服裙、时尚秋冬靴裤等	宜做夏季高档女装系列的时尚款式服装及春秋季围巾、披巾等	宜做夏季女士套裙、上衣、裤装等
备注	原料宜采用品质较好的复精梳落麻与棉混纺，减少纱线的毛羽、粒头，提高织物品质。坯布适合进行各种染整工艺的加工，特别是水洗、磨毛、刷毛、空气柔软整理，可得到丰富的外观效果	苎麻纤维必须选用绢纺工艺生产的优质麻条，纱线为无接头纱。染整多采用松式小张力加工，避免产生纬斜、破洞	包芯纱中氨纶的含量小于3%

规格＼麻织物名称		苎麻棉涤天丝混纺布		苎麻棉混纺弹力格织物
英文名		ramie/cotton and polyester/Tencel mixed cloth		ramie/cotton blended stretch checks (kissua, plaid)
经纬纱线密度	经纱/tex（公支）	7×2(137/2) 涤/棉混纺纱	5.8×2(172/2) 涤/棉混纺纱	28(36) 苎麻/棉混纺纱
	纬纱/tex（公支）	15(68)涤/天丝/苎麻混纺纱	15(68)涤/天丝/苎麻混纺纱	28(36)+70D 包芯纱
经纬密度	经纱/(根/10cm)	453	531	299
	纬纱/(根/10cm)	307	315	252
织物组织		斜纹组织		平纹组织
质(重)量/(g/m²)		114	109	156
成品幅宽/cm		145	145	136
特点		质地紧密、布面平整、光洁、细腻、雅致，手感柔软、爽滑，色光温和，色泽丰富、饱满，时尚感强，服用性能优良		格子的大小和颜色可根据季节变化的流行趋势设计，变化多样。风格自然淳朴，弹性好，穿着舒适，随意、大方，彰显年轻潇洒的气质

续表

规格＼麻织物名称	苎麻棉涤天丝混纺布	苎麻棉混纺弹力格织物
用途	宜做春、夏季高档职业服装、女士商务套装等	宜做男士春秋季休闲长、短袖衬衫，女士时尚休闲裙、裤、套衫等。也可用于做遮阳帽、小手袋、钱包等
备注	染整工艺必须综合考虑各种纤维的性能要求	麻棉混纺比可根据最终用途设计，苎麻最好选用复精梳落麻，有利于提高格子的色泽清晰度，色彩的搭配应协调、大方、自然，保持天然纤维的风格特征

规格＼麻织物名称		苎麻棉混纺面料						
英文名		ramie/cotton mixed fabric						
经纬纱线密度	经纱/tex（公支）	14(72)麻棉混纺纱	16(62)麻棉混纺纱	19×2(51/2)麻棉混纺纱	19(51)麻棉混纺纱	36+36(27+27)麻棉混纺纱	49+49(20+20)麻棉混纺纱	16(62)麻棉混纺纱
	纬纱/tex（公支）	同经纱	同经纱	36(27)麻棉混纺纱	同经纱	16+70D(27+70D)麻棉混纺纱	73(13.5)麻棉混纺纱	同经纱
经纬密度	经纱/(根/10cm)	276	323	339	268	433	331	323
	纬纱/(根/10cm)	299	315	232	268	264	142	315
织物组织		平纹组织				方平组织		变化斜纹
质(重)量/(g/m^2)		82	108	213	127	252	267	108
成品幅宽/cm		140	145	142	142	140	140	145
特点		布面平整光洁，纹路清晰，纹理漂亮，手感柔软、干爽、舒适，质地轻薄、飘逸、柔滑紧密，色泽柔和、自然，风格独特，吸湿排汗透气性好，穿着舒适宜人，不粘身						
用途		宜做男女高档商务西服、休闲裤、夹克衫、风衣、西服裙、时尚秋冬靴裤、高档女装内衬、围巾、披肩、遮阳帽、休闲运动鞋、凉鞋、手袋及床上高档用品等						
备注		根据面料的最终用途确定麻与棉的混纺比例，服装面料可采用麻多于棉的混纺比，增加吸湿透气性能，床上用品可采用棉多于麻的混纺比，改善面料的手感，增加柔软度原料可采用精梳落麻与精梳棉混纺成纱。染整尽量采用短流程小张力工艺，以避免布面纱线滑移及破洞、皱条的产生						

续表

规格 \ 麻织物名称		苎麻棉混纺帆布	苎麻棉混纺弹力纱卡
英文名		ramie/cotton mixed canvas	ramie/cotton mixed stretch yarn khaki drill
经纬纱线密度	经纱/tex（公支）	53×2(18.5/2) 麻/棉混纺纱	29(34)苎麻/棉混纺纱
	纬纱/tex（公支）	39+70D(25麻/棉混纺+70D氨纶)包芯纱	36+70D(27+70D) 包芯纱
经纬密度	经纱/(根/10cm)	205	445
	纬纱/(根/10cm)	228	197
织物组织		斜纹组织	斜纹组织
质(重)量/(g/m²)		199	200
成品幅宽/cm		136	136
特点		质地紧密、厚实、有弹性，纹路粗犷、清晰，个性化强，耐磨、耐洗，经多次洗涤后更显自然、平和、穿着舒适	经纱比纬纱略细，可增加织物的经向紧度，纬纱收缩提高了织物平整度和光洁度，质地紧密，身骨厚实，弹性好，色泽纯正、雅致，服用性能优良
用途		宜做各种男女夹克、棉服、裤装、休闲鞋、帽及背包等	宜做男装类的商务西服、休闲裤、夹克衫及女装类的商务西服套装、西服裙、时尚秋冬靴裤等
备注		纬纱采用氨纶弹力丝作为包芯纱的芯纱，使织物具有合适的弹力，极大地改变了手感和服用舒适性，提高了织物的附加值	原料宜采用品质较好的复精梳落麻与棉混纺，有利于提高纱线和织物的品质及织布效率。适合进行各种染整工艺的加工，特别是水洗、磨毛、刷毛、空气柔软整理，可得到丰富的外观效果

规格 \ 麻织物名称		涤麻派力司			
英文名		polyester/ramie blanding palace			
经纬纱线密度	经纱/tex（公支）	25(40)涤(75%)麻(25%)混纺纱	13.9×2(72/2)涤(80%)麻(20%)混纺股线	12.5×2(80/2)涤(65%)麻(35%)混纺股线	16.7×2(60/2)涤(65%)麻(35%)混纺纱
	纬纱/tex（公支）	同经纱	25(40)涤(80%)麻(20%)混纺纱	18.5(54)涤(65%)麻(35%)混纺纱	同经纱

续表

规格＼麻织物名称		涤麻派力司			
经纬密度	经纱/(根/10cm)	224	232	245	250
	纬纱/(根/10cm)	216	223	226	206
织物组织		平纹组织			
质(重)量/(g/m²)					
成品幅宽/cm		92	96.5	92	92
特点		布面具有疏密不规则的浅灰或浅棕(红棕)色夹花条纹,平纹组织,形成了派力司独具的色调风格,既具有苎麻化吸湿排湿快、手感挺爽的特点,又具有快干易洗及免烫的特点			
用途		宜做春末、夏季直至秋初的男女服装等			
备注					

规格＼麻织物名称		苎麻尼龙线卡	苎麻黏胶混纺面料
英文名		ramie/nylon blended thread khaki	ramie/viscose blended fabric
经纬纱线密度	经纱/tex(公支)	9.7/20D(102 苎麻纱＋20D 尼龙丝)	18(54)麻/黏混纺纱
	纬纱/tex(公支)	同经纱	同经纱
经纬密度	经纱/(根/10cm)	461	307
	纬纱/(根/10cm)	339	291
织物组织		斜纹组织(变化斜纹与破斜纹组合)	平纹组织
质(重)量/(g/m²)		96	109
成品幅宽/cm		140	140
特点		布面有精细的微小花纹,似有似无,风格时尚,质地细腻、轻飘,手感柔软、滑爽,穿着舒适宜人,耐洗涤,免熨烫	布面平整、光洁,外观精致、高雅,面料中含麻比例高,体现麻纤维的特征,吸湿透气性能优良,手感干爽柔滑,光泽度和染色性能好
用途		宜做夏季高档时尚女装及春秋季的披肩、装饰围巾、头纱等	宜做夏季高档女装系列的时尚款式服装、披肩、围巾、高档睡衣等

续表

麻织物名称 / 规格	苎麻尼龙线卡	苎麻黏胶混纺面料
备注	面料由高支苎麻纱与细旦尼龙长丝并线织造而成,采用了变化斜纹与破斜纹组合的织物组织设计,使布面产生精细微小的花纹。高支苎麻纱与细旦尼龙长丝在并纱、捻线时应注意张力的调节,以避免纱线气圈或扭结现象的产生	经纬纱中均含有黏胶纤维,染整过程中需严格控制张力,注意印染助剂的选择和工艺配方,避免织物的强力损失

麻织物名称 / 规格		麻天丝混纺布	麻毛混纺布			麻毛涤混纺布	
		R30%、Tencel 70%	R30%、W70%			R30%、W30%、T40%	R40%、W20%、T40%
英文名		ramie/Tencel mixed fabric	ramie/wool mixed fabric			ramie/wool/polyester mixed fabric	
经纬纱线密度	经纱/tex(公支)	16.7(60)	13.9×2(72/2)	13.9×2(72/2)	16.7×2(60/2)	19.2×2(52/2)	13.9×2(72/2)
	纬纱/tex(公支)	16.7(60)	13.9×2(72/2)	13.9×2(72/2)	16.7×2(60/2)	19.2×2(52/2)	13.9×2(72/2)
经纬密度	经纱/(根/10cm)	370	256	265	220	232	202
	纬纱/(根/10cm)	260	204	218	190	208	174
织物组织		平纹	平纹	平纹	提花	平纹	平纹
质(重)量/(g/m^2)		118	141	148	151	187	116
成品幅宽/cm		140	140	140	140	140	140
特点		织物细薄光洁,上色性好,鲜艳,穿着舒适	手感松软,富有弹性,色泽柔和		织物柔软,吸湿透气,风格质朴、自然	手感松软,富有弹性,色泽柔和	
用途		适用于夏季高级女装产品	适用于高级时装、职业装、制服		适用于夏季服装、服饰及家用产品	适用于高级时装、职业装、制服	

麻织物名称 / 规格		涤棉与涤麻交织布	麻涤混纺布(1)				
		经:T65%、C35% 纬:T65%、R35%	R35% T65%	R35% T65%	R55% T45%	R35% T65%	R35% T65%
英文名		polyester/cotton & polyester/ramie union fabric	ramie/polyester mixed fabric				
经纬纱线密度	经纱/tex(公支)	13×2(77/2)	18.5(54)	13(77)	14.6(68.5)	8.7(115)	27.8(36)
	纬纱/tex(公支)	28(36)	18.5(54)	13.9(72)	14.6(68.5)	10.8(92.6)	27.8(36)

续表

<table>
<tr><td rowspan="2" colspan="2">麻织物名称
规格</td><td>涤棉与涤麻交织布</td><td colspan="5">麻涤混纺布(1)</td></tr>
<tr><td>经:T65%、C35%
纬:T65%、R35%</td><td>R35%
T65%</td><td>R35%
T65%</td><td>R55%
T45%</td><td>R35%
T65%</td><td>R35%
T65%</td></tr>
<tr><td rowspan="2">经纬密度</td><td>经纱/(根/10cm)</td><td>520</td><td>320</td><td>445</td><td>260</td><td>335</td><td>320</td></tr>
<tr><td>纬纱/(根/10cm)</td><td>260</td><td>270</td><td>290</td><td>225</td><td>286</td><td>260</td></tr>
<tr><td colspan="2">织物组织</td><td>斜纹</td><td>平纹</td><td>平纹</td><td>平纹</td><td>平纹</td><td>平纹</td></tr>
<tr><td colspan="2">质(重)量/(g/m²)</td><td>200</td><td>119</td><td>107</td><td>79</td><td>65</td><td>179</td></tr>
<tr><td colspan="2">成品幅宽/cm</td><td>140</td><td>140</td><td>140</td><td>140</td><td>140</td><td>140</td></tr>
<tr><td colspan="2">特点</td><td>质地紧密,布面光洁,色泽柔和、自然,风格大方美观</td><td colspan="4">织物细薄,挺括,抗皱性能好</td><td>布面平整光洁,色泽柔和自然</td></tr>
<tr><td colspan="2">用途</td><td>适用于春秋服装(休闲服、衬衫类)</td><td colspan="2">适用于春秋服装(休闲服、衬衫类)</td><td colspan="2">适用于夏季服装</td><td>适用于春秋服装</td></tr>
</table>

<table>
<tr><td rowspan="2" colspan="2">麻织物名称
规格</td><td colspan="7">麻涤混纺布(2)</td></tr>
<tr><td>R35%
T65%</td><td>R35%
T65%</td><td>R35%
T65%</td><td>R55%
T45%</td><td>R35%
T65%</td><td>R20%
T80%</td><td>R15%
T85%</td></tr>
<tr><td rowspan="2">经纬纱线密度</td><td>经纱/tex(公支)</td><td>12.5
(80)</td><td>16.7
(60)</td><td>41.7
(24)</td><td>25
(40)</td><td>8.3×2
(120.5/2)</td><td>16.7×2
(60/2)</td><td>18.5×2
(54/2)</td></tr>
<tr><td>纬纱/tex(公支)</td><td>12.5
(80)</td><td>16.7
(60)</td><td>41.7
(24)</td><td>25
(40)</td><td>16.7
(60)</td><td>16.7×2
(60/2)</td><td>18.5×2
(54/2)</td></tr>
<tr><td rowspan="2">经纬密度</td><td>经纱/(根/10cm)</td><td>335</td><td>272</td><td>198</td><td>180</td><td>353</td><td>230</td><td>220</td></tr>
<tr><td>纬纱/(根/10cm)</td><td>305</td><td>282</td><td>168</td><td>160</td><td>292</td><td>220</td><td>176</td></tr>
<tr><td colspan="2">织物组织</td><td>小提花</td><td>平纹</td><td>平纹</td><td>平纹</td><td>平纹</td><td>平纹</td><td>斜纹</td></tr>
<tr><td colspan="2">质(重)量/(g/m²)</td><td>87</td><td>102</td><td>170</td><td>93</td><td>117</td><td>167</td><td>160</td></tr>
<tr><td colspan="2">成品幅宽/cm</td><td>140</td><td>140</td><td>140</td><td>140</td><td>140</td><td>140</td><td>140</td></tr>
<tr><td colspan="2">特点</td><td colspan="2">质地轻薄,凉爽宜人,风格自然</td><td>手感松软,布面柔和亲切,穿着舒适</td><td>质地轻薄,凉爽宜人,风格自然</td><td colspan="3">手感松软,布面柔和亲切,穿着舒适</td></tr>
<tr><td colspan="2">用途</td><td colspan="2">适用于夏季服装</td><td>适用于春夏季服装</td><td>适用于夏季服装</td><td colspan="3">适用于春夏季服装</td></tr>
</table>

续表

规格 \ 麻织物名称		麻棉混纺布			麻涤黏混纺布	黏麻混纺布	麻棉帆布
		R5% C95%	R40% C60%	经:R65%、C35% 纬:R30%、C70%	R55%、T30%、 黏 15%	黏 70% R30%	R15% C85%
英文名		ramie/cotton mixed fabric			ramie/polyester/viscose mixed fabric	viscose/ramie mixed fabric	ramie/cotton mixed canvas
经纬纱线密度	经纱/tex(公支)	27.8(36)	18.5(54)	13(77)	27.8(36)	20(50)	27.8×2(36/2)
	纬纱/tex(公支)	27.8(36)	18.5(54)	19.2(52)	27.8(36)	20(50)	27.8×3(36/2)
经纬密度	经纱/(根/10cm)	269	250	394	164	190	355
	纬纱/(根/10cm)	224	170	244	135	160	108
织物组织		提花	提花	提花	提花	斜纹	平纹
质(重)量/(g/m^2)		152	86	108	92	82	346
成品幅宽/cm		140	140	140	140	140	112
特点		花纹清秀、均整,舒适透气			风格自然大方,手感舒适	风格自然大方,手感舒适	织物紧密厚实,耐磨,吸湿透气
用途		适用于夏季女装产品			适用于夏季女装	适用于夏季女装	适用于制作鞋面、休闲包及服装

规格 \ 麻织物名称		麻涤黏泡泡纱	麻毛涤纱罗		高支苎麻棉色织布
		R27%、T55%、黏 18%	R30%、W30%、T40%	R10%、W50%、T40%	
英文名		ramie/polyester/viscose mixed seersucker	ramie/wool/polyester mixed gauze leno		high-count ramie/cotton yarn-dyed fabric
经纬纱线密度	经纱/tex(公支)	14.5×2(69/2)	18.5×2(54/2)	18.5×2(54/2)	14+19(72 苎麻纱+51 棉色纱)
	纬纱/tex(公支)	19.2(52)	18.5×2(54/2)	18.5×2(54/2)	14(72)苎麻/棉混纺纱

续表

规格 \ 麻织物名称		麻涤黏泡泡纱	麻毛涤纱罗		高支苎麻棉色织布
		R27%、T55%、黏18%	R30%、W30%、T40%	R10%、W50%、T40%	
经纬密度	经纱/(根/10cm)	216	260	282	271
	纬纱/(根/10cm)	180	228	245	291
织物组织		提花	提花	提花	平纹组织
质(重)量/(g/m²)		108	201	217	98
成品幅宽/cm					142
特点		面布有纵向泡泡绉，纹理自然协调、时尚	手感松软，富于弹性，色泽柔和自然，穿着舒适		面料中的经向色条由纯棉纱构成，纬纱是高麻棉混纺纱。棉纱的色彩鲜艳度优于麻纱，提高了面料的色彩效果。面料融合了麻与棉的性能优点，手感舒适，色泽高雅，吸湿排汗功能强
用途		适用于夏季女装	适用于春末初夏高级女装		宜做春秋季高档女装、休闲长、短衬衣、连衣裙、波希米亚风格的长、短大摆裙等
备注					面料中的色经纱采用棉纱，可以降低染纱的难度和生产成本。麻纱染色后强力下降，毛羽增加，给织造带来困难。通常染色麻纱多用作纬纱

规格 \ 麻织物名称		苎麻棉交织色织布	麻毛腈黏混纺色织呢	苎麻棉交织色织格布
			R35%、W30%、腈20%、黏15%	
英文名		ramie/cotton union yarn-dyed fabric	ramie/wool/acrylic/viscose mixed yarn-dyed fabric	ramie/cotton union yarn-dyed checked cloth
经纬纱线密度	经纱/tex(公支)	18(54)棉纱	210.5(4.8)	15(68)棉纱
	纬纱/tex(公支)	21(48)苎麻纱	210.5(4.8)	16(60)苎麻纱
经纬密度	经纱/(根/10cm)	422	114	276
	纬纱/(根/10cm)	331	117	299

续表

麻织物名称 规格	苎麻棉交织色织布	麻毛腈黏混纺色织呢 R35%、W30%、腈 20%、黏 15%	苎麻棉交织色织格布
织物组织	平纹组织	斜纹	平纹组织
质(重)量/(g/m^2)	156	574	91
成品幅宽/cm	150	140	142
特点	细支棉纱与中支麻纱交织，既突出了麻纱的天然机理效果又融合了棉纱的柔软手感。织纹细腻，滑爽舒适，色彩明亮、饱满，光泽温润。轻飘透气、吸湿排汗能力强	色彩搭配自然、大方、明快，蓬松感强，厚实温暖	采用优质高支棉纱与优质高支苎麻纱交织，面料既突出了麻纱的天然不匀效果又融合了棉纱的柔软手感，质地轻飘、滑爽，色泽高雅、稳重，呈现低调的奢华，吸湿排汗功能强，出汗不沾身
用途	宜做春夏季高档女装，休闲长、短衬衣、连衣裙、波希米亚风格的长、短大摆裙等	适用于春秋大衣、风衣类服装	宜做夏季高档女式衣、裙、披肩、头纱、围巾、高档晚礼服、时尚服装的内衬等
备注	经、纬纱为不同的颜色，可以是同色系的不同深度色彩，也可以是有对比度的色彩系类，交织后的面料色彩比较丰满。后整理多为短流程加工，保证色彩的鲜艳度		高支棉经纱应采用长绒棉紧密纺，高支苎麻纬纱需用绢纺设备生产的优质精梳麻条为原料

麻织物名称 规格		麻毛涤黏混纺色织呢 R20%、W35%、T15%、黏 30%	苎麻棉交织色织面料	毛麻涤竹节呢 R30%、W20%、T50%
英文名		ramie/wool/polyester/viscose mixed yarn-dyed fabric	ramie/cotton union yarn-dyed fabric	wool/ramie/polyester mixed slubbed cloth
经纬纱线密度	经纱/tex(公支)	82.3 (12)	9.7(102)棉纱	17.2×2 (58/2)
	纬纱/tex(公支)	82.3(12)	16(62)苎麻纱	17.2×2 (58/2)
经纬密度	经纱/(根/10cm)	174	343	158
	纬纱/(根/10cm)	146	260	132

续表

麻织物名称 规格	麻毛涤黏混纺色织呢 R20%、W35%、T15%、黏30%	苎麻棉交织色织面料	毛麻涤竹节呢 R30%、W20%、T50%
织物组织	提花	平纹组织	平纹
质(重)量/(g/m²)	320	76	111
成品幅宽/cm	140	150	140
特点	色彩丰富、柔和，立体感、毛绒感强	含麻比例高，吸湿透气性优良，质地轻飘、柔滑，布面平整细腻，无论染色或印花都能体现面料的高档、优雅风格	经纬向竹节分布自然，纹路清晰，手感干爽，派力斯风格
用途	适用于春秋大衣、风衣类服装	宜做夏季高档女装系列的时尚款式服装及春秋季围巾、披巾等	适用于春秋休闲装
备注		染整尽量采用短流程小张力工艺，避免布面纱线滑移及破洞、皱条的产生	

麻织物名称 规格		涤麻竹节呢 T70%、R30%	高支苎麻棉竹节面料	麻毛黏女式呢 R20%、W50%、黏30%
英文名		polyester/ramie mixed slubbed fabric	high-count ramie/cotton slubbed fabric	ramie/wool/viscose mixed ladies cloth
经纬纱线密度	经纱/tex(公支)	18.2×2(55/2)	9.7+9.7(102棉竹节纱+102麻/棉混纺纱)	71.4(14)
	纬纱/tex(公支)	18.2×2(55/2)	同经纱	71.4(14)
经纬密度	经纱/(根/10cm)	240	283	184
	纬纱/(根/10cm)	181	268	175
织物组织		提花	平纹组织	斜纹
质(重)量/(g/m²)		160	126	285
成品幅宽/cm		140	145	140
特点		经后整理起绒整理，布面柔软、舒适，风格独特	织物轻透、飘逸、柔滑，自然、细腻的竹节效果更呈现了布面的别样风韵，无论染色或印花都能体现织物的高档、优雅	由多种纤维混纺，利用各种纤维的优良性能，使产品达到呢绒丰满，挺括，手感滑爽的风格。色彩丰富、柔和

续表

规格 \ 麻织物名称	涤麻竹节呢	高支苎麻棉竹节面料	麻毛黏女式呢
	T70%、R30%		R20%、W50%、黏 30%
用途	适用于春秋休闲装	宜做夏季高档女装系列的时尚款式服装及春秋季围巾、披巾等	适用于秋冬大衣、风衣等休闲服装
备注		棉竹节纱需选用优质长绒棉及紧密纺纺纱工艺，保证纱线强力能满足后续加工的要求。染整多采用松式小张力加工，避免纬斜、破洞的产生	

规格 \ 麻织物名称		麻毛涤色织女式呢	毛麻涤女式呢		毛麻涤黏女式呢
		R30%、W50%、T20%	R10%、W60%、T30%	R15%、W35%、T50%	R30%、W35%、T20%、黏 15%
英文名		ramie/wool/polyester mixed yarn-dyed ladies cloth	wool/ramie/polyester mixed ladies cloth		wool/ramie/polyester/viscose mixed ladies cloth
经纬纱线密度	经纱/tex(公支)	125(8)	48.6(20.6)	16.7×2(60/2)	76.9(13)
	纬纱/tex(公支)	125(8)	48.6(20.6)	16.7×2(60/2)	76.9(13)
经纬密度	经纱/(根/10cm)	150	195	144	180
	纬纱/(根/10cm)	120	156	220	156
织物组织		提花	斜纹	小提花	小提花
质(重)量/(g/m^2)		397	190	135	303
成品幅宽/cm		140	140	140	140
特点		由多种纤维混纺，利用各种纤维的优良性能，使产品达到呢绒丰满，挺括，手感滑爽的风格。色彩丰富、柔和	由多种纤维混纺，利用各种纤维的优良性能，使产品达到呢绒丰满，挺括，手感滑爽的风格。色彩丰富、柔和		散纤染色，色纱交织，风格粗犷，毛感强，色彩沉稳
用途		适用于秋冬大衣、风衣等休闲服装	适用于春秋女装		适用于秋冬休闲类服装

续表

麻织物名称 / 规格		毛麻女式呢	毛麻黏纬顺大衣呢			毛麻黏花式大衣呢	毛麻花式大衣呢
		R15%、W85%	R35%、W40%、黏 25%	R20%、W60%、黏 20%	R26%、W40% 黏 26%、腈 8%	R10%、W50%、黏 40%	R25%、W75%
英文名		wool/ramie mixed ladies cloth	wool/ramie/viscose mixed wei-shun overcoating		viscose/acrylic mixed wei-shun overcoating wool/ramie/	wool/ramie/ viscose mixed fancy overcoating	wool/ramie mixed fancy overcoating
经纬纱线密度	经纱/tex（公支）	48.6(20.6)	72.9(13.7)	167(6)	125(8)	167(6)	82.3(12)
	纬纱/tex（公支）	48.6(20.6)	72.9(13.7)	167(6)	125(8)	167(6)	143(7)
经纬密度	经纱/(根/10cm)	130	174	130	100	120	120
	纬纱/(根/10cm)	114	121	100	100	70	120
织物组织		提花	斜纹	提花	斜纹	提花	平纹
质(重)量/(g/m^2)		133	238	456	281	324	304
成品幅宽/cm		140	140	140	140	140	140
特点		散纤染色，色纱交织，花纹立体感强，时尚	各种纤维混纺，毛绒丰满，风格粗犷，色彩稳重、端庄			各种纤维混纺，毛绒丰满，风格粗犷，色彩稳重、端庄	各种纤维混纺，毛绒丰满，风格粗犷，色彩稳重、端庄
用途		适用于春秋服装	适用于秋冬防寒大衣			适用于秋冬防寒大衣	适用于秋冬防寒大衣

麻织物名称 / 规格	毛麻黏锦大衣呢	毛麻黏方格大衣呢	毛麻腈黏达顿大衣呢	毛麻黏大衣呢	毛麻大衣呢
	R15%、W70%、黏 10%、锦 5%	R30%、W30%、黏 40%	R30%、W30%、黏 20%、腈 20%	R10%、W50%、黏 40%	R30%、W70%
英文名	wool/ramie/viscose/poly-amide mixed overcoating	wool/ramie/viscose mixed square overcoating	wool/ramie/acrylic/viscose mixed da-dun overcoating	wool/ramie/viscose mixed overcoating	wool/ramie mixed overcoating

续表

麻织物名称 规格		毛麻黏锦大衣呢	毛麻黏方格大衣呢	毛麻腈黏达顿大衣呢	毛麻黏大衣呢	毛麻大衣呢
		R15%、W70%、黏 10%、锦 5%	R30%、W30%、黏 40%	R30%、W30%、黏 20%、腈 20%	R10%、W50%、黏 40%	R30%、W70%
经纬纱线密度	经纱/tex(公支)	64.8(15.4)	82.3×2 (12/2)	194(5)	100(10)	97.2(10.3)
	纬纱/tex(公支)	64.8(15.4)	82.3×2 (12/2)	194(5)	100(10)	146×2 (6.8/2)
经纬密度	经纱/(根/10cm)	185	80	68	292	117
	纬纱/(根/10cm)	187	70	60	230	74
织物组织		平纹	提花	提花	斜纹	人字呢
质(重)量/(g/m²)		271	276	279	626	186
成品幅宽/cm		140	140	140	140	140
特点		各种纤维混纺,毛绒丰满,风格粗犷,色彩稳重、端庄	各种纤维混纺,毛绒丰满,风格粗犷,色彩稳重、端庄	各种纤维混纺,毛绒丰满,风格粗犷,色彩稳重、端庄	各种纤维混纺,毛绒丰满,风格粗犷,色彩稳重、端庄	纹路粗犷,手感蓬松、柔软,色泽清新
用途		适用于秋冬防寒大衣	适用于秋冬防寒大衣	适用于秋冬防寒大衣	适用于秋冬防寒大衣	适用于春秋休闲服装

麻织物名称 规格		麻涤色织大衣呢	毛麻涤衬衣呢	毛麻腈黏凸条呢	麻腈毛威纹呢	麻腈涤三合一花呢
		R55%、涤 45%	R20%、W40%、T40%	R18%、W32%、腈 20%、黏 30%	R55%、腈 30%、W15%	R15%、A35%、涤 50%
英文名		ramie/polyester mixed yarn-dyed overcoating	wool/ramie/polyester mixed shirt fabric	wool/ramie/acrylic/viscose mixed rib fabric	ramie/acrylic/wool mixed wei-wen cloth	ramie/acrylic/polyester mixed three-in-one fancy suiting
经纬纱线密度	经纱/tex(公支)	82.3(12)	17.9(56)	167(6)	90.9×2 (11/2)	13.9×2 (72/2)
	纬纱/tex(公支)	82.3(12)	17.9(56)	167(6)	90.9×2 (11/2)	13.9×2 (72/2)

续表

规格＼麻织物名称		麻涤色织大衣呢	毛麻涤衬衣呢	毛麻腈黏凸条呢	麻腈毛威纹呢	麻腈涤三合一花呢
		R55%、涤 45%	R20%、W40%、T40%	R18%、W32%、腈 20%、黏 30%	R55%、腈 30%、W15%	R15%、A35%、涤 50%
经纬密度	经纱/(根/10cm)	56	250	105	155	170
	纬纱/(根/10cm)	70	235	106	94	198
织物组织		平纹	平纹	提花	提花	平纹
质(重)量/(g/m²)		117	95	390	538	136
成品幅宽/cm		140	140	140	140	140
特点		纹路粗犷，手感蓬松、柔软，色泽清新	布面精细、平整、挺括，舒适透气	条纹突出，呢绒感强，手感丰满厚实	纹路粗犷，织物厚实松软，色彩鲜艳	散纤染色、混纺，布面平整细腻挺括，色泽自然
用途		适用于春秋休闲服装	用作春秋衬衫面料	适用于秋冬风衣类服装	适用于秋冬装	适用于初春女装

规格＼麻织物名称		麻腈黏三合一花呢	毛涤麻中厚花呢		毛麻涤花呢(1)	
		R15%、A55%、黏 30%	R10%、W40%、T50%	R20%、W35%、T45%	R20%、W50%、T30%	R30%、W30%、T40%
英文名		ramie/acrylic/viscose mixed three-in-one fancy suiting	wool/polyester/ramie mixed medium-weight fancy suiting		wool/ramie/polyester mixed fancy suiting	
经纬纱线密度	经纱/tex(公支)	143(7)	26.2×2(38/2)	22.5×2(44.4/2)	19.2(52)	71.4(14)
	纬纱/tex(公支)	143(7)	26.2×2(38/2)	22.5×2(44.4/2)	19.2(52)	71.4(14)
经纬密度	经纱/(根/10cm)	107	206	325	211	180
	纬纱/(根/10cm)	136	172	228	195	140
织物组织		提花	平纹	提花	平纹	提花
质(重)量/(g/m²)		407	224	277	83	254
成品幅宽/cm		140	140	140	140	140

续表

麻织物名称 / 规格	麻腈黏三合一花呢	毛涤麻中厚花呢		毛麻涤花呢(1)	
规格	R15%、A55%、黏30%	R10%、W40%、T50%	R20%、W35%、T45%	R20%、W50%、T30%	R30%、W30%、T40%
特点	杂色效果，起绒整理后织物毛呢感强，手感松软厚实	色泽清新、自然，布面平整光洁、挺括	色彩稳重、大方，手感滑爽，穿着舒适、透气	薄型面料，精细、柔软，色彩柔和	色彩稳重、大方，手感滑爽，穿着舒适、透气
用途	适用于秋冬服装	适用于春夏服装	适用于春夏衣裙、裤类服装	适用于夏季服装	适用于春夏衣裙、裤类服装

麻织物名称 / 规格		毛麻涤花呢(2)					
规格		R20%、W60%、T20%	R15%、W30%、T55%	R30%、W40%、T30%	R40%、W40%、T20%	R55%、W20%、T25%	R40%、W52%、T8%
英文名		wool/ramie/polyester mixed fancy suiting					
经纬纱线密度	经纱/tex(公支)	33.3×2(30/2)	24.4(41)	20.8×2(48/2)	64.8(15.4)	143(7)	71.4(14)
	纬纱/tex(公支)	33.3×2(30/2)	24.4(41)	20.8×2(48/2)	64.8(15.4)	143(7)	71.4(14)
经纬密度	经纱/(根/10cm)	168	161	240	132	102	120
	纬纱/(根/10cm)	150	140	180	122	100	110
织物组织		平纹	提花	提花	斜纹色织	平纹	提花
质(重)量/(g/m²)		236	80	215	181	324	181
成品幅宽/cm		140	140	140	140	140	140
特点		布面精致、挺括，色泽沉稳，手感滑爽	织纹清秀、典雅，织物轻薄，手感柔爽	花纹雅致，色彩自然大方，布面挺括滑爽	色彩搭配柔和，纹路清晰，大方自然	纹路粗犷，手感松软、丰满	呢绒效果，织纹立体丰满，透气爽滑
用途		适用于春夏裙装	适用于夏季裙装	适用于春夏季女装	适用于春夏女装	适用于春秋女装	适用于春季女装

续表

麻织物名称 / 规格		毛麻黏粗花呢		涤麻树皮绉	毛麻涤树皮绉	棉麻强捻绉	涤麻影帘绸
规格		R20%、W40%、黏 40%	R15%、W30%、黏 55%	R30%、T70%	R15%、W40%、T45%	R35%、C65%	
英文名		wool/ramie/viscose mixed costume tweed		polyester/ramie mixed tree bark	wool/ramie/polyester mixed tree bark	cotton/ramie mixed overtwisted wrinkle	polyester/ramie mixed ying-lian silk
经纬纱线密度	经纱/tex（公支）	66.7(15)	55.5(18)	27.8(36)	20.8×2 (48/2)	18.2(55)	12.8 (115D 涤丝)
	纬纱/tex（公支）	58.8(17)	55.5(18)	27.8 (36)	20.8×2 (48/2)	18.2(55)	12.5 (R55%、T45%) (80)
经纬密度	经纱/(根/10cm)	140	120	288	198	300	420
	纬纱/(根/10cm)	125	140	238	184	230	270
织物组织		提花	斜纹	提花	提花	平纹	提花
质(重)量/(g/m^2)		257	157	165	176	106	98
成品幅宽/cm		140	140	140	140	140	140
特点		织物色彩丰满，自然，悬垂感好，舒适透气	织物色彩丰满，自然，悬垂感好，舒适透气	纵向有不规则细密绉纹，自然大方，风格独特，滑爽	织物细薄，手感滑爽，花纹文雅大方	织物细薄，手感滑爽，花纹文雅大方	织物细薄，手感滑爽，花纹文雅大方
用途		适用于春秋女装	适用于春秋女装	适用于夏季女装	适用于夏季时装	适用于夏季时装	适用于夏季时装

2. 亚麻织物（flax fabric；linen fabric）

亚麻织物是以亚麻纤维为原料纺纱织造的织物。特点是吸湿、散湿快，不易吸附尘埃，易洗快干，表面有特殊光泽，伸缩小，平挺无皱缩，穿着爽挺、透凉、舒适，是夏季理想的衣料。品种有亚麻细布、亚麻帆布和水龙带三个大类。亚麻织物可用于制作衬衫、短裤、工作服、制服、被单、台布、食品包装布和抽绣坯布等。

规格 \ 麻织物名称		纯亚麻织物								
英文名		pure flax fabric; pure linen; pure linen cloth								
品名		亚麻帆布		亚麻平布	亚麻原色布					亚麻细布
经纬纱线密度	经纱/tex（公支）	82.3（12）	285.7（3.5）	95（10.5）	27.8（36）	45.5（22）	66.7（15）	35.7（28）	35.7（28）	45.5（22）
	纬纱/tex（公支）	82.3（12）	285.7（3.5）	95（10.5）	27.8（36）	41.7（24）	66.7（15）	27.8（36）	27.8（36）	41.7（24）
经纬密度	经纱/（根/10cm）	251	212	161	198	242	150	157	204	190
	纬纱/（根/10cm）	106	86	142	196	236	157	197	208	220
织物组织		平纹	平纹	平纹	平纹	小提花	平纹	平纹	平纹	平纹
质（重）量/（g/m^2）		340	980	322	114	230	231	120	144	200
成品幅宽/cm		142	142	140	140	140	140	140	140	140
特点		防霉、防蛀、耐磨	防霉、防蛀、耐磨	自然原始风格，粗厚	细小自然的竹节分布均匀，古朴，手感柔软	提花纹路突出，立体感强、时尚	风格自然原始，有亲和感	风格自然原始，有亲和感	风格自然原始，有亲和感	风格自然原始，有亲和感
用途		适用于地毯、盖布、包布、鞋面布等	适用于地毯、盖布、包布、鞋面布等	适用于春秋男女各类休闲服装	经各种印染整理后适用于夏季各类服装	适用于春夏服装及家庭装饰产品	适用于春秋休闲服装	适用于夏季休闲服装	适用于夏季休闲服装	适用于春秋休闲服装

规格 \ 麻织物名称		纯亚麻织物						
品名		亚麻细布						
经纬纱线密度	经纱/tex（公支）	50(20)	45.5（22）	33.3（30）	27.8（36）	95.2（10.5）	27.8（36）	66.7（15）
	纬纱/tex（公支）	50(20)	41.7（24）	35.7（28）	27.8（36）	66.7（15）	27.8（36）	74.1（13.5）
经纬密度	经纱/（根/10cm）	175	235	187	196	145	250	180
	纬纱/（根/10cm）	185	250	219	224	180	220	130

续表

麻织物名称/规格	纯亚麻织物						
织物组织	平纹	小提花	斜纹	平纹	平纹	平纹	平纹
质(重)量/(g/m^2)	197	237	154	127	293	146	245
成品幅宽/cm	140	140	140	140	140	140	140
特点	适用于各种后整理加工，风格大方自然，手感佳	花纹自然，色彩柔和	纹路粗犷，风格突出、自然朴实	质地柔软，可进行各种后整理加工，获得不同风格的产品	适用于各种后整理加工，风格大方自然，手感佳	质地柔软，可进行各种后整理加工，获得不同风格的产品	适用于各种后整理加工，风格大方自然，手感佳
用途	适用于春夏休闲服装	适用于春夏休闲服装	适用于夏季休闲服装	适用于夏季服装	适用于春夏休闲服装	适用于夏季服装	适用于春夏休闲服装

麻织物名称/规格		纯亚麻织物						
品名		亚麻细布						
经纬纱线密度	经纱/tex(公支)	33.3(30)	35.7(28)	35.7(28)	45.5(22)	50(20)	45.5(22)	33.3(30)
	纬纱/tex(公支)	27.8(36)	27.8(36)	27.8(36)	41.7(24)	50(20)	41.7(24)	35.7(28)
经纬密度	经纱/(根/10cm)	220	157	204	190	175	235	187
	纬纱/(根/10cm)	255	197	208	220	185	250	219
织物组织		平纹	平纹	平纹	平纹	小提花	斜纹	平纹
质(重)量/(g/m^2)		223	123	147	198	205	238	157
成品幅宽/cm		140	140	140	140	140	140	140
特点		质地柔软,可进行各种后整理加工,获得不同风格的产品			竹节风格，质地松柔，透气、凉爽	花纹立体感强，风格自然、时尚，挺括舒适	纹路粗犷，手感厚实，风格质朴	布面有不明显自然竹节,大方质朴,清新自然
用途		适用于夏季服装			适用于夏季服装	适用于夏季服装	适用于春秋休闲服装	适用于夏季服装

续表

规格＼麻织物名称		亚麻色平布					
英文名		flax colour plain cloth;flax colour calico					
经纬纱线密度	经纱/tex(公支)	27.8(36)	35.7(28)	27.8(36)	50(20)	25(40)	50(20)
	纬纱/tex(公支)	27.8(36)	31.3(32)	23.8(36)	50(20)	22.2(45)	41.7(24)
经纬密度	经纱/(根/10cm)	196	260	260	265	244	260
	纬纱/(根/10cm)	224	220	220	210	230	210
织物组织		平纹	平纹	平纹	平纹	平纹	平纹
质(重)量/(g/m²)		148	180	140	266	123	240
成品幅宽/cm		140	140	140	140	140	140
特点		色彩柔和、自然，田园风格	色彩柔和、自然，田园风格	色彩柔和、自然，田园风格	色彩柔和、自然，田园风格	色彩柔和、自然，田园风格	色彩柔和、自然，田园风格
用途		适用于夏季休闲服装	适用于夏季休闲服装	适用于夏季休闲服装	适用于夏季休闲服装	适用于夏季休闲服装	适用于夏季休闲服装

规格＼麻织物名称		亚麻竹节布	亚麻牛仔布
英文名		slub effect linen cloth	linen denim
经纬纱线密度	经纱/tex(公支)	33.3(30)～222.2(4.5)单纱	27.8(36)～117.6(8.5)纯亚麻纱
	纬纱/tex(公支)	同经纱	同经纱
经纬密度	经纱/(根/10cm)	118～267.5	133.5～236
	纬纱/(根/10cm)	118～236	149.5～267.5
织物组织		平纹、斜纹、变化组织	平纹、斜纹等
质(重)量/(g/m²)		150～254	
成品幅宽/cm		160	144.8～147.3

续表

规格 \ 麻织物名称	亚麻竹节布	亚麻牛仔布
特点	由于竹节纱是采用PC机控制生产，所以竹节周期、节长、节粗调节灵活，布面竹节匀称	织物风格粗犷自然，布面凹凸分明，手感柔顺、滑爽
用途	宜做衬衫、休闲装、旗袍、连衣裙等	宜做男女牛仔服、休闲服等
备注	竹节布的原料成分有L55R45、T40/R40/L20、R70/L30等多种。利用经向竹节、纬向竹节、经纬向全竹节的不同配置，可获得不同的独特风格	是指采用纯亚麻纤维为原料制织的亚麻织物，分轻薄型和重磅型两种

规格 \ 麻织物名称		亚麻外衣服装布		
英文名		dress linen		
经纬纱线密度	经纱/tex（公支）	55(18)长麻湿纺染色纱	165(8.6)短麻干纺纱	21×2(28英支/2)棉股线
	纬纱/tex（公支）	55(18)长麻湿纺1/2白度纱	165(8.6)短麻干纺纱	55(18)长麻湿纺1/2白度纱
经纬密度	经纱/(根/10cm)	208	104	224
	纬纱/(根/10cm)	192	80	157
织物组织		平纹组织(人字纹、隐条、隐格等)		
质(重)量/(g/m²)				
成品幅宽/cm		140	90	75
特点		织物易皱，尺寸稳定性差，用碱处理和树脂整理或用涤纶混纺纱制织可以改善尺寸稳定性和易皱的现象		
用途		宜做外衣等		
备注		是指供制作外衣用的亚麻布。有原色、本白、漂白、染色、印花等。用纱较粗，通常在70tex以上，股线则用35tex×2以上。要求纱的条干均匀，麻粒子少，一般采用长麻湿纺纱或精梳短麻湿纺纱制织。有些亚麻外衣的外观风格要求粗犷，则宜采用200tex的短麻干纺纱织造，对条干的要求则稍低。由于亚麻伸长小，织造时紧度不宜大，一般在50%左右(经向或纬向)，但在后工序可采用碱处理，使织物收缩，增加紧度。如在纱线中混入涤纶，其混入量一般可达20%～70%之间		

续表

规格 \ 麻织物名称		粗支亚麻布							
英文名		low-count linen cloth							
经纬线线密度	经线/tex(公支)	143(7)亚麻纱	111(9)亚麻纱	97(10)亚麻纱	97(10)亚麻纱	97(10)亚麻纱	83(12)亚麻纱	65(15)亚麻纱	53(18.5)亚麻纱
	纬线/tex(公支)	同经纱	同经纱	同经纱	同经纱	同经纱	同经纱	同经纱	同经纱
经纬密度	经密/(根/10cm)	142	173	161	126	161	142	173	173
	纬密/(根/10cm)	138	169	138	138	138	126	169	157
织物组织		平纹组织			小提花	平纹组织			
质(重)量/(g/m²)		136	136	160	160	136	160	160	160
成品幅宽/cm		235	225	293	259	293	225	225	177
特点		外观粗犷、古朴,自然竹节风格明显,有较好的亲和感,手感干爽、温和,吸湿排汗功能优良,采用涂层、石磨、水洗、机械柔软加工更显休闲风格							
用途		宜做休闲类西服、外套、风衣、长衫、裤装、裙装及遮光窗帘、台布、墙布、休闲鞋、包等							
备注		属传统的常规亚麻织物品种,选用范围较广,使用的落麻生产的织物可保留亚麻的天然色泽,不需进行染色加工,原始气息浓厚							

规格 \ 麻织物名称		中支亚麻布										
英文名		medium count linen cloth										
经纬纱线密度	经纱/tex(公支)	59(17)亚麻纱	49(20)亚麻纱	49(20)亚麻纱	42(24)亚麻纱	42(24)亚麻纱	42(24)亚麻纱	42(24)亚麻纱	36(27)亚麻纱	34(29)亚麻纱	28(36)亚麻纱	28(36)亚麻纱
	纬纱/tex(公支)	28(36)亚麻纱	同经纱	同经纱	同经纱	同经纱	同经纱	同经纱	同经纱	同经纱	同经纱	同经纱
经纬密度	经纱/(根/10cm)	204	189	197	216	197	189	213	205	204	197	204
	纬纱/(根/10cm)	209	173	217	228	213	173	213	209	209	209	209
织物组织		平纹组织			斜纹组织	平纹组织		平纹组织				
质(重)量/(g/m²)		129	179	205	189	174	154	181	151	142	115	117
成品幅宽/cm		136	136	160	136	136	136	160	160	136	160	136

续表

规格＼麻织物名称	中支亚麻布
特点	织物显细小的竹节纹理，质感强，手感丰厚、柔和，吸湿透气，不起毛起球，能迅速排出汗液，不会粘贴皮肤，有舒适凉爽感，易洗快干，穿着时间越长，布面越光洁舒适。适用于各种后整理的加工和花型图案，能获得较为多样化和丰富的花色品种
用途	宜做男女各种服装，既可作经典、稳重的商务装，也可制作时尚、流行服饰，还可制作高端的床上用品和家纺
备注	需要选用质量较好的原料，采用湿纺工艺纺纱。采用涂层、石磨、水洗、机械柔软加工，更显休闲，怀旧风格

规格＼麻织物名称		高支亚麻布		亚麻提花色织布
英文名		high-count linen cloth		flax figured yarn-dyed fabric
经纬线线密度	经线/tex（公支）	14(72)亚麻纱	9.7(102)亚麻纱	66.7(15)
	纬线/tex（公支）	同经纱	同经纱	66.7(15)
经纬密度	经纱/（根/10cm）	220	240	190
	纬纱/（根/10cm）	276	268	215
织物组织		平纹组织		小提花
质(重)量/(g/m^2)		145	145	305
成品幅宽/cm		70	50	140
特点		手感柔软、干爽、质地轻柔、飘逸，光泽自然，风格高雅，属麻类织物中的极品		花纹立体感强，色彩柔和自然，美观大方
用途		宜做高档女时装、晚礼服、披巾、装饰围巾等		适用于春秋女装
备注		多采用半脱胶亚麻与水溶性纤维混纺工艺纺纱，在染整过程中退去水溶性纤维，得到高支织物。染整时必须采用短流程、小张力工艺，防止织物中纬纱滑移、破洞、皱条的产生		

规格＼麻织物名称		亚麻色织布								
英文名		flax coloured woven cloth; flax yarn-dyed fabric; linen coloured woven cloth; linen yarn-dyed fabric								
经纬纱线密度	经纱/tex（公支）	55.6 (18)	74.1 (13.5)	41.7 (24)	50 (20)	50 (20)	35.7 (28)	41.7 (24)	23.8 (42)	35.7 (28)
	纬纱/tex（公支）	66.7 (15)	55.6 (18)	50 (20)	50 (20)	66.7 (15)	31.3 (32)	25 (40)	38.5 (26)	27.8 (36)

续表

规格＼麻织物名称		亚麻色织布								
经纬密度	经纱/(根/10cm)	200	175	160	101.5	155	185	210	215	212
	纬纱/(根/10cm)	165	210	210	73	90	210	195	195	212
织物组织		平纹	平纹	平纹	平纹	平纹	平纹	平纹	平纹	平纹
质(重)量/(g/m^2)		257	293	192	95	154	146	151	140	149
成品幅宽/cm		140	140	140	140	140	140	140	140	140
特点		色彩搭配稳重大方，和谐自然								
用途		适用于春秋女装及家用装饰产品								

规格＼麻织物名称		棉亚麻交织布							
英文名		cotton warp linen;cotton warp flax							
经纬纱线密度	经纱/tex(公支)	C:18.5(54)	C:28×2(35.7/2)	C:20(50)	C:9.8(102)	C:27.8(36)	C:62.5(16)	C:21(47.6)	C:20(50)
	纬纱/tex(公支)	L:58.8(17)	L:147(6.8)	L:33.3(30)	L:33.3(30)	L:38.4(26)	L:66.7(15)	L:55.6(18)	L:37.5×2(26.7/2)
经纬密度	经纱/(根/10cm)	220	177	210	228	220	200	415	250
	纬纱/(根/10cm)	205	91	204	205	215	180	262	210
织物组织		平纹	平纹	平纹	平纹	平纹	平纹	人字呢	小提花
质(重)量/(g/m^2)		180	252	122	99	160	272	258	226
成品幅宽/cm		140	140	140	140	140	140	140	140
特点		风格自然大方，柔和舒适	粗犷，纬向竹节明显，纹路清晰	风格自然大方，柔和舒适	布面细腻松软，色泽柔和自然，穿着舒适	风格自然大方，柔和舒适	质地紧密、厚实，风格粗犷	风格自然大方，柔和舒适	花纹立体感强，自然、粗犷，手感滑爽
用途		适用于春季服装及床上用品	适用于春秋季休闲服装	适用于夏季服装及床上用品	适用于夏季服装及服饰用品	适用于春夏服装及床上用品	适用于裤装、短裙类服装及休闲衣物	适用于春秋服装	适用于春夏季服装

续表

麻织物名称/规格		粗支亚麻棉交织面料									
英文名		coarse linen/cotton union fabric									
经纬纱线密度	经纱/tex(公支)	49(20)棉纱	36(27)棉纱	28(36)棉纱	34×2(29/2)棉股线	28(36)棉纱	18(54)棉纱	28(36)棉纱	22(44)棉纱	49(20)棉纱	28(36)棉纱
	纬纱/tex(公支)	65(15)亚麻纱	97(10)亚麻纱	65(15)亚麻纱	18×2(54/2)亚麻纱	34(29)亚麻纱	34(29)亚麻纱	42(24)亚麻纱	42(24)亚麻纱	117(8.5)亚麻纱	42(24)亚麻纱
经纬密度	经纱/(根/10cm)	157	169	213	177	362	315	315	441	201	213
	纬纱/(根/10cm)	165	150	157	193	268	252	276	291	130	205
织物组织		平纹组织					提花	人字纹	平纹组织		
质(重)量/(g/m^2)		187	210	165	191	194	145	207	222	255	148
成品幅宽/cm		135	160	135	142	135	135	135	142	135	138
特点		布面平整、细腻、略显细微竹节条纹感,外观自然清新、粗犷,略有粗糙不平的颗粒感,手感柔和、丰满、细密、紧实、柔中带刚,色泽温润、田园风格,吸湿透气性好,穿着舒适									
用途		宜做夏季女士时装,休闲服、裙装、裤装,男士休闲装、裤装、夹克衫、长短袖衫及高档床上用品、窗帘、休闲布包、遮阳帽、手袋等									
备注		坯布适合于多种染整工艺的加工。经过丝光整理的染色织物,光泽感更好,更显高档品质,水洗织物产生怀旧风格,手感更加丰满、柔软									

麻织物名称/规格		高支亚麻棉交织面料							
英文名		high-count linen/cotton union fabric							
经纬纱线密度	经纱/tex(公支)	15(68)棉纱	15×2(68/2)棉股线	15(68)棉纱	14(72)棉纱	14(72)棉纱	9.7×2(100/2)棉股线	9.7×2(100/2)棉股线	7×2(137/2)棉股线
	纬纱/tex(公支)	36+39(27棉纱+26亚麻纱)	42(24)亚麻纱	42(24)亚麻纱	28(36)亚麻纱	42(24)亚麻纱	45(22)亚麻纱	28(36)亚麻纱	25(39)亚麻纱
经纬密度	经纱/(根/10cm)	283	232	488	402	240	441	409	406
	纬纱/(根/10cm)	268	213	283	244	228	252	291	311
织物组织		凸条	平纹	斜纹	平纹	平纹组织			方平
质(重)量/(g/m^2)		126	161	194	126	96	202	163	139
成品幅宽/cm		145	135	145	145	150	135	135	142

续表

麻织物名称 规格	高支亚麻棉交织面料
特点	布面平整、光洁、纹路清晰，质地细致、紧密，手感舒适、柔软、挺括、光泽温润柔亮，色泽清新、自然稳重、高雅，色彩丰富多彩，悬垂性好，吸湿透气性好，穿着舒适宜人
用途	宜做女士时装、休闲裤装、裙装，男士长、短袖衫，休闲裤、休闲衫、薄型夹克及高档床上用品、台布、窗帘等
备注	适合多种方式的染整工艺加工。涂层织物作为内层窗帘有除异味的功能。水洗产品的手感和外观风格更佳

麻织物名称 规格		高支亚麻黏胶交织面料		
英文名		high-count linen/viscose union fabric		
经纬纱线密度	经纱/tex（公支）	19×2(51/2) 黏纤股线	15×2 (68/2) 黏纤股线	5.8×2(172/2) 黏纤股线
	纬纱/tex（公支）	65(15)亚麻纱	42(24)亚麻纱	5.8×2+20 (172/2 黏纤股线+50 亚麻纱)
经纬密度	经纱/(根/10cm)	216	240	394
	纬纱/(根/10cm)	173	213	276
织物组织		平纹组织		
质(重)量/(g/m^2)		197	164	90
成品幅宽/cm		135	135	142
特点		布面细致、精美、显现隐约的竹节效果，手感柔软、润滑，光泽自然、柔和，悬垂性好，吸色性好，色泽温润、亮丽，质地轻薄、飘逸，尽显时尚、高雅风格		
用途		宜做高级女时装、睡衣、宽松裙子、裤装、披肩、装饰围巾及高档床上用品等		
备注		染整应采用短流程、小张力工艺。避免织物的强力受损		

麻织物名称 规格		亚麻棉交织印花面料			
英文名		linen/cotton union printed fabric			
经纬纱线密度	经纱/tex（公支）	49(21) 棉纱	39(26) 棉纱	28(36) 棉纱	18(54) 棉纱
	纬纱/tex（公支）	117(8.5) 亚麻纱	97(10) 亚麻纱	42(24) 亚麻纱	34(29) 亚麻纱
经纬密度	经纱/(根/10cm)	201	283	213	220
	纬纱/(根/10cm)	130	157	205	205

续表

<table>
<tr><td>麻织物名称
规格</td><td colspan="4">亚麻棉交织印花面料</td></tr>
<tr><td>织物组织</td><td colspan="4">平纹组织</td></tr>
<tr><td>质(重)量/(g/m²)</td><td>255</td><td>278</td><td>148</td><td>111</td></tr>
<tr><td>成品幅宽/cm</td><td>135</td><td>135</td><td>135</td><td>135</td></tr>
<tr><td>特点</td><td colspan="4">粗支亚麻纬纱给织物带来粗犷的竹节风格，粗糙不平的颗粒效果，质地厚实坚实，干爽透气，花型图案时尚亮丽。中支亚麻纬纱织制的织物稀薄松软，吸湿透气性能优良，花色品种丰富多彩。时尚与含蓄并行，穿着舒适宜人</td></tr>
<tr><td>用途</td><td colspan="4">宜做夏季男女时尚休闲衫及高档家纺用品(如抱枕、台布、靠垫、窗帘)等</td></tr>
<tr><td>备注</td><td colspan="4">男装用面料的花型多为素色地套精致的图案花纹</td></tr>
</table>

<table>
<tr><td colspan="2">麻织物名称
规格</td><td colspan="2">亚麻黏胶棉交织面料</td></tr>
<tr><td colspan="2">英文名</td><td colspan="2">linen/viscose/cotton union fabric</td></tr>
<tr><td rowspan="2">经纬纱线密度</td><td>经纱/tex(公支)</td><td>19×2(51/2)
黏纤股线</td><td>19(51)
棉纱</td></tr>
<tr><td>纬纱/tex(公支)</td><td>65(15)
亚麻/棉混纺纱</td><td>117+28
(8.5亚麻纱+36黏纤纱)</td></tr>
<tr><td rowspan="2">经纬密度</td><td>经纱/(根/10cm)</td><td>216</td><td>427</td></tr>
<tr><td>纬纱/(根/10cm)</td><td>173</td><td>236</td></tr>
<tr><td colspan="2">织物组织</td><td colspan="2">平纹组织</td></tr>
<tr><td colspan="2">质(重)量/(g/m²)</td><td>197</td><td>257</td></tr>
<tr><td colspan="2">成品幅宽/cm</td><td>135</td><td>135</td></tr>
<tr><td colspan="2">特点</td><td>布面平整，织纹精细，手感滑糯柔和，色泽丰满，有隐约的闪烁光亮，高雅、时尚，吸湿透气性好，服用性能优良</td><td>由于三种纤维的吸色性和光感度不同，染色后增加了织物的色彩饱和度和层次感，加上三种粗细不同的纱线组合，使布面产生颗粒感，风格独特</td></tr>
<tr><td colspan="2">用途</td><td colspan="2">宜做春夏季男士休闲服装、裤装及女士休闲西服、短裙等</td></tr>
<tr><td colspan="2">备注</td><td colspan="2">染整工艺必须筛选好助剂和染料，保证三种纤维的物理性能和化学性能不受到伤害。特别要避免织物在水洗加工时出现的擦伤痕</td></tr>
</table>

<table>
<tr><td>麻织物名称
规格</td><td>亚麻/天丝交织布</td></tr>
<tr><td>英文名</td><td>flax/tencel union</td></tr>
</table>

续表

规格＼麻织物名称		亚麻/天丝交织布
经纬纱线密度	经纱/tex（公支）	31.3×2(32/2)～33.3(30)天丝纱或亚麻与天丝混纺纱
	纬纱/tex（公支）	71.4(14)左右亚麻纱
经纬密度	经纱/(根/10cm)	204.5～299
	纬纱/(根/10cm)	228～275.5
织物组织		平纹、斜纹、缎纹、变化组织及提花组织等
质(重)量/(g/m^2)		
成品幅宽/cm		145～160
特点		产品刚柔相济，既有坚挺的身骨，又有柔软、丰满的手感，加上真丝般的光泽，是一种理想的环保型高档面料
用途		宜做男女衬衫、内衣系列、时装裙衫、夹克衫、晚礼服、高档时装等
备注		是采用绿色环保纤维天丝与亚麻交织而成的高档面料。亚麻纤维具有卫生、抗污、抗静电、爽身等保健功能，而天丝又具有环保、柔软悬垂、飘逸动感，触感独特、透湿透气、光泽柔和素雅等特点，二者交织成布，充分体现出天丝和亚麻的优点，是一种非常理想的服装面料

规格＼麻织物名称		双经亚麻棉交织面料						
英文名		double ends linen/cotton union fabric						
经纬纱线密度	经纱/tex（公支）	58＋58（17＋17）棉纱	18＋18（54＋54）棉纱	14×2＋14×2(72/2＋72/2)棉股线	15×2＋15×2(68/2＋68/2)棉股线	36＋36（27＋27）棉纱	36＋36（27＋27）棉纱	28＋28（36＋36）棉纱
	纬纱/tex（公支）	65＋65（15＋15）亚麻纱	49(20)亚麻纱	65(15)亚麻纱	42(24)亚麻纱	97(10)亚麻纱	65(15)亚麻纱	65(15)亚麻纱
经纬密度	经纱/(根/10cm)	197	457	322	409	323	346	315
	纬纱/(根/10cm)	213	204	173	157	165	165	181
织物组织		平纹	斜纹	平纹	斜纹	平纹组织		
质(重)量/(g/m^2)		256	185	205	189	280	234	209
成品幅宽/cm		135	135	135	135	135	135	135

续表

麻织物名称 规格	双经亚麻棉交织面料
特点	布面平整、光洁，纬向略显条纹感，手感挺括，干爽、舒适，质地紧密厚实，光泽柔和、自然，色泽稳重、平和，外观朴实、粗犷、自然，吸湿透气性能好，穿着舒适
用途	宜做男士休闲西服、夹克衫、风衣、休闲裤、休闲衫；女士休闲西服套装、时装、裙装、裤装；休闲布包、遮阳帽、手袋及沙发靠垫、台布等
备注	后整理多经过水洗、机械柔软加工，可改善织物的手感松软度和外观，使织物更显高档

麻织物名称 规格		亚麻棉交织面料				
英文名		linen/cotton union fabric				
经纬纱线密度	经纱/tex（公支）	18(54) 棉纱	18(54) 棉纱	18×2(54/2) 棉股线	18×2(54/2) 棉股线	19×2(51/2) 棉股线
	纬纱/tex（公支）	42(24) 亚麻纱	42＋42(24 亚麻纱＋24 棉纱)	65(15) 亚麻纱	42(24) 亚麻纱	42(24) 亚麻纱
经纬密度	经纱/(根/10cm)	417	402	216	299	213
	纬纱/(根/10cm)	220	283	165	252	268
织物组织		平纹组织				人字纹
质(重)量/(g/m^2)		170	203	188	216	196
成品幅宽/cm		142	135	135	135	135
特点		布面平整、光洁，质地纹理细致、紧密、坚实，手感柔和、滑爽、挺括、丰厚，色光柔和、高雅，光泽柔和、稳重，吸湿透气性能优良，穿着舒适				
用途		宜做男士休闲衫、休闲裤、薄型夹克；女士休闲西服、裙装、裤装；也可用做休闲布包、遮阳帽、手袋及高档床上用品、沙发靠垫、台布等				
备注		经过丝光整理的织物，染色后能提高光泽度。经水洗的织物对其外观和手感影响很大，更显休闲、自然、田园风格				

麻织物名称 规格		黏胶亚麻交织面料		亚麻天丝棉交织面料	黏胶亚麻棉交织面料
英文名		viscose/linen union fabric		linen/Tencel/cotton union fabric	viscos/linen/cotton union fabric
经纬纱线密度	经纱/tex（公支）	14×2(72/2) 黏纤股线	19(51) 黏纤纱	36(27) 棉/天丝混纺纱	19(51) 黏纤纱
	纬纱/tex（公支）	42(24) 亚麻纱	21＋300D (48 亚麻纱＋300D 黏胶丝)	42(24) 亚麻纱	39＋36 (26 亚麻纱＋27 棉纱)

续表

规格 \ 麻织物名称		黏胶亚麻交织面料		亚麻天丝棉交织面料	黏胶亚麻棉交织面料
经纬密度	经纱/(根/10cm)	417	433	244	425
	纬纱/(根/10cm)	260	252	220	260
织物组织		斜纹组织		平纹组织	人字斜纹组织
质(重)量/(g/m²)		240	176	182	218
成品幅宽/cm		150	140	150	155
特点		手感柔软、丰厚、干爽,色光靓丽鲜艳,表面闪烁出黏胶长丝的点点银光,时尚、高雅,成品的花色品种丰富,吸湿透气性好,穿着凉爽舒适		织物纹路清晰,手感滑爽,吸湿透气性好,染色产品表面色光丰富,有层次感,沙烁效果,时尚、韵味,穿着凉爽舒适	由三种不同的纱组合交织,改善了织物的手感和光泽,人字纹组织的设计,呈现纵宽窄条纹,条纹的宽窄可根据流行趋势确定,变化多样,色泽自然、大方
用途		宜做女士各种时尚服装和休闲服装等		宜做春秋季女士套装、短裙及夏季休闲裤装等	宜做春、夏、秋季男女休闲裤装等
备注		染整工艺要保证黏纤纱和黏胶长丝的光泽和强力不受或少受影响		织物中含有棉、天丝和亚麻三种纤维,染整工艺应根据最终用途来确定工艺流程和参数	染整工艺需根据成品的用途确定,且选择的染整工艺需考虑三种不同纤维的化学性能,避免对纤维的损伤

规格 \ 麻织物名称		亚麻黏胶交织面料		
英文名		linen/viscose union fabric		
经纬纱线密度	经纱/tex(公支)	58(17) 黏纤纱	29(34) 黏纤纱	29(34) 黏纤纱
	纬纱/tex(公支)	58(17) 亚麻纱	42(24) 亚麻纱	29(34) 亚麻纱
经纬密度	经纱/(根/10cm)	173	232	220
	纬纱/(根/10cm)	150	204	220
织物组织		平纹组织		
质(重)量/(g/m²)		189	155	129
成品幅宽/cm		135	135	135

续表

麻织物名称 / 规格	亚麻黏胶交织面料
特点	布面平整、光洁，纬向有轻微的条纹感，手感柔软、舒适，飘逸感强，悬垂性好，光泽自然、柔和，色泽鲜艳、亮丽，吸湿透气，穿着舒适
用途	宜做夏季各种时尚女装、春秋季长裙等
备注	染整中要控制好助剂的工艺浓度和工艺条件，防止化学助剂对黏胶纤维的强力损伤

麻织物名称 / 规格		天丝亚麻棉交织面料		棉亚麻交织提花面料
英文名		Tencel/linen/cotton union fabric		cotton/linen union jacquard fabric
经纬纱线密度	经纱/tex（公支）	15(68) 天丝纱	18(54) 天丝纱	15(68) 棉纱
	纬纱/tex（公支）	36＋15 （27 亚麻纱＋68 棉纱）	18＋36 （54 棉纱＋27 亚麻纱）	28(36) 亚麻纱
经纬密度	经纱/（根/10cm）	551	535	503
	纬纱/（根/10cm）	315	315	228
织物组织		斜纹组织	平纹组织	小提花组织
质（重）量/(g/m^2)		166	196	138
成品幅宽/cm		142	142	140
特点		三种纤维的纱线粗细搭配，使布面具有沙粒感，色光丰富、柔和，有层次感，纹路清晰，手感柔软、舒适，光泽柔和温润，显得高雅，穿着舒适、凉爽、飘逸、时尚		布面平整，质地紧密，手感滑爽，花色丰富多样，或精致，或朦胧，个性化强，别具风格，吸湿透气性好，穿着舒适凉爽
用途		宜做春夏季时尚女士休闲装、裙装、裤装等		宜做夏季女士时尚服装等
备注		适用于多种染整工艺的加工，由于天丝为经纱，故在制订染整工艺时要注意工艺条件，避免织物的强力受损。丝光产品具有较好的丝绸光泽，水洗产品具有怀旧、优雅的特色		丝光面料具有较好的表面光泽度，水洗产品的手感较佳

续表

麻织物名称 / 规格		丝亚麻交织布	黏亚麻交织布(1)			
英文名		silk warp linen	viscose warp linen;viscose warp flax			
经纬纱线密度	经纱/tex(公支)	丝:13.3(75)	黏:25×2(40/2)	黏:62.5(16)	黏:55.6(18)	黏:45(22.2)
	纬纱/tex(公支)	L:27.8(36)	L:45.5(22)	L:38.5(26)	L:55.6(18)	L:55.6(18)
经纬密度	经纱/(根/10cm)	500	200	190	210	222
	纬纱/(根/10cm)	325	260	150	180	180
织物组织		平纹	小提花	小提花	小提花	小提花
质(重)量/(g/m^2)		176	260	214	240	223
成品幅宽/cm		140	140	140	140	140
特点		布面平滑,悬垂感强,光泽亮丽、高雅	自然大方,悬垂透气性好,花纹雅致,穿着舒适	自然大方,悬垂透气性好,花纹雅致,穿着舒适		
用途		适用于夏季高级女装	适用于春秋女装	适用于春夏季女装		

麻织物名称 / 规格		黏亚麻交织布(2)					
经纬纱线密度	经纱/tex(公支)	黏:33(30.3)	黏:24(41.7)	黏:50(20)	黏:18.5(54)	黏:24(41.7)	黏:27.8×2(36/2)
	纬纱/tex(公支)	L:27.8(36)	L:45.5(22)	L:24(41.7)	L:41.7(24)	L:45.5(22)	L:31.3(32)
经纬密度	经纱/(根/10cm)	225	225	180	160	196	280
	纬纱/(根/10cm)	188	240	210	110	134	232
织物组织		小提花	小提花	小提花	小提花	小提花	小提花
质(重)量/(g/m^2)		139	190	158	84	120	256
成品幅宽/cm		140	140	140	140	140	140
特点		织纹细致清秀,手感柔软舒适	花纹自然、大方,色泽淡雅,手感柔爽、舒适				风格粗犷、厚实,纹路立体感强
用途		适用于夏季女装及床上用品	适用于夏季女装				适用于春秋季女装

续表

规格 \ 麻织物名称		黏亚麻混纺交织布		黏麻混纺布	
英文名		viscose/linen mixed union fabric		viscose/linen mixed fabric	
经纬纱线密度	经纱/tex（公支）	黏/L：27.8(36)	黏/L：35.7(28)	29(34.5)	22.5(44.4)
	纬纱/tex（公支）	L：50(20)	L：41.7(24)	19(52.6)	27.8(36)
经纬密度	经纱/(根/10cm)	220	285	270	400
	纬纱/(根/10cm)	145	200	205	300
织物组织		平纹	提花	斜纹	提花
质(重)量/(g/m²)		148	206	130	192
成品幅宽/cm		140	140	140	140
特点		通过各种后整理形成不同风格产品，色彩丰富，美观自然，穿着舒适		通过各种后整理形成不同风格产品，色彩丰富，美观自然，穿着舒适	
用途		适用于春夏季休闲类服装		适用于春夏季休闲类服装	

规格 \ 麻织物名称		粗支亚麻棉混纺面料										
英文名		low-count linen/cotton blended fabric										
经纬纱线密度	经纱/tex（公支）	130(7.6)亚麻/棉混纺纱	73(13.4)亚麻/棉混纺纱	53(18.5)亚麻/棉混纺纱	53(18.5)亚麻/棉混纺纱	53(18.5)亚麻/棉混纺纱	49(20)亚麻/棉混纺纱	39(25)亚麻/棉混纺纱	39(25)亚麻/棉混纺纱	39(25)亚麻/棉混纺纱	39(26)亚麻/棉混纺纱	39(26)亚麻/棉混纺纱
	纬纱/tex（公支）	同经纱	同经纱	同经纱	53×2(18.5/2)亚麻/棉混纺纱	29(34)亚麻/棉混纺纱	117(8.5)亚麻/棉混纺纱	同经纱	同经纱	同经纱	同经纱	同经纱
经纬密度	经纱/(根/10cm)	102	165	201	147	283	201	220	323	220	220	299
	纬纱/(根/10cm)	130	164	213	118	236	130	216	177	204	201	228
织物组织		平纹组织				人字纹	平纹	平纹	斜纹	平纹组织		斜纹
质(重)量/(g/m²)		306	243	221	206	219	255	172	196	141	166	207
成品幅宽/cm		135	146	132	132	146	135	160	145	132	142	142
特点		布面平整、光洁、纹路清晰，质地紧密、厚实、粗糙，手感舒适、干爽、丰满，有较好的吸湿透气性能，色彩丰富多彩、光泽度好，色泽自然、柔和，耐洗涤，服用性能优良										
用途		宜做男女休闲服装、夹克、裙装、裤装及高档床上用品、沙发靠垫、台布、休闲布包、窗帘、休闲鞋面等										
备注		后整理进行水洗时加酶处理或机械柔软处理能有效地改善手感，去除表面毛羽										

续表

<table>
<tr><td colspan="2">麻织物名称
规格</td><td colspan="6">高支亚麻棉混纺面料</td></tr>
<tr><td colspan="2">英文名</td><td colspan="6">high-count linen/cotton blended fabric</td></tr>
<tr><td rowspan="2">经纬纱线密度</td><td>经纱/tex（公支）</td><td>19(51)亚麻/棉混纺纱</td><td>19(51)亚麻/棉混纺纱</td><td>18(54)亚麻/棉混纺纱</td><td>32(54)亚麻/棉混纺纱</td><td>15(68)亚麻/棉混纺纱</td><td>12(86)亚麻/棉混纺纱</td></tr>
<tr><td>纬纱/tex（公支）</td><td>同经纱</td><td>同经纱</td><td>37(29)亚麻/棉混纺纱</td><td>28(36)亚麻/棉混纺纱</td><td>同经纱</td><td>同经纱</td></tr>
<tr><td rowspan="2">经纬密度</td><td>经纱/(根/10cm)</td><td>236</td><td>268</td><td>220</td><td>457</td><td>394</td><td>413</td></tr>
<tr><td>纬纱/(根/10cm)</td><td>220</td><td>268</td><td>204</td><td>236</td><td>276</td><td>307</td></tr>
<tr><td colspan="2">织物组织</td><td colspan="3">平纹组织</td><td>斜纹</td><td>提花</td><td>平纹</td></tr>
<tr><td colspan="2">质(重)量/(g/m²)</td><td>83</td><td>103</td><td>117</td><td>212</td><td>101</td><td>87</td></tr>
<tr><td colspan="2">成品幅宽/cm</td><td>142</td><td>145</td><td>135</td><td>132</td><td>145</td><td>145</td></tr>
<tr><td colspan="2">特点</td><td colspan="6">织物轻薄、柔软、飘逸，竹节风格自然灵活，纹理突出，外观自然、清新，色彩、花纹丰富多彩，色泽自然、柔和、温润、高雅，吸湿排汗性能优良，透气性极佳，穿着舒适宜人</td></tr>
<tr><td colspan="2">用途</td><td colspan="6">宜做男士牛仔服装，女士各种服装、牛仔服、裙装、裤装、披肩、高档晚装、装饰围巾，及高档床上用品等</td></tr>
<tr><td colspan="2">备注</td><td colspan="6">染整最好采用松式加工，控制好小张力，防止纬斜和破洞的产生</td></tr>
</table>

<table>
<tr><td colspan="2">麻织物名称
规格</td><td colspan="4">亚麻棉混纺面料</td></tr>
<tr><td colspan="2">英文名</td><td colspan="4">linen/cotton blended fabric</td></tr>
<tr><td rowspan="2">经纬纱线密度</td><td>经纱/tex（公支）</td><td>29(34)亚麻/棉混纺纱</td><td>28(36)亚麻/棉混纺纱</td><td>28(36)亚麻/棉混纺纱</td><td>28(36)亚麻/棉混纺纱</td></tr>
<tr><td>纬纱/tex（公支）</td><td>同经纱</td><td>45(22)亚麻/棉混纺纱</td><td>42(24)亚麻/棉混纺纱</td><td>42＋36(24＋27)亚麻/棉混纺纱</td></tr>
<tr><td rowspan="2">经纬密度</td><td>经纱/(根/10cm)</td><td>236</td><td>213</td><td>213</td><td>213</td></tr>
<tr><td>纬纱/(根/10cm)</td><td>228</td><td>204</td><td>204</td><td>204</td></tr>
<tr><td colspan="2">织物组织</td><td colspan="4">平纹组织</td></tr>
<tr><td colspan="2">质(重)量/(g/m²)</td><td>136</td><td>154</td><td>148</td><td>141</td></tr>
<tr><td colspan="2">成品幅宽/cm</td><td>145</td><td>132</td><td>135</td><td>135</td></tr>
<tr><td colspan="2">特点</td><td colspan="4">布面平整、光洁，手感柔软、干爽，色泽温润、淡雅，色彩丰富多样，悬垂性好，吸湿透气性能佳，穿着舒适宜人</td></tr>
<tr><td colspan="2">用途</td><td colspan="4">宜做夏季男士休闲衫、短袖衫，春夏季女士各种服装、裙装、裤装，及高档床上用品、窗帘等家用纺织品</td></tr>
<tr><td colspan="2">备注</td><td colspan="4">可采用多种后整理工艺加工，经过水洗或机械柔软整理后，成品的手感和外观更好</td></tr>
</table>

续表

规格 \ 麻织物名称		亚麻涤黏混纺面料	亚麻棉混纺青年布
英文名		linen/polyester/viscose blended fabric	linen/cotton blended oxford chambray
经纬纱线密度	经纱/tex(公支)	42(24) 麻/涤/黏混纺纱	36(27) 亚麻/棉混纺纱(色)
	纬纱/tex(公支)	58(17) 麻/涤/黏混纺纱	42(24) 亚麻/棉混纺纱
经纬密度	经纱/(根/10cm)	185	291
	纬纱/(根/10cm)	165	173
织物组织		平纹组织	平纹组织
质(重)量/(g/m^2)		176	179
成品幅宽/cm		135	142
特点		质地松软,手感滑爽,具有较好的抗皱性能和耐水洗性能,水洗尺寸稳定,易洗快干,色彩丰富多彩	布面外观颗粒效果明显,织纹突出,色彩丰富,手感柔和,悬垂性能好,穿着舒适透气
用途		宜做夏季女士各种时尚款式的服装等	宜做春末夏初男女长、短衫等
备注		属三合一织物,其中含有涤纶,应根据服装制作的要求来设计染整工艺,如三种纤维都需要染色,必须采用套染工艺,化纤和纤维素纤维分别采用不同的染料和工艺进行染色	由色经纱与白纬纱交织而成,对纱线的色牢度要求高,防止染整时的沾色,保持白纱和色纱的清晰。采用机械柔软后整理能有效改善织物的手感和外观

规格 \ 麻织物名称		涤亚麻混纺布					
英文名		polyester/linen mixed fabric					
经纬纱线密度	经纱/tex(公支)	66.7 (15)	41.7 (24)	18.2 (55)	27.8×2 (36/2)	20×2 (50/2)	27.8 (36)
	纬纱/tex(公支)	66.7 (15)	41.7 (24)	18.2 (55)	27.8×2 (36/2)	20×2 (50/2)	23.8 (42)
经纬密度	经纱/(根/10cm)	250	240	205	196	181	394
	纬纱/(根/10cm)	260	300	184	176	198	236
织物组织		平纹	平纹	平纹	平纹	平纹	平纹
质(重)量/(g/m^2)		290	252	78	230	187	184

续表

规格 \ 麻织物名称	涤亚麻混纺布					
成品幅宽/cm	140	140	140	140	140	140
特点	布面挺括、平整，手感滑爽		织物组织松散，手感柔和、舒适	染色加工可产生杂色效果，色彩稳重、自然，布面挺括，手感滑爽		
用途	适用于春秋季服装		适用于夏季女装	适用于春秋类休闲服		

规格 \ 麻织物名称		涤亚麻混纺布		涤亚麻毛混纺布	涤黏亚麻混纺布
英文名				polyester/linen/wool mixed fabric	polyester/Viscose/linen mixed fabric
经纬纱线密度	经纱/tex(公支)	27.8(36)	27.8×2(36/2)	T/L:18.2(55)	黏/T:13(77)
	纬纱/tex(公支)	27.8(36)	27.8×2(36/2)	T/W:20(50)	L/T:18.2(55)
经纬密度	经纱/(根/10cm)	208	172	295	220
	纬纱/(根/10cm)	182	190	215	225
织物组织		小提花	小提花	平纹	平纹
质(重)量/(g/m^2)		121	224	106	78
成品幅宽/cm		140	140	140	140
特点		花纹雅致、自然，色泽柔和、大方，手感爽滑		各种纤维混纺、交织，改善了织物服用性能，改变了染色效果，织物美观、大方、自然，色泽沉稳，手感松柔舒适	各种纤维混纺、交织，改善了织物服用性能，改变了染色效果，织物美观、大方、自然，色泽沉稳，手感松柔舒适
用途		适用于夏季女装		适用于夏季女装	适用于夏季女装

规格 \ 麻织物名称	涤黏低弹仿麻织物	涤棉亚麻混纺布
英文名	polyester/viscose low elastic linen-like fabric; yarn dyed low elastic imitation linen fabric	polyester/cotton/linen mixed fabric

续表

规格 \ 麻织物名称		涤黏低弹仿麻织物			涤棉亚麻混纺布	
经纬纱线密度	经纱/tex(公支)	14.8(40)涤/黏混纺纱和11.1(100旦)或8.33(75旦)涤纶低弹长丝并捻线	18.5(32)涤/黏混纺纱和8.33(75旦)涤纶低弹长丝并捻线	36.9(16)涤/黏混纺纱和33.3(300旦)涤纶低弹长丝并捻线	T/C:13(77)	T/L:13.9(72)
	纬纱/tex(公支)	同经纱	同经纱	同经纱	L/T:13.9(72)	L/C:13.1(76.3)
经纬密度	经纱/(根/10cm)				376	336
	纬纱/(根/10cm)				287	252
织物组织		以变化平纹为主,有的在变化平纹中镶嵌其他组织			平纹	平纹
质(重)量/(g/m²)					97	86
成品幅宽/cm					140	140
特点		具有麻织物粗犷、挺爽的风格特征和化学纤维坚牢、挺括、免烫的特点			各种纤维混纺、交织,改善了织物服用性能,改变了染色效果,织物美观、大方、自然,色泽沉稳,手感松柔舒适	
用途		宜做春、夏、秋季男女各种服装及床罩、台布、窗帘等装饰用布等			适用于夏季女装	
备注		是指采用涤黏混纺纱(涤65,黏35)和低弹涤纶长丝并捻的股线或花式线制织的织物。织物中的涤纶成分在80%及以上。品种繁多,可视服用要求和特点而定,如上述左边两项的产品风格轻薄、挺爽,主要用于春夏衬衫,右边项产品风格粗犷、高雅,主要用于秋冬季服装面料或装饰用布。织物组织以变化平纹为主,有的变化平纹中镶嵌其他组织;也可利用纱线的粗细按不同次序排列,使细中见粗,粗中有细;还有以不同的花式线点缀,如毛巾线、中短结子线、断丝线等,使产品形成独特的风格。织物的色泽以麻纤维的天然色为主色调,如米、咖啡、灰等色				

续表

规格 \ 麻织物名称		亚麻黏胶混纺面料		亚麻棉色织面料	天丝亚麻棉交织提花面料
英文名		linen/viscose blended fabric		linen/cotton yarn-dyed fabric	Tencel/linen/cotton union jacquard fabric
经纬纱线密度	经纱/tex（公支）	58(17)麻/黏混纺纱	19(51)麻/黏混纺纱	12(83)棉纱	9.7(102)天丝纱
	纬纱/tex（公支）	同经纱	同经纱	28+42(36+24)亚麻纱	28+28(36 亚麻纱+36 棉纱)
经纬密度	经纱/(根/10cm)	165	236	413	630
	纬纱/(根/10cm)	157	220	315	283
织物组织		平纹组织		平纹组织	小提花组织
质(重)量/(g/m²)		189	87	163	144
成品幅宽/cm		145	136	142	142
特点		织物的麻质感强，干爽透气，垂感好，穿着不沾身，舒适宜人，色泽自然，色光温和	织物轻薄柔软、悬垂性好，飘逸感强，穿着不沾身，舒适宜人。时尚、高雅，水洗产品有自然的微皱效果	通过巧妙的织物设计，将不同色系的经、纬纱线组合，搭配成各种大小的格纹、条纹花型，表达服装的时尚和潮流，可供不同年龄、群体的消费者选用	三合一轻薄型面料，织纹精致、细腻、美观、大方，手感柔软、挺爽，吸湿透气性好，光泽柔和，穿着舒适、高雅气派
用途		宜做春秋季女套装、短裙、夏季休闲裤装	宜做夏季高级女时装、睡衣、披肩、装饰围巾等	宜做春末、夏季男女休闲长、短袖衫，如与搭配牛仔裤穿着显得帅气十足	宜做夏季女士时尚休闲装、裙装、裤装等
备注		麻黏混纺比为65∶35，采用转杯纺的纱线品质好，布面光洁、色泽亮丽	采用半脱胶亚麻纤维混纺的纱线质量较好，后整理尽量采用短流程、小张力工艺	对染色纱的色牢度和光准确度要求较高	该产品在欧洲地区销售量较大，国内多用于品牌服装生产

规格 \ 麻织物名称	亚麻棉交织提花面料	亚麻棉交织府绸	亚麻内衣服装布
英文名	linen/cotton union jacquard fabric	linen/cotton union poplin; linen/cotton union popline	underwear linen

续表

规格＼麻织物名称		亚麻棉交织提花面料	亚麻棉交织府绸	亚麻内衣服装布	
经纬纱线密度	经纱/tex（公支）	36(27) 棉纱	12(86) 棉纱	30(33.3) 长麻湿纺 1/2 白度纱	24(42) 涤/麻混纺纱
	纬纱/tex（公支）	42(24) 亚麻纱	14(72) 亚麻纱	同经纱	20(50) 涤/麻混纺纱
经纬密度	经纱/(根/10cm)	287	508	206	282
	纬纱/(根/10cm)	236	260	176	234
织物组织		小提花组织	平纹组织	平纹组织	
质(重)量/(g/m²)		204	90		
成品幅宽/cm		157	140	90	90
特点		布面平整、光洁，织纹清晰，手感干爽，色泽柔和，吸湿透气性好，穿着舒适宜人	质地轻柔，手感舒适，悬垂性好，吸湿排汗功能强，织物结构紧密、平整，光泽柔和漂亮，时尚潮流	吸湿散湿快，吸湿后衣服也不贴身，穿着凉快、舒适，易洗、快干、易熨烫	
用途		宜做夏季女士时尚休闲装、裙装、裤装等	宜做夏季各种高档女士时尚款式的服装、裙装、裤装等	宜做高档内衣等	
备注		经过丝光的产品具有较好的表面光泽度，水洗产品的手感较佳	适合多种方式的染整工艺的加工。丝光整理可得到较好的丝绸光泽	是指专供制内衣用的亚麻织物。一般用 40tex 以下的细特纱织制，要求纱的条干均匀，麻粒子少。经纬向紧度在 50%左右，也可采用棉麻交织。品种有漂白、染色，也有米白，所以织造使用长麻湿纺半漂纱。为了增加紧度和改善尺寸稳定性，可进行碱缩或丝光。因为用作内衣，很少使用树脂整理及涤棉混纺。但麻涤混纺布的质地较挺实，也有生产	

规格＼麻织物名称		雨露麻	亚麻弹力布	亚麻棉混纺弹力面料
英文名		yu-lu linen	stretch linen cloth	linen/cotton blended elastic fabric
经纬纱线密度	经纱/tex（公支）	19.5(51)麻黏混纺纱（亚麻 15%左右，黏胶纤维 85%左右）	50(20)～200(5) 亚麻纱	29(34) 麻/棉混纺纱
	纬纱/tex（公支）	同经纱	116.6(5 英支)＋4.44(40 旦)或 7.77(70 旦)～29.2(20 英支)＋4.44(40 旦)或 7.77(70 旦)棉包氨纶纱	39＋70D(25 麻/棉混纺＋70D 氨纶)包芯纱

续表

规格＼麻织物名称		雨露麻	亚麻弹力布	亚麻棉混纺弹力面料
经纬密度	经纱/(根/10cm)		102～236	402
	纬纱/(根/10cm)		129.5～228	220
织物组织			平纹、斜纹及变化组织	斜纹组织
质(重)量/(g/m^2)		中薄型在100以内		204
成品幅宽/cm			109.2～155	145
特点		手感柔软滑爽，质地轻薄飘逸，悬垂性好，并具有天然暗绿色彩的独特风格	织物弹性极好，可随人体关节运动而适度伸缩，无压迫感，穿着舒适且织物不会变形	布面细密、平整，纬向弹性好，手感丰厚、柔软，光泽亮丽，吸湿透气性好，穿着舒适宜人
用途		宜做高档时装等	宜做妇女休闲装等	宜做春、秋季男女休闲服、上衣、裙装、裤装、休闲运动鞋等
备注		是指一种由亚麻纤维与黏胶纤维混纺纱制织的织物。因亚麻纤维采用日晒、夜露、雨淋、自然霉烂脱胶，故名	是指用亚麻纱作经纱，棉包缠44.4dtex(40旦)或77.7dtex(70旦)氨纶纱作纬纱交织而成	氨纶弹性纤维的弹性保质期有限，不宜长久库存

规格＼麻织物名称		亚麻黏胶混纺弹力面料		亚麻棉竹节弹力面料
英文名		linen/viscose blended elastic fabric		linen/cotton slubbed elastic fabric
经纬纱线密度	经纱/tex(公支)	65(15) 亚麻/黏胶混纺纱	39(25) 亚麻/黏胶混纺纱	53(18.5) 亚麻/棉混纺纱
	纬纱/tex(公支)	65＋70D(15麻/黏＋70D氨纶)包芯纱	39＋70D(39亚麻/黏胶＋70D氨纶)包芯纱	34＋70D(29亚麻/棉混纺＋70D氨纶)包芯纱
经纬密度	经纱/(根/10cm)	173	217	193
	纬纱/(根/10cm)	157	213	164
织物组织		斜纹组织	平纹组织	平纹组织
质(重)量/(g/m^2)		216	170	159
成品幅宽/cm		110	136	136

续表

麻织物名称 规格	亚麻黏胶混纺弹力面料	亚麻棉竹节弹力面料
特点	布面平整、纹路清晰，质地丰厚、粗犷，有牛仔织物的风格，吸湿透气性好，穿着舒适，水洗加工后更显自然、休闲、高雅	布面平整、细密，手感丰厚、柔和，纬向弹力好，吸湿透气性能好，穿着舒适宜人
用途	宜做春秋季男女休闲裤装等	宜做春秋季男士休闲服、女士休闲西服、上衣、裙装、裤装等
备注	纬纱为亚麻黏胶与氨纶弹力丝包芯纱，纺制时需严格操作管理，防止细纱跑单纱出现的纱疵，造成布面横条疵点	包芯纱需选择质量好的原料混纺，避免纺纱过程产生的跑单现象

三、竹原纤维织物 (pure bamboo fabric)

竹原纤维织物是采用竹原纤维纺的纱线制织的织物，属于天然生态纺织品。竹原纤维是以竹子为原料的纤维素纤维，是将生长12～18个月的慈竹，采用物理方法将竹材通过整理、制竹片、浸泡、蒸煮、分丝、梳纤、筛选等工艺去除竹子中的木质素、多戊糖、果胶等杂质，再用脱胶工艺进行部分脱胶，部分脱胶后竹纤维的余胶将竹子纤维一根一根相互连接起来，制成需要的束纤维，在加工过程中保留了其原有的天然特性。纤维的长度可根据使用者的要求，制成棉型、中长型和毛型所需要的长度，长度整齐度较好。除纯纺外，还可与其他天然纤维及化纤混纺。具有良好的物理机械性能、吸湿放湿性和环保性能。用作服装面料，织物挺括、洒脱、亮丽、豪放，尽显高贵风范；用作针织面料，织物吸湿透气、滑爽悬垂、防紫外线；用作床上用品，有凉爽舒适、抗菌抑菌、健康保健性能；用作袜子浴巾，有抗菌抑菌、除臭无味等功效。竹原纤维用途广泛，除用于制作各式服装面料外，还可用于制作内衣裤、袜子、毛巾、浴巾和床上各种用品等。

<table>
<tr><td colspan="2" rowspan="2">竹原纤维织物名称
规格</td><td>纯竹提花布</td><td>纯竹色织布</td><td colspan="2">纯竹布</td><td>纯竹异支斜纹布</td></tr>
<tr><td>B005</td><td></td><td>B005</td><td>B007</td><td>B1008</td></tr>
<tr><td colspan="2">英文名</td><td>pure bamboo figured cloth</td><td>pure bamboo yarn-dyed fabric</td><td colspan="2">pure bamboo cloth</td><td>pure bamboo different count serge twill</td></tr>
<tr><td rowspan="2">经纬纱线密度</td><td>经纱/tex（公支）</td><td>27.8(36)</td><td>27.8(36)</td><td>27.8(36)</td><td>41.7(24)</td><td>58.8＋74（17＋13.5）</td></tr>
<tr><td>纬纱/tex（公支）</td><td>27.8(36)</td><td>27.8(36)</td><td>27.8(36)</td><td>41.7(24)</td><td>58.8＋74（17＋13.5）</td></tr>
<tr><td rowspan="2">经纬密度</td><td>经纱/（根/10cm）</td><td>238</td><td>220</td><td>230</td><td>240</td><td>262</td></tr>
<tr><td>纬纱/（根/10cm）</td><td>216</td><td>224</td><td>205</td><td>196</td><td>170</td></tr>
<tr><td colspan="2">织物组织</td><td>色织提花</td><td>色织</td><td>平</td><td>平</td><td>斜纹</td></tr>
<tr><td colspan="2">质(重)量/(g/m^2)</td><td>124</td><td>118</td><td>76</td><td>80</td><td>86</td></tr>
<tr><td colspan="2">成品幅宽/cm</td><td>138</td><td>146</td><td>140</td><td>142</td><td>146</td></tr>
<tr><td colspan="2">特点</td><td>风格自然、质朴,田园色彩</td><td>风格自然、质朴,田园色彩</td><td>布面光洁、平整,色泽丰满,手感干爽</td><td>布面平整、光亮,自然风格</td><td>织纹粗犷,牛仔风格,厚实</td></tr>
</table>

续表

竹原纤维织物名称 / 规格	纯竹提花布	纯竹色织布	纯竹布		纯竹异支斜纹布
	B005		B005	B007	B1008
用途	适用于春季女装	适用于春季女装	适用于夏季服装	适用于春夏秋季男女服装	适用于秋冬服装及男女休闲裤装

竹原纤维织物名称 / 规格		纯竹高支细布	纯竹高支提花细布	纯竹斜纹布		
		B003		B006	B008	B010
英文名		pure bamboo high count cambric	pure bamboo high count figured cambric	pure bamboo serge twill		
品名						
经纬纱线密度	经纱/tex(公支)	16.7(60)	16.7(60)	41.7(24)	19.6/2(51/2)	19.6/2(51/2)
	纬纱/tex(公支)	16.7(60)	16.7(60)	41.7(24)	27.8(36)	74(13.5)
经纬密度	经纱/(根/10cm)	292	276	240	354	352
	纬纱/(根/10cm)	265	252	196	244	160
织物组织		平	提花	$\frac{3}{1}$斜	斜纹	斜纹
质(重)量/(g/m^2)		89	84	80	236	238
成品幅宽/cm		142	158	142	160	160
特点		细薄轻盈，手感柔软	花纹秀丽，质地轻薄	纹路突出，光泽亮丽	质地紧密、丰满，纹路清晰，光泽亮丽，耐磨强度高	质地紧密、丰满，纹路清晰，光泽亮丽，耐磨强度高
用途		适用于夏季高级女装	适用于夏季高级女装	适用于春夏秋季男女服装	适用于春秋高级休闲服装	适用于春秋高级休闲服装

竹原纤维织物名称 / 规格	棉竹交织布				竹亚麻交织布	
	B012					
英文名	cotton bamboo union fabric				bamboo linen union fabric	

续表

规格 \ 竹原纤维织物名称		棉竹交织布				竹亚麻交织布	
		B012					
经纬纱线密度	经纱/tex（公支）	74(13.5)	C:27.8(36)	C:27.8(36)	C:27.8(36)	B:27.8(36)	B:16.7(60)
	纬纱/tex（公支）	74(13.5)	B:74(13.5)	B:27.8(36)	B:74(13.5)	L:35.7(28)	L:25.6(39)
经纬密度	经纱/(根/10cm)	276	166	208	234	254	304
	纬纱/(根/10cm)	156	157	230	192	198	214
织物组织		斜纹	平纹	平纹	平纹	平纹	平纹
质(重)量/(g/m^2)		302	193	117	237	158	106
成品幅宽/cm		150	140	142	142	136	142
特点		外观自然大方，手感爽滑，坚实	布面平整光洁，染色、印花效果好，凉爽宜人	纬向有自然竹节风格，穿着凉爽透气	质地紧密，粗犷，牛仔感	轻薄、柔和、质地优良	布面自然光洁，色彩丰富
用途		适用于夏季裤装及休闲短裙	适用于夏季女装	适用于夏季服装	适用于春秋裤装	适用于夏季高档时装	适用于春秋服装

规格 \ 竹原纤维织物名称		竹棉交织斜纹布			
英文名		bamboo cotton union serge twill			
经纬纱线密度	经纱/tex（公支）	B:19.6×2(51/2)	B:19.6×2(51/2)	C:55.6(18)	C:55.6(18)
	纬纱/tex（公支）	C:37.0(27)	C:27.8×2(36/2)	B:41.7(24)	B:74.0(13.5)
经纬密度	经纱/(根/10cm)	376	376	270	270
	纬纱/(根/10cm)	263	185	208	180
织物组织		斜纹	斜纹	破斜纹	斜纹
质(重)量/(g/m^2)		236	242	224	274
成品幅宽/cm		144	144	146	148

续表

竹原纤维织物名称 规格	竹棉交织斜纹布			
特点	纹路清晰，光泽明丽，手感柔和	纹路清晰，光泽明丽，手感柔和	纹路清晰，光泽明丽，手感柔和	纹路清晰，光泽明丽，手感柔和
用途	适用春秋服装	适用春秋服装	适用春秋服装	适用春秋服装

竹原纤维织物名称 规格		竹棉交织布		黏竹交织布		
英文名		bamboo cotton union fabric		viscose bamboo union fabric		
经纬纱线密度	经纱/tex（公支）	B：27.8(36)	C：18.5×2(54/2)	黏：29.4(34)	黏：18.5×2(54/2)	黏：18.5×2(54/2)
	纬纱/tex（公支）	C弹：37＋7.8(27＋70旦)	B19.6×2(51/2)	B：74.0(13.5)	B：74.0×2(13.5/2)	B：41.7(24)
经纬密度	经纱/(根/10cm)	376	312	221	233	200
	纬纱/(根/10cm)	180	245	173	172	216
织物组织		平纹	斜纹	平纹	平纹	平纹
质(重)量/(g/m^2)		182	252	188	198	160
成品幅宽/cm		102	160	143	155	146
特点		纹路清晰，光泽明丽，手感柔和，弹性好	手感柔爽，色泽亮丽，风格粗犷，穿着舒适	手感柔爽，色泽亮丽，风格自然，穿着舒适	手感柔爽，色泽亮丽，风格粗犷，穿着舒适	手感柔爽，色泽亮丽，悬垂性能好，穿着舒适
用途		适用于夏季服装	适用于夏季女装	适用于夏季女装	适用于春夏季女装	适用于夏季女装

四、毛型织物(呢绒、毛织物)(wool type fabric)

概念 由羊毛或特种动物毛制织，或由羊毛与其他纤维混纺或交织的织物，或由化纤纯纺及化纤混纺的仿毛织物。纯毛织物的特点是手感柔软，光泽滋润，色调雅致，具有优异的吸湿性，良好的弹性、保暖性、拒水性和悬垂性等，而且耐脏耐用，穿着舒适，是一种高档的服装用料。按照传统的纺纱方法可分为精梳毛纺和粗梳毛纺，这两大系统所用原料、设备、加工工艺各有不同的特点。精梳毛纺所用原料长度较长（一般在60mm以上），纺纱工艺流程长，毛纱中纤维排列平行整齐，结构紧密，外观光洁，强力较好。粗梳毛纺所用原料长度较短（一般在20～60mm之间），纺纱工艺流程短，毛纱中纤维多呈弯曲状态，结构蓬松，表面多茸毛。毛织物因所用纱线纺纱系统不同，产品风格随之而异，通常分为精纺毛织物和粗纺毛织物两大类。精纺毛织物又称精纺呢绒，有全毛、毛混纺和纯化纤三大类。其特点是呢面洁净，织纹清晰，手感滑糯，富有弹性，颜色莹润，光泽柔和，男装料紧密结实，女装料松软柔糯。粗纺毛织物原料选用范围广，品种丰富，风格多样，按整理后成品织纹交织的清晰度和表面毛绒的状态可分为纹面织物、呢面织物和绒面织物三大类。

分类

(1) 按商业习惯

分类	定义	特点	品种举例
精纺呢绒 (精纺毛织物) (worsted fabric)	指采用精梳毛纱为原料织制而成的毛织物	细密柔软,平整光滑,色泽鲜明,质地紧密,织纹清晰,密度较大,挺括,富有弹性,经久耐穿用	哔叽,华达呢,凡立丁,派力司,薄、中、厚花呢,贡呢,女式呢
粗纺呢绒 (粗纺毛织物) (woolen fabric; woollen cloth; woollen goods; wool[1]en)	一般采用级数毛为主要原料,另外掺入一定数量的精梳短毛或下脚毛,但高档织物选用部分支数毛,纺成较低支数的粗梳毛纱而织成	质地厚实,不露纹面,手感柔软,富有弹性,正反面覆盖一层丰满的绒毛,保暖性好	麦尔登,大衣呢,制服呢,海力司,女式呢,法兰绒,粗花呢,大众呢等
长毛绒 (plush)	指使用棉股线作地经地纬,毛股线作毛经,采用双层组织织成的毛织物	背面是棉股线织成的地布,正面耸立平整的长毛绒,保暖性好	长毛绒,仿兽皮长毛绒服装用长毛绒,海豹绒,腈纶毛绒;沙发绒,工业用长毛绒等
驼绒 (camel wool)	指采用粗纺毛纱作绒面纱,棉纱作地纱,用针织机编成的毛织物	正面的绒纱经拉毛后具有浓密松软而平坦的绒毛,保暖性强	驼绒,全毛美素驼绒,毛腈美素驼绒,花素驼绒,条子驼绒,腈纶驼绒等

(2) 按原料

分类	原料	特点
国毛呢绒 (domestic wool fabric)	指采用国产土种羊毛为主要原料织制的呢绒	这类羊毛质地比较粗硬，粗细不匀，卷曲少，纺织性能较差。织出的成品，呢面粗硬，不够匀净平整美观，但价格低廉
外毛或改良毛呢绒 (outer wool or improved wool fabric)	我国所产的改良毛的质量不亚于进口毛，但产量尚不能完全满足毛纺织工业的需要，因此，精纺呢绒所用的原料，外毛尚占有一定的比例。进口羊毛一般由澳大利亚输入(也有少量从新西兰等国输入)，因此，习惯上称外毛为“澳毛”	柔软而富有弹性，表面光洁、平挺，光泽也好
混纺及交织呢绒 (blemded & woolen union)	由羊毛与其他纤维(主要是化学纤维)混纺织制的呢绒称为混纺呢绒；用羊毛纱线与其他纤维纱、线各为经纬织成的织物，则称为交织呢绒，在经营习惯上把它也列入混纺呢绒	质地能与纯毛织物相媲美，而且还可赋予织物某些优良性能，如强力高、耐磨、挺括、易洗、快干、免烫等
纯化纤呢绒 (pure chemical fiber wool-like fabric)	采用一种或一种以上的化学纤维织成的呢绒	具有毛织物的特点，通常比纯毛织物坚牢，耐穿用，抗皱免烫性能好，成衣挺括，易洗快干。但手感、自然光泽、吸湿性、保暖性一般比纯毛织物差些。价格较低，常用作中、低档毛织物服装面料

品号

类别	品种	品号			备注
		纯毛	混纺	纯化纤	
精纺 (worsted)	哔叽类	21001～21500	31001～31500	41001～41500	
	啥味呢类	21501～21999	31501～31999	41501～41999	
	华达呢类	22001～22999	32001～32999	42001～42999	
	中厚花呢类	23001～24999	33001～34999	43001～44999	包括中厚型凉爽呢
	凡立丁类	25001～25999	35001～35999	45001～45999	包括派力司
	女衣呢类	26001～26999	36001～36999	46001～46999	
	贡呢类	27001～27999	37001～37999	47001～47999	包括直贡、横贡、马裤呢、巧克丁
	薄花呢类	28001～28999	38001～38999	48001～48999	包括薄型凉爽呢
	其他类	29501～29999	39501～39999	49501～49999	
旗纱 (bunting)	旗纱	88001～88999	89001～89999		

续表

类别	品　种	品　　号			备　　注
		纯　毛	混　纺	纯化纤	
粗纺(woollen)	表尔登类	01001～01999	11001～11999	71001～71999	
	大衣呢类	02001～02999	12001～12999	72001～72999	包括平厚、立绒、顺毛、拷花
	制服呢类	03001～03999	13001～13999	73001～73999	包括海军呢
	海力司类	04001～04999	14001～14999	74001～74999	
	女式呢类	05001～05999	15001～15999	75001～75999	包括平素、立绒、顺毛、松结构
	法兰绒类	06001～06999	16001～16999	76001～76999	
	粗花呢类	07001～07999	17001～17999	77001～77999	包括纹面、绒面
	大众呢类	08001～08999	18001～18999	78001～78999	包括学生呢
	其他类	09001～09999	19001～19999	79001～79999	
长毛绒(plush)	服装用长毛绒	51001～51999	51401～51699	51701～51999	第一位数“s”代表长毛绒产品
	衣里绒	52001～52399	52401～52699	52701～52999	第二位数代表用途
	工业用	53001～53399	53401～53699	53701～53999	第三位数代表原料性质
	家具用	54001～54399	54401～54699	54701～54999	0—纯毛绒 4—混纺 7—化纤
驼绒(camel wool)	花素	9101～9199	9401～9499	9701～9799	
	美素	9201～9299	9501～9599	9801～9899	
	条素	9301～9399	9601～9699	9901～9999	
毛毯(blanket)	素毯(棉×毛)	610××～613××	614××～616××	617××～619××	
	素毯(毛×毛)	620××～623××	624××～626××	627××～629××	
	道毯(棉×毛)	630××～633××	634××～636××	637××～639××	
	道毯(毛×毛)	640××～643××	644××～646××	647××～649××	
	提花毯(棉×毛)	650××～653××	654××～656××	657××～659××	
	印花毯	670××～673××	674××～676××	677××～679××	
	格子毯	680××～683××	684××～686××	687××～689××	

续表

类别	品　种	品　　号			备　　注
		纯　毛	混　纺	纯化纤	
毛毯 (blanket)	特别加工毯	690××～ 693××	694××～ 696××	697××～ 699××	

注：1.精纺毛织物的编号由5位阿拉伯数字组成。左起第一位数字表示织物所用的原料，如"2"为纯毛，"3"为混纺，"4"为纯化纤，第二位数字用1～9分别代表品种，其中"1"表示哔叽和啥味呢，"2"表示华达呢，"3、4"表示中厚花呢，"5"表示凡立丁和派力司，"6"表示女衣呢，"7"表示贡呢、马裤呢、巧克丁，"8"表示薄花呢，"9"表示其他类品种。第三、四、五位数字是生产厂的内部编号。如果生产规格较多，五位数字不够用时，可在编号后用括号加"2"字，如果企业纯毛哔叽已生产999个规格，即编号已由21001编到21500可再由2100(2)重新开始，如21002(2)、21003(2)……；如果(2)字又用到500个规格，可用(3)字顺序继续编下去。如果一个品种有几个不同花型，可在品号后加一横线及花型的拖号，如21001-2，21001-3，21001(2)-2，21001(2)-3。混纺产品系指羊毛与化纤混纺或交织，如毛涤纶等。纯化纤产品系指一种化纤或多种不同类型化纤的纯纺、混纺或交织(如黏胶锦纶、黏胶涤纶等)的产品。

2.粗纺毛织物的编号也由五位阿拉伯数字组成。左起第一位数字表示织物所用的原料，如"0"为纯毛，"1"为混纺，"7"为纯化纤。第二位数字用1～9分别代表品种，其中"1"表示麦尔登，"2"表示大衣呢，"3"表示制服呢和海军呢，"4"表示海力司，"5"表示女式呢，"6"表示法兰绒，"7"表示粗花呢，"8"表示大众呢，"9"表示其他品种。第三、四、五位数字是生产厂的内部编号。

3.长毛绒的编号由5位阿拉伯数字组成。左起第一位数字"5"代表长毛绒品种，第二位数字代表用途，第三位数字代表原料，0～3为纯毛，4～6为混纺，7～9为纯化纤。第四、五位数字是生产厂的内部编号。

4.驼绒的编号由4位阿拉伯数字组成。左起第一位数字"9"代表驼绒产品，第二位数字代表品种和原料，"1"为纯毛花素产品，"2"为纯毛美素产品，"3"为纯毛条素产品，"4"为混纺花素产品，"5"为混纺美素产品，"6"为混纺条素产品，"7"为纯化纤花素产品，"8"为纯化纤美素产品，"9"为纯化纤条素产品。第三、四位数字是生产厂的内部编号。

5.毛毯的编号由四到五位数字组成。左起第一位数字"6"代表毛毯，第二位数字代表产品类别，第三位数字代表原料：0～3为纯毛，4～6为混纺，7～9为纯化纤。第四、五位数字是生产厂的内部编号。

6.对于外销产品，应在产品品名前冠以生产厂家的代号，代号用两个拼音字母表示，第一个字母表示生产厂所在的地区，第二个字母代表厂家。如"SA"为上海二毛，"BA"为北京毛纺织厂，"TA"为天津二毛等。

(一) 精纺毛型织物 (worsted fabric)

精纺毛织物又称精梳毛织物、精纺呢绒。指采用精纺毛纱织制的织物，故名。采用较长或中等长度的羊毛纤维为原料，织物的呢面光洁，光泽自然，手感结实挺爽或滑糯丰厚，弹性好，不易起皱，成衣的外形美观挺括，耐脏，耐磨，保暖性和吸湿性好。织物的经纬纱采用相同的特数，也有的采用线经纱纬织制。混纺产品有羊毛与涤纶、黏胶或腈纶等。坯呢经光洁整理，较少使用缩绒工艺，织物表面清晰地显现织纹，少数特定产品如啥味呢，可通过轻缩绒以增加手感的丰满程度。各品种适宜制作不同季节、不同场合的男、女服装面料和装饰用料。

1. 哔叽、啥味呢 (serge & flannel)

哔叽是精纺毛织物中一个重要品种，名称源于英文 beige 的音译，起初采用绢丝为原料，英文名称 serge，来源于拉丁语“serica”，原意为绢丝或蚕丝。采用斜纹组织织制，织纹倾斜角为 50°左右。有光面和毛面之分，光面哔叽的呢面光洁，织纹清晰；毛面哔叽的呢面绒毛短小匀称，具有丰满感，光泽自然，手感丰满而软糯，悬垂性好。哔叽的品种较多，按原料的不同，可分为全毛、毛混纺、纯化纤三类。其中全毛产品还分为粗毛和细毛两种；毛混纺以毛/黏和毛/涤混纺较多；纯化纤的以涤、黏较多。按呢身的重量和纱线的粗细，又可分为厚哔叽、中厚哔叽和薄哔叽等品种。一般将厚哔叽和中厚哔叽统称为哔叽，薄哔叽又称为细哔叽。哔叽有全线哔叽和半线（经线纬纱）哔叽之分。哔叽的规格与啥味呢相类似，它们的区别在于：哔叽为素色产品，呢面光洁；啥味呢一般为混色夹花织物，呢面有绒毛。哔叽的呢坯以匹染为主，纱线不蒸纱，色泽以藏青、黑色为主，也有少量中、浅、杂色及漂白等。全毛产品用作西服、中山套装、西裤和西服裙等面料；厚哔叽可用于制作风衣和春秋季夹大衣及帽料；细哔叽宜作夏季女式服装面料或裙料。

啥味呢是一种有绒面的精纺毛织物。起源于英国，系采用英国的啥味羊毛为原料，故名。又称“精纺法兰绒”，以 flannel 的译音取名。在精纺毛织物中，人们常把啥味呢与法兰绒两种织物名称通用。又由于啥味呢最适宜春秋季穿用，故又有人称它为春秋呢。啥味呢以二上二下斜纹组织为主织制，也有采用二上一下斜纹组织织制，织纹角度为 50°左右（斜纹方向自织物左下角斜向右上角）。呢面的光泽自然柔和，色泽鲜艳，手感丰满柔糯，有身骨，弹性好，品种较多，按所用原料的不同，有全毛啥味呢、毛混纺啥味呢、纯化纤啥味呢等。毛混纺啥味呢有毛涤、丝毛、毛黏、毛黏锦、毛黏涤等品种。纯化纤啥味呢有涤黏、涤纶、黏锦、腈黏、黏纤等品种。纯化纤啥味呢均属仿毛型的低档产品。按呢面的不同，有毛面啥味呢和光面啥味呢。啥味呢多为条染混色品种，呢面色泽以深、中、浅混色灰为主。啥味呢坯呢有轻缩和重缩的区别。主要用作男女西装、学生装和女装面料、裤料、裙料等。

规格＼毛织物名称		哔叽		啥味呢(春秋呢、啥咪呢)
英文名		serge		flannel
品名		薄哔叽	厚哔叽和中厚哔叽	
经纬纱线密度	经纱/tex(公支)	16.7×2(60/2)股线	31.3×2(32/2)～22.2×2(45/2)股线	31.3×2(32/2)～14.3×2(70/2)股线
	纬纱/tex(公支)	20(50)单纱	同经纱	31.3×2(32/2)～14.3×2(70/2)股线，也有采用 50(20/1)～25(40/1)单纱
经纬密度	经纱/(根/10cm)	260～350	260～350	300～350
	纬纱/(根/10cm)	240～280	240～280	240～280
织物组织		$\frac{2}{2}$加强斜纹组织		

续表

毛织物名称 / 规格	哔叽		啥味呢(春秋呢、啥咪呢)
质(重)量/(g/m²)	250 以下	厚 300 以上,中厚 270～300	350～480
成品幅宽/cm	144～149	144～149	144～149
特点	光面哔叽的呢面光洁平整,织纹清晰,贡子匀直,不起毛,无极光,手感滑、挺、糯。毛面哔叽呢面的绒毛短小匀称,毛绒覆盖于织物的表面,手感丰满,光泽自然柔和。薄哔叽的呢面平整细洁,织纹清晰,手感滑柔,富有弹性,有爽挺感,光泽自然柔和,色泽鲜艳,无陈旧感		外观特点和哔叽很相似,织纹斜纹的倾斜角呈 50°左右。是把部分条染羊毛和原色羊毛充分混合后纺成混色毛纱,织制的混色织布。以毛面啥味呢为主,织物经缩绒处理后,正反面呢面均有毛绒覆盖,毛绒短小轻薄均匀;另一种为光面啥味呢,经过烧毛处理,呢面平整光洁,无毛绒覆盖。啥味呢织纹清晰,手感柔糯丰厚,有弹性,具有滋润感,不硬不糙,光泽自然,有膘光,颜色鲜艳、雅致大方
用途	宜做中山装、西装、学生装、制服,也作裙料及鞋料、帽料等,男女老少皆宜		宜做春秋季男女西服、青年装、两用衫、旅游衫、夹克衫、西裤、西式裙、帽子等
备注	是精纺呢绒类中的传统主要品种之一。哔叽(serge)一词来自拉丁词“*serica*”,其原意为绢或蚕丝,这是由于哔叽最早是由绢丝织造的,故此得名。哔叽的品种很多,按呢面分,有光面和毛面,市场上绝大多数是光面哔叽。按所用原料分,有纯毛哔叽和混纺哔叽,纯毛哔叽又可分为国毛和外毛;混纺哔叽主要有毛涤、毛黏、毛黏锦等。按织物的重量分,有薄哔叽,全幅米重约 290g 以下;中厚哔叽,全幅米重在 291～472g 之间,厚哔叽,全幅米重约 472g 以上。其中,以 375～472g 的中厚哔叽较多,市场上主要为这一类产品		啥味呢是英文 semi-finish 的音译。啥味呢使用的纤维材料,以羊毛为主,采用 64 支毛条或改良毛,并掺用一部分精纺回毛。混纺织物除羊毛外,可用涤纶、腈纶、锦纶或黏胶人造毛等,也有纯化纤和各种化纤混纺高级啥味呢,也有采用羊绒作原料。啥味呢品种规格比较多,按呢面分,有毛面啥味呢和光面啥味呢两种。根据使用的纤维材料不同,可分为全毛啥味呢、涤毛啥味呢、毛黏啥味呢、腈黏啥味呢等。熨烫时,呢面上需覆盖湿布,使织物在湿热条件下能获得所需要的形状,含有涤纶的熨烫温度应控制在 170℃左右,含腈纶的应控制在 125℃左右

续表

毛织物名称 规格		全毛哔叽(毛哔叽)									
英文名		all wool serge									
经纬纱线密度	经纱/tex(公支)	16.7×2(60/2)毛股线	20×2(50/2)毛股线	23.8×2(42/2)毛股线	22.2×2(45/2)毛股线	20×2(50/2)毛股线	25×2(40/2)毛股线	30.3×2(33/2)毛股线	26.3×2(38/2)毛股线	28.6×2(35/2)毛股线	31.3×2(32/2)毛股线
	纬纱/tex(公支)	20×2(50/2)毛股线	20×2(50/2)毛股线	同经纱	同经纱	21.7×2(46/2)毛股线	27.8×2(36/2)毛股线	同经纱	同经纱	同经纱	同经纱
经纬密度	经纱/(根/10cm)	338	294	298	297	320	266	260	288	296	305
	纬纱/(根/10cm)	310	245	230	257	255	233	240	241	245	250
织物组织		$\frac{2}{2}$斜纹组织									
质(重)量/(g/m)		275	357	372	389	403	422	434	464	527	574
成品幅宽/cm		144	149	144	144	149	144	149	149	149	149
特点		呢面平整光洁,织纹清晰,贡子匀直,纹道之间较宽,可见到经纬纱交织构成的"人"字形斜纹结构,手感柔软滑糯,有身骨,弹性好,较丰厚,保暖性、透气性和散湿性均较好。光泽柔和,色彩鲜艳。抗皱性能好,穿着舒适挺括,缩水率小,尺寸稳定性好,不易变形,但对于经常摩擦的部位(如臀部、肘部等)容易产生极光									
用途		宜做男女西装、中山套装、青年套装、军便装、西裤、西装裙等;厚哔叽也可做风大衣、春秋夹大衣、鞋帽;薄哔叽宜做妇女夏季女装和裙装等									
备注		哔叽(serge)一词来自拉丁语"*serica*",其原意为绢或蚕丝,这是由于哔叽最早是由绢丝织造的,故此得名。按呢面分,有光面和毛面两种,市场上绝大多数是光面哔叽。按织物重量分,有薄哔叽,全幅米重约290g以下;中厚哔叽,全幅米重在291～472g之间;而厚哔叽,则全幅米重约在472g以上。其中,以375～472g的中厚哔叽较多,市场上主要为这一类的产品。织物正反面都有明显的纹道,组织正面为右斜,反面为左斜,斜纹的角度在45°～50°之间,经密略大于纬密,其比值约为(1.1～1.25):1。全毛哔叽的缩水率为3.5%,在裁剪前,织物需经喷水预缩									

毛织物名称 规格		雪克斯金细呢(雨衣呢、鲨皮布)	海力蒙			
英文名		sharkskin	herringbone			
经纬纱线密度	经纱/tex(公支)	15.2×2(66/2)毛精纺股线(捻度约为800～880捻/m)	27.8×2(36/2)纯毛精纺股线(580～600捻/m)	20×2(50/2)纯毛精纺股线(590～610捻/m)	16.7×2(60/2)纯毛股线(620～640捻/m)	16.7×2(60/2)混纺股线(毛80,涤20)(580～620捻/m)
	纬纱/tex(公支)	同经纱	同经纱	同经纱	同经纱	同经纱

续表

规格＼毛织物名称		雪克斯金细呢（雨衣呢、鲨皮布）	海力蒙			
经纬密度	经纱/(根/10cm)	525	245	279	349	330
	纬纱/(根/10cm)	420	217	255	318	310
织物组织		$\frac{2}{2}$斜纹组织	$\frac{2}{2}$破斜纹组织			
质(重)量/(g/m)		430～460	410	353	357	354
成品幅宽/cm						
特点		呢面紧密平滑，手摸有皮肉感，富有弹性	光面海力蒙人字纹路清晰、匀洁，织物紧密，有身骨，弹性好，呢面挺括，人字花型立体感足；毛面海力蒙呢面有均匀的短毛绒覆盖，但人字纹路仍然可见，手感柔软活络，有身骨，弹性好，呢面挺括，花型立体感足			
用途		宜做女装、猎装、夹克、运动装、两用衫、学生装、童装等	宜做男女西装、套装、中山装、两用衫、青年装、运动装、猎装、西裤等（因花色雅致、庄重大方，最适宜做中老年的各式服装）			
备注		雪克斯金细呢是英文 sharkskin 的音译，就是鲨鱼皮的意思。用手摸时，具有一种特殊的富有弹性而紧密滑硬感，类似鲨鱼皮，由此而得名	海力蒙品种按原料可分为纯毛和混纺（毛与黏胶、涤纶、腈纶、锦纶等）；按其色泽可分为平素、经纬异色、花色；按其呢面可分为光面和毛面等。该产品是西装的重要面料之一，制成服装后，平挺贴身，素雅大方，穿着舒适。颜色以藏青、咖啡、灰、棕等色为主，多为条染产品，有采用混色花线作经纬纱线的，也有采用不同色泽或深浅不同的同色调的经纬纱交织，呢面呈混色或闪色效果，显得新颖而美观			

规格＼毛织物名称		涤毛哔叽（涤毛混纺哔叽）		毛黏哔叽（毛黏混纺哔叽）			锦黏毛哔叽
英文名		polyester/wool mixed serge		wool/viscose mixed serge			polyamide/viscose/wool mixed serge
经纬纱线密度	经纱/tex（公支）	19.2×2(52/2)涤毛混纺股线（涤 70，毛 30）	19.2×2(52/2)涤毛混纺股线（涤 55，毛 45）	19.2×2(52/2)毛黏混纺股线（毛 50，黏胶 50）	24.4×2(41/2)毛黏锦混纺股线（毛 70，黏胶 22，锦纶 8）	22.2×2(45/2)毛黏锦混纺股线（毛 47，黏胶 45，锦纶 8）	19.2×2～24.4×2(52/2～41/2)锦黏毛混纺股线（锦纶 40，黏胶 40，毛 20）
	纬纱/tex（公支）	同经纱	同经纱	同经纱	同经纱	同经纱	同经纱
经纬密度	经纱/(根/10cm)	325	325	315	294	302	294～315
	纬纱/(根/10cm)	256	256	279	260	248	248～279

续表

规格＼毛织物名称	涤毛哔叽(涤毛混纺哔叽)		毛黏哔叽(毛黏混纺哔叽)			锦黏毛哔叽
织物组织	$\frac{2}{2}$斜纹组织		$\frac{2}{2}$加强斜纹组织,正面呈右斜纹			$\frac{2}{2}$加强斜纹组织,正面呈右斜纹
质(重)量/(g/m)	350	350	372	449	395	372～449
成品幅宽/cm	144	144	149	144	144	144～149
特点	呢面平整光洁,织纹纹道清晰匀直,纹道间距较大,可见到经纬纱交织构成的人字形斜纹结构。手感滑挺爽,身骨紧密厚实,富有弹性。光泽自然柔和,无色差,不起极光,色泽鲜艳均匀		呢面平整光洁,不起毛,织纹清晰匀直,手感柔软而不烂,身骨紧密厚实,光泽自然、均匀而无色差,色泽鲜艳			呢面平整光洁,织纹清晰匀直,不起毛。手感较硬挺,身骨紧密而丰厚,呢边平直。光泽自然,染色均匀而无色差
用途	同全毛哔叽		同全毛哔叽			同全毛哔叽
备注	织物的强力和耐磨性优于纯毛织物,折皱回复率好,熨烫后的褶裥持久不变,平挺美观。缩水率较低,成衣后尺寸稳定性好,但织物的透气性和抗熔孔性不如纯毛织物		织物的缩水率较纯毛哔叽高(一般在4%左右),尺寸稳定性较差,特别是裤子穿久后,膝部易起弓状突起,褶裥保持性较差。裁剪时应先喷水预缩,穿着时不宜疲劳过度,否则易使肘部和臀部等常受摩擦部位产生极光			织物的耐磨性较好,毛型感不如毛黏哔叽,缩水率较大,在裁剪前应充分喷水预缩

规格＼毛织物名称		涤毛黏哔叽(三合一哔叽)		毛腈哔叽
英文名		polyester/wool/voscose mixed serge		wool/polyacrylonitrile mixed serge
经纬纱线密度	经纱/tex(公支)	31.3×2～22.2×2(32/2～45/2)涤毛黏混纺股线(涤40,毛30,黏胶30)	20×2(50/2)涤毛黏混纺股线(涤40,黏胶40,毛20)	20.4×2(49/2)毛腈混纺股线(毛70,腈纶30)(捻度560～740捻/m)
	纬纱/tex(公支)	同经纱	同经纱	同经纱
经纬密度	经纱/(根/10cm)	300	328	314
	纬纱/(根/10cm)	250	295	272
织物组织		$\frac{2}{2}$斜纹组织		$\frac{2}{2}$斜纹组织
质(重)量/(g/m)		400	409	388

规格＼毛织物名称	涤毛黏哔叽(三合一哔叽)		毛腈哔叽
成品幅宽/cm	144～149	144～149	144～149
特点	呢面平整洁净,织纹清晰,贡子匀直,手感柔软,身骨紧密丰厚,弹性较涤毛哔叽差,易折皱,色泽鲜艳、均匀		呢面平整洁净,织纹清晰,手感松爽柔软,弹性好,色泽鲜艳,保暖性好
用途	同全毛哔叽		同全毛哔叽
备注	缩水率较大,尺寸稳定性及褶裥持久性均不如涤毛哔叽,但吸湿性和散湿性能好,穿着舒适,不起极光		

规格＼毛织物名称		全毛啥味呢(1)	
英文名		all wool flannel	
经纬纱线密度	经纱/tex(公支)	31.3×2(32/2)毛股线	16.7×2(60/2)毛股线
	纬纱/tex(公支)	23.8×2(42/2)毛股线	
经纬密度	经纱/(根/10cm)	273	338
	纬纱/(根/10cm)	258	295
质(重)量/(g/m)		469	373
成品幅宽/cm		149	154
特点		呢面平整,毛茸匀净,齐而短,无散布性长纤维雨丝状披露在呢面上,光泽自然柔和,手感柔软丰满,富有弹性,有身骨,色泽以深、中、浅的混色灰为主,呢面斜纹纹路隐约,斜纹角度约45°,斜纹方向自织物左下角斜向右上角,久穿不起极光	
用途		适宜制作春、秋季上衣及西裤	
备注		是采用精梳毛纱织制、混色、有绒面的中厚型斜纹织物。其名称出自音译,意为“有轻微绒面的整理”,以区别于光洁整理,又称精纺法兰绒,简称啥味。原料选用线密度偏小的羊毛为好,有利于缩绒整理出绒面。纱线捻度略低,通常经纬都用股线,也有经用股线纬用单纱。啥味呢外观呈混色夹花,通常用不同色泽的染色毛条相混合,为了使呢面匀净,色毛拼和必须采用中间色,使深浅色混合在色价上有所过渡。也可掺入印花毛条,以改善混色不匀。同时,深色毛条染色不能有浮色,否则使成品呢面色泽相互沾色,模糊不清。此外,对于素色而又有啥味呢面手感风格的精纺呢料,也应列入啥味呢一类,而不宜列入哔叽一类。啥味呢的品种,除全毛啥味呢外,还有毛黏啥味呢、涤毛啥味呢、丝毛啥味呢、涤黏啥味呢等	

续表

规格 \ 毛织物名称		全毛啥味呢(2)							
经纬纱线密度	经纱/tex(公支)	18.9×2(53/2)毛股线	18.2×2(55/2)毛股线	27.8×2(36/2)毛股线	17.9×2(56/2)毛股线	25×2(40/2)毛股线	23.8×2(42/2)毛股线	28.6×2(35/2)毛股线	27.8×2(36/2)毛股线
	纬纱/tex(公支)	同经纱	19.2×2(52/2)毛股线	31.3(32)毛单纱	20×2(50/2)毛股线	同经线	同经线	50(20)	同经纱
经纬密度	经纱/(根/10cm)	300	305	254	328	278	268	285	280
	纬纱/(根/10cm)	282	285	238	288	234	250	257	244
织物组织		$\frac{2}{2}$斜纹组织							
质(重)量/(g/m)		363	341	358	387	389	407	468	478
成品幅宽/cm		149	149	149	149	149	149	149	149
特点		织纹清晰,手感丰满柔糯,有身骨,弹性好,具有滋润感,不硬不糙,光泽自然柔和,富有膘光,颜色鲜艳、雅致大方							
用途		宜做男女春、秋季西装、青年装、学生装、两用衫、旅游衫、夹克衫,西裤、西服、裙和帽子等							
备注		啥味呢名称出自英文 semi-finish 的音译,意为“有轻微绒面的整理”,以区别于光洁整理。也有人认为,啥味呢的由来起源于英国,系采用英国的啥味羊毛纺织而成,这种羊毛粗而长,当时有粗纺和精纺两类产品,法国有一种称为法兰绒(flannel)的毛织物,其织物组织和织物性能与英国精纺啥味呢相当。因此,在精纺毛织物中,人们常把啥味呢和法兰绒两种织物名称通用。啥味呢的品种,按其呢面分,有毛面啥味呢和光面啥味呢之分;按其所用原料分,有纯毛啥味呢和混纺啥味呢。纯毛啥味呢又可分为国毛和外毛产品。全毛啥味呢的品种有经纬纱用同支股线交织、异支股线交织和线经纱纬交织的三种,色泽以中浅色为主,有浅灰、中灰、烟灰、绿灰、米灰等混色产品。缩水率为 3.5%左右,织物在裁剪前需喷水预缩							

规格 \ 毛织物名称		丝毛啥味呢	涤毛啥味呢(涤毛混纺啥味呢)
英文名		silk/wool worsted flannel;silk wool worsted flannel	polyester/wool mixed flannel
经纬纱线密度	经纱/tex(公支)	同全毛啥味呢	16.7×2(60/2)涤毛混纺股线(涤 65,毛 35)
	纬纱/tex(公支)	同全毛啥味呢	同经纱
经纬密度	经纱/(根/10cm)	同全毛啥味呢	340
	纬纱/(根/10cm)	同全毛啥味呢	270

续表

规格＼毛织物名称	丝毛哈味呢	涤毛哈味呢（涤毛混纺哈味呢）
织物组织	$\frac{2}{2}$加强斜纹组织	$\frac{2}{2}$加强斜纹组织
质（重）量/(g/m^2)		320～330
成品幅宽/cm		149
特点	除具有一般全毛啥味呢的特点外，还具有特殊细腻柔滑的手感，光泽更为柔和而滋润	呢面平整，毛绒短齐，覆盖均匀，织纹清晰匀直，手感爽挺，有身骨，弹性好，边道平直，色泽自然柔和、鲜艳，无陈旧感，织物强力高，耐磨性好，褶裥能长期保持不变，挺括美观，尺寸稳定性好
用途	宜做春、秋季上衣和裤子等	同纯毛啥味呢
备注	是用细羊毛与蚕丝混纺纱线制织啥味呢，属于精纺毛织品。蚕丝采用绢纺厂加工制成的绢绵条子，由于绢绵价格较贵，混用比例要恰当，一般控制在15%～20%，混用比例过少，则成品缺乏丝感，失去其风格特征。生产时，绢绵条子和毛条分别染色，通常绢绵有光泽，以染浅色为好，羊毛染深色，混条后进行复精梳。由于丝纤维细而软，前纺针梳时针板不宜过密，针号不宜过粗，防止产生丝柱。一般绢绵条子的染色牢度不如羊毛，因此，要在条染时选好染料，后整理时注意洗、煮、蒸的色泽变化，并采取相应的措施	织物正反面均呈倾角为50°的斜纹纹道，正面为右斜，反面为左斜。织物的透气性、抗熔孔性较差，经常受摩擦部位易起毛，手感不如全毛柔糯

规格＼毛织物名称		毛黏啥味呢（毛黏混纺啥味呢）	毛黏锦啥味呢（毛黏锦混纺啥味呢）	毛黏涤啥味呢（毛黏涤混纺啥味呢）
英文名		wool/viscose mixed flannel	wool/viscose/polyamide mixed flannel	wool/viscose/polyester mixed flannel
经纬纱线密度	经纱/tex（公支）	17.2×2(58/2)毛黏混纺股线（毛70，黏胶30）	20×2(50/2)毛黏锦混纺股线（毛70，黏胶20，锦纶10）	25×2(40/2)～20×2(50/2)毛黏涤混纺股线（毛70，黏胶20，涤纶10）
	纬纱/tex（公支）	同经纱	同经纱	同经纱
经纬密度	经纱/（根/10cm）	330	321	267～321
	纬纱/（根/10cm）	280	284	250～278
织物组织		$\frac{2}{2}$加强斜纹组织	$\frac{2}{2}$加强斜纹组织	$\frac{2}{2}$加强斜纹组织
质（重）量/(g/m)		340	375	340～400
成品幅宽/cm		149	144	144

续表

规格 \ 毛织物名称		毛黏啥味呢（毛黏混纺啥味呢）	毛黏锦啥味呢（毛黏锦混纺啥味呢）	毛黏涤啥味呢（毛黏涤混纺啥味呢）
特点		呢面平整，织纹清晰手感柔软，强力好，吸湿性好。表面啥味呢的绒毛整齐，覆盖均匀，混色匀净，色泽鲜艳，无陈旧感，光泽自然，色光正	呢面平整，织纹清晰，手感柔软，强力好，较耐磨，吸湿性好。毛面织物的短毛短齐，覆盖均匀，混色匀净，色泽鲜艳，光泽自然，色光正	呢面平整，织纹清晰，手感柔软，吸湿性好，绒毛短齐，覆盖均匀，混色均匀，色泽鲜艳，光泽自然
用途		同纯毛啥味呢	同纯毛啥味呢	同纯毛啥味呢
备注		织物弹性较差，易折皱，褶裥保持性和尺寸稳定性较差。缩水率比较大(4%)，裁剪前应充分喷水预缩	织物的弹性、褶裥保持性和尺寸稳定性较差	织物的弹性、尺寸稳定性、抗皱性、褶裥持久性不如纯毛和涤毛啥味呢

规格 \ 毛织物名称		黏毛涤啥味呢（黏毛涤混纺啥味呢）	涤黏啥味呢（涤黏混纺啥味呢）	涤纶啥味呢
英文名		viscose/wool/polyester mixed flannel	polyester/viscose mixed flannel	polyester flannel
经纬纱线密度	经纱/tex（公支）	25×2(40/2) 黏毛涤混纺股线（黏胶 40，毛 30，涤纶 30）	22.2×2(45/2) 涤黏混纺股线（涤纶 65，黏胶 35）	14.3×2(70/2) 纯涤纶股线
	纬纱/tex（公支）	同经纱	同经纱	同经纱
经纬密度	经纱/(根/10cm)	267	300	372
	纬纱/(根/10cm)	250	240	310
织物组织		$\frac{2}{2}$加强斜纹组织	$\frac{2}{2}$加强斜纹组织	$\frac{2}{2}$加强斜纹组织
质(重)量/(g/m)		403	388	313
成品幅宽/cm		149	149	149
特点		呢面平整，织纹清晰，手感柔软，吸湿性好，绒毛短齐，覆盖均匀，混色均匀，色泽鲜艳，光泽自然，色光正	外观特征很像纯毛啥味呢，毛型感好，有身骨，手感柔软。经树脂整理的织物，抗皱性能、缩水率和尺寸稳定性均有所改善，具有易洗、快干、免烫等优点	呢面平挺，富有光泽，弹性好，抗皱性能好，缩水率小，尺寸稳定性好。穿着久后，易受摩擦的部位，容易起毛起球，熔孔性严重
用途		同纯毛啥味呢	宜做春、秋季男女服装	宜做春、秋季男女服装

续表

规格＼毛织物名称	黏毛涤啥味呢（黏毛涤混纺啥味呢）	涤黏啥味呢（涤黏混纺啥味呢）	涤纶啥味呢
备注	由于黏胶配比较大，织物的尺寸稳定性、抗皱性、弹性和褶裥持久性较差	与国外的“快巴”（fiber）为同类型织物。织物正反面均有呈50°倾斜角的织纹，正面为右斜，反面为左斜，经树脂整理，缩水率为2%，成衣后尺寸稳定性好，裁剪前不必下水预缩	织物易洗、快干、免烫，收藏时保持清洁干燥，不霉不蛀，保管简易

规格＼毛织物名称		黏锦啥味呢（黏锦混纺啥味呢）	腈黏啥味呢	黏纤啥味呢
英文名		viscose/polyamide mixed flannel	polyacrylonitrile/viscose mixed flannel	viscose fiber flannel
经纬纱线密度	经纱/tex（公支）	16.7×2(60/2) 黏锦混纺股线 （黏胶70，锦纶30）	16.7×2(60/2) 腈黏混纺股线 （腈纶50，黏胶50）	26.3×2(38/2) 黏胶股线
	纬纱/tex（公支）	同经纱	同经纱	同经纱
经纬密度	经纱/(根/10cm)	345	337	294
	纬纱/(根/10cm)	271	265	204
织物组织		$\frac{2}{2}$加强斜纹组织	$\frac{2}{2}$加强斜纹组织	$\frac{2}{2}$加强斜纹组织 或$\frac{2}{1}$单面斜纹组织
质（重）量/(g/m²)		333	326	485
成品幅宽/cm		149	149	144
特点		毛型感强，外观特征与纯毛啥味呢很相似，有身骨，手感较粗硬，弹性差，易折皱，经过树脂整理，尺寸稳定性尚好，褶裥持久性差	织纹平整，纹路清晰，色泽鲜艳，光泽柔和，毛型感较好，手感柔软、活络，强度、耐磨性、弹性均较好	纱支粗，织物厚重，有身骨，有一定的纯毛感，手感柔软，特别是经过柔软剂整理的产品，手感更加滑细柔软，保暖性好
用途		宜做春、秋季男女服装，如青年装、学生装、两用衫、夹克衫、西裤等	宜做学生装、两用衫、夹克衫、运动装、青年装、中山装、西装、裙装等	同腈黏啥味呢
备注		织物正反面均呈50°角倾斜的纹道，正面为右斜。缩水率较大为4.5%，裁剪前需下水或喷水预缩	经树脂整理后，尺寸稳定性、褶裥保持性和缩水性等均较稳定。缩水率4%左右，裁剪前需先下水预缩或喷水、汽蒸预缩	色泽以深色的混灰为主，也有藏青、黑、墨绿等色。缩水率5%左右，裁剪前需先下水预缩

2. 华达呢 (gabardine; gabardeen)

华达呢又称新华呢、轧别丁、毛华达呢。是精纺毛织物的重要品种之一，以精梳毛纱作经纬的中厚斜纹织物。呢面具有光洁平整、织纹清晰挺直而饱满、光泽自然柔和、无极光、色泽庄重而无陈旧感，身骨结实，手感滑挺、丰厚、柔顺、富有弹性、耐磨性能好。品种较多，按织纹组织的不同，可分为双面、单面和缎背三种；按所用的原料不同，可分为全毛、毛涤、毛黏及纯化纤仿毛产品等。采用二上二下或二上一下斜纹组织织制，斜纹倾角呈63°左右，经密大于纬密，织纹的贡子凸出饱满，斜纹纹道的距离较狭，形成华达呢特有的外观风格。全毛华达呢是高档衣料，可制作男女西装、套装、春秋大衣等，也可用于作帽料和鞋面料。

规格 \ 毛织物名称		华达呢(轧别丁、新华呢)	缎背华达呢(缎背轧别丁)	单面华达呢
英文名		gabardine;gabardeen	satin back gabardine	single face gabardine
经纬纱线密度	经纱/tex(公支)	33.3×2(30/2)～12.5×2(80/2)股线,多数采用22.2×2(45/2)～16.7×2(60/2)股线	14×2(72/2)股线	(18～17)×2(56/2～58/2)股线
	纬纱/tex(公支)	33.3×2(30/2)～12.5×2(80×2)股线,多数采用22.2×2(45/2)～16.7×2(60/2)股线,也有采用单纱的	同经纱	同经纱
经纬密度	经纱/(根/10cm)	400～700	700左右	
	纬纱/(根/10cm)	200～300	300左右	
织物组织		$\frac{2}{2}$加强斜纹组织,$\frac{2}{1}$斜纹组织,缎背组织	$\frac{2}{2}$斜纹作起始组织,缎背组织(重编组织)	$\frac{2}{1}$斜纹组织
质(重)量/(g/m)		350～600(多数为440)	480～570	250～270
成品幅宽/cm		144～154		
特点		呢面光洁平整,纹路清晰挺直,纹道距离狭,贡子突出粗壮,质地结实,手感滑挺糯,活络丰满,柔顺,不糙硬,有身骨,弹性好,耐磨性能好,光泽自然柔和。穿用日久后,摩擦多的部位(如臀部、臂部、膝部等)易出现极光,影响外观	正面呈现双面华达呢的风格特征,而背面却似经面缎纹。呢面光洁平整,织纹清晰细洁,结构紧密、厚实,富有弹性,光泽自然,颜色有藏青、黑灰等深色	产品的手感滑糯,活络而丰满,呢面洁净,细洁雅致,织纹贡子清晰,悬垂性好,有弹性,光泽柔和自然,色泽范围广,是目前色谱最齐全的一个品种
用途		主要用于做西装、中山装、军便装、学生装、运动装、中短夹大衣等	宜做上衣、风衣、秋季大衣等,但不宜作裤料(因织物厚重,裤线难以持久)	宜做男女各类外衣、女装连衣裙等

续表

规格＼毛织物名称	华达呢(轧别丁、新华呢)	缎背华达呢(缎背轧别丁)	单面华达呢
备注	是精纺呢绒中的精梳毛纱作经纬的中厚斜纹织物。轧别丁是其英文名称“Gaberdine”的音译。所使用的原料主要有羊毛、涤纶、锦纶、腈纶、黏胶等。该织物的品种较多,按其纹路分,有双面、单面和缎背华达呢;按其原料分,有纯毛和混纺。纯毛又可分为国毛和外毛。混纺又可分为毛涤、毛黏、毛涤黏、毛黏锦、丝毛等	与一般华达呢相比,外观同样的细洁程度,没有其厚实,而同样的厚重程度没有其细洁,是一个有特色的品种。由于经密高,又要求毛纱光洁、匀净,因此织制时要注意开口清晰,织物匹长要适当缩短,以减轻坯呢的重量,便于搬运,一般只采用条染方式,经光洁整理	由于织物的正反面外观明显不同,故名。正面呈急斜纹,纹道清晰有细洁而微凸的贡子,而反面由于密度配比关系,有颗粒感。经密比纬密高1倍左右,成品的紧密程度比$\frac{2}{2}$斜纹织制的华达呢稍低,故风格活络。可匹染也可条染,一般采用条染。为使呢面光洁,整理时可烧毛,但应减弱火焰强度和烧毛次数,只烧正面,控制烧毛后的呢坯温度,并迅速降温

规格＼毛织物名称		全毛华达呢(新华呢、轧别丁、毛华达呢)									
英文名		all wool gabardine;all wool gabardeen									
经纬纱线密度	经纱/tex(公支)	14.9×2(67/2)毛股线	16.7×2(60/2)毛股线	20.8×2(48/2)毛股线	20×2(50/2)毛股线	21.7×2(46×2)毛股线	17.9×2(56/2)毛股线	21.7×2(46/2)毛股线	20×2(50/2)毛股线	16.4×2(61/2)毛股线	13.9×2(72/2)毛股线
	纬纱/tex(公支)	同经纱	同经纱	同经纱	同经纱	同经纱	同经纱	33.3(30)毛纱	同经纱	同经纱	16.7×2(60/2)毛股线
经纬密度	经纱/(根/10cm)	523	476	426	443	395	404	395	602	656	
	纬纱/(根/10cm)	296	258	240	230	220	223	220	262	280	
织物组织		$\frac{2}{2}$加强斜纹组织				$\frac{2}{1}$斜纹组织			缎背组织		
质(重)量/(g/m)		398	400	440	420	425	368	425	564	527	486
成品幅宽/cm		149	149	144	144	149	147	149	144	154	149
特点		呢面光洁平整,纹面清晰,斜纹纹道饱满、匀、深、直,织物身骨结实丰厚。手感滋润滑糯,有身骨,弹性好,保暖性能好,透气、吸湿和散湿性好。光泽自然柔和,色泽鲜明,富有膘光。用该织物做成服装后,穿着舒适贴体,悬垂性好,褶裥线条挺括而美观,抗皱性能强,缩水率小,尺寸稳定性好,穿着不易变形									

续表

规格＼毛织物名称	全毛华达呢(新华呢、轧别丁、毛华达呢)
用途	宜做男女西装套装、中山装套装、青年装套装、制服、两用衫、夹克衫、西裤、西服裙、女西式背心、春秋夹大衣、风衣、高级晴雨大衣。也可作帽料和鞋面料等
备注	全部采用羊毛为原料,一般选用 64～70 支支数毛。为了增加织物的弹力和耐磨性,在羊毛中可掺混 5%左右的锦纶,也作为全毛织物。在裁剪前,可采用喷水预缩,但不用下水。宜用衣架挂藏全毛华达呢服装

规格＼毛织物名称		涤毛华达呢(涤毛混纺华达呢)					毛涤华达呢(毛涤混纺华达呢)
英文名		polyester/wool mixed gabardine					wool/polyester mixed gabardine
经纬纱线密度	经纱/tex(公支)	16.7×2(60/2)涤毛混纺股线(涤 55,毛 45)	16.4×2(61/2)涤毛混纺股线(涤 55,毛 45)	16.4×2(61/2)涤毛混纺股线(涤 55,毛 45)	19.6×2(51/2)涤毛混纺股线(涤 55,毛 45)	23.8×2(42/2)涤毛混纺股线(涤 55,毛 45)	23.8×2(42/2)～16.7×2(60/2)毛涤混纺股线(毛为 60%～70%,涤纶为 40%～30%)
	纬纱/tex(公支)	同经纱	18.2×2(55/2)涤毛混纺股线(涤 55,毛 45)	同经纱	同经纱	17.9×2(56/2)涤毛混纺股线(涤 55,毛 45)	19.6×2(51/2)～16.7×2(60/2)毛涤混纺股线(羊毛 60%～70%,涤纶为 40%～30%)
经纬密度	经纱/(根/10cm)	505	478	469	421	410	410～520
	纬纱/(根/10cm)	250	229	245	233	222	220～270
织物组织		$\frac{2}{2}$加强斜纹组织				$\frac{2}{1}$斜纹组织	$\frac{2}{2}$加强斜纹组织或$\frac{2}{1}$斜纹组织
质(重)量/(g/m)		397	380	373	413	438	370～450
成品幅宽/cm		149	144	147	149	149	144～150
特点		呢面平整光洁,边道平直,质地紧密,斜纹纹道清晰饱满。手感滑挺爽,有身骨,不板硬,弹性好,抗皱性能强,不易褶皱。光泽自然柔和,不起极光,色泽鲜艳。纱线条干均匀,耐磨性好,缩水率小,洗后尺寸稳定不变形,褶裥保持性优良					同涤毛华达呢
用途		同纯毛华达呢					同涤毛华达呢
备注		有刚硬感,不如全毛华达呢丰厚柔软,染色均匀无左右前后色差,无陈旧感					同涤毛华达呢

续表

规格 \ 毛织物名称		毛黏华达呢(毛黏混纺华达呢)			毛黏锦华达呢	涤毛黏华达呢(涤毛黏混纺华达呢、三合一华达呢)	
英文名		wool/viscose mixed gabardine			wool/viscose/polyamide mixed gabardine	polyester/wool/viscose mixed gabardine	
经纬纱线密度	经纱/tex(公支)	19.6×2(51/2)毛黏混纺股线(毛70,黏胶23,锦7)	22.2×2(45/2)毛黏混纺股线(毛47,黏胶45,锦8)	20×2(50/2)毛黏混纺股线(毛70,黏胶30)	22.2×2(45/2)～19.6×2(51/2)毛黏锦混纺股线(毛50,黏胶37,锦纶13)	20.8×2(48/2)涤毛黏混纺股线(涤40,毛30,黏胶30)	19.2×2(52/2)涤毛黏混纺股线(涤40,毛30,黏胶30)
	纬纱/tex(公支)	同经纱	同经纱	同经纱	同经纱	同经纱	同经纱
经纬密度	经纱/(根/10cm)	452	424	415	400～460	426	446
	纬纱/(根/10cm)	240	236	255	230～280	234	238
织物组织		$\frac{2}{2}$加强斜纹组织			$\frac{2}{2}$加强斜纹组织	$\frac{2}{2}$加强斜纹组织	
质(重)量/(g/m)		455	486	432	430～480	446	449
成品幅宽/cm		144	144	144	144	144	144
特点		呢面平整光洁,纹路清晰,无雨丝痕,呢边平直,手感柔软,紧密无松烂感,身骨丰厚,有弹性。纱线条干均匀,色泽匀净鲜明,光泽较好			呢面平整光洁,纹路清晰,手感柔软,身骨丰厚。其耐磨性、手感和毛型感均优于毛黏华达呢	呢面平整光洁,纹路清晰,纹道饱满。手感柔软,弹性较差,容易褶皱。尺寸稳定性和褶裥持久性较涤毛华达呢差,吸湿性和散湿性较好,穿着舒适	
用途		同纯毛华达呢			同纯毛华达呢	宜做中山装、青年装、两用衫、西裤、帽子等	
备注		缩水率、抗皱性、湿强力及尺寸稳定性不如纯毛华达呢。采用坯布匹染,色泽有藏青、元、咖啡等色。在裁剪前,需先充分喷水,以达到预缩的效果				缩水率均为4.5%左右,裁剪前需喷水预缩	

规格 \ 毛织物名称	黏锦华达呢(黏锦混纺华达呢)	黏锦腈华达呢(黏锦腈混纺华达呢)
英文名	viscose/polyamide mixed gabardine	viscose/polyamide/polyacrylonitrile mixed gabardine

续表

毛织物名称 / 规格		黏锦华达呢(黏锦混纺华达呢)		黏锦腈华达呢(黏锦腈混纺华达呢)	
经纬纱线密度	经纱/tex(公支)	19.6×2(51/2)黏锦混纺股线(黏胶75,锦纶25)	16.7×2(60/2)黏锦混纺股线(黏胶60,锦纶40)	20.8×2(48/2)黏锦腈混纺股线(黏胶50,锦纶30,腈纶20)	20.8×2(48/2)黏锦腈混纺股线(黏胶50,锦纶27,腈纶23)
	纬纱/tex(公支)	同经纱	同经纱	同经纱	同经纱
经纬密度	经纱/(根/10cm)	456	460	440	440
	纬纱/(根/10cm)	256	262	240	240
织物组织		$\frac{2}{2}$加强斜纹组织			
质(重)量/(g/m)		478	408	478	484
成品幅宽/cm		144	144	144	144
特点		织物组织紧密,身骨厚重,呢面平整,毛型感强,手感较毛华达呢粗硬,织物耐磨经穿,弹性较差,易起皱,褶裥保持性较差		呢面平整,织物组织紧密,身骨厚重,手感柔软,毛型感强	
用途		宜做中山装、青年装、两用衫、西裤、制服、工作服,也作高寒地区风雪大衣面料及帽料等		同黏锦华达呢	
备注		采用坯布匹染,色泽以藏青,咖啡、深灰等深色为多。缩水率较大,经向在4.5%~6%,纬向在4%~5.5%之间,易变形,裁剪前需下水预缩			

3. 中厚花呢 (medium-weight fancy suitings)

中厚花呢是以精纺毛纱织制的中厚型花呢毛织物的统称。重量范围为195~315g/m^2。织物多用斜纹及其变化组织织制，也有采用平纹及其变化组织、缎纹及其变化组织、经二重组织、双层平纹组织等，多为色织，且常利用组织与色纱的配合组成各种变化图案，花型有条、格、散点等。此外，还常用棉纱、绢丝、涤纶丝等作细嵌线，或用三股、四股等多股作粗嵌线，装饰点缀，使花型图案多层次，产生立体感。呢面平整，光泽自然柔和，手感丰满、柔软滑糯、活络有弹性，织纹清晰或略有隐蔽，色泽鲜艳、花色新颖、配色调和雅致。适宜制作秋冬季套装、中山装和上衣等。

规格＼毛织物名称		花呢		
		粗支平纹花呢	变化斜纹花呢	单面花呢
英文名		fancy suitings		
		(low count plain fancy suitings)	(derivative twill fancy suitings)	(single face fancy suitings)
经纬纱线密度	经纱/tex(公支)	31.3×2(32/2)～23.8×2(42/2)股线	26.3×2(38/2)～16.7(60/2)股线	19.2×2(52/2)～12.5×2(80/2)股线
	纬纱/tex(公支)	同经纱	同经纱	同经纱
经纬密度	经纱/(根/10cm)			
	纬纱/(根/10cm)			
织物组织		平纹组织	变化斜纹组织	经二重组织
质(重)量/(g/m)		300左右	300左右	400左右
成品幅宽/cm		144～149	144～149	144～149
特点		中厚花呢中的光面花呢呢面光洁平整,不起毛,花纹清晰,花色调和;毛面花呢经轻缩绒,呢面像毛面哔叽一样,有一层细短的绒毛覆盖,手感丰满滋润,柔软有弹性,不板不糙,光泽自然,膘光足,颜色调和鲜明。厚花呢身骨紧密厚实,弹性好,手感丰厚柔软,不板硬,保暖性好		
用途		适宜做男女四季服装,如西装、中山装、青年装、两用衫、裙子等		
备注		是精纺呢绒中花色变化最多的品种,也是呢绒中的主要品种。其品种在精纺呢绒中是最多的。按使用原料分,有全毛花呢、毛混纺花呢、化纤混纺花呢和化纤纯纺花呢四类。按重量和厚薄分有薄花呢、中厚花呢和厚花呢三种。中厚花呢和厚花呢,按不同组织又可分为粗支平纹花呢、变化斜纹花呢和单面花呢三种。花呢是条染色织产品,花色十分丰富。常利用各种不同色彩的纱线,如单色、混色、异色股线、三色股线、花组纱、花式捻线、竹节纱、彩点纱、正反捻纱等,以及用棉线、丝线和金银丝作嵌条嵌线,织造成各种风格新颖的花色品种。其主要花色有素花呢、条花呢、格花呢、隐条花呢、隐格花呢、花色花呢等。花呢常用同一个花型织制成几个颜色,配成一套		

规格＼毛织物名称		中厚花呢
英文名		medium-weight fancy suiting
经纬纱线密度	经纱/tex(公支)	线密度范围较广,粗的如35.7×2(28/2)、33.3×2(30/2);细的如14.3×2(70/2)、12.5×2(80/2)等股线;常用的是16.7×2(60/2)～25×2(40/2)股线
	纬纱/tex(公支)	同经纱

续表

<table>
<tr><td colspan="2">规格 \ 毛织物名称</td><td>中厚花呢</td></tr>
<tr><td rowspan="2">经纬密度</td><td>经纱/(根/10cm)</td><td></td></tr>
<tr><td>纬纱/(根/10cm)</td><td></td></tr>
<tr><td colspan="2">织物组织</td><td>多用斜纹及其变化组织,也有平纹及其变化组织、缎纹及其变化组织、经二重组织、双层平纹组织等</td></tr>
<tr><td colspan="2">质(重)量/(g/m²)</td><td>195～315</td></tr>
<tr><td colspan="2">成品幅宽/cm</td><td></td></tr>
<tr><td colspan="2">特点</td><td>呢面平整,光泽柔和,弹性良好。风格有两种:一种为织纹清晰,呢面光洁,质地紧密挺括;另一种为织纹略有隐蔽,呢面有轻而匀的绒毛,手感柔糯丰满。由于原料、纱线结构、经纬密度、经纬纱线密度、织物组织、色纱运用及后整理工艺等方面的不同,使其外观风格和手感千差万别,多种多样</td></tr>
<tr><td colspan="2">用途</td><td>宜做秋、冬季套装、中山装、上衣等</td></tr>
<tr><td colspan="2">备注</td><td>是由精纺毛纱制织的中厚型花式毛织物的统称。多为色织,且常利用组织与色纱的配合组成各种变化图案。此外,还常用棉纱、绢丝、涤纶丝等作细嵌线,或用三股、四股等多股作粗嵌线,装饰点缀,使花型变化多层次,有立体感。全毛中厚花呢的整理工艺要充分发挥羊毛纤维固有的特性,做到柔软、厚实、有弹性、活络、光泽滋润,与其他纤维的纺织品有质的区别。毛混纺中厚花呢可采用缩绒整理,使其蓬松而有弹性,有毛型感。化纤中厚花呢可采用树脂整理等措施,以模仿羊毛的风格。同时,还要兼顾织物的花型配色</td></tr>
</table>

<table>
<tr><td colspan="2">规格 \ 毛织物名称</td><td colspan="6">全毛平纹花呢</td></tr>
<tr><td colspan="2">英文名</td><td colspan="6">all wool plain fancy suitings</td></tr>
<tr><td rowspan="2">经纬纱线密度</td><td>经纱/tex(公支)</td><td>33.3×2
(30/2)
纯毛股线</td><td>33.3×2
(30/2)
纯毛股线</td><td>26.3×2
(38/2)
纯毛股线</td><td>23.8×2
(42/2)
纯毛股线</td><td>20.8×2
(48/2)
纯毛股线</td><td>17.9×2
(56/2)
纯毛股线</td></tr>
<tr><td>纬纱/tex(公支)</td><td>同经纱</td><td>同经纱</td><td>同经纱</td><td>同经纱</td><td>同经纱</td><td>同经纱</td></tr>
<tr><td rowspan="2">经纬密度</td><td>经纱/(根/10cm)</td><td>203</td><td>203</td><td>223</td><td>230</td><td>240</td><td>245</td></tr>
<tr><td>纬纱/(根/10cm)</td><td>160</td><td>156</td><td>182</td><td>183</td><td>194</td><td>200</td></tr>
<tr><td colspan="2">织物组织</td><td>平纹组织</td><td colspan="2">平纹联合组织</td><td colspan="3">平纹组织</td></tr>
<tr><td colspan="2">质(重)量/(g/m)</td><td>403</td><td>388</td><td>350</td><td>308</td><td>295</td><td>263</td></tr>
<tr><td colspan="2">成品幅宽/cm</td><td>149</td><td>149</td><td>149</td><td>144</td><td>149</td><td>149</td></tr>
</table>

续表

规格＼毛织物名称		全毛平纹花呢
特点		呢面平整、洁净、挺括、织纹清晰，纱线条干均匀，经直纬平，立体感强。光泽自然柔和，色泽鲜艳，配色雅致而调和。穿着贴身舒适，尺寸稳定性好。但褶裥持久性较差，缩水率较大
用途		宜做西装套装、中山装套装、西裤、两用衫、西式马甲、旗袍、连衣裙及鞋帽等
备注		经纬向缩水率一般在3%～3.5%之间，裁剪前需喷水预缩，但不宜下水浸渍缩水。宜做全夹服装，熨烫温度应保持在160℃左右，用白布覆盖，不要直接熨烫，宜干洗，收藏时以挂藏为佳

规格＼毛织物名称		粗支平纹花呢
英文名		low count plain weave fancy suiting
经纬纱线密度	经纱/tex（公支）	25×2(40/2)～29.4×2(34/2)股线
	纬纱/tex（公支）	同经纱
经纬密度	经纱/(根/10cm)	
	纬纱/(根/10cm)	
织物组织		
质(重)量/(g/m²)		220～260
成品幅宽/cm		
特点		呢面光洁平整，手感柔软、丰糯，光泽自然柔和活络有弹性。常用混色花绒作经纬，且大多利用纱线捻向不同，反射光线也不同的原理，把S捻和Z捻的纱线按花型加以组合，构成各种精细的隐条隐格花样，穿着时花样时隐时现，静中见动
用途		宜做春、秋季西装、西裤等
备注		是指采用纱线线密度在25tex×2以上(40cm以下/2)的精梳毛纱制织的平纹花式毛织物。所谓粗支，其实并不粗，因当时在开发该品种时，为区别于精纺中厚花呢习惯用纱而称为“粗支”，一直沿用至今。粗支平纹花呢属于轻分量的中厚花呢，可配彩色嵌条线或联合其他织物组织，如小提花经二重提花条等加以装饰，制成有明暗对比的富有立体感的条格花样。所用原料除细羊毛外，还可选用半细羊毛与细羊毛相混。产品除纯毛外，还有涤毛和毛黏混纺等产品。在坯布整理时，一般不宜采用缩绒工艺，这样可获得呢面平整的外观

续表

规格 \ 毛织物名称		全毛变化斜纹花呢						
英文名		all wool twill lerivative weave fancy suitings						
经纬纱线密度	经纱/tex(公支)	27×2(37/2)股线	25×2(40/2)股线	20.8×2(48/2)股线	19.2×2(52/2)股线	18.5×2(54/2)股线	16.9×2(59/2)股线	16.7×2(60/2)股线
	纬纱/tex(公支)	同经纱	同经纱	同经纱	同经纱	同经纱	同经纱	同经纱
经纬密度	经纱/(根/10cm)	260	295	349	388	352	462	310
	纬纱/(根/10cm)	240	250	261	230	276	262	366
织物组织		$\frac{2}{2}$斜纹联合			$\frac{2}{1}$斜纹	$\frac{2}{2}$斜纹联合	$\frac{2}{1}$斜纹	$\frac{3}{1}$破斜纹
质(重)量/(g/m)		419	420	403	378	378	400	365
成品幅宽/cm		149	144	149	149	149	149	149
特点		同全毛平纹花呢						
用途		同全毛平纹花呢						
备注		同全毛平纹花呢						

规格 \ 毛织物名称		条　花　呢
英文名		stripe fancy suiting
经纬纱线密度	经纱/tex(公支)	14.3×2(70/2)～33.3×2(30/2),其中,16.7×2(60/2)～25×2(40/2)较多,经纬多用双股线,单纱作纬的较少
	纬纱/tex(公支)	同经纱
经纬密度	经纱/(根/10cm)	
	纬纱/(根/10cm)	
织物组织		$\frac{2}{2}$斜纹及斜纹变化组织
质(重)量/(g/m)		220～315

续表

规格＼毛织物名称	条花呢
成品幅宽/cm	
特点	手感、风格与中厚花呢相同。若选用较细的棉纱或绢丝作嵌线，则呢面花样细洁、高雅；若选用毛纱作嵌线，则生产管理较为方便；若选用多股纱线作嵌线，则花型更有立体感，但粗嵌线用量不宜多，否则外观和手感略感粗糙
用途	宜做秋冬季西套装和西裤等
备注	是指外观有较明显条子的花式毛织物，通常指利用色纱装饰所构成的条子花呢，并不泛指一切有条纹的花呢。条花呢所用的原料除全毛外，还有毛涤混纺、毛黏混纺、涤黏混纺、腈黏混纺等。由于嵌线与地色的不同排列和组合，可得许多不同传统典雅的条纹，例如交替条、双线条、铅笔条、粉笔条、网球条、针点条等嵌线色泽与地色的对比要求配合和谐、含蓄，体现高雅朴实的格调。常用的嵌线有9.7tex×2(60英支/2)、7.3tex×2(80英支/2)的丝光棉纱，7.1tex×2(140公支/2)绢丝、5.6tex×2(50旦×2)涤纶长丝以及与地纱原料成分相同、色泽不同的毛纱等。嵌线线密度的选择，一般根据织物的纱线线密度和织物组织而定。在选用棉纱、绢丝、涤纶丝作嵌线时，特别要注意嵌线的染色质量(如色花、褪色)及在纺织过程中嵌线承受张力的大小和高温对嵌线的影响等，防止嵌线吊紧、呢面起泡或配色不当、花型模糊等，影响织物的外观质量和服用性能

规格＼毛织物名称		全毛单面花呢				格子花呢
英文名		all wool single face or superfine fancy suitings				check fancy suiting
经纬纱线密度	经纱/tex(公支)	19.6×2.1(51/2)纯毛股线	19.6×2(51/2)纯毛股线	16.7×2(60/2)纯毛股线	12.8×2(78/2)纯毛股线	常用16.7×2(60公支/2)～21.7×2(46公支/2)，套装类格子花呢用的纱线较细洁，可细到14.3×2(70公支/2)，便装和裙料类格子花呢用的纱线较粗，可粗至29.4×2(34公支/2)
	纬纱/tex(公支)	38.5×1(26/1)纯毛单纱	同经纱	同经纱	同经纱	同经纱
经纬密度	经纱/(根/10cm)	414	420	500	542	
	纬纱/(根/10cm)	340	305	350	360	
织物组织		经二重组织				$\frac{2}{2}$斜纹组织和$\frac{2}{2}$方平组织
质(重)量/(g/m)		465	461	465	397	200～315

续表

毛织物名称 / 规格	全毛单面花呢				格子花呢
成品幅宽/cm	149	144	149	149	
特点	同全毛平纹花呢				套装花型:典雅大方,稳健庄重,格型大小适中,配色和谐含蓄,常见的以传统格子为多,如窗框格、犬牙格、牧人格、棋套格、格林格、威尔士格等;便装花型:花哨活泼,色彩对比明朗,同时是传统格子,用色比套装鲜艳,而且常在传统格子的基础上加套与地纱同原料、同细度的彩格,如在深浅两色构成的格林格的基础上用彩色纱切破、镶嵌、复套;裙料花型:色彩鲜艳,新奇华丽,构思大胆,追求流行时尚,如苏格兰彩格用纱颜色多,构成三重以上的复套格,又如利用各种花式纱线构成复合的窗框格,还有特大的格型,一个格子宽度可达20cm以上等
用途	同全毛平纹花呢				宜做男女套装、便装、女装裙料等
备注	同全毛平纹花呢				是由精纺毛纱制织的外观有明显格子的中厚花呢。花型配色,按其制作服饰的不同,大致可分为套装、便装、裙料三种类型。格子花呢的原料,套装类与便装类常以全毛为主,而裙料则以毛混纺较多。生产格子花呢不仅要防止深浅色纱的沾色,而且要选择适当的染整工艺,以保持呢面格型清晰明朗

毛织物名称 / 规格		羊绒花呢
英文名		cashmere wool fancy suiting
经纬纱线密度	经纱/tex(公支)	20×2(50/2)羊毛羊绒混纺股线(羊毛80,羊绒20)
	纬纱/tex(公支)	同经纱
经纬密度	经纱/(根/10cm)	312
	纬纱/(根/10cm)	265

续表

规格＼毛织物名称	羊绒花呢
织物组织	$\frac{2}{2}$变化斜纹组织
质(重)量/(g/m)	
成品幅宽/cm	
特点	织品经轻缩绒和柔软整理,手感细腻、柔软、滑糯,呢面静中有动,富于变化,呈现高级感,光泽自然柔和,色泽鲜明,弹性好,成衣后平挺滋润,穿着轻盈保暖,是精纺呢绒中的高级衣料
用途	同全毛花呢
备注	一般号称羊绒花呢的并非纯羊绒制品,通常羊绒含量只有10%～30%

规格＼毛织物名称		毛黏花呢(毛黏混纺花呢)								
英文名		wool/viscose mixed fancy suitings								
经纬纱线密度	经纱/tex(公支)	26.3×2(38/2)毛黏混纺股线(毛70,黏30)	25.6×2(39/2)毛黏混纺股线(毛70,黏30)	25.6×2(39/2)毛黏混纺股线(毛70,黏30)	20.8×2(48/2)毛黏混纺股线(毛49.2,黏49.1,绢丝1.7)	20×2(50/2)毛黏混纺股线(毛56,黏44)	20×2(50/2)毛黏混纺股线(毛52,黏48)	19.2×2(52/2)毛黏混纺股线(毛70,黏30)	19.2×2(52/2)毛黏混纺股线(毛70,黏30)	16.7×2(60/2)毛黏混纺股线(毛51,黏48,涤1)
	纬纱/tex(公支)	同经纱	同经纱	同经纱	同经纱	同经纱	同经纱	同经纱	同经纱	同经纱
经纬密度	经纱/(根/10cm)	220	218	227	305	300	340	330	234	524
	纬纱/(根/10cm)	184	179	189	271	250	268	260	196	232
织物组织		平纹组织			$\frac{2}{2}$斜纹变化组织	平纹组织				斜纹变化组织
质(重)量/(g/m)		358	341	374	388	343	384	414	286	403
成品幅宽/cm		149	150	149	149	149	149	149	149	149
特点		呢面平整光洁,织纹清晰,手感丰满,有弹性,毛型感强。色泽鲜明,花色新颖,光泽自然柔和。纱线条干均匀,经直纬平,边道平直,具有全毛花呢的风格								

续表

规格＼毛织物名称	毛黏花呢(毛黏混纺花呢)
用途	宜做男女各式服装,如西装、中山装、两用衫、西裤、中装、旗袍、连衣裙,也作裙料及鞋料、帽料等
备注	原料主要是羊毛和黏胶人造毛,也有少量绢丝和涤纶。混纺配比羊毛占50%~70%,黏胶人造毛占30%~50%。也有的品种羊毛占40%,黏胶占60%。羊毛含量大于黏胶人造毛的称为毛黏花呢,而黏胶人造毛含量大于羊毛的,则称为黏毛花呢,其品质稍逊于毛黏花呢。毛黏花呢的缩水率在4.5%左右,裁剪前需充分喷水预缩,以防止成衣后容易收缩变形,熨烫温度应控制在120~160℃之间,熨烫时应覆盖白布,不要在织物面直接熨烫

规格＼毛织物名称		黏毛花呢(黏毛混纺花呢)			黏毛锦花呢(黏毛锦混纺花呢、黏毛锦三合一花呢)			
英文名		viscose/wool mixed fancy suitings			viscose/wool/polyamide mixed fancy suitings			
经纬纱线密度	经纱/tex(公支)	43.5×2(23/2)黏毛混纺股线(黏60,毛40)	20×2(50×2)黏毛混纺股线(黏60,毛40)	16.7×2(60/2)黏毛混纺股线(黏60,毛40)	31.3×2(32/2)黏毛锦混纺股线(黏60,毛20,锦20)	14.5×2(69/2)黏毛锦混纺股线(黏40,毛40,锦20)	22.2×2(45/2)毛黏锦混纺股线(黏40,毛45,锦15)	16.9×2(59/2)黏毛锦混纺股线(黏40,毛40,锦20)
	纬纱/tex(公支)	同经纱	同经纱	同经纱	同经纱	同经纱	同经纱	同经纱
经纬密度	经纱/(根/10cm)	192	446	416	293	497	228	462
	纬纱/(根/10cm)	150	315	246	192	372	196	266
织物组织		平纹组织	斜纹变化组织		复合斜纹组织	平纹组织		变化斜纹组织
质(重)量/(g/m)		502	502	509	496	430	302	400
成品幅宽/cm		149	149	149	149	149	144	149
特点		同毛黏花呢			具有花呢类的风格和较好的毛型感,耐磨性能较好,但织物的弹性、抗皱性能稍差,缩水率也稍大			
用途		同毛黏花呢			宜做西装套装、中山装套装、两用衫、西裤、中装、西式马甲、旗袍、连衣裙及鞋帽等			
备注		同毛黏花呢			其混纺配比为黏胶人造毛60%,羊毛20%,锦纶20%;另外也有羊毛占40%~45%,黏胶人造毛占40%,锦纶占15%~20%。缩水率稍大,裁剪前需充分喷水预缩			

续表

规格＼毛织物名称		黏腈毛花呢(黏腈毛混纺花呢、腈黏毛花呢、腈毛黏花呢)						
英文名		viscose/polyacrylonitrile/wool mixed fancy suitings						
经纬纱线密度	经纱/tex(公支)	16.9×2(59/2)黏腈毛混纺股线(黏50,腈30,毛20)	22.2×2(45/2)黏毛腈锦混纺股线(黏40,毛34,腈20,锦6)	22.2×2(45/2)黏毛腈锦混纺股线(黏40,毛34,腈20,锦6)	25.6×2(39/2)腈黏毛混纺股线(腈40,黏40,毛20)	19.6×2(51/2)腈黏毛混纺股线(腈40,黏40,毛20)	25×2(40/2)腈黏毛混纺股线(腈40,黏40,毛20)	26.3×2(38/2)腈黏毛混纺股线(腈40,黏40,毛20)
	纬纱/tex(公支)	同经纱	27.8×2(36/2)黏毛腈锦混纺股线(黏40,毛34,腈20,锦6)	25×2(40/2)黏毛腈锦混纺股线(黏40,毛34,腈20,锦6)	同经纱	同经纱	同经纱	同经纱
经纬密度	经纱/(根/10cm)	356	228	228	212	330	282	278
	纬纱/(根/10cm)	276	182	189	186	270	250	250
织物组织		$\frac{2}{2}$变化斜纹	平纹组织					$\frac{2}{2}$变化斜纹
质(重)量/(g/m)		366	322	312	325	416	447	450
成品幅宽/cm		149	144	144	144	149	149	149
特点		呢面平整,纱线条干均匀,织纹清晰,花纹新颖,边道平直,具有纯毛花呢的风格。手感柔软丰满,质轻蓬松,保暖性好,有弹性,富有毛型感。光泽自然柔和,色泽鲜艳调和。折皱回恢率稍低,故尺寸稳定性较差,易变形(与纯毛花呢相比)						
用途		同黏毛锦花呢						
备注		原料主要有羊毛、黏胶和腈纶,还有少量的锦纶,主要用来改善织物的强度和耐磨性,缩水率稍大,在裁剪前需喷水预缩,否则会影响成衣后的尺寸稳定性						

规格＼毛织物名称	鲍 别 林	半精纺花呢	胖 比 司 呢
英文名	poplin	semi-worsted fancy suitings	plam beach

续表

毛织物名称 规格		鲍别林		半精纺花呢	胖比司呢	
经纬纱线密度	经纱/tex(公支)	20×2(50/2)～11.1×2(90/2)毛精纺股线	16.7×2(60/2)～10×2(100/2)毛涤混纺股线(毛40～50,涤纶60～50)	55.6×2(18/2)～27.8×2(36/2)半精梳股线	35.7×2(28/2)棉毛合股线或棉股线	31.3×2(32/2)棉毛合股线或棉股线
	纬纱/tex(公支)	同经纱或50×2(20/2)～20×2(50/2)毛精纺股线	同经纱	同经纱	同经纱	62.5(16/1)毛精梳单纱
经纬密度	经纱/(根/10cm)		160～300		137	168
	纬纱/(根/10cm)		100～200		128	152
织物组织		平纹组织		平纹、斜纹及各种变化组织	平纹组织	
质(重)量/(g/m)			124～220	350～450	285	310～465
成品幅宽/cm				144～149	144	
特点		织物的外观与纯棉高支纱府绸相似,手感紧密,滑挺结实,弹性良好,织纹清晰,颗粒匀称,颜色滋润,光泽柔和,平整光洁,质地坚牢,耐穿耐用,并有一定的拒水性		既具有一般粗纺花呢的丰满感,又具有高档细支粗花呢的风格。织物比粗纺花呢轻薄细洁,织纹清晰,花型新颖,呢身平整挺括,手感柔软丰满,富有弹性,坚实耐穿,穿着舒适	呢身轻薄、挺括,手感滑爽,身骨好,富有弹性,光泽好,散热和透气性好,穿着舒适,宜做夏令服装	
用途		宜做外衣、风衣、妇女罩衫、裙子等		宜做便装、猎装、两用衫、春秋大衣等	宜做夏季男女各式衣料,如两用衫、旅游装、童装及帽子等的用料	
备注		鲍别林(poplin)一词来自法语popeline,此产品最早创织于法国的Avignon,该地方是罗马天主教皇(pope)的领地。因此,popeline的含义为罗马天主教皇所有。当时的鲍别林经纱用绢丝,纬纱用精梳毛纱,是高档毛织物,用于教皇法衣和教会内装饰礼仪用料		该产品是纯羊毛织物,以色织为主,是介于精、粗纺之间的新型毛织物	胖比司(plam beach)含有海滨之意。该产品起源于美国哥道尔·森夫特(Goodall sanford)公司注册登记的商品名称。原来是美国佛罗里达州的海滨浴场的名称,创始者用此命名该织物,有意宣传是凉爽的呢绒,是夏令物品。该产品多为匹染素色产品,也有条染混色产品	

续表

规格＼毛织物名称	毛涤黏花呢（毛涤黏三合一花呢、三合一花呢）			涤毛黏花呢（毛涤纶三合一花呢、三合一花呢）			
英文名	wool/polyester/viscose mixed fancy suitings			polyester/wool/viscose mixed fancy suitings			
经纬纱线密度 经纱/tex（公支）	20×2(50/2)毛涤黏混纺股线(毛60,涤23,黏17)	23.8×2(42/2)毛涤黏混纺股线（毛59,涤22,黏19）	22.2×2(45/2)毛涤黏混纺股线(毛47,涤27,黏20,锦6)	20.8×2(48/2)涤毛黏混纺股线（涤47,毛37,黏16）	20.8×2(48/2)涤毛黏混纺股线（涤49,毛32,黏19）	20.8×2(48/2)涤毛黏混纺股线（涤40,毛30,黏30）	20×2(50/2)涤毛黏混纺股线(涤40,毛30,黏30)
经纬纱线密度 纬纱/tex（公支）	20.8×2(48/2)毛涤黏混纺股线（毛60,涤23,黏17）	26.3×2(38/2)毛涤黏混纺股线（毛59,涤22,黏19）	同经纱	25.6×2(39/2)涤毛黏混纺股线（涤47,毛37,黏16）	27.8×2(36/2)涤毛黏混纺股线（涤49,毛32,黏19）	同经纱	同经纱
经纬密度 经纱/(根/10cm)	257	236	228	246	230	240	253
经纬密度 纬纱/(根/10cm)	129	185	204	177	180	226	206
织物组织	平纹组织			平纹组织			
质(重)量/(g/m)	291	308	300	329	330	309	281
成品幅宽/cm	144	144	144	144	144	144	144
特点	外观具有全毛花呢的风格，性能特点近似涤毛花呢。因黏胶人造毛混纺配比含量较大，价格较便宜。手感挺爽，有弹性，富有毛型风格。但抗皱性能和褶裥持久性均不如涤毛花呢，长时期穿着后膝盖和肘部易起鼓形			同毛涤黏花呢			
用途	宜做男女各式服装、西服套装、中山装套装、中装、两用衫、西裤、西式马甲、连衣裙、旗袍及鞋帽等			同毛涤黏花呢			
备注	颜色以深色为主，色谱较少，主要有黑、铁灰、咖啡等色。缩水率较大，在4.5%左右，在裁剪前要充分喷水预缩			同毛涤黏花呢			

规格＼毛织物名称	黏毛涤花呢（黏毛涤三合一花呢、三合一花呢）
英文名	viscose/wool/polyester mixed faney suitings

续表

规格 \ 毛织物名称		黏毛涤花呢(黏毛涤三合一花呢、三合一花呢)				
经纬纱线密度	经纱/tex(公支)	26.3×2(38/2)黏毛涤混纺股线(黏40,毛30,涤30)	26.3×2(38/2)黏毛涤混纺股线(黏40,毛30,涤30)	21.7×2(46/2)黏毛涤混纺股线(黏40,毛30,涤30)	32.3×2(31/2)黏毛涤混纺股线(黏40,毛30,涤30)	14.1×2(71/2)黏毛涤混纺股线(黏40,毛30,涤30)
	纬纱/tex(公支)	同经纱	25.6×2(39/2)黏毛涤混纺股线(黏40,毛30,涤30)	同经纱	同经纱	同经纱
经纬密度	经纱/(根/10cm)	278	318	310	193	478
	纬纱/(根/10cm)	196	240	250	153	385
织物组织		纬重平组织	平纹组织			
质(重)量/(g/m)		406	420	400	373	404
成品幅宽/cm		149	149	149	149	149
特点		同毛涤黏花呢				
用途		同毛涤黏花呢				
备注		同毛涤黏花呢				

规格 \ 毛织物名称		黏毛涤花呢					
英文名							
经纬纱线密度	经纱/tex(公支)	14.5×2(69/2)黏毛涤混纺股线(黏40,毛30,涤30)	21.3×2(47/2)黏毛涤混纺股线(黏40,毛30,涤30)	23.3×2(43/2)黏毛涤混纺股线(黏40,毛30,涤30)	25.6×2(39/2)黏毛涤混纺股线(黏40,毛30,涤30)	27×2(37/2)黏毛涤混纺股线(黏40,毛30,涤30)	16.1×2(62/2)黏毛涤混纺股线(黏40,毛30,涤30)
	纬纱/tex(公支)	同经纱	同经纱	同经纱	同经纱	同经纱	同经纱
经纬密度	经纱/(根/10cm)	518	303	290	286	222	503
	纬纱/(根/10cm)	296	275	250	204	188	303
织物组织		平纹变化组织	平纹组织				平纹变化组织

续表

规格 \ 毛织物名称	黏毛涤花呢					
质(重)量/(g/m)	404	404	404	404	357	456
成品幅宽/cm	149	149	149	149	149	149
特点	同毛涤黏花呢					
用途	同毛涤黏花呢					
备注	同毛涤黏花呢					

规格 \ 毛织物名称		毛涤纶花呢(凉爽呢、毛的确良、涤毛薄花呢)(1)					
英文名		wool/polyester mixed fancy suitings					
经纬纱线密度	经纱/tex(公支)	13.2×2(76/2)毛涤混纺股线(毛45,涤55)	10×2(100/2)毛涤混纺股线(毛45,涤55)	13.2×2(76/2)毛涤混纺股线(毛45,涤55)	13.9×2(72/2)毛涤混纺股线(毛45,涤55)	16.7×2(60/2)毛涤混纺股线(毛45,涤55)	19.2×2(52/2)毛涤混纺股线(毛45,涤55)
	纬纱/tex(公支)	同经纱	同经纱	同经纱	同经纱	同经纱	同经纱
经纬密度	经纱/(根/10cm)	260	314	229	278	250	226
	纬纱/(根/10cm)	260	276	202	223	215	207
织物组织		平纹组织					联合组织
质(重)量/(g/m)		187	194	202	219	248	264
成品幅宽/cm		149	149	149	149	149	149
特点		呢面细洁平整,经直纬平,纱线条干均匀,织纹清晰,边道平齐。手感滑挺爽薄、活络、富有弹性,刚中带柔。光泽自然柔和,配色调和。织物吸湿而透气,散热快,有凉爽感,穿着舒适。织物强度好,坚牢耐穿,易洗、快干、挺括免烫,成衣褶裥线条稳定,缩水率小,尺寸稳定性好					
用途		宜做春、夏、秋季各式服装,如男女西装、中山装、两用衫、西裤、衬衫、连衣裤、裙装等					
备注		采用羊毛和涤纶作原料,混纺配比大多采用羊毛45%,涤纶55%混纺,其中羊毛以60～64支毛条或改良毛为主。产品以条染色织为主,品种规格比较多,以花色分,有混色、素色、花线、条子和格子等,织物经纬纱支较细,一般为20.8tex×2(48公支/2)～13.2tex×2(76公支/2)股线,也有用10tex×2(100公支/2)高支股线,重量一般在200～300g之间,特薄型的在200g以下。缩水率较小,一般在1%左右,在裁剪前适当缩水即可,如需熨烫,必须先垫湿布,熨烫温度控制在180～200℃之间,然后再垫干布熨烫					

续表

<table>
<tr><td colspan="2">毛织物名称
规格</td><td colspan="6">毛涤纶花呢(凉爽呢、毛的确良、涤毛薄花呢)(2)</td></tr>
<tr><td colspan="2">英文名</td><td colspan="6">wool/polyester mixed fancy suitings</td></tr>
<tr><td rowspan="2">经纬纱线密度</td><td>经纱/tex(公支)</td><td>20.8×2(48/2)混纺股线(毛45,涤55)</td><td>22.7×2(44/2)混纺股线(毛45,涤55)</td><td>16.4×2(61/2)混纺股线(毛45,涤55)</td><td>20×2(50/2)混纺股线(毛 50,涤50)</td><td>19.2×2(52/2)混纺股线(毛38,涤62)</td><td>14.3×2(70/2)混纺股线(毛45,涤55)</td></tr>
<tr><td>纬纱/tex(公支)</td><td>同经纱</td><td>同经纱</td><td>同经纱</td><td>同经纱</td><td>23.8×2(42/2)混纺股线(毛38,涤62)</td><td>16.7×2(60/2)混纺股线(毛45,涤55)</td></tr>
<tr><td rowspan="2">经纬密度</td><td>经纱/(根/10cm)</td><td>235</td><td>205</td><td>266</td><td>234</td><td>236</td><td>263</td></tr>
<tr><td>纬纱/(根/10cm)</td><td>215</td><td>181</td><td>245</td><td>196</td><td>198</td><td>221</td></tr>
<tr><td colspan="2">织物组织</td><td colspan="2">平纹组织</td><td>$\frac{2}{1}$斜纹组织</td><td colspan="3">平纹组织</td></tr>
<tr><td colspan="2">质(重)量/(g/m)</td><td>295</td><td>279</td><td>264</td><td>256</td><td>282</td><td>227</td></tr>
<tr><td colspan="2">成品幅宽/cm</td><td>149</td><td>149</td><td>149</td><td>144</td><td>144</td><td>144</td></tr>
<tr><td colspan="2">特点</td><td colspan="6">同上页(1)</td></tr>
<tr><td colspan="2">用途</td><td colspan="6">同上页(1)</td></tr>
<tr><td colspan="2">备注</td><td colspan="6">同上页(1)</td></tr>
</table>

<table>
<tr><td colspan="2">毛织物名称
规格</td><td colspan="5">仿毛凉爽呢</td></tr>
<tr><td colspan="2">英文名</td><td colspan="5">wool-like fabric</td></tr>
<tr><td colspan="2">品名</td><td colspan="2">涤黏中长凉爽呢</td><td>涤黏丝中长凉爽呢</td><td>涤腈中长凉爽呢</td><td>中长低弹丝并捻凉爽呢</td></tr>
<tr><td rowspan="2">经纬纱线密度</td><td>经纱/tex(公支)</td><td>14.1×2+14.1/14.1(42/2+42/42)</td><td>14.8×2(40/2)</td><td>14.8×2+18.5/16.7(42/2+32/150旦)</td><td>14.1×2(42/2)</td><td>13.1+7.8(45+70旦)</td></tr>
<tr><td>纬纱/tex(公支)</td><td>14.1×2+14.1/14.1(42/2+42/42)</td><td>14.8×2(40/2)</td><td>14.8×2+18.5/16.7(42/2+32/150旦)</td><td>14.1×2(42/2)</td><td>13.1+7.8(45+70旦)</td></tr>
</table>

续表

规格＼毛织物名称		仿毛凉爽呢				
经纬密度	经纱/(根/10cm)	236	236	228	236	275.5
	纬纱/(根/10cm)	204.5	196.5	204.5	204.5	251.5
织物组织		平纹组织		平纹组织	方平组织	平纹组织
质(重)量/(g/m)						
成品幅宽/cm						
特点		质地轻薄,结构疏松,手感滑挺,防缩防皱,易洗快干,透气凉爽,穿着舒适				
用途		宜做男女套装、衬衫、裤料、连衣裙等				
备注		是指一种仿毛型夏令服装面料。所用的原料主要有涤黏中长化纤、涤腈中长化纤、涤纶长丝等。织物品种不同,所使用的混纺比例也不一样,如涤/黏中长凉爽呢的经纬纱、涤/黏丝中长凉爽呢和中长低弹丝并捻凉爽呢的经纱混纺比例为涤纶65%,黏胶35%,涤/腈中长凉爽呢的经纬混仿纱的比例为涤、腈各50%。仿毛凉爽呢属中薄型织物,为增强织物的挺括、滑爽,减少单纱毛羽较长对皮肤的刺激,经纬皆使用9.8tex×2(60英支/2)～14.8tex×2(40英支/2)股线为宜。织物设计中需采用两种不同线密度的纱线时,差异要适当,一般以差异在35%～45%左右为宜。为使织物具有一定的硬挺度,凉爽呢的纱线捻系数大致为正常纱线捻系数的1.1～1.2倍左右				

规格＼毛织物名称		涤毛花呢(涤毛混纺花呢)					
英文名		polyester/wool mixed fancy suitings					
经纬纱线密度	经纱/tex(公支)	20.8×2(48/2)混纺股线(涤55,毛45)	16.7×2(60/2)混纺股线(涤55,毛45)	25×2(40/2)混纺股线(涤55,毛45)	25.6×2(39/2)混纺股线(涤55,毛45)	27.8×2(36/2)混纺股线(涤55,毛45)	19.2×2(52/2)混纺股线(涤55,毛45)
	纬纱/tex(公支)	同经纱	同经纱	同经纱	27.8×2(36/2)混纺股线(涤55,毛45)	同经纱	同经纱
经纬密度	经纱/(根/10cm)	247	318	237	287	250	315
	纬纱/(根/10cm)	228	294	185	176	234	263
织物组织		变化方平组织	$\frac{2}{2}$方平组织	平纹组织	纬重平组织	$\frac{2}{2}$斜纹组织	变化斜纹组织

续表

规格＼毛织物名称	涤毛花呢(涤毛混纺花呢)					
质(重)量/(g/m)	313	320	341	394	419	357
成品幅宽/cm	149	149	149	149	149	144
特点	质地厚实,手感丰满,花色新颖,条型大方,多数为中深色。抗皱性能好,身骨结实而富有弹性,但不如全毛花呢柔糯					
用途	同毛涤纶花呢					
备注	是中厚型混纺呢绒,质(重)量在300g/m以上,是经过条染、复精梳加工制成					

规格＼毛织物名称		涤黏花呢(涤黏混纺花呢、快巴)						
英文名		polyester/viscose mixed fancy suitings						
经纬纱线密度	经纱/tex(公支)	12.7×2(79/2)混纺股线(涤50,黏50)	18.9×2(53/2)混纺股线(涤55,黏45)	21.7×2(46/2)混纺股线(涤55,黏45)	15.2×2(66/2)混纺股线(涤55,黏45)	17.9×2(56/2)混纺股线(涤65,黏35)	12.5×2(80/2)混纺股线(涤65,黏35)	15.9×2(63/2)混纺股线(涤65,黏35)
	纬纱/tex(公支)	同经纱	同经纱	同经纱	同经纱	同经纱	同经纱	同经纱
经纬密度	经纱/(根/10cm)	249	240	325	473	259	400	332
	纬纱/(根/10cm)	239	225	264	316	215	306	290
织物组织		平纹组织		联合组织	斜纹变化组织	复合斜纹组织	联合组织	平纹组织
质(重)量/(g/m)		204	279	414	400	267	280	316
成品幅宽/cm		149	149	149	149	149	149	149
特点		呢面平整洁净,强度好,呢身丰厚挺括,毛型感好,花色新颖,色泽鲜艳,配色调和,手感丰厚,有弹性,边道平直,吸湿性能好,穿着舒适,尺寸稳定性好,易洗、快干、免烫						
用途		主要用途是做西装、套装、两用衫、女装、青年装、西裤、裙料等						
备注		是化纤精纺仿毛型织物。快巴是英文fiber的音译,因最早由广东进口,这是粤语的谐音音译。织物经热定型和树脂整理后,缩水率较低,裁剪前不需下水预缩,缝边应留有缩水尺寸,缝纫时,针要细,针距稍宽,熨烫温度应控制在160℃以下						

续表

<table>
<tr><td colspan="2">规格＼毛织物名称</td><td>涤毛麻花呢(涤毛麻混纺花呢)</td><td colspan="2">涤腈花呢(涤腈混纺花呢)</td><td colspan="3">黏腈花呢(黏腈混纺花呢)</td></tr>
<tr><td colspan="2">英文名</td><td>polyester/wool/ramie mixed fancy suitings</td><td colspan="2">polyester/polyacrylonitrile mixed fancy suitings</td><td colspan="3">viscose/polyacrylonitrile mixed fancy suitings</td></tr>
<tr><td rowspan="2">经纬纱线密度</td><td>经纱/tex(公支)</td><td>19.2×2(52/2)混纺股线(涤45,苎麻32,毛23)</td><td>13.9×2(72/2)混纺股线(涤50,腈50)</td><td>12.5×2(80/2)混纺股线(涤50,腈50)</td><td>19.6×2(51/2)混纺股线(黏50,腈50)</td><td>17.9×2(56/2)混纺股线(黏60,腈40)</td><td>43.5×2(23/2)混纺股线(黏70,腈30)</td></tr>
<tr><td>纬纱/tex(公支)</td><td>同经纱</td><td>20(50/1)混纺股线(涤50,腈50)</td><td>同经纱</td><td>同经纱</td><td>25.6×2(39/2)混纺股线(黏60,腈40)</td><td>同经纱</td></tr>
<tr><td rowspan="2">经纬密度</td><td>经纱/(根/10cm)</td><td>228</td><td>246</td><td>286</td><td>329</td><td>452</td><td>160</td></tr>
<tr><td>纬纱/(根/10cm)</td><td>200</td><td>244</td><td>246</td><td>244</td><td>190</td><td>137</td></tr>
<tr><td colspan="2">织物组织</td><td>平纹组织</td><td colspan="2">平纹组织</td><td>菱形斜纹组织</td><td>联合组织</td><td>平纹组织</td></tr>
<tr><td colspan="2">质(重)量/(g/m)</td><td>250</td><td>183</td><td>202</td><td>370</td><td>428</td><td>437</td></tr>
<tr><td colspan="2">成品幅宽/cm</td><td>144</td><td>149</td><td>149</td><td>149</td><td>149</td><td>149</td></tr>
<tr><td colspan="2">特点</td><td>既具有麻织物的挺括、凉爽、透气性好等优点,又具有毛涤薄花呢的落水变形小,抗皱性能强,褶裥性好,洗可穿等优点,而且抗起球性好</td><td colspan="2">织物平挺滑爽,外形稳定性、褶裥保持性和折皱恢复性较好,强度高,耐磨性好,有弹性,风格和特点类似毛涤纶花呢</td><td colspan="3">外观基本上与黏锦花呢相似,毛型感较强,腈纶配比多的织物,强度、耐磨性和弹性均较好,腈纶配比过少时,则抗皱性、褶裥保持性和缩水性都较差</td></tr>
<tr><td colspan="2">用途</td><td>宜做各种类型的外套、猎装、便装、西装等</td><td colspan="2">同涤黏花呢</td><td colspan="3"></td></tr>
<tr><td colspan="2">备注</td><td>经纬纱交织不太紧密,有细密的孔眼,穿着舒适透凉,是条染色织产品</td><td colspan="2">是纯化纤仿毛织物,是涤黏花呢的同类品种。织物的吸湿性差,有闷气感,穿着舒适性不如毛涤纶花呢好</td><td colspan="3">系条染产品,其色泽以灰、蓝、咖啡为主,加以各种混色、嵌条或变化纹,呢面多以毛面为主,也有光面的产品。织物经树脂整理后,尺寸稳定性、抗皱性和缩水等方面都比较稳定。缩水率在4%左右,裁剪前需先下水预缩或汽蒸预缩,熨烫温度宜在140～160℃之间,要垫湿布熨烫,以防产生极光和变色</td></tr>
</table>

续表

规格 \ 毛织物名称	黏锦花呢(黏锦混纺花呢)	纯涤纶花呢				
英文名	viscose/polyamide mixed fancy suitings	polyester fancy suitings				
经纬纱线密度 经纱/tex(公支)	18.5×2(54/2)混纺股线(黏 60,锦 40)	11.1(90/2)涤纶股线	16.7×2(60/2)涤纶股线	13.2(76/2)涤纶股线	13.5×2(74/2)涤纶股线	16.7×2(60/2)涤纶股线
经纬纱线密度 纬纱/tex(公支)	同经纱	同经纱	同经纱	同经纱	同经纱	同经纱
经纬密度 经纱/(根/10cm)	262	284	235	382	365	343
经纬密度 纬纱/(根/10cm)	208	244	212	289	334	283
织物组织	平纹组织	平纹组织		菱形斜纹组织	联合组织	
质(重)量/(g/m)	285	188	233	276	301	320
成品幅宽/cm	149	149	149	149	149	149
特点	花型配色美观大方,色泽鲜艳纯正,手感活络、弹性好、毛型感强,边道平直	布面平整细洁,具有毛织物的风格,毛型感较好,强力高,抗皱性强,基本不缩水,色泽鲜艳,手感挺括滑爽				
用途	宜做西装、套装、两用衫、青年装、女装、西裤、裙装、连衣裤等	主要用于做女装、西装、两用衫、时装、衬衫、裙装、童装等				
备注	织物的缩水率为 4%~5%,经过防缩和树脂整理后,缩水率可大大降低,抗皱性、平挺度和弹性均有所改善。裁剪前,需下水预缩或汽蒸预缩	成衣熨烫定型后,褶裥保持性好,尺寸稳定,色牢度好,易洗、快干、免熨烫。吸湿性差,易产生静电吸尘,穿着有闷气感,呢面易发毛起球,抗熔孔性能差。缩水率 1%左右,裁剪前可不必下水预缩。洗涤时,水洗温度不能超过 60℃,熨烫温度应在 160℃左右,垫湿布时温度可适当高些				

规格 \ 毛织物名称	三合一花呢	纯涤网络仿毛花呢	丁纶花呢	高级单面花呢(牙签条花呢)		
英文名	mixed fancy suitings	polyester interlaced yarn wool-like fancy suitings	Dinglun fancy suitings	superfine fancy suitings		
经纬纱线密度 经纱/tex(公支)	31.3×2(32/2)~13.2×2(76/2)混纺股线(毛占 20%~30%,黏、涤、腈、锦等占 70%~80%)	14.9×2(135 旦/2)网络丝(纯涤纶网络丝)	17.9×2(56/2)混纺股线(阳离子改性涤纶 65,黏胶 35)	14.3×2(70/2)股线(外毛 92,涤纶 8)	16.7×2(60/2)股线(毛 94,涤 6)	16.7×2(60/2)股线(外毛 80,涤 20)
经纬纱线密度 纬纱/tex(公支)	同经纱	同经纱	同经纱	同经纱	同经纱	同经纱

续表

毛织物名称 规格		三合一花呢	纯涤网络仿毛花呢	丁纶花呢	高级单面花呢(牙签条花呢)		
经纬密度	经纱/(根/10cm)	260～360	236	268	515	503	495
	纬纱/(根/10cm)	225～275	205	213	362	354	360
织物组织		平纹、斜纹、变化斜纹等组织	平纹底提花格组织	斜纹、复合斜纹、各类变化组织	$\frac{3\ 1}{1\ 3}$经重组织		
质(重)量/(g/m)		205～510			421	485	480
成品幅宽/cm		144～149	144	147	149	149	149
特点		毛感足,身骨好,富有弹性,光泽自然,色泽多以混灰、杂色、花纱颜色为主,是条染产品	织物挺括,强力高,抗皱性强,基本不缩水,褶裥保持性好,尺寸稳定,色牢度好,易洗、快干、免烫	呢面光洁,手感柔软,弹性好,抗起毛起球,仿毛感强,色泽鲜艳、明快、条格套叠,近看五彩缤纷,远看呢面层次突出,具有"海派"风格与韵味	呢面平整细洁,织纹清晰,光滑细腻,边道平直,整齐美观,手感丰满蓬松,呢身滑糯滋润,弹性好,挺括活络,实物质量好,花型立体感足,光泽自然持久,有膘光,配色雅致而调和。服用性能好,耐磨、耐洗,落水变形小,尺寸稳定性好,不起毛起球,弹性与抗皱性能好,缝纫性好,易熨烫		
用途		宜做男女各类普通西装、便装、女装、学生装、童装、裙装、两用衫等	宜做女时装、秋、冬季外衣、裙装、童装等	宜做时装、运动装、套衫、夹克衫、套裙等	宜做高档男女西装、中山装、礼服、套装、裙装等		
备注		含涤纶、腈纶40%以上的三合一花呢需经过热定型整理,一般整理后含涤纶成分多的三合一花呢具有仿毛涤纶花呢效果,不含涤纶的三合一花呢具有仿纯毛风格	配色以稳重而纯正的中深色为主,并采用少量的白丝,加之采用平纹地提花格组织,使织物对比度较大,吸湿性差,易产生静电,水洗时水温不宜超过60℃,宜轻洗轻揉,熨烫温度应在160℃左右,垫湿布时可适当高些,干熨时温度宜低些,以免产生烙铁印和极光	色彩选用彩度活跃、艳丽和明度较高的玫红、橘红和翠绿为主色调,并配以条格套叠	有纯毛和混纺之分。国内以北京、上海的产品较多,质量较好,国外以英国的Huddersfield和Dormenil产品较有名		

续表

规格 \ 毛织物名称		铅笔条纹花呢		牧人格花呢	钢花呢(礼花呢)
英文名		penciling fancy suitings		shepherd check	worsted homespun
经纬纱线密度	经纱/tex(公支)	17.9×2(56/2)股线(沃毛100%)[嵌条线用纯涤8.5×2(118/2)股线]	26.3×2(38/2)混纺股线(毛70,黏30)[嵌条线用13.2×2(76/2)毛涤精纺股线]	20.8×2(48/2)纯毛精纺股线	25×2(40/2)纯毛彩点纱线(500~600捻/m)
	纬纱/tex(公支)	同经纱	同经纱	同经纱	同经纱
经纬密度	经纱/(根/10cm)	365	230	360~380	226
	纬纱/(根/10cm)	310	185	305~320	186
织物组织		平纹组织		$\frac{2}{2}$斜纹组织	平纹组织
质(重)量/(g/m)		360~380	345~360	450~470	348
成品幅宽/cm		144~149	144~149	144~149	
特点		嵌条线与地组织色协调、醒目,条纹滑爽,呢面挺括轻薄,手感活络丰满		织物紧密、挺括,有身骨,弹性好	呢面彩点分布均匀,大小不一,光泽自然,色泽明快,配色典雅,身骨较硬挺,富有弹性
用途		宜做西装、两用衫、青年装、礼服、女装、裤子等		宜做西装、套装、搭配套装、女装、裤子、童装等	宜做西装、套装、时装、女装、童装、猎装、裙子等
备注		属于精纺薄花呢或中厚花呢品种,是条染产品。花型的颜色大多是在蓝色、深蓝色或中深咖啡色的地上,加织浅色(如白色、灰色、蓝白等)嵌线条,形成间隔约1cm左右的纵条花型,其宽窄类似铅笔粗细,故称		是一种比较典型的西装面料,英语称为"shepherd",意思是"牧羊"或是"牧羊人"。起源于从前苏格兰的牧人爱穿这种花型的服装。到了19世纪,英国的绅士仍流行穿此花型的裤子,于是名声大噪,称其为牧人花呢或牧人格花呢。在日本又将此种花呢称为千鸟格子或锯齿花呢,这大概是由于此格呢花型类似群鸟在海滨沙滩上留下的脚印而得名。除纯毛外,也有混入20%~40%的涤纶、腈纶、黏胶等,还有混入10%~20%的麻或棉	由北京清河毛纺织厂创织,属于粗平中厚花呢类,其呢面效果同于粗纺火姆司本(Homespun),有纯毛和混纺产品,经纬纱一般采用50tex×2(20公支/2)~20tex×2(50公支/2)股线,毛涤混纺产品的经纬纱支数偏高些

续表

规格 \ 毛织物名称		粗支花呢	丝毛花呢		
英文名		low count fancy suitings	silk/wool fancy suitings		
			丝毛混纺	丝毛交织	丝毛合捻
经纬纱线密度	经纱/tex（公支）	62.5×2(16/2)～27.8×2(36/2)股线(纯毛)	12.5×2(80/2)混纺股线(绢丝15,毛85)	20×2(50/2)～14.3(70/2)毛股线;13.2×2(76/2)～8.3×2(120/2)绢丝股线	7.1×2以下(140/2以上)的绢丝或更细的厂丝与2～3根16.6(60)精梳毛纱合股加捻
	纬纱/tex（公支）	同经纱	同经纱	同上。经纬纱的,排列为1毛1丝或2毛2丝	同经纱
经纬密度	经纱/(根/10cm)	110～210	380～450	470～520	380～520
	纬纱/(根/10cm)	95～180	240～380	246～315	240～380
织物组织		平纹组织或变化平纹组织	$\frac{2}{2}$斜纹组织	$\frac{2}{2}$破斜纹组织	$\frac{2}{2}$斜纹组织
质(重)量/(g/m)		220～510	390～450	420～450	390～450
成品幅宽/cm			150	150	150
特点		呢面丰厚,绒毛均匀,有粗纺花呢的效果。但较粗纺花呢紧密,呢面细腻高级,富于弹性,不板不烂,较挺括,色泽鲜艳,色彩秀丽,典雅别致	光泽好,手感滑挺爽,有身骨,弹性足,抗皱性能强	外观银光闪烁,手感细腻柔滑,舒适宜人。花型线条清晰齐整,光泽好,为全毛产品所不及	织物光泽好,手感滑挺爽,有身骨,弹性足,抗皱性能好
用途		宜做西装、套装、时装、女装、外套、运动装、童装等	宜做西装、套装、晚礼服、女装、裙子等		
备注		也有混纺产品,一般选用50%～80%毛和20%～50%的涤纶、腈纶、锦纶、黏胶等。纺纱支数大多为33.3tex×2(30公支/2)左右,也有经纱采用股线,纬纱用111.1tex(9公支)～62.5tex(16公支)单纱的品种	丝质感虽能在整个织物中显现出来,但光泽不及交织或合捻的亮。丝的比例一般控制在10%～20%之间。丝的平均长度与毛相仿时,织物手感柔软而细腻,如用绢落绵,则织物手感柔糯,外观粗犷朴实,乡土气息浓	可分为毛经丝纬、丝经毛纬和丝毛经纬混用等类型	一般丝取本色或浅色,使丝点明朗,加捻方法可按花型外观要求,一次并捻或两次并捻,后者是1根毛纱与1根丝先并捻成中间产品,再与另一根毛纱并捻成丝毛花线,丝点布置活泼,外观效果好

续表

毛织物名称 规格		毛黏粗支花呢	长丝花呢 (毛丝绸)	巴拉瑟亚军服呢(斜板司、斜板司呢)		
英文名		low count wool/ rayon fancy suitings	filament yarn fancy suitings	barathea		
经纬纱线密度	经纱/tex (公支)	26.3×2(38/2) 混纺股线(毛70, 黏胶30)	5.5(50旦)×(2~3) 股涤纶长丝或 7.1×2(140/2) 双股绢丝	27.8×2 (36/2) 毛股线	27.8×2 (36/2) 毛股线	33.3×2 (30/2) 毛股线
	纬纱/tex (公支)	同经纱	14.3×2(70/2)~ 12.5×2(80/2) 纯毛精纺股线或毛涤 纶纱(毛45,涤55)	15.2×2 (66/2) 毛股线	15.2(66/1) 纯毛单纱	23.8×2 (42/2) 毛股线
经纬密度	经纱/(根/ 10cm)	220	300~470	168	168	353
	纬纱/(根/ 10cm)	180	270~300	320	640	270
织物组织		平纹组织	平纹或联合组织	经二重组织	平纹与纬重组 织混合的变化 纹组织	缎纹变化 组织
质(重)量 /(g/m)		340~360	170~210		465以上	390
成品幅宽 /cm					150	149
特点		呢面平整光洁,光泽自然柔和,手感活络细腻、滑糯,弹性好,毛型感足	手感滑细,光泽好,弹性好,抗皱性能好,落水变形小,透气性好,具有洗可穿、免熨烫的优点,有一定的丝绸感	织纹呈斜方块状,纹路清晰,有身骨,弹性好,厚重,质地紧密、挺括,抗皱性能好,坚实耐穿		
用途		宜做西装、便装、两用衫、女装、裙子等	宜做夏令男女各类服装、两用衫、时装、裙子等	宜做军服、军便服、套装、夹克、猎装、旅游服等		
备注		多采用市场上流行的花纱,以蓝、灰花纱,驼、咖啡、绿花纱和沙漠色泽为主,美观大方,价格适宜	是以条染平素夹带一定条花型为主的薄花呢类产品,颜色以黑、中深灰、蓝色为主,也有杂色、混色、花纱和经纬异色闪光的产品	原来是阿曼(Arma)用绢丝制织的一种比较紧密、硬挺的领带的商标名称,后来借用其质地引申成一种毛织物名称。由于又被英国陆军采用制作军服,故此得名。它是重平纹和斜纹的纯毛或与绢丝、棉、腈纶交织的毛织物		

续表

规格＼毛织物名称		海拉因呢(密细条纹精纺呢)			纯毛弹力呢
英文名		hairline			stretch wool fabric
经纬纱线密度	经纱/tex(公支)	333.3(3/1)～100(10/1) 粗纺毛纱	43.5×2(23/2) 精梳毛股线	25×2(40/2)～15.2×2(66/2) 精梳毛纱	31.3×2(32/2)～16.7×2(60/2) 毛氨纶丝包芯纱股线
	纬纱/tex(公支)	27.8×2(36/2) 精梳股线	41.7×2(24/2) 精梳毛股线	同经纱 (经纬纱异色)	同经纱
经纬密度	经纱/(根/10cm)	104	240	250～350	220～460
	纬纱/(根/10cm)	240	232	200～300	220～460
织物组织		$\frac{2}{1}$斜纹组织			平纹或斜纹和变化斜纹
质(重)量/(g/m)		434		250～434	220～320(平纹);230～420(斜纹和变化斜纹)
成品幅宽/cm		150			144～150
特点		织物紧密,呢面显条花型清晰,有立体感,经直纬平,手感柔滑,有身骨,弹性好			弹性好,用其缝制的成衣,不起皱,运动自如,特别是臂、臀、肩、膝处等运动部位,不受衣服牵制,穿着非常舒适
用途		宜做各类西装、套装、女装、时装、运动装、裙子、童装等			宜做运动服、便装、时装、西装、套装、西装裤、童装等
备注		海拉呢是显横条或显竖条的条染异色纱构成的精纺毛织物,属于精纺花呢类。两种异色纱一根一根或二根二根,个别也有三、四根的,视要求显现织物条的宽窄而定,通常"一、一"、"二、二"较多。在织造时,严格要求经纬相对,否则,就会发生错花型。颜色多为灰、蓝、咖啡、米、驼,间夹浅色、灰白、蓝白、咖白、白等两色搭配形成的显条花型			是近些年制织的精纺花呢类新品种。原料一般选用羊毛90%以上,氨纶弹力丝10%以下,织物的弹力可达15%左右,也有的高达30%,但弹力过大影响到成衣外形的尺寸稳定性,挺括性相对差些。一般是经纱用纯毛纱,纬纱用弹力包芯纱,也有少量经纬纱都用弹力包芯纱的。或者对呢坯进行特种整理,使纱线产生一定的永久性卷曲,从而使织物获得较大的伸长弹性恢复力。产品的颜色以中深色为主,女装色多为中浅鲜艳色

续表

规格 \ 毛织物名称		板司呢(板司花呢)				松花呢
英文名		hopsack				loose fancy suitings
经纬纱线密度	经纱/tex(公支)	16.1×2(62/2)纯毛股线	19.2×2(52/2)纯毛股线	25.6×2(39/2)纯毛股线	20.8×2(48/2)纯毛股线	83.3(7英支/1)单纱(350捻/m)
	纬纱/tex(公支)	16.7×2(60/2)纯毛股线	同经纱	同经纱	同经纱	同经纱
经纬密度	经纱/(根/10cm)	349	320	297	371	101
	纬纱/(根/10cm)	247	288	254	284	85
织物组织		$\frac{2}{2}$方平组织(粗支纱也有用平纹,细支纱也有用$\frac{3}{3}$方平组织)				疏松结构的纹面组织
质(重)量/(g/m)		356	373	308	440	390(g/m^2)
成品幅宽/cm		154	149	149	149	143
特点		质地紧密,挺括,结构坚实,不板不烂,有身骨、较厚重,弹性好,呢面平整,混色均匀,织纹清晰,呢面绒毛整齐一致				具有挺而不硬、滑而不糙、轻而不飘的使用性能和刚中有柔、柔中有刚、富有弹性的特殊效应,穿着舒适、潇洒、高雅舒畅,富于时代新潮感
用途		主要用做男女西装、套装、两用衫、夹克衫、猎装、旅游装、中山装、学生装、运动装、西裤、西装裙等				宜做西装、宽松外套、套裙等
备注		英文名称为hopsack,"hop"意即作短途旅行,而"sack"就是粗布袋、麻袋的意思,二者联合起来就成为旅游麻袋布,这便是板司呢名称的由来。现在,板司呢除在呢面上仍保持有一定粗犷挺美的要求外,完全是一种普通西装呢料的重要品种了,不同于最初的含义。所以,板司呢最初多用较粗硬的低支毛粗纺或精纺,也有手工纺织的产品。特别是粗支板司呢,类似麻布袋状,具有一种宜于旅游和野外采集标本果实用的富于粗犷自然美的织物,多为游行家选用做包装用布。板司呢的品种,按其原料可分为纯毛板司呢和混纺(毛和涤纶、黏胶等混纺)板司呢;按其呢面可分为光面板司呢和毛面板司呢;按其花色可分为混色板司呢、平素板司呢和花式板司呢。花式板司呢又有条格、隐显、大小之分。颜色以中浅灰、蓝灰、驼咖混色为主,也有平素灰、蓝咖和杂色的产品				采用羊毛、兔毛、精麻落麻和腈纶或改性涤纶混纺制织而成。采用64支羊毛20%~30%,65~102mm精梳落麻20%~30%,B级兔毛20%或改性涤纶(3~5旦,60~75mm)25%~35%

4. 凡立丁 (tropical suitings)

凡立丁是精纺呢绒中的薄型平纹组织毛织物。名称为英文 Valetin 的音译。是精纺毛织物中经纬密度最小的，使用的羊毛质量好，毛纱细而捻度大，织物稀松但仍保持爽挺，不软疲，不松烂；呢面光洁轻薄平整，不起毛，织纹清晰，光泽自然柔和，色泽鲜明匀净，朴实无华，膘光足，手感滋润、柔软、滑挺、活络有弹性，透气性好。凡立丁的品种，按原料分，有全毛凡立丁、涤毛凡立丁、黏锦凡立丁、黏锦腈凡立丁、纯涤纶凡立丁等；按织物组织分，有隐条凡立丁、隐格凡立丁、条子凡立丁、格子凡立丁、透孔凡立丁和纱罗凡立丁；按花色分，有素色凡立丁和印花凡立丁。凡立丁适宜春、夏、秋三季做各式男女服装，其中浅杂色适合妇女做各种外衣、西裤和裙料等。

规格＼毛织物名称		凡立丁(薄毛呢)	派力司(派力司花呢)
英文名		tropical suitings	palace
经纬纱线密度	经纱/tex(公支)	25×2(40/2)～16.7×2(60/2)股线,大多在20×2(50/2)左右	20×2(50/2)～14.3×2(70/2)股线(选用66～74支毛纤维100%)
	纬纱/tex(公支)	同经纱	31.3(32/1)～20(50/1)单纱(选用66～74支毛纤维100%),也有采用股线的
经纬密度	经纱/(根/10cm)	220～300	250～300
	纬纱/(根/10cm)	200～280	200～260
织物组织		平纹组织	平纹组织
质(重)量/(g/m)		186～372	190～252
成品幅宽/cm		144～149	144～149
特点		色泽鲜艳匀净,光泽自然柔和,膘光足,手感滑挺爽、活络,有身骨,弹性好,抗皱性能强,呢面光洁平整,织纹清晰,细孔均匀,无雨丝痕	呢面平整光洁,经直纬平,不起毛,呢面具有散布性匀细而不规则的轻微雨状丝痕条纹,这是条染深浅混色(如白色与黑色混色成灰色)形成的特殊效应。手感滋润、滑爽,不糙不硬,柔软而有弹性,质地细洁、轻薄、平挺,身骨好。光泽自然柔和,颜色鲜艳,无陈旧感
用途		主要用做夏季男女各类服装,也可做春秋季中山装、两用衫、各种外衣、西裤、裙子等	宜做夏季男女各种衣料,如中山装、两用衫、短袖猎装、夹克、裙子、帽子等

续表

毛织物名称 / 规格	凡立丁(薄毛呢)	派力司(派力司花呢)
备注	是精纺毛织物中质地轻薄的重要品种之一,其密度在精纺毛织物中是最小的,有纯毛和毛与黏胶、锦纶、涤纶、腈纶等混纺两大类。凡立丁采用的羊毛质量好,毛纱细而捻度大。凡立丁的颜色较多,深色的有藏青、元、咖啡、灰、棕等色;浅色的有米、浅灰、银灰、棕灰、浅蓝灰及杂色等。但以浅灰、米适应夏季穿着特点的颜色为主。女装凡立丁常常匹染成鲜艳的漂亮色	派力司的英文名称为 palace,最初是一种绢丝织物,后来法国又生产一种经纬都是棉纱的类似品种,称为帕拉斯毛皮绒(pallasfur),印有毛皮花纹,在该织物特点的基础上,发展最早用天然黑羊毛与白羊毛混色织造的平纹组织轻薄毛织物,称其为派力司。派力司是精纺呢绒类中最轻薄的品种之一,采用染色毛条和白色毛条并合纺成混色毛纱织造而成。派力司所使用的原料,以羊毛为主,常用70支毛条;混纺品种采用羊毛同涤纶、黏胶、腈纶等混纺,混纺配比一般为化纤占55%~60%,羊毛占40%~45%

毛织物名称 / 规格		全毛凡立丁(薄毛呢)							
英文名		all wool tropical suitings							
经纬纱线密度	经纱/tex(公支)	20×2(52/2)股线	19.2×2(52/2)股线	19.2×2(52/2)股线	19.2×2(52/2)股线	18.9×2(53/2)股线	18.9×2(53/2)股线	18.5×2(54/2)股线	18.2×2(55/2)股线
	纬纱/tex(公支)	同经纱	同经纱	同经纱	同经纱	同经纱	同经纱	同经纱	同经纱
经纬密度	经纱/(根/10cm)	250	243	241	246	270	252	247	266
	纬纱/(根/10cm)	202	204	194	203	188	206	216	201
织物组织		平纹组织							
质(重)量/(g/m)		280	187	279	268	263	260	258	279
成品幅宽/cm		144	144	144	149	144	144	146	144
特点		呢面平整光洁,不起毛,织纹清晰,经直纬平,纱线条干均匀,呢面细孔整齐均匀,光泽自然柔和,鲜艳,无色差,膘光足,手感滑挺糯,有身骨,不板不烂。透气性好,穿着凉爽舒适							
用途		宜做夏季男女西装、中山装、两用衫、旅游衫、连衣裙、西裤、西装短裤、西式裙							
备注		凡立丁英语为 tropical,意即热带地方,用此称呼凡立丁(薄毛呢)便可知该品种是夏季用呢料。凡立丁品种,按其呢面花色分,有素色凡立丁,条子凡立丁,格子凡立丁,隐条隐格凡立丁,纱罗凡立丁,印花凡立丁等;按所用纤维原料分,有全毛凡立丁,混纺凡立丁。混纺凡立丁主要有毛黏凡立丁,毛涤凡立丁,毛黏涤凡立丁,毛黏锦凡立丁等							

续表

规格＼毛织物名称		全毛凡立丁(薄毛呢)			涤毛凡立丁(涤毛混纺凡立丁)				
英文名					polyester/wool mixed tropical suitings				
经纬纱线密度	经纱/tex(公支)	16.7×2(60/2)股线	16.7×2(60/2)股线	20.8×2(48/2)股线	14.3×2(70/2)混纺股线(毛45，涤55)	16.7×2(60/2)混纺股线(毛45，涤55)	16.7×2(60/2)混纺股线(毛45，涤55)	20.8×2(48/2)混纺股线(毛45，涤55)	25×2(40/2)混纺股线(毛45，涤55)
	纬纱/tex(公支)	同经纱	同经纱	同经纱	同经纱	同经纱	同经纱	同经纱	同经纱
经纬密度	经纱/(根/10cm)	265	246	234	264	250	250	235	210
	纬纱/(根/10cm)	200	234	198	225	215	215	215	172
织物组织					平纹组织				
质(重)量/(g/m)		245	267	287	212	247	248	245	302
成品幅宽/cm		144	149	144	144	149	149	149	149
特点					呢面光洁平整，手感滑、挺、爽、薄，身骨好，富有弹性，光泽自然柔和，纱线条干均匀，织物尺寸稳定性好，易洗、快干、免烫，强力和耐磨性能优于纯毛织物，但手感不如纯毛织物柔和				
用途					宜做夏季男女各式服装、西裤、裙子等				
备注					缩水率小，在1%左右				

规格＼毛织物名称		黏锦凡立丁(黏锦混纺凡立丁)						
英文名		viscose/polyamide mixed tropical suitings						
经纬纱线密度	经纱/tex(公支)	19.6×2(51/2)混纺股线(黏75，锦25)	19.6×2(51/2)混纺股线(黏75，锦25)	20×2(50/2)混纺股线(黏75，锦25)	21.7×2(46/2)混纺股线(黏75，锦25)	22.2×2(45/2)混纺股线(黏75，锦25)	22.2×2(45/2)混纺股线(黏75，锦25)	22.2×2(45/2)混纺股线(黏75，锦25)
	纬纱/tex(公支)	同经纱	同经纱	同经纱	同经纱	同经纱	同经纱	同经纱
经纬密度	经纱/(根/10cm)	235	248	235	225	245	228	227
	纬纱/(根/10cm)	210	224	212	200	226	210	210

续表

毛织物名称 / 规格	黏锦凡立丁(黏锦混纺凡立丁)						
织物组织							
质(重)量/(g/m)	282	308	282	302	357	320	335
成品幅宽/cm	147	144	147	144	144	144	144
特点	呢面细洁平整、滑爽不糙,无鸡皮皱,织纹清晰,经平纬直,纱线条干好,手感活络,手感强,弹性好,抗皱性能强,色泽纯正,无边身色差,布边平直						
用途	主要用于做两用衫、短袖夹克衫、衬衫、裙子、裤子、艺装、中山装、军便装、学生装、西装等						
备注	缩水率4%~5%,湿强力差,裁剪前需下水预缩,熨烫温度应控制在120~150℃之间,垫湿布熨烫,以防止产生烙铁印和极光						

毛织物名称 / 规格		毛涤凡立丁	黏锦腈凡立丁			涤纶凡立丁(纯涤纶凡立丁)
英文名		wool/polyester mixed tropical suitings	viscose/polyamide/polyacrylonitrile mixed tropical suitings			polyester tropical suitings
经纬纱线密度	经纱/tex(公支)	19.2×2(52/2)混纺股线(毛80,涤20)	20.8×2(48/2)混纺股线(黏50,锦25,腈25)	20.8×2(48/2)混纺股线(黏50,锦25,腈25)	20.8×2(48/2)混纺股线(黏50,锦28,腈22)	12.5×2(80/2)涤纶股线
	纬纱/tex(公支)	同经纱	同经纱	同经纱	同经纱	同经纱
经纬密度	经纱/(根/10cm)	241	230	234	236	258
	纬纱/(根/10cm)	195	204	212	206	242
织物组织		平纹组织	平纹组织			平纹组织
质(重)量/(g/m)		255	304	307	300	195
成品幅宽/cm		144	144	144	144	144
特点		呢面细洁平整,手感滑、挺、爽、薄,身骨好,富有弹性,光泽自然柔和,尺寸稳定性好,易洗、快干、免烫,强力和耐磨性优于纯毛织物	呢面平整细洁、滑爽不糙,织纹清晰,染色性能好,色泽鲜艳,手感好,毛型感强,强力好			外观同全毛凡立丁相似,呢身较为轻盈细薄,强力好,弹性优异,不易折皱,尺寸稳定性好,易洗、快干、免烫

续表

规格＼毛织物名称	毛涤凡立丁	黏锦腈凡立丁	涤纶凡立丁(纯涤纶凡立丁)
用途	用于夏季男女各式服装、西裤、裙料等	同黏锦凡立丁	宜做两用衫、西裤、西装、西式短裤、衬衫、连衣裙、中山装、军便装、学生装
备注	缩水率稍大于涤毛凡立丁	缩水率3%～4%，裁剪前需先下水预缩，熨烫温度宜在140℃左右，垫湿布烫平	吸湿性能差，易产生静电吸尘，缩水率为1%，裁剪前不需下水预缩

规格＼毛织物名称		全毛派力司					涤毛派力司(涤毛混纺派力司)	
英文名		all wool palace					polyester/wool mixed palace	
经纬纱线密度	经纱/tex(公支)	17.2×2(58/2)股线	17.2×2(58/2)股线	16.9×2(59/2)股线	16.7×2(60/2)股线(毛91，涤9)	14.3×2(70/2)股线	17.2×2(58/2)混纺股线(涤55，毛45)	16.9×2(59/2)混纺股线(涤60，毛40)
	纬纱/tex(公支)	25(40/1)单纱	25(40/1)单纱	25.6(39/1)单纱	25(40/1)单纱(毛91，涤9)	21.7(46/1)单纱	26.3(38/1)混纺纱(涤55，毛45)	26.3(38/1)混纺纱(涤60，毛40)
经纬密度	经纱/(根/10cm)	282	286	282	282	276	264	258
	纬纱/(根/10cm)	225	235	225	225	254	206	208
织物组织		平纹组织					平纹组织	
质(重)量/(g/m)		161	240	240	232	199	220	255
成品幅宽/cm		144	144	149	144	144	144	144

续表

毛织物名称 规格	全毛派力司	涤毛派力司 (涤毛混纺派力司)
特点	呢面平整细洁,质地轻薄,经直纬平。手感滑糯、滋润、爽挺,有身骨,弹性好,不板不烂,轻盈透凉。纱线条干均匀,光泽自然柔和,色泽异色分明,混色均匀,花色素雅别致	呢面光洁平整,经直纬平,纱线条干均匀,手感滑爽、轻薄、柔糯,刚中带柔,不生糙呆板,富有弹性,挺而透气,散热性和吸湿性好,不闷气且有凉爽感,光泽自然柔和,异色分明,混色匀净,无陈旧感。织物经热定型后,防皱缩,褶裥稳定性好
用途	宜做男女各种夏令服装,如西裤、衬衫、两用衫、旅游装、短袖猎装、旗袍等	同全毛派力司
备注	主要采用外毛或改良毛为原料,一般以66～70支毛条为主。为了提高织物的爽挺和抗皱性能,可以混入10%以下的涤纶,亦作全毛织物。全毛派力司的色泽以中灰、浅灰为主,其他浅杂色有米、浅棕、浅豆沙、浅绯、浅湖蓝、浅湖绿。缩水率为3.5%,裁剪前,需喷水预缩	

5. 女衣呢 (lady's cloth; ladies cloth; dress worsted)

女衣呢又称精纺女式呢、女士呢、女色呢、叠花呢。是精纺呢绒中的松结构织物。织物轻薄,手感松软,织纹清晰,花色变化繁多,色谱齐全,色泽鲜艳明快,色彩艳丽。原料以羊毛为主,也有涤纶和腈纶,有些花色品种还采用金银丝、异形涤纶丝或彩色丝等作镶嵌装饰用料。坯布采用匹染,素色居多,也有少数是条染混色品种。色泽有浅、中、深色,以浅色为主。常见的有大红、橘红、紫红、玫红、铁锈红、嫩黄、蜜黄、金黄、棕黄、棕色、艳蓝、翠蓝、湖蓝、草绿、湖绿、果绿等色。女衣呢质地轻薄松软,适宜制作春秋季妇女各式服装和童装。

毛织物名称 规格		女衣呢(精纺女式呢、女士呢、女色呢、叠花呢)	苔茸绉(苔绒绉)	
英文名		lady's cloth;ladies cloth;dress worsted	mosscrepe cloth;mossy crepe	
经纬纱线密度	经纱/tex(公支)	19.2×2(52/2)～14.7×2(68/2)股线	20×2(50/2)～14.3×2(70/2)一般多在16.7×2(60/2)左右	16.9×2(59/2)股线
	纬纱/tex(公支)	19.2×2(52/2)～14.7×2(68/2)股线;纱纬常用33.3(30)～25(40)单纱	20×2(50/2)～14.3×2(70/2)一般多在16.7×2(60/2)左右。也有用33.3(30/1)～25(40/1)精纺单纱	33.3(30/1)精纺单纱

续表

规格 \ 毛织物名称		女衣呢(精纺女式呢、女士呢、女色呢、叠花呢)	苔茸绉(苔绒绉)	
经纬密度	经纱/(根/10cm)	280～370	300～400	376
	纬纱/(根/10cm)	200～250	220～350	245
织物组织		结构多样,常见的除平纹组织和斜纹组织外,还有小花纹组织的提花组织、松结构组织和长浮点组织等	绉组织	绉组织
质(重)量/(g/m)		200～350	279～434	360
成品幅宽/cm		144～149	144	144
特点		是精纺呢绒中的松结构织物。花式变化繁多,色谱全,色泽鲜艳明快。身骨较为轻薄,手感松软,有弹性,织纹清晰,色彩艳丽	织纹清晰,色彩艳丽,光泽自然,手感柔软,不松烂,弹性好,纱线条干均匀	
用途		宜做春、秋季妇女各式服装和童装等	宜做各类女装、童装、浴衣、睡衣及窗帘等	
备注		女衣呢因结构松,缩水率大,一般为3.5%左右,裁剪前需充分喷水预缩,以防止成衣后易变形	是采用绉组织与强捻纱构成,呢面呈高低不平的苔藓状绉地纹,故名。多为匹染,颜色有粉红、橘红、豆绿、藕荷、姜黄等。混纺产品,一般毛占60%～80%,化学纤维(如黏胶、涤纶等)占20%～40%,染色多用条染或套染	

规格 \ 毛织物名称		全毛女衣呢						
英文名		all wool lady's cloth;all wool ladies cloth;all wool dress worsted						
经纬纱线密度	经纱/tex(公支)	16.7×2(60/2)股线	16.9×2(59/2)股线	17.2×2(58/2)股线	17.9×2(56/2)股线	19.2×2(52/2)股线	14.7×2(68/2)股线	16.7×2(60/2)股线
	纬纱/tex(公支)	25×2(40/2)股线	33.3(30/1)精纺单纱	同经纱	同经纱	同经纱	同经纱	33.3(30/1)精纺单纱
经纬密度	经纱/(根/10cm)	340	376	281	320	300	290	345
	纬纱/(根/10cm)	220	245	219	244	256	224	220
织物组织		绉组织	小花纹组织	$\frac{3}{3}$斜纹组织	变化组织	联合组织	变化组织	变化组织

续表

规格＼毛织物名称	全毛女衣呢						
质(重)量/(g/m)	260	356	285	344	346	274	356
成品幅宽/cm	144	144	149	149	144	144	144
特点	呢面洁净平挺,有各式各样的细致织纹图案或凹凸变化的纹样,织纹清晰新颖。手感松软,松而不烂,有弹性。色谱齐全,色彩艳丽,光泽自然柔和						
用途	宜做各种女式服装,如西装、两用衫、外套、马甲、旗袍、连衣裙、西装裙、童装等						
备注	组织变化多,色谱齐全,以中浅色为主。染色大多用匹染,以素色为主,色泽有橘红、大红、紫红、铁锈红、玫红、枣红、嫩黄、金黄、蜜黄、鹅黄、棕黄、艳蓝、湖蓝、翠蓝、草绿、橄榄绿、果绿、灰、豆灰、雪灰、银灰等。由于织物组织结构较松,部分系松结构和长浮点组织,在成衣前必须充分喷水预缩,防止因缩率大而影响成衣尺寸的稳定性。缝制时针距不宜过密,防止线缝处皱缩						

规格＼毛织物名称		涤毛女衣呢(涤毛混纺女衣呢)		腈纶女衣呢
英文名		polyester/wool lady's cloth; polyester/wool dress worsted		polyaerylon; trile lady's cloth
经纬纱线密度	经纱/tex(公支)	19.2×2(52/2)股线 (毛 70,涤 30)	17.9×2(56/2)股线 (涤 55,毛 45)	31.3×2(32/2)股线 (膨体纱)
	纬纱/tex(公支)	同经纱	27.8(36/1)精纺单纱 (涤 55,毛 45)	同经纱
经纬密度	经纱/(根/10cm)	370	251	196
	纬纱/(根/10cm)	225	236	166
织物组织		变化组织	提花组织	平纹、变化平纹或变化斜纹
质(重)量/(g/m)		373	239	342
成品幅宽/cm		149	144	149
特点		呢身较全毛织物爽挺,弹性好,褶裥持久性和尺寸稳定性好,强力较全毛织物有所提高,耐磨性能好,缩水率小,尺寸稳定,不易变形,易洗、快干、免烫		织物手感松软,色泽鲜艳,抗皱性能好,保暖性好,穿着舒适
用途		同纯毛女衣呢		宜做衬衫、两用衫、浴衣、睡衣、裙子及窗帘、家具装饰等
备注				缩水率 2%左右。一般匹染成中浅色,如浅粉、果绿、漂白、绿、棕、银灰、姜黄、驼、米黄等

续表

规格 \ 毛织物名称		麦斯林呢（麦斯林）		燕麦纹毛呢（奥托密尔呢）
英文名		muslin		oatmeal cloth
经纬纱线密度	经纱/tex（公支）	27.8(36/1)～13.9(72/1)毛纱	20.8×2(48/2)～12.5×2(80/2)毛股线	17.9×2(56/2)～14.3×2(70/2)精纺股线
	纬纱/tex（公支）	同经纱	20.8×2(48/2)～12.5×2(80/2)毛股线，也有用33.3(30/1)～16.7(60/1)单纱	50×2(20/2)～25×2(40/2)精纺股线或单纱
经纬密度	经纱/(根/10cm)		240～320	
	纬纱/(根/10cm)		240～320	
织物组织		平纹组织		绉纹组织
质(重)量/(g/m)		150～200	124～200	280～420
成品幅宽/cm		144～149		
特点		呢面平整光洁，织物轻薄、疏松、平挺、活络、柔软。手感柔糯滑爽，不易产生褶皱，富有弹性，色泽鲜艳，耐脏不易沾污，穿着舒适，挺括飘逸		呢面呈燕麦纹样，手感柔软、活络，抗皱性能好
用途		宜做夏令女装、衬衫、两用衫、连衣裙、睡衣、裙子、童装、头巾及装饰用布		宜做女装、裙子、睡衣、浴衣及窗帘、毛巾、家具装饰用布
备注		麦斯林(muslin)一词源自法语mouselline，阿拉伯语的穆斯林(musili)意为讹传。因为该词来源于该织物最初创织地美索不达美亚(Mesopotamia)河西岸莫索尔(Mossoul)城市，在此地最先流行麦斯林夏季织物，称为莫索(Mosul)，所以莫索(Mosul)倒是该织物的最初叫法，后传到时装中心的法国再流行到世界各地，故以法语麦斯林称之		该品种也有粗纺产品，属于粗纺花呢类。精纺产品一般为匹染，多为中浅鲜艳浅天蓝、灰、草绿、米色等

6. 贡呢（venetian）

贡呢是精纺呢绒中经纬纱支高、密度大而又厚重的品种，也是历史悠久的传统品种。呢面光洁平整，织纹清晰，纹道间距狭细，身骨紧密、手感滋润柔滑，活络有弹性。呢面由加强缎纹的长浮线构成丝绸织物样的自然质感，光泽明亮，形成贡呢特有的风格。原料以羊毛为主，少数混纺品种采用涤纶和黏胶。品种有直贡呢（织纹倾斜角度为75°以上），斜贡呢（织纹倾斜角度为45°左右）和横贡呢（织纹倾斜角度为15°左右）三类。其中，以直贡呢为主，横贡呢很少生产，斜贡呢已被华达呢和哔叽代替。按经纬纱线花色分，有素色直贡呢和用花线交织的花线直贡呢。直贡呢以坯布匹染为主，元（色）贡呢主要用于做大衣、礼服和鞋、帽等。其他杂色贡呢可做西服和制服；花线贡呢可做西装、套装、大衣和鞋、帽等。

规格 \ 毛织物名称		贡呢(礼服呢)		全毛直贡呢(礼服呢)(1)			
英文名		venetian		all wool venetian			
经纬纱线密度	经纱/tex(公支)	19.6×2(51/2)～14.3×2(70/2)股线	14.3×2(70/2)～12.5×2(80/2)股线	16.7×2(60/2)股线	16.7×2(60/2)股线	16.7×2(60/2)股线	16.7×2(60/2)股线
	纬纱/tex(公支)	19.6×2(51/2)～14.3×2(70/2)股线,也有采用26.3(38/1)～24.4(41/1)单纱	同经纱	25(40/1)单纱	26.3(38/1)单纱	25(40/1)单纱	同经纱
经纬密度	经纱/(根/10cm)	400～550	300～700	418	500	542	527
	纬纱/(根/10cm)	250～430	200～430	348	380	422	336
织物组织		缎纹变化组织		加点缎纹	急斜纹	急斜纹	急斜纹
质(重)量/(g/m)		380～550	380～580	368	440	465	485
成品幅宽/cm		144～149	144～149	149	149	144	144
特点		呢面的织纹间距小,浮点长,织纹清晰,贡条挺直,细洁平滑光亮,身骨紧密,呢身厚实,手感滋润柔滑,活络有弹性		呢面斜纹倾斜角度陡峻,呈75°左右,织纹清晰,贡条挺直,纹道间距较小。质地紧密厚实,富有弹性,手感丰厚饱满、滋润、柔软、滑爽,强度高。由于经纱浮线较长,因此,耐磨性稍差,容易起毛。织物的服用性能好,穿着贴身舒适			
用途		宜做西装、礼服、制服、中式便装、中式马甲、长短大衣、鞋帽等		宜做西装、礼服、中式便装、马甲、长短大衣、鞋帽等			
备注		贡呢的品种,按照组织结构和织纹倾斜角度分,有直贡呢(75°以上),横贡呢(15°左右),斜贡呢(45°～50°左右)。其中,以直贡呢为主,横贡呢很少生产,斜贡呢已为华达呢和哔叽代替。直贡呢中,除传统的直贡呢外,还有条形直贡呢,即新条直贡呢。按所用纤维原料分,有全毛贡呢与混纺贡呢,混纺主要是羊毛和黏胶或涤纶混纺。按经纬纱线花色分,有素色直贡呢和用花线交织的花线直贡呢。直贡呢以匹染为主,素色贡呢的色泽有元色、藏青、咖啡和其他杂色		是精纺呢绒中的高档品种,也是历史悠久的传统产品。原料一般选用64～66支毛或改良毛,高级产品采用70支毛,为了提高其强度和耐磨性,可掺混10%以下的涤纶			

续表

规格＼毛织物名称		全毛直贡呢(礼服呢)(2)						
英文名		all wool venetian						
经纬纱线密度	经纱/tex(公支)	16.7×2(60/2)股线(毛93,涤7)	17.9×2(56/2)股线	17.9×2(56/2)股线	19.2×2(52/2)股线	19.6×2(51/2)股线	19.6×2(51/2)股线	20.8×2(48/2)股线
	纬纱/tex(公支)	25(40/1)单纱(毛93,涤7)	25(40/1)单纱	同经纱	同经纱	同经纱	同经纱	同经纱
经纬密度	经纱/(根/10cm)	550	470	521	495	420	455	510
	纬纱/(根/10cm)	390	345	381	334	276	256	244
织物组织		加点缎纹	加点缎纹	急斜纹	急斜纹	加点缎纹	加点缎纹	急斜纹
质(重)量/(g/m)		495	403	549	520	428	450	320
成品幅宽/cm		144	149	144	149	149	149	144
特点		同上页(1)						
用途		同上页(1)						
备注		同上页(1)						

规格＼毛织物名称		涤毛直贡呢(涤毛混纺直贡呢)	横贡呢	马裤呢
英文名		polyester/wool mixed ventian	sateen	whipcord
经纬纱线密度	经纱/tex(公支)	14.3×2(70/2)股线(毛45,涤55)	20×2(50/2)混纺股线(毛50,黏胶50)	27.8×2(36/2)～16.7×2(60/2)股线,大多采用22.2×2(45/2)左右
	纬纱/tex(公支)	同经纱	同经纱	同经纱
经纬密度	经纱/(根/10cm)	524	358	420～650
	纬纱/(根/10cm)	310	258	210～300
织物组织		急斜纹	缓斜纹	急斜纹
质(重)量/(g/m)		388	388	600以上
成品幅宽/cm		149	149	144～150

续表

规格＼毛织物名称	涤毛直贡呢(涤毛混纺直贡呢)	横贡呢	马裤呢
特点	呢面斜纹纹路清晰,贡条挺直,纹道间距紧窄。织物强力高于纯毛织物,经热定型后能长久保持褶裥痕,折皱恢复率较大,手感挺爽,但不及纯毛织物柔滑滋润,织物挺括,结实耐穿,易洗、快干。透气性和抗熔孔性较差,由于静电作用,易起毛起球	织物纹道倾斜角度较小,约为15°的缓斜纹。呢面的纬浮点多于经浮点,密度较稀,光泽自然柔和,手感柔软,身骨和弹性不如纯毛贡呢	织物密度大,纹路突出,织纹正反面不相同,正面有粗壮而突出的贡子,而反面则织纹平坦。由于纱支偏粗,因此呢面呈急斜纹,质地厚实。手感软糯而不糙硬,有身骨,弹性好,服用性能好,光泽自然柔和有膘光
用途	宜做西装、礼服、中式便装、马甲、长短大衣、鞋帽等	宜做各种女式服装	宜做军装、军大衣、外套、西装、猎装、两用衫、夹克衫、马裤、春秋季夹大衣、帽子等
备注		是贡呢类中的纬面缎纹织物,色泽以杂色为多	马裤呢的英文名称为whipcord,意即鞭子样的扭捻状,因为马裤呢呢面纹路粗壮,呈圆形弯曲时,呢面呈现一种似鞭子合股加捻形状,故英文采用whipcord表示该织物。在我国,因为马裤呢最初多用于做军用马裤,故有马裤呢之称。马裤呢的品种不多,按原料可分为纯毛和混纺。混纺多用黏胶、涤纶、锦纶、腈纶等,混纺比例多数为毛60%～80%,化学纤维20%～40%。按染色工艺不同分为匹染的素色和条染混色两种

规格＼毛织物名称		全毛马裤呢			黏毛马裤呢(黏毛混纺马裤呢)
英文名		all wool whipcord			viscose/wool mixed whipcord
经纬纱线密度	经纱/tex(公支)	16.7×2(60/2)股线	20×2(50/2)股线	22.7×2(44/2)股线	20×2(50/2)混纺股线(黏胶60,毛40)
	纬纱/tex(公支)	同经纱	同经纱	同经纱	同经纱
经纬密度	经纱/(根/10cm)	631	564	495	492
	纬纱/(根/10cm)	286	264	245	280
织物组织		急斜纹			急斜纹
质(重)量/(g/m)		490	529	564	512
成品幅宽/cm		144	144	149	149

续表

毛织物名称 \ 规格	全毛马裤呢	黏毛马裤呢(黏毛混纺马裤呢)
特点	织物呈单面斜纹,正面具有粗壮的急斜纹贡子,倾斜角度陡峻,右斜,而反面织纹较模糊,呈左斜,织纹宽而呈扁平状。呢面平整光洁,织纹清晰,纹道匀、深、直,纱支条干均匀、洁净,无雨丝痕,边道平直。手感条软滋润,光滑不糙,身骨好,富有弹性,呢身紧密厚重活络。织物丰厚,保暖性能好,悬垂性佳,抗皱性强,成衣尺寸稳定性好,穿着舒适平挺,不易变形	织物的外观特征与纯毛马裤呢基本相似,具有较好的毛型感,手感柔软,不松不疲。呢面平整洁净,织纹清晰,贡子粗壮饱满,纱线条干均匀,有身骨,但不及纯毛织物挺括,弹性较差,易有褶皱,缩水率较大
用途	宜做军装、春、秋季夹大衣和裘皮大衣面料、两用衫、马裤、猎装、卡曲衫及帽子等	同全毛马裤呢
备注	是精纺呢绒类中的高档品种,全部采用羊毛作原料,且以外毛为主,常用66支以上外毛,也有部分产品混入一部分国产改良毛	黏毛马裤呢是精纺呢绒中的中档品种。混纺比例为毛40%,黏胶60%,也有采用毛70%,黏胶30%等。产品有素色和混色两种。颜色有元、棕、咖啡、深灰和混色等

毛织物名称 \ 规格		毛涤马裤呢	巧克丁(罗斯福呢)	涤毛巧克丁(涤毛混纺巧克丁)	
英文名		wool/polyester mixed whipcord	tricotine	polyester/wool mixed tricotine	
经纬纱线密度	经纱/tex(公支)	16.7×2(60/2)精纺股线(毛95,涤5)	22.2×2(45/2)～16.7×2(60/2)股线	19.2×2(52/2)混纺股线(涤65,毛35)	18.5×2(54/2)混纺股线(涤65,毛35)
	纬纱/tex(公支)	同经纱	22.2×2(45/2)～16.7×2(60/2)股线。线经纱纬的巧克丁纬纱采用33.3(30/1)单纱	同经纱	同经纱
经纬密度	经纱/(根/10cm)	430～520	400～550	286	285
	纬纱/(根/10cm)	230～290	250～350	256	266
织物组织		急斜纹	变化急斜纹组织	急斜纹	
质(重)量/(g/m)			350～650(以450最多)	330	340
成品幅宽/cm		144～149	144～149	149	149
特点		呢面平整光洁,织纹清晰,纹道匀、深、直。手感柔软滋润,光滑不糙,身骨好,有弹性,质地紧密丰厚。成衣尺寸稳定性好,不易变形,悬垂性好,抗皱性能强,穿着舒适平挺	呢面光洁平整,织纹清晰,贡子阔而粗壮,顺直而不起毛,反面斜纹平坦,较模糊而不明显,手感粗厚活络,光滑不糙,有身骨,弹性好,抗皱性能好,不松不烂,光泽自然柔和、富有膘光,无雨丝痕,边道平直	呢面光洁平整,织纹清晰饱满、匀直,密度较松,较纯毛巧克丁稍薄。手感滑挺爽,弹性好,抗皱性能强,褶裥保持性好,强力和耐磨性优于纯毛织物,但手感不够丰厚柔软。光泽自然柔和,色泽鲜艳,透气性稍差	

续表

规格 \ 毛织物名称	毛涤马裤呢	巧克丁(罗斯福呢)	涤毛巧克丁(涤毛混纺巧克丁)
用途	同全毛马裤呢	主要用做西装、礼服、两用衫、猎装、夹克衫、春秋长短夹大衣和毛皮大衣面料,军大衣、卡曲衫、帽子等	宜做西装、春秋各式男女服装、长短夹大衣等
备注	原料选用66支毛和3.3dtex(3旦)涤纶。产品有素色和混色两种,颜色主要有元、深灰、棕、咖啡和混色等	巧克丁是英文Tricotine的音译。呢面呈现双根并列的急斜纹条子,也有三根并列的,斜纹角度约63°左右,每组并列两根或三根斜纹线条,间距较小,凹度较浅,在不同组间的纹路线条距离较大,凹度较深。巧克丁按其原料成分可分为纯毛巧克丁和毛涤巧克丁,按其织物厚度分,又有厚型巧克丁和中厚型巧克丁。其色泽以平素为主,也有花纱、混色巧克丁,颜色有蓝、军绿、元、藏青、咖啡、深灰、棕、草绿等	是毛混纺产品中质量较优的品种

规格 \ 毛织物名称		全毛巧克丁(1)			
英文名		all wool tricotine			
经纬纱线密度	经纱/tex(公支)	22.2×2(45/2)股线	19.6×2(51/2)股线	19.6×2(51/2)股线	17.2×2(58/2)股线
	纬纱/tex(公支)	同经纱	同经纱	同经纱	同经纱
经纬密度	经纱/(根/10cm)	550	415	460	550
	纬纱/(根/10cm)	240	260	262	232
织物组织		急斜纹			
质(重)量/(g/m)		380	420	450	663
成品幅宽/cm		144	149	149	149
特点		呢面有双根并列或三根并列的斜纹纹道,贡子粗壮丰满,手感滑糯丰厚,保暖性好,身骨结实,富有弹性。呢面光洁挺括,色泽匀净,条干均匀,光泽柔和自然,膘光足			
用途		见巧克丁			
备注		原料以外毛为多,常用64、66和75支毛条。为匹染素色织品,色泽有藏青、元色、灰、棕、咖啡、草绿等。全毛巧克丁的质量要求呢身丰厚结实,呢面平整光洁,手感爽挺,耐褶皱;色泽鲜明,无陈旧感;经纬纱支条干均匀,贡子饱满清晰匀直;光泽柔和,富有膘光,边道平直。缩水率为3.5%,裁剪前需喷水预缩			

续表

规格 \ 毛织物名称		全毛巧克丁(2)		色子贡(骰子贡、军服呢)	
英文名		all wool tricotine		dice venetian	
经纬纱线密度	经纱/tex(公支)	16.7×2(60/2)股线	19.2×2(52/2)股线	18.5×2(54/2)混纺股线(毛80,涤20)(630～720捻/m)	16.7×2(60/2)纯毛股线(650～810捻/m)
	纬纱/tex(公支)	同股线	33.3(30/1)单纱	同经纱	同经纱
经纬密度	经纱/(根/10cm)	474	460	420	370
	纬纱/(根/10cm)	267	343	300	310
织物组织		急斜纹		变化缎纹	十枚三飞经向加强缎纹
质(重)量/(g/m)		403	475	560	520
成品幅宽/cm		149	144		
特点		同上页(1)		呢面呈清晰的网纹,勾画出方形的小颗粒状花纹,纹样细巧,正反面织纹相似,呢面平整光洁,织物紧密厚实,手感柔软滑糯,有身骨,弹性好,光泽自然柔和,色泽鲜艳	
用途		同上页(1)		宜做礼服、军服、套装、夹大衣、马甲、猎装、女装等	
备注		同上页(1)		由于呢面大多呈网纹方形小颗粒、“骰子”状纹样,故称谓骰子贡,又因为此品种常用于做军服,故又有军服呢别称。色子贡一般为条染素色产品,以深灰、草绿、墨绿、黑色为主,也有混色、花纱和匹染产品,匹染以深色为主,颜色有藏青、元、棕黄和草绿等	

7. 薄花呢（thin fancy suitings）

薄花呢是由精纺毛纱制织的薄型花式毛织物，重量在180g/m左右。常见的薄花呢有两种风格：一种手感滑挺薄爽有弹性，另一种手感滑软丰糯有弹性。除全毛外，还有毛混纺和纯化纤薄花呢。宜用于制作夏季男女西装、套装、两用衫面料和裤料、裙料等。

规格＼毛织物名称		薄花呢	凉爽呢(毛涤薄花呢、毛的确良)			
英文名		thin fancy suitings	wool/polyester blend suitings; wool/polyester tropical suitings; modelon fancy suitings			
经纬纱线密度	经纱/tex(公支)	20×2(50/2)～12.5×2(80/2)毛股线,最高可达10×2(100/2)毛股线	16.7×2(60/2)～12.5×2(80/2)混纺股线(毛50,涤50)	11.1×2(90/2)～8.3×2(120/2)混纺股线(毛50,涤50)	13.2×2(76/2)混纺股线(毛50,涤50)	10×2(100/2)混纺股线(毛50,涤50)
	纬纱/tex(公支)	20×2(50/2)～12.5×2(80/2)毛股线,纬纱也有采用毛单纱	同经纱	11.1×2(90/2)～8.3×2(120/2)混纺股线或33.3(30/1)～20(50/1)单纱	同经纱	同经纱
经纬密度	经纱/(根/10cm)	230～270			257	300
	纬纱/(根/10cm)	190～207			240	268
织物组织		平纹组织	平纹、平纹小提花组织	平纹组织	平纹小提花组织	平纹组织
质(重)量/(g/m)		200左右		180～270	248	183
成品幅宽/cm		144～149	144～149	144～149	144～149	144～149
特点		呢面丰满柔滑,疏松活络,质地轻薄,外观呈现点、条、格及其他各种各样的花纹图案	具有轻薄、透湿、凉爽,坚牢耐穿,抗皱性能好,褶裥持久,缩水和落水变形小,易洗烫、洗可穿,手感挺滑,薄如蝉翼			
用途		宜做夏季男女西裤、女衣裙等	宜做夏季男女各类套装、西装、两用衫、中山装、裤装、裙装等			
备注		有两种风格,一种是织纹清晰,手感滑挺薄爽而有弹性,另一种是手感滑柔丰糯而富有弹性。使用的纱线捻度宜偏高,常采用ZZ同向捻纱线来构作隐条隐格花样。第一种风格的进行光洁整理,使成品的经纬密度接近,突出织物的透凉感,第二种风格的进行轻缩绒整理,加强定型,以防止鸡皮绉疵点的产生,但不宜采用烧毛工序	是条染产品,颜色以中浅灰、米、驼为主,也有杂色、深咖、蓝等,花型以平素和条花为主,兼有大小格型			

续表

规格＼毛织物名称	涤腈薄花呢	涤黏薄花呢(快巴)	
英文名	polyester/polyacrylonitrile mixed fancy suitings	polyester/viscose mixed fancy suitings	
经纬纱线密度 经纱/tex(公支)	13.9×2(72/2)混纺股线(涤50,腈50)	20×2(50/2)混纺股线(涤50,黏50)	13.9×2(72/2)混纺股线(涤65,黏35)
经纬纱线密度 纬纱/tex(公支)	同经纱,也有采用33.3(30/1)～16.7(60/1)混纺单纱(涤50,腈50)	同经纱	同经纱
经纬密度 经纱/(根/10cm)	246	246	269
经纬密度 纬纱/(根/10cm)	244	232	230
织物组织	平纹组织	平纹组织	
质(重)量/(g/m)	256	286	226
成品幅宽/cm	149	149	149
特点	抗皱性能好,落水变形小,具有易洗免烫,洗可穿的优点,外观近似毛涤薄花呢和毛涤纶,但更滑细、轻薄些	织物抗皱性能强、洗可穿、免熨烫性突出,并具有毛型感,穿着较挺括,适宜于春夏秋三季穿用	
用途	宜做夏季男女服装、两用衫、裙子、中山装、短衣裤等	宜做男女西装、套装、两用衫、裤子、裙子等	
备注	颜色大多为中浅灰、米驼、浅天蓝、本白、浅银灰等夏令冷淡色	颜色以平素隐条隐格花型的灰、蓝、咖、黑为主,也有杂色格条产品	

规格＼毛织物名称	毛麻涤薄花呢	波拉呢(罗丝呢、螺丝呢)	罗丝呢	亮光薄呢
英文名	wool/ramie/polyester mixed fancy suitings	poral	screw fancy suitings	brilliantine
经纬纱线密度 经纱/tex(公支)	25×2(40/2)～16.7×2(60/2)混纺股线(毛30%～40%,麻15%～35%,涤25%～55%)	20(50)～16.7(60)三合股或33.3(30)～31.3(32)二合股或66.7(15)～62.5(16)单纱	将毛纱为22.2(45)～27.8(36)单纱与精梳棉纱为11.1(90)～13.9(72)单纱合股加捻(通常,棉纱的线密度只有毛纱线密度的一半)	4.9×2(120英支/2)黑色棉纱
经纬纱线密度 纬纱/tex(公支)	同经纱	同经纱	同经纱	35.7(28/1)马海毛单纱

续表

规格 \ 毛织物名称		毛麻涤薄花呢	波拉呢(罗丝呢、螺丝呢)	罗丝呢	亮光薄呢
经纬密度	经纱/(根/10cm)	180～320	144～260		280
	纬纱/(根/10cm)	180～320	144～260		232
织物组织		平纹组织	平纹组织	平纹组织	平纹或斜纹
质(重)量/(g/m)		210～290	200～300	165～185	
成品幅宽/cm		149			
特点		既具有麻织物的挺括、凉爽、透气性好等优点,又具有毛涤薄花呢的落水变形小,抗皱性能强,褶裥性好,洗可穿等优点,而且抗起球性能好	经纬纱的捻度均较大(强捻纱),一般在1100～1200捻/m。手感硬挺、滑爽,有凉快感,弹性好,抗皱性能强,光泽好,透气性好	织物结构紧密,细洁、匀净,手感柔软、薄爽,光泽柔和,呢面有“雪花”状皱纹花样,色泽素雅,穿着舒适	织物紧密适中,光泽好,手感滑爽,有身骨,弹性好,抗皱性能好
用途		宜做男女各类夏装,裙子、西装、两用衫、套装、猎装、中山装、便装等	宜作夏季男女各种衣料、裙料	宜做春、夏季女装、衫裙等	宜做薄西装、女装、艺装、时装、高档纯毛礼服衬里等
备注		质地、风格有三种类型:①棉型,外观和质地与涤棉混纺织物(棉的确良)相类似,质地细洁,手感滑爽,透气性好,最适宜做夏季衬衫、两用衫、裙子等。②毛型,呢面细洁平整,与毛涤纶或毛涤薄花呢相仿,但较挺括,手感较凉爽,适宜做春夏秋季外套、各类服装、裤子等。③麻型,系充分利用麻纤维的特点纺制的各种花式线,如竹节纱、大肚纱、彩点纱等,模仿自然麻节和纱的不匀性,使呢面呈现星星点点彩饰,别具风格,富有自然粗犷、纯朴美,此类织物爽挺,一般适宜做各种类型的外套、猎装、便装、西装等	属于薄花呢类,在英国也叫夫雷斯科(Fresco),是英国伦敦卡尼亚商会登记的此织商品名称,质量较好。该织物是由英国最先创织的,采用含义为多气孔的英语单词 proe 或 porous 形容其织物,这便是波拉呢(poral)名字的由来。波拉呢多采用马海毛精纺纱织造,通过纱线的正反捻搭配使用,由于捻向反射光线的不同,使呢面呈现条格效应,一般经纬纱都纺成正反捻两种纱	是指用精纺毛纱和棉纱合捻的纱线制织的花呢,由于毛纱粗棉纱细,合捻后的股线如螺旋形而得名。原料成分大约羊毛占2/3,棉占1/3。织后,坯呢采用匹染(只染羊毛,不染棉),光洁整理	属于薄花呢类。其原料一般采用驼羊毛、马海毛、毛、棉、黏胶、绢丝等混纺或交织。经纱一般为棉纱或黏胶等化纤纱,纬纱用马海毛或驼羊毛等光泽好、纤维长度长的毛纤维进行纺纱,是高支纱产品。颜色以黑色为主,也有咖啡、蓝等中浅色品种。另外,用斜纹或变化纹织造的亮光薄呢,称为 Figured brilliantine 或 pekin stripe brilliantine(闪光呢或北京亮光呢)等

8. 其他精纺毛型织物（other worsted fabrics）

<table>
<tr><td colspan="2">规格 \ 毛织物名称</td><td>马米呢(马米绉)</td><td colspan="2">马海毛织物</td></tr>
<tr><td colspan="2">英文名</td><td>momie cloth</td><td colspan="2">mohair cloth</td></tr>
<tr><td rowspan="2">经纬纱线密度</td><td>经纱/tex(公支)</td><td>32.4×2(18英支/2)～18.2(32英支/2)棉股线或化纤股线,也有3、4合股的</td><td>31.3×3(32/3)混纺股线</td><td>17.2×2(58/2)混纺股线(马海毛80,涤20)</td></tr>
<tr><td>纬纱/tex(公支)</td><td>62.5×2(16/2)～31.3×2(32/2)精纺股线或单纱</td><td>同经纱</td><td>21.7(46/1)混纺股线(马海毛80,涤20)</td></tr>
<tr><td rowspan="2">经纬密度</td><td>经纱/(根/10cm)</td><td>110～200</td><td>134</td><td>230</td></tr>
<tr><td>纬纱/(根/10cm)</td><td>110～200</td><td>118</td><td>262</td></tr>
<tr><td colspan="2">织物组织</td><td>平纹织物</td><td colspan="2">平纹组织</td></tr>
<tr><td colspan="2">质(重)量/(g/m)</td><td>180～320</td><td>410</td><td>234</td></tr>
<tr><td colspan="2">成品幅宽/cm</td><td></td><td></td><td></td></tr>
<tr><td colspan="2">特点</td><td>手感比较粗糙、硬挺,具有粗犷纯朴的自然美,类似手工织造、染色的毛织物</td><td colspan="2">呢面平整,纱支条干均匀,手感滑挺爽,有身骨,弹性好,抗皱性能优良,光泽好</td></tr>
<tr><td colspan="2">用途</td><td>宜做民族服装、丧服以及桌布、毛巾、手工艺品等</td><td colspan="2">宜做西装、套装、两用衫、夹克衫、马甲、青年装等</td></tr>
<tr><td colspan="2">备注</td><td>此织物用于丧事时,一般不经过后整理,常为天然本白色。现在,马米呢的经纱一般用高支精梳毛纱,纬纱仍用低支毛纱,织物的颜色大多为本色或中深色,也有印花染色的产品</td><td colspan="2">一般用纯马海毛或马海毛混纺一定比例的羊毛或黏胶、腈纶、涤纶等。经纬纱支数一般为33.3tex×2(30公支/2)～14.3tex×2(70公支/2)股线,也有用三合股或单纱织造的,捻度约450～800捻/m。多为条染产品,色泽以黑、灰、咖为主,也有中浅色的产品,如浅驼、浅灰等</td></tr>
</table>

<table>
<tr><td colspan="2">规格 \ 毛织物名称</td><td colspan="5">巴里纱(玻璃纱)</td><td>毛里衬(黑炭衬)</td></tr>
<tr><td colspan="2">英文名</td><td colspan="5">voile</td><td>padding;interlining;hair cloth</td></tr>
<tr><td rowspan="2">经纬纱线密度</td><td>经纱/tex(公支)</td><td>18.5×2(54/2)纯毛股线(1040捻/m)</td><td>22.2×2(45/2)纯毛股线(960捻/m)</td><td>14.7×2(68/2)纯毛股线(1150～1200捻/m)</td><td>41.7×3(24/3)纯毛股线</td><td>12.5×2(80/2)以上混纺股线(1200～1500捻/m)</td><td>18.2×3(32英支/3)～9.7×3(60英支/3)棉股线或13×2(45英支/2)涤棉混纺股线</td></tr>
<tr><td>纬纱/tex(公支)</td><td>25×2(40/1)纯毛单纱(810捻/m)</td><td>同经纱</td><td>同经纱</td><td>同经纱</td><td>同经纱</td><td>包芯马毛纱[用3根13.9×2(42英支/2)纯棉纱包覆马尾而成,马尾与马尾头尾搭接]</td></tr>
</table>

续表

规格 \ 毛织物名称		巴里纱(玻璃纱)					毛里衬(黑炭衬)
经纬密度	经纱/(根/10cm)	168	144	208	88	210～280	176
	纬纱/(根/10cm)	160	140	200	88	210～280	320～400
织物组织		平纹组织	平纹组织	平纹小提花组织	平纹组织	平纹组织	平纹组织
质(重)量/(g/m)		130～150	210	180	140	130	155～230(g/m^2)
成品幅宽/cm		144～149					
特点		呢面平整,经纬密度均匀,经平纬直。质地轻薄,手感滑、挺、爽,弹性好。纱线条干均匀、光滑,透气透光性能好,有薄挺露效果					织物紧密,硬挺,弹性足,抗皱性能强
用途		宜做各式女装、衬衫、艺装、裙子、童装、睡衣裤、民族服装、头巾、面纱、抽绣品底布及台灯罩、窗帘等家庭装饰用布					宜做套装上衣、礼服、西装、大衣、中山装、帽子等的垫衬材料
备注		是精纺呢绒中质地轻薄、经纬密度小、可透亮的稀薄平纹毛织物。经纬纱必须用巴里纱织造。巴里纱(voile)原文来源于法语 vwail 的音译,英语意即面纱(vile)织物。巴里纱多选用品质支数好的、可纺支数在 66 支以上的光泽较好、较长的毛纤维纺纱。经纬纱支一般是 12.5tex×2(80 公支/2)～8.3tex×2(120 公支/2)股线,也有采用 41.7tex×2(24 公支/2)～17.9tex×2(56 公支/2)较低支数的股线,也有和涤纶、麻、黏胶、棉等混纺的巴里纱					按其质(重)量分有:超薄型 $155g/m^2$ 及以下;轻薄型 156～ $195g/m^2$;中厚型 196 ～ $230g/m^2$;超厚型 $230g/m^2$ 以上,以适应不同服装衬里的需要。品质优良的毛里衬要求缩水率很小,一般在 0.5%以下,这样才能使缝制的服装挺括,棱角分明,经水洗或干洗后服装不走样

规格 \ 毛织物名称	毛　涤　纶			
英文名	modelon			
品名	毛涤纶	一般毛涤纶	薄毛涤纶	高级薄毛涤纶

续表

规格＼毛织物名称		毛涤纶			
经纬纱线密度	经纱/tex（公支）	33.3×2(30/2)～25×2(40/2)混纺股线（毛45,涤55）	22.2×2(45/2)～15.6×2(64/2)，大多用16.7×2(60/2)左右混纺股线（毛45,涤55）	14.7×2(68/2)～12.8×2(78/2)混纺股线，一般多用13.2×2(76/2)，（毛45,涤55）	12.5×2(80/2)～10×2(100/2)混纺股线（毛45,涤55）
	纬纱/tex（公支）	同经纱	同经纱	同经纱	12.5×2(80/2)～10×2(100/2)混纺股线，也有用25(40/1)～20(50/1)混纺单纱（毛45,涤55）
经纬密度	经纱/(根/10cm)	150～250(如172)	190～280(如266)	260～300(如257)	240～310（如291、298）
	纬纱/(根/10cm)	150～250(如165)	190～280(如216)	260～300(如240)	240～310（如246、276）
织物组织		平纹组织	平纹或平纹小提花组织	平纹或平纹小提花组织	平纹与平纹小提花，或平纹加变化纹
质(重)量/(g/m)		280～372	250～280	201～250	201以下
成品幅宽/cm					
特点		呢面平整光洁，手感活络，弹性好，花色清淡素雅，易洗快干，洗后免烫，缩水率小，耐磨耐穿	呢面平整光洁，质地轻薄，手感细致挺爽，弹性好	呢面平整，手感活络、滑、挺、爽、薄，弹性好，抗皱性能强，缩水率小，洗可穿，免熨烫	呢面平整，手感活络、薄、挺、爽，有身骨，弹性好，光泽自然柔和，色泽花型配合协调，艳而不俗
用途		宜做春秋季各类男女西装、中山装、套装、青年装、学生装、童装等	同加厚毛涤纶	宜做夏季男女各类服装、中山装、西装、套装、两用衫、裙子等	同薄毛涤纶
备注		是条染产品，也有匹染产品	大多是条染，颜色以灰、蓝、咖为主，其中浅灰、中灰、蓝灰居多，花型通常是正反捻构成的素雅条格，但也有经纬异色和花纱产品	条染产品，颜色以灰、驼、蓝为主，呢面多为素中有花，花型多用经纬正反捻相互搭配成的格、条或用平纹小提花，平纹加变化纹形成的花型，也有用彩色嵌条线形成的协调条格花型	条染产品，颜色一般为中深色的灰、蓝、咖，并配以各种花纱嵌条线或小提花，采用变化纹组织形成名贵典雅的高档产品风格

续表

规格 \ 毛织物名称		毛高级薄绒	毛薄纱	毛雪尼尔
英文名		batiste	grenadine	wool chenille cloth
经纬纱线密度	经纱/tex(公支)	12.5×2(80/2)～8.3×2(120/2)毛股线	7.3×2(80英支/2)～5.8×2(100英支/2)精梳丝光棉股线	9.7×2(60英支/2)棉股线或相当细度的毛股线
	纬纱/tex(公支)	12.5×2(80/2)～8.3(120/2)毛股线,也有用25(40/1)～10(100/1)毛单纱	71.4(14/1)～55.6(18/1)马海毛精梳单纱	200(5/1)～62.5(16/1)雪尼尔无花纱
经纬密度	经纱/(根/10cm)	210～330	124～160	48～52
	纬纱/(根/10cm)	210～330	124～160	100～150
织物组织		平纹组织	纱罗组织	平纹组织
质(重)量/(g/m)		124～155	125左右	
成品幅宽/cm				
特点		呢面滑细,手感柔软、活络,有身骨,弹性好,穿着舒适	呢面平整,经纬密度均匀,经平纬直。质地轻薄,手感薄、挺、爽,有身骨,弹性好。纱线条干均匀光滑,透孔均匀整齐,透气透光性能好,有薄挺露效果	呢面由雪尼尔花纱形成的毛绒,似天鹅绒般的柔软、丰厚,但很活络。在织造时,有时织入4～5根雪尼尔花纱,间织1根棉纱或普通毛纱间隔交错织造,使毛圈紧固、起伏呈绗缝效果
用途		宜做贴身女装,高级衬衫、睡衣、浴衣、轻薄艺装、连衣裙、幼儿服等	宜做夏季男女高档服装、两用衫、衬衫、裙子、童装及室内装饰用布等	宜做时装、女披肩、女装、外套、裙子、艺装、童装及家具装饰用布等
备注		原料是以纯毛为主的细支纱,是一个高级和古老的品种,起源于13世纪,是法国手工业名地堪巴(cambral)一个名叫巴甫替斯托(Baptiste)的人最先创织的。英语称巴甫替斯托(Baptiste),其意就是高级薄绒	是采用纱罗组织、高捻度的透孔薄型毛织物。产品分为毛和涤纶、棉、绢丝等的混纺或交织的条染产品。其色泽大多为漂亮的颜色,如红、绿、紫、藕荷等中浅色,也有黑、蓝、咖等深色的产品,按其花型可分为平素毛薄纱和花毛薄纱	采用雪尼尔装饰花纱织造的毛织物。雪尼尔花纱一般是弱捻彩色装饰纱围绕另一种芯纱加捻,由于捻度的变化和装饰纱是弱捻,因此,雪尼尔装饰花纱呈毛毛虫样,并多毛羽。毛雪尼尔的英文名称是chenille,来源于法语caterpillar,就是毛毛虫的意思。雪尼尔花纱的捻度节和外露的毛羽很像毛虫状,故有此名。该品种所用原料为毛、黏胶、腈纶、绢丝等

续表

规格＼毛织物名称		毛葛	亨里塔毛葛
英文名		paramatta	Henrietta
经纬纱线密度	经纱/tex（公支）	25×2(40/2)毛精纺股线	18(55.6)桑蚕丝
	纬纱/tex（公支）	16.7×2(60/2)毛精纺股线	12.5(80)精纺毛纱
经纬密度	经纱/(根/10cm)	240	250
	纬纱/(根/10cm)	256	570
织物组织		$\frac{2}{1}$斜纹组织	$\frac{1}{2}$纬面斜纹组织
质(重)量/(g/m)		340～360	
成品幅宽/cm			
特点		呢面平整，手感柔软、滑细，有身骨、弹性好，色泽文雅大方，光泽自然柔和	呢面细洁，手感柔软，光泽自然柔和。织物正面的斜纹清晰，反面则相对比较光洁
用途		宜做西装、女装、衬衫、裙子等	宜做高档服装等
备注		毛葛一般分为三种类型：一种为英国19世纪创织的经纱用棉纱，纬纱用高品质的精梳毛纱。用$\frac{1}{2}$斜纹组织织造的类似羊绒毛织物的产品；另一种为经纱用绢丝，纬纱用精梳毛纱，是一种高档女装毛织物，最初采用巴拉马他(paramatta)羊毛制织的毛织物，故称巴拉马他毛织物，即毛葛；第三种类别毛葛，经纬纱都是精梳毛纱，也称其为科保斜纹呢(coberg或者cobourg)。毛葛为匹染产品，也有条染产品。色泽通常是中浅女装色	亨里塔毛葛是高档的仿羊绒织物，始产于1660年，以英国查尔斯一世的皇后亨里塔·玛丽(Henrietta Marie)的名字命名。经纱以蚕丝为原料，纬纱为细特精纺毛纱，纬密大，坯呢经柔软和有光整理。该织物有时也采用羊绒和细羊毛纱为原料

规格＼毛织物名称		毛蜂巢呢		毛薄软绸
英文名		honeycomb；honeycomb suitings		foulard
经纬纱线密度	经纱/tex（公支）	22.2×2(45/2)精纺股线(590～650捻/m)	16.7×2(60/2)精纺股线(640～680捻/m)	12.5×2(80/2)～10×2(100/2)股线
	纬纱/tex（公支）	同经纱	33.3(30/1)精梳单纱(820～980捻/m)	12.5×2(80/2)～10×2(100/2)股线，也有采用20(50/1)～14.3(70/1)精梳单纱

续表

规格＼毛织物名称		毛蜂巢呢		毛薄软绸
经纬密度	经纱/(根/10cm)	286	404	350～420
	纬纱/(根/10cm)	234	252	350～420
织物组织		蜂巢组织		$\frac{2}{2}$斜纹组织或 $\frac{3}{3}$斜纹组织
质(重)量/(g/m)		350～400	340～360	124～186
成品幅宽/cm				
特点		呢面花型清晰,立体感足,手感松软、活络		呢面纹路清晰,手感滑细,具有轻薄、柔软、活络的绢丝织物质地的风格,光泽好
用途		宜做女装、连衣裙、浴衣、睡衣及窗帘、家具装饰用布		宜做女装、裙子、衬衫、运动服、高档毛呢服装衬里等
备注		用蜂巢组织织造的纯毛或混纺毛织物。其表面形成规则的边高中低的四方形凹凸花纹,状如蜂巢。蜂巢织物,英文称为 waffle cloth(蜂巢纹布或方格纹织物),或 honeycomb waffle。由于该织物表面具有凹凸形,即含有山脊(ridge)、山谷(hollow)的意思。毛蜂巢呢有纯毛和毛与黏胶、涤纶等混纺的。一般采用匹染,色泽以鲜艳的中浅色为主,如米黄、浅粉、浅绿、本白、漂白等		有纯毛产品,也有混纺产品,一般毛占 50%～70%,涤纶占 30%～50%,还有与绢丝混纺的产品。多为条染产品,通常织成格型,或织有一定图案的小提花

规格＼毛织物名称		丝 毛 呢		古立波(重绉纹织物)	印花薄绒
英文名		silk wool cloth		crepon	challis;chalys
经纬纱线密度	经纱/tex(公支)	7.1×2(140/2)绢丝	7.1×2(140/2)绢丝	16.7×2(60/2)～11.1×2(90/2)股线	33.3(30/1)绢丝(750 捻/米)
	纬纱/tex(公支)	12.5×2(80/2)精梳纯毛股线(850～980 捻/米)	7.1(140)单根绢丝与16.7×2(60/2)精纺股线合捻(320～400 捻/米)	21.7×2(46/2)～17.9×2(56/2)股线	50(20/1)或 43.5(23/1)或 33.3(30/1)精梳毛纱(630 捻/米)
经纬密度	经纱/(根/10cm)	310	346	360～400	200～270
	纬纱/(根/10cm)	246	296	360～400	200～250

续表

规格＼毛织物名称	丝毛呢		古立波(重绉纹织物)	印花薄绒
织物组织	平纹组织	$\frac{2}{2}$方平纹组织	重绉纹组织	平纹组织
质(重)量/(g/m)	195	396		
成品幅宽/cm				150
特点	呢面绢丝点细洁,光泽闪烁,手感滑爽挺		在日本,经纱多用绢纱或棉纱,纬纱用精梳或粗纺毛纱,整理收缩后,呢面呈纵向杨柳木纹状。英国采用经缩,纬纱支数高于经纱,呢面呈横向波浪状纹	织物非常柔软和轻薄
用途	宜做夏令男女服装、西装、套装、晚礼服、裙子等		宜做各类女装、连衣裙、布拉吉、浴衣、睡衣及装饰用呢等	宜做高档男女衬衫、女装、睡衣、浴衣、布拉吉、裙子、童装等
备注	是毛与丝混纺或交织的精纺毛织物。是条染产品,通常丝不染色,颜色以黑色、杂色和漂亮的女装色为主,也有混色产品		有两种组织,一种重皱纹交织毛织物,通常经纱用绢纱或棉纱,纬纱用精梳毛纱或粗梳毛纱。纬纱纺成正、反捻两种捻度,在织造时1根1根交替打纬。另一种是二重组织的经重织物,表纱多用马海毛,黑纱为优质精梳纱,由于两种纱的缩率的不同,通过整理后达到突出某种纱的效果	经纱多为绢丝,纬纱用精梳毛纱,系1830年开始创织的毛织物品种,当时是英国贵夫人喜爱的时髦高价毛织品。对原料的品质要求高,不允许有色杂毛

规格＼毛织物名称		亚马逊呢	凹凸毛织物	阿尔帕卡织物	
英文名		Amazon	pique	Alpaca cloth	
经纬纱线密度	经纱/tex(公支)	16.7×2(60/2)或13.9×2(72/2)毛股线	20×2(50/2)或20.8×2(48/2)精纺股线	9.7(60英支/1)棉、绢、黏胶等高支纱	11.7(50英支/2)～9.7(60英支/2)精梳棉纱
	纬纱/tex(公支)	19.2(52/1)或15.6(64/1)毛纱	20×2(50/2)精纺股线或33.3(30/1)精纺单纱	阿尔帕卡驼羊毛纱	8.3(75旦)～16.5(150旦)黏胶或腈纶长丝(用以代替高档驼羊毛)

续表

毛织物名称 规格	亚马逊呢	凹凸毛织物	阿尔帕卡织物	
经纬密度 经纱/(根/10cm)	260～312	300～400		
经纬密度 纬纱/(根/10cm)	244～296	250～330		
织物组织	五枚经缎组织	凹凸组织	平纹或斜纹组织	经重或纬重斜纹组织
质(重)量/(g/m)		420～500		
成品幅宽/cm	144～150			
特点	呢面平整光洁,质地紧密而活络,手感柔软、丰满,有弹性,悬垂性好,色彩鲜艳、明朗	手感丰厚、坚挺,凹凸纹路清晰,立体感足,光泽自然柔和,纱线条干均匀	织物十分柔软、滑细,光泽好,带有丝绸感,是一种轻薄的毛交织物	织物滑、细、薄,光泽好,手感滑爽
用途	宜做春季各类女装、裙子、睡衣、浴衣、外套、女长短大衣、高级童装等	宜做西装、制服、套装、猎装、运动装、赛马装及室内装饰用布	宜做中西外套	宜做高级衣料的衬里、男女西装礼服、运动装、女装春秋大衣、男高档大衣衬里等
备注	最早于1929年在日本面世。时年,恰逢挪威探险家亚马逊(Amundsun)赴南极探险成功,织物的创织者以探险家的名字命名了此织物。该织物多为彩条、彩格织物,格型富于变化,以同类色或对比色的白、粉、豆绿、黄、藕荷等条格为主	凹凸毛织物(pique)一词起源于法语,系piquer的过去分词,英语称为pricked,意即在呢面上有一种绗缝状,这正是该织物的明显特征。这种织物在英国很流行,被称为Bedford cord。贝德福德(Bedford)是英国的地名,因该地最流行穿此类凹凸毛织物,故此得名。该织物有纯毛和毛与绢丝、黏胶、涤纶等混纺两类产品。多为匹染,颜色为灰、蓝、咖、浅灰、浅驼等,也有条染、混色花纱等产品	由英国人希尔·替尤斯·萨特(Sir Titus Salt)于1839年最先创织。产品的颜色多为白、灰白、咖啡和黑	

续表

规格＼毛织物名称		克莱文特呢	安哥拉毛织物	
英文名		cravenette worsted cloth	Angora cloth	
经纬纱线密度	经纱/tex（公支）	20.8×2(48/2)～16.7×2(60/2)毛精纺股线或采用更细的股线	41.6(14英支/1)棉纱	32.4(18英支/1)棉纱
	纬纱/tex（公支）	16.7×2(60/2)毛精纺股线或28.6(35/1)～19.2(52/1)毛精纺纱	62.5(16/1)安哥拉毛纱	38.5(26/1)安哥拉羊毛或马海毛纱
经纬密度	经纱/(根/10cm)	400以上	144	200
	纬纱/(根/10cm)	400以上	152	220
织物组织		$\frac{2}{2}$斜纹组织	平纹组织	平纹组织
质(重)量/(g/m)				
成品幅宽/cm				
特点		呢面紧密光洁，织纹清晰，手感滑、挺、爽，有身骨，弹性好，光泽自然柔和，防水性能好	呢面平整，手感坚硬，有身骨，弹性好，光泽自然柔和，抗皱性能强，是一种富有粗犷美的毛织物品种	
用途		宜做外套、夹克、运动服、防寒服、风雨衣及各类高档苫布等	宜做西装、两用衫、外套、各类女装、夹克、衬里及家具装饰用布等	
备注		属纯毛织物，是英国Bradford毛织业者威利(Wiley)在1880年最早创织的，并使用了拒水整理剂取得了专利权，他以其居住的街道名克莱文(Craven Street，London)来命名该毛织物。织物一般经过防水整理。第一种是不透气防水整理，织物的小气孔通过防水剂充满毛纤维表面而达到防水目的；另一种为透气防水整理，织物的组织部分充满拒水整理剂，但不影响透气	是用安哥拉毛纺纱织造的一类毛织物的统称。除上述两个品种外，还有①用75%～80%的安哥拉羊毛和20%～25%的棉纤维混纺纱，织造较厚的斜纹并起毛的、供外套用的粗犷毛织物；②采用细的安哥拉马海毛，特别是混有一定比例的安哥拉兔毛，用$\frac{2}{1}$斜纹织造的安哥拉毛织物，这种织物质地柔软、细腻，手感丰满、活络，具有丝绸般的光泽，是上等女衣呢料。织物的颜色，男装多为中深色，女装多为鲜艳的中浅色	

规格＼毛织物名称		芝麻呢		驼丝锦(克罗丁)			
英文名		covert cloth；worsted covert cloth		doeskin			
经纬纱线密度	经纱/tex（公支）	20×2(50/2)股线	14.7×2(68/2)股线	19.2×2(52/2)纯毛股线	19.6×2(51/2)纯毛股线	16.7×2(60/2)纯毛股线	20×2(50/2)纯毛股线
	纬纱/tex（公支）	35.7(28/1)单纱或20×2(50/2)股线	33.3(30/1)单纱或18.5×2(54/2)股线	33.3(30/1)纯毛单纱	30.3(33/1)纯毛单纱	20.8(48/1)纯毛单纱	33.3(30/1)纯毛单纱

续表

规格＼毛织物名称		芝麻呢		驼丝锦(克罗丁)			
经纬密度	经纱/(根/10cm)	356	424	490	522	551	400
	纬纱/(根/10cm)	264	376	290	347	417	280
织物组织		缎纹或斜纹组织		缎纹变化组织			
质(重)量/(g/m)		403～434	372～420	463	530	303	300
成品幅宽/cm				144	144	144	144
特点		呢面呈现星星点点降雪样的效果		呢面细洁光滑,织纹清晰,花色新颖,呈现较狭的类似人字与直条纹间隔排列的花纹,或呈条状斜纹织纹。条子凸出处阔而平坦,斜线的凹进处细狭如线,别具独特的风格。手感滑糯柔润,身骨紧密,富于弹性。纱线条干均匀,呢面稍有轻微的绒毛,而反面平坦光洁,织纹不明显。光泽自然柔和,富有膘光,呢边平直			
用途		宜做女装、女便装、艺装、裙子、童装及家具装饰用布等		主要用于做西装、礼服、套装、女装、外套、运动服、猎装、长短大衣等			
备注		在英国又称为考文特里(coventry)。有纯毛和毛与黏胶、腈纶、涤纶、棉等混纺产品。混纺比例,一般毛占50%～70%,其他纤维占30%～50%,如毛涤混纺,毛占80%,涤占20%;毛黏混纺,毛占65%～80%,黏占20%～35%。芝麻呢多为深色产品,显露出芝麻状彩点,彩点多为和地色协调的白色或浅色		驼丝锦是精纺呢绒中的传统高档品种之一。驼丝锦是Doeskin的音译。原意是“雌鹿皮”,要求织物有手摸鹿皮的感觉,因此,又有人称其为仿鹿皮织物。采用高级细羊毛织造,常用64～70支外毛毛条。驼丝锦的染色多为白坯匹染,也有条杂混色的。色泽以元色、藏青、咖啡等深色为主,其他有棕、铁灰;混色有带银枪的元色等。裁剪前需喷水预缩			

规格＼毛织物名称	泡泡呢	法国斜纹	维耶勒(维耶勒法兰绒)
英文名	blister cloth	Francis worsted twill	viyella flannel

续表

规格 \ 毛织物名称		泡泡呢	法国斜纹	维耶勒(维耶勒法兰绒)		
经纬纱线密度	经纱/tex(公支)	表经:25×2(40/2)弱捻马海毛股线 里经:16.7×2(60/2)强捻精梳毛股线	25×2(40/2)～16.7×2(60/2)股线	10×2(100/2)混纺股线(毛60,无光涤纶40)(800～800捻/m)	15.2×2(66/2)混纺股线(毛60,涤40)(790～840捻/m)	66.7(15/1)混纺单纱(毛90,涤10)(400～500捻/m)
	纬纱/tex(公支)	表纬:同表经 里纬:同里经	同经纱	17.9(56/1)混纺单纱(毛60,涤40)(780捻/m)	14.3×2(70/2)混纺股线(毛60,涤40)(790～840捻/m)	同经纱
经纬密度	经纱/(根/10cm)		350～450	372	330	118
	纬纱/(根/10cm)		240～300	347	230	98
织物组织		双层组织	斜纹组织	$\frac{2}{2}$斜纹组织		平纹组织
质(重)量/(g/m)			388～455	217	280	242
成品幅宽/cm			150左右			
特点		呢面呈凹凸状,泡泡图案典雅,立体感足,弹性好,大部分为条染产品	质地柔软、活络,纹路清晰,弹性好,抗皱性能强,纹路较宽,呈右斜	条格花型典型,呢面绒毛平齐匀净,手感柔软,有身骨,弹性好,抗皱性能好		
用途		宜做时装、女装、艺装、裙子和装饰用布等	宜做西装、猎装、运动装、礼服、军装、女装、外套等	宜做秋冬季男女高档衬衫、睡衣、各式内衣、浴衣、裙子、童装等		
备注		英法均称这类织物为泡泡呢,美国称为马特拉塞约呢(Matelasse crepe)cloque(泡泡呢)原系法语就是水泡泡的意思。泡泡呢的原料为羊毛和马海毛等。特别薄的泡泡呢织物,表经和表纬可以借助于其他纤维材料达到强捻缩。例如,利用金、银、铜、铝等金属做强捻芯纱。特殊的金属纱,用于里纬,起到强缩效果,达到表经起泡的目的	有纯毛和混纺(毛与涤纶、黏胶、锦纶等)两类产品。通常为匹染产品,一些要求色牢度高的品种或混纺品种多为条染。颜色多以浅色的女装色为主,如浅灰、中灰、驼、浅天蓝等	产品名称来源于商品注册名称,是英国维耶勒木·鲍林斯商会登记的毛织物名称。一般为羊毛与棉混纺,无固定比例。通常,棉、毛各占50%,经纬多用单纱。现在国内外多流行毛和涤纶混纺,比例不固定。一般毛占40%～90%,涤纶占10%～60%。由于维耶勒多做衬衫,故色泽多为浅色,如象牙白、米色、浅天蓝、浅粉等,加以协调的深色窄条格,也有深色黑、蓝、红、咖组成的宽条格,印花维耶勒多为浅地印格条花型或图案		

续表

规格 \ 毛织物名称		银光呢	棱纹平布呢	奥特曼呢	意大利毛呢(毛缎子)
英文名		silver cloth	rep;repp; rep worsted cloth	ottoman	Italian mixed cloth
经纬纱线密度	经纱/tex(公支)	20×2(50/2)~14.3×2(70/2)精纺毛、绢丝或棉混纺纱(600~800捻/m)	细经:20×2(50/2)~16.7×2(60/2)股线 粗经:50×2(20/2)~25×2(40/2)股线	14.7×2(68/2)精纺股线	14.6(40英支/1)、11.7(50英支/1)、棉纱或9.7×2(60英支/2)棉股线
	纬纱/tex(公支)	同经纱	细纬:同细经 粗纬:同粗经	22.2(45/1)精纺单纱	14.3×2(70/2)~13.2×2(76/2)毛股线或单纱
经纬密度	经纱/(根/10cm)	185~280		372~400	640~880
	纬纱/(根/10cm)	185~280		288~320	640~880
织物组织		平纹组织	平纹组织	变化经重组织	五枚二飞纬面缎纹
质(重)量/(g/m)		240~280	272~465		
成品幅宽/cm					
特点		呢面平整挺括,银光均匀	呢面平整,不起绉,棱纹清晰,立体感足,手感活络	质地紧密,纹路清晰,呢面平整光洁,抗皱性能强	经纬密度较大,织物紧密,毛纬的浮线长,有缎子般的光泽,呢坯经缩呢整理后,毛绒均匀地呈现在织物表面,具有纯毛织物的效果
用途		宜做女装、晚礼服、艺装、时装等	宜做西装、女装、时装、猎装及家具装饰用布等	宜做西装、女装、上衣、裙子及家具装饰用布	宜做女装、高档服装的衬里及旱、雨伞等
备注		选用66支毛80%和绢丝或棉纤维20%混纺织造。织物经特殊银光处理即将混纺毛织物浸在硝酸银溶液中,使纤维含有银粒子,再经酸碱等处理,使银粒子与纤维结合,故使毛织物银光闪亮。银光呢是法国在1934年最先创织的,是当时法国上层社会流行的时髦女装精纺面料	是用粗经粗纬与细经细纬相间织造,呢面呈现纵向或横向凹凸不等的条纹,也有同时织成纵横方向,形成格型的棱纹平布呢。由于是粗细纱支形成的花型,因此,非常明显,呈耕地状。一般为深色条染产品,也有匹染产品	原来的奥特曼呢,经纱一般采用细支绢丝经密较大,纬纱采用精梳毛纱或绢丝、棉、腈纶、涤纶等交织。织机每次开口引入两根或两根以上的纬纱。该织物多为条染产品,中深色,以交织产品为主,经纬异色,颜色为灰、蓝、咖、灰、绿等	是横向缎纹毛织物,毛纬浮线长,光泽较好。原料为毛和棉或黏胶交织,纱的捻度较大。该织物一般采用条染或染纱(指棉纱),也有匹染、套染产品,颜色多为黑色

续表

规格＼毛织物名称		精毛和时纺	赛鲁(赛鲁吉斯)	缪斯薄呢(修女黑色薄呢)	丝绒缎
英文名		worsted organdie cloth	seru;serge	nun's cloth;nun's veiling	silk velvet satin
经纬纱线密度	经纱/tex(公支)	10×2(100/2)～7.7×2(130/2)混纺股线(70支以上毛60,涤40)	16.7×2(60/2)～12.8×2(78/2)精纺股线	20.8(48/1)精纺单纱	2/22/20旦丝
	纬纱/tex(公支)	17.9(56/1)～15.6(64/1)精纺单纱(70支以上毛60,涤40)(也可采用经纬同支股线)	同经纱。也有用35.7(28/1)～15.6(64/1)精纺单纱	16.7(60/1)精纺单纱	16.7(60)纯羊绒单纱
经纬密度	经纱/(根/10cm)	300～400	180～280	156～196	1200～1320
	纬纱/(根/10cm)	270～320	180～280	164～204	350～380
织物组织		平纹或平纹小提花	平纹或斜纹	平纹组织	五枚缎纹
质(重)量/(g/m)		124～186	180～300	121～186	127～145
成品幅宽/cm			150		115～121
特点		织物滑、挺、薄,手感活络,薄而有身骨,弹性好,抗皱性能强,呢面平整洁净,有高级感,色泽自然文静,光泽好	织物柔软、活络,有身骨,弹性好	呢面经直纬平,无纬斜和鸡皮绉。手感滑、挺、爽,有身骨,弹性好	呢面平整光洁,条干均匀,纹路清晰,透气性和吸气性好,手感滑爽,光泽明亮,具有典雅、华贵高级感
用途		宜做男女高档衬衫、礼服、女装、两用衫、艺装等	除用于制作日本和服外,还可制作女装、衬衫、童装等	宜做夏令各种男女服装、衬衫、裙子、童装、修女用长袍等	宜做时装、衬衫、坎肩、休闲服、夹克衫、旗袍等
备注		是毛涤混纺产品,于1980年首先由北京毛纺织厂创织,此织物薄如蝉翼,软如棉,四时穿着均宜,是最轻薄的精纺毛织物品种,一般为条染中浅色,如浅天蓝、浅灰、浅米黄、象牙白、粉白等,兼有组织纹形成的小提花	是精纺平纹或斜纹薄织物品种,最早产于日本尾西地方。产品有纯毛与混纺两类。纯纺选用70支以上的羊毛,混纺品种中化纤(黏胶或涤纶)占20%～40%。赛鲁多为条染产品,通常为中小格条花型,配以强捻或花纱嵌条线。大花型,也有采用印花工艺的,平素产品一般为匹染	采用优质羊毛纺纱织造的极为轻薄的高档毛织物。多为匹染,颜色为各种鲜艳的女装时髦色,如蓝、红、绿、紫、茶等。缪斯薄呢原为修女用的黑色薄织物,一般匹染成黑色或褐色	是由天然长丝与高支纯羊绒纱交织并经特殊的后整理而成

续表

规格＼毛织物名称		薄毛呢		羊毛/亚麻交织物	空气变形丝织物	
英文名		cassimere;cassimer		wool/flax union;linsey-woolsey	air-textured yarn fabric	
经纬纱线密度	经纱/tex(公支)	22.2×2(45/2)～12.8×2(78/2)股线(山羊绒10%～30%,羊毛70%～90%)	9.7×2(60英支/2)～6.5×2(90英支/2)棉股线或14.3×2(70/2)绢股线	15.6×2(60/2)毛股线	44～110(13.3～5.3英支)中长化纤纱或纯棉纱	220(2.7英支/1)空气变形纱(涤纶或丙纶)
	纬纱/tex(公支)	同经纱	15.6(64/1)～11.1(90/1)精梳毛单纱	27.8(36)亚麻纱	220(2.7英支/1)空气变形纱(涤纶或丙纶)	同经纱
经纬密度	经纱/(根/10cm)			230		
	纬纱/(根/10cm)			190		
织物组织		$\frac{2}{2}$右斜纹或经二重组织		平纹及其变化组织	平纹、斜纹及其变化组织	
质(重)量/(g/m)						
成品幅宽/cm						
特点		纯毛产品呢面紧密,织纹平细,手感活络,柔软光滑,光泽好。交织产品薄而硬		质地轻薄,手感柔软、细腻,富有弹性,吸湿性和散热性好,身骨爽挺,光泽柔和,具有良好的服用性能和保健性能	手感丰满、活络,弹性好,抗皱性好,光泽自然柔和,仿毛感强	
用途		宜做妇女披肩、裙子、外套、衬衫、浴衣、睡衣、童装等		宜做高档男女西装、衬衫、职业装等	宜做各式女装、时装、夹克衫及装饰用布	
备注				羊毛/亚麻交织物均采用高档天然纤维纺纱织造,兼具羊毛与亚麻的优良性能,坯呢经生修、烧毛、煮呢、洗呢、吸水、酶整理、柔软整理、烘呢、中修、熟修、剪毛、刷毛、给呢、蒸呢等后整理	采用空气变形纱制织的仿毛织物。空气变形纱是利用空气喷射法生产的高蓬松性、低弹性、具有短纤纱风格的化纤纱(ATY),由于在空气变形纱的表面有不规则的圈环和波状卷曲,因而增强了织物表面的毛感	

续表

规格 \ 毛织物名称		仿毛织物摩威斯	仿毛彩色呢	仿毛型波斯呢		涤纶仿毛加斯纳织物
英文名		wool-like fabric moweisi	wool-like colour suiting	wool-like type persian suiting		wool-like polyester jiasianna fabric
经纬纱线密度	经纱/tex（公支）	33(300旦)×33(300旦)(元/白)涤纶网络丝	36.4×2(16英支/2)混纺中长股线(涤65,黏35)	37.4(340旦)复合纤维	33(330旦)复合纤维	0.33(3旦)的有色涤纶和0.46(4.2旦)的本色涤纶加弹并合的网络长丝
	纬纱/tex（公支）	同经纱	36.4×2(16英支/2)或72.9×2(8英支/2)混纺中长股线(涤65,黏35)	59.4(540旦)复合纤维	同经纱	同经纱
经纬密度	经纱/(根/10cm)	386		263	224	421
	纬纱/(根/10cm)	220		138	181	252
织物组织		凸条提花组织	葡萄呢组织	$\frac{2}{2}$右斜纹	变化斜纹	急斜纹组织
质(重)量/(g/m)		331	420(g/m^2)	137.22(g/m^2)	102(g/m^2)	410
成品幅宽/cm		144		144	91.4	
特点		手感丰满,富有弹性,色彩素雅,不起毛起球,易洗快干免烫,织物表面呈牙签条状,外观凹凸不平,立体感强,具有高级素雅的美感	颜色鲜艳,织物表面覆盖短、密、匀、不露地的细绒毛,软硬适中,仿毛感强	布面平整、光洁、挺括,纹路清晰,手感丰满,弹性好,花型新颖,穿着舒适,易洗快干免烫,毛型感强		织物厚实,手感挺括,纹路清晰,布面粗犷、丰满,弹性好,蓬松性好,具有较强的立体感和毛型感
用途		宜做时装、西装、夹克衫等	宜做男女老少各种服装及鞋、帽料等	宜做西装、中山装、罩衫、外衣等		宜做大衣、套装、中山装、西装、夹克衫及帽子等
备注		是涤纶仿毛织物,以涤纶低弹网络丝作原料	属中长化纤织物	系纯涤纶长丝(并列多孔空气变形丝)仿毛织物。并列多孔空气变形丝是采用150D/36F、150D/72F、300D/124F等本色和有色涤纶长丝作原料,经高压高速气流喷射变形而成的一种复合纤维		系纯涤纶仿毛织物

(二) 粗纺毛型织物 (woolen fabric)

粗纺毛织物是指用粗梳毛纺纱织制的衣着用毛织物的统称，又称粗纺呢绒。产品的种类很多，按其风格不同，可分为4种：1. 纹面织物。指未经缩绒或经轻缩绒的露纹织物。织纹清晰，纹面匀净，质地较松，有身骨，弹性较好，如人字呢、火姆司本等。2. 呢面织物。指经过缩绒或缩绒后轻起毛的呢面丰满的织物。表面覆盖密致的短绒，质地紧密，手感厚实，如麦尔登、制服呢等。3. 松结构织物。质地疏松，手感柔软而不烂，织纹清晰，色泽鲜艳，如女式呢等。4. 绒面织物。经过缩绒并经钢丝起毛或刺果起毛的绒面丰满的织物。绒毛较长，按其绒毛形态的不同，又可分为主绒、顺毛和拷花三类品种。主绒织物的绒毛密立整齐，质地柔软有弹性，有膘光；顺毛织物的绒毛顺伏平滑，手感柔软，有弹性，膘光足；拷花织物的绒毛耸立整齐，呈现人字形或斜纹形拷花状沟纹，手感丰厚。粗纺呢绒适宜制作男女西装、套装、中山装、大衣和裤料等。

9. 麦尔登 (melton)

麦尔登是一种品质较高的粗纺呢绒，因在英国麦尔登（Melton）地方创织而得名。坯呢经重缩绒整理，呢面丰满、平整、细洁、不露底，身骨紧密而挺实，富有弹性，手感柔润糯滑，光泽好。色泽深而鲜艳，耐磨不起球，保暖性好，成衣挺括。产品除全毛外，还有毛与黏纤、锦纶等混纺产品；按成品单位重量的不同，可分为薄地麦尔登（205～342g/m^2）和厚地麦尔登（343～518g/m^2）两个大类。麦尔登主要采用匹染，缩呢有一次缩呢法和二次缩呢法，高档产品常用二次缩呢法。麦尔登主要用于制作秋冬季男女服装、猎装、长短大衣、军装及帽料等。

<table>
<tr><td colspan="2">毛织物名称
规格</td><td colspan="2">麦尔登(麦尔登呢)</td><td colspan="6">纯毛麦尔登</td></tr>
<tr><td colspan="2">英文名</td><td colspan="2">melton</td><td colspan="6">all wool melton</td></tr>
<tr><td rowspan="2">经纬纱线密度</td><td>经纱/tex(公支)</td><td>1000(10/1)～62.5(16/1)粗纺单纱</td><td>31.3×2(32/2)～19.2×2(52/2)精梳股线</td><td>62.5(16/1)粗纺单纱</td><td>62.5(16/1)粗纺单纱</td><td>83.3(12/1)粗纺单纱</td><td>83.3(12/1)粗纺单纱</td><td>83.3(12/1)粗纺单纱(毛92,锦8)</td><td>76.9(13/1)粗纺单纱(毛95,锦5)</td></tr>
<tr><td>纬纱/tex(公支)</td><td>同经纱</td><td>125(8/1)～83.3(12/1)粗纺单纱</td><td>同经纱</td><td>66.7(15/1)粗纺单纱</td><td>同经纱</td><td>同经纱</td><td>同经纱</td><td>同经纱</td></tr>
<tr><td rowspan="2">经纬密度</td><td>经纱/(根/10cm)</td><td colspan="2">200～260</td><td>232</td><td>258</td><td>218</td><td>223</td><td>216</td><td>224</td></tr>
<tr><td>纬纱/(根/10cm)</td><td colspan="2">200～260</td><td>262</td><td>238</td><td>208</td><td>212</td><td>210</td><td>215</td></tr>
<tr><td colspan="2">织物组织</td><td colspan="2">$\frac{2}{2}$斜纹组织或$\frac{2}{1}$斜纹组织,也有少数采用破斜纹或平纹组织</td><td colspan="6">斜纹组织</td></tr>
</table>

续表

规格＼毛织物名称	麦尔登(麦尔登呢)	纯毛麦尔登					
质(重)量/(g/m)	490～720	610 (g/m²)	670	680	680	700	690
成品幅宽/cm	143～150	150	143	143	143	145	143
特点	呢面平整细洁、丰满和顺、挺括,有丰满密集的绒毛覆盖,不露地纹。手感丰厚柔软,质地紧密,身骨厚实,弹性好,不起球,耐磨性能好,抗皱性好。光泽自然柔和,色泽鲜艳,色光正。成衣平挺贴身,色深雅致,保暖性好,穿着舒适	呢面平整细洁、紧密丰满、挺括,绒毛密集覆盖呢面,不露地纹。手感滑糯柔润,身骨紧密结实,有弹性,光泽自然,色泽深艳匀净,无色差,富有膘光,不起球,耐磨性好,保暖性好,穿着舒适贴身					
用途	宜做春、秋、冬季各类男女服装,如中山装、女套装、青年装、制服、军服、猎装、西裤、长短大衣等,也可作帽料	宜做春、秋、冬季各类男女服装,如中山装、制服、青年装、两用衫、长短大衣等,也可作帽料					
备注	其登名称的由来有两种说法:其一是以此织物的创织者的名字命名的;其二,据说是此产品的首创者——一位英国人用了英国累斯特郡著名的猎狐地叫做“麦尔登莫布列依(Melton Mowbray Leicestershire)”,他选用了此地名的前称“麦尔登”称谓此类产品,故此得名。麦尔登品种有纯毛麦尔登、毛黏麦尔登、毛黏锦麦尔登等,以纯毛为主。一般以藏青、黑、天蓝、咖啡、深灰、棕等深色为主,女装麦尔登多为鲜艳色泽,如红、绿或中浅色等	原料一般选用60～64支毛或一级改良毛80%以上,精梳短毛20%以下。为了提高其织物的耐磨性能,也可掺混10%以下的锦纶,但仍作为纯毛麦尔登					

规格＼毛织物名称		毛黏麦尔登(毛黏混纺麦尔登)	毛黏锦麦尔登			
英文名		wool/viscose mixed melton	wool/viscose/polyamide mixed melton			
经纬纱线密度	经纱/tex(公支)	83.3(12/1)粗纺单纱(毛70,黏胶30)	83.3(12/1)粗纺单纱(毛70,黏15,锦15)	83.3(12/1)粗纺单纱(毛70,黏15,锦15)	83.3(12/1)粗纺单纱(毛70,黏15,锦15)	83.3(12/1)粗纺单纱(毛70,黏15,锦15)
	纬纱/tex(公支)	同经纱	同经纱	同经纱	同经纱	同经纱
经纬密度	经纱/(根/10cm)	222	220	220	220	216
	纬纱/(根/10cm)	212	205	212	210	207

续表

规格 \ 毛织物名称	毛黏麦尔登(毛黏混纺麦尔登)	毛黏锦麦尔登			
织物组织	斜纹或破斜纹组织	斜纺组织			
质(重)量/(g/m)	690	690	690	690	680
成品幅宽/cm	143	143	143	143	143
特点	呢面平整、细洁、丰满,绒毛密集,不露地纹。手感柔软,身骨紧密而结实,富有弹性,不起球,吸湿性好,保暖性强,价格较便宜	呢面平整洁净、紧密丰满、挺括,绒毛密集覆盖呢面,不露地纹。手感柔软,有身骨,弹性好,色泽深艳匀净,无色差,膘光足			
用途	宜做春、秋冬季男女服装、制服、军服、猎装、青年装、长短大衣及帽子等	同毛黏麦尔登			
备注	是粗纺呢绒中质量较好的混纺织物。羊毛常用60～64支支数毛或一级改良毛占50%～70%,精梳短毛为20%以下。由于黏胶人造毛的缩绒性差,易折皱,为了稳定麦尔登的质量,使用原料的混纺比例有较明确的规定,黏胶成分一般控制在20%～30%	是粗纺呢绒中质量较好的混纺织物。原料选用60～64支毛或一级毛50%～70%,精梳短毛20%以下,黏胶和锦纶20%～30%,但锦纶不宜混合过多,一般在20%以下,常用的比例是黏胶、锦纶各15%			

10. 大衣呢(overcoating)

大衣呢是采用粗梳毛纱织制的一种厚重毛织物,因主要用于制作冬季大衣而得名。织物重量一般在390g/m^{2}及以上,厚重的可达到600g/m^{2}以上。按照织物结构和外观可分为平厚大衣呢、立绒大衣呢、顺毛大衣呢、花式大衣呢、拷花大衣呢等;按所用原料分,有长毛大衣呢、羊绒大衣呢、牦牛绒大衣呢、兔毛大衣呢等。

规格＼毛织物名称		羊绒大衣呢（羊绒短顺大衣呢）	牦牛绒大衣呢	兔毛女大衣呢	银枪大衣呢（马海毛大衣呢）
英文名		cashmere overcoating	yak hair overcoating	rabbit overcoating	mohair fleece
经纬纱线密度	经纱/tex（公支）	76.9(13/1)粗纺羊绒单纱	125(8/1)～62.5(16/1)粗纺混纺单纱(牦牛绒70%～80%，羊毛20%～30%)	29.4×2(34/2)毛股线(64～66支毛)	142.9(7/1)～100(10/1)单纱
	纬纱/tex（公支）	同经纱	同经纱	83.3×2(12/2)混纺兔毛股线(长兔毛20，羊毛70，锦纶10)	142.9×2(7/2)～111.1×2(9/2)股线
经纬密度	经纱/(根/10cm)	213	250～400	210	145～160
	纬纱/(根/10cm)	201	250～400	160	112～148
织物组织		$\frac{2}{2}$破斜纹组织	双层组织	变则六枚缎纹	纬面缎纹或六枚缎纹组织
质（重）量/(g/m)			750～1200	670～700	800～900
成品幅宽/cm		143			
特点		绒面平整细洁，绒毛短密整齐，具有稳定的方向性。手感柔软、滑爽、平挺，富有弹性，滑润感好。光泽明快、自然柔和，有滋润的膘光。呢身轻柔，保暖性好，穿着贴身舒适，华贵大方，具有轻盈丰满滋润的独特风格	绒面丰满，绒毛均匀，手感丰厚，弹性好，光泽明快，耐磨和保暖性好	手感柔软、滑细、滋润，外观典雅高贵，呢面洁白蓬松，兔毛娇柔地附在呢面上，具有特殊的娇嫩风格	呢面具有密集挺立平齐的绒毛，在毛丛中均匀散布着银色枪毛，挺立、匀净、光亮，美观大方。手感柔软平厚，有身骨，弹性好，有丰厚感。保暖性好，穿着舒适
用途		宜做长、中、短男女各式大衣	宜做秋、冬季男女长、中、短各类大衣	主要用于做女大衣、时髦装等	宜做妇女长短大衣、短外套等

续表

规格 \ 毛织物名称	羊绒大衣呢(羊绒短顺大衣呢)	牦牛绒大衣呢	兔毛女大衣呢	银枪大衣呢(马海毛大衣呢)
备注	是粗纺呢绒大衣呢中的高档品种,原料选用全部优质羊绒,也有混纺产品,羊绒的含量为10%～90%,其余为细支羊毛或羊仔毛。经纬纱也有采用71tex(14公支/1)的。呢面多为短顺毛,也有水波纹。羊绒大衣呢是条染产品,以深色为主,也有棕色等中浅色品种	是大衣呢中一个较高档的品种。织物的颜色以各类咖啡色为主,也有黑色、混色等	属粗纺顺毛大衣呢类,是高档女大衣呢料。混用的羊毛是64～66支毛或优质回毛。呢面所以能显出兔毛,主要是因为兔毛抱合力差,易"抢"出呢面,加之兔毛染色性能不同于羊毛,通常染色性较差,大多以本色和浅色外露,在呢面上就相对地显得多些	是粗纺立绒大衣呢中的一个别具风格的品种。通常在黑色或深黑灰色立绒大衣呢原料中混入一定比例的光泽好的白色马海毛,或0.33tex(3旦)～0.55tex(5旦)涤纶、锦纶、腈纶的异形丝(如三角丝等),在密立平齐的黑色等丰满绒间形成均匀分布着耀眼的银白色枪毛,素中有花,美观大方,独具一格。有纯毛和混纺之分。纯毛产品的原料选用48～60支毛或一至四级毛(80%以上),精梳短毛(20%以下)。混纺产品的原料选用48～64支毛或一至四级毛(50%以上),精梳短毛(20%以下)和黏胶(30%以下)

规格 \ 毛织物名称		拷花大衣呢			长毛大衣呢	仿拷花大衣呢
英文名		embossed overcoating			fleece	imitation embossed overcoating
经纬纱线密度	经纱/tex(公支)	100(10/1)纯毛粗纺单纱	100(10/1)纯毛单纱	100(10/1)纯毛单纱	83.3(12/1)～29.4(34/1)毛纱(长羊毛70,马海毛30)	200(5/1)～125(8/1)粗纺单纱
	纬纱/tex(公支)	里纬:100(10/1)毛纱 表纬:111.1(9/1)毛纱	里纬:100(10/1)纯毛单纱 表纬:111.1(9/1)混纺纱(羊毛50)	里纬:100(10/1)纯毛单纱 表纬:125(8/1)混纺纱(羊毛50,羊绒50)	同经纱(山羊绒20%～30%,羊毛70%～80%)	同经纱

续表

规格＼毛织物名称		拷花大衣呢			长毛大衣呢	仿拷花大衣呢
经纬密度	经纱/(根/10cm)	215	271	271	150～250	138～160
	纬纱/(根/10cm)	353	320	321	150～250	120～140
织物组织		异面经纬双层组织			经起毛组织	人字斜纹、人字急破斜纹组织
质(重)量/(g/m)		900	1005	1000～1010	650～750	720～1200
成品幅宽/cm		150	150			
特点		呢面呈斜纹、人字呢和水浪纹等。绒面丰满，正反面均起绒毛，正面绒毛拷花纹路清晰，花纹凹凸明显，具有立体感。手感柔软，丰厚，有身骨，弹性好，耐磨性能好，不起球，不脱毛，保暖性能好，穿着平挺、舒适、轻便，庄重大方			长毛均匀、紧密、平顺，不脱毛，手感顺滑柔软，光泽好，富于高级感	织物厚薄适中，绒毛匀密，织纹清晰，手感柔软丰满、轻暖，色泽自然柔和，花纹雅致，保暖性强，穿着舒适，美观大方，季节适应性强，使用面较广
用途		主要用于做长短大衣、女装外套、搭配套装等			宜做长短大衣、女装外套、搭配套装等	主要用于做冬季男女长短大衣、套装、便装、学生装及帽子等
备注		是大衣呢中一个比较厚重的、高档的粗纺毛织物。由于呢面具有独特的人字拷花纹路，故名。所用原料纯毛选用58～64支毛或一、二级毛，高档品种表纬可采用紫羊绒、驼绒或马海毛与羊毛混纺，中、低档和混纺品种大多选用48～64支毛或一至三级毛100%，或与精梳短毛各50%混用。混纺品种用毛70%，化纤(如黏胶、锦纶、腈纶)30%			属于起毛杆法割毛类大衣呢。原料选用毛，特种动物毛(如马海毛、驼毛、驼羊毛、山羊绒等)、棉和黏胶等。一般地经地纬采用精梳毛纱，毛经用山羊绒、马海毛、驼毛、驼羊毛等特种动物毛。该产品属于长顺毛类大衣呢中的高档品种。中低档长毛大衣呢，地经和地纬一般用棉纱或黏胶纤维纱，毛经用精梳毛纱，成品重约620～800g/m^2，颜色以黑、混灰、银枪、烟色为主，也有中浅女装色和花色	用中低档毛纺原料(如三、四级国毛，土种毛或改良毛，精梳短毛，适当混入0.55tex黏胶或腈纶约20%～40%，也可混入一定比例的锦纶等)加工的中档毛织物。有纯毛和混纺两种产品。颜色一般以中深混灰为主，也有中深咖啡色、墨绿色等女装颜色

续表

规格＼毛织物名称	顺毛大衣呢				立绒大衣呢		
英文名	woollen fleece				raised pile overcoating		
经纬纱线密度 经纱/tex(公支)	29.4×2(34/2)毛股线	142.9(7/1)混纺单纱(毛70,黏30)	71.4(14/1)单纱(羊毛30,羊绒35,驼绒35)	142.9(7/1)混纺单纱(毛70,黏25,锦5)	142.9(7/1)混纺单纱(毛70,黏25,锦5)	100(10/1)毛单纱	100(10/1)毛单纱
经纬纱线密度 纬纱/tex(公支)	83.3×2(12/2)毛股线(羊毛50,兔毛50)	同经纱	71.4×2(14/2)混纺股线(羊毛30,羊绒35,驼绒35)	同经纱	142.9×2(7/2)混纺股线(毛70,黏25,锦5)	同经纱	同经纱
经纬密度 经纱/(根/10cm)	210	165	158	170	145	195	180
经纬密度 纬纱/(根/10cm)	160	150	180	190	112	209	166
织物组织	六枚缎纹	$\frac{2}{2}$斜纹组织	$\frac{2}{2}$斜纹组织	五枚二飞缎纹组织	$\frac{1}{3}$破斜纹纬二重组织	五枚缎纹组织	$\frac{2}{2}$斜纹组织
质(重)量/(g/m)	670	810	580	800	800	680	600
成品幅宽/cm	150	146	146	146	144	143	144
特点	呢面绒毛顺同一方向倒伏,紧贴呢面,绒毛均匀、平顺、整齐,不脱毛,花色变化多,美观大方。手感滑顺柔软、丰厚,不松不烂。色泽鲜明,膘光足,织物轻柔,保暖性好				织物表里有密集平整的绒毛,绒面均匀、丰满。手感柔软,不松烂,富有弹性,身骨好,质地丰厚。光泽自然柔和,色泽鲜明,保暖性能好		
用途	主要用于制作男女长短大衣、套装等				主要用于制作男女长短大衣、套装、童装等		
备注	是大衣呢类重要品种之一,是条染色织品种。原料选用48～64支毛或一至四级毛80%以上,精梳短毛20%以下;混纺产品毛占40%以上,黏胶、腈纶等占60%以下;高档长顺毛大衣呢混入10%～50%的山羊绒或兔毛等珍贵动物毛。分纯毛和混纺两种,从外观分又有长顺毛和短顺毛两种。色泽以深色为主,有藏青、元、咖啡、棕、灰等色				纯毛品种原料选用48～64支毛或一至四级毛80%以上,精梳短毛20%以下;混纺产品原料选用48～64支毛或一～四级毛50%以上,精梳短毛20%以下,黏胶(或其他化学纤维)30%以下。该产品为匹染,也有混色染散毛产品,如混入5%～10%的马海毛,可形成黑白银枪立绒大衣呢。颜色大多以黑灰色为主,也有平素蓝、灰、黑等色		

续表

规格＼毛织物名称	平厚大衣呢					
英文名	plain overcoating					
经纬纱线密度 经纱/tex（公支）	105.3(9.5/1)毛纱	125(8/1)毛纱	125(8/1)毛纱	125(8/1)毛纱	181.8(5.5/1)毛纱	125(8/1)混纺单纱（毛70，黏胶30）
经纬纱线密度 纬纱/tex（公支）	同经纱	同经纱	同经纱	同经纱	同经纱	同经纱
经纬密度 经纱/(根/10cm)	200	161	205	194	142	162
经纬密度 纬纱/(根/10cm)	228	206	169	171	138	210
织物组织	破斜纹、纬二重组织	$\frac{4}{4}$斜纹组织	$\frac{2}{2}$斜纹组织	$\frac{2}{2}$斜纹组织	$\frac{2}{2}$斜纹组织	$\frac{4}{4}$斜纹组织
质(重)量/(g/m)	829	830	850	850	946	840
成品幅宽/cm	143	145	146	143	144	
特点	呢面平整、光洁匀净，不露地，表里有紧密的绒毛覆盖。手感丰厚，不板硬，身骨紧密，挺括，抗皱性能好，保暖性能强。色泽深艳均匀，混色匀净					
用途	主要用于制作春、秋、冬季男女长短大衣、套装及帽子等					
备注	平厚大衣呢的原料，纯毛产品多选用56～64支毛或一至三级毛50%以上，混掺精梳短毛50%以下；混纺织物的原料选用56～64支毛20%～80%，精梳短毛50%以下，黏胶10%～40%。织物为匹染产品，颜色有素色和混色，素色中以黑、藏青、咖啡等深色为主。混色以黑、灰为主。黑、灰中尚有夹白的品种，俗称雪花大衣呢，也叫黑白枪大衣呢					

规格＼毛织物名称	雪花大衣呢		花式大衣呢					
英文名	snowflake; white and black overcoating		fancy overcoating					
经纬纱线密度 经纱/tex（公支）	105.3(9.5/1)粗纺毛纱(393捻/m)	166.7(6/1)混纺毛纱(340捻/m)	222.2(4.5/1)毛纱	125(8/1)混纺纱（毛50，黏50）	166.7(6/1)混纺纱(毛65，黏35)	100(10/1)毛纱	500(2/1)～62.5(16/1)毛纱	105.3(9.5/1)毛纱
经纬纱线密度 纬纱/tex（公支）	同经纱	同经纱	同经纱	同经纱	同经纱	同经纱	同经纱	同经纱

续表

规格＼毛织物名称	雪花大衣呢		花式大衣呢					
经纬密度 经纱/(根/10cm)	200	144	101	138	123	120		200
经纬密度 纬纱/(根/10cm)	228	140	92	125	112	110		228
织物组织	$\frac{1}{3}$破斜纹纬二重组织	$\frac{2}{2}$斜纹组织	斜纹组织		平纹加小提花	$\frac{1}{3}$纬二重、双层组织等	$\frac{1}{3}$破斜纹纬二重组织	
质(重)量/(g/m)	830	930	637	550	680	650	500～900	830
成品幅宽/cm			145	143	145			
特点	呢面平整,混入的白毛均匀,绒毛平齐,质地丰厚,保暖性强,手感好,不板硬		呢身质地丰厚,手感柔软,有弹性,保暖性好,穿着轻盈舒适,美观大方。花型新颖,配色调和。部分产品用花式结子线、花起圈线作表面装饰,使织物更加绚丽多彩					
用途	主要用于做春、秋、冬季各类女装、长短大衣、外套、童装及帽子等		宜做春、秋、冬季各类女装、长短大衣、童装及帽子等					
备注	以黑色为底色的呢面上覆有白色的绒毛,犹如天空雪花飞舞,故名。人们习惯将黑色或深灰色中混有8%～12%的本白羊毛的平厚大衣呢称为雪花大衣呢。纯毛产品多选用56～64支毛或一～三级毛50%以上,精梳短毛50%以下;混纺产品选用56～64支毛或一至三级毛20%～80%,精梳短毛50%以下,黏胶10%～40%,通常在经纱中混入锦纶10%左右,有利于制织纬二重组织		原料有羊毛、黏胶、腈纶等。全毛织物常用50%以上的48～64支毛或一至三级毛,50%以下的精梳短毛;混纺织物采用20%以上的48～64支毛或一～四级毛;精梳短毛占50%以下,黏胶占30%以上。此外,也有采用纯腈纶或毛腈混纺的。花式纹面大衣呢是染毛产品,色泽多为女装、童装的红、黄、绿、紫、黑、白等色,协调搭配,呈鲜艳漂亮的色泽。花式绒面大衣呢也是染毛产品,色泽也为女装、童装鲜艳色					

规格＼毛织物名称	绒面花式大衣呢
英文名	velour surface overcoating
经纬纱线密度 经纱/tex(公支)	83.3×2(12公支/2)粗纺紧捻合股毛线
经纬纱线密度 纬纱/tex(公支)	83.3×2(12公支/2)粗纺紧捻毛花式线

续表

规格 \ 毛织物名称		绒面花式大衣呢
经纬密度	经纱/(根/10cm)	145
	纬纱/(根/10cm)	105
织物组织		$\frac{3}{3}$斜纹变化组织
质(重)量/(g/m)		
成品幅宽/cm		
特点		手感丰满轻松,呢面平整,色泽自然柔和
用途		宜做女装等
备注		是指表面呈现短密绒毛的毛织物。后整理采取加强拉、缩、剪绒的工艺,呢面花型立体感强,配色大方

规格 \ 毛织物名称		毛黏棉大衣呢(圈圈大衣呢、起圈大衣呢)		海狸呢(水獭呢)
英文名		wool/viscose/cotton mixed overcoating		beaver cloth
经纬纱线密度	经纱/tex(公支)	100(10/1)混纺纱(毛 72.5,黏 15,棉 12.5)	100(10/1)混纺单纱(毛 72,黏 15,棉 13)	62.5×2(16/2)～50×2(20/2)毛或棉股线
	纬纱/tex(公支)	纬:434.8(2、3/1)、花线圈 100(10/1)混纺纱(毛 72.5,黏 15,棉 12.5)	同经纱	71.4(14/1)～55.6(18/1)粗纺单纱
经纬密度	经纱/(根/10cm)	118	111	30～40
	纬纱/(根/10cm)	103	103	150～300
织物组织		小花纹组织		地组织为$\frac{2}{2}$斜纹,表纬为五枚或七枚二飞缎纹
质(重)量/(g/m)		650	650	580(g/m^2)
成品幅宽/cm		145	145	
特点		呢面起圈状花纹或呈紫羔羊裘皮状,美观别致,呢身厚实松软,有身骨,弹性好。手感丰厚柔顺,保暖性好。色泽深艳,光泽油润,富有膘色		呢面平整光滑,质地紧密,绒毛密立,手感丰厚、结实,保暖性好,光泽好,色泽一般为素色和印花
用途		宜做女式大衣、风雪大衣的衣里绒及帽子等		宜做毛朝外的女大衣、外套、大衣皮领、帽子及装饰用布

续表

规格 \ 毛织物名称	毛黏棉大衣呢(圈圈大衣呢、起圈大衣呢)	海狸呢(水獭呢)
备注	原料选用羊毛 70%左右,黏胶 15%,棉 15%左右。颜色有黑、咖啡、灰、棕等	是纬起毛天鹅绒织物,由于呢面光滑,绒毛紧密,光泽好,手感很像海狸毛皮状,故称海狸呢或称水獭呢。毛纬原料要求毛纤维长而光泽好,富于弹性,故多选用优质马海毛,混纺产品多采用光泽好的三角形涤纶和腈纶

11. 制服呢 (uniform cloth)

制服呢又名军服呢。是粗纺呢绒中低档呢面织物,因为主要用于制作军服、中山装、学生装等制服类服装而得名。呢面平整,质地紧密,不露纹或半露纹,不易起球,手感不糙硬,身骨厚实,保暖性好。品种有全毛制服呢,毛黏制服呢、毛黏锦制服呢和腈毛黏制服呢等。染色以匹染为主,色泽多为藏青和元色,也有蓝色和军绿色,成品重量约为 720g/m。适宜制作秋冬季各式服装、制服和夹克衫及化工厂劳保服等。

规格 \ 毛织物名称		制服呢(军服呢)	全毛制服呢		
英文名		uniform cloth	all wool uniform cloth		
经纬纱线密度	经纱/tex(公支)	166.7(6/1)～111.1(9/1)粗纺单纱	125(8/1)毛纱	111.1(9/1)毛纱	38.5×2(26/2)毛股线
	纬纱/tex(公支)	同经纱	同经纱	同经纱	142.9(7/1)毛纱
经纬密度	经纱/(根/10cm)	160	163	187	211
	纬纱/(根/10cm)	150	151	166	172
织物组织		$\frac{2}{2}$斜纹组织	$\frac{2}{2}$斜纹组织		
质(重)量/(g/m)		700	720	700	705
成品幅宽/cm		143	143	143	150
特点		呢面平整,呢身表里均有绒毛覆盖,绒毛密集稍露地纹。手感挺实、粗糙,不板硬。色光较差,但色泽均匀,无色差,无陈旧感。但成衣穿着稍久经多次摩擦后,会出现落毛露地现象,尤其是肘部、膝盖和臀部	呢面平整,绒毛密集,一般不露地或露地不明显,手感较粗糙、挺实不板硬,色泽均匀,色光正,无明显的疵点		

续表

规格 \ 毛织物名称	制服呢(军服呢)	全毛制服呢
用途	宜做秋冬季各式服装、化工厂劳保服、各种制服、中山装、军便服、便装、青年装、学生装等	宜做秋、冬季各式服装,如中山装、青年装、两用衫、西裤、女式短大衣及制服等
备注	有纯毛和混纺产品,纯毛产品原料。选用三、四级毛70%以上,精梳短毛30%以下;混纺产品选用三、四级毛40%以上,精梳短毛40%,黏胶30%以下,为了提高织物的耐磨性,可加入10%以下的锦纶	原料选用三、四级毛(质量较高的也有采用二级毛)70%,精梳短毛30%以下。为了提高织物的强力和耐磨性,可掺混7%~8%的锦纶。织物的缩水率为4.5%,裁剪前应充分喷水预缩,洗涤温度应控制在40℃以下,熨烫温度应控制在160~180℃左右

规格 \ 毛织物名称		毛黏制服呢(毛黏混纺制服呢)							
英文名		wool/viscose mixed uniform cloth							
经纬纱线密度	经纱/tex(公支)	111.1(9/1)混纺纱(毛70,黏30)	111.1(9/1)混纺纱(毛70,黏30)	111.1(9/1)混纺纱(毛70,黏24,锦6)	125(8/1)混纺纱(毛70,黏30)	125(8/1)混纺纱(毛70,黏30)	142.9(7/1)混纺纱(毛80,黏20)	142.9(7/1)混纺纱(毛80,黏20)	100(10/1)混纺纱(毛72.5,黏27.5)
	纬纱/tex(公支)	同经纱	同经纱	同经纱	同经纱	同经纱	同经纱	117.6(8.5/1)混纺纱(毛80,黏20)	同经纱
经纬密度	经纱/(根/10cm)	180	175	166	158	168	142	139	194
	纬纱/(根/10cm)	165	175	166	145	152	127	143	181
织物组织		$\frac{2}{2}$斜纹组织							
质(重)量/(g/m)		700	690	690	720	720	720	696	700
成品幅宽/cm		143	143	143	143	143	143	143	143
特点		呢面平整,有绒毛覆盖呢面,但不十分丰满,隐约可见地纹,呢面有枪毛。手感较粗糙,质地紧密,身骨厚实,保暖性好,色泽匀净							
用途		宜做秋、冬季各式服装、制服、化工厂劳动保护服等							
备注		原料选用羊毛70%以上(其中三、四级毛40%以上,精梳短毛或生产落毛40%以下),黏胶30%以下。为了提高织物的强度和耐磨性,也可掺混6%左右的锦纶。织物的缩水率为4.5%,裁剪前应充分喷水预缩,洗涤温度应控制在40℃以下,熨烫温度应控制在160~180℃之间							

续表

规格 \ 毛织物名称		毛黏锦制服呢			腈毛黏制服呢	海军呢(细制服呢)
英文名		wool/viscose/polyamid mixed uniform cloth			polyacrylonitrile/wool/viscose mixed uniform cloth	navy cloth
经纬纱线密度	经纱/tex(公支)	100(10/1)混纺纱(毛75,黏15,锦10)	100(10/1)混纺纱(毛70,黏20,锦10)	125(8/1)混纺纱(毛70,黏20,锦10)	100(10/1)混纺纱(腈45,毛36,黏19)	125(8/1)～76.9(13/1)单纱
	纬纱/tex(公支)	同经纱	同经纱	同经纱	同经纱	同经纱
经纬密度	经纱/(根/10cm)	185	189	154	173	200左右
	纬纱/(根/10cm)	180	178	147	168	200左右
织物组织		$\frac{2}{2}$斜纹组织			$\frac{2}{2}$斜纹组织	$\frac{2}{2}$加强斜纹组织
质(重)量/(g/m)		700	700	720	596	600～700
成品幅宽/cm		143	143	143	148	
特点		具有纯毛制服呢的风格特点,其耐磨性和强度优于毛黏制服呢,弹性和抗皱性能也有一定的改善,呢身挺实,手感不及毛黏制服呢柔和			织物蓬松,毛型感好,手感柔糯、丰满,保暖性好,色泽鲜明	呢面平整细洁,绒毛密集均匀覆盖,不露地纹,均匀耐磨,质地紧密,有身骨,基本上不起球,手感柔软有弹性。色泽鲜明匀净,光泽好,保暖性强
用途		同毛黏制服呢			同毛黏制服呢	宜做海军服、秋冬季各类外衣、中山装、军便服、学生装、夹克、两用衫、制服、青年装、铁路服、海关服、中短大衣等
备注		原料选用羊毛70%以上,黏胶15%～20%,锦纶10%。一般为匹染素色产品,颜色以藏青、黑为主			是中低档的大众化粗纺呢绒。原料选用羊毛30%～40%,黏胶20%～25%,腈纶50%左右。缩水率为5%,裁剪前应充分喷水预缩	因主要用于制作海军制服,故名。纯毛产品原料选用58支毛或二级以上羊毛70%以上,精梳短毛30%以下,为了提高强力和耐磨性,也可加入9%以下的锦纶。混纺产品原料选用58支毛或二级以上羊毛50%以上,精梳短毛20%以下,黏胶30%以下,同时可混入10%～15%的锦纶

续表

毛织物名称 规格		粗服呢(纱毛呢)		氆 氇 呢
英文名		fleuret		pulu cloth
经纬纱线密度	经纱/tex(公支)	27.8×2(21英支/2)色棉股线	27.8×2(21英支/2)色棉股线	166.7(6/1)～71.4(14/1)粗纺单纱,或58.3×2(10英支/2)～48.6×2(12英支/2)棉股线
	纬纱/tex(公支)	222.2(4.5/1)粗纺毛纱	166.7(6/1)混纺纱(毛70,黏20,锦10)	166.7×2(6/1)～71.4(4/1)粗纺单纱,或125(8/1)～111.1(9/1)粗纺毛纱
经纬密度	经纱/(根/10cm)	185	190	140～195
	纬纱/(根/10cm)	145	160	152～290
织物组织		$\frac{2}{2}$斜纹组织		斜纹或纬二重组织
质(重)量/(g/m)		680	700	720
成品幅宽/cm				
特点		呢面平整,呈半露纹或露纹,有粗枪毛,质地紧密厚实,手感较硬而粗糙		斜纹呢面露纹或半露纹,反面起绒,呢面较光洁平整,质地紧密,手感厚实,坚牢耐磨,防雨水性能和保暖性能好
用途		宜做秋、冬季男女服装、制服、学生服、西裤、劳动保护服等		主要用于做少数民族男女服装、披篷、艺装、女装围裙、衣饰等
备注		因以棉经毛纬织制,故又称纱毛呢。原料选用四、五级毛30%以下,粗短毛和下脚毛40%～60%,黏胶和锦纶30%以上。织物大多为匹染产品,颜色以深色为主,如藏青、深蓝、黑等		是粗纺呢绒中制服呢类的一个品种,是由我国藏、蒙、土族等人民手工生产的氆氇发展而来的机织毛织物,是少数民族的特需商品。氆氇呢习惯上是纯毛产品,分为高、中、低档。一般高档产品选用一、二级毛80%以上,精梳短毛20%以下;中低档选用三、四级毛70%,精梳短毛30%以下。混纺产品一般加入黏胶30%左右,锦纶10%～20%。产品以匹染黑色为主,还有染鲜艳明快色的产品

续表

规格 \ 毛织物名称		全毛海军呢			毛黏锦海军呢		
英文名		all wool navy cloth			wool/viscose/polyamide mixed navy cloth		
经纬纱线密度	经纱/tex(公支)	100(10/1)毛纱	100(10/1)毛纱(羊毛92,锦纶8)	100(10/1)毛纱	100(10/1)混纺纱(毛75,黏15,锦10)	100(10/1)混纺纱(毛70,黏20,锦10)	95.2(10.5/1)混纺纱(毛75,黏15,锦10)
	纬纱/tex(公支)	同经纱	同经纱	同经纱	同经纱	同经纱	同经纱
经纬密度	经纱/(根/10cm)	202	189	190	180	180	190
	纬纱/(根/10cm)	182	186	192	176	173	186
织物组织		$\frac{2}{2}$斜纹组织			斜纹组织		
质(重)量/(g/m)		700	700	700	700	680	710
成品幅宽/cm		143	143	143	143	143	143
特点		呢面平整、丰满而细洁,绒毛紧密覆盖,不露地纹,呢身紧密挺实。手感较麦尔登松软,弹性好,耐磨,基本上不起球,色泽鲜艳均匀,无色差,光泽好,保暖性强,穿着挺括舒适			呢面平整丰满、绒毛效应稍差,呢身坚实耐穿,实用性强,耐磨性、弹性和折皱恢复性较毛黏海军呢为优,但手感不及毛黏海军呢柔和		
用途		主要用于做海军服、秋冬季各式男女服装,如军便服、制服、中山装、学生装、夹克、两用衫、青年装、铁路服、海关服、中短大衣及帽子等			宜做秋冬季各式男女服装、制服、中山装、学生装、青年装、两用衫及帽子等		
备注		原料选用58支毛或一到二级改良毛70%以上,精梳短毛20%以下,为了提高织物的强力和耐磨性,也可混入7%～8%的锦纶。一般为匹染素色产品,颜色以海军蓝、深藏青和黑为主。缩水率为4.5%左右,裁剪前应喷水预缩,以干洗为宜			原料选用58支毛或一、二级改良毛50%以上,精梳短毛20%以下,黏胶15%左右,锦纶10%～15%。一般为匹染素色产品,颜色以海军蓝、藏青和黑为主		

续表

规格＼毛织物名称		毛黏海军呢(毛黏混纺海军呢)					
英文名		wool/viscose mixed navy cloth					
经纬纱线密度	经纱/tex(公支)	100(10/1)混纺纱(毛75,黏25)	100(10/1)混纺纱(毛70,黏25,锦5)	100(10/1)混纺纱(毛84,黏16)	100(10/1)混纺纱(毛73,黏27)	59.2(10.5/1)混纺纱(毛73,黏25,锦2)	100(10/1)混纺纱(毛72,黏28)
	纬纱/tex(公支)	同经纱	同经纱	90.9(11/1)混纺纱(毛84,黏16)	83.3(12/1)混纺纱(毛73,黏27)	同经纱	同经纱
经纬密度	经纱/(根/10cm)	180	185	185	191	190	197
	纬纱/(根/10cm)	175	180	200	217	186	180
织物组织		平纹组织	斜纹组织	斜纹组织			
质(重)量/(g/m)		700	700	690	680	700	710
成品幅宽/cm		145	143	143	143	143	143
特点		呢面平整丰满,基本不露地纹,强度好,吸湿性强。手感柔软丰厚,挺实而有弹性。色泽均匀,无色差,色光正,耐起球。但织物缩绒性差(因混有一定比例的黏胶),呢面绒毛较稀松,抗皱性能差,易折皱,缩水率稍大,尺寸稳定性稍差					
用途		宜做秋、冬季各式男女服装、制服、中山装、学生装、青年装、两用衫及帽子等					
备注		原料选用58支毛或一、二级改良毛50%以上,精梳短毛20%以下,黏胶30%以下,为了提高织物的强力和耐磨性,可掺混少量的锦纶。一般为匹染素色产品,颜色以海军蓝、藏青和黑为主					

12. 海力斯（harris）

海力斯又名海立斯、海力斯呢。是粗纺呢绒中的大众化传统品种之一。起源于英国海力斯（Harris）岛居民利用土种羊毛，经手工纺、织、整理而成粗花呢织品。织物结构松软，风格粗犷，表面露有白抢毛，手感粗糙厚实，有弹性，花样别致。采用散毛染色为主，形成平素、混色和花饰等品种。平素海力斯多为无染混色生产，呢面混色均匀，覆盖的绒毛较稀疏，露地纹或半露地纹，手感挺实，较粗糙，有抢毛，刚性强，有弹性；花式海力斯呈现由经纬异色毛纱构成人字形和格子模纹。其中有大套格、小米格、犬齿格型。配色调和，织纹明显，呢面较均匀，手感挺实，富有弹性。海力斯是条染色织品，适宜用于做西装上装、童装、春秋大衣、夹克衫、猎装、两用衫、旅游衫、轻骑衫、卡曲衫、风大衣等。

规格＼毛织物名称		海力斯(海立斯、海力斯呢)				
英文名		harris				
经纬纱线密度	经纱/tex(公支)	166.7(6/1)混纺纱(毛60,黏40)	166.7(6/1)混纺纱(毛50,黏50)	166.7(6/1)纯毛纱	166.7(6/1)混纺纱(毛70,黏30)	12.5(8/1)纯毛纱
	纬纱/tex(公支)	同经纱	同经纱	同经纱	同经纱	同经纱

续表

规格 \ 毛织物名称		海力斯(海立斯、海力斯呢)				
经纬密度	经纱/(根/10cm)	109	122	122	110	140～160
	纬纱/(根/10cm)	107	113	113	108	135～160
织物组织		$\frac{2}{2}$斜纹组织				
质(重)量/(g/m)		610	654	654	620	680～720
成品幅宽/cm		150	145	145		
特点		平素海力斯呢面混色均匀,表面有稀疏的绒毛覆盖,露地纹或半露地纹,手感硬挺结实,较粗糙,有枪毛,刚性强,配色调和;花式海力斯呢面均匀,配色调和,花色新颖,织纹明显,手感硬挺结实,有弹性,多数为人字纹和格子花型(如大套格、小米格、犬齿格型等)				
用途		宜做普通男女西装、外套、时装、旅游服、夹克衫、猎装、两用衫、轻骑衫、卡曲衫、春秋大衣、风大衣等				
备注		原为英国苏格兰北方海力斯诸岛民间利用当地的山地羊毛手工纺织的粗花呢产品,组织多为斜纹和人字纹。在英国用苏格兰山地羊毛手工纺织,要贴严格的商标。从1912年起,“球在十字架上”的商标成为海力斯在英国的特殊标志,以其手工纺织的自然粗犷美,具有工艺品性质而高价出售。现在机织产品已成为一种大众化的粗纺呢绒品种之一。海力斯的原料为羊毛和化学纤维(黏胶、腈纶、涤纶等)。纯毛海力斯选用三、四级毛70%以上,中支及粗支短毛30%以下;混毛海力斯选用三、四级毛40%以上,中支及粗支短毛30%以下,化学纤维30%～50%。海力斯是条染色织产品,其中平素海力斯主要色泽有米、蓝灰、烟灰、棕灰、棕等;花色海力斯花色变化较多,配色调和,主要色泽有棕、灰、米棕、蓝灰等,男装多为协调中深暗色,女装多为鲜艳对比色调,在人字纹或斜纹上呈现格条花型				

13. 女式呢 (woollen lady's cloth)

女式呢又称女色呢、女装呢、女服呢、粗纺女式呢。是粗纺呢绒中的主要品种之一，主要用于制作各类女士服装，故名。采用较细软的羊毛织制，手感柔软，质地轻薄，松软保暖，色谱齐全，色泽鲜艳，浅色多于深色，外观与风格多样，所用原料有羊毛、黏纤、腈纶、涤纶等。产品繁多，按照所使用的原料，可分为全毛女式呢和混纺女式呢。全毛女式呢按其所含有其他动物纤维的不同，又可分为羊绒女式呢、兔毛女式呢、驼绒女式呢等。按照呢面风格特征，可分为平素女式呢、立绒女式呢、顺毛女式呢和松结构女式呢等。按组织变化、色纱配列、印花提花等方法，织制成各种织纹和花型的女式呢，称为花式女式呢。女式呢适宜制作春、秋、冬季妇女各式服装。

规格 \ 毛织物名称	女式呢(女色呢、女装呢、女服呢)	立绒女式呢(维罗呢、立绒毛呢)
英文名	woollen lady's cloth	raised pile woollen lady's cloth

续表

规格 \ 毛织物名称		女式呢(女色呢、女装呢、女服呢)	立绒女式呢(维罗呢、立绒毛呢)		
经纬纱线密度	经纱/tex(公支)	166.7(6/1)～58.8(17/1) 粗纺单纱	125(8/1)～58.8(17/1) 粗纺毛纱	111.1(9/1) 粗梳毛纱	29.4×2(34/2) 精梳毛纱
	纬纱/tex(公支)	同经纱	同经纱	同经纱	47.6(21/1) 粗纺毛纱
经纬密度	经纱/(根/10cm)	110～250	190～250	100	256左右
	纬纱/(根/10cm)	110～250	190～250	160	256左右
织物组织		平纹、斜纹、破斜纹、小花纹和各种变化组织	$\frac{2}{2}$斜纹或$\frac{1}{3}$破斜纹		
质(重)量/(g/m)		270～650	300～570		310～620
成品幅宽/cm			143～155	144～150	144～154
特点		呢面绒毛密集均匀,质地轻薄,松软保暖,手感柔软,色泽鲜艳,色谱齐全,浅色多于深色	呢面绒毛丰满匀净,绒毛密立平齐,不露地纹。手感柔软丰厚,有身骨,弹性好,保暖性好。光泽自然柔和,色泽鲜艳均匀		
用途		宜做春、秋、冬季各类女装、大衣、风衣、童装、套装、便装、青年装、运动装等	主要用于制作秋、冬季女装、童装、套装、便装、青年装、运动装和大衣等		
备注		原料选用羊毛、黏胶、腈纶、涤纶及羊绒、驼绒、兔毛等。纯毛女式呢采用52～64支毛或一、二级毛和精梳短毛,也可配用羊绒、驼绒或兔毛等动物毛。混纺女式呢采用支数毛或级数毛、精梳短毛和黏胶、腈纶、涤纶等混纺。女式呢的品种规格较多,风格也各不相同。按其外观风格分,有平素女式呢、立绒女式呢、顺毛女式呢和松结构女式呢等。按原料不同分,有纯毛女式呢、混纺女式呢和纯化纤女式呢。纯毛女式呢又可分为羊绒女式呢、兔毛女式呢、驼绒女式呢等。按其组织变化、色纱配列、印花提花等方法,织制成各种织纹和花型的女式呢,称为花式女式呢	是粗纺女式呢中比较厚重的织物。原料选用毛、黏胶、腈纶、涤纶等。纯毛产品选用58～64支毛或一、二级毛60%以上,精梳短毛40%以下;混纺产品选用58～64支毛或一、二级毛20%～70%,精梳短毛10%～50%,化学纤维40%以下。维罗呢的品种繁多,按组成的原料分,有纯毛、混纺和交织三种;按呢面绒头分,有斜面维罗呢、高低绒头的驼背维罗呢、波浪维罗呢、平绒维罗呢等;按颜色分,有闪光的、印花的等;按其织物组织纹来分,有起毛组织、斜纹组织和缎纹组织等;还可从格型来分,有条、格等。维罗呢的名称来源于法语维罗尔斯(velours),此法语又源于拉丁语(vellosus),即含义为绒毛、立绒的意思。维罗呢的色泽,一般为鲜艳的女装色,多为染毛和混色,也有匹染的产品		

续表

规格 \ 毛织物名称		平素女式呢						顺毛女式呢		
英文名		ordinary woollen lady's cloth						fleece woollen lady's cloth		
经纬纱线密度	经纱/tex(公支)	100(10/1)毛纱	62.5(16/1)毛纱	62.5(16/1)毛纱	100(10/1)混纺纱(毛70,黏30)	83.3(12/1)混纺纱(毛65,黏35)	100(10/1)混纺纱(毛65,黏35)	125(8/1)~58.8(17/1)粗纺单纱	66.7(15/1)毛纱	62.5(16/1)毛纱
	纬纱/tex(公支)	同经纱	同经纱	同经纱	同经纱	同经纱	同经纱	同经纱	同经纱	同经纱
经纬密度	经纱/(根/10cm)	170	203	138	163	189	123	190~250	210	203
	纬纱/(根/10cm)	170	197	123	168	175	101	190~250	205	197
织物组织		平纹组织	斜纹组织		平纹组织		小花纹	斜纹或破斜纹	$\frac{1}{3}$斜纹组织	$\frac{2}{2}$斜纹组织
质(重)量/(g/m)		650	458	276	650	560	347	300~570	470	458
成品幅宽/cm		143	150	155	143	143	145	146~150	146	150
特点		呢面平整细洁,表里覆盖密集的绒毛,不露地纹或微露地纹。手感柔软丰满,不松烂。光泽自然,色泽鲜艳、均匀,经摩擦不易起球						绒毛平整均匀、较长,向一方倒伏。手感柔软,滑润细腻,膘光足,活络丰厚,保暖性能好。光泽自然柔和,色泽鲜明		
用途		宜做春、秋、冬季各式妇女服装、长中短大衣等						宜做春、秋、冬季女式上装、童装、大衣等		
备注		是女式呢中的主要品种,是匹染缩绒的素色织物。所用原料是羊毛和黏胶。纯毛织物选用58~64支毛或一、二级毛50%以上,精梳短毛50%以下;混纺织物选用58~64支毛或一、二级毛20%~70%,精梳短毛10%~50%,黏胶40%以下。纯毛高档品种也可混入10%~20%的羊绒、兔毛、驼绒等						原料有羊毛和黏胶。纯毛织物选用58~64支毛或一、二级毛70%以上,粗梳短毛30%以下;混纺织物选用58~64支毛或一、二级毛20%~70%,精梳短毛10%~50%,黏胶40%以下。高档品种也可混入10%~20%的羊绒、兔毛等		

续表

规格＼毛织物名称		松结构女式呢	齐贝林(齐贝林有光长绒呢)	绒面呢	
英文名		loose structure woollen lady's cloth	zibeline	broad cloth	
经纬纱线密度	经纱/tex(公支)	100(10/1)毛纱	125(8/1)～58.8(17/1)粗纺单纱	50×2(20/2)股线或粗纺毛纱	粗纺单纱或精纺股线
	纬纱/tex(公支)	16.7×2(60/2)毛股线	同经纱	111.1(9/1)～62.5(16/1)粗纺单纱	粗纺单纱
经纬密度	经纱/(根/10cm)	119			128
	纬纱/(根/10cm)	113			160
织物组织		平纹组织、$\frac{2}{2}$斜纹组织、小花纹组织或各种变化组织	斜纹或破斜纹组织	平纹、斜纹、双层起毛组织	平纹、斜纹、双层起毛组织
质(重)量/(g/m)		385	300～570	345～690	500～880
成品幅宽/cm		145			145
特点		呢面花纹清晰，织纹新颖，组织变化多，结构蓬松活络，呢身轻盈柔软，保暖性好。色泽自然、鲜艳、均匀，色谱齐全	呢面绒毛平整均匀，向一方倒伏，手感柔软润滑，膘光足，加之配上各种鲜艳条格等花型，是女装的时髦粗纺衣料	呢面绒毛平顺、丰满、均匀，手感柔软、丰厚，有膘光，类似棉天鹅绒的风格	呢面绒毛平顺、丰满、均匀，手感柔软、丰厚，有膘光。呢身紧密厚实，类似于我国平厚大衣呢的质地，顺毛大衣呢的风格
用途		宜做春秋季妇女各式服装及围巾等	主要用于做女装外套、长短大衣、斗篷及帽子等	宜做秋、冬季各类女装和长短大衣等	宜做礼服、军服、长短大衣等
备注		原料有羊毛、黏胶、腈纶、涤纶等。纯毛产品选用52～64支毛70%以上，一到二级毛和精梳短毛30%以内；混纺产品选用52～64支毛或一到二级毛20%～70%，精梳短毛50%以下，黏胶20%以上。根据产品外观花色变化的需要，可混入一部分异形化学纤维，如扁丝、三角丝或用膨体纱和花式纱线以及精纺毛纱	是粗纺女式呢类长顺毛品种，多用杂种羊毛织造，法国最先创织。条染产品，颜色一般为鲜艳的红、绿、紫、蓝、咖等色，并采用格条组成各种花型，也有平素或印花的产品	有纯毛及毛与化纤(黏胶、腈纶、涤纶)混纺。绒面呢的英文名称broad，意即宽平的意思。绒面呢一般可分为两种类型，一种为属于粗纺女式呢顺毛产品，是粗纺呢绒中使用原料支数较好的细支毛织造的高档粗纺毛织物，类似于我国的粗纺女式呢顺毛品种；另一种为英国和日本制织的织物，经纱为粗纺单纱或精纺股线，纬纱为粗纺单纱	

14. 法兰绒 (flannel)

法兰绒是以细支羊毛纺织而成的粗纺呢绒类传统品种之一，名称源自英文Flannel的音译。产品是将一部分羊毛先染色后，掺入一定比例的原色羊毛，均匀地混合后纺成混色毛纱，织制而成，呈现有夹花的独特风格。质地较轻薄，绒面细腻，呢面丰满，细洁平整，混色均匀，色泽素雅大方，不易起球，手感柔软而有弹性，保暖性好，穿着舒适。法兰绒的品种繁多，按原料的不同，可分为纯毛、混纺及棉经毛纬交织三种；按色泽与花型，可分为素色、混色、条或格花型及印花四种。法兰绒适宜制作中山装、青年装、两用衫、西裤、春秋季女式大衣、西装、女马甲及帽料等。薄型法兰绒可制作衬衫、两用衫和裙料等。

规格 \ 毛织物名称		法兰绒					萨克森法兰绒	
英文名		flannel					Saxony flannel	
经纬纱线密度	经纱/tex(公支)	100(10/1)混纺纱(毛65,黏35)	100(10/1)混纺纱(毛65,黏35)	111.1(9/1)混纺纱(毛74,黏25,锦1)	62.5(16/1)毛纱	100(10/1)混纺纱(毛65,黏35)	90.9(11/1)粗纺纯毛纱	100(10/1)混纺纱(毛60%~85%,黏胶15%~40%)
	纬纱/tex(公支)	同经纱	同经纱	同经纱	同经纱	同经纱	同经纱	同经纱
经纬密度	经纱/(根/10cm)	149	168	142	168	134	192	135~170
	纬纱/(根/10cm)	139	154	130	166	126	192	134~170
织物组织		$\frac{2}{2}$斜纹组织	平纹组织				$\frac{2}{2}$斜纹组织	$\frac{2}{2}$人字纹组织
质(重)量/(g/m)		540	590	550	360	450	540~600	460~580
成品幅宽/cm		145	143	143	143	143		
特点		呢面平整洁净,织物表里有密集的绒毛覆盖,一般不露地或半露地,绒面丰满细腻,混色均匀。手感柔糯,有身骨,弹性好,不起球。保暖性好,穿着舒适,色泽素雅大方					呢面丰满细洁,有绒毛覆盖,组织纹路仍然可以看见,混色均匀。光泽自然,色泽大方。手感柔软,有身骨,弹性好,不起球,成衣挺括,富有高级感	
用途		宜做春、秋、冬季各式男女服装,如西装、中山装、青年装、两用衫、套装、西裤、女马甲、春秋女式大衣、童装、裙子及帽子等,薄型法兰绒可做衬衫、两用衫、裙子等					宜做西装、套装、各类女装、中短大衣等	

续表

规格 \ 毛织物名称	法　兰　绒	萨克森法兰绒
备注	原料选用，纯毛产品为60～64支毛或二级毛60%以上，精梳短毛40%以下；混纺产品为60～64支毛或二级毛以上的羊毛50%以下，精梳短毛20%以下，黏胶(或腈纶、涤纶、锦纶等)20%～40%。法兰绒有厚型和薄型之分，是染毛混色的素色产品。其品种有素色法兰绒、条子法兰绒和格子法兰绒等。素色有灰、棕灰及其他杂色。法兰绒缩水率为4.5%，裁剪前应喷水充分预缩。熨烫温度在垫湿布的情况下控制在200～220℃之间，待湿布熨到含水量在5%时即可，过分干燥呢面会出现极光；再将熨斗降温到150～170℃，直接在反面将衣物熨干熨平	是用萨克森羊毛或美利奴羊毛纺纱织造的粗纺呢绒高档品种之一。其名字是因最初用萨克森美利奴羊毛制织而得，现在也有用一般羊毛或混纺织造的中低档萨克森法兰绒。色泽多为染毛混色，多色相。一般为混灰、混蓝、混驼、混棕。女装萨克森法兰绒通常染成鲜艳色，如混黄绿色、中浅驼色等

15. 粗花呢 (tweed)

粗花呢又称粗纺花呢。粗纺呢绒大类品种之一。采用散纤维染色或筒子染色成单色或混色纱，以单纱或股线、花式线作经纬，用平纹、斜纹或变化组织、联合组织、绉组织、网形组织等，织成人字、条子、格子、圈圈、点子或人字、条、格、圈、点相间的各种花纹织物，以及小花纹的、提花的、平面的、凹凸的花式织物。品种按原料分，有全毛、毛混纺和纯化纤三类。按外观特点分为：①纹面粗花呢，不经缩绒整理，表面花纹清晰，纹面匀净，光泽鲜明，身骨挺而富有弹性，松结构的要松而不烂，后整理不缩不拉。②呢面粗花呢，经过缩绒或缩绒后轻起毛，织物表面呈现毡化状，有短绒覆盖，呢面平整、均匀，质地紧密，身骨厚实，后整理一般采用缩绒或轻缩绒，不拉毛或轻拉毛。③绒面粗花呢，表面有绒毛覆盖，绒面丰满，绒毛整齐，手感丰厚而柔软，稍有弹性，后整理一般采用轻缩绒和拉毛工艺。粗花呢适宜制作春、秋、冬季男女上装，如两用衫、西装、风衣、中式罩衫及女短大衣等。

规格 \ 毛织物名称		粗花呢(粗纺花呢)(1)							
英文名		tweed							
经纬纱线密度	经纱/tex(公支)	90.9×2(11/2)纯毛纱	200(5/1)混纺纱(毛65，黏35)	125(8/1)混纺纱(毛66，黏32，涤2)	166.7(6/1)混纺纱(毛80，黏20)	166.7(6/1)混纺纱(黏40，毛30，涤30)	100(10/1)混纺纱(毛65，黏35)	71.4(14/1)混纺纱(黏40，毛40，涤40)	83.3(12/2)混纺纱(毛50，黏50)
	纬纱/tex(公支)	同经纱	同经纱	同经纱	同经纱	同经纱	同经纱	同经纱	同经纱
经纬密度	经纱/(根/10cm)	100	106	144	110	80	134	188	103
	纬纱/(根/10cm)	90	98	128	95	78	132	192	96
织物组织		平纹组织	人字斜纹组织	斜纹组织	平纹组织		人字斜纹组织	斜纹组织	平纹组织

续表

毛织物名称 规格	粗花呢(粗纺花呢)(1)							
质(重)量/(g/m)	568	670	600	580	435	440	460	540
成品幅宽/cm	148	143	143	145	150	148	145	143
特点	纹面粗纺花呢不经过缩绒整理,因此,呢面表面花纹清晰,纹面匀净,光泽鲜明,配色调和,身骨好,富有弹性;呢面粗花呢经过缩绒或缩绒后轻起毛,呢面呈毡化状,有短绒毛覆盖呢面,呢面平整均匀,质地紧密,身骨较厚实,色彩鲜明;绒面粗纺花呢是经过缩绒后,再经钢丝起毛或刺果起毛,因此,织物表面有绒毛覆盖,绒面丰满,绒毛整齐,手感丰厚,富有弹性,色泽鲜明。总之,粗纺花呢花色新颖,色泽配色调和,保暖性能好,适应面广,穿着美观舒适							
用途	宜做春、秋、冬季男女和儿童各式服装及帽子等							
备注	原为18世纪中叶,以苏格兰和英格兰山区的羊毛制织的一种粗支比较厚的粗纺毛织物,其纹样类似泰晤士河的河流纹。因为在泰晤士河(tweed river)沿岸多产此类二上二下人字纹粗纺毛织物,伦敦毛纺织业商人就以其河名tweed称之,这就是粗花呢英文名字的由来。该产品是粗纺呢绒中的条染色织品种。用单色纱、混色纱、合股线、花式纱线等和各种花纹组织配合织造。原料主要选用羊毛和黏胶,也有部分产品采用棉纱、黏胶长丝、合成纤维长丝、涤纶和腈纶短纤等。纯毛高档品种选用60~64支毛或一级毛60%以上、精梳短毛40%以下;中档品种选用56~60支毛或二级毛60%以上,精梳短毛40%以下;低档品种选用三、四级毛70%以上,精梳短毛30%以下。混纺高档品种选用60~64支毛或一级毛40%以上,精梳短毛40%以下,黏胶20%以上;中档品种选用56~60支毛或二级毛30%以上,精梳短毛40%以下,黏胶30%以上;低档品种选用三、四级毛50%以上,精梳短毛20%以上,黏胶30%以下。根据设计品种的需要,也可采用精纺毛纱、棉纱、黏胶长丝或合纤长丝和粗纺毛纱合股后织造;还可采用羊毛和涤纶、羊毛和腈纶混纺,羊毛、涤纶、黏胶三合一混纺和羊毛、腈纶、黏胶混纺;或用纯黏胶或纯腈纶织造。纯毛粗花呢的缩水率为3.5%,其他纤维含量超过40%的织物,缩水率为4.5%,裁剪前要充分喷水预缩							

毛织物名称 规格		粗花呢(粗纺花呢)(2)				
英文名		tweed				
经纬纱线密度	经纱/tex(公支)	200(5/1)混纺纱(毛65,黏35)	111.1(9/1)混纺纱(毛65,黏35)	125(8/1)混纺纱(毛65,黏35)	100(10/1)混纺纱(毛35,黏19),腈46	83.3(12/1)混纺纱(腈35,黏35,毛30)
	纬纱/tex(公支)	同经纱	同经纱	同经纱	同经纱	同经纱
经纬密度	经纱/(根/10cm)	91	154	151	152	158
	纬纱/(根/10cm)	84	142	131	132	139
织物组织		平纹组织	斜纹组织			

续表

规格＼毛织物名称	粗花呢(粗纺花呢)(2)				
质(重)量/(g/m)	570	582	590	460	400
成品幅宽/cm	145	143	143	148	150
特点	同上页(1)				
用途	同上页(1)				
备注	同上页(1)				

规格＼毛织物名称		格林纳达花呢		粗细合股毛织物
英文名		glen fancy suitings		coarse-fin doubled-yarn wool fabric
经纬纱线密度	经纱/tex(公支)	71.4(14/1)纯毛纱	111.1(9/1)混纺纱(毛60,黏20,涤20)	具有两色的粗、细特合股毛股线55.6(18)+25(40)以及23.8×2(42/2)精梳毛花线
	纬纱/tex(公支)	同经纱	同经纱	具有两色的55.6(18)+25(40)粗、细特合股毛股线
经纬密度	经纱/(根/10cm)	192	154	160左右
	纬纱/(根/10cm)	188	148	160左右
织物组织		$\frac{2}{2}$斜纹组织		复合斜纹组织
质(重)量/(g/m)		460～520	580～620	
成品幅宽/cm				
特点		呢面有花纹,花型清晰,呢面匀净。光泽自然,颜色鲜明,不混色,不串色。手感丰满,有身骨,弹性好		呢面较粗纺毛织物细洁,花色效应的立体感强,外观粗犷
用途		宜做西装、套装、女装、青年装、搭配套装、夹克、短大衣、裙子等		宜做女装
备注		最早产于苏格兰阿克哈特河谷而得名的典型大方格型花呢,又简称格林格花呢。纯毛产品的原料一般选用60～64支毛或一级毛60%以上,精梳短毛40%以下;中低档产品选用56～60支毛或二级毛60%以上,精梳短毛40%以下,或三、四级毛70%以上,精梳短毛30%以下。混纺产品选用毛70%～80%,黏胶、腈纶或涤纶20%～30%。该织物是染毛产品,大多为黑白、咖白、灰白、或同类颜色一深一浅搭配的颜色		是指风格介于精、粗纺之间的毛织物

续表

毛织物名称 / 规格		枪俱乐部花呢(枪俱乐部方格呢)	斯泼特克斯	方格呢
英文名		gunclub plaid	sporter	plaid
经纬纱线密度	经纱/tex(公支)	83.3×2(12/2) 粗纺股线(纯毛)	62.5×2(16/2) 毛股线	200(5/1)～71.4(14/1) 粗纺单纱
	纬纱/tex(公支)	同经纱	同经纱	同经纱
经纬密度	经纱/(根/10cm)	110	95～140	平纹组织:80～120 斜纹组织:140～200
	纬纱/(根/10cm)	105	95～140	平纹组织:80～120 斜纹组织:140～200
织物组织		平纹组织	平纹组织	平纹或斜纹组织
质(重)量/(g/m)		370～630	450～550	400～500
成品幅宽/cm				
特点		织物紧密、坚牢,手感挺括,有身骨,弹性好,光泽自然柔和,色泽配色协调,多为不深也不浅的中间色,耐脏污	织物紧密结实,细结平挺,耐磨耐穿,多为条格花纹,也有素质地呢面花型配色鲜艳协调,条格鲜明,光泽自然,身骨挺括,有弹性	呢面平整均匀、有短绒毛覆盖,质地紧密,有身骨,弹性好。光泽自然,配色协调,不沾色,不串色
用途		宜做西装、套装、运动服、夹克、猎装、旅游便装等	宜做西装、套装、猎装、运动装、两用衫、西上装、女式短大衣等	宜做男女西装、套装、便装、旅游装、夹克、裙子等
备注		是美国1874年铳枪俱乐部为其成员做服装所选用的花型面料,为西装的一种典型面料,少数是精纺产品。该品种是染毛产品,颜色以咖啡色为主,也有以黑灰、驼、蓝等深浅搭配组成格型颜色	原为英国苏格兰一种手工毛纺织品,最初多用产于苏格兰和英格兰高地的啥味羊毛织造。此产品正式名称斯泼特克斯(sportex)是英国伦敦一家名厂机织生产的毛织品,注册商标为sport textile,略称为sportex(斯泼特克斯)。有精纺和粗纺两种品种,原料大多选用58支左右的粗羊毛	其英文名称plaid就是格型的意思。早在1598年,方格呢在苏格兰就开始流行做外套。当初,女装多用2～3种颜色搭配织造的大小不同的格型。方格呢的原料一般选用56～64支毛或低档粗支纱。该织物是染毛产品,颜色较多,图案较大,大格套小格,也有印花条格产品。男装多为协调色,以灰、蓝格为主,女装多为对比色,主要有红、绿、蓝、咖等格型。混纺方格呢的混纺比例为毛占50%～80%,化学纤维(涤纶、腈纶、黏胶等)占20%～50%

续表

毛织物名称 规格		火姆司本(钢花呢)						多尼盖尔粗呢(爱尔兰粗花呢)	
英文名		homespun						Donegal tweed	
经纬纱线密度	经纱/tex(公支)	200(5/1)毛纱(毛98,锦2)	166.7(6/1)混纺纱(毛65,黏35)	166.7(6/1)混纺纱(毛65,黏35)	200(5/1)混纺纱(毛65,黏35)	200(5/1)混纺纱(毛65,黏35)	71.4(14/1)混纺纱(毛40,黏或腈40,涤20)	83.3×2(12/2)粗纺股线	111.1(9/1)粗纺单纱
	纬纱/tex(公支)	同经纱	同经纱	同经纱	同经纱	166.7(6/1)混纺纱(毛65,黏35)	同经纱	同经纱	同经纱
经纬密度	经纱/(根/10cm)	81	93	76	90	94	179～190	90～120	140～180
	纬纱/(根/10cm)	73	81	68	78	91	168～190	90～120	140～180
织物组织		平纹组织				山形斜纹	平纹组织	平纹组织	$\frac{2}{2}$斜纹组织
质(重)量/(g/m)		520	530	434	560	580	440～480	420～560	560～580
成品幅宽/cm		143	143	145	145	145			
特点		毛纱为多色混合,一般是色相鲜明的两种或几种颜色相互搭配纺纱,纺成粗而不匀的彩色毛纱,呢面呈现粗节形成的彩色点子。该织物配色讲究,鲜艳大方,具有手工艺品的独特美,多为女装的中浅色,如红、蓝、绿、白、咖、浅黄等的混色或花纱,织物结实耐穿,且呢面上散布有彩色点子,闪闪发光。此外,还有深色地上散布彩点和嵌有金银丝等花色品种,美观别致						呢面呈现结点多,一般是经纬异色织造,先染毛混纺各种鲜艳颜色的花纱,故接头处显现彩点状。呢面星星点点出现大小不等的彩点,其独特风格似蓝天上的彩虹、原野碧草上的鲜花点缀呢面	
用途		宜做春、秋季男女服装、西上装、套装、两用衫、运动装、猎装、旅游服、童装、短夹大衣及帽子等						宜做运动服、各类女装、外套、短大衣等	

续表

毛织物名称/规格	火姆司本(钢花呢)	多尼盖尔粗呢(爱尔兰粗花呢)
备注	火姆司本是英文 home spun 的音译。系起源于英国最早用手工纺织的一种粗呢。最初用粗糙、粗细不匀的毛纱,在家庭手织机上生产。最先是在英国安格勒绥岛创织流行,逐步扩大到英国大陆,后流行世界各地。现在,虽已采用现代纺织机器纺纱织造,但仍保留手工纺纱织造的粗犷美特点。火姆司本的原料为羊毛和黏胶。纯毛产品选用 48～60 支毛或一、二级改良毛 90%,精梳短毛 10%左右;混纺产品选用 60 支毛或一、二级毛 65%,黏胶、腈纶、涤纶 35%	最早为爱尔兰手工纺纱织造的二上二下斜纹毛织物。有纯毛产品,也有混纺产品(毛和棉、黏胶、腈纶、亚麻等混纺)。在用现代纺织机器织造时,通常经纱是白色素纱,纬纱带有红绿彩点,呢面呈现蓝、绿、红彩点是多尼盖尔粗呢较多的色相。其色泽一般是绿、紫、茶褐、灰、黑,再加上一定协调的彩点

毛织物名称/规格		两面呢	苏格兰粗花呢	塔特萨尔格子粗呢	
英文名		double cloth	Scotch tweed	Tattersall woollen check cloth	
经纬纱线密度	经纱/tex(公支)	90.9(11/1)毛纱(460～520 捻/m)	100(10/1)混纺纱(毛 70,黏 30)(430～450 捻/m)	200(5/1)～71.4(14/1)粗纺单纱	200(5/1)～71.4(14/1)粗纺单纱
	纬纱/tex(公支)	同经纱	同经纱	同经纱	同经纱
经纬密度	经纱/(根/10cm)	150～250	135～200	140～190	
	纬纱/(根/10cm)	150～250	135～200	150～195	
织物组织		经重双层组织		斜纹组织	$\frac{2}{2}$斜纹或$\frac{2}{2}$破斜纹、$\frac{3}{3}$斜纹组织
质(重)量/(g/m)		520～620	540～660	570～630	510～630

续表

毛织物名称/规格	两面呢	苏格兰粗花呢	塔特萨尔格子粗呢
成品幅宽/cm			
特点	呢面被绒毛均匀覆盖，使呢面形成截然不同的两种颜色，呢面集中显示一种经纱色而背面集中显示另一种经纱色，两面均可作为正面裁剪服装	呢面平整均匀，有绒毛，质地紧密，身骨厚实较粗犷，硬挺，不板，配色鲜明，一般多为黑(经纱)白(纬纱)格。另外，有红地、绿格，加以黑、红、白的细格线，也是典型的苏格兰品种	呢面有短绒覆盖，平整均匀，质地紧密，身骨厚实，不板硬，多用醒目的大小格子织造，配色较鲜艳，花型和组织具有克瑟密绒厚呢的特点
用途	宜做夹克、无领两用衫、外套、披肩、斗篷等	宜做外套、女装、套装、西装、童装等	宜做西装、外套、运动装、长短大衣等
备注	是粗纺花呢绒面品种，精、粗纺均有，以粗纺为多见，精纺两面呢属于单面花呢品种。其高档纯毛产品的原料选用60～64支毛或一级毛60%以上，精梳短毛40%以下。其中低档品种多选用56～60支毛或二～四级毛60%～70%以上，精梳短毛30%～40%以下。其混纺品种多选用60～64支毛或一级毛40%以上，精梳短毛40%以下，黏胶20%以上，中低档混纺品种选用56～60支毛或二～四级毛30%～50%以上，精梳短毛20%～40%以下，黏胶20%～30%	是以英国苏格兰地区流行的一种大小套格，原料选用品质较优的英格兰羊毛50%～70%，棉或化学纤维(如黏胶、腈纶或涤纶等)30%～50%	是一种较厚重的花式粗纺格子花呢，属于粗纺花呢类品种。织物名称来源于英国伦敦著名的赛马场名称。有纯毛和混纺两类产品。纯毛产品的原料选用56～64支毛，混入一定比例的精梳短毛或级数毛。该织物最初用苏格兰和英格兰的杂种羊毛织造。当时，也有用毛和棉或麻混纺的品种，是苏格兰格型的一种，也称塔坦格(Tartan plaid)，是一种多色大方格，其组织为$\frac{2}{2}$斜纹，配色复杂

16. 大众呢（popular woollen cloth; woollen public cloth）

大众呢是粗纺呢绒类中大众化的低档混纺织物，故名。其特点具有混纺麦尔登的风格，表里有绒毛覆盖，手感紧密，有弹性；呢面比较均匀平整，半露地纹；用料较好的织物，外观细洁平整，近似麦尔登；用料较低的，呢面较粗，与制服呢相似。大众呢是匹染平素织物，采用重缩绒整理工艺。适宜制作各式男女服装。

毛织物名称 规格		大 众 呢					
英文名		popular woollen cloth;woollen public cloth					
经纬纱线密度	经纱/tex(公支)	250(4/1)~83.3(12/1)粗纺单纱(250~480捻/m)	100(10/1)纯毛粗纺单纱(420~450捻/m)	111.1(9/1)混纺纱(毛70,黏30)	100(10/1)混纺纱(毛65,黏35)	100(10/1)混纺纱(毛75,黏15,锦10)	100(10/1)混纺纱(毛75,黏25)
	纬纱/tex(公支)	同经纱	同经纱	同经纱	同经纱	同经纱	同经纱
经纬密度	经纱/(根/10cm)	90~200	186	160	186	180	186
	纬纱/(根/10cm)	90~200	184	155	185	176	185
织物组织		$\frac{2}{2}$斜纹或破斜纹组织	$\frac{2}{2}$斜纹组织	$\frac{2}{2}$破斜纹组织	$\frac{2}{2}$斜纹组织		
质(重)量/(g/m)		600~750	700~750	600~620	700	700	700
成品幅宽/cm					143	143	143
特点		呢面较粗糙,但平整均匀,基本不露地或半露地,表里有绒毛覆盖。手感紧密,有弹性,摩擦后不起球					
用途		宜做中山装、制服、青年装、学生装等					
备注		一般是用毛纺厂的精梳下脚(以精梳短毛和回收再用毛为主),混入部分等级毛或化学纤维(黏胶、腈纶等)制成的重缩绒织物,是粗纺呢绒中的一个大众化品种。原料选用60支毛或二级以上毛10%~40%,精梳短毛或再生毛30%黏胶(或锦纶、腈纶)20%~30%					

毛织物名称 规格		学 生 呢				
英文名		uniform cloth				
经纬纱线密度	经纱/tex(公支)	111.1(9/1)混纺纱(毛70,黏30)	125(8/1)混纺纱(毛70,黏30)	125(8/1)混纺纱(黏60,毛40)	83.3(12/1)混纺纱(毛50,黏50)	28×2(21英支/2)棉股线
	纬纱/tex(公支)	同经纱	同经纱	同经纱	同经纱	200(5/1)混纺纱(毛75,棉25)
经纬密度	经纱/(根/10cm)	160	146	145	178	160
	纬纱/(根/10cm)	155	140	125	158	115
织物组织		$\frac{2}{2}$破斜纹组织				

续表

规格＼毛织物名称	学生呢				
质(重)量/(g/m)	620	620	600	500	560
成品幅宽/cm	146	146	146	146	146
特点	呢面细洁,平整均匀,有密集的绒毛覆盖呢面,不露地纹。手感紧密,有弹性,不起球,外观风格近似麦尔登。光泽自然,色泽鲜明,色光好				
用途	宜做学生装、制服和冬季男女服装等				
备注	利用细支精梳短毛和再生毛为主要原料的重缩绒毛黏混纺织物。原料成分,一般羊毛占50%～70%,黏胶人造毛占30%～50%。常用60支毛或二级以上羊毛10%～40%,精短再生毛30%以上,黏胶人造毛(包括锦纶短纤)在20%～30%。也有经纱采用棉股线和羊毛纬纱交织的				

17. 其他粗纺毛型织物 (other wooler fabric)

规格＼毛织物名称		粗纺驼丝锦
英文名		doe skin
经纬纱线密度	经纱/tex(公支)	52.6(19)、55.6(18)粗梳毛纱
	纬纱/tex(公支)	52.6(19)、55.6(18)粗梳毛纱
经纬密度	经纱/(根/10cm)	
	纬纱/(根/10cm)	
织物组织		过去常采用五枚或八枚经面缎纹组织,现在开始采用$\frac{2}{1}$、$\frac{3}{1}$加强斜纹组织
质(重)量/(g/m)		240～360
成品幅宽/cm		
特点		手感柔软,细腻滑糯,绒面有短、顺、匀净的绒毛,不露底或微露底,且能隐约看到缎纹或斜纹的线条,表面光洁平滑、身骨好,富有弹性,并具有优雅柔和的光泽,被誉为毛织物之王

续表

规格＼毛织物名称	粗纺驼丝锦
用途	宜做高级女装,如大衣、礼服、套装、连衣裙等,此外,也可用于制作鞋、帽、手提包等高级妇女用品等
备注	粗纺驼丝锦是一种高级的女衣呢。"Doe"原意是母鹿、母羚羊或母兔,"skin"原意为皮,因其外观、手感等酷似母鹿等的皮而得名。首创于英格兰西部。采用优质、细度小于21μm的羊毛为原料。经"驼丝锦整理",亦即不露底纹重缩绒整理。由于收缩呢面逐趋"毡化",再通过刺果轻起毛,把表面毛茸起出,理直、剪平、再朝一个方向梳齐,最后通过压呢而得到具有母鹿皮样光泽的成品。为了防止粗纺驼丝锦整理时幅缩太大(达33%),呢面发糊,手感变硬,可采用14.3tex×2(70公支/2)~16.7tex×2(60公支/2)精纺股线作经,37tex(27公支)粗梳毛纱作纬制织成精经粗纬驼丝锦

规格＼毛织物名称		毛圈粗呢	包喜呢(珠皮呢)	仿羔皮呢(仿羔皮绒)	劳动呢
英文名		frise	wool boucle;boucle	astrakhan	woollen labour cloth;woollen work cloth
经纬纱线密度	经纱/tex(公支)	地经:29.2×2(20英支/2)棉股线 毛经:50×2(20/2)精梳股线	125×2(8/2)双股精梳装饰包喜纱	17.9×2(56/2)~13.2×2(76/2)精纺股线	250(4/1)~125(8/1)混纺纱(毛70,黏30)
	纬纱/tex(公支)	地纬:72.9(8/1)单根棉纱	粗纺毛纱	500(2/1)~250(4/1)马海毛股线	同经纱
经纬密度	经纱/(根/10cm)	地经:200 毛经:100	76	192	150~170
	纬纱/(根/10cm)	地纬:128	64	312	140~160
织物组织		经起毛	平纹、斜纹或绉组织	起毛组织	$\frac{2}{2}$斜纹组织
质(重)量/(g/m)		450~550(g/m^2)	450~600		600~800
成品幅宽/cm					
特点		质地厚重、结实,手感舒适硬挺,绒毛圈较紧密,不露地,保暖性好	呢面由包喜纱形成的毛圈、粗细结构成凹凸花型,类似羔皮,色泽鲜艳	呢面毛绒卷曲均匀,坚牢度好,质地紧密、活络,弹性和抗皱性、保暖性、耐磨性好,光泽自然,外表美观	呢面有稀疏的绒毛覆盖,露地或半露地,并有枪毛。质地紧密,较粗糙,手感厚实,有硬板感,价格便宜
用途		宜做外套、长短大衣、童装及家具装饰用布	宜做女装外套、套装、艺装、各类时装、僧侣穿用织物及装饰用布	宜做春、秋、冬季男女外套、大衣、帽子及家庭装饰用	主要用于制作劳动保护服、学生服、制服等

续表

毛织物名称 规格	毛圈粗呢	包喜呢（珠皮呢）	仿羔皮呢 （仿羔皮绒）	劳　动　呢
备注	一种比较厚重的粗纺呢绒品种，是经向天鹅绒起毛织物，呢面具有 2～3mm 的毛圈绒。原料选用羊毛、马海毛、棉、黏胶、绢丝、麻、锦纶等。毛经一般是选用羊毛或马海毛、人造丝（黏胶）、绢丝、锦纶丝等，地经、地纬多选用棉纱、麻纱、化纤纱等。织物颜色以黑色、深咖、混灰等为主，也有印花、条染花纱仿兽皮颜色的品种	用包喜纱织制的粗纺毛织物，故名。包喜纱是一种强捻蜷缩的装饰用花纱，一般是三合股。包喜呢 Boucle 的起源，系由法语的 Curled 而来，Curled 含有蜷缩的、呈大小轮圈状的意思。包喜呢的颜色多为鲜艳的装饰色。包喜呢色织物主要是条染产品，也有匹染的。不染色的本白包喜呢，多为纯毛或毛麻，毛丝交织的毛织物，也有毛棉、毛黏等混纺毛织物	一种像海绵般柔软的、较厚的粗纺起毛织物，表面覆着一层如羔羊毛状的柔软、卷曲毛绒。由于其表面效果很像苏联阿斯特拉罕产的多卷曲的羔羊毛，故名。根据起绒组织形成毛绒的方式，可分为经起毛组织（经天鹅绒）和纬起绒组织（纬天鹅绒）。地组织用精梳毛纱或棉、黏胶、锦纶、涤纶等化纤纱，毛经毛纬多用马海毛。颜色为黑色和橙色	是用粗短毛、下脚毛、再生毛和部分化学纤维为原料的粗纺呢绒的低档产品。原料选用四级毛 30%，粗短毛、下脚毛各 20%，黏胶 30%。是匹染产品，颜色以蓝、黑为主，也有混杂色产品

毛织物名称 规格		纬绒呢（纬起毛天鹅绒呢）		起绒粗呢
英文名		velveteen; wool velveteen		frieze
经纬纱线密度	经纱/tex （公支）	9.7×2(60 英支/2) 棉股线或 19.4 (30 英支/1)棉单纱	19.4(30 英支/1) 棉单纱	200(5/1)～111.1(9/1) 粗纺毛纱
	纬纱/tex （公支）	地纬与毛纬：33.3 (30/1)毛单纱	25(40/1) 毛单线	同经纱
经纬密度	经纱/（根/10cm）	192～324	240～300	180～200
	纬纱/（根/10cm）	192～324	240～300	200～230
织物组织		纬起毛组织		纬二重组织
质（重）量/(g/m)		350～690		682～930
成品幅宽/cm		150		
特点		绒面丰满匀净，绒毛密立平齐，手感柔软而有身骨，抗皱性能好，光泽自然而柔和		呢面绒毛丰满，手感丰厚，呢身硬挺

续表

毛织物名称 / 规格	纬绒呢(纬起毛天鹅绒呢)	起绒粗呢
用途	宜做女装、旗袍、艺装、外套及窗帘、家具装饰用布	宜做各类外套、套装、中短大衣等
备注	其经纱和地纬一般采用棉、黏胶、腈纶等纱,与精梳或粗梳毛纱织造。高档纬绒呢选用高品质的毛纱,并在毛纬里加入各种闪光丝。例如,金银丝、马海毛、异形化纤丝等,使纬绒呢的呢面光泽绮丽,大多用于制作女装晚礼服、艺装。纬绒呢按其绒面可分为平素纬绒呢、花式纬绒呢、闪光纬绒呢等。颜色一般为素色,也有混色产品,女装多为鲜艳色	起绒粗呢的英文称为符列兹(frieze),是荷兰的符列斯伦德(Friesland)这个地方最先创织的,以此地名的前称而命名。现在,爱罗伦德(Aeloland)是主要产地。其中,以爱丽希·符列兹(Irish Frieze)起绒粗呢最为有名。该产品一般为纯毛产品,其中弹性好、自然卷曲多的羊毛占$\frac{2}{3}$,再生毛占$\frac{1}{3}$

毛织物名称 / 规格		苏格兰粗呢	制帽呢	骆马绒毛织物	席纹粗呢
英文名		Scotch	manufacturing cap cloth	vicuna	monk's woollen cloth
经纬纱线密度	经纱/tex(公支)	153.8(6.5/1)~71(14/1)粗梳单纱	18.2×2(32英支/2)~13.9×2(42英支/2)棉股线	18.5×2(54/2)精纺股线	333.3(3/1)~200(5/1)粗纺单纱或为:142.9×2(7/2)~100×2(10/2)股线(经纱大多为股线)
	纬纱/tex(公支)	同经纱	250(4/1)~200(5/1)粗纺单纱	表纬和里纬:100(10/1)粗纺毛纱	同经纱(纬纱多为单纱或股线)
经纬密度	经纱/(根/10cm)	146	130~180	384	90~120
	纬纱/(根/10cm)	138	110~140	192	80~144
织物组织		$\frac{2}{2}$斜纹组织	$\frac{2}{2}$斜纹组织	表组织多用$\frac{2}{2}$斜纹组织,里组织多用缎纹组织	方平纹组织
质(重)量/(g/m)		250~420(g/m^2)	310~500		410~450
成品幅宽/cm			145		150
特点		呢面平整均匀,质地紧密,身骨厚实较粗犷,硬挺,但不板结,配色鲜明,光泽好	呢面平整,表面被平齐的绒毛均匀覆盖,质地与外观类似麦尔登,弹性差,易褶皱,强力低,不耐磨,色光纯正,典雅,日晒牢度好	呢面绒毛密立,整齐不露地,手感柔软,滑细,光泽好,穿着舒适,有高级感	呢面外观有一种坚挺感,呢身厚重,但较柔软,有身骨,弹性好,坚牢度好,花纹清晰,色泽鲜艳,质地轻盈

续表

规格＼毛织物名称	苏格兰粗呢	制　帽　呢	骆马绒毛织物	席纹粗呢
用途	宜做外套、套装、女装、西装、童装，重量为600～700g/m的宜做妇女中长大衣	主要用于做各类呢料帽	宜做各类女装、外套、短大衣、男西装、礼服等	宜做女装、裙子、外套、时装、运动装、僧侣衣着及家具等装饰用布
备注	呢面呈现格子花型的毛织物，由原产地英国苏格兰地区而得名。采用苏格兰羊毛织造。我国生产的苏格兰粗呢，原料的配比为60支羊毛60%、锦纶10%及64支粗梳短毛30%	是专用呢绒，由于帽子的质地不同制帽呢的原料有高低档之分。高档制帽呢一般多选用精梳短毛；中低档制帽呢主要选用粗梳短毛、回梳毛和再生毛等，适当混用级数毛或低支毛。制帽呢一般为匹染素色产品，颜色以蓝、藏青、深灰、黑、驼为主，也有混灰、杂色和鲜艳色的产品	最初是以用秘鲁产的骆马毛制织的毛织物总称。现在仍保留其骆马绒毛织物的特点，多用毛或毛和棉、黏胶、涤纶、腈纶等混纺。该织物是因此类毛织物用安第斯骆马毛制织而命名的	是弱捻粗纺纱用方平纹织造的比较厚重的类似火姆司本风格的粗纺毛织物。最早为英国精梳毛织物，英文monk's cloth含有僧侣衣着的意思。当初，多为僧侣穿用的精纺毛织物。现在多用毛、棉、黏胶、绢丝等纤维织造。一般采用匹染，染成浅驼、深茶色以及咖、蓝、绿等平素色，也有带格条的条染产品

规格＼毛织物名称		雪特兰毛织物	塘斯呢（粗纺厚呢）	鼹鼠皮呢（摩尔斯根呢）
英文名		shetland	downs	moleskin cloth
经纬纱线密度	经纱/tex（公支）	125(8/1)～62.5(16/1) 粗纺毛纱	22×2(26.5英支/2)～33×2(17.7英支/2) 棉股线	29.2×3(20英支/3) 棉股线
	纬纱/tex（公支）	同经纱	200(5/1)～111.1(9/1) 粗纺毛纱	83.3(12/1) 粗纺毛纱
经纬密度	经纱/(根/10cm)	平纹：80～150 斜纹：120～200	140～200	250～500
	纬纱/(根/10cm)	平纹：80～150 斜纹：120～200	110～150	250～500
织物组织		平纹或斜纹组织	变化斜纹组织	地经：$\frac{2}{1}$斜纹 毛纬：五枚或七枚二飞纬面缎纹
质（重）量/(g/m)		500～630	400～600	
成品幅宽/cm				
特点		呢面有绒毛覆盖，绒毛整齐，手感丰厚、柔软，弹性好	呢面平整均匀，质地紧密，手感厚实，较挺括，保暖性强，比较坚牢耐穿用	呢面光洁紧密，光滑似鼹鼠皮状，色泽多为黑褐色。织物反面起毛，手感柔软，保暖性好

续表

规格 \ 毛织物名称	雪特兰毛织物	塘斯呢(粗纺厚呢)	鼹鼠皮呢(摩尔斯根呢)
用途	宜做西装、运动装、外套、女装、长短大衣等	宜做中山装、西装、便装、学生装、套装、劳动保护用服	宜做女装、时装、长短大衣、大衣里子等
备注	一般是指全部或部分采用雪特兰羊毛制织的毛织物。有纯毛和混纺(毛和黏胶、腈纶、涤纶等)产品。该织物为染毛产品,颜色以混色为主,如浅灰、深灰、混灰、混花色等	最早由英国塘种绵羊毛织造,原料选用40~58支毛。一般为匹染素色产品,也有染毛的格条塘斯呢,颜色大多是以灰、蓝为主的中深色	是一种质地较厚重、光滑坚挺的起毛织物

(三) 长毛绒 (plush)

长毛绒又称海勃龙、海虎绒、马海毛长毛绒、埃尔派克长毛绒。是经起毛的长绒织物,表面覆有较长的绒毛,绒面丰满,织物特别丰厚,是冬季服用的毛纺织品。质地厚重,绒毛挺立,保暖性极好。所用原料有羊毛、棉、马海毛、腈纶短纤、锦纶短纤、涤纶短纤和黏胶人造毛。长毛绒底布部分,均采用棉经和棉纬,起毛经一般采用有羊毛和马海毛、腈纶短纤、锦纶短纤、涤纶短纤、黏胶人造棉等混纺。采用双层经起毛组织织造,即由地经纱和地纬纱相互交织成上下两层底布。起毛经纱交织于上下两层底布之间,将上下两层底布连接成整块双层织物,经剖割起毛经纱,便形成两块具有长毛的绒织物。再经梳毛、刷毛、蒸绒、剪绒等后整理工艺,就制成具有密集丰满的长毛绒织品。

长毛绒的品种,按用途可分为衣面绒、衣里绒、沙发绒、地毯绒和工业用绒等,按起毛经(纱)使用的原料分,有全毛长毛绒、混纺长毛绒和纯化纤长毛绒等。衣面绒的毛丛高度为9mm,密度较密,绒面平整饱满挺立,光泽鲜亮;衣里长毛绒的毛丛高度为9~13mm,质地较为松软;其他如沙发绒、家具用绒、工业用绒等,因经常受到较重的压力摩擦,毛丛高度较低,一般在3.5mm左右,弹性好,耐压耐磨,质地紧密。长毛绒的用途广泛,除用于制作服装外,还可作家具装饰面料和工业用。

18. 长毛绒 (plush)

规格 \ 毛织物名称		长毛绒(海勃龙、海虎绒、马海毛长毛绒、埃尔派克长毛绒)			仿兽皮长毛绒(人造毛皮、兽皮绒)
英文名		plush			imitation beastskin plush
经纬纱线密度	经纱/tex(公支)	地经:36×2(16英支/2)棉股线 毛经:38.5×2(26/2)粗纺毛纱	地经:36×2(16英支/2)棉股线 毛经:50×2(20/2)粗纺毛纱	地经:36×2(16英支/2)棉股线 毛经:50×2(20/2)粗纺毛纱	毛经:38.5×2(26/2)~25×2(40/2)毛股线 地经:28×2(21英支/2)~18×2(32英支/2)棉股线
	纬纱/tex	地纬:28×2(21英支/2)棉股线	地纬:18×2(32英支/2)棉股线	地纬:28×2(21英支/2)棉股线	地纬:28×2(21英支/2)~18×2(32英支/2)棉股线

续表

毛织物名称 规格	长毛绒(海勃龙、海虎绒、马海毛长毛绒、埃尔派克长毛绒)			仿兽皮长毛绒 (人造毛皮、兽皮绒)
经纬密度 经纱/(根/10cm)	141+70.5	123+61.5	124+62	160～200
经纬密度 纬纱/(根/10cm)	165	165	164	190～230
织物组织	双层组织(地布为平纹组织)			双层组织(地布为平纹组织)
质(重)量/(g/m)	845	915	880	
成品幅宽/cm	122	122	122	118～122
特点	绒面丰满,绒毛挺立、密集、平齐而富于弹性,质地厚重。色泽深艳鲜明,光泽好,具有油润感。顺毛织物的绒毛顺伏润滑,立绒弹性好,保暖性强			织物花纹图案,色彩明亮、形态逼真,手感松软,润滑、柔和,有丰满感,光泽油亮滋润,富有弹性,保暖性好。织物底板紧密,毛丛密集,具有真皮感,色泽鲜艳,毛绒平齐,丛毛顺滑,不松烂
用途	宜做冬季服装、长短大衣、帽子等,也可作家具、工业用			宜做妇女和儿童冬季大衣以及大衣领、袖口、袋口装饰镶嵌、手套、帽子和玩具等
备注	织物表面具有较长的绒毛,地布组织是棉纱织成的,绒毛是羊毛(或马海毛),也有黏胶、腈纶、绢丝等纺纱织成的,是经向起毛织物。经纬纱由三组纱线交织形成上下两层地布,第三组经纱交织于上下二层纱线之间形成起毛。织物正面有密集毛丛覆盖,其地布均采用平纹组织,对毛经的固结有二纬、三纬、四纬、六纬、八纬、十纬等。长毛绒 plush 一词出自法语 peluche,即长毛的意思,来源于拉丁语 pilus。长毛绒的原料选用粗而长、有光泽的羊毛,高档产品常用马海毛、棉,混纺产品常用腈纶、锦纶、涤纶和黏胶。长毛绒的品种,按用途可分为衣面绒、衣里绒、沙发绒、地毯绒、工业用绒等;按其毛经使用的纤维原料分,有全毛长毛绒、混纺长毛绒、纯化纤长毛绒等。衣面绒的毛丛高度为 7.5～10mm,衣里长毛绒的毛丛高度约为 9～13mm,沙发、家具和工业用长毛绒的长度为 3.5mm。长毛绒的颜色以深色为主,还有用不同颜色的色纱排列成条子长毛绒,也有印花仿兽皮花纹长毛绒			是长毛绒的花色品种。一般长毛绒经剖割后,将毛纱梳松成为毛丛,再经剪毛、蒸刷等整理工艺即成为成品。仿兽皮长毛绒则需增加印花,烫压磨光等工艺。印制的花纹仿各种兽皮花纹,有鼬、灰鼠、银狐、红狐、玄狐、貂、虎、金钱豹、水獭、青羊等的。也有绒面经加工处理后,将丛毛形成圈状的仿紫羔皮等。仿兽皮长毛绒原料有羊毛、棉、腈纶、锦纶和涤纶等。羊毛常用三、四级西宁毛或西藏毛,44～58 支数毛,48～56 支马海毛。仿兽皮长毛绒的品种规格,主要按其仿制的花纹图案来分,如豹皮绒、虎皮绒、鼬皮绒、貂皮绒、紫羔绒等

毛织物名称 规格	服装用长毛绒	海　豹　绒
英文名	plush for clothing	seal skin;seal plush

续表

规格＼毛织物名称		服装用长毛绒		海　豹　绒
经纬纱线密度	经纱/tex(公支)	地经:36×2(16英支/2)～28×2(21英支/2)棉股线 毛经:50×2(20/2)～35.7×2(28/2)毛股线	地经:28×2(21英支/2)～18×2(32英支/2)棉股线 毛经:41.7×2(24/2)～27.8×2(36/2)毛股线	地经:50(20/1)单纱或31.3×2(32/2)～16.7×2(60/2)股线 毛经:33.3×2(30/2)～25×2(40/2)股线或22(200旦)～27.5(250旦)合股绢丝或化纤长丝
	纬纱/tex(公支)	地纬:28×2(21英支/2)～18×2(31英支/2)棉股线	地纬:18×2(32英支/2)～14×2(42英支/2)棉股线	地纬:58.3×2(10英支/2);36.4×2(16英支/2);19.4×2(30英支/2)棉股线
经纬密度	经纱/(根/10cm)	125～150	120～180	毛经:100～310; 地经:100～288
	纬纱/(根/10cm)	165～109	157～190	地纬:100～300
织物组织		双层组织		经起毛组织
质(重)量/(g/m)		720左右	720左右	600～700(g/m^2)
成品幅宽/cm		122	122	
特点		质地厚重,颜色较深,绒面丰满,立绒弹性好,保暖性强,绒毛密集、耸立、平齐、柔滑,色泽深艳鲜明,光泽好,具有油润感		毛绒紧密,花型逼真,光泽好,有真兽皮感
用途		主要用于冬季服装、童装、女装外套、中短大衣、大衣领、风雪大衣、夹克衫衬里、帽子、皮鞋里及玩具等		宜做女装、长短大衣、外套、童装、艺装、帽子,也作寝具用、装饰用和玩具用
备注		是长毛绒中的主要品种,可分为面料用和里料用两类。里料用的品质指标可适当降低,结构较松软,重量也较轻;面料用的要求质地厚实,绒面丰满,绒毛齐整,弹性好,光泽好,具有油润感。面料用的毛绒高7.5～10mm,衬里用的毛绒更为长些。服用长毛绒的原料选用粗而长、有光泽的羊毛,高档品种常用马海毛。一般选用四级西宁毛,或三、四级西藏毛,44～58支羊毛,48～56支马海毛,化纤多用腈纶、锦纶、涤纶、黏胶和氯纶等。色泽以烟灰、咖啡、灰色等素色为主,也有混色、夹花或由不同颜色的绒经形成条子、格子、或条格结合,或是呈现人字模纹等		属于长毛绒中的仿兽皮类品种,是仿海豹毛皮外观而织造的长毛绒。地组织经纬纱的原料大多选用棉、黏胶、亚麻、涤纶、锦纶、氯纶等。高档产品的毛经多用48～56支马海毛,较长、较粗、光泽好的44～60支羊毛,也有用绢丝、柞蚕丝或其他长的动物毛(如牛毛等)。毛绒长度一般为12～27mm,也有短于12mm的。该织物的颜色多为海豹色,也有深浅花烟色,深浅花灰色,毛绒长短双重色(长短不同的毛绒染成不同的颜色)。装饰用海豹绒也可染成金银色

续表

毛织物名称 / 规格	腈纶毛绒(腈纶长毛绒、腈纶人造毛皮)										
英文名	polyacrylonitrile plush										
绒面纱	腈纶纱										
底板纱	28tex(21 英支)～18tex(32 英支)棉单纱										
绒毛高/mm	18	28	25	16	26	12～14	25	12	18	12～14	16
织物组织	针织起毛组织										
幅宽/cm	122	122	122	120	122	120	120	120	120	122	122
质(重)量/(g/m)	903	939	732	750	817	750	864	900	986	915	891
原料成分 绒面	腈纶										
原料成分 底板	棉纱										
原料成分 配比/%	腈纶 70	腈纶 70	腈纶 73	腈纶 73	腈纶 65	腈纶 65	腈纶 67	腈纶 70	腈纶 71	腈纶 70	腈纶 71
	棉 30	棉纱 30	棉纱 27	棉纱 27	棉纱 35	棉纱 35	棉纱 33	棉纱 30	棉纱 29	棉纱 30	棉纱 29
特点	质地轻柔,保暖性能好,毛绒平顺、不怕虫蛀,但容易沾污,长毛的尖端容易黏拼打结和结块,吸湿性能也比天然毛皮差,弹性较羊毛差										
用途	主要用于服装衣里绒、服装镶边、手套里子绒、戏装及玩具,也作装饰用										
备注	是纯化纤长毛绒,短毛织物与普通长毛绒相似;长毛织物大多是仿兽皮的人造毛皮类型的织物。毛绒高在 12～28mm,最长的达 50mm。腈纶毛绒的绒毛经是腈纶短纤。该产品采用针织起毛组织,其底板由钩针将地经棉纱钩成圈状,呈鳞状排列同时喂入毛绒。当圈状钩紧时,将腈纶毛绒经夹住,经整理成为有松厚丰满的毛绒。色泽齐全,有深色、中色和浅杂色。腈纶毛绒按织物的外观特点,可分为三种类型:近似天然毛皮长毛织物;经过剪毛处理的剪毛产品,外观类似长毛绒;提花格子绒等的花色品种										

(四) 驼绒 (fleece-lined)

驼绒又名骆驼绒。驼绒是针织起毛的起绒针织物，采用针织起毛组织，在地组织中编织一根浮纱，即起毛纱。起毛纱经过刮绒和拉绒后，织物的拉绒面即有密集的绒毛。绒身质地松柔，手感柔软丰满厚实，绒面蓬松柔顺，富有弹性，保暖性能好。驼绒的品种，按绒面起绒纱的原料不同，可分为纯毛、毛黏混纺和纯腈纶驼绒；按针织机类型的不同，可分为针织圆机驼绒和针织平机驼绒；按花型色泽分，有美素驼绒、花素驼绒和条子驼绒。驼绒主要作里子绒用，适宜制作冬季男女服装的里子，童装大衣面料，以及鞋、帽和手套等里子绒。

19. 驼绒 (fleece-lined)

规格 \ 毛织物名称	驼　绒	全毛美素驼绒	毛腈美素驼绒
英文名	fleece-lined	all wool meisu fleece-lined	wool/polyacrylonitrile meisu fleece-lined
绒面纱	250tex(4公支/1)～133.3tex(7.5公支/1)毛纱	227.3tex(4.4/1)毛纱	232.6tex(4.3公支/1)～117.6tex(8.5公支/1)混纺纱(毛50,腈纶50)
底板纱	29tex(20英支/1)～28tex(21英支/1)棉纱	29tex(20英支/1)～28tex(21英支/1)棉纱	29tex(20英支)～28tex(21英支)棉纱
用纱比例/%		棉纱 51.95	
		毛纱 48.05	
起绒纱原料成分/%			
织物组织	针织起毛组织	用棉纱以平针编结成底布,用羊毛纱作起绒纱编织在地布上,经拉毛起绒,形成驼绒织物	针织起毛组织
质(重)量/(g/m)	500左右	550	560
成品幅宽/cm	110～120	112	112
特点	绒身质地松软,手感柔软、丰满厚实,绒面蓬松柔顺,富有弹性,保暖性能强	绒面丰满,手感厚实,质地柔软,保暖性强	织物手感柔软,蓬松性好,保暖舒适,质地厚实,绒毛细密,染色性好,色泽鲜艳
用途	主要作里子绒用,宜做冬季男女服装里子、童装大衣,鞋、帽、手套等里子绒	主要用于做秋冬季男女服装里子,童装大衣、婴儿斗篷、鞋帽、手套衬里等	同全毛美素驼绒
备注	不是采用骆驼的绒毛织造的。由于织物的外观特征,尤其是棕色产品,同骆驼的绒毛相似,故称为驼绒。驼绒的原料采用羊毛、棉纱、黏胶人造毛、腈纶短纤等。绒面起绒纱,全毛的常用三、四级国毛;混纺的采用三、四级国毛和黏胶人造毛混纺;纯化纤的采用腈纶短纤。驼绒是起绒针织物,采用针织起毛组织,是在地组织中编织一根浮纱,即起毛纱。起绒纱经过刮绒和拉绒加工后,织物的拉绒面即有密集的绒毛。其品种按绒面起绒纱的原料不同,可分为纯毛、毛黏混纺和纯腈纶驼绒;按针织机类型不同可分为针织圆机驼绒和针织平机驼绒;按花型色泽类型不同可分为美素驼绒、花素驼绒和条子驼绒	用针织圆机编织成,其绒毛以纯羊毛为多,习惯上就称美素驼绒为全毛驼绒。绒坯是匹染素色,再经拉毛起绒工艺,形成丰满密集的绒毛,织物经剖割成平幅,幅边不太整齐。起毛纱常用三、四级国毛,地板采用棉纱。该产品是素色织品种,色泽有大红、玫红、枣红、酱、绿、藏青、咖啡、橘黄、金黄等色	采用腈纶和羊毛混纺的美素驼绒,织物外观特征和全毛美素驼绒相似。起绒毛线采用50%二、三级毛和50%腈纶短纤混纺纱。织物的色泽有大红、玫红、枣红、酱、绿、橘黄、藏青、咖啡、棕、金黄等色

续表

规格＼毛织物名称	花素驼绒				条子驼绒(花色驼绒)		腈纶驼绒
英文名	huasu fleece-lined				stripe fleece-lined		polyacrylonitrile fleece-lined
绒面纱	232.6tex(4.3公支/1)混纺毛纱	同左	同左	同左	166.7tex(6/1)毛纱	166.7tex(6/1)毛纱	133.3tex(7.5公支/1)腈纶毛纱
底板纱	28tex(21英支/1)棉纱	同左	同左	同左	29tex(20英支/1)棉纱	29tex(20英支/1)棉纱	29tex(20英支/1)棉纱
用纱比例/%	棉纱48	棉纱47	棉纱48	棉纱48	棉纱39.5	棉纱39.5	棉纱48
	混纺毛纱52	混纺毛纱53	混纺毛纱52	混纺毛纱52	毛纱60.5	毛纱60.5	腈纶毛纱52
起绒纱原料成分/%	羊毛80，黏胶20	羊毛80，黏胶20	羊毛75，黏胶25	羊毛50，腈纶25，黏胶25	羊毛65，黏胶35	羊毛50，黏胶50	
织物组织	针织起毛组织				添纱起绒针织物组织		针织起毛组织
质(重)量/(g/m)	560	560	567	570	600	615	570
成品幅宽/cm	112	112	112	112	112	120	110
特点	利用两种以上不同性质、染色性能不一样的纤维织成。成品绒面呈夹白花或彩色夹花的效果。绒毛紧密丰满，混色均匀，质地柔软，色泽鲜艳				绒面彩色鲜艳，绒毛丰满，质地松软，富有弹性，收缩性大，纵向延伸达30%～45%，横向延伸可达60%～85%。穿着贴身舒适，保暖性好，花纹清晰，身骨丰厚		外观特征和一般全毛与混纺驼绒相同。绒毛细密丰满，手感蓬松柔软，色泽鲜艳
用途	宜作冬季男女服装里子绒，童装大衣、帽子、鞋与手套里子绒等				宜作秋、冬季服装里子绒、鞋和手套里子绒等		宜作冬季男女服装里子绒，童装大衣、帽子、手套与鞋里子绒等
备注	是混纺产品，织造方法和外观与美素驼绒相同，也是用针织圆机编织成圆筒形绒坯，经剖割而成平幅的绒坯，再经染色拉绒等工艺而成。起绒毛纱一般采用三至五级国毛，掺入黏胶人造毛20%～30%进行混纺，也有采用50%羊毛、25%腈纶短纤和25%黏胶人造毛混纺的。按起绒纱混纺成分配比不同，可分成无黏花素驼绒和毛腈花素驼绒两种。色泽有驼色、咖啡、烟灰、藏青、大红、绿等色				采用横机织成，幅边整齐。是将不同颜色的毛纱，按设计的花纹图案要求，有规则地间隔排列，编织成各种彩色条形花纹，故称条子驼绒。绒毛纱常用三、四级国毛，也有部分掺混羊绒的；混纺织物一般是羊毛和黏胶人造毛混纺。条子驼绒按花纹图案分，有彩色条形的条子驼绒，彩色水浪条纹的水浪条绒，织成菱形格子的菱格驼绒呈竹节状花纹的竹节驼绒等；按绒毛线原料成分，有全毛条子驼绒，毛黏混纺条子驼绒等		是纯毛产品。根据花色要求，可分为美素、花素和条子等类的驼绒品种，此外，还有一种采用缝编方法生产的缝编驼绒

五、丝型织物(丝绸、丝织物、绸缎)(silk type fabric)

概念 用蚕丝、人造线、合纤丝等为原料织成的各种纯纺、混纺、交织织物。丝绸具有柔软滑爽、光泽自然而明亮等特点，是高档服装面料，穿着舒适、华丽、高雅。根据丝绸织物的组织结构、制织工艺及织物的质地和外观效应，划分为绡、纺、绉、绸、缎、锦、绢、绫、罗、纱、葛、绨、绒、呢 14 大类。每类中按使用原料分，有全真丝（桑蚕丝）织物、人造丝织物、合成丝织物、柞蚕丝织物和交织织物；按其用途分，有服装用绸、装饰用绸和工业用绸等。部分丝型织物面料图样见彩图 109～彩图 120.

分类

(1) 按商业习惯

分类	原料	品种举例
桑蚕丝织物(mulberry silk fabric)	桑蚕丝	平素织物有电力纺、乔其纱、双绉、素碧绉、杭纺、杭罗、斜纹绸、双宫绸、素绉缎、真丝缎、素广缎、真丝绫、挺薄绢等；提花织物有花线春、湖绉、大纬呢、西湖呢、漳缎、九霞缎、万寿缎及天鹅绒（漳绒）等
柞蚕丝织物(tussah silk fabric)	柞蚕丝	宁海绸、南山绸、柞丝绸、柞丝绉、水丝绸、芝罘绸、捻线绸、疙瘩绸、千山绸、鸭江绸、仿麻绸等
绢纺丝织物(spun silk pongee fabric)	桑绢丝、柞绢丝、木薯绢丝、苴麻绢丝	绢丝纺、桑绢纺、柞绢纺、辽丝纺、绢丝哔叽、绢格纺、绢丝制服呢等
人造丝织物(rayon silk fabric)	人造丝	平素织物有无光纺、有光纺、富春纺、岭南纺、彩格纺、彩条纺、麦浪纺、美丽绸、乔其纱、头巾绉、素软缎、人丝绉等；提花织物有织锦缎、古香缎、金玉缎、特美缎、丁香缎、新华葛、绒花绫；双层织物有利亚立绒、立绒等
交织丝织物(interweave silk fabric)	不同的纤维交织	乔花绡、烂花绡、尼花绡、采芝绡、红阳绸、天霞缎、花软缎、织锦缎、留香绉、金银线织巾缎、古香缎、金龙缎、银龙缎、万花缎、克利缎、庆丰绸、广播绸、蜡线绨、文尚葛、蜡线羽纱等
合纤丝织物(synthetic fibre silk fabric)	合成纤维长丝	涤纶绉、锦纹绉、锦乐绸、弹涤绸、经膨绸、长松绸、涤纹绸、春涤绸等
被面(quilt covering)		真丝被面、线绨被面、软缎被面、织锦被面、锦丝被面、印花被面等

(2) 按织物组织形态

分类	织物原料、工艺	品种举例	特点	用途
绡 (sheer silk; chiffon)	地纹为平纹或透孔组织,经纬均为较细的不加捻或加中、弱捻丝的桑蚕丝或人造丝、锦纶丝、涤纶丝等制织,生织后经精炼、染色或印花整理;或是生丝先染色后熟织,织后不需整理	素绡,如真丝绡、建春绡、长虹绡等;提花绡和修花绡,如明月绡、迎春绡、伊人绡等;烂花绡。除真丝绡外,还有化纤长丝绡,如尼巾绡、尼涤绡、全涤绡、长虹绡、宇云绡、长缨绡、伊人绡、条子绡等	经纬密度小,质地爽挺、轻薄、透明,孔眼方正清晰,品种多,用途广	女装、晚礼服、连衣裙、艺装、披纱、头巾、绢花以及装饰、工业用等
纺 (纺绸) (habotai; habutae; habutai)	以不加捻桑蚕丝、人造丝、涤纶丝、锦纶丝等为原料,用平纹组织制织或长丝为经丝,人造棉、绢纺纱为纬丝交织	平素生织,如电力纺、无光纺、尼龙纺、涤纶纺、富春纺等;色织和提花的,如伞条纺、彩格纺、花富纺等	质地轻薄,表面平整、细洁、缜密,坚韧滑细。色泽以平素为主,也有条格和印花	女装、衬衫、裙子、滑雪衣、伞面、扇面、绝缘绸、打字带、灯罩、绢花、彩旗等
绉 (crepe)	以丝线加捻和采用平纹或绉组织相结合,外观呈均匀绉纹效果,有弹性	乔其绉(纱);中薄型的,如双绉、花绉、碧绉、香葛绉等;中厚型的,如缎背绉、留香绉、柞丝绉等	光泽柔和,手感糯爽,富有弹性,抗皱性能强	服装和服饰。中薄型的可用于制作衬衫、连衣裙、晚礼服、女装、浴衣、头巾及窗帘、复制宫灯、玩具等;厚型的可制作外衣和服装面料等
绸 (silk fabric; chou silk)	地纹采用平纹或各种变化组织,或同时混用几种基本组织和变化组织;采用桑蚕丝、人造丝、合纤丝等纯织或交织,以经面织物为主	真丝绸、鸭江绸、双宫绸、涤纤绸等;还有生织坯绸(如双宫绸、蓓花绸、和服绸、广播绸等)、熟织绸(如薇锦绸、高花绸、领带绸、熟织双宫绸等)	轻薄型的绸质地柔软,富有弹性,常用于制作服装,如衬衫、裙料等;中厚型绸绸面层次丰富,质地平挺厚实,可做各种高档服装,如西装、礼服、外套、裤装、领带等,也可作室内装饰用	
缎 (缎子) (satin silks)	原料为桑蚕丝、人造丝和合纤长丝,采取先练染后织造或生织匹染。织物的全部或大部分采用缎纹组织(经或纬用强捻线织成的绉缎除外)	锦缎有织锦缎、古香缎等;花缎有花软缎、锦乐缎、全雕缎等;素缎有素软缎、素北京缎、素库缎等	锦缎有彩色花纹,色泽瑰丽,图案精致;花缎表面呈现各种精致细巧的花纹,色泽纯,有些表面具有浮雕等特点;素缎表面素静无花。经缎的经密远大于纬密,最大可达1900根/10cm;纬缎的纬密比经密大	主要用于制作服装。薄型缎可做衬衫、裙子、舞台服装、披肩、头巾等;厚型缎可做外衣、旗袍、袄面以及台毯、床罩、被面、领带、书籍装帧用等

续表

分 类	织物原料、工艺	品种举例	特 点	用 途
锦 (brocades; damask)	采用精练、染色的桑蚕丝为主要原料,常与彩色人造丝、金银丝用斜纹、缎纹等交织,也有用重经组织、重纬组织、或双层组织织造,经纬无捻或加弱捻,提花	名锦有蜀锦、宋锦、云锦、妆花缎、壮锦、金陵锦、金蕾锦、潇湘锦、百花锦等	外观五彩缤纷,富丽堂皇,花纹精致古朴,质地较厚实丰满,采用纹样多为龙、凤、仙鹤和梅、兰、竹、菊以及文字(福、禄、寿、喜)、吉祥如意等民族花纹图案	做妇女棉袄、夹袄、唐装、少数民族大袍、少数民族服装、旗袍、艺装、领带、腰带、床罩、被面、台毯、靠垫、室内装饰用布以及各种高级礼品盒的封面和名贵书册的装帧用布等
绢 (spun silk; spun silk habotai;spun silk pongee; Fuji silk; taffeta; plain silk; spun silk fabric)	平纹或重平组织,经纬先染色或部分染色后进行色织或半色织套染,用桑蚕丝、人造丝纯织,也可用桑蚕丝与人造丝以及与其他化学纤维长丝交织。经纬不加捻或加弱捻	桑格绢、花塔夫绢、天香绢、迎春绢、西湖绢、丛花绢、繁花绢、缤纷绢、格夫绢等	绢面细密挺爽,平整光洁,光泽自然柔和,手感柔软	用于制作女装、外衣、礼服、滑雪衣、袄面、床罩、毛毯镶边、领结、帽花、绢花等服饰及工业筛网;画绢可供书画、裱糊扇面、扎制彩灯等
绫 (damask silk; twills;ghatpot; radzimir)	以桑蚕丝、人造丝、合纤丝为原料,采用斜纹或变化斜纹为基础组织,表面有明显斜纹;或以不同斜向组成的山形、条格形以及阶梯形等花纹。一般用单经单纬织造,也有用平纹和缎纹组织做地纹的	素绫有绢纬绫、桑细绫、尼丝绫、涤弹绫、美丽绸、人造羽纱、桑黏绫等;花绫有苏中花绫、柞花绫、涤丝绫、海南绫、花黏绫等	丝光柔和,质地细腻,穿着舒适。花绫的花样繁多,常织有盘龙、对凤、环、花、麒麟、孔雀、仙鹤、万字、寿团等民族传统纹样	中型质地宜做衬衫、裙料、睡衣、头巾(长巾)等;轻薄型宜做服装里料及裱装书画经卷和工艺品包装盒等

续表

分　类	织物原料、工艺	品种举例	特　点	用　途
罗 (leno silk)	以桑蚕丝、有光人造丝、棉纱、涤/棉纱为原料，采用纱罗组织。横罗(纱孔呈一排排横向排列)，分为七丝罗(即每织七梭纬纱绞经扭绞一次，以下类推)、九丝罗、十一丝罗、十三丝罗、十五丝罗等；直罗(纱孔沿经向成一行行孔眼)品种较少；花罗(提花纱罗组织，表面纱孔按一定花型图案分布)	化妆面纱、花罗、杭罗、夏夜纱、薄纱罗等	结构稳定，结实，纱孔透气性好，质地轻薄，风格独特	夏季服装、衬衫、裙料、艺装、头巾及绣饰、蚊帐、窗帘、装饰用等
纱 (gauze silk)	以桑蚕丝为原料，采用绞纱组织构成地组织或花组织，全部或一部分呈现纱孔	东方纱、华丝纱、乔其纱、芦山纱、香山纱、香云纱、莨纱等	轻薄透孔，结构稳定，风格独特。经纬丝捻度较大，缩水率10%左右	做夏装、女装、艺装、礼服以及刺绣和装饰等
葛 (grosgrain; poplin grosgrain)	以桑蚕丝、人造丝、棉(纱)线、毛(纱)线、涤/棉混纺纱为原料，采用平纹，经重平或急斜纹组织，经纬用相同或不同种类的原料。一般经细纬粗，经密纬疏，地纹表面少光泽，并具有明显横棱凸纹。经纬丝一般不加捻，部分品种加捻	素织葛有素文尚葛、似文葛、丝罗葛、素毛葛、春光葛、绢罗葛、纱罗葛等；提花葛有特号葛、印华葛、明华葛、春风葛、新华葛、和平葛、花文尚葛等	质地厚实而坚牢	春秋季服装、冬季袄面及坐垫、沙发面料等装饰用
绨 (bengaline; faille silk cotton goods)	人造丝作经丝，棉纱、上蜡棉纱等作纬丝，以平纹组织或用斜纹变化组织	线绨、蜡纱绨及花绨	质地粗厚、缜密，织纹简洁而清晰	做男女中式衣料、袄面、罩衣、被面及装饰用布
绒 (丝绒) (velvet; velours)	以桑蚕丝、化纤长丝为原料，地纹或花纹的全部或局部采用起毛组织，表面呈现毛绒或毛圈，采用平纹、斜纹、缎纹及其变化组织	品种多，如天鹅绒、漳绒、乔其绒、金丝绒、真丝绒、人丝绒、交织绒、素色绒、印花绒、烂花绒、拷花绒、条格绒等	质地柔软，色泽鲜艳光亮，绒毛、绒圈紧密，耸立或平卧	宜做高级礼服、外套、长短大衣、艺装及窗帘、帷幕、工艺美术品包装盒等

续表

分 类	织物原料、工艺	品种举例	特 点	用 途
呢 (suiting silk; suitings; crepons)	绉组织,平纹、斜纹组织或其他短浮纹联合组织,经纬丝线较粗,质地丰厚,具有毛型感,表面有颗粒,凹凸明显	毛型呢是表面具有毛绒,少光泽,织纹粗犷,手感丰满的色织素呢织物,如素花呢、五一呢、宝光呢等;丝型呢为光泽柔和,质地紧密的提花呢织物,如西湖呢、康乐呢、四维呢、博士呢等		用作男女服装、夹袄、棉袄及装饰用,较薄型呢还可用作衬衫、连衣裙等

(3) 按用途

分 类	用 途
衣着用	品种最广,如绸、缎、绫、罗、纱、纺、绉、绨、绡、葛、绢、呢、绒、锦等均可做服装用,也可做领带、鞋帽、被面、围巾、头巾、手帕等服饰用
装饰用	如窗帘用(乔其纱、窗帘纱),台毯用(古香缎),靠垫用(织锦缎),帷幕用(乔其立绒),裱画用(花绫、画绢等)
工业用	如绝缘用(绝缘绸),过滤用(滤绸),筛选用(筛绢),制伞用(尼龙伞绸),涂层尼龙纺及野外帐篷用绸
国防军工用	如降落伞绸、飞机机翼绸等

编号

(1) 外销丝织物

第一位数		第二或二、三位数		第四、五或三、四、五位数
代号	意 义	代号	意义	意 义
1	桑丝:包括桑丝、桑绢丝、蓖麻绢丝、双宫丝等及含量50%以上桑柞交织织物	00～09	绡类	代表具体规格
		10～19	纺类	
2	合纤丝:合成纤维长丝,合纤长丝与合纤短纤维纱线(包括合纤短纤与黏、棉混纺纱线)交织物	20～29	绉类	
		30～39	绸类	
3	绢丝:天然丝短纤与其他短纤混纺的纱线	40～47	缎类	代表具体规格
4	柞丝:柞丝类(含柞丝、柞绢丝)及柞丝50%以上与桑丝交织物	48～49	锦类	
		50～54	绢类	
5	人造丝:黏胶或醋纤长丝,或与其他短纤交织物	55～59	绫类	
		60～64	罗类	
6	交织:上述1、2、4、5以外的经纬由两种或两种以上原料交织的交织物。如含量95%以上(绡90%以上)列入本原料类	65～69	纱类	
		70～74	葛类	
		75～79	绨类	
		80～89	绒类	
7	被面	90～99	呢类	

注:外销丝绸编号由五位数字组成。第一位代表原料,第二位(有时二、三位在一起)代表大类,第三、四、五位(有时只有四、五位)代表品种规格。例如,11560电力纺中的第一位“1”为桑丝,第二位“1”代表纺,第三、四、五位“560”即为具体规格。

（2）内销丝织物

第一位数		第二位数		第三位数				第四、五位数
代号	意义	代号	意义	平纹组织	变化组织	斜纹组织	缎纹组织	规格
8	衣着用绸	4	黏胶丝纯织	0～2	3～5	6～7	8～9	50～99
		5	黏胶丝纯织	0～2	3～5	6～7	8～9	50～99
		7	蚕丝纯织	0	1～2	3	4	01～99
			蚕丝纯织	5	6～7	8	9	01～99
		9	合纤丝纯织	0	1～2	3	4	01～99
			合纤丝交织	5	6～7	8	9	01～99
9	被面和装饰用绸	1	绨被面	0～9				01～99
		2	黏胶丝交织被面	0～5				01～99
		2	黏胶丝纯织被面	6～9				01～99
		7	蚕丝纯织	0～5				01～99
			蚕丝交织	6～9				01～99
		9	装饰绸、广播绸	0～9				01～99
		3	印花被面	0～9				01～99

注：内销丝绸编号也由五位数字组成。为了与外销区别，1～7 这几个数字不用，仅使用 8、9 两个数字。第一位数字代表丝织物的用途，其中 8 表示衣着用丝织物，9 表示被面和装饰用丝织物。第二位数字代表原料属性。第三位数字代表织物组织结构。第四、五位数字代表规格序号。

1. 绡（sheer silks；chiffon）

绡是采用平纹或透孔组织为地纹，经纬密度小，质地挺爽、轻薄、透明、孔眼方正清晰的丝织物。原料常用不加捻或加中、弱捻的桑蚕丝或黏胶丝、锦纶丝、涤纶丝等织制，生织后再进行精练、染色或印花整理，或是生丝先染色后熟织，织后不需整理。根据花式可分为素绡、提花绡和修花绡等。素绡是在绡地上呈现金光闪闪的金银丝直条或缎纹直条，如建春绡、真丝绡等。提花绡是在平纹绡地上，配有明亮、粗细不同的经向缎纹条子和各种花纹图案的经向直条纹。在提花纵条反面，如有过长的浮长线，需将其修剪掉，如伊人绡、条子花绡等。把不提花部分的浮长丝修剪掉为修花绡，也有的将织花与印花结合，使花纹更加显得五彩缤纷，华丽高雅；还可经烂花整理成烂花绡，以增添忽明忽暗的格调。绡类丝织物主要用作晚礼服、头巾、连衣裙、披纱，以及灯罩面料、绢花等用料。

规格＼丝织物名称	申思绡	真丝绡	思伊绡	建春绡
英文名	shensi cross-twill striped voile	silk voile	siyi silk voile	jianchun satin striped voile
编号		1015		

续表

规格 \ 丝织物名称		申思绡	真丝绡	思伊绡	建春绡
经纬线线密度	经线/dtex(旦)	甲经：22.20/24.42(20/22)桑蚕丝 乙经：50×2(200公支/2)绢丝熟色	[14.43/16.65(13/15)8捻/cm×2]桑蚕丝(半精练)	[22.20/24.42(20/22)桑蚕丝加8捻/cm×2]桑蚕丝(染色)	甲经：22.22/24.42(20/22)桑蚕丝 乙经：22.22/24.42×2(2/20/22)桑蚕丝
	纬线/dtex(旦)	22.20/24.42(20/22)桑蚕丝	[14.43/16.65(13/15)8s捻/cm×2]桑蚕丝(半精练)	甲纬：[22.20/24.42(20/22)加8捻/cm×2]桑蚕丝(染色) 乙纬：[22.20/24.42(20/22)加8捻/cm×2]桑蚕丝(染色)	22.22/24.42(20/22)桑蚕丝
经纬密度	经密/(根/10cm)	540	370	840	560
	纬密/(根/10cm)	410	370	700	440
经线捻度/(捻/cm)			6.8,z	6,z	
纬线捻度/(捻/cm)			6.8,z	甲纬：6,z 乙纬：6,z	14,s
织物组织		甲经与纬线交织成平纹组织，乙经与纬线交织成破四枚斜纹	平纹组织	平纹双层结构组织	甲经与纬线以平纹组织交织成绡地，乙经与纬线以8枚经缎纹交织成缎条，背衬甲经平纹
质(重)量/(g/m^2)		30	24	74	37
成品幅宽/cm		116	109	114	114
特点		质地轻薄，手感平滑，身骨硬挺	绸身刚柔糯爽，孔眼清晰，轻薄稀透，手感平挺，绡面细洁，色泽匀净，花纹清晰	由上、下两层生丝绡组成，上、下两层的颜色可以根据需要染成同色或异色，手感具有生丝绡的特点	平纹部分轻薄、柔软、透明，缎条部分紧密、平挺且富有光泽。色度明暗不一，色泽艳丽，图案含蓄，风格别致
用途		宜做具有个性化时尚的服装等	用于晚礼服、宴会服、艺装、婚礼服的兜纱、绣坯复制、舞台布景等	宜做高级礼服等	宜做妇女高级服装或宴会服、连衣裙、艺装、头巾等

续表

规格 \ 丝织物名称	申思绡	真丝绡	思伊绡	建春绡
备注	是由纯桑蚕丝半色织绡类丝织物。织物织成后无需进行后整理	半精练是将生桑蚕丝股线用普通脱胶精练工艺,脱去部分丝胶,使丝身刚柔糯爽,织物孔眼清晰,质地轻薄平挺。色织不练	是由纯生桑蚕丝双层色织绡类丝织物。原料含量为全部桑蚕丝。纬线排列为甲 z、乙 z。织后,坯绸无需后整理	经线排列:地部为甲经,缎条处为甲经1根、乙经2根。坯绸经精练、染色或印花、单机整理

规格 \ 丝织物名称		雨帘绡	明月绡	条花绡
英文名		yulian silk voile	mingyue burnt-out nylon sheer	tiaohua voile broche
编号			61611	51818
经纬线线密度	经线/dtex(旦)	甲经:22.20/24.42×2(2/20/22)桑蚕丝 乙经:66.60(60)锦纶白皮丝	甲经:22.22(20)200型锦纶单丝 乙经:133.2(120)有光黏胶丝(机械上浆)	甲经(地经):133.2(120)有光黏胶丝 乙经(纹经):133.2(120)有光黏胶丝
	纬线/dtex(旦)	22.20/24.42×2(2/20/22)桑蚕丝	22.22(20)200型锦纶单丝	133.2(120)有光黏胶丝
经纬密度	经密/(根/10cm)	460	974	297
	纬密/(根/10cm)	490	460	230
经线捻度/(捻/cm)		甲经:14		甲经:10
纬线捻度/(捻/cm)		14		10
织物组织		平纹组织	经二重组织,表层为乙经五枚缎纹,里层为甲经平纹	甲经与纬线以平纹交织成绡地,乙经与纬线交织成8枚经缎花
质(重)量/(g/m²)		42		75
成品幅宽/cm		114	93	93
特点		织物质地轻盈,手感柔软。采用具有特殊风格的扁形截面的锦纶白皮丝与桑蚕丝的间隔排列,使织物表面呈现出时隐时现、半透明的纵向条形,外观别致	绡地轻薄透明,花型明亮别致,独具一格	绸面在平纹绡地上织入直条状经提花,绡地孔眼清晰,直条花纹图案大方,光泽鲜艳明亮
用途		宜做妇女衣裙、头巾等	宜做妇女夏季衬衣、裙子及窗帘、台布等装饰用布	宜做妇女衣着、裙子、少数民族服饰

续表

规格＼丝织物名称	雨帘绡	明月绡	条花绡
备注	是由桑蚕丝与锦纶白皮丝交织的绡类丝织物。原料含量为桑蚕丝86%,锦纶白皮丝14%。织后,坯绸经挂练、松弛染色。根据需要可进行印花,则效果更佳	烂花工艺是利用锦纶丝和黏胶丝耐酸性能不同,按花纹设计在坯绸上印有酸性糊料,经焙烘,使印有酸性糊料的黏胶丝碳化而脱落,形成孔松透明的绡地,未印有酸性糊料的部分呈现黏胶丝肥亮的花纹。如再经印花,产品风格更为别致。坯绸经精练、染色或印花、烂花、定型整理	坯绸经精练、染色、单机整理

规格＼丝织物名称		轻丝绡	层云绡	新丽绡
英文名		qingsi voile	cengyun lame sheer	xinli burnt-out crepe
编号		51828		51821
经纬线线密度	经线/dtex(旦)	83.25(75)有光黏胶丝	甲经:[22.20/24.42(20/22)桑蚕丝加8捻/cm(s)×2]桑蚕丝(染色) 乙经:111(100)金银丝	甲经(地经):83.25(75)有光醋酯丝 乙经(纹经):133.2(120)有光黏胶丝
	纬线/dtex(旦)	83.25(75)有光黏胶	[22.20/24.42(20/22)桑蚕丝加8捻/cm(s)×2]桑蚕丝(染色)	83.25(75)有光醋酯丝
经纬密度	经密/(根/10cm)	300	510	946
	纬密/(根/10cm)	280	210×2	280
经线捻度/(捻/cm)		16,s	甲经:6,z	甲经:10,s或z
纬线捻度/(捻/cm)		16,s	6,z	10
织物组织		平纹组织	平纹变化组织	甲经与纬线平纹交织,乙经与纬线五枚缎纹
质(重)量/(g/m^2)		54	52	61
成品幅宽/cm		92.5	140	93
特点		质地轻薄透明,绡孔方正清晰,手感平挺柔爽	质地轻薄,手感柔软、挺爽,色彩艳丽而有层次,金银丝夹在两层绡之间,具有特殊的闪光效果	烂花产品,花地显露双色,绡地轻薄透明,花纹鲜艳明亮

续表

规格＼丝织物名称	轻丝绡	层云绡	新丽绡
用途	宜做披纱、头巾及窗纱等	宜做高档时装、婚纱等	宜做妇女服装、裙子、披纱等
备注	坯绸经精练、染色、单机整理	是由桑蚕丝和金银丝交织成的双层色织绡类丝织物。经线排列为甲4，乙1。原料含量为桑蚕丝81%，金银丝19%。织后，坯绸经漂洗、平挺整理	织后按设计花纹进行烂花和染色等处理，因醋酯丝和黏胶丝具有不同的耐酸性能，经烂花工艺处理，绡地透明，花纹肥亮突出

规格＼丝织物名称		条子花绡	珍珠绡	新元绡
英文名		tiaohua voile br-oche	pearl silk voile	xinyuan satin str-iped raylon voile
编号		50115		57826
经纬线线密度	经线/dtex（旦）	甲经：83.25(75)有光黏胶丝 乙经：133.2(120)有光黏胶丝(染色)	22.22/24.42×2(2/20/22)桑蚕丝	甲经：133.2(120)有光黏胶丝 乙经：133.2(120)有光黏胶丝
	纬线/dtex（旦）	83.25(75)有光黏胶丝	甲纬：22.22/24.42×2(2/20/22)桑蚕丝 乙纬：1000(公支)䌷丝花式纱	133.2(120)有光黏胶丝
经纬密度	经密/(根/10cm)	610	440	257
	纬密/(根/10cm)	310	300	247
经线捻度/(捻/cm)		甲经：10	14	甲经：8
纬线捻度/(捻/cm)		10	甲纬：14	8
织物组织		甲经与纬线平纹交织构成绡地，乙经与纬线交织成条子，与绡地相间排列，每一条子用同一种色经，一个花纹循环内用三色或五色挂经条子，每一条子宽约2.5cm	平纹组织	甲经与纬线平纹交织，乙经与纬线交织成缎条
质（重）量/(g/m^2)		93.5	84	73
成品幅宽/cm		93	114	94

续表

规格＼丝织物名称	条子花绡	珍珠绡	新元绡
特点	提花产品,绸面绡地轻薄透明,在绡地上分布有色彩明快、鲜艳的提花直条,手感轻柔滑爽,透气性好	绸面纬向有不同间距的比较突出的圈圈纱,与轻薄的绡类底部形成鲜明的对比效果	绸面粗犷,质地爽挺,弹性好
用途	宜做连衣裙、少数民族服饰及装饰用布等	宜做具有较鲜明个性的女式上衣等	宜做妇女衣着、裙子等
备注	纹样宽15cm,题材为粗线条或中小型块面构成的写意花卉或波斯图案,一色平涂,构图简练、灵活。坯绸经退浆、整理	是由桑蚕丝白织的绡类丝织物。原料中桑蚕丝含量为95%,锦纶为5%。织后,织物采用挂练、松弛染色、拉幅烘干处理	该产品的工艺特点是利用两组经线加捻与不加捻的变化及经线每筘齿穿入数与组织的变化,形成产品的风格特征。其一个组织循环为172根经线(甲经108,乙经64)。坯绸经精练,染色加工

规格＼丝织物名称		烂花绡	晶岚绡	集云绡	青云绡	太空绡
英文名		burnt-out nylon sheer	jinglan voile	jiyun burnt-out nylon sheer	qingyun burnt-out checked sheer	taikong burnt-out polyester sheer
编号		60358		61610	61609	60360
经纬线线密度	经线/dtex(旦)	甲经(地经):22.22(20)单纤锦纶丝 乙经(纹经):133.2(120)有光黏胶丝	55.50/36f(50/36f)异形涤纶丝	甲经:22.22(20)半光单纤锦纶丝 乙经:83.25(75)有光黏胶丝	甲经:22.22(20)单纤半光锦纶丝 乙经:83.25(75)有光黏胶丝	甲经:49.95(45)半光涤纶丝 乙经:166.5(150)有光黏胶丝(机械上浆)
	纬线/dtex(旦)	22.22(20)单纤锦纶丝	甲纬:55.50/36f(50/36f)异形涤纶丝 乙纬:195(30英支)黏麻纱	22.22(20)半光单纤锦纶丝	甲纬:22.22(20)单纤半光锦纶丝 乙纬:83.25(75)有光黏胶丝	49.95(45)半光涤纶丝
经纬密度	经密/(根/10cm)	955	460	1335	152	373
	纬密/(根/10cm)	160	330	460	380	400
经线捻度/(捻/cm)			16			甲经:18,s(定捻处理)
纬线捻度/(捻/cm)			甲纬:16			18,s(定捻处理)

续表

规格 \ 丝织物名称	烂花绡	晶岚绡	集云绡	青云绡	太空绡
织物组织	甲经与纬线交织成平纹地，乙经与纬线交织成五枚缎纹花。边组织为平纹	平纹变化组织	甲经与纬线平纹交织，乙经与纬线交织成五枚缎纹	平纹组织	重经组织（里组织为甲经交织平纹，表组织为乙经五枚经缎纹）
质（重）量/(g/m^2)	24	地部单位面积质量（未烂花前）93	基地重量 26	46	绡地重量 45
成品幅宽/cm	113	114	93	93	114
特点	烂花产品，绡地透明，花纹光泽明亮，质地轻薄爽挺	手感柔软，光泽自然柔和，地部具有明显的麻织物风格，通过烂花工艺形成质地通透的绡类质地花型	烂花地部露出透明的平纹薄绡，花部为平滑光亮而不透明的黏胶丝缎纹。质地柔软飘逸，花地分明，风格别致	薄型烂花产品，地部形成透明的小方格，花部则不透明，格形清楚，花地分明，轻薄飘逸，柔软而富有弹性，风格别致	烂花产品，绡地轻薄挺括，孔眼清晰，烂花图案形态简练，具贴花效果，色泽鲜艳、轻快、明朗
用途	宜做披纱、裙子及纱窗等	宜做不同风格的时装等	宜做妇女衣着、绣坯、童装等，门幅加阔后，亦可用于窗帘、台布、床罩等	宜做妇女服装、童装、童帽、围巾及台布、窗帘等	宜做连衣裙、头巾及台布、窗帘等装饰用料
备注	绡边稍宽，可使烂花时紧贴合板，易整齐平挺。坯绸经精练、染色、印花、烂花、定型处理后，因锦纶丝和黏胶丝具有不同的耐酸性能，经烂花后，花地分明	是由涤纶丝与黏麻混纺纱交织而成的白织烂花绡类丝织物。纬纱排列为甲 2、乙 1。地部原料含量为涤纶丝 60%，黏胶纤维 28%，亚麻 12%。织后，坯绸经过平幅练染后，根据需要将部分黏麻纱烂去，形成绡类质地的花型	经线排列为甲 1、乙 1。坯绸经精练、定型、染色、烂花等加工	采用常规烂花工艺，将坯绸先经染色再烂花，亦可在酸浆中调入酸性染料，在碳化时上底色	甲、乙经排列比为 1∶1。坯绸经烂花、染色、定型。绡地透明，花纹具有贴花效果

续表

规格 \ 丝织物名称		彩点绡	闪碧绡	清绉绡	宇云绡	怡悦绡	长缨绡
英文名		caidian sheer	shanbi tissue crepe	qingzhou voile	yuyun voile	happiness voile broche	changying striped voile
编号					20351		50152
经纬线线密度	经线/dtex(旦)	甲经:83.25(75)有光黏胶丝(染元色后加捻) 乙经:29.5×2(20英支/2)有光人造棉线	甲经:31.08/33.33(28/30桑蚕丝) 乙经:22.22/24.42×2(2/20/22)桑蚕丝 丙经:189.81(171)金银丝	22.20/24.42×2(2/20/22)桑蚕丝(1s、1z排列)	49.95(45)半光涤纶丝(定捻处理)	49.95(45)涤纶丝	甲经:66.66(60)有光黏胶丝 乙经:133.2(120)有光黏胶丝(机械上浆)
	纬线/dtex(旦)	83.25(75)有光黏胶丝	甲纬:31.08/33.33(28/30)桑蚕丝 乙纬:31.08/33.33(28/30)桑蚕丝	55.50(50)有光黏胶丝(2s、2z排列)	49.95(45)半光涤纶丝(定捻处理)	49.95(45)涤纶丝	66.66(60)有光黏胶丝
经纬密度	经密/(根/10cm)	300	522	440	457	530	412
	纬密/(根/10cm)	300	450	320	400	420	320
经线捻度/(捻/cm)		甲经:16,z 乙经:4,s	甲经:20,s	14	18,s	8	甲经:12,s
纬线捻度/(捻/cm)		16,z	甲、乙纬:20,s或z	20	18,s	8	12,s
织物组织		甲经:平纹组织 乙经:浮点组织(不起浮点的经线全部下沉不交织)	甲经与纬线平纹组织,乙经组成八枚经面缎纹条,丙经嵌织于缎条两侧,背面沉经修剪	平纹组织	平纹组织	平纹和假纱联合组织	甲经与纬线为平纹,乙经与纬线为平纹变化组织
质(重)量/(g/m²)		75		50	51		66
成品幅宽/cm		92.5	116	114	114		93

续表

规格＼丝织物名称	彩点绡	闪碧绡	清绉绡	宇云绡	怡悦绡	长缨绡
特点	色织绡类织物，质地中型偏厚，手感轻柔糯爽，彩点分布灵活自然	绡地孔眼清晰透明，具有宽狭不一的缎纹直条，金银丝经线（丙经）闪光含蓄，别具风格	绸面具有轻薄、透明、闪色的外观效果，手感柔软、舒适	质地轻薄透明，外观平挺，富有弹性	质地轻薄，手感滑爽，绸面条形隐现含蓄，风格别致	质地轻薄透明，绡地空地清晰，条形肥亮
用途	宜做披肩、头巾及装饰用绸	宜做妇女高级礼服和宴会服等	宜做风格飘逸的服装、围巾等	宜做妇女衣料、绣坯及窗纱等	主要用作居室或办公室、会堂的窗纱，也有少数用做妇女服装等	宜做衬衫、裙子等
备注	坯绸经修剪乙经沉浮线、精练、热风拉幅和单滚筒机整理	背面沉经修剪，是将坯绸背面下沉的游离经线或纬线剪断刷除。坯绸经精练、染色、印花、整理	是由桑蚕丝与黏胶丝交织而成的绡类丝织物。原料含量为桑蚕丝44%，黏胶纤维56%。织物织成后，进行挂练，松弛染色，既可染成经纬同色，也可染成经纬异色，形成美丽的闪色效果	坯绸经精练、定型、印花、染色	是由纯涤纶丝白织而成的绡类丝织物。以平纹和假纱联合组织，并借用每筘经线穿入数的不同，形成宽度不匀的若隐若现的条子。织后，坯绸经精练、染色或印花、拉幅定型等整理	坯绸经退浆、染色或印花整理

规格＼丝织物名称		条子绡	欣新绡	伊人绡
英文名		striped voile	xinxin nylon/ flax voile	yiren voile broche
编号				51815
经纬线线密度	经线/dtex（旦）	甲经：133.2（120）有光黏胶丝（机械上浆）	22.20(20)锦纶单丝	甲经：83.25(75) 乙经：有光黏胶丝166.5(150)有光黏胶丝（机械上浆）
	纬线/dtex（旦）	133.2(120)有光黏胶丝（机械上浆）	甲纬：22.20(20)锦纶单丝 乙纬：357.1(28公支)亚麻纱	83.25(75)有光黏胶丝

续表

规格＼丝织物名称		条子绡	欣新绡	伊人绡
经纬密度	经密/(根/10cm)	257	600	747
	纬密/(根/10cm)	247	360	325
经线捻度/(捻/cm)		甲经:8		甲经:22
纬线捻度/(捻/cm)		8		22
织物组织		甲经与纬为平纹,乙经与纬为五枚经面缎纹组织	平纹组织	平纹组织为地,起出乙经五枚缎纹组织为花,乙经在地部沉背,修剪掉
质(重)量/(g/m²)		73	78	74
成品幅宽/cm		94	114	92
特点		绸面绡地上呈现直缎条,透孔清晰,光泽微亮雅致,手感柔爽舒适	绸面具有非常明显的纬线效果。利用锦纶丝的收缩率大于亚麻纱的特点,使亚麻纱形成屈曲,具有趣味效果,手感硬挺滑爽	绸面在平纹绡地上以清地或半清地分布着简练的中小型几何纹样或变形花卉。质地轻薄透凉,素洁雅致,富有舒适凉爽感
用途		宜做披纱、衣裙、民族服装及室内窗帘装饰等	宜做具有个性化的时装等	宜做妇女夏装、少数民族装饰用品等
备注		坯绸经退浆、精练、染色整理	是由锦纶单丝和亚麻纱交织的白织绡类丝织物。纬线排列为甲2、乙1。织后,坯绸采用平幅练染,绸面较平整,如用绳状机松弛练染,织物表面可以获得不规则的褶皱特殊效果	甲、乙经的排列比为2∶2。纹样宽15cm,题材造型为较简单的几何纹样或变形花卉,花型中偏小,清地或半清地布局。坯绸背面浮长修剪后,经退浆、染色整理

规格＼丝织物名称		羽翼绡	迎春绡
英文名		wing silk;ramie voile	yingchun voile broche
编号			51817
经纬线线密度	经线/dtex(旦)	[22.20/24.42(20/22)桑蚕丝加8捻/cm(s)×2]色丝(脱胶率为90%)	甲经:83.25(75)有光黏胶丝 乙经:166.5(150)有光黏胶丝 丙经:166.5(150)有光黏胶丝
	纬线/dtex(旦)	166.7(60公支)苎麻染色纱	83.25(75)有光黏胶丝

续表

规格＼丝织物名称		羽翼绡	迎春绡
经纬密度	经密/(根/10cm)	420	1095
	纬密/(根/10cm)	245	325
经线捻度/(捻/cm)		6,z	甲经:22,s或z
纬线捻度/(捻/cm)			22
织物组织		平纹组织	甲经与纬线由平纹组织交织成绡地,乙经与纬线交织成满地8枚经缎花及部分纬浮花,并用各种姿态的活络间丝切断经浮线,丙经与纬交织成8枚经缎花或经浮花形成缀嵌,丙经不起花的部分则沉于织物背面待整理工序中修剪
质(重)量/(g/m^2)		61	73
成品幅宽/cm		114	94
特点		采用染色的半精练桑蚕丝与染色的苎麻纱交织,形成具有闪色效果而手感硬挺的织物	绸面的平纹绡地孔眼清晰,在平纹地上满地分布厚实花卉,色彩鲜艳明快,质地轻薄柔软,织纹清晰,透气性好,花纹图案新颖大方,别具风格
用途		宜做个性化时尚服装等	宜做妇女衣裙及装饰用绸
备注		是由桑蚕丝与苎麻纱交织的色织绡类丝织物。原料含量为桑蚕丝32%,苎麻纱68%。织后,坯绸不需要进行后整理	纹样宽22cm,实际宽度采用11cm(即以四花作为八花绘样),纹样题材以写实花卉为多,满地布局,日常生产常用花篮图案,纹样连地色至少为四色(不包括浮经花),底色为平纹,其他三色为乙经经花(包括八枚经缎花与各色浮经经花)和丙经经花以及经花外缘包边平纹组织,平纹包边线条不宜过于粗壮,一般以2mm宽度为宜。织后,丙经在不起花的地部沉于坯绸背面修剪,再经精练、染色整理

规格＼丝织物名称		尼涤绡	长明绡	全涤绡	晶纶绡
英文名		nylon/polyester gingham	changming voile	polyester voile	Jinglun sheer
编号		20451			S2453-1
经纬线线密度	经线/dtex(旦)	甲经:22.22(20)锦纶单丝 乙经:49.95(45)涤纶丝	49.95(45)半光涤纶丝(经定捻处理)	75.48(68)半光涤纶丝	33.33(30)变形涤纶丝
	纬线/dtex(旦)	甲纬:22.22(20)锦纶单丝 乙纬:49.95(45)涤纶丝(不加捻)	[49.95(45)半光涤纶丝加18捻/cm(s)+131.2(45英支)半光黏纤纱]	75.48(68)半光涤纶丝	33.33(30)变形涤纶丝

续表

规格＼丝织物名称		尼涤绡	长明绡	全涤绡	晶纶绡
经纬密度	经密/(根/10cm)	600	460	366	582
	纬密/(根/10cm)	500	410	300	420
经线捻度/(捻/cm)		乙经:8	18,s	11,s	
纬线捻度/(捻/cm)			2,z	11,s	
织物组织		平纹组织	平纹组织	平纹组织	四季呢组织
质(重)量/(g/m^2)				56	38
成品幅宽/cm		79.5	114	154	93
特点		甲经甲纬以平纹织造,质地轻薄透明。乙经乙纬涤纶丝较粗,交织成平纹后较丰满厚实,因两种原料吸色性能不同,经染色或印花后,呈现若明若暗的双色格子	质地轻薄,手感柔爽、平挺,烂花的花纹酷似剪贴花一样逼真,十分逗人喜爱	质地轻薄透明,手感柔软,光滑平挺	绸面晶莹透明,故名。由晶纶绡制作的花,近看似绒花,远看闪闪发光,形象十分逼真,在涤纶绢丝花中是一支鲜艳夺目的奇葩
用途		宜做披纱、头巾等	宜做服装、绣花底布及窗帘等	宜做绣花衣裙及台布、窗帘纱、台布等	宜做晚礼服、结婚礼服、胸花及各种工艺品和花卉等
备注			是由涤纶丝与黏纤纱交织而成的白织烂花绡类丝织物。织后,坯绸经精练、定型、烂花或印花处理	坯绸经精练、增白、定型整理	工艺较简单,用单纤锦纶丝无需加捻或浆经,可直接整经和卷纬

规格＼丝织物名称	青春纱	丝棉缎条绡	尼巾绡	素丝绡
英文名	qingchun tissue georgette	silk/cotton sateen-striped voile	nylon sheer	nylon sheer
编号	10178		20151	20154

续表

规格＼丝织物名称		青春纱	丝棉缎条绡	尼巾绡	素丝绡
经纬线线密度	经线/dtex(旦)	甲经:22.22/24.42(20/22)桑蚕丝 乙经:181.91(171)金银皮 丙经:[22.22/24.42(20/22)]×2桑蚕丝	甲经:22.20/24.42×2(2/20/22)桑蚕丝 乙经:22.20/24.42×4(4/20/22)桑蚕丝	16.65(15)锦纶单丝	22.22(20)锦纶单丝
	纬线/dtex(旦)	22.22/24.42(20/22)桑蚕丝	97.2(60英支)精梳棉纱	16.65(15)锦纶单丝	22.22(20)锦纶单丝
经纬密度	经密/(根/10cm)	500	地:400;缎条:840	480	587
	纬密/(根/10cm)	425	370	456	510
经线捻度/(捻/cm)		甲经:28,s			
纬线捻度/(捻/cm)		28,s			
织物组织		平纹组织交织地绡,其上嵌有宽狭不一、不等距的丙经五枚缎纹细条,并在缎条的一侧或两侧倚嵌乙经金银皮衬托缎条	甲经与纬线交织成平纹组织,乙经与纬线交织成八枚缎纹组织	平纹组织	变化平纹组织
质(重)量/(g/m²)		32	81	17.4	26
成品幅宽/cm		93	116	91.5	113.5
特点		表面具有闪闪金光平滑光亮的缎条,质地柔爽、轻薄透明	绡类部分轻薄,光泽自然柔和,缎类部分光亮,缎地与绡地形成较强烈的厚薄反差,手感柔软舒适	质地轻薄透明,平挺,晶闪明亮,孔眼方正	质地轻薄透孔
用途		宜做宴会礼服、婚纱、披肩、头巾、舞衫、舞裙及窗帘等装饰用料	宜做春夏季时装、围巾等	宜做结婚礼服、披纱、方巾、头巾及窗纱等	宜做头巾、装饰品等
备注		在精练、染色、印花整理加工过程中,常以蛋白酶脱胶精练,并经水洗,使丝身不受损伤,绸料柔爽飘逸	是由桑蚕丝与棉纱交织而成的缎条绡类丝织物。织物织成后,坯绸经烧毛、精练、染色、拉幅、烘干整理。原料含量为真丝53%,棉纱47%。	坯绸经印染、定型处理	坯绸经精练、定型、染色再定型、印花整理

续表

规格 \ 丝织物名称		宽条银格绡	叠云绡	长虹绡	素　纱
英文名		checked tissue	dieyue voile	changhong satin striped voile	silk organdy
编号				20352	11603
经纬线线密度	经线/dtex(旦)	甲经:31.08/33.33(28/30)桑蚕丝 乙经:31.08/33.33(28/30)桑蚕丝	22.20(20)单孔锦纶丝	甲经:33.33(30)半光涤纶丝 乙经:[33.33(30)]×2半光涤纶丝	22.22/24.42(20/22)染色桑蚕丝
	纬线/dtex(旦)	甲纬:31.08/33.33(28/30)桑蚕丝 乙纬:189.81(171)不氧化银色铝皮	甲纬:22.20(20)单孔锦纶丝 乙纬:133.2(120)有光黏胶丝	33.33(30)半光涤纶丝	22.22/24.42(20/22)染色桑蚕丝
经纬密度	经密/(根/10cm)	475	440×2	366	585
	经密/(根/10cm)	425	375×2	330	460
经线捻度/(捻/cm)		甲经:14		甲经:14 乙经:8	
纬线捻度/(捻/cm)		甲纬:14		14	
织物组织		平纹组织	平纹双层变化组织	甲经与纬线以平纹交织成地部,乙经与纬线交织成五枚经面缎纹	平纹
质(重)量/(g/m²)		40	70	39	26
成品幅宽/cm		93	110	154	90.5
特点		甲经和甲纬交织成平纹绡地,乙经和甲纬交织成不同宽狭的八枚缎条,在纬向每隔一定向距织入二梭银(金)色铝皮。缎条肥亮,银光闪闪,是别具一格的绡类丝织物	叠云绡系两层透明薄绡,中间间隔织入黏胶丝,由于锦纶的收缩率大于黏胶丝,黏胶丝在两层薄绡中间呈波浪形排列,风格独特,新颖而别致	属于涤纶仿真丝绸产品,柔软滑爽,易洗快干,不易变形,透气性好,风格与真丝建春绡相仿	质地轻盈滑挺爽,丝线条干均匀,纱眼清晰透明
用途		宜做妇女晚礼服、裙子等	宜做高级礼服等	宜做夏季衬衫、连衣裙等	宜做晚礼服、宴会服、民族服装、舞裙、头巾、围巾及筛网等
备注		坯绸经精练、印花和单机整理	是由锦纶丝与黏胶丝织成的三层白织绡类丝织物。原料含量为单孔锦纶丝61%,有光黏胶丝39%。织后,坯绸需进行高温定型	甲经线加捻后需自然定型,纬线加捻后经热烘定型,定型温度55~60℃,逐渐降温。坯绸经精练、定型、碱处理、印花或染色整理	织物下机后不经后整理

2. 纺（plain hatutai；habotai；habutae；habutai）

纺又称纺绸，指采用平纹组织，经、纬丝不加捻或加弱捻，白织或半色织，外观平整缜密的花素丝织物。所用原料除桑蚕丝外，还有柞蚕丝、黏胶丝、锦纶丝、涤纶丝或混纺产品，也有以长丝为经，黏纤、桑绢丝纱为纬交织的品种。产品有平素生织的，如电力纺、富春纺等；也有色织和提花的，如绢格纺、彩格纺和麦浪纺等。纺类产品大部分用生织或半色织后需经精练脱胶加工，如洋纺、电力纺等，也有以桑蚕丝为原料，无需精练的，如生纺。纺类产品除生织外，一般都柔软、滑爽、飘逸，悬垂性好，穿着舒适卫生。中厚型产品（50g/m^2 左右）主要用于做妇女服装、童装、童帽、围巾、窗帘、台布等，中薄型产品可做伞面、扇面、灯罩、绢花等装饰日用品，部分产品可用作打字带、绝缘绸等。

规格＼丝织物名称		电力纺(纺绸)			杭　纺
英文名		habutai			Hangzhou habotai
编号		11209		61153	11182
经纬线线密度	经线/dtex(旦)	22.22/24.42×2(20/22×2)桑蚕丝	同左	22.22/24.42dtex×2(20/22×2)桑蚕丝	55.5/77.7×3(3/50/70)工农丝或桑蚕丝
	纬线/dtex(旦)	(31.08～33.33)×2(2/28/30)桑蚕丝	同左，有采用2根、3根或4根并合的桑蚕丝	83dtex(75)或133dtex(120)人造丝	同上
经纬密度	经密/(根/10cm)	609			410～500
	纬密/(根/10cm)	400			240～280
经线捻度/(捻/cm)		不加捻			
纬线捻度/(捻/cm)		不加捻			
织物组织		平纹组织			平纹组织
质(重)量/(g/m^2)		44	36～70(衣着用50以上)	51	100～113
成品幅度/cm		91.5			73～73.5
特点		原料多采用高档生丝，质地轻薄，紧密细洁，手感柔软，绸面缜密，平挺滑爽，光泽肥亮。比一般绸类飘逸透凉；比纱类细密，光泽洁白柔和，绸边平直。色泽有练白、增白、杂色以及印花产品等。缩水率在5%左右			生织(白织)，绸面平整光洁，织纹纹粒清晰明朗，条干均匀，质地坚牢耐穿用，色泽以练白、灰色、元青居多，也有藏青和鲜艳的印花产品，色光柔和自然，手感厚实紧密，富有弹性

续表

规格 \ 丝织物名称	电力纺(纺绸)	杭　纺
用途	40g/m² 以上的产品多用于夏令男女衬衫、裙料、夹衣面料、棉衣面料、童装、头巾、围巾及被面等;40g/m² 左右的主要用于衣服里料、彩旗、灯罩绸等;20g/m² 及其以下的产品用于绝缘绸,又称为工业纺或绝缘绸	宜做夏季男女衬衫、裤、裙、冬季袄面、中式罩衫等
备注	纺绸分桑蚕丝电力纺、真丝纺、荷萍纺等。以桑蚕丝原料,用电力织机织制而成,故名。属桑蚕丝生织(白织)纺类丝织物。生桑蚕丝在制织加工前需浸渍,使丝身软化便于织造	因在浙江杭州设计生产而得名。工农丝是指用人工缫制的桑蚕丝,条干粗,均匀度也差,丝身发黄,糙块和粗节多。坯绸经精练、染色整理或练白,绸身质地粗犷厚实,手感柔挺

规格 \ 丝织物名称		绢纺(桑绢纺、绢丝纺)		洋纺(小纺)	
英文名		spun silk pongee		paj	
编号		11364		11102	
经纬线线密度	经线/dtex(旦)	5.2tex×2(194 公支/2)桑绢丝	7.14tex×2(120 公支/2)、8.33tex×2(120 公支/2)、8.7tex×2(115 公支/2)等	22.22/20.42(1/20/22)桑蚕丝	31.08/33.33(1/28/30)桑蚕丝
	纬线/dtex(旦)	同经线	同经线	22.22/24.42(1/20/22)桑蚕丝	22.22/24.42(1/20/22)桑蚕丝
经纬密度	经密/(根/10cm)	415	364～418	680	
	纬密/(根/10cm)	325	280～325	470	
经线捻度/(捻/cm)					
纬线捻度/(捻/cm)					
织物组织		平纹组织	平纹组织	平纹组织	
质(重)量/(g/m²)		76	73～109	21	
成品幅宽/cm		91.4	74～93	91	

续表

<table>
<tr><th>规格＼丝织物名称</th><th>绢纺(桑绢纺、绢丝纺)</th><th>洋纺(小纺)</th></tr>
<tr><td>特点</td><td>呢面光洁平整，多呈天然淡黄色，质地坚牢丰满，手感糯柔，织纹简洁，光泽柔和，色泽鲜艳纯正，弹性好，具有良好的吸湿性、透气性。与电力纺、抗纺相似。绸面有细丛毛，不如电力纺、抗纺光滑、明亮</td><td>质地平挺、轻薄、柔软，绸面细腻、丰满，外观呈半透明状</td></tr>
<tr><td>用途</td><td>用于做男女衬衫、睡衣裤、练功衣裤、两用衫、时装等</td><td></td></tr>
<tr><td>备注</td><td>该产品为纯桑蚕绢丝白织纺类丝织物。坯绸经烧毛、练白、呢毯整理</td><td></td></tr>
</table>

<table>
<tr><th colspan="2">规格＼丝织物名称</th><th colspan="4">洋纺(小纺)</th><th>绢格纺</th><th>绍　纺</th></tr>
<tr><td colspan="2">英文名</td><td colspan="4">paj</td><td>spun silk gingham</td><td>shaoxing habotai</td></tr>
<tr><td colspan="2">编号</td><td>11103</td><td>11104</td><td>11106</td><td>11107</td><td>11354</td><td>11554</td></tr>
<tr><td rowspan="2">经纬线线密度</td><td>经线/dtex(旦)</td><td>同左</td><td>同左</td><td>同左</td><td>同左</td><td>经线采用7.1tex×2(140公支/2)桑绢丝，染色成彩条</td><td>55.55/77.77(50/70)工农丝3根或2根并合</td></tr>
<tr><td>纬线/dtex(旦)</td><td>同左</td><td>同左</td><td>同左</td><td>同左</td><td>三组纬线为7.1tex×2(140公支/2)桑绢丝染三种色</td><td>同上</td></tr>
<tr><td rowspan="2">经纬密度</td><td>经密/(根/10cm)</td><td>500</td><td>500</td><td>680</td><td>510</td><td>364</td><td>460</td></tr>
<tr><td>纬密/(根/10cm)</td><td>400</td><td>400</td><td>470</td><td>396</td><td>280</td><td>250</td></tr>
<tr><td colspan="2">经线捻度/(捻/cm)</td><td></td><td></td><td></td><td></td><td></td><td></td></tr>
<tr><td colspan="2">纬线捻度/(捻/cm)</td><td></td><td></td><td></td><td></td><td></td><td></td></tr>
<tr><td colspan="2">织物组织</td><td colspan="4">平纹组织</td><td>平纹组织</td><td>平纹组织</td></tr>
<tr><td colspan="2">质(重)量/(g/m²)</td><td>27</td><td>27</td><td>21</td><td>27</td><td>95</td><td>101</td></tr>
<tr><td colspan="2">成品幅宽/cm</td><td>115</td><td>91</td><td>81</td><td>71</td><td>92.5</td><td>70</td></tr>
<tr><td colspan="2">特点</td><td colspan="4">质地平挺轻薄、细腻、丰满，手感柔软滑细，外观呈半透明状。色泽主要有练白、增白、杂色及印花产品，类似电力纺产品</td><td>绸面平整、柔软、滑糯，质地丰满坚牢，手感柔软，有良好的弹性和保暖性，色格文静大方，风格别致</td><td>绸面织纹缜密，纹粒清晰，质地紧密、丰厚、坚牢，穿着挺爽。部分产品经树脂整理，手感更加平滑。富有弹性，光泽柔和，色泽主要有练白、元青，灰、藏青等平素色</td></tr>
</table>

续表

规格 \ 丝织物名称	洋纺(小纺)	绢格纺	绍　纺
用途	用于做衬衫、女装、艺装、里子绸、衬衫、内衣、印花围巾、头巾以及灯罩绸、彩旗、工业绝缘绸等	用于做衬衫、裙子、雨衣及伞面、装饰等	用于做夏令衬衫、衣裙、裤子、冬季袄面、中式罩衫等
备注	生织纺绸。经纬线较细,织制难度较大,易产生拆毛档、开关档等疵点。坯绸经练染或印花、单机整理	坯绸经精练、呢毯整理	采用湿纡织造。因浙江绍兴生产而得名。坯绸经精练、染色整理或漂白

规格 \ 丝织物名称		生　纺	柞绢纺	辽丝纺
英文名		fecru chiffon habotai	spun tussah pongee	Liaoning pongee
编号		11191	41165	41354
经纬线线密度	经线/dtex(旦)	22.22/24.42×2(2/20/22)桑蚕丝	83×2(120公支/2)柞绢丝	83×2(120公支/2)柞绢丝
	纬线/dtex(旦)	22.22/24.42×3(3/20/22)桑蚕丝	同上	同上
经纬密度	经密/(根/10cm)	444	350	350
	纬密/(根/10cm)	370	280	280
经线捻度/(捻/cm)				70,s
纬线捻度/(捻/cm)				70,s
织物组织		平纹组织	平纹组织	平纹组织
质(重)量/(g/m²)		48	117	118
成品幅宽/cm		92	122	91.5
特点		质地轻盈,手感硬挺滑爽,具有天然生丝的光泽特征。织后不需精练、染色整理,但需筒杖卷装	绸面平整滑爽,具有柞蚕丝天然米黄色,质地丰厚、糯爽、坚韧,吸湿性能好,手感以桑绢纺略糙。穿着舒适凉爽,耐穿用,耐洗晒	绸面细密,织纹饱满,手感丰糯,光泽柔和,透气性好,穿着舒适
用途		用于绣花成衣及工业特种用品	宜做男女衬衫、两用衫、女装、裤子及装饰用绸	适宜做四季内衣、染色或印花后可做夹克衫和连衣裙等

续表

规格 \ 丝织物名称	生 纺	柞绢纺	辽丝纺
备注	纯桑蚕丝生织纺类丝织物,是广东独特产品	坯绸经精练、漂白等整理。穿着时如遇水滴或雨淋,会出现水渍印,可将其浸入清水漂洗干净后再晾干即可清除	织后成品漂白呈象牙白色

规格 \ 丝织物名称		柞丝绸(河南绸)		尼龙纺(尼丝纺、锦丝纺、锦纶绸)	
英文名		tussah pongee		nylon taffeta	
编号		43052	43053	21153	
经纬线线密度	经线/dtex(旦)	66.66(60)柞丝	66.66(60)柞丝	77.77(70)半光锦纶丝(机械上浆)	33.33(30)锦纶丝
	纬线/dtex(旦)	66.66×2(2/60)柞丝	33×2(2/30)柞丝	77.77(70)半光锦纶丝	33.33(30)锦纶丝
经纬密度	经密/(根/10cm)	410	440	571	
	纬密/(根/10cm)	340	400	380	
经线捻度/(捻/cm)					加弱捻
纬线捻度/(捻/cm)		3	3		
织物组织		平纹组织	平纹组织	平纹组织	平纹组织
质(重)量/(g/m^2)		78	60	80	40
成品幅宽/cm		92	92	93	
特点		具有珠宝光泽,滑而不腻、柔而不疲的手感,以及良好的吸湿、透气和保暖性能。绸面平整缜密,质地坚牢,色泽鲜艳,穿着滑爽,坚韧耐穿,素雅大方		绸面平挺光滑,质地轻而坚牢耐磨,弹力和强力良好,不缩,易洗快干,手感柔软,色泽鲜艳,色谱齐全。一般都经过防水处理,具有一定的防水性能	
用途		用于制作男女四季服装和晚礼服,也可用于制作窗帘、幕布、耐酸工作服、带电作业服、炸弹药囊等		用于制作男女各式服装、滑雪衫、宇宙服、风雨衣、化工劳动保护服及拎包、绣花枕套、台布、被面、晴雨伞等	
备注		耐酸、耐碱,传热系数小。坯绸经精练、漂白、染色、印花、防缩等整理。缩水率约为5%,裁剪成衣前应先下水预缩或喷水预缩,缝制时可在上下层垫纸条,缝后撕去,以防止绸面缝线处出现皱缩现象		中厚型尼龙纺。经丝需机械上浆	薄型尼龙纺。经丝采用联合整浆,或经丝加弱捻后再进行机械上浆

续表

规格 \ 丝织物名称		龙绢纺	内黄绢
英文名		longjuan nylon/spun silk union pongee	Honan pongee
编号			
经纬线线密度	经线/dtex(旦)	22.20(20)的单孔锦纶丝	66.66/77.77×4(4/60/70)柞蚕丝
	纬线/dtex(旦)	83.3×2(120公支/2)桑绢丝	66.66/77.77×4(4/60/70)柞蚕丝
经纬密度	经密/(根/10cm)	930	284
	纬密/(根/10cm)	340	244
经线捻度/(捻/cm)			
纬线捻度/(捻/cm)			
织物组织		平纹组织	平纹组织
质(重)量/(g/m^2)		80	130
成品幅宽/cm		113	70
特点		绸面织纹细密、光洁、平整,具有纸质的感觉	绸面丝光肥亮雅致,弹性好,手感柔软,穿着舒适,易吸汗,绸面纹路清晰可见,具有地方产品特殊风格
用途		宜做高档白领时装等	古代主要做武士的贴身衣服,民用做衣着
备注		是由锦纶丝与桑绢丝交织的纺类丝织物。原料含量为桑绢丝70%,锦纶丝30%。织后,坯绸经平幅精练、染色、拉幅定型工艺进行整理	因产于河南省内黄县得名。采用人工缫丝,纤度不太均匀,有粗细不规则起伏的丝

规格 \ 丝织物名称	木薯绢纺绸(木茹绢纺)	格子纺	华格纺
英文名	spun cassava pongee	nylon gingham,polyamide gingham	polyester union gingham
编号	715	21177	21451

续表

规格 \ 丝织物名称		木薯绢纺绸(木茹绢纺)	格子纺	华格纺
经纬线线密度	经线/dtex(旦)	14.3tex×2(70公支/2)木薯绢丝	77.77(70)半光锦纶丝	[33.3(1/30)涤纶丝8捻/cm s向×2]
	纬线/dtex(旦)	14.3tex×2(70公支/2)木薯绢丝	78(70)半光锦纶线	甲纬:13.4tex×2(44英支/2)涤黏染色混纺股线 乙纬:2根分别染成浅色与黑色的13.4tex(44英支)涤黏混纺纱合股加捻
经纬密度	经线/(根/10cm)	237	468	376
	纬线/(根/10cm)	192	350	240
经线捻度/(捻/cm)				z向,6
纬线捻度/(捻/cm)				0.8
织物组织		平纹组织	平纹组织	平纹组织
质(重)量/(g/m²)		128	75	97
成品幅宽/cm		73.7	112	114
特点		手感爽挺,透气性好,坚牢耐穿,穿着舒适。但易发毛泛黄,色牢度差,绸面易产生水渍	绸面平整、简洁、精致,质地平滑挺括,手感柔软、滑糯,色光艳丽柔和	质地爽挺,色格鲜艳大方,易洗快干,富有弹性,不易起皱,色彩鲜艳
用途		宜作棉袄面料及冬季裤料	宜做衣着及雨衣、雨伞等	用于制作夏季男女衬衣、妇女时装、连衣裙等
备注		坯绸经精练、染色整理	经纬纱分别用色纱和白纱交织,呈现格子模纹。坯绸经涂层、防水、定型整理	坯绸经烧毛、精练和定型。色织产品

规格 \ 丝织物名称		华春纺	真丝大豆纺
英文名		huachun batiste	silk/soybean union batise
编号		57201	
经纬线线密度	经线/dtex(旦)	[33.33(30)半光涤纶丝8捻/cm×2]或75.5(68)半光涤纶丝	22.20/24.42×3(3/20/22)桑蚕丝
	纬线/dtex(旦)	13.4tex(44英支)涤65/黏35混纺纱	98.4(60英支)大豆蛋白短纤纱

续表

规格＼丝织物名称		华春纺	真丝大豆纺
经纬密度	经线/(根/10cm)	371	
	纬线/(根/10cm)	325	
经线捻度/(捻/cm)		z向,6或8	
纬线捻度/(捻/cm)			
织物组织		平纹组织	平纹组织
质(重)量/(g/m^2)		75	69
成品幅宽/cm		93	114
特点		绸面平挺,弹性好,易洗快干、免烫,吸湿性、透气性好	绸面平滑、细腻而有光泽,手感柔软、挺括,具有羊绒织物典雅的毛感视觉效果
用途		用作男女服装面料或经刺绣加工成为装饰用品	宜做女衬衫、裙子、礼服及高档装饰等用绸
备注		坯绸需经烧毛、染色、定型整理,也可利用吸色不同,呈现芝麻地染色效果	是由桑蚕丝和大豆蛋白纤维交织的白织纺类丝织物。原料含量为:桑蚕丝51%,大豆蛋白纤维49%。大豆蛋白纤维在加工中纤维易受损而起毛,故导丝器要光滑,温湿度控制要稳定。为了减少织物的纬色档,可采用多组纬引纬。也有用桑蚕丝作经,大豆蛋白纤维作纬,以平纹为地、斜纹起花,织出大豆提花绸,单位面积质量为65 g/m^2。桑蚕丝和大豆蛋白纤维之比为51∶49。织物经精练、染色、拉幅定型,可染成各种颜色,也可印花

规格＼丝织物名称		涤丝纺	无光纺	有光纺	同和纺
英文名		polyester pongee;polyester habotai	dull rayon shioze habotai;dull rayon shioze	rayon palace;bright rayon taffeta	tonghe taffeta
编号		21354	51179	51168	50117
经纬线线密度	经线/dtex(旦)	83.25(75)涤纶丝	133.2(120)无光人造丝(黏胶丝)	133.2(120)或83.3(75)有光黏胶丝	44.44(40)有光铜氨丝
	纬线/dtex(旦)	83.25(75)涤纶丝	133.2(120)无光人造丝(黏胶丝)	133.2(120)有光黏胶丝,少数采用铜氨丝	44.44(40)有光铜氨丝

续表

规格 \ 丝织物名称		涤丝纺	无光纺	有光纺	同和纺
经纬密度	经线/(根/10cm)	395	395	394	620
	纬线/(根/10cm)	370	260	294	440
经线捻度/(捻/cm)		8	不加捻		4
纬线捻度/(捻/cm)					4
织物组织		平纹组织	平纹组织	平纹组织	平纹组织
质（重）量/(g/m²)		74	91	95	49
成品幅宽/cm		92.5	115	91.5	116
特点		绸面光滑、平挺，细洁，弹性好，易洗快干	绸面光泽柔和洁净，手感柔和平滑，透气性、吸湿性、悬垂性好，穿着舒适，但缝纫牢度稍差，浸水后变硬	绸面光泽肥亮柔和，织纹平整缜密，手感紧密柔和	质地细腻、轻薄、平挺、细洁、柔软，光泽肥亮柔和
用途		用于制作运动服、滑雪衣、夹克衫、时装、衣里及晴雨伞、装饰绸	用作夏季服装、时装面料及装饰绸等	用于制作衬里、时装、锦旗、中厚型夹袄里子及装饰用品	用作服装面料、裙料、羊毛衫里料及里子绸、胆料等
备注		坯绸需经练、染、定型处理	若经丝和纬丝在织前染成各种颜色和白色，则可形成有条子或格子的织物，分别为彩条纺、彩格纺。坯绸经退浆、印花或染色整理	坯绸经练、染或印花整理	坯绸经练、染或印花整理

规格 \ 丝织物名称		影条纺	富春纺	锦宜纱	彩格纺
英文名		shadow stri-ped taffeta	fuchun rayon taffeta; fuchun batiste; fuchun habotai	jinyin nylon/wool union plain fabric	rayon palace checked
编号		50122	56722		51185
经纬线线密度	经线/dtex(旦)	133.2(120)有光黏胶丝和无光黏胶丝(合轴)	133.2(120)有光黏胶丝或无光黏胶丝	22.20(20)圆形截面的单孔锦纶丝	133.2(120)有光人造丝染色
	纬线/dtex(旦)	133.2(120)无光人造丝	19.7tex(30英支)有光人造棉	208.3(48公支)羊毛纱	133.2(120)有光人造丝染色

续表

规格 \ 丝织物名称		影条纺	富春纺	锦宣纱	彩格纺
经纬密度	经线/(根/10cm)	468	441	520	433
	纬线/(根/10cm)	314	240	270	320
经线捻度/(捻/cm)					
纬线捻度/(捻/cm)					
织物组织		平纹组织	平纹组织	平纹组织	平纹组织
质(重)量/(g/m²)		106	110	74	101
成品幅宽/cm		92.5	108	114	91.5
特点		质地细洁、轻薄、坚韧,绸面平滑,条子隐约可见	质地丰厚,手感柔软,光泽柔和	绸面外观纬线效果显著,具有丝绸的精细与羊毛的粗犷的双重风格	绸面细洁平挺爽滑,格子款式雅致,色彩文静优雅,条格细巧
用途		用于制作衬衣,也作裙料及服装里料等	用于制作妇女、儿童服装,也作冬季棉袄面料等	宜做春、夏季时装等	用于制作衣着、复制太阳伞或风披、雨衣夹里等
备注		利用黏胶丝有光与无光对光的吸收及反射不同的特点,使绸面形成明暗条纹的特征,坯绸经退浆、染色或印花、单机整理	坯绸经退浆、染色或印花、树脂整理	是由锦纶丝和羊毛纱交织的纺类丝织物。原料含量为羊毛 81%,锦纶 19%。织后,坯绸经平幅练染、定型整理	采用 4 色纬。作衣着用,色彩要文静优雅,常以白色为基本色调,条格细巧;作复制太阳伞或风披、雨衣夹里等用料,其条格色彩应富丽夺目、格局明朗

规格 \ 丝织物名称		彩条纺	麦浪纺	春亚纺				
英文名		shioze colour striped	rayon pointille taffeta;rayon taffeta pointille	chunya batiste				
编号		51183	50301	190T	170T	240T	290T	300T
经纬线线密度	经线/dtex(旦)	同 51185	133.2(120)无光黏胶丝	83.25(75)低弹涤纶丝	75.48(68)低弹涤纶丝	83.25(75)低弹涤纶丝	55.50(50)低弹涤纶丝	55.50(50)低弹涤纶丝
	纬线/dtex(旦)	同 51185	133.2(120)无光黏胶丝	83.25(75)低弹涤纶丝	111.0(11)低弹涤纶丝	83.25(75)低弹涤纶丝	55.50(50)低弹涤纶丝	55.50(50)低弹涤纶丝

续表

规格＼丝织物名称		彩条纺	麦浪纺	春亚纺				
经纬密度	经线/(根/10cm)	433	480	431				
	纬线/(根/10cm)	320	453	330				
经线捻度/(捻/cm)								
纬线捻度/(捻/cm)								
织物组织		平纹组织	平纹地组织	平纹组织				
质(重)量/(g/m²)		101	140	76				
成品幅宽/cm		91.5	71	150				
特点		同51185	平纹地部厚实挺括，手感滑爽，光泽柔和，小提花部分利用蜂巢组织原理，使花纹富有立体感	质地轻薄而挺括，手感柔软、滑糯，富有弹性，绸面稍有绉效应，穿着舒适				
用途		同51185	宜做妇女衬衫、裙子等服装	宜做男衬衫等				
备注		绸面呈彩条，采用单色纬织入	坯绸经退浆、染色整理	是由低弹涤纶丝交织成的白织纺类丝织物。其规格较多，有170T、190T、230T、240T、290T、300T等多种规格。坯绸经退浆、精练、起绉、染色、柔软整理、拉幅定型，可染成各种浅颜色或印花				

规格＼丝织物名称		花富纺	金钱纺	缎条青年纺	涤塔夫
英文名		jacquard batiste	jinqian pongee	rayon striped batiste	polyester taffeta
编号		66716			190T
经纬线线密度	经线/dtex(旦)	133.2(120)有光黏胶丝	采用0.25mm(1/100英寸)宽度[约105.45dtex(约95旦)的涤纶金皮]	地经丝(乙)用133.2(120)有光黏胶丝；缎条经丝(甲)用133.2(120)无光有色黏胶丝	75.48(68)涤纶丝
	纬线/dtex(旦)	19.7tex(30英支)无光人造棉纱	75.48(68)涤纶低弹丝	19.7tex(30英支)有光人造棉纱	75.48(68)涤纶丝

续表

规格＼丝织物名称		花富纺	金钱纺	缎条青年纺	涤塔夫
经纬密度	经密/(根/10cm)	444	350	400	432
	经密/(根/10cm)	240～293	310	250	320
经线捻度/(捻/cm)					
纬线捻度/(捻/cm)					
织物组织		平纹地组织	平纹组织	在平纹地上五枚缎纹组织呈条子状有规律地嵌入	平纹组织
质(重)量/(g/m^2)		110	60	105	
成品幅宽/cm		91	93	91.5	150
特点		平纹地组织上起经缎花,缎花明亮,质地平挺	表面金光闪烁,具有纸质的硬挺度。易洗、快干、免烫,吸湿性能较差	地部绸面平挺,缎条突出,色泽柔和,色彩丰富	绸面细洁光滑,质地挺括,易洗、快干、免烫,具有良好的“洗可穿”性能
用途		宜作春秋服装、少数民族服装面料等	宜做礼服及装饰类用绸	宜做青年男、女衬衫、睡衣和床上用品等	宜做羽绒服、滑雪衫,经特殊绉效应处理后可做各种服装等
备注		花型以小型花朵为主,清地或半清地散点排列,以写实和变形花卉的月季、牡丹题材为主,花纹宜粗犷。坯绸经染色、单机整理	是由涤纶金皮(不氧化)和涤纶低弹丝交织的纺类丝织物。原料含量为涤纶100%。织物织成后,经轻度精练、拉幅定型整理	坯绸经退浆、单机整理	是由涤纶丝织成的白织纺类丝织物。是丝织品中用涤纶丝织成的量大面广的产品。品种规格有近20种之多,厚的称涤塔夫,薄的称涤丝纺、涤平纺。常用的规格有170T、180T、200T、210T等。织后,坯绸经预定型、精练退浆、染色或印花,防水处理和拉幅定型

规格＼丝织物名称	领夹纺	薄凌纺	桑柞绢纺
英文名	rayon taffeta faconne	boling pongee	silk/spun tussahl (union)pongee
编号	5654	4518	15694

续表

规格＼丝织物名称		领夹纺	薄凌纺	桑柞绢纺
经纬线线密度	经线/dtex(旦)	66.66(60)有光铜氨丝	22.22/24.42×2(2/20/22)桑蚕丝	47(42)或22.2×2～24.4×2(2/20/22)桑蚕丝
	纬线/dtex(旦)	66.66(60)有光铜氨丝	38.85×2(2/35)柞水缫丝	8.3tex×2(120公支/2)或15.4tex(65公支)、9.1tex(110公支)柞蚕绢丝
经纬密度	经密/(根/10cm)	560	550	437
	经密/(根/10cm)	400	330	285
经线捻度/(捻/cm)		4	3.1,s	3.1,s
纬线捻度/(捻/cm)		4	1.6,s	
织物组织		在平纹地上起八枚纬花	平纹组织	平纹组织
质(重)量/(g/m^2)		66	45	67
成品幅宽/cm		93	91.5	91.5
特点		织纹简洁,花纹清晰,质地平滑,光泽柔和	质地轻薄、细密,手感柔软,富有弹性,光泽柔和,透气性好,染色后色泽鲜艳,潇洒轻飘	质地轻薄丰满,富有弹性,织纹简洁细洁,略有珠宝光泽,吸湿性、保暖性良好
用途		用于制作领带、春秋服装、羊毛衫里子等	宜作各种衣裙料	宜作夏季衣着面料和裙料等
备注		纹样较简单,一般以小花为主。织后经退浆、染色、单机整理	桑蚕丝占49%,柞蚕丝占51%。坯绸经染色、印花	桑蚕丝占55%,柞蚕绢丝占45%。坯绸经精练、漂白等后整理

规格＼丝织物名称	桑柞纺	安乐纺	尼新纺	彩河纺	华新纺
英文名	silk/tussah (union) pongee	anle batiste; anle polyester/moil silk batiste	nylon/spun rayon union taffeta	caihe union pongee	huaxin polyester batiste
编号	11373		61358		21458

续表

规格 \ 丝织物名称		桑柞纺	安乐纺	尼新纺	彩河纺	华新纺
经纬线线密度	经线/dtex(旦)	5.2tex(194公支)桑绢丝	50(45)涤纶丝	78(70)半光锦纶丝	22.20/24.42×3(3/20/22)桑蚕丝	75.48(1/68)涤纶丝
	纬线/dtex(旦)	9.3tex(108公支)柞绢丝	13.1tex(45英支)涤细竹节纱(涤纶93,桑细丝7)	19.7tex(30英支)有光人造棉纱	甲、乙、丙纬分别采用97.2(60英支)精梳脱脂棉纱染色(练不沾色)	19.7tex(30英支)涤黏混纺纱(涤65/黏35)
经纬密度	经线/(根/10cm)	414	408	521	720	442
	纬线/(根/10cm)	318	320	280	290	290
经线捻度/(捻/cm)			8	8,s		4,s
纬线捻度/(捻/cm)						
织物组织		平纹组织	平纹组织	平纹组织	平纹组织	平纹组织
质(重)量/(g/m^2)		71	71	108	70	98
成品幅宽/cm		92	92	92	132	97
特点		质地丰满糯柔,织物兼有桑纺类及柞纺类产品的风格特点	质地细洁轻薄、爽挺、平滑,染色后织物表面具有不规则的粗点异色疙瘩(竹节)的风格特征	外观素洁雅致,手感柔糯,色光柔和	织物表面呈现横条风格,既有真丝自然柔和的高雅光泽,又有精梳脱脂棉纱的柔软手感	绸面挺薄略有光泽,横条干具有断续双色效应,质地坚牢并富有良好的弹性和抗皱性,透气性和吸湿性比一般合纤织物为好,织物易洗、快干、免烫
用途		用作衬衫、裙、裤料等	用作男女服装面料和绣品用料	大多用于制作衬衫、连衣裙,也作袄面料等	宜做春、夏季各种服装等	用于制作妇女夏令衬衫、连衣裙等

续表

规格＼丝织物名称	桑柞纺	安乐纺	尼新纺	彩河纺	华新纺
备注	除上述所用原料外，有以经为桑蚕丝，纬为柞蚕丝或相反。桑蚕丝采用22.2dtex×（2～3）～24.4dtex×（2～3）(2～3/20/22 旦)，柞蚕丝采用38.5dtex×2（2/35 旦）。坯绸经精练、整理	成品原料含量涤纶 97%，桑蚕细丝 3%。坯绸经加白、染色	成品原料含量锦纶 44%，人造棉 56%。织后经练染色、定型整理或印花、定型整理	是由桑蚕丝与棉纱交织的半色织纺类丝织物。原料含量为桑蚕丝60%，棉纱40%。织后坯绸经精练、呢毯整理	坯绸经漂练、染色、定型整理

规格＼丝织物名称		涤格纺	绢绒纺	湖纺	柞丝纺	松华纺	耿绢	青春纺
英文名		polyester gingham	spun silk/wool union plain fabric	Huzhou habotai	tussah pongee	Songhua pongee	geng taffeta	qing-chun habotai
编号		21452						
经纬线线密度	经线/dtex（旦）	［33.3（30）涤纶长丝 8 捻/cm s 向 ×2］染色	83.3×2(120 公支/2）桑绢丝	31.08×3（3/28）～35.52×3（3/32)桑蚕丝	66.6(1/60)柞蚕丝	22.20/24.42×2（2/20/22）桑蚕丝	(29.7～31.9）27/29)桑蚕丝	130(120)无光黏胶丝
	纬线/dtex（旦）	13tex（45 英支）染色涤棉纱(涤 65/棉 35)	131.6×2（76 公支/2）羊毛、羊绒混纺纱（羊毛 70%，羊绒 30%）	31.08×4（4/28）～35.52×4（4/32)桑蚕丝	33.3×4（4/30）或 66.6×2（2/60）柞蚕丝	38.85×2(2/35)柞蚕丝	(29.7～31.9)(27/29)桑蚕丝	190(30 英支)黏纤纱
经纬密度	经线/（根/10cm）	435	180	490～520	410	690	438	335
	纬线/（根/10cm）	330	150	300～340	340	370	370	280
经线捻度/（捻/cm）		6.2				3.1		
纬线捻度/（捻/cm）						1.6		

续表

丝织物名称 规格	涤格纺	绢绒纺	湖纺	柞丝纺	松华纺	耿绢	青春纺
织物组织	平纹组织	平纹组织	平纹组织	平纹组织	平纹地组织、$\frac{3}{1}$或$\frac{1}{3}$斜纹起花	平纹组织	平纹组织
质(重)量/(g/m^2)	81	76		54～97	63		
成品幅宽/cm	93	144	76～91	74～92	93	80.5	92
特点	绸面平整丰满,弹性好,具有洗可穿特点,彩格鲜艳	质地比较稀疏,光泽自然柔和,手感柔软滑爽,具有羊绒的华贵外观风格	绸面织纹缜密,纹粒清晰,绸身与绍纺相仿	质地坚牢,光泽柔和,手感略带粗糙	质地细密丰满,手感柔软滑爽,吸湿吸汗性能好,穿着透气舒适	绸面光洁,手感柔软,质地轻薄,呈透明状	织物一般染成青年人喜欢的中浅鲜艳色与花型,充满青春活力,故名
用途	用作男女服装面料,如做衬衣、连衣裙等	宜做高档披肩等	用于制作夏令男女服装、童装、衬衫等	用于制作衬衫、两用衫、工作服等	宜做各类服装等	用于制作裱国画,彩旗等	用于制作衬衫、女装、童装、裙子及床上用品等
备注	织后坯绸经烧毛、水洗、定型	是由桑绢丝与羊毛/羊绒混纺纱交织的纺类丝织物。织物采用挂练,练白坯出口进行印花	裁剪成衣前需先下水预缩或喷水预缩。因产于湖州,故名	裁剪成衣前需先下水预缩或喷水预缩	是由桑蚕丝和柞蚕丝交织的白织纺类丝织物。织后,坯绸经漂练或染色、拉幅、定型等后整理	使用时切勿硬拉、硬扯,否则易使织物歪斜不平整	是用黏胶长丝和黏纤纱交织的类似富春纺的化纤纺绸。是织成白坯后经退浆染色或印花的纺绸。缩水率为8%～10%

3. 绉 (crepes)

绉是指运用工艺手段和组织结构手段，对丝线加捻和采用平纹或绉组织相结合制织的，外观呈现绉效应，富有弹性的丝织物。具有光泽柔和、质地轻薄、密度稀疏、手感糯爽而富有弹性、抗折皱性能良好等特点。主要用作服装和服饰。中、薄型产品可用于制作衬衫、晚礼服、连衣裙、头巾、窗帘或复制宫灯、玩具等；厚型产品可做外衣等。

规格＼丝织物名称	乔其绉(乔其纱)		
英文名	crepe georgette		
编号	10101	10103	10111
经纬线线密度 经线/dtex(旦)	22.22/24.42×2(2/20/22)桑蚕丝	22.22/24.42×3(3/20/22)桑蚕丝	22.22/24.42 (20/22)桑蚕丝
经纬线线密度 纬线/dtex(旦)	22.22/24.42×2(2/20/22)桑蚕丝	22.22/24.42×3(3/20/22)桑蚕丝	22.22/24.42 (20/22)桑蚕丝
经纬密度 经线/(根/10cm)	123	402	510
经纬密度 纬线/(根/10cm)	351	346	440
经线捻度/(捻/cm)	30,s、z	26	30
纬线捻度/(捻/cm)	30,s、z	26	30
织物组织	平纹组织	平纹组织	平纹组织
质(重)量/(g/m^2)	35	52	20
成品幅宽/cm	115	115	92.5
特点	质地轻薄透明而富有弹性,绸面呈现细小颗粒,排列稀疏而又均匀,手感柔爽且有飘逸感,外观清淡雅洁,具有良好的透气性和悬垂性		
用途	主要用于制作妇女连衣裙、高级晚礼服、方头巾、围巾及窗帘、灯罩、宫灯等手工艺品		
备注	坯绸经过染色整理,透露出清淡雅洁的风味。经过印花整理,色彩绚丽,透露出华丽高贵的风味,与染色效果迥然不同		

规格＼丝织物名称	叠花绉	东风绉(蝉翼纱)	格子碧绉
英文名	crepe brocade;diehua cloque	dongfeng crepe georgette;dongfeng gauge	checked kabe crepe
编号	13301	10115	12206

续表

规格 \ 丝织物名称		桑花绉	东风绉(蝉翼纱)	格子碧绉
经纬线线密度	经线/dtex(旦)	甲经:22.20/24.42×3(3/20/22)桑蚕丝强捻线(26捻/cm) 乙经:22.20/24.42×3(3/20/22)无捻并合桑蚕丝(平线) {经线排列:[甲1(s)、乙1]×2,[甲1(2)、乙1]×2}	22.22/24.42(1/20/22)桑蚕丝	甲经:22.20/24.42×2(2/20/22)色桑蚕丝 乙经:22.20/24.42×2(2/20/22)白桑蚕丝
	纬线/dtex(旦)	甲纬:22.20/24.42×3(3/20/22)桑蚕丝强捻线(26捻/cm) 乙纬:22.20/24.42×3(3/20/22)无捻并合桑蚕丝(平线) {纬线排列:甲2(s)、乙2、甲2(2)、乙2}	22.22/24.42(1/20/22)桑蚕丝	[22.20/24.42×3(3/20/22)17.5捻/cm(s)+22.20/24.42(20/22)]16捻/cm(2)桑蚕丝(色、白两组)
经纬密度	经线/(根/10cm)	960	410	755
	纬线/(根/10cm)	600	320	459
经线捻度/(捻/cm)		甲经:26,s、z	28,s、z	
纬线捻度/(捻/cm)		甲纬:26,s,z	28,s、z	16,z
织物组织		袋组织(乙经和乙纬交织成平纹组织,背衬甲经和甲纬平纹袋组织;地部为乙经和乙纬交织成平纹组织,背衬甲经和甲纬平纹袋组织。为了使地部平挺,应点出反平纹起点的$\frac{1}{3}$斜纹接结点)	平纹组织	平纹组织
质(重)量/(g/m^2)		100	15	68
成品幅宽/cm		71	115	74
特点		绸面织纹细洁、滑爽,光泽自然柔和,手感柔软,富有弹性,花地凹凸明显	绸面光泽柔和,手感舒爽,质地轻薄、疏松、透明如蝉翼	格子多样,绉效应显著,手感滑糯,色泽自然柔和,富有弹性,穿着舒适
用途		宜做衬衫、连衣裙等	用于制作披纱、头巾、面纱及灯罩玩具等	宜做男女衬衫、裙子等

续表

规格＼丝织物名称	叠花绉	东风绉（蝉翼纱）	格子碧绉
备注	是由桑蚕丝平、绉经和平、绉纬交织的袋织高花绉类丝织物。纹样题材以中型写意花卉或几何形图案为主，满地均匀布局，构图粗犷，花纹块面不宜过大，避免高花压破。纹样用一色绘画。织物下机后经精练、染色或印花、拉幅整理	坯绸经精练、染色或印花整理	是由纯桑蚕丝生织彩格绉类丝织物，由色、白两组经线与两组纬线交织而成。色、白经、纬线的排列根据格形大小的不同而有所不同。为使织物绉效应显著，手感柔软，采取湿纡织造。经纬色丝要求精练不褪色，故染色要求较高。坯绸经精练、呢毯整理

规格＼丝织物名称		提花雪纺	顺纡乔其纱（顺纡绡）	碧蕾绉
英文名		tihuaxuefang silk pongee	crinkie georgette；crepon georgette	bilei moss crepe
编号			10152	14592
经纬线线密度	经线/dtex（旦）	甲经、乙经：均采用44.40/48.84×2(2/40/44)桑蚕丝加6捻/cm（黑、白两色，排列为甲4、乙4）	22.22/24.42(20/22)桑蚕丝	22.20/24.42×2(2/20/22)桑蚕丝
	纬线/dtex（旦）	甲纬、乙纬：其粗细、色泽、排列与经线相同	22.22/24.42(20/22)桑蚕丝	[22.20/24.42×2加18捻/cm(s)+22.20/24.42(20/22)]桑蚕丝加6捻/cm(2)
经纬密度	经线/（根/10cm）	825	565	1185
	纬密/（根/10cm）	210	480	480
经线捻度/（捻/cm）		甲、乙经：6	26，s	
纬线捻度/（捻/cm）		甲、乙经：6	32，s	6，z
织物组织		$\frac{2}{2}$斜纹组织	平纹组织	花、地以经面和纬面破四枚组织交织
质（重）量/(g/m^2)			22	71
成品幅宽/cm		102.5	115.5	115

续表

规格＼丝织物名称		提花雪纺	顺纡乔其纱(顺纡绡)	碧蕾绉
特点		绸面素雅大方，手感柔软、滑爽，织物的花纹效果特殊，而受到消费者十分青睐的真丝绸品种	质地轻薄糯爽，绸面呈现纵向不规则凹凸波形，手感柔软而有弹性，风格新颖别致	质地丰满糯爽，手感柔软，光泽自然、淡雅，花地分明
用途		宜做女式上衣等	用于制作男女衬衫、妇女裙子、连衣裙、披纱、头巾等	宜做男子唐装、连衣裙、日本和服等
备注		是由纯桑蚕丝织成的色织绉类丝织物，由于织物黑、白两色图形一样，似提花机织造而成，故名。经、纬线须经并丝、捻丝、成纹、染色、再络等工序。特别是色丝、须经严格挑剔，剔除有色差的丝线，保证不产生色花，以达到黑、白两色花纹清晰。织后，坯绸经落水、呢毯整理	具有纵向绉纹效应，采用同捻向强捻桑蚕丝作经、纬的白织绉类丝织物，故名。坯绸经精练	是由桑蚕丝平经、碧绉纬线白织的提花绉类丝织物。纹样宽11.5cm，以几何形或变形花卉清地布局，散点排列，力求匀称，防止直、横、斜路等疵点，连地二色平涂绘画。织物下机后经精练、染色(或印花)整理

规格＼丝织物名称		双绉	金辉绉	冠乐绉
英文名		crepe de chine	jinhui crepe	silk goffer;guanle cloque
编号		12101、12102、12103、12104、12111、12151、12152、12154、12156		13309
经纬线线密度	经线/dtex(旦)	22.22/24.42×2(2/20/22)、22.22/24.42×3(3/20/22)、14.43/16.65×2(2/13/15)等桑蚕丝(平经)	22.20/24.42×2(2/20/22)桑蚕丝	甲经：22.22/24.42×3(3/20/22)桑蚕丝 乙经：22.22/24.42×2(2/20/22)桑蚕丝
	纬线/dtex(旦)	22.22/24.42×2(2/20/22)26捻/cm、22.22/24.42×3(3/20/22)26捻/cm、22.22/24.42×4(4/20/22)23捻/cm、22.22/24.42dtex×5(5/20/22旦)27捻/cm等桑蚕丝(2s、2z)	22.20/24.42×3(3/20/22)桑蚕丝(以2s、2z织入)	甲纬：22.22/24.42×3(3/20/22)桑蚕丝 乙纬：22.22/24.42×3(3/20/22)桑蚕丝
经纬密度	经线/(根/10cm)	590～700	1050	1030
	纬密/(根/10cm)	380～460	510	670
经线捻度/(捻/cm)				甲经:27,s、z;乙经

续表

规格＼丝织物名称	双绉	金辉绉	冠乐绉
纬线捻度/(捻/cm)		23,s、z	甲纬:27,s、z;乙纬
织物组织	平纹组织	以八枚斜纹和2梭平纹交织	平纹组织
质(重)量/(g/m^2)	35～78	61	91
成品幅宽/cm	72～115	114	114
特点	手感柔软而滑爽,富有弹性,轻薄凉爽,但缩水率较大	绸面少光泽而略有横条纹,手感柔软,质地柔软,富有弹性,穿着凉爽舒适	绸面丰盈糯爽,光泽柔和,花纹立体效果好
用途	用于制作衬衫、裙子、头巾,也作绣衣面料等	宜做男女各种服装等	用于制作衬衫、妇女连衣裙等
备注	因用两种不同捻向(s、z)的强捻纬线以2s、2z交替织入,形成绉效应而得名。绸坯经精练、染色、印花、单机整理	是由纯桑蚕丝白织绉类丝织物。织后,坯绸经漂白或染色、呢毯整理	经线排列为(甲经s捻1根,乙经1根)×2,(甲经2捻1根,乙经1根)×2;纬线排列为:甲纬s捻2根,乙纬2根,甲纬2捻2根,乙纬2根。坯绸经精练、印花、拉幅整理

规格＼丝织物名称		色条双绉	花绉	真丝雪纺	桑花绉
英文名		striped crepe twill	jacquard crepe; crepe jacquard	silk chiffon	silk crepe damask
编号		12596	12565		12188
经纬线线密度	经线/dtex(旦)	22.20/24.42×2(2/20/22)桑蚕丝(染色与本色,以本色为主而间隔排列色条)	22.22/24.42×2(2/20/22)桑蚕丝	22.20/24.42×2(2/20/22)桑蚕丝(以2s、2z排列)	22.22/24.42×2(2/20/22)桑蚕丝
	纬线/dtex(旦)	22.20/24.42×3(3/20/22)桑蚕丝加26捻/cm(以2s、2z捻向排列)	22.22/24.42×3(3/20/22)桑蚕丝	22.20/24.42×2(2/20/22)桑蚕丝(以2s、2z喂入)	22.22/24.42×3(3/20/22)桑蚕丝
经纬密度	经线/(根/10cm)	762	1260	480	1070
	纬线/(根/10cm)	530	400	380	440
经线捻度/(捻/cm)				16,s、z	

续表

规格 \ 丝织物名称	色条双绉	花绉	真丝雪纺	桑花绉
纬线捻度/(捻/cm)	26,s、z	26		28,s、z
织物组织	以$\frac{1}{3}$斜纹组织交织。本色地部为$\frac{1}{3}$纬面斜纹组织,彩条为$\frac{3}{1}$经面斜纹组织	地部平纹,起五枚经缎纹花	平纹变化组织	花、地以正、反四枚破斜纹组织交织
质(重)量/(g/m^2)	68	52	43	74
成品幅宽/cm	93	115.5	114	74
特点	绸面色条艳丽醒目,手感柔软,织物精致少光泽,是双绉锦上添花的新产品	平纹绉地上呈现半清地排列的变形花卉或满地排列的几何形图案,经精练、印花加工后,织花和印花相互衬托、别具风味,绸面光泽柔和,手感薄而挺爽	质地轻盈飘逸,细纹细腻滑爽,手感柔软,色泽自然柔和,外观十分迷人	绸面光泽柔和,手感糯爽,弹性好
用途	宜做衬衣、连衣裙等	用于制作男女衬衣、妇女连衣裙、头巾等	宜做妇女衬衫、连衣裙、超短裙等	宜做衬衣、连衣裙、日本和服等
备注	是由桑蚕丝平经绉纬半色织绉类丝织物。织后,坯绸经练白整理	纬线以2s、2z排列坯经精练、印花、整理	是由纯桑蚕丝织成的白织绉类丝织物。织后,坯绸经精练、染色、拉幅定型整理,产品颜色丰富,多达30余种	织后经精练、拉幅整理或染成单色后再拉幅整理。纹样幅宽18.3cm,题材以写意图案或几何形为主,满地或半清地排列,一色平涂

规格 \ 丝织物名称	描春绉	重条绉	香岛绉
英文名	miaochun silk crepe; miaochun crepe damask	corded crepe	xiangdao cloque
编号	12194		13305

续表

规格＼丝织物名称		描春绉	重条绉	香岛绉
经纬线线密度	经线/dtex(旦)	22.22/24.42×2(2/20/22)桑蚕丝	22.20/24.42×3(3/20/22)桑蚕丝	甲经：22.22/24.42×2(2/20/22)桑蚕丝 乙经：22.22/24.42×2(2/20/22)桑蚕丝
	纬线/dtex(旦)	22.22/24.42×3(3/20/22)桑蚕丝	45.1/49.5×3(3/41/45)桑蚕丝(以2s、2z织入)	甲、乙纬：22.22/24.42×2(2/20/22)桑蚕丝 丙纬:22.22/24.42×3(3/20/22)桑蚕丝
经纬密度	经线/(根/10cm)	1052	990	1025
	纬线/(根/10cm)	580	420	700
经线捻度/(捻/cm)			2.5,s	甲经:强捻 乙经:不加捻
纬线捻度/(捻/cm)		24	20,s、z	甲、乙纬:27,s、z; 丙纬不加捻
织物组织		地组织为四枚经面破斜纹，花纹组为四枚纬面破斜纹	平纹变化的凸条组织	以双层袋组织结构形成收缩率不同的表层和里层，表层为平线经和平线纬交织平纹，里层为绉线经和绉线纬交织平纹
质(重)量/(g/m^2)		77	126	81
成品幅宽/cm		75.4	115	75
特点		绸面具有微细凹凸感，手感爽软而有弹性	绸面滑爽，质地厚实，手感松软，光泽自然柔和，穿着舒适，绸面具有双绉和凸条的双重立体效果，外观特殊	绸面色光柔和，凹凸花纹粗壮明显，立体感强，手感柔软滑爽，凹凸花纹的持久性较好；外观素中有花、风格幽雅。亦可再经印花，使织花和印花相结合，相互衬托，而使绸面呈现绚丽多彩、凹凸起伏的花纹，风格雅致、独特
用途		主要用作日本和服面料	宜做女式时装、披风等	用于制作衬衫、女装、裙子、旗袍、艺装、童装，也作装饰用等

续表

规格 \ 丝织物名称		描春绉	重条绉	香岛绉
备注		纬线以两根s捻,两根z捻间隔排列。坯绸经精练、染色、单滚筒机整理	是由经、纬线均为加捻真丝织成具有凸条绉效应的白织绉类丝织物。由于纬线为加强捻线,织物经练整后缩幅大,长浮的纬线凸起形成纵向凸条,而反面是长浮的经线,因而手感松软,外观效果良好。坯绸经精练、染色、拉幅定型整理,也可印花	甲经以2s、2z排列,甲、乙纬以2s、2z排列。纹样幅宽14cm,长度暂取16cm,以粗线条和小块面的写意花卉、几何图案为主,宜用斜线条横地或半清地布局。坯绸经精练、印花、拉幅整理

规格 \ 丝织物名称		黏丝薄绉	百点麻	锡那拉绉
英文名		rayon marabout; rayon marabou	baidianma pointille crepe	cynara crepe
编号				
经纬线线密度	经线/dtex(旦)	80(75)～130(120)强捻有光黏胶丝	甲经:[166.5(150)涤纶丝+166.5(150)POY涤纶丝]8捻/cm(s) 乙经:[111.0(100)涤纶丝+(111.0(100)POY涤纶丝+111.0(100)黏胶丝)加5捻/cm(s)]8捻/cm(z)	110(100)1根黏丝和1根170(150)醋纤丝合股
	纬线/dtex(旦)	同经线	甲纬:规格与甲经相同 乙纬:规格与乙经相同 (经、纬线均按甲2、乙1排列)	同经线
经纬密度	经线/(根/10cm)	300～346	40	157～225
	纬线/(根/10cm)	264～330	200	157～225
经线捻度/(捻/cm)		28～35	甲经:8,s;乙经:8,z	
纬线捻度/(捻/cm)		28～35	甲纬:8,s;乙纬:8,z	
织物组织		平纹组织	平纹变化组织	平纹组织
质(重)量/(g/m^2)			300	
成品幅宽/cm		82～85	144	91～110
特点		绉面平整,起绉均匀,光泽好、均匀,白度好,边道整齐	织物厚实、丰满,手感滑、爽、挺,染色后黏胶丝留白的点纹散落在绸面上,点纹清晰,仿麻感强	绉面活络,起绉均匀,吸湿性好,透气性好,手感爽挺,肤感舒适

续表

规格 \ 丝织物名称	黏丝薄绉	百点麻	锡那拉绉
用途	宜做衬衫、民族装、艺装、童装、裙子及装饰用品等	宜做女式休闲服、裤、裙等	宜做夏令贴身女装、艺术、连衣裙、睡衣、浴衣、婴幼服等
备注	经丝采用两根正捻、两根反捻间隔排列与纬丝织成白坯后，经练染成本白或漂白，染成各种杂色，一般以练白为主。缩水率约为10%，裁剪前需先下水预缩或喷水预缩	是由涤纶丝和黏胶丝织成的白织绉类丝织物。织后，坯绸经精练、染色、柔软处理，拉幅定型等后整理。涤纶底色多染成深红、酱色，黏胶丝留白呈点点繁星闪烁，别具一格	cynara 原意是菊科植物蓟的含义，寓意此类绉面呈蓟叶羽刺凹凸状。坯绸经过后整理，通过强弱捻的缩率不同而起绉。缩水率 8%～10%，裁剪前需先下水预缩或喷水预缩，洗涤时宜轻揉轻搓，勿拧绞

规格 \ 丝织物名称		锦纹绉	立丝绸	弹力绉
英文名		jin-wen crepe	lisi voile brocade	stretch crepe; elastic crepe
编号				
经纬线线密度	经线/dtex(旦)	60(50)半光锦纶丝	甲经：29.97/32.19(27/29)桑蚕丝加 28 捻/cm(1s,1z) 乙经：33.30(30)三角异形锦纶丝	165(150)DTY 涤纶长丝
	纬线/dtex(旦)	60(50)无捻半光锦纶丝	29.97/32.19(27/29)桑蚕丝加 28 捻/cm(2s、2z)	165(150)PBT+165(150)DTY(比例为2∶2)交替给纬
经纬密度	经线/(根/10cm)	678	820	445
	纬线/(根/10cm)	462	380	264
经线捻度/(捻/cm)		1.15～1.19	甲经：28,s、z	
纬线捻度/(捻/cm)			28,s,z	
织物组织		联合绉组织	平纹及其变化组织	大花型起绉组织
质(重)量/(g/m^2)			41	134.5
成品幅宽/cm		91～93	114	116
特点		色谱和色泽比涤丝绉齐全，色泽较鲜艳纯正，外观和涤丝绉相同，但抗绉性不如涤丝绉。经过热定型整理后，成衣挺括，抗皱性能提高，绉面平整，起绉均匀，印花	织物贴身面是真丝绸，穿着极其舒适，而外观展现的则是三角异形锦纶丝的闪烁效果，色泽明亮，别具风格	具有较好的染色性能、色牢度和干湿回弹性，手感柔软，尺寸稳定性好，耐化学性良好

续表

规格 \ 丝织物名称	锦纹绉	立丝绸	弹力绉
用途	宜做衬衫、罩衣、裙子以及窗帘、床上用品、家具装饰等精致用品	宜做晚礼服、围巾等	宜做女时装、裙子、健美衣裤、童装等
备注	缩水率在2%左右,裁剪前不需先下水预缩。成衣具有易洗、快干、免熨烫的优点,洗涤时宜轻轻揉搓,以防绉面变形,成衣穿着时要防止钩丝	是由桑蚕丝和三角异形锦纶丝交织的白织绉类丝织物,具有极佳的立体感,故名。甲经和纬线形成全真丝乔其底织物,经向镶嵌的三角异形锦纶丝与纬线形成经浮长,织物练白整理后将此经浮长修剪,使闪光的三角异形锦纶丝垂直立在质感柔和的全真丝底板上,具有闪烁的效果。坯绸经练白、染色、拉幅定型等后整理	

规格 \ 丝织物名称		素碧绉(印度绸)	榕椰绸	丝棉双绉
英文名		kabe crepe	rongye striped crepe grenadine	silk/cotton crepe de chine
编号		12202		
经纬线线密度	经线/dtex(旦)	22.22/24.42×2(2/20/22)桑蚕丝	甲、乙经均为22.22/24.42×2(2/20/22)桑蚕丝	22.20/24.42 ×3(3/20/22)桑蚕丝
	纬线/dtex(旦)	22.22/24.42×3(3/20/22)+22.22/24.42(1/20/22)桑蚕丝	[22.22/24.42×2(2/20/22) 18s 捻/cm +22.22/24.42(1/20/22)]桑蚕丝	[22.20/24.42×2(2/20/22)桑蚕丝+54(108英支)高支棉纱]23捻/cm(2s、2z)
经纬密度	经线/(根/10cm)	752	780	550
	纬线/(根/10cm)	450	430	370
经线捻度/(捻/cm)				
纬线捻度/(捻/cm)		17s+16z	16,z	23,s,z
织物组织		平纹组织	以甲经线平纹,乙经线五枚缎纹组织交织	平纹组织
质(重)量/(g/m²)		67	58	84
成品幅宽/cm		91	93	123

续表

规格 \ 丝织物名称	素碧绉(印度绸)	榕椰绸	丝棉双绉
特点	光泽柔和,绉纹自如,颇有趣味,手感挺爽,弹性好	质地柔挺爽身,明暗柳条相间,风格别致,是典型的空筘织物	手感柔软,质地轻薄,悬垂性好,具有飘逸感
用途	用作夏季男女衬衫、男式唐装、长衫及连衣裙、港裤等面料	用于男女衬衫,妇女连衣裙等	单位面积质量为64.5g/m^{2}的轻薄型丝棉双绉,宜做春、秋、夏季衬衫;129g/m^{2}及172g/m^{2}的丝棉重双绉,宜做时装、披风等
备注	绸面呈现碧波状绉纹,故名。为使织物绉效应细腻,手感柔软,采取湿纡织造。坯绸经精练、呢毯整理	甲、乙经线排列:甲80根、乙5根,甲12根、乙5根。坯绸经精练、染色、印花、呢毯整理	是由桑蚕丝和高支棉纱交织的白织绉类丝织物。固纬线捻向为2s、2z,要求高支棉纱也用s捻和z捻两种捻向,以便绸面获得良好的绉效应。坯绸经精练、染色或印花、拉幅定型等后整理

规格 \ 丝织物名称		和光绉	波乔绉	偶绉
英文名		heguang crepe damask	boqiao jacquard crepe	ou crepe
编号		12192		12558
经纬线线密度	经线/dtex(旦)	22.22/24.42×2(2/20/22)桑蚕丝	133.2(120)有光黏胶丝加20捻/cm(按2z、2s排列)	22.22/24.42(20/20)桑蚕丝
	纬线/dtex(旦)	22.22/24.42×3(3/20/22)桑蚕丝	甲纬、乙纬:133.2(120)有光黏胶丝加20捻/cm 以2z、2s交替织入 丙纬:166.5×3(3/150)低弹涤纶丝	22.22/24.42×2(2/20/22)桑蚕丝
经纬密度	经线/(根/10cm)	1052	280	714
	纬线/(根/10cm)	450	280	530
经线捻度/(捻/cm)			20,z、s	
纬线捻度/(捻/cm)		28,s、z	甲、乙纬:20,s、z	28
织物组织		地部和花部呈正、反(即经面和纬面)四枚破斜纹组织	平纹变化组织	平纹组织
质(重)量/(g/m^2)		71	115	37

续表

规格＼丝织物名称	和光绉	波乔绉	偶绉
成品幅宽/cm	75	114	113.5
特点	绸面绉纹细致,由于强捻纬线收缩形成,绸身柔和爽挺,并具有良好的弹性	具有人丝乔其纱的质地、手感,但绸面上表现的是一种具有浮雕感觉的波纹花型	绸面呈现微小的双向鸡皮状绉纹,具有明显的绉效应,富有弹性,质地轻飘潇洒
用途	主要用作日本和服面料,男女衬衫、连衣裙衣料等	宜做春、夏季时装等	宜做衬衫、裙子及头巾等
备注	经线以2s、2z排列。纹样宽度36.5cm,长度根据花纹而定。纹样题材以回纹形或几何形图案满地排列为主,线条宜粗壮,简练,不宜大块面,花、地面积比例相近或地部面积大于花部面积,纹样一色平涂。坯绸经精练、染色整理	是由黏胶丝与涤纶丝交织的白织乔绉类丝织物。原料含量为黏胶丝90%,涤纶丝10%。织后,坯绸经松弛染色,显现出地部与花部两种不同 的颜色(也可分两次染成同色)	经线以2s、2z排列,纬线以2z捻、2s捻间隔织入。坯绸经精练、染色、印花、呢毯整理

规格＼丝织物名称		花偶绉	雪丽纱	精华绉
英文名		jacquard ou crepe; jacquard crepe	xueli chenille-warp crepe	moss crepe; jinghua kimono crepe
编号		S1835		12503
经纬线线密度	经线/dtex(旦)	22.22/24.42×2(2/20/22)桑蚕丝	甲经:22.20/24.42×2(2/20/22)桑蚕丝加14捻/cm 乙经:1256.4(4.7英支)黏胶雪尼尔纱	22.22/24.42×3(3/20/22)桑蚕丝
	纬线/dtex(旦)	22.22/24.42×2(2/20/22)桑蚕丝	83.25(75)黏胶丝加20捻/cm(以2z、2s排列)	{[22.22/24.42×4(4/20/22)20s捻/cm+22.22/24.42(20/22)]82捻/cm×2}桑蚕丝
经纬密度	经线/(根/10cm)	630	470	512
	纬线/(根/10cm)	440	340	290
经线捻度/(捻/cm)			甲经:14	
纬线捻度/(捻/cm)		28,s、z	20,z、s	4,s
织物组织		地组织为平纹,花部为$\frac{3}{1}$右斜纹和五枚经缎纹	平纹变化组织	平纹组织

续表

规格＼丝织物名称	花偶绉	雪丽纱	精华绉
质（重）量/(g/m^2)	44	67	86
成品幅宽/cm	86.5	105	111(＝37×3)
特点	绸面呈现几何形图案，由偶绉地上连续斜线条构成，质地轻薄、飘逸，手感挺爽，富有弹性，穿着舒适	由于黏胶雪尼尔纱的织入，使产品纵向具有较强的立体感的条子，而且手感柔软，织物悬垂性较好	绸面绉效应显著，质地厚实，富有弹性
用途	用于制作头巾或衬衫、连衣裙等	宜做春、夏季各种服装等	宜作日本和服面料
备注	纬线以2s、2z捻间隔织入。纹样题材为几何图案，以斜线条连续纹样布局，用一色平涂。坯绸经精练、印花、整理	是由桑蚕丝、黏胶雪尼尔纱与黏胶丝交织的白织乔绉类丝织物。原料含量为桑蚕丝30%，黏胶丝70%。织后，坯绸经精练、松弛染色	坯绸经练白整理

规格＼丝织物名称		和服绸		古月纱
英文名		kimono crepe;kimono silk		guyue silk/wool georgette
编号		13862	13855	
经纬线线密度	经线/dtex(旦)	22.22/24.42×2(2/20/22)桑蚕丝	22.22/24.42×4(4/20/22)桑蚕丝	22.20/24.42×4(4/20/22)桑蚕丝加26捻/cm(1s、1z)
	纬线/dtex(旦)	31.08/33.3×4(4/28/30)桑蚕丝	22.22/24.42×3(3/20/22)桑蚕丝	甲纬：22.20/24.42×4(4/20/22)桑蚕丝加26捻/cm(s) 乙纬：22.20/24.42×4(4/20/22)桑蚕丝加26捻/cm(z) 丙纬：208.3(48公支)羊毛纱
经纬密度	经线/(根/10cm)	1082	1110	540
	纬线/(根/10cm)	429	360	360
经线捻度/(捻/cm)				26,s、z
纬线捻度/(捻/cm)		24	(23捻/cm,s×2)6捻/cm,z	甲纬:26,s;乙纬:26,z

续表

丝织物名称 规格	和服绸		古月纱
织物组织	花、地组织为经面四枚和纬面四枚破斜纹	泥地组织为地纹,织出经面缎纹大摆花	假纱组织
质(重)量/(g/m²)	100		121
成品幅宽/cm	71	74	94
特点	绸面光泽柔和,图案典雅,质地半厚糯爽,手感爽软而富有弹性		织物兼有桑蚕丝和羊毛纱的特点,即手感滑糯,光泽柔和、高雅,弹性好
用途	主要用作日本和服面料		宜做各类淑女装等
备注	专供复制和服,故名。源自中国的长袍。从奈良时期(公元645～724年)至今日本男女仍然穿着。坯绸经练白处理,再经手绘或扎染。手绘图案具有中国画的效果,题材有山水风景、花鸟虫鱼或几何纹样等		是由桑蚕丝与羊毛纱交织的白织绉类丝织物。原料含量为真丝70%,羊毛纱30%。纬线排列甲1、丙1、乙1、丙1。坯绸下机后经挂练、松弛染色、拉幅机烘干等处理

丝织物名称 规格		丽谊绉	桑波缎	虹阳格
英文名		liyi jacquard crepe	sangbo crepe damask	hongyang polyester gingham crepe
编号		13591	14366	
经纬线线密度	经线/dtex(旦)	22.22/24.42×4(4/20/22)桑蚕丝	22.22/24.42×2(2/20/22)桑蚕丝	甲经:333.0(300)低弹涤纶丝加6捻/cm,s 乙经:111.0(100)阳离子涤纶丝加14捻/cm,s (经线排列:甲6、乙9)
	纬线/dtex(旦)	甲纬:[22.22/24.42×3(3/20/22)26捻/cm,z+22.22/24.42×4(4/20/22)23捻/cm,z]桑蚕丝 乙纬:组合同甲纬,其捻向相反	[22.22/24.42×2(2/20/22)18s捻/cm+22.22/24.42(20/22)]桑蚕丝	甲纬:333.0(300)低弹涤纶丝加6捻/cm,s 乙纬:111.0(100)阳离子涤纶丝加14捻/cm,s (纬线排列:甲6、乙8)
经纬密度	经线/(根/10cm)	994	1162	445
	纬线/(根/10cm)	420	460	220
经线捻度/(捻/cm)				甲经:6,s;乙经:14,s

续表

规格＼丝织物名称	丽谊绉	桑波缎	虹阳格
纬线捻度/(捻/cm)	甲纬:6,s;乙纬:6,z	16,z	甲纬:6,s;乙纬:14,s
织物组织	平纹变化组织	五枚纬面缎纹地提出五枚经面缎花纹	平纹及其变化组织
质(重)量/(g/m²)	149	72	
成品幅宽/cm	37	116	145
特点	绸面丰满厚实,绉效应明显,手感柔软而有弹性	手感爽挺舒适,弹性好,缎面光泽柔和,地部略有微波纹	手感滑爽、丰满,绸面绉效应显著,条格相间,层次感强,绸面有双色效果
用途	主要用作日本和服面料	用于制作男女衬衫,妇女裙装等	宜做衬衣等
备注	纬纱排列甲2,乙2。坯绸经精练、呢毯整理	坯绸经精练、染色、呢毯整理	是由阳离子涤纶丝和低弹涤纶丝织成的双色条格绉类丝织物。由于甲经和甲纬比乙经乙纬粗,方块突出,层次分明。织后,坯绸经精练、高温预缩、预定型、碱减量、染色、拉幅定型等后整理。用阳离子染料染色使乙经上色,甲经留白

规格＼丝织物名称		浪花绉	欢欣绉	玉玲绉
英文名		langhua crepe; wave pattem jacquard crepe	huanxin check crepe	yuling crepe; yuling jacquard twill
编号		12143		12580
经纬线线密度	经线/dtex(旦)	22.22/24.42×2(2/20/22)桑蚕丝	甲经:111.0(100)涤纶细旦丝加18捻/cm(z) 乙经:83.25(75)涤纶细旦色丝加20捻/cm(s)	22.22/24.42 × 2(2/20/22)桑蚕丝
	纬线/dtex(旦)	22.22/24.42×2(2/20/22)桑蚕丝(以两根s捻两根z捻间隔织入)	甲纬:规格与甲经相同 乙纬:规格与乙经相同	22.22/24.42×3(3/20/22)桑蚕丝(以两根s捻两根z捻间隔织入)
经纬密度	经线/(根/10cm)	1011	720	752
	纬线/(根/10cm)	680	300	510

续表

规格＼丝织物名称	浪花绉	欢欣绉	玉玲绉
经线捻度/(捻/cm)		甲经:18,z;乙经:20,s	
纬线捻度/(捻/cm)	28,s、z	甲纬:18,z;乙纬:20,s	26,s、z
织物组织	地部采用浮组织,再配以水浪形花纹	变化组织	地组织为$\frac{1}{1}$纬面斜纹,纹部为五枚经面缎纹
质(重)量/(g/m^2)	70	199	66
成品幅宽/cm	91.5	144	116
特点	绸面地部呈现不规则纵向凹凸绉纹,配以水浪形花纹,风格别致,手感柔软而富有弹性	手感柔软、滑爽,绉效应明显,悬垂性好,色丝形成的条格视觉文雅大方,穿着舒适,不粘身	在隐约有绉纹的绸面上呈现较明亮的流行花纹,光泽柔和,花部较明,质地柔软而富有弹性
用途	宜作春、夏、秋三季的妇女服装面料	宜做夏季女性时装、裙衫等	多用作男女衬衫和连衣裙衣料
备注	纹样宽度12cm,长度以花而定,由细线条表示水浪形或珊瑚状花纹,线条走向以斜向为主,直向亦可,忌横向花纹布局均匀。坯绸经精练、染色等整理	是由经、纬线都为涤纶丝交织的半色织格子绉类丝织物。甲乙经、纬线可按不同的比例排列,形成宽窄不一的路子。织后,坯绸经精练、碱减量、起绉、套染、拉幅定型等后整理。多染成咖啡色、枣红色	纹样宽度19cm,长度依花而定。纹样以中、小几何形和变形花卉为主,花纹排列均匀,应避免出现横、直及空挡疵病。坯绸经精练、染色整理

规格＼丝织物名称	苏亚绉	丝麻乔其	香乐绉(彩条双绉)
英文名	suya jacquard crepe; suya jacquard crepe de chine	silk/flax union georgette	xiangle crepe; xiangle crepe de chine
编号	12371		12669

续表

规格＼丝织物名称		苏亚绉	丝麻乔其	香乐绉(彩条双绉)
经纬线线密度	经线/dtex(旦)	22.22/24.42×2(2/20/22)桑蚕丝	22.20/24.42(20/22)桑蚕丝加28捻/cm(2s、2z)	22.22/24.42×2(2/20/22)甲乙两色桑蚕丝,相间排列(白与色)
	纬线/dtex(旦)	22.22/24.42×3(3/20/22)桑蚕丝(以两根s捻两根z捻间隔织入)	甲纬:22.20/24.42(20/22)桑蚕丝加28捻/cm(s) 乙纬:22.20/24.42(20/22)桑蚕丝加28捻/cm(z) 丙纬:98.4(60英支)亚麻纱(以甲1、乙1、丙1排列)	22.22/24.42×4(4/20/22)桑蚕丝(以两根z捻两根s捻相间织入)
经纬密度	经线/(根/10cm)	636	490	587
	纬线/(根/10cm)	400	340	420
经线捻度/(捻/cm)			28,s、z	
纬线捻度/(捻/cm)		26,s、z	甲纬:28,s;乙纬:28,z	23,s、z
织物组织		地组织为平纹,正面花组织为经四枚破斜纹	平纹组织	平纹组织
质(重)量/(g/m²)		52	77.4	61
成品幅宽/cm		92.5	114	93
特点		在平纹绉地上配以流行花纹,质地柔软而富有弹性	质地轻薄、柔软、飘逸,手感平滑、挺爽,外观粗犷	在绉纹地上排列宽、窄不等的彩条,色彩艳丽,富有弹性
用途		宜作妇女衣着用绸	宜做夏季衬衫等	宜做男女衬衫及裙子等
备注		纹样宽度15cm,长度以花而定。纹样题材根据市场需求多有变化,由于花、地组织交织率不匀,故在绘制纹样时,应特别注意花纹排列的匀称,避免出现横挡、直挡和空挡。坯绸经精练、染色、印花等后整理	是由桑蚕丝和亚麻纱交织的白织乔其绉类丝织物。原料含量为桑蚕丝63%,亚麻纱37%。若用剑杆织机制织,则用双色选纬。织后,坯绸经精练、增白或染浅色、辊筒烘干整理	坯绸经轻练处理,不易褪色

规格＼丝织物名称	闪光麻	玉香绉
英文名	polyester shot crepe	yuxiang crepe georgette
编号		12672

续表

规格 \ 丝织物名称		闪光麻	玉香绉
经纬线线密度	经线/dtex(旦)	111.0(100)MDY 涤纶丝加 18 捻/cm(2s、2z)	22.22/24.42×2(2/20/22)桑蚕丝
经纬线线密度	纬线/dtex(旦)	甲纬:111.0(100)MDY 涤纶丝加 14 捻/cm(s) 乙纬:[111.0(100)MDY 涤纶丝加 5 捻/cm(z)+55.5(50)亮片丝]14 捻/cm(z)	22.22/24.42×3(3/20/22)桑蚕丝单向强捻线
经纬密度	经线/(根/10cm)	280	665
经纬密度	纬线/(根/10cm)	240	455
经线捻度/(捻/cm)		18,s、z	
纬线捻度/(捻/cm)		甲纬:14,s;乙纬:14,z	26,s
织物组织		织物组织有绉组织(绸面有细小凹凸颗粒状外观)、斜纹变化组织(外观风格粗犷)、平纹及平纹变化组织(绸面平整细洁)、绉组织与透空或凸条组织联合(外观特殊)	平纹变化组织
质(重)量/(g/m²)			62
成品幅宽/cm		150	93
特点		织物具有较好的透气性和散热性,质地挺括滑爽,手感柔软,穿着舒适,绸面具有星点式闪光效果	织物在宽度方向产生单向强烈收缩,呈现特殊的绉效应,再配合平纹变化组织,经向出现时亮时暗的光泽,风格新颖,趣味性强,如结合印花更富艺术性,手感柔软而富有弹性
用途		宜做夏、秋季外衣等	宜做男女衬衫及裙子等
备注		是以涤纶丝为主,加少量亮片丝织成的系列仿麻白织绉类丝织物。纬线排列为甲1、乙1。乙纬 MDY 涤纶丝和亮片丝并合后加捻,以14~16捻/cm为宜,捻度太高生产困难,捻度太低亮片丝易脱落。定型温度110℃,60min。织后,坯绸经精练、高温预缩、预定型、碱减量、染色、拉幅定型,减量率控制在12%左右	坯绸经精练、染色或印花等处理,成品缩幅较大,约为13.8%

续表

规格＼丝织物名称		罗马绉	云麻绉	星纹绉
英文名		Roman crepe	yunma blend-filling crepe	xing-wen crepe
编号				
经纬线线密度	经线/dtex(旦)	110(100)1根无光黏丝和1根无光醋纤丝合股丝	83.25(75)有光黏胶丝加26捻/cm(按2z、2s排列)	44(40)半有光锦纶丝
	纬线/dtex(旦)	同经线	甲、乙纬：83.25(75)有光黏胶丝加26捻/cm(z、s) 丙纬：196.8(30英支)黏麻混纺纱(黏胶丝占85%，麻占15%)	44(40)无捻的半有光锦纶丝
经纬密度	经线/(根/10cm)	平纹：400～460 方平：440～510	310	674
	纬线/(根/10cm)	平纹：400～460 方平：440～510	260	480
经线捻度/(捻/cm)		20～25(强捻)和7.5～8(弱捻)正反捻间隔排列	26，s、z	11～12
纬线捻度/(捻/cm)			甲、乙纬：26，z、s	
织物组织		平纹方平组织	平纹组织	
质(重)量/(g/m²)			75	
成品幅宽/cm		91.4～127	114	112～114
特点		绉面活络，起绉均匀，手感较爽挺，吸湿透气性能好，成衣活络、飘逸，肤感舒适，价格较低廉	既具有人丝乔其纱的手感与穿着的舒适性能，表面又有比较明显的麻织物特征。别具风格	该绉为印花纹，地色与花色相互配合衬托，美观秀丽，绉面散布均匀的细颗粒状绉纹，反光润亮，犹如夜空闪烁的群星点点发光，故名
用途		宜做夏令贴身女装、艺装、连衣裙、睡衣、浴衣、婴儿服等	宜做具有飘逸感的裙、衫等	宜做衬衫、罩衣、女装、睡衣、浴衣、艺装、民族装、裙子及枕套、窗帘等
备注		色泽以中深平素色为主，如天蓝、海蓝、咖啡、元青等。缩水率为8%～10%，裁剪前需先下水预缩或喷水预缩，洗涤时宜轻轻揉搓，洗后投洗干净，勿拧绞	是由黏胶丝与黏麻混纺纱交织的白织绉类丝织物。原料含量为黏胶丝95%，麻5%。纬线按甲2、丙1、乙2、丙1排列，上机纬密240根/10cm。织物下机后，坯绸进行松弛练(退浆)染或印花、柔软、拉幅、烘干整理	缩水率约为2%，裁剪前不需先下水预缩，洗涤时可大把折洗或轻轻揉搓，不能刷洗或用搓板重搓擦，不需熨烫

续表

规格 \ 丝织物名称		星泡绉	桑雪纱	黏丝绉
英文名		xing-pao crepe	silk/rayon-chenille union crepe	rayon crepe
编号				
经纬线线密度	经线/dtex(旦)	甲经:82.5(75)涤纶丝,乙经:28.5(75)改性低收缩涤纶丝	甲经:22.20/24.42×2(2/20/22)桑蚕丝加12捻/cm 乙经:1312.2(4.5英支)黏胶雪尼尔纱	130(120)有光黏胶丝
	纬线/dtex(旦)	82.5(75)改性高吸湿涤纶丝	甲纬:22.20/24.42×2(2/20/22)桑蚕丝加22捻/cm 乙纬:1312.2(4.5英支)黏胶雪尼尔纱	30tex(20英支)有光黏纤单纱
经纬密度	经线/(根/10cm)	400	470	477
	纬线/(根/10cm)	290	330	283
经线捻度/(捻/cm)			甲经:12	
纬线捻度/(捻/cm)			甲纬:22	
织物组织		透空和起泡相结合的组织	平纹变化组织	联合绉组织
质(重)量/(g/m^2)			34	
成品幅宽/cm		114	114	75～91
特点		穿着舒适,真丝感强,具有独特的外观风格和高雅感。织物表面平整光洁,强力高,抗绉性强,褶裥保持性好,尺寸稳定,基本不缩水,色牢度好,易洗、快干、免烫	质地轻薄、挺爽,经、纬向均织入少量的黏胶雪尼尔纱,形成具有非常强的立体感的格子,织物飘逸,悬垂感强	绉面呈均匀细致的凹凸纹,质地轻薄,手感柔软,光泽鲜艳、纯正、匀净,边道平直
用途		宜做衬衫、女装、艺装、民族装、裙子、罩衣、睡衣、浴衣及枕套、窗帘等	宜做轻薄的时装、头巾等	宜做女装、裙子、睡衣等,也作装饰用
备注			是由桑蚕丝与黏胶花式纱交织的白织乔绉类丝织物。原料含量为桑蚕丝62%,黏胶丝38%。织后,坯绸经精练、松弛整理	一般为杂色产品,也有少量印花产品,色泽主要有蓝、艳蓝、草绿、墨绿、大红、锈红、姜黄、橘黄、驼、咖啡等。缩水率约10%,裁剪前需先下水预缩或喷水预缩,洗涤时宜轻揉轻搓,成衣不宜熨烫

续表

规格＼丝织物名称		香碧绉	卓文纱	顺纹绉
英文名		xiangbi checked moss crepe	zhouwen rayon/wool union crepe	shunwen crepe; shunwen crepe suzette
编号		12384		23563
经纬线线密度	经线/dtex(旦)	22.22/24.42×2(2/20/22)桑蚕丝本色和染色	133.2(120)无光黏胶丝加16捻/cm(2s、2z)	55.55(50)涤纶丝
	纬线/dtex(旦)	[22.22/24.42×2(2/20/22) 28s 捻/cm ＋22.22/24.42(20/22)]桑蚕丝本色和染色	甲纬:133.2(120)无光黏胶丝加16捻/cm(s) 乙纬:133.2(120)无光黏胶丝加16捻/cm(z) 丙纬:208.3(48公支)羊毛纱	55.55(50)涤纶丝
经纬密度	经线/(根/10cm)	635	350	593
	纬线/(根/10cm)	405	280	419
经线捻度/(捻/cm)			16,s、z	6,s
纬线捻度/(捻/cm)		16,z	甲纬:16,s;乙纬:16,z	8,s
织物组织		平纹组织	平纹组织	地部采用平纹组织,花部运用浮组织配置顺纡纹样交织
质(重)量/(g/m²)		49	113	65
成品幅宽/cm		93	114	93
特点		质地柔挺糯爽,色彩格形和稀空经纬格局相互结合,别具一格	既具有丝织物的精细风格及柔和的光泽,又具有羊毛织物的手感和优良的弹性,且不易起皱	绸面具有纵向不规则的柳条绉效应(花纹),风格别致,手感柔软而富有弹性,缩水率小,尺寸稳定性好
用途		主要用于制作衬衣和连衣裙	宜做各类衬衫、职业装等	用于制作男女衬衫、妇女连衣裙等
备注		色经、色纬按格形排列,本色经线28根、染色经线4根;本色纬线24根,染色纬线2根。坯绸经精练、呢毯整理	是由黏胶丝与羊毛纱交织的白织绉类丝织物。原料含量为黏胶丝72%,羊毛纱28%。织后,坯绸经松弛精练、染色后进行呢毯机整理	坯绸坯精练、松式染色、定型整理。为了获得与真丝绉相似的形象和手感效果,常采用轻度的碱减量处理

续表

规格 \ 丝织物名称		丽格绉	色织花瑶	灿条绉
英文名		lige crepe	huayao coloured-and-weaved pongee	cantiao crepe
编号		12678		S1890
经纬线线密度	经线/dtex(旦)	22.22/24.42×2(2/20/22)桑蚕丝白色和染色	甲经:[55.50(50)涤纶丝+55.50(50)黑色涤纶丝]15捻/cm(z) 乙经:111.0(100)涤纶丝加15捻/cm(s)	44.44/48.84(40/44)本色生桑蚕丝及彩色桑蚕丝
	纬线/dtex(旦)	甲、乙纬:22.22/24.42×3(3/20/22)桑蚕丝(以两根z捻两根s捻分别织入) 丙纬:22.22/24.42×5(5/20/22)桑蚕丝(遇到格子处另再织入丙纬色纬)	166.5(150)涤纶丝加15捻/cm(2s、2z)	甲、乙纬:44.44/48.84(40/44)生桑蚕丝平线及单向桑蚕丝强捻线
经纬密度	经线/(根/10cm)	632	440	664
	纬线/(根/10cm)	410	220	540
经线捻度/(捻/cm)			甲经:15,z; 乙经:15,s	
纬线捻度/(捻/cm)		甲、乙纬:26,s、z	15,s、z	28,s
织物组织		平纹变化组织	平纹组织	平纹变化组织
质(重)量/(g/m²)		55	157	49
成品幅宽/cm		114	144	114
特点		绸面具有明显的绉效应和鲜艳粗粒点纹格子,风格新颖别致	手感滑糯,富有弹性,挺括性好,色彩鲜艳,穿着舒适	绸面具有顺纡绉效应并呈细横条,手感柔软,弹性好
用途		主要用作日本和服面料	宜做春、秋季时装等	宜作男女衬衫面料
备注		坯绸经酶脱胶精练,使丙纬和经线色条不褪色,保持明亮鲜艳	是由经、纬线均为涤纶丝的半色织绉类丝织物,是著名的白织花瑶产品的开发产品。甲、乙经线按一定比例排成宽窄不一的条子。织后,坯绸经精练、起绉、套染、柔软处理、拉幅定型,白色经线和白色纬线(底色)多染成淡绿、浅黄等色	经线排列根据条子宽狭而定,纬线排列为甲纬4梭、乙纬2梭。坯绸经精练及单机整理,风格新颖别致

续表

规格＼丝织物名称		条双绉	珠文纱	泡泡绉
英文名		striped crepe;striped crepe dechine	zhuwen georgette	silk seersucker
编号		S1861		S1856
经纬线线密度	经线/dtex(旦)	甲、乙经：均为26.64/28.86×2(2/24/26)桑蚕丝	133.2(120)无光黏胶丝(按2z、2s排列)	甲经：22.22/24.42×3(3/20/22)桑蚕丝 乙经：22.22/24.42×2(2/20/22)桑蚕丝
	纬线/dtex(旦)	甲、乙纬：均为22.22/24.42×3(3/20/22)桑蚕丝的强捻线(以2s、2z间隔织入)	甲纬：133.2(120)无光黏胶丝 乙纬：133.2(120)无光黏胶丝 丙纬：2127.6(4.7公支)黏胶波纹纱	甲纬：22.22/24.42×3(3/20/22)桑蚕丝 乙纬：22.22/24.42×2(2/20/22)桑蚕丝
经纬密度	经线/(根/10cm)	630	330	524
	纬线/(根/10cm)	430	230	435
经线捻度/(捻/cm)			20,s、z	无捻并合(平线)
纬线捻度/(捻/cm)		26,s、z	甲纬：20,s;乙纬：20,z	28(强捻线)
织物组织		并列平纹与变化组织交织而构成纵条		平纹组织
质(重)量/(g/m^2)		60	207	51
成品幅宽/cm		113.5	114	116
特点		绸面平挺、光滑，质地细腻，具有双绉的特点，手感柔软而滑爽	绸面具有鲜明的花式波浪纱的特征，光泽自然，手感柔软、滑糯，垂感好	绸面呈现凹凸起泡泡状绉效应，质地丰满、柔软而富有弹性，抗皱性能好
用途		宜做男女衬衫、连衣裙、绣花坯料等	宜做春、秋季各类时装等	宜做衬衫、裙子等
备注		因在双绉(平纹)地上嵌入变化组织呈现细条，故名。坯绸经精练、染色、印花、单滚筒机整理	是由黏胶丝与黏胶花式纱交织的白织乔其绉类丝织物。原料含量为100%黏胶丝。坯绸经松弛练染后，放置网垫烘燥机烘干，再上拉幅机进行超喂拉幅整理	绸面呈现凹凸起泡泡状绉效应，故名。坯绸经精练、染色(或印花)拉幅等整理，绉线收缩，平线受绉线收缩的影响而形成泡泡，使绸身厚实美观大方

续表

规格＼丝织物名称		色条双绉	帅丽绉	月华绉
英文名		striped crepe twill	shuaili striped crepe	shadow striped crepe
编号		12596		S1638
经纬线线密度	经线/dtex(旦)	22.22/24.42×2(2/20/22)桑蚕丝染色与本色	甲经:75.48(68)细旦涤纶丝(按2s、2z排列) 乙经:111.0(100)异形有光涤纶丝	甲经:22.22/24.42×3(3/20/20)桑蚕丝(以2s、2z间隔排列) 乙经:22.22/24.42×2(2/20/22)桑蚕丝
	纬线/dtex(旦)	22.22/24.42×3(3/20/22)桑蚕丝(2s、2z捻向排列)	75.48(68)细旦涤纶丝	22.22/24.42×3(3/20/22)桑蚕丝(以两根z捻两根s捻交替织入)
经纬密度	经线/(根/10cm)	762	760	560
	纬线/(根/10cm)	530	390	420
经线捻度/(捻/cm)			甲经:22,s、z;乙经:5,s	甲经:26,s、z
纬线捻度/(捻/cm)		26,s、z	22,s	26
织物组织		以$\frac{1}{3}$斜纹组织交织,本色地部为$\frac{1}{3}$纬面斜纹,彩条为$\frac{3}{1}$经面斜纹	平纹组织	平纹组织
质(重)量/(g/m^2)		68	142	60
成品幅宽/cm		93	114	116
特点		绸面色条艳丽醒目,织物精致少光泽	绸面绉效应良好,手感柔软舒适,有一定悬垂性,有新颖感	绸面经向具有时隐时现、有绉有平的暗条,再经印花配合,使风格新颖,别具一格
用途		宜做衬衣、连衣裙等	宜做女式高档时装等	用于制作男女衬衫、裙子等
备注		经线以本色为主而间隔排列色条。坯绸经练白整理	是由经、纬线均为涤纶丝织成的白织绉类丝织物。1.5mm宽的甲经与纬线交织成双绉窄条,而5～6mm宽的乙经与纬线交织成起顺纡绉效应的阔条。织后,坯绸经精练、碱减量、起绉、染色、拉幅定型等后整理。多染成酱色、咖啡色。窄条的双绉和阔条的顺纡绉绉效应良好,风格别致	坯绸经精练、染色或印花、单滚筒机整理

续表

丝织物名称 规格		碧蕾绉	文豪格	顺艺绉
英文名		bilei moss crepe	wenhaoge fancy-woolen-like crepe	shunyi jacquard crepe; shunyi jacquard crepe suzette
编号		14592		12523
经纬线线密度	经线/dtex(旦)	22.22/24.42×2(2/20/22)桑蚕丝	甲经:[277.5(250)低弹涤纶色丝+83.25(75)黏胶丝]15 捻/cm(s) 乙经:166.5(150)×3(3/150)黏胶丝并合花式线加5捻/cm(s)	甲经:22.22/24.42×2(2/20/22)桑蚕丝 乙经:22.22/24.42(1/20/20)桑蚕丝
	纬线/dtex(旦)	[22.22/24.42×2(2/20/22) 18s 捻/cm + 22.22/24.42(20/22)]桑蚕丝	甲纬:规格同甲经 乙纬:规格同乙经	22.22/24.42 × 3(3/20/22)桑蚕丝
经纬密度	经线/(根/10cm)	1185	240	960
	纬线/(根/10cm)	480	200	430
经线捻度/(捻/cm)			甲经:15,s;乙经:5,s	
纬线捻度/(捻/cm)		6,z	甲纬:15,s;乙纬:5,s	26,s
织物组织		地组织采用四枚纬面破斜纹,花组织为四枚经面破斜纹	平纹变化组织	经纬交织形成双头平纹地,起甲经经花,背衬乙经平纹的组织
质(重)量/(g/m^2)		71	458	60
成品幅宽/cm		115	144	92
特点		绸面呈现清地散点、排列均匀的几何图案或变形花卉,花地分明,质地丰满糯爽,光泽雅淡	质地厚实丰满,手感柔软、滑爽,悬垂性好,外观呈现粗花呢风格,花式线小圈风味别致,穿着舒适、优雅	绸面地部呈顺纡绉效应,配以清地小型几何花纹,风格别致新颖
用途		用于制作妇女连衣裙、男子唐装、和服等	宜做秋、冬季休闲服、套裙等	主要用作衬衫面料
备注		纹样宽 11.5cm 力求匀称,防止直、横、斜路等疵点,连地两色平涂绘图。坯绸经精练、染色或印花整理	是由低弹涤纶色丝和黏胶丝交织的半色织绉类丝织物。织后,坯绸经精练、柔软处理、拉幅定型等后整理	纹样幅宽 15cm,坯绸经精练、染色、拉幅整理

续表

规格 \ 丝织物名称		异缩绉	羊年绉
英文名		differential shrink crepe	yangnian jacquard crepe; yangnian crepe jacquard
编号			12699
经纬线线密度	经线/dtex(旦)	22.20/24.42×2(2/20/22)桑蚕丝(以2s、2z 排列)	22.22/24.42×2(2/20/22)桑蚕丝
	纬线/dtex(旦)	甲纬:22.20/24.42×2(2/20/22)桑蚕丝 乙纬:22.20/24.42×2 桑蚕丝+22.20(20)氨纶丝]包缠	22.22/24.42×4(4/20/20)桑蚕丝(以两根 z 捻两根 s 捻交替织入)
经纬密度	经线/(根/10cm)	700	1067
	纬线/(根/10cm)	470	420
经线捻度/(捻/cm)		26,s、z	
纬线捻度/(捻/cm)		甲纬:28,s;乙纬:8,z	23,s、z
织物组织		平纹组织	在四枚纬面破斜纹地组织上呈现经浮花
质(重)量/(g/m^2)		55	79
成品幅宽/cm		140	92
特点		织物具有明显的弹性,穿着舒适,色泽自然柔和,外观皱效应良好	质地柔软,富有弹性,织纹细腻,透气性好,穿着滑爽
用途		宜做吊带裙、紧身衣、体操服等	宜作衬衫面料
备注		是由桑蚕丝和氨纶丝交织的白织绉类丝织物。因织练染后缩幅达 20%~30%,因此,织幅要放足;同时,要严格控制纬线张力,并做到均匀,以达到织幅一致。坯绸经精练、染色、拉幅定型等后整理。经线也可不加捻,而纬线加捻,得到的绉织物绉纹细腻。若甲纬用强捻,乙纬不加捻,且甲纬和乙纬采用不同的排列比,如甲 30~50、乙 10,或甲 20、乙 4,就可以获得宽狭不一,外观各异,由甲纬形成强烈顺纡绉效应和弹性的绉类织物	由于在羊年设计,绸面绉地上以羊作纹样,故名。纹样宽度 11cm,长度以花而定,风格以采用几何图案、中小型变形花卉为多。坯绸精练、染色整理

续表

规格＼丝织物名称		格花绉	启明绉	新沪绉
英文名		checked crepe jacquard; checked jacquard crepe	qiming crepe	xinhu shadow striped crepe
编号		12516		12662
经纬线线密度	经线/dtex(旦)	22.22/24.42×2(2/20/22)生桑蚕丝(经浸渍)	甲经：111.0(100)涤纶竹节丝 乙经：[166.5(150)涤纶竹节丝×2]	22.22/24.42 × 2(2/20/22)桑蚕丝
	纬线/dtex(旦)	22.22/24.42×3(3/20/22)桑蚕丝(经定型后，以2z、2s捻向交替织入)	甲纬：111.0(100)涤纶竹节丝 乙纬：[166.5(150)涤纶竹节丝×2](按甲1、乙1排列)	22.22/24.42 × 3(3/20/22)桑蚕丝(以2z、2s捻向间隔织入)
经纬密度	经线/(根/10cm)	990	480	654
	纬线/(根/10cm)	470	300	455
经线捻度/(捻/cm)			甲经：20，s；乙经：10，s	
纬线捻度/(捻/cm)		23，z、s	甲纬：20，s；乙纬：10，s	28，z、s
织物组织		地组织为在三枚纬面斜纹上分布以格子状细线条的三枚经面斜纹，花部采用五枚经面缎花，使织物形成两个层次	平纹变化组织(平纹地，起经向或纬向“长丝糙”浮长)	平纹组织
质(重)量/(g/m^2)		68	213	58
成品幅宽/cm		114	144	91.5
特点		绸面呈现线条格子，配以变形花卉或几何图案，具有两个层次花纹的风格特征，质地柔软，穿着舒适	绸面有竹节丝风格，新颖别致，手感滑糯，糙丝织纹视觉新异，悬垂性佳	绉地绸面呈现细细的条形，忽隐忽现，风格别致，质地柔软，易透气和透湿，穿着凉爽
用途		宜做春、夏、秋三季妇女衬衫、裙子	宜做女式时装、裙衫等	宜做男女衬衫、妇女衣裤等
备注		纹样宽度12cm，长度依花而定。坯绸经精练、染色或印花等处理	是由经、纬线均为涤纶丝织成的白织绉类丝织物。织后，坯绸经精练、碱减量、染色、拉幅定型等后整理。多染成豆绿、咖啡等中、浅色	坯绸经精练、染色或印花、拉幅整理

续表

规格＼丝织物名称		福乐纱	蚕乐绉
英文名		fule crepe	canle striped crepe;canle striped crepe damask
编号			12670
经纬线线密度	经线/dtex(旦)	111.0(100)涤纶丝	22.22/24.42×2(2/20/22)本白桑蚕丝及练不褪色的彩色桑蚕丝
	纬线/dtex(旦)	111.0(100)低弹涤纶丝(以2s、2z喂入)	22.22/24.42×3(3/20/22)桑蚕丝捻线(以2z、2s捻向间隔织入)
经纬密度	经线/(根/10cm)		1096
	纬线/(根/10cm)		530
经线捻度/(捻/cm)			
纬线捻度/(捻/cm)		24,s、z	26,z、s
织物组织		平纹组织	地部采用五枚纬面缎纹,花部为五枚经面缎纹
质(重)量/(g/m²)		150	82
成品幅宽/cm		150	74
特点		绸面具有均匀的绉效应,手感平滑、松爽,富有弹性,穿着舒适凉爽	在缎纹绉地绸面上呈现宽狭不一的彩条纹,以及由经浮长形成的花纹,色泽变化多样,质地丰厚富有弹性
用途		宜做女套装、时装、连衣裙等	小花纹织物宜做衬衫,大花纹织物宜做连衣裙等用
备注		是由经线和纬线均为涤纶丝织制的白织双绉类丝织物。坯绸经松弛退浆、预缩、碱减量、染色、柔软处理、拉幅定型等后整理。常染成豆绿、玫红、浅黄等色,也可印花、拷花	在五枚纬缎纹地上起经花,并在本色地上嵌入不同颜色的彩条。纹样以大小花纹居多。坯绸经轻精练,不褪色

规格＼丝织物名称	宝领绉	闪光涤纶顺纡绉	层云绉
英文名	baoling crepe faille	polyester crepon shot	cengyun crepe jacquard
编号	12623		13597

续表

规格＼丝织物名称		宝领绉	闪光涤纶顺纡绉	层云绉
经纬线线密度	经线/dtex（旦）	44.44/48.84 × 2（2/40/44）桑蚕丝	83.25/36f（75/36f）三角异形 FDY 有光涤纶丝	22.22/24.42 × 2（2/20/22）桑蚕丝
	纬线/dtex（旦）	［22.22/24.42×4（4/20/22）23 捻/cm s 向×4］桑蚕丝（以2s、2z 捻向排列）	166.5/96f（150/96f）涤纶丝	22.22/24.42 × 3（3/20/22）桑蚕丝强捻线（定型）（以 2s、2z 捻向排列）
经纬密度	经线/（根/10cm）	530	1178	1018
	纬线/（根/10cm）	225	366	480
经线捻度/（捻/cm）				
纬线捻度/（捻/cm）		5，z、s	21，s 或 z	23，s、z
织物组织		平纹组织	$\frac{5}{3}$经面缎纹和绉组织以 4∶1 排列的经二重组织	地组织为三枚纬面斜纹，花部为五枚经面缎纹
质（重）量/（g/m^2）				72
成品幅宽/cm		96（=6 幅×16cm）	114	93
特点		绸面绉效应显著，质地厚实	绸面有均匀、规则、细腻的顺纡绉直条纹，手感丰满、柔软、挺爽，光泽柔和高雅，色泽鲜艳，透气性佳，抗皱性强，穿着舒适	地部呈现隐约绉纹。质地柔软而富有弹性
用途		用作日本和服领子绸	宜做时装等	宜做春、夏、秋三季妇女衬衫、连衣裙
备注		坯绸经精练整理	是由经、纬线均为涤纶丝织成具有闪光效果的白织绉类丝织物，故名。织后，坯绸经经轧花、退浆、高温预缩、预定型、碱减量、染色、开幅、树脂整理、拉幅定型等后整理。轧花主要是在绸面上轧出直条纹，辊筒表面温度 85～90℃，速度 15m/min，轧车压力 490kPa。预缩用高温高压喷射染色机，升温速度 2℃/min，温度 135℃，保温 20min。用连续式碱减量法，减量率21%。树脂整理用松式烘干机，用柔软剂和抗静电剂。拉幅定型用 7 室热风拉幅定型机，160～170℃，45m/min，超喂率 4%	纹样宽度 12.1cm，长度依花而定。题材一般采用中小型花或几何图形，排列要均匀，花纹面积不宜过大。坯绸经精练、染色、印花

续表

规格 \ 丝织物名称		腰带绉	波丝绉	爽绉缎
英文名		waist band crepe	bosi polyester crepe	shuangzhou crepe jacquard
编号		13593		
经纬线线密度	经线/dtex(旦)	22.22/24.42×2(2/20/22)桑蚕丝	111.0(100)FOY涤纶丝	22.22/24.42×2(2/20/22)桑蚕丝
	纬线/dtex(旦)	甲、乙纬:22.22/24.42×3(3/20/22)桑蚕丝(以甲纬2梭,乙纬2梭排列织入,即2z,2s) 丙纬:8.25tex×2(120公支/2)桑绢丝(经高温预缩)	166.5/96f(150/96f)FDY涤纶丝(s、z捻向呈有规律性排列)	22.22/24.42×3(3/20/22)桑蚕丝(以两根s捻、两根z捻交替织入)
经纬密度	经线/(根/10cm)	1132		1060
	纬线/(根/10cm)	320		430
经线捻度/(捻/cm)				
纬线捻度/(捻/cm)		甲、乙纬:26,s、z	23,s、z	28,s、z
织物组织		腰带提花部分的地部为纬四枚破斜纹,花部为经四枚破斜纹	平纹变化组织	采用正、反四枚破斜纹为花、地组织
质(重)量/(g/m²)		67	150	73
成品幅宽/cm			150	114
特点			手感柔软、滑爽,质地轻薄,透气舒适,易洗、快干、免烫,悬垂性好,穿着舒适	手感柔软糯爽,富有弹性,穿着凉快舒适
用途		专门作为日本和服腰带用	宜做时髦女性的套装、衬衫、裙装等	用于制作夏季妇女衬衫、连衣裙及复制日本和服
备注		专用于制作和服腰带,故名。坯带经精练、漂白、再经手绘或扎染	是由经、纬线均为涤纶丝织成的白织绉类丝织物,绸面因有不规则的明显绉波纹,故名。织后,坯绸经特殊的起绉处理,有规律性排列的强捻纬线,使绸面形成不规则的明显的绉波纹。染色有桃红、咖啡、橘红、老黄、增白、淡绿、深灰等十几种,供不同年龄段女性作上衣面料,也可印制各种时尚的花纹图案	纹样幅宽18cm,题材以清地写意花卉为主,也可用满地回纹形图案排列,线条不宜过细碎。纹样连地用两色平涂绘画。坯绸经精练、染色整理

续表

规格 \ 丝织物名称		蝉翼纱	闪褶绉	点格绉
英文名		chanyi georgette	crepon crash shot	checked crepe
编号		10603		12269
经纬线线密度	经线/dtex（旦）	14.43/16.65 × 2(2/13/15)桑蚕丝(以2根s捻向、2根z捻向排列)	甲经:83.25(75)大有光三角异形涤纶丝 乙经:111.0(100)半光低弹涤纶丝	22.22/24.42 × 2(2/20/22)桑蚕丝本白色或染练不褪色的元色
	纬线/dtex（旦）	14.43/16.65 × 2(2/13/15)桑蚕丝	111.0(100)DTY涤纶丝	甲纬:[22.22/24.42×2(2/20/22)16s捻/cm + 22.22/24.42(20/22)]桑蚕丝 乙纬:22.22/24.42×5(5/20/22)桑蚕丝染练不褪色的元色
经纬密度	经线/(根/10cm)	480	400～750	600
	纬线/(根/10cm)	400	230～600	407
经线捻度/(捻/cm)		35,s、z		
纬线捻度/(捻/cm)		35,s、z		甲纬:14,z
织物组织		平纹组织	甲经和纬线交织处为六枚变则缎纹,乙经和纬线交织处为平纹,边缘处用$\frac{1}{3}$反面长浮的组织过渡	平纹组织
质(重)量/(g/m^2)		27	160～280	48
成品幅宽/cm		91	160	116
特点		具有轻薄透明、柔爽飘逸的质感,外观犹如蝉翼	绸面缎纹处呈现出亮光,而平纹处呈现出暗淡的闪光褶皱,风格粗犷雅致,手感柔软滑爽,悬垂性好,穿着舒适,耐穿免烫	绸面显露出明显绉效应,地部构成格子和点子,乙纬蓬松,点格分明
用途		用于披纱礼服、挡风沙的面纱、舞衫、舞裙、戏剧服装、民族服装等	轻薄型织物宜做夏季裙衫和休闲服等,厚重型织物宜做春、秋季裙装和休闲服等	用于做男女衬衫

续表

规格 \ 丝织物名称	蝉翼纱	闪褶绉	点格绉
备注	因外观犹如蝉翼而得名。坯绸经精练、染色、印花整理	是由纯涤纶丝织成的、具有明显绉效应的白织绉缎类丝织物。织后,坯绸经精练、碱减量、染色、柔软定型整理,不同粗细的丝线和不同织物组织形成丝线的不同收缩,从而使织物具有明显的绉效应	色经、色纬根据格形要求相间排列。由碧绉线作纬构成绸面绉效应,色经色纬构成格形,其排列视格形大小而定,乙纬形成小点子暗花,绸面呈现点格效果。坯绸经精练、呢毯整理

规格 \ 丝织物名称		凹凸绉	富圈绉	特纶绉
英文名		aotu cloque	fuquan terry crepe	polyester sand crepe
编号		13556		22351
经纬线线密度	经线/dtex(旦)	甲经:22.22/24.42×3(3/20/22)桑蚕丝 乙经:22.22/24.42×3(3/20/22)桑蚕丝	149.85(135)涤纶细旦丝(以1s、1z排列)	49.95(45)涤纶丝
	纬线/dtex(旦)	甲纬:22.22/24.42×3(3/20/22)桑蚕丝 乙纬:22.22/24.42×3(3/20/22)桑蚕丝	甲纬:[75.48(68)涤纶丝+75.48(68)锦纶丝] 乙纬:[75.48(68)涤纶丝+75.48(68)锦纶丝]花式加捻圈圈纱	49.95(45)涤纶丝
经纬密度	经线/(根/10cm)	711	240	610
	纬线/(根/10cm)	490	240	400
经线捻度/(捻/cm)		甲经:2;乙纬:20,s	16,s、z	10,s
纬线捻度/(捻/cm)		乙纬:20,s	甲纬:12,z;乙纬:10,s	
织物组织		平纹组织	平纹组织	绉组织
质(重)量/(g/m^2)		71	132	67
成品幅宽/cm		93	114	92.5
特点		织纹凹凸饱满,质地丰厚而富有弹性,透气性好,穿着舒适,风格新颖别致	手感柔软、滑糯,光泽自然,具有仿棉、仿针织物风格,透气性好,圈圈纱在绸面上形成一种新颖感,风格别致	绸面绉效应显著,质地薄而挺括,手感柔爽,弹性好,光泽柔和,但透气性、透湿性欠佳

续表

丝织物名称 规格	凹凸绉	富圈绉	特纶绉
用途	宜做男女衬衫、连衣裙等	宜做夏季裙衫、时装等	宜做妇女夏令连衣裙、衬衫等
备注	纹样幅宽15.5cm,题材以中小块面写意图案或斜线条,几何形满地布局为宜。坯绸经精练、印花或染色、拉幅整理	是由涤纶丝和锦纶丝交织的白织绉类丝织物。织后,坯绸经精练、碱减量、起绉、染色、拉幅定型等后整理,多染成米色、豆绿等浅色	坯绸经精练、印花或染色、定型整理

丝织物名称 规格		涤乔绉	柔丽麻
英文名		polyester sand crepe;polyester georgette sand crepe	roulima crepe
编号		22172	
经纬线线密度	经线/dtex(旦)	49.95(45)半光涤纶丝	甲经:166.5(150)阳离子网络涤纶丝 乙经:166.5(150)涤纶低弹丝 丙经:[244.2(220)结子涤纶丝+83.25(75)涤纶低弹丝]
	纬线/dtex(旦)	49.95(45)半光涤纶丝	甲纬:166.5(150)低弹涤纶丝 乙纬:[244.2(220)结子涤纶丝+83.25(75)低弹涤纶丝]
经纬密度	经线/(根/10cm)	454	400~600
	纬线/(根/10cm)	450	250~350
经线捻度/(捻/cm)		14,s	甲经:14,s;乙经:14,z;丙经:6,z
纬线捻度/(捻/cm)		14,s	甲纬:14,s;乙纬:6,z
织物组织		绉组织(泥地组织)	斜纹变化组织、绉组织、方平组织、条格、平纹地小提花
质(重)量/(g/m^2)		51	200~300
成品幅宽/cm		113.5	142~167
特点		绸面光泽柔和,外观接近真丝乔其绉,手感柔爽弹性好,质地具有柔、挺、滑爽、易洗、免烫、快干等特点,而透气性、透湿性稍差,是涤纶的仿真丝产品	绸面有双色、夹色、嵌条等多种效应。手感柔软,悬垂性和透气性极佳,色彩鲜艳,色泽柔和,织物耐磨、免烫
用途		用于制作妇女夏季连衣裙、衬衫等	宜做春、夏、秋季外衣、时装等

续表

规格＼丝织物名称	涤乔绉	柔丽麻
备注	坯绸经碱减量处理，印花或染色、定型整理	是由合纤丝交织成的白织仿麻系列绉类丝织物，是采用不同合纤丝和不同织物组织织成的、外观丰富多彩的仿麻系列产品，经、纬原料有两种或两种以上不同规格丝线搭配而成，一般使用结子涤纶丝。若单独采用结子涤纶丝，则枣核形的结子难以通过筘，所以一定要与另一根丝并合再加一定捻度，并与其他经丝排开；不同组织获得不同绸面效果，采用斜纹组织绸面风格粗犷、洒脱，采用绉组织绸面有颗粒状外观，采用平纹组织绸面平整，因此，织物组织应视不同需要而进行设计。织后，坯绸经精练、高温预缩、预定型、碱减量、染色、拉幅定型等后整理。精练温度100℃，时间5min；高温预缩温度130～135℃，时间为30～60min；减量率12%左右。染色用分段，阳离子染料“一步一浴法”织物可获得双色效果。定型温度160～180℃，速度为30m/min

规格＼丝织物名称		人丝乔其		人丝双绉	爽纱绉	茜灵绉
英文名		rayon crepe georgette		rayon crepe dechine	shuangzhou rayon georgette	rayon jacquard crepe; rayon crepe jacquard
编号		51801	51811	54304		54310
经纬线线密度	经线/dtex(旦)	83.25(75)有光黏胶丝的强捻线(以2根s捻、2根z捻排列)		67(60)无光黏胶丝(机械上浆)	133.2(120)有光黏胶丝	甲、乙经：均为83.25(75)有光黏胶丝
	纬线/dtex(旦)	83.25(75)有光黏胶丝的强捻线		83.25(75)有光黏胶丝(以2z、2s间隔织入)	甲、乙纬：196.8(30英支)有光紧捻黏纤纱(以2z、2s喂入)	甲、乙纬：均为83.25(75)有光黏胶丝
经纬密度	经线/(根/10cm)	350	357	480	480	1030
	纬线/(根/10cm)	320	320	320	310	560
经线捻度/(捻/cm)		26,s、z				甲经：平线；乙经：16,s
纬线捻度/(捻/cm)		26,s、z		20,z、s		甲纬：平线；乙纬：16,s
织物组织		平纹组织		平纹组织	$\frac{3}{3}$假纱组织	地部正面以乙经和乙纬交织四季呢组织，背面甲经和甲纬以六枚变则缎纹交织，且甲经与乙纬接结；花部正面甲经与甲纬交织成八枚缎纹，或交织成平纹，或甲纬纬花，背面衬以乙经、乙纬交织的平纹

续表

规格＼丝织物名称	人丝乔其		人丝双绉	爽纱绉	茜灵绉
质(重)量/(g/m²)	72	71	62	148	155
成品幅宽/cm	113	91.2	79	114	71.5
特点	具有真丝乔其的特点，绉效应显著，富有弹性，穿着舒适，但织物表面不及直丝乔其细腻		绉效应显著，光泽柔和，外观近似真丝双绉	绸面平滑，手感柔软，排汗透气，吸湿性能好，穿着舒适	绉地上展示出满地分布的写意花卉，造型粗壮、丰富。其中以平纹为主花，花芯及周边轮廓用缎花、纬花以及袋组织包边，结构精巧、复杂，花地凹凸明显、立体感强，质地丰满厚实、糯爽，光泽柔和，弹性好
用途	用于制作裙料、披纱、围巾等		宜做男女衬衫等	宜做夏季各种服装	宜做春秋季服装和冬季棉袄面
备注	坯绸经精练、染色、印花整理		坯绸经精练、染色或印花整理	是由纯黏胶丝白织绉类丝织物。原料含量为100%黏胶丝。织物下机后进行松弛练(退浆)、染、拉幅烘干整理	坯绸经精练、染色整理

规格＼丝织物名称		留香绉	雪　纺	玉环绉	静怡绉	锦合绉
英文名		liuxiang crepe jacquard; liuxiang jacquard crepe	polyester chiffon crepe	yuhuan matelasse	jingyi polyester crepe	jinhe moss crepe
编号		61101		63007		89536
经纬线线密度	经线/dtex(旦)	甲经(地经)：22.22/24.42×2(2/20/22)桑蚕丝(平经) 乙经(纹经)：83.25(75)有光黏胶丝(机械上浆)	83.25(75)低弹涤纶丝(按2s、2z排列)	甲经：83.25(75)有光黏胶丝 乙经：[22.22/24.42(20/22)8捻/cm×2]熟桑蚕丝捻线	111.0(100)异形涤纶细旦丝(按2s、2z排列)	44.44(40)半光锦纶丝
	纬线/dtex(旦)	22.22/24.42×3(3/20/22)桑蚕丝	83.25(75)低弹涤纶丝	甲纬：83.25(75)有光黏胶丝 乙纬：[1.11(100)有光黏胶丝＋189.81(171)铝皮]捻线	甲纬：166.5(150)异形涤纶细旦丝 乙纬：111.0(100)异形涤纶细旦丝(以甲2、乙4排列)	[83.25(75)15s捻/cm黏胶丝＋44(40)半光锦纶丝]

续表

规格 \ 丝织物名称		留香绉	雪纺	玉环绉	静怡绉	锦合绉
经纬密度	经线/(根/10cm)	1234	444	740	360	710
	纬线/(根/10cm)	500	320	540	260	335
经线捻度/(捻/cm)			23,s、z	甲经:22;乙经:6	22,s、z	5,s
纬线捻度/(捻/cm)		11	23,s、z	甲纬:22;乙纬:1、2	甲纬:10,s;乙纬:22,z	12,z
织物组织		地部由地经与纬线交织成平纹组织,纹经在背面呈有规则的水浪纹接结;花部纹经起经缎花,背面衬平纹,地经起经花,背面衬$\frac{1}{3}$斜纹	平纹组织	地部为甲经甲纬平纹袋组织加八枚接结;花部为乙经、乙纬平纹袋组织	双层组织	平纹组织
质(重)量/(g/m^2)		106	85	128	125	80
成品幅宽/cm		71	152	74	114	93
特点		绉面具有水浪形,绉地上呈现明暗两色的中型花卉,有梅、兰、竹、菊等,以清地或半清地分布,色泽鲜艳,花纹细致,质地柔软而富有弹性	绸面绉效应良好,手感柔软滑糯,富有弹性,穿着凉爽舒适	质地较硬挺,表面闪闪发光,色泽明亮、高雅、大方	绸面平滑糯爽,手感柔软、松爽,服用性能佳,具有双层织物的朦胧绉效应	绸面外观类同素碧绉,绉纹清晰
用途		主要用作妇女春秋服装面料	宜做衬衫、裙子等	宜做妇女晚礼服	宜做妇女夏季高档时装等	宜作夏季裤料、上装面料
备注		纹样上绘画两色,一色代表经花,另一色代表纬花。坯绸经精练、染色等整理	是由强捻低弹涤纶丝织制的白织绉类丝织物。捻丝后定型温度应低于100℃,以获得良好的绉效应。织后,坯绸经精练、起绉、染色、拉幅定型等染整加工,常染成浅色或印以各种花卉纹	两经线捻向相反。纹样题材广,布局较满,几何或写实图案都可,散点排列比较灵活。坯绸经低温落水、热烘拉幅等处理,使花纹略微凸起,具有立体感	是由经、纬线均为细旦涤纶丝织成的白织绉类丝织物。织后,坯绸经精练、碱减量、起绉、拉幅定型等后整理	坯绸经精练、染色、定型整理

续表

规格 \ 丝织物名称		条春绉	怡纹绉	金缎绉	乔花绡
英文名		tiaochun jacquard crepe	yiwen striped crepe	jinduan satin striped lame	burnt-out georgette
编号		K1550		12385	60152
经纬线线密度	经线/dtex（旦）	甲经:22.22/24.42×3（3/20/22）桑蚕丝 乙经:49.95(45)半光涤纶丝(色)	111.0(100)细旦涤纶低弹网络丝	甲经、乙经:均为22.22/24.42×2(2/20/22)桑蚕丝 丙经:189.81(171)不氧化铝皮	甲经:22.22/24.42×2（2/20/22)桑蚕丝 乙经:133.2(120)有光黏胶丝(机械上浆)
	纬线/dtex（旦）	22.22/24.42×4(4/20/22)桑蚕丝强捻线	[111.0(100)细旦涤纶低弹网络丝加22捻/cm(s或z)×2](以2s、2z喂入)	22.22/24.42×3(3/20/22)桑蚕丝(以2s、2z间隔织入)	22.22/24.42×2(2/20/22)桑蚕丝
经纬密度	经线/(根/10cm)	737	840	585	443(地部)
	纬线/(根/10cm)	460	340	380	380
经线捻度/(捻/cm)		乙经:4			甲经:20,s、z
纬线捻度/(捻/cm)		23,s、z（以2s、2z排列）	16,s、z	26,s、z	20,s、z
织物组织		四枚斜纹组织	斜纹和平纹组合的变化组织	甲经与纬交织成缎条,乙经与纬交织成平纹地,丙经嵌于缎条边侧,甲、乙、丙经排列视条形而定	采用经二重组织、绉地为甲经和纬线交织平纹,乙经浮于绉地表面交织成五枚经面缎纹
质(重)量/(g/m²)		56	224	59	38(地部重量)
成品幅宽/cm		116	140	116	113.5
特点		绸面呈现绉地亮花及明显色条,色条与花纹配合,风格别致	织物的正面为1mm宽窄凸条,条纹清晰,反面光亮、平滑,手感滑、挺爽,透气性好,光泽自然柔和,悬垂性好,有双面异样效应	绸面绉地上呈现阔狭不一、由闪光金色铝皮包边的缎条,配印以各种色彩的花纹,极富有艺术性,风格别致	绸面绉地柔挺透明,并富有弹性,花纹明亮,轻快富丽,是乔其绉织物的派生品种。其印花产品绚丽多彩,轻柔宜人,风格别致

续表

规格 \ 丝织物名称	条春绉	怡纹绉	金缎绉	乔花绡
用途	宜做男女衬衫、妇女连衣裙等	宜做时装等服装	用作高档衬衫和裙子用绸	主要用于制作晚礼服、连衣裙、时装、长巾,也可做宫灯等工艺装饰品
备注	由两组经线与一组纬线交织而成。纹样宽度16cm,题材与一般提花绉缎相同,色条可与花纹配合也可不配合,纹样长度依花而定	是由经线和纬线均为涤纶丝织成的白织绉类丝织物。织后,坯绸经精练、碱减量、染色、拉幅定型等后整理	在双绉织物上嵌入金色铝皮缎条而得名。坯绸经精练、印染、拉幅、柔软整理	坯绸经精练、染色、烂花整理或坯绸经精练、烂花、染色整理

规格 \ 丝织物名称		晶银绉	点点绉	高丝宝	更新绉(印度绉)	工农绉
英文名		jingyin crepon broche	dotted crepe	gaosibao crepon	gengxin crepe	gongnong crepe
编号		10254	S6985			
经纬线线密度	经线/dtex(旦)	甲经:31.08/33.33(28/30)桑蚕丝 乙经:189.81(171)不氧化金银皮	22.22/24.42×3(3/20/22)桑蚕丝	83.25(75)涤纶丝	31.08/33.33×2(2/28/30)桑蚕丝(不加捻)	22.22/24.42 × 2 (2/20/22) 桑蚕丝
	纬线/dtex(旦)	甲、乙纬:均为31.08/33.33(28/30)桑蚕丝	甲纬:22.22/24.42×3(3/20/22) 乙纬:166.5(150)低弹涤纶丝(抛梭)	166.5(150)涤纶丝(6~8梭s捻纬纱与6~8梭z捻纬线相间织入。s捻和z捻纬线也可以采用其他根数排列,但根数不能太少,否则顺纡效应不明显)	[22.22/24.42×3(3/20/22)桑蚕丝并合的捻合线+22.22/24.42(20/22)桑蚕丝]抱合复捻碧绉线	[83.25(75)加中捻的有光黏胶丝+22.22/24.42(20/22)桑蚕丝]抱合复捻
经纬密度	经线/(根/10cm)	542(地部)	530	520	745	652
	纬线/(根/10cm)	425	甲纬:385 乙纬:抛梭	320	420	385
经线捻度/(捻/cm)		甲经:20,s	26,s、z			
纬线捻度/(捻/cm)		甲、乙纬:28,s	甲纬:26,s	24,s或z		

续表

丝织物名称 规格	晶银绉	点点绉	高丝宝	更新绉 (印度绉)	工农绉
织物组织	由经二重组织交织，地部甲经线和纬线构成顺纡绉地；花部由乙经线和纬线构成乙经经花及乙经平纹星点	采用纬二重组织原理，以甲纬平纹与乙纬浮纬组织联合交织	平纹组织	平纹组织	平纹组织
质(重)量/(g/m²)		93	120		
成品幅宽/cm	114	114	150	74	91
特点	绸面为顺纡柳条绉地质地柔软、轻薄、飘逸，在地部上显露出均匀密布、光彩夺目、闪烁发光的星点，富丽堂皇，别有风格	在柳条状自由花纹绉地组织上，显现疏密不同的大小点点簇绒，浓艳蓬松，卷曲丰满，立体效果强。外观高雅别致，极具趣味性。手感柔爽，并具有良好的回弹性、透气性和悬垂性，不易折皱，穿着舒适贴体	质地轻薄，手感柔软，绉效应粗犷别致，富有弹性，穿着舒适	绸面呈现细密闪点的绉纹并伴有螺旋纹绉线所形成的皱缩粒纹。质地紧密细致，手感柔软滑爽比双绉厚，穿着凉爽舒适	绸面有细致绉纹，但绸身不如更新绉紧密，比较轻薄，手感滑爽柔软
用途	用作晚礼服、宴会服面料	宜作高级妇女晚礼服、连衣裙、时装面料及头巾、围巾等服饰用料	宜做男女衬衫等	用作男女夏令衣料、女裤料和裙料	用作妇女夏令裤料、裙料，也可做衬衫、童装等
备注	坯绸经捅断、修剪、精练、印花或染色、拉幅、整理	坯绸表面长浮纬丝割断后，经精练、染色(双色)、拉幅整理	是由经、纬线均为涤纶丝织成的、具有顺纡效应的白织绉类丝织物。织后，坯绸经精练、碱减量、起绉、染色、拉幅定型等后整理。由于6～8梭s捻或z捻强捻丝形成顺纡绉效应，而两个反向顺纡排列，绉效应十分别致。染成各种色彩或印以各样花卉	缩水率较大，约为10%左右，在裁剪前应先下水预缩	缝制西裤不能过于紧身，而应宽大些，否则裤裆易磨损

续表

规格 \ 丝织物名称		合黏绉(和合绉)	条纹麻	涤丝绉(特纶绉)	米兰绉(米兰尼斯)	杨柳绉
英文名		he-nian crepe	polyester shadow stripes crepe	polyester crepe	milano crepe	yangliu crepe
编号						
经纬线线密度	经线/dtex(旦)	22.22/24.42×2(2/20/22)桑蚕丝	166.5(150)FDY涤纶丝(以2s、2z排列)	50(45)涤纶丝	23.33×3(3/21)无捻桑蚕丝	14.44(13)～24.42(22)桑蚕丝或人造丝
	纬线/dtex(旦)	[111(100)无光黏胶丝+22.22/24.42(20/22)桑蚕丝]抱合复捻	166.5(150)FDY涤纶丝(以2s、2z喂入)	50(45)涤纶丝	18.89×3(3/17)桑蚕丝(s、z间隔织入)	14.44(13)～24.42(22)桑蚕丝或人造丝(单根或两根并合)
经纬密度	经线/(根/10cm)	685～748	500	610		
	纬线/(根/10cm)	338～415	340	400		
经线捻度/(捻/cm)			24,s、z	10,s		
纬线捻度/(捻/cm)			24,s、z		32,s、z	28,s、z
织物组织		平纹组织	平纹组织	绉组织	平纹组织	平纹组织
质(重)量/(g/m^2)			208	67		
成品幅宽/cm		77～92	144	92.5		
特点		绸面绉纹和碧绉相似,呈现水浪形绉纹,手感略显硬而滑爽	质地松爽,手感柔软,透气性好,经向条纹的丝线凸出极高,富有立体感,是薄型仿麻织物	绸面呈散布均匀的细颗粒状绉纹,手感柔爽挺括,绉效应好,富有弹性,质地轻薄坚牢,易洗、快干、免烫,缩水率小,吸湿性较差,穿着有闷热感	绸面平整,凹凸均匀,手感薄细光滑,光泽好,色泽花型。有平素、印花和产织,以淡雅色为主,色织米兰绉也有加织金银丝线的华丽产品	绸面稀薄透明,似蝉翼纱,弹性好,抗皱性能强
用途		用于制作夏令男女衬衫、两用衫、裙子、女装、艺装、裤子、童装及装饰用品	适宜于不同年龄段女性做短裙衫、时装套裙等	用于制作妇女夏令衬衫、裙子、连衣裙、罩衫、方巾及枕套等	用于制作女装、晚礼服、裙子、童装、艺装以及装饰用	用于制作女装、艺装、裙子及窗帘等装饰用品

续表

丝织物名称 规格		合黏绉 （和合绉）	条纹麻	涤丝绉 （特纶绉）	米兰绉 （米兰尼斯）	杨柳绉
备注		缩水率较大，裁剪成衣前需先下水预缩	是由经、纬线均为涤纶丝织成的绸面起隐条的白织双绉类丝织物。织后，坯绸经精练、松弛、起绉、碱减量、染色、柔软整理、拉幅定型等后整理。可染成烟灰、浅绿、土黄等20余种色彩，也可印花	坯绸经碱减量加工、印花或染色、定型整理	最早产于意大利米兰，故此得名	因绸面呈现杨柳叶脉状，故名

丝织物名称 规格		派力司绉	绢纺绉	变纹乔其	流星绉 （斜纹绉）	碧绉（单绉、印度绸）
英文名		palace crepe	spun silk crepe	bianwen silk/wool union georgette	crepe meteor	kabe crepe
编号						
经纬线线密度	经线/dtex（旦）	83.25（75）桑蚕丝或人造丝	绢纺纱	22.20/24.42×3（3/20/22）桑蚕丝（按1s、1z排列）	83.25（75）～133.2（120）桑蚕丝或人造丝	23.31×2（2/21）桑蚕丝
	纬线/dtex（旦）	83.25（75）桑蚕丝或人造丝	桑蚕丝	甲纬：22.20/24.42（20/22）桑蚕丝 乙纬：232.6（43公支）羊毛纱	83.25（75）～133.2（120）桑蚕丝或人造丝	[23.31×2（2/21）加s捻＋23.31×2（2/21）]桑蚕丝加z捻
经纬密度	经线/（根/10cm）	500～528		500	866	760
	纬线/（根/10cm）	500～528		455	315～394	465
经线捻度/（捻/cm）			弱捻	16，s、z	无捻	无捻
纬线捻度/（捻/cm）		17，z、s	强捻，z、s	甲纬：16，s	s、z	16～18，z
织物组织		平纹组织	平纹组织	平纹变化透空组织	正面为缎纹，背面为$\frac{2}{1}$或$\frac{2}{2}$斜纹组织	平纹组织

续表

规格 \ 丝织物名称	派力司绉	绢纺绉	变纹乔其	流星绉(斜纹绉)	碧绉(单绉、印度绸)
质(重)量/(g/m^2)			95		
成品幅宽/cm			114.5	99～102	
特点	真丝产品比较轻薄,化纤丝则比较厚重,手感滑细、滋润,光泽自然,绉面平整均匀,薄而弹性好,挺括,其外观有棉或毛派力司的风格	手感滑糯,光泽自然,绉面条格富于变化,价格较低	质地轻薄,手感柔软、滑爽,绉效应好,具有毛织物的优异弹性和真丝织物优雅的光泽	质地较轻薄,手感柔软,光泽好,闪闪发光,大有天空流星闪亮状之感	绸面有细小水浪形绉纹和粗斜纹,绉面光泽自然,质地柔软,一般比双绉厚,手感滑爽,富有弹性,纬向弹性更好
用途	用于制作衬衫、裙子、女装、艺装等	用于制作女装、衬衫、睡衣、时装、童装等	宜做时装等	用于制作女装、裙子、睡衣、旗袍等	用于制作女装、裙子、童装,也作装饰用绸
备注	该品种也有经线用无捻人造丝,纬线用弱捻的绢纺纱交织	同捻双根间隔排列织造。产品除平素色外,主要是色织条格产品	是由桑蚕丝和羊毛纱交织的白织绉类丝织物。投梭顺序是2梭甲纬,2梭乙纬,即4、5、8、1梭投入甲纬,2、3、6、7梭投入乙纬。由于丝线的张力作用和织物组织的结合,经线(1、2、3、5、4、5、6)、纬线(1、2、3、4、5、6、7、8)集聚成束,形成均匀分布的小孔。因乙纬比经线粗。故纵向条子细,横向条子粗。坯绸经精练、染色、印花、拉幅定型等后整理	一般为染色平素产品,也有少量印花产品。因有天空流星闪亮状之感,故名。坯绸经匹染与有光整理	产品有素色碧绉、条子碧绉、格子碧绉、交织碧绉等。坯绸经精练和松式整理

续表

规格＼丝织物名称		东方纱	鸡皮绉(象纹绉、粗绉面绸)	涤玉绉
英文名		Dongfang gauze	rough crepe	di-yu crepe
编号				
经纬线线密度	经线/dtex(旦)	22.22/24.42×4(4/20/22)桑蚕丝	110(100)无捻黏胶丝	55.5(50)三角异形涤纶长丝
	纬线/dtex(旦)	同经线	165(150)强捻黏胶丝	以55.5(50)半光变形涤纶长丝作饰线,以33.3(30)三角异形涤纶长丝作芯线形成螺旋形波纹线
经纬密度	经线/(根/10cm)	580～620	400～496	
	纬线/(根/10cm)	490～510	208～224	
经线捻度/(捻/cm)		18,s或z		0.8
纬线捻度/(捻/cm)		18,s或z		饰线1.75;芯线1.6
织物组织			平纹组织	平纹组织
质(重)量/(g/m²)				
成品幅宽/cm			91～127	
特点		绸面呈现均匀绉纹,质地较厚实,富有弹性,较坚牢滑爽	织物质地较厚重,色泽花型较丰富,有平素、印花和色织条格产品,一般为中深色	绸面有细小绉纹和粗斜纹,绉面光泽自然,质地柔软,手感滑爽,富有弹性,尺寸稳定性好,洗后可免熨烫
用途		宜做女装、裙子、衬衫、艺装等	宜做女装、衬里、童装,以及窗帘等	宜做夏季服装,如衬衫、罩衣、艺装、时装、连衣裙、裙子、童装,也可做枕套、窗帘等
备注		织造时,经纬丝按两根正捻和两根反捻排列		属于仿桑蚕丝素碧绉纯涤纶产品。整理过程中经碱减量处理,使织物具有桑蚕丝碧绉的外观效应

4. 绸 (silk fabric; chou silk)

绸是指采用各种长丝或长丝与短纤维纱以平纹或各种变化组织（纱、罗、绒组织除外）交织的无其他类特征的花、素丝织物。是采用桑蚕丝、人造丝、合纤丝等纯织或交织而成。按织造工艺可分为白织（生织）与色织（熟织）和提花三大类。

白织坯绸需经精练、染色、印花或其他工艺整理，如双宫绸、泰山绸等。色织绸织后一般不经整理，如辽凤绸、银剑绸等。提花绸又有白织和色织之分。轻薄型绸质地柔软，富有弹性，常用于制作衬衫、裙料等。中厚型绸，绸面层次丰富，质地平挺厚实，适宜于制作西服、礼服，也可用于室内装饰用。

规格＼丝织物名称		双宫绸				
英文名		doupioni pongee				
编号		13458				
经纬线线密度	经线/dtex(旦)	31.08/33.33×2(2/28/30)桑蚕丝	[22.22/24.42(1/20/22)8捻/cm×2]色桑蚕丝	31.08/33.33×2(2/28/30)桑蚕丝	31.08/33.33×2(2/28/30)桑蚕丝	22.22/24.42×2(2/20/22)桑蚕丝
	纬线/dtex(旦)	55.55/77.77×2(2/50/70)桑蚕双宫丝	111.11/133.32×2(2/100/120)色桑蚕双宫丝	33.33/44.44×3(3/30/40)桑蚕双宫丝	33.33/44.44×2(2/30/40)桑蚕双宫丝	33.33/44.44×2(2/20/22)桑蚕双宫丝
经纬密度	经线/(根/10cm)	550	708	550	564	550
	纬线/(根/10cm)	360	280	375	370	380
经线捻度/(捻/cm)			6			
纬线捻度/(捻/cm)						
织物组织		平纹组织	平纹组织	平纹组织	平纹组织	平纹组织
质(重)量/(g/m²)		69				
成品幅宽/cm		92	115	92	91.5	72
特点		绸面粗糙不平整,纬向呈现均匀而不规则的粗节(疙瘩节或称颣节),产生特殊的闪光,质地紧密挺括,色光柔和,手感比较粗糙,具有特殊的粗犷美				
用途		用于制作男女夏令衬衫、女装、两用衫、裙子、外套、西式服装、头巾、领带,以及窗帘、装饰用绸等				
备注		纬线采用桑蚕双宫丝,故名。有色织和白织之分,色织双宫绸又分纯色和闪色两种。坯绸经精练、染色加工。裁剪前需喷水预缩				

规格＼丝织物名称		和服绸	文绮绸	文明绸	玉影绸	绵绸(疙瘩绸)	
英文名		kimono silk	wen-qi taffeta faconnc	wenming faconne	yuying mock leno	noil cloth	
编号		13855			13404	13397	13398
经纬线线密度	经线/dtex(旦)	22.22/24.42×4(4/20/22)桑蚕丝	22.22/24.42×2(2/20/22)生桑蚕丝	73.7(67)低弹涤纶丝	22.22/24.42(3/20/22)桑蚕丝	34.5tex(29公支)单股桑䌷丝	
	纬线/dtex(旦)	[22.22/24.42×3(3/20/22)23捻/cm s向×2]桑蚕丝	22.22/24.42×2(2/20/22)生桑蚕丝	82.5(75)有光异形涤纶丝	22.22/24.42(2/20/22)桑蚕丝	34.5tex(29公支)单股桑䌷丝	

续表

规格＼丝织物名称		和服绸	文绮绸	文明绸	玉影绸	绵绸（疙瘩绸）	
经纬密度	经线/(根/10cm)	1110	640	480	470	230	238
	纬线/(根/10cm)	360	460	420	450	190	190
经线捻度/(捻/cm)				4	6,s		
纬线捻度/(捻/cm)		6,z			6,s		
织物组织		泥地组织为地纹,织出经面缎纹大提花	地部为平纹组织,花部为平纹和斜纹组织	地部为平纹变化组织,花部为纬花	$\frac{3}{3}$假纱组织	平纹组织	
质(重)量/(g/m^2)		154		67	44	147	148
成品幅宽/cm		37×2		114	93	73.7	91.44
特点		质地丰厚糯爽,图案典雅,光泽柔和悦目	手感柔软,富有弹性,光泽柔和,图案古朴典雅	手感柔软而富有弹性,光泽柔和,在疙瘩地纹上提织纬花,图案新颖别致	质地轻薄,手感糯爽柔软,孔眼清晰	绸面粗犷,外观不平整,且散布着绵结杂质形成的疙瘩,丰厚少光泽,绵粒分布均匀,手感柔糯、厚实,黏柔粗糙,有温暖感,富有弹性,质地坚韧	
用途		专供制和服用	用于制作衬衫、连衣裙等	用于制作妇女夏季裙子等时装	用于制作衬衫、连衣裙等	用于制作衬衣、睡衣裤、练功服、藏族同胞衬衣、棉袄面及窗帘、舞台幕布、被里、被面等	
备注		产品专供制和服,故名。坯绸经练白处理,再经手绘或扎染。手绘图案具有中国画的效果,题材有山水风景、花鸟鱼虫或几何纹样等	仿西汉出土文绮绸的纯桑蚕丝提花绸美织物,故名。坯绸经精练、印花和树脂整理	坯绸经精练、真丝化处理、定型整理	为使假纱孔眼清晰,假纱孔的经线三根一组穿入一个筘齿。坯绸经精练、印花或染色整理	坯绸经精练、染色、烘干、拉幅整理	

续表

规格＼丝织物名称		泰山绸	条格双宫绸	双宫塔夫绸
英文名		Taishan doupioni faille	douppioni gingham	doupioni pongee
编号			13490	15209
经纬线线密度	经线/dtex(旦)	22.22/24.42×4(4/20/22)桑蚕丝	[22.22/24.42(20/22)8s捻/cm×2]桑蚕丝	22.22/24.42×2(2/20/22)桑蚕丝
	纬线/dtex(旦)	111.1/133.2×4(4/100/120)桑蚕双宫丝	111.1/133.3×2(2/100/120)桑蚕双宫丝	33.33/44.44×2(2/30/40)桑蚕双宫丝
经纬密度	经线/(根/10cm)	650	703	564
	纬线/(根/10cm)	177	280	365
经线捻度/(捻/cm)			6,z	
纬线捻度/(捻/cm)				
织物组织		平纹组织	平纹组织	平纹组织
质(重)量/(g/m^2)		133	84	43
成品幅宽/cm		92	103	91
特点		质地坚实、粗犷,手感挺括,纬丝的条干不匀,具有不规则的粗节和细疙瘩,使绸面呈现不规则的断续状粗节	绸面具有条或格的色彩格局,色调明朗,横向粗细竹节分布自如,绸身挺括	外观同双宫绸。绸面具有不规则、断续状竹节疙瘩效果,质地坚实挺括
用途		大多用于春秋季西装等	主要用作男女西装面料、高级风雪大衣里料及高级毛毯的镶边材料等	主要用于夏季服装和裙料等
备注		坯绸经精练。由于较粗纬丝条干具有不规则的粗节细疙瘩,故精练后形成了泰山绸的特征,由中国山东省泰山地区生产而得名	坯绸经后整理。经线呈彩条排列,纬线分两种颜色	生织的坯绸经精练、染色、整理

规格＼丝织物名称	绢丝呢绒绸	珍珠绸
英文名	juansinirong silk	zhenzhu knop striped pongee
编号		2504

续表

规格 \ 丝织物名称		绢丝呢绒绸	珍珠绸
经纬线线密度	经线/dtex(旦)	322.5(31公支)普通气流纺紬丝	甲经:39×2(2/35)柞蚕水,缫丝 乙经:{[38.85(1/35)1.6s捻/cm柞蚕药水丝芯线+38.85×3(3/35)2.4s捻/cm柞蚕药水丝饰线]×2,10.2 z捻/cm+38.85(1/35)1.6捻/cm柞蚕药水丝固结线}
	纬线/dtex(旦)	400(25公支)强捻气流纺紬丝	38.85×2(2/35)柞蚕药水丝
经纬密度	经线/(根/10cm)	350	275
	纬线/(根/10cm)	224	278
经线捻度/(捻/cm)			甲经:4.7,s;乙经:4.7,s
纬线捻度/(捻/cm)			4.7,s
织物组织		$\frac{2}{2}$方平斜纹组织	平纹组织。经线排列:(乙4,甲6)×5次,(乙2,甲6)×3次,(乙2,甲6)×3次,甲114
质(重)量/(g/m²)		180	66
成品幅宽/cm		115	122
特点		由于采用独特的精练工艺,创新的磨毛处理,产品绸面细腻平整、有绒感,悬垂性好,手感柔软,具有一定的丝光效应,价格低廉	轻薄柔软,富有弹性,充分体现出柞蚕丝珠宝般的光泽
用途		宜做外套、时装等	用作高级服装面料和装饰用绸
备注		是指由普通气流纺紬丝和强捻气流纺紬丝交织成的白织绢绸类丝织物。坯绸经初练(用分散剂)、精练(用雷来邦A和保险粉)、氧漂过酸(双氧水氧漂)、拉幅定型、磨毛、烧毛(正、反两次烧毛)、再精练、拉幅定型等工艺	坯绸经漂练加工

规格 \ 丝织物名称	绢宫绸	开封汴绸	桑绢纺绸
英文名	juangong douppioni taffeta;juangong douppioni pongee	kaifeng taffeta faconne	pongee spun silk;spun silk fabric
编号	13482		11364

续表

规格＼丝织物名称		绢宫绸	开封汴绸	桑绢纺绸
经纬线线密度	经线/dtex(旦)	8.33tex×2(120公支/2)桑绢丝	22.22/24.42×2(2/20/22)桑蚕丝	5.15tex×2(194公支/2)桑绢丝
	纬线/dtex(旦)	111.1/133.2×2(2/100/120)桑蚕双宫丝	22.22/24.42×6(6/20/22)桑蚕丝	5.15tex×2(194公支/2)桑绢丝
经纬密度	经线/(根/10cm)	311	456	415
	纬线/(根/10cm)	240	293	325
经线捻度/(捻/cm)				
纬线捻度/(捻/cm)				
织物组织		平纹组织	在平纹地上提织经浮长为三根组织的小菱形花纹	平纹组织
质(重)量/(g/m^2)		99	47.4	76
成品幅宽/cm		140.8	90	91.4
特点		绸面具有双宫绸和绢纺绸的特点,质地中厚,手感糯挺,光泽优于双宫绸	手感柔软,光泽柔和,弹性好,穿着舒适,耐用耐洗,不褪色	绸面平整,织纹清晰,质地坚牢丰厚,具有真丝织物的优良性能,穿着舒适、凉爽、透气吸湿性好
用途		宜做各类西装,也可做装饰用	宜做时装、民族服装、婚嫁装等	用于制作内衣、衬衫等
备注		坯绸经精练、漂白加工为成品	系中国河南省开封市的传统小提花丝织物,故名。坯绸经精练、染色整理	坯绸经烧毛、练白、呢毯整理。绢纺绸可分为桑绢纺绸、柞绢纺绸和木薯绢纺绸及绵绸等。除白坯绢纺绸外,还有将绢丝经染色后织造的绢纺绸,如彩条、彩格、小提花绢纺绸等

规格＼丝织物名称	防酸绸	柞丝绸	大条丝绸
英文名	acid-proof silk	tussah pongee;tussah silk	tussah bourette
编号	76310	13555	81003

续表

规格 \ 丝织物名称		防酸绸	柞丝绸	大条丝绸
经纬线线密度	经线/dtex(旦)	[38.85×3(3/35)柞蚕水缫丝+83.25(75)涤纶丝]6.3捻/cm(s)	77.77×10(10/70)药水丝	1110(1000)精工柞蚕大条丝
	纬线/dtex(旦)	[38.85×3(3/35)柞蚕水缫丝+83.25(75)涤纶丝]1.6捻/cm(s)	77.77×20(20/70)药水丝	1110(1000)精工柞蚕大条丝
经纬密度	经线/(根/10cm)	531	2330	97
	纬线/(根/10cm)	252	128	83
经线捻度/(捻/cm)		6.3,s		
纬线捻度/(捻/cm)		1.6,s		
织物组织		$\frac{2}{2}$斜纹组织	平纹组织或方平组织	平纹组织
质(重)量/(g/m^2)		162	373	230
成品幅宽/cm		74	91.5	114.3
特点		具有抗酸蚀、防酸渗的性能。经测定，耐酸蚀为70%(硫酸)，透气性良好，妥善地把透气和拒酸要求统一为一体，穿着舒适凉爽	色淡黄，自然素雅、手感平挺滑爽，质地坚牢耐用，光泽柔和，吸色性、透气性良好，耐酸优于耐碱，热传导系数小，并具有电绝缘性能等特点	绸面粗犷豪放，呈现手工工艺品的别致风格，吸湿保暖性良好，光泽柔和，穿着舒适华贵
用途		宜做工业防护劳保服装等	常用于制作男女西装、两用衫、夹克、女装、裙子、耐酸工作服、带电作业服及装饰用材料、炸弹药囊	主要用于制作男女秋冬季西式外衣和装饰用绸
备注		是指由柞蚕丝与涤纶丝并捻交织的工业防护用绸类丝织物。坯绸经防酸整理，防护效果显著	由于柞丝在湿润后易伸长，在织造前必须进行蒸丝处理，且在加工过程中需保持干燥，严格控制张力，以免绸面出现亮丝疵点。坯绸经精练、漂白整理	坯绸经精练、漂白加工

规格 \ 丝织物名称	丹绒绸	凉纱绸
英文名	danrong boucle;danrong tussah boucle	liangsha striped pongee

续表

规格＼丝织物名称		丹绒绸		凉纱绸
编号		B2009	77113	
经纬线线密度	经线/dtex(旦)	{[77.77(70)2.4 s捻/cm大茧药水丝(花)]×2加9.4z捻/cm+77.77(70)2.4 s捻/cm大茧药水丝}×2	同左	甲经:[77.77(70)3.1s捻/cm×2]干缫丝(练) 乙经:[38.85(35)3.1 s捻/cm×3]水缫丝(漂)
	纬线/dtex(旦)	{[77.77×5(5/70)1.6s捻/cm大茧药水丝(花)+77.77(70)2.4s捻/cm大茧药水丝]×2加9z捻/cm+77.77(70)2.4s捻/cm大茧药水丝}×2	同左	[38.85(35)3.1s捻/cm×3]水缫丝(漂)
经纬密度	经线/(根/10cm)	170	164	613
	纬线/(根/10cm)	140	100	280
经线捻度/(捻/cm)		4.7,s		甲经:4.7,z;乙经:4.7,z
纬线捻度/(捻/cm)		4.7,s		
织物组织		三枚假纱组织(假纱组织、平纹组织)	平纹组织	以平纹组织为地,提花织出五枚缎纹竖条,嵌以竹叶为辅的五枚假纱组织
质(重)量/(g/m^2)		203	129	113
成品幅宽/cm		121.92	122	114.3
特点		绸面呈现环圈,质地柔软,富有弹性	薄型柞蚕丝绸类丝织物。质地轻薄柔软	质地柔软、挺爽,有良好的吸湿和透气性能
用途		宜作男女秋冬季各式时装面料和装饰用绸	同左	宜作男女西式服装面料及装饰用绸
备注		采用柞蚕丝环圈线为原料,以假纱组织、平纹组织织制的类似环圈绒的柞丝织物,绸面呈现环圈,故名。坯绸经漂、印花等整理加工	同左	纹样以几何和自然花卉或写意变形相结合为主,利用水缫丝、干缫丝原料本身的色光对比,形成竖条

规格＼丝织物名称	四季料	柞丝平纹绸	异风绸	波浪绸	井字格柞绢绸
英文名	spun-filling pongee	Liaoning pongee	yifeng tussah flake; yifeng tussah	wavy shantung; wavy pongee	jingzi tussah oxford
编号		5023	43580	79402	

续表

规格＼丝织物名称		四季料	柞丝平纹绸	异风绸	波浪绸	井字格柞绢绸
经纬线线密度	经线/dtex(旦)	38.85×2(2/35)柞蚕水缫丝	38.85×2(2/35)柞蚕药水丝	38.85×2(2/35)柞蚕丝	38.85×4(4/35)柞蚕药水丝	8.33tex×2(120公支/2)柞绢丝
	纬线/dtex(旦)	8.33tex×2(120公支/2)柞绢丝	38.85×4(4/35)柞蚕药水丝	38.85×4(4/35)柞蚕丝	444.4(400)特制疙瘩丝	8.33tex×2(120公支/2)柞绢丝
经纬密度	经线/(根/10cm)	683	349	343	322	392
	纬线/(根/10cm)	290	308	295	196	256
经线捻度/(捻/cm)			4.7,s	3.9,s	3.1,s	7,s
纬线捻度/(捻/cm)			1.6,s	1.6,s	2.6,s	
织物组织		平纹组织	平纹组织	平纹变化组织	平纹组织	由平纹变化组织形成格形模纹
质(重)量/(g/m²)		79	74	70	141	119
成品幅宽/cm		91.5	91.5	91.5	129.5	91.5
特点		质地轻薄柔软,光泽柔和,既有丝的珠宝光泽,又有酷似羊毛的感观,具有良好的吸湿性和透气性	具有柞蚕纤维的光泽、手感挺爽的特点,质地适中,织纹清晰	成品绸面呈现粗细线段,光泽明暗相间,柔和手感丰满,高贵雅致,穿着舒适,风格奇异独特	综合体现了柞蚕丝与疙瘩丝的特点,绸面呈现粗细不等,长短不一,随机分布的疙瘩丝,风格奇特,犹如大海波浪,故此得名	手感滑爽,绸面挺括,弹性较好,具有良好的透气性能
用途		宜做各式男女服装,尤其适宜制作连衣裙、领带和高级内衣	用作高档衣裙、时装面料等	用于制作男女衬衫和妇女连衣裙等	用作装饰用绸	宜做内衣,经染色印花后可作男女外衣面料等
备注		成品多为染色绸和练白绸	坯绸经精练、漂白加工	坯绸经精练漂白、橡毯整理		因其格形呈井字而得名

规格＼丝织物名称	鸭江绸			
英文名	yajiang bourette			
编号	2317	43926(2359)	B2081	2411

续表

<table>
<tr><td colspan="2">丝织物名称
规格</td><td colspan="4">鸭江绸</td></tr>
<tr><td rowspan="2">经纬线线密度</td><td>经线/dtex(旦)</td><td>888(800)大条丝(手纺精工捻线丝)</td><td>2553(2300)色疙瘩大条丝(采用柞蚕丝挽手手纺工艺特制)</td><td>甲经:[38.85(35)6s 捻/cm×3]柞蚕水缫丝
乙经:[77.77×3(3/70)3.9s捻/cm×4]柞蚕干缫丝</td><td>[38.85×2(2/35)×3]柞蚕药水丝</td></tr>
<tr><td>纬线/dtex(旦)</td><td>888(800)大条丝(手纺精工捻线丝)</td><td>2553(2300)色疙瘩大条丝(采用柞蚕丝挽手手纺工艺特制)</td><td>甲纬:38.85×3(3/35)柞蚕水缫丝
乙纬:222(200)软化大条丝</td><td>777(700)柞纺大条丝</td></tr>
<tr><td rowspan="2">经纬密度</td><td>经线/(根/10cm)</td><td>137</td><td>68</td><td>650</td><td>345</td></tr>
<tr><td>纬线/(根/10cm)</td><td>118</td><td>60</td><td>224</td><td>147</td></tr>
<tr><td colspan="2">经线捻度/(捻/cm)</td><td></td><td></td><td>甲经:5.5,z;乙经:3.1,z</td><td>3.1,s</td></tr>
<tr><td colspan="2">纬线捻度/(捻/cm)</td><td></td><td></td><td>甲纬:1.6,s</td><td></td></tr>
<tr><td colspan="2">织物组织</td><td>平纹组织</td><td>平纹组织</td><td>花部和地部均为平纹空心袋组织,并互为表里换层组织</td><td>平纹变化组织</td></tr>
<tr><td colspan="2">质(重)量/(g/m^2)</td><td>226</td><td>316</td><td>240</td><td>209</td></tr>
<tr><td colspan="2">成品幅宽/cm</td><td>122</td><td>101.6</td><td>108</td><td>91.5</td></tr>
<tr><td colspan="2">特点</td><td>厚度适中,绸面呈现粗细不匀、分布均匀的疙瘩,具有粗犷、大方、自然、组织松软、光泽柔和等风格特征</td><td>绸面粗犷,映射出珠宝光泽,有浓厚手工艺品的特色。织物紧密,富有弹性,坚牢耐用</td><td>绸面呈现双面浮雕效果,具有东方手工艺品的特色</td><td>绸面呈现粗犷的纬浮点,组成具有传统装饰风味的图案。不仅丰富了柞纺大条丝绸的自然美,而且使整个绸面文雅自如</td></tr>
<tr><td colspan="2">用途</td><td>宜作男女西服、妇女套装、室内装饰用品等</td><td>宜作衣料和装饰用绸等</td><td>宜作各种时装面料和装饰用绸</td><td>宜作领带面料及装饰用绸</td></tr>
<tr><td colspan="2">备注</td><td>坯绸经精练、压光加工。属平素柞蚕丝绸类丝织物</td><td>织后经精练。大条丝每隔1.5～4.5m 加上3～4cm 长的纺锤形色疙瘩。属纯柞蚕丝织物</td><td>纹样以结构简练、画法粗犷、装饰趣味强的几何图案和变形写意花卉为主,一般为二色平涂,清满地布局。纹样宽度20cm,长度根据花纹需要而定。坯绸经精练、漂白加工。属柞蚕丝提花绸类丝织物</td><td></td></tr>
</table>

续表

规格 \ 丝织物名称		条格鸭江绸	独花鸭江绸	千山绸	星海绸
英文名		Yajiang checked bourette	unique flower yajiang bourette;duhua Yajiang bourette	qianshan crash;qianshan tussah cloth	xinghai coloured woven pongee
编号					5024/5025
经纬线线密度	经线/dtex（旦）	甲经：1332(1200)精工大条丝 乙经：77.77×3(3/70)柞蚕药水丝	甲经：[38.85(35)6.3s 捻/cm×3]柞蚕水缫丝 乙经：[77.77(70)3.9s 捻/cm×2]柞蚕干缫丝	[38.85(3.5)3.1 z 捻/cm×2]柞蚕水缫丝	[38.85(35)3.1 z 捻/cm×2]柞蚕水缫丝
	纬线/dtex（旦）	甲纬：1332(1200)精工大条丝 乙纬：77.77×3(3/70)柞蚕药水丝	甲纬：38.85×3(3/35)柞蚕水缫丝 乙纬：1332(1200)大条丝(经软化处理)	[122.1(110)疙瘩丝+122.1(110)]柞蚕药水线	[38.85×2(2/35)3.1s 捻/cm×2]柞蚕水缫丝
经纬密度	经线/(根/10cm)	114	598	363	338
	纬线/(根/10cm)	86	232	205	305
经线捻度/(捻/cm)		乙经:3.9,z	甲经:5.5,z; 乙经:3.1,z	4.7,s	4.7,s
纬线捻度/(捻/cm)		乙纬:3.9,z	甲纬:1.6,s	4.2,s	1.6,z
织物组织		平纹组织	花部及地部均为空心袋组织,并互为表里换层组织	平纹组织	平纹组织
质(重)量/(g/m^2)		170	213	113	73
成品幅宽/cm		106.7	114.3	91.5	91.5
特点		绸面粗犷、富丽、挺括、轻薄,有自然美的风格	花型结构新颖,气势浑厚,构思巧妙,艺术效果完美,为高档装饰用绸	疙瘩形状奇异,大小不一,疏密相间散布于绸面,经纬异色交织,色泽鲜艳,风格新颖别致	色泽艳丽,彩光闪烁,质地柔软,绸面爽适,弹性好
用途		主要用作衣料和装饰用绸	宜作高级宾馆及公共场所装饰用绸	主要用作西服和时装面料及装饰用绸	宜做T恤衫、衣裙和各种高档时装

续表

规格 \ 丝织物名称	条格鸭江绸	独花鸭江绸	千山绸	星海绸
备注	总经线1216根，经线排列为甲7、乙14、甲22、乙14、甲7、纬线排列为甲12、乙8、甲20、乙8，依此循环。绸面呈现条格，经精练、漂白加工	是在B2081提花鸭江绸的基础上创新的品种。坯绸经精练、漂白加工	坯绸经松式或呢毯整理，缩水率在2%以内，手感富有弹性	5024大多为经纬异色，经纬色丝对比强烈，色相柔和悦目，色彩含蓄多变，绸面呈突出闪光效果。5025为彩格绸，色泽鲜艳明朗，配色娇嫩醒目，彩格图案配套形成大中小方块、对称格形或变形大格子等图案

规格 \ 丝织物名称		“二六”柞绸(南阳府绸)	集益绸	花边绸
英文名		Nanyang pongee	jiyi crepe damasse	trimming silk
编号			23390	S9427
经纬线线密度	经线/dtex(旦)	77.77/66.66(70/60)或88.88/72.15(80/65)手工缫丝柞丝	75.48(68)半光涤纶丝(在浆丝机上拖水)	甲经：[83.25(75)6捻/cm(s)×2]4捻/cm(z)本白涤纶丝 乙经：277.5(250)有光黏胶丝(色丝练不褪色)
	纬线/dtex(旦)	77.77/66.66(70/60)或88.88/72.15(80/65)手工缫制柞丝	166.5(150)弹力涤纶丝	甲纬：196.8(30英支)富纤纱(本白) 乙纬：277.5(250)有光黏胶丝(练不褪色)
经纬密度	经线/(根/10cm)	312	701	
	纬线/(根/10cm)	354	300	
经线捻度/(捻/cm)			4,s	
纬线捻度/(捻/cm)				
织物组织		平纹组织	地纹为120×80变化绉组织，花纹采用经面和纬面八枚缎纹组织	地部为甲经甲纬平纹，背衬乙经乙纬平纹袋组织，与乙经4枚接结；花部为乙经经花和乙纬纬花
质(重)量/(g/m^2)		85	119	
成品幅宽/cm		91.3	116	

续表

规格＼丝织物名称	“二六”柞绸（南阳府绸）	集益绸	花边绸
特点	质地紧密爽挺，织纹简朴缜密，丝条粗细不匀，绸面有不规则柳档且密布全匹，在灯光照射下丝光若隐若现，犹如珠宝光泽，有独特风格，素有“东方工艺绸”之美称	手感松软丰满，光泽柔和，具有毛型感	绸面具有少数民族服饰横条图案的特征
用途	用作中年妇女服装面料及装饰用绸	用作春秋季妇女连衣裙两件套西服、冬季棉袄等的面料	主要用作少数民族服装镶条、滚条或作少数民族帽子等装饰用绸
备注	南阳府绸即河南柞绸，产于南阳地区，采用手工缫制柞丝，并用竹筘手织机制织	纹样幅宽16.3cm，采用写意或变形花卉为题材，少量掺入大小不同块面的几何图案，以清地或半清地布局。经花和纬花分别用两色涂绘。坯绸经精练、染色整理	是指由黏胶丝和涤纶丝、富纤纱熟织的提花绸类丝织物，由两组经线与两组纬线交织而成。经线排列为甲1、乙1，纬线排列为甲18、(甲1、乙1)×20、甲16。乙纬交织成横条图案，每一条提花图案中间嵌织开缝线以便裁剪。为达到花边富丽，常增添一把梭子嵌织入91.02/96.57dtex(82/87旦)金银皮

规格＼丝织物名称		弹涤绸	隐光罗纹绸	佳丽绸	涤丝透凉绸
英文名		tandi shadow stripe; shadow stripe	yinguang crossover; shadow cross over	*jiali* jacquard silk	polyester filament mock leno; polyester mock leno
编号		23512	G2014		23353
经纬线线密度	经线/dtex(旦)	166.5(150)弹力涤纶丝	33(30)107型或106型单纤维闪光锦纶	甲经：2根140.6(42英支)涤/黏中长混纺纱 乙经：[111.0(100)涤纶弹力色丝+111.0(100)POY涤纶丝]网络加3.9捻/cm(s) 丙经：[166.5(150)低弹涤纶色丝+111.0(100)POY涤纶丝]网络加3.9捻/cm	55.55(50)涤纶丝
	纬线/dtex(旦)	166.5(150)弹力涤纶丝	44.4(40)200型锦纶	184.5(32英支)涤/黏中长混纺纱	55.55(50)涤纶丝
经纬密度	经线/(根/10cm)	410	1100	710	564
	纬线/(根/10cm)	280	400	335	500

续表

规格＼丝织物名称	弹涤绸	隐光罗纹绸	佳丽绸	涤丝透凉绸
经线捻度/(捻/cm)				14,s
纬线捻度/(捻/cm)				14,s
织物组织	$\frac{2}{1}$和$\frac{1}{2}$斜纹组织	罗纹浮组织	地部为$\frac{2}{2}$右斜纹,背衬为乙、丙经平纹,花部为$\frac{3}{1}$斜纹经花	$\frac{3}{3}$假纱组织
质(重)量/(g/m^2)	146	60	277	66
成品幅宽/cm	92.5	93	146	112
特点	绸面呈现隐约直条,质地丰厚,富有弹性和毛型感	绸面闪光含蓄,横罗清晰明亮,质地轻薄挺括爽滑	具有毛织物的手感和弹性,吸湿透气性好,有优良的挺括性和抗皱性,绸面色彩丰富	质地轻薄爽挺,孔稀透气,纱眼清晰
用途	用作男女春秋季服装面料、西式裤料等	宜做妇女夏季衬衣、连衣裙、时装等	宜做时装等	宜作妇女夏季服装面料及窗帘装饰用绸等
备注	经线需机械上浆。坯绸经精练、染色和定型	坯绸经精练、染色(或印花)、定型整理	是指由涤纶丝和黏胶丝织成的半色织提花仿毛绸类丝织物,由三组经线和一组纬线交织而成。布局用混满地,主花分别以甲、乙、丙经与纬线交织,形成三色花。坯绸经精练、染色、拉幅定型等后整理,乙经染元青色,丙经染咖啡色,坯绸染深灰色	坯绸经精练、印花(或染色)、定型处理

规格＼丝织物名称	凉爽绸	菱纹绸	涤爽绸
英文名	polyester/cotton liang-shuang	diamond-pattern silk/ramie faconne	polyester cotton twill
编号			

续表

规格＼丝织物名称		凉爽绸	菱纹绸	涤爽绸
经纬线线密度	经线/dtex(旦)	由2根组成:1根为75(68)涤纶复捻丝,如75(68)2根加捻,另1根为50(45)涤纶丝和15tex(40英支)涤棉纱合股并合	22.20/24.42×2(2/20/22)桑蚕丝(染色)	80(75)涤纶丝
	纬线/dtex(旦)	由2根组成:75(68)两股涤丝和15tex(40英支)涤棉纱	310.8(19英支)苎麻纱(染色)	13tex×2(45英支/2)涤棉股线
经纬密度	经线/(根/10cm)		668	
	纬线/(根/10cm)		265	
经线捻度/(捻/cm)		0.6～0.8,并合捻度为0.4		
纬线捻度/(捻/cm)		0.3～0.4		
织物组织		平纹组织	平纹地小提花,形成的主体图案为菱形	平纹组织
质(重)量/(g/m^2)			109	
成品幅宽/cm			114	
特点		花型一般以格为主,也有条型和提花产品,质地较厚实,耐用,色泽以平素冷色调为主	手感柔软,光泽优雅,质地轻盈飘逸,透气性好,吸湿散湿快,挺括不贴身	绸面呈波浪形横向条纹,这是由于纬丝比经丝粗而形成的。织物紧密,弹性好,抗皱性强,易洗快干,经热定型整理后,具有洗可穿的特性
用途		宜做衬衫、两用衫、女装、夏装、裙子等	宜做妇女高档时装等	宜做衬衫、女装、两用衫、男女夏装、裙子等
备注		是用平纹组织制织的色织丝绸	是指由桑蚕丝和苎麻纱交织的色织小提花绸类丝织物,因选择菱形图案作为织物的主体图案,故名。经丝可染成5～6色而以淡色调为主,各种色丝恰当排列,纬丝采用一色,也以淡色为主,一般选用浅米色和灰色,以体现麻的风格。坯绸经抗皱柔软整理和生物酶整理,可以防止织物手感粗糙和刺痒感,也可匹染	近似凉爽绸的绸织物,以平纹组织织制的色织产品

续表

规格 \ 丝织物名称		涤丝塔夫绸(涤塔夫)	细格纬弹麻	蓓花绸(纬高花丝绸)
英文名			polyester fine latlice weft batiste	dyed rayon/polyamide mixed brocatelle
编号				
经纬线线密度	经线/dtex(旦)	80(68)半光涤纶丝	甲经:[111.0(100)POY涤纶丝+222.0(200)FDY涤纶丝]网络加8捻/cm 乙经:[111.0(100)钻石丝+111.0(100)低弹涤纶丝]网络加4捻/cm 丙经:[111.0(100)黄棕色人造丝+111.0(100)阳离子涤纶丝]网络	80(70)有光色黏丝
	纬线/dtex(旦)	2根80(68)半光涤纶丝	甲纬:[277.5(250)DTY低弹涤纶丝+44.40(40)氨纶丝]包缠 乙纬:[222.0(200)DTY低弹涤纶丝+44.40(40)氨纶丝]包缠 丙纬:111.0(100)黄棕色人造丝	甲纬:3根130(120)有光色黏丝,常染成大红、姜黄、雪青、藕荷等色 乙纬:80(70)本白半光锦纶丝
经纬密度	经线/(根/10cm)	466		600
	纬线/(根/10cm)	312		434
经线捻度/(捻/cm)		3.15	甲经:8;乙经:4	1.58
纬线捻度/(捻/cm)				
织物组织		平纹组织	平纹变化组织	纬重双层提花组织
质(重)量/(g/m^2)			372	
成品幅宽/cm		91~93	156	72~81
特点		绸面平挺光洁,色泽鲜艳,手感滑爽,质地轻薄,做工艺品人造花显得细腻,形态逼真	经条和纬条形成的细格隐条中,钻石丝形成的直条耀眼亮丽,点粒状人造丝跳跃状散落其中,风格别致、新颖,质地厚实,手感柔软,弹性颇挂,穿着挺括、舒适	花纹凸出绸面,花纹饱满、立体感强,色泽鲜艳,光泽好
用途		宜做防酸碱的工作服、罩衫、艺装、时装及绣饰品、工艺品、绢花等	宜做时装、夹克衫等	宜做衬衫、女装、罩衣、袄面、艺装、民族装等

续表

规格＼丝织物名称	涤丝塔夫绸（涤塔夫）	细格纬弹麻	蓓花绸（纬高花丝绸）
备注	一般为生织白坯，故可练白、增白，采用分散等染料染成各种色相的品种。缩水率约为1%，裁剪前不需下水预缩。成衣挺括，抗皱性能强，耐穿用	是指由涤纶丝、人造丝和氨纶丝交织成的、有细格的半色织绸类丝织物，由三组经线和三组纬线交织而成。经、纬线根据格子的大小呈间隔有规律性的排列。坯绸经漂练、套染色、拉幅定型等后整理，多套染成深色绸	织物经过膨化和热定型处理后，纬向锦纶丝的高度收缩，使黏丝纬花更加突出，故蓓花绸又称为纬高花丝绸。缩水率为8%左右，裁剪前需先下水预缩或在背面喷水预缩，成衣悬垂性好，吸湿性强，应尽量少洗涤

规格＼丝织物名称		直隐绸	灵芝格	似纱绸	意纹绸	长乐绸
英文名		zhiyin taffeta pointille; iridescent pointille taffeta	*lingzhi* gingham	sisha jacquard mock leno; jacquard mock leno	yiwen poplin brocade	changle jacquard sand crepe
编号		23174		23508	23510	S9213
经纬线线密度	经线/dtex（旦）	33.3(30) 107 型或108型、106型单纤维闪光锦纶丝	甲经：22.20/24.42（20/22）桑蚕丝8捻/cm×2]6捻/cm反向熟丝(染色) 乙经：83.3×2(120公支/2)桑绢丝(加白)	75.48（68）涤纶丝	甲经：55.5(45)半光涤纶丝 乙经：166.5(150)弹力涤纶丝	75.48（68）半光涤纶丝
	纬线/dtex（旦）	77.77(70)半光锦纶丝	甲纬：83.3×2(120公支/2)桑绢丝(加白) 乙纬：97.2×2(60英支/2)丝光烧毛棉纱(染色)	75.48（68）涤纶丝	75.48（68）涤纶丝	甲纬：166.5(150)低弹涤纶丝 乙纬：22.2(20)单纤锦纶丝
经纬密度	经密/(根/10cm)	1020	550	477	789	475
	纬密/(根/10cm)	342	300	460	340	540
经线捻度/(捻/cm)			甲经：6	8	甲经：8，s；乙经：2，s	8，s
纬线捻度/(捻/cm)				8		

续表

规格＼丝织物名称	直隐绸	灵芝格	似纱绸	意纹绸	长乐绸
织物组织	以平纹为基础,嵌织规则浮经组织	平纹变化组织	在$\frac{3}{3}$假纱组织地部形成平纹和变化假纱及浮纬花纹	甲经和乙纬交织平纹,背衬乙经8枚组织,构成乙经经花和乙经罗纹组织	以乙纬与经交织四季呢组织为地,起甲纬纬花
质(重)量/(g/m^2)	70	87(桑蚕丝67%,棉33%)	80	125	97
成品幅宽/cm	92.5	114	115	115.5	93
特点	绸面闪光耀目,质地轻薄爽挺	桑蚕丝在织物上形成光泽亮丽、具有小提花花纹的细条,桑绢丝在织物上形成光泽柔和、手感舒适的质地,棉纤维具有穿着的舒适性和透气性,并可降低产品的成本	花地分明,质地刚糯爽挺,花纹孔眼清晰,图案风格别致	质地柔爽,弹性好,绸面丰满少光泽,外观犹如毛织物,质地丰厚疏松	借鉴传统的刺绣艺术,充分运用不同的组织结构来代替刺绣的各种针法,花型布局虚实相生,层次分明,是别具一格的仿刺绣产品,质地适中,手感柔软,富有弹性
用途	宜作男女夏季各式服装面料	宜做服装、童装等	用作室内或宾馆窗帘用绸	主要用作妇女春、秋季两用衫、冬季服装面料	宜作妇女秋冬季外衣面料
备注	坯绸经精练、印花或染色、定型。锦纶单纤维截面呈三角形,有直接反射光线的性能,故织物有闪光的特征	是指由桑蚕丝、桑绢丝与棉纱交织的色织绸类丝织物,由两组经线和两组纬线交织而成。坯绸经柔软拉幅整理	纹样幅宽15cm,纹样题材以块面图案或变形花卉为主。坯绸经精练、染色、定型和柔软处理	纹样宽18cm,采用粗线条和小块面构成写意或变形花卉图案,清地布局,在空地部分嵌满不很规则的细线条,整幅纹样宾主呼应,主题突出,但要注意图形面积不宜过于细碎繁琐。坯绸经染色、定型整理	坯绸经精练、染色、定型整理

规格＼丝织物名称	环涤绸	时新绸	华华绸
英文名	huandi huckaback; polyamide/textured polyester huckaback	shixin jacquard sand crepe; fashion jacquard sand crepe	*huahua* brocaded poplin

续表

规格 \ 丝织物名称		环涤绸	时新绸	华华绸
编号		S9227	S9214	
经纬线线密度	经线/dtex(旦)	甲经:77.77(70)半光锦纶丝 乙经:77.77(70)涤纶加工丝	75.48(68)半光涤纶丝	133.2(120)有光黏胶丝(机械上浆)
	纬线/dtex(旦)	甲纬:77.77(70)半光锦纶丝 乙纬:77.77(70)涤纶加工丝	111.1(100)涤纶低弹丝	166.5(150)有光黏胶丝
经纬密度	经线/(根/10cm)	447	480	740
	纬线/(根/10cm)	415	297	340
经线捻度/(捻/cm)		甲经:8,s;乙经:8,s	8,s	
纬线捻度/(捻/cm)				
织物组织		变化组织	以变化呢地组织为地,配置小型经浮或纬浮形成的花纹	平纹变化组织地上起八枚缎纹及斜纹、双经平纹暗花
质(重)量/(g/m^2)		77	85	162
成品幅宽/cm		93	92	114
特点		轻薄挺括,织纹图案细巧精致,弹性好。两种原料对染料吸色性能不同,染色后呈现双色效果,适当配置的平纹和经纬浮组织,使绸面微呈凹凸状,风格新颖别致	具有蓬松柔软、弹性好、花纹隐约含蓄的风格特征	手感滑爽,织纹细洁雅致,光泽柔和,悬垂性好
用途		宜作连衣裙、衬衫等用绸	主要用作夏季衬衫、连衣裙等衣料	宜做妇女服装及落地窗帘等装饰用绸
备注		经纬线排列均为甲8、乙8,以此循环。坯绸经精练、染色(或印花,涤纶丝留白)、定型处理	坯绸经精练、松式染色(或印花)、拉幅烘干、热定型整理	是指由纯黏胶丝作经纬线的白织提花绸类丝织物。坯绸经退浆、染色、单机整理

规格 \ 丝织物名称	时春绸	荧星绸	意新绸
英文名	shichun jacquard sand crepe; spring jacquard sand crepe	*yingxing* polyester/silk pongee	yixin jocquard sand crepe; novel jacquard sand crepe
编号	S9270		S9022

续表

规格 \ 丝织物名称		时春绸	荧星绸	意新绸
经纬线线密度	经线/dtex(旦)	49.95(45)半光涤纶丝	甲经:83.25(75)有光黏胶丝和83.25(75)有光异形涤纶丝加6捻/cm 乙经:83.25(75)有光异形涤纶丝加6捻/cm	75.48(68)半光涤纶丝
	纬线/dtex(旦)	111.1(100)低弹涤纶丝	22.20/24.42×4(4/20/22)桑蚕丝	166.5(150)低弹涤纶丝
经纬密度	经线/(根/10cm)	593	560	480
	纬线/(根/10cm)	284	380	295
经线捻度/(捻/cm)		8,s		8,s
纬线捻度/(捻/cm)				
织物组织		以变化呢地组织为地,配置小型经浮或纬浮形成的花纹	地纹为120×120四季呢地,花纹为乙经经花,并加以平纹包边	
质(重)量/(g/m²)		70	地部77(地部原料含量:真丝40%,黏胶纤维56%,涤纶4%)	103
成品幅宽/cm		93	110	92
特点		具有蓬松柔软、弹性好、花纹隐约含蓄的风格特征	利用黏胶丝、涤纶和真丝对染料吸色性能的不同,采用白织的手法,使染色后的织物具有色织的效果;再利用组织结构与捅丝(用捅刀切断)、剪毛工艺的配合,使织物表面具有绣花的感觉	
用途		主要用作夏季衬衫、连衣裙等衣料	宜做春、秋季服装等	
备注		坯绸经精练、松式染色(或印花)、拉幅烘干、热定型整理	是指由黏胶丝和涤纶丝、桑蚕丝交织的白织提花绸类丝织物,由两组经线和一组纬线交织而成。坯绸捅断、剪毛工艺后进行精练、染色、定型处理	

续表

规格＼丝织物名称		春美绸	虞美绸	涤丝直条绸
英文名		chunmei jacquard sand crepe; spring beautiful jacquard sand crepe	yumei spun silk jacquard	polyester striped batiste
编号		S9023		
经纬线线密度	经线/dtex(旦)	50(45)半光涤纶丝	166.7×2(60公支/2)桑绢丝	甲经:33.3(30)涤纶丝 乙经:55.55(50)涤纶丝
	纬线/dtex(旦)	167(150)低弹涤纶丝	甲纬:208.3(48公支)羊毛纱 乙纬:196.8(30英支)强捻黏纤纱	55.55(50)涤纶丝
经纬密度	经线/(根/10cm)	593	350	753
	纬线/(根/10cm)	285	280	420
经线捻度/(捻/cm)		8,s		12,s
纬线捻度/(捻/cm)				
织物组织		以变化呢组织为地,配置小型经浮或纬浮形成的花纹	平纹双层组织	变化平纹组织
质(重)量/(g/m²)		90	182(原料含量:桑绢丝67%,羊毛17%,黏胶纤维16%)	61
成品幅宽/cm		93	110	113.5
特点		具有蓬松柔软、弹性好、花纹隐约含蓄的风格特征	产品兼容桑绢丝与羊毛的特点,外观厚实,手感舒适,弹性好;采用双层织物组织,利用一组纬线的强收缩效果,辅以流畅的大小适中的纹样,使花纹立体感强,织物高贵、雅致	绸面平挺滑爽,地纹上呈现紧密清晰的条状花纹
用途		主要用作夏季衬衫、连衣裙等衣料	宜做各种高级秋、冬季时装等	主要用于制作妇女衬衫、连衣裙、头巾等服饰
备注		坯绸经精练、松式染色(或印花)、拉幅烘干、热定型	是指由桑绢丝与羊毛纱、黏纤纱交织的白织大提花绸类丝织物,由一组经线与两组纬线交织而成。坯绸需在松弛设备上进行练染,染料必须选用同时能上染桑绢丝、羊毛、黏纤纱的染料,并需经柔软整理	坯绸经精练、印花、定型整理。成品质地较轻薄,在隐约明快的织纹条子上,尚可印染鲜艳的花纹图案

续表

规格 \ 丝织物名称		夏衣纱	泡闪绸	营营绸
英文名		xiayi mock leno;mock leno for summer clothing	paoshan cloque silk	yingying sand crepe; fluorescent sand crepe
编号		22075		57401
经纬线线密度	经线/dtex(旦)	甲经:166.5(150)涤纶弹力丝 乙经:83.25(75)变性涤纶丝	[75.48(68)DTY 高弹涤纶丝+55.50(50)POY 涤纶丝]8 捻/cm	44.4(40)200 型半光锦纶丝
	纬线/dtex(旦)	83.25(75)变性涤纶丝	甲纬:66.60(60)DTY 高弹涤纶丝 乙纬:277.5(250)有光黏胶丝(纬线排列为:甲 2、乙 2)	33.3(30)107 型或 106 型截面呈三角形闪光锦纶丝
经纬密度	经线/(根/10cm)	399	769	619
	纬线/(根/10cm)	356	320	485
经线捻度/(捻/cm)		4.7,s	8	3,s
纬线捻度/(捻/cm)		6.3,s		
织物组织		平纹变化组织	地部为重四枚与重四枚变化组织的复合组织,花部为双层袋组织或双层接结	绉组织
质(重)量/(g/m²)		80	285	48
成品幅宽/cm		91.5	135	93.5
特点		质地轻薄挺括,绸面有浮雕感,具有色织风格。利用两种纤维吸色性能的不同,染色后织物呈现异色效应	手感柔软、滑糯,透气性好,富有弹性,毛感强,绸面有柔和的光泽和皱褶的闪光形成的双绉效应,风格独特	具有绸身轻薄爽挺、外观闪光、泥点织纹隐约模糊的特征
用途		宜作夏季衣料及装饰用绸	宜做套装、裙子等	宜作男女夏季各式新颖服装面料和头巾用料等
备注		坯绸经精练、染色、定型	是指由涤纶丝、普通涤纶丝和黏胶丝织成的白织提花绸类丝织物,由一组经线与两组纬线交织而成。坯绸经精练、染色、拉幅定型等后整理。染色时采用分散性染料在高温高压下将两种涤纶丝染成深色,黏胶丝染成浅色,达到双色闪光效果,精练和染色后织物的经向缩率达 20%,纬向缩率达 25%,织物可产生波浪形的绉效应	坯绸经印花或染色、定型整理

续表

规格＼丝织物名称		涤尼交织物	黏涤绸	浮纹花绸
英文名		polyester/nylon mixed union fabric	polyester polyamide interweave fiqured habutae	matelasse silk-like fabric; fuwen matelasse
编号				53462
经纬线线密度	经线/dtex(旦)	111.1/36f 涤纶牵伸丝	19.7tex(30 英支)黏(85%)涤(15%)混纺纱	甲经:111.0(100)有光黏胶丝加 6 捻/cm 乙经:同甲经
	纬线/dtex(旦)	75.6/18f 锦纶有光丝	18tex(32 英支)黏(85%)涤(15%)混纺纱	甲纬:111.0(100)有光黏胶丝 乙纬:196.8×2(30 英支/2)有光人造棉纱(分别染色)
经纬密度	经线/(根/10cm)	600	268	775
	纬线/(根/10cm)	370	234	190
经线捻度/(捻/cm)				甲、乙经:6
纬线捻度/(捻/cm)				
织物组织		平纹组织	平纹组织	在地部浮纹乙纬纬花上提出甲纬纬花、五枚经缎纹和平纹变化袋组织等
质(重)量/(g/m^2)		130(无浆干重)		198
成品幅宽/cm			91.5	76
特点		织物手感柔软滑糯,布面呈双色微绉效应,光泽若隐若现,具有独特的外观风格	布边平直,布面平整光洁,布身轻薄而有身骨,手感柔软、滑爽,具有较好的悬垂性、透气性和丝绸风格,穿着舒适高雅	手感柔软,质地疏松,花地分明
用途		宜做男女各式夹克衫,羽绒服、运动装、休闲服等	宜做衬衫、时装、女装、罩衫、童装、裙子及窗帘、床上用品等	宜做妇女上装、两件套服装等
备注		是长丝织物		是指由黏胶丝和人造棉纱织成的提花绸类丝织物,由两组经线和两组纬线交织而成。纹样幅宽 18.5cm,题材以写意花卉为多,五枚缎以中小块面平涂为主花,甲纬纬花隐约衬托,地纹纬花要用流畅线条切断组成嵌地图案。织后坯绸不经处理

续表

规格 \ 丝织物名称		涤纤绸	圆明绸	茜丽绸(茜利绉)
英文名		polyester oxford	yuanming twill jacquard lame	grosgrain
编号				
经纬线线密度	经线/dtex(旦)	甲经:2 根 75(68)半光涤纶丝 乙经:1 根 75(68)半光涤纶丝和 1 根 13tex(45 英支)涤(65%)棉(35%)混纺纱并合	甲经:50×2(200 公支/2)绢丝(藏青色) 乙经:0.025mm(0.01 英寸)涤纶金皮(95 旦)	130(120)无光黏丝
	纬线/dtex(旦)	13tex(45 英支)涤(65%)棉(35%)混纺纱	甲纬:277.8(36 公支)苎麻纱(浅荠菜绿) 乙纬:82.3×2(120 公支/2)桑蚕丝(枇杷黄色) 丙纬:277.8(36 公支)苎麻纱(深栗棕色)	同经线
经纬密度	经线/(根/10cm)	356	840	780～820
	纬线/(根/10cm)	376	550	400～440
经线捻度/(捻/cm)		3.15		1.2
纬线捻度/(捻/cm)		2.36		1.1～1.3
织物组织		平纹组织	地组织为双经斜纹,花组织为变化组织	缎纹和绉组织联合组织
质(重)量/(g/m^2)			218(原料含量:桑蚕丝 52%,苎麻 47%,涤纶 1%)	
成品幅宽/cm		91～92	119	91～127
特点		绸面平整呈隐条纹,手感滑挺,成衣易洗、快干、免熨烫	织物选用具有明显时代特征的纹样和颜色,配以各种不同风格的组织结构,利用麻纤维的特殊风格,使产品精致与粗犷相得益彰	绸的正面呈绉纹状,反面多呈平滑的缎纹,光泽自然,手感滑糯活络,有毛型感。色泽以中深色为主,鲜艳漂亮
用途		宜做中式便装、棉衣裤、女装、罩衣、童装等	宜做中式时装及高级室内装饰用绸等	宜做男女上装、中式便装、衬衫、童装等
备注		用涤纶丝与涤棉混纺纱交织的平纹化纤绸。一般甲、乙经各为正捻和反捻,间隔排列或按花型排列。缩水率为 1%～2%,裁剪前不需下水预缩,洗涤时水温不宜过高,宜轻轻揉搓	是指由桑蚕丝、涤纶金皮与桑绢丝、苎麻纱交织的色织提花绸类丝织物,由两组经线与三组经线交织而成。坯绸经过柔软整理	缩水率在 10%左右,裁剪前需先下水预缩或喷水预缩,洗涤时宜轻揉轻搓,要随浸随洗,不宜长时间浸泡,洗涤时宜轻揉轻搓,要随浸随洗,不宜长时间浸泡

续表

规格 \ 丝织物名称		绒花绸	织绣绸
英文名		ronghua jacquard poult; jacquard rayon velvet	zhixiu jacquard poult; jacquard rayon poult
编号			53158
经纬线线密度	经线/dtex(旦)	133.3(120)有光黏胶丝	甲、乙经:133.2(120)有光黏胶丝(色)(机械上浆)
	纬线/dtex(旦)	133.3(120)有光黏胶丝	甲、乙纬:133.2(120)有光黏胶丝(色)
经纬密度	经线/(根/10cm)	458	771
	纬线/(根/10cm)	370	300
经线捻度/(捻/cm)			
纬线捻度/(捻/cm)			
织物组织		在平纹地上起出五枚经缎纹花和满地嵌纹纬花	在甲经平纹地上起甲经经花,乙经经花和乙经平纹暗花
质(重)量/(g/m^2)		114	147
成品幅宽/cm		111.5	113.5
特点		质地轻薄柔和,手感舒挺平滑,花地分明	质地平整柔滑,色纹光亮文静,具有织花和绣花效果
用途		宜作妇女春秋季夹袄、冬季棉袄及中西式各式服装面料	宜做妇女服装、儿童外套和斗篷
备注		经纬丝分别染成异色或同色。纹样宽18cm,题材以写意或变形花卉为主,一色经花为主花,另一色组成满地以及在经花中嵌入少量纬花,纬花以点形组成各种图案,在经花外缘再用一色平纹组织包边,整幅纹样连地色四色。经花宜为块面,造型简练,尽量避免细碎。坯绸经退浆和硬挺剂及单滚筒机整理	具有织花和绣花效果故名。纹样宽18.7cm,题材为写意花卉或变形花卉,以一色平涂。注意浮经组织经花,其经向浮长不宜过长,另用一色平纹组织衬托。坯绸经退浆和单滚筒机整理

续表

规格 \ 丝织物名称		波纹绸
英文名		goffered silk; watered silk; bowen silk
编号		
经纬线线密度	经线/dtex(旦)	22.20/24.42×2(2/20/22)低捻桑蚕丝(染色)
	纬线/dtex(旦)	甲纬:73.8(80 英支)大豆蛋白丝×2 加 23 捻/cm(染色) 乙纬:184.5(32 英支)天丝染色纱 丙纬:155.4(144)DTY 涤纶丝(染色)
经纬密度	经线/(根/10cm)	845
	纬线/(根/10cm)	700
经线捻度/(捻/cm)		
纬线捻度/(捻/cm)		
织物组织		表里换层的夹层式双层组织,即地组织为$\frac{2}{3}$,经线作表经与甲纬交织成表层平纹,$\frac{1}{3}$经线作里经与乙纬交织成里层平纹,丙纬入芯处在表里层间;花组织为$\frac{2}{3}$经线作表经与乙纬交织成平纹,$\frac{1}{3}$经线作里经与甲纬交织成平纹,丙纬入芯处在表里层间
质(重)量/(g/m^2)		245
成品幅宽/cm		142
特点		具有优良的柔软性、导湿透气性和保暖性,质地丰满厚实,富有弹性,穿着舒适,配之波纹图案,具有较强的动感
用途		宜做秋、冬季时装等
备注		是指由桑蚕丝与大豆蛋白丝、天丝(Tencel)等纤维交织的大提花色织绸类丝织物,由一组经线与三组纬线交织而成。纬线排列为:甲 2、乙 1、丙 1。原料含量为桑蚕丝 25%,大豆蛋白丝 27%,天丝纱 20%,涤纶丝 28%。坯绸经柔软整理即成为成品,具有流行的外观和风格

续表

规格＼丝织物名称	双花绸	乔舒绸	正反花绸
英文名	shuanghua jacquard fialle; double pattern rayon poult	*qiaoshu* silk/spandex union twill	zhengfan damask; double face rayon/acetate damask
编号	53170		
经纬线线密度 经线/dtex(旦)	133.2(120)有光黏胶丝	22.20/24.42×2(2/20/22)桑蚕丝	[66.66(60)8s 捻/cm×2]白色有光醋酯丝
经纬线线密度 纬线/dtex(旦)	166.5(150)有光黏胶丝	[22.20/24.42×2 桑蚕丝+22.20(20)氨纶丝]包缠加 18 捻/cm(2s、2z)	166.5(150)有光黏胶丝(色)
经纬密度 经线/(根/10cm)	746	1290	746
经纬密度 纬线/(根/10cm)	290	560	300
经线捻度/(捻/cm)	6,s	10	6,z
纬线捻度/(捻/cm)			
织物组织	在平纹变化组织地上起纬缎纹花以及单经双纬平织花	四枚斜纹	地部组织为变化经缎纹,花部为变化纬缎纹与纬花二重经平纹组织
质(重)量/(g/m²)	159	90	159
成品幅宽/cm	114	140	114
特点	手感丰满松软,织纹精致变化多	穿着舒适而有弹性,质地软糯,绉效应使其绸面光泽柔和	具有手感爽挺,外观效果类同双花绸的特征
用途	宜做妇女春秋季时装和冬季服装袄面等	宜做紧身衣、旗袍、吊带裙、体操服、泳衣等	主要用作妇女春秋季夹袄、冬季棉袄面料等
备注	经、纬分别染成异色。纹样宽 19cm,题材为满地不规则变形花卉,纹样连地用四色,以纬花和不规则平纹变化组织为主。织物色织不练	是指由桑蚕丝和氨纶丝交织的白织绸类丝织物。原料中桑蚕丝含量 92%,氨纶丝含量 8%。坯绸经精练、染色、拉幅定型等后整理	经、纬分别染成异色。产品系色织,不经练整工艺

规格＼丝织物名称	大众绸	毛涤绢	大同绸
英文名	dazhong brocaded poplin; popular brocaded rayon poplin	wool/polyester silk cloth	datong brocaded poplin; datong brocaded rayon poplin
编号	54810		54804

续表

规格 \ 丝织物名称		大众绸	毛涤绢	大同绸
经纬线线密度	经线/dtex(旦)	133.2(120)有光黏胶丝	196.1(51公支)毛涤黏混纺纱加7.5捻/cm(z)(混纺比例:毛30%、涤纶40%、黏胶30%)	133.2(120)有光黏胶丝(需经机械上浆)
	纬线/dtex(旦)	133.2(120)有光黏胶丝	83.3×2(120公支/2)绢丝加6.2捻/cm(s)(半烧毛)	133.2(120)有光黏胶丝
经纬密度	经线/(根/10cm)	365	350	452
	纬线/(根/10cm)	265	278	220
经线捻度/(捻/cm)			7.5,z	
纬线捻度/(捻/cm)			6.2,s	
织物组织		织物地部平纹为基础组织嵌入零星细小经浮点,具有泥组织效果,花部八枚经缎,八枚纬缎以及全浮经花和全浮纬花	平纹组织	在平纹地组织上起八枚经缎和纬浮花
质(重)量/(g/m^2)		81		90
成品幅宽/cm		91.5	160	71
特点		经纬密度疏松,质地较轻薄,手感柔软,花纹明亮	因采用多种纤维,织物染色后有混色效应,绸面色彩丰富,纱支较细而织物手感柔软,质地轻薄挺括,抗皱性能好,富有弹性,易洗快干	绸面平滑,花纹光亮突出
用途		宜作寿衣用料或装饰用绸	宜做高档衬衣等	主要用作寿衣用料及装饰用绸
备注		纹样宽18cm,题材以不规则变化花卉或几何图案,清地或半满地布局,空地上嵌入有规律地纹组织点子,连同地色共需三色绘画纹样。坯绸经精练、染色、单机整理	是指由毛涤黏混纺纱和绢丝交织的白织绸类丝织物。坯绸经退浆、烧毛、染色、罐蒸等工艺,经精练剂和适量的双氧水漂洗,退浆要彻底,加入少量缩呢剂,产品手感丰满,烧毛采用二反二正工艺,毛羽清除彻底,染色后涤纶留白,效果很好	纹样宽18cm,纹样题材一般采用中小型清地写实散点均匀排列,可用一色平涂。因花地组织结构松紧程度相差较大,为了保持织物平挺,故花纹块面不宜过大,布局不宜过满,花纹排列要均匀。坯绸经退浆、单机整理、精练、染色,呈单色

续表

规格 \ 丝织物名称		体体喜	益民绸
英文名		TTC pongee	yimin brocaded poplin
编号			84351
经纬线线密度	经线/dtex(旦)	83.25/72f(75/72f)低弹涤纶网络丝	83.25(75)有光黏胶丝(经机械上浆)
	纬线/dtex(旦)	130(45英支)涤/棉混纺纱	133.2(120)有光黏胶丝
经纬密度	经线/(根/10cm)	660	794
	纬线/(根/10cm)	370	320
经线捻度/(捻/cm)			
纬线捻度/(捻/cm)			6
织物组织		平纹组织	以平纹组织地上提出八枚经缎纹花
质(重)量/(g/m^2)			110
成品幅宽/cm		150	73.5
特点		手感柔软滑爽,光泽柔和,透气性好	质地属中薄型,手感平滑,缎花光亮,地纹色光柔和,具有隐约可见的横水波纹效果
用途		宜做羽绒服、内衣等	宜作冬季棉袄面料、儿童斗篷面料及被面等
备注		又称TTC,是指用涤纶丝作经线、涤/棉混纺纱作纬线织成的白织绸类丝织物。坯绸经退浆、练白、轧光、拉幅定型等后整理	纹样宽18cm,题材以清地中小花型为多,用两色平涂,一色代表八枚经缎,另一色代表浮经组织。坯绸经染色、单机整理

规格 \ 丝织物名称	曙光绉	亮丽绸	争春绸
英文名	shuguang brocade; dawn rayon brocade	liangli polyester/nylon union silk	zhengchun brocade; dyed/bright rayon brocade
编号	54101		53163

续表

规格 \ 丝织物名称		曙光绉	亮丽绸	争春绸
经纬线线密度	经线/dtex(旦)	四组经丝分别为各种不同颜色的133.2(120)有光黏胶丝和133.2(120)无光黏胶丝。如:甲经为元色有光黏胶丝,乙经为白色无光黏胶丝,丙经为大红色无光黏胶丝,丁经为翠绿色无光黏胶丝(各组经线的排列比为1:1:1:1)	55.50/36f(50/36f)有光异形涤纶丝	133.2(120)有光黏胶丝(色)(机械上浆)
	纬线/dtex(旦)	甲纬:83.25(75)元色有光黏胶丝 乙纬:83.25(75)白色无光黏胶丝(甲乙纬排列比为1:1)	77.70(70)半光锦纶丝	甲、乙纬均为133.2(120)有光黏胶丝(色)
经纬密度	经线/(根/10cm)	1240	437	633
	纬线/(根/10cm)	600	400	440
经线捻度/(捻/cm)				3,s
纬线捻度/(捻/cm)				
织物组织		以平纹交织,斜纹固结	平纹组织	地部采用甲纬与经线交织成单经平纹,背衬乙纬8枚缎纹,花部为甲纬纬花,背衬乙纬平纹,乙纬纬花背衬甲纬平纹。为了丰富花形层次,还嵌入少量乙纬与经线交织成平纹的暗花
质(重)量/(g/m²)		219	65 (涤纶丝41%,锦纶丝59%)	142
成品幅宽/cm		72	140	93
特点		系黏胶丝色织多组经、纬提花绸类织物。质地厚实平挺,织纹简洁,变化多样,色彩绚丽,富有多种明暗层次,是中国传统多层次花纹图案的提花绸	绸面细洁,手感柔软、挺括,光泽柔和	绸面平挺厚实,富有光泽,花型层次丰富,风格新颖别致
用途		主要用作妇女秋冬季服装面料	宜做春、秋季两用衫等	宜作妇女秋冬季服装面料

续表

规格＼丝织物名称	曙光绉	亮丽绸	争春绸
备注	纹样宽72cm，题材为块面写意花卉或几何形组织图案，清地半清地布局，根据四组彩经和两组色纬组合排列八种颜色的组织效果，纹样上选用连底色八种颜色平涂绘画，在花纹侧影处适当嵌有影光芝麻泥点，以增强花纹立体效应。坯绸经低温退浆整理	是指由异形涤纶丝和半光锦纶丝交织成的白织绸类丝织物，因绸面有闪亮光泽，故名。坯绸经精练退浆、碱减量、染色或印花、拉幅定型等后整理	纹样宽19cm，题材大多采用中小型混合泥地自然花卉或写意花卉，以线、面处理花纹半清地散点排列。坯绸经退浆、单机整理

规格＼丝织物名称		三组分绸			花大华绸
英文名		tri-component warp silk			huadahua damask；bright rayon patterned damask
编号		规格1	规格2	规格3	54803
经纬线线密度	经线/dtex(旦)	甲经：2根131.2(45英支)大豆蛋白纤维纱 乙经：388.5(350)涤纶丝 丙经：2根281.2(21英支)苎麻纱	甲、乙经：同规格1的甲、乙经 丙经：2根168.7(35英支)羊毛纱	甲、乙经：同规格1的甲、乙经 丙经：281.2(21英支)苎麻纱	133.2(120)有光黏胶丝(机械上浆)
	纬线/dtex(旦)	2根131.2(45英支)大豆蛋白纤维纱	同规格1	同规格1	166.5(150)有光黏胶丝
经纬密度	经线/(根/10cm)	478	468	481	505
	纬线/(根/10cm)	240	220	200	220
经线捻度/(捻/cm)					
纬线捻度/(捻/cm)					
织物组织		单层与经二重组织形成的联合组织，即涤纶丝织单层，另两种原料织经二重，大豆蛋白纤维纱作里经			在五枚经面地纹上起8枚纬花
质(重)量/(g/m²)					100
成品幅宽/cm		150	150	150	71
特点		具有真丝绸的外观，羊绒般的手感，服用舒适的特点			绸面光亮平滑，花地分明

续表

规格 \ 丝织物名称	三组分绸	花大华绸
用途	宜做时装、春秋装外衣等	宜作妇女、小孩服装、斗篷等用绸
备注		纹样宽17.5cm,题材以写意或写实花卉为主,清地布局,纬花可用纬缎纹影光,斜纹影光以及纬花上切出各种几何图案,块面宜粗壮,若花形过于细碎,则效果不理想。坯绸经退浆、染色、单滚筒整理

规格 \ 丝织物名称		人丝花绸	经弹罗缎	形格绸
英文名		rayon twill damask	warp-elastic faille	xingge broken twill; polyester/polynosic mixed broken twill
编号		53177		63363
经纬线线密度	经线/dtex(旦)	83.25(75)有光黏胶丝(经机械上浆)	83.25(75)DTY涤纶丝+44.4(40)氨纶丝,用空气网络形成网络丝	[49.95(45)6s捻/cm×2]涤纶丝
	纬线/dtex(旦)	133.2(120)无光黏胶丝	583(10英支)气流纺人造棉纱	14.8tex×2(40英支/2)富纤纱
经纬密度	经线/(根/10cm)	633	394	578
	纬线/(根/10cm)	310	268	300
经线捻度/(捻/cm)				4,z
纬线捻度/(捻/cm)				
织物组织		在四枚纬面斜纹地纹上起八枚经面缎纹组织花	平纹组织	以$\frac{1}{3}$和$\frac{3}{1}$破斜纹组织相间排列成条状交织
质(重)量/(g/m^2)		122		172
成品幅宽/cm		92.5	147～150	93
特点		花纹织纹精致文雅,光泽柔和,质地滑挺舒适	弹力伸长率可达35%,绸面平整,手感柔软,穿着舒适,价格便宜	手感挺括,弹性好,色光柔和,条子隐约似仿毛织物
用途		多用作男女棉袄面料、马夹装饰等	宜做夹克衫,裤子等	用作西服面料、棉袄面料、裤料等

续表

规格 \ 丝织物名称	人丝花绸	经弹罗缎	形格绸
备注	纹样宽13.1cm，题材以团花、寿字、八仙等民族纹样，清地、半清地布局，一色平涂绘画。坯绸经退浆、染色整理	是指由涤纶/氨纶包覆丝和人造棉纱交织成的白织绸类丝织物。坯绸经精练、染色、拉幅定型等后整理	坯绸经精练、染色、定型

规格 \ 丝织物名称		丝麻格	锦绣绸
英文名		sima chenille bourette	jinxiu twill damask; polyamide/rayon mixed twill damask
编号			89380
经纬线线密度	经线/dtex(旦)	甲经：22.20/24.42×2(2/20/22)桑蚕丝 乙经：1250(8公支)黏胶雪尼尔纱	77.77(70)半光锦纶丝
	纬线/dtex(旦)	甲纬：55.50/36f(50/36f)涤纶异形丝 乙纬：1312.2(4.5英支)竹节麻纱	166.5(150)有光黏胶丝
经纬密度	经线/(根/10cm)	400	888
	纬线/(根/10cm)	350	310
经线捻度/(捻/cm)			
纬线捻度/(捻/cm)			
织物组织		平纹变化组织	在四枚斜纹地上起纬花
质(重)量/(g/m²)		120(桑蚕丝11%，涤纶17%，黏胶纤维36%，麻36%)	136
成品幅宽/cm		114	82
特点		织物表面由比较粗犷的条格与质地柔软、光泽柔和的地部组成，手感柔软舒适，服用性能好	产品风格接近锦乐缎，被誉为锦花，是五朵锦花之一
用途		宜做各类服装等	宜做妇女服装(如西式两用衫等)
备注		是指由桑蚕丝、黏胶雪尼尔纱与麻、黏纤纱交织的白织绸类丝织物，由两组经线与两组纬线交织而成。织物下机后，坯绸需进行挂练，在松式设备上染色，并进行高温拉幅定型	纬密较稀，纹样不宜过细，布局满地花形以一色纬花为主，可以适量点缀平纹暗花作陪衬，以写实花卉图案为主。坯绸经染色、定型等处理

续表

规格＼丝织物名称		松花绸	蝶恋纱	蓓花绸
英文名		songhua matelasse; polyamide/dull rayon mixed matelasse	dieliansha wool/polyester batiste	peihua brocatelle;dyed rayon/polyamide mixed brocatelle
编号		63396		63397
经纬线线密度	经线/dtex(旦)	[44.4(40)8s 捻/cm×2]锦纶丝	[208.3(48 公支)羊毛纱+55.5/36f(50/36f)异形涤纶丝]交并纱线	83.25(75)有光黏胶丝(色浆)
	纬线/dtex(旦)	甲纬:133.2(120)无光黏胶丝 乙纬:44.4(40)半光锦纶丝	同经线	纹纬(甲):133.2×3(3/120)有光染色黏胶丝 乙纬(乙):77.77(70)本白锦纶丝
经纬密度	经线/(根/10cm)	960	280	600
	纬线/(根/10cm)	524	180	430
经线捻度/(捻/cm)		6,z		4,s
纬线捻度/(捻/cm)				
织物组织		以四季呢袋组织为花纹,平纹袋组织为地制织而成	平纹组织	在地部,纹、地两纬组成共口经重平纹。花部纹纬起纬花,下衬锦纶丝地纬平纹
质(重)量/(g/m^2)		147	140	162
成品幅宽/cm		93	130	74
特点		质地松软舒适,弹性好,光泽柔和,细粒点子织纹微微突起	质地较轻,表面具有羊毛纤维织物的庄重风格,同时又显现涤纶纤维尺寸稳定性好的特点;在羊毛风格中揉入了异形涤纶丝的光泽,使之不仅外观端庄,手感糯爽,而且服用性能非常好	具有花纹饱满,纹地清晰的纬高花效应,手感适中
用途		宜作妇女春秋季上装、冬季棉袄面料	宜做适合白领人士穿着的春、夏季服装等	宜作妇女春、秋季中两式两用衫服装面料及沙发装饰用绸

续表

规格＼丝织物名称	松花绸	蝶恋纱	蓓花绸
备注	纹样宽15cm，题材为变化花卉及满地回纹图案，花纹面积略大于地纹面积，用一色平涂。坯绸经精练、染色、定型后，由于锦纶丝和黏胶丝原料的染色收缩率以及光泽的不同，使绸面呈现花地凹凸分明，双色异光风格	是指由羊毛纱与涤纶丝交并的白织绸类丝织物。织物下机后，经卷染机染色，最好能进行蒸呢整理，然后高温拉幅定型	纹样以写意花卉为主，其次是抽象纹样和几何纹样，以取中型线条、满地布局，造型简练为多，应尽量避免横、直线条和大块面，防止产生花路疵点。纹样宽12cm，长度根据花纹题材姿态而定，约14cm。坯绸经膨化和热定型处理、锦纶丝产生很大收缩，使黏胶丝纬花凸出效果更显著，风格别致

规格＼丝织物名称		风韵绸	富丽绸
英文名		charm silk	fuli brocaded damask； gorgeous brocaded damask
编号			
经纬线线密度	经线/dtex（旦）	22.20/24.42×2(2/20/22)桑蚕丝	133.2(120)有光黏胶丝（染色，按原捻向再加6捻/cm）
	纬线/dtex（旦）	甲、乙纬：22.20/24.42×3(3/20/22)桑蚕丝加20捻/cm(2s、2z) 丙纬：147.6(40英支)有光黏纤色纱(练不褪色)	甲纬：91.02/96.57(82/87)铝皮 乙纬：166.5×2(2/150)有光黏胶丝(染色) 丙纬：133.2(120)有光黏胶丝(染色)
经纬密度	经线/(根/10cm)	500	590
	纬线/(根/10cm)	地部纬密330	360
经线捻度/(捻/cm)			
纬线捻度/(捻/cm)			
织物组织		纬二重组织	地部由乙纬和经线交织成满地小花纹浮纬花，甲、丙纬背面衬织平纹；花部为甲纬、丙纬浮纬花以及经面缎纹花。甲、丙纬在织物中交替出现
质(重)量/(g/m^2)		地部单位面积质量42 (原料为100%桑蚕丝)	172
成品幅宽/cm		114	91.5

续表

规格＼丝织物名称	风韵绸	富丽绸
特点	织物地部类似真丝双绉织物,在双绉的表面间隔织入染色黏纤纱,经过烂花工艺后,使真丝双绉的地上呈现不同色彩的、由黏胶纤维形成的花纹,风格独特,手感柔软舒适	手感柔软,质地中型偏厚,满地闪光,花纹含蓄别致
用途	宜做春、夏季裙衫等	主要用作妇女冬季服装面料及装饰用绸
备注	是指由桑蚕丝与黏纤纱交织的半色织绸类丝织物。坯绸下机后经挂练,然后烂花,上呢毯整理	纹样宽 24.5cm,题材以具有我国民族特色和变形花卉为主,满地布局,绘制要求大致同交织织锦缎。坯绸不需处理,成品具有金银线织锦类效果

规格＼丝织物名称		涤花绸	集聚绸	芳闪绸
英文名		dihua brocade	jiju brocaded damask; multi-filaments mixed brocaded damask	fangshan shot silk
编号			64038	
经纬线线密度	经线/dtex(旦)	83.25/35f(75/35f)涤锦超细复合丝(橘瓣形,涤、锦比为 8∶8)	[14.43/16.65(13/15)8s 捻/cm×2]桑蚕丝	甲经:[88.8(80)钻石涤纶丝+299.7(270)肥瘦涤纶丝]网络加 7 捻/cm(s) 乙经:[88.8(80)钻石涤纶丝+166.5(150)DTY 涤纶丝]网络加 7 捻/cm(s) 丙经:[184.5(32 英支)阳离子涤纶丝和黏胶丝混纺纱+111.0(100)阳离子 DTY 涤纶丝]7 捻/cm(s) 丁经:333.0(300)青黑 FDY 涤纶丝加 7 捻/cm(s)
	纬线/dtex(旦)	166.5/96f(150/96f)涤纶丝加 18 捻/cm(2s、2z)	甲纬:133.2(120)有光黏胶丝(色) 乙纬:166.5(150)有光黏胶丝(色) 丙纬:303.03(273)铝皮	甲纬:同甲经 乙纬:同乙经 丙纬:同丙经
经纬密度	经线/(根/10cm)	460	1180	630
	纬线/(根/10cm)	330	600	330
经线捻度/(捻/cm)			6,z	甲经:7,s;乙经:7,s;丙经:7,s;丁经:7,s

续表

规格＼丝织物名称	涤花绸	集聚绸	芳闪绸
纬线捻度/(捻/cm)	18,s、z		甲纬:7,s;乙纬:7,s;丙纬:7,s
织物组织	平纹＋斜纹＋小提花	在乙纬四枚变化组织地上提出甲、乙、丙纬纬花	八枚缎纹与$\frac{2}{2}$经重平按经向1:1的排列比复合而成
质(重)量/(g/m^2)	78	134	400
成品幅宽/cm	150	74.5	150
特点	手感柔软、蓬松,吸湿透气,光泽柔和,穿着舒适,具有桃皮绒的外观,极易洗涤;复合斜纹起条,中间配以菱形小提花,美观大方	质地紧密细腻、挺括,花纹层次丰富、立体感强、光泽柔和,金银丝隐隐闪光	绸面具有独特的配色模纹形成的视觉效果,闪色的钻石丝使绸面呈现出闪亮的星点,织物厚实,悬垂性好,不易折皱,手感软糯
用途	穿做衬衣等	宜作妇女春、秋、冬季礼服面料	宜做春、秋、冬季仿毛套装等
备注	是指由涤锦超细复合丝(细度为0.1dtex)和普通涤纶交织的白织提花绸类丝织物。坯绸经精练、退浆、预定型、碱减量、染色、拉幅定型等后处理,减量率为10%,多染浅色	甲、乙纬黏胶丝分别染成异色。纹样宽12cm,题材以几何形或变形不规则图案为多,由于图案为多层次组织,在纹样中使用7～8种颜色平涂绘画	是指由多种涤纶色丝、黏胶纱、钻石丝等交织成的半色织绸类丝织物,由四组经线和三组纬线交织而成。经线排列为:(丁1、乙1)×2、丁1、甲1、乙1、丙1。纬线排列为:丙1、甲1、乙1。坯绸经精练、染色、拉幅定型、呢毯整理,染色时可采用一浴法染色,织物获得多色彩效果

规格＼丝织物名称	闪光花线绸	仿毛套装绸	明光花绸
英文名	shanguang damask satin; iridescent damask satin	worsted-like suiting cloth	mingguang brocaded damask; mingguang brocade
编号			63460

续表

规格 \ 丝织物名称		闪光花线绸	仿毛套装绸	明光花绸
经纬线线密度	经线/dtex(旦)	66.66×2(2/60)有光醋酯丝(染元色)	甲经:[166.5(150)FDY涤纶丝+75.48(68)POY涤纶丝]4捻/cm(s) 乙经:2根151.4(39英支)涤(65%)/黏(35%)混纺纱加8捻/cm(s) 丙经:333.0(300)彩丽丝加4捻/cm(s) 丁经:166.5(150)大有光DTY涤纶丝加4捻/cm(s) 戊经:166.5(150)玫红DTY涤纶丝加4捻/cm(s)	甲经:31.08/33.33(1/28/30)桑蚕丝(色) 乙经:33.33(30)半光锦纶丝(色)
	纬线/dtex(旦)	[7.4tex涤黏混纺纱(染色或红色)+66.66×2(2/60)有光醋酯丝(元色)]	甲纬:2根151.4(39英支)涤(65%)/黏(35%)混纺纱并合加8捻/cm(s) 乙纬:333.0(300)彩丽丝加4捻/cm(s)	甲纬:166.5(150)有光黏胶丝(色) 乙纬:166.5(150)有光黏胶丝+33.33(30)锦纶丝并合 丙纬:金属丝
经纬密度	经线/(根/10cm)	670	668	576
	纬线/(根/10cm)	300	280	600
经线捻度/(捻/cm)		6	甲经:4,s;乙经:8,s;丙经:4,s;丁经:4,s;戊经:4,s	
纬线捻度/(捻/cm)		1.2	甲纬:8,s;乙纬:4,s	
织物组织		以六枚纬缎为地组织,提织八枚经缎花	八枚缎纹与平纹的复合组织	平纹变化组织
质(重)量/(g/m^2)			390	161
成品幅宽/cm		75	150	77
特点		手感较松厚,光泽闪色柔和,在隐约可见的地纹上显现微亮的经花纹	织物外观呈现隐约的直条,简洁而雅致,手感厚实软糯,回弹性好,不易折皱	由于原料的收缩率不同,织物经退浆后,花部凸起,形成高花效应,整个绸面金光闪闪,犹如五彩的浮雕,具有良好的装饰性能
用途		用作妇女时装面料及装饰用绸	宜做西装、夹克衫等	宜做妇女宴会礼服

续表

规格＼丝织物名称	闪光花线绸	仿毛套装绸	明光花绸
备注	纹样以不规则块面几何图案为题材，其花纹周围宜点缀细碎不成形的暗花纹，以达到纹样宾主呼应，风格雅致、饶有趣味性	是指由涤纶和涤/黏混纺纱、彩丽丝交织成的仿毛半色织绸类丝织物，由五组经线和两组纬线交织而成。经线排列为：甲 1、戊 1、(甲 1、乙 1、甲 1、丙 1)×24、甲 1、乙 1、甲 1、丁 1、(甲 1、乙 1、甲 1、丙 1)×24、甲 1、乙 1，共 200 根一个循环。纬线排为：甲 1、乙 1。坯绸经漂练、染色、拉幅定型等后整理，用一浴法染色获得色织毛织物的混色效果	纹样宽 12.5cm，长度取 16cm，题材以变形花卉，具有浓厚色彩的中国传统纹样或波斯纹样居多，花形中偏小，满地排列为主，连地四色，坯绸经退浆、定型处理

规格＼丝织物名称		春艺绸	丝毛交织绸	泥地高花绸
英文名		chunyi jacquard taffeta chine	silk/wool elastic fabric	gaohua jacquard sand crepe
编号				63482
经纬线线密度	经线/dtex(旦)	22.22/24.42×2(2/20/22)桑蚕丝(经丝印花)	甲经：22.20/24.42×4(4/20/22)桑蚕丝加 18 捻/cm(s) 乙经：[46.62/48.84×2(2/42/44)桑蚕丝＋256.7(23 英支)羊毛纱]16 捻/cm(z)	133.2(120)有光黏胶丝(先染色再机械上浆)
	纬线/dtex(旦)	甲纬：22.22/24.42×4(4/20/22)桑蚕丝(本白色熟纬) 乙纬：277.5(250)银皮 丙纬：277.5(250)彩色铝皮	甲纬：同甲经 乙纬：同乙经	甲纬：277.5(250)有光黏胶丝(染色) 乙纬：44.4(40)半光本白锦纶丝
经纬密度	经线/(根/10cm)	789		680
	纬线/(根/10cm)	500	260	365
经线捻度/(捻/cm)			甲经：18，s；乙经：16，z	
纬线捻度/(捻/cm)			甲纬：18，s；乙纬：16，z	
织物组织		以平纹组织为地提织乙、丙纬花	泥地组织	以乙纬四季呢绉组织地纹上起出甲纬纬花和甲、乙纬重梭平纹
质(重)量/(g/m^2)			109(桑蚕丝 55%，羊毛 45%)	161
成品幅宽/cm		75	115.5	108

续表

规格 \ 丝织物名称	春艺绸	丝毛交织绸	泥地高花绸
特点	手感挺薄,织花和印花相互衬托,绸面闪烁夺目	手感柔软、舒适,抗皱性优越,格子朦胧;光泽柔和,具有闪色感;有良好的弹性、透气性	绸面略具有光亮纬高花效果,质地中厚柔和
用途	多用作妇女晚礼服、棉袄面料	宜做女式时装、裙子等	宜做妇女春秋套装、冬季夹袄、棉袄面等
备注	纹样格局派路和织、印花的要求大致同金洪绸。印经工艺和假织方法同印经凸花绸。坯绸经整理	是指由桑蚕丝与羊毛交织的白织绸类丝织物,故名。经线排列:甲 18、乙 6;纬线排列:甲 14、乙 6。原料含量为桑蚕丝 55%、羊毛 45%。坯绸经精练、染色、拉幅定型等后处理,也可印花	坯绸经退浆、单滚筒机整理

规格 \ 丝织物名称		涤细绸	薇锦绸
英文名		polyester/silk noil batiste	weijin brocatelle
编号			63500
经纬线线密度	经线/dtex(旦)	75.48(68)涤纶丝加 6 捻/cm	133.2(120)黏胶丝(染色)
	纬线/dtex(旦)	131.2(45 英支)涤细竹节纱(涤纶 93%、桑细丝 7%)	甲纬:[166.5(150)黏胶丝(染色)+303(273)铝皮] 乙纬:133.2(120)有光黏胶丝(染色)
经纬密度	经线/(根/10cm)	380	591
	纬线/(根/10cm)	370	280
经线捻度/(捻/cm)		6	6
纬线捻度/(捻/cm)			甲纬:1.2
织物组织		平纹变化组织	以甲、乙纬织入经重平地纹上起出甲纬纬花和八枚经缎纹花
质(重)量/(g/m^2)		89	173
成品幅宽/cm		92	75
特点		染色后,涤细竹节纱显现出不规则的异色细丝疙瘩粗粒,风格别致,质地挺爽	质地厚实,织纹清晰,银丝闪闪发光

续表

丝织物名称 规格	涤䌷绸	薇锦绸
用途	宜做男、女服装及绣品用绸等	用作妇女礼服面料及广播喇叭的外壳装饰用绸等
备注	是指由涤纶丝和涤䌷竹节纱交织的白织绸类丝织物。坯绸经练染，利用涤纶丝和桑䌷丝吸色性能的不同，既可获得双色效果，又具有断续状的粗粒异色点子	纹样宽 12cm，题材以半清地写意或变形花卉图案为多，主花为甲纬纬花和缎纹经花，并以少部分乙纬平纹陪衬，用三种色平涂

丝织物名称 规格		黎花绸	双宜绸	美京布
英文名		lihua jacquard silk	shuangyi brocatelle	meijing spandex fabric
编号				
经纬线线密度	经线/dtex(旦)	甲经：33.30(30)异形闪光锦纶丝 乙经：83.25(75)黏胶丝(机械上浆)	22.22/24.42×3(3/20/22)桑蚕丝	[166.5(150)锦纶低弹丝＋44.4(40)氨纶丝]包缠或网络
	纬线/dtex(旦)	甲纬：33.30(30)异形闪光锦纶丝 乙纬：138.8(42 英支)棉纱	甲纬：5tex(20 公支)本白锦纶丝 乙纬：19.7tex×2(30 英支/2)有光人造棉纱	583(10 英支)棉纱
经纬密度	经线/(根/10cm)	840	580	342
	纬线/(根/10cm)	620	360	190
经线捻度/(捻/cm)				
纬线捻度/(捻/cm)			乙纬：按原捻向再加 4 捻/cm	
织物组织		平纹双层组织，表层为甲经/甲纬平纹，里层为乙经/乙纬平纹	平纹组织为地，提织乙纬纬花纹	平纹组织
质(重)量/(g/m^2)		106(原料含量：棉 43%，锦纶 26%，黏胶纤维 31%)		210
成品幅宽/cm		122	94	146
特点		织物为双层结构，表面为异形锦纶丝，使花纹表面呈现出比较亮丽的花样。为了提高服用的舒适性能，织物内层采用吸湿性与透气性均良好的黏胶丝和棉纱；花纹细腻、精致，质地比较硬挺，服用性能优良	绸面丰厚，花纹隆起，具有纬高花纹果	绸面挺括，富有弹性，织物厚实，悬垂性佳，具有优良的保形性，穿着舒适

续表

规格＼丝织物名称	黎花绸	双宜绸	美京布
用途	宜做时装等	常用作妇女、儿童时装及装饰用绸	宜做夹克衫,也可印花后做妇女上装等
备注	是指由异形锦纶丝、黏胶丝与棉纱交织的白织大提花绸类丝织物,由两组经线和两组纬线交织而成。坯绸经平幅练染、定型整理	纹样选用满地布局不规则的嵌地细小点子,点子大小及分布要均匀,避免横路、直路、斜路等疵点。坯绸经精练、染色、膨化定型整理。甲纬锦纶丝受到温度的影响收缩较大,而乙纬人造棉纱收缩较小,因此因组织结构的配置关系,致使纬花突出于绸面,形成纬高效果	是指由锦纶丝、棉纱和氨纶丝交织成的白织绸类丝织物。坯绸经精练退浆、碱减量、染色或印花、拉幅定型等后整理

规格＼丝织物名称		高花绸	涤黏绸	金炫绸
英文名		gaohua jacquard fuji; gaohua jacquard brocattele	polyester/rayon union silk	jinxuan brocatelle
编号		53465		64046
经纬线线密度	经线/dtex(旦)	133.2(120)有光黏胶丝(色)(机械上浆)	166.5/48f(150/48f)低弹涤纶网络丝	83.25(75)有光醋酯丝(染色)
	纬线/dtex(旦)	36.9tex(16英支)有光人造棉纱(染色)	甲纬:147.6(40英支)有光黏纤纱 乙纬:147.6(40英支)涤/黏混纺纱 丙纬:[166.5(150)DTY涤纶丝×2+111.0(100)POY涤纶丝]网络复合	甲纬:77.77(70)200型锦纶丝 乙纬:303(273)铝皮
经纬密度	经线/(根/10cm)	440	467	600
	纬线/(根/10cm)	210	260	550
经线捻度/(捻/cm)				7
纬线捻度/(捻/cm)				
织物组织		在平纹地组织上起五枚经面缎纹花	平纹组织,复合丝丙纬处采用$\frac{5}{1}$变化斜纹	在经线与甲纬交织的平纹地上起出乙纬纬花
质(重)量/(g/m^2)		135		143
成品幅宽/cm		92.5	213	73

续表

规格＼丝织物名称	高花绸	涤黏绸	金炫绸
特点	地纹简洁淳朴，花纹色纯明亮，是花富士纺派生品种。绸面色光明亮醒目，质地柔软厚实	既有涤纶丝织物的挺括、易干、保形性好的特点，又有黏胶织物手感柔软、滑糯、光泽柔和、透湿透气，服用性好的特点，织物表面纹路细腻，皱褶明显，风格新颖，价廉物美	质地疏松、轻薄，花纹闪光炫目
用途	主要用于制作妇女冬季袄、女装、裙子、外套、西装、婴童斗篷、帽子、被面等，也作装饰用绸	宜做儿童和少女裙装、裤子及室内装饰用绸等	宜作晚礼服面料及装饰用绸
备注	纹样宽 18.5cm，采用平涂小块面写意花卉，半清地排列，线条圆滑自如，布局灵活多样。坯绸经退浆、染色整理	是指由涤纶丝和黏纤纱交织的白织绸类丝织物，由一组经纱和三组纬线交织而成。纬线排列为：甲 140、丙 6、乙 140、丙 6。坯绸经精练、套染色、拉幅定型等后整理，不同原料获得不同色泽，不同组织显示出不同缩率，形成褶皱，风格独特	坯绸经落水、热风拉幅整理

规格＼丝织物名称		富松绸	金洪绸	仿真丝条绸
英文名		fusong matelasse	jinhong jacquard taffetas chine	silk-like warp stripe cloth
编号				
经纬线线密度	经线/dtex（旦）	77.70(70)涤纶丝加 12 捻/cm(拖水)	[22.22/24.42(20/22) 8s 捻/cm×2]桑蚕丝(经精练成本白熟丝线后，再进行经线印花加工)	218.7(27 英支)黏胶纤维纱
	纬线/dtex（旦）	166.5(150)变形涤纶丝	甲纬：83.25(75)有光黏胶丝(染色) 乙纬：277.5(250)有光黏胶丝(染色) 丙纬：277.5(250)彩色金银皮	166.5(150)涤纶丝
经纬密度	经线/(根/10cm)	593	970	512
	纬线/(根/10cm)	275	680	268
经线捻度/(捻/cm)			6,z	
纬线捻度/(捻/cm)				

续表

规格＼丝织物名称	富松绸	金洪绸	仿真丝条绸
织物组织	泥地组织作地纹,提出五枚经面缎纹和纬面缎纹及平纹组织的花纹	在平纹地纹上提织甲、乙、丙纬花	$\frac{3}{1}+\frac{1}{1}$联合组织
质(重)量/(g/m^2)	98	176	
成品幅宽/cm	92	76	160
特点	绸面丰满,光泽柔和,质地松爽,弹性足	质地坚韧、挺括、厚实,兼备织花和印经花,色彩富丽,花纹姿态变化多而协调,外观和谐统一,金银丝闪闪发光,别具一格	既有涤纶织物挺括、快干、保形性好的特点,又有黏纤纱手感柔软、光泽好的特点
用途	宜做妇女服装等	宜作春、秋、冬季时装面料	宜做时装、夹克衫等
备注	是指由纯涤纶丝白织的提花绸类丝织物。坯绸经精练、染色、拉幅定型等后整理	纹样包括印经花和织花两部分,其花纹图案题材、布局以及色彩需密切结合。两者相互呼应、衬托。常以织花图案为主题,采用中小型写意或变形花卉清地或半清地布局,线条要略粗,简练流畅,主花突出,印经花和色彩都是织花的陪衬,不能过分浓艳夺目,要避免喧宾夺主而导致总体纹样支离破碎。印花图案常采用造型粗犷、线条或块面简练的几何纹样,色彩不宜多	是指由黏纤纱和涤纶丝交织成的、具有直条状的白织绸类丝织物。坯绸经精练、砂洗、染色、拉幅定型等后整理。不同组织的变化,织物表面形成纵向条纹,经砂洗,织物风格新颖

规格＼丝织物名称		印经凸花绸	康迪绸	丝麻交织绸
英文名		yinjing matelasse chine; printed warp matelasse	*kangdi* batiste	silk/ramie union batiste
编号				S6924
经纬线线密度	经线/dtex(旦)	甲经:[22.22/24.42(20/22)8s 捻/cm×2]桑蚕丝(熟练成熟丝线,再经印花) 乙经:83.25(75)有光黏胶丝(染色)	75.48(68)半光涤纶丝	44.44/48.84(40/44)桑蚕丝
	纬线/dtex(旦)	甲纬:22.22/24.42×3(3/20/22)桑蚕熟练丝 乙纬、丙纬:83.25(75)有光黏胶丝	196.8(30 英支)有光黏纤纱	27.8tex(36 公支)麻纱

续表

规格＼丝织物名称		印经凸花绸	康迪绸	丝麻交织绸
经纬密度	经线/(根/10cm)	900	480	728
	纬线/(根/10cm)	640	310	237
经线捻度/(捻/cm)		甲经:6,z;乙经:18,s		
纬线捻度/(捻/cm)		乙纬:18,s;丙纬:18,z	16	
织物组织		以平纹为基础的双层表、里换层袋组织形成花、地	平纹变化组织	平纹组织
质(重)量/(g/m^2)		112	128(黏纤78%,涤纶22%)	91
成品幅宽/cm		74	114	93
特点		手感柔和,花纹突出饱满,印经花和织花相互衬托,宾主分明,具有浓厚的东方传统韵味	利用涤纶与黏胶纤维对染料的吸色性能不同,使织物的表面具有类似色织物的经纬异色效果。采用小提花的设计方法,绸面上具有有规则排列的小提花效果。手感柔软,具有一定的悬垂性	兼有桑蚕丝光泽柔和、手感糯软和麻纱手感滑爽、挺括等特征
用途		宜作礼服面料及装饰用绸等	宜做套裙、衬衫等	主要用于制作衬衫、连衣裙等
备注		印经纹样纯属印花图案,结合织花块面凸纹,常以块面平涂多套色大中型花卉、或平涂块面拼色不规则的抽象纹样为主。提花纹样题材要同印经花纹图案派路和色彩相结合,提花纹样宜用中小型块面或粗线条变形花卉,造型简练、构图粗犷,以清地、半清地布局显示织花主题。坯绸经落水、热风拉幅整理	是指由涤纶丝与黏纤纱交织的白织绸类丝织物。一般将经线染成浅色,纬线染成深色。如需要将经线染成深色,必须采用高温高压设备染色。坯绸经松弛设备进行后整理	坯绸先经烧毛,再经精练、染色和单机整理

规格＼丝织物名称	丝棉塔夫绸	雪麻绸	横条丝毛绸	铂金绸
英文名	silk/cotton taffetine	xuema chenille bourette	irish poplin	platinum mixture twill
编号	S6921		S6952	

续表

规格 \ 丝织物名称		丝棉塔夫绸	雪麻绸	横条丝毛绸	铂金绸
经纬线线密度	经线/dtex(旦)	22.22/24.42×3(3/20/22)桑蚕丝	甲经:33.30(30)单孔闪光锦纶丝(本白) 乙经:1250(8公支)黏胶雪尼尔纱(本白)	22.22/24.42×3(3/20/22)桑蚕丝	2根71.4(140公支)桑绢丝
	纬线/dtex(旦)	J10tex(J60 英支)脱脂棉纱	甲纬:277.8(36公支)苎麻色纱 乙纬:1312.2(4.5英支)竹节麻纱(本白)	甲纬:8.3tex×2(120公支/2)绢丝 乙纬:25tex(40公支)羊毛纱	2根131.6(76公支)羊毛、羊绒混纺纱(羊毛70%,羊绒30%)
经纬密度	经线/(根/10cm)	702	320	478	240
	纬线/(根/10cm)	289	280	240	220
经线捻度/(捻/cm)					
纬线捻度/(捻/cm)					
织物组织		平纹组织	平纹变化组织	平纹组织(纬纱排列为甲纬5梭,乙纬1梭)	$\frac{2}{2}$斜纹组织
质(重)量/(g/m^2)		67	113(原料含量:麻84%,锦纶11%,黏胶纤维5%)	69	92(桑绢丝35%,羊毛45%,羊绒20%)
成品幅宽/cm		93	114	114	108
特点		绸面光泽柔和,手感平挺爽滑	绸面平整、由线条粗犷的条格和质地细腻的平纹组成;采用色织工艺,使线条和地部形成两种不同的色彩;手感硬挺	横向呈现微细的罗纹,具有丝、毛两种原料的特性,手感糯滑,光泽柔和,弹性好	具有桑蚕丝的光泽,羊毛的弹性,羊绒的舒适手感,外观极其高贵
用途		宜作衬衫用绸	宜做时装及窗帘等	宜作男女衣衫、裙子等用绸	宜做时装、高档围巾等
备注		坯绸需经烧毛、精练、染色和单机整理	又称雪麻纺,为锦纶丝、黏胶雪尼尔纱与麻纱交织的色织绸类丝织物,由两组经线和两组纬线交织而成。坯绸经平幅柔软、定型整理	坯绸需经烧毛、精练、染色或印花和单机整理	是指由桑蚕丝与羊毛(羊绒)交织的白织绸类丝织物。坯绸需经平幅精练,柔软、呢毯机整理

续表

规格 \ 丝织物名称		丝毛绸	银剑绸	一心绸
英文名		silk/wool poplin	polyamide mixed fencing-wear silk;fencing-wear silk armure	yixin poplin faconne
编号		33151		52523
经纬线线密度	经线/dtex(旦)	7.1tex×2(140公支/2)桑绢、羊毛混纺纱	甲经:[196.8×3(30英支/3)加8捻/cm(s)×2]6捻/cm(z)纯锦纶纱(染加白色) 乙经:310.8(280)丝芯金线(要求导电性能良好)	甲经:19.4tex(30英支)人造棉纱(色)(机械浆丝) 乙经:166.5(150)有光黏胶丝(色)(机械浆丝)
	纬线/dtex(旦)	7.1tex×2(140公支/2)桑绢、羊毛混纺纱	甲纬:同乙经线 乙纬:[118.1(50英支)加8捻/cm(s)×2]6捻/cm(z)纯锦纶纱(染加白色)	19.7tex(30英支)有光人造棉纱
经纬密度	经线/(根/10cm)	309	247	230
	纬线/(根/10cm)	242	330	250
经线捻度/(捻/cm)			甲经:6,z	
纬线捻度/(捻/cm)			乙纬:6,z	
织物组织		平纹组织	鳞纹组织	甲经与纬纱交织成平纹地组织,乙经与纬纱交织形成花纹
质(重)量/(g/m²)		79	326	120
成品幅宽/cm		115	68	93
特点		绸身质地轻盈柔挺,弹性好,具有毛织物的手感和天然丝的光泽,穿着舒适	具有导电性能好,刀剑触及时电反应灵敏,银光闪烁的特性	地纹简洁,花纹明亮
用途		宜作妇女春秋季两件套、裙子等用绸	宜做击剑运动服	用作妇女服装面料及装饰用绸等
备注		混纺纱的混比为绢丝65%,羊毛35%。坯绸经精练、印花整理	是指由丝芯金线和纯锦纶纱交织的绸类丝织物,由两组经线和两组纬线交织而成。经线排列为:甲44、乙1、甲1、乙1、甲3,共50根为一个完全循环。纬线排列为:甲2、乙1、甲2、乙1、甲2,共8根为一个完全循环。该织物为色织不经后处理	乙经在织物背后与纬纱适当接结,形成一种隐约花纹主花,又在纹样上按花与叶的形态分别在不同的经线上点绘间丝,织物花地分明,具有明显的艺术效果。坯绸经退浆整理

续表

规格 \ 丝织物名称		花绒绸	康麦司	长安绸	西艳麻
英文名		huarong brocaded damask	kongmaisi silk	changan jacquard faille	xiyanma polyester silk
编号		63504		52526	
经纬线线密度	经线/dtex（旦）	[22.22/24.42(20/22)8s 捻/cm×2]桑蚕丝	83.25(75)涤纶网络色丝	83.25(75)有光黏胶丝(机械上浆)	甲经：[166.5(150)涤纶丝+55.5(50)黑色涤纶丝]14 捻/cm(s) 乙经：[111.0(100)涤纶丝+83.25(75)阳离子涤纶丝]14 捻/cm
	纬线/dtex（旦）	甲、乙纬：133.2(120)不同色彩(甲纬为色丝，乙纬为白色)有光黏胶丝 丙纬：178.71(161)铝皮	83.25(75)丙锦橘瓣形复合超细长丝	甲经：19.7tex(30英支)无光人造棉纱 乙纬：[133.2(120)3s 捻/cm×3]有光黏胶丝	甲纬：同甲经 乙纬：[111.0(100)低弹涤纶丝+83.25(75)阳离子涤纶丝]14 捻/cm
经纬密度	经线/(根/10cm)	1200	496	563	560
	纬线/(根/10cm)	640	350	450	230
经线捻度/(捻/cm)		6,z		3,s	甲经：14,s； 乙经：14
纬线捻度/(捻/cm)				3,z	甲经 14,s； 乙经：14
织物组织		织物地部为纬绒，花部为八枚经缎，且有金银皮包边	平纹组织	经线与甲纬交织成平纹地，起出乙纬纬花	平纹变化组织，中间有 16 根经线组成的 $\frac{4}{4}$ 纬重平，形成粗犷的经向凹凸条，和多组 $\frac{3}{2}$ 纬重平、$\frac{2}{2}$ 纬重平、$\frac{3}{1}$ 纬重平等形成较细的经向细条
质(重)量/(g/m^2)		165		202	
成品幅宽/cm		74	140	93	144

续表

规格＼丝织物名称	花绒绸	康麦司	长安绸	西艳麻
特点	绸身平挺、厚实，花部细洁紧密，富有光泽，花纹瑰丽多彩	手感滑糯而舒适，条纹美丽，弹性和平挺性好	质地丰厚柔糯，花纹立体效果显著	绸面粗细格子相间，多色彩相混，外观高雅，绸面挺括，手感松爽，悬垂性好
用途	宜作妇女春、秋、冬季时装面料	宜做夹克衫、棉马甲、上装等	宜作妇女两用衫用绸	宜做时装、夹克衫等
备注	纹样宽18cm，长度27cm，题材以中、大型变形花卉为主，满地排列，绘画连地三色。坯绸需经整理	是指由色涤纶丝和丙锦复合细旦丝织成的半色织绸类丝织物。丙锦超细纤维的单纤细，加工时容易起毛，造成单纤断裂，可加15个/m左右的网络度，加工张力不宜太大，导丝部件要经常揩拭，保持光洁。坯绸经精练、染色、拉幅定型等后整理。 康麦绒是经线用44.40dtex（40旦）锦纶丝，其他规格同康麦司，织物具有砂洗电力纺的外观和手感，经水洗整理具有绉效应	纹样宽15.25cm，常采用变形花卉题材，满地或混满地排列，块面不宜过大，纹样设色连地两色。坯绸经精练、染色处理	是指由全涤纶丝织成的半色织绸类丝织物，由两组经线和两组纬线交织而成。经线排列为：甲1；乙1、甲1；乙2、甲2：乙2、甲2：乙1等排列12根，22个循环，共264根经线为一个完全循环。纬线排列为：甲1、乙1。坯绸经精练、染色、拉幅定型等后整理

规格＼丝织物名称		折纹绸	涤网绸	涤棉花绸
英文名		zhewen seersucker; rayon/spun rayon union seersucker	polyester net batiste	polyester/cotton twill damask
编号				23465
经纬线线密度	经线/dtex（旦）	甲经：83.25(75)有光黏胶丝(色) 乙经：133.2(120)有光黏胶丝(色) 丙经：182.04(164)金属丝	甲经：[111.0(100)DTY涤纶色丝+111.0(100)阳离子POY涤纶丝]6捻/cm 乙经：[333.0(300)纯涤纱+166.5(150)DTY涤纶丝]6捻/cm	49.95(45)半光涤纶丝
	纬线/dtex（旦）	19.4tex(30英支)有光人造棉纱(色)	甲纬：[111.0(100)DTY涤纶色丝+111.0(100)阳离子POY涤纶丝]6捻/cm 乙纬：[333.0(300)纯涤纱+166.5(150)DTY涤纶丝]	16tex(45英支)涤棉混纺绸

续表

规格 \ 丝织物名称		折纹绸	涤网绸	涤棉花绸
经纬密度	经线/(根/10cm)	532	271	944
	纬线/(根/10cm)	520	220	430
经线捻度/(捻/cm)		甲经:8,s	甲经:6;乙经:6	8,s
纬线捻度/(捻/cm)			甲纬 6	
织物组织		在平纹地上起八枚经缎条	平纹变化组织	地组织为$\frac{1}{3}$纬面斜纹,花部为八枚经面缎纹和少量$\frac{3}{1}$经面斜纹
质(重)量/(g/m^2)		181		114
成品幅宽/cm		93		93.5
特点		绸面有明显且均匀的折绉效应和平挺而光亮的缎条(两侧加金线)	织物除具有全涤产品高强、弹性及保形性佳,不易起皱等优点外,还有较好的毛型感,不易起毛起球,光泽柔和	绸面地部少光泽,花纹微亮,手感挺括柔爽
用途		宜作妇女衣料和裙料等	宜做上装、夹克衫、裤子等	宜做春、秋季衬衣、冬季棉袄、套裙等
备注		由于加捻的黏胶丝经与人造棉纱的纬线通过组织变化与上机张力变化的控制,形成别致的折纹风格。坯绸经退浆整理	是指经、纬线用涤纶网络丝织成的半色织绸类丝织物,由两组经线和两组纬线交织而成。经线排列:(甲2、乙2)12个循环共48根,(甲1、乙1)30个循环共60根,故经线一个完全循环共108根。纬线排列:(甲2、乙2)10个循环共40根,(甲1、乙1)30个循环共60根,故纬线一个完全循环共100根。坯绸经精练、染色、拉幅定型等整理,由于阳离子POY涤纶丝、DTY涤纶丝和涤纤纱的吸色性能不同,使织物呈现出三色格子效果	坯绸经精练、烧毛、染色、定型,也可绣花

续表

规格＼丝织物名称		丹凤格	蓓光绸	群芳绸
英文名		danfeng checked silk	peiguang brocaded damask	qunfang shadow stripes silk
编号				
经纬线线密度	经线/dtex（旦）	甲经：134.2（44英支）色涤/黏混纺纱加5捻/cm(z) 乙经：2根133.2(120)有光黏胶丝并合加5捻/cm(s)	77.77(70)本白锦纶丝	甲经：[166.5(150)FDY涤纶丝＋75.48(68)POY涤纶丝]4捻/cm(s) 乙经：147.6(40英支)涤黏纱(涤、黏比为65∶35)2根并合加8捻/cm(s) 丙经：333.0(300)彩丽丝加4捻/cm(s) 丁经：166.5(150)有光DTY涤纶丝加4捻/cm(s) 戊经：166.5(150)玫红DTY涤纶丝加4捻/cm(s)
	纬线/dtex（旦）	甲纬：同甲经 乙纬：同乙经	甲纬：77.77(70)锦纶丝 乙纬：277.5(250)有光黏胶丝 丙纬：94.35(85)金银皮	甲纬：[147.6(40英支)涤/黏混纺纱×2]8捻/cm(s)(涤、黏比为65∶35) 乙纬：333.0(300)彩丽丝加4捻/cm(s)
经纬密度	经线/(根/10cm)	340	600	1500
	纬线/(根/10cm)	240	580	280
经线捻度/(捻/cm)		甲经：5,z；乙经：5,s		甲经：4,s；乙经：8,s；丙经：4,s；丁经：4,s
纬线捻度/(捻/cm)		甲纬：5,z；乙纬：5,s		甲纬：8,s；乙纬：4,s
织物组织		甲经甲纬平纹为地，乙经乙纬变化组织起条格	甲纬与经线交织成平纹地，在平纹地上起乙、丙纬花	斜纹变化组织
质(重)量/(g/m^2)		153	152	400
成品幅宽/cm		144	92	150

续表

规格＼丝织物名称	丹凤格	蓓光绸	群芳绸
特点	手感柔软、滑爽,悬垂性好,有一定耐皱性,视觉文雅、清新,条格有立体感,穿着舒适	绸面具有纬高花浮雕效果的风格。运用纬向锦纶丝和有光黏胶丝落水后收缩率不同的性能,使黏胶丝组织的花纹突起于绸面,显示出独特的高花效果。在高花处再织入少量金银皮,使立体效果更为显著,含蓄别致	绸面细腻雅致,质地厚实,具有朦胧深浅的晕色效果,隐约的直条纹路中细条色丝色彩突出,层次感强,手感软糯,弹性好,不易折皱
用途	宜做初夏时装、裙子等	用作妇女两用衫和冬季棉袄面料等	宜做仿毛套装及装饰用绸等
备注	是指由涤/黏混纺纱与有光黏胶丝交织成的格子半色织绸类丝织物,由两组经线和两组纬线交织而成。甲、乙经纬线按不同的比例排列,形成宽窄不一的经向和纬向条纹。坯绸经漂练、增白、拉幅定型等后整理,乙经乙纬留白,甲经甲纬的色丝多染成淡蓝、淡咖啡等色	如再做色彩处理,地和纬花用对比色调,则更能衬托纬花,获得的高花浮雕效果显著。纹样以写意花卉和抽象纹样为主,较多采用线条和块面结合方法处理,线条角度以45°为宜。坯绸需经高温落水,使经线产生高度收缩,使乙纬纬花隆凸,并经拉幅定型获纬高花效果	是指由多种涤纶色丝和涤/黏混纺纱交织成的半色织绸类丝织物,由五组经线和两组纬线交织而成。经线排列为:甲1、戊1、(甲1、乙1、甲1、丁1)×24、甲1、乙1、甲1、丁1、(甲1、乙1、丙1)×24、甲1、乙1,共176根。纬线排列为:甲1、乙1。坯绸经精练、染色、拉幅定型、呢毯整理,一浴染色法可得色织毛织物的混色效果

规格＼丝织物名称		毛圈绸	双色竹节麻	浮纹花绸
英文名		terry velvet	zhujie double-colour batiste	fuwen matelasse; matelasse silk-like fabric
编号				53462
经纬线线密度	经线/dtex(旦)	甲经:3根19.7tex(30英支)人造棉纱(染色) 乙经:111(100)有光黏胶丝(染色)	甲经:{[111.0/48f(100/48f)FDY涤纶丝+83.25/36f(75/36f)POY涤纶丝]网络度1个/cm加14捻/cm(z)+111.0/48f(100/48f)FDY涤纶丝}网络度1个/cm加14捻/cm(s) 乙经:{[111.0/48f(100/48f)FDY涤纶丝+119.88/36f(108/36f)POY涤纶丝]来回交替竹节纱加工后加14.5捻/cm(s)+111.0/48f(100/48f)FDY涤纶丝}9捻/cm(z)	甲、乙经:111(100)有光黏胶丝
	纬线/dtex(旦)	甲纬:4.8tex×2(210公支/2)白色绢丝 乙、丙纬:166.5(150)白色有光黏胶丝	甲纬:同甲经 乙纬:同乙经	甲纬:111(100)有光黏胶丝 乙纬:两根19.7tex(30英支)有光人造棉纱(分别染色)

续表

规格＼丝织物名称		毛圈绸	双色竹节麻	浮纹花绸
经纬密度	经线/(根/10cm)	750	236	775
	纬线/(根/10cm)	640	181	390
经线捻度/(捻/cm)				甲、乙经:6
纬线捻度/(捻/cm)				
织物组织		以乙纬纬花为地纹提出毛圈经花和丙纬纬花	多数为平纹组织,少量采用变化组织	在地部浮纹乙纬纬花上交织出甲纬纬花,五枚经缎纹和平纹变化袋组织等
质(重)量/(g/m²)		285		198
成品幅宽/cm		110	160	76
特点		具有饱满的毛圈花纹,质地松厚	织物具有优良的悬垂性和透气性,抗折皱性能好,手感滑爽,绸面有均匀分布的双色竹节,外观效果特殊,别具一格	质地疏松柔软,花地分明
用途		宜作妇女外衣面料及装饰用绸	宜做春、秋季时装等	宜作妇女上装、两件套服装面料等
备注		纹样宽 18cm,题材为满地写意花卉,纹样两色平涂和另一色嵌地菱纹图案。坯绸不经处理	是指由两种具有竹节的涤纶丝并合作经纬线织成的白织绸类丝织物,经染色,绸面呈现出双色效果,故名。坯绸经预缩、开幅、烘干、预定型、碱减量、染色、开幅、烘干、树脂整理后拉幅定型等后整理。碱减量率为 9.5%左右,染色重点应放在体现双色竹节效应上,采用高温高压溢流染色机。为了使织物手感柔软,触感良好,应在树脂整理时加适量柔软剂,并采用松式拉幅定型	纹样宽 18.5cm,题材以写意花卉为多,五枚缎纹以中小块面平涂为主花,甲纬纬花隐约衬托,地纹纬花要用流畅线条切断组成嵌地图案。坯绸不经处理

规格＼丝织物名称	织闪绸	粒纹绸	秋鸣绸
英文名	peau de rayon	liwen silk;spandex particle-effect crepe	qiuming twill lame

续表

规格 \ 丝织物名称		织闪绸	粒纹绸	秋鸣绸
编号		53479		64047
经纬线线密度	经线/dtex(旦)	83.25(75)有光黏胶丝(机械上浆)	甲经:[22.20/24.42×2(2/20/22)桑蚕丝+22.20(20)氨纶丝]包缠加18捻cm(1s、1z) 乙经:29.97/32.19×2(2/27/29)桑蚕丝	83.25(75)有光醋酯丝(色)
	纬线/dtex(旦)	11.8tex(50英支)富纤纱	甲纬:同甲经 乙纬:22.20/24.42×4(4/20/22)桑蚕丝	甲纬:19.7tex(30英支)染无光黏纤纱同133.2(120)染色有光黏纤丝并线 乙纬:19.7tex染色无光黏纤纱同303(273)铝皮并线
经纬密度	经线/(根/10cm)	1000	890	790
	纬线/(根/10cm)	320	570	240
经线捻度/(捻/cm)				7
纬线捻度/(捻/cm)				
织物组织		变化浮组织	双层变化组织	$\frac{3}{1}$变化斜纹组织
质(重)量/(g/m^2)		126	95	183
成品幅宽/cm		92.5	140	75
特点		质地紧密,绸面平滑光亮,背面横罗纹清晰	手感柔软舒适,光泽柔和优雅,弹性极佳,绸面具有很强的粒子状收缩皱纹,外观特殊,别具风格	手感丰厚柔实,织纹清晰雅观,彩色铝皮隐现发光,风格含蓄别致
用途		宜作冬季服装面料等	宜做紧身衣、吊带裙、泳衣等	宜做春、秋季时装、两件套装、冬季棉袄等
备注		坯绸经烧毛、精练、印花或染色、单机整理。是由黏胶丝与富纤纱交织的绸类丝织物	是指由桑蚕丝和氨纶丝交织的白织绸类丝织物,由两组经线和两组纬线交织而成。原料含量为桑蚕丝95%、氨纶丝5%。经线排列甲1(s)、乙1、乙1、甲1(z)、乙1、乙1。纬线排列甲1(s)、乙1、乙1、甲1(z)、乙1、乙1。坯绸经精练、染色、拉幅定型等整理	

续表

规格＼丝织物名称		醋酯塔夫	爱的力司绸(舒库拉绸)
英文名		acetate taffeta	adelis silk
编号			96325
经纬线线密度	经线/dtex(旦)	83.25(75)醋酯丝	甲经:[33.33/38.85(30/35)8s 捻/cm×2]桑蚕丝(扎染) 乙经:189.8(1/171)铝皮
	纬线/dtex(旦)	111(100)醋酯丝	133.2(1/120)色有光黏胶丝
经纬密度	经线/(根/10cm)	420	563
	纬线/(根/10cm)	280	400
经线捻度/(捻/cm)			甲经:6,z
纬线捻度/(捻/cm)			
织物组织		平纹组织	六枚变则缎纹组织
质(重)量/(g/m^2)		65	93
成品幅宽/cm		136	80
特点		光泽自然柔和,手感挺括,穿着舒适	织物手感柔软,悬垂性好,色彩对比强烈,绸面平整光洁,花型为宽直条云彩花纹,花型对称
用途		染色产品可做高级西装的里料,印花和轧花产品可做衬衣、夹衣、夹克衫等	专供维吾尔族及哈萨克族妇女做具有民族特色的衣裙及童装、艺装等
备注		是指由经、纬线均为醋酯丝织成的白织绸类丝织物。坯绸不能折叠,防止压煞印。坯绸经退浆、卷染和拉幅定型等后整理,染成各种颜色,也可印花。醋酯纤维是热塑性纤维,经高温花筒热轧,可轧制出各种立体感强、栩栩如生的花纹	一般为轧染的色织物,有黑白、黄白、蓝白、紫白、粉白等。缩水率为5%,裁剪前需在背面喷水预缩,洗涤时宜轻轻揉搓,勿拧绞,可带水抻平晾干,收藏时应保持洁净和干燥

规格＼丝织物名称	满花绸	佐帻麻	金辉绸
英文名	manhua brocade;flowers patterned brocade	zuozema polyester silk	jinhui lame;brilliant lame
编号	89832		

续表

规格 \ 丝织物名称		满花绸	佐帻麻	金辉绸
经纬线线密度	经线/dtex(旦)	122.1(1/110)锦纶丝	[55.50(50)低弹涤纶丝+55.50(50)POY涤纶丝]并合、网络后加12捻/cm(2s,2z)	133.2(1/120)有光黏胶丝(色)(机械上浆)
	纬线/dtex(旦)	甲纬:122.1(1/110)锦纶丝 乙纬:166.5(150)有光黏胶丝	同经线	甲纬:166.5(150)有光黏胶丝 乙纬:94.35(85)金皮或银皮
经纬密度	经线/(根/10cm)	791	640	750
	纬线/(根/10cm)	430	320	450
经线捻度/(捻/cm)		5,s		
纬线捻度/(捻/cm)				
织物组织		在以经线和乙纬织入四枚平纹组织的地纹上起甲、乙纬纬花和平织经缎纹花	平纹变化组织	在$\frac{3}{1}$破斜纹地上起甲纬和乙纬纬花纹
质(重)量/(g/m^2)		173	150	150
成品幅宽/cm		92.5	114	100
特点		质地厚实,富有弹性,具有高花效应	手感柔软,悬垂性好,挺而不皱,具有亚麻织物的风格	绸面平挺、金光闪闪
用途		宜作中老年妇女春、秋季服装、冬季棉袄的面料	宜做时装、裤子等	主要用作妇女棉袄面料
备注		纹样宽18.2cm,写意或写实花卉为主,满地布局,图案为线条与块面相结合,以甲、乙纬花色为主体,并用经缎花和平纹组织作陪衬。坯绸经精练、染色、定型整理	是指经、纬线均为涤纶丝织成的白织绸类丝织物。坯绸经精练、碱减量、起绉、拉幅定型等工艺,多染成浅灰、咖啡、玫红、淡青、米色、棕色	纹样宽25cm,以中型写意花卉为主,满地或半清地布局,主花突出,并以平纹为陪衬的暗花。坯布经退浆、单滚筒机整理

规格 \ 丝织物名称	莱卡绒	锦艺绸
英文名	laikarong elastic fabric	jinyi jacquard sand crepe;polyamide/rayon union sand crepe
编号		S9844

续表

规格 \ 丝织物名称		莱卡绒	锦艺绸
经纬线线密度	经线/dtex(旦)	[75.48(68)FDY 涤纶丝＋111.0(100)POY 涤纶丝]10 捻/cm(s)	77.77(70)锦纶丝
	纬线/dtex(旦)	333.0(300)PTT 高收缩涤纶丝	133.2(120)有光黏胶丝
经纬密度	经线/(根/10cm)	683	569
	纬线/(根/10cm)	210	330
经线捻度/(捻/cm)		10,s	6
纬线捻度/(捻/cm)			
织物组织		斜纹变化组织	在地部泥地组织上起纬花
质(重)量/(g/m²)		350	90
成品幅宽/cm		116	112
特点		质地厚实、挺括，富有弹性，悬垂性好，形状稳定性佳，绸面有双色效果	绸面具有点点闪闪双色和明亮的纬花效果
用途		宜做夹克衫、女式时装、披风等	宜作夏季衣裙面料等
备注		是指由涤纶复合丝和高收缩涤纶丝织成的白织绸类丝织物，因具有氨纶织物的弹性而得名。除上述规格外，也有纬线用 111.0dtexPTT 高收缩涤纶丝，单位面积质量为 250g/m² 的莱卡绒。坯绸经精练、预定型、碱减量、染色、拉幅定型等后整理	纹样宽 13cm，题材为写意变形花卉或不规则几何图案，以小块面清地布局为宜。坯绸经精练、染色、定型

规格 \ 丝织物名称		星月绸	涤氨绸		
英文名		polyester-filling fancy tussah	polyester/spandex union silk		
编号		23001			
经纬线线密度	经线/dtex(旦)	{[38.85(35)2.4s 捻/cm 柞药水丝(芯线)＋38.85×3(3/35)1.6s 捻/cm 柞药水丝(饰线)]×2，9.4s 捻/cm＋38.85(35)2.4s 捻/cm 柞药水丝(固结线)]}×2 再加 4.7s 捻/cm 多股柞药水丝的花式线	166.5/144f(150/144f)DTY 涤纶丝网络	77.70(70)锦纶丝	166.5(150)多丽丝
	纬线/dtex(旦)	166.5(1/150)涤纶弹力丝	[83.25(75)DTY 涤纶丝＋44.4(40)氨纶丝]包缠	[83.25(75)DTY 涤纶丝＋44.4(40)氨纶丝]包缠	[83.25(75)锦纶丝＋44.4(40)氨纶丝]包缠

续表

规格＼丝织物名称	星月绸	涤氨绸		
经纬密度 经线/(根/10cm)	271			
经纬密度 纬线/(根/10cm)	241			
经线捻度/(捻/cm)	4.7,s			
纬线捻度/(捻/cm)				
织物组织	平纹变化组织	$\frac{1}{3}$斜纹组织	五枚缎纹组织	平纹组织
质(重)量/(g/m^2)	109	162	138	140
成品幅宽/cm	91.5	145	120	150
特点	绸面具有珠宝光泽,柞丝花式线突出在表面恰似月夜中的繁星闪烁。兼有柞蚕丝和涤纶丝二者的特性,穿着舒适,不仅滑爽、柔软、飘逸,而且吸湿透气性好,洗可穿,免烫	织物挺括,手感软糯,富有弹性,保形性优良,色泽闪亮		
用途	宜做男女衬衫、时装、罩衣、夹克衫、睡衣裤及装饰用品	宜做夹克衫、披风等		
备注	坯绸经染色整理,在绸面获得异色效应,风格别致	是指由涤纶(锦纶)丝和涤纶(锦纶)/氨纶包缠丝交织的白织绸类丝织物。坯绸经精练、退浆、染色或印花、拉幅定型等后整理		

规格＼丝织物名称	染花绸	水洗绒
英文名	ranhua brocaded satin;rayon/polynosic union brocaded satin	shuixirong
编号	53404	
经纬线线密度 经线/dtex(旦)	133.2(120)有光黏胶丝(机械上浆)	[55.50/24f(50/24f)牵伸涤纶丝+83.25/48f(75/48f)低弹涤纶丝]网络
经纬线线密度 纬线/dtex(旦)	19.7tex(30英支)富纤纱	55.50/24f(50/24f)涤纶丝加16捻/cm(2s、2z)
经纬密度 经线/(根/10cm)	567	710
经纬密度 纬线/(根/10cm)	295	400

续表

规格＼丝织物名称	染花绸	水洗绒
经线捻度/(捻/cm)		
纬线捻度/(捻/cm)		16
织物组织	在五枚经缎纹地上起平纹花和纬花	平纹组织
质(重)量/(g/m^2)	140	104
成品幅宽/cm	93	150
特点	质地坚柔，花纹具有剪贴花的立体效果	收缩率小的细旦丝屈曲凸出于织物之上，使织物具有绒感，手感柔软舒适，尺寸稳定性好，光泽柔和，色彩鲜艳
用途	宜作妇女冬季服装面料及装饰用绸	宜做男式时装、夹克衫等
备注	纹样宽 12.7cm，题材为写实或写意平涂花卉，纹样连地三色，以一色平纹为主花，其周围用较细线条纬花包边。坯绸经退浆、染色、单机整理	是指经、纬线用收缩率不同的涤纶丝织成的、具有绒感的白织绸类丝织物。坯绸经精练退浆、松弛收缩、染色、拉幅定型等后整理。 也有经线用[83.25/48f(75/48f)牵伸涤纶丝＋83.25/48f(75/48f)低弹涤纶丝]网络，而纬线分别用55.50(50)低弹涤纶丝加16捻/cm(2s、2z)，或111.0/216f(100/216f)涤纶丝加12捻/cm(2s、2z)，或55.50(50)低弹涤纶丝加16捻/cm(2s、2z)的水洗绒产品

规格＼丝织物名称		隐格绸	麂皮绒	
英文名		yinge union oxford; shadow check union oxford	suede nap;polyester chamoisette	
编号		S85066	(纬向麂皮绒)	(经向麂皮绒)
经纬线线密度	经线/dtex(旦)	甲经:16.4tex×2(36英支/2)黏棉混纺纱 乙经:[19.7tex有光人造棉纱＋83.25(75)醋酯丝]	83.25/72f(75/72f)低弹涤纶丝或网络涤纶丝	116.55/36f×37(105/36f×37)海岛型复合涤纶丝
	纬线/dtex(旦)	甲纬:14tex×2(42英支/2)棉纱 乙纬:[19.7tex有光人造棉纱＋83.25(75)醋酯丝]	116.55/36f×37(105/36f×37)海岛型复合涤纶丝	177.6/48f(160/48f)涤纶丝
经纬密度	经线/(根/10cm)	248	750～950	
	纬线/(根/10cm)	202	280～340	

续表

丝织物名称 规格	隐格绸	麂皮绒
经线捻度/(捻/cm)	乙经:8	
纬线捻度/(捻/cm)	乙纬:8	
织物组织	平纹组织	五枚缎纹
质(重)量/(g/m²)		160～240
成品幅宽/cm	77.5	150
特点	绸面丰厚松软,光泽柔和,具有双色呢的特点	手感柔软,悬垂性好,绒毛细密均匀,具有疏水效应
用途	主要用作男女秋装面料、冬季棉袄面料	宜做时装、保暖服、夹克衫、风衣及箱包、沙发套、汽车坐垫、包装、高档装饰等
备注	坯绸经染色整理后,由于不同纤维纱吸色性能不同,获得双色效果	是指经线或纬线用超超细旦丝织成,绸面具有鹿皮绒效应的白织绸类丝织物。原料也有用233.1/16f×72(210/16f×72)涤锦复合丝(涤90%、锦10%)、177.6/16f×72(160/16f×72)涤锦复合丝(涤85%、锦15%)的;经向麂皮绒的纬线也有用涤/棉混纺纱的(称涤棉麂皮绒)。因为超超细旦丝细度小于0.1dtex,产品设计时海岛纤维在织物表面的覆盖面积要大于另一种纤维,达到较好的绒感。坯绸经精练退浆、开纤(膨化)、碱减量、柔软拉幅整理、染色、磨毛等后整理

丝织物名称 规格		辽凤绸	维多绸	松香绸
英文名		liaofen boucle	weiduo twill silk	songxiang taffeta faconne
编号				43462
经纬线线密度	经线/dtex(旦)	甲经:400dtex×2(25公支/2)桑蚕䌷丝 乙经:555(500)柞蚕丝特纺、黑、白相间、粗细相间的大条丝	166.5(150)低弹涤纶丝加14捻/cm	22.22/24.42×2(2/20/22)桑蚕丝
	纬线/dtex(旦)	40tex×2(25公支/2)桑蚕䌷丝+555(500)柞蚕丝特纺大条丝并合	同经纱	38.85×2(2/35)柞蚕水缫丝
经纬密度	经线/(根/10cm)	161	870	804
	纬线/(根/10cm)	104	350	356

续表

规格＼丝织物名称	辽凤绸	维多绸	松香绸
经线捻度/(捻/cm)	甲经:3.1,z	14	3.1,s
纬线捻度/(捻/cm)		14	1.6,s
织物组织	甲、乙经相间排列,与纬以平纹组织交织	变化斜纹组织	在平纹地组织上提织出八枚经缎花纹
质(重)量/(g/m^2)	209	226	59
成品幅宽/cm	91.5	142	114.3
特点	绸面具有粗犷、豪放的独特风格。由原料的色彩和粗细变化,显现产品特点	手感滑糯,富有弹性,不易起皱,具有非常良好的悬垂性	经纬花交错,层次分明,图案新颖,因经密大于纬密,呈现出经包纬的效果,具有桑蚕丝绸的特点
用途	宜作西装、妇女套装面料及装饰用绸	宜做上装、裤子、裙子等	宜作男女衬衫、连衣裙面料等
备注	是指由桑蚕䌷丝和柞蚕丝交织的绸类丝织物,是在研究印度绸性能的基础上充分发挥柞蚕丝特点而设计的新产品,由两组经线与一组纬线交织而成。甲、乙经相间排列,与纬线以平纹组织交织。由于原料的色彩和粗细变化,显现了产品的特点	是指由纯涤纶白织的绸类丝织物。坯绸下机后先经高温高压溢流染色机练染,再经过高温定型拉幅整理	纹样以中小型自然花卉或写意变形花卉为主。纹样设色可二色平涂,由于平纹地与缎纹花的组织不同,花纹排列应散布均匀,以使绸面松紧一致。坯绸经精练、漂白加工

规格＼丝织物名称		带电作业服绸	缎条疙瘩绸
英文名		tussah/brass union industrial fabric	satin striped crash
编号		69007	D31002
经纬线线密度	经线/dtex(旦)	{[(77.70(70)3.1 捻/cm(s)柞蚕药水丝+ϕ0.055mm 铜丝)×2 加 1.6 捻/cm(z)+77.70×3(3/70)3.1 捻/cm(s)柞蚕药水丝]×2 加 1.6 捻/cm(z)+83.3×2(120 公支/2)柞绢丝}×2 加 3.9 捻/cm(s)的并捻线	甲经:33.3×2(2/30)柞蚕水缫丝 乙经:46.62(42)桑蚕丝
	纬线/dtex(旦)	同经线	[88.8(80)柞蚕疙瘩丝+38.85(35)柞蚕水缫丝]
经纬密度	经线/(根/10cm)	228	584
	纬线/(根/10cm)	269	315

续表

规格 \ 丝织物名称	带电作业服绸	缎条疙瘩绸
经线捻度/(捻/cm)		甲经:3.9,s;乙经:3.9,s
纬线捻度/(捻/cm)		1.6,s
织物组织	$\frac{2}{2}$斜纹组织	在平纹地组织上提织出桑丝五枚经缎条
质(重)量/(g/m^2)	296	66
成品幅宽/cm	80	132
特点	质地坚实硬挺,对电流反应敏感,安全可靠,为高压带电作业人员劳动保护专用绸	质地轻薄、滑爽,表面闪烁珠宝光泽的疙瘩丰富了平素效果,桑丝缎条平滑晶亮,风格新颖别致
用途	宜做带电作业人员工作服、鞋帽、手套等劳保用品	主要用作服装面料及装饰用绸
备注	是指由柞蚕丝和金属铜丝并捻交织的绸类丝织物	甲、乙经线排列:甲 36、乙 10、甲 6、乙 10、甲 6、乙 10、甲 36、乙 50、甲 10、乙 10、甲 10、乙 50,共计甲经 104 根,乙经 140 根为一个排列循环。坯绸经漂练、染色

规格 \ 丝织物名称		提花仿麻绸	绢丝弹力绸		
英文名		jacquard crash matelasse; jacquard crash	spun silk spandex cloth		
编号			绢丝弹力纺	绢子弹力绸	绢丝弹力缎
经纬线线密度	经线/dtex(旦)	甲、乙纬:[166.5(150)有光黏胶丝+19.7tex(30英支)有光人造棉纱]	83.3×2(120公支/2)绢丝/天丝(75/25)混纺纱	83.2×2(120公支/2)绢丝/天丝(75/25)混纺纱	83.3 × 2(120 公支/2)绢丝
	纬线/dtex(旦)	甲、乙纬:[166.5(150)有光黏胶丝+19.7tex(30英支)有光人造棉纱]	[芯线为 22.20(20)氨纶+皮线为 83.3(120 公支)绢丝包缠]14 捻/cm	[芯线为 33.30(30)氨纶+皮线为 83.3(120 公支)绢丝包缠]10 捻/cm	[芯线为 33.30(30)氨纶+皮线为 83.3(120公支)绢丝包缠]10 捻/cm
经纬密度	经线/(根/10cm)	260	402	494	528
	纬线/(根/10cm)	230	263	263	310
经线捻度/(捻/cm)		甲、乙经:4,z			

续表

规格＼丝织物名称	提花仿麻绸	绢丝弹力绸		
纬线捻度/(捻/cm)	甲、乙经:4,z	14	10	10
织物组织	经和纬染成不同色,织物地部以甲经甲纬平纹袋织加仿疙瘩重平组织,花部为乙经乙纬平纹袋织加仿疙瘩重平组织	平纹组织	斜纹组织	缎纹组织
质(重)量/(g/m^2)	251			
成品幅宽/cm	116	114	114	114
特点	手感滑挺,组织结构粗犷疏松,图案简练豪放,外观有麻织物的风格特点	绸面平挺,弹性优良,弹性延伸率可达20%～30%,穿着舒适,服用性能良好		
用途	主要用作上装、外套、西服面料及装饰用绸	宜做高级时装、裤子、披风等		
备注	纹样宽14.3cm,纹样题材以写意花卉或几何图案为主,造型简练,平涂块面,或涂出地纹和花纹中间嵌织断续重经和重纬组织,形似粗节疙瘩麻纤维。也可不在纹样上绘制,而直接在意匠图上用同种组织二色平涂,以二色交界处组织重叠来形成疙瘩效果。坯绸经树脂整理,织物外观和手感与麻织物相似	是指由绢丝、天丝(Tencel)和氨纶丝交织成的纬向弹力白织绸类丝织物。坯绸经精练、漂白除黄、水洗、染色、水洗(砂洗)、拉幅定型等染整工序		

规格＼丝织物名称		涤棉绸	桑麻绸		
英文名		polyester/cotton batiste	silk/flax pongee		
编号		23462	规格1	规格2	规格3
经纬线线密度	经线/dtex(旦)	75.48(68)涤纶丝	22.20/24.42×3(3/20/22)桑蚕丝	22.20/24.42×4(4/20/22)桑蚕丝	22.20/24.42×4桑蚕丝
	纬线/dtex(旦)	13tex(45英支)涤棉混纺纱(混纺比:涤65/棉35)	277.8(36公支)亚麻纱	甲纬:49.95/54.39×3(3/45/49)桑蚕丝 乙纬:246(24英支)亚麻纱(甲1,乙3)	277.8(36公支)亚麻纱

续表

规格 \ 丝织物名称		涤棉绸	桑麻绸		
经纬密度	经线/(根/10cm)	378	860	562	774
	纬线/(根/10cm)	370	265	250	230
经线捻度/(捻/cm)					
纬线捻度/(捻/cm)					
织物组织		平纹组织	平纹组织	平纹组织	平纹变化组织
质(重)量/(g/m^2)		87	121(桑蚕丝 40%,亚麻 60%)	106(桑蚕丝 52%,苎麻 48%)	123(桑蚕丝和亚麻纱各 58%)
成品幅宽/cm		91.5	114,140	114,140	114,140
特点		绸面光洁挺括,色泽柔和,质地中厚、坚牢耐用,弹性好,具有易洗、快干、免烫等特性	具有真丝绸手感柔软、光泽优雅,穿着舒适的优点,又有麻织物透气、散热、凉爽、粗犷、身骨好的优点		
用途		宜做男女衬衫、棉袄罩衫、裙子、连衣裙、童装等	宜做休闲服等		
备注			是指由桑蚕丝和麻纱交织的白织绸类丝织物。坯绸经精练、染色、拉幅定型。产品特点:规格 1 的产品粗犷豪放;规格 2 产品横条纹中苎麻纱的细度粗细变化,使绸面清新自然、朴实大方;规格 3 的产品花纹细致,典雅秀丽,经、纬原料的染色差异,使绸面有星星点点的闪色。织物也可进行轻度的砂洗,具有适度绒感		

规格 \ 丝织物名称		聚爽绸	威克丝	涤纤绸
英文名		jushuang batiste faconne	weeks polyester batiste	dixian oxford; polyester oxford
编号		23497		23500
经纬线线密度	经线/dtex(旦)	75.48(68)涤纶丝(机械上浆)	55.50/72f(50/72f)涤纶网络丝	甲经:76×2(2/68)涤纶丝 乙经:75.48(68)涤纶丝+14.5tex(40 英支)涤棉纱
	纬线/dtex(旦)	13tex(45 英支)涤棉混纺纱	83.25/144f(75/144f)低弹涤纶网络丝	14.5tex(40 英支)涤棉纱
经纬密度	经线/(根/10cm)	560	584	355
	纬线/(根/10cm)	300	410	350

续表

规格＼丝织物名称	聚爽绸	威克丝	涤纤绸
经线捻度/(捻/cm)			甲经:6;乙经:6
纬线捻度/(捻/cm)			
织物组织	在平纹地组织上提织出经面缎纹花	平纹组织	甲经与乙经相间排列,与纬线以单平纹或双平纹二重经平纹交织
质(重)量/(g/m²)	89	131	129
成品幅宽/cm	92	167	91.5
特点	质地挺括滑爽,光泽柔和	绸面丰满、滑糯,质地细洁,手感柔软,光泽柔和,悬垂性好,有双绉效应	绸面平挺,光泽柔和,质地坚实柔爽
用途	宜作春、秋、冬季服装面料	宜做羽绒服面料,经防水处理,也是休闲服、风衣、春秋套装的理想面料	宜作春、秋季上装用料、裤料和棉袄面料等
备注	坯绸经烧毛、精练、染色定型	是指经、纬线均为涤纶丝织成的白织绸类丝织物。坯绸经精练、染色、拉幅定型等后整理	坯绸经精练、烧毛、染色、定型,根据用途也可染双色

规格＼丝织物名称		领带绸	磨砂绸
英文名		tie silk	trichoma rugged satin
编号			
经纬线线密度	经线/dtex(旦)		83.25(70)DTY 涤纶丝
	纬线/dtex(旦)		[199.8(180)POY 涤纶丝+199.8(18)DTY 涤纶丝]复合低网络加 5 捻/cm
经纬密度	经线/(根/10cm)		710
	纬线/(根/10cm)		340
经线捻度/(捻/cm)			
纬线捻度/(捻/cm)			

续表

丝织物名称 规格	领带绸	磨砂绸
织物组织	印花、绣花、手绘领带绸采用平纹或斜纹组织;提花、色织领带绸用斜纹、缎纹及其变化组织	五枚变化缎纹组织
质(重)量/(g/m²)	提花、色织 110～120;印花、绣花 45～65	
成品幅宽/cm	91.4～128	160
特点	面料领带绸质地厚实平滑,弹性好,抗皱性能强,花形色彩秀丽。里料领带绸质地轻薄柔软,织纹细洁匀净	绸面的色花形成外观粗犷的花色效果。手感柔软丰满,外观蓬松,光泽柔和,悬垂性和柔软性好
用途	用作西装领带用料、女装面料及饰带用绸	宜做秋、冬季服装等
备注	花型多采用小花纹、几何图案等,也有花卉、飞禽、走兽和独花图案,其图形根据领带的特殊用途多呈 45°斜向裁剪	是指由涤纶丝织成经磨毛整理的绸类丝织物。坯绸经精练、预定型、磨毛、碱减量、染色、拉幅定型等后整理。由于纬线用高收缩的 POY 涤纶丝与低收缩的细旦 DTY 涤纶丝复合,经精练,高收缩涤纶丝收缩,低收缩的细旦 DTY 涤纶丝形成三维卷曲,一经磨毛,织物表面具有蓬松的绒毛外观,且 POY 涤纶丝和 DTY 涤纶丝的上染率不一样,经染色,形成外观粗犷的花色效果

丝织物名称 规格		四新呢(四维绸)	珍珠麻	红阳绸(雁来红绸)
英文名		siwei pongee	pearl-pattern polyester silk	hongyang faconne
编号				
经纬线线密度	经线/dtex(旦)	22.22/48.84×(1～2)(1～2/20/44)无捻桑蚕丝	甲经:333.0(300)FDY 涤纶丝加 10 捻/cm(s) 乙经:166.5(150)FDY 涤纶丝加 20 捻/cm(z)(经线排列甲 2、乙 2)	22.22/24.42(20/22)桑蚕厂丝
	纬线/dtex(旦)	22.22/24.42×(3～4)(3～4/20/22)强捻桑蚕丝	甲纬:同甲经 乙纬:同乙经(纬线排列甲 2、乙 2)	133.2(120)有光人造丝
经纬密度	经线/(根/10cm)	1100～1150	300	1230
	纬线/(根/10cm)	460～480	280	365
经线捻度/(捻/cm)				
纬线捻度/(捻/cm)				71

续表

规格＼丝织物名称	四新呢(四维绸)	珍珠麻	红阳绸(雁来红绸)
织物组织	平纹和变化纹联合组织	平纹组织	斜纹组织
质(重)量/(g/m²)		176	
成品幅宽/cm	72～93	148	
特点	绸面平整,呈微细绉纹地,排列着有规律的凸起细罗纹横条,光泽柔和自然,手感柔软,绸背面呈偏平横条,色泽匀净	手感滑糯,悬垂感好,透气性强,穿着舒适	绸面平整光洁,为斜纹地上起缎纹亮花,花型以小花或碎花为主,花纹清晰完整,色泽鲜艳美丽,手感柔软
用途	宜做女装、夹衣、棉袄、罩衫,也作装饰用绸	宜做衬衫、套装、服装辅助面料等	宜做女装、裙子、旗袍、中式棉袄民族服装等
备注	缩水率较大,裁剪前需在绸背面喷水预缩	是指经线和纬线均为加捻涤纶丝织成的白织绸类丝织物,绸面呈不规则凹凸颗粒珍珠状,具有立体效应,故名。坯绸经精练、碱减量、染色、拉幅定型等后整理	缩水率为5%,裁剪前需在背面喷水预缩

规格＼丝织物名称		邮筒绸(细同绸、桑丝绉缎、桑涤绸)	迈克绸	金边绸(田字锦)
英文名		youtong pongee	maike elastic fabric	jinbian pongee
编号				
经纬线线密度	经线/dtex(旦)	22.22/24.42×(1～2)(1～2/20/22)桑蚕厂丝	55.50/72f(50/72f)弹力涤纶丝加1.6个/cm网络度	甲经:133.2(120)有光黏胶人造丝 乙经:4.8tex(210公支)双股绢丝
	纬线/dtex(旦)	22.22/24.42×(2～3)(2～3/20/22)普捻或强捻桑蚕厂丝	73.25/204f(65/204f)弹力涤纶丝加1个/cm网络度	甲纬:133.2(120)有光黏胶人造丝 乙纬:189.8(171)金色铝皮
经纬密度	经线/(根/10cm)	960～1252	660	448
	纬线/(根/10cm)	430～680	520	440
经线捻度/(捻/cm)				
纬线捻度/(捻/cm)				

续表

丝织物名称 规格	邮筒绸(细同绸、桑丝绉缎、桑涤绸)	迈克绸	金边绸(田字锦)
织物组织	地组织采用斜纹或平纹变化组织起缎花	平纹组织	斜纹组织
质(重)量/(g/m²)		130	
成品幅宽/cm	70.5～81.5	145	71.5
特点	绸面平整光洁,色光柔和,呈现云状花纹,常配以花朵或泥点朵云花纹,花纹图案轮廓清晰,文雅秀丽,手感柔软,反面色光比正面稍亮	绸面丰满,质地细洁,手感舒适、柔软、滑糯,光泽柔和,易洗、快干、易烫	绸面多呈“田”字形图案,金光闪烁,富丽堂皇,具有浓厚的民族色彩。绸身平挺,手感厚实,略带糙性,是少数民族的特需用绸
用途	主要用作朝鲜族妇女结婚衣料和小女孩裙子用绸,也可作女装及装饰用绸	宜做羽绒服、休闲服、春秋套装、风衣等	专供少数民族做民族帽和民族服装镶边等用
备注	缩水率约为5%裁剪前应喷水预缩	是指经、纬用弹力涤纶网络丝织成的白织绸类丝织物。坯绸经精练、退浆、碱减量、染色、拉幅定型等后整理	色泽有大红、松绿、黄等。不宜多洗,收藏时要防止受潮

丝织物名称 规格		抗紫电绸	花线春(花大绸、大绸)	
英文名		anti-vltraviolet radiation and antistatic silk	fancy twisted silk fabric	
编号				
经纬线线密度	经线/dtex(旦)	166.5(150)抗紫外线涤纶低弹丝加10捻/cm(s)	55.56/77.78×2(2/50/70)桑蚕工农丝	55.56/77.78×2(2/50/70)桑蚕工农丝(或用绢丝)
	纬线/dtex(旦)	166.5(150)抗紫外线涤纶低弹丝加10捻/cm(2s、2z)	55.56/77.78×3(3/50/70)桑蚕工农丝	18tex(32英支)漂白蜡纱
经纬密度	经线/(根/10cm)	710	468	474
	纬线/(根/10cm)	330	301	270
经线捻度/(捻/cm)		10,s		
纬线捻度/(捻/cm)		10,s,z		

续表

丝织物名称 / 规格	抗紫电绸	花线春(花大绸、大绸)	
织物组织	五枚三飞缎纹和泥地组织结合,经线排列为1根缎纹、2根泥地组织	平纹地组织上起小碎花	
质(重)量/(g/m^2)	200		
成品幅宽/cm	150	79	78
特点	织物正面起绉,反面为光滑的缎面,具有凉爽、透气、柔软、挺括的特点	绸面在平纹地组织上呈现元宝形的小碎满花或有规则的小点几何图案,绸面平整光洁,花纹图案清晰,花纹朴素,组织紧密,质地厚实坚韧,光色明亮,反面花色稍暗,色泽匀净	
用途	宜做夏令衬衫、服装等	主要用于制作蒙、藏等少数民族服装、民族袍以及中式便装、女装、袄面等	
备注	是指经、纬线均用抗紫外线处理的涤纶丝织成,织后经抗静电整理的绸类丝织物,具有良好的抗紫外线和抗静电作用,故名。坯绸经精练、开幅、预定型、碱减量、染色、开幅定型等后整理	绸面要平整光洁,花纹图案要清晰完整,色泽要匀净。缩水率为5%,裁剪前应在背面喷水预缩	

丝织物名称 / 规格		疙瘩绸(麻纺绸)				
英文名		slub bourette				
编号		(疙瘩素绸)	(疙瘩花绸)	(疙瘩绸)	(疙瘩绸)	(色织疙瘩绸)
经纬线线密度	经线/dtex(旦)	22.22/24.42(20/22)3捻/cm色桑蚕丝×2	22.22/24.42(20/22)3捻/cm色桑蚕丝×2	111(100)柞疙瘩丝+111×3(3/100)柞蚕药水丝	38.85×2(2/35)柞蚕丝	[38.85×2(2/35)柞蚕丝+111(100)柞蚕疙瘩丝4.7捻/cm+38.85×2(2/35)柞蚕药水丝4.7捻/cm]
	纬线/dtex(旦)	16.7tex(60公支)色竹节绢丝	16.7tex(60公支)色竹节绢丝	400×2(2/400)柞蚕疙瘩丝	444(400)柞蚕丝大条	[38.85×2(2/35)柞蚕丝+111(100)柞蚕疙瘩丝4.7捻/cm+38.85×2(2/35)柞蚕药水丝4.7捻/cm]
经纬密度	经线/(根/10cm)	673	670	236	372	241
	纬线/(根/10cm)	320	320	215	188	197
经线捻度/(捻/cm)		6	6	4	3.1	3.9

续表

丝织物名称 规格	疙瘩绸(麻纺绸)				
纬线捻度/(捻/cm)			1.6		3.9
织物组织	平纹组织和斜纹变化组织(以平纹组织居多)				
质(重)量/(g/m²)					
成品幅宽/cm	109	109	114.3	122	91.5
特点	绸面散布的竹节疙瘩明显突出、分布均匀,色泽匀净纯正,色光优美,手感柔软,立体感强,具有特殊的粗犷美风格				
用途	主要用于制作男女衬衫、领带、女装、裙子,也作装饰用绸				
备注	因其绸面均匀散布有竹节疙瘩,故称。实际上,竹节疙瘩又酷似麻织物表面的粗细节,故又有麻纺绸的别称。缩水率较大,裁剪前需喷水预缩				

丝织物名称 规格		涤盈绸(涤黏绢混纺绸、涤黏绢三合一)	涤绢绸	桃皮绒
英文名		diying sand crepe;polyester/rayon/siln batiste	dijuan sand crepe;polyester/silk batiste	peach-skin;peach-skin fabric
编号				
经纬线线密度	经线/dtex(旦)	20tex×2(50公支/2)～16.7tex×2(60公支/2)涤67/黏胶28/绢丝5混纺纱(正反捻、间隔排列形成隐条花纹)	12.5tex×2(80公支/2)～8.3tex×2(120公支/2)涤绢混纺纱股线	75.48/24f(68/24f)涤纶丝
	纬线/dtex(旦)	同经线	同经线	166.5/72f×12(150/72f×12)涤锦复合丝
经纬密度	经线/(根/10cm)	251		613
	纬线/(根/10cm)	208		400
经线捻度/(捻/cm)				
纬线捻度/(捻/cm)				
织物组织		平纹组织	平纹组织	$\frac{1}{2}$斜纹组织
质(重)量/(g/m²)				125
成品幅宽/cm		91		150

续表

规格＼丝织物名称	涤盈绸(涤黏绢混纺绸、涤黏绢三合一)	涤绢绸	桃皮绒
特点	绸面呈隐约可见的条状,经折光反射,在一定角度上其条形较为明显,质地坚牢,爽滑、挺括,手感丰满,弹性好,有毛型感	绸面平整、光洁、挺括,质地较纯丝绸坚牢耐磨	手感柔软,质地蓬松、较厚,富有弹性,悬垂性好,色彩鲜艳
用途	用于制作中山装、两用衫、青年装、西裤、罩衣、袄面等	宜做衬衫、裙子、女装、夏装等	宜做套装、夹克衫等
备注	坯绸经精练、染色、热定型、树脂整理	经密大于纬密近1倍。品种较多,主要有平素、染色、印花及色织等	是指经线用涤纶丝、纬线用细旦涤锦复合丝织成并经磨毛整理,绸面有明显绒感的白织绸类丝织物。经、纬线质量比:经线为42.72%,纬线为57.28%。坯绸经平幅松弛、精练退浆、预定型、染色、磨毛、柔软整理、拉幅定型等后整理

规格＼丝织物名称		斜纹绸		交织绵绸
英文名		twilled weave pongee		interlacing noilcloth
编号		(纯丝斜纹绸)	(人造丝斜纹绸)	
经纬线线密度	经线/dtex(旦)	22.22/24.42(20/22)桑蚕丝	133.2(120)有光黏胶人造丝	33.9tex(29.5公支)绸丝
	纬线/dtex(旦)	同经线	同经线	28tex(21英支)棉纱
经纬密度	经线/(根/10cm)	740～780	630～650	230
	纬线/(根/10cm)	430～465	260～280	210
经线捻度/(捻/cm)				
纬线捻度/(捻/cm)				
织物组织		斜纹组织		
质(重)量/(g/m^2)				
成品幅宽/cm		91	141～144	73

续表

规格 \ 丝织物名称	斜纹绸	交织绵绸
特点	绸面平整光洁,细纹清晰细密,手感柔软,图案清秀完整	绸面绵结杂质少于真丝绵绸,手感不如真丝绵绸柔软。其他均同真丝绵绸
用途	主要用于做衬衫、女装、裙子、童装、领带、印花头巾及商标等	主要用于做藏族同胞衬衣,也可做衬衣、睡衣裤、练功服及被里、窗帘、舞台幕布等
备注	缩水率为5%~8%,裁剪前需在背面喷水预缩	

规格 \ 丝织物名称		袖边绸	仿麂皮绒	袖背绸
英文名		cuff trimming silk	flock suede;suede imitation [leather];chammy-like fabric	sleeve silk matelasse
编号				
经纬线线密度	经线/dtex(旦)	甲经:122.1(110)本白锦纶丝 乙经:277.5(250)有光黏胶丝(染成各彩、排成彩条机械上浆)	83.25/36f(75/36f)低弹涤纶网络丝	甲经:44.4/48.84(1/40/44)桑蚕丝(精练染色) 乙经:133.2(120)有光黏胶丝(彩条) 丙经:[33.3(30)染色锦纶丝 8s 捻/cm×2]
	纬线/dtex(旦)	19.7tex(30英支)本白富纤纱	177.6/48f×37(160/48f×37)水溶性海岛涤纶丝	甲纬:19.7tex(30英支)染色富纤纱 乙纬:133.2(120)染色有光黏胶丝
经纬密度	经线/(根/10cm)	811	900	
	纬线/(根/10cm)	290	460	
经线捻度/(捻/cm)		甲经:5,s		甲经:8,s;乙经:6,s;丙经:6,z
纬线捻度/(捻/cm)				
织物组织		在甲经平纹地组织上呈现乙经彩条经花,乙经采用四枚变化组织	五枚缎纹组织	利用重经高花组织,以经纶丝经、富纤纱纬的平纹袋组织作地纹,呈现桑蚕丝经花、有光黏胶丝经底和有光黏胶丝纬花
质(重)量/(g/m^2)			170	
成品幅宽/cm		78.3	140	

续表

丝织物名称 / 规格	袖边绸	仿麂皮绒	袖背绸
特点	绸面呈双色或多色间隔花纹图案，图案题材有蝴蝶、孔雀羽毛等。织物保持了传统手工十字刺绣的风格，绸身紧密厚实，平挺有身骨，色彩鲜艳，对比强烈，光泽明亮，绸面光洁	手感柔软，光泽柔和，吸水吸油性好，绝热性强，具有较好的仿绒效果	质地柔挺，花纹富有立体感，绸面点纹五彩缤纷，具有中国西南少数民族的服饰特点
用途	用作西南地区少数民族服装的镶嵌装饰用绸，专供云、贵、川等地区苗、瑶、彝等少数民族妇女服装袖边、衣边、飘带等镶嵌装饰用	宜做时装、夹克衫等	专门用于制作少数民族的服装袖筒和背心及装饰用绸
备注	成品销售时，按门幅横向开剪，以一个循环的图案成条出售。绸面的织花部位浮丝较长，多摩擦易起毛	是指用溶水性海岛超细旦涤纶丝织成的、绸面有明显绒感的白织绸类丝织物。坯绸经松弛退浆、碱减量、预定型、磨绒、染色、拉幅定型等后整理	经线排列为丙1甲1乙1，纬线排列为甲1乙1，采用贾卡提花、大小造、双织轴、3×3梭箱织制

丝织物名称 / 规格		涤闪绸	聚合绸 （的确良麻纱）
英文名		dishan sand crepe	juhe batiste faconne
编号			
经纬线线密度	经线/dtex（旦）	75.48(68)或83.25(75)半光涤纶丝	甲经：75.48(68)涤纶丝 乙经：[75.48(68)涤纶丝+13tex(45英支)涤棉纱]
	纬线/dtex（旦）	13tex(45英支)涤棉混合纱（混比为涤65/棉35）	13tex(45英支)涤棉纱
经纬密度	经线/(根/10cm)	565	391
	纬线/(根/10cm)	400	355
经线捻度/(捻/cm)		8	甲经：8，s； 乙经：4，z
纬线捻度/(捻/cm)			
织物组织		斜纹变化组织	平纹组织
质(重)量/(g/m^2)			
成品幅宽/cm		92	102

续表

规格 \ 丝织物名称	涤闪绸	聚合绸（的确良麻纱）
特点	绸面光洁，呈粗细间隔的隐条，质地坚牢耐用，手感滑、挺、爽，并且有易洗、快干、免烫等特点	绸面在平纹地上起粗线条状。具有平挺、易洗、快干、免烫等特点，质地坚牢，类似麻纱
用途	用于做中老年男女春秋季各式衣裤和冬季棉袄罩衫面料	用于制作妇女夏令衬衫，深色的可作棉袄、罩衫面料等
备注	色泽为深杂色，有铁锈红、酱红、墨绿、咖啡等	经向粗、细丝线有规律地排列成条状

规格 \ 丝织物名称		明花绸	泡纹绸		隐纹绸
英文名		minghua sand crepe	paowen lame cloque silk		yinwen union oxford
编号					
经纬线线密度	经线/dtex(旦)	甲经(起花经)：133.2(120)有光黏胶人造丝 乙经(地经)：22.22(20)单纤锦纶丝	甲经：29.97/32.19×2(2/27/29)桑蚕丝(上层，和丙经同轴) 乙经：29.97/32.19×2(2/27/29)桑蚕丝(下层) 丙经：111.0(100)金皮	甲经：22.20/24.42(20/22)桑蚕丝 乙经：22.20/24.42(20/22)桑蚕丝加26捻/cm(1s、1z)	49.95(45)半光涤纶丝
	纬线/dtex(旦)	19tex(30英支)有光人造棉纱(黏纤)	甲纬：29.97/32.19×2桑蚕丝 乙纬：277.8(36公支)亚麻纱 丙纬：111.0(100)金皮	22.20/24.42×2(2/20/22)桑蚕丝加26捻/cm	83.25(75)不加捻的半光涤纶丝
经纬密度	经线/(根/10cm)	791	486	126	481
	纬线/(根/10cm)	300	410	440	376
经线捻度/(捻/cm)				乙经：26，s、z	8
纬线捻度/(捻/cm)				26	
织物组织		斜纹组织(由有光人造丝起经面缎花)	平纹组织	联合组织	平纹变化组织
质(重)量/(g/m²)			60(桑蚕丝73%、亚麻23%、金皮4%)	73	
成品幅宽/cm		93	140	140	92

续表

丝织物名称 / 规格	明花绸	泡纹绸	隐纹绸
特点	绸面在色光较暗的地组织上配置相类似而明亮的几何图案。从不同角度观察，绸面的花纹与地纹会出现相互辉映、互相衬托、互为主次地位的效果。色光鲜艳明亮，手感柔软，质地坚牢	手感柔软舒适，表面有波浪形的折叠效果和闪闪发光的闪光效应，具有高贵的感觉	在五彩缤纷的印花绸面上，隐现出类似几何图案的暗花地组织，风格别致。织物经定型处理，具有易洗、快干、免烫等特性
用途	用作妇女各类服装面料及装饰用绸	宜做婚纱、公主裙、围巾等	用于妇女春、夏、秋三季衬衣、裙子等
备注	由白坯绸经精练、染成杂色。绸面要平整，无断经缺纬等，在纹图案要完整，色泽要鲜艳、无色差、色花等，边道要平直，裁剪前需在背面喷水预缩	是指由桑蚕丝、亚麻和金皮交织成的白织绸类丝织物，绸面具有起泡的波纹，故名。坯绸经精练、染色、拉幅定型等后整理	绸面要光洁细致，印花要完整，色泽鲜艳，无搭色漏印等疵点，边道要平直

丝织物名称 / 规格		击剑绸	蝶花绸	绢麻绸		美绫绸
英文名		fencing-wear silk	diehua sand crepe	*juanma* spun silk/flax pongee		mei-ling brocaded poplin
编号				规格 1	规格 2	
经纬线线密度	经线/dtex(旦)	甲经：131.2×2(45英支/2)8捻/cm(s)涤棉股线(特漂加白) 乙经：91.02(82)银皮 丙经：166.5(150)银铜丝	甲经：[38.85(35)6.3捻/cm×3]柞蚕丝 乙纬：77.7×3(3/70)柞蚕药水丝	67×2(149公支/2)桑绢丝	125×2(80公支/2)绢麻纱	10tex(60英支)涤(65%)棉(35%)混纺单纱
	纬线/dtex(旦)	甲纬：同甲经 乙纬：同丙经	甲纬：38.85×3(3/35)柞蚕丝 乙纬：1332(1332)柞大条	164(36英支)亚麻纱	同经线	同经纱
经纬密度	经线/(根/10cm)	360	649	560	413	433
	纬线/(根/10cm)	400	224	275	245	315
经线捻度/(捻/cm)			甲经：5.5； 乙经：3.9			
纬线捻度/(捻/cm)			甲纬：1.6			

续表

丝织物名称 规格	击剑绸	蝶花绸	绢麻绸		美绫绸
织物组织	变化组织	变化组织	平纹变化组织		变化绉组织
质(重)量/(g/m²)	173		152(桑蚕丝 51%,亚麻 49%)	166(绢和麻各 50%)	
成品幅宽/cm	93		114,140	114,140	
特点	具有导电性能好,刀剑触及时电反应灵敏、外观素净大方、银光闪烁的特点	绸面以比较粗而松的丝线作地,有明显的交织点。花纹则组织紧密,有立体感,图案较大,织物风格粗犷。质地厚实,坚韧耐用,光泽柔和并呈现柞蚕丝特有的乳黄天然色泽	手感柔软、舒适,透气凉爽,比较耐磨		外观飘逸,悬垂性好,手感滑软,富有弹性,仿丝绸效果好,是夏季女装的理想面料
用途	专供制作击剑运动服装	用作装饰用绸	宜做休闲装、时装等		宜做女时装、衬衫、罩衫、裙子、两用衫、童装及床上用品等
备注	是指由银铜丝、银皮与涤/棉混纺纱交织的特种绸类丝织物。原料选择以导电性能好,电压 190V 以下,其电阻 14~22Ω,比重较轻,柔韧易弯曲,强力高,并具有一定弹性的纱芯金线或银铜丝、银皮为主,配以手感柔软的涤/棉混纺纱为辅助材料。由三组经线与两组纬线以变化组织交织而成。	绸面要平整,花纹图案要完整,无断经缺纬及污渍等	是指由绢丝和麻纱交织的白织绸类丝织物。坯绸经精练、染色、拉幅定型,也可进行轻度水洗。绸面绒感良好,柔软舒适,且规格 2 的产品更有良好的毛型感		属高支涤棉仿丝绸织物

5. 缎 (satin silks)

缎是指织物的全部或大部分采用缎纹组织(除经或纬用强捻线织成的绉缎外),质地紧密而柔软,绸面平滑光亮的丝织物。原料采用桑蚕丝、黏胶丝和其他化纤长丝,织造方法有两种:一是采用先练染后织造的方法(色织),如织锦缎等;另一种是采用生织匹染的加工方法,如花、素软缎。按织造和外观,缎类可分为锦缎、花缎和素缎三种。(1)锦缎:缎面有彩色花纹,色泽瑰丽明亮,图案精致漂亮,产品华贵富丽，五彩缤纷。生产工艺比较复杂，经纬丝在织前需染色，如织锦缎等。(2) 花缎：表面呈现各种精致细巧的花纹，色泽淳朴而典雅，是一种比较简练的提花缎类织物。有的还常用经纬丝原料的理化性能的不同，使织物呈现色调各异或织物表面具有浮雕等特点，如金雕缎、锦乐缎等。(3) 素缎：缎面素净无花，如素库缎、梦素缎等。为了获得光亮柔滑的缎纹效果，常采用经缎的经密远大于纬密，或是纬缎的纬密大于经密。缎主要用于做服装。其中薄型缎可做衬衣、裙料、披肩、头巾、舞台服装等；厚型缎可做外衣、旗袍、夹袄或棉袄面料等。此外，还可用作台毯、床罩、被面、领巾及书籍装帧料等。

规格＼丝织物名称		真丝缎	花绉缎	万寿缎	灵岩缎
英文名		silk satin	crepe damask satin; crepe satin brocade	wanshou satin brocade; wanshou crepe satin brocade	lingyan damask satin
编号		14158	14103	14302	14574
经纬线线密度	经线/dtex(旦)	22.22/24.42 (22/24)桑蚕丝	22.22/24.42×2 (2/20/22)桑蚕丝	22.20/24.42×2 (2/20/22)桑蚕丝	22.22/24.42×3 (3/20/22)桑蚕丝
	纬线/dtex(旦)	22.22/24.42×2 (2/20/22)桑蚕丝	22.22/24.42×3 (3/20/22)桑蚕丝	22.20/24.42×4 (4/20/22)桑蚕丝(以2s、2z交替织入)	22.22/24.42×3(3/20/22)桑蚕丝
经纬密度	经线/(根/10cm)	1243	1320	1190	1107
	纬线/(根/10cm)	800	560	500	380
经线捻度/(捻/cm)			84		
纬线捻度/(捻/cm)			20,s、z	18,s、z	
织物组织		八枚缎纹组织	两根s捻、两根z捻交替织入，在八枚纬缎纹地上起出八枚经缎纹花	在单经$\frac{1}{3}$纬斜纹地上起单经八枚缎纹经花，以及单经$\frac{3}{1}$经斜纹暗花、单经标准点暗花	花、地组织为经、纬正反五枚缎纹组织
质(重)量/(g/m^2)		53	84	85	83.5
成品幅宽/cm		114	101	70.5	29
特点		质地紧密细腻，手感平滑柔软，缎面光亮	柔软滑爽，质地丰厚，弹性好，光泽柔和	缎面平挺，质地柔软，富有弹性，光泽自然柔和	质地柔软，花地分明，花纹具有日本民族纹样的特点
用途		妇女礼服、头巾等	男女衬衣、春夏季连衣裙、头巾等	宜做妇女服装等	日本和服腰带用绸

续表

规格＼丝织物名称	真丝缎	花绉缎	万寿缎	灵岩缎
备注	坯绸经精练、印花、整理	纹样题材以写实花卉为主,一般选用清地或半清地布局,以显出绉纬缎背的织物效果,花幅为16.6cm,全幅6花。坯绸经精练、染色、单机整理	是指由桑蚕丝平经绉纬生织的提花缎类丝织物。纹样以写实花卉为主,也可选用几何形等图案。坯绸经精练、染色、单机整理	纹样宽5.6cm,长度依花而定。题材均为来自日本的民族纹样。坯绸经练白后,再行扎染处理,分别在扎与不扎以及缚扎变形程度不同的部位形成异常特殊的色纹效果

规格＼丝织物名称		目澜缎	桑丝绒缎	花累缎
英文名		mulan damask satin	sangsi satin brocade	hualei damask satin
编号		14591		14401
经纬线线密度	经线/dtex(旦)	22.22/24.42×3(3/20/22)桑蚕丝	[22.20/24.42(20/22)桑蚕丝加8捻/cm(s)×2]6.8捻/cm(2)(染色)	[22.22/24.42(20/22)桑蚕丝8s捻/cm×2]染色熟丝
	纬线/dtex(旦)	22.22/24.42×6(6/20/22)桑蚕丝	333.0(300)膨体弹力色桑蚕丝	22.22/24.42×6(6/20/22)桑蚕丝生丝染色
经纬密度	经线/(根/10cm)	1043	1120	1247
	纬线/(根/10cm)	340		490
经线捻度/(捻/cm)			6.8,z	6,z
纬线捻度/(捻/cm)				
织物组织		花和地分别为经面五枚缎和纬面五枚缎纹组织	正反五枚缎纹提花	在八枚经面缎纹地上起八枚纬面缎纹花
质(重)量/(g/m²)		96		123
成品幅宽/cm		40.5	114	78
特点		手感糯滑,光泽柔和	质地丰满,手感柔糯,抗皱性能优良,克服了真丝绸易缩易皱的缺陷。缎面层次丰富,立体感强,具有羊绒般的光泽	质地紧密,坚实挺括,光泽较明亮,不易沾染尘垢

续表

规格＼丝织物名称	目澜缎	桑丝绒缎	花累缎
用途	日本妇女和服腰带	宜做高级时装等	蒙藏民族用作民族袍，妇女皮袄面料、妇女服装及沙发面料、靠垫等
备注	纹样宽 11.3cm，长度依花而定，题材来自日本民族传统纹样，坯绸经精练、染色后呈单色	是指由桑蚕色丝与膨体弹力桑蚕色丝交织的色织提花缎类丝织物。提花图案以流行的几何变形图案为主。坯绸经漂练、松式热喷定型整理	纹样宽 19.25cm，纹样长度暂取 18cm，题材以蒙古民族特色的团花为主，以两个散点排列，清地布局，少量为满地布局的中型花。织后经刮绸整理

规格＼丝织物名称		库缎（摹本缎）		哈蓓缎
英文名		satin brocade		habei silk brocade
编号		14189（素库缎）	14190（花库缎）	S1872
经纬线线密度	经线/dtex（旦）	［23（21）8 捻/cm×2］桑蚕丝（熟色）	［23（21）8 捻/cm×2］桑蚕丝（熟色）	22.20/24.42（20/22）8 捻/cm（s）×2］桑蚕丝（经精练染色）
	纬线/dtex（旦）	31.08/33.33 × 4（4/28/30）桑蚕丝（生丝染色）	31.08/33.33 × 4（4/28/30）桑蚕丝（生丝染色）	甲纬：［44.40/48.84×2（2/40/44）2 捻/cm×2］并合桑蚕丝 乙纬：［44.40/48.84（40/44）2 捻/cm×3］并合桑蚕丝 丙纬：同乙纬，但颜色各异
经纬密度	经线/（根/10cm）	1297	1314	1060
	纬线/（根/10cm）	490	520	1200
经线捻度/（捻/cm）		6，z		6，z
纬线捻度/（捻/cm）				乙纬：2，z；丙纬：2，z
织物组织		八枚缎纹组织	在缎底上提织出本色或其他颜色的花纹，并分为亮花和暗花两种，亮花是明显的纬浮于缎面，暗花是平板不发光，主要是经纬组织上的变化而产生两种不同的效应	在八枚加强缎纹地上显出乙、丙两色纬花

续表

规格 \ 丝织物名称	库缎(摹本缎)		哈蓓缎
质(重)量/(g/m²)	118	121	162
成品幅宽/cm	77	76	78
特点	缎面细密精致、平整挺括光滑,色光自然柔和,手感硬挺厚实,弹性好,成衣硬挺,是少数民族特需用绸	缎面平整挺括,花型图案清晰,一般呈现团花,传统的花纹图案有五福捧寿、万事如意、吉祥如意、龙凤呈祥、汉文八仙等,不仅增添了花纹多层次效果,而且使成品富丽堂皇	缎面丰满,质地厚实,手感柔和滑爽,外观华丽富贵,风格新颖
用途	藏、蒙民族袍面料、苗族服装镶边、艺装、时装、旗袍、中式便服、马甲、礼服、女装及装饰用绸等		宜做高档领带等
备注	清代由官营织造,进贡皇室入库,以供选用,故名。在花库缎中,若部分花纹用金银丝挖花织造,则称为装金库缎二龙捧金寿的妆锦库缎。用金、银两种线制织部分花纹的称二色金库缎,坯绸经刮光后整理,成品用筒杖卷装为宜		是指由纯桑蚕丝色织的提花缎类丝织物。纹样题材以小方格及粗细不一的直条等几何形为主。经向色条排列为甲11、(甲1、乙1)×2、甲9、(甲1、乙2)×2、甲9、(甲1、乙2)×2、甲11、(甲1、丙1)×4。为使织物平挺,下机后需经落水、单机整理。颜色以咖啡色、藏青色、酱红色为多

规格 \ 丝织物名称		九霞缎	金昌缎	素广绫
英文名		jiuxia crepe satin brocade	jinchang satin striped lame	guangdong satin; guangdong plain satin
编号		14201		15654
经纬线线密度	经线/dtex(旦)	22.22/24.42×2(2/20/22)桑蚕丝	甲经:22.20/24.42×2(2/20/22)桑蚕丝 乙经:105.45(95)不氧化金皮	22.22/24.42(20/22)桑蚕丝
	纬线/dtex(旦)	22.22/24.42×4(4/20/22)桑蚕丝强捻线(以2s、2z捻交替织入)	甲、乙纬:均用22.20/24.42×2(2/20/22)桑蚕丝(2s、2z,二左二右排列)	22.22/24.42×4(4/20/22)桑蚕丝
经纬密度	经线/(根/10cm)	1234	1110	1495
	纬线/(根/10cm)	500	400	490

续表

规格＼丝织物名称	九霞缎	金昌缎	素广绫
经线捻度/(捻/cm)			
纬线捻度/(捻/cm)	18,s、z	20,s、z	
织物组织	在$\frac{1}{3}$纬斜纹地上起出八枚缎纹经花为主花，并添加$\frac{3}{1}$经斜纹暗花以及双经组织$\frac{3}{2}$纬重平组织	地部为八枚缎纹，花为乙经经花	八枚缎纹组织
质(重)量/(g/m²)	88	80	65
成品幅宽/cm	72	92	75
特点	绸面色泽光亮柔和，质地坚韧柔软，富有弹性，绉纹隐约可见，地暗花明	织物地部为桑蚕丝缎纹，花部为金皮织成的经花，华贵亮丽，手感柔软，色泽自然柔和	缎面素洁肥亮，手感轻薄柔软
用途	妇女春秋冬三季各类中式、中西式袄面料、夏令连衣裙、衬衣料等	宜做春夏季服装、围巾等	多做夏季服装，经茨莨汁手工上拷加工整理后，可制作唐装
备注	纹样宽22.7cm，题材一般以花卉为主，或团花、缎纹花为主花，还可画些暗花。坯绸经精练、染色、单机整理	是指由桑蚕丝与金皮交织的白织提花缎类丝织物，由两组经线与两组纬线交织而成。坯绸经挂练、染色或印花	坯绸经精练、染色、整理

规格＼丝织物名称	花广绫	蚕服缎	真隐缎
英文名	guangdong satin brocade; guangdong patterned damask satin	canfu damask satin	zhenyin satin brocade
编号	14503	14579	

续表

规格＼丝织物名称		花广绫	蚕服缎	真隐缎
经纬线线密度	经线/dtex(旦)	22.22/24.42(20/22)桑蚕丝	22.22/24.42×3(3/20/22)桑蚕丝	[20.20/24.42(20/22)桑蚕丝加 8 捻/cm(s)×2]6 捻/cm(2)染成数种色彩,色经彩条相间排列(如酱红色 160 根、浅棕色 160 根、淡灰色 120 根、深灰色 120 根、棕色 100 根,共 760 根为一个色经排列循环)
	纬线/dtex(旦)	22.22/24.42×5(5/20/22)桑蚕丝	22.22/24.42×6(6/20/22)桑蚕丝	甲纬:44.40/48.84×2(2/40/44)桑蚕丝加 2 捻/cm×2 乙、丙纬:[44.40/48.84(40/44)桑蚕丝加 2 捻/cm(s)×3]2 捻/cm(2)(乙、丙纬染成不同色彩)
经纬密度	经线/(根/10cm)	1067	923	1100
	纬线/(根/10cm)	500	400	460
经线捻度/(捻/cm)				6,z
纬线捻度/(捻/cm)				甲纬:2;乙、丙纬:2,z
织物组织		在八枚经缎纹地上显出八枚纬缎纹花	花和地分别为经面五枚缎和纬面五枚缎纹组织	八枚缎纹地上显现以乙纬色为主花
质(重)量/(g/m^2)		65	98	156
成品幅宽/cm		92	80.3	94
特点		绸面光滑,质地柔软,经茨莨上拷,手感爽挺	绸面呈双色不规则变形花纹效果,手感糯滑,光泽柔和	质地丰满挺括,富有弹性,经面色条若隐若现,风格新颖,具有新潮气派
用途		男子唐装、长衫,妇女服装面料等	专供制作和服用	主要做领带
备注		坯绸经精练、染色、单滚筒机整理	纹样题材以写意花卉或几何图案略粗块面为主,满地嵌有勾藤形或回纹形线条花纹,避免直横线条出现。坯绸精练,再经扎染,扎染后绸面呈现双色不规则变形花纹效果	是指由纯桑蚕丝色织的提花缎类丝织物。坯绸经落水、单机整理,使缎面平挺

续表

规格＼丝织物名称		薄缎	涤霞缎
英文名		sheer silk satin	dixia satin brocade; polyester patterned satin brocade
编号		14001	24356
经纬线线密度	经线/dtex(旦)	22.22/24.42桑蚕丝	49.95(45)涤纶丝
	纬线/dtex(旦)	22.22/24.42×3(3/20/22)桑蚕丝	75.48(68)半光涤纶丝(2s、2z交替织入)
经纬密度	经线/(根/10cm)	1081	844
	纬线/(根/10cm)	300	570
经线捻度/(捻/cm)			8,s
纬线捻度/(捻/cm)			18,s、z
织物组织		八枚缎纹组织	在$\frac{1}{3}$纬面斜纹地上起出经面缎纹花
质(重)量/(g/m^2)		36	100
成品幅宽/cm		91	92.5
特点		质地轻盈柔软平滑,缎面光泽柔和悦目,是缎类中最轻薄的品种	手感爽挺,地纹少光泽,花纹微亮
用途		大多用于制作羊毛衫夹里、披肩、方巾及工艺装饰用品	大多用作棉袄和春秋季服装面料
备注		坯绸经精练、染色、整理	纹样宽11cm,纹样题材以梅、兰、竹、菊等写实花卉为主,清地布局。坯绸经精练、染色、定型处理

规格＼丝织物名称		大华绸	明月缎	摩光缎
英文名		dahua satin; dahua rayon satin	ming-yue satin	rayon brocade; moguang brocade
编号		54155		54158
经纬线线密度	经线/dtex(旦)	133.2(120)有光黏胶丝	75.48(68)半光涤纶丝	133.2(120)有光黏胶丝
	纬线/dtex(旦)	133.2(120)有光黏胶丝	166.5(150)低弹涤纶丝	133.2(120)有光黏胶丝
经纬密度	经线/(根/10cm)	430	900	656
	纬线/(根/10cm)	270	380	300

续表

规格 \ 丝织物名称	大华绸	明月缎	摩光缎
经线捻度/(捻/cm)		6	
纬线捻度/(捻/cm)			
织物组织	五枚经缎纹	八枚缎纹	在五枚缎纹地上呈现一色纬花
质(重)量/(g/m²)	88		128
成品幅宽/cm	75	93	93
特点	质地轻薄,手感柔软,缎面肥亮、光洁,属中低档产品	质地平滑柔挺,富有弹性	质地丰厚,缎面平滑光亮,花纹突出
用途	宜作棉袄面料或里料,印花产品可做披肩、方巾等	宜做中、低档领带等	宜做秋、冬季服装和睡衣等
备注	坯绸经退浆、染色、单机整理	是指由纯涤纶丝织成的白织缎类丝织物。坯绸经精练、染色或印花、拉幅定型整理	纹样题材以中型写实花卉(梅、兰、竹、菊)、团花和福、禄、寿字样等民族纹样为主,一般用清地、半清地布局。坯绸经退浆、染色、单机整理

规格 \ 丝织物名称		涤纶花缎	华夫缎	涤美缎
英文名		polyester satin brocade; polyester brocade satin	walf satin brocade	dimei satin brocade; polyester silk-like satin brocade
编号		24352		S9226
经纬线线密度	经线/dtex(旦)	55.55(50)半光涤纶丝(拖水处理)	55.50(50)色纺异形涤纶丝加6捻/cm,彩条排列(如浅棕色240根,浅蓝灰色60根,深蓝灰240根,红棕色80根,色丝排列循环为720根)	49.95(45)普通断面的半光涤纶丝
	纬线/dtex(旦)	55.55(50)半光涤纶丝	甲纬:166.5(150)低弹涤纶丝(枣红色常织)乙、丙纬:166.5(150)涤纶丝(根据花型染异色抛织,排列为甲1、乙1或甲1、丙1,也可只用甲纬一把梭子制织)	83.25(75)异形断面的涤纶丝
经纬密度	经线/(根/10cm)	769	930	791
	纬线/(根/10cm)	480	260×2	516

续表

规格＼丝织物名称	涤纶花缎	华夫缎	涤美缎
经线捻度/(捻/cm)	8,s	6	8
纬线捻度/(捻/cm)			
织物组织	在纬面五枚缎纹地组织上起经花	地部由甲纬织入五枚经面缎纹、$\frac{3}{1}$经面斜纹,花部显现甲、乙、丙纬纬花,甲纬$\frac{1}{3}$纬面缎纹、丙纬纬五枚缎以及乙、丙纬$\frac{2}{2}$斜纹花	在八枚缎纹地上起纬花
质(重)量/(g/m^2)	76		81
成品幅宽/cm	113.5	92	93
特点	质地平滑、挺、薄,色泽雅洁文静	手感柔软松爽,富有弹性,缎面五光十色,具有新潮领带面料风格	花纹光泽明亮,晶莹闪烁,手感滑糯,富有弹性,具有洗可穿的优良性能,尺寸稳定性好
用途	宜做衬衫、裙子、棉袄	专作领带用	宜做妇女夏季衬衣、连衣裙,也可做夏秋季外套、马夹、裙子等三件套装
备注	纹样以满地中型几何图案或小朵花为主。坯绸经精练、染色和定型整理	是指由纯涤纶丝色织的缎类丝织物。坯绸经松式定型整理	坯绸后处理工艺有两种①精练→染色→定型;②精练→碱减量处理→染色→定型

规格＼丝织物名称		涤花缎	闪光雪花缎	人丝软缎(玻璃缎)	
英文名		dihua damask satin;textured polyester damask satin	polyester shot satin	rayon satin	
编号		24366		55103	
经纬线线密度	经线/dtex(旦)	55.55(50)涤纶加工丝	83.25(75)FDY有光涤纶丝	83.25(75)有光黏胶丝(机械上浆)	83.25(75)有光黏胶丝(机械上浆)
	纬线/dtex(旦)	55.55(50)涤纶加工丝	166.5(150)FDY异形涤纶丝(以2s、2z织入)	133.2(120)有光黏胶丝	133.2(120)有光黏胶丝

续表

规格 \ 丝织物名称		涤花缎	闪光雪花缎	人丝软缎(玻璃缎)	
经纬密度	经线/(根/10cm)	800		1018	1002
	纬线/(根/10cm)	527		425	439
经线捻度/(捻/cm)		8			
纬线捻度/(捻/cm)			18,s、z		
织物组织		花地为正、反五枚缎纹	泥地组织	八枚经缎或五枚经缎	
质(重)量/(g/m^2)		90	180	141	
成品幅宽/cm		92	144	71	141.5
特点		质地柔软,富有弹性,织花纹样具有民族传统特色,外观可与真丝提花绉缎媲美	绸面有雪花状闪光效应,手感柔软、挺爽、丰满,飘逸感强,具有较好的透气性、透湿性和悬垂感	质地柔软丰厚,缎面色泽鲜艳、明亮似镜,但缺乏桑蚕丝特有的肥润光泽	
用途		主要用于制作男女衬衫和妇女连衣裙等	宜做春、秋季各式服装等	宜作服装面料和里料,经绣花后可制作旗袍、晚礼服、晨衣、儿童斗篷、披风及绣花被面、枕套等	
备注		纹样宽 18cm,以中小型梅、兰、竹、菊等民族纹样为题材,清地或半清地布局。坯绸经松式练染和柔软剂处理	是由经、纬线均为涤纶丝织成的白织绉缎类丝织物。织后,坯绸经精练退浆、高温起绉、预定型、碱减量、溢流染色、柔软处理、拉幅定型等后处理。退浆用烧碱 2g/L,纯碱 3g/L,高效精练剂 0.5g/L,温度为 98℃,时间 25min,走四道;130℃高温松式起绉;减量率 18%;柔软拉幅定型整理,一浸一轧,柔软剂 6g/L,温度 180℃,线速度 35~45m/min,超喂量 5%	坯绸经退浆、染色、单机整理。黏胶丝湿强较低,不宜经常洗涤	

规格 \ 丝织物名称	织闪缎	闪色绉缎	百花缎
英文名	zhishan brocade; dyed rayon brocade	color-shot crepe satin	baihua satin brocade; baihua brocade

续表

规格 \ 丝织物名称		织闪缎	闪色绉缎	百花缎
编号		54166		54167
经纬线线密度	经线/dtex(旦)	83.25(75)有光黏胶丝(染色)	83.25(75)三角异形涤纶丝	133.2(120)有光黏胶丝(色)
	纬线/dtex(旦)	甲、乙纬均为133.2(120)有光黏胶丝(染色)	[166.5(150)高弹涤纶丝+144.3(130)高收缩涤纶丝]网络加10捻/cm(1s、1z)	甲、乙纬均为133.2(120)有光黏胶丝(色)
经纬密度	经线/(根/10cm)	944	850	560
	纬线/(根/10cm)	620	230	500
经线捻度/(捻/cm)		7		
纬线捻度/(捻/cm)			10,s、z	
织物组织		在变化缎纹地上起甲、乙两色纬花	五枚缎纹组织	在五枚缎纹地上起出甲、乙二色纬花
质(重)量/(g/m^2)		170		148
成品幅宽/cm		93	160	91.5
特点		质地厚实,富有弹性,色彩鲜艳	质地紧密厚实,手感滑糯、挺爽,织物较丰满,富有弹性,光泽肥亮,丝线不同收缩使绸面产生立体感	质地厚实,缎面光亮,色彩鲜艳
用途		宜作妇女春、秋、冬季服装面料等	宜做时装,特别适合于女性做多元化时装等	宜作妇女中式或西式夹袄或棉袄面料等
备注		纹样宽15.3cm,画二色纬,但以一色为主,另一色以接近地色为宜,绘画时要有层次,主次分明。织后不需加工	是由三角异形涤纶丝和高弹、高收缩涤纶丝织成的白织绉缎类丝织物。织后,坯绸经精练、退浆、预定型、碱减量、染色、拉幅定型等后整理	经线与甲、乙纬线为不同颜色。纹样题材以写实花卉为主,一般选用满地或半清地布局,两色纬花可互为包边,使花卉互相衬托,以增加层次。坯绸经退浆、单机整理

规格 \ 丝织物名称	修花缎	特美缎	东丽缎	丁香缎
英文名	xiuhua satin brocade; patterned satin brocade	temei brocade; bright/dull rayon mixed brocade	dongli crepe satin	dingxiang brocade

续表

规格 \ 丝织物名称		修花缎	特美缎	东丽缎	丁香缎
编号		54366	55001		55214
经纬线线密度	经线/dtex(旦)	甲经：133.2(120)有光黏胶丝(机械上浆) 乙经：133.2(120)有光黏胶丝(机械上浆、染色、精练不褪色)	133.2(120)有光黏胶丝(机械上浆)	83.25/35f(75/35f)涤锦超细复合丝(橘瓣形,涤、锦比例为8∶8,开纤后单纤粗细0.14dtex左右)	83.25(75)有光黏胶丝(染色后机械上浆)
	纬线/dtex(旦)	133.2(120)有光黏胶丝(湿间定型)	133.2×2(2/120)无光黏胶丝	166.5/96f(150/96f)涤纶丝加18捻/cm(以2s、2z捻向织入)	甲、乙纬为不同色的133.2(120)有光黏胶丝
经纬密度	经线/(根/10cm)	876	820	1140	1150
	纬线/(根/10cm)	325	300	350	550
经线捻度/(捻/cm)					3
纬线捻度/(捻/cm)		8		18,s、z	
织物组织		在五枚纬缎地纹上起八枚经花与绒花	以八枚经面缎纹为地上提织出无光黏胶丝纬花	缎纹加泥地组织	在甲纬八枚经缎纹地上起花纹
质(重)量/(g/m²)		158	188	160	179
成品幅宽/cm		92	71	114	71.5
特点		缎面平滑光亮,花纹色彩绚丽,手感柔软,表面具有绣花效果	质地丰厚,缎面肥亮平滑,花纹雄浑、粗犷少光泽	织物隐显双色,正面缎纹中呈现暗花,反面有明显绉效应,具有真丝般的光泽以及良好的吸湿透气性,悬垂性好,手感柔软,穿着舒适	质地柔软,花地分明,色泽艳丽
用途		宜作妇女西式服装和时装面料等	主要用作妇女服装和童装面料及装饰用绸	宜做妇女的上衣、裙子、旗袍等	宜做妇女春秋冬三季服装,儿童斗篷及被面等

续表

规格 \ 丝织物名称	修花缎	特美缎	东丽缎	丁香缎
备注	纹样宽15cm，长度依花纹而定，题材以写实或写意花卉为主，甲经经花可清地或半清地布局，乙经绒花不能过细以免修剪困难，且在一定的宽度范围内绘画。坯绸经通绒、修背、练染、整理	纹样宽14cm，以中型写实或写意花卉为题材，清地或半清地布局，连地用两色绘画，块面不宜过大。坯绸经退浆、整理	是由涤锦超细复合丝和涤纶丝织成的白织绉缎类丝织物。织后，坯绸经精练、退浆、预定型、碱减量、染色、拉幅定型等后整理，减量率控制在12%左右为宜	纹样宽11.7cm，长度暂取15cm，题材一般采用变形中小型花卉为主，满地排列，块面不宜过大。坯绸经退浆处理

规格 \ 丝织物名称		似纹锦	近芳缎	珍领缎
英文名		shiwen satin brocade	jinfang brocade	zhenling brocade; silk/rayon union brocade
编号			55210	S6909
经纬线线密度	经线/dtex（旦）	55.50(50)锦纶丝	83.25(75)有光黏胶丝(染色后机械上浆)	[22.22/24.42(20/22)8s捻/cm×2]染色桑蚕丝
	纬线/dtex（旦）	甲纬：133.2(120)有光黏胶丝 乙纬：83.25(75)变形涤纶丝	甲、乙纬为不同色的133.2(120)有光黏胶丝	甲纬、乙纬、丙纬均为166.5(150)有光黏胶丝
经纬密度	经线/(根/10cm)	920	1140	1200
	纬线/(根/10cm)	560	480	620
经线捻度/(捻/cm)		8		6,z
纬线捻度/(捻/cm)				
织物组织		甲纬织入八枚缎地，乙纬背衬十六枚缎纹，乙纬纬花以及甲、乙混合花、平纹暗花、$\frac{3}{1}$斜纹或$\frac{1}{3}$斜纹暗花	在甲纬八枚经缎纹地上起花纹	在八枚经缎纹地上起出乙纬纬花或丙纬纬花
质(重)量/(g/m^2)		120	165	154
成品幅宽/cm		93	71.5	78
特点		质地丰满，华丽精致，图案古色古香，具有织锦织物的效果		缎面平挺光亮，质地厚实，手感柔软，富有弹性

续表

规格 \ 丝织物名称	似纹锦	近芳缎	珍领缎
用途	宜做春、秋、冬季各式服装、戏剧服装、童装等	宜做妇女春秋冬三季服装、儿童斗篷及被面等	主要用于做领带
备注	是指由锦纶丝、黏胶丝和涤纶加工丝白织的似锦非锦的提花缎类丝织物。坯绸经精练、一浴染三色、单机整理等后整理工序。涤纶丝、锦纶丝和黏胶丝因吸色性能的不同，缎面出现三色效果	纹样宽11.7cm，长度暂取15cm，题材一般采用变形中小型花卉为主，满地排列，块面不宜过大。坯绸经退浆、整理	纹样宽32cm，题材以小几何图形为主，大多是小圆点、小三角形等。纬向用抛道方法，纬丝排列为甲1乙1或甲1丙1，根据纹样不同颜色，时而由乙纬织入起纬花，时而由丙纬织入起纬花。坯绸经落水、单机整理

规格 \ 丝织物名称		桑柞缎	桑绿缎
英文名		silk/tussah satin; silk/tussah union satin	sanglv silk/soybean union satin
编号		14452	
经纬线线密度	经线/dtex(旦)	22.22/24.42×2(2/20/22)桑蚕丝	22.20/24.42×2(2/20/22)桑蚕丝
	纬线/dtex(旦)	38.85×2(2/35)柞蚕药水丝	118.1(50英支)大豆蛋白短纤纱
经纬密度	经线/(根/10cm)	949	1230
	纬线/(根/10cm)	472	380
经线捻度/(捻/cm)		3.1,s	5
纬线捻度/(捻/cm)		2.4,s	
织物组织		五枚缎纹组织	正反五枚缎纹，用提花技术起花，花芯用斜纹组织
质(重)量/(g/m^2)		74	
成品幅宽/cm		91.5	114、140
特点		缎面光亮平滑，质地柔软糯爽，具有珠宝光泽和良好的吸湿透气性能，可与纯桑蚕丝缎类媲美	采用新开发的大豆蛋白纤维，织物既保持了真丝绸高雅飘逸、手感柔软、穿着舒适的特点，又具有较好的吸湿性能，织物紧密，织纹细致，尺寸稳定，悬垂性好，有羊绒般的外观。大豆蛋白纤维能抑制大肠杆菌、孢牙菌、脓包菌，具有抗毒耐洗的特殊功能，使织物锦上添花
用途		主要用于做妇女夏季衬衣、连衣裙等	宜做高级时装、仿羊绒披巾等

续表

丝织物名称 / 规格	桑柞缎	桑绿缎
备注	坯绸经精练、漂白、整理	是指由桑蚕丝与大豆蛋白纤维交织的白织提花缎类丝织物。坯绸经精练、染色、拉幅定型等整理

丝织物名称 / 规格		克利缎	丝毛缎	花软缎
英文名		kili satin brocade	rayon/wool union satin	silk/rayon union satin brocade; silk/bright rayon union satin brocade
编号		62801		62103
经纬线线密度	经线/dtex(旦)	[22.22/24.42(20/22)8s 捻/cm×2]桑蚕丝(练染成熟丝线)	133.2(120)有光黏胶丝	22.22/24.42(20/22)桑蚕丝
	纬线/dtex(旦)	133.2(120)有光黏胶丝(染色)	甲纬:133.2(120)有光黏胶丝 乙纬:309(32公支)羊毛纱	133.2(120)有光黏胶丝
经纬密度	经线/(根/10cm)	1230	1160	1370
	纬线/(根/10cm)	640	680	520
经线捻度/(捻/cm)		6.8,z		
纬线捻度/(捻/cm)				
织物组织		地组织为八枚经面缎面纹,纬线起花	甲经/甲纬八枚缎纹和甲经/乙纬十六枚缎纹而组织纬二重组织	在八枚经面缎纹地上起有光黏胶丝纬花
质(重)量/(g/m^2)		137	312	98
成品幅宽/cm		71	114	71
特点		质地坚实挺括,缎面平整光洁,光泽柔和,风格古朴典雅,为中国少数民族特需用绸	正反面呈现两种截然不同的风格:正面全部体现黏胶丝的风格特点,光洁、肥亮;而背面则完全体现羊毛纱的风格,绒毛长而松软	绸面光泽明亮,色泽柔和鲜艳,花纹明快、轮廓清晰,花型活泼,光彩夺目,富丽堂皇,富有民族风味,手感光滑柔软

续表

规格＼丝织物名称	克利缎	丝毛缎	花软缎
用途	主要用于制作妇女春、秋、冬季服装、男女中式袄面、少数民族袍(如蒙古袍等)和戏装等	宜做冬季夹克类服装等	宜做妇女春、秋季各式夹衣、两用衫、旗袍、冬季棉袄面、婴儿斗篷、儿童服装、帽子以及新疆少数民族门帘、床帘,云南哈尼族做袖边、裤边,傣族中的旱傣做服装袖筒,贵州布依族做飘带、围腰心,苗族做衣服嵌边、特大翻领、腰带,广西壮、瑶、苗族做服装镶边,朝鲜族妇女做上衣及袄面,还可做被面和褥面
备注	纹样派路与组织结构与花软缎大致相同。坯绸不经后整理	是指由黏胶丝与羊毛纱交织的缎类丝织物。纬线排列为甲2、乙2。坯绸经平幅退浆、染色、烘干,并进行拉毛、剪毛整理	纹样宽17.5cm,采用中、小型写实或写意花卉,清地或半清地散点排列,以纬花为主,小量平纹暗花陪衬,使花纹呈多层次效果。纹样常采用平涂,并以泥地、影光,撇丝手法处理。坯绸经精练、染色、单滚筒整理。因经线桑蚕丝和纬线有光黏胶丝具有不同的染色性能,用一浴法染成经纬异色效果

规格＼丝织物名称		素软缎		金波缎
英文名		silk/rayon plain satin		jinbo damask
编号		(宽幅)	(狭幅)	62811
经纬线线密度	经线/dtex(旦)	22.22/24.42(20/22)桑蚕丝	22.22/24.42(20/22)桑蚕丝	[22.22/24.42(20/22)8s捻/cm×2]桑蚕丝(练熟色丝)
	纬线/dtex(旦)	133.2(120)有光黏胶丝	133.2(120)有光黏胶丝,也有少量采用166.5(150)有光黏胶丝或133.2(120)铜氨人造丝	133.2(120)有光黏胶丝
经纬密度	经线/(根/10cm)	1480	1030～1640	1180
	纬线/(根/10cm)	580	460～580	600
经线捻度/(捻/cm)				6.8,z
纬线捻度/(捻/cm)				

续表

丝织物名称 规格	素软缎		金波缎
织物组织	经面缎纹组织		地部为八枚经缎纹，花纹为八枚纬缎纹，另有方平组织的陪衬暗花和少量点缀纬浮花
质(重)量/(g/m²)			128
成品幅宽/cm	141	69～74	74.5
特点	绸面光滑细洁，色泽鲜艳，明亮，缎背平滑光亮如镜，呈细斜纹状，手感柔软滑润		地部紧密细致，挺括有身骨，图案精巧活泼，花地分明，是高档传统产品之一
用途	宜做妇女各类服装、少数民族服装、镶边及镶嵌用料、儿童斗篷、艺装、童装、高级服装的衣里及毛毯镶边、绣花枕套、被面、锦旗等		主要用作妇女秋冬季各类袄面料及靠垫等装饰用绸
备注	缎面浮丝较长，穿着日久经摩擦易起毛。不宜常洗		纹样宽 18.3cm，纹样长暂取 25cm，题材为写实或写意花卉，花纹轮廓较粗糙，花纹用三色平涂。一般不经后整理

丝织物名称 规格		富贵绒	闪光缎(朝霞缎)
英文名		fugui satin peau	shanguang satin brocade; iridescent satin brocad
编号			64366
经纬线线密度	经线/dtex(旦)	22.20/24.42×2(2/20/22)桑蚕丝	33.33(1/30)107 型染色锦纶丝
	纬线/dtex(旦)	83.25(75)丙锦星形复合超细长丝	甲纬：111×2(2/100)染色有光黏胶丝 乙纬：83.25(75)染色有光黏胶丝
经纬密度	经线/(根/10cm)	1157	960
	纬线/(根/10cm)	490	595
经线捻度/(捻/cm)			
纬线捻度/(捻/cm)			

续表

丝织物名称 规格	富贵绒	闪光缎(朝霞缎)
织物组织	八枚五飞经面缎纹	以乙纬织入经八枚经缎纹地上起出甲纬纬花和乙纬织成双经平纹
质(重)量/(g/m²)		140
成品幅宽/cm	140	73
特点	纬线单纤是0.5dtex的超细丙纶和锦纶的复合丝,染整时,丙纶和锦纶剥离开纤,在织物表面形成强烈的短绒感,既有桑蚕丝优雅柔和的自然光泽,又有手感柔软、穿着舒适的绒样感	缎面闪光炫目,质地中型偏厚,纬花饱满,立体感强
用途	宜做衬衫、上装、夹克衫等	主要用作妇女秋冬季冬类服装(如夹旗袍、两用衫、中式或中西式夹衫、棉袄)面料及装饰用绸
备注	是指由桑蚕丝和丙锦复合超细长丝织成的白织缎类丝织物。由于丙锦复合纤维较细,在织造加工中容易开纤而钩丝起毛,故可加10～12个/m的网络度;染整时采用松式工艺有利于丙锦复合丝开纤,使织物手感软糯;定型时以干热定型为佳,温度控制在110～120℃为宜。丙锦复合丝中含有10%～30%的锦纶,常温常压下使用酸性染料、分散染料等染浅色、中色,而染深色较难	纹样选用写意花卉,清地或半清地布局,以甲纬纬花为主体,用少量双经平纹侧影包边,以增强花纹立体效果。坯绸经热定型

丝织物名称 规格		金银龙缎	醋酯天丝缎	金雕缎
英文名		dragon lame;silk/dyed rayon brocade damask	acetate/lyocell union satin	jindiao brocatelle;rayon/polyamide mixed brocatelle
编号		64497		
经纬线线密度	经线/dtex(旦)	[144.3/16.65(13/15)8s捻/cm×2]桑蚕丝(练染成熟丝线)	83.25(75)醋酯丝	甲经:[66.66(60)8s捻/cm×2]有光黏胶丝(色) 乙经:[44.44(40)8s捻/cm×2]锦纶丝(色)
	纬线/dtex(旦)	甲纬:166.5(150)有光黏胶丝(染色) 乙纬:177.6(160)铝皮(金色或银色)	184.5(32英支)天丝	133.2×2(2/120)有光黏胶丝(色)
经纬密度	经线/(根/10cm)	1180	740	1180
	纬线/(根/10cm)	565	300	230

续表

规格＼丝织物名称	金银龙缎	醋酯天丝缎	金雕缎
经线捻度/(捻/cm)	6.8,z		甲经:6,z;乙经:6,z
纬线捻度/(捻/cm)			4
织物组织	在地部八枚经面缎纹上显现色黏胶丝和金(银)线纬花	五枚缎纹	织物表面地部由经纶丝经和黏胶丝纬交织成平纹，背衬黏胶丝经与纬交织成十二枚缎纹；花部由黏胶丝经和纬交织成八枚经面缎纹，背衬为锦纶丝的经和黏胶丝的纬交织成平纹
质(重)量/(g/m^2)	130	110	230
成品幅宽/cm	75	140	75
特点	质地紧密挺括，图案端庄典雅，具有浓郁的东方民族风格	具有真丝般的光泽和柔软的手感，又有醋酯丝般挺括的身骨，外观具有双色效应	花纹具有浮雕立体感似绣花贴花的风格，织纹凹凸饱满，质地丰厚而富有弹性
用途	主要用作妇女春、秋、冬三季各式夹袄、棉袄、旗袍面料及高级装饰用绸	宜做各式服装及装饰用绸等	宜作男女西式、中西式、各式服装面料及沙发面料等装饰用绸
备注	纹样宽 12.5cm，题材以变形龙凤或点缀少量变化朵云纹民族图案为主，用满地略粗线条组成各种姿态的写意龙云图案。要求线条匀称，布局均匀。以一色平涂，在其周围用另一色侧影包边。坯绸不需整理	是指由醋酯丝和天丝(Tencel)交织的白织缎类丝织物。醋酯丝和天丝的比例为 51∶49。坯绸经退浆精练、染色、拉幅定型等后整理	纹样以中型写意花卉和抽象纹样为主，造型简练、粗犷，用一色块面平涂，布局以满、清地居多。主花要求粗壮肥亮，陪衬花以斜线条花纹为宜，避免横路、直路疵点。坯绸不需整理

规格＼丝织物名称	特纬缎	盈盈缎
英文名	tewei brocatelle; mixed-weft brocatelle	yingying lame
编号	62731	62729

续表

规格 \ 丝织物名称		特纬缎	盈盈缎
经纬线线密度	经线/dtex(旦)	83.25(75)有光黏胶丝(染色)	甲经(纹经):111(100)染色有光黏胶丝 乙经(地经):[44.44(40)8s 捻/cm×2]染色半光锦纶丝
	纬线/dtex(旦)	甲纬:122.1(110)半光本白锦纶丝 乙纬:133.2×3(3/120)有光黏丝(染色)	甲纬:19.7tex(30 英支)染色有光人造棉纱 乙纬:[303.3(273)金银皮+83.2(75)有光黏胶丝]并合
经纬密度	经线/(根/10cm)	970	1180
	纬线/(根/10cm)	370	380
经线捻度/(捻/cm)			甲经:7,s;乙经:6,z
纬线捻度/(捻/cm)			
织物组织		以乙纬黏胶丝和甲纬锦纶丝组合织成八枚经面缎纹组织,提织乙纬纬花,在纬花背面衬织甲纬与经线交织的双头平纹组织	地经与甲纬交织成平纹,纹经与乙纬交织成五枚缎袋组织及地经与乙纬交织成平纹
质(重)量/(g/m^2)		189	257
成品幅宽/cm		74.5	75
特点		织物缎面光洁肥亮,纬花凸出饱满,具有高花效果	织物的缎面饱满,富有弹性,花纹闪闪发光、立体感强
用途		宜做妇女春、秋、冬季各式衣袄和宴会礼服等	主要用作妇女秋、冬季各式中、西服装和宴会礼服等的面料
备注		纹样宽 14.6cm,题材为半清地细小块面和粗线条组成写意花卉,连地用三色平涂,纬花为主花,少量平纹暗花混于纬花中。纬花线条经纬两向不宜过分平直,以避免产生各种花路疵点。坯绸经落水、热风拉幅整理,使锦纶丝收缩,导致黏胶丝隆凸织物表面,形成纬高花效果	纹样宽 12.2cm,题材以半清地写意花卉和抽象纹样为主,布局以半清地为多数,主花要求粗壮。色织不练

续表

规格＼丝织物名称		锦益缎	锦裕缎	静波缎
英文名		jinyi brocade	jinyu brocade	jingbo satin
编号		89448		
经纬线线密度	经线/dtex(旦)	55.55(50)锦纶丝	55.55(50)半光锦纶丝	55.50(50)三角异形涤纶丝
	纬线/dtex(旦)	133.2(120)有光黏胶丝	133.2(120)有光黏胶丝	83.25/72f(75/72f)低弹涤纶丝(25.22)
经纬密度	经线/(根/10cm)	1301	932	1100
	纬线/(根/10cm)	480	480	415
经线捻度/(捻/cm)		8	8	
纬线捻度/(捻/cm)				14
织物组织		在八枚经缎纹地上起纬花	在五枚经缎纹地组织上起纬花	五枚缎纹
质(重)量/(g/m²)		147	123	110
成品幅宽/cm		93	114	152
特点		缎面色光柔和，细致平滑，纬花色泽鲜艳，色光明亮，图案清晰突出。“五朵锦花”之一	手感柔软光滑，质地坚牢耐穿，易洗、快干、免烫、风格接近锦乐缎。“五朵锦花”之一	缎面光泽闪亮，手感柔软，穿着舒适
用途		宜作妇女春、秋、冬季各类夹棉袄及中西式罩衫面料等	宜作妇女春、秋、冬季各类袄、罩衫面料等	宜做妇女衬衫等
备注		因织物细腻，绘画纹样时可采用多种手法，如块面、线条、燥笔、泥点，纹样不受组织单调的限制，可在绸面上显示粗细结合、面点结合、满清地结合、层次分明、主题突出的效果。坯经精练、染色、定型	纹样基本要求同锦乐缎，但布局稍满，以一色纬花为主，可少量绘些平纹陪衬，使织物表面增加层次。坯绸精练、染色、定型	是指由三角异形涤纶丝和细旦低弹涤纶丝织成的白织缎类丝织物。坯绸经精练退浆、染色或印花、柔软处理、拉幅定型，常染成淡黄、淡蓝等浅色或印制各种花卉图案
规格＼丝织物名称		锦乐缎	汉纹缎	纱绒缎
英文名		jinle brocade	hanwen lame	sharong satin feutue; rayon/cotton yarn mixed satin flannel

续表

规格 \ 丝织物名称		锦乐缎	汉纹缎	纱绒缎
编号		89478	64494	66209
经纬线线密度	经线/dtex(旦)	77.77(70)半光锦纶丝	[22.22/24.42(20/22)8s捻/cm×2]熟桑蚕丝(染色)	133.2(120)有光黏胶丝(机械上浆)
	纬线/dtex(旦)	133.2(120)有光黏胶丝	甲纬:133.2(120)染色有光黏胶丝 乙纬:77.77(70)本白半光锦纶丝 丙纬:277.5(250)染色有光黏胶丝 丁纬:96.57(87)金银皮	42tex(14英支)漂白棉纱
经纬密度	经线/(根/10cm)	920	1274	586
	纬线/(根/10cm)	500	1080	215
经线捻度/(捻/cm)		6,s	6,z	
纬线捻度/(捻/cm)				
织物组织		在八枚缎纹地组织上起纬花		五枚缎纹组织
质(重)量/(g/m²)		136	209	174
成品幅宽/cm		92	74	82
特点		手感柔软光滑,绸身平挺,质地坚牢、丰厚而富有弹性,色光明亮,图案清晰雅观	质地丰厚细腻,手感柔软,色彩图案古朴、典雅、别致,立体感强,具有古织锦风格	缎面光亮,绒毛浓密,质地松软,保暖性好
用途		宜做妇女棉袄、中西式夹棉袄、两用衫和中老年服装等	多作妇女各式棉袄、夹袄、夹旗袍面料及装饰用绸等	宜做各式男女服装、儿童斗篷及装饰用品
备注		纹样以中型满地或半清地的写意花卉、抽象图案为主,纹样细腻、灵活,潇洒。坯绸经精练、染色、定型,使织物更鲜艳夺目	该产品是仿西汉出土纹锦产品,故名。纹样题材以各种龙的姿态图案为中心,陪衬云纹、龙珠,如意纹等,半清地布局,图案细致精巧。坯绸经干热定型	坯绸经退浆、印花、染色、拉绒、整理

规格 \ 丝织物名称	俏金缎	宾　霸	闪滨缎	玉叶缎
英文名	qiaojin lame	Bin-ba acetate satin	shanbin lame	yuye lame

续表

规格＼丝织物名称		俏金缎	宾　霸	闪滨缎	玉叶缎
编号				9624	64956
经纬线线密度	经线/dtex(旦)	38.25(75)铜氨丝(机械上浆)	83.25(75)有光醋酯丝	[22.22/24.42(20/22)8s捻/cm×2]桑蚕丝(染色)	[33.33(30)8s捻/cm×2]半光锦纶丝
	纬线/dtex(旦)	甲、乙纬均为133.2(120)染色有光铜氨丝 丙纬:94.35(85)金皮	133.2(120旦)有光醋酯丝	甲纬:166.5(150)有光黏胶丝(染色) 乙纬:94.35(85)铝皮	甲、乙纬均为133.2(120)两种不同色的有光黏胶丝 丙纬:303.03(273)铝皮
经纬密度	经线/(根/10cm)	920	1320	1240	1184
	纬线/(根/10cm)	540	330	620	610
经线捻度/(捻/cm)		4		6.8,z	6,z
纬线捻度/(捻/cm)					
织物组织		在甲纬交织的八枚经面缎纹地上呈现甲、乙、丙三色纬花	五枚缎纹或斜纹,也有少量用平纹	在八枚经缎纹地上起出甲、乙二色纬花	在八枚经缎纹地上起出纬花
质(重)量/(g/m^2)		140	160	133	184
成品幅宽/cm		92	140	92	75
特点		缎面平整光洁,手感柔软而富有弹性,色泽鲜艳	光泽自然柔和,手感柔软,质地挺括,穿着舒适	缎面光亮纯洁、细致紧密,质地平挺厚实,纬花丰满、肥亮、清晰,外观高贵富丽,装饰性强	缎面细洁紧密,光泽柔和,绸身平挺厚实,花纹瑰丽多彩
用途		宜做妇女春、秋、冬季各式服装、罩衫、礼服、袄面及被面	宜做高级宾馆一次性睡衣、绣衣、童装等	宜做宾馆、游艇等场所的贴墙绸等	宜作妇女秋冬季各式服装面料及装饰用绸
备注		纬线排列为甲1、乙1、甲1、丙1。纹样宽15.7cm,题材以变形花卉为主,半清地布局,以乙、丙纬花色彩为主体,甲纬花色作陪衬,花纹要层次分明。坯绸经通绒、修背、练、染、整理	是指由纯醋酯丝织成的白织缎类丝织物。坯绸经精练、染色、拉幅定型等后整理,多染成浅色	纹样宽21.2cm,选用造型简练的几何线条。坯绸经落水、单机整理	纹样题材常采用具有民族风格的传统纹样,笔法工整,造型精细活泼,可根据市场变化参考织锦缎的派路。坯绸不需处理

续表

规格＼丝织物名称		婚纱缎	立公缎	玉霞缎
英文名		hunsha pure-cellulose acetate fiber satin	ligong lame	yuxia lame
编号			64460	S9708
经纬线线密度	经线/dtex(旦)	83.25(75)醋酯丝	甲经:133.2(120)有光黏胶丝(色)	133.2(120)有光黏胶丝
	纬线/dtex(旦)	166.5(150)醋酯丝	甲纬:133.2(120)有光黏胶丝(色) 乙纬:1根金属线+66.66(60)有光黏胶丝(色) 丙纬:44.44(40)半光锦纶丝(色)	甲纬:166.5(150)有光黏胶丝(染色) 乙纬:94.35(85)铝皮
经纬密度	经线/(根/10cm)	740	863	633
	纬线/(根/10cm)	310	480	400
经线捻度/(捻/cm)			8,s	
纬线捻度/(捻/cm)				甲纬:6
织物组织		五枚缎纹	地部为甲、乙纬纬花,背衬乙经丙纬平纹,甲经丙纬四枚接结,花部为甲经、甲乙纬组合八枚经缎,背衬乙经丙纬平纹,甲经和丙纬八枚纬花,甲乙经和甲乙纬形成平纹	在五枚经缎纹地上呈现甲、乙纬纬花和泥地浮点
质(重)量/(g/m²)		110	192	153
成品幅宽/cm		140	74	93
特点		具有光泽肥亮,绸身挺括的特点,吸湿性较好,穿着较舒适	缎面富丽堂皇,色彩华丽,花纹具有立体感	质地平挺柔滑,纬花瑰丽清晰,具有缎面丰满、光亮闪烁的特点
用途		宜做婚纱礼服、夹克衫、上装等	宜作妇女秋冬季各式袄和外衣面料及装饰用绸	主要用作妇女冬季棉袄面料等
备注		是指由纯醋酯纤维织成的白织提花缎类丝织物,因常用作婚纱礼服,故名。坯绸经退浆精练、卷染及拉幅定型等后整理。由于醋酯纤维的热塑性,还可以轧出各种凹凸花卉及图案,立体感强,栩栩如生,且凹凸形状不会消失	纹样宽12cm,长度依花而定,题材以装饰性较强的中型变形花卉为主,满地排列,高花部分布局要均匀,块面大小适中,连地五色。坯绸经定型整理	纬线排列甲3、乙1。纹样宽11.4cm,题材以写实花卉为主,一色为纬花,另一色作包边或陪衬花。色织不经后整理

续表

规格＼丝织物名称		康福缎	幸福缎
英文名		kangfu brocade	xingfu brocade
编号		64179	64180
经纬线线密度	经线/dtex（旦）	甲经:[22.22/24.42(20/22)8s捻/cm×2]熟桑蚕丝(染色) 乙经:22.22/24.42(20/22)桑蚕丝(染色)	甲经:[22.22/24.42(20/22)8s捻/cm×2]熟桑蚕丝(染色) 乙经:22.22/24.42(20/22)桑蚕丝(染色)
	纬线/dtex（旦）	甲纬:277.5(250)有光黏胶丝(染色) 乙纬:[22.22/24.42×4(4/20/22)]2s捻/cm熟桑蚕丝染色3根并合	甲纬:277.5(250)有光黏胶丝(染色) 乙纬:[22.22/24.42×4(4/20/22)]2s捻/cm熟桑蚕丝染色3根并合 丙纬:44.40/48.84×2(2/40/44)2s捻/cm熟蚕丝(染色)2根并合
经纬密度	经线/(根/10cm)	1401	1401
	纬线/(根/10cm)	440	660
经线捻度/(捻/cm)		甲经:6,z	甲经:6,z
纬线捻度/(捻/cm)			丙纬:2,s
织物组织		甲经和甲纬交织成五枚经缎纹地组织,起出乙纬纬花;乙经是接结经,在织物背后专接结乙纬沉浮线	
质(重)量/(g/m²)		165	199
成品幅宽/cm		70.5	70.5
特点		质地坚实丰厚,色光柔和	质地坚实丰厚,色光柔和,外观富丽堂皇
用途		专供日本和服用	专供日本和服用
备注		经线排列为甲5、乙1,纬线排列为甲1、乙1。提花纹样以变形花卉、团花和连续横条纹组成半清地布局。织后对素缎处需经CMC浆料上浆,筒形卷装	纹样和后处理同康福缎

规格＼丝织物名称	真丝大豆缎	绒面缎	绣锦缎
英文名	silk/soybean union satin	rongmian satin brocade; pile face brocade	xiujin brocade
编号			36865

续表

规格 \ 丝织物名称		真丝大豆缎	绒面缎	绣锦缎
经纬线线密度	经线/dtex(旦)	22.20/24.42×3(3/20/22)桑蚕丝	22.22/24.42(20/22)桑蚕丝	[22.22/24.42(20/22)8s捻/cm×2]桑蚕丝
	纬线/dtex(旦)	93.7(63英支)大豆蛋白短纤纱	133.2(120)有光黏胶丝	133.2(120)有光黏胶丝(分甲、乙、丙三组)
经纬密度	经线/(根/10cm)		1360	1160
	纬线/(根/10cm)		520	900
经线捻度/(捻/cm)				6,z
纬线捻度/(捻/cm)				
织物组织		五枚缎纹	以纬二重组合的浮纬地纹上显现单经单纬八枚经面缎纹花,平纹暗花外缘用经花包边。浮纬地部是用花软缎中甲纬纬花与乙纬纬花上下交替交换间丝点的方法交织,在全部浮纬地部上设有经线浮点的线条地纹	在五枚缎纹地上起出甲、乙、丙纬纬花,其中丙纬为特抛,全幅为自由花纹
质(重)量/(g/m²)		97	101	147
成品幅宽/cm		114	72	122
特点		缎面缜密细腻有光泽,既有真丝织物缎面高贵肥亮的特点,又有大豆蛋白纤维羊绒般的外观,手感柔软、蓬松,保暖性好,穿着舒适	质地轻柔糯软,花、地明亮相映	质地精密细致,色彩艳丽,缎面平挺,具有中国的民族特色及东方美的风格
用途		宜做睡衣及床上用品等	宜做春、秋、冬季妇女服装、儿童服装、婴儿斗篷、帽子等	用作独花织锦旗袍面料
备注		是指由桑蚕丝和大豆蛋白纤维交织的白织提花缎类丝织物。由于桑蚕丝和大豆蛋白纤维吸色不一,能充分显示花卉的立体感和层次感,织物凹凸分明,阴暗相映成趣。桑蚕丝和大豆蛋白纤维之比为53∶47。坯绸经精练、染色、拉幅定型等后整理,经染色可得双色效果,并可缎面印花	坯绸经精练、染色、整理	纹样题材为凤穿牡丹。根据旗袍款式裁制的要求,在前片的胸部和前后片的下摆处呈现花纹,其余均为缎地,花纹如同绣花,为使绸面平挺,织后要对丙纬进行修剪、单机整理

续表

丝织物名称 / 规格		锦玲缎	佳麻缎	云风锦
英文名		jinling brocade	jiama silk/hemp satin	yunfeng lame
编号		64184		63509
经纬线线密度	经线/dtex（旦）	[22.22/24.42（20/22）8s 捻/cm×2]熟桑蚕丝（染色）	22.20/24.42×2（2/20/22）桑蚕丝	甲经：[22.22/24.42（20/22）8s 捻/cm×2]桑蚕丝 乙经：[44.44（40）8s 捻/cm×2]锦纶丝（甲、乙经均为捻线染色）
	纬线/dtex（旦）	甲、乙纬均为 133.2（120）有光黏胶丝（染成两色）	555.6（18 公支）大麻纱	甲纬：133.2（120）有光黏胶丝（染色） 乙纬：94.35（85）铝皮
经纬密度	经线/（根/10cm）	1247	900	1200
	纬线/（根/10cm）	580	220	600
经线捻度/（捻/cm）		6，z		甲经：6，z；乙经：6，z
纬线捻度/（捻/cm）				
织物组织		地部为甲、乙纬织入八枚经面缎纹组织；花部为甲、乙纬纬花	五枚缎纹组织	在平纹地组织上提出八枚经缎纹花和乙纬纬花
质（重）量/（g/m²）		129	157	147
成品幅宽/cm		92	145	74
特点		质地平挺厚实，织纹细洁紧密	具有双重风格，既有桑蚕丝织物的光亮、细腻的特点，又有麻织物粗犷、凉爽的特征	质地丰厚，富有弹性，花纹图案凹凸饱满，金银色闪烁眩目
用途		宜做秋冬季妇女服装、戏装、蒙、满、藏等少数民族的男、女大袍及装饰用品	宜做春夏季时装及家纺类产品等	宜作春秋外套、马甲、裙子三件套装面料及装饰用绸
备注		纹样题材是以龙凤、花卉为主的团花，清地布局。色织不练	是指由桑蚕丝与麻纱交织的白织缎类丝织物。原料含量为桑蚕丝 22%，大麻纱 78%。坯绸经挂练、平幅染色，也可印花	坯绸不经整理

续表

规格 \ 丝织物名称		印经拉绒缎	古花缎
英文名		napped damasse chine	guhua printed brocatine
编号			64388
经纬线线密度	经线/dtex(旦)	[22.22/24.42(20/22)8s 捻/cm×2]桑蚕丝	49.95(45)半光涤纶丝
	纬线/dtex(旦)	甲纬:83.25(75)黏胶丝(白) 乙纬:28tex(21 英支)染色棉纱	甲纬:49.95(45)涤纶丝 乙纬:133.2(120)有光黏胶丝(纬线排列为甲 1、乙 1、甲 1)
经纬密度	经线/(根/10cm)	1310	1200
	纬线/(根/10cm)	280×2	840
经线捻度/(捻/cm)		6,z	8,s
纬线捻度/(捻/cm)			
织物组织		先经假织印上花纹后拆除假纬纱,然后用甲、乙两组纬线与印有花纹的经线交织。地纹组织为甲纬织入八枚缎纹,花纹组织为乙纬织入二十四枚纬缎纬花及双重经纬平纹	在甲纬交织的八枚缎纹地上呈现乙纬 16 枚组织的纬花,背衬甲纬双头平纹
质(重)量/(g/m^2)		174	152
成品幅宽/cm		75	116
特点		质地丰厚,绒毛柔软,缎面印花图案的色彩含蓄,绒花浓艳夺目	在印花的配色上选择鲜艳而不俗的多层次色彩,绸面具有绣花效果
用途		宜作高级礼服、宴会服面料及装饰用绸	宜作妇女春秋季高级时装、礼服、中西式夹袄、棉袄、旗袍、唐装等的服装面料等
备注		织花图案多为中小型朵花,宜清地散点排列,使印花、织花相互衬托。坯绸经拉绒整理,乙纬棉纤维被拉出成绒毛	纹样选用块面不大,粗细线条的写实形朵花图案或古色古香等类型,风格别致。织前经向的涤纶丝需经拖水,以减少静电。织后经定型、精练、染色、印花、再定型、呢毯整理

规格 \ 丝织物名称	金玉缎
英文名	jinyu satin brocade
编号	62901

续表

规格＼丝织物名称		金玉缎			
经纬线线密度	经线/dtex(旦)	[22.22/24.42(20/22)8 捻/cm×2]桑蚕丝	66.6(60)有光黏胶丝(色)	66.6(60)有光黏胶丝(色)	66.6(60)有光黏胶丝(色)
	纬线/dtex(旦)	133.2(120)有光黏胶丝(色)	133.2(120)有光黏胶丝(色)	133.2(120)有光黏胶丝(色)	133.2(120)有光黏胶丝(色)
经纬密度	经线/(根/10cm)	1234	1185	1155	1183
	纬线/(根/10cm)	640	400	420	400
经线捻度/(捻/cm)		6	3	3	3
纬线捻度/(捻/cm)					
织物组织		缎纹组织上起纬花			
质(重)量/(g/m^2)					
成品幅宽/cm		71	75	92	75
特点		缎面在平整细洁的缎纹地上起明亮的纬浮花，图案以花卉为主，也有少量团花，色泽鲜艳，光泽自然柔和，质地坚牢，手感厚实，挺括有身骨，具有独自的风格，是我国少数民族的特需用绸			
用途		宜作妇女秋冬季各类服装、棉袄、皮袄、旗袍、儿童服装、婴儿斗篷等用料及舞台装饰用绸			
备注		采用小型朵花满地散点排列。裁剪成衣前需在缎的背面喷水预缩，成衣不宜常洗			

规格＼丝织物名称		冰丝绒	赛彩缎
英文名		bingsi satin peau	saicai satin brocade
编号			
经纬线线密度	经线/dtex(旦)	83.25(75)有光黏胶丝	55.5(50)锦纶丝
	纬线/dtex(旦)	83.25(75)丙锦星形复合超细长纤	甲纬：133.2(120)有光黏胶丝 乙纬：83.25(75)BTE 型有光涤纶加工丝(纬线排列：甲 1、乙 1)
经纬密度	经线/(根/10cm)	420	910
	纬线/(根/10cm)	420	545

续表

规格 \ 丝织物名称	冰丝绒	赛彩缎
经线捻度/(捻/cm)		8
纬线捻度/(捻/cm)		
织物组织	八枚五飞经面缎纹	甲经交织成五枚经缎,乙纬背衬十枚缎地呈现甲纬纬花和乙纬纬花,以及平纹暗花
质(重)量/(g/m^2)		118
成品幅宽/cm	140	93
特点	纬线的单纤是0.5dtex的超细纤维,织物染整时,纤维剥离开纤,表面有强烈的短绒感。织物既具有黏胶丝的细腻、优雅的感觉,又有较好的透湿性,穿着的衣服外观有强烈的短绒感,悬垂性能好	缎地柔滑肥亮,图案新颖活泼,层次清晰,色彩丰富,具有高贵华丽的织锦效果
用途	宜做衬衫、两用衫等	主要用于制作春秋装、冬季袄面及复制床罩等
备注	是指由黏胶丝和丙锦复合超细长丝织成的白织缎类丝织物。为防止丙锦复合长丝在织造准备工程中开纤,可先将丝线进行网络,网络度以控制在10~20个/米为宜,以免染整时纤维难以开纤,影响织物手感。染整时应严格控制工艺温度和进行松式加工,烘干、定型温度不超过130℃,松式加工有利于纤维开纤。常温常压下使用酸性染料、分散性染料和活性染料等染浅色、中色,也可印花	纹样宽15cm,长约15cm,以中型写意、变形花卉或波斯纹样为题材,满地或半清地布局,二色纬花相互包嵌衬托,并用五种色表示甲、乙纬纬花和甲、乙纬四枚缎纹、平纹组织等。坯绸经精练、染双色(或三色)、单滚筒机整理

规格 \ 丝织物名称		锦凤缎	琳丽缎	醋酯亚麻缎
英文名		jinfeng brocade; jinfeng satin brocade	linli satin brocade	acetate/flax union satin
编号			S97222	
经纬线线密度	经线/dtex(旦)	77.77(70)半光锦纶丝	133.2(120)有光黏胶丝染色(机械上浆)	83.25(75)醋酯丝
	纬线/dtex(旦)	甲纬:133.2(120)有光黏胶丝(本白色) 乙纬:133.2(120)有光黏胶丝(染不沾色)	甲纬:58tex(10英支)丝光棉纱染色 乙纬:13.4tex×3(44英支/3)腈纶疙瘩彩点纱	238(42公支)亚麻纱
经纬密度	经线/(根/10cm)	920	442	700
	纬线/(根/10cm)	508	160(甲120,乙40)	200

续表

丝织物名称 规格	锦凤缎	琳丽缎	醋酯亚麻缎
经线捻度/(捻/cm)	6,s		
纬线捻度/(捻/cm)			
织物组织	以甲纬织入八枚经缎纹地上织出甲纬纬花和乙纬纬花	以五枚纬面缎纹为地，起五枚经面缎纹花，并用少量嵌芯或侧花罗纹衬托	五枚缎纹
质(重)量/(g/m²)	153	182	150
成品幅宽/cm	92	124	140
特点	缎地柔软、平挺、丰满，图案宾主分明，色光艳丽，具有交织织锦风格特征，是五朵锦花的派生品种	质地丰厚，富有弹性，图案简练高雅、平稳庄重，与粗犷彩色疙瘩相结合；潇洒豪放，颇具东方民族特有的风格	具有真丝般晶莹发亮的光泽，又有麻织物挺爽的手感，还有双色效应，悬垂性好，穿着舒适
用途	主要用作妇女春秋季服装、冬季棉袄面料等	主要用于制作窗帘等装饰用品	宜做各式服装、婚纱等
备注	坯绸经精练、套染锦纶丝、定型整理	纬纱排列：甲 3、乙 1。纹样宽 37.5cm，以传统环藤缠枝宝香花图案为主题，四方连续布局，宜中小块面和粗线条相互结合，变化自由而灵活，疏密相呼应。坯绸经低温退浆、单滚筒机整理	是指由醋酯丝和亚麻交织的白织缎类丝织物。醋酯丝与亚麻纱的比例为 30∶70。坯绸经精练、染色、拉幅定型等后整理，染成各种色彩或印以各种花卉

丝织物名称 规格		天霞缎	微纹缎
英文名		tianxia satin brocade	weiwen satin brocade
编号		64499	52403
经纬线线密度	经线/dtex(旦)	甲、乙经均为[22.22/24.42(20/22)8s捻/cm×2]色桑蚕丝(排列比：甲 4、乙 1)	甲、乙经均为[66.66(60)8s 捻/cm×2]有光黏胶丝(分别染成两种颜色)(排列比：甲 1、乙 1)
	纬线/dtex(旦)	甲纬：166.5(150)有光黏胶丝(染色) 乙纬：177.6(160)铝皮(排列比：甲 1、乙 1)	19.7tex(30 英支)有光人造棉纱(染色)
经纬密度	经线/(根/10cm)	1530	
	纬线/(根/10cm)	600	

续表

丝织物名称 规格	天霞缎	微纹缎
经线捻度/(捻/cm)	6.8,z	6,z
纬线捻度/(捻/cm)		
织物组织	地部以乙经和乙纬组成地上布满浮长不同的各种嵌地浮纬纬纹；花部为甲经和甲纬组成十枚经缎纹，背衬乙纬二十枚组织	花地组织分别由两组不同色的经线组成不规则浮经缎纹
质(重)量/(g/m²)	164	
成品幅宽/cm	75	
特点	质地紧密精致，色光灿烂	质地柔厚丰满，花、地色光隐约含蓄
用途	主要用作晚礼服、宴会服、高级的袄面料及装饰用绸等	宜作妇女春、秋季服装面料
备注	纹样宽 9.1cm，长 15cm 左右，用中小块面满地布局的民族图案、波斯图案或变形花卉为题材，一色或两色平涂纹样。坯绸不经后整理	纹样宽 19.3cm，题材以外形轮廓不很规则的变形花卉和几何图案为主，半清地布局，图案以块面为宜，尽量避免直、横细线条，花形模糊不清

丝织物名称 规格		七星缎（七色缎）	梦素缎	双面缎
英文名		qising satin brocade	mengsu satin	double face satin brocade
编号				
经纬线线密度	经线/dtex(旦)	22.22/24.42(20/22)加捻色桑蚕丝或 133.2(120)色黏胶人造丝	22.20/24.42 × 2 (20/22)桑蚕丝	甲、乙经均为 22.22/24.42(20/22)有捻桑蚕丝并合后再加捻而成的色捻丝
	纬线/dtex(旦)	31.08/33.3 ×（3～4）[(3～4)/28/30]色桑蚕丝或 133.2(120)色黏胶人造丝	[22.20/24.42 × 2(20/22)桑蚕丝＋22.20(20)特种涤纶丝]复合	22.22/24.42 × 2(2/20/22)有捻桑蚕丝并合加捻，然后再将 3 根捻丝并合
经纬密度	经线/(根/10cm)	605～995	990	850
	纬线/(根/10cm)	315～490	500	410
经线捻度/(捻/cm)				
纬线捻度/(捻/cm)				

续表

规格 \ 丝织物名称	七星缎(七色缎)	梦素缎	双面缎
织物组织	缎纹提花组织	五枚缎纹	一面是斜纹地上起缎纹花,另一面是缎纹地上起斜纹花
质(重)量/(g/m^2)		99	
成品幅宽/cm		114	77～93
特点	色彩鲜艳,有严格的彩虹七色,每色条提花,图案清晰秀丽,或象征吉祥或符合儿童心理,绸身平挺,手感厚实,富有强烈的民族特色	因纬线用真丝和特种涤纶复合(涤纶占15%)加捻,既保持了原有真丝绸的质地,又使织物具有防缩抗皱的性能	绸面平整光洁,花纹清晰完整
用途	用于做朝鲜族学龄前儿童的生日礼服,也可做裙子、艺装及褥面等	宜做高级披风等	主要用于制作女装、套装、旗袍、艺装、旅游装、童装、披风等
备注	是我国少数民族特需用绸缎,因其缎面经向由红、橙、黄、绿、青、蓝、紫七色组成的色条排列,每条宽约2cm,故称七星缎或七色缎。缩水率较大,特别是全人丝产品,在裁剪前需在背面喷水预缩	是指由桑蚕丝和桑蚕丝/涤纶复合丝交织的白织素缎类丝织物。坯绸经精练、染色、免烫整理,干弹达到317.4°,湿弹达到278.6°	因该织物的两面均可作衣服面,故名

规格 \ 丝织物名称		古香缎							
英文名		suzhou brocade;soochow brocade							
编号		风景古香缎	花卉古香缎	人丝古香缎				人丝风景古香缎	人丝花卉古香缎
经纬线线密度	经线/dtex(旦)	[22.20/24.42(20/22)8捻/cm×2]熟桑蚕丝		66.6(60)有光黏胶丝(色)	77.7(70)有光黏胶丝或铜氨丝(色)		66.6(60)有光黏胶丝(色)	77.7(70)有光黏胶丝(色)	
	纬线/dtex(旦)	甲、乙、丙纬均为133.2(120)有光黏胶丝(色)							
经纬密度	经线/(根/10cm)	1315	1320	1200	1200	1100	1350	1150	1150
	纬线/(根/10cm)	780	780	300	720	330	720	610	610

续表

丝织物名称 规格	古香缎							
经线捻度/(捻/cm)	6	6	3	3	3	3	3	3
纬线捻度/(捻/cm)								
织物组织	八枚经面缎纹纬三重起花组织上起彩色纬花(由甲、乙两纬与经线交织成经面缎纹,缎面隐现出二色,背面只显示出丙纬一色。纬线采用三组不同色泽的黏胶丝,其中两组为常抛,一组为彩抛)							
质(重)量/(g/m²)								
成品幅宽/cm	75	92	91.5	92	77	89.5	77	77
特点	绸面缎纹地上起有复杂细腻的纬花,花纹精致,颜色绚丽,花型多是古色古香的山水风景、花卉、古物、图案等,多色相,织物结构精细,质地紧密厚实,表面平整,富有光泽,缎面绚丽多彩,古雅美观,具有浓厚的民族风格和古色古香的色彩							
用途	主要用于制作秋冬季妇女各式服装、少数民族妇女民族服装,高档女装、睡衣、礼服、旗袍、领带及台毯、被面、靠垫、窗帘、艺术欣赏品和装饰品等							
备注	是指由桑蚕丝或黏胶丝与黏胶丝色织的熟织提花锦缎类丝织物,由一组经线与三组纬线交织而成。它是在我国古代宋锦的基础上发展而来的,与织锦缎并列为"姊妹缎"或共称为"苏州缎",也是少数民族的特需用绸。它具有浓厚的民族风格和古色古香的色彩,故称古香缎。按原料分,有人丝古香缎和交织古香缎两种。从纹样上分有风景古香和花卉古香两种。前者的取材多为具有民族风格的山水风景、亭台楼阁、小桥流水等自然景物;后者的取材大都为具有民族特色的花卉。一般采用满地布局,且在缎纹地上显示泥土、影光的较多。除交织外,还有全人丝的,称为人丝风景古香缎和人丝花卉古香缎							

丝织物名称 规格		绉　缎	硬缎(上三纺缎)	慕本缎(朝阳缎、向阳缎)	光缎羽纱(人造丝羽纱)
英文名		zhou satin brocade	hard satin brocade	nuben satin brocade	guangduan rayon lining
编号					
经纬线线密度	经线/dtex(旦)	22.22/24.42×2(2/20/22)无捻桑蚕丝	22.22/24.42(20/22)桑蚕生丝	22.22/24.42×(1～2)[(1～2)/20/22]桑蚕丝	133.2(120)有光黏胶人造丝
	纬线/dtex(旦)	22.22/24.42×3(3/20/22)有捻桑蚕丝(二正二反捻向织入)	133.2(120)黏胶人造丝	22.22/24.42×(5～6)[(5～6)/20/22]桑蚕丝	133.2(120)有光黏胶人造丝

续表

规格＼丝织物名称		绉　缎	硬缎(上三纺缎)	慕本缎(朝阳缎、向阳缎)	光缎羽纱(人造丝羽纱)
经纬密度	经线/(根/10cm)	1293～1395	1030	1120～1155	469
	纬线/(根/10cm)	480～510	550	441～500	299
经线捻度/(捻/cm)					
纬线捻度/(捻/cm)		26,s、z			
织物组织		五枚缎纹组织	缎纹组织	缎纹大提花组织	缎纹组织
质(重)量/(g/m²)					
成品幅宽/cm		91～115	72.5	75	92.5
特点		绸面平整柔滑，呈隐约的细绉纹，绉纹均匀，地纹光泽平淡，横向有不明显的波浪细绉纹，背面光泽好，花纹明亮，多为缎纹，质地紧密坚韧，手感柔软润滑	缎面平挺光滑，细腻明亮，手感硬挺，色泽润亮，是我国少数民族特需用绸	缎面平整光洁，平挺光滑，色泽鲜艳，花型图案大，并多用牡丹、杜鹃等花卉，质地坚牢耐穿用，手感丰满舒适润滑，色泽以红绿为主	手感柔软，质地滑爽
用途		用于制作妇女春、秋、冬季各类服装、艺装及绣花坯绸	用于制作藏族、彝族、苗族妇女镶嵌服饰、围腰荷包及艺装等	朝鲜族特需用绸，可做结婚时的床上用品，也可做女装、礼服、艺装、时装、童装等	用于制作高档服装的里子
备注		纯人造丝绉缎的经纬丝均用133.2dtex(120旦)强捻有光人造丝织造。产品有素织和花织两种，一般织后经练染或印花，但以素织为主	缩水率较大，裁剪前需在背面喷水预缩，成衣不宜多洗	缩水率较大，裁剪前需在背面喷水预缩。使用时，不能接触毛糙物体，以免引起缎花钩丝或起毛	因其绸面光亮，故称光缎。缩水率为8%左右，裁剪前需喷水预缩

规格＼丝织物名称	织锦缎					锦益缎
英文名	satin brocade					jin-yi brocade
编号	(织锦缎)	(织锦缎)	(人丝织锦缎)	(人丝织锦缎)	(金银丝人丝织锦缎)	

续表

规格 \ 丝织物名称		织锦缎					锦益缎
经纬线线密度	经线/dtex(旦)	[22.22/24.42(1/20/22) 8捻/cm×2]桑蚕丝(色)	同左	66.6(60)有光黏胶丝	同左	同左	60(50)半光锦纶丝
	纬线/dtex(旦)	甲、乙、丙纬均为133.2(120)有光黏胶丝(色)	同左	同左	同左	甲、丙纬均为133.2(120)有光黏胶丝(色) 乙纬:300.81(271)铝皮	130(120)有光黏丝
经纬密度	经线/(根/10cm)	1315	1320	1335	1319	1280	1305
	纬线/(根/10cm)	1020	1020	963	963	750	495
经线捻度/(捻/cm)		6	6	6	6		3.15
纬线捻度/(捻/cm)							
织物组织		缎纹地组织上起纬花					缎纹纬起花组织
质(重)量/(g/m²)							
成品幅宽/cm		75	92	73.5	92.5	77	99~101
特点		缎面光亮纯洁,细致紧密,质地平挺厚实,纬花丰满,花纹清晰,瑰丽多彩,鲜艳秀丽,光耀夺目,图案采用具有民族传统特色的梅、兰、竹、菊等四季花卉,禽鸟动物和自然景物,形态多姿,富丽古朴,笔法工整,造塑精细活泼,为传统高档丝织品,也是少数民族的特需用绸					缎面细致平滑,色光柔和明亮,图案清晰醒目,大都为具有民族特色的梅、兰、竹、菊等花卉,手感柔软、光滑、活络,质地坚牢,耐穿用。色泽较淡雅,地花协调、具有图画特点、重彩浓艳
用途		宜做女装高级礼服、妇女秋冬季各式服装、旗袍、中装、女西装,艺装、戏剧装、领带、高级睡衣,蒙藏少数民族袍,维吾尔族被面、褥面,哈萨克族民族帽,朝鲜族妇女节日礼服及装饰、装帧用					宜做女装、艺装、时装、两用衫、便装、旗袍、袄面、民族装、睡衣以及家具装饰用品等

续表

规格 \ 丝织物名称	织锦缎	锦益缎
备注	由我国古代宋锦发展演变而成的。先是在宋锦的基础上逐步发展成真丝与黏胶丝交织的古香缎,后又在质地和风格上加以演变,形成了织锦缎。它与古香缎一起并称为姐妹缎或称苏州缎	由锦纶丝与黏丝以缎纹组织制织的纬起花提花化纤绸缎,是化纤丝绸的五朵锦花之一。缩水率约为6%～8%,裁剪前需在背面喷水预缩,不宜经常洗涤

6. 锦 (brocades; damask)

锦是指采用斜纹、缎纹等组织，经、纬无捻或加弱捻，绸面精致绚丽的多彩提花丝织物。采用精练、染色的桑蚕丝为主要原料，还常与彩色人造丝、金银丝交织。为了使织物色彩丰富，常用一纬轮换调抛颜色，或采用挖梭工艺，使织物在同一纬向幅宽内具有不同的色彩图案。锦类织物的特点是，质地较厚实丰满，外观五彩缤纷、富丽堂皇，花纹精致古朴典雅，采用纹样多为龙、凤、仙鹤和梅、兰、竹、菊及文字“福、禄、寿、喜”、“吉祥如意”等民族花纹图案。宋锦、云锦、蜀锦（中国传统的三大名锦）。锦类品种繁多，用途广泛，可用作妇女棉袄、夹袄、袄袍及少数民族的大袍面料，也可用作挂屏、台毯、床罩、被面等。还可用于制作领带、腰带及各种高级礼品盒的封面及名贵书册的装帧等。

规格 \ 丝织物名称		宋　锦	壮　锦
英文名		song brocade	zhuang brocade
编号		14185	64471
经纬线线密度	经线/dtex(旦)	甲经(地经):[22.22/24.42(20/22)8s捻/cm×2]桑蚕丝(经精练染色成熟丝线) 乙经(门丝经):22.22/24.42(1/20/22)白色生桑蚕丝(甲、乙经比例为6∶1)	甲经:[22.22/24.42(20/22)8s捻/cm×2]桑蚕丝(色) 乙经:22.22/24.42(20/22)生桑蚕丝(色)
	纬线/dtex(旦)	甲纬:22.22/24.42(1/20/22)桑蚕丝或31.08/33.33(1/28/30)桑蚕丝(染色) 乙纬:55.55/77.77×2(2/50/70)桑蚕丝(染色)	甲纬:182.04(64)铝皮 乙纬:133.2(120)有光黏胶丝(色) 丙纬:同乙纬 丁纬:同乙纬
经纬密度	经线/(根/10cm)	1088	789
	纬线/(根/10cm)	240	1040
经线捻度/(捻/cm)		甲经:6,z	甲经:6.8,z

续表

丝织物名称 规格	宋　锦	壮　锦
纬线捻度/(捻/cm)		
织物组织	以八枚经面缎纹地上提织乙纬纬花	由两组经线和四组纬线在缎纹组织地纹上提织各色纬花
质(重)量/(g/m²)	183	179
成品幅宽/cm	76	75
特点	锦面平整光洁,结构精致,花纹清晰,织制精美,图案多为中小花纹,花型多用吉祥动物,配色古雅,绚丽多彩,华丽庄重,具有明显的民族风格和宋代特征	质地柔软,富有弹性,图案丰富多彩,配色明快、强烈、鲜艳,色彩与图案均具有浓重的民族特色,是我国广西壮族自治区的民族传统织锦工艺品
用途	主要做名贵字画、纪念相册、高级书籍等贵重礼品的高级装帧用,也可用来做女装、艺装、中式便装及家具装饰用	常用于做民族服饰、民族裙、中式袄、头巾、围巾以及被面、背包、台布、背带、坐垫、床毯、壁挂巾、屏风、装饰等
备注	相传宋锦是宋高宗时,为宫廷服装和书画装裱的需要而生产的贡品丝绸。现代宋锦是模仿古代宋锦的图案花纹和配色而织造的品种。宋锦的图案多是中小花纹,花型图案多是吉祥动物,例如,龙、麒麟、狮子以及装饰性花朵,早在宋代就有紫鸾鹊锦、青楼台锦、衲锦、皂方团百花锦、球路锦,以及天下乐、练鹊、绶带、瑞草、八达晕、翠色狮子、银钩晕、倒仙牡丹、白蛇龟纹、水藻戏鱼、红遍地芙蓉、红七宝金龙、黄地碧牡丹、红遍地杂花、方胜等40多种名目繁多的图案。一般在花朵、龙纹等花纹外围用圆形、多边形框起来	与宋锦、云锦称为中国的三大名锦。壮锦花纹图案变化千姿百态,有梅花、蝴蝶、鲤鱼、水波纹以及大小"卍"字组成,线条粗壮有力,色彩艳丽,常用几种不同颜色的丝线织成,以原色为主,色彩对比强烈。品种繁多,也有采用棉或麻作地经与地纬,用粗而无捻的真丝作彩纬织入起花

丝织物名称 规格		云　锦	蜀　锦
英文名		yun brocade	shu brocade
编号			
经纬线线密度	经线/dtex(旦)	[22.22/24.42(20/22)8捻/cm×2]桑蚕丝(染色) 边经:[4.76tex×4(210公支/4)]×2桑蚕绢丝	
	纬线/dtex(旦)	甲纬:28tex×3(21英支/3)色棉纱 乙纬:10tex×2(60英支/2)纱金 丙纬:48.26cm(19英寸)扁金 丁纬:33.3/38.85(30/35)染色桑蚕丝 戊纬:双顶金	

续表

规格＼丝织物名称		云　锦	蜀　锦
经纬密度	经线/(根/10cm)	1423	
	纬线/(根/10cm)	480	
经线捻度/(捻/cm)		6	
纬线捻度/(捻/cm)			
织物组织		缎纹组织上提花	桑蚕丝色织提花锦
质(重)量/(g/m^2)			
成品幅宽/cm		63	
特点		绸面用圆金线作地，且大面积使用扁金线，光彩夺目，金碧辉煌，花型采用荷叶、牡丹等传统图案。质地紧密厚重，风格豪放饱满、典雅雄浑，属丝绸织品中的传统高档产品，也是少数民族的特需用绸	我国传统名锦。织纹细腻，质地坚韧、丰满、厚重，图案绚丽多彩，光泽柔和。纹样风格秀丽，配色典雅，色泽鲜艳，对比色强
用途		少数民族用于做民族帽、镶衣边和围腰，也用于制作高级礼服、艺装、民族装及装饰品、艺术品等	用于制作男女服装、高级礼服、民族装及工艺美术制品和装饰用
备注		主要包括库锦、库缎和妆花缎三大类。锦纹瑰丽，有如天空多彩变幻的云霞，故名。纹样布局严谨庄重，变化概括性强，用色浓艳对比强，又常以片金钩边，白色相间和色晕过渡，图案具有浓厚朴实的传统风格，色彩富丽，别具一格。题材广泛，有大朵缠枝花和各种动物，植物，吉祥、八宝、暗八仙、“卍”字、“寿”字、瑞草，以及各种姿态的变幻云势等。纹样中体现宾主呼应，层次分明，花清地白，锦空匀齐	因产于蜀郡(今四川成都)而得名。可分为经锦和纬锦两大类。根据图案和组织结构的不同，大体上可分为月华锦、雨丝锦、方方锦、浣花锦、民族锦、通海缎、铺地锦、散花锦、彩晕锦。蜀锦的图案，布局严谨庄重，纹样变化概括、简练，层次丰富，主题突出。多采用几何图案填花，配色上运用明快、鲜艳的色彩，充分体现出独特的典雅古朴的艺术风格

规格＼丝织物名称	盒　锦	人丝织锦缎	桑黏交织织锦缎	金银人丝织锦缎
英文名	he brocade; case brocade	rayon brocade	silk/rayon mixed tapestry satin	rayon/tinsel mixed tapestry satin
编号	64164	53104	62402	

续表

规格 \ 丝织物名称		盒　锦	人丝织锦缎	桑黏交织织锦缎	金银人丝织锦缎
经纬线线密度	经线/dtex(旦)	[22.22/24.42(20/22)8s 捻/cm×2]桑蚕丝(熟丝) 边经:18tex×2(32英支/2)棉纱	66.66(60)有光黏胶丝(染色,机械上浆)	[22.22/24.42(20/22)8s 捻/cm×2]桑蚕丝(经精练、染色)	66.66(60)有光黏胶丝(染色)
	纬线/dtex(旦)	甲纬:22.22/24.42(1/20/22)生桑蚕丝(染色) 乙纬:18tex(32英支)元色棉纱 丙纬:55.55/77.77×3(3/50/70)桑蚕丝(色)	甲、乙、丙纬均为133.2(120)有光黏胶丝(染色)(丙纬还可染成各种色彩)	甲、乙、丙三组纬线均为133.2(120)有光黏胶丝(分别染色,甲、乙纬两色为常抛,基本不变色彩);丙纬为彩抛,按花纹图案色彩分段换色	甲、丙纬:133.2(120)有光黏胶丝(分别染色) 乙纬:303.03(273)金(银)铝皮
经纬密度	经线/(根/10cm)	440	1320	1320	1280
	纬线/(根/10cm)	460	960	1020	750
经线捻度/(捻/cm)		6,z	3,s	6.8,z	8
纬线捻度/(捻/cm)					
织物组织		缎纹组织	地部以甲纬织入八枚经面缎纹,背衬乙纬十六枚缎和丙纬十六枚缎;花部为甲、乙、丙纬纬花	地部用棒刀提织,正面为甲纬织入八枚经面缎纹组织,背衬乙、丙纬十六枚缎纹重纬组织;花部由纹针提织甲、乙、丙三纬形成纬花,背衬八枚或十六枚棒刀组织,也可选用双头平纹和变化组织作为陪衬花纹	同桑黏交织织锦缎
质(重)量/(g/m^2)		41	220	195	231
成品幅宽/cm		73	92	92	77
特点		质地轻薄细洁,图案、色彩端庄稳重	缎面精致光亮,色彩浓艳,图案古朴典雅端庄	缎面光洁精致,图案多姿、富丽、古朴,质地丰满柔挺,是我国有名的传统品种之一	地部细洁紧密,锦面闪烁、富丽豪华

续表

规格 \ 丝织物名称	盒锦	人丝织锦缎	桑黏交织织锦缎	金银人丝织锦缎
用途	用作服装面料及书面装帧、装潢材料等	用于制作妇女春、秋、冬季服装面料,童装、晨衣及装帧装饰用等	用于制作妇女春秋季时装、冬季袄面、晨衣及床罩、装帧、装饰用等	同桑黏交织织锦缎
备注	属宋锦的一种,花纹图案大多是结合盒子款式,花纹满地正规,对称连续的横条形图案。题材以动物纹(如云雁、狮子、鸾鹊、游龙、翔凤等)为主,并配以花卉纹,有以牡丹、菊花、芙蓉、铁梗、荷花、梅、兰、竹等八花锦,十六花锦,二十四花锦为主题,配以八宝、祥云、瑞草等	纹样宽18cm,题材以具有民族风格的传统纹样居多,如梅、兰、竹、菊、写实花卉、寿字、八仙及虫鸟动物纹样,或波斯纹样。清地或半清地布局,用色连地四色,以乙纬、丙纬的纬花为主色,甲纬色包边或甲纬色纬花、乙纬色包边	纹样宽18cm,题材常采用民族传统的梅、兰、竹、菊,暗八仙、福、禄、寿或禽鸟动物,以及少量波斯纹样造型精细活泼,以清地、半清地布局,四方连续散点排列	同桑黏交织织锦缎

规格 \ 丝织物名称		苗锦	妆花缎
英文名		Miao brocade	zhuanghua swiveled damassin; superior brocade
编号			64472
经纬线线密度	经线/dtex(旦)		甲、乙经均为[22.22/24.42(20/22)8s捻/cm×2]桑蚕丝(甲、乙经比例为4∶1)
	纬线/dtex(旦)		甲纬:133.2(120)有光黏胶丝(染色) 乙纬:188.7(170)铝皮(金色或银色) 丙、丁纬均为133.2×2(2/120)有光黏胶丝(染成两种颜色)
经纬密度	经线/(根/10cm)		1380
	纬线/(根/10cm)		900
经线捻度/(捻/cm)			6.8,z
纬线捻度/(捻/cm)			
织物组织		人字斜纹、菱形斜纹或复合斜纹组织	八枚经面缎纹或七枚经面缎纹为地组织,由黏胶丝、金(银)皮呈现纬花

续表

规格 \ 丝织物名称	苗　锦	妆花缎
质(重)量/(g/m^2)		234
成品幅宽/cm		75
特点	苗族传统提花织物,色彩优美、鲜艳、明快。色彩较多,相互搭配过渡组成山形或菱形图案、彼此相套,形成醒目协调美,具有浓厚的民族风格	质地细腻紧密淳厚,图案布局严谨庄重,纹样古朴,色彩艳丽,是云锦的代表品种,也是中国古代织锦技术最高水平的代表
用途	用于制作镶嵌服装衣领、袖套、后肩、裤脚、袖端、裙腰,也可做头巾、挎包、女装、节日礼服、脚套及装饰用品	宜做高级服装及装饰用。古代用于制作龙袍等服装及装饰宫殿、庙堂和祭垫、神袍、伞盖等
备注	苗族传统提花织物,故名。品种有素锦和彩锦两类。素锦以黑白为基调,也叫高山苗锦;彩锦则五彩缤纷,鲜艳明快,图案特征为几何形组成,有蚂拐花、狗脚花和羊禾眼等名目	纹样图案以饱满写实或写意大朵花卉为主,配以美丽枝干和行云、卧云、七巧云、如意云等。变幻云纹,运用主体花的色晕和陪衬花的调和,以达到宾主呼应、层次分明、花清地白、锦空匀齐的效果

规格 \ 丝织物名称		土家锦	金宝地
英文名		tujia brocade	golden treasureground brocade; satin dorure de nankin
编号			64490
经纬线线密度	经线/dtex(旦)	138.8(42 英支)色棉纱,2 根并合加 10 捻/cm(z)	[22.22/24.42(20/22)8s 捻/cm×2]桑蚕丝(精练、染色成熟丝线) 边经:4.8tex×2(210 公支/2)绢丝(4 根并合)
	纬线/dtex(旦)	甲纬(地纬):277.7(21 英支)色棉纱,2 根并合加 6 捻/cm(s)×2 乙纬(色纬):277.7(21 英支)色棉纱,2 根并合加 6 捻/cm×2 丙纬(纹纬):277.7(21 英支)色棉纱,2 根并合加 6 捻/cm(s)×2	甲纬:28tex(21 英支)染色棉纱(3 根并合) 乙纬:9.8tex×2(60 英支/2)纱金线 2 根并合 丙纬:0.14cm 扁金 丁纬:33.33/38.85(30/35)桑蚕丝染色(绒) 戊纬:双顶金
经纬密度	经线/(根/10cm)	240	1423
	纬线/(根/10cm)	220	480
经线捻度/(捻/cm)		10,z	6,z

续表

规格＼丝织物名称	土家锦	金宝地
纬线捻度/(捻/cm)	甲纬:6,s;乙纬:6;丙纬:6,s	
织物组织	平纹地,起纬绒花	以斜纹及其变化组织为地纹,起乙、丙、丁纬花及部分经缎纹花
质(重)量/(g/m²)		1515
成品幅宽/cm		63
特点	纹样粗犷、丰富,色彩艳丽,质地厚实,富有浓郁的土家族风格	质地坚实、挺括、厚重,花纹层次丰富,锦地灿烂,是妆花中最富丽堂皇的品种
用途	宜做服装、服饰及壁挂等	古代用作宫廷装饰和皇帝龙袍等的衣料
备注	是指由染色棉纱或加少量染色麻纱织成的土家族传统色织锦类丝织物,故名。又称“土花”“西兰卡普”。由一组经线与三组纬线交织而成。纹样图案题材有动物,植物,花卉以及民间传说和人格化题材、生活用品题材;构图有连续性的几何菱形纹样排列、单一连续性的模式长方形排列和连续交叉形排列,主花为轴,次花与边花对称,色彩以靛蓝和黑色为基调。坯绸经平挺整理	

规格＼丝织物名称		金陵锦	香香锦	天孙锦	百花锦
英文名		jinling brocade	xiangxiang brocade; fragrant brocade	tiansun brocade; mixed brocade	baihua brocade; hundred flowers brocade
编号					
经纬线线密度	经线/dtex(旦)	甲、乙经均为[22.22/24.42(20/22)8s 捻/cm×2]桑蚕丝(精练染白)	22.22/24.42×2(2/20/22)桑蚕丝	[22.22/24.42(20/22)8s 捻/cm×2]桑蚕丝(经精练、染色)	[22.22/24.42(20/22)8s 捻/cm×2]桑蚕丝(练熟,染色)
	纬线/dtex(旦)	甲、乙纬均为133.2(120)有光黏胶丝(分别染成不同色)	甲纬:22.22/24.42×3(3/20/22)本白色桑蚕丝 乙、丙纬:分别为133.2(120)染色与本白有光黏胶丝	甲纬:83.25(75)无光黏胶丝 乙、丙纬:133.2(120)有光黏胶丝(三组纬线不同颜色)	纬线用四组不同颜色的133.2(120)染色有光黏胶丝

续表

规格 \ 丝织物名称	金陵锦	香香锦	天孙锦	百花锦
经纬密度 经线/(根/10cm)	1187	1200	1200	1120
经纬密度 纬线/(根/10cm)	480	1020	960	1120
经线捻度/(捻/cm)	6.8,z		6,z	6,z
纬线捻度/(捻/cm)		甲纬:10,s		
织物组织	以甲纬$\frac{2}{2}$重平纹地上显现出甲纬纬花,乙纬纬花和单经,单纬八枚经缎纬花,八枚暗缎纹纬花,以及乙纬修剪抛梭纬花	在共口平纹组织地纹上提织共口八枚经缎纹和双经平纹组织花纹	以平纹为基础组织,利用色线的交错及单、双平纹组织的变化,显示出多种色彩的满地花纹以及少量纬浮花和经缎花	在甲纬与经线构成的八枚经缎纹地上呈现乙、丙、丁三色纬花及其共口平纹暗花和经面四枚斜纹花
质(重)量/(g/m²)	不抛梭处110,抛梭处175	162	178	196
成品幅宽/cm	75	74	72	75
特点	质地挺括滑爽,色光柔和典雅,抛梭花纹艳丽	质地坚实挺括,花纹层次丰富	质地坚实平挺,花纹层次丰富,色彩艳丽	精致华丽,花纹多彩,层次丰富
用途	多用作妇女秋、冬季服装面料及装饰用		宜做妇女春、秋、冬季服装及装饰用	宜做妇女春、秋季服装、冬季袄面等
备注	纹样宽9.1cm,题材以写实或写意花卉为多,清地或半清地布局,抛花花纹宜朵花,分布在每回花纹中。产品不练	纹样宽12cm,题材以写意花卉结合不规则抽象图案,地纹以满地花纹为宜。以丙纬纬花为主花,但所占面积和比重不很大,其次是乙纬平纹暗花,丙纬平纹暗花。由于花纹应用多种组合结构,地部或每种组合的花纹均不占用较大面积	纹样宽11.7cm,长度暂选14cm,花纹满地或半清地布局,题材多为花草树木,在满地花纹中主花鲜艳突出,以经花及泥地组织为衬托,利用三色纬线及组织的变化显现出多种色彩及花卉、层次分明,纹样细致,色织不练	纹样宽24cm,以写实花卉为主,花纹中型,半清地或满地布局。花纹以一组纬花为主体,其他三色纬花应相互镶色,以平纹和斜纹暗花作陪衬,以使花纹华丽雅致,并富有立体感。色织不练

续表

规格 \ 丝织物名称		异艳锦	翠竹锦	金蕾锦
英文名		yiyan damassin	cuizhu matellasse; green bamboo brocade	jinlei brocade; golden bud brocade
编号		64325		61206
经纬线线密度	经线/dtex(旦)	[22.22/24.42(20/22)8s 捻/cm×2]桑蚕丝(经精练染色)	甲、乙经均为22.22/24.42×2(2/20/22)生桑蚕丝加弱捻后,分别染成两种不同颜色	甲、乙经均为[22.22/24.42(20/22)8s 捻/cm×2]桑蚕丝(捻成股线再练染)(甲乙经比例为4∶1)
	纬线/dtex(旦)	甲纬:83.25(75)有光黏胶丝(染色) 乙纬:166.5(150)有光黏胶丝(染色) 丙纬:303.03(273)金银丝	甲纬:133.2(120)有光黏胶丝(染中深色) 乙纬:133.2(120)无光黏胶丝(染较浅色) 丙纬:66.66(60)深色有光黏胶丝和277.5(250)金皮或银皮并合成股线	甲纬(地纬):133.2(120)染色有光黏胶丝 乙纬(纹纬):166.5(1/150)染色有光黏胶丝(成绞染色)(甲乙纬比例为1∶1)
经纬密度	经线/(根/10cm)	600	657	1535
	纬线/(根/10cm)	660	540	660
经线捻度/(捻/cm)		6,z		6.8,z
纬线捻度/(捻/cm)				
织物组织		在平纹地上提织纬花,经花和乙、丙纬平纹花	各组经纬分别以平纹袋织及纬浮起出地部和花纹组织	在甲(地)纬重经重平纹地上显现乙(纹)纬纬花。地经与地纬交织成$\frac{3}{3}$经平纹地,加嵌接结经与地纬交织成平纹与纹纬交织成$\frac{1}{3}$斜纹;纹纬纬花下衬地纬与地经交织$\frac{3}{3}$经重平纹组织
质(重)量/(g/m^2)		120	103	157
成品幅宽/cm		74.5	75	75
特点		绸面挺括,色光富丽炫目,图案古朴典雅	质地坚实挺括,金(银)光闪闪,花纹层次丰富清晰	质地柔挺,横罗地纹清晰,花纹精细雅致
用途		宜作妇女礼服面料及装饰用	主要用作妇女晚礼服、夹袄面料等	宜作妇女春、秋、冬季服装面料等

续表

丝织物名称 规格	异艳锦	翠竹锦	金蕾锦
备注	纹样宽 12.2cm,题材以满地变形花卉和几何图案为多。以各色线条纬花和经花为主,在地纹上嵌缀各式环纹点子。色织不练	纹样宽 18.2cm,题材以写意或变形花卉为多,布局以小块面为宜,各种平纹袋织与纬花相互衬托,体现层次丰富。色织不练	纹样宽 9.1cm,题材以写实花卉为多,清地或半清地布局,以 2~4 个散点排列为宜,花纹线条细致。色织不练

丝织物名称 规格		潇湘锦	彩经缎	彩库锦(库金、织金)
英文名		xiaoxiang brocade	caijing damassin;polyamide/rayon union brocade	caiku brocade
编号		61207	64479	
经纬线线密度	经线/dtex(旦)	甲、乙经均为[22.22/24.42(20/22)8s 捻/cm×2]桑蚕丝(甲、乙经排列比为 4∶1)	甲经:[44.44(40)8s 捻/cm×2]半光锦纶丝 乙经:133.2(120)有光黏胶丝形成彩条(机械上浆)	甲经:4.8tex(210 公支/2)绢丝(染色) 乙经:[22.22/24.42(20/22)8s 捻/cm×2]桑蚕丝(染色)(甲、乙经排列比为 4∶1)
	纬线/dtex(旦)	甲纬(地纬)、乙纬(纹纬)均为 133.2(1/120)染色有光黏胶丝(甲、乙纬线排列比为 1∶1)	甲纬:133.2(120)有光黏胶丝(染色) 乙纬:91.02(82)金银皮	甲纬:133.2×2(2/120)有光黏胶丝(染色) 乙纬:133.2×(2/120)有光黏胶丝(加白) 丙纬:189.81(171)金银丝线
经纬密度	经线/(根/10cm)	1240	1180	740
	纬线/(根/10cm)	760	560	630
经线捻度/(捻/cm)		6.8,z	甲经:6,z	乙经:6,z
纬线捻度/(捻/cm)				
织物组织		在甲纬(地)$\frac{3}{3}$经重平纹地上显现出甲纬纬花,乙纬纬花及八枚缎纹经花。地经(甲)与地纬(甲)交织为$\frac{3}{3}$经重平纹地,加嵌接结经与甲纬交织成平纹,与乙纬交织成$\frac{1}{3}$斜纹;甲纬纬花衬地经与乙纬交织成八枚缎纹,接结经与甲纬交织成平纹;地经甲纬八枚缎纹经花衬接结经与乙纬$\frac{1}{3}$斜纹呈袋组织状	甲经甲纬交织成八枚经缎纹地组织;乙经与甲、乙纬线按图案组织提织出五彩缤纷的经花和纬花	以五枚经面缎纹地上提织出甲、乙、丙三色纬花,并在每匹织物前端织有"真金库金"的字样

续表

规格＼丝织物名称	潇湘锦	彩经缎	彩库锦(库金、织金)
质(重)量/(g/m²)	157	197	221
成品幅宽/cm	74	75	72
特点	质地柔挺，横罗纹地清晰，花纹精细	质地丰厚坚牢，花纹图案艳丽并富有立体感	质地紧密、淳厚、精致，金银闪光夺目，高贵典雅，富有中华民族传统特色
用途	主要用作妇女服装面料等	主要作妇女春、秋、冬季服装面料及装帧簿册封面、制作玩具等用	主要用于蒙、藏、满少数民族滚镶衣边、帽边和制作维吾尔族帽子等
备注	纹样宽9cm，采用小型朵花散点排列。色织不练	纹样宽12.1cm，题材以写实花卉为多，半清地布局，花型块面要适中，以各色乙经经花为主，其彩花周围用甲、乙纬纬花包边衬托。坯绸经退浆、拉幅整理	纹样采用中小型花图案。坯绸经整理后使用

规格＼丝织物名称		琳琅缎	明朗缎
英文名		linlang damassin	minglang brocade; bright brocade
编号		64958	64177
经纬线线密度	经线/dtex(旦)	[22.22/24.42(20/22)8s捻/cm×2]熟桑蚕丝(染色)	[22.22/24.42(20/22)8s捻/cm×2]桑蚕丝(染色)
	纬线/dtex(旦)	甲纬:166.5(1/150)有光黏胶丝(色)常织 乙纬:166.5(1/150)有光黏胶丝彩色抛道 丙纬:91.02/96.57(82/87)铝皮	甲、乙、丙纬均为133.2(1/120)有光黏胶丝(染色)(其中乙纬为抛梭彩色)
经纬密度	经线/(根/10cm)	1248	1248
	纬线/(根/10cm)	870	870
经线捻度/(捻/cm)		6,z	6,z
纬线捻度/(捻/cm)			
织物组织		地部组织由棒刀提织甲纬形成八枚缎，背衬乙、丙纬十六枚缎组织，花部呈现甲、乙、丙纬纬花以及缀嵌少量双经平纹暗花，花纹层次丰富	同琳琅缎

续表

丝织物名称 规格	琳琅缎	明朗缎
质(重)量/(g/m^2)	173	199
成品幅宽/cm	76	76
特点	缎面精致,光泽柔和,图案生动,色彩艳丽夺目,金银闪光炫目	锦面光泽柔和,织纹精致,柔挺厚实,图案瑰丽多彩,并具有我国民族传统风格
用途	主要用于制作高贵华丽的礼服、袄面及宾馆床罩、贴墙装饰用品等	主要用于制作妇女袄面、春秋季时装及床罩、靠垫等
备注	纹样宽21.2cm,纹样取材于具有民族风格的传统写实图样,如梅、兰、竹、菊等花卉,或变化多姿的波斯图案,以中、小型块面和线条构图,笔法工整,造型精细活泼,半清地散点排列,也有满地布局。坯布需经单滚筒机整理,使锦面平滑光亮,富丽堂皇	纹样同琳琅缎,织后不经整理

7. 绢 (taffeta; spun silk; spun silk habotai; spun silk pongee; Fuji silk; plain silk; spun silk fabric)

绢是指采用平纹或重平组织,经、纬线先染色或部分染色后进行色织或半色织套染的丝织物。采用桑蚕丝、人造丝纯织,也可用桑蚕丝与人造丝或其他化纤丝交织。经、纬线不加捻或加弱捻。绢的绸面平整,光泽自然柔和,质地细密挺爽。绢为丝织物中的高档产品,色织产品用于制作礼服、时装、滑雪衣、羽绒被套、床罩、毛毯镶边、领结、帽花、绢花等。生织绢主要用作书画、扇面、彩灯材料等。

丝织物名称 规格		花塔夫绢 (花塔夫绸)	素塔夫绢 (塔夫绸、素塔夫绸)	绢纬塔夫绢 (绢纬塔夫绸)	桑格绢 (格塔夫绸)
英文名		taffeta faconne; faconne taffeta	plain taffeta	spun silk filling taffeta;spun silk taffeta	checked taffeta
编号		12302		12314	15152
经纬线线密度	经线/dtex(旦)	[22.22/24.42(20/22)8捻/cm×2]熟桑蚕丝(色)	[22.22/24.42(1/20/22)8s捻/cm×2]桑蚕丝(经精练、脱胶染色)	22.22/24.42×3(3/20/22)桑蚕丝	[22.22/24.42(20/22)8捻/cm×2]A级桑蚕丝(先捻制成股线后精练脱胶染色)
	纬线/dtex(旦)	[22.22/24.42(20/22)8捻/cm×3]熟桑蚕丝(色)	[22.22/24.42(1/20/22)8s捻/cm×3]桑蚕丝(经精练、脱胶染色)	4.8tex×2(210公支/2)桑绢丝	[22.22/24.42(20/22)4捻/cm]2根并合A级桑蚕丝(先捻制成股线后精练脱胶染色)

续表

规格＼丝织物名称		花塔夫绢（花塔夫绸）	素塔夫绢（塔夫绸、素塔夫绸）	绢纬塔夫绢（绢纬塔夫绸）	桑格绢（格塔夫绸）
经纬密度	经线/(根/10cm)	1055	790	570	618
	纬线/(根/10cm)	470	450	320	450
经线捻度/(捻/cm)		6	6,z		6
纬线捻度/(捻/cm)		6	6,z		
织物组织		地部为平纹，花部为八枚经面缎纹	平纹组织	平纹组织	经线用两色以上条子排列，纬线用两色按格形和色彩要求排列织入，平纹组织制织
质(重)量/(g/m²)		70		60	41
成品幅宽/cm		92		91.5	93
特点		质地平挺滑爽，织纹紧密细腻花纹光亮突出，是丝织物中的高档产品	绸面紧密细洁，平挺光滑，光泽晶莹，富有丝鸣	质地紧密挺爽，弹性好，绸面丰满	质地细洁、轻薄、精致，手感滑爽平挺，绸面呈现彩色格子、格形图案美观大方，是一种高级熟丝织物
用途		主要作妇女春秋服装、节日礼服及高级伞面、鸭绒被套、毛毯滚边、制作工艺品等用绸	主要用于制作礼服、时装、风雨衣及羽绒被套、伞面等	宜作衬衫等服装用绸	宜作妇女时装、礼服面料等
备注		纹样宽 22.5cm，长度 25cm，题材一般选用中型自然花卉，清地散点排列，纹样设色可用一色平涂。花纹排列应散布均匀，使整个绸面松紧一致，花纹块面不宜过大，布局不宜过满，以免织物松软不一。坯绸不需整理	坯绸不需整理，织物下机即为成品	生织后经精练、染色	色织不需精练

续表

规格 \ 丝织物名称		节绢塔夫绢(节绢塔夫绸)	彩花绢纺	涤纶塔夫绢	人丝塔夫绢(黏胶丝塔夫绢、人丝塔夫绸)
英文名		boucle taffeta	taffeta broche; broche taffeta	polyester pongee	rayon taffeta
编号				S2389	56230
经纬线线密度	经线/dtex(旦)	[22.22/24.42(20/22)8捻/cm×2]桑蚕丝(经精练、染色为熟经线)	4.8tex×2(210公支/2)绢丝[经线有两组,甲经(地经)为白色绢丝,乙经(挂经)为彩色绢丝,挂经以条带状布满全幅]	75.48(68)半光涤纶丝(机械上浆)	133.2(120)有光黏胶丝(机械上浆)
	纬线/dtex(旦)	14.3tex×2(70公支/2)绢油疙瘩纱(染色)	4.8tex×2(210公支/2)绢丝	75.48(68)半光涤纶丝	277.5(250)有光黏胶丝或133.2×2(2/120)有光黏胶丝
经纬密度	经线/(根/10cm)	700	(地部)462	484	540
	纬线/(根/10cm)	310	335	355	210
经线捻度/(捻/cm)		6			
纬线捻度/(捻/cm)		3			
织物组织		平纹组织	地纹为平纹组织,花纹为甲经经花和乙经经花	平纹组织	平纹组织
质(重)量/(g/m^2)		108		61	133
成品幅宽/cm		93	90	93	108
特点		质地缜密挺括,绸面有闪色效应,纬向竹节分别自如而别有风格	手感柔糯,地纹素洁大方,彩经花纹均匀分布,五彩缤纷,风格别致、富有趣味,是中国的传统绸缎产品	绸面平挺细密,制成的绢花具有形象逼真、鲜艳夺目、久用不变形不褪色的优点	绸面比桑蚕丝塔夫绸粗犷厚实,织物紧密、光洁、滑爽,色光优美柔和,晶莹悦目
用途		宜做礼服、男女风衣套装、时装等	宜做妇女夏季衬衫、连衣裙及装饰用品	主要用于制作服装、雨衣衬里及涤纶绢花、毛毯镶边、军工用品等	常用作春秋大衣里料,也可做羽绒被套、毛毯四边包边等

续表

规格＼丝织物名称	节绢塔夫绢（节绢塔夫绸）	彩花绢纺	涤纶塔夫绢	人丝塔夫绢（黏胶丝塔夫绢、人丝塔夫绸）
备注	经线和纬线色彩对比强烈。同种纬线用两把梭子制织，以解决因纬线疙瘩和纱条粗细不匀而造成绸面疵点问题。织后通常不经后整理	纹样宽 18cm，长度根据花纹题材决定，暂取 20cm。题材以写意朵花为主，图案以彩色挂经小型浮经花为主花，地经斜纹花和缎纹暗花缀以陪衬要求花纹散点分布均匀，一般采用四个散点破斜纹排列。坯绸经修剪整理	坯绸经精练、高温高压匹染、定型	坯绸经退浆后染色

规格＼丝织物名称		天香绢	缤纷绢	和平绢
英文名		tianxiang taffeta faconne; tianxiang faconne taffeta	binfen brocade	heping taffeta faconne; heping faconne taffeta
编号		61502	63306	64501
经纬线线密度	经线/dtex（旦）	22.22/24.42(20/22)桑蚕丝	[22.22/24.42(20/22)8捻/cm×2]彩色或白色桑蚕丝	22.22/24.42(20/22)桑蚕丝
	纬线/dtex（旦）	甲、乙纬均为 133.2(120)有光黏胶丝(甲纬需在织前先染色，如大红、咖啡等色)	甲纬：133.2(120)浅色或白色有光黏胶丝 乙纬：133.2(120)深色或无色有光黏胶丝 丙纬：133.2(120)彩色有光黏胶丝抛道	甲、乙纬均为 133.2(120)有光黏胶丝(分白色与彩色)
经纬密度	经线/(根/10cm)	1235	1180	1240
	纬线/(根/10cm)	595	990	680
经线捻度/(捻/cm)			6.8,z	
纬线捻度/(捻/cm)				

续表

丝织物名称 规格	天香绢	缤纷绢	和平绢
织物组织	地部为平纹组织,花部组织为八枚经缎纹花、纬花和平纹暗花	在甲纬平纹地上显出甲纬纬花,乙纬纬花,丙纬纬花,乙纬平纹暗花,丙纬平纹暗花,甲、乙纬共口平纹暗花,甲、丙纬共口平纹暗花,隔经乙纬平纹暗花,丙纬平纹暗花等花型。双经甲纬平纹地背衬乙、丙纬共口的隔经八枚缎纹组织;甲纬纬花背衬乙、丙纬共口的隔经八枚缎纹组织,乙纬纬花背衬双经平纹组织,丙纬以隔经八枚缎纹组织固结,丙纬纬花背衬甲纬双经平纹组织,乙纬以隔经八枚缎纹组织固结。其他几组纬线双经平纹,背衬组织同上	在平纹地上提出甲、乙纬纬花及经八枚缎纹花
质(重)量/(g/m^2)	103	179	119
成品幅宽/cm	71	75	72
特点	绸面细洁、光滑、雅致,花纹层次较多,色彩丰富,质地紧密,轻薄柔软	绸面五彩缤纷,色彩秀丽,织纹层次丰富,质地柔和,挺括厚实	风格特征类似天香绢,但质地较柔和
用途	大多用作春、秋、冬季妇女服装、儿童斗篷面料及装饰用绸	主要用作妇女春、秋、冬季服装面料及装饰用绸等	主要用作妇女春、秋、冬季服装、儿童服装、儿童斗篷面料及装饰用绸等
备注	纹样宽12cm,纹样长度暂取16cm,题材以中型写实花草或变形花卉为主,布局以清地朵花和嵌入呢地朵花两种。纹样绘画花纹连地纹五色分别表示五种组织。为使图案轮廓分界清晰,在色纬(甲纬)纬花和经花处可适当采用白纬(乙纬)包边。坯绸仍需精练、套染双色(经色、单机整理)	纹样宽12.1cm,长度暂取16cm,题材以写意风景、花草为主,采用花纹细致的满地花样为宜,甲纬纬花可少用,乙、丙纬花以及平纹暗花和阴影组织可由双经八枚或十六枚缎纹纬花按正平纹(单起)起点递减至双经八枚或十六枚缎点,并直接影入甲纬平纹地部。阴影部分用燥笔着色。明暗过渡自然。丙纬采用分段调换颜色,在纹样上花纹用异色起落,分界要清,不能超出每一色段的范围。坯绸色织不练,或经单机整理	纹样题材以中偏大型朵花为主。坯绸经精练、套染、单机整理

续表

规格 \ 丝织物名称		迎春绢	绒地绢	西湖绢	丛花绢
英文名		yingchun taffeta faconne; yingchun faconne taffeta	rongdi taffeta faconne; pile ground faconne taffeta	xihu taffeta faconne; xihu faconne taffeta	conghua taffeta faconne; conghua faconne taffeta
编号		61506	63301		
经纬线线密度	经线/dtex(旦)	22.22/24.42(20/22)桑蚕丝(色)	22.22/24.42(20/22)桑蚕丝	[22.22/24.42(20/22)8s 捻/cm×2]桑蚕丝	[22.22/24.42(20/22)8s 捻/cm×2]桑蚕丝(色)
	纬线/dtex(旦)	甲、乙纬均为133.2(120)有光黏胶丝(颜色不同,乙纬作彩抛)	甲、乙纬均为133.2(120)有光黏胶丝(甲为白纬,乙为色纬)	甲、乙纬均为83.25(75)有色有光黏胶丝 丙纬:133.2×2(2/120)彩色有光黏胶丝	甲、乙纬均为133.2(120)有光黏胶丝(颜色不同)
经纬密度	经线/(根/10cm)	1240	1240	1370	1200
	纬线/(根/10cm)	640	660	640(另加抛梭纬)	600
经线捻度/(捻/cm)				6.8,z	6,z
纬线捻度/(捻/cm)					
织物组织		地组织为甲纬平纹,花组织为甲纬纬花、乙纬纬花及甲纬经面缎纹花。双经甲纬纬花背衬乙纬单经$\frac{1}{3}$破斜纹,双经乙纬纬花背衬甲纬单经$\frac{1}{3}$破斜纹,单经甲纬八枚缎花背衬乙纬单经十六枚缎纹,双经甲纬平纹地背衬乙纬隔经八枚缎纹	在平纹地上起出甲、乙纬纬花及经面八枚缎纹花	在平纹地上起出经面八枚缎纹花及甲、乙纬纬花	地组织为纹地两纬共口平纹,花组织为十二枚加强缎纹和八枚加强缎纹及$\frac{2}{2}$纬重平纹等
质(重)量/(g/m²)		112	114	106(地部质量)	127
成品幅宽/cm		72	72	72	74

续表

规格＼丝织物名称	迎春绢	绒地绢	西湖绢	丛花绢
特点	绸面五彩缤纷,质地紧密柔和	绸面在绒地上显示出色纬纬花、白纬纬花、经缎花以及色纬平纹暗花,绸面细洁,图案高雅艳丽,质地紧密柔和,绒毛光亮、密布满地	绸面色光柔和,彩抛点缀,质地紧密挺括,坚牢耐用	绸面呈现鲜艳多彩的花纹,图案明暗层次清晰,富有立体感,质地紧密,坚牢挺括
用途	主要用作妇女春、秋、冬季服装、儿童服装和斗篷面料及装饰用绸	宜作妇女春、秋、冬季服装面料及装饰用绸等	主要用作妇女秋、冬季服装和儿童服装面料等	宜作妇女秋、冬季服装面料及装饰用绸
备注	纹样以写意变形花卉为主,满地嵌有钩藤和细小不规则点子,布局灵活多变。坯绸经精练套染、单辊筒机整理	纹样以写意变形花卉为主,满地嵌有钩藤和细小不规则点子,布局灵活多变。坯绸经精练、套染、单滚筒机整理	纹样宽 17.5cm,长度暂取 20cm。题材以写意花卉为主。在纹样上经面缎纹花的比重宜较纬花为大,可参用影人经花的地纬纬花阴影,花纹易模糊处可留出平纹地线条分界。坯绸不需整理	纹样宽 18cm,长度暂取 20cm,题材以花草树叶写实为主,多层衬托,重叠交映,花型姿态生气勃勃。绘画纹样时以细小为宜,常用重叠模纹。用三色涂绘主花,纬浮花及泥地,用浅色绘出平纹组织暗花。坯绸不需染整

规格＼丝织物名称		繁花绢	格夫绢	格塔绢	挖花绢
英文名		fanhua damask twill	gefu taffeta lame; checked lame taffeta	tinsel check taffeta	swivel taffeta faconne
编号			S6940		
经纬线线密度	经线/dtex(旦)	22.22/24.22(20/22)桑蚕丝	甲经:[22.22/24.42(20/22)8s 捻/cm×2]熟桑蚕丝(色) 乙经:91.02/96.57(82/87)铝皮	甲、乙、丙经均用[22.22/24.42(1/20/22)8s 捻/cm×2]熟桑蚕丝(染成 3 色,形成彩条) 丁经:91.02(82)铝皮	22.22/24.42×2(2/20/22)桑蚕丝
	纬线/dtex(旦)	甲纬:133.2(120)有光黏胶丝 乙纬:133.2(120)无光黏胶丝	甲纬:[22.22/24.42×2(2/20/22)4s 捻/cm×2]桑蚕丝 2 根并合(色) 乙纬:91.02/96.57(82/87)铝皮	甲、乙、丙纬均用[22.22/24.42(1/20/22)×2]熟桑蚕丝(染成 3 种不同颜色) 丙纬:91.02(82)铝皮	133.2(120)有光黏胶丝

续表

规格 \ 丝织物名称		繁花绢	格夫绢	格塔绢	挖花绢
经纬密度	经线/(根/10cm)	1234	534	613	1240
	纬线/(根/10cm)	640	534	450	540
经线捻度/(捻/cm)			甲经:6,z	甲、乙、丙经:6,z	6
纬线捻度/(捻/cm)				甲、乙、丙纬:4	
织物组织		地组织为地纬双经$\frac{3}{1}$↗斜纹衬纹纬$\frac{2}{2}$纬重平;花组织为纹纬双经十六枚纬缎及阴影组织背衬地纬双经平纹,纹纬与经组成$\frac{2}{2}$纬重平衬地纬单经八枚缎纹,纹纬单经八枚经缎纹衬地纬十六枚缎纹,地纬泥地衬纹纬双经过渡交织	平纹组织	平纹组织	平纹组织
质(重)量/(g/m²)		112.6	63.9		
成品幅宽/cm		71	115.5		
特点		在淡雅的斜纹地上显现平纹朵花,在平纹上再加影光,布局细密,层次丰富,立体感强,质地紧密,弹性好	绸面呈现闪烁的格形,质地平挺滑爽。系在素塔夫绢地上经、纬向有规律地嵌入少量金、银丝色铝皮而成,是一种高级塔夫织物	绸面紧密平挺,光泽柔和,格形层次丰富	绢面通过提花多呈本色缎纹花,常在花纹中央拼嵌以突出醒目的彩色小花,素彩两花相套,彼此烘托,使绢面的花纹图案富有层次,更加生动美观,很有些苏绣风味
用途		宜作妇女秋、冬季服装面料及装饰用绸	宜做妇女春、秋季服装、晚礼服等	宜作男女雨衣、风雪衣及阳伞的面料等	主要用于制作女装、中式便装、棉袄面、艺装、民族装等

续表

规格＼丝织物名称	繁花绢	格夫绢	格塔绢	挖花绢
备注	纹样宽11.7cm,以散点排列,纹地分明,配置均匀,以平纹及短浮花来显现花纹,并可配上泥地影光组织,增加花纹层次,达到织花的立体效果。纹样不宜采用大朵花,花型要求细致。坯绸经精练、套染、单机整理	桑蚕丝经纬线均先捻制成股线后精练染色成熟丝。坯绸经落水、拉幅整理	色织不练或经防水处理	

8. 绫 (twills; damsk silk; ghatpot; radzimir)

绫是采用斜纹或变化斜纹为基础组织，表面具有明显的斜纹纹路，或以不同向组成山形、条格形以及阶梯形等花纹的花、素丝织物。原料大多为桑蚕丝和黏胶丝，经、纬丝不加捻，以生织为主，经整理为成品。素绫采用单一的斜纹或变化斜纹组织，如蚕维绫、真丝斜纹绸等；花绫的花样繁多，在斜纹地组织上常织有盘龙、对凤、环花、麒麟、孔雀、仙鹤、卍字（万字）、团寿等民族传统纹样，如文绮绫、桑花绫等。绫类织物光泽自然柔和，质地细腻，手感柔软，穿着舒适。适宜制作衬衣、头巾（长巾）、连衣裙、睡衣等。其中轻薄型绫宜作服装里子、裱装书画经卷以及装饰精华的工艺品包装盒等。

规格＼丝织物名称		真丝斜纹绸(桑丝绫)	花　绫	双宫斜纹绸
英文名		silk twill;foulard	jacquard twill	silk/doupioni twill;douppioni foulard
编号			15663	13478
经纬线线密度	经线/dtex(旦)	22.22/24.42×2(2/20/22)或22.22/24.42×3(3/20/22)、22.22/24.42×4(4/20/22)桑蚕丝	22.20/24.42(20/22)桑蚕丝	22.22/24.42×2(2/20/22)桑蚕丝
	纬线/dtex(旦)	同经线	29.97/32.19×2(2/27/29)桑蚕丝	111.1/133.2(100/120)桑蚕双宫丝
经纬密度	经线/(根/10cm)		500	750
	纬线/(根/10cm)		300	360
经线捻度/(捻/cm)				
纬线捻度/(捻/cm)				

续表

规格＼丝织物名称	真丝斜纹绸（桑丝绫）	花　绫	双宫斜纹绸
织物组织	$\frac{2}{2}$斜纹组织	平纹地组织上起出$\frac{3}{1}$↗斜纹组织花纹	$\frac{2}{2}$↗斜纹组织
质(重)量/(g/m²)	35～88	23	64
成品幅宽/cm	74、91、140	68	92
特点	质地柔软光滑，光泽柔和，花色丰富多彩	织物结构较稀松，质地轻薄，花纹微亮，花纹以回纹、团寿、龙凤、菱纹图案为主，古典雅致，并具有东方民族图案特点	质地中型偏薄，绸面具有不规则节粗、节细疙瘩效应的风格特征
用途	主要用于制作衬衫、连衣裙、绣花睡衣、方巾、长巾等	常用作书画及高级礼盒裱糊装帧贴绸，也用做寿衣	主要用于制作衬衫、连衣裙等
备注	坯绸经精练、印花或染色、整理。产品分薄型和中型两种	是指由纯桑蚕丝白织提花绫类丝织物，坯绸经精练、染色、整理	坯绸经精练、单滚筒机整理

规格＼丝织物名称		蚕维绫	宝带绸	文绮绸	绢纬绫
英文名		canwei surah	baodai crossover	weiqi twill faconne; weiqi taffeta faconne	spun-filling foulard
编号					15854
经纬线线密度	经线/dtex(旦)	22.22/24.42×2（2/20/22）桑蚕丝	22.20/24.42×2（2/20/22）桑蚕丝	22.22/24.42×2（2/20/22）桑蚕丝	22.22/24.42×2(2/20/22)桑蚕丝
	纬线/dtex(旦)	同经线	47.6×2(210公支/2)桑绢丝	同经线	4.8tex×2(210公支/2)桑绢丝
经纬密度	经线/(根/10cm)	640	1060	643	760
	纬线/(根/10cm)	440	400	465	450
经线捻度/(捻/cm)					
纬线捻度/(捻/cm)					
织物组织		$\frac{2\ 1\ 1}{1\ 1\ 1}$↗七枚变化斜纹组织	$\frac{2}{2}$↗斜纹组织	地部组织为平纹或斜纹，花部为斜纹或平纹	$\frac{2}{2}$斜纹组织

续表

规格 \ 丝织物名称	蚕维绫	宝带绸	文绮绸	绢纬绫
质(重)量/(g/m²)	41	79	40	70
成品幅宽/cm	113	93	114	92
特点	质地较紧密,表面呈现粗细斜线,光泽柔和	质地厚实,富有弹性,绫面文静雅致,是一种中档领带面料	手感柔软、轻薄、挺括,富有弹性,光泽柔和,织花和印花图案相互衬托,图案古朴典雅	质地中型偏薄,绸面微亮,纹路清晰,如同丝毛织物
用途	主要用于制作衬衫、连衣裙等夏季服装	宜做领带等	宜做男女衬衫、连衣裙、头巾等	多用作服装、领带面料等
备注	坯绸经精练、印花、单机整理	是指由桑蚕丝与桑绢丝交织的绫类丝织物。坯绸经精练、印花、树脂整理	坯绸经精练、印花、树脂整理	坯绸经精练、印花或染色整理

规格 \ 丝织物名称		桑　绫	桑花绫	文绮绫
英文名		silk noil twill	patterned silk twill; sanghua sheer twill	wenqi twill
编号		15668		
经纬线线密度	经线/dtex(旦)	6.25tex(16公支)桑丝	31.08/33.33(28/30)桑蚕丝	22.20/24.42×2(2/20/22)桑蚕丝
	纬线/dtex(旦)	39.6tex(25公支)桑丝	22.22/24.42×2(2/20/22)桑蚕丝	同经线
经纬密度	经线/(根/10cm)	284	480	385
	纬线/(根/10cm)	178	290	310
经线捻度/(捻/cm)				
纬线捻度/(捻/cm)				
织物组织		$\frac{1}{3}$斜纹组织	平纹地上起四枚斜纹经花	平纹地起$\frac{3}{1}$斜纹组织
质(重)量/(g/m²)		243	24.5	29

续表

规格＼丝织物名称	桑　绫	桑花绫	文绮绫
成品幅宽/cm	94	70	39
特点	绸面满布丝纱的不规则绵粒，质地丰厚坚牢，光泽柔和，斜格隐约可见	质地极轻薄，手感轻柔糯软，花纹微亮，满地四方连续花纹，古朴典雅	质地轻薄柔软，手感糯爽，光泽自然柔和，色调匀称，织物厚实，采用织花和印花相结合的图案，风格古朴典雅
用途	宜作各种服装面料及装饰用绸等	常用作装裱用绸，用于书画装帧，也可做寿衣	宜做男女衬衫、连衣裙、头巾等
备注	坯绸经精练、染色	纹样宽 17cm，长度约 18cm，纹样题材多为中小型满地连续回纹图案，上嵌有变形团龙、团凤或其他菱纹散点。坯绸经精练、染色整理	是指由纯桑蚕丝织成的白织单色素地提花绫类丝织物。此类丝织物具有 2000 多年的历史，汉代文绮丝织物较多，有对鸟文绮、几何菱文绮等。坯绸经精练、印花或染色、树脂整理

规格＼丝织物名称		苏中花绫	素宁绸	柞丝彩条绸
英文名		suzhong twill damask	Nanjing twill	tussah twill raye
编号		15659	13565	3028
经纬线线密度	经线/dtex（旦）	31.08/33.33（28/30）桑蚕丝	[22.22/24.42（20/22）8s捻/cm×2]桑蚕丝（练染成熟色经线）	{[38.85×2（2/35）2.4s 捻/cm＋38.85×2（2/35）2.4s 捻/cm]×2}水缫丝
	纬线/dtex（旦）	22.22/24.42×2（2/20/22）桑蚕丝	33.3/38.85×6（6/30/35）桑蚕丝（练染成熟色纬线）	同经线
经纬密度	经线/（根/10cm）	495	1050	342
	纬线/（根/10cm）	300	290	326
经线捻度/（捻/cm）			6，z	4.7，z
纬线捻度/（捻/cm）				1.6，z

续表

规格 \ 丝织物名称	苏中花绫	素宁绸	柞丝彩条绸
织物组织	在四枚斜纹地组织上起出反向斜纹组织经花	$\frac{1}{2}$纬面斜纹组织	以右斜纹组织交织(边$\frac{2}{2}$左斜)
质(重)量/(g/m^2)	24.5	127.5	111
成品幅宽/cm	69	93	91.5
特点	花型精细,风格古朴雅致,组织结构疏松,质地轻薄柔爽	色光素洁、柔和,质地挺括,是南京的传统产品	具有质地柔软,富有弹性,纹路清晰,格型新颖,色泽鲜艳等特征
用途	用于糊裱书画、高级礼盒和国画等	主要用作服装面料等	宜做男女时装、衬衣、连衣裙等
备注	由于经、纬浮长以及斜向不同的斜纹对光线具有不同的反射性能,使织物表面呈现隐隐约约的暗花纹。花纹题材以回纹、盘龙、对凤、万字、寿团、梅、竹、仙鹤、朵云纹等为主	如在素洁地纹上提织微亮的经花,称为花宁绸。坯绸经整理后为成品	坯绸经酶练、柔软、预缩、整理等后处理

规格 \ 丝织物名称		柞花绫	辛格绫	尼丝绫	涤丝绫	涤松绫	涤弹绫
英文名		zuohua twill faconne	xinge silk striped twill	nylon twill	polyester twill faconne	disong twill; disong polyester twill	ditan polyester twill; textured polyester twill
编号		74066		25651	25851	25854	80304
经纬线线密度	经线/dtex(旦)	38.85(35)柞蚕水缫丝(机械上浆)	22.20/24.42×4(4/20/22)桑蚕丝(熟丝染色、彩条)	77.77(70)半光锦纶丝	49.95(45)无光涤纶长丝(无捻机械上浆)	49.95(45)半光涤纶丝(经拖水处理)	166.5(150)涤纶弹力丝
	纬线/dtex(旦)	38.85(35)柞蚕水缫丝	甲、乙、丙纬:均采用22.20/24.42×4(4/20/22)桑蚕丝(熟丝染色)	77.77(70)半光锦纶丝	49.95(45)无光涤纶长丝	111(100)弹力涤纶丝	166.5(150)涤纶弹力丝

续表

规格＼丝织物名称		柞花绫	辛格绫	尼丝绫	涤丝绫	涤松绫	涤弹绫
经纬密度	经线/(根/10cm)	921	620	701	563	703	506
	纬线/(根/10cm)	472	450	390	540	335	250
经线捻度/(捻/cm)			10,s			4,s	4.7,s
纬线捻度/(捻/cm)			10,s				
织物组织		以四枚斜纹为地组织，花部以八枚缎花为主，配以斜纹和平纹暗花	$\frac{2}{2}$斜纹组织	$\frac{2}{1}$↗斜纹组织	$\frac{2}{2}$↗斜纹为地组织，起出纬花和经花	$\frac{2}{2}$↗斜纹组织	$\frac{2}{2}$、$\frac{1}{2}$变化斜纹组织
质(重)量/(g/m^2)		69	91	93	62	82	158
成品幅宽/cm		114.3	114	93	113.6	114	142
特点		质地轻薄滑爽，光泽柔和，弹性、吸湿性、透气性良好	绫面光洁，配色隐重、大方	绸面织纹清晰，质地柔软光滑，防水性能好	质地挺括滑爽，花纹细巧	质地松软而富有弹性，外观毛型感强	质地挺爽，富有弹性，耐磨不起毛，并具有影条效应
用途		宜做男女衬衫、连衣裙等	宜做各类职业服等	常用于制作滑雪衣、雨衣及雨具里子等	宜做夏季衬衫、连衣裙，经涂层防水整理后制作雨衣等	宜作春夏季服装面料	宜做西式上装、裤、春秋两用衫等
备注		纹样以中小型、变形写意花卉为主，由于花、地组织不同，花纹排列应散布均匀，使绸面松紧一致。坯绸经练漂处理	是指经纬由纯桑蚕丝色织绫类丝织物。坯绸经有机硅助剂整理	坯绸经精练、染色、定型和防水整理	坯绸经退浆、染色或印花、定型整理	坯绸经染色、定型整理	坯绸经精练、染色、定型整理

续表

规格 \ 丝织物名称		海南绫	亮片弹力罗缎	美丽绸(美丽绫、高级里子绸)		人丝采芝绫
英文名		polyester celtic; hainan twill faconne	elastic faille	meili lining twill; beautiful lining twill		rayon semi-shameuse
编号		92213		51101		51604
经纬线线密度	经线/dtex(旦)	49.95(45)半光涤纶丝	111(100)涤纶低弹丝+44.4(40)氨纶丝	133.2(120)有光黏胶丝(机械上浆)	133.2(120)有光黏胶丝(机械上浆)	133.2(120)有光黏胶丝(机械上浆)
	纬线/dtex(旦)	83.25(75)半光涤纶丝	583(10英支)涤棉混纺纱+1.2亮片丝×2	133.2(120)有光黏胶丝	133.2(120)无光黏胶丝	133.2(120)有光黏胶丝
经纬密度	经线/(根/10cm)	723	390	713	713	590
	纬线/(根/10cm)	380	320	322	342	285
经线捻度/(捻/cm)		8,s	4			
纬线捻度/(捻/cm)						
织物组织		织物组织为三枚斜纹正、反间隔排列	$\frac{1}{2}$斜纹组织	$\frac{3}{1}\nearrow$斜纹组织	$\frac{3}{1}\nearrow$斜纹组织	在单经或双经平纹地组织上提织单经五枚经面缎花纹
质(重)量/(g/m^2)		76	260	141		123
成品幅宽/cm		90	150(=148+1×2)	71	141	91

续表

规格 \ 丝织物名称	海南绫	亮片弹力罗缎	美丽绸（美丽绫、高级里子绸）	人丝采芝绫
特点	绸面具有水浪花纹，纹路清晰，织物平挺坚牢	手感柔软，挺括滑糯，弹性和抗折皱性好，光泽自然，透露出亮片丝的闪光，兼容了短纤棉纱和涤纶丝的双重风格	绸面光亮平滑，斜纹纹路细密清晰，手感平挺光滑，略带硬性，色泽鲜艳光亮，反面色光稍暗	绸面地部有隐约可见的闪闪细点纹，花部光滑明亮，质地中型偏薄
用途	宜作春、秋季服装面料	宜做秋季各类休闲服装等	宜作高档服装里子绸等	宜作袄面料、寿衣料等
备注	坯绸经精练染色、定型整理	是指经纬线用涤纶低弹丝/氨纶包缠丝和涤棉混纺纱、外加1、2亮片丝交织成的白织绫类丝织物。原料含量为：涤纶丝25%，棉65%，氨纶丝3.2%，亮片丝6.8%。坯绸经松弛、退浆、碱减量、热定型等后整理。可用活性、分散染料染色，多染成浅绿、深灰、驼色、咖啡、土黄等10多种色，也可印花	绸面要平整，色泽要均匀，无断经缺纬，无色差、色花及色档等疵病。坯绸经精练、染色整理，以染中、浅灰、咖啡、酱红、元等色为主。缩水率在8%，裁剪先应在织物背面喷水预缩	坯绸经退浆、染色、单滚筒机整理

规格 \ 丝织物名称		羽纱（夹里绸、里子绸、棉纬绫、棉纱绫、沙背绫）	蜡纱羽纱（蜡羽纱）	靓爽牛仔绫
英文名		rayon lining	waxed yarn rayon lining	liangshuang jeans twill
编号				
经纬线线密度	经线/dtex（旦）	133.2(120)有光黏胶丝	133.2(120)有光黏胶丝	97.2(60英支)棉纱
	纬线/dtex（旦）	28tex(21英支)棉纱或丝光棉纱	28tex(21英支)蜡棉纱	166.5(150)丙锦复合超细长丝
经纬密度	经线/(根/10cm)	460～480	440～460	560
	纬线/(根/10cm)	240～260	240～250	210

续表

规格＼丝织物名称	羽纱(夹里绸、里子绸、棉纬绫、棉纱绫、沙背绫)	蜡纱羽纱(蜡羽纱)	靓爽牛仔绫
经线捻度/(捻/cm)			
纬线捻度/(捻/cm)			
织物组织	斜纹组织	斜纹组织	$\frac{3}{1}$右斜纹组织
质(重)量/(g/m^2)			
成品幅宽/cm	71	71～75	140
特点	绸面呈细斜纹纹路,手感柔软,富有光泽	手感略带硬性,比羽纱滑爽,光泽较足	用作内衣贴身着时,织物反面浮起的丙锦复合超细长丝通过芯吸效应,将人体表面的汗水带走,并被主要浮于织物上面的吸湿性能好的棉纤维吸收,在织物表面汽化,故穿着十分舒适
用途	用于各式服装做里子用	用于各式服装做里子用	宜做衬衫、上装等
备注	先织成白色,再染成各种深浅杂色。缩水率8%,裁剪前需先下水或背面喷水预缩	因纬向所用棉纱经过上蜡,故称	是指由棉纱和丙锦复合超细长丝交织的白织绫类丝织物。坯绸经精练、染色、拉幅定型等后整理工序,以染浅色为主。染整时采用松式工艺,有利于丙锦复合超细长丝的开纤,烘干、定型温度以115℃为宜,温度过高织物手感发硬

规格＼丝织物名称		锦纶羽纱	棉线绫			
英文名		polyamide lining	rayon/cotton thread twill			
编号						85600
经纬线线密度	经线/dtex(旦)	77.7(70)锦纶丝	133.2(120)有光黏胶丝	133.2(120)有光黏胶丝	133.2(120)有光黏胶丝	133.2(120)有光黏胶丝
	纬线/dtex(旦)	28tex(21英支)棉纱	14tex×2(42英支/2)丝光棉纱	14tex×2(42英支/2)棉纱	14tex×2(42英支/2)棉纱	13.9tex×2(42英支/2)棉线

续表

丝织物名称 规格	锦纶羽纱	棉线绫			
经纬密度 经线/(根/10cm)	596	549	653	653	600
经纬密度 纬线/(根/10cm)	300	270	283	283	290
经线捻度/(捻/cm)					
纬线捻度/(捻/cm)					
织物组织	斜纹组织或变化组织	斜纹组织			
质(重)量/(g/m^2)					165
成品幅宽/cm	78	90.5	81	100.5	73
特点	绸面呈细斜纹,呈山形或人字形直条,质地坚牢耐磨,手感疲软	外观与羽纱相仿,手感较厚实,爽滑挺括,坚牢耐用			
用途	用于各式服装做里子用	用于各式服装做里子布			
备注	采用二浴法染色,先用酸性染料染锦纶丝,再用硫化染料、还原染料、活性染料、纳夫妥等染料染棉纤维。熨烫温度不应超过110℃,以免损伤纤维	裁剪前需先下水预缩			

丝织物名称 规格	棉纬绫	白纹丝绫	人丝羽纱
英文名	rayon/cotton twill	baiwensi profiled-filling twill	rayon lustre lining
编号			56231
经纬线线密度 经线/dtex(旦)	133.2(120)黏胶丝	188.7/96f(170/96f)涤纶白纹丝	133.2(120)有光黏胶丝(机械上浆)
经纬线线密度 纬线/dtex(旦)	28tex(21英支)棉纱	188.7/96f(170/96f)涤纶白纹丝	133.2(120)有光黏胶丝
经纬密度 经线/(根/10cm)	715	630	390
经纬密度 纬线/(根/10cm)	295	360	270
经线捻度/(捻/cm)		12,s	
纬线捻度/(捻/cm)		12(1s、1z)	

续表

丝织物名称 规格	棉纬绫	白纹丝绫	人丝羽纱
织物组织	$\frac{3}{1}$斜纹组织	$\frac{3}{2}$变化斜纹组织	$\frac{3}{1}$斜纹组织
质(重)量/(g/m^2)		408	88
成品幅宽/cm		150	91.5
特点	外观与羽纱相仿,手感较厚实,挺括滑爽,坚牢耐用	织物经染色后,其表面出现不规则的、深浅不一、宽窄不一的白纹效果,产品新颖雅致,手感挺爽柔软,悬垂性好,服用性能优越,容易伺服	绸面光亮平滑,斜纹纹路清晰,质地柔软
用途	用于制作各式服装里子用	宜做中档西服、西裤等	用于制作服装里子及方巾
备注	坯绸经退浆、染色整理	是指经、纬线为新型改性异形涤纶丝(白纹丝)织成的白织绫类丝织物。坯绸经精练、定型、碱减量、染色等后整理。白纹丝系改性异形涤纶丝,定型时采用干热工艺温度180℃,30s,能保证较好的定形效果和良好的手感	坯绸经精练、染色或印花、整理

丝织物名称 规格		牛仔绫	黏闪绫	花黏绫 (丁香绫)
英文名		jeans twill	rayon/acetate shot twill; rayon/acetate union shot twill	huanian jacquard mock crepe;rayon patterned crepe
编号			55856	84652
经纬线线密度	经线/dtex(旦)	166.5×2(2/150)低弹涤纶丝(藏青色)	133.2(120)有光黏胶丝(机械上浆)	133.2(120)有光黏胶丝(机械上浆)
	纬线/dtex(旦)	166.5×2(2/150)低弹涤纶丝(本白色)	133.2(120)醋酯丝	133.2(120)有光黏胶丝
经纬密度	经线/(根/10cm)	398	616	457
	纬线/(根/10cm)	145	360	283
经线捻度/(捻/cm)				
纬线捻度/(捻/cm)				

续表

丝织物名称 规格	牛仔绫	黏闪绫	花黏绫 （丁香绫）
织物组织	$\frac{2}{1}$经面斜纹地组织上起$\frac{1}{2}$斜纹组织花纹	$\frac{2}{2}$斜纹组织	地纹为斜纹变化而成的泥地组织，花纹为经八枚缎纹组织
质（重）量/（g/m²）	285	130	96
成品幅宽/cm	93	92	71
特点	质地丰厚、挺括，绫面蓝白交织色光柔和、文雅，花地分明，具有提花牛仔布的效果	由于黏胶丝与醋酯丝具有不同吸色性能，经一浴法染色后使绸面呈现闪色效果，通常为红闪绿、红闪黄、红闪品蓝或黑闪红等。具有似色织的特点，质地细洁平滑，纹路清晰	质地疏松柔软，具有不规则的粗泥点效果
用途	宜做牛仔衫、牛仔裤、牛仔裙及牛仔包等	主要用作秋、冬季外衣的衬里	主要用于丧衣、寿衣及装饰等
备注	是指经纬线都用涤纶色丝织成的色织绫类丝织物。纹样以粗犷不规则的几何形图案为主，构思要简练明快，线条流畅自然，花地面积相近形成阴阳花纹，使织物正面或反面都可应用。色织坯绸经干热定型整理或防水处理	坯绸经退浆、染色加工整理	纹样宽 17.5cm，题材以写实花卉为主，清地或半清地布局，花纹轮廓简练圆滑，块面适中。坯绸经退浆、染色整理

丝织物名称 规格		采芝绫	真丝大豆哔叽	桑黏绫	柞绢和服绸	凤华绫
英文名		caizhi twill damask; silk /rayon twill damask	silk/soybean union twill	silk/rayon union twill	tussah-filling kimono silk fabric	fenghua twill; elegance foulard
编号		61201		65656	13372	4517
经纬线线密度	经线/dtex（旦）	甲经：133.2（120）有光黏胶丝（机械上浆） 乙经：22.22/24.42（20/22）桑蚕丝	22.20/24.42×2（2/20/22）桑蚕丝	22.22/24.42×2（2/20/22）桑蚕丝	22.22/24.42×2（2/20/22）桑蚕丝	22.22/24.42×3（3/20/22）桑蚕丝
	纬线/dtex（旦）	133.2（120）有光黏胶丝	98.4（60英支）大豆蛋白纤维	66.66（60）有光黏胶丝	8.3tex×2（120公支/2）柞蚕丝	38.85×2（2/35）柞蚕水缫丝

续表

规格 \ 丝织物名称		采芝绫	真丝大豆哔叽	桑黏绫	柞绢和服绸	凤华绫
经纬密度	经线/(根/10cm)	1043		654	1082	558
	纬线/(根/10cm)	415		462	297	387
经线捻度/(捻/cm)						1.6,s
纬线捻度/(捻/cm)						1.6,s
织物组织		在$\frac{1}{3}$破斜纹地组织上提织有光黏胶丝和桑蚕丝经面缎花。在块面缎花中,也可掺用少量乙经桑蚕丝平纹暗花作陪衬	$\frac{2}{2}$斜纹组织	$\frac{2}{2}\nearrow$四枚斜纹组织	$\frac{2}{2}\nearrow$斜纹组织	$\frac{2}{2}\nearrow$斜纹组织
质(重)量/(g/m^2)		140	82	54	90.7	60
成品幅宽/cm		70	114	113	36.5×2	91.5
特点		质地中型偏厚,地纹星点隐约可见	织物既具有桑蚕丝外观高雅、穿着舒适的特点,又有大豆纤维羊绒般的轻柔手感,织物自然松垂,并呈现特殊的闪烁效果	质地轻薄,光泽柔和,手感介于黏胶丝和桑蚕丝单织的斜纹绸之间	由于柞绢纬丝条干不均匀,以及桑蚕丝、柞蚕丝的色泽不同,形成绸面有星星点点的芝麻效果	质地细密,纹路清晰,手感柔软,富有弹性,光泽柔和鲜艳,透气性好
用途		宜做妇女春秋装、冬季袄面、儿童斗篷等	宜做女式时装、男女休闲装等	用于制作服装里子、方巾等	主要用于和服	宜作时装、连衣裙、印花领带的面料
备注		纹样宽14cm,长度暂定18cm,采用清地或半清地花卉为多。以黏胶丝小块面朵花为主,朵花周围用桑蚕丝包边,纹样连地三色,如采用少量平纹暗花,还需另加一色。坯绸经精练、退浆、染成双色并整理	是指经纬线用桑蚕丝与大豆蛋白纤维交织的白织绫类丝织物。桑蚕丝与大豆蛋白纤维的比为43∶57。为了减少纬色档,织造时可用多组纬引纬。坯绸经精练、染色、印花、拉幅定型等后整理	坯绸经精练、染色或印花、整理	坯绸经精练	坯绸经染色或印花处理

续表

规格 \ 丝织物名称		交织绫	棉纬美丽绸	丝尔绫	绒面绫	尼棉绫
英文名		rayon/nylon union twill; bright rayon/semi-dull polyamide union twill	rayon lining twill with staple filling	sier silk/modal twill	rongmian flannel twill; rayon flannel twill	nylon/cotton twill
编号		65854	66323		55954	89803
经纬线线密度	经线/dtex(旦)	133.2(120)有光黏胶丝(机械上浆)	133.2(120)有光黏胶丝(机械上浆)	22.20/24.42×3(3/20/22)桑蚕丝	166.5(150)有光黏胶丝(机械上浆)	122.1(100)半光锦纶丝
	纬线/dtex(旦)	122.1(110)半光锦纶丝	19.7tex(30英支)有光人造棉纱	98.4(60英支)莫代尔丝	72.9tex(8英支)有光人造棉棉纱	13.9tex×2(42英支/2)丝光棉纱
经纬密度	经线/(根/10cm)	650	713	260	376	645
	纬线/(根/10cm)	280	292	380	220	295
经线捻度/(捻/cm)						6,s
纬线捻度/(捻/cm)						
织物组织		$\frac{3}{1}\nearrow$斜纹组织	$\frac{3}{1}\nearrow$经面斜纹组织	$\frac{2}{2}$斜纹组织	$\frac{1}{2}\nearrow$纬面斜纹组织	$\frac{3}{1}\nearrow$斜纹组织
质(重)量/(g/m²)		115	151	83(桑蚕丝52%,莫代尔丝48%)	247	171
成品幅宽/cm		139	71	116	93	92.5
特点		质地柔滑坚牢,斜纹纹路清晰,闪色鲜明	手感柔软,绸面光亮	手感柔软,光泽柔和,具有较佳的透气性和吸湿性,服用性能较好	质地丰厚柔软,花色艳丽,绒毛浓密	质地厚实,绸面光滑,因锦纶和棉纱对染料吸附的性能不同,用一浴法染色后在深色经丝上,有闪中浅色的纬丝,如黑闪红、黑闪金黄等。闪色效果好,有色织的特点
用途		主要用于做大衣、服装里子等	专用作秋、冬季服装的衬里料	宜做春、夏季各式服装等	主要用作服装和儿童斗篷面料	宜作妇女春、秋季服装面料

续表

丝织物名称 规格	交织绫	棉纬美丽绸	丝尔绫	绒面绫	尼棉绫
备注	因经纬原料具有不同的染色性能,用一浴法可染出双色	坯绸经退浆、整理	是指由桑蚕丝与莫代尔丝交织的白织绫类丝织物。坯绸经精练、染色	坯绸先经退浆、再经拉绒,然后经制绒、印花、刷绒整理	坯绸经精练、染色、定型

丝织物名称 规格		广 绫		涤黏仿毛绫	真丝绫(斜纹绸、桑丝绫)	
英文名		guang twill		polyester /rayon twill	silk twill	
编号		(素广绫)	(花广绫)		(薄型真丝绫)	(中型真丝绫)
经纬线线密度	经线/dtex(旦)	22.22/24.42(20/22)厂丝	22.22/24.42(20/22)厂丝	[166.5(150)DTY涤纶丝+184.5(32英支)涤黏混纺纱(涤、黏比为65∶35)]并网后加捻	22.22/24.42×2(2/20/22)桑蚕厂丝	22.22/24.42×(2～4)[(2～4)/20/22]桑蚕厂丝
	纬线/dtex(旦)	22.22/24.42×(4～5)[(4～5)/20/22]厂丝或不同线密度的厂丝合并	22.22/24.42×(5～6)[(5～6)/20/22]厂丝	184.5(32英支)涤黏混纺纱(涤、黏比为65:35)加6.5捻/cm(s)	22.22/24.42×2(2/20/22)桑蚕厂丝	22.22/24.42×(2～4)[(2～4)/20/22]桑蚕厂丝
经纬密度	经线/(根/10cm)	1060～1520	1060～1520	396	740～780	740～780
	纬线/(根/10cm)	490～510	490～510	222	430～470	430～470
经线捻度/(捻/cm)				10,s		
纬线捻度/(捻/cm)				6.5,s		
织物组织		八枚缎纹组织	在八枚缎纹地上起纬缎花纹	$\frac{1}{3}$右斜纹组织	斜纹组织	
质(重)量/(g/m²)				206	42～45	55～62
成品幅宽/cm				160		

续表

规格＼丝织物名称	广　绫	涤黏仿毛绫	真丝绫(斜纹绸、桑丝绫)
特点	绸面斜纹纹路明显,质地轻薄,色光漂亮,光泽好,绸身略硬	产品无极光,手感柔软,身骨挺括,绫面有绒毛感	绸面平整光洁,质地柔软,飘逸轻盈,花色丰富,色彩艳丽
用途	宜做夏令女装、衬衫、睡衣、连衣裙等	宜做冬季上装和中档西装等	宜做女装、裙子、衬衫、睡衣、头巾等
备注	有一种多用于夏装的上拷胶的广绫,手感较硬挺,滑爽不粘身,是我国传统外销丝织品种之一,是热带地区女装重要丝绸衣料	是指经纬线用涤纶丝和涤黏混纺纱交织的白织绫类丝织物。坯绸经预缩、预定型、碱减量(烧毛)、染色、后定型、轧光、呢毯整理	

9. 罗类 (leno silk)

罗是指全部或部分采用罗组织，纱孔明显地呈纵条、横条状分布的花、素丝织物。其中，外观具有横条形孔眼特征的称为横罗，而外观具有直条形孔眼特征的称为直罗。大多采用桑蚕丝织制，也有少数采用锦纶丝织制。织物组织紧密结实，身骨平挺爽滑，透气性好，花纹雅致。常见品种有杭罗、帘锦罗等。主要用于制作男女衬衫、两用衫等。

规格＼丝织物名称		杭罗 (横罗、横条罗、直罗)	纹　罗	帘锦罗
英文名		Hangzhou leno; Hangzhou silk gauze	wen leno silk	lianjin leno brocade
编号		16151		
经纬线线密度	经线/dtex(旦)	55.55/77.77×3 (3/55/77)桑蚕土丝	22.20/24.42(20/22) 桑蚕丝(有地经、纹经之分)	[31.08/33.33(28/30) 8s捻/cm×2]桑蚕丝 (练染成熟丝线)
	纬线/dtex(旦)	55.55/77.77×3 (3/50/70)桑蚕土丝	22.20/24.42(20/22) 桑蚕丝	22.22/24.42×3 (3/20/22)桑蚕丝(染色)
经纬密度	经线/(根/10cm)	335	250	910(地部)
	纬线/(根/10cm)	265	350	450
经线捻度/(捻/cm)				6.8,z
纬线捻度/(捻/cm)				

续表

规格 \ 丝织物名称	杭罗(横罗、横条罗、直罗)	纹 罗	帘锦罗
织物组织	以平纹和绞纱组织联合构成		地部为平纹组织,每隔50根地经配有直罗一条
质(重)量/(g/m²)	107	36	77
成品幅宽/cm	73	50	74
特点	绸面排列着一行行有规律的罗纹绞孔形成的细小清晰的孔眼。其风格雅致,美观大方,质地紧密结实,经洗耐穿。纱孔透气通风,手感挺括、滑爽,穿着舒适凉爽	质地轻薄,手感柔软,色泽明亮	表面具有绞纱罗形成的直条罗孔,质地轻薄挺括,悬垂性好,绸面花纹犹如在直条子门帘屋内观赏门外景物一般,别有情趣
用途	宜做男、女夏季衬衫、长裤、短裤、夏装等	宜做各式服装及装饰用绸等	主要用于制作夏季服装及窗帘、装饰用品等
备注	系浙江杭州的传统丝绸产品,也是罗类丝绸中的代表性品种。因生产起源于杭州而得名。现江苏亦有生产。杭罗分横罗和直罗两种。绸面纱孔眼成一行行横向排列的叫横罗,成直向排列的叫直罗。横罗按照相邻一行纱孔眼间的距离大小,有七丝罗(七梭罗)、十三丝罗、十五丝罗等区别	是指由纯桑蚕丝交织的白织罗类丝织物,有素罗和花罗两种,为新疆、朝鲜、内蒙古等少数民族用绸。地经和纹经相互有规律性左右连续地和纬线绞转而形成网纹,表面没有明显稀弄的为素罗。而花罗要用提花机提织出各种几何形花纹。坯绸经染色、整理	纹样采用粗壮块面朵花为宜,并以暗花衬托主花。花纹在直条罗纹处要间断,以使绸面图案生动活泼。坯绸经落水整理

10. 纱 (gauze silk)

纱是指在地纹或在花纹的全部或一部分,构成具有纱孔的花、素丝织物。原料经纬丝大多采用桑蚕丝、锦纶丝、涤纶丝,纬丝还可用人造丝、金银丝及低特(高支)棉纱等。纱织物可分为素纱和提花的花纱两类。素纱多为生织,如萤波纱、化妆面纱。花纱多为熟织(色织),其结构大多采用单层纹组织,如芦山纱、莨纱等;也有采用重纬结构,多组色纬织制,可取得丰富多彩的外观效应。织物经后整理后,广泛用作妇女夜礼服、宴会服,以及蚊帐、窗帘和装饰用绸。

规格 \ 丝织物名称	芦山纱	窗帘纱	莨纱(香云纱、拷纱)
英文名	lushan leno	silk curtain grenadine	gambiered gauze
编号	10501	11601	

续表

规格 \ 丝织物名称		芦山纱	窗帘纱	莨纱(香云纱、拷纱)
经纬线线密度	经线/dtex(旦)	甲经:31.08/33.33×2(2/28/30)桑蚕丝 乙经:22.22/24.42×2(2/20/22)桑蚕丝	22.22/24.42×2(2/20/22)桑蚕丝(色)	31.08/33.33×2(2/28/30)农工桑蚕丝
	纬线/dtex(旦)	22.22/24.42×6(6/20/22)桑蚕丝	22.22/24.42 × 12(12/20/22)桑蚕丝(色)	31.08/33.33×2(2/28/30)农工桑蚕丝
经纬密度	经线/(根/10cm)	830	280	356
	纬线/(根/10cm)	375	160	310
经线捻度/(捻/cm)		乙经:18,s或z		
纬线捻度/(捻/cm)		12		
织物组织		以平纹为地组织,提织$\frac{3}{3}$纬重平纹,暗地花不规则细小的纱孔点子和经向8根为一组的直条形暗花	采用一绞一、一顺绞的绞纱组织作地,以平纹组织为花,形成花地分明的提花纹织物	在平纹地上以绞纱组织提出满地小花纹
质(重)量/(g/m^2)		89	52	36
成品幅宽/cm		78.5	115	82.5
特点		绸面素洁、起细微绉纹,直条清晰并呈现分布均匀的纹纱孔眼,透气性好,暗花纹上显示分散均匀的微小亮点,手感轻薄、柔软、爽挺,质地坚牢	织物表面在透明状的绞纱地组织上,呈现半透明的平纹花。花地明暗配置得当,花纹轮廓清晰,具有一种明朗舒适的风格,质地轻薄平挺,纱孔清晰透明,花地分明	绸面光滑,呈润亮的黑色,并有隐约可见的绞纱点子暗花,背面为棕红色。也在正反两面均为棕红色的。具有挺爽柔滑,透湿散汗,透凉舒适和易染免烫等特点
用途		宜做夏季中式服装、长衫、衬衫、女装、艺装、裙子、裤子等	宜做高级饭店、宾馆及大型展览馆等装饰窗帘	宜做亚热带地区夏季各种便装、旗袍、香港衫、唐装等
备注		坯绸经精练、染色整理。缩水率在5%左右,裁剪前应先下水预缩	坯绸不需后整理。窗帘纱的花型一般为清地大型花卉、福寿等图案为多,手感较硬,为高级装饰用绸	莨纱表面乌黑发亮,细滑平挺,故又称黑胶绸或拷绸。一般不用肥皂洗涤,只需在清水中摆洗,去除汗水,带水晾干即可。不能用力搓擦和拧绞,以免脱胶

续表

规格 \ 丝织物名称		西湖纱	辽宁柞丝绸	涤纶纱
英文名		xihu gauze	Liaoning tissue gauze; Liaoning tussah silk	Polyester gauze
编号		10502	43595(B5503)	26853
经纬线线密度	经线/dtex(旦)	22.22/24.42×2(2/20/22)桑蚕丝	甲经:38.85×4(4/35)水缫丝 乙经:[77.77×5(5/70)3.9s捻/cm×2]药水丝	75.48(68)半光涤纶丝
	纬线/dtex(旦)	22.22/24.42×6(6/20/22)桑蚕丝	[38.85×3(3/35)6.3s捻/cm×2]水缫丝	同经纱
经纬密度	经线/(根/10cm)	830	236	238
	纬线/(根/10cm)	385	164	240
经线捻度/(捻/cm)		12(单向)	甲经:3.9,s; 乙经:3.1,z	10
纬线捻度/(捻/cm)			4.7,z	10
织物组织		地组织为平纹,花纹组织为$\frac{3}{3}$纬重平暗花和二绞二绞纱组织暗花	甲、乙经相间排列,以绞纱变化组织制织	绞纱组织
质(重)量/(g/m²)		90	112	41
成品幅宽/cm		78.5	91.5	115.5
特点		织纹细洁,纱孔清晰,花纹隐约可见,手感挺爽柔软,透风凉快,易洗、快干、免烫	质地轻薄挺括,表面具有大小不等的菱形,且纹纱孔清晰,富有主体感	绸面孔松、透明、质地轻薄、柔软
用途		宜做夏季服装及装饰用绸	宜做连衣裙料及装饰用绸	宜做服装、蚊帐及窗帘等装饰用绸
备注		纹样一般采用地子花,花纹循环幅度不必过大,有九花、八花、六花等几种,每花内亦可分配几个相同的花纹循环。题材均以不规则的细小点子组成,每个点如芝麻粒大小,排列以稀疏结合为宜。坯绸经精练、染色等整理	坯绸经漂白、精练、加工后处理	坯绸经精练、染色、定型整理

续表

规格 \ 丝织物名称		尼龙窗帘纱	华珠纱	闪光尼丝纱（闪光锦丝纱）
英文名		nylon curtain grenadine	huazhu polyester marquisette	nylon gauze
编号		26151		
经纬线线密度	经线/dtex（旦）	77.77（70）半光锦纶丝（机械上浆）	[55.55（50）6s 捻/cm×2]涤纶丝	甲、乙经均为[22.22（20）8z 捻/cm×2]闪光锦纶复丝
	纬线/dtex（旦）	77.77（70）半光锦纶丝（定型处理）	111（100）涤纶长丝	22.22（20）107 型闪光锦纶丝（单纤维截面为三角形或多角形）
经纬密度	经线/（根/10cm）	305	332	300
	纬线/（根/10cm）	340	235	430
经线捻度/（捻/cm）		8	4，z	6，s
纬线捻度/（捻/cm）		8		
织物组织		在绞纱地上起平纹花，地经排列比为 1∶1，每织入两根纬线后起一纱孔，采用上绞法对称绞	由平纹和绞纱组织联合组织，呈现芝麻地效应	以二绞二绞纱组织交织
质（重）量/（g/m²）		60	64	30
成品幅宽/cm		107	92.5	93
特点		质地轻薄、柔软、透明，悬垂性好	绸面有均匀分布的纱孔，质地轻薄挺括，风格近似素月纱	质地轻薄透明，平挺滑爽，手感柔挺，纱面闪光炫目，条子孔眼清晰
用途		宜做窗帘等	宜做夏季服装及窗帘等装饰用品	宜做妇女头巾及窗帘等装饰用品
备注		纹样宽 17.5cm，长度按纹样需要定，纹样风格以清地大型花卉为主，花型宜粗壮，外观以亮地纱上起平纹暗花更为理想。坯绸经练白、染色处理后定型	坯绸经练白、染色、定型整理	坯绸经精练、定型、染色、整理

续表

规格 \ 丝织物名称		素月纱	如心纱	锦玉纱
英文名		suyue rayon marquisette	ruxin gauze broche	jinyu leno brocade
编号				63012
经纬线线密度	经线/dtex(旦)	166.5(150)黏胶丝(机械上浆)	133.2(120)无光黏胶丝(机械上浆)	[22.22/24.42(20/22)8s 捻/cm × 2]桑蚕丝
	纬线/dtex(旦)	166.5(150)黏胶丝	133.2(120)无光黏胶丝	甲纬:133.2(120)有光黏胶丝(染色) 乙纬:303.03(273)铝皮
经纬密度	经线/(根/10cm)	293	330	630
	纬线/(根/10cm)	193	230	400
经线捻度/(捻/cm)				6.8,z
纬线捻度/(捻/cm)				
织物组织		以平纹和绞纱组织联合构成	在一绞二的三梭绞纱组织地上提织经浮、纬浮花纹,花纹周围以平纹包边构成暗花	地部结构为二绞二、对称绞纱组织,花部组织为甲、乙纬共口平纹花,投纬次序甲1甲1乙1,乙纬与前一梭甲纬共口;铝皮乙纬呈纬花,下衬甲纬 $\frac{2}{2}$ 纬重平
质(重)量/(g/m^2)		87	78	101
成品幅宽/cm		93	94	92.5
特点		绸面纱孔成细小矩形,等距规律排列,点纹图案别致,质地平挺柔软,悬垂性好	质地中型偏薄,纱孔清晰,透气性好	织物地部透通而平挺,花部呈现光亮的铝皮浮花和隐约闪光的平纹花,花地分明,外观华丽
用途		宜做夏季服装、蚊帐及窗帘等装饰用品	宜作衣料、裙料及装饰用	宜做妇女高档服装,如晚礼服、宴会服,也可作装饰用绸
备注		坯绸经退浆,染色、单机整理	纹样宽18.6cm,长度暂定20cm,题材大多采用粗壮花卉,浮经、浮纬花为主体,嵌有平纹暗花或平纹,在纬花周围包边,要求达到花、地分明	纹样宽18cm,长度暂取20cm,宜用中型粗壮的写意朵花或几何图案,以清地半清地为多,平纹花采用块面处理,轮廓要粗犷简练,金银皮纬花可用泥地嵌入平纹花纹之中。坯绸不经整理

续表

规格 \ 丝织物名称		萤波纱	夏夜纱	碧玉纱	凉艳纱
英文名		yingbo boulce gauze	xiaye leno brocade; summer night leno brocade	biyu leno brocade	liangyian leno brocade
编号		66952	63018	63019	66851
经纬线线密度	经线/dtex(旦)	22.22/24.42(20/22)桑蚕丝(生丝染色)	[22.22/24.42(20/22)8s 捻/cm×2]桑蚕丝	[14.43/16.65(13/15)8s 捻/cm×2]桑蚕线(浸泡染色)	[14.43/16.65(13/15)8s 捻/cm×2]桑蚕丝(浸泡染色)
	纬线/dtex(旦)	以铝皮为芯线，33.3/38.85(30/35)桑蚕丝为饰线，133.2(120)有光黏色丝为固结线加捻而成的普克尔(boucle)花式线	甲纬:83.25(75)有光黏胶丝(色) 乙纬: 303.03(273)铝皮	甲纬:133.2(120)有光黏胶丝(染色) 乙纬:44.4(40)锦纶丝(染色) 丙纬:288.6(260)铝皮	甲纬:133.2×2(2/120)有光黏胶丝(染色) 乙纬:44.4(40)锦纶丝(染色)
经纬密度	经线/(根/10cm)	560	500	498	500
	纬线/(根/10cm)	110	480	600	450
经线捻度/(捻/cm)			6.8,z	6.8,z	6.8,z
纬线捻度/(捻/cm)					
织物组织		以绞纱与平纹组织制织	以平纹作地，二绞二绞纱组织作花	地部组织为二绞二对称绞纱组织;花部为黏胶丝和铝皮形成的纬高花，下衬锦纶	地部为二绞二对称绞纱组织;花部为甲纬纬花下衬锦纶丝二重组织
质(重)量/(g/m^2)		100	87	97	93
成品幅宽/cm		115	74	93	93.5
特点		质地松软透通，绸面闪闪发光，风格别致，花式线具有较大的圆圈结子	地部亮而平挺，花部暗而透通，层次分明，花地相映，犹如盛夏夜空中闪烁的繁星，外观高贵华丽	坯绸在整理时，锦纶丝产生收缩，有光黏胶丝和铝皮同时凸起形成高花，花亮地暗，层次分明，绸面闪烁点点星光，美观高雅	地部纱孔清晰可见、透通，花部微凸含蓄，色泽鲜艳，别具风格
用途		宜做妇女服装、服饰等	宜作妇女高档衣料，也可制作晚礼服及窗帘等装饰用品	宜做女装、晚礼服、裙子、艺装及舞台装饰、高级窗帘等	宜做晚礼服及装饰用品
备注		为色织产品，坯绸不需整理	纹样宽18.25cm，长度20cm，纹样宜用中型枝叶粗壮的朵花或几何形花，清地块面处理，以充分显示地部铝皮闪光特点。坯绸不需后整理	纹样宽18.2cm，题材和布局大致同凉艳纱，花纹中除有两色纬浮线条为主花外，两组纬花相互包边，纬花与地接界处再用平纹包边。坯绸经定型整理	纹样宽18.2cm，采用半清地、满地大型写意花卉或几何纹样，花纹四周平纹包边。坯绸经定型整理

续表

规格＼丝织物名称		西浣纱	化妆面纱	华丝纱	香山纱
英文名		xihuan tissue gauze	illusion of actor; cosmetic gauze	huasi gauze	xiangshan gauze
编号					
经纬线线密度	经线/dtex(旦)	[22.22/24.42(20/22)8s捻/cm×2]6.8z捻/cm×2并合桑蚕丝	甲经(地经):14.43/16.65(13/15)桑蚕丝 乙经(绞经):14.43/16.65(13/15)	22.22/24.42×(1～2)[(1～2)/20/22]强捻桑蚕丝	22.22/24.42×3(3/20/22)强捻桑蚕丝
	纬线/dtex(旦)	甲纬:同经线 乙纬:189.81(171)金线	14.43/16.65(13/15)	同经线	同经线
经纬密度	经线/(根/10cm)	640	395		550左右
	纬线/(根/10cm)	360	190		350左右
经线捻度/(捻/cm)			甲经8,s;乙经:8,z		18～26,s或z
纬线捻度/(捻/cm)			8,s或z		18～26,s或z
织物组织		地部为平纹和纱孔组织;花部由纱罗花纹和经花、纬花及乙纬挖花组成。纹地纱孔均属二绞二对称绞纱组织,每织入两根纬纱其绞经绞转一次	由二组经线与一组纬线以一绞一绞纱组织交织	以平纹及其变化组织制织	平纹组织
质(重)量/(g/m²)		75	10.27		
成品幅宽/cm		74	99.4		
特点		在平纹地上均匀满布点点纱孔,质地紧密爽挺,绸面色彩淡雅,花地分明,缎花肥亮,并采用金、银色铝皮挖花点缀,花纹形象栩栩如生,风格含蓄别致	质地柔软平挺,轻薄透明,富有弹性,透气性和吸湿性良好,对皮肤和化妆物有一定的黏附力,符合人体的卫生条件	绸身轻薄透亮,有亮点的花纹,外观类似芦山纱,但轻薄得多,手感滑爽	绸面绉纹稍粗且明显,质地稍密稍厚,弹性好,较坚牢
用途		宜做夏季衬衫、晚礼服、宴会服等	用于电影、戏剧等文艺剧坛工作演员化妆的贴脸改容材料	主要用于制作女装、衬衫、艺装、纱巾及装饰用品	主要用于制作衬衫、裙子、艺装、头巾、围巾及灯罩、装饰用品

续表

规格 \ 丝织物名称	西浣纱	化妆面纱	华丝纱	香山纱
备注	纹样宽18cm，长度暂取20cm，题材常采用花草为主，以小动物为陪衬花，如在朵花中串飞蝴蝶等，使纹样更为生动逼真。坯绸经精练、整理	织造前，经丝经浸渍、络丝、捻丝、烘干、整经、穿经工序；纬丝经浸渍、络丝、捻丝、烘干、摇纡工序。熟织不练。演员根据扮演的角色不同，在脸上粘贴一层或数层面纱，并将需要的胡须、眉毛等化妆物附植在面纱上，可使扮演的角色形象逼真。面纱也是复制假发的基布	缩水率较大，裁剪前需下水预缩或喷水预缩	织造时，经纬丝均采用两根正捻和两根反捻丝间隔排列制织。坯绸经精练后，绸面因强捻丝的返捻作用，形成均匀的绉纹和纱孔

11. 葛（poplin grosgrain；prosgrain）

葛是指用同一原料或不同原料织制的经细纬粗、经密纬稀的丝织物。经线一般采用人造丝，纬线采用粗的棉纱或混纺纱，也有的经纬线均采用桑蚕丝或人造丝，采用平纹、经重平或急斜纹织制。质地厚实而坚牢，绸面少光泽，并具有明显粗细一致的横绫凸纹。品种有素葛和提花葛两类。素葛在绸面上仅呈横绫凸纹，提花葛则在横绫纹的地组织上呈现经缎花纹。主要用于制作春、秋、冬季服装及坐垫和沙发面料等。也可作装饰用。

规格 \ 丝织物名称		特号葛(特号绸)	印花葛	明华葛	春风葛
英文名		habotai brocade；patterned grosgrain	yinhua teffeta faconne；printed grosgrain	minghua jacquard poult	chunfeng jacquard poult
编号		12401	11402	51603	57152
经纬线线密度	经线/dtex(旦)	22.22/24.42×2(2/20/22)桑蚕丝	22.22/24.42×2(2/20/22)桑蚕丝	83.25(1/75)有光黏胶丝(机械上浆)	133.2(1/120)有光黏胶丝(机械上浆)
	纬线/dtex(旦)	22.22/24.42×4(4/20/22)桑蚕丝水纡	22.22/24.42×4(4/20/22)桑蚕丝	133.2(1/120)无光黏胶丝	133.2(1/120)无光黏胶丝
经纬密度	经线/(根/10cm)	713	630	797	620
	纬线/(根/10cm)	459	355	300	245
经线捻度/(捻/cm)					
纬线捻度/(捻/cm)		9	6	6	
织物组织		在平纹地上显现八枚经缎纹为主花，经花四周用少量纬花侧影包边衬托	平纹地上显现出八枚经缎纹花，在经花外廓可加入少量的纬花包边，以增强花纹的立体感	地部平纹或嵌入短经浮长细点子；花部为五枚经缎纹组织	以平纹地组织上提出八枚经缎花

续表

规格 \ 丝织物名称	特号葛(特号绸)	印花葛	明华葛	春风葛
质(重)量/(g/m²)	64	50	110	115
成品幅宽/cm	71	115	92	94
特点	绸面平整光洁,以缎纹亮花为正面,质地柔软,坚韧耐穿,花纹清晰美观,色泽鲜艳,是葛类中较高档的品种	绸面具有横棱纹路,织纹精致,光泽悦目,质地柔软	绸面经细纬粗,经密纬疏,具有明显的横棱纹效果。如采用满地嵌有规则短经浮暗纹,则呈现隐隐约约花明地暗的效果,质地较柔软	绸面光洁,手感滑爽,风格与明华葛相类似
用途	主要用于制作春、秋季服装、民族装、中式便装、冬季袄面及家具等的装饰用品	宜作衬衣、睡衣等服装的面料等	宜做春、秋季服装、冬季棉袄、维吾尔族妇女民族服装及装饰用品	宜作服装面料及装饰用绸
备注	因经纬丝两者粗细、密度及纵横向对光反射能力的不同,故绸面可反映出不同的光泽。同时花地组织结构松紧程度差异较大,影响绸面的平挺,故纹样块面不宜过大,布局不宜太满,以清地中、小型花纹为主。散点排列要均匀。纹样宽为17.5cm,长度按花纹题材要求暂取20cm	纹样宽19.2cm,长度暂取22.4cm,题材以写实或写意花卉为主,两色平涂,一色表示八枚经缎纹的主花,另一色表示纬花包边(少量)。以几个散点排列,清地或半清地布局为宜。坯绸经精练、染色、整理	纹样宽15cm,长度暂取18.7cm,题材以写实或写意的梅、兰竹、菊、寿字为主,或少量的团形龙、凤。以清地、半清散点排列,用一色平涂绘画。如采用嵌地暗花,不需另绘出,只在意匠图上点绘即可。坯绸经退浆、染色、整理	坯绸经退浆、印染、单机整理

规格 \ 丝织物名称		新华葛	和平葛	素文尚葛		
英文名		xinhua poult;xinhua taffeta faconne	heping jacquard poult;heping jacquard faille	wenshang faille;wenshang plain faille		
编号			54502	66401		
经纬线线密度	经线/dtex(旦)	111(1/100)有光黏胶丝(机械上浆)	133.2(1/120)有光黏胶丝(机械上浆)	133.2(1/120)有光黏胶丝	133.2(1/120)有光黏胶丝	133.2(1/120)有光黏胶丝
	纬线/dtex(旦)	111(1/100)有光黏胶丝	133.2(1/120)有光黏丝	18tex×3(32英支/3)丝光棉股线	28tex×2(21英支/2)丝光棉股线	28tex×2(21英支/2)丝光棉股线

续表

规格＼丝织物名称		新华葛	和平葛	素文尚葛		
经纬密度	经线/(根/10cm)	660	500	1060	880	960
	纬线/(根/10cm)	255	250	160	166	160
经线捻度/(捻/cm)		4				
纬线捻度/(捻/cm)						
织物组织		在平纹地组织上提出五枚经缎花	在平纹地上显出八枚缎纹经花以及满地四枚变化斜纹暗花	由$\frac{1\ 1\ 1}{1\ 1\ 4}$经向3飞急斜纹组织交织(即经线一上一下、一上一下、一上四下急斜纹)		
质(重)量/(g/m^2)		90.5	106	230		
成品幅宽/cm		92	72	81	77	82
特点		质地挺括滑爽,织纹缜密雅致,外观及手感近似于明华葛	绸面地部具有明显的横棱纹,花部以中型写实花卉为主,花明地暗,质地平滑			
用途		宜作男女服装面料及装饰用绸	宜做春、秋季服装、冬季袄面、儿童斗篷等	宜作男女春、秋、冬季服装面料、四川省藏族作藏服面料、广西少数民族服装面料及沙发套、窗帘、帷幕等装饰用绸		
备注		坯绸经精练、染色、整理	纹样宽17.5cm,长度暂取19.5cm,题材以中型写实花卉为主。坯绸经退浆、染色、整理	文尚葛的绸面需平整,罗纹需清晰,色泽要匀净,无横挡、折痕等。缩水率较大,裁剪前需先下水预缩或在织物背面喷水预缩。坯绸经退浆、染色,形成横棱凸起、素静、雅致的丝织物		

规格＼丝织物名称		花文尚葛	金星葛
英文名		wenshang jacquard faille	jinxing matelasse;jinxing faille
编号		66402	
经纬线线密度	经线/dtex(旦)	133.2(120)有光黏胶丝(机械上浆)	甲经(纹经)、乙经(接结经)均为[22.22/24.42(20/22)8捻/cm×2]熟桑蚕丝(色)
	纬线/dtex(旦)	18tex×3(32英支/3)丝光棉股线	甲纬(地纬):[133.2×2(2/120)8捻/cm×2]有光黏胶丝(色) 乙纬(饰纬):189.81(171)铝皮 丙纬(填芯纬):8根19.5tex(30英支)有光有色黏纤纱并合

续表

规格＼丝织物名称		花文尚葛	金星葛
经纬密度	经线/(根/10cm)	1060	1112
	纬线/(根/10cm)	160	560
经线捻度/(捻/cm)			6.8
纬线捻度/(捻/cm)			甲纬:6.8
织物组织		在$\frac{1}{2}$纬斜纹地上显出$\frac{2}{1}$经斜纹花	地部形成由下层经线与地纬交织成平纹,表层纹经与地纬、饰纬、填芯纬交织成变化组织,纹经与填芯纬交织以形成使地部外观呈现粗犷的横棱纹,花部采用双层袋组织,它的表层由纹经与饰纬交织成八枚经缎纹,里层乙经与地纬交织成平纹,在两层中间织入粗特黏纤纱作填芯
质(重)量/(g/m^2)		233	349
成品幅宽/cm		81	84
特点		绸面因经细纬粗,经密纬疏,形成织物地纹上横棱纹的外观效应,花纹微亮突出,手感较厚	质地坚牢,满地分布中小块面的变形装饰花卉或几何图案,星烁闪光,花地凹凸分明,形成立体感较强的高花效果
用途		宜做男女春、秋、冬季服装、藏族和广西少数民族服装及沙发套、窗帘等装饰用品	主要用作高级沙发面料
备注		纹样宽20cm,长度暂取24cm,题材选用龙、凤、寿字等团花图案,一个花纹循环常以一个散点或两个散点排列,以大块面平涂绘画纹样。坯绸经退浆、染色等整理	甲经为起花纹的纹经,乙经作上下层的接结经,甲纬为地纬,乙纬为饰纬,丙纬为两层之间的填芯纬,可增强花纹的凸出效果。甲经和乙经排列比为4∶1,甲纬乙纬丙纬排列为甲2乙1丙1乙2丙1乙1。纹样宽10.25长度暂取16cm,题材采用变形装饰花卉或几何图案,宜中、小块面满地布局

规格＼丝织物名称	似纹葛	丝罗葛	素毛葛	素人造毛葛	椰林葛
英文名	shiwen grunit poult;polyester filament/biend yarn union poult	siluo faille;rayon/cotton union faille	rayon/cotton union poplin	rayon/artificial wool union poplin	yelin jacquard faille;rayon/spun rayon jacquard faille
编号			88119	88116	57452

续表

规格＼丝织物名称		似纹葛	丝罗葛	素毛葛	素人造毛葛	椰林葛
经纬线线密度	经线/dtex(旦)	75.48(60)涤纶丝	133.2(120)有光黏胶丝(机械上浆)	133.2(120)有光黏胶丝(机械上浆)	133.2(120)有光黏胶丝	83.25(75)有光黏胶丝(机械上浆)
	纬线/dtex(旦)	14.5tex(40英支)涤棉混纺纱	18tex×3(32英支/3)丝光棉股线	18tex×3(32英支/3)棉股线(28度丝光)	30.3tex×2(33公支/2)人造毛股线	28.1tex(21英支)人造棉纱
经纬密度	经线/(根/10cm)	670	540	623	640	943
	纬线/(根/10cm)	450	180	157	148	340
经线捻度/(捻/cm)		8				
纬线捻度/(捻/cm)						
织物组织		平纹组织	平纹组织	平纹组织	平纹组织	以四枚纬斜纹地上起八枚经面缎纹组织花
质(重)量/(g/m²)		136	172.8	132	133	179
成品幅宽/cm		95	94.7	78	76	93
特点		绸面呈现颗粒状横棱纹,质地坚牢挺括	质地厚实似毛葛,表面少光泽,光泽柔和,具有明显的横棱纹	质地厚实,光泽柔和,绸面呈现明显的横棱纹	同素毛葛	绸面地部横棱纹清晰少光泽,花纹光亮、平滑,质地厚实
用途		宜做棉袄罩衫和春、秋、两用衫	主要用作棉袄面料	主要用作春秋季服装和棉袄面料	同素毛葛	宜作妇女春、秋季时装、冬季袄面料等
备注		坯绸经退浆、染色、定型整理	因经细纬粗,经密纬稀,故绸面呈现横棱效应。坯绸经退浆、染色、整理	坯绸经退浆、染色(多为染成纯深色)、单机整理	同素毛葛	纹样宽12.1cm,以写实花、木为题材,清地或半清地散点排列,构图粗壮简朴。坯绸经退浆、染色、整理

续表

规格 \ 丝织物名称		春光葛	绢罗缎	芝地葛
英文名		chunguang faille	silk/wool union poult	zhidi poult
编号		57453	702448	
经纬线线密度	经线/dtex(旦)	133.2(120)无光黏胶丝(机械上浆)	8.25tex×2(120公支/2)柞绢丝	22.22/24.42×(1～3)[(1～3)/20/22]桑蚕丝
	纬线/dtex(旦)	59.1tex(105英支)有光人造棉纱	8.25tex(120公支)柞蚕丝羊毛混纺纱(柞蚕丝落绵65%,羊毛35%)	甲纬:83.25(75)有光黏胶丝 乙纬:133.2(120)有光黏胶丝
经纬密度	经线/(根/10cm)	406	334	650～950
	纬线/(根/10cm)	175	115	310～480
经线捻度/(捻/cm)				
纬线捻度/(捻/cm)				
织物组织		平纹组织	平纹组织	平纹变化组织
质(重)量/(g/m²)		161	115	
成品幅宽/cm		98.5	122	81～93
特点		绸面上有横棱纹凸起,光泽柔和,质地坚牢	经纬纱细度差异大,在绸面纬向形成等距离横条,纬效应突出,且具有大条丝绸粗犷豪放的外观效应	绸面平整光洁,手感平挺,质地坚牢平挺,花色文静,花纹美观,色泽鲜艳,新颖典雅
用途		主要用作男女冬季袄面料等	主要用作男女服装面料及装饰用绸	宜做女装、民族装、中式便装面料及装饰用绸等
备注		坯绸经退浆、染色、整理	坯绸经精练、漂白、整理	纬丝以一粗一细的黏胶丝相交叉织入,加以提花技巧的衬托,使绸面获得不规则的细条罗纹和轧花形状的特殊效果

12. 绨 (bengaline; faille; silk; cotton goods)

绨是指用长丝作经，棉纱或蜡纱作纬，以平纹组织交织的丝织物。一般采用有光黏胶丝作经线与丝光棉纱作纬线交织的称线绨；与蜡纱纬交织的称蜡纱绨。蜡纱是由普通棉纱经上蜡而成，蜡纱表面茸毛少，条干光滑。用提花机或多臂机制织的有花纹线绨，通常称为花绨。绨类丝织物的特点是：质地粗厚、缜密，织纹简洁而清晰。小花纹的花绨与素线绨一般用作服装和装饰用绸料；大花纹的花绨用作被面和装饰用绸等。

规格 \ 丝织物名称		一号绨	素绨
英文名		yihao faille;rayon/cotton union faille	suti poult;plain bengaline
编号		66105	66103
经纬线线密度	经线/dtex(旦)	133.2(120)有光黏胶丝(机械上浆)	133.2(120)无光铜氨丝(机械上浆)
	纬线/dtex(旦)	14tex×2(42英支/2)丝光棉纱线	28tex(21英支)蜡棉纱
经纬密度	经线/(根/10cm)	630	505
	纬线/(根/10cm)	230	245
经线捻度/(捻/cm)			3
纬线捻度/(捻/cm)			
织物组织		在平纹地上显现出经花,大、中型花纹可用八枚缎纹,小型花纹则用$\frac{1}{3}$斜纹	平纹组织
质(重)量/(g/m^2)		150	137
成品幅宽/cm		82	73
特点		质地坚实丰厚,地纹光泽柔和,在地部平纹上显现出大、中、小型花纹	质地粗厚、缜密,织纹简洁清晰,光泽柔和
用途		主要用于制作春秋季服装、冬季袄面、夹衣、罩衣、童装、艺装及家具等装饰用绸	宜做男女冬季棉袄面料
备注		纹样宽20cm,长度暂取21.1cm,题材以写实或写意花卉为主,几个散点排列,清地或半清地布局,小型花在一个纹样宽度内有数个花纹循环,题材以简单的小几何图案满地布局为宜。坯绸经退浆、染色、单机整理	经纬染成同一色,常以元、藏青、酱红、咖啡为主。坯绸经退浆、染色、单机整理

续表

规格＼丝织物名称		蜡线绨	花线绨(小花绨、花绨、人丝花绨)	新纹绨
英文名		waxed thread; waxed thread faille	hua thread faille	xinwen jacquard poult; new jacquard poult
编号		66104		
经纬线线密度	经线/dtex(旦)	133.2(120)有光黏胶丝(机械上浆)	133.2(120)有光黏胶丝	133.2(120)有光黏胶丝(机械上浆)
	纬线/dtex(旦)	28tex(21英支)蜡棉纱	28tex(21英支)～18tex(32英支)丝光棉线,也有用14tex×2(42英支/2)棉股线	14tex×2(42英支/2)丝光棉纱线
经纬密度	经线/(根/10cm)	505	430～550	520
	纬线/(根/10cm)	240	240～280	255
经线捻度/(捻/cm)				
纬线捻度/(捻/cm)				
织物组织		在平纹地上起八枚经缎花	平纹地小提花组织	在素静的平纹地组织上起出短经浮长细小点
质(重)量/(g/m²)		137		135
成品幅宽/cm		73	80	80
特点		绸面平整、滑爽、光亮,质地厚实,光泽柔和,多以亮点小花图案为主,也有团龙、团凤、竹叶、梅花等大图案花纹的品种	绸面平整紧密,表面呈现经起花小亮点,小花图案清晰,亮点散布均匀,排列紧密,身骨好,富有弹性	质地坚实,光泽柔和
用途		主要用于制作男女单夹衣、罩衣、袄面、女装、童装、艺装及沙发面、靠垫、家具装饰等用绸	主要用于制作男女夹衣、女装、罩衣、袄面、童装等	主要用作男女棉袄面料
备注		坯绸经精练、染色、单机整理	缩水率约为8%,裁剪前宜先下水预缩或在背面喷水预缩	坯绸经退浆、染色、单机整理

13. 绒 (velvet; velours)

绒系指表面具有绒毛或绒圈的花、素丝织物，常称为丝绒。采用桑蚕丝或化纤长丝以平纹、斜纹、缎纹及其变化组织织制而成，织物质地柔软，绒毛、绒圈紧密，耸立或平卧，色泽鲜艳亮丽，手感柔软。绒类品种名目繁多，花式变化万千，按织制方法的不同，可分为四类：双层分割起绒的经起绒织物，双层分割起绒的纬起绒织物，用起绒杆形成绒圈或绒毛的绒织物，缎面浮经线或浮纬线通割的绒织物。按原料和织物后处理加工不同，又可分为真丝绒、人丝绒、交织绒和素色绒、印花绒、烂花绒、拷花绒、条格绒等。绒类丝织物是一种高级丝织物，适宜用于作服装、外套以及帷幕、窗帘、装饰精美工艺品的包装盒用料。

规格＼丝织物名称		漳绒(天鹅绒)	俏绒绉	金丝绒
英文名		Zhangzhou velvet (swan velvet);Zhangzhou brocaded velvet	qiaorong crepe	pleuche velvet;pleuche
编号		18652		65302
经纬线线密度	经线/dtex(旦)	甲经：[22.22/24.42(20/22) 8s 捻/cm×2]生桑蚕丝(色) 乙经：[22.22/24.42(20/22) 8s 捻/cm×2]6z 捻/cm×3 熟桑蚕丝	甲经：22.20/24.40×2(2/20/22)桑蚕丝(以 2s、2z 排列) 乙经：133.2(120)有光黏胶丝	甲经(地经)：22.22/42.42×2(2/20/22)桑蚕丝 乙经(绒经)：133.2(120)有光黏胶丝(机械上浆)
	纬线/dtex(旦)	甲纬：31.08/33.33×9(9/28/30)生桑蚕丝(色) 乙纬：31.08/33.33×4(4/28/30)生桑蚕丝(色)	甲纬：22.20/24.42×2(2/20/22)桑蚕丝 乙纬：22.20/24.42×2(2/20/22)桑蚕丝(以 6s、6z 排列)	22.22/24.42×3(3/20/22)桑蚕丝
经纬密度	经线/(根/10cm)	438(地经),217(绒经)	860	1620
	纬线/(根/10cm)	360	940	490
经线捻度/(捻/cm)		6,z	甲经:24,s 或 z	
纬线捻度/(捻/cm)			甲纬:24,s; 乙纬:24,z 或 s	
织物组织		以四枚斜纹变化组织交织	双层绒组织	地组织为平纹,绒经以一定浮长浮于织物表面,并用 W 形固结绒根
质(重)量/(g/m^2)		200	475	210

续表

规格 \ 丝织物名称	漳绒(天鹅绒)	俏绒绉	金丝绒
成品幅宽/cm	72	110	68
特点	绒圈和绒毛浓密耸立,呈现出丰满彩色的绒毛花纹,色光柔和,手感柔软舒适,质地坚牢耐磨	正反两面均为类似乔绒的地部,两层中间为黏胶丝,形成上下接结,接结高度约4mm左右,织物表面具有不规则的皱纹	采用手工割绒形成绒面。绒面的绒毛耸立,短而稠密,略呈倾斜状,但不如乔其立绒平整。光泽醇亮,手感丰满柔软,是少数民族特需用绸
用途	用于制作礼服、旗袍、艺装、时装、裙子及装饰、挂屏、手提包、礼品盒等装潢用绸	宜做秋、冬季服装等	宜做妇女服装和服装镶边西装上衣、两用衫、新疆等少数民族妇女衣裙、马甲、民族帽及窗帘等装饰用品
备注	起源于福建省漳州地区,故名。经丝与纬丝均先经脱胶或半脱胶染色、加捻后织造。漳绒有花、素两类。表面全部是绒圈的为素漳绒;将部分绒圈按绘制的花纹割断成绒毛,使绒毛与绒圈相间构成花纹的为花漳绒	是指用蚕丝地黏胶丝绒的白织绒类丝织物,由两组经线与两组纬线交织而成。坯绸下机后经挂练挂染,再经过拉幅烘干整理	绒经与地经的排列比为3∶1,绒浮长为13根纬线。金丝绒是一种高级丝绒,要求绒毛丰满密集,均匀平整,色泽要鲜艳匀净。不宜洗涤,成衣应挂藏,以防绒毛倒伏

规格 \ 丝织物名称		利亚绒(黏丝素绒、亚素绒、金丝绒)	
英文名		ria velvet	
编号		55504(利亚立绒)	55505(利亚素绒)
经纬线线密度	经线/dtex(旦)	甲经:83.25(75)有光黏胶丝(机械上浆) 乙经:133.2(120)有光黏胶丝(机械上浆)	甲经:111(100)有光铜氨丝(机械上浆) 乙经:133.2(120)有光黏胶丝(机械上浆)
	纬线/dtex(旦)	111(100)有光黏胶丝	133.2(120)有光黏胶丝
经纬密度	经线/(根/10cm)	376	375
	纬线/(根/10cm)	343	340
经线捻度/(捻/cm)			甲经:6,s
纬线捻度/(捻/cm)		8	6,s

续表

规格＼丝织物名称	利亚绒(黏丝素绒、亚素绒、金丝绒)	
织物组织	利用双层分割，地组织为经重平组织。绒经用三纬 W 形固结，绒经在两层织物之间，交替地与上下层纬线交织	
质(重)量/(g/m²)	144～160	155～171
成品幅宽/cm	94	94
特点	绒面的绒毛丰满，比乔其立绒稍长而按纬向方向均匀倒伏，色泽鲜艳，光彩明亮夺目，手感柔软、丰满	
用途	宜做高级服装、礼服、艺装、老年妇女帽子、童帽、妇女服装镶边以及帷幕、内窗帘、沙发面、礼盒装帧等装饰用绸	
备注	按后整理加工的不同，又可分为拷花绒、凹凸绒、浮雕绒等。也可分为轧花绒、彩经绒和绿柳绒坯绸经剪绒、精练、染色等整理。成品上架卷装，防止压平绒毛。绒面要丰满，色泽要匀净，无色花、色差、横档及经柳等。不宜洗涤、重压，存放以挂藏为好	

规格＼丝织物名称		漳缎	弹力乔绒	彩经绒
英文名		Zhangzhou velvet satin	spandex transparent velvet	colour warp velour; velours chine
编号		14192		55511
经纬线线密度	经线/dtex(旦)	甲经(地经):[22.22/24.42(20/22)8s 捻/cm×2]熟桑蚕丝(色) 乙经(绒经):[22.22/24.42(20/22)8s 捻/cm×2]6z 捻/cm×3 熟桑蚕丝(色)	甲经(地经):22.20/24.42×2(2/20/22)桑蚕丝 乙经(绒经):133.2(120)有光黏胶丝	甲经(地经):133.2(120)有光黏胶丝(与纬线染成同一色) 乙经(绒经):133.2(120)有光黏胶丝(经扎染成五彩)
	纬线/dtex(旦)	甲纬(粗):33.33/38.85×12(12/30/35)生桑蚕丝(色) 乙纬(细):33.33/38.85×4(4/30/35)生桑蚕丝(色) 丙纬(中):33.33/38.85×9(9/30/35)生桑蚕丝(色)	[22.20/24.42(20/22)桑蚕丝+24(22)氨纶丝]包缠丝	133.2(120)有光黏胶丝(与甲经染成同一色)
经纬密度	经线/(根/10cm)	973(地经)和 242(绒经)	单层经密 424	375
	纬线/(根/10cm)	360	450	360
经线捻度/(捻/cm)		甲经:6,z		
纬线捻度/(捻/cm)				

续表

规格 \ 丝织物名称	漳缎	弹力乔绒	彩经绒
织物组织	在缎纹地组织上织入起绒杆形成绒圈花纹,再经割绒整理加工而成	立绒地组织为$\frac{1}{2}$变化经重平纹,烂花绒的地组织为平纹	上下层地经和纬丝交织成$\frac{1}{2}$变化经重平组织,绒经以W形与地纬固结,连接上下两层,经割断绒经以后形成毛绒
质(重)量/(g/m^2)	211	300	220
成品幅宽/cm	73	105	94
特点	质地醇厚,缎地挺括坚牢,织纹清晰美丽、光泽鲜艳肥亮,绒毛耸密柔软,富丽华贵,具有浓郁的东方民族风格	具有绒类织物光泽好,立体感强,手感柔软,悬垂性好,雍容华贵的特点外,纬向富有弹性,衣服柔和贴体,富有线条美	绒毛耸密,色泽五彩艳丽,手感丰厚柔软,外观新颖而富有情趣
用途	宜做妇女高级时装、艺装、内蒙、青海等少数民族的民族袍、鞋、帽以及高级窗帘、靠垫、沙发装饰等用绸	宜做旗袍、健美裤、套装、裙装等	宜做高级服装、披肩、少数民族服饰、儿童斗篷及装饰用绸等
备注	三种纬线的排列顺序为甲纬1根、乙纬1根、丙纬2根,用三种不同纤度的纬线在织物结构中起压紧绒经的作用,以结绒头。采用手织拉花机手工制织。地经与绒经的排列比为4∶1。纹样宽23.7cm,长度可适当选择。用一色表示绒毛花纹,花纹不宜复杂、细致,而以粗壮块面、写意花或变形花为宜。绒坯经剖绒通断等整理。因最早产地为福建漳州而得名,现主要产地为江苏	是指用桑蚕丝为地经、桑蚕丝和氨纶包缠丝为纬、黏胶丝为绒经交织的白织绒类丝织物,由两组经线与一组纬线交织而成。原料含量为:桑蚕丝12%,黏胶纤维86%,氨纶2%。坯绸经绒整理,染色以深色为主,雕印图案有菊花、牡丹花、月季花、荷花、圆点等几十种花样	采用双层分割法形成绒毛,然后再经精练、剪绒等整理加工。扎染是将普通一缕绞丝(周长约1.2m)按需要染成三色或五色,也称浸染

规格 \ 丝织物名称	绿柳绒	仿真乔绒	乔其绒
英文名	tinselled striped velvet	polyester trans parent velvet	transparent velvet;velvet georgette
编号	55512		65111

续表

规格 \ 丝织物名称		绿柳绒	仿真乔绒	乔其绒
经纬线线密度	经线/dtex(旦)	甲经(地经):83.25(75)有光黏胶丝(机械上浆)乙经(绒经):133.2(120)有光黏胶丝(机械上浆)丙经(嵌条经):189.81(171)不氧化金铝皮	甲经(地经):75.48/75f(68/70f)FDY半光三叶型涤纶丝24捻/cm(2s、2z)乙经(绒经):166.5/48f(150/48f)FDY半光涤纶丝	甲经(地经):22.22/24.42×2(2/20/22)桑蚕丝(2根z捻,2根s捻间隔排列)乙经(绒经):133.2(120)有光黏胶丝(机械上浆)
	纬线/dtex(旦)	111(100)有光铜氨丝	55.5/70f(50/70f)FDY半光三叶型涤纶丝24捻/cm(2s、2z)	22.22/24.42×2(2/20/22)桑蚕丝(6根z捻、6根s捻间隔织入,单层3根z捻、3根s捻)
经纬密度	经线/(根/10cm)	489	436	(单层经密)424
	纬线/(根/10cm)	370	370	450
经线捻度/(捻/cm)		甲经:4	甲经:24,s、z	甲经:24,z或s
纬线捻度/(捻/cm)		8	24,s、z	24
织物组织		上下层地经和纬交织成$\frac{1}{2}$变化经重平组织,绒经以W形固结而连接上下两层,在地部等距嵌入嵌条经线,呈金皮浮组织	地组织平纹,绒组织"V"形固结	乔其立绒地组织为$\frac{1}{2}$经重平纹;烂花乔其绒地组织为平纹
质(重)量/(g/m^2)		172	236	(地部)249
成品幅宽/cm		94	117	117
特点			织物悬垂性和手感良好,绒毛抗皱性和回弹性优良,穿着舒适,物美价廉	乔其立绒的绒毛耸密挺立,手感柔软,富有弹性,光泽柔和。烂花乔其绒的花地分明,花纹绚丽别致,地子透明,别具一格
用途		宜做妇女各类服装、礼服、戏剧服装、围巾、老年妇女帽子、童帽、妇女服装的镶边以及帷幕、窗帘、靠垫等装饰用绸	宜做服装、旗袍、裙子等	主要用于制作妇女晚礼服、宴会服、围巾、少数民族服饰、连衣裙、短裙、民族小花帽及帷幕、沙发、被面、窗帘、门帘等装饰用品

续表

规格＼丝织物名称	绿柳绒	仿真乔绒	乔其绒
备注	三组经线排列为(丙1、甲2、丙1、甲2)×2+(乙1、甲4)×8。采用双层织造、分割绒经后而形成毛绒。绒坯经退浆、剪绒、精练、染色、立绒整理。成品上架卷装	是指用细旦涤纶丝为地经地纬、普通涤纶丝为绒经织制的绒类丝织物,由两组经线与一组纬线交织而成。外观和服用性能如乔其绒的白织绒类丝织物,故名。坯绸经预处理、退浆精练、松弛处理、碱减量、染色、柔软抗静电整理、刷绒、割绒及拉幅定型整理。也有地经线、地纬线采用锦纶丝,绒经线采用黏胶丝的仿真乔其绒	织后经割绒、剪绒、立绒整理,或烂花、印花等整理。采用双层分割法形成绒毛。根据加工工艺不同,可分为乔其立绒和烂花乔其绒两种

规格＼丝织物名称		闪金立绒	金丝绒
英文名		iridescent velvet	pleuche;pleuche velvet
编号			65302
经纬线线密度	经线/dtex(旦)	甲经(底经):111(100)有光黏胶丝(机械上浆) 乙经(绒经):133.2(120)有光黏胶丝(机械上浆)	甲经(地经):22.22/24.42×2(2/20/22)桑蚕丝 乙经(绒经):133.2(120)有光黏胶丝(机械上浆)
	纬线/dtex(旦)	甲纬:[83.25(75)有光黏胶丝+83.25(75)半光涤纶丝]4捻/cm(涤纶丝先经预缩) 乙纬:[83.25(75)有光黏胶丝+189.81(171)不氧化银皮]4捻/cm	22.22/24.42×3(3/20/22)桑蚕丝
经纬密度	经线/(根/10cm)	单层经密:基底316,绒毛158	1620
	纬线/(根/10cm)	纬密:甲纬160,乙纬80	490
经线捻度/(捻/cm)			
纬线捻度/(捻/cm)			
织物组织		采用双层绒组织,基底组织为$\frac{1}{2}$经重平,绒根呈W固结	地组织为平纹,绒经以一定浮长浮于织物表面,并用W形固结绒根
质(重)量/(g/m^2)		172	210
成品幅宽/cm		95	68

续表

规格 \ 丝织物名称	闪金立绒	金丝绒
特点	绒毛浓簇挺立，地部闪光，手感丰厚，弹性好	绒面毛丛密集耸立、丰满、均匀平整，绒毛稍有顺向倾斜，光泽醇亮，色光柔和，质地坚牢，手感柔软舒适，富有弹性
用途	宜做服装面料及装饰用	宜做西装上衣、两用衫、裙子、服装镶边，少数民族妇女衣裙、马甲、民族帽等，也作装饰用
备注	甲经(底经)和乙经(绒经)排列比为，甲经上层两根，乙经一根，甲经下层两根；纬线排列比为，甲纬上层两梭，乙纬上层一梭，乙纬下层一梭，甲纬下层两梭(即甲2、乙2、甲2)	绒坯经精练、染色、刷绒等整理加工，形成浓簇井然的丝绒。绒经与地经的排列比为3∶1，绒经浮长为13根纬线。金丝绒不宜水洗，成衣应挂藏，以防绒毛受压倒伏，有损外观

规格 \ 丝织物名称		锦地绒	烂花绒	水晶绒
英文名		velvet brocade; polyamide ground etched-out velvet	etched-out velvet	shuijing brocaded velvet; crystal brocaded velvet
编号		68852	F221	
经纬线线密度	经线/dtex(旦)	甲经(地经)：77.77(70)半光锦纶丝(由浆丝机进行消静电剂处理) 乙经(绒经)：133.2(120)有光黏胶丝	甲经(地经)：22.22(20)锦纶单丝 乙经(绒经)：133.2(120)有光黏胶丝(机械上浆)	甲经(地经)：4.8tex×2(210公支/2)绢丝 乙经(绒经)：133.2(120)有光黏胶丝
	纬线/dtex(旦)	77.77(70)半光锦纶丝	22.22(20)锦纶单丝	甲纬：3根8.3tex×2(120公支/2)绢丝 乙纬：22.22/24.42×3(3/20/22)生桑蚕丝 丙纬：[22.22/24.42×3(3/20/22)8捻/cm桑蚕丝+310.8(280)银丝]并合
经纬密度	经线/(根/10cm)	(单层经密)365	单层经密(地)540	600
	纬线/(根/10cm)	350	560	340
经线捻度/(捻/cm)		甲经：10		
纬线捻度/(捻/cm)				
织物组织		采用平纹为基础的双层组织，绒经以W形固结，用双层分割法形成毛绒	地经与纬线交织成平纹组织，绒经以W形实行绒根固结	地部为经重平组织，花部为十枚绒组织，绒经每交织4梭后，长浮6梭覆盖在纬线之上，在不起花时沉在背面和乙纬交织为纬重平组织

续表

规格 \ 丝织物名称	锦地绒	烂花绒	水晶绒
质(重)量/(g/m²)	(基底)68	(地部)27	(地部)185
成品幅宽/cm	93	94.5	74
特点	质地柔软而较透明,绒花浓簇艳丽	绒地轻薄,柔挺透明,绒毛浓艳密集,花地凹凸分明	质地丰厚,地部晶亮,绒毛浓密呈螺纹状
用途	主要用于制作妇女衣裙、礼服,也作装饰用	主要用于制作连衣裙、套裙、少数民族服装及装饰用绸	宜作妇女服装面料及装饰用绸
备注	地经与绒经排列比为2∶1。织后经退浆、染色、烂印花、定型整理,因锦纶丝和黏胶丝具有不同耐酸性,经烂花后,形成花地分明的花丝绒	织造时,上、下轮流交织成双层丝绒,经割绒、剪绒、烂花染色或烂印花、定型整理后成分离的两幅烂花绒	为便于手工割绒和固结绒经,纬线排列采用甲纬1根、丙纬1根、甲纬1根、乙纬2根。将粗纬线织入毛根的左右处,而毛根固结在乙纬线上,可使割绒方便和绒毛呈螺纹状。纹样宽12cm,长度14cm,题材以半清地写意块面为主,结构宜简单,使细致复杂的毛绒花纹界限清晰,花纹宜粗壮,过细的花纹枝不宜通割。在设计纹样布置时,花纹之间的距离要稍宽些,防止毛绒连在一起模糊不清。绒坯经割绒、精练、染色、刷绒整理,成品卷装

规格 \ 丝织物名称		万寿绒	万紫绒	提花丝绒
英文名		wanshou brocaded velvet	wanzi tapestry velvet; double-woven tapestry velvet	brocaded velvet
经纬线线密度	经线/dtex(旦)	甲、乙经均为[22.22/24.42(20/22)8s捻/cm×2]熟桑蚕丝(不同色)	甲经(地经):[22.22/24.42(20/22)8s捻/cm×2]6z捻/cm白色熟桑蚕丝 乙经(绒经):111×2(2/100)有光黏胶丝染灰色和133.2×2(2/120)无光黏胶丝染白色 丙经(绒经):111×2(2/100)有光黏胶丝染绿色和111×2(2/100)有光黏胶丝染蓝色	甲经(地经):22.22/24.42×3(3/20/22)桑蚕丝 乙经(绒丝):133.2(120)有光黏胶丝(机械上浆)
	纬线/dtex(旦)	甲、乙纬:133.2×2(2/120)有光黏胶丝(不同色) 丙纬:[22.22/24.42(20/22)8s捻/cm×2]桑蚕丝	[22.22/24.42(20/22)8s捻/cm×3]熟桑蚕丝(白色)	22.22/24.42×3(3/20/22)桑蚕丝

续表

规格 \ 丝织物名称		万寿绒	万紫绒	提花丝绒
经纬密度	经线/(根/10cm)	430	单层经密,地经 687,绒经 170	单层经密(地部)600,绒部 200
	纬线/(根/10cm)	810	540	480
经线捻度/(捻/cm)		6,z	四色绒经捻度均为 4	甲经:8
纬线捻度/(捻/cm)		丙纬:6,z	6,z	8
织物组织		地部为四枚斜纹及破斜纹组织,花部为灯芯绒组织加重平组织,运用甲、乙两种色纬,以灯芯绒组织交织成甲纬绒,乙纬绒及甲、乙纬混合绒花纹	以四枚斜纹为地组织,W形固结绒根	上、下层的地组织均为$\frac{2}{1}$变化重平组织;绒经在起花范围内连接上、下两层,分别与纬线交织成W形的绒根固结,在不起花部分则沉于下层织物之下
质(重)量/(g/m^2)		175	(地部)55	(地部)53
成品幅宽/cm		76	94	100
特点		质地紧密挺括,花地分明,绒毛耸立	质地丰满醇厚,绒毛浓密耸立,图案色彩雅观富丽,立体效果好	运用双层分割法形成毛绒,提花毛绒紧密耸立,色泽浓艳光亮,绒地凹凸分明,富有立体感
用途		宜作服装面料及装饰用绸	主要用作高级时装面料及装饰用绸	宜做妇女时装、晚礼服、宴会服及装饰用绸
备注		甲、乙、丙三组纬线不同色。纹样题材以满地写意变形花卉、几何块面纹样为主,结构简单粗犷,用三色涂绘纹样和绘画意匠,两色表示甲、乙纬纬绒,另一色表示甲、乙混合纬纬绒,纹地均为纬绒。纹样外形轮廓以一个灯芯绒组织为单位,纹样和意匠均采取阶梯形绘制钩边。坯绒经通绒、刷绒,再成品卷装	经线排列为地经上层 4 根、乙绒经灰色 1 根或白色 1 根、地经下层 4 根,地经上层 4 根、丙绒经绿色 1 根或蓝色 1 根、地经下层 4 根。纳纬顺序为上层 3 梭,下层 3 梭。纹样幅宽 30cm,长度取 45cm,题材以写意花卉为主,也可采用几何形组合,满地布局。由四种不同色的绒经组合构成全幅绒毛花纹图案。各种色除单独起纯色主花外,还可少量相互搭配形成复色的陪衬暗花。绒坯经割绒、整理,成品卷装	地经与绒经线的排列比是上层地经 3 根:绒经 1 根,下层地经 3 根;一组纬线以上、下层各三梭轮流织入。双层绒坯下机后经割绒、修剪(除去地部背面的长浮绒经线)成为上、下层分离的单层绒坯,再经精练、染色、立绒整理,成品卷装

续表

规格 \ 丝织物名称		鸳鸯绒纱	丙纶绒
英文名		yuanyang brocaded velvet; double-woven brocaded velvet	polypropylene pile
经纬线线密度	经线/dtex(旦)	甲、乙经均为[22.22/24.42×2(2/20/22)8s捻/cm×2]桑蚕丝(分别为上、下两层地经)	甲经(地经):14tex×2(42英支/2)丝光棉纱线(色) 乙经(绒经):207.58/18F(187/18F)色纺丙纶丝(机械上浆)
	纬线/dtex(旦)	甲、乙纬原料同经线(作为上、下地纬) 丙纬:166.5(150)有光黏胶丝(作绒纬)	18tex(32英支)丝光棉纱(色)
经纬密度	经线/(根/10cm)	(单层经密)400	(地部)208×2
	纬线/(根/10cm)	(地部)320,(绒部)640	360×2
经线捻度/(捻/cm)		甲、乙经:2.6,z	
纬线捻度/(捻/cm)			
织物组织		上、下层的地组织均为平纹组织,丙纬(绒纬)按设计的花纹要求,在上下层之间有规律地交替交织,以W形固结在经线上,形成花纹的绒根,绒纬在上层或下层之间交织花纹时,其绒根组织分别固结在上层或下层,使两层纹、地配偶,当上层呈现绒毛地,平织花纹时,则下层为平织地绒毛花纹	纬纱以上层两梭下层两梭顺序织入,地组织为变化平纹,绒经以V形固结
质(重)量/(g/m^2)		(地部)57	614
成品幅宽/cm		74.5	96
特点		采用双层割绒法,使上、下两层织物表面具有阴、阳花纹绒毛,质地轻柔,绒毛糯软而略微倾伏,风格独特别致	表面绒毛耸立挺拔,抗压性好,绒面浓簇艳丽,条纹排列匀称和谐
用途		宜做时装及工艺装饰品用	用作高档沙发面料及装饰用绸
备注		纹样宽14.5cm,长15cm,题材以变形花卉或几何形,回纹形图案,满地布局。纹样受两层花纹的相互抑制,要求上、下层花地所占面积比例相近,花地图案相互兼顾,姿态完整独立,花纹宜粗壮,多用块面,以实现织物分割后阴阳花纹匀称的效果。经线排列:甲经1根,乙经1根。纬线排列:甲纬1梭,丙纬1梭,乙纬1梭	地经和绒经排列比为4∶1。双层绒坯下机后在割绒机上割成单层绒坯,并进行剪绒、染色、立绒整理

续表

规格＼丝织物名称		锦绣绒	条影绒
英文名		jinxiu brocaded velvet; dyed union brocaded velvet	striped shadow velvet
编号		86807	
经纬线线密度	经线/dtex(旦)	甲经：[22.22/24.42(20/22)8s 捻/cm×2]6z 捻/cm×3 熟桑蚕丝(色) 乙、丙经均为[22.22/24.42(20/22)8s 捻/cm×2]6z 捻/cm 熟桑蚕丝(色)	甲经(地经)：111(100)有光黏胶丝(机械上浆) 乙经(绒经)：133.2(120)有光黏胶丝和无光黏胶丝合为一只经轴(机械上浆)
	纬线/dtex(旦)	甲纬为起绒杆，与绒经交织成绒圈 乙纬：133.2×2(2/120)有光染色黏胶丝 丙纬：91.02/96.57(82/87)金银皮	133.2(120)有光黏胶丝
经纬密度	经线/(根/10cm)	1217	单层经密：地经 250 绒经 250
	纬线/(根/10cm)	600	340
经线捻度/(捻/cm)			
纬线捻度/(捻/cm)			6
织物组织		乙纬与乙经交织成五枚缎纹地，丙经接结。丙纬在缎纹基地上起出经绒圈花纹，再嵌织金银皮浮纬陪衬花纹	同利亚绒
质(重)量/(g/m^2)		(地部)163	171
成品幅宽/cm		73	94
特点		质地细腻丰厚，花纹闪光饱满，图案布局匀称，花地相映，风格独特别致	以双层分割法形成毛绒，有隐约可见的光泽，绒毛呈直条纹，风格别致
用途		主要用作妇女春季服装面料及高级沙发面料等	宜作服装面料及装饰用绸
备注		甲经作绒经，要求纤度较粗，故需 3 根并合。乙经、丙经分别为地经与接结经。经线排列为甲 1、乙 5、甲 1、乙 5、丙 1；纬线排列为(乙 1、丙 1)×3，甲 1(甲空投 1 梭)。成品不经后处理但需卷装	绒坯下机经割绒、剪绒、染色和横刷绒整理，成品卷装

续表

规格＼丝织物名称		长毛绒(人造毛皮)	光辉绒	锦装绒
英文名		nylon plush	printed panne velvet	jinzhuang velvet ecrase; velvet ecrase
编号				S9403
经纬线线密度	经线/dtex(旦)	甲经(地经):14tex×2(42英支/2)漂白棉纱线 乙经(绒经):122.1(110)和77.77(70)200型锦纶丝并合加2捻/cm(机械上浆)	甲经:14×2(42英支/2)丝光棉纱线(染元色) 乙经:333.3(300)半光扁平黏胶丝(机械上浆)	甲经(地经):14tex×2(42英支/2)丝光棉纱线 乙经(绒经):13.3tex(7.5公支/2)有光锦纶丝(机械上浆)
	纬线/dtex(旦)	14tex×2(42英支/2)漂白棉纱线	14tex×2(42英支/2)丝光棉纱线(染元色)	14tex×2(42英支/2)丝光锦纱线
经纬密度	经线/(根/10cm)	双层经密330×2	单层经密:基底246,绒毛123	单层经密:地部372,绒部120
	纬线/(根/10cm)	250×2	230	275
经线捻度/(捻/cm)				
纬线捻度/(捻/cm)				
织物组织		以$\frac{2}{2}$纬重平为地组织V形固结绒根	双层地组织为$\frac{1}{2}$半经重平,绒经连接上下两层以W形固结	平纹变化组织为地,绒组织以W形固结绒根
质(重)量/(g/m^2)		609	472	
成品幅宽/cm		107	95	94
特点		采用双层分割法形成上、下两层绒毛,绒毛细长浓簇,卷曲自如,色光柔和,保暖性好,具有天然毛皮的外观和质感	绒毛倾从,富有光泽,印花图案雍容华丽	表面呈现倒顺的浓密不同、深浅不一的同类色横条绒毛,质地平挺,丰厚坚牢,色泽丰富多彩,风格独特别致
用途		宜做服装、鞋帽及各种动物玩具,也做装饰用	主要用作外衣面料及装饰用	主要用作成套沙发面料及装饰用绸
备注		绒坯下机后经割绒、染色、刷绒等整理	绒坯经割绒、剪绒、精练、横刷绒、印花再横刷绒等整理	经线排列为甲3、乙1、甲3。绒坯下机经割绒、染色、刷绒整理

续表

规格＼丝织物名称		高经密乔绒	光明绒
英文名		dense pile velvet	guangming brocaded velvet
编号		S9636	68967
经纬线线密度	经线/dtex(旦)	甲、乙经(地经)：22.22/24.42×2(2/20/22)桑蚕丝 丙、丁经(绒经)：133.2(120)有光黏胶丝(机械上浆) 戊经(边经)：14tex×2(42英支/2)棉纱线	甲经：22.22/24.42×3(3/20/22)桑蚕丝 乙经：166.5(150)有光黏胶丝(手工上浆) 丙经：189.81(171)不氧化金(或银)铝皮 丁经(边经)：[13tex(45英支)×2]涤棉纱
	纬线/dtex(旦)	22.22/24.42×2(2/20/22)桑蚕丝	22.22/24.42×3(3/20/22)桑蚕丝
经纬密度	经线/(根/10cm)	(地部)480	(单层)314
	纬线/(根/10cm)	420	(单层)360
经线捻度/(捻/cm)		甲、乙经：24	甲经：10，s、z；丁经：4
纬线捻度/(捻/cm)		14	10
织物组织		以平纹地组织和W形固结的双层绒组织交织	采用双层织绒法，地部为平纹组织绒经在起花部分上、下贯串交织成W形的绒组织，并连接上、下两层
质(重)量/(g/m²)		264	
成品幅宽/cm		118	118
特点		绒地丰满柔爽，绒毛浓密挺立	质地轻柔爽挺，绒花浓簇耸立，丰满闪烁而富有立体感，具有高贵华丽的特殊风格
用途		主要用作服装面料及高级装饰用绸	主要用于制作连衣裙、礼服、外套、旗袍、艺装、民族装、裙子及装饰用绸等
备注		绒地经线排列：甲经2根、丙经1根、乙经2根、丙经1根。绒坯经割绒、剪绒、练染、立绒整理，成品卷装	甲经以4根s捻和4根z捻向排列。内经线排列：甲经(下层)2根、乙经(绒)1根、甲经(上层)2根、丙经(绒)1根。纹样宽57cm，长度要根据纹样和风格而定，以写意花卉或几何图案为主，造型简练粗犷、块面型清地布局。纹样以两种颜色表示两色绒毛花纹，以黏胶丝绒毛为主色，在其绒毛周围和花芯部分另用一色金、银皮包边或嵌芯，使绒毛花纹闪烁而饱满。绒坯经割绒、剪绒、染色、立绒整理，成品卷装

续表

规格 \ 丝织物名称		立绒	建绒	申丽绒
英文名		li velvet	jian velvet	shenli velvet
编号				
经纬线线密度	经线/dtex(旦)	甲经(地经):22.22/24.42(20/22)桑蚕丝(按1根s、1根z排列)乙经(绒经):133.2(120)有光黏胶丝	地经、绒经均为31.08/33.3(28/30)黑色桑蚕丝	甲经(地经):133.2(120)有光黏胶丝 乙经(绒经):133.2×2(2/120)有光黏胶丝
	纬线/dtex(旦)	22.22/24.42×2(2/20/22)桑蚕丝(按3根s捻、3根z捻间隔排列)	31.08/33.3(28/30)黑色桑蚕丝	133.2(120)有光黏胶丝
经纬密度	经线/(根/10cm)		750～950	333
	纬线/(根/10cm)		310～400	335
经线捻度/(捻/cm)		甲经:24～26,s或z		
纬线捻度/(捻/cm)		24～26,s或z		6
织物组织		双层组织,即地经丝和纬线交织成上、下两层织物,起绒经线与上、下两层织物之间呈W或V形固结	四枚斜纹变化组织	采用双层分割,地组织为经重平组织。绒经用W形固结,绒经在两层织物之间交替地与上下层纬纱交织
质(重)量/(g/m^2)				
成品幅宽/cm			73	94
特点		绒毛密集直立,较短而平整,光泽自然,质地柔软,绒毛耐磨坚牢,色泽鲜艳	绒毛浓密,色光乌黑发亮,有庄重富丽华贵之感	绸面绒毛耸立,手感丰满柔软,色泽浓艳,色光柔和,绒毛短而密集,有耐压和一定的拒水性能
用途		宜做女装、礼服、连衣裙、艺装、中式服装及帷幕、沙发面等装饰用绸	宜做红袍、女装外套、礼服、艺装等	宜做妇女各类服装、礼服、西式上装、艺装、老年妇女帽子、童帽、妇女服装镶边、围巾及装饰用绸
备注		坯绒经割、剪绒、精练、染色整理	织造时,一般每织入3根纬线后,投入1根起绒杆。每织2根起绒杆便将先织入的1根上的毛圈全幅割断成绒,全部织造过程只需两根起绒杆,即可在织机上连续操作	绒毛应丰满、稠密、挺立、均匀、平整,无倒伏现象,色泽要鲜艳匀净,无色差、色花等,绸边要平直。使用保管中不宜重压,不宜洗涤,收藏以挂藏为好。绒毛一旦倒伏,可在织物背面用蒸汽烘蒸

续表

规格＼丝织物名称		乔其立绒(金丝立绒、交织立绒、立绒)	申乐绒	仿麂皮绒
英文名		georgette raised pile	shenle velvet	flock suede; suede imitation[leather]
编号				
经纬线线密度	经线/dtex(旦)	甲经(地经):22.22/24.42×2(2/20/22)桑蚕丝 乙经(绒经):133.2(120)有光黏胶丝	130(120)有光黏丝,绒经用1根280(250)有光黏丝	111(90公支)多根超细涤纶低弹丝
	纬线/dtex(旦)	22.22/24.42×2(2/20/22)桑蚕丝(以3s3z织入)	130(120)有光黏丝	166(60公支)多根超细锦纶涤纶复合丝
经纬密度	经线/(根/10cm)	440	323～343	388
	纬线/(根/10cm)	450	325～345	450
经线捻度/(捻/cm)		甲经:24		
纬线捻度/(捻/cm)		24,s或z	2.36	
织物组织		同乔其绒	双层组织经起绒	$\frac{2}{2}$破斜纹组织
质(重)量/(g/m^2)				
成品幅宽/cm		112	94	94
特点		绒毛密集而挺立不倒,绒毛高度为1.65～1.70mm,略短于乔其绒。绒面平整光洁,耐压而富于弹性,拒水性好,手感丰满柔软,色泽浓艳,色光柔和	绒面毛丛密立均匀,手感丰满柔软,色泽浓艳漂亮,色光自然柔和	布面布满细而密的绒毛,外观和手感酷似麂皮
用途		宜做妇女各类服装、礼服西式上装、戏剧服装、围巾、老年妇女帽子、童帽、妇女服装镶边及装饰用绸	宜做女装、礼服、西装、艺装、童装、帽料、围巾及帷幕、窗帘、靠垫、台毯等	宜做麂皮服装、高级垫衬及家具用布等
备注		绒面需光洁稠密,绒毛要挺立耐压,均匀平整,光泽要浓艳,无色差及色花等。不宜重压、不宜洗涤,以挂藏为好。绒毛一旦倒伏,可在织物背面用蒸汽烘蒸	色泽主要有紫红、大红、墨绿、金、棕、咖啡、灰、蓝、黑等。成衣不宜经常洗涤,保管存放时不宜重压,以防止绒毛倒伏,而影响外观,以干洗和挂藏为好	是超细化学纤维织物。采用1dtex(0.011旦)～2dtex(0.022旦)超细涤纶和锦纶丝多根复合纱,用斜纹或变化斜纹织造,整理经反复定型、拉毛、磨毛等工序

14. 呢 (crepons; suiting silk; suitings)

呢是指采用绉组织、平纹、斜纹组织或其他短浮纹联合组织，应用较粗的经纬丝线制织，质地丰厚，具有毛型感的丝织物。因其具有毛织物的风格与视觉效果，故名“呢”，表面具有颗粒，凹凸明显，光泽自然柔和，绉纹丰满，质地松软厚实的特征。根据呢类的外观，可分为毛型呢和丝型呢两类。毛型是采用人造丝和棉纱或其他混纺纱并合加捻的纱线，以平纹或斜纹组织制织，表面具有茸毛、少光泽，织纹粗犷，手感丰满松软的色织素呢织物，如丝毛呢、丰达呢等。丝型呢是采用桑蚕丝、人造丝为主要原料，以绉组织、斜纹组织制织，具有光泽自然柔和，质地紧密松软的提花呢织物，如博士呢、西湖呢等。此外，还有利用长丝制织的素色呢，坯呢经精练、染色等整理加工。呢类主要用作夹袄、棉袄、西式两用衫或装饰材料；轻薄型的呢类织物，可用于制作衬衣和连衫裙等。

规格 \ 丝织物名称		大伟呢	精华呢	博士呢(素博士呢)
英文名		dawei jacquard crepon; dawei suiting silk	jinghua crepon	boshi crepon; boshi silk crepon
编号		18160		13101
经纬线线密度	经线/dtex(旦)	22.22/24.42×2(2/20/22)桑蚕丝	甲经:[111(100)涤纶丝+75.48(68)黑色涤纶丝]22捻/cm(s) 乙经:166.5(150)细旦低弹涤纶丝加22捻/cm(s) 丙经:166.5(150)七彩丝加22捻/cm(s)	22.22/24.42×2(2/20/22)桑蚕丝
	纬线/dtex(旦)	22.22/24.42×5(5/20/22)桑蚕丝两组	甲纬:[111(100)涤纶丝+75.48(68)黑色涤纶丝]10捻/cm(s) 乙纬:166.5(150)细旦低弹涤纶丝加10捻/cm(s) 丙纬:166.5(150)七彩丝加10捻/cm(s)	22.22/24.42×6(2/20/22)桑蚕丝(以2s、2z排列)
经纬密度	经线/(根/10cm)	1122	580	1245
	纬线/(根/10cm)	450	200	490
经线捻度/(捻/cm)		16,s和z	甲经:22,s;乙经:22,s;丙经:22,s	
纬线捻度/(捻/cm)			甲纬:10,s;乙纬:10,s;丙纬:10,s	14,s、z
织物组织		四枚变化斜纹组织。以暗横条浮组织为地纹,呈现刻花型的闪光暗花纹	平纹变化组织	四纹变化浮组织(博士呢组织)

续表

规格＼丝织物名称	大伟呢	精华呢	博士呢(素博士呢)
质(重)量/(g/m²)	88	233	108
成品幅宽/cm	78	144	78
特点	绸面呈绉地暗花,色光柔和,花纹素静,反面则起亮光,质地紧密,手感厚实柔软,有毛料感,坚实耐用	色彩均匀分布,色条配合恰当,色泽组合大方,手感挺爽,组织紧密,悬垂性好	绸面起绉纹地,呈现隐约的细罗纹状,织纹精致,光泽柔和,富有弹性,背面起明亮的线条缎纹,手感厚实柔软,有毛料感
用途	宜做长衫、衬衣、连衣裙、男女秋、冬季各式夹、棉衣面等	宜做薄型西服、夏季裤料等	宜做秋、冬季男女各式夹、棉衣面、长衫、中山装、青年装、夹克童装等
备注	纹样宽12.8cm,题材为几何形或线条图案满地布局,两色平均平涂相互依附构图,每色不宜独立构图,防止产生花纹直、斜、横路等疵点。坯绸经精练、染色、单机整理	是指用经纬线涤纶丝和涤纶色丝、低弹涤纶丝、七彩丝交织成的半色织呢类丝织物,由三组经线与三组纬线交织而成。经纬可按不同比排成宽狭不一的条格状。坯绸经精练、套染、柔软处理、拉幅定型等后整理,多套染浅色	织后经精练、染色、呢毯或单滚筒机整理

规格＼丝织物名称		西服呢	花博士呢	
英文名		xifu crepon	boshi jacquard crepon;boshi jacquard silk crepon	
编号			13104	18155
经纬线线密度	经线/dtex(旦)	甲经:166.5/72f(150/72f)18捻/cm(s)FDY阳离子涤纶丝 乙经:{[77.7(70)FDY阳离子涤纶丝+55.5(50)POY有光涤纶丝]10捻/cm(s)×2}28捻/cm(z)	22.22/24.42×2(2/20/22)桑蚕丝	22.22/24.42×2(2/20/22)桑蚕丝
	纬线/dtex(旦)	甲纬:同甲经 乙纬:同乙经	22.22/24.42×6(6/20/22)桑蚕丝(以2s、2z排列)	22.22/24.42×3(3/20/22)桑蚕丝(以2s、2z排列)
经纬密度	经线/(根/10cm)	371	1121	1050
	纬线/(根/10cm)	340	483	600

续表

规格＼丝织物名称	西服呢	花博士呢	
经线捻度/(捻/cm)	甲经:18,s;乙经:28,z		
纬线捻度/(捻/cm)	甲纬:18,s;乙纬:28,z	14,s、z	28,s、z
织物组织	呢地组织	以素博士呢地纹上显示八枚经面缎花,地纹也有采用$\frac{1}{3}$纬面斜纹	同左(13104 花博士呢组织)
质(重)量/(g/m^2)	222	82	85
成品幅宽/cm	150	79	75
特点	织物有明暗相映、凸起颗粒的效果,新颖别致,风格粗犷、豪放	地部光泽柔和,织纹雅致;花部缎面光亮,花型古雅,暗地亮花,图案古朴端庄,手感爽挺弹性好	
用途	宜做春、秋季西服面料等	主要用作春秋服装及秋冬季夹、棉袄面料	
备注	是指用加捻涤纶丝作经纬织成的白织呢类丝织物,由两组经线与两组纬线交织而成。为了织造方便,乙经、乙纬先经网络再加捻,网络度 45～55ξ/m。经纬线排列顺序为甲 2、乙 2。坯绸经精练、染色、拉幅定型等后整理,具有高档感	纹样宽 12.8cm,题材以中型团花为主,清地散点排列,用一色涂绘表示八枚缎纹经花,地部空白由意匠点出。织后经精练、染色、呢毯或单滚筒机整理	纹样宽 18.3cm,题材以中型团花为主,清地散点排列,用一色涂绘表示八枚缎经花,地部空白由意匠点出。织后经精练、染色、呢毯或单滚筒机整理

规格＼丝织物名称	西湖呢	双色蜂巢呢	爱美呢
英文名	xihu jacquard crepon; xihu suiting silk	double-color honeycomb crepon	aimei jacquard noil cloth; aimei jacquard suiting silk
编号	18157		

续表

规格		西湖呢	双色蜂巢呢	爱美呢
经纬线线密度	经线/dtex(旦)	甲经：22.22/24.42×3(3/20/22)桑蚕丝 乙经：22.22/24.42×2(2/20/22)桑蚕丝	甲经：[83.25(75)POY涤纶丝+277.5(250)FDY涤纶丝]网络加6捻/cm 乙经：[111(100)改性涤纶丝+166.5(150)DTY低弹涤纶丝]网络加6捻/cm(s)	22.22/24.42×6(6/20/22)桑蚕丝(染不褪色)
	纬线/dtex(旦)	22.22/24.42×6(6/20/22)桑蚕丝(以2z、2s排列)	甲纬：同甲经 乙纬：[111(110)改性涤纶丝+166.5(150)低弹涤纶丝]网络	甲纬：19.7tex(30英支)细丝染色 乙纬：19.7tex(30英支)细丝加白
经纬密度	经线/(根/10cm)	807	300	658
	纬线/(根/10cm)	440	260	190
经线捻度/(捻/cm)			甲经：6；乙经：6，s	4
纬线捻度/(捻/cm)		8.5，s、z	甲纬：6	
织物组织		地部组织是在$\frac{1}{2}$纬斜纹基础上添加组织点，形成$\frac{2\quad 1}{1\quad 2}$呈60°急斜纹暗点	蜂巢组织	以变化平纹组织作地纹，提织五枚经缎纹花
质(重)量/(g/m^2)		92	310	167
成品幅宽/cm		74	134	75
特点		质地爽而富有弹性，花地清晰，光泽柔和	织物挺括，强力高，手感柔软、细腻、丰满，回弹性好，毛感强，呢面平整，耐磨性好	绸身刚糯，色光柔和，外观犹如仿毛呢绒，表面具有粗粒疙瘩的风格特征
用途		主要用作春、秋季服装和冬季棉袄面料等	宜做春、秋、冬季西服、女式套装等	宜做男女服装、连衣裙及装饰用绸等
备注		甲、乙经排列为1∶1。纹样宽14.6cm，长度暂取33cm，满地细小点纹，故纹样宽度可取其1/2、1/4或更小。坯绸经精练、染色、单机整理	是指用普通涤纶丝、改性涤纶丝和低弹涤纶丝织成具有双色效果的白织呢类丝织物，由两组经线与两组纬线交织而成。经纬线的排列都为甲2、乙1。坯绸经烧毛、染槽处理、预煮、洗呢、煮呢、缝筒、染色、刷毛、罐蒸等后整理	纹样宽18.2cm，题材以小型几何图案为主，中型偏小题材单纯概括，图形轮廓简练，清地布局。坯绸经整理

续表

规格 \ 丝织物名称		秋波呢	条影呢
英文名		qiubo crepon	tussah herringbone twill; herriingbone twill suiting silk
编号			78432
经纬线线密度	经线/dtex(旦)	甲经:[166.5(150)涤纶丝+277.5(250)POY涤纶丝]10捻/cm(s) 乙经:[222(200)×2]8捻/cm(z)染色黏胶丝(染多种颜色)	14.7tex×2(68公支/2)柞绢纱线
	纬线/dtex(旦)	同甲经线	14.7tex×2(68公支/2)柞绢纱线
经纬密度	经线/(根/10cm)	660	368
	纬线/(根/10cm)	190	202
经线捻度/(捻/cm)		甲经:10,s;乙经:8,z	
纬线捻度/(捻/cm)		10,s	
织物组织		甲种经线和纬线形成斜纹变化组织,而每隔一定距离嵌入1根多种色彩的乙经并起浮点	以$\frac{2}{2}$人字斜纹(山形斜纹)组织交织
质(重)量/(g/m^2)		425	181
成品幅宽/cm		144	114.3
特点		黏胶丝色点凸出绸面,风格别致,质地厚实,悬垂性好,手感糯滑,透气性佳,穿着舒适	质地厚实柔软,织纹清晰
用途		宜做裙衫、秋、冬季时装等	宜作男女西装和各种时装面料等
备注		是指用涤纶和有光黏胶丝织成的半色织呢类丝织物,由两组经线与一组纬线交织而成。坯绸经精练、套染、柔软处理、拉幅定型等后整理,常染成藏青、黑色等深底色,各色黏胶丝色点凸出绸面	坯绸经精练、漂白加工

规格 \ 丝织物名称	安东呢	凹凸花呢	凤艺绸	凹凸绉
英文名	Andong suiting silk	concavo-convex fancy crepon	fengyi tussah crash	spun tussah cloque
编号	2001		D33020	7120

续表

规格 \ 丝织物名称		安东呢	凹凸花呢	凤艺绸	凹凸绉
经纬线线密度	经线/dtex(旦)	{[38.85(35)7.9捻/cm(s)+38.85(35)4.7捻/cm(z)×2]3.1捻/cm(s)+[38.85(75)6.3捻/cm(s)+38.85(35)3.1捻/cm(z)×2]3.1捻/cm(s)}×2再加2.4捻(z)或3.9捻/cm(s)柞蚕药水丝	甲经:[166.5(150)低弹涤纶丝+83.25(75)高收缩涤纶丝]混纤网络 乙经:2根130(45英支)涤黏中长纱 丙经:131.2(45英支)×2/49(120英支)/131.2(45英支)黑色断丝线	38.85×2(2/35)柞蚕水缫丝	14.7tex×2(68公支/2)柞绢纱
	纬线/dtex(旦)	[38.85×2(2/35)6.3捻/cm(s)+38.85×2(2/35)3.1捻/cm(z)×2]3.1捻/cm(s)或2.4捻/cm(z)柞蚕药水丝	甲纬:同甲经 乙纬:同乙经 丙纬:同丙经	2222(2000)染色大丝条	14.7tex×2(68公支/2)柞绢纱
经纬密度	经线/(根/10cm)	173	244	248	365
	纬线/(根/10cm)	159	236	65	202
经线捻度/(捻/cm)				3.9,s	
纬线捻度/(捻/cm)					
织物组织		平纹组织	浮组织,即用平纹组织局部增加或去除组织点,按底片反转法构成方格组织	平纹组织	平纹变化组织
质(重)量/(g/m^2)		230		248	194
成品幅宽/cm		71	165	145	77
特点		质地丰厚坚牢,组织雅致,光泽柔和,弹性好,透气具有丝、毛织物的美观	绸面有明显活泼的凹凸感,手感柔软、蓬松,弹性和悬垂性好,抗皱性和服用性能佳,外观丰满	利用经细纬粗;突出纬线的美感,呈现分布无规律、黑白交错的粗、细疙瘩,绸面粗犷丰满,色泽调和,质地厚实,具有立体感和毛型感	质地厚实柔软,绸面呈现凹凸条状,具有类似无织物条花呢的风格特点
用途		宜作男女夏季西装、防酸服装面料及工业过滤用绸等	宜做时装等	宜作时装面料及高级装饰用绸	宜作男女外衣面料及装饰用绸等

续表

规格 \ 丝织物名称	安东呢	凹凸花呢	凤艺绸	凹凸绉
备注	坯绸经精练、漂白	是指用低弹涤纶丝、高收缩涤纶丝和涤黏纱、黑色断丝线织成的仿毛型半色织呢类丝织物,由三组经线与三组纬线交织而成。经纬丝的排列应和织物组织配合,即在平纹四周的经纬浮长处安排混纤网络丝(每一组织循环中经丝甲48、乙45、丙3,共96根;纬丝甲64、乙58、丙6,共128根)。坯绸先经全松式收缩处理,水温100℃,浸泡时间3~5min;热定型采用松式整理,定型温度为160~170℃	采用特殊工艺染茧、染牢度好。坯绸经精练、染色、整理	坯绸经后整理,形成绸面条纹凹凸效果

规格 \ 丝织物名称		人字呢	正文呢	丝毛呢	混纺呢
英文名		tussah herringbone twill	zhengwen crepon	wool-blended tussah square; wool-blended tussah tweed	polyester-blended tussah square; polyester-blended tussah tweed
编号		80410		38560	38556
经纬线线密度	经线/dtex(旦)	14.7tex×2(68公支/2)柞绢纱	甲经:222(200)涤纶丝加4捻/cm(z) 乙经:[222(200)涤纶丝+222(200)涤纶色丝]8捻/cm(s)(经线排列:甲4、乙4)	41.7tex×2(24公支/2)丝毛混纺纱(柞蚕丝短纤维与羊毛的混纺比一般为55:45)	25tex×2(40公支/2)柞细丝、涤纶短纤丝混纺纱(柞细丝和涤纶短纤丝混纺比例为55:45)
	纬线/dtex(旦)	55.6tex×2(18公支/2)柞细丝	222×2(2/200)涤纶丝8捻/cm(2s、2z)	41.7tex×(24公支/2)丝毛混纺纱(混比同经纱)	33.3tex×2(30公支/2)柞细丝、涤纶短纤丝混纺纱(混纺比同经线)
经纬密度	经线/(根/10cm)	364	500	195	174
	纬线/(根/10cm)	95	240	175	145

续表

规格＼丝织物名称	人字呢	正文呢	丝毛呢	混纺呢
经线捻度/(捻/cm)		甲经:4,z;乙经:8,s		
纬线捻度/(捻/cm)		8,s、z		
织物组织	$\frac{2}{2}$变化人字呢组织	平纹变化组织	$\frac{2}{2}$方平组织	平纹组织
质(重)量/(g/m²)	224	226	329	197
成品幅宽/cm	91.5	144	122	91.5
特点	绸面粗犷奔放,质地厚实而柔软,既具有丝的光泽特性,又有毛织物的外观效应	立体感强,细条若隐若现,视觉大方,手感糯软、舒适、松爽,弹性优良	质地厚实而富有弹性,有毛型感	光泽柔和,富有弹性,具有近似毛织物的特征
用途	宜作男女西服和各式时装面料等	宜做衬裙、时装等	宜作男女西装和套装面料等	宜作西式服装和套装面料等
备注	坯绸经漂白、染色加工	是指经纬线都为涤纶丝的半色织呢类丝织物,由两组经线与一组纬线交织而成。坯绸经精练、套染、柔软处理、拉幅定型等后整理,常用枣红色配黑色、橘黄色配黑色	坯绸经精练、漂白、整理	坯绸经精练、漂白、整理

规格＼丝织物名称		人丝花四维呢	丰达呢	四维呢	花如呢
英文名		jacquard mock crepe	fengda crepon	siwei crepe	huaru jacquard crepon
编号		18203			51702
经纬线线密度	经线/dtex(旦)	83.25(75)有光黏胶丝(机械上浆)	甲经:[111(100)涤纶丝+111(100)POY涤纶丝]8捻/cm(s)乙经:111(100)细旦涤纶丝加15捻/cm(z)(排列顺序:甲2、乙2)	22.22/24.42×2(2/20/22)桑蚕丝	133.2(120)无光黏胶丝(机械上浆)
	纬线/dtex(旦)	133.2(120)有光黏胶丝	499.5(450)弹力收缩涤纶丝加4捻/cm(2s、2z)	22.22/24.42×(3～5)[(3～5)/20/22]合并加捻蚕丝	133.2(120)无光黏胶丝(单向加捻)

续表

规格 \ 丝织物名称		人丝花四维呢	丰达呢	四维呢	花如呢
经纬密度	经线/(根/10cm)	800	560	1120～1150	550
	纬线/(根/10cm)	460	300	450～480	400
经线捻度/(捻/cm)					
纬线捻度/(捻/cm)		12		15～16	6
织物组织		地部组织用两梭平纹与$\frac{1}{3}$斜纹联合的四维呢组织,或以两梭平纹与六梭纬缎纹联合;花部为八枚缎纹经花以及少量$\frac{3}{1}\nearrow$,经斜纹暗花	斜纹变化组织	经重混合组织	在绉组织泥地上显出平纹花
质(重)量/(g/m^2)		133	296		141
成品幅宽/cm		74	144	91	71
特点		质地丰厚爽挺,光泽柔和,地部具有明显的横棱效果	绸面呈水浪形的空松斜条织纹粗犷,外观新颖,织物丰满,手感松爽	呢面平整,起有均匀的凸形罗纹条,手感柔软,光泽自然柔和,背面光泽润亮	呢面丰满柔和,少光泽
用途		主要用作春、秋、冬季服装面料等	宜做休闲夹克衫、时装等	主要用于制作女装、中式便装、民族装、袄面、罩衣等	主要用作服装面料
备注		纹样宽 18cm,长度暂取 19.8cm,题材以中型写实花卉为主,清地、半清地布局。用两色涂绘,一色代表主花八枚经缎纹;另一色代表陪衬花$\frac{3}{1}\nearrow$经斜纹。坯绸经退浆、染色、整理	是指用细旦涤纶丝和弹力收缩涤纶丝织成的白织呢类丝织物,由两组经线与一组纬线交织而成。坯绸经预缩、起绉、染色、拉幅定型等后整理,常染成豆绿、咖啡等色	坯呢经练白、染色或印花、整理,色泽以中深色为主,也有鲜艳的女装色。裁剪成衣前需在背面喷水预缩	纹样宽 17.5cm,长度暂取 15cm,题材为写意花卉,或抽象图案,线条小块面满地布局,一色平涂。坯呢经退浆、染色、单机整理

续表

丝织物名称 / 规格		纱士呢	纺绒呢	康乐呢	五一呢
英文名		shashi mock crepe	pashm-like crepon	kangle jacquard mock crepe; kangle jacquard suiting silk	wuyi mock crepe; wuyi suiting silk
编号		50306		83107	
经纬线线密度	经线/dtex(旦)	133.2(120)有光黏胶丝	2根182(50公支)涤黏中长纱(涤纶65%,黏胶纤维35%)	133.2(120)有光黏胶丝(机械上浆)	16.2tex×2(36英支/2)黏/棉混纺纱
	纬线/dtex(旦)	133.2(120)有光黏胶丝	2根583(15.5公支)涤黏中长纱(涤纶65%,黏胶纤维35%)	133.2(120)有光黏胶丝	[19.7tex(29.6英支)有光人造棉纱+55.5(50)4s捻/cm半光涤纶丝]
经纬密度	经线/(根/10cm)	473	314	648	270
	纬线/(根/10cm)	280	210	333	210
经线捻度/(捻/cm)					
纬线捻度/(捻/cm)				6	
织物组织		地纹为平纹,花纹为满地细小粒点显经暗花	六枚变化缎纹	在$\frac{1}{2}$纬斜纹地上显出八枚缎纹经花以及细点暗地纹	以$\frac{1}{2}$纬面斜纹和$\frac{2}{1}$经面斜纹相间排列,构成联合组织
质(重)量/(g/m^2)		109		141	207
成品幅宽/cm		78	148	75	80
特点		质地轻薄、平挺、手感滑爽,具有隐隐约约的点纹	织物质地厚实,绒感丰满,手感柔软,光泽自然优雅,两种纤维的混色效果富有层次感	质地平挺松厚,手感滑爽,花纹明朗清晰	外观似毛型呢织物,弹性好
用途		主要用作春、夏、秋季服装、冬季中老年男女服装、丝棉袄和驼毛棉袄面料	宜做冬装外套等	宜作春、秋季服装面料和冬季袄面等	宜作冬季棉袄面料和裤料等

续表

规格＼丝织物名称	纱士呢	纺绒呢	康乐呢	五一呢
备注	纹样宽 12.7cm，长度暂取 3.6cm。满地细小浮经点子花，通常在纹样上绘 1/4 或 1/2 点子，粗细与排列要均匀，防止直、横或斜路弊病。坯呢经退浆、染色、单机整理	是指由经纬线都为涤纶和黏胶纤维混纺纱织成的白织呢类丝织物，因经拉绒整理具有仿羊绒呢效果，故名。坯绸经染色、拉毛、湿水、钢丝顺毛、刺辊拉毛、煮呢、定型、烫毛、剪毛等后整理。拉毛要拉 7～8 次，逐步把短纤纱拉成绒毛而不断，并保证绒毛密度和高度。烫毛、剪毛需反复 3 次，使绒毛平整均匀，平顺而光泽柔和。后整理温度不超过 180℃，以 160℃ 为宜(除煮呢)，以不损伤纤维，保证良好的色光	纹样宽 20.7cm，长度暂取 21.6cm，题材以写实花卉或变形团花为主，在地纹上嵌入各种粒点。花型中小型，宜用较细的块面组成各种姿态的花卉或团形。坯呢经退浆、染色、单机整理	坯呢经精练、染色、呢毯整理

规格＼丝织物名称		锦纶羊毛交织呢	峰峦呢	晶花呢	新华呢
英文名		nylon/wool union mock leno	fengluan concavo-convex crepon	jinghua jacquard suiting silk;jinghua jacquard mock crepe	xinhua sand crepe;xinhua suiting silk
编号				S6629	88515
经纬线线密度	经线/dtex(旦)	甲经:33.33(30)染色 107 型闪光涤纶单丝 乙经:31.25tex×2(32 公支/2)染色羊毛开司米	333(300)混纤低弹涤纶丝加 10 捻/cm(2s、2z)	甲经:[133.2(120)无光黏胶丝+44.44(40)半光锦纶丝] 乙经:33.33(30)107 型闪光锦纶丝	133.2(120)有光黏胶丝(机械上浆)
	纬线/dtex(旦)	甲纬:33.33(30)染色 107 型闪光涤纶单丝 乙纬:31.25tex×2(32 公支/2)染色羊毛开司米	333(300)混纤低弹涤纶丝加 10 捻/cm(2s、2z)	[133.2(120)无光黏胶丝+44.44(40)半光锦纶丝]	14.1tex×2(42 英支/2)人造棉线
经纬密度	经线/(根/10cm)	455	440	660	480
	纬线/(根/10cm)	375	250	310	270

续表

规格＼丝织物名称	锦纶羊毛交织呢	峰峦呢	晶花呢	新华呢
经线捻度/(捻/cm)		10,s、z	6,z	
纬线捻度/(捻/cm)		10,s、z	6,z	
织物组织	变化假纱组织	蜂巢组织	地纹以甲经和纬交织成绉组织,花纹以乙经与纬交织成经面和纬面五枚缎纹组织,边组织为$\frac{2}{2}$重平	四季呢绉组织
质(重)量/(g/m²)	134	256	154	158
成品幅宽/cm	114	144	83.5	76.5
特点	质地粗犷,手感丰满,弹性好,绸面疏松,有毛型感	织纹别致,外观凹凸感明显,立体感强,质地粗犷,手感柔软松糯,悬垂性好,透气性佳,穿着舒适	地纹隐约闪光花纹光泽柔和,手感丰满,弹性好,外观类同毛织物	绸面粗犷少光泽,质地丰厚柔软,具有一定的抗折皱能力
用途	主要用于制作套裙、上装和袄面等	宜做夏季时装等	主要用作妇女春、秋、冬季服装面料等	主要用作棉袄面料及装饰用绸
备注	坯呢经印花或染色、定型整理	是指经纬线均用低弹涤纶丝交织的白织呢类丝织物。坯绸经精练、起绉、染色、拉幅定型等后整理。经过起绉,经、纬线捻缩和蜂巢组织结合,织物形成均匀的凹凸感,常染成淡橘黄、粉红等浅色	纹样宽13.7cm,长15.48cm。题材以中小型写意或变形花卉为主,块面花满地布局为宜	坯呢经退浆、染色、单机整理

规格＼丝织物名称	闪光呢	益丰呢	云纹呢	荧光呢
英文名	iridescent suiting silk;shanguang sand crepe	yifeng crepon	yunwen blister crepe;cloudy patterned suiting silk	yingguang sand crepe
编号	S9155			

续表

规格 \ 丝织物名称		闪光呢	益丰呢	云纹呢	荧光呢
经纬线线密度	经线/dtex(旦)	133.2(120)有光黏胶丝(机械上浆)	甲经:499.5(450)仿毛混纤涤纶丝加8捻/cm 乙经:117(50英支)黑色涤棉纱加8捻/cm(z)	22.22(20)锦纶丝	甲经:[19.7tex(30英支)有光人造棉纱+83.25(75)无光黏胶丝] 乙经:[83.25(75)有光黏胶丝+102.12(92)不氧化金铝皮]
	纬线/dtex(旦)	[14.1tex×2(42英支/2)丝光棉纱线+133.2(120)有光醋酯丝]并合	甲纬:同甲经 乙纬:同乙经	甲纬:122.1(110)锦纶丝 乙纬:133.2×3(3/120)有光黏胶丝 丙纬:14.1tex×2(42英支/2)黏锦混纺纱线	19.7tex(30英支)有光人造棉纱
经纬密度	经线/(根/10cm)	436	260	770	90
	纬线/(根/10cm)	230	260	550	255
经线捻度/(捻/cm)			甲经:8;乙经:8,z		甲经:4;乙经:4
纬线捻度/(捻/cm)			甲纬:8;乙纬:8,z		
织物组织		四季呢绉组织	平纹变化组织	一经三纬复杂组织	以甲经平纹、乙经四季呢组织交织
质(重)量/(g/m²)		164	226	183	149
成品幅宽/cm		91	144	76.5	98
特点		绸面具有异色闪光及微凹凸效应,手感柔软丰厚	光泽柔和,黑丝形成小格和底色交相辉映,产生动感和新颖感,织物挺括有弹性,手感松爽,透气性好	具有纬高花与毛型感的效果,立体感强,手感丰满,光泽柔和	绸面织纹粗犷,印花色彩艳丽,银光点点闪烁,手感醇厚,富有弹性
用途		主要用于制作春、秋季两用衫、套装和冬季袄面等	宜做秋、冬季时装和裙料等	宜做妇女春、秋季套装、上装、裙子等,也作装饰用绸	宜作西服、连衣裙、上装、套装及装饰用等

续表

规格＼丝织物名称	闪光呢	益丰呢	云纹呢	荧光呢
备注	坯绸经退浆、染双色、单机整理。由于不同原料的染色性与反光能力的差异，以及利用四季呢绉组织的经纬丝不同浮长的交错，使织物表面显现异色闪光及微凹凸效应	是指经、纬为仿毛混纤涤纶丝和涤棉纱交织的半色织呢类丝织物，由两组经线与两组纬线交织而成。坯绸经精练、起绉、套染、拉幅定型等整理。粗旦仿毛混纤涤纶丝常染成淡黄、粉红等浅色，形成较大的方块，而黑色涤棉纱形成色线	纹样宽19cm，长度暂取25cm，题材以线条变形花卉或几何图案满地布局为宜。两色纬花中以黏锦混纺纱纬花为主，缀嵌少量乙纬有光黏胶丝纬花。黏锦混纺纱纬花在地纹中，常以细小短浮纬花构成米兰点呢地黏胶丝花作陪衬。坯绸经定型、拉幅整理	经线排列为甲2、乙1。坯绸先经烧毛后再经精练、印花或染色、树脂整理

规格＼丝织物名称		金格呢	绢丝哔叽呢（绢丝哔叽、丝哔叽）	华达呢	
英文名		jinge moss crepe; check suiting silk	spun silk yarn serge crepe	huada silk crepon	
编号		68355		（阔幅）	（狭幅）
经纬线线密度	经线/dtex（旦）	[333.3×2(2/30)桑蚕䌷丝（色）+49.95(45)涤纶丝(色)]	8.3tex×2（120公支/2)绢丝线	149.85(135)弹力涤纶长丝	111(100)弹力涤纶长丝
	纬线/dtex（旦）	同经线	同经线	166.5(150)弹力涤纶长丝	166.5(150)弹力涤纶长丝
经纬密度	经线/(根/10cm)	138	350～380	388	416
	纬线/(根/10cm)	120	290～320	312	336
经线捻度/(捻/cm)		5,s			
纬线捻度/(捻/cm)		5,s			
织物组织		平纹组织	斜纹组织	$\frac{2}{2}$斜纹组织	
质(重)量/(g/m²)		191			
成品幅宽/cm		93	91	144	91.5

续表

规格 \ 丝织物名称	金格呢	绢丝哔叽呢(绢丝哔叽、丝哔叽)	华达呢
特点	质地丰厚、弹性好,色光隐约柔和,外观犹如毛织品	呢面光洁平整,纹路清晰,手感柔软,弹性好,抗皱性能强,吸湿性能好,具有毛织物风格	呢面呈清晰的斜向纹路,手感厚实柔软,弹性好,质地挺括,坚牢,毛型感较强,具有易洗、快干、免烫等特性
用途	宜做春、秋、冬季男女上装、套装、裙子及装饰用品	宜做夏季西装、女装、两用衫、连衣裙、睡衣、裙子、童装等	宜作男、女、老、少的春、秋、冬季各类服装面料
备注	坯绸出水经环曲烘干、热风拉幅机整理	成衣较挺括,耐穿用,穿着透凉舒适	

15. 其他 (others)

纯丝牛仔布 (all filature silk-dyed denim)

规格 \ 丝织物名称		纯厂丝牛仔布	纯绢丝牛仔布	纯䌷丝牛仔布
英文名		all filature silk-dyed denim	all mova silk-dyed denim	all noil yarn-dyed denim
编号				
经纬线线密度	经线/dtex(旦)	230(207)～460(414)或100～140tex(100～7.14公支)包芯复合桑蚕丝	16.7～133.3tex(60～7.5公支)绢纺单纱或股线	58.8tex(17公支)䌷丝纱
	纬线/dtex(旦)	16～133tex(65～7.5公支)绢纺纱	16.7～133.3tex(60～7.5公支)绢纺单纱或股线	58.8tex(17公支)䌷丝纱
经纬密度	经线/(根/10cm)		196～420	295
	纬线/(根/10cm)		140～332	126
经线捻度/(捻/cm)				
纬线捻度/(捻/cm)				
织物组织		$\frac{3}{1}$斜纹组织	$\frac{3}{1}$和$\frac{2}{1}$斜纹组织或平纹组织	$\frac{3}{1}$斜纹组织
质(重)量/(g/m^2)		140～339	116～330	273
成品幅宽/cm		112～152	112～152	152

续表

丝织物名称 / 规格	纯厂丝牛仔布	纯绢丝牛仔布	纯䌷丝牛仔布
特点	光洁明亮，手感滑细，极富高级感	光洁明亮，手感柔软滑细	布面粗糙，捻度少，纱线蓬松，宜采用碱砂洗。经砂磨后，结粒疵点被磨成绒状，使布面柔细、平整，有呢绒糯滑感，吸湿性与服用性好
用途	宜做高级时装、女装	宜做高级时装、女装、衬衫等	
备注		大多属中、薄型产品，也有少量厚重型产品	

六、针织面料（knitted fabric）

针织面料是指用针织方法形成面料。针织面料和梭织面料的最大区别是纱线在织物中的形态不同。针织以线圈的形式相互连接，不像梭织物中近似平行或垂直的纱线，当然针织组织中也有衬经衬纬组织带有平行或垂直的纱线，但它们都穿插在线圈中。构成针织物的基本结构单元为线圈，决定是否为针织物，只要看布的结构中是否有线圈。有些织物从外观上看像针织物，但没有线圈；相反地有些织物从外观上看似梭织物，而往往是由连续的线圈形成的针织物。此外，针织物按编织方式的不同分为纬编和经编两类。部分针织面料图样见彩图 121～彩图 135。

（一）纬编针织面料（weft knitted fabric）

纬编是编织时将一根或数根纱线分别由纬向喂入针织机的工作针上，使纱线顺序地弯曲成圈并相互串套而成织物，见表 21 纬编针织物。

1. 汗布（jersey）

汗布是由一根纱线沿着线圈横列顺序形成线圈的单面组织的薄型纬平针织物，其正面有圈柱构成的纵行条纹，反面是圈弧构成的横向条纹，布面光洁、纹路清晰、质地细密、手感滑爽，纵、横向具有较好的延伸性，且横向比纵向更易延伸，因其吸湿性与透气性较好，常用作贴身穿着的服装，如各种款式的汗衫和背心。汗布一般用细号或中号纯棉、混纺纱线或涤纶腈纶纱，编织成单面纬平针组织，再经漂染、印花、整理，例见彩图 60。

面料名称	原料及纱支	织物组织	后整理	特　点	用　途	备　注
纬平针织面料（weft plain knitted fabric）	常用原料有纯纺纱线，如棉纱、真丝、苎麻、腈纶、涤纶等；混纺纱线，如涤/棉、涤/麻、棉/腈、棉/维、毛/腈等，其中涤/棉混纺比常用 35/65 或 65/35，棉/腈混纺比常用 60/40 或 40/60，涤/麻混纺比常用 70/30、80/20 或 50/50，还有采用棉/麻混纺纱为原料的。纱线的细度根据机器的机号及对织物的品质要求而定，例如各种机号的台车常用 12～28tex 与（6×2）～（10×2）tex 的棉纱等。以 18tex 精梳碱缩平汗布为例，纵密 96 横列/5cm，横密 76 纵行/5cm，重 135g/m^2	纬平针组织	漂白、特白、精漂、烧毛、丝光、素色、印花等各类平布，也可以是经漂染加工后的原料进行编织得到彩横条汗布和海军条汗布等色织品种	两面具有不同的外观，正面显露的是与线圈纵行配置成一定角度的圈柱组成的纵向条纹，反面显露的是与线圈横列同向配置的圈弧组成的横向条纹	一般用于制作内衣、外衣、手套、袜子等穿着用品，也可制作包装用布等	针织成形服装常用羊毛、羊绒、兔毛、羊仔毛、驼绒、牦牛绒等纯纺毛纱或毛/腈等混纺毛纱为原料织制纬平针组织

续表

面料名称	原料及纱支	织物组织	后整理	特　点	用　途	备　注
漂白汗布(bleached single jersey)	采用14.5tex、18.5tex或28tex棉纱，编织成纬平针针织物，再经漂白整理而成	纬平针组织	坯布经过精练、漂白等工艺加工后，再加用微量的碱性或酸性染料着色，以覆盖织物上残留的微量色素，从而获得白度较好的一种汗布	同上。但白度不如加了荧光增白剂而得到的特白汗布白	宜做背心、三角裤、圆领衫等内衣	
特白汗布(extra white single jersey)	特白汗布也是采用14.5tex、18.5tex或28tex棉纱等，编织成纬平针针织物，再经漂白整理而成	纬平针组织	坯布经精练、漂白等工艺加工后，再经增白上蓝工艺加工(用荧光增白剂和微量蓝、紫色染料处理)	同上。由于荧光增白剂能吸收紫外光波，其中部分转变成可见光波而增强了织物的白度，上蓝能加强视觉的白度感	宜做背心、三角裤、圆领衫等内衣	
烧毛丝光汗布(singed and mercerized single jersey)	烧毛丝光汗布采用的原料和织物组织与特白汗布相同	纬平针组织	织物在漂、染加工中，经过烧毛(织物以较高的速度通过高温火焰，将表面的茸毛烧去)、丝光(坯布在有张力的条件下，用一定浓度的烧碱溶液处理)等工艺加工过程	经烧毛、丝光工艺加工的针织物，具有良好的光泽，手感平滑，染色后色泽鲜艳，坯布的弹性和强力增加，吸湿性好，缩水变形较小。近年来，一般高档针织产品均采用这种加工工艺	宜做高档针织内衣、T恤衫等	
素色汗布(solid coloured single jersey)	采用14.5tex、18.5tex、28tex棉纱	纬平针组织	纬平针织物经练、漂工艺加工后，再经染色加工成各种素色面料	服用性有所改善	宜做背心、三角裤、圆领衫等内衣	过去绝大部分采用直接染料染色，牢度较差，现已逐步采用牢度较好的染料，以适应对染色牢度的要求

续表

面料名称	原料及纱支	织物组织	后整理	特点	用途	备注
印花汗布(printed single jersey)	应用14.5tex、18.5tex、28tex棉纱编织成纬平针组织,再进行印花	纬平针组织	素色或特白汗布经印花工艺加工,一般用筛网印花或辊筒印花法,其印花浆用涂料或其他染料	表面具有根据设计不同而印制的各种花纹图案,可以紧随流行,作为时尚内、外衣的面料	宜做各种内衣或内衣外穿形式的服装	
彩横条汗布(coloured striped single jersey)	属于色织纬平针组织。应用14.5tex、18.5tex、28tex棉纱,与前面各种汗布不同的是将纱线染成各种不同的色泽,然后根据预先设计好的横条宽窄及色泽配置,将色纱分组喂入单面纬编针织机中编织成的纬平针织物	纬平针组织	先进行纱线染色后编织坯布,再根据对产品的要求进行汽蒸定幅、对条等后整理	表面具有各种彩色横条,可以根据流行,变化横条的宽窄、色泽,作为时尚内、外衣的面料。用蓝白两色纱线间隔编织的汗布专门称之为海军条汗布(navy striped single jersey)	宜做各种内衣或内衣外穿形式的服装	
彩条莱卡汗布(coloured striped lycra single jersey)	应用14.5tex或18.5tex精纺染色棉纱与22dtex(20D)莱卡丝交织	纬平针组织	根据对产品的要求进行洗油、汽蒸定幅整理	除了根据设计在织物表面编制不同的彩色横条以外,该面料具有很好的弹性,提高穿着的舒适性	宜做各种舒适内衣和紧身衣	
混纺汗布(blended single jersey)	采用各种混纺纱线编织的纬平针组织织物,如涤/棉、涤/麻、棉/腈、棉/维、毛/腈等混纺纱线。混纺比常用35/65和65/35两种,用作内衣的汗布常取混纺比中棉纱含量较高者	纬平针组织	染色或印花整理	混纺纱的应用目的是使两种原料纱线的性能达到优势互补,如涤/棉混纺既具有涤纶的耐磨性好、强度高、耐霉蛀、耐气候性好、尺寸稳定、保形性好的优点,又具有棉的吸湿性与透气性较好的优点。如涤/麻混纺汗布还具有麻纤维特有的滑爽性能;棉/麻混纺汗布既具有柔软、吸湿性与透气性好的优点,又具有滑爽的特点	尤宜制作夏衣	

续表

面料名称	原料及纱支	织物组织	后整理	特　点	用　途	备　注
真丝汗布(silk single jersey)	采用蚕丝编织的纬平针织物。常用纤度为2.2tex×8(或×6，×4等)，一般应与机器的机号相适应	纬平针组织	编织后坯布需要经过脱胶处理，使丝胶溶解，以增加织物的柔软性与弹性自由度，从而获得真丝特有的悬垂性和软滑性，并赋以柔和的光泽	富有天然光泽、手感柔软、滑爽，弹性和悬垂性较好，有飘逸感，穿着时贴身、舒适，有良好的吸汗性与散湿性。真丝的耐碱性弱，对酸有一定的稳定性，但受盐的影响很大，若纯丝汗衫长期受汗水浸蚀，则会影响服用性能，甚至出现破洞	可制作高档内、外衣，女礼服，裙衫等	
苎麻汗布(ramie single jersey)	采用苎麻纱编织而成的纬平针织物，常用苎麻纱的细度有18tex、10tex×2等，可在相应机号的台车上进行编织	纬平针组织	编织前苎麻需经柔软处理。编织后经丝光、烧毛等工序处理后苎麻汗布表面光洁，手感更为滑爽	比纯棉汗布硬、挺、爽、结实，外观粗犷自然，吸湿散热快，出汗后不贴身，不易吸附尘埃，但弹性恢复差，不耐折皱。苎麻经过改性处理后更显出其独特的风格，同时增加了手感的柔软性	特别适宜制作夏季衣衫	
涤纶汗布(polyester single jersey)	采用涤纶(聚酯纤维)丝编织的纬平针织物。常用的纤度为3.3～11tex	纬平针组织	染色或印花整理	具有优良的耐皱性、弹性和尺寸稳定性，织物挺括、易洗快干、耐摩擦、牢度好、不霉不蛀，但吸湿性、透气性、染色性较差	可制作汗衫、背心、翻领衫等	
腈纶汗布(acrylic single jersey)	采用腈纶(聚丙烯腈纤维)纱线编织而成的纬平针织物。原料细度应与机器机号相适应，常用的有5～28tex等多种纱线	纬平针组织	染色或印花整理	弹性好，手感柔软，染色性能较好，色泽鲜艳且不易褪色，吸湿性较差，易洗快干，洗涤后不变形，但摩擦后易产生静电作用而吸附灰尘，故不耐脏	主要制作翻领扣子衫、汗衫、汗背心、运动衣裤等	

2. 罗纹针织面料 (rib fabric)

罗纹针织面料是由一根纱线依次在正面和反面形成线圈纵行外观的针织物。它是纬编双面原组织，其外观特征是正反面都呈现正面线圈，织物具有较大的延伸性和弹性。脱散性与织物的密度，纱线的摩擦力等有关。正反面线圈相同的罗纹，卷边力彼此平衡，不卷边。正反面线圈不同的罗纹，相同纵行可以产生包卷的现象。不同的罗纹针织面料是由正面线圈纵行与反面线圈纵行以一定比例配置而成的。常见的有 1+1 罗纹（平罗纹）、2+2 罗纹、氨纶罗纹，例见彩图 61。

面料名称	原料及纱支	织物组织	后整理	特点	用途	备注
罗纹针织面料(rib fabric)	采用原料有纯棉、纯化纤和混纺纱(如涤/棉混纺纱、黏/棉混纺纱、腈/棉混纺纱等),纱线细度为14～28tex	罗纹组织	经漂白、增白上蓝工艺加工后,可得特白罗纹面料;经练、漂、染色等加工,可得表面呈现单一色泽的素色罗纹面料	根据正反面线圈纵行的组合的不同可以有变化多端的各种宽窄不同的纵向凹凸条纹外观。有良好的弹性,特别是在横向拉伸时具有较大的弹性和延伸性,且面料不会出现卷边现象,但面料中线圈断裂时可以逆编织方向脱散	具有较好的弹性,用于缝制夏季穿着的内衣、针织服装的领口及饰边、游泳衣裤等	
米兰罗纹针织面料(milano rib fabric)	用纱与普通罗纹针织面料相同,可以根据需要变化	罗纹组织与纬平针组织复合	可经练、漂、染色等加工,得到表面呈现单一色泽的素色米兰罗纹针织面料或用色纱进行编织	由于空气层的存在,织物厚度加大,弹性不如罗纹织物,但尺寸稳定性好,保暖性好	一般作外衣面料	米兰罗纹针织面料是指一种罗纹空气层织物,即在编织一个罗纹横列后在编织一个正、反面单面线圈组成的空气层横列
氨纶罗纹面料(polyurethane rib fabric)	采用14.5 tex精梳棉纱和22 dtex氨纶交织	罗纹组织	经染色,获单一色泽的素色罗纹面料	与罗纹针织面料外观相同,但结构更显紧密,弹性更好	用于弹性较大的服装和服装的弹性部位(如边口)	

续表

面料名称	原料及纱支	织物组织	后整理	特　点	用　途	备　注
提花罗纹面料(jacquard rib fabric)	可使用的原料很多，使用较多的有毛纱、混纺纱、涤纶长丝等	罗纹组织与纱罗组织复合	提花针织面料经漂白、增白上蓝工艺加工后，可得特白罗纹面料；经练、漂、染色等加工，可得表面呈现单一色泽的素色罗纹面料	既有罗纹织物的直条纹外观，又有在移圈处因线圈纵行中断而呈现的孔眼效应。如果线圈的转移在同一针床相邻织针上进行，织物上的孔眼较清晰，如果线圈的转移是在相对针床的相邻织针上进行，则织物上的孔眼较小。提花罗纹面料具有罗纹面料的性能，横向弹性好、延伸性好，没有卷边现象，有逆编织方向脱散的现象。由于移圈，使面料的牢度有所降低	用来缝制内衣、外衣和装饰用品	是在1+1罗纹织物的基础上，按照花纹要求将某些线圈进行转移，从而形成具有孔眼花纹的罗纹面料
复合罗纹面料(compound rib fabric)	由罗纹组织与其他组织复合而成的一种针织面料，种类较多，常用的有空气层罗纹面料和点式纹罗纹面料。空气层罗纹面料常用原料有腈纶纱、毛纱或混纺纱等。纱线细度根据产品要求和机器设备条件等有较大范围，点式纹罗纹面料(分瑞式点纹和法国式点纹)常用低弹涤纶丝、腈纶纱或混纺纱等	罗纹组织与其他组织复合	编织成的毛坯织物需经过煮练、漂白、染色、烘燥和轧光处理	空气层罗纹面料横向延伸性较小、尺寸稳定性好、织物厚实挺括，两面外观完全相同，坯布裁剪时不会出现卷边现象。瑞式点纹面料结构紧密、横密较大，而法国式点纹面料具有线圈纵行纹路清晰，表面丰满，横密较小等特点	用于缝制运动衫裤和外衣等	

3. 双反面针织面料(purl fabric)

双反面针织面料是由一根纱线依次在正面和反面形成线圈纵行外观的针织物。它是纬编双面原组织，其外观特征是正反面都呈现反面线圈，织物具有较大的延伸性和弹性。脱散性与织物的密度、纱线的摩擦力等有关。正反面线圈横竖数目相同时，卷边力彼此平衡，不卷边。正反面线圈不同的罗纹，相同纵行可以产生包卷的现象。双反面针织面料的品种规格较多，根据织物的组织结构，分为平纹双反面织物和花色双反面织物。平纹双反面织物常用1+1、2+2或1+3等双反面组织。花色双反面织物有各种花纹效应，如在织物表面根据要求混合配置正、反面线圈，则可形成正面线圈下凹、反面线圈凸起的凹凸针织物；又如，在凹凸针织物中变化线圈颜色，则可形成既有色彩、又有凹凸效应的提花凹凸针织物，例见彩图62。

面料名称	原料及纱支	织物组织	后整理	特　点	用　途	备　注
双反面针织面料(purl fabric; links-links fabric; pearl fabric; pur knit)	分为平纹双反面针织面料和花式双反面针织面料。原料常用粗或中粗毛纱、毛型混纺纱、腈纶纱和弹力锦纶丝等，纱线细度随机号而变化	双反面组织	按成形服装后整理工艺进行	在面料表面合理配置正、反面线圈横列，则可形成正面线圈横列下凹，反而线圈横列凸起的凹凸针织面料，若再配合变化线圈颜色，则可形成既有色彩，又有凹凸效应的提花凹凸针织面料。该面料在纵向拉伸时具有较大的弹性和延伸性，且纵向与横向的弹性及延伸性相接近。织物比较厚实，无卷边现象，但有顺、逆编织方向脱散的可能	适宜制作婴儿服、童服、袜子、手套和各种运动衫、羊毛衫等成形服装，应用范围极广	
花式双反面针织面料(jacquard purl fabric)	应用原料同上，但在编制过程中或者变化正反面线圈横列或者利用选针机构在双反面基础之上进行提花编织形成各式花纹	双反面组织	按成形服装后整理工艺进行	该织物在双反面针织面料基础之上增加了更多的色彩或者凹凸花纹，使面料更时尚。性能基本上同双反面针织面料	同上	

4. 双罗纹针织面料 (interlock fabric)

双罗纹针织面料是由两个罗纹交叉组织复合而成，属于双面组织的变化组织。俗称棉毛组织。双罗纹织物的延伸性和弹性都比罗纹织物小。而且个别线圈断裂，因受另一罗纹组织线圈摩擦的阻碍，使脱散不容易进行。双罗纹织物不卷边，表面平整而且保暖性好。常见的有普通棉毛布、印花棉毛布、色织棉毛布、抽条棉毛布、凹凸棉毛布、氨纶棉毛布等，例见彩图63。

面料名称	原料及纱支	织物组织	后整理	特　点	用　途	备注
双罗纹针织面料(棉毛布)(interlock fabric; double rib)	原料大多采用细度为14～28tex的棉纱，在机号为16～22.5针/2.54cm的棉毛机上编织，也有采用棉型腈纶纱或棉/腈、涤/棉等混纺纱的。其号数制捻系数一般是14～30tex的梳棉单纱为300～370；16～36tex的精梳棉纱为290～340；10～30tex的棉型腈纶纱为280～320，一般是捻度略小于汗布用纱的捻度，以增加棉毛衫裤的柔软度	双罗纹组织	编织成的毛坯织物需经过煮练、漂白、染色、烘燥和轧光处理为染色棉毛布；经印花整理为印花棉毛布；先染纱，再织布为色织棉毛布	属于双正面织物，正反面外观都与纬平针织组织的正面相同，表面平整，不卷边，脱散性小，只逆编织方向脱散，个别线圈断裂，因受另一罗纹组织线圈摩擦的阻碍，使脱散不容易进行，该面料延伸性和弹性都比罗纹组织小，但保暖性好	可用于缝制棉毛衫裤、运动衫裤、外衣、背心等	

续表

面料名称	原料及纱支	织物组织	后整理	特点	用途	备注
本色棉毛布(grey interlock fabric)	编织后的坯布不经漂、染工艺加工,保持了棉纤维本来的天然色泽,故称本色棉毛布,常用纯棉纱14.5tex、18.5tex、28tex	双罗纹组织	坯布经汽蒸、定幅整理	其外观特征同上。特点是织物丰满,纵行纹路清晰,保暖性好,弹性较优良	一般用来制作棉毛衫、裤等内衣	
涤纶针织灯芯条面料(polyester knitted corduroy fabric)	涤纶针织灯芯条面料是以低弹涤纶丝作原料,采用变化双罗纹组织织制的。在编织时,每隔若干纵行线圈抽往1～2针,从而使布面呈现阔狭不等、凹凸不平的直向条纹。条纹的粗细可按要求而定	变化双罗纹组织	坯布经汽蒸、定幅整理	织物凹凸分明,手感厚实饱满,弹性和保热性良好	主要用作男女上装、套装、风衣、童装等面料	
港型针织呢绒(port type knitted wool fabric)	港型针织呢绒是用高级羊绒与涤纶丝而成的纬编针织呢绒	变化双罗纹组织	坯布经汽蒸、定幅整理	即有羊绒织物的滑糯、柔软、蓬松的手感,又有丝织物的光泽柔和、悬垂性好、不缩水、透气性强的特点	主要用作春、秋、冬服装	
凹凸纹网眼棉毛布(ridge design eyelet interlock fabric)	用纱同上,织物编织时在局部有规律地配置集圈线圈,在布面形成凹凸纹网眼	双罗纹组织与集圈组合	坯布经汽蒸、定幅整理	该织物可以利用集圈位置交替和数量上的变化,织出各种图案的网眼外观或是织物产生凹凸纹效果,有双层立体感,增加织物的透气性,弹性较优良	用较粗的纱线编织的面料可做上装,用较细的纱线编织的面料可制作衬衣等	
抽条棉毛布(striped interlock fabric)	用纱同本色棉毛布,织物编织时有规律地停止一些织针工作,在原有平坦的棉毛布上形成纵向凹凸形状的条文,成为抽条棉毛布	双罗纹组织	坯布经汽蒸、定幅整理	该织物可以利用停止工作织针位置的变化,织出各种不同宽窄、不同外观的纵向凹凸条纹,立体感强,弹性好	可用于内、外衣面料	
彩色棉毛布(coloured interlock fabric)	采用14.5tex、18.5tex、28tex色纱编织	双罗纹组织	坯布经洗油、汽蒸定幅整理	织物有色纱编织,外观格局色纱排列可以是彩色纵条、横条或斑点状。织物丰满,纵行纹路清晰,保暖性好,弹性优良	用途同上,更有装饰性	

续表

面料名称	原料及纱支	织物组织	后整理	特　点	用　途	备注
印花棉毛布（printed interlock fabric）	常用纯棉纱14.5tex、18.5tex、28tex或各种混纺纱编织	双罗纹组织	是素色或特白棉毛布经印花工艺加工，一般用筛网印花或滚筒印花法，其印花浆用涂料或其他染料	表面可以根据流行和时尚，设计不同的花纹或图案，利用棉毛布平整的外观和花色制作流行服装的面料	作为时尚内、外衣的面料	
法兰绒针织面料（flannel knitted fabric）	用两根18tex或16tex涤/腈（40/60或20/80）混色纱，在机号为14针/2.54cm或16针/2.54cm的棉毛机上编织成棉毛布，再经整理而成的织物	双罗纹组织	毛坯织物再经缩绒、起毛、柔软等整理	采用的混色纱多为散纤维染色，主要是黑白混色配成不同深浅的灰色或其他颜色，经起绒整理后外观酷似法兰绒，面料手感柔软，绒面细腻丰满，保暖性好	适宜缝制针织西裤、上衣和童装等	

5. 添纱针织面料（plated hosiery）

添纱针织面料是针织物的一部分线圈或全部线圈是由两根或两根以上纱线形成的。两根纱线中的一根称为面纱，编织时始终位于织物的正面；另一根称为地纱，始终位于织物的反面，即两根纱线的位置不能随意变动，这样形成的面料外观是正反面不同的。如果两根纱线的位置变动即形成交换添纱。添纱针织面料可以是单面的也可以是双面的。可以编织成单色的也可以编织成多色的。添纱针织面料主要特征是使针织物的正、反面有不同的色泽或性质（如丝盖棉），或使针织物的正面具有花纹（如绣花添纱），亦可以消除针织物线圈的歪斜（不同捻向的纱线），例见彩图66，彩图123。

面料名称	原料及纱支	织物组织	后整理	特　点	用　途	备　注
添纱针织面料（plating knitted fabric; plated hosiery; platedhosiery）	在专用针织机上同时用两根纱线编织织物，其中一根纱线始终在织物正面出现被称为面纱，另一根始终在织物反面出现称为地纱。当编织时使用两根不同色彩或性能的纱线时，织物两面具有不同的外观或者性能	添纱组织	坯布经染色、定形等后整理工艺	利用该面料用两根不同色彩或性能纱线编织的特点可以使面料具有不同的外观或者生产贴身舒适吸汗、外观时尚挺括的舒适性面料（也可形成两面穿面料）	根据用纱情况形成的面料制作外衣或舒适内衣等	

续表

面料名称	原料及纱支	织物组织	后整理	特　点	用　途	备　注
变换添纱针织面料(reverse plating knitted fabric)	编织同上，但在适当部位面纱和面纱交换位置，形成以色彩或原料变化而出现图案或花纹的织物。可以用不同色彩或不同性能的纱线组合。通常采用腈纶纱、锦纶变形丝、毛纱、棉纱、涤纶变形丝等为原料	添纱组织	坯布经染色、定形等后整理工艺	外观可以根据两根纱线交换而出现别样花纹，使之形成提花效果，又可以做两面穿服装面料	制作两面穿内、外衣面料或用于编织羊毛衫、袜子等	
架空添纱针织面料(float plating knitted fabric)	编织同上，但在适当部位一根纱线编织，使织物局部产生薄透的网眼效果	添纱组织	坯布经染色、定型等后整理工艺	外观可以根据一根纱线编织位置的变化，形成不同花纹或图案镂空效果，既可增强透气性又可作为装饰性面料	可制作夏装或装饰性服装	

6. 衬垫针织面料 (lay-in knitted fabric)

衬垫针织面料是以一根或几根衬垫纱线按一定比例在织物的某些线圈上形成不封闭的圈弧，在其余的线圈上呈浮线停留在织物反面。起绒针织面料是对衬垫针织物的反面浮线进行拉毛处理，使之形成绒面。起绒用的衬垫纱宜采用粗支纱，且捻度要小，按纱线粗细不同，拉出的绒面厚薄不同，可有厚、薄细绒。该织物厚实、手感柔软、保暖性好，例见彩图 67。

面料名称	原料及纱支	织物组织	后整理	特　点	用　途	备　注
衬垫针织面料(laying-in knitted fabric; padding knitted fabric; wadding knitted fabric; tournure knitted fa-bric)	地纱一般为中号棉纱、腈纶纱、涤纶纱或混纺纱，细度通常为 14～28tex；衬垫纱一般用较粗的棉纱、毛纱、腈纶纱或混纺纱，细度通常在 28～96tex 或可根据织物的要求选用花式纱线。坯布单位面积重量 200～500g/m^2	衬垫组织	编织而成的毛坯织物还需经过煮练、漂白、染色、柔软处理、烘燥和轧光。如果烘燥后进行拉毛，就可以形成针织绒布	织物的正面类同于纬平针地组织的外观，衬垫纱的悬弧和浮线根据要求可以按 1∶1、1∶2 或 1∶3 等的比例显现在织物的反面，成为弧状(鱼鳞状)外观。衬垫织物的横向延伸性较小，厚度增加，因衬垫纱较粗，织物的反面呈现较粗糙外观	用于制作运动衣、休闲装、外衣或做装饰布	

续表

面料名称	原料及纱支	织物组织	后整理	特　点	用　途	备　注
起绒针织面料(knitted fleece; napped jerseg; fleece knit fabric)	是衬垫针织物的反面经拉毛处理而形成织物的一面或两面覆盖着一层稠密短细绒毛的针织面料。所用原料种类很多,地部通常用棉纱、混纺纱、涤纶纱或涤纶丝。起绒纱通常用较粗的棉纱、腈纶纱、毛纱或混纺纱等,而且宜采用粗号纱,且捻度要小。按照使用纱线细度和绒面厚度的不同,单面绒又常分为厚绒、薄绒和细绒三种。纱线细度视机号和品种而定	衬垫组织	经漂染加工后还可分漂白、特白、素色、印花等各类绒布,还可用原纱经精练、染色加工后制成的色纱,或用染色纤维纺制成的色纱,编织成夹色或素色的色织品种	正面是纬平针织组织的外观,反面呈现稠密短细的绒毛而看不见织纹,具有一定的弹性和延伸性,手感柔软、织物厚实,保暖性好	应用较广,可用来缝制冬季的绒衫裤、运动衣和外衣,也可供装饰和工业用	
厚绒布(thick raised knitted fabric)	又称1号绒布,是起绒针织物中最厚的一种,是用一根18tex和一根28tex纱编织地组织,利用两根96tex纱为起绒纱,在低机号(如22针/3.81cm)的台车上或单面舌针针织机上编织而成的衬垫针织物经拉毛处理。干燥重量545～570g/m^2	衬垫组织	毛坯布经煮练、漂染、烘燥和起毛整理	一般为纯棉产品和腈纶产品,正面是纬平针织组织的外观,反面绒毛较长看不见织纹,绒面疏松,面料较厚,保暖性好	常用来制作冬季穿着的绒衫裤	
薄绒布(thin raised knitted fabric)	又称2号绒布,是用两根18～28tex纱编织地组织,一根96tex纱(或56tex纱或36tex纱)为起绒纱,在低机号(如22针/3.81cm)的台车上或单面舌针针织机上编织成衬垫针织物。干燥重量为370～390g/m^2	衬垫组织	毛坯布再经煮练、漂染、烘燥和起毛整理	纯棉薄绒布柔软,保暖性好。化纤类如腈纶薄绒布色泽鲜艳,绒毛均匀,缩水率小,保暖性好	用于制作运动衫裤、春秋季穿着的绒衫裤	
细绒布(fine raised knitted fabric)	又称3号绒布,是用两根14tex或18tex纱编织地组织,一根58tex纱为起绒纱,在台车或单面舌针针织机上编织成衬垫针织物。薄绒布的种类很多,根据所用原料不同可分为纯棉、化纤和混纺几种	衬垫组织	毛坯布再经煮练、漂染、烘燥和起毛整理	绒面较薄,布面细洁、美观。纯棉类细绒布的干燥重量为270g/m^{2}左右;腈纶类细绒布较轻,其干燥重为220g/m^{2}左右	用于制作妇女和儿童的内衣,也常用于制作运动衣和外衣	

续表

面料名称	原料及纱支	织物组织	后整理	特　点	用　途	备　注
驼绒针织面料(lambsdown knitted fabric)	通常是用中号棉纱作地纱，粗号粗纺毛纱、毛/黏混纺纱或腈纶纱作起绒纱，在台车上编织成圆筒状衬垫织物，再经整理而形成	衬垫组织	织物经剖幅、染色、拉毛和起绒整理(由于经过剖幅，织物的幅边不很整齐)	又称骆驼绒，是用棉纱和毛纱交织成的起绒针织物，因织物绒面外观与骆驼的绒毛相似而得名。表面绒毛丰满，质地松软，保暖性和延伸性好	是服装、鞋帽、手套等衣着用品的良好衬里材料	
针织灯芯绒面料(knitted corduroy fabric)	编织衬垫组织时的衬垫纱采用直垫方式，有规律地形成纵向条纹，拉绒后形如灯芯绒(也有用提花生产出不拉绒的凹凸条纹仿灯芯绒)	衬垫组织	织物经剖幅、染色、拉毛和起绒整理	外观似梭织灯芯绒，但具有良好的弹性和手感，穿着舒适	作外衣及家具装饰面料等	

7. 毛圈布 (terry cloth)

毛圈布是由平针线圈和带有拉长沉降弧的毛圈线圈组合而成的针织物。分为单面毛圈布和双面毛圈布，可后整理成素色，花色，还可对毛圈线圈进行剪毛、刷花整理成绒类织物，例见彩图69，彩图92，彩图9。

面料名称	原料及纱支	织物组织	后整理	特　点	用　途	备　注
单面毛圈布(one sided terry cloth)	地纱用涤纶长丝、涤/棉混纺纱或锦纶丝，毛圈纱用棉纱、腈纶纱、涤/棉混纺纱、醋酯纤维纱、转杯纺(气流纺)化纤纱等	单面毛圈组织	可经漂白、增白上蓝工艺加工成特白毛圈布；经练漂、染色工艺加工成表面呈现单一色泽的素色毛圈布；用染色纱作毛圈纱编织成色织毛圈布；以及经印花工艺加工成印花毛圈布	在织物的一面均匀分布着环状纱圈，另一面与纬平针织物的正面相同。面料手感松软，质地厚实，具有良好的延伸性、弹性、抗皱性、保暖性和吸湿性	用于制作睡衣、浴衣、T恤衫、家用纺织品及工业用品等	

续表

面料名称	原料及纱支	织物组织	后整理	特点	用途	备注
双面毛圈布(double-faced terry weft knitted fabric)	用纱同上。织物两面的毛圈如用不同性能或不同色泽纱线编织,可以制成类似于涤盖棉类的正反面不同性能或不同外观的面料,提高面料的服用舒适性,也可制作双面穿的服装	双面毛圈组织	可经漂白工艺或经练漂、染色工艺加工成素色毛圈布,同样可以用染色纱作毛圈纱编织成色织毛圈布等	是指织物的两面都竖立着环状纱圈的针织面料。织物厚实,毛圈松软,能储藏较多的空气,织物具有良好的保暖性和吸湿性,又因其两面有毛圈,可以在其一面或两面进行表面整理,以改善产品外观和服用性能	适用于制作浴衣、免烘尿布、婴儿衣服等	
提花毛圈布(jacquard terry cloth)	与单面毛圈布用纱相同。但织物表面形成的毛圈部位是按照花纹要求编织的	单面毛圈组织	经练漂、染色工艺加工成表面呈现单一色泽的提花毛圈布;用染色纱作毛圈纱编织成色织提花毛圈布	一般为单面毛圈布,在织物的一面分布着环状纱圈形成的凸起花纹,地部似为平针织物的反面,另一面与纬平针织物的正面相同。面料手感松软,花纹具有立体感,延伸性、弹性、抗皱性等都较好	可以作夏令服装面料,也用于做睡衣、浴衣、T恤衫、家用纺织品等	
天鹅绒针织面料(velvet weft knitted fabric)	是用低弹涤纶长丝或低弹锦纶长丝等做地纱,地纱的弹性有利于固定绒毛,防止脱落;用棉纱、涤/棉混纺纱或醋酯纤维纱线等短纤纱做起绒纱。棉纱可以使绒面柔软,涤/棉混纺纱可以使绒毛挺立,醋酯纤维纱线可以使绒面光泽好。一般使用绒纱粗于地纱	毛圈组织	织物经过转笼烘燥使毛圈直立,然后进行剪毛烫光等整理工序,在织物表面形成长度为1.5～5mm的直立绒毛	织物的一面由直立的纤维或纱形成的绒面所覆盖,其绒毛细密蓬松,手感柔软,织物厚实,色光柔和,织物不易起皱、坚牢且耐磨	常用来制作外衣、女士晚礼服、旗袍等服装,帽子、帷幕和家用装饰物等	手感柔软,类似天鹅毛被的里绒毛,故名

续表

面料名称	原料及纱支	织物组织	后整理	特　点	用　途	备　注
刷花绒针织面料(pile knitted fabric with brushed pattern)	形成花式效应的织物原料有绒纱和地纱两种。绒纱采用化纤丝或者化纤含量高、天然纤维含量低的混纺纱，地纱采用化纤纱或天然纤维纱均可	单面毛圈组织	经热刷、定型加工	绒面花型是通过热刷形成的，其织物质地柔软、绒面丰满、花型立体感强、时隐时现，图案花式变幻莫测，纬编刷花绒针织物的弹性和延伸性好	可用于女式时装、裙衫、旗袍等服装，也可用于制作沙发罩、汽车坐垫、家具布、窗帘等装饰用织物	是先织成毛圈织物，再剪毛加工成天鹅绒织物，然后再经热刷加工，高速回旋的转刷透过滚筒壁上按花纹雕出的孔作用于织物绒面，将这部分的毛刷起，由于另一面支撑织物的加热滚筒的热定型作用，将未刷起的化纤绒毛定形呈伏倒状态。而被刷起的绒毛仍然直立。由绒毛的不同方向构成的花型，在光线照射下呈不同的反射

8. 人造毛皮针织面料（fake fur knitted fabric）

人造毛皮针织面料是采用针织长毛绒组织，在编织过程中用纤维同地纱一起喂入织针编织，纤维以绒毛状附在针织物表面的组织，成为绒毛。长毛绒组织一般是在纬平针组织上形成的。长毛绒组织面料被称为人造毛皮针织面料。此外有经编编织也能形成人造毛皮针织面料，共同点是一面有较长的绒毛覆盖，外观类似动物毛皮，另一面为针织底布。若在底布上粘贴一层人造麂皮或起绒处理，可达到两面穿的作用。此类面料手感柔软丰满，质轻保暖，防蛀，可水洗，易存放，例见彩图70。

面料名称	原料及纱支	织物组织	后整理	特　点	用　途	备　注
人造毛皮针织面料(fake fur knitted fabric)	底布常用棉纱、黏胶或丙纶作原料，绒毛采用腈纶或变性腈纶纤维，外层粗刚毛纤维的纤度为1.1～3.3tex，宜用异形截面，有较好的光泽，里层短绒毛纤维的纤度为0.165～0.55tex	长毛绒组织	后整理时要在织物的背面(底布)涂黏合剂，使底布定型，以免掉毛，然后经过梳毛、印花、剪毛、电热烫光、拷花、压纹、滚球等后整理工序，可以形成各种外观效应的人造毛皮	手感柔软，织物厚实，保暖性好	用于大衣、服装衬里、帽子、衣领等，也可用于制作褥垫、玩具、室内装饰织物和地毯等	

续表

面料名称	原料及纱支	织物组织	后整理	特　点	用　途	备　注
提花人造毛皮(jacquard fake fur knitted fabric)	用纱同上，只是将不同颜色的纤维和地纱垫放在按花纹要求所选择的织针上。在织物的绒毛表面形成具有色彩效应的各种图案，以模仿各种动物毛皮的花纹	长毛绒组织	是在装有选针机构的人造毛皮针织机上编织后再经过底布涂黏合剂、梳毛和剪毛等后整理工序加工而成	提花人造毛皮是在织物的绒毛表面形成具有色彩效应的各种图案，以模仿各种动物毛皮的花纹成美化产品的外观	用途同上，只是更具有装饰性	

9. 提花针织面料 (jacquard knitted fabric)

提花针织面料是编织时将纱线垫放在按花纹要求所选择的某些织针上进行成圈而形成花纹图案的织物。有单面提花面料和双面提花面料。提花面料的横向延伸性和弹性较小；单面提花面料的卷边性同纬平针织面料，双面提花面料不卷边；提花面料中纱线与纱线之间的接触面增加，具有较大的摩擦力，阻止线圈的脱散，所以提花面料的脱散性小；织物稳定性好，布面平坦，美观大方；单位面积重量大，厚度大，例见彩图 64。

面料名称	原料及纱支	织物组织	后整理	特　点	用　途	备　注
单面提花面料(single-jacquard knitted fabric；accordion)	常用原料有 7.8～22tex 低弹涤纶丝、7.8tex×2 锦纶弹力丝、锦纶长丝和 11～24tex 的棉及涤棉混纺纱等，在单面提花机上编织	单面提花组织	在织物表面形成各种色彩花色效应的针织物，需先将纱线染成所需色彩，然后在针织机上编织成织物，再经洗、熨烫定型	反面有浮长线，花纹较小、织物较薄、手感柔软，有弹性，延伸性与脱散性比平针织物小	一般用于制作 T 恤衫或女士时装	
针织泡泡纱(seersucker knitted fabric)	常用低弹涤纶丝、棉纱、棉麻混纺纱、涤棉混纺纱等为原料，在单面提花机上利用不规则提花组织编织，表面布满随机隆起泡形外观。当采用 11.1tex 的低弹涤纶在 24 机号的单面提花机上编织时，其平方米克重在 110 左右。此外，还可以利用在平针线圈的基础上适当配置多列双针集圈的结构单元，在布面上形成泡泡纱的效果	单面提花组织	后整理可以进行染色、印花等	结构轻薄，手感柔软，透气性、弹性及延伸性好，脱散性小，穿着凉爽而不易粘贴皮肤	主要用于夏季服装，如连衣裙等	

续表

面料名称	原料及纱支	织物组织	后整理	特　点	用　途	备　注
双面提花面料(double-faced jacquard knitted fabric)	常用原料有 7.8～22tex 低弹涤纶丝、7.8tex×2 锦纶弹力丝、锦纶长丝和 11～24tex 的棉及涤棉混纺纱等,在双面提花机上编织	双面提花组织	洗涤、熨烫等整理	花纹清晰、布面平整、结构稳定,织物较为厚实,延伸性与脱散性小,手感柔软,有弹性	适于制作外衣	
纬编树皮绉针织面料(bark crepe weft-knitted fabric)	是利用两色和三色双胖提花的方法使面料外观出现起绉效应。一般采用 8.33tex×2、15tex、16.7tex、22.22tex 的有色低弹涤纶丝、高弹锦纶丝、高弹丙纶丝、涤棉混纺纱、涤腈混纺纱等为原料	双胖提花组织	若为色织,再经洗涤、熨烫等整理。若为不是色织,则要经过染色、定型等后整理加工	表面呈现树皮状绉纹外观,美观大方,产品较厚实,挺括,有弹性	适宜制作春秋时装、套裙、西裤及沙发面料等	
针织仿毛华达呢(knitted wool-like gabardine)	由化纤原料编织的具有毛华达呢风格和特性的仿毛织物。采用细特低弹涤纶丝为原料,利用双胖提花的方法在布面上形成约 60°角的斜向条纹	双胖提花组织	坯布经染色、定型等后整理加工	外观类似毛华达呢,表面呈现清晰而较陡的急斜纹,面料细密结实,弹性与悬垂性较好	适宜制作中档外衣裤、裙子及汽车装饰品等	
纬编银枪大衣呢(weft knitted silver-white overcoating)	是纬编仿毛针织物。在 16 机号双面提花机上编织。采用 18tex×2 涤腈银枪铁灰色混纺自捻纱线为原料,其混纺比例为涤纶 60%、腈纶 40%,枪毛为涤纶中夹有 9%的银白色异形锦纶丝,使得混纺自捻纱带有银枪毛茸,无捻区较松弛。产品重 375g/m^2 左右	双面提花组织	坯布经拉绒整理	表面具有铁灰色毛绒并从中突出较长较粗的银白色纤维,毛型感较强,尺寸稳定,弹性好,较挺括	多用于大衣及外衣	
涤纶色织针织面料(polyester yarn-dyed knitted fabric)	以染色低弹涤纶丝为原料,按设计要求配置好不同颜色,采用提花组织,织制成 3～6 色甚至更多色的花型图案。常见花型有条形、格形、花卉、人物、动物、山水、几何图案等	提花组织	洗涤、熨烫等整理	织物光彩鲜艳、美观、配色调和,质地紧密厚实,织纹清楚,毛型感强,有类似毛织物花呢的风格	主要用作男女上装、套装、风衣、背心、裙子、棉袄面料、童装等	

续表

面料名称	原料及纱支	织物组织	后整理	特点	用途	备注
涤纶针织劳动面料(polyester knitted dungarees)	涤纶针织劳动面料,又称涤纶针织牛仔布,是以低弹涤纶丝为原料,其中一根较粗的染成躲青色,一根较细的为本白丝,采用提花组织织制,织物表面在躲青色中夹有均匀细小的本色色点	提花组织	洗涤、熨烫等整理	织物紧密厚实,坚牢耐磨,挺括而有弹性。若原料用含有氨纶的包芯纱,则可织成弹力针织牛仔布,弹性更好	主要用作男女上装和长裤	

10. 集圈针织面料 (tuck knitted fabric)

集圈针织面料的形成是在针织物的某些线圈上，除套有一个封闭的旧线圈外，还有一个或几个未封闭的悬弧。这种集圈编织使织物表面产生了网眼与小方格的外观效应。可以形成许多花纹。如果适当增加编织集圈的弯纱深度和集圈的列数，则线圈中有的伸长有的抽紧，悬弧还有将相邻线圈纵行向两边推开的作用，使变化就更为突出，同时还可增加织物的透气性，但由于线圈的严重不匀，将影响织物的坚牢度。集圈针织面料有单面集圈组织形成和双面集圈组织形成。集圈针织面料纵密大，横密小，长度缩短，宽度增加；面料较平针和罗纹组织为厚；脱散性较平针组织小，例见彩图65。

面料名称	原料及纱支	织物组织	后整理	特点	用途	备注
单面集圈面料(single-tuck knitted fabric)	常用原料有7.8～22tex低弹涤纶丝、7.8tex×2锦纶弹力丝、锦纶长丝和11～24tex的棉及涤棉混纺纱等,在单面大圆机上编织	单面集圈组织	利用单面集圈形成的网孔或凹凸外观在织物表面形成各种肌理效应,再经染色,定型等后整理	面料表面或者由孔眼形成的花纹,或者由悬弧形成网状外观,一般织物较薄,透气性较好,弹性,延伸性与脱散性比平针织物小	宜作夏季T恤衫或女士时装面料	
针织乔其纱(knitted crepe georgette)	采用细旦或超细旦低弹涤纶丝、PBT/PET并列复合涤纶丝、解编变形丝、高收缩涤纶丝等为原料,利用单面集圈和平针线圈结合的方法形成仿真丝乔其纱风格的面料。重约80～105g/m^2	单面集圈	坯布经染色、定型整理	织物轻薄,布面呈现随机散布的颗粒状绉纹,挺括而不刚硬,弹性和抗皱性好	宜做夏季衬衫、连衣裙、头巾、窗帘及装饰等	

续表

面料名称	原料及纱支	织物组织	后整理	特　点	用途	备　注
双面集圈面料(double-tuck knitted fabric)	常用原料有7.8～22tex低弹涤纶丝、7.8tex×2锦纶弹力丝、锦纶长丝和11～24tex的棉及涤棉混纺纱等,在双面大圆机上编织	双面集圈组织	有织成素色再经染色、定型整理的,也有利用色纱进行色织,形成各种色彩闪光凹凸效应织物	比单面集圈面料厚实,弹性,延伸性与脱散性比平针织物小	适于制作外衣	
涤盖棉面料(double jersey with polyester face and cotton back)	一种双罗纹复合织物,该织物一面呈涤纶线圈,另一面呈棉纱线圈,中间通过集圈加以连接。通常以涤纶面为正面,故为了保证织物的强度和覆盖性,一般采用涤纶为集圈纱线。根据织物的最终用途及针织机的机号,原料可选用5.6～15tex的涤纶,10～18tex的棉纱	双罗纹与集圈的复合	面料的染色可采用高温高压一浴染色法或高温高压及常温常压两浴染色法,染料可分别采用分散/活性、分散/还原及分散/直接等染料	一面呈涤纶线圈,另一面呈棉纱线圈,中间通过集圈加以连接。织物常以涤纶为正面,棉纱为反面,集涤纶织物的挺括抗皱、耐磨坚牢、良好的覆盖性及棉的柔软贴身、吸湿透气等特点为一体	是制作运动服、夹克衫和休闲装的理想面料	
半畦编针织面料(half-cardigan knitted fabric)	是在罗纹组织基础上编织,两个针床中的一个针床织针始终编织正常线圈,而另一个针床织针始终编织单针单列集圈。原料可以根据机号选用棉纱或毛纱	罗纹与集圈的复合	可经染色、定型等工艺加工成素色面料,同样可以用染色纱编织成色织面料	一面都是单列集圈,另一面都是平针线圈,与悬弧相邻的线圈则因纱线弹性而呈圆形,故在织物表面呈现的是圆形平针线圈,俗称单元宝针,有特殊风格。该织物在圆形线圈的影响下,纵向缩短,横向扩大,织物比普通的双罗纹要厚实	可以根据所用纱线的粗细编织不同季节穿着的外衣	
畦编针织面料(full cardigan knitted fabric)	常用的原料编织为动物毛纱(如羊毛、羊绒、兔毛、驼绒等)与腈纶等毛型化纤纱,细度范围与机号相适应,大多为166.7～58.8tex(6～17公支)。在横机上一般利用不脱圈法编织而成,常用的横机机号为6、7、9、11针/2.54cm等	双面集圈组织	可经染色工艺加工成素色面料,同样可以用染色纱编织成色织面料	是在织物两面交替进行集圈编织,因此在织物两面都呈现均匀的圆形平针线圈,俗称双元宝针。织物较为厚实,横向延伸性与脱散性较小,与同针数的平针织物相比,织物的宽度增加,长度缩短	在羊毛衫生产中应用较多	属于双面集圈针织物,与半畦编针织面料不同的是编织时,两个针床的织针始终都编织单针单列集圈

11. 摇粒绒（polar fleece）

摇粒绒是针织面料的一种，在二十世纪九十年代初先在中国台湾生产。它是半畸编组织结构（是集圈组织的变化），在大圆机编织而成，再经染色，拉毛、梳毛、剪毛、摇粒等多种复杂工艺加工处理。面料正面拉毛，摇粒蓬松密集而又不易掉毛、起球，反面拉毛稀疏匀称，绒毛短少，组织纹理清晰、蓬松弹性特好。其成分一般是全涤的，手感柔软。摇粒绒还可以与一切面料进行复合处理，使御寒的效果更好。例如摇粒绒与牛仔布复合，摇粒绒与羊羔绒复合、摇粒绒与网眼布复合中间加防水透气膜等等，例见彩图101。

面料名称	原料及纱支	织物组织	后整理	特　点	用　途	备　注
摇粒绒（polar fleece）	成分一般是全涤的。短纤摇粒绒一般由18.5tex涤纶纱编织而成。长纤摇粒绒一般由涤纶长丝编织而成，还可以分为低弹丝摇粒绒、有光丝摇粒绒等。采用纱线的细度为150D/96F、150D/48F、150D/144F、150D/288F、75D/72F、75D/144F、100D/144F、100D/288F等	半畦编组织	在大圆机上织成毛坯布，经染色，再经拉毛、梳毛、剪毛、摇粒等多种复杂后整理工艺加工处理而成	面料正面拉毛，摇粒蓬松密集而又不易掉毛、起球，反面拉毛稀疏匀称，绒毛短少，组织纹理清晰、蓬松弹性特好，手感柔软，耐磨耐穿，保暖性好	是近年国内冬季御寒服装的首选面料，还可用于手套、围巾、帽子、抱枕、靠垫等	
印花摇粒绒（printed polar fleece）	采用涤纶纱编织，纱线的细度为150D/96F、150D/48F、150D/144F、150D/288F、75D/72F、75D/144F、100D/144F、100D/288F等	半畦编组织	采用平网定位印花工艺印花，花型可以有卡通造型、动物、人物、风景、油画等。根据印花的浆料不同，有渗透印花、胶浆印花、转移印花彩条等的200多个花色品种	花型新颖别致、自然流畅，颜色丰富多彩，手感柔软，耐洗耐穿，保暖性好，受到各界人士的青睐	除可制作保暖服装面料、服装内里等，还可以做床上用品和地毯等	
抽条摇粒绒（drop-needle polar fleece）	采用涤纶纱编织，纱线的细度为150D/96F、150D/48F、150D/144F、150D/288F、75D/72F、75D/144F、100D/144F、100D/288F等	半畦编组织	染色，再经拉毛、梳毛、剪毛、摇粒等多种复杂后整理工艺加工处理而成	织物编制过程抽针方法形成纵向条纹，整理成带有绒条外观的摇粒绒，纹理清晰、蓬松，弹性特好，保暖性好，手感柔软，耐洗耐穿	主要做保暖服装	

续表

面料名称	原料及纱支	织物组织	后整理	特　点	用　途	备　注
提花摇粒绒(jacquard polar fleece)	采用涤纶纱编织,纱线的细度为 150D/96F、150D/48F、150D/144F、150D/288F、75D/72F、75D/144F、100D/144F、100D/288F 等	半畦编组织	染色,再经拉毛、梳毛、剪毛、摇粒等多种复杂后整理工艺加工处理而成	利用提花的方法,使摇粒绒的外观更加丰富多彩、变化万千,手感柔软,耐洗耐穿,保暖性好,不易变形	除了制作保暖服装面料、服装内里,还可做绒毯等	
压花摇粒绒(emboss polar fleece)	采用涤纶纱编织,纱线的细度为 150D/96F、150D/48F、150D/144F、150D/288F、75D/72F、75D/144F、100D/144F、100D/288F 等	半畦编组织	经染色、拉毛、梳毛、剪毛、摇粒和压花处理	绒面由凹凸不平的外观组成花纹或图案,更突出绒面的立体感,手感柔软,耐洗耐穿	同上	

12. 衬经衬纬针织面料 (warp and weft inserted knitted fabric)

衬经衬纬针织面料是在纬编基本组织上衬入不参加编织的纬纱和经纱形成的。由于针织组织中增加了不参加编织的纬纱和经纱，限制了织物横、纵向的延伸，使织物具有针织物和机织物相结合的性质。如果该面料衬入的纱线是普通纱线，则面料弹性缩小，尺寸稳定性增加，如果该面料衬入的纱线是氨纶，则面料弹性增加。

面料名称	原料及纱支	织物组织	后整理	特　点	用途	备　注
纬编衬纬针织面料(laid-in weft knitted fabric)	是沿纬编针织物的横列方向,周期地衬入不参加编织的纬纱而形成的。通常用 14.5～18.5tex 棉纱、化纤纱和混纺纱作地纱,以不同细度的氨纶或花式纱线作衬纬纱,在配有纬纱喂入装置的单、双面机上编织	纬编衬纬组织	经染色或印花整理等	外观与地组织和所衬入不参加编织的纬纱有关,可以形成平坦的外观,也可以形成各种凹凸起皱的外观。其服用性能也与衬纬纱有关,用弹性纱作衬纬纱,可以使面料有更好的横向弹性,用非弹性纱作衬纬纱,可减少面料的横向延伸性,而使尺寸稳定	根据用纱情况制作弹力内衣裤、外衣、运动服和装饰品等	
衬经衬纬针织面料(warp and weft inserted knitted fabric)	是在纬编基本组织中衬入不参加成圈的纬纱和经纱而形成的一种花色针织面料。常用的原料有棉纱、涤纶丝、锦纶丝、维纶纱、涤棉混纺纱和弹性包芯纱等。用于制作服装面料时可以采用较细纱线编织,而采用粗纱并增加编织密度所得的织物则可作为工农业用各种涂塑管道的骨架,如针织消防水龙管、灌溉用水龙带和针织救生管道等	衬经衬纬组织	经染色工艺加工成素色面料,同样可以用染色纱编织成色织面料	由于衬经纱位于线圈的沉降弧和衬纬纱之间,衬纬纱位于线圈的圈柱和衬经纱之间,所以经、纬纱纵横交错于针织线圈之中,类似梭织物,故该织物的风格和性能兼有针织物与梭织物的特点。织物的纵、横向延伸性很小、手感柔软、透气性好,穿着舒适	可制作外衣产品,也可作为工农业用各种涂塑管道的骨架	

13. 移圈针织面料 (transfer knitted fabric)

移圈针织面料是采用纱罗组织或波纹组织的镂空或波纹外观的针织面料。其中纱罗组织在纬平针组织之上进行移圈或在罗纹针组织之上进行移圈形成镂空效果，可以产生孔眼，利用孔眼的排列形成各种镂空图案花纹；适当组合移圈可以得到凹凸花纹、纵行扭曲效应以及绞花和阿兰花等（图1）。波纹组织是在地组织为1+1罗纹组织或双面集圈组织基础之上，前后针床整个横列的相互移动，根据不同的设计，罗纹式波纹组织可分为曲折波纹组织、平折波纹组织、阶段曲折波纹组织、抽条波纹组织以及区域式波纹组织，使织物表面出现各式花纹，如图2。

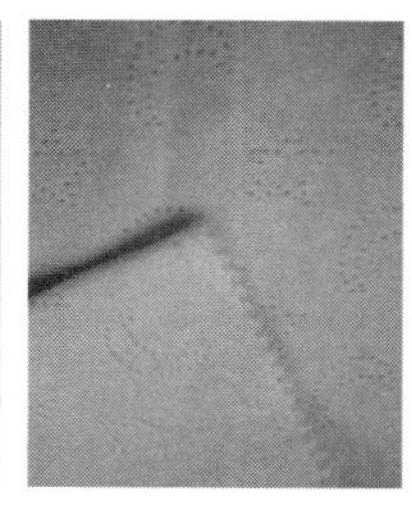

图1　纱罗组织编织方法形成多种镂空效果移圈面料

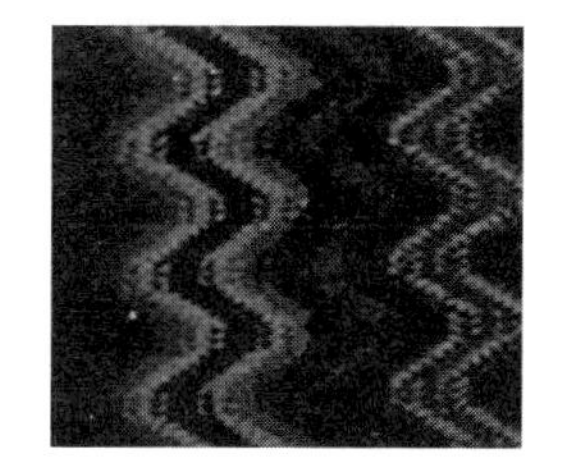

图2　波纹组织编织方法形成的移圈面料

面料名称	原料及纱支	织物组织	后整理	特　点	用　途	备　注
移圈针织面料(transfer knitted fabric)	是按照花纹要求将某些线圈进行转移形成的。还可以称为镂空编织或挑花编织	纱罗组织	经染色工艺加工成素色面料，同样可以用染色纱编织成色织面料	在编织时根据机器，可以用带扩圈片的舌针进行移圈，也可以手工进行移圈使织物产生孔眼、扭曲效应的花纹。织物外观别致，透气性好，装饰性强	适用于夏季服装或装饰性服装	

续表

面料名称	原料及纱支	织物组织	后整理	特　点	用　途	备　注
波纹针织面料(ripple knitted fabric)	指其外观由倾斜线圈形成波纹状的双面织物，该织物必须在双面机上编织。倾斜的线圈是靠两个针床的相对位移实现的，所以针床必须有摇动装置	波纹组织	经染色工艺加工成素色面料，同样可以用染色纱编织成色织面料	地组织可以是罗纹或集圈组织。根据不同的设计，罗纹式波纹组织可分为曲折波纹组织、平折波纹组织、阶段曲折波纹组织、抽条波纹组织以及区域式波纹组织，使织物表面出现各式花纹，织物具有与它所采用的地组织相同的性质，差别在于线圈的倾斜，所形成的针织物比其原来的基本组织为宽，长度减小，弹性受到一定的影响	一般用于成形服装、围巾、披肩等	
菠萝丁(rhomb network cheok effect knitted fabric)	指将新形成的线圈穿过旧线圈的沉降弧部段，即把沉降弧转移到针编弧上去从而在布面上产生凹凸、小孔效应	菠萝组织	经染色工艺加工成素色面料，同样可以用染色纱编织成色织面料	表面有凹凸、小孔效应形成的一定花纹，由此丰富面料的花纹，织物装饰性强，透露性好	适于制作夏季服装和装饰性服装	

14. 复合组织针织面料（compound structure knit fabric）

复合组织针织面料是应用两种或两种以上的纬编组织复合而成的针织面料。利用各种组织的复合，可以在织物表面产生横向、纵向、斜向、凹凸和孔眼等多种花色效应。采用复合组织的主要目的是改善织物的服用性能，如透气性、保暖性、弹性或尺寸稳定性等；另外也是美化面料外观，扩大花色品种。复合组织形成的面料相当多，典型的有夹层绗缝织物、空气层组织、胖花组织、点纹组织、网眼组织、横楞组织面料等。

面料名称	原料及纱支	织物组织	后整理	特　点	用　途	备　注
夹层绗缝织物(sandwish basting fabric; double-layered guilted knit fabric)	一般应用14.5tex精梳棉纱和16.7tex(150D)涤纶在24针双面机上进行编织	复合组织	经染色工艺加工成素色面料，同样可以用染色纱编织成提花暖棉面料，也加氨纶编织成弹力暖棉面料	由于中间有大的空气层，保暖性好，手感柔软，穿着舒适。双面编织的绗缝可以根据设计的花纹图案进行编织，使织物表面增加装饰的美感	用于保暖内衣，被称作三层保暖内衣，还有的称为柔暖棉	是近年来国际上较为流行的织物。是在双面机上进行编织，采用单面编织和双面编织相结合，在上、下针分别进行单面编织而形成的夹层中衬入不参加编织的纬纱，然后由双面编织成绗缝

续表

面料名称	原料及纱支	织物组织	后整理	特 点	用 途	备 注
弹力针织面料(spandex knit fabric)	是在编织织物时,加入一定量的氨纶等弹性纱线而使织物具有比原来更好的弹性	纬平针组织、罗纹组织等	经染色工艺加工成素色面料,同样可以用染色纱编织成色织面料	除了弹性佳,还可以根据不同的设计生产出各种花纹的绉织物,外形美观,穿着舒适合体	适于制作运动装集合体的时尚服装	
针织凡立丁(knitted tropical suitings)	采用11.1tex的改性低弹涤纶丝等化学纤维为原料,在32机号针织机上利用蓬托地-罗马组织(pontede-roma)形成的仿毛织物	蓬托地-罗马组织	坯布经染整加工,具有较好的毛型感	具有类似毛凡立丁织物的风格特征。结构细密,表面平整,光泽自然,弹性好,挺括而抗皱,不霉不蛀,经济实惠	适于制作春、秋外衣、裙套装等	
针织仿毛哔叽(knitted wool-like serge)	采用化纤纱线编织具有毛哔叽风格和特性的纬编针织物。采用中特或细特假捻变形的低弹涤纶丝、涤纶或丙纶空气变形丝、涤腈混纺纱、不同收缩性的短纤混纺纱、不同卷曲性的长丝混纤、粗丝为芯细丝为皮的包芯纱等为原料,产品重约190～210g/m^2	复合组织	坯布经染整加工,具有较好的毛型感	外观具有一定的仿毛效果,类似毛哔叽,面料表面出现近似于45°角的斜纹,且斜纹纹路清晰,织物尺寸稳定、挺括抗皱,横向延伸性小	适于制作各种外衣、裤或裙套装等	

(二) 经编针织面料 (werp knitted fabric)

经编针织面料是编织时将一组或几组(甚至几十组)平行排列的纱线由经向绕垫在针织机所有的工作针上同时进行成圈,线圈互相串套而成织物,见表21经编针织物。

15. 经编针织面料（werp knitted fabric）

面料名称	原料及纱支	织物组织	后整理	特　点	用　途
经编网眼面料（warp knitted eyele fabric；warp knitted mesh fabric）	以合成纤维、再生纤维、天然纤维为原料，根据使用要求一般以59～590dtex的天然纤维和22～680dtex的合成纤维为主，再生纤维也常常被采用。常用机号为5～32针/2.54cm，坯布重约25～250g/m²	编链、经平、经缎、衬纬等组织联合应用（一般带有空穿）	用不同纤维编织的网眼面料，在漂染加工中染上需要的色泽后，再按原料不同，选用相应的整理技术，可获得各种要求的织物。棉纱网眼布，上浆处理后，用低弹力拉幅烘燥，使成品布具有一定硬挺度以便于使用，又不致有很大的缩水变形；涤纶丝等化纤网眼布，则要在张力状态下进行拉幅热定型加工，以获得持久性的平整效果	布面结构较稀松，坯布有一定的延伸性和弹性，透气性好，孔眼分布均匀对称。孔眼大小变化的范围很大，小到每个横列上都有孔，大到十几个横列上只有一个孔，孔眼形状多且复杂，有方形、圆形、菱形、六角形、柱条形、纵向波纹形等	主要用于制作夏令男女衬衫、女式装饰外衣、运动衣里、蚊帐和窗帘、汽车坐垫套等，还可用于工业生产，在国防工业中应用也很广
经编真丝面料（warp knitted silk fabric）	采用40～440dtex的真丝为原料，在28～40机号的脱里考经编织机上编织，也可采用真丝与涤纶或锦纶长丝交织。坯布重约32～130g/m²。在生产过程中，对环境温湿度的控制要求较高	经平绒组织	坯布经染色或印花、定型等后整理	结构稳定，细密厚实，比梭织真丝面料具有更大的弹性，穿着柔软舒适。如果采用色丝编织，可以产生各种纵纹效应的外观	主要用于制作内衣衫裤、衬衫、T恤衫等
经编闪光缎（warp knitted glaces）	采用经绒平组织和有光丝编织，利用经编反面呈折线似的延展线使光线呈平行反射，因此面料具有极好的光泽，故名。采用55dtex的涤纶长丝为原料，坯布重约100～150g/m²	经平绒组织	织物后整理进行染色和定型处理	织物光滑平整，尺寸稳定，反面有极强的闪光效果。如果编织时在梳栉中有规则地间隔穿些异形截面的纱线，则可产生一种明暗相间的表面效应	可作时装面料、装饰服装或家具用面料

续表

面料名称	原料及纱支	织物组织	后整理	特点	用途
涤纶经编面料(polyester werp knitted fabric)	全部采用33～220dtex的低弹涤纶丝为生产原料，两把梳栉编织	经平、经绒组织	织物后整理进行染色和定型处理	布面平挺，色泽鲜艳，有薄型和厚型之分	薄型的主要用作衬衫、裙子面料；中厚型、厚型的则可作男女外衣、风衣、上装、套装、长裤等面料
经编雨衣面料(warp knitted rain coat fabric)	以脱里考经编织物为基布，经过涂层整理的面料。采用涤纶长丝为原料，纱线特数为50dtex左右，常在3梳栉、28机号的经编机上编织。坯布重量为124g/m^{2}左右	多梳组织	采用蜡光整理，上蜡热轧后产生很好的光泽	结构紧密，尺寸稳定，表面平整，具有拒水性，而且产品不易老化，但不透气，穿着舒适性较差	主要制作雨衣、雨披以及一些防雨用品等
经平绒、经绒平针织面料(locknit、reverse locknit fabric)	经平绒是在两把梳栉编织时，后梳用经平组织，前梳用经绒组织，两梳栉对称垫纱；经绒平是经平绒前后梳组织的对调，两梳对称垫纱	经平、经绒组织	织物后整理进行染色和定型处理	两种织物正面都呈V字形线圈纵行。经平绒反面有横纹光泽，织物弹性好，脱散性小，用纱得当织物覆盖性能好，手感好，纹路清晰。经绒平反面无横向条纹，织物较紧密平整	常应用不同的原料编织可作为内外衣面料
经编斜纹面料(warp knitted twill fabric)	采用原料一般以33～220dtex的合成纤维为主，也有采用天然纤维的。为了获得较清晰的斜纹效应，一般用较粗的原料作斜纹，较细的原料作地布为宜。机器的工作幅宽为101.6～426.7cm(40～168英寸)，常用机号为12～28针/2.54cm，坯布重约60～300g/m^2	由垫纱规律变化成为具有斜纹效应	斜纹织物组织较松，在染整加工中，通过在适当温度下的松弛预缩处理，使织物的纵向和横向产生一定的收缩作用，使织物变得较为紧密，斜纹条也更为挺凸；再经过热定型等整理加工	面料呈现明显的斜纹图案，并在厚度和外观上能清晰地显现凸条和凹条，斜纹条线圈结构分布均匀，布面结构稳定，手感厚实，外观丰满，具有毛呢感风格，斜纹条宽度有细有宽，有右斜和左斜，其倾斜角度由设计工艺决定	主要作服装和装饰用布，如男女外衣裤、裙子和室内装饰、沙发坐垫、椅套等

续表

面料名称	原料及纱支	织物组织	后整理	特　点	用　途
经编涤盖棉面料(warp knitted double jersey with polyester face and cotton back)	又称为经编两面性织物，是指织物的正面用涤纶或锦纶等合成纤维，反面采用棉纱或人造棉等纤维素纤维编织，织物的两面呈现不同组织结构，不同颜色和不同服用性能的针织物。用纱细度一般以60～280dtex的纤维素纤维和33～220dtex的合成纤维为主。该织物大都在2～3把梳栉的脱里考(tricot)经编机上编织，其机器工作幅宽为101.6～426.7cm(40～168英寸)，常用机号为16～18针/2.54cm，坯布重约200g/m^{2}左右	经平斜组织	可采用不同的染色方法。主要的染整工序有煮练、染色和定型。需要对里外两种纤维染成相同的色泽时，采用工艺较为复杂的两次染色法或在一次染色过程中，同时对两种纤维进行染色(一浴法)的方法。如果把两种纤维染成不同的色泽，就会有不同布面、不同色泽的效果。如织物组织较松，则在任一布面上，就会产生间色或夹色效果	布面平整、正反两面覆盖性能好，不露地、透气性好；由于正反两面采用不同性质的原料编织，从而获得不同的服用性能，贴身的一面具有舒适柔软、透气、吸湿等性能，而服装表面则具有挺括、抗皱、耐磨、放湿性快等特点，面料纵横向弹性略差于双面纬编织物，但优于双面梭织物	主要用来做外衣裤、睡衣裤、各种运动衣裤和西裤等
经编毛圈面料(warp knitted terry fabric)	面料的一面有高度均匀一致的毛圈，另一面则无毛圈。原料的选择根据坯布的用途不同而有所不同，几乎所有的经编毛圈面料都采用55～110dtex的合成纤维纱作地纱；毛圈纱采用150～210dtex的混纺纱、全棉纱、合成纤维和再生纤维纱线等。面料如做浴巾、面巾、幅宽以30.5～61cm(12～24英寸)为宜，如做浴衣、床单，幅宽可充分利用机宽，一般工作幅宽为213.4～426.7cm(84～168英寸)，常用机号为14～28针/2.54cm，坯布重约100～400g/m^2	毛圈组织	通常采用煮练→漂白→染色→烘燥等工艺。经编毛圈面料若用提花方式进行编织，还可获得表面产生提花效应、立体感强，更富有艺术性的提花毛巾面料。此外毛圈面料在后整理加工中，若把毛圈剪开，则可制成经编天鹅绒类面料，作为中高档服装和装饰用布	结构稳定，外观丰满，毛圈坚牢均匀，具有良好的弹性、保暖性、吸湿性，布面柔软厚实，无褶皱，不会产生抽丝现象，毛圈不会从面料表面拉出，故有良好的服用性能	可以用于男女T恤衫、睡衣裤、浴衣、运动服、游泳衣、海滩服、童装、毛巾被、浴巾、床罩、装饰、尿不湿、医院卫生用品等

续表

面料名称	原料及纱支	织物组织	后整理	特 点	用 途
经编双面毛圈面料(warp knitted double-face terry fabric)	面料的每一面都有高度均匀一致的毛圈,两面毛圈高度可以相同也可以不相同,但一般来讲都采用相同的毛圈高度,通常为1~10mm,最高可达到17mm。用纱种类和细度同单面毛圈一致。多用四把梳栉编织,两把织地组织,另两把分别织正反面毛圈线圈	双面毛圈组织	后整理工艺与单面毛圈织物无多大区别。双面毛圈常采用色织工艺和印花工艺,使毛巾更为美观。当采用色织时,若两面毛圈采用不同原料或不同颜色时将产生双色毛巾	经编双面毛圈面料两面具有相同高度的毛圈,外观丰满,毛圈坚牢均匀,具有良好的弹性、保暖性、吸湿性,布面柔软厚实,无褶皱,不会产生抽丝现象,毛圈不会从面料表面拉出,故有良好的服用性能	广泛用于制作睡衣裤、毛巾、毛巾被、浴巾、床罩等
经编提花毛圈面料(warp knitted jacquard terry fabric)	是在经编贾卡机上编织的两面分别具有贾卡提花的凹凸毛圈的经编毛圈面料。地组织采用锦纶或涤纶长丝为原料,毛圈纱采用棉纱	双面毛圈组织	通常采用煮练→漂白→染色→烘燥等工艺	外观花色丰富多彩,变化万千。由于地组织采用锦纶或涤纶长丝为原料,具有免烫、尺寸稳定、弹性和抗褶皱性能佳的特点;毛圈纱采用棉纱,使毛巾的柔软,吸湿性和穿着舒适性能良好	主要用于制作家居便服、运动装、毛巾、浴巾、床上用品等
经编毛圈剪绒面料(warp knitted sheared terry fabric)	是指毛圈织物经剪毛整理后形成一种特殊毛绒外观效应的织物,也叫做经编天鹅绒。采用的原料较广泛,以合成纤维居多。为了得到高档的剪绒织物,常采用较细的毛圈纱。坯布重约100~400g/m²。如采用三醋酯人造丝等有光丝为绒毛纤维时,制成的天鹅绒绒毛闪光,十分华丽	毛圈组织	剪绒前首先经过机械或化学整理,使毛圈竖立,以利于剪绒取得较好的效果。为使毛绒整齐均匀,一般可进行两次剪绒,剪绒后拉幅不能过宽,以免影响表面绒毛,绒毛高度约为1~7mm,最高可达12mm。剪绒工艺的原料损耗较大,约占生产原料的20%	毛绒细密,绒面高度整齐一致,外观丰满、厚实,弹性、保暖性和悬垂性好,坯布结构稳定,不易褶皱	可用于制作高档服装和工业装饰用品,如男女外套、夜礼服、帽子、妇女用的披风等,还可做床罩、窗帘和各种沙发坐垫套等

续表

面料名称	原料及纱支	织物组织	后整理	特　点	用　途
经编起绒面料(warp knitted napped fabric)	可用原料范围很广，基本上所有原料都能采用，一般以55～220dtex的合成纤维、黏胶纤维为主，天然纤维采用较少。起绒面料按结构可分两种，有单面和双面起绒面料。工作幅宽为213.4～426.7cm(84～168英寸)，常用机号为18～44针/2.54cm，坯布重约100～400g/m^2	局部衬纬、编链经斜、经平斜等	经拉毛以后，外观似呢绒，有的表面类似梭织的平绒，但有一定的弹性，绒面丰满，布身紧密厚实，手感挺括柔软，悬垂性好。该面料还可采用交织、提花或在后整理中采用在绒面上印花、轧花等	外观酷似呢绒，布身结构紧密，手感柔软挺括，面料悬垂性好，不脱散、不卷边，有各种色泽。如用合纤丝做绒面，则坯布具有易洗快干、洗后免烫、一次定型的特点，但静电作用大，易吸附灰尘；如用天然纤维或黏胶纤维作绒面，则坯布不易洗涤，洗涤后折印较多需重新熨烫	主要用于制作男女各式风衣、上衣、礼服、鞋面、帷幕及各类宾馆、旅馆的室内装饰和家具用布、工业用布等
经编灯芯绒面料(warp knitted corduroy fabric; Tricot knit corduroy)	指织物表面具有灯芯绒条状的经编织物，可采用各种天然和化学纤维纱编织，纱线细度在50dtex～83dtex之间。可以在单针床经编机编织，采用三把梳栉，也可以在双针床经编机上编织，采用色织或者织好后染色	经平斜	有拉绒形成纵向绒条和割绒形成纵向绒条的，也有不进行拉绒处理的被称为灯芯条织物。其中割绒灯芯绒可以简化切割准备，直接进行切割、退浆、烧毛、上蜡、上光等	织物质地厚实，保暖性好，直条凹凸分明，尺寸稳定性好，不脱散，不卷边，外观与纬编灯芯条针织物相似，弹性、绒毛稳定性较经纬交织的梭织灯芯绒为佳。割绒灯芯绒采用双针床经编机编织，同时可采用不同的色纱穿纱顺序或改变走针方式，织出各种纵条、方格、菱形等凹凸绒面的类似花式面料	可做各种男、女外衣用等及汽车、家具装饰布

续表

面料名称	原料及纱支	织物组织	后整理	特　点	用　途
经编丝绒面料(warp knitted velvet fabric)	一般采用双针床六梳栉拉舍尔经编机编织,由地布与毛绒纱构成双层面料,通过割绒机剖割后,成为两片单层丝绒,可用两种或三种纱线编织而成,即地布编织用纱,底布衬垫用纱和毛绒用纱。地布用纱可以是再生纤维、合成纤维和天然纤维;毛绒纱的选用除棉纱采用较少外,其余各种纤维均有采用,特别是腈纶、涤纶、羊毛、毛/黏、黏胶和醋酯人造丝等,如服装用经编丝绒常用腈纶做绒纱,装饰用经编丝绒常用涤纶做绒纱	经平斜	后整理工序应根据纤维原料和产品最终用途来决定。如涤纶色织或素色绒面,不染色而直接印花的后整理工序为剖绒→定型→电热烫光→剪毛;涤纶绒面需要染色的后整理工序为剖绒→刷毛→定型→染色→烘燥→定型→电热烫光→剪毛;腈纶绒面印花绒后整理工序为剖绒→刷毛→定型→印花→汽蒸→洗涤→烘燥→电热烫光→剪毛	按绒面性状可分为平绒、横条绒、直条绒和色织绒等,且各种绒面可在同一块面料上交叉布局,形成多种花色的绒面效应。织物表面绒毛浓密耸立,手感厚实、丰满、柔软,富有弹性,保暖性好	主要用作冬令服装、童装面料,装饰和汽车、沙发等包覆用
经编仿鹿皮绒面料(warp knitted suede fabric)	布面有密集柔软的短绒毛,其外观类似于鹿皮的针织物,一般采用涤纶FDY82.5dtex/36F(75D/36F)丝为地组织原料(也可以采用单丝细度在0.1～5.5dtex之间的涤纶丝)。采用超细纤维的涤纶低弹丝为绒面原料,单丝细度一般在0.071～0.199dtex之间,以应用0.088dtex的为多,超细纤维截面为圆形。利用经平绒形成的面料相对较薄,重约120g/m²。利用经平斜形成的面料相对较厚,重约140g/m²	经平绒或经平斜	其染整工艺流程可以有三种情况:①前处理(漂、染、印)→抗静电、柔软、聚氨酯整理→定型→起毛→磨毛→聚氨酯整理→磨毛→定型→检验;②前处理(漂、染、印)→抗静电、柔软、聚氨酯整理→定型→磨毛→检验;③前处理(漂、染、印)→抗静电、柔软、聚氨酯整理→定型→起毛→剪毛→磨毛→聚氨酯整理→定型→检验。根据后整理不同还可以有烫金鹿皮绒、印花鹿皮绒、印花烫金鹿皮绒、牛仔鹿皮绒等	有素色效应和花色效应。花色鹿皮绒主要有两类,一类是编织成提花坯布再进行起毛、磨绒等整理,毛绒面形成提花的花色;另一类是编织成本色坯布,而后进行染色、印花,然后再作磨毛等整理形成的花色经编鹿皮绒等。仿鹿皮绒面料不仅具有绒毛细密、柔软而富有弹性、尺寸稳定性好、悬垂性佳等天然鹿皮的特征,而且还具有天然鹿皮无法比拟的优点,即不发霉、易洗快干、不易脱毛、手感柔软、抗褶皱、耐磨等	适宜制作外套、运动衫、春秋季大衣等服装,也可用作鞋面、帽子、手套、沙发套、箱包面料等

续表

面料名称	原料及纱支	织物组织	后整理	特　点	用　途
经编仿棉绒面料(warp knitted cotton-like napped fabric)	一般采用两把梳栉,一把用普通涤纶纱,另一把用低弹涤纶纱作为起毛纱	经平绒	前处理后进行磨绒,也可采用在绒面上印花、轧花等	面料极似棉平绒,绒面丰满,手感柔软,悬垂性好,不脱散、不卷边,有各种色泽,且坯布易洗快干,洗后免烫	主要用于制作男女各式风衣、上衣等
经编骆驼绒(warp knitted camleteen)	经编的传统产品。一般采用243dtex的棉纱作地纱(织物地组织),985dtex的毛纱或毛黏混纺纱作衬纬纱(编织时衬纬纱被夹持在地组织中),经拉毛整理形成毛绒。坯布重约615g/m^2	衬纬组织	前处理后进行拉毛整理	色泽鲜艳,富有浓厚的民族特色,还具有绒面厚实、丰满、弹性和保暖性好的特点	主要用作保暖服装夹里或制作外衣
经编人造毛皮(warp knitted man-made fur;warp knitted fake fur)	由地布和绒毛两部分组成,地布纱一般采用纯化纤长丝和混纺化纤纱;绒毛纱一般采用细度为3.3dtex、6.7dtex、10dtex,长度为70～130mm腈纶纤维纺制的精梳毛纱	长毛绒组织(地布采用四针或五针局部衬纬组织)	剖绒→修检→打印→上胶→烘干→定型→平网印花→蒸花→水洗→烘干→定型→刷毛→给湿→烫光→过磅→检验(素色产品不经印花、蒸花)	通常在双针床拉舍尔经编机上织制,两针床相距60mm,织成的织物经剖割后即成为两片人造毛皮,其毛头高30mm,这种仿兽皮毛绒织物,保暖性好、绒面耐磨、质量轻、抗菌防蛀、容易保藏、可以水洗	可用以代替天然兽皮制作服装及装饰
经编提花面料(warp knitted jacguard fabric)	采用100～600dtex的天然纤维和33～220dtex的合成纤维纱为主要生产原料,也有使用各种混纺短纤纱的,如涤/棉、涤/腈、涤/黏等。经编提花面料是指在几个横列中不垫纱又不脱圈而形成拉长线圈的经编织物,常用的是部分穿经的单梳提花,两梳提花和三梳提花经编织物	缺垫组织	后整理要经过染色、整理加工,可使织物花纹更为清晰、整齐,对花纹挺凸的织物,外观可获得良好的提花立体感效应	结构稳定,手感挺括,表面凹凸效应显著,立体感强,花型多变,外形美观,悬垂性能好。还有一种经编提花织物是贾卡经编机上编织的全幅独花织物,用于装饰	用于妇女外衣、内衣、裙子及窗帘、台布、床罩一类装饰用品

续表

面料名称	原料及纱支	织物组织	后整理	特点	用途
经编绣纹面料(warp knitted embroider-ed fabric)	指在多梳栉经编机中,利用两把在后方的梳栉编织地组织,而其他在前方的梳栉则以部分穿经方式,在地组织上面形成花纹,犹如绣花。采用化学纤维为原料,一般用于地组织的纱线比较细,纤度为 50~60dtex,编织绣纹的纱线要有光泽、柔软而且较粗,纤度为 90~220dtex	多梳栉变化组织	坯布不需要特殊的后整理,通常只经过一般的染色、整理加工即可	地组织结构稳定,凸起在工艺反面的花纹富有光泽,外观丰满,立体感强,其物理、机械性能都较好	用于女士外衣、披肩、头巾或装饰面料等
经编花边织物(warp knitted lace fabric)	指由衬纬纱线在地组织上形成较大衬纬花纹的针织物。根据花边的使用要求,原料以 3~680dtex 合成纤维纱和人造纤维纱为主,也有用棉纱编织花边的。工作幅宽为 213.4~426.7cm(84~168 英寸)。常用机号为 12~36 针/2.54cm,坯布重约 30~100g/m^2	网眼加衬纬	多数被加工成白色,近年也有染成彩色的花边,为增强花边使用时的硬挺度,在织物整理时,常需上浆处理	地组织多呈同孔形,坯布质地轻薄,手感软而不疲、柔而有弹性、挺而不硬,悬垂性好,有花部分和无花部分对比明显,花型别致高雅	主要用来制作服装上的饰边,如妇女内外衣裤和童装的花边,还可以用作装饰品
经编弹力面料(warp knitted stretch fabric)	常用 44dtex 的氨纶纱编织游泳衣、紧身内衣,用 78dtex 的氨纶纱编织网眼织物,多用 150~450dtex 的氨纶纱做衬经、衬纬纱;用 600~900dtex 的氨纶纱作衬经、衬纬纱编织紧身衣、军用带、橡筋带、医用卫生带和体育护身用品。目前广泛使用氨纶弹力纱和氨纶弹力包芯纱。编织时使弹力纱保持一定的弹力和合理的伸长度,采用可变性大的积极送经系统,相应的进线系统和牵拉机构,用特利柯脱经编机或拉舍尔经编机为宜	经平及其变化组织	在特利柯脱经编机上织制经编弹力织物的工艺流程一般为原料→整经→编织→汽蒸定型→水洗染色→水洗→脱水→烘燥,定型→柔软处理→复定型→检验入库。在拉舍尔经编机上织制经编弹力织物的工艺流程一般为原料→整经→编织→汽蒸定型→水洗染色→水洗→脱水→烘燥→定型→预缩→检验入库	指有较大伸缩性的经编针织物,编织时加进弹力纱并使之保持一定的弹力和合理的伸长度。该织物质地轻薄光滑,用其缝制服装可进一步显示形体曲线,使运动舒展轻巧,泄水性好	常用于游泳衣、体操服、滑雪服和其他紧身衣,用不同细度的氨纶弹力纱编织的经编弹力织物还可以制作军用带、医用卫生带和体育护身用品等

续表

面料名称	原料及纱支	织物组织	后整理	特　点	用　途
局部衬纬经编面料(warp knitted partial laid-in fabric)	可以采用各种化纤长丝和天然纤维的纱线，特别是衬纬纱线，使用的原料更加广泛	衬纬组织	利用局部衬纬的原理，可在经缎组织的基础上，纬纱作曲折配置编织起花织物，一方面形成了花纹，另一方面使坯布结构更加稳定。如纬纱使用较粗的纱线或毛纱作起绒纱线，可使纬纱在坯布反面呈自由状态突出，经过拉毛起绒后，形成绒面。如用衬纬纱与编链相结合，可得到网孔结构的经编坯布	坯布延伸性小，尺寸稳定，只要合适地选用原料和组织即可织制外衣和少延伸的经编织物	质实性面料可用于外衣，多根衬纬纱段形成大型花纹的织物用于制作窗帘、台布等装饰品
全幅衬纬经编面料(full weft warp knitted fabric)	衬纬原料的范围十分广泛，特别是在经编织物中较难应用的粗节纱及质量较差的纱线，也可作为衬纬纱使用	衬纬组织	服用织物进行染色和定型处理。工业用坯布和服装用仿皮革织物多进行涂层处理	指整幅夹人衬纬纱，而形成介于经编针织物和梭织物之间的一种织物，与普通的经编坯布相比，其横向延伸性较小，结构稳定，坯布具有更好的覆盖性，但撕破强度和顶破强度有所降低	用途很广，可以做男、女外衣，家用装饰织物和工业用坯布
经编褶裥织物(warp knitted plaited fabric)	是通过在双梳栉、三梳栉或四梳栉经编机上采用褶裥组织的编织，使织物表面形成褶裥的外观效应的织物。采用原料以33～170dtex的合成纤维纱为主，也有少量使用人造纤维纱的。工作幅宽为213.4～426.7cm(84～168英寸)，常用机号为14～36针/2.54cm，坯布重约175～230g/m^2	褶裥组织	在编织时，多数是横向形成褶裥，在染整时要注意控制定型参数的选择，对织物施加的横向张力不宜过大，否则易损害甚至破坏褶裥的效果	指织物具有显著的表面凹凸的褶裥效应的针织物。由于褶裥之间的重叠效应使面料外形美观别致、花纹立体感强并有一定的闪色效应，且织物较厚实，手感丰满，弹性、悬垂性好	主要用于做装饰品和服装，如花边、窗帘、沙发垫套等。又由于坯布弹性较好，拉伸后能恢复，所以还可以做妇女紧身衣、裙子、裤子等

续表

面料名称	原料及纱支	织物组织	后整理	特　点	用　途
经编方格织物(warp knitted check fabric)	基本上所有的原料都能使用，如60～600dtex的天然纤维纱、22～680dtex的合成纤维纱、人造纤维纱等。工作幅宽为213.4～426.7cm(84～168英寸)，常用机号为12～36针/2.54cm，坯布重约70～359g/m^2	缺垫经编组织、变化经平组织和经编衬纬组织等	一般根据所用的原料不同，采用相应的整理工艺，如对涤纶、锦纶或丙纶交织织物进行定型、染色或印花加工，可制成平整挺括的布料	指织物表面有明显格子效应的经编织物，该织物结构紧密、厚实，外观挺括，线圈结构分布均匀稳定，格子效应清晰而有规律，一般采用色织或不同原料交织	主要用于做男女内外衣、裙料，也可做装饰用布，如汽车坐垫、沙发椅套等
经编色织面料(warp knitted yarn-dyed fabric)	是指采用色纱、色丝在两把或两把以上的梳栉中以一定的顺序穿经，并通过编织不同的组织以得到各种颜色效应的经编花色织物。基本上所有的原料都能采用，如60～600dtex的天然纤维纱、22～680dtex的合成纤维纱、人造纤维纱等。工作幅宽为213.4～426.7cm(84～168英寸)，常用机号为5～36针/2.54cm，坯布重约30～300g/m^2	各种变化组织	色织物在编织后，一般均在干燥状态下进行整理加工，不再进行湿态下的染色加工，因此比较容易保持针织物的松软特点	结构稳定，有清晰的双色、三色或多色效应，几何图形对称，外观漂亮、挺括。根据工艺设计的需要，有时织物的反面也可作成品的正面使用，花色效应按织物外观来分有纵条、菱形、方格、六角形、横条等	主要用于做男女内外衣、裙子和各式装饰布等
经编烂花面料(warp knitted cauterising fabric)	原料一般以22～110dtex的合成纤维纱、人造纤维纱和140～360dtex的天然纤维纱为主，常用的有涤纶、丙纶、黏胶、棉纱和涤棉、棉丙包芯纱等。工作幅宽为213.4～426.7cm(84～168英寸)不等，常用机号为7～28针/2.54cm，坯布重约50～300g/m^2	各种变化组织	经编烂花织物的整理工艺，除了烂花的化学性腐蚀作用外，往往同时施加必要的套边印花加工，以增强烂花花纹的边缘质量效果；也可以同时进行套色印花，使成品具有烂花和印花的双层重叠整理效果	是指织物表面具有半透明花形图案的轻薄型混纺经编织物(或交织织物)。烂花织物结构稳定，无卷边，布边挺括，悬垂性好，花纹清晰，花型层次分明，有光部分和无光部分透光对比度大，立体感强，艺术效果较为突出。织制烂花织物工艺简单、流程短、生产周期快、花型图案设计不受限制。如选用不同的原料、采用不同的组织结构，在不同的织机上编织，可以获得不同外观特征的坯布	主要用于做装饰用布和服装用布，如窗帘、床罩、台布、沙发巾、各式男女内外衣、裙子、礼服等

续表

面料名称	原料及纱支	织物组织	后整理	特　点	用　途
经编轧花面料(warp knitted embossed fabric)	基本上所有的原料都能使用，但应用合成纤维，轧花效果明显	经平绒或经平斜	是将染色后的素色面料或拉绒面料在轧花机上轧出凹凸不平的各式花纹，并经高温定型，使花纹永久保持	有薄型和厚型之分。绒面轧花属厚型织物，花纹凹凸明显深刻，立体感强，质地厚实，毛绒丰满，有良好的保暖性	适宜做各种外衣，薄型可做窗帘、裙子等
经编超薄印花面料(warp knitted ultresheer printed cloth)	采用单梳栉经缎组织编织，坯布轻薄，坯布重约 $80g/m^2$	经缎组织	后整理过程中，主要采用印花工艺，使之形成各种色彩花纹且轻薄、柔软的面料	外观花型绚丽多彩，手感柔软、轻薄，弹性好	适宜做各种内衣及装饰品
经编高尔夫球衫面料(warp knitted golf underclothes fabric)	采用三把梳栉编织，穿纱带有空穿，内层采用吸湿排汗（Y形）纤维纱线，以提高运动舒适性	经平、经绒、经斜复合	后整理主要是染色、定型。有的用色纱进行色织，形成彩条	因面料带有空穿，可以形成独特的条纹花型，弹性好，舒适柔软，因采用吸湿排汗纤维纱线编织，提高了热湿舒适性	适于制作高尔夫球衫和其他运动服装
经编贾卡提花针织物(warp knitted jacguard fabric)	是利用拉舍尔经编机编织的。在拉舍尔经编机的上方，配有提花龙头（贾卡提花装置），用以控制机上梳栉的各枚导纱针的横移运动	提花组织	后整理主要是染色、定型。有的用色纱进行色织，形成彩色花纹	经编贾卡提花针织物在编织时由于同一梳栉中的各导纱针能按花纹要求作不同针距的横移，所以在此种机上能编织全幅的大型独花织物	主要用于制作披肩、围巾及窗帘、床罩等室内装饰品

（三）缝编面料（stitch-bonded fabric）

缝编面料是利用经编原理在纤维网或纱线层上以线圈纵向串套缝固的无纺织布。也可在底布（纤维网或纱线层）上编以一定的组织制成。

16. 缝编面料（stitch-bonded fabric）

面料名称	原料、纱支及工艺	后整理	特　点	用　途
缝编印花面料（stitch-bonded printed fabric）	是用经编线圈结构对纤网、纱线层、非纺织材料（如薄膜、金属箔等）或它们之间的组合物进行加固而制成织物；或在底布上加入线圈结构，制成毛圈型缝编织物。因此，缝编非织造布有纤网型、纱线层、毛圈型三大类。纤网型缝编印花织物，选用棉、黏胶等纤维素纤维成网，与涤纶长丝交织后形成缝编织物，工艺多用单梳栉编链组织，机号为14F或18F，产品重160g/m^{2}左右。纤网型缝编织物表面粗厚，经印花等整理后的产品富有立体感；若采用印花、烂花整理，烂去部分黏胶纤网，留下花纹部分和地组织，产品更具有厚实、花纹清晰、立体感强等特点。纱线层缝编印花织物，选用黏胶短纤纱为纬纱，涤纶短纤纱为衬经纱，涤纶长丝为缝编纱；机号为14F，坯布重150g/m^{2}左右。坯布用印花、烂花整理后，产品轻盈飘逸，类似抽纱风格。毛圈型缝编织物，采用棉布作底布，棉纱线为成卷纱；机号为14F，毛圈高度约3mm，重约350g/m^2	采用染、印、烘、轧花等整理，以增加花色效果，且其染整工艺与传统织物相似，一般借用棉织、毛织、针织品的染整设备进行后加工。纤网型织物径印花或印花一烂花整理；纱线层织物经印花一烂花整理；毛圈型织物经拉毛整理。若对其进行拉毛整理就形成单面绒状织物；若毛圈纱先染色，产品便有色织条纹效应	纤网型的特点是织物表面粗厚，经印花等整理后的产品，富有立体感，若采用印花一烂花整理，烂去部分黏胶纤网，留下花纹部分和底组织，产品更具有厚实、花纹清晰、立体感强等特点；纱线层的特点是坯布用“印花一烂花”整理后，产品轻盈飘逸，类似抽纱风格；毛圈型的特点是若对其进行拉毛整理就形成单面绒状织物，若毛圈纱先染色，产品便有色织条纹效应	纤网型可作窗帘、台布、床罩、揩布、童装和女装面料及保暖衬绒等；纱线层可用作服装面料、裙料、浴衣和海滨服等，也可用作指布、床单、床罩、台布、地毯、家具用布、贴墙布、幕帘布等；毛圈型可用作毛巾布、浴衣、衬布、衬绒、毛毯和仿毛皮产品等
缝编仿丝绒面料（stitch-bonded velvet）	原料为黏胶短纤与长丝、涤伦长丝。采用纱线层缝编法非织造工艺生产的。纱线层缝编与有纱纤网型缝编的原理基本相同，差别在于纱线层缝编时，喂入缝编区域的是纱线层而不是纤网；纱线层可单由纬纱层组成，亦可由经、纬纱层共同组成。缝编仿丝绒织物的纬纱一般采用黏胶短纤纱，缝编纱为涤纶长丝，毛圈纱为黏胶长丝。机号用18F。采用双梳栉编织制得毛圈高度为3mm的坯布，其重约270g/m^2，幅宽一般为1.6m	坯布经剪绒、磨绒等后整理	坯布经剪绒、磨绒等后整理后，具有丝绒感强，尺寸稳定性好，弹性稍差，物美价廉的仿丝绒产品	可作服装面料、裙料、浴衣、海滨服以及家具用品、床单、床罩、台布、地毯、幕帘布等

续表

面料名称	原料、纱支及工艺	后整理	特　点	用　途
缝编衬衫面料(stitch-bonded shirting)	主要采用纱线层缝编法非织造工艺生产。织物的纬纱使用涤/黏混纺纱，缝编纱采用110dtex涤纶长丝。机号为22F，编织制得的坯布重约160g/m^2	坯布经印花、热定型等后整理	外观近似普通织物，尺寸稳定性、服用性好，穿着舒适，比经编衬衫布价格低	用于制作衬衫，若缝编纱采用145～167dtex的涤纶长丝，制成的产品可作外衣用料
缝编毛巾布(stitch-bonded towelling)	用纱线层毛圈型缝编法非织造工艺生产。毛巾布的底布直接在机上由纬纱(棉纱)与缝编纱(涤纶长丝)交织而成，同时由毛圈纱(棉纱)形成毛圈效应。机号为10F，毛圈高度3mm。坯布定积重250g/m^2。若上述的缝编纱改用涤/棉混纺纱，毛圈高度升至4mm，坯布重350g/m^{2}左右，其他工艺相同	坯布经印染整理	特点是自织底布，在同机台上一次编织成毛巾布，所以产量高，成本低	主要用于做浴衣、毛巾被、床罩、内衬等
缝编儿童裤料(stitch-bonded children's trou-sering)	主要采用纱线层缝编法非织造工艺生产。织物的纬纱使用黏胶长丝/毛混纺纱、细度为24tex，织物的经纱和缝编纱均采用聚酰胺短纤纱、细度为17tex。由马利莫缝编机制成，机号为18F，针迹长度为1mm，坯布重为360g/m^2	坯布经染色、热定型	表面结构类似机织或针织物，尺寸稳定，服用性能好	适于作儿童裤料
缝编弹力浴衣(stitch-bonded stretch bath robe)	主要采用纱线层缝编法非织造工艺生产。织物的纬纱和缝编纱均采用10tex聚酰胺短纤纱。由马利莫缝编机制成，机号为18F，针迹长度为0.9mm，编织制得的坯布重为220g/m^2	染色、热定型	既富有弹性、穿着舒适，又具有独特的外观	适于作浴衣面料
缝编仿毛皮(stitch-bonded fur)	纤网原料为腈氯纶和两种不同光泽的无收缩腈氯纶。纤维经过混合成网，再采用纤网直接变成毛圈的优尔特克斯(voltex)缝编技术制成。底布为棉布，机号为10F，毛圈高度7mm，坯布重为550g/m^2	后整理工序为坯布背面上浆后烘燥，表面烧毛、烫毛、剪毛、再烫毛等	蓬松性好，手感柔和，制成的毛皮大衣具有轻软、暖和、尺寸稳定、毛皮形态逼真，价格低廉	适宜做毛皮大衣等

续表

面料名称	原料、纱支及工艺	后整理	特　点	用　途
缝编仿山羊皮(stitch-bonded goat fur)	纤网以收缩型腈氯纶、氯纶为原料，按一定比例混合、成网。底布为棉布，无需缝编纱。机号为10F，毛圈长约7mm左右。采用纤网、底布毛圈型缝编非织造布工艺生产。重450g/m^2	后整理加工生产山羊皮外观效果，一般是将坯布经由上浆、烘燥、烫毛、剪毛、滚球等工序进行后整理加工	门幅宽，尺寸稳定，外观逼真，产量高，价格低廉	宜做皮衣

七、非织造布（nonwovens）

非织造布又称不织布、非织造织物、无纺织物或无纺布。它是一种不经过传统的织布方法，而是用有方向性或无方向性的纤维制造成的布状材料。它是应用纤维间的摩擦力或者自身的黏合力，或外加黏合剂着力，或者两种以上的力而使纤维结合在一起的方法，即通过摩擦加固、抱合加固或黏合加固的方法制成的纤维制品。部分非织造布图样见彩图 136～彩图 141。

规格 \ 非织造布名称	缝编仿毛皮
英文名	Stitch-bonded fur
纤维原料组成	纤网原料为收缩腈氯纶和两种不同光泽的无收缩腈氯纶
织物结构	纤维经过混合、成网，再采用纤网直接变成毛圈的伏尔特克斯(Voltex)缝编技术制成。底布为棉布，毛圈高度 7mm
质(重)量/(g/m²)	550
特　点	蓬松性好，手感柔和，制成的毛皮大衣具有轻软、暖和、尺寸稳定、毛皮形态逼真与价格低廉等特点
用　途	宜做毛皮大衣
备　注	是采用纤网、底布毛圈型缝编法非织造工艺制成的。后整理工序为坯布背面上浆后烘燥，表面烧毛、烫光、剪毛、再烫光等

规格 \ 非织造布名称	缝编仿山羊皮
英文名	stitch-bonded goat fur
纤维原料组成	所用纤网以收缩型腈氯纶和有光无收缩腈氯纶为原料，按一定比例混合、成网
织物结构	纤维经混合、成网。底布为棉布，无需缝编纱。毛圈长约 7mm 左右。采用纤网、底布毛圈型缝编非织造布工艺生产
质(重)量/(g/m²)	450 左右
特　点	门幅宽，尺寸稳定，外观逼真、产量高，价格低廉
用　途	宜做皮衣
备　注	主要依靠后整理加工产生山羊皮外观效果。一般是将坯布经由上浆、烘燥、烫光、剪毛、滚球等工序进行加工

续表

规格 \ 非织造布名称	针刺呢	热熔衬(黏合衬、热熔黏合衬)
英文名	needle-punched felt	fusible interlining
纤维原料组成	废毛及化纤的混合纤维	涤纶或涤纶与黏胶
织物结构	采用针刺和黏合工艺并结合羊毛的毡缩性能的特定工艺,制得类似粗纺呢绒的产品	采用涤纶、涤黏非织造布为底布,经过涂层工艺,在布面上涂上热熔性树脂而成
质(重)量/(g/m^2)	350左右	15～80
特　点	手感较硬,弹性较差,但抗张强力比机织大衣呢、女式呢略高;耐磨性也高。经抗起球整理后抗起球性比大衣呢、女式呢略高,与粗纺花呢相近。呢面光滑度、弹性、保暖性与呢绒相同或略好,弯曲刚性及起拱回复性比呢绒差	饱和浸渍轧液法产品手感较硬,弹性较差;真空吸液法和泡沫浸渍法产品手感柔软,弹性好;热轧法产品收缩率小,不分层,弹性好
用　途	宜做鞋帽、童装、混纺绒毯及车辆坐垫等	用作服装衬里
备　注	为了提高针刺呢的强度与尺寸稳定性宜在针刺过程中间衬入基布	用作热熔衬的非织造底布主要有化学黏合法非织造布和热轧法非织造布两大类。化学黏合法非织造布的生产工艺有饱和浸渍轧液法、真空吸液法和泡沫浸渍法等。涂层工艺有撒粉法、粉点法、浆点法、热熔转移法等。其中撒粉法产品适用于中低档服装;粉点法产品适用于衬衫领衬、西服大身衬等;浆点法产品主要用于中高档服装;热熔转移法工艺简单,但产品有纸质感。改变底布的纤维组成,纤维排列结构、定重、柔软度,变换树脂的品种,涂覆量、点子大小和分布密度,可构成多种规格的热熔衬,以适应各种面料和部位的需要。热熔衬因规格众多,技术要求各有不同,但主要性能应达到:耐热缩率<1%;缩水率<1%;耐洗牢度,洗涤5次不分层、不起泡;耐干洗性能,经3次溶剂浸泡后不起泡、不分层;压烫后,面料与底布无渗胶现象;剥离强力根据面料与衬料的品种而定

续表

规格＼非织造布名称	热熔絮棉（定型棉）	喷浆絮棉（喷胶棉）	衬绒	无纺黏合绒（无纺绒）
英文名	heat-bonded wadding	spraying-bonded wadding	pile liner	non-woven flannelette
纤维原料组成	涤纶、腈纶等为主体原料，以适量的丙纶、乙纶等低熔点纤维作黏合剂	选用中空或高卷曲涤纶、腈纶等纤维为原料	选用棉型和中长涤纶、腈纶、黏胶等纤维原料，加上适量的丙纶	一般选用涤纶、腈纶等中长纤维，如用中空纤维效果更好
织物结构	纤维经过开松、混合、成网、热熔定型等工序而制成产品	纤维经开松、混合、成网、喷黏合剂和烘燥等工序制成。采用液体黏合剂来黏结纤维网	纤网经针刺热熔工艺加工而成	纤网采用饱和浸渍真空吸液黏合法生产工艺
质(重)量/(g/m^2)	200～400	40～300	90～150	50～100
特　点	质地轻柔，具有良好的弹性、蓬松性和保暖性，具有一定的拉强力，便于裁剪与缝纫，且能进行洗涤	结构疏松，具有弹性好、手感柔软、耐水洗及保暖性良好等特点	手感柔软，富有弹性，强力高，落水后不收缩、不走形	保暖性强，弹性好，裁剪缝纫方便，不老化脆裂，出汗后容易挥发，洗涤后易干燥
用　途	用作服装、床上用品等方面的保暖材料	用于棉袄、滑雪衫、登山服、棉大衣及棉絮等	用于做羽绒衫、滑雪衫、大衣等服装的门襟、袋口、领头等部位的软衬	用于滑雪手套与夹绒衬衫等服装
备　注	为提高其弹性和蓬松性，应混入较粗的纤维（一般应在6.7dtex以上），为提高其保暖性，可选用或混入部分中空纤维	喷浆一般采用空气高压喷枪。该产品比热熔絮棉蓬松性更高，同样厚度产品，喷浆絮棉比热熔絮棉可少用1/3～1/4纤维。一般高级滑雪衫或登山服的絮衬选用高卷曲纤维、螺旋形卷曲（三维卷曲）纤维或硅树脂整理纤维制得的喷浆絮棉	该产品用于代替传统使用的棉顶双面绒布，以解决绒布落水收缩而引起的服装变形问题。在生产时还可以使用适量有色纤维，如灰，藏青，红色的纤维等，使之与羽绒衫面料的色泽相适应	该产品用以代替发泡聚氨酯塑料作为保暖层用于服装上。其厚度与蓬松程度介于喷浆絮棉与针刺绒之间

续表

规格 \ 非织造布名称	肩衬(垫肩衬)	胸衬	胸罩衬	合成鞋主跟、包头硬衬
英文名	shoulder padding	interlining for front part	brassiere lining	synthetic leather for heelpiece and toepiece
纤维原料组成	一般采用涤纶、腈纶等纤维为原料	一般选用纤度为3.3～10dtex、长度为51～64mm的涤纶为原料	一般选用高卷曲涤纶、腈纶、锦纶等纤维为原料	采用具有热收缩性的合成纤维为原料
织物结构	①"夹饼"法：在撕松呈中部凸起的圆饼状纤维块的上下两面盖以针刺绒，构成"三明治"形状物后，把它放入肩衬模内针刺成需要的紧密度。随后在中间一切为二，便成为一副肩衬。②叠层法：先将针刺衬绒按一定规格开剪成大小不同的圆片，顺序叠成圆锥形，送入针刺机，针刺到一定紧密度。随后在中间一切为二，便成一副肩衬	采用针刺浸渍法，针刺泡沫黏合法或垫轧法工艺。黏合剂一般选用偏硬性丙烯酸酯	采用泡沫浸渍法、浸渍真空吸液法、针刺喷黏法生产	纤维经开松、梳理、成网、针刺和热收缩工艺后制成坯布，再经浸渍合成树脂液，烘燥后整理等工序制得
质(重)量/(g/m^2)		50～120	夏季用50～70；冬、春、秋季用90～110	
特点	垫于服装的肩部，可以弥补体形上的缺陷或使服装更加合身、适体、神气、美观	质地柔软，重量轻，弹性好，保形性优良及良好的耐水、干洗	手感柔软，弹性好，保形性好，良好的耐洗涤性。此外，夏季用要求手感稍硬、质地较轻薄；春、秋、冬季用要求手感柔软、保暖性好，质地较厚	具有厚薄均匀，下料方便，生产率高等特点

续表

规格＼非织造布名称	肩衬(垫肩衬)	胸衬	胸罩衬	合成鞋主跟、包头硬衬
用　途	用于男女西服、大衣、中山装等服装的肩部	用作服装胸部衬垫	用于胸罩的里衬	制作成合成鞋主跟、包头硬衬用于制鞋业
备　注	有时,在肩衬中间加入一层或数层聚氨酯泡沫塑料或用布开花做成的绒片,以达到增加弹性或降低成本的目的	该产品用于代替传统的马尾衬、黄衬。为了适合各种服装需要,胸衬可做成各种颜色,以与服装面料相匹配	由于胸罩直接与皮肤接触,因此要选用对人体无害的丙烯酸酯类黏合剂,并保证游离甲醛量低于 70μg/g(中国药典标准)	主跟革与包头革需有一定的硬度和弹性、良好的抗水性,使皮鞋不易走样。制鞋厂用它裁料、定型成鞋包头、鞋跟后使用。该衬料的一般质量指标是密度≥0.45g/cm^3; 吸水性≥100%(2h);耐温缩率≤10%(140℃×20min);抗张强度≥3MPa;断裂伸长率≤70%

规格＼非织造布名称	合成鞋内底革	合成面革	合成绒面里子革	缝编鞋内衬料
英文名	synthetic leather for shoe bottom liner	synthetic leather	pile synthetic leather lining	stitch-bonded shoe liner
纤维原料组成	采用具有热收缩性的合成纤维为原料	为纤度细、收缩性高的涤纶纤维	采用多种化学纤维为主要原料	纤网原料采用1.67dtex×38mm黏胶纤维,缝编纱为 110dtex 涤纶长丝
织物结构	纤维经开松、梳理、成网、针刺和热收缩工艺制成坯布,再经浸渍合成橡胶或合成树脂为主的黏合剂及后整理等工序而制成	纤维经开松、梳理、成网、针刺、预收缩等工序后,制成非织造布坯料,再经浸渍聚氨酯树脂、涂布,后整理而成	纤维经过梳理成网、合成针刺、热定型处理,形非织造布做底基,再经浸渍、熨压、磨整等工艺制成	采用单梳栉编链组织,用纤网型缝编法非织造工艺生产。针迹长度 1.6mm

续表

规格 \ 非织造布名称	合成鞋内底革	合成面革	合成绒面里子革	缝编鞋内衬料
质(重)量/(g/m^2)			250～255	140左右
特　点	轻柔舒适,耐磨,厚薄均匀,延伸一致,下料方便,可以代替动物皮革	具有透气、透湿性能,外观酷似天然皮革,比重小,易于保养,与天然皮革比,厚薄均匀,易于落料,适合连续化生产	颜色鲜艳,绒毛匀细,透气性好,手感柔软丰满,性能稳定	衬布柔软,穿着舒适,耐磨性好,是近年国际流行的运动鞋、旅游鞋的衬料
用　途	用手制作各种皮鞋的内底或皮制品的内衬	用于服装和鞋、帽、手套等	适合作各种皮鞋、凉鞋里料	用作运动鞋等的鞋内衬料
备　注	一般质量指标是密度0.4～0.5g/cm^3;吸水性＜100%(2h);抗张强度＞3MPa;断裂伸长率＜80%;耐温收缩率＜3%(140℃×30min)	质量指标是密度0.4～0.5g/cm^3;抗张强度≥250N/25mm;弯曲疲劳＞100万次(20℃)＞10万次(－20℃);透湿度＞350g/(m^2·24h)	理化性能近似天然皮革,是制鞋行业较理想的代用材料。针刺密度490～520孔/cm^2	用以代替传统的采用细帆布黏结在橡胶底上。帆布结构紧密、坚挺,但较硬

规格 \ 非织造布名称	鞋帽衬	非织造布仿麂皮
英文名	interlining for shoe and hat	suede nonwoven fabric
纤维原料组成	选用维纶、苎麻、落棉为纤网原料	选用海岛型复合短纤维为原料
织物结构	纤维经混合、梳理、成网、采用浸渍黏合法或热轧法生产	纤维通过分梳、铺网、层叠成纤维网,然后进行针刺,使纤维之间形成三维结合构造物,经处理将海部分溶去,岛部分形成了0.01～0.09D的超细纤维,将这种针刺毡浸渍聚氨酯溶液,然后导入水中,使树脂凝固,形成内部结合点,制成仿麂皮底布

续表

规格＼非织造布名称	鞋帽衬	非织造布仿麂皮
质(重)量/(g/m²)	60～80	
特　点	具有挺括、有弹性、各向同性、便于多层开剪、价格低廉等优点。可提高鞋帽生产的连续化，自动化程度及成品质量，降低生产成本	手感柔软，有素雅的柔光。有麂皮样非常高雅的外观。质地轻柔，保暖性、通气性、透湿性好，耐洗、耐穿，尺寸稳定性好，不霉、不蛀、无臭味，色泽鲜艳
用　途	用作鞋子、帽子的里衬材料	宜做春秋季外衣、夹克、大衣、西服、礼服、运动衫等服装，鞋面、手套、帽子等服饰及沙发套、贴墙布等装饰用布，也作高级工业用料
备　注	可代替传统的刮浆布衬用作鞋、帽的里衬。黏合剂一般以硬性聚乙烯醇缩甲醛浆为主，有时也使用硬性丙烯酸酯黏合剂。质量指标是定量为60～80g/m²；抗争强度>150N/5cm；厚度为0.18～0.33mm	克服了天然皮革缝制困难、不防湿、着水收缩变硬、易被虫蛀有臭味等缺点，因而是天然皮革较为理想的替代品，而且价格低廉。将仿麂皮非织造基布进行表面磨面处理解开表面纤维束，形成绒毛，再进行染色整理，可形成酷似天然皮革的仿麂皮。在评定其质量时，在仿麂皮上用指画痕，有书写效应者为上品

八、裘皮面料（fur fabric）

裘皮是指利用动物的皮板和毛被组成（或称皮草或毛皮）。裘：《辞海》解释为皮衣，如狐裘。天然裘皮的外观保留动物毛皮的自然花纹、光泽，丰厚的绒毛光润华美，除了保暖性好，其独特的外观使其显示华丽高贵，成为人们穿用的珍品，但价格昂贵，不易保管，国际上的动物保护组织号召人们反对穿毛皮。目前大部分裘皮原料来自于人工养殖场。不过也有极少数不法商贩滥捕滥杀野生动物获取他们的皮毛，国际上就对海豹皮等野生动物皮毛流通等违法行为有严格的限制和制裁。所以现今大量生产仿裘皮面料也称人造毛皮裘皮面料。

（一）天然裘皮面料（natural fur fabric）

天然毛皮是防寒的理想材料，它的皮板密不透风，毛绒间的静止空气可以保存热量，使之不易流失，保暖性强，即可做面料，又可充当里料与絮料。

1. 小毛细皮（low wool delicate skin）

小毛细皮指动物体形较小，毛皮张幅小，毛短、细密柔软。主要用于毛皮帽、长短大衣等。属于高档毛皮。

面料名称	分类	来源及分布	特点	用途
水貂皮（mink fur; mink skin; vison）	属食肉目鼬科	水貂有野生和人工饲养之分。近年来，在我国水貂养殖无论是质量品质还是数量都有了明显的进步，加工方面的统计数据是2004年全国共加工国产水貂皮500～550万张；2005年加工量为850万张左右；2006年加工量为1100万张左右。水貂以黑龙江最好，其次是吉林、辽宁、内蒙古，再次是青海、西藏、新疆与南方各省。水貂成年后体长40～60cm，尾长15～20cm，体重1.5～3kg。野生水貂多为黑褐色，家养水貂颜色多达上百种。一般将褐色定为标准水貂色，其余为彩色	是珍贵的细毛皮张，成为国际裘皮贸易的三大支柱产品（水貂皮、狐皮和羔羊皮）之一，其毛绒齐短、细密柔软，针足绒厚，色泽光润，皮板坚实、轻便，毛被美观、御寒能力强。是制毛皮制品的上乘原料	适宜制作高档裘皮衣服、衣领、皮帽、披肩、斗篷、围巾、袖口、饰口及服饰物等
紫貂皮（sable fur; violet mink）	属食肉目鼬科	紫貂是貂的五大家族（紫貂、花貂、沙貂、太平貂、水貂）的一种，比猫略小，头尖、嘴方、耳朵略呈三角形，体长40～59cm，尾长16～24cm，能爬树，吃野兔、野鼠和鸟类，有时也吃野菜、野果和鱼。毛皮柔软，是我国东北特产之一。野生紫貂属于国家一级保护动物	毛被呈棕褐色，针毛内夹杂有银白色的针毛，比其他针毛粗、长、亮，毛被细软，底绒丰厚，质轻坚韧，御寒能力极强	适宜制作高档长、短大衣、毛皮帽等

续表

面料名称	分类	来源及分布	特点	用途
水獭皮(otter fur;otter)	属食肉目鼬科	水獭又称水狗,头小而扁,耳小腿短,趾间有蹼,水性极好。毛皮中脊呈熟褐色,肋和腹色较浅,有丝状的绒毛,皮板韧性较好,属于针毛劣而绒毛好的皮种,一是绒毛细软厚足,可向三面扑毛;二是绒毛直立挺拔,耐穿耐磨,较其他毛皮耐用几倍;三是皮板坚韧有力,不脆不折,柔软绵延。野生水獭属于国家二级保护动物	针毛峰尖粗糙,缺乏光泽,没有明显的花纹和斑点,但拔掉粗毛后,底绒却稠密、丰富、均匀,非常美丽,且不易被水浸透	适宜制作各种高档长短大衣、披肩、毛皮帽等
海龙皮(sea otter fur;pipefish fur)	属水栖毛皮兽哺乳纲鼬科	海龙是水栖毛皮兽,体长233～266cm,尾长33cm,尖头小耳,趾间有蹼。毛皮中脊呈黑褐色,黑针毛中排列有白针毛,底色清晰尖亮,绒毛呈青棕色,腹色较浅	毛被的峰尖粗厚致密,有很好的抗水性,皮板坚韧,弹性大,纵横向伸缩性好,耐穿耐用,张幅较大,价值昂贵	适宜制作大衣领、帽子、袖口等
扫雪皮(stonemarten fur ermine fur)	属食肉目鼬科	扫雪又称白鼬、石貂,貌似紫貂,体长40cm,尾长6～10cm。毛被的针毛呈棕色,中脊呈黑棕色,绒毛乳白或灰白,冬毛纯白,但尾尖总是黑色的,上品张幅较大	皮板的鬃眼比掉皮细,毛被的针毛峰尖长而粗,绒毛丰厚,光润华美	适宜制作高档长短大衣、毛皮帽等
黄鼬皮(kolinsky;weasel;yellow perwitsky)	属食肉目鼬科	又称黄狼皮、黄鼠狼皮。黄鼬皮大部分是黄色,在山林中生活的黄鼬颜色深一些,草甸生活的黄鼬颜色浅一些,也有极少数白色、黑色及花色。黄鼬体形似紫貂,体长400cm,尾长60～100cm,产于东北的皮张幅大,绒毛丰厚;产于华北、中南的皮其毛被稀薄、色浅、张幅小	针毛峰尖细软,有极好的光泽,绒毛短小稠密,整齐的毛峰和绒毛形成明显的两层,皮板坚韧厚实,防水耐磨。经拔针、染色后的黄鼬皮又称黄狼绒	适宜制作高档长短大衣、毛皮帽等
艾虎皮(fitch)	属食肉目哺乳动物	艾虎又称地狗、臭猫、鸡鼬、艾鼬,体长30～45cm,尾长7～15cm,毛被的针毛和绒毛都比较细软,脊背毛锋较全身的毛绒稍高,背部毛针颜色呈黑色,平面绒为黄色,或灰白色,在前腿十字骨以下部位突然显出黑色,尾巴黄色,尾尖为黑色。艾虎皮产于东北、西北、华北和四川等地。其中东北地区产量较多,质量好,色泽鲜明	毛油润、细密、灵活、有光泽,柔软的峰毛之间夹杂有较长的定向毛,脊部的针毛比绒毛长一倍多,但不稠密,能透出绒毛独特、优美的色泽,显得别有姿色	适于制作裘皮大衣、皮帽、皮领及衣服镶边

续表

面料名称	分类	来源及分布	特点	用途
猸子皮(crab-eating mongoose fur; mammal)	属食肉目哺乳动物	猸子又称山獾、鼬獾,像猫而小,生活在树林中,体长 38～40cm,尾长 15～18cm,背部呈棕灰色,由青、灰、白形成色相,带有青翠阴影,肩至腹部为白色	猸子皮针峰较粗,底绒细软。拔掉粗针后,绒毛呈青白色,皮板柔软,坚韧有拉力	适宜利用天然毛色制作各种毛皮制品
灰鼠皮(ashen squirrel fur; chinchilla; squirrel fur)	属啮齿目松鼠科	灰鼠又名松鼠。头宽而短,耳小且圆,体长 23～27cm,尾长比身体长一倍多,脊部呈灰褐色,腹部及前肢内侧为白色,尾毛长而蓬松,呈黑褐色,两耳背各有一簇长黑色毛。产于新疆伊宁、昭苏、察布介尔锡伯自治县等地的鄂毕亚种灰鼠皮腹部呈浅蓝灰色,分界线不够明显	有毛皮细密丰足,平顺灵活,色泽光润,皮板坚韧结实,张幅较小,是具有较高价值的毛皮	适宜利用天然毛色制作各种毛皮制品
松鼠皮(pine squirrel fur)	属啮齿目松鼠科	松鼠皮分为红腹松鼠皮、岩松鼠皮、花松鼠皮和长尾松鼠皮。红腹松鼠皮被毛短平,头部、背部外侧呈橄榄绿色,掺杂有黑色。胸、腹部及四肢内侧为棕红色。岩松鼠皮背部、四肢外侧呈青黑色而略发黄,腹部、四肢内侧呈黄灰色。四肢短小,尾毛稀。长尾松鼠皮被毛短平,背部、四肢外侧为灰褐白而略发黄,腹部、四肢内侧为灰白色,尾背为黑色并杂有少量白色。颊部有锈红色斑,尾长不及体长,尾毛短而蓬松	毛密而蓬松,周身的丛毛随季节变化明显,夏季毛质明显稀短,冬季皮板丰满,也是具有较高价值的毛皮	适宜利用天然毛色制作各种毛皮制品
银鼠皮(ermine fur)	属啮齿目鼠科	银鼠头小嘴尖,耳小扁圆,体长 15～25cm,尾长 1.7～2.0cm,尾尖有黑尖毛	其皮色如雪,润泽光亮,无杂毛,针毛和绒毛长度接近,皮板绵软灵活,起伏自如	适宜利用天然毛色制作各种毛皮制品
麝鼠皮(muskrat fur; musquash)	属啮齿目仓鼠科	麝鼠又名青银貂,水老鼠。原产于美洲,现已成家养麝鼠。体长 23.5～30cm,尾长 20.5～27cm,头扁、眼小、耳短、尾长,前肢短而无蹼,后肢长且有蹼,水陆两栖。被毛呈棕黄、棕褐色,针毛尖黑褐或棕褐色,长 1.25cm 左右,绒毛呈蓝灰色,长 1cm 左右,绒毛灰色。体侧、腹部毛色较淡,呈棕黄色	锋毛高爽,针毛较密,色泽光亮美观,张幅较大,皮板结实,保温能力强,品质优良,经济价值仅次于水獭皮	适宜制作时尚长短大衣、坎肩等
花地狗皮(skunk; zorina)	属食肉目鼬科	花地狗又名虎鼬、臭鼬,体形略小于黄鼬,但尾巴长。体长 12～40cm,尾长 12～17.5cm。其毛被花纹斑驳显目,背部以黄白色为主,布满褐色或浅棕色斑纹,腹部和四肢为黑褐色,尾毛基部为深褐色、尖为白色	皮板轻软柔韧,毛色艳丽,很有装饰性,但资源很少,十分珍贵	宜装饰毛皮长短服装等

续表

面料名称	分类	来源及分布	特点	用途
香狸皮(civet cat fur;civet skin)	属食肉目灵猫科	香狸又名小灵猫、笔猫,体型与家猫相似,耳短形圆,尾巴长占体长的三分之二,其毛被呈深灰棕色,背部有黑褐色纵行条纹,体侧有黑褐色斑点而无条纹,尾呈灰棕色并间隔分布几个黑色横条	香狸皮以冬皮为上乘,其毛色均匀,乌峰光润,底绒丰富,皮板柔韧	冬皮适宜制作保暖服装
海狸鼠皮(beaver fur;castor fur;beaver skin)	属啮齿目海狸鼠科	海狸鼠又名狸獭、狸鼠、沼狸。长年栖息于湖泊溪流或沼泽地,属于半水栖动物。阿根廷养殖海狸鼠居世界领先地位,我国也已经人工饲养。体长约43.5cm,尾长35cm,肢体短小,耳小且圆。海狸鼠的毛被由锋毛、针毛和绒毛组成。锋毛长3.1～5.4cm,针毛长2.1～3.2cm,绒毛长0.8～1.6cm。海狸鼠常年零星换毛,以秋冬季毛皮最好,密致而有光泽	多呈褐棕黄色,背部比腹部颜色要深,针毛光亮,绒毛稠密呈棕色,腹部比背部毛的密度大。拔针后的商品皮,色均绒密,耐用耐磨,质量上乘	适宜制作时尚长短大衣、坎肩等
旱獭皮(marmot fur;marmot)	属啮齿目松鼠科	旱獭又名土拨鼠、哈拉、塔尔巴干、雪猪等。旱獭属啮齿目松鼠科野生毛皮动物,有冬眠的习惯。旱獭皮因产地和品种不同,毛被有深褐色、草黄色、棕褐色等	张幅较大、皮板稍厚、油性大,针毛长短适中、平齐、光亮,绒毛较长、稍稀疏、光泽柔和、富有弹性	适宜制作高档长短大衣、坎肩、毛皮帽等
松貂皮(martes)	属食肉目鼬科动物	平均体长53cm,尾巴长25cm。雄貂较雌貂稍大。体型大小的变化随分布地区而异。两性异形也出现在体型大小上,雄性比雌性约大12%～30%。喉咙上有奶白色至黄色的围兜。胸部至下腹浅灰色,爪子昏暗。尾巴长而浓密蓬松。松貂毛皮坚韧柔软,绒毛细密,冬季厚实柔滑,夏天短而粗糙。 栖息在多草木的地区,会在树穴或灌木林中筑巢。它们主要在夜间或黄昏活动。杂食性,以哺乳动物、鸟类、昆虫为主食,也会吃草莓、鸟蛋、坚果及蜂蜜。野生松貂寿命8～10岁。松貂主要分布在欧洲中部和北部,苏格兰南部有小部分种群生存,威尔士有零星发现记录	松貂皮坚韧柔软,绒毛细密,冬季厚实柔滑,夏天短而粗糙。毛皮呈浅褐至深褐色,在冬天会逐渐变长及浅色。冬季爪底垫被毛完全覆盖。幼仔在出生后的第一个冬天长成成兽的皮毛,毛被美观、御寒能力强。是制毛皮制品的上乘原料	适宜制作高档长、短大衣、毛皮帽等

2. 大毛细皮 (large wool delicate skin)

大毛细皮指动物体形稍大，毛皮张幅稍大，毛相对较长。用于制作毛皮帽、长短大衣、斗篷等。属于高档毛皮。

面料名称	分类	来源及分布	特点	用途
狐 皮 (fox fur)	属食肉目犬科	狐具体分为赤狐、银狐、蓝狐、沙狐、十字狐、白狐以及各种突变性或组合型的彩色狐等，世界上约有40多种色型。赤狐也称红狐或草狐，其平均体重5kg，身长带尾100～140cm，在我国分布很广，东北和内蒙古的较好；银狐也称玄狐，原产于北美和西伯利亚，目前家养普及，平均体重5～7.5kg，体长57～70cm；蓝狐又称北极狐，原产于北冰洋周围，现已家养，由于近几年国内蓝狐的改良，使得改良蓝狐皮比普通国产蓝狐皮的质量有大幅度提高，但与进口蓝狐皮的价格还有一定差距。蓝狐平均体重4.5～7kg，体长55～70cm，尾长30～35cm；沙狐根据产区可分为东沙狐和西沙狐。东沙狐皮主要产于内蒙古、东北各省以及甘肃省的部分地区。脊背部发黄，多带白毛梢，腹毛为黄白色，色泽光润，尾尖黑色。西沙狐皮主要产于青海、西藏、甘肃、宁夏和四川等省、自治区。针毛略粗，脊背部为上黄色，毛尖呈青灰色，腹毛为青灰色，腹部中线为白色，张幅较小，底绒浅灰或近白色；十字狐产于亚洲和北美，体形近似于赤狐，四肢和腹部呈黑色，头、肩、背部呈黑色，在前肩与背部有黑十字形花纹	赤狐皮毛长绒厚，色泽光润，针毛齐全，品质最佳；银狐皮基本毛色为黑色，均匀地掺杂白色针毛，尾端为纯白色，绒毛为灰色；蓝狐皮有白色和浅蓝色，绒毛长3.5cm，针毛5.5cm，毛长绒足，细而灵活，色泽光润美观，保暖性好，皮板厚软，拉力强，张幅大	适宜制作高档长短大衣、女用披肩、围巾、皮领、斗篷、毛皮帽等
貉子皮 (raccoon dog fur)	属食肉目犬科	貉子又名狸、狗獾，穴居河谷、山边和田野间，现在家养普及。中国是世界上优质貉子主要养殖地区，东北的乌苏里貉就是一个优质品种，目前国内养殖的貉子一般都是乌苏里貉的后裔。貉子养殖地集中在河北、东北、山东地区。貉子的外形像狐，但比狐小，体肥腿短，尾毛蓬松。绒毛长3～3.5cm，针毛长5cm。体重6～10kg，体长约50～82cm，尾长17～18cm。貉子毛皮针毛的峰尖粗糙散乱，颜色不一，暗淡无光，但拔掉针毛衣后透出绒毛，突然变色。绒毛细密优雅，皮板厚薄适宜，坚韧耐拉。拔掉针毛衣后的貉子皮称貉绒皮	绒毛呈青灰色，毛尖呈褐色，针毛为黑色，有时带灰尖，中部有的呈橘红色。毛被总起来看呈灰棕色。针毛长，底绒丰厚，细柔灵活耐磨，光泽好，皮板结实，保温性很强	适宜制作高档长短大衣、坎肩、皮领、皮帽等
猞猁皮 (lynx fur; caracal; wildcat fur)	属食肉目灵猫科	猞猁外形像猫，但比猫大得多，体长约11～24cm，尾巴短约17cm，两耳的尖端有两撮长毛，两颊的毛也很长，全身淡黄色，有灰褐色的斑点，体腹面和四肢内侧白色，腹毛较长，具少量灰黑棕色斑。尾粗短而圆，末端1/3段为黑色。善于爬树，行动敏捷，形凶猛，皮毛厚而软。猞猁皮毛色变异较大，个体变异和季节性变化均较明显。毛色多为灰棕色、草黄棕色至红棕色。野生猞猁属于国家二级保护动物	毛被华美，绒毛稠密，峰毛爽亮，皮板坚韧，有弹性，耐拉伸，保暖性强	宜制作高档长短大衣、坎肩、毛皮帽等

续表

面料名称	分类	来源及分布	特点	用途
狗獾皮(badger fur)		狗獾体肥、鼻尖,重约10～12kg,体长约50cm左右,四肢健壮,尾巴短约11cm,背部针毛长而光亮,呈现三种颜色,根基白色,毛干棕色,毛尖白色,绒毛灰白稠密。狗獾的分布除台湾和海南岛外,主要在我国的东北、西北、华南、中南等地,国外分布于欧亚两大洲	皮板坚韧,被毛蓬松,保暖耐磨,黑白分明,张幅较大。拔掉针毛可制得獾绒皮	宜制作高档长短大衣、坎肩、毛皮帽等
狸子皮(leopard cat fur)	属食肉目猫科	狸子又名豹猫、狸猫。体大、头长、嘴尖,体长54～65cm,尾长大于体长的三分之一,尾巴有大小不一的黑白环。狸子皮依产区和品质分南、北两路。南狸子皮产于华南、华中、华东各地,针毛较短而平顺,被毛多呈浅黄色,棕黑色花纹斑点明显、清晰,颜色鲜艳,色泽光润,尾毛浅黄色,具有棕黑色半环。北狸子皮毛被呈棕色,尾粗短,略带色环,但色泽暗淡,斑点不清。一般南狸的皮质优于北狸,皮斑点清晰,毛短而平,保暖性较差;北狸子皮板厚实,毛长绒厚,防寒性好于南狸子皮	毛被呈三色,基部灰色、中部白色、尖端黑色,毛峰光泽好,周身花点黑而明显,底色呈黄褐色,毛绒细密,经常是拔针后使用,其花斑如镶嵌的琥珀,绚丽夺目	适宜制作高档长短大衣、坎肩、毛皮帽等
九江狸皮(zibet; large indian civet)	属食肉目猫科	九江狸又称九节狸。被毛呈浅灰棕色,背部有一条粗硬的黑色鬃毛,在后背部两侧各有一条白色狭纹;腹部毛呈灰棕色,尾部有7～9个由黑色和黄白色构成的尾环,尾端为黑色	毛呈浅灰棕色,后背部有黑、白条纹,皮质坚韧,毛绒蓬松	适宜制作高档长短大衣、坎肩、毛皮帽等
玛瑙皮(felis manul fur; agate fur)	属食肉目猫科	玛瑙皮原产动物为兔狲。兔狲是典型的荒漠动物,适宜于寒冷和贫瘠地区生活,常栖息于沙漠、荒漠或戈壁地带,亦见于草原和林地。食物以鼠类为主,能大量消灭啮齿动物,是著名益兽。兔狲的毛皮是猫类动物中比较珍贵的,其绒毛厚密且长,是很有经济价值的资源动物。兔狲数量已很稀少,且在保持生态平衡方面有较大意义,野生兔狲属于国家二级重点保护动物	毛长而密,背毛多呈灰棕色或银灰色,背中线色深,有棕黑色毛,并形成数条黑色细横纹,腹部淡黄色。尾粗圆,具6～8条黑细纹,尾端为黑色	可制作皮领、皮帽、皮衣等
草猫皮(chinese desertcat fur; felis bieti; feline)	属食肉目猫科	草猫皮原产动物为漠猫。原产地为蒙古、中国四川、青海、甘肃、宁夏和陕西。体型较大,体长60～80cm,体重约5kg。四肢略长。全身都没有明显的条纹,背部和四肢的外侧呈沙黄色,背中部略微具有暗红棕色,并具有十分显著的长峰毛,成为它最为显著的特点之一。颌部白色,前胸部淡黄褐色,腹部暗黄色。头部为灰白色,颊部有两条斜行的暗褐色纹,两条纹之间呈亮灰色。野生漠猫属于国家二级保护动物	草猫皮的体背和四肢浅黄灰色,背部中央红棕;全身无明显条纹,仅臀部和前肢内侧有数条细而不明显的暗纹,耳尖具棕黄色簇毛,尾后部有3～4个暗棕色环,尾端黑色	适宜制作长短皮衣、坎肩、皮帽等

续表

面料名称	分类	来源及分布	特点	用途
青猺皮〔qing yao (palm civet) fur; masked civet〕	属食肉目猫科	青猺又名花面狸、果子狸。体形稍大于家猫，体长50～60cm，尾长44～54cm。脊背毛色呈深棕灰色，除头上有白斑外，体无花斑。其粗毛的基部深灰、尖部深棕，针毛的基部棕色、尖部黑色，腹部毛为灰白色，尾稍与足部均为黑色	基本呈棕色或深棕色，皮质坚韧，毛绒蓬松	适宜制作长短皮衣、坎肩、皮帽等

3. 粗毛皮 (coarse-wooled fur)

粗毛皮指动物体形大，毛皮张幅大，毛长。用于制作帽子、长短大衣、坎肩、衣里、褥垫等。属于中档毛皮。

面料名称	分类	来源及分布	特点	用途
黄羊皮 (antelope fur; mongolian; gazelle fur)	属哺乳纲偶蹄目牛科	黄羊又名黄羚、蒙古原羚、蒙古瞪羚、蒙古羚等。主要分布于蒙古、俄罗斯的西伯利亚地区，在国内分布于吉林、内蒙古、河北、山西、陕西、宁夏、甘肃和新疆等省区。黄羊体型纤瘦，体长100～150cm，体重一般为20～35kg，但最大的可达60～90kg。头部圆钝，耳朵长尖，并且生有很密的毛。雄兽的角短而直，呈竖琴状，尖端平滑，略微向后方逐渐斜向弯曲，呈弧形外展，最后两个角尖彼此相对。雌兽无角，仅有一个隆起。颈部粗壮，尾巴很短，仅9～11cm。现已经成为稀有物种，亟待加以保护，野生黄羊属于国家二级保护动物	毛被夏季毛发较短，为红棕色，腹面和四肢的内侧为白色，尾毛棕色。冬季毛发厚密而脆，但颜色较浅，略带浅红棕色，且有白色的长毛伸出，腰部毛色呈灰白色，稍带粉红色调。臀部有明显的白色斑块。其皮革光润轻暖	可以加工成皮衣
绵羊皮 (sheep fur; sheep leather)	属哺乳纲、偶蹄目牛科	绵羊饲养非常广泛，分布在全国各地。绵羊皮属中档毛皮，分为细毛绵羊皮、粗毛绵羊皮和半细毛绵羊皮三大类。细毛绵羊皮的毛被是由细度、长度、毛弯曲度均匀一致的同类型毛组成。毛的细度在60支以上，毛丛结构紧密、油汗大，毛被表面平坦，闭合性好。皮板纤维结构疏松，抗张强度差，油脂量大。粗毛绵羊皮的毛被是由细度、长度明显不一，弯曲不多，油汗小的异质毛纤维组成。毛丛底部粗大，顶端尖细，结构疏松。皮板厚壮，皮板纤维结构紧密、油性大。半细毛绵羊皮毛被由两种以上类型的毛组成。两性毛和绒毛较多，油汗大，弯曲明显增多。毛绺根带波折形花弯部位的面积占40%以上。毛细度为36～56支，介于细毛绵羊和粗毛绵羊之间	毛多呈弯曲状，黄白色，粗毛退化后呈绒毛，光泽柔和，皮板厚薄均匀、结实柔软，不同种类的绵羊皮各有其特色。蒙古绵羊皮，皮板张幅大、厚实，纤维松弛，毛被发达，毛粗直；西藏绵羊皮，毛长绒足，花弯稀少，弹性大，光泽好；新疆绵羊皮，厚薄均匀，毛细密多弯，弹性和光泽好；滩羊皮，毛呈波浪式花穗，毛股自然，花绺清晰，光泽柔和，手感活络，皮板薄韧	绵羊皮鞣制后多制成剪绒皮，染成各种颜色，颇似獭绒。多用于皮衣、皮帽、皮领等。或鞣制后把毛被剪成寸长，将皮板磨光上色制成板毛两穿的服装

续表

面料名称	分类	来源及分布	特点	用途
山羊皮(goat fur;goat skin)	属哺乳纲、偶蹄目牛科	山羊是饲养的家畜。雌雄皆有角，向后弯曲如弯刀状，雄性的角发达，角上有明显的横棱。山羊喜欢干燥环境，性急，爱活动，好斗角，但又生性怯懦，怕雨淋，也怕烈日晒和冷风吹，有摩擦角部的习惯，喜欢吃禾本科牧草或树木枝叶，饲料和饮水都喜清洁，拒食粪便沾污的食料、不洁的水及含有荤腥油腻的饲料	毛被呈半弯半直，白色，皮板张幅大，柔软坚韧，针毛粗，绒毛丰厚，拔针后的绒皮则以制裘，未拔针的一般用作衣领或衣里。小山羊皮也称做猾子皮，毛被有美丽的花弯，皮质柔软	根据加工情况制作皮衣、皮帽、皮领、童装及各种服饰品等
羔皮(lamb fur)	属哺乳纲、偶蹄目牛科	指羔羊毛皮。羔皮分为粗毛绵羊小毛羔皮、中毛羔皮、大毛羔皮、滩羊羔皮、湖羊羔皮、细毛绵羊羔皮和卡拉库尔羔皮(三北羔皮、波斯羔皮)，黑紫羔皮等。其中卡拉库尔羔皮(三北羔皮)是世界毛皮三大支柱之一。羔皮一般无针毛，整体为绒毛，色泽光润，皮板绵软耐用，为较珍贵的毛皮	毛被花弯绺絮多样。滩羊羔皮毛绺多弯，呈萝卜丝状，色泽光润，皮板绵软；湖羊羔皮毛细而短，花呈波浪形，卷曲清晰，光泽如丝，毛根无绒，皮板轻软；三北羔皮毛被卷曲，光泽鲜明，皮板结实耐用	一般用于外套、袖笼、衣领等
狼皮(wolf fur)	属食肉目犬科野生	狼的体形与狗的体形相似，略大。体长 100～160cm，尾长 35～50cm。狼皮有浅灰色、浅黄色、青黄色、灰黄色和棕色等，但一般多呈暗黄色。各部位色泽也不同，背部常杂以黑色或灰色，头部浅灰色，额部暗灰色，颈背略带浅棕色并掺杂浅黑色，腹部白略带棕色。针毛多带五个色节，从毛根到毛尖依次是浅灰、黑、灰白、浅黄、黑色	毛绒粗长、丰足，色泽光润、美观，皮板肥厚坚韧，保暖性强，油性小，张幅大。大的狼皮可达 2m 长(从鼻尖到尾尖)，宽 40～45cm。绒毛长 2.5～4.0cm，针毛长 3.5～5.5cm	主要用来做短皮衣、皮帽、坎肩、衣里、褥垫等
狗皮(dog fur)	属食肉目犬科	又名犬、蹲门貂。世界上的狗有 125 种以上，分布在世界各地。我国根据狗的形态、体型、生长地区不同分为蒙古狗、藏狗、土狗和外来狗四大品系。毛的颜色有青、黄、黑、白、花等	针毛稠密、较细，色泽光润，绒毛丰厚、灵活，张幅较大，皮板较厚，板面细致，油性足	一般用在被褥、衣里、帽子上
豹皮(leopard fur)	属食肉目猫科	豹皮的品种较多，常见的是金钱豹皮、龟纹豹皮、红春豹皮、芝麻豹皮、狸豹皮和黑豹皮等。其色泽一般为棕黄，体长 100～150cm，尾长 75～85cm。东北地区的豹，皮大绒厚，环状黑斑花纹散乱不清，色泽暗淡，毛被峰尖和毛绒较粗；云贵地区的豹，皮色鲜艳，斑点清晰华美，绒毛短平油亮，较为珍贵。野生豹属于国家一级保护动物	头大尾长，色泽棕黄，毛被上分布有大小不同的黑圆圈	可以制作服装及装饰品，因属野生动物保护品种，目前很少使用

4. 杂毛皮（sundry-wooled fur）

杂毛皮指皮质稍差，产量较多的低档毛皮。用途：衣、帽及童大衣等。

面料名称	分类	来源及分布	特点	用途
猫皮（cat fur）	属食肉目猫科	猫分为野生猫和家养猫两种。家养猫皮，毛被平顺，毛细绒足，针毛齐全，色泽光润，有的有美丽的斑纹，其中有长短、大小之分，还有片状、荷叶状，俗称“张飞脸”。毛被颜色有青、黄、黑、白、灰和花色。有长毛猫皮和短毛猫皮之分	颜色多样，斑纹优美，由黄、黑、白、灰、狸五种正色及多种辅色组合，毛被上还有时而间断、时而连续的斑点、斑纹或小型色块片段，针毛细腻光滑，毛色浮有闪光，暗中透亮	适宜制作中、低档毛皮产品
野兔皮（feral lapin fur）	属哺乳纲兔科	野兔分为草兔和山兔。草兔（Hard）分布于我国东北、华北、西北和长江中下游一带以及欧洲、俄罗斯和蒙古等地。其体长为38～48cm，尾长9～10cm，体重为2～3kg。身体背面为黄褐色至赤褐色，腹面白色，耳尖暗褐色，尾的背面为黑褐色，两侧及下面白色。其中蒙古兔质量最好；山兔主要产于华东、华南等地，呈灰青色，锋毛粗长，弹性强，带黑色冒尖	草兔皮毛绒细密灵活，有光泽，保暖性强，但皮板脆薄，毛强度差、易断；山兔皮的毛被平齐，针毛多、粗，绒毛较足，色泽光亮，皮板较薄，耐用性差	适宜制作中、低档毛皮产品
家兔皮（rabbit fur）	属哺乳纲兔科	兔品种繁多，世界上有60多种。我国是养兔大国，饲养的主要有中国白兔、大耳白兔、安哥拉兔、青紫蓝兔。颜色有白色，或带点青紫蓝色	毛色较杂，毛绒细密灵活，色泽光亮，皮板柔软但较薄，耐用性稍差	适宜制作中、低档毛皮产品，如衣帽及童装大衣等
獭兔皮（rex rabbit fur）	属哺乳纲兔科	獭兔又名力克斯兔，是优良的皮用兔。獭兔毛长1.3～2.2cm，密度60～100根/mm^2，细度7～20μm。毛被短而稠密，柔顺光亮。针毛退化为绒毛一般平齐，不突出绒毛表面，不倒向。我国已培育出14种标准色型，即海狸色、黑、蓝、白、红棕、青紫蓝、粉红、棕褐等	针毛较粗，光滑，坚挺，与绒毛数量之比为1∶50。针毛在毛被中起支撑骨架作用，所以獭兔被毛直立耐磨；且针毛在其中又起隔离绒毛作用，防止黏合	适宜制作中、低档毛皮服装、坎肩、帽子及童装大衣等

（二）仿裘皮面料（artificial fur）

5. 仿裘皮面料（artificial fur）

仿裘皮面料是采用人工织造、整理的方法形成外观和保暖性皆可与天然裘皮媲美的面料。梭织仿裘皮面料的生产采用双层结构的经起毛组织织制，针织仿裘皮面料的生产采用长毛绒组织在长毛绒织机上织制而成或者缝编非织造生产工艺生产坯布，再经后整理各种起毛加工，原料采用羊毛、棉、涤纶、腈纶、氯纶、黏胶纤维等。还有黏胶人造短毛皮的生产，原料采用黏胶或腈纶制造卷毛，通过用胶粘合在基布上，再经过加热、滚压、修饰成为人造卷毛皮。仿裘皮面料的特点是幅面较大，质量轻、光滑柔软、保暖，而且色彩丰富，可以染成各种明亮的色彩，结实耐穿，不霉不蛀，耐晒，价廉，可以水洗，特别是仿真性强，具有动物毛皮的外观，各种野生和养殖的裘皮种类都可以仿制。缺点：易起静电、沾尘，洗涤后仿真效果变差。

面料名称	原料、纱支及工艺	后整理	特点	用途
梭织仿裘皮面料（woven bonded fur）	采用双层结构的经起毛组织，经割绒后在织物表面形成毛绒。其商品名有海勃龙、海虎龙等。其底布多采用棉纱线，起毛经纱一般采用羊毛、马海毛、腈纶、锦纶和毛型黏胶纤维等。这种人造毛皮绒毛固结牢固，毛绒整齐、弹性尚可，保暖与透气性可与天然毛皮相仿，绒毛也有倒顺向，裁剪排料时应予以注意	坯布背面上浆后烘燥、表面拉毛、烫光、剪毛、再烫光等	其外观极似短毛类的天然毛皮，有印花和提花两类。面料保暖性、透气性较好，质量轻，可湿洗，不霉、不蛀、易保管	作各种仿裘皮大衣、保暖服装的面料或里料
纬编仿裘皮面料（weft bonded fur）	在针织纬编毛皮机上采用长毛绒组织编制的，由腈纶、氯纶或毛型黏胶纤维等做毛纱，地纱采用棉纱或涤纶纱线，有短毛和长毛绒之分，其长毛绒毛高一般在12～28mm，最长的达到50mm，还可以在织物表面形成类似于针毛与绒毛的双层结构，针毛留在织物表面，绒毛处于毛层之下紧贴织物，这样的毛层结构就接近天然毛皮，可以用长度较长、纤维较粗、染成深色的纤维作毛干，长度较短、纤维较细、染成浅色的纤维作绒毛。并且可以仿造天然毛皮的毛色花纹进行配色，生产仿真毛皮（如仿狐皮、豹皮、貂皮等），还可以根据设计用提花的方法生产各种兽皮花纹进行仿真毛皮的生产	坯布背面上浆后经烘燥、表面烫光、剪毛，压烫、磨光等工艺，也有绒面经加工处理后，使毛丛成为圈状的仿羊羔皮，还可以对素色毛皮增加印花（印上各种仿兽皮的花纹）或者经过剪毛处理的剪毛产品等	外观极似天然毛皮，保暖性好，毛绒平顺，绒毛色泽齐全，透气性和弹性均较好，质量轻，可湿洗，不霉、不蛀、易保管。缺点是绒面容易沾污，长毛的尖端也易打结	主要作各种仿裘皮大衣、保暖服装的面料或里料，也可做镶边、玩具、戏装及装饰用品等
经编仿裘皮面料（werp bonded fur; werp knitted simulated fur）	在双针床经编机上编制的毛绒组织，由腈纶、氯纶或黏胶纤维纱线做毛绒纱，同时在两个针床上垫纱，与两个针床上面的地纱同时编织成圈，下机以后从中间剪开成两块长毛绒布。其毛绒的长度由两个针床的间距来决定	同上	其外观与天然毛皮相似，保暖性、透气性和弹性均较好	主要应用于拉舍尔毛毯及服装

续表

面料名称	原料、纱支及工艺	后整理	特点	用途
缝编仿裘皮（stitch bonded fur;stitch simulated fur）	采用纤网、底布毛圈型缝编法非织造工艺生产。纤网原料为收缩腈氯纶和两种不同光泽的无收缩腈氯纶。纤维经过混合、成网，再采用纤网直接变成毛圈的伏尔特克斯（Voltex）缝编技术制成，底布为棉布，机号为10F，坯布定重550g/m^2，毛圈高度7mm	为坯布背面上浆后烘燥、表面拉毛、烫光、剪毛、再烫光等	其毛圈直接由纤网形成，蓬松性好，手感柔和，尺寸稳定，保暖性好，毛皮形态逼真，价格低廉等	制作毛皮大衣及其他保暖服装
缝编仿山羊皮（stitch-bonded goat fur）	主要采用纤网、底布毛圈型缝编非织造工艺生产，与缝编仿毛皮工艺基本相同。所用纤网以收缩型腈氯纶和有光无收缩腈氯纶为原料，按一定比例混合、成网。底布为棉布，无需缝编纱。机号为10F，坯布定重450g/m^{2}左右，毛圈较长，为7mm左右	其外观效果的产生主要依靠后整理加工。一般是把上述坯布进行上浆、烘燥、烫光、剪毛、滚球等	具有门幅宽，尺寸稳定，外观逼真，产量高，价格低廉等特点	制作毛皮大衣及其他保暖服装、坐垫等
人造卷毛皮（man-made curling fur）	人工加工使毛被成卷仿绵羊羔皮的外观。胶黏法生产的人造卷毛皮，是在各种梭织、针织或非织造布的底布上黏满仿羔皮的卷毛纱线以后适当修饰，从而形成绵羊羔皮外观特征的毛被；针织法生产的人造卷毛皮是在针织毛皮的基础上对毛被进行热收缩定型处理而成的，毛被一般以涤纶、腈纶、氯纶等化学纤维为原料。形成的毛皮为宽幅，裁剪、制作方便，效率高	经过适当的热收缩处理、滚压，适当修饰成为人造卷毛皮	以白色和黑色为主要颜色，表面形成类似天然的花绺花弯，毛绒柔软，毛色均匀，质地轻，保暖性和排湿透气性好，不易腐蚀，易洗易干	广泛用作毛皮服装的面料，又可做冬装的填里及装饰边口材料等

九、皮革面料（leather fabric）

皮革是经脱毛和鞣制等物理、化学加工所得到的已经变性不易腐烂的动物皮，其表面有一种特殊的粒面层，具有自然的粒纹和光泽，手感舒适柔软，具有抗撕裂性、耐曲折性等物化性能。部分皮革面料图样见彩图 142～彩图 150。

1. 天然皮革面料（natural leather fabric）

天然皮革按其种类来分主要有猪皮革、牛皮革、羊皮革、马皮革、驴皮革和袋鼠皮革等，另有少量的鱼皮革、爬行类动物皮革、两栖类动物皮革、鸵鸟皮革等。其中牛皮革又分黄牛皮革和水牛皮革，羊皮革分为绵羊皮革和山羊皮革。

面料名称	结构特征	特　点	用　途
猪皮革（pig skin）	皮面相对比较粗糙，粒面（表面的纹路）凹凸不平，毛孔粗大而深，每三个毛孔组成一小撮，呈品字形排列，而且组与组之间相隔较远，具有独特风格。有些猪皮革经缩皱处理后外观几乎与羊皮一样，只有拉平才能隐约看到毛孔的品字形排列，还可以制成磨面革、轧花革、漆革、绒面革等	皮厚且粗硬，其外观不是很精致，但可以加工成光面、绒面和切割层皮，得以改善。纤维组织紧密，所以比较耐折耐磨，透气性比牛皮好，穿着舒适，经济实惠，但弹性不如牛皮	猪皮的磨面革、轧花革可制作服装，漆革和绒面革及经过磨光处理的光面革是皮鞋的主要原料
牛皮革（cattle leather; neat's leather; cowhide leather; oxhide leather; cattlehide leather）	分为黄牛皮革、水牛皮革和小牛皮革。服装用主要是黄牛皮革和小牛皮革。黄牛皮革的粒面较平整，毛孔细小，呈圆形，分布均匀而紧密，毛孔较直地伸向里边；水牛皮革比黄牛皮革厚，真皮层表面凹凸不平，因此革面粗糙，毛孔较黄牛皮粗大、稀少，革质松，不如黄牛皮革美观耐用，一般磨面修饰后使革面较细，用于服装；小牛皮革粒面致密，毛孔细密均匀，皮层柔软	黄牛皮革粒面磨光后光亮度较高，革面丰满、细致、光亮，且皮革薄厚均匀，手感坚实而富有弹性，吸湿透气性良好，耐磨耐折，光面革偶有松面现象，制绒面革的绒面比较细致美观，是良好的服装和鞋用皮革；水牛皮革的最大优点是吸湿透气性佳；小牛皮革柔软、细致、轻薄、弹性佳、吸湿好，是优良的服装用皮革	主要用于制作皮革服装、皮革箱包、手袋、装饰及皮鞋等
羊皮革（mouton lamb leather; sheepskin）	有山羊皮革与绵羊皮革之分。山羊皮革革面上的粒纹呈半圆形的弧状，弧上排列着 2～4 个较大的毛孔，周围有大量细绒毛孔，且毛孔的排列呈鱼鳞状；绵羊皮革革面粒纹与山羊皮革的相近，几个毛孔排成一组，分布均匀；但毛孔细小，呈扁圆形，立体感较弱，故革面较山羊皮细致。革身柔软，延伸性大，但坚牢度略次于山羊皮	山羊皮革的皮身较薄，成品革的粒面紧密，有高度光泽，纹路清晰，立体感较强，透气、柔韧、坚牢，但革面略显粗糙；绵羊皮革的透气性、延伸性较好，手感柔软，表面细致平滑，但坚牢度不如山羊皮	多用于制作皮革服装、皮鞋、皮帽、手套、背包以及皮件饰物等

续表

面料名称	结构特征	特　点	用　途
麂皮革(suede skin)	毛孔粗大稠密,粒面粗糙,斑疤较多,不适合做正面革,因其皮质厚实,可以加工成绒面细致、光洁的绒面革,且是质量上乘的名贵品种	绒面细腻柔软,坚韧耐磨,吸湿透气性和吸水性均佳,制作服装具有独特的外观风格,是近年流行的服装面料之一	用于制作服装、鞋,由于其细致柔软还广泛用于制作汽车清洁用布
蛇皮革(snake skin)	表面的粒面致密轻薄,光泽华润,由于蛇皮脊色深,腹色浅,构成蛇皮革具有独特的花纹。是珍贵的皮革种类	具有独特的花纹,而且柔软轻薄,弹性好,耐拉耐折	用于制作服装的镶皮及箱包、鞋、钱包、手提包等辅件和打击器乐等
驴、马皮革(donkey skin horsehide)	驴、马皮革的皮质结构十分相似,毛孔稍大,呈椭圆形,斜伸入革内,呈山脉形状有规律排列,色泽不如牛皮革光亮	驴、马皮革在外观和性能上都很相像,不同部位其外观和性能上有差别。前身皮较薄,结构松弛,手感柔软,吸湿透气性好,可用于服装;后身皮结构紧密坚实,透气透湿均差,不耐折,一般用于服装的镶拼或箱包等辅件	可用于服装或服装的镶拼或箱包等辅件
漆面皮革(patent leather)	又称光漆皮革或开边珠,属修饰面革,是为了弥补材料表面的不足,在利用率稍差的皮面上进行修饰,喷上一种特殊的化学材料制作而成的皮料	相对于全粒面皮质感较硬。冬季,温度差异较大时容易造成皮面爆裂。漆面皮革无需打油,脏时,只需用较为潮湿的软布擦拭即可	可用于皮鞋、镶拼或箱包等辅件
皱漆皮革(crease leather skin; crinkle patent leather)	制造工艺同光漆皮革类似,也同属修饰面革。也是为了弥补材料表面的不足,在利用率稍差的皮面上进行修饰,工艺与漆面皮革有所差异	在穿着时较光漆皮革感觉柔软一些。也无需打油,脏时,只需用较为潮湿的软布擦拭即可	可用于皮鞋、镶拼或箱包等辅件
油浸皮革(oil soaking leather)	指多脂面革,是以猪皮或牛皮为原料皮,采用铬制结合鞣法或纯植物鞣法制成	革身松软、手感滋润,具有轻软、舒适、皮面色泽有层次感的特点。制成品皮面容易起皱、变色。一般用无色鞋油保养、护理	可用于皮鞋、箱包等辅件
打蜡皮革(waxing leather)	分打蜡牛皮革和打蜡羊皮革两种,打蜡皮制革时皮身经过严格挑选,要求毛孔细、表面无伤痕,经过染色后表面打蜡而成	制成品毛孔、皮纹都很清晰,表面光泽自然,打蜡皮较易吸潮,汗渍和水渍碰及后容易变色。一般用无色鞋蜡或普通鞋油保养、护理,但容易使皮面变色,影响原来的光泽度	用于皮鞋、箱包等辅件

续表

面料名称	结构特征	特　点	用　途
绒面革(blushed leather suede)	如果利用皮革正面经磨制而成的称为正面绒；利用皮革反面经磨制而成的革面称为反面绒。利用二层皮制成的称为二层绒面	由于没有涂饰层，其透气性能较好，柔软性较为改观，但其防水性、防尘性和保养性变差，没有粒面的正绒革的坚牢性变低。制成品穿着舒适、卫生性能好，但除油糅法制成的绒面革外，绒面革易脏而不易清洗、保养	可用于服装、服装的镶拼或箱包以及皮鞋等
镭射皮革(laser sgine leather)	是采用激光技术在皮面打磨形成各类花纹的皮料。设计者将所需要的图案花纹，通过电脑输入程序中，然后由激光在皮面表皮进行雕刻，形成各式各样的图案。镭射皮原料有羊皮、牛皮	服用性能上除了具有原皮的特点外，最突出的优点是外观新颖，花纹、图案别致、美观，具有很强的观赏性，并且手感柔软	多用于服装或装饰
磨砂皮革(sanded upper leather)	是皮革的表面经微磨拉绒而成	绒毛短浅细腻，丰满有弹性。用磨砂皮专用清洁剂护理	可用于服装、皮鞋等

2. 人造皮革面料 (artificial leather fabric)

人造皮革面料是在纺织布基或无纺布基上，由各种不同配方的 PVC 和 PU 等发泡或覆膜加工制作而成，可以根据不同强度和色彩、光泽、花纹图案等要求加工制成，具有花色品种繁多、防水性能好、边幅整齐、利用率高和价格相对真皮便宜等特点，但绝大部分的人造皮革，其手感和弹性无法达到真皮的效果；它的纵切面，可看到细微的气泡孔、布基或表层的薄膜和人造纤维。

面料名称	纱支及工艺	后整理	特点	用途
人造皮革(PVC革)(imitation leather, artificial leather, chemical leather, man-made leather, synthetie leather, leathercloth, leather like material)	是使用聚氯乙烯树脂、增塑剂和其他辅剂组成混合物后涂敷于梭织或针织底布上，再经过适当的加工工艺过程而制成。根据塑料层的结构，可以分成普通革和泡沫人造革两种	为了使聚氯乙烯人造革的表面具有类似天然皮革的外观，在革的表面进行机械轧花，使革面出现羊皮、牛皮、蛇皮以及鳄鱼皮等纹面	聚氯乙烯人造革同天然皮革相比，耐用性好，强度与弹性好，耐污易洗，不燃烧，不吸水，变形小，不脱色，张幅大，裁剪缝纫工艺简便，厚度均匀，但舒适性较差	适宜制作服装、鞋靴等
合成皮革(PU革)(man-made leather, synthetic leather)	由具有微孔结构的聚氨酯涂层或膜作面层，以聚酯纤维的非织造布为底布制成的，所以聚氨酯合成革具有透气孔，在手感和服用性能方面，都优于人造革。此外也可制成泡沫合成革	可以在革的表面进行机械轧花，使革面出现羊皮、牛皮、蛇皮以及鳄鱼皮等纹面	聚氨酯合成革涂层薄有弹性，柔软滑润，具有较好的耐水性和耐磨性，又提高了透气性，仿真效果好。张幅大，裁剪缝纫工艺简便	多用来制作中档大衣、夹克、鞋靴等

续表

面料名称	纱支及工艺	后整理	特点	用途
再生皮革(regenerated leather)	是用废旧皮革和其他各种配料，压合而成	在正面涂饰具有皮革的光泽和花纹，使革面出现真的纹面	正面有类似皮革的光泽和花纹，但没有毛孔眼，反面也有似天然皮革的绒毛纤维束。虽然具有一定的强力，但经过数十次曲折后，皮革表面会出现死皱褶、涂饰掉色和裂痕等现象，其弹性和柔软度也较差	多用于制作腰带和各种小物件，价格低廉
仿鹿皮(suede skin)	又称人造鹿皮。其布面有密集柔软的短绒毛，外观类似于鹿皮。仿鹿皮可以用梭织和针织方法。一般采用涤纶长丝为地组织原料、采用细旦或超细纤维的涤纶低弹丝为绒面原料。针织仿鹿皮绒有经编与纬编之分，由于该织物要求结构紧密、尺寸稳定，故以经编居多，常用经平绒组织，即地组织为结构紧密的经平组织，绒面为易于磨绒的经绒组织。仿鹿皮绒织物也可形成花色效应，花色鹿皮绒主要有两类；一类是编织成提花坯布再进行起毛、磨绒等整理，毛绒面形成提花的花色；另一类是编织成本色坯布，而后进行染色、印花，然后再作磨毛等整理，毛绒面形成印花的花色	先用聚氨酯溶液对仿鹿皮底布浸渍，然后在底布上涂敷1mm厚的用吸湿性溶剂制备的聚合物和颜料的混合溶液，成膜后再用30%的二甲基甲酰胺水溶液沉淀，去除吸湿溶液的残余，干燥后就形成了由细孔和长孔组成的均匀的孔状结构，再经表面磨毛处理，将表面薄膜层刮去0.18mm，就得到了具有鹿皮外观和手感的人造鹿皮	不仅具有绒毛细密、柔软而富有弹性和透水汽性、尺寸稳定性好、悬垂性佳等天然鹿皮的特征，而且还具有天然鹿皮无法比拟的优点，即不发霉、易洗快干、不易脱毛、手感柔软、抗褶皱、耐磨，是理想的绒面革代用品	适宜制作外套、运动衫、春秋季大衣等服装，也可做鞋面、帽子、手套、沙发套、箱包等

十、复合面料
（multiple fabric, composite cover stock）

近年来复合材料发展势头强劲，出现复合纤维、复合纱线、复合织物等。复合面料是将一层或多层纺织材料、无纺材料及其他功能材料经黏结贴合而成的一种新型材料。适合做服装、服饰品、家居用品和工业用纺织品等。复合面料应用了“新合纤”的高技术和新材料，具备很多优异的性能（与普通合纤相比），如织物表现细洁、精致、文雅、温馨，织物外观丰满、防风、透气，具备一定的防水功能，增强保暖性、耐磨性等。复合面料是欧美流行外套面料。

复合类型		品　种	特　点	用　途
布-薄膜复合面料（cloth-film multiple fabric）	针织物、梭织物与不同厚度的聚氨酯（PU）、聚四氟乙烯（PTFE）、亲水性聚酯（PET）、聚乙烯（PE）、聚丙烯（PP）、（TPU）等热塑性薄膜复合的	麂皮绒/0.015mmTPU膜复合布、拉毛Tricot/乳白TPU复合布、40D涤纶Tricot/低透明TPU复合布、Tricot/0.015mm低透雾面TPU复合布、毛巾布/透明TPU膜复合布、拉毛迷彩布/中透乳白TPU膜复合布、尼丝纺/透明TPU膜复合布、尼丝纺/PTFE膜复合布、牛津布/0.02mm低透乳白TPU膜复合布、格子春亚纺/超高透TPU膜复合布、240T春亚纺/中透乳白雾面TPU膜复合布、荧光黄桃皮绒/超高透TPU膜复合布、针织布/0.03mm黑色TPU膜复合布、摇粒绒/0.1mmTPU膜复合布、提花羊羔绒/PU或PVC复合绒、蒸汽绒/龟裂纹PU或PVC复合布等	手感柔软、穿着舒适，可迅速排除人体汗气，集高防水、防风、抗寒、保暖性于一体，具有单层面料所无法替代的功能，而且剥离强度高、耐水洗、耐低温、耐老化、美观大方。但不同品种热塑性薄膜分别具有不同程度的防水、防风及透湿性能	广泛应用在运动休闲装、风衣、滑雪装、防寒夹克、野战服装、手术衣、婴儿围嘴、鞋帽手套、雨衣、雨伞及各种气囊产品、体育用品等
布-布复合面料（cloth-cloth multiple fabric）	绒布、羊羔绒布、灯芯绒、海绵、麂皮绒、摇粒绒、网眼布、毛圈布、牛仔布等各类针织物、梭织物、非织造布等相互复合的	麂皮/长毛绒复合绒、麂皮/羊羔绒复合绒、麂皮/摇粒绒复合绒、麂皮/灯芯绒复合绒、麂皮/丝光绒复合绒、摇粒绒/摇粒绒复合绒、摇粒绒/羊羔绒复合绒、摇粒绒/冰花复合绒、植绒/羊羔绒复合绒、仿羊绒/麂皮绒复合绒、金光绒/麂皮绒复合绒、海绵/各种面料再植绒复合绒、蝴蝶网布/摇粒绒复合布、麂皮/牛仔布复合布、灯芯绒/牛仔布复合布、牛仔/起圈绒复合布、春亚纺/针织复合布、变色龙/针织复合布、塔丝龙/针织复合布等	经过复合的面料具有两面穿效果，手感柔软，黏结牢度强，具有弹性，产品耐干洗、耐水洗，保暖性增加，外观风格仿真性强	主要用于各类时装、休闲装、保暖服装、服饰品、装饰布、工业用布等

续表

复合类型		品　种	特　点	用　途
布-膜布复合面料(cloth-film-cloth composite cover stock)	分别以网眼织物、毛圈织物、长毛绒织物、天鹅绒织物等各类针织物、梭织物、非织造布作为织物的正、反面，中间夹有各种热塑性薄膜或夹有各种热塑性薄膜和海绵复合的	天鹅绒/海绵/防水透气膜/经编织物复合布、长毛绒/防水透气膜/经编织物复合布、非织造布/防水透气膜/经编织物复合布、网眼织物/海绵/防水透气膜/经编织物复合布、羔羊绒/防水透气膜/经编织物复合布、锦涤纺/PTFE 膜/白色 Tricot 复合布、锦氨布/0.015mm 低透透明 TPU/锦氨布复合布、迷彩布/超高透 TPU 膜/军绿 Tricot 复合布、迷彩布/PTFE 膜/20DTricot 复合布、涤纶牛津布/0.02mm 中透乳白 TPU 膜/45g Tricot 复合布、斜纹春亚纺/超高透雾面 TPU 膜/30D Tricot 复合布、春亚纺/PTFE 膜/Tricot 复合布、150D 四面弹春亚纺/中透透明 TPU/100D 摇粒绒复合布、100D 四面弹力春亚纺/低透透明 TPU/75D72F 摇粒绒复合布、塔丝龙/超高透 TPU 膜/经编拉毛织物复合布、网眼织物/低透乳白 TPU/羊羔绒复合布、圆孔网织物/低透乳白 TPU 膜/摇粒绒复合布、蜂巢网织物/0.015mm 中透透明 TPU 膜/摇粒绒复合布、拉毛网眼织物/低透乳白 TPU/75D144F 摇粒绒复合布等	具有几种复合材料的共同特点，保暖、透湿、弹性好、耐磨，具有优良的黏合牢度和撕破强度，柔软、挺括，根据各面料本身的图案色泽可使复合面料获得各种外观风格，体现新一代功能性复合布料的优势特点	适合做各种时装、休闲装、保暖服装以及服饰品、装饰布、工业用布、鞋面、箱包、手套、汽车内饰等

十一、新型面料（new style fabric）

新型面料是把最新科学研究成果和一般科学知识应用于服装面料产品和工艺上，新型服装面料开发实际上是由基础研究到应用研究、到技术开发的继续，即由技术开发进一步发展到产品开发即新型面料。

（一）舒适型服装面料
(natural comfort style garment fabric)

所谓舒适型是指产品更适应人的生存、生活、生理的要求，无刺激，无副作用，是多种性能的综合反映，包括心理上的因素和生理上的因素。舒适型服装面料主要影响因素包括面料的吸湿性、透气性、透水性、导热性、伸缩性、刚柔性、体积重量、电性能和化学特性等等。

1. 吸湿透气的凉爽面料
(air-cooled fabric of wet absorption-breathable)

种　类	特　点	用　途
新型麻纤维面料(new style bast fabric)	麻是天然纤维素纤维，其织物具有良好的吸湿散热、屏蔽紫外线、抗菌防蛀、抗电击等性能，并具有粗犷的外观风格，正符合保护环境、回归自然的崇尚。但麻织物弹性较差，易折皱，接触皮肤有刺痒、粗糙不适感。为了提高麻织物的舒适性，除提高纺纱支数外，近年来应用了生物技术，用酶剂、低温等离子体处理对麻纤维材料进行加工整理，使麻纤维柔软、光泽好、抗皱，并保持其耐热、耐晒、防腐、防霉及良好的吸湿透气性。以往服装面料通常使用苎麻、亚麻。近年对具有保健功能的罗布麻、汉麻(大麻)也加大了开发力度。罗布麻又称野红麻，因发现于新疆罗布泊而得名。罗布麻织物洁白、柔软、滑爽，除了本身具有天然麻的风格还具有丝的光泽和棉的柔软，特别是其特殊的药用机理，使其具有一定降压、平喘、降血脂等保健功能。经过酶剂处理的大麻不但手感柔软、穿着舒适，其本身抗菌、防腐、防霉性能好，耐热、耐晒和防紫外线辐射功能极佳，实用价值越来越高	适宜制作贴身衣物、夏季服装、凉席、床上用品等
甲壳素吸湿面料(wet absorption fabric of crust element)	甲壳素是从虾皮、蟹壳以及昆虫等甲壳类动物外壳和真菌类、藻类的细胞壁中提炼出来的一种类似于纤维素的多糖生物高聚物。是一种蕴藏量仅次于纤维素的极其丰富的天然聚合物和可再生资源。将甲壳素溶于溶剂中，经纺丝加工得到甲壳素纤维，具有优越的吸水性、吸湿性和与活体组织的融合性，并具有抗菌特点。甲壳素纤维面料吸湿保湿好，染色性好，可使用直接染料、还原染料等，染色性能接近棉纤维。用作舒适性面料，又由于甲壳素本身的抗菌功能，所以穿这种面料的服装时，汗液中的蛋白质和脂肪就不能得以分解，臭味就不会产生，可起到防臭的作用。既是舒适保健面料，也可视为绿色面料	用于舒适、保健内衣

续表

种　类	特　点	用　途
吸湿排汗的合成纤维面料(synthetic fibre fabric of drain sweat)	普通的合成纤维截面多为圆形或近似圆形,表面光滑或呈树皮状。其纤维强度大,但形成的织物手摸有蜡状感,光泽不佳,吸湿透气性较差,特别是夏季穿着,不透气有闷热感。近年国内外开发出的吸湿排汗纤维包括十字型、Y型、H型和五叶形涤纶,丙纶等,这类纤维表面不同形式地存在凹槽,具有特殊的排汗功能,织成布后产生高密度出气孔,形成吸湿去湿的快速通道,产生汗不湿效果,有人称之为会“呼吸”的织物,如杜邦公司生产的Coolmax和原解放军总后勤部开发的凉爽涤纶等都达到吸湿排汗的效果	用于夏季服装

2. 其他舒适型服装面料
(garment fabric of other nature comfort style)

种　类	特　点	用　途
舒适合体的弹性面料(elastic fabric of nature comfort style body-conforming fit)	在梭织物中加入5%～10%的弹性纱线(如莱卡),使织物获得良好的弹性。目前有在梭织面料中一个方向(纬向)加入弹性纱线和在经、纬两个方向加入弹性纱线的梭织面料,大大提高了梭织面料的舒适性、美感和使用价值。特别是加入弹性纱线的梭织面料具有较高的附加值,大大提高了经济效益。针织面料本身就具有较好的伸缩性,再加入弹性纱线就更加合体舒适,也进一步丰富了面料品种	用于衬衫、休闲装等各类服装
柔软保暖的绗缝面料(guilted fabric of soft toasty warm)	是近年来国际上较为流行的织物。在双面机上进行编织,采用单面编织和双面编织相结合,在上、下针分别进行单面编织而形成的夹层中衬入不参加编织的纬纱,然后由双面编织成绗缝。这种织物由于中间有大的空气层,保暖性好,大量用作保暖内衣面料。柔软保暖的绗缝面料还包括由内外两层织物,中间加絮料,通过热熔压合或绗缝将他们结合在一起形成复合织物,一般做保暖外衣面料	用于保暖性内、外衣
纯棉丝光服装面料(garment fabric of all cotton mercerizating)	丝光处理是对棉织物进行加工的传统加工工艺。但过去棉丝光工艺多用于床单、毛巾和纱线等,而目前纯棉丝光T恤、汗衫、衬衫等已成为纯棉精品潮流。采用高支棉纱织物,经高浓度烧碱处理,使之光滑并具有丝般光泽,再用优质柔软剂整理,穿着轻爽、光滑而舒适	用于衬衫、T恤衫
心理舒适型新面料(psychology natural comfort style new fabric)	科研人员研究自然节律,认为自然节律(就是具有一定节律性并能给人带来一种心理舒适感觉的不规则性)与舒适性和美学意识有密切关系。最早使用了“1/f起伏”理论开发的“无痛印花”不是以几何学的等距离反复出现固定的图案,而是适度地将具有不规则配置的自然感的花纹印在织物上。将“1/f起伏”理论和“生物声”理论与面料生产的多种工艺相结合,可以开发出不同的心理舒适性织物。人体在接触这些信息时,能和自然界的生物声发生共鸣,产生愉快的心情。提取从生物和生物周围外观中的节律信息、用语进行绘画、印花和提花,能产生与自然和谐的感觉,用这种方法可以赋予织物较高的附加值	用于保健服装

续表

种　类	特　点	用　途
恒温面料（thermostatical fabric）	美国新奥尔农业研究所化学家蒂龙·维戈研制发明了具有可调式温度的面料，用聚乙二醇处理纺织品后，制成的面料在体温和周围气温升高时能吸收并储存热量，而当体温或气温下降时，面料又能将储存的热量释放出来，人体就会保持恒温的感觉	用于舒适内衣

（二）生态环保型服装面料

(eco-environment containment style garment fabric)

生态环保简称ECO，是指转变观念和思路，树立绿色低碳发展观，发展绿色低碳经济、促进生态健康可持续发展。生态环保是人类社会未来发展的必然选择。采用生态环保面料将减轻人类生存环境的负担，使我们的环境更美还更健康。一般生态环保面料可以认为低碳节能、自然无有害物质并且大多是由再生资源循环利用制成。环保面料是以保护人类身体健康，使其免受伤害，并且有无毒、安全的优点，而且在使用和穿着时，给人以舒适、松弛、回归自然、消除疲劳、心情舒畅的感觉的纺织品。

3. 生态环保的棉纤维面料

(cotton fabric of eco-environment containment style)

种　类	特　点	用　途
生态棉面料（eco-cotton fabric）	为了防止农药、杀虫剂等对人体的危害，农业科学家竭力培育不施化学药剂而抗虫害的生态棉花。他们将从天然细菌芽孢杆菌变种中取出的基因，成功地植入棉花中，该细菌产生对抗毛虫类的有毒蛋白质，可使毛虫在4天内死亡。转变基因后的棉株不再有虫，不需喷洒杀虫剂，而且这种棉花只对以棉花为食的昆虫有毒，而对人和益虫无害。还培育出不需人工脱叶的棉花，使其具有遗传性的早期自然脱叶特性，在棉花成熟前两个月，叶子开始变红并逐渐脱落，自动去除了棉纤维中的杂质。利用无公害的生态棉面料制成的服装由于对人体无害，受到服装界的重视和消费者的欢迎	用于内、外衣
彩色棉面料（multicolour-cotton fabric）	具有天然色彩的彩色棉是经农业育种专家和遗传学专家共同努力，利用生物基因工程等高科技手段，给棉花植株插入不同颜色的基因，从而使棉桃生长过程中具有不同的颜色。目前世界各国，如美国、英国、澳大利亚、秘鲁、乌兹别克、中国等，已栽培出浅黄、紫粉、粉红、奶油白、咖啡、绿、灰、橙、黄、浅绿和铁锈红等颜色。我国引进了三种颜色彩棉，但目前用的比较多的是咖啡色，少量浅绿色彩色棉面料不再需要染色，使用机械方法预缩，不再用化学整理剂，并配用再造玻璃扣，或木质、椰壳、贝壳等天然材料纽扣，缝纫中也采用天然纤维缝纫线，成为环保型服装，特别适合制作与皮肤直接接触的各种内衣、婴幼儿用品和床上用品。天然彩色棉具有很高的经济效益和社会效益。因而也得到国际服装市场的青睐。但天然彩色棉在强度、色牢度等方面还需进一步改进	

4. 绿色时尚的竹纤维面料
(bamboo fibre fabric of green & fashion)

种类	特点	用途
竹纤维面料(bamboo fibre fabric)	竹纤维是一种原生竹纤维,是采用来自大自然的常青植物——竹子,经独特的工艺从竹子中直接分离出来的纤维。一般根据各纺织厂不同的纺纱系统,将天然的竹材锯成生产上所需要的长度,经蒸煮→去皮→浸泡→软化等特殊、复杂的工艺,同时采用机械、物理的方法将竹材中的木质素、多戊糖、竹粉、果胶等杂质除去后,从竹材中直接提取获得,不含化学添加剂,整个制取过程对人体无害,无或少环境污染,又加之竹材本身具有天然的抗菌性,不生虫,自身可繁殖,生长过程中既不需农药也不需化肥,是新型纯天然绿色环保纤维。由于竹纤维本身的天然中空结构,使竹纤维可以在瞬间吸收大量的水分和透过大量气体,被誉为"会呼吸的纤维",用该纤维形成的面料具有良好的吸湿性和放湿性,同时还具有手感柔软、穿着舒适、光滑、耐磨、悬垂性好等特点。此外,竹纤维还具有天然的抗菌杀菌作用、良好的除臭作用,其面料具有较好的防紫外线功效	竹纤维面料和竹浆纤维面料可用于内、外衣、床上用品,竹炭纤维面料可用于制作运动服装、保温袜、围巾、窗帘、隔屏、床上用品及鞋垫等保健用品
竹浆纤维面料(bamboo same as fibre fabric)	竹浆纤维是采用竹子为原料,把竹子中的纤维素提取出来,再经制浆,纺丝等工序制造的再生纤维素纤维。在原料的提取和制浆、纺丝过程中全部采用高新技术生产,属于当今世界新型人造纤维,填补了国内、国际空白。竹浆纤维面料具有吸湿透气性好、穿着凉爽舒适、悬垂性佳、手感柔软、光泽亮丽、强力高、耐磨性能强等特点,并且还具有天然抗菌效果	
竹炭纤维面料(bamboo charcoal fibre fabric)	竹炭纤维是采用我国南方优质的山野毛竹制成的竹香炭纳米级微粉为原料,经过特殊工艺加入黏胶纺丝液中,再经近似常规纺丝工艺纺制出的纤维新产品。能充分体现出竹炭所具有的吸附异味、散发淡雅清香、防菌抑菌、遮挡电磁波辐射、发射远红外线、调节温湿度、美容护肤等功效。竹炭纤维作为一种自然、环保,给人以健康的纺织新材料,必将拥有更广阔的发展前景	

5. 其他生态环保型服装面料
(other eco-environment containment style garment fabric)

种类	特点	用途
彩色羊毛和彩色兔毛面料(fabric of multicoiour wool & multicolour rabbit hair)	俄罗斯培育出彩色绵羊,其颜色品种有蓝、红、黄和棕色。澳大利亚也培育了产蓝色羊毛的绵羊,蓝色羊毛包括浅蓝、天蓝和海蓝色羊毛。法国、美国和中国都培育出了多种彩色兔。我国彩色兔被毛的共同特点是背部、体侧被毛颜色较深,腹部毛色较浅。颜色分棕、黑、灰、黄、红、蓝等多种色型,是极佳的毛用型珍稀动物。这些动物毛彩色面料是继彩色棉之后又开发的新型天然纤维面料,对环境保护和人体健康做出相当大的贡献	用作内外衣面料

续表

种　类	特　点	用　途
彩色蚕丝面料（multicolour silk fabric）	天蚕丝是一种天然的绿宝石颜色的蚕丝，在国际上享有“钻石纤维”和“金丝”的美称，是一种珍贵的蚕丝资源，价格昂贵，国际上售价达3000～5000美元/kg，产量极低。天蚕生长于气温较温暖的半湿润的地区，也能适应寒冷气候，能在北纬44°以北寒冷地带自然生息。主要产于中国、日本、朝鲜和俄罗斯的乌苏里江等地区。1988年我国成功地将天蚕引入江南落户，由以往单靠收集野生天蚕茧的阶段跨入了人工饲养的崭新阶段。在河南省嵩城县境内也发现一种名叫“龙载”的天蚕，它吐彩丝，有绿、黄、白、红、褐5种颜色，为多层结彩。另外，安徽省蚕业研究所也采用生物工程中的基因工程培育成多种颜色的彩色蚕丝	主要用于制作晚礼服、医疗用袜子、内衣、护膝、护腹等
桑树皮纤维面料（fabric of mulberry iree skin fibre）	桑树皮纤维是利用天然桑树皮经过一系列加工而得到的既具有棉花的特性，又具有麻纤维的优点的新型的生态环保材料。不仅可以纯纺，还可以与棉、毛、丝、麻天然纤维以及化学纤维等混纺，得到风格不同的新型面料。桑树皮纤维面料具有光泽柔和、挺括坚实、保暖透气、舒适柔韧、密度适中和可塑性强等特点	适用于各类服装
生态环保的新型纤维素纤维面料（Tencel；new style cellulose fabric of eco-environment containment style）	Tencel纤维是由英国Courtaulds公司研制的一种学名为Lyocell的新型纤维素纤维，是一种由木浆通过溶剂纺丝方法所萃取出的介于人造丝与天然纤维间的环保新纤维，溶剂不含有毒成分，对人体及生态环境不构成污染，并可回收进行循环利用，生产过程没有废弃物产生，最终产品废弃后可以生物降解，也不造成环境污染，所以被誉为“绿色纤维”。用该纤维织制的服装面料具有天然纤维面料的柔软、舒适，吸湿性和较好的染色性及光泽，还拥有Tencel独有的悬垂性、耐洗性和化纤高强度、刚度的特点。目前用Tencel纯纺纱或与棉纤维混纺织制的服装面料是比较有发展前途的新型面料。我国已经在上海等地建成Lyocell的生产线	可纯纺或混纺制作各种内外衣面料
大豆蛋白纤维面料（soybean egg white fibre fabric）	被誉为“人造羊绒”的大豆蛋白纤维是目前唯一由我国自主研发并在国际上率先取得工业化试验成功的再生蛋白质纤维。大豆蛋白纤维是从豆粕中提取植物蛋白质和聚乙烯醇共聚接枝，通过湿法纺丝生成的，是一种性能优良的新型植物蛋白质纤维，其表面光滑、柔软，具有羊绒般的手感、蚕丝般的光泽和棉纤维吸湿性能（但保湿性不是很好），纤维本身呈淡黄色。在高温高湿环境中，该纤维具有良好的内部吸湿效果而使纤维表面保持干燥，从而使服装在潮湿的环境中穿着非常舒适。此外，还具有明显的抑菌功能，并可生物降解。在加工性能方面可以适合与羊绒、羊毛、绢丝等原料混纺加工，在面料服用性能上具有细旦、丝光和良好的外观、手感，能满足穿着舒适性及生态保健功能的需要，但抗皱与耐热性方面较差	可用于各式服装
润肌养肤的牛奶丝面料（casein fibre fabric of skin maintain）	牛奶丝是高科技生态环保纤维，是由牛奶蛋白和丙烯腈接枝共聚，再进行纺丝加工而成，被誉为“绿色环保产品”。该纤维形成的面料具有天然丝般的光泽和柔软的手感，有较好的吸湿性和导湿性能，由于其主要原料是牛奶蛋白质，故具有独特的润肌、养肤的生物保健功效及抑菌消炎作用	适合制作内衣、T恤衫、衬衫等服装

续表

种　类	特　点	用　途
蛹蛋白丝面料(pupa egg white fibre fabric)	蛹蛋白丝是一种新型的蛋白质纤维,利用复合纺丝技术纺制(综合利用高分子改性技术、化纤纺丝技术、生物工程技术将蚕蛹经特有的生产工艺配置成纺丝液,在特定的条件下形成具有稳定皮芯结构的蛋白纤维)。蛹蛋白质与纤维素皮芯分布和结合。由于蛹蛋白液与黏胶的物理化学性质不同,使蛹蛋白主要聚集在纤维表面。蛹蛋白丝外表呈淡黄色,有着真丝般柔和的光泽、滑爽的手感和良好的物理性能,集真丝和人造丝优点于一身,具有舒适性、亲肤性、染色鲜艳、悬垂性好等优点。其织物光泽柔和、手感滑爽、吸湿、透气性好	适合作内衣面料和春夏服装面料
可生物降解的聚乳酸纤维(PLA纤维)面料(polylactic acid fibre fabric of suit living things degrading)	聚乳酸纤维是一种新型的环保型纤维。是由玉米淀粉发酵制得乳酸,再经过聚合、熔融纺丝,生产出聚乳酸纤维,又称PLA纤维(LACTRON)或玉米纤维,美国杜邦公司生产的该产品商品名为sorona。该纤维能生物分解,其燃烧热较低而且燃烧后不会生成氮的氧化物等气体,使用后的废弃物埋在土中,可分解成碳酸气和水,在光合作用下,又会生成起始原料淀粉,从环保的观点来看,该纤维能以低原料能源取胜于合成纤维,并且在生物降解方面获得极高评价,是一种极具发展潜力的生态纤维。这种纤维具有与聚酯纤维类似的性能,具有良好的耐热性、热定型性和丝绸般的光泽,比聚酯纤维手感柔软,具有优良的形态稳定性、疏水性、干爽感和抗皱性。可以采用分散染料染色,并可以染比较深的颜色,能与棉、羊毛混纺生产具有丝质外观的面料	可制作内、外衣、T恤、运动衣、夹克衫等产品

(三)功能型服装面料
(functional style garment fabric)

功能型服装面料种类很多,一大类是外在功能,主要是防护,如防风、防水、防割裂、防辐射、防静电、防火、荧光等,另一类是内在功能,主要是体现穿着者的感受,如吸湿排汗、速干、抗菌、防臭、防螨虫、保暖、凉爽等等。在此分为保健卫生功能、隔离与通透功能、专业防护的高性能、特殊体验的其他功能等。

6. 保健卫生功能面料
(functional style garment fabric of health & hygienic)

种　类	特　点	用　途
微元生化面料(fabric of trace element & biochemistry)	国内高科技企业研制开发的能够改善人体微循环的微元生化纤维,是将含有多种微量元素的无机材料通过高技术复合,制成超细微粒再添加到化学纤维中形成的。将这种纤维与棉纤维混纺,再织成的织物,穿用时可以改善人体微循环,据称还可对多种疾病有辅助治疗作用	用于做内衣

续表

种类	特点	用途
远红外保温保健面料(far-infrared thermal insulation health fabric)	开发途径有两种,其一是以纳米级陶瓷粉末等远红外线微能辐射体混入合纤纺丝原液进行纺丝,得到远红外纤维,然后再加工成面料;其二是在整理加工时将微能辐射体以涂层、浸轧、印花等方法施加到面料上去。使其能高效吸收外界光线和热量并能产生远红外线,渗透到人体皮肤深处,并产生体感升温效果,起保温作用,同时又可以对人体起到促进微循环、活化细胞组织、增强组织再生能力、扩张毛细血管、促进新陈代谢、解除疲劳等保健作用。远红外线纤维面料是一种积极的保温材料,不但可以使服装达到轻薄的目的,也具有保健的作用	制作具有远红外线作用的内衣、袜子、被单等
橄榄油加工的内衣面料(underclothes fabric of use olive oil poduse)	橄榄油是化妆品之一,其微小粒子能渗透到皮肤毛孔及天然纤维中去,利用这一特性加工成的针织面料再制成内衣,穿用时织物中橄榄油的微小粒子作用于肌肤,达到柔软皮肤、清洁舒适、促进健康的目的	用于内衣
芦荟加工内衣面料(underclothes fabric of use aloe poduse)	利用天然植物芦荟从中提炼出的汁液加工而成,因其汁液含有丰富的聚氨基葡萄糖、山梨糖醇酐及脂肪酸,具有美化滋润人体肌肤、保湿肌肤的功效,对人体具有保健延年及消炎作用,对烧伤、烫伤亦具有治疗作用	用于内衣
森林浴抗菌内衣面料(forest bath antibacterial underclothes fabric)	从天然柏桧中提取的柏硫醇成分加工而成,这种保护身体的天然成分可抑制臭味的发生源——微生物的繁殖,具有抗菌的效果。穿着时还可体验到森林浴的感觉	用于内衣
吸汗、排汗内衣面料(underclothes fabric of absorbed sweat & exclude sweat)	采用含有骨胶原(纤维状蛋白质)的纤维加工剂经特殊的柔软加工而成,吸汗、排汗性能优良,具有良好的润滑、保养肌肤的作用	用于内衣
生物谱内衣面料(living things general underclothes fabric)	也称周林频谱内衣面料。是将一种特制的无机复合材料添加到纤维原料中纺制,并经加工而成。在常温下能吸收外界和人体自身辐射的能量,然后再以同样的频率反馈于人体,对人的生长、发育及生存状态进行调节。能增加人体细胞的活力,改善人体末梢血液循环,抑制细菌繁殖。可以融透气性、除湿性和保暖性于衣物中,达到保暖、保健的功效	用于内衣
中草药型内衣面料(chinese herbal medicine style undeclothes fabric)	日本钟纺公司推出多种中草药、植物香料、薄荷、啤酒花、茶叶树茎、肉桂香料等制成的天然染料和处理剂,处理天然纤维(棉或毛)制成的内衣裤、袜子、床上用品等,从而形成抗菌、防臭、防螨虫、防霉、防病的系列卫生保健用品。这种产品比化学处理的产品售价要高出10%~20%,但颇受消费者欢迎	用于内衣

续表

种类	特点	用途
抗菌消臭功能面料(antibacterial vanish smelly result fabric)	将纳米级抗菌消臭剂添加到纤维之中或者经后整理的方法将抗菌消臭剂再加到织物表面而得到抗菌消臭功能面料，除了可抑制细菌滋生、防治病毒交叉感染、消除环境中或人体散发的异味外，还可以减轻人体皮肤瘙痒，提高睡眠质量	用于内、外衣
负离子多功能面料(anion multi-functional fabric)	除了具有抗菌、抗病毒功能外，还可以促进血液循环，增进心肺功能，使人神清气爽，并能提高睡眠质量以消除疲劳，是具有较高附加值的保健功能面料。穿着负离子多功能面料服装，实际上是改善人体周围的环境	
防止皮肤干燥面料(prevent skin dry fabric)	日本开发的一种保持皮肤湿润、防止皮肤干燥的新型生命纤维面料。生命纤维是通过纤维改良技术增强纤维的融水性，并通过化学反应将磷脂聚合物固化在纤维表面，减少肌肤的水分蒸发，从而起到维持皮肤湿润、防止皮肤干燥的保护皮肤作用	用于运动服、内衣、防护用品
磁性面料(magnetic fabric)	将具有一定磁场强度的磁性纤维编织在织物中形成，面料带有磁性，利用磁力线的磁场作用于人体磁场相吻合，达到治疗风湿病、高血压等疾病的目的。该保健功能面料加工成服装、枕头等对风湿病和高血压有一定的辅助疗效	宜做服装、枕头等
电疗面料(electrotherapy fabric)	是采用改性氯纶制成的弹性织物。当贴合人体皮肤时，能产生微弱的静电场，可以促进人体各部位的血液循环，疏通气血，活络关节，并可防治风湿性关节炎	用于内衣

7. 隔离与通透型功能面料 (keep apart & penetrating result style fabric)

种类	特点	用途
热防护功能面料(heat protect result fabric)	由于热源性质和热转移以及接触的方式不同，对防护服的要求也不同，包括纤维材料、织物组织结构、处理加工方法和防护服的制作应用方式都不同，总的来说热防护面料首先应具有阻燃性能，即离开火焰后不再燃烧；还要遇热或熔融后应保持原有形状，不收缩，焦化后不散裂，这样可以避免损伤皮肤，而且最好具有防水、防油或其他液体性能，可阻止高温水、油、溶剂以及金属融体或其他液体溅射而透入织物，损伤皮肤。①热导防护。对铁、铝、镁等熔融金属的防护，金属量和品种都有影响。羊毛绝缘性好，对金属黏着力也低，总体防护性能较好。羊毛厚织物(540g/m^2)可防护 350mL 熔融钢铁或矿渣；羊毛薄织物(270～350g/m^2)适用于对铝、镁等熔融金属的防护。所以，对于热导的防护一般采用羊毛和阻燃棉纤维面料制作的防护服。不宜用热塑性纤维和导热性能优良的纤维，要求纤维在高温焦化后也不导热。②对流火焰防护。采用阻燃纤维或经阻燃整理的服装面料，外层梭织物、内层疏松针织物搭配对火焰防护效果好。③对热辐射防护。铝的反射效果较好，可反射 90% 热量，以采用镀铝整理的服装面料制作防护服装	宜做消防服、海军防护服，宇宙服和钢铁、浇铸、电焊、切割、玻璃、锅炉等操作人员用服装，以及婴儿服装等

续表

种类	特点	用途
防紫外线功能面料(protect ultraviolet ray against radiation result fabric)	一种是在合纤纺丝原液中加入紫外线屏蔽剂或紫外线吸收剂进行纺丝，得到防紫外线纤维，然后再加工成面料；另一种是在整理加工时将紫外线屏蔽剂或紫外线吸收剂，以涂层、浸轧、吸尽等方法施加到织物上去，特别是天然纤维要应用后整理方法。人们穿该面料制作的服装在户外时，身体不受紫外线的伤害	用于制作服装、帽子、遮阳伞和窗帘等
防辐射功能面料(protect against radiation result fabric)	①防电磁波辐射功能面料。通常是用屏蔽的方法来实现的。通过防护层表面的金属将辐射波反射回去，以实现屏蔽。防护材料可用金属网保护层，也可在织物上镀银、镍、铜或用这些金属粉涂层。②防原子能射线辐射功能面料。原子能射线穿透力强，能量大，有很大的杀伤力。需要对相关的设备和人员进行防护，以避免放射性物质的污染和穿透。防护服常采用多层织物，外层要求价格低、制作方便、质轻，可用聚乙烯纤维织物或非织造布制成，内层主衣可用聚乙烯或聚丙烯纤维织物。γ射线防护面料是将铅粉或铅化合物用橡胶黏合。也有用纯棉细布喷涂45%～60%$BaSO_4$，或用$BaSO_4$添加到黏胶纤维中，也有采用后整理方式进行加工。③防X射线功能面料。X射线穿透力很强，仅次于γ射线，医学方面应用较多，从事这方面工作的人员，除在设备上加以防护外。防护服和对人体敏感部分的防护也很重要。经实验，铅、钡、钼、钨等金属及其化合物重量大，防护性能好，可与织物黏合或纤维混合作为防护材料。据介绍，将直径1μm以下的$BaSO_4$粉末加入黏胶液中纺丝，也可得到类似功能面料	用于特殊防护服装
化学防护面料(chemistry protect fabric)	可以有效地阻止日常工农业生产中各种已知的液态和气态化学有害剂对人体的影响。其阻挡材料有三类：一是橡胶类，包括丁基橡胶、氯丁橡胶、氟橡胶(如杜邦的Viton)和人造橡胶；二是在织物上涂敷阻挡的涂层材料，包括聚氯乙烯、含氟聚合物等；三是双组分结构的材料，包括氟橡胶/氯丁橡胶、氯丁橡胶/PYC等组合。还有雾化的化学和生物剂是对作战人员的最大威胁，所以化学防护面料也是部队的防化作战需要，目前已经应用纳米材料进行化学防护服的研究。即在防护服的衬层中加入一种直径在200～300nm的纳米纤维，通过纳米纤维的作用，提高防护服对雾化化学浮粒及干燥气浮粒的捕捉能力，对雾化化学有害的防化能力达98%	宜做化学防护服装
拒水拒油功能面料(water repellent & oil repellent result fabric)	织物的拒水拒油功能是以有限的润湿为条件的，表示经处理的织物在不经受任何外力作用的静态条件下，抗液体油污渗透的能力。拒水整理剂一般是具有低表面能基团的化合物，用其整理织物，可使织物表面的纤维均匀覆盖上一层由拒水剂分子组成的新表面层，使水不能润湿。并且该整理并不封闭织物的孔隙，空气和水汽还可透过，使其既拒水又透气。拒油整理即织物的低表面能处理，其原理与拒水整理极为相似。只是经拒油整理后的织物要求对表面张力较小的油脂具有不润湿的特性。拒油整理是利用有机氟化物对织物进行整理，由于氟聚合物的表面自由能比其他聚合物为低，因而能达到拒油的目的	主要应用于专业劳动保护用品或雨衣、雨帽等

续表

种 类	特 点	用 途
防水透湿功能面料(waterproof & permeability result fabric)	包括用微细纤维织造成的高密织物、用超细旦纤维织造成的超高密织物,这些织物使纱线间几乎无间隙,但能使水蒸气透过,有聚四氟乙烯微孔薄膜的层压产品、聚氨酯湿法涂层面料等。这些面料既能阻止水的渗透,又能使人体散发的湿气逸出。但是,在长期使用过程中,由于经受摩擦尤其是洗涤等作用,高分子膜破裂,影响防水透湿功能,雨滴在织物表面的滚落速度变慢,甚至在织物表面形成水膜,结果使织物失去透湿性,影响穿着舒适性	宜做羽绒服、风衣、雨衣、劳动保护服装等
形状记忆纤维面料(shape memory fibre fabric)	形状记忆纤维在热成型时(第一次成型)能记忆外界富裕的初始形状,冷却时可以任意形变,并在更低温度下将此形变固定下来(第二次成型),当再次加热时可逆地恢复到原始形状。目前,研究和应用最普遍的形状记忆纤维是镍钛合金纤维。在仿烫伤服装中,镍钛合金纤维首先被加工成宝塔式螺旋弹簧状,再进一步加工成平面,然后固定在服装面料内(形成形状记忆纤维面料)。用该面料做成的服装接触高温时,形状记忆纤维的形变被触发,纤维迅速由平面变化成宝塔状,在两层织物内形成很大的空腔,使高温远离人体皮肤,防止烫伤发生	宜做特种服装、劳动保护服装等
安全反光面料(safe reflect light fabric)	利用高感性发光或反光材料与面料结合所形成的面料,这种面料日夜都能显示出目标,特别是当灯光照射时更能显示出耀眼的光亮,起到提示作用,特别是能提醒行车人员注意,避免交通事故。所以应用这种面料加工的服装具有一定的防护功能	用于安全背心、帽子、鞋等

8. 高性能纤维面料 (high function fibre fabric)

种 类	特 点	用 途
耐高温面料(Nomex; high temperature-resistant fabric)	是应用芳香族聚酰胺纤维中的芳纶 1313(商品名 Nomex)纤维形成的面料。芳纶 1313 耐高温性能突出,熔点 430℃,能在 260℃下持续使用 1000h 强度仍保持原来的 60%~70%;阻燃性好,在 350~370℃时分解出少量气体,不易燃烧,离开火焰自动熄灭;耐化学药品性能强,长期受硝酸、盐酸和硫酸作用,强度下降很少。具有较强的耐辐射性,耐老化性好	宜做飞行服、宇航服、消防服、阻燃服等
超高强面料(Kevlar; superhigh stubborn fabric)	是应用芳香族聚酰胺纤维中的芳纶 1414(商品名 Kevlar)纤维形成的面料。芳纶 1414 具有超高强和超高模量,其强度为钢丝的 5~6 倍,而重量仅为钢丝的 1/5,而且耐高温和耐化学腐蚀能力较强	宜做宇航服、防弹衣、高温作业服及汽车、飞机轮胎帘子线等
PBO 纤维面料(Zylon; poly-*p*-phenylene benzobisoxazole fibre fabric)	PBO 纤维是聚对苯撑苯并双 唑纤维的简称(商品名 Zylon),最初主要用于航空航天事业的增强材料,被誉为 21 世纪超级纤维。强力是凯夫拉(Kevlar)纤维的 2 倍,一根直径为 1mm 的 PBO 纤维细丝可吊起 450kg 的重量,同时兼有耐热阻燃性,耐冲击、耐摩擦和尺寸稳定性优异,质轻柔软	宜做宇航服、防弹衣、高温作业服、防切伤保护服等

续表

种　类	特　点	用　途
PBI纤维面料(Togylen; polybenzimidazole fibre fabric)	PBI纤维是聚苯并咪唑纤维的简称(商品名Togylen),是典型的高分子耐热纤维,最初主要用于宇航密封舱耐热防火材料。20世纪80年代又开发了可用于高温防护服装的民用产品。该纤维面料强度高,手感较好,吸湿率高达15%,穿着舒适,而且还具有阻燃性、尺寸热稳定性、高温下化学稳定性	宜做高温防护服装等

9. 变色面料 (change colour fabric)

种　类	特　点	用　途
热敏变色面料(genoese embroidery change colour fabric)	面料的颜色随温度的变化而变化。原理是在面料内附着一些直径为2μm左右的微胶囊,内储因温度而变色的液晶材料或染料。无数微胶囊分散于液态树脂黏合剂或印染浆液中,进一步加工将它们涂敷于纤维或面料上,当环境温度变化时,便会出现颜色变化的现象,而且这种变色是可逆的	宜做儿童服装、时装、泳装、舞台装等
光敏变色面料(photosensitive change colour fabric)	又称为光致变色面料,是指在光的刺激下面料发生颜色和导电性可逆变化。其原理是根据外界的光照度、紫外线受光量的多少,使面料色泽发生可逆性变化来实现的。可以采用在纺丝溶液中加入具有光敏变化性化合物的方法,或合成能变色的聚合物进行纺丝的方法进行纺丝织布。日本研究的防伪纤维就是在聚酯纤维中加入特殊的发色剂,只要激光一照,发色剂就会发生变化,面料的颜色也就随之变化了。还可以利用微胶囊技术,将可变色的光敏液晶涂敷在面料上,则光线的明暗变化(如从室内到室外、从背阴处到阳光下或舞台灯光的变化等)便会使面料颜色发生明显变化或面料表面巧妙地浮现出各种图案花纹	宜做儿童服装、滑雪服装、趣味玩具面料、舞台装等
湿敏变色面料(wet susceptible change colour fabric)	也称水现织物,看起来与普通面料没有差异,但是当它潮湿时就会显示出花纹、图案。这种面料非常适合制作泳装或雨衣、雨伞。当穿上这种泳装或雨衣,在入水的瞬间或雨水浸湿雨衣时,泳装和雨衣上斑斓的图案渐渐显示出来,引人注目	宜做泳装、雨衣、雨伞等
生化变色面料(biochemistry change colour fabric)	是生产面料时添加一些材料,使该面料在接触某些生物体或化学物质(有毒、有害物质)后会改变颜色,以利用其起到提醒、防护作用。这种面料的变色与其他的不同,是不可逆的	宜做防护服装

10. 其他功能面料 (other result fabric)

种　类	特　点	用　途
香味面料(fragrance fabric)	一般是利用微胶囊技术包裹香料涂敷于织物表面或添加到纺丝液中形成的面料,此面料自然带有香味,但一般随着洗涤次数的增加,香味会逐渐淡薄。日本一家公司研制的香味面料是将香料注入有大量微孔的有机聚合物所纺成的空心纤维中,然后在其外表涂上一层聚酯薄膜,先是纺成长丝,再按需要切成一定长度的短纤维,由于香气只能从两端切口处向外散发,不仅控制了香气散发的速度,还能有效地储藏香料,从而延长了香味散发的时间达一年以上,最长的还可以保持在5～7年的时间	宜做内外衣、礼服、床上用品、室内装饰等

续表

种类	特点	用途
芳香型功能面料(fragrant style result fabric)	利用芳香纤维或芳香后整理而制成的,具有优化环境和促进人体健康的功能,有的香型能提神醒脑、使人感觉激动兴奋;有的香型能安定神经系统,促进睡眠;有的能持久地散发天然芳香,给人轻松愉快之感	用于制作服装、床上用品等
免洗涤面料(no-washing fabric)	马萨诸塞大学的生物技术研究小组将一种大肠杆菌植入衣物纤维,利用它吞食污物来清洁衣物。并培养不同的寄居在衣物纤维上的细菌,分别以灰尘、散发异味的化学物质和汗渍为食,并且让这些以污渍为食的细菌分泌出性感香水的芳香。人们穿上这种面料的衬衫,稍稍出点汗,就可以使那些细菌活动起来,帮你清除衬衣上的污渍,并散发香气,既舒适又免洗涤	用于内、外衣
蓄热面料(warm keeper fabric)	蓄热面料具有持久的保暖性,可减缓体温的流失,且其柔软舒适的触感,令人放松,心情愉悦。蓄热面料采用蓄热保温纤维织造而成的能吸收太阳光能的织物,可使波长 2μm 以上的高能光线转化为热量。蓄热保温纤维是一种可吸收太阳辐射中的可见光与近红外线,且可反射人体热辐射,具有保温功能的阳光蓄热保温材料	适宜制作保暖内衣、冬季滑雪服等保暖服装
凉感面料(cooling fabric)	凉感面料具有高效持久的凉爽感,它可以使体温迅速扩散,加快汗水排出,降低体温,保持织物凉爽和人体舒适之功能。凉感面料其代表即"CoolCore"面料,CoolCore 面料不含化学制品、高分子材料、胶剂、晶体或相变材料。所用的纤维都为安全无刺激性纤维,这种面料相比普通防潮面料具有轻薄、透气、穿着舒适的特点	适宜制作夏季服装和运动服装
防蚊虫面料(insects preventfabric)	防蚊虫面料是用纳米微胶囊缓释技术,经过特殊工艺加工而成,该面料具有持久的驱蚊虫、广谱抗菌的作用,对蚊子,跳蚤,虫等具有耐久高效的驱赶作用,能抵挡和消除害虫充实人体更加整洁,心情更为愉悦	适宜制作内衣和夏季服装

下篇

服装辅料品种

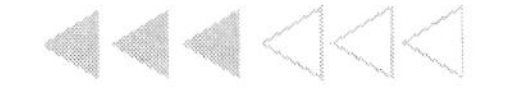

一、里料（underlying fabric）

所谓里料是指服装服饰的夹里布，是服装服饰最里层用来覆盖服装服饰里面的材料。一般用于中高档的呢绒服装、有填充料的服装、需要加强支撑面料的服装和一些比较精致高档的服装中。里料的选用，一般是根据面料的性能与特点、服装档次的高低和服装品牌理念的不同。选择得适当，里料可以给整件服装起到表里合一，相映生辉的衬托作用，从而提升了服装的档次。

里料品种较多，主要有天然纤维里料、再生纤维里料、合成纤维里料和多种纤维交织里料等。里料质量对服装的影响不容忽视，要求里料光滑、耐用，应选择易导电或经防静电处理的里料，除外观要求外，还应重视里料的物理性能指标，因此，服装里料是服装的重要组成部分，在服装材料中占有重要地位。

1. 里料（总论）

分类

分类方法	名　称	特　点
按织造组织分	平纹里料（plain underlying fabric）	正反面有同样的结构和外形。由于纬纱和经纱上下交织的次数多，纱线的交织点多。因而织物的强度就相对增大，织物较为坚牢。同时，由于经纬纱交叉的次数多，纱线不能互相挤紧，因而织物的透气性也较好。其缺点是手感比其他组织为硬，花纹也较单调
	斜纹里料（twill underlying fabric）	正反面不相同。如果正面是纬面斜纹，反面则是经面斜纹，而且斜纹的倾斜方向也相反。由于斜纹组织的组织点比平纹少，所以单位面积内所能应用经纬纱的根数比较多，组成的织物细密有光泽，柔软而有弹性。在经纬纱线密度和经纬密度相同的情况下，斜纹的断裂强度比平纹织物差，故在织造斜纹织物时，应增加经纬密度来提高织物的强度
	缎纹里料（satin weave underlying fabric）	织物的组织点不连续，以平均距离散布在织物中。在一个完全组织中，经纬纱的交叉数极少，经纬纱常浮在织物的表面，好像全由经纱或纬纱组成似的。经面缎纹织物的表面为经纱所覆盖，纬面缎纹织物表面为纬纱所覆盖。缎纹组织循环比斜纹大，因而织物表面光滑，手感柔软，富有弹性。但由于经纬浮线较长，组织点少，容易磨损。所以，缎纹组织主要用于丝织物

续表

分类方法	名　　称	特　　点
按织造组织分	提花里料(jacquard underlying fabric)	提花组织又称大花纹组织或大提花组织。组织循环的经纱数可多达数千根，大多是由一种组织为地部，另一种组织显出花纹图案。也有用不同的表里组织、不同颜色或原料的经纱和纬纱，使之在织物上显出彩色的大花纹，构成各种几何图形、风景、花卉等
按后整理分	染色里料(dyeing underlying fabric)	纺织品中的绝大部分都要经过染色与整理，以美化织物的外观，提高织物的服用性能，满足消费者的需要。由于织物所用的纤维材料不同，所采用的染料也不同。棉、毛、丝织物应用的染料较为广泛，色谱齐全，合成纤维因其本身结构性能特点，采用的染料种类有一定的局限性
	印花里料(printing underlying fabric)	常用的印花工艺有直接印花、防染印花、拔染印花和喷墨印花等，指用染料或颜料在织物上印出具有一定染色牢度的花纹图案的加工过程。通常是先在织物上印上用染料或颜料等调制的色浆烘干，再根据染料或颜料的性质进行蒸化、显色等后续处理，使染料或颜料染着或固着于纤维上，最后进行皂洗、水洗，以除去浮色和色浆中的糊料、化学药剂等
	压花里料(emboss underlying fabric)	压花的加工方法是把经印染加工的织物浸轧树脂溶液，经预烘后，用轧纹机轧压，再经松式焙烘固着，即成为具有凹凸花纹的压花织物。如在轧压同时印的涂料，可产生着色轧纹效果，花纹富有立体感，有一定耐洗性，穿着挺爽舒适
	防水涂层里料(waterproof coating underlying fabric)	在织物表面涂覆或黏合一层高分子材料，使其具有独特的功能。涂层加工剂具有一定的黏附力，并可形成连续薄膜。如在涂层高分子材料中加入羟乙基纤维素、聚乙烯醇等材料，可获得既透湿又防水的效果，即为防水涂层。涂层工艺有轧挤法、刮刀法、挤塑法、黏合法、喷涂法和浸涂法等
	防静电里料(antistatic underlying fabric)	合成纤维的吸湿性很低，表面电阻高，因而容易积聚静电。防静电整理就是为了改变这种情况，通常采用亲水性物质进行处理，可提高纤维表面的吸湿性，降低表面比电阻。防静电整理的方法有①用吸湿性强的高分子阴离子和阳离子电解质先后处理织物，然后经加热焙烘使其相互反应而固着于纤维表面；②用含有亲水性基团的聚合物处理织物，在织物表面形成亲水薄膜；③采用高能辐射线，如γ射线、电子束辐射或以化学引发剂引发，对织物用丙烯酸或其他含亲水性基团的乙烯类单体进行接枝，使纤维变性，提高吸湿性，可达到耐久的防静电效果

续表

分类方法	名　　称	特　　点	
按原料纤维分类	天然纤维里料(natural fiber underlying fabric)	棉布里料(cotton underlying fabric)	透气性与吸湿性比较好,不易产生静电,穿着舒适,缺点是不够光滑
		真丝里料(silk underlying fabric)	光滑、质轻而美观,但不坚牢,经纬线易脱散,生产加工困难
	再生纤维素纤维里料(regenerated fiber underlying fabric)	黏胶纤维里料(viscose fiber underlying fabric)	手感柔软,有光泽,吸湿性强,透气性较好,性能接近棉纤维,但易发生变形,强力也较低,牢度差
		铜氨纤维里料(cuprammonium rayon underlying fabric)	在许多方面与黏胶纤维里料相似,光泽柔和,具有真丝感,湿强力降低,较黏胶纤维为小
		醋酯纤维里料(acetate fiber underlying fabric)	在手感、弹性、光泽和保暖性方面的性能优于黏胶纤维里料,有真丝感,但强度低,吸湿性差,耐磨性也差
	合成纤维里料(synthetic fiber underlying fabric)	涤纶里料(polyester fiber underlying fabric)	具有许多优良的服用性能,坚牢挺括,易洗快干,尺寸保形性好,不易起皱,不缩水,强力高,穿脱滑爽,不虫蛀,不霉烂,易保管,耐热、耐光性较好,但透气性差,易产生静电
		锦纶里料(polyamide fiber underlying fabric)	强力较高,伸长率大,弹性恢复性好,耐磨性、透气性优于涤纶,但抗皱性能不如涤纶,保形性稍差,不挺括,耐热性较差
按服装工艺分	固定式里料(set-in underlying fabric)	面料与里料缝合在一起,不能脱卸,一般适用于西装、中山装、夹克等	
	活络式里料(slip underlying fabric)	不经缝合,而是用纽扣或拉链等方式把面料和里料连在一起。根据需要,可以将活里卸下来,便于单独洗涤	

性能与用途

里料类别		性能与用途
棉布里料(cotton underlying fabric)		强度主要取决于棉纤维的长度、转曲度,纤维长度越长,转曲数越大,强力相对大些,织成的织物坚牢度就好,耐磨性也好。棉布里料的强度比人造纤维里料要好,但比合纤里料差;弹性较差,易起皱;吸湿性和透气性较好,柔软舒适;保暖性较好,服用性能优良;染色性能好,色泽鲜艳,色谱齐全,能与各色面料相配套;耐碱性能、抗酸性能差,耐热性和耐光性能均较好。主要用作棉布类服装的里料
真丝里料(silk underlying fabric)		蚕丝的吸湿性较强,吸湿饱和时可达30%,制成的里料透气性好,穿着舒适凉爽;蚕丝的耐光性比棉纤维差,日光对纤维起脆化破坏作用,日光连续照射200h,强力将下降50%,色泽也会泛黄,因此真丝里料应尽量避免在日光中曝晒;蚕丝的耐热性较好,在80℃的热水中浸3h丝纤维不会出现脆损现象,但比棉纤维差一些;蚕丝对碱比较敏感,在碱液中会膨化溶解。对盐的抵抗力也较差,故真丝里料被汗水润湿后,应马上冲洗干净,否则,织物组织会受到破坏,影响使用寿命;光泽高雅,色彩艳丽;柔软滑爽,富有弹性。真丝里料的手感居所有纤维之首,轻薄柔软,平挺滑爽,无静电,对人体健康有益。主要用作外销服装的里料
人造丝里料(rayon underlying fabric)	黏胶丝里料(viscose underlying fabric)	手感柔软,穿着舒适,具有棉织物的手感,丝织物的滑爽,穿着比棉织物还要光滑、舒适;吸湿性好,透气性好,类似于棉布里料的特性,其吸湿与透气性要比棉布好;染色性能比棉布好,上色更容易,且颜色鲜艳,色谱全,光泽好,比丝绸更绚丽夺目;弹性及弹性恢复能力差,穿着时易起皱,不挺括,尺寸稳定性差。主要用作呢绒服装及厚型毛料西服的里料
	铜氨丝里料(copper rayon underlying fabric)	是近年来新开发的品种,因它更像真丝纤维那样手感柔软,光泽柔和,透气性好,而被广泛用于里料。主要用作名贵皮革、礼服或其他高级衣料服装的里料
	醋酯丝里料(acetate yarn underlying fabric)	弹性和手感均比黏胶性里料好,具有一定的抗皱能力,缩水率小,真长丝的光泽近似于天然蚕丝,优美柔和,但强力比黏胶丝里料差。主要用作各类高级时装里料
合成纤维里料(synthetic underlying fabric)	涤纶里料(polyester underlying fabric)	弹性好,居所有纤维之首,织物不易皱,且挺括,尺寸稳定性好,保形性好;强度、耐磨性好,仅次于锦纶制成的里料,不易磨损;吸湿性差,易洗快干,但透气性差,穿着闷热不舒适,另外易产生静电,易吸灰尘,易起毛起球;耐热性好,熔点在260℃,熨烫温度可在180℃;抗微生物能力强,不虫蛀,不霉烂,易保管。主要用作男女时装、休闲服、西服等里料
	锦纶里料(nylon underlying fabric)	强力、耐磨性好,居所有纤维之首,耐磨性是棉纤维的10倍,是干态黏胶纤维的10倍、湿态的140倍;织物手感较好,伸长率大,弹性恢复好,具有一定的抗皱能力,但保形性不好,没有涤纶挺括,易变形;通风透气性差,易产生静电;具有良好的耐蛀、耐腐蚀性能;耐热、耐光性均较差,熨烫温度应控制在140℃以下。主要用作登山服、运动服、女装等服装里料

续表

里料类别		性能与用途
混纺与交织里布(blemd and mixed underlying fabric)	涤棉混纺里料(poly-cot blend underlying fabric)	适用于一般服装,常用于夹克及有防风要求的服装
	醋纤与黏纤交织里布(acetate/rayon mixed underlying fabric)	适用于不常洗涤、非特薄型的各种服装,尤其是毛料西裤、大衣、外套、夹克、毛皮大衣等。

选择依据

性能	内容
悬垂性	应轻于和柔软于面料,若里料过于硬挺,则致使与面料不贴切,触感不良,造成衣服不挺括
服用性能	其缩水率、耐热性能、耐洗性能、强力、厚薄应与面料相配伍。抗静电性能要好,高档服装里料要进行防静电处理
颜色	其颜色应与面料的颜色谐调,应与面料颜色相近,并且不得深于面料,以防面料沾色,并要注意里料本身的色差
摩擦系数	应光滑,穿脱方便
缝线不易脱线	应不易使缝线脱线,以免造成损失

2. 里料(品种)

品种	特性
市布(muslin)	又称中平布、白平布、普通市布、五福市布、标准市布等。根据使用的纤维原料不同,又可分为棉市布、黏纤市布、富纤(虎木棉、强力人造棉)市布、棉黏市布、涤棉市布(涤棉回花市布)、棉维市布等。棉市布是采用中特(19～29tex)棉纱,用平纹组织制织的本白布,具有棉纤维的天然色泽,质地坚牢,布面平整,耐摩擦,但弹性稍差,缩水率在10%左右。黏纤市布白度好,光泽足,布身柔软,布面细洁,外观较原色棉布好,缩水率在10%左右。富纤市布光滑柔软,吸湿性和透气性好,质地比黏纤市布结实耐用,缩水率在8%左右。棉黏市布的混纺比例为棉50/黏50或棉75/黏25混纺织而成,质地比黏纤市布坚牢结实,布身比棉市布光洁柔软,缩水率在10%左右。涤棉市布的混纺比例为涤纶(50)、棉(33)和锦纶(17)混纺而成,由涤棉回花加入锦纶组成混纺原料,其特点是不皱不缩,质地坚牢,缩水率在1%左右。棉维市布(棉维各50)强度好,结实耐穿,有一定的吸湿性,缩水率在4%左右。规格详见棉布白色市平布部分

续表

品　　种	特　　性
细布(cambric)	又称细平布、白细布、5600细布、7000细布。根据使用的纤维原料不同,又可分为棉细布、黏纤细布、富纤细布、棉黏细布、棉维细布、涤棉细布、棉丙细布等。棉细布细洁柔软,手感光滑,布面棉结杂质少,质地比白市布薄些,缩水率10%左右。黏纤细布与黏纤市布相仿,质地比较细洁柔软,类似丝绸,故又名棉绸,缩水率在10%左右。富纤细布与富纤市布相仿,布身轻薄细密,手感光滑柔软,具有一定的白度,缩水率在10%左右。棉黏细布与棉黏市布相仿,混合比例为棉75、黏胶25,质地接近棉细布,外观比棉白细布光滑细洁,缩水率在10%左右。涤棉细布(涤65、棉35)纱支细洁,质地轻薄,手感滑爽,布面平挺,比棉细布坚牢耐磨,不皱不缩,缩水率在1%左右。棉维细棉(棉、维各50)布身较细洁,外观与棉细布相仿,但比棉细布耐洗耐穿,缩水率在10%左右。棉丙细布(棉、丙各50)强力高,耐磨性好,结实耐穿,易洗快干,外观近似涤棉细布,但耐光性、耐热性较差,不能染成深色。规格详见棉布白细布部分
黏纤粗布(rayon crash)	与黏纤细布相仿,采用粗特黏纤纱织制,质地比较厚实,手感并不粗糙,外观比棉布洁净。规格详见棉布部分黏纤粗布
灰布(grey cloth)	一种大众化的棉布。色泽文雅,价廉物美,为日常服装用料,又为服装衬里布料。根据使用原料的不同,有纯棉、黏纤、涤棉、棉维和棉丙灰布等;根据使用染料性质的不同,有士林灰布和硫化灰布两种;根据使用坯布的不同,有灰粗布、灰布和灰细布;根据色泽深浅,有深灰布和浅灰布,其色光又可分红光和青光两种。硫化灰布有丝光和本光灰布两种。丝光灰布的色泽明亮,本光灰布的色泽较暗。硫化灰布的色泽牢度不及士林灰布,不耐洗涤,易泛红变色。丝光灰布的缩水率在3%左右,本光硫化灰布的缩水率在6%左右。士林灰布色泽匀洁明亮,质地细洁,耐洗耐晒,缩水率在3%左右。黏纤灰布色泽均匀,比硫化灰布色泽鲜艳,缩水率在10%左右。涤棉灰布(涤65、棉35)细洁挺薄,不皱不缩,缩水率在1%左右。棉维灰布(棉、维各50)坚牢耐穿,洗后易起皱,缩水率在4%左右。棉丙灰布(棉、丙纶各50)耐磨性较好,抗皱性能强,耐洗快干,缩水率在3%左右。规格详见棉布部分灰分
黏纤蓝布(rayon blue cloth)	有纯黏纤蓝布、富纤蓝布和富黏蓝布等。由于黏胶纤维织物有丝绸般的风格。故又称人棉绸或棉绸。其中富纤蓝布与黏纤蓝布相似,但比黏纤蓝布结实而耐穿,纱支细洁光滑,可用作衬里布,缩水率在10%左右。规格详见棉布部分富纤蓝布
棉黏蓝布(cotton/rayon mixed blue cloth)	是以棉和黏胶纤维各50混纺的市布和细布染色而成,色泽以中蓝和深蓝为多,有黏纤蓝布的风格,但比黏纤蓝布耐穿,缩水率在8%左右。规格详见棉布部分棉黏蓝布

续表

品　　种	特　　性
电力纺(habutai)	又称纺绸、荷萍纺、真丝纺。是经纬丝都不加捻的生货丝织物。质地平整缜密,织物无正反面之分,身骨比绸类轻薄,柔软飘逸,绸面光泽柔和,具有桑蚕丝的天然色泽,穿着滑爽舒适,缩水率为5%。规格详见丝绸部分电力纺
洋纺(paj)	俗称小纺。质地轻薄、柔软,织物外观呈半透明状。除桑蚕丝织物外,还有用黏胶人造丝织造的人丝洋纺以及用桑蚕丝同黏胶人造丝或铜氨人造丝交织的交织洋纺,色泽有练白及杂色等
素软缎(silk/rayon plain satin)	桑蚕丝与人造丝交织的生织素色缎类丝绸。缎面色泽鲜艳,明亮细致,手感柔软滑润,背面呈细斜纹状。缎面浮线较长,穿着日久经摩擦易起毛。常用作高级服装的里料。规格详见丝绸部分素软缎
光缎羽纱(rayon lustre lining)	又名人造丝羽纱。是全人造丝的缎类丝绸,手感平滑柔软,质地滑爽,因其绸面光亮,故名光缎。采用白坯染成各种杂色,有黑、藏青、咖啡、深灰和浅灰等。供做男女高档服装的里子用。规格详见丝绸部分人丝羽纱
涤丝塔夫绢(polyester pongee)	简称涤塔夫。采用涤纶丝先织成白坯,故可增白,也可染成各种深浅色泽。为平纹组织,质地平整,轻薄滑爽,价格便宜,尺寸稳定性好,不霉不蛀,强度大,但易产生静电,手感较硬。规格详见丝绸部分涤丝塔夫绢
美丽绸(rayon lining twill)	又称高级里子绸、美丽绫、人丝羽纱。属于绫类织物,习惯上称为绸,是全人丝平经平纬的生织物。绸面斜纹纹路细密清晰,手感平挺光滑,略带硬性,色泽鲜艳光亮,反面色光稍暗,供做高档服装的里子绸用。规格详见丝绸部分美丽绸
羽纱(rayon lining)	又称夹里绸、里子绸、棉纬绫、棉纱绫、纱背绫。是人造丝与棉丝的交织织物,是里子绸商品大类的总称。绸面呈细斜纹纹路,手感柔软,富有光泽。规格详见丝绸部分羽纱
蜡纱羽纱(waxed yarn rayon lining)	又称蜡羽纱。纬向所用棉纱,经过上蜡,故称蜡纱。手感略带硬性,比羽纱滑爽,光泽较足。规格详见丝绸部分蜡纱羽纱
锦纶羽纱(polyamide lining)	采用锦纶丝与棉纱交织,故称锦纶羽纱。绸面呈细斜纹,也使用变化组织,呈山形或人字形直条,质地坚牢耐磨,手感疲软。熨烫温度不超过110℃,以免损伤纤维。规格详见丝绸部分锦纶羽纱
人丝软缎(rayon satin)	经、纬均采用黏胶丝为原料织制的素缎织物。质地柔软丰厚,绸面光洁明亮似镜,俗称玻璃缎。手感较纯桑蚕丝略硬。规格详见丝绸部分人丝软缎
有光纺(rayon palace; bright rayon taffeta; shioze)	以有光黏胶丝(或有光铜氨丝)为原料、用平纹组织织制而成。绸面光泽肥亮柔和,丝亮较强,故名。织纹平整缜密。经练白的成品绸面洁白光亮,染色后的成品光泽鲜艳夺目。规格详见丝绸部分有光纺

续表

品　　种	特　　性
影条纺 (shadow striped taffeta)	由有光黏胶丝和无光黏胶丝交织的纺类丝织物。质地细洁，轻薄坚韧，绸面平滑，条子隐约可见。规格详见丝绸部分影条纺
彩格纺 (rayon palace checked)	黏胶丝色织纺类丝织物。绸面细洁平挺滑爽，格子款式雅致，色彩文静优雅，常以白色为基本色调，条格细巧，用于做风披、雨衣夹里。规格详见丝绸部分彩格纺
领夹纺 (rayon taffeta faconne)	铜氨丝白织提花纺类丝织物。织纹简洁，花纹清晰，质地平滑，光泽柔和，主要用于制作领带、春秋服装、羊毛衫里子等。规格详见丝绸部分领夹纺
尼丝绫 (nylon twill)	纯锦纶丝白织平素绫类丝织物。绸面织物清晰，质地柔软光滑，泼水性能好。常用于制作滑雪衣、雨衣和雨具里子等。规格详见丝绸部分尼丝绫
黏闪绫 (rayon/acetate shot twill)	由有光黏胶丝与醋酯丝交织的绫类丝织物。质地细洁平滑，纹路清晰。经一浴法染色后，由于黏胶丝与醋酯丝具有不同吸色性能，因而使绸面呈现闪色效果，通常有红闪绿、红闪黄、红闪品蓝或黑闪红等。详见丝绸部分黏闪绫
桑黏绫 (silk/rayon union twill)	由桑蚕丝和黏胶丝交织的绫类丝织物。质地轻薄、光泽柔和，手感介于黏胶丝和桑蚕丝单织的斜纹绸之间。规格详见丝绸部分桑黏绫
交织绫 (rayon/nylon union twill)	由有光黏胶丝和半光锦纶丝交织的绫类丝织物。质地柔滑坚牢，斜路清晰，闪色鲜明。主要用于制作大衣和服装里子等。规格详见丝绸部分交织绫
棉纬美丽绸 (rayon lining twill staple filling)	由黏胶丝和人造棉交织的绫类丝织物。手感柔软，绸面光亮。专用于制作服装里子。规格详见丝绸部分棉纬美丽绸
薄缎(sheer silk satin)	纯桑蚕丝白织薄型缎类丝织物。质地轻盈、柔软平滑，缎面光泽柔和悦目，是缎类中最轻薄的产品。大多做羊毛衫夹里或工艺装饰用品。规格详见丝绸部分薄缎
大华绸 (dahua satin; dahua rayon satin)	纯黏胶丝素缎丝织物。质地轻薄，是一种中低档产品，宜做棉袄里料。规格详见丝绸部分大华绸
条格双宫绸 (doupioni gingham)	由桑蚕丝经和桑蚕双宫丝纬色织的绸类丝织物。绸面具有条或格的色彩格局，色调明朗，横向粗细竹节分布自如，绸身挺括。主要用于制作男女西服，高级风雪大衣里子。规格详见丝绸部分条格双宫绸
人丝塔夫绢 (rayon taffeta)	纯黏胶丝绢类丝织物。绸面比桑蚕丝塔夫绸粗犷厚实、平滑，色光晶莹悦目，宜作春秋大衣里料。规格详见丝绸部分人丝塔夫绢
涤美丽 (polyester beauty)	采用7.5tex(68旦)涤纶长丝为经线，12tex(108旦)、8.3tex(75旦)、7.5tex(68旦)涤纶长丝为纬线交织而成的斜纹绸织物，织物表面平滑，光泽明亮，有细斜纹路，手感挺括

续表

品　　种	特　　　性
细纹绸 (fine-grained silk)	经线为半消光涤纶长丝,一般规格为7.5tex(68旦)或8.3tex(75旦),纬线是细弹丝,规格为7.5tex(75旦),采用斜纹组织织造。具有涤美丽的平滑、挺括、纹路清晰的特点,又有五枚缎的厚实,且悬垂性好,富有弹性,质地细腻,手感柔软,光泽柔和,是目前较为流行的高档西服里料
五枚缎 (five-heddle satin; five end satin; five shaft satin)	采用8.3tex(75旦)或5.6tex(50旦)涤纶长丝作经线,11tex(100旦)或8.3tex(75旦)涤纶加弹丝作纬线交织而成,用五枚经面缎纹组织织造。缎面丰满,光滑明艳富丽,手感柔软,悬垂性好
青亚纺 (qing-ya habutai)	采用7.5tex(68旦),半消光涤纶长丝作经线,11tex(100旦)低弹丝作纬线交织而成的平纹织物。手感柔软,光泽文雅
平纹尼丝纺 (plain nylon shioze)	经纬线采用3.3～7.8tex(30～70旦)半消光尼龙丝交织而成的平纹织物。表面细洁光滑,质地坚韧,弹性和强力好
斜纹尼丝纺 (twill nylon shioze)	经纬线采用7.8tex(70旦)交织而成的斜纹组织织物。纹路细腻,质地坚牢,手感柔软
新羽缎 (xin-yu satin)	经纬线均采用13.3tex(120旦)有光醋酯丝交织而成,五枚缎纹组织,缎面光泽柔和,手感柔软,弹性较好,但耐磨性较差,吸湿性也较差
新丽绫 (xin-li ghatpot; xin-li radzimir)	采用8.3tex(75旦)或13.3tex(120旦)有光醋酯作经纱13.3tex(120旦)醋酯丝作纬纱交织而成,织物组织为$\frac{3}{1}$斜纹组织,其风格与新羽缎相似,但光泽更为柔和

二、衬料（interlining；interlining cloth；lining cloth；padding cloth）

服装服饰衬料是服装服饰辅料一大种类，其功能是在服装服饰上起骨架作用。通过衬料(布)的造型、补强、保形作用，服装服饰才能形成形形色色的优美款式。衬料(布)是以机织物、针织物和非织造布等为基布，采用(或不采用)热塑性高分子化合物，经专门的机械进行特殊整理加工，用于服装或服饰（鞋帽等）内层起补强、挺括等作用的，与面料黏合(或非黏合)的专用性服装服饰辅料。

衬料(布)的发展历史比较久远，地域分布较广，现已形成现代衬料(布)的四大系列产品，即机织树脂黑炭衬布、机织树脂衬布、机织(含针织)热熔黏合衬布和非织造热熔黏合衬布。除此以外，还有多种其他衬布及配套产品，如麻衬、腰衬及腰里、嵌条衬及子母带、口袋、领带衬、鞋帽衬等。

(1) 衬布的作用

① 赋予服装服饰优美的曲线和形体。

② 改善服装的悬垂性和面料的手感，增强服装服饰穿着的舒适性。

③ 增强服装服饰的挺括性和弹性，增强立体感。

④ 增强服装服饰的厚实感、丰满感和保暖性。

⑤ 防止服装服饰变形，使服装服饰在穿着洗涤后保持原来的造型。

⑥ 对服装服饰的局部部位具有加固和补强的作用。

(2) 衬布的分类

衬布的分类方法很多，常用的方法是按基布的种类及加工方式分类，大体上可分为马尾衬、黑炭衬、树脂衬、黏合衬、腰衬、领带衬和非织造衬等七大类。

1. 衬料（总论）

衬布名称	系列	类别
棉、麻衬 (cotton、 bast lining)	麻衬	纯麻布衬;混纺麻布衬
	棉衬	软衬;硬衬(上浆)
马尾衬 (horsehair cloth; horsetail liner)	普通马尾衬	树脂整理;未树脂整理
	包芯纱马尾衬	

续表

衬布名称	系列	类别
黑炭衬 (hair interlining)	硬挺型	上浆衬;树脂整理
	软薄型	树脂整理;低甲醛树脂整理
黑炭衬 (hair interlining)	夹织布型	包芯马尾夹织;黏纤夹织
	类炭型	白色类炭衬;黑色类炭衬
树脂衬 (resin padding cloth)	麻织衬	全麻树脂衬;混纺树脂衬
	全棉衬	漂白全棉树脂衬;半漂全棉树脂衬
	化纤混纺衬	漂白混纺树脂衬;半漂混纺树脂衬
	纯化纤衬	
黏合衬 (fusing interlining)	非织造黏合衬	薄型衬;中型衬;厚型衬
	机织黏合衬	纯棉衬;涤/棉混纺衬;黏胶和涤黏交织衬
	针织黏合衬	经编衬;纬编衬
	多段黏合衬	
	黑炭黏合衬	
	嵌条黏合衬	
	双面黏合衬	
腰衬 (belting;inside belt)	裁剪型衬	树脂型;黏合型
	防滑编织衬	
领带衬 (necktie lining)	毛型类	高毛量;低毛量
	化纤类	纯化纤;混纺
非织造衬 (non-woven interlining)	一般非织造衬	
	水溶性非织造衬	

产品标记

（1）机织树脂黑炭衬布产品标记 FZ/T64001-2003

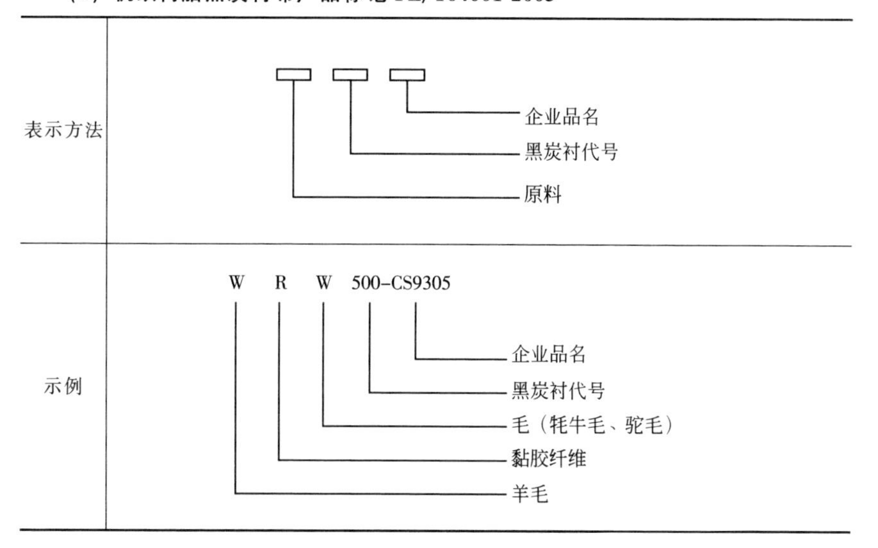

（2）服装服饰用热熔黏合衬布产品标记

项目		内容
产品标号的原则	产品标记内容	标准规定采用产品标记包括：原料特性中的基布材质类别、基布组织结构、应用特性中的衬布用途分类、技术特性中的热熔胶种类、工艺加工特性中的涂布工艺方法、品种规格特性中的产品单位面积质量六大类。由英文字母和阿拉伯数字两部分组成
	产品标记组成方式	产品标记第一部分为英文字母，表示基布材质类别。第二部分为四位阿拉伯数字，分别表示衬布应用类别、基布组织结构、热熔胶种类、涂布工艺方法。其中，第一位阿拉伯数字表示衬布应用分类，如：衬衣衬、外衣衬等；第二位阿拉伯数字表示基布组织结构，如：平纹机织布、双梳针织布、水刺非织造布等；第三位阿拉伯数字表示热熔胶的种类，如：聚酯（PES）、共聚酰胺（PA）等；第四位阿拉伯数字表示涂布工艺方法，如：撒粉法、浆点法等；第三部分为三位阿拉伯数字，与第二部分用短划（—）连接，表示衬布品种规格，三位数字即为衬布的单位面积质量，如果衬布的单位面积质量为两位数，则三位数字的第一位为0
	产品命名	产品的命名可按基布材质类别、衬布分类、热熔胶种类、涂布工艺方法和产品品种规格的顺序全称，也可以只按基布材质类别、衬布的分类和基布的组织结构顺序的简称

续表

<table>
<tr><th>项目</th><th colspan="14">内容</th></tr>
<tr><td rowspan="23">产品标记代号的规定</td><td rowspan="3">基布材质类别</td><td>基布材质</td><td>棉纤维</td><td>黏胶纤维</td><td>木纤维</td><td>涤纶</td><td>维纶</td><td>氨纶</td><td>丙纶</td><td>锦纶</td><td>麻纤维</td><td>真丝</td><td colspan="2">毛纤维</td></tr>
<tr><td>标记代号</td><td>C</td><td>R</td><td>L</td><td>T</td><td>V</td><td>U</td><td>O</td><td>N</td><td>F</td><td>S</td><td colspan="2">W</td></tr>
<tr><td colspan="13">使用说明：一个英文字母表示基布是由单一纤维构成的。两个或两个以上英文字母，表示基布是由两种或两种以上纤维混纺或交织制成的。以纤维比例高的标记代号字母写在前，比例低的标记代号字母写在后。表示基布材质类别的英文字母在产品标记中列于第一部分</td></tr>
<tr><td rowspan="5">衬布分类</td><td colspan="13">衬布应用分类标记代号</td></tr>
<tr><td colspan="4">衬布分类</td><td colspan="2">标记代号</td><td colspan="4">衬布分类</td><td colspan="3">标记代号</td></tr>
<tr><td colspan="4">衬衣类</td><td colspan="2">1</td><td colspan="4">丝绸衬</td><td colspan="3">3</td></tr>
<tr><td colspan="4">外衣类</td><td colspan="2">2</td><td colspan="4">裘皮衬</td><td colspan="3">4</td></tr>
<tr><td colspan="13">说明：1. 用第一位阿拉伯数字表示热熔黏合衬布的应用分类
2. 表示衬布分类的标记代号列于英文字母后阿拉伯数字的第一位</td></tr>
<tr><td rowspan="8">基布组织结构</td><td colspan="13">基布组织结构标记代号</td></tr>
<tr><td colspan="4">衬布分类</td><td colspan="2">标记代号</td><td colspan="4">衬布分类</td><td colspan="3">标记代号</td></tr>
<tr><td colspan="4">机织平纹布</td><td colspan="2">1</td><td colspan="4">无纺编链衬布</td><td colspan="3">6</td></tr>
<tr><td colspan="4">机织斜纹布</td><td colspan="2">2</td><td colspan="4">水刺非织造布</td><td colspan="3">7</td></tr>
<tr><td colspan="4">针织双梳衬布</td><td colspan="2">3</td><td colspan="4">热轧非织造布</td><td colspan="3">8</td></tr>
<tr><td colspan="4">针织单梳变化编链衬布</td><td colspan="2">4</td><td colspan="4">化学黏合非织造布</td><td colspan="3">9</td></tr>
<tr><td colspan="4">针织双梳编链加经平衬布</td><td colspan="2">5</td><td colspan="4"></td><td colspan="3"></td></tr>
<tr><td colspan="13">说明：表示基布组织结构的标记代号列于英文字母后阿拉伯数字中的第二位</td></tr>
<tr><td rowspan="7">热熔胶种类</td><td colspan="13">热熔胶种类的标记代号</td></tr>
<tr><td colspan="4">热熔胶种类</td><td colspan="2">标记代号</td><td colspan="4">热熔胶种类</td><td colspan="3">标记代号</td></tr>
<tr><td colspan="4">其他胶种(不用热熔胶)</td><td colspan="2">0</td><td colspan="4">PES(共聚酯)</td><td colspan="3">4</td></tr>
<tr><td colspan="4">HDPE(高密度聚乙烯)</td><td colspan="2">1</td><td colspan="4">EVA(乙烯-乙酸乙烯类)</td><td colspan="3">5</td></tr>
<tr><td colspan="4">LDPE(低密度聚乙烯)</td><td colspan="2">2</td><td colspan="4">EVAL(皂化乙烯、乙酸乙烯)</td><td colspan="3">6</td></tr>
<tr><td colspan="4">PA(共聚酰胺)</td><td colspan="2">3</td><td colspan="4">PU(聚氨酯)(热熔纤维)</td><td colspan="3">7</td></tr>
<tr><td colspan="13">说明：1. 表中的标记代号表示衬布加工使用的热熔胶种类
2. 表示热熔胶种类的标记代号列于英文字母后阿拉伯数字中的第三位</td></tr>
</table>

续表

<table>
<tr><th>项目</th><th colspan="5">内容</th></tr>
<tr><td rowspan="7">产品标记代号的规定</td><td rowspan="7">涂布工艺</td><td colspan="4">涂布工艺的标记代号</td></tr>
<tr><td>涂布工艺方法</td><td>标记代号</td><td>涂布工艺方法</td><td>标记代号</td></tr>
<tr><td>其他工艺法(无涂布工艺)</td><td>0</td><td>浆点法</td><td>4</td></tr>
<tr><td>热熔转移法</td><td>1</td><td>网点法</td><td>5</td></tr>
<tr><td>撒粉法</td><td>2</td><td>网膜法</td><td>6</td></tr>
<tr><td>粉点法</td><td>3</td><td>双点法</td><td>7</td></tr>
<tr><td colspan="4">说明:1. 表中的标记代号表示衬布涂布工艺方法
2. 表示涂布工艺的标记代号列于英文字母后阿拉伯数字中的第四位</td></tr>
<tr><td>产品品种</td><td colspan="5">1. 产品品种以产品的克重(为基本与热熔胶质量的总和)表示。标记代号为三位阿拉伯数字,如果产品的克重为两位数字,则三位阿拉伯数字的第一位为 0
2. 表示产品品种的标号代号列于第二部分的标记代号的后面,并用短划线"—"连接</td></tr>
<tr><td>其他</td><td colspan="5">1. 本标准规定的产品标记代号为基本内容,各产品均必须采用,以便识别
2. 除本标准规定的产品标记外,企业可按需要另设产品标记代号,例如色别、手感、幅宽、耐洗性能等。企业设置的产品标记代号,排列在本标准标记代号的后面,与本标准产品标记之间,用半字线"-"连接
3. 企业现行的产品标记,可接在本标准规定的产品标记代号后,并加括号予以区分</td></tr>
</table>

<table>
<tr><th rowspan="2">衬布名称</th><th rowspan="2">产品标记</th><th rowspan="2">产品标记的代号含义</th><th colspan="2">命　名</th></tr>
<tr><th>全　称</th><th>简　称</th></tr>
<tr><td>纯棉机织树脂衬布(all cotton woven resin padding cloth)</td><td>C 1 0 0-150</td><td>基布 150g/m^2
无涂工艺
不用热熔胶
机织树脂衬
纯棉</td><td>纯棉机织树脂衬布</td><td>棉机织树脂衬</td></tr>
<tr><td>锦黏针织热熔黏合衬布(polyamide/vicose fusing interlining)</td><td>NR 3 3 7-110</td><td>基布 110g/m^2
双点法涂布
PA 胶
针织黏合衬
锦黏交织</td><td>锦黏针织热熔黏合衬布聚酰胺双点法</td><td>针织黏合衬</td></tr>
</table>

续表

衬布名称	产品标记	产品标记的代号含义	命　　名	
			全　称	简　称
涤黏非织造热熔黏合衬布(polyester/viscose nonwoven fusing interlining)	TR 4 4 4-030	基布 $30g/m^2$ 浆点涂布法 PES胶 非织造热熔黏合衬布 涤黏混纺	涤黏非织造热熔黏合衬布聚酯胶浆点法	涤黏无纺黏合衬

注:1.衬料产品分为8大类,每一大类又都形成各自的系列产品,故衬布的品种规格极其繁多,各生产厂家均按本厂的特点确定产品的名称和编号,因而同一产品可能有几种不同的名称和编号。为了统一名称和编号,1989年颁布了国家标准《GB 11392—1989 服装衬布产品标记的规定》,但这一规定只能区分各大类产品的命名和标记,对每一具体品种的标记还无法区分。为了方便用户选用衬布,根据国家标准,增加了产品规格标记。

2.产品标记包括原料特性中的基布材质类别、品种特性中的衬布分类、技术特性中的热熔胶种类、工艺特性中的涂布工艺方法和品种规格特性中的基布平方米质量5个大类。由英文字母和阿拉伯数字两部分组成。

3.产品标记第一部分为英文字母,表示基布材质类别。第二部分为3位阿拉伯数字,分别表示衬布类别、热熔胶种类和涂布工艺。其中,第一位阿拉伯数字表示衬布分类,第二位表示热熔胶的种类,第三位表示涂布工艺。第三部分为3位阿拉伯数字与第二部分用短连线"-"连接,表示衬布品种规格,3位数字即为衬布基布的平方米质量,如平方米质量为两位数,则3位数的第一位为0。

4.基布材质类别标记代号:C—棉纤维;R—黏胶纤维;T—涤纶;V—维纶;A—腈纶;O—丙纶;N—锦纶;F—麻纤维;S—丝;W—毛。一个英文字母表示基布是由单一纤维构成。两个或两个以上英文字母构成的,表示基本是由两种或两种以上纤维混纺或交织制织的。同时,以纤维比例高的标记代号字母写在前,比例低的写在后。

5.衬布分类标记代号:1—机织树脂衬布;2—机织热熔黏合衬布;3—针织热熔黏合衬布;4—非织造热熔黏合衬布;5—机织黑炭衬布;6—机织多段黏合衬布。表示衬布分类标记代号列于英文字母后阿拉伯数字的第一位。

6.热熔胶种类标记代号:0—不用热熔胶;1—HDPE(高密度聚乙烯);2—LDPE(低密度聚乙烯);3—PA(聚酰胺类);4—PES(聚酯类);5—EVA(乙烯-乙酸乙烯类);6—EVA-L(EVA的皂化物)。表示热熔胶种类的标记代号列于英文字母后阿拉伯数字中的第二位。

7.涂布工艺标记代号:0—无涂布工艺;1—热熔转移法;2—撒粉法;3—粉点法;4—浆点法;5—网点法;6—网膜法;7—双点法。表示涂布工艺的标记代号列于英文字母后阿拉伯数字中的第三位。

8.基布规格标记代号:表示基布的平方米质量的标记代号为3位阿拉伯数字,如果基布的平方米克重为两位数时,则3位阿拉伯数的第一位数为0。表示基布规格的标号列于第二部分标记代号的后面,并用短连线"-"连接。

手感

项目	硬挺型	软薄型	项目	硬挺型	软薄型
服装工艺	传统服装	新型服装	地域	较冷地区	较热地区
服装款式	大衣	西服	服装部位	盖肩衬	胸衬、袖窿衬
季节服装	冬装	春、秋服装	服装面料	较厚面料	较薄面料

衬布相关标准编号及名称

质量标准

序号	标准编号	标准名称	备注
1	FZ/T 64001—2003	机织树脂黑炭衬布	
2	FZ/T 64007—2000	机织树脂衬布	
3	FZ/T 64008—2000	机织热熔黏合衬布	
4	FZ/T 64009—2000	非织造热熔黏合衬布	
5	FZ/T 01074—2000	服装用热熔黏合衬布产品标记及产量标识的规定	
6	FZ/T 01075—2000	服装衬布外观质量局部性疵点结辫和放尺规定	
7	FZ/T 01076—2000	服装用热熔衬布组合试样制作方法	
8	FZ/T 01077—2000	织物氯损强力试验方法	
9	FZ/T 01078—2000	织物吸氯泛黄试验方法	
10	FZ/T 01079—2000	织物烫焦试验方法	
11	FZ/T 01080—2000	树脂整理织物交联程度的测定　染色法	
12	FZ/T 01081—2000	热熔黏合衬、热熔胶涂布量和涂布均匀性的测定	
13	FZ/T 01082—2000	服装用热熔黏合衬干热尺寸变化的测定	
14	FZ/T 01083—2000	热熔黏合衬布　干洗后的外观尺寸变化的测定	
15	FZ/T 01084—2000	热熔黏合衬布　水洗后的外观尺寸变化的测定	
16	FZ/T 01085—2000	热熔黏合衬布　剥离强力的测定方法	
17	FZ/T 80007.1—2006	使用黏合衬服装剥离强度测试方法	
18	FZ/T 80007.2—1999	使用黏合衬服装耐水洗测试方法	
19	FZ/T 80007.3—1999	使用黏合衬服装耐干洗测试方法	

2. 黑炭衬和马尾衬（hair interlining and horse hair cloth）

分类

分　类	类　别	底布的材质
按底布的纤维材质分类	黑炭衬	经纱为棉，纬纱为毛或毛混纺
	类炭衬	纬纱为化纤长丝或混纺
	夹织衬	纬纱用包芯马尾纱夹织
	纯棉马尾衬	经纱用棉，纬纱为马尾
	涤棉马尾衬	经纱用涤棉混纺，纬纱用马尾
	包芯马尾衬	经纱用棉，纬纱用包芯马尾纱

续表

分　类	类　别	底布质(重)量/(g/m²)
按底布质(重)量分类	超薄型	155及以下
	轻薄型	156～195
	中厚型	196～230
	超厚型	230以上

主要技术指标（黑炭衬）

指标名称	单位	指标要求		备注
		经向	纬向	
折痕回复角	度(°)	160	220	
水洗后尺寸变化	%	−1.5	−1.5	
干洗后尺寸变化	%	−1.8	−1.8	干洗一次
织物密度	%	−5	−5	
单位面积质量	g/m^2	±10%		内控指标
断裂强力	N	−20%		内控指标
硬挺度	cm	±1		内控指标

选用

面料类别	缩水率要求/%	选用黑炭衬	推荐品种
全毛面料	3及以下	高毛量品种	WCR500系列
毛涤面料	2及以下	中毛量品种	RCW500系列
仿毛面料	1.5及以下	低毛量品种	RCW500系列

主要产品与用途

(1) 黑炭衬 (hair interlining)

黑炭衬是指采用动物性纤维（如牦牛毛、山羊毛、人发等）或毛混纺纱为纬纱、棉或混纺纱为经纱加工成基布，再经树脂整理加工而成。我国生产黑炭衬的技术是从印度传入的，因印度人皮肤偏黑，这种衬布又呈灰黑色，故当时俗称“黑炭衬”，更确切地说，应称为毛混纺树脂衬布。

①分类

分　类	名　称	
按基布经纬组分分类	全毛型	经向为羊毛和黏胶或其他化纤纯纺或混纺的纱线
		经向为含有牦牛毛、骆驼毛等一种及以上组分的动物毛与羊毛或黏胶混纺的纱线
	普通型	经向为全棉、涤棉，纬纱为一种纱线，或棉纱为两种及以上组分的纱线(交织)
		经向为涤纶

续表

分类	名称	
按织物织造方式分类	经编	
	机织物,织物组织一般为平纹或破斜纹	
按织物质量分类	超薄型	150g/m^2 及以下
	轻薄型	150～180g/m^2
	中厚型	180～230g/m^2
	超厚型	230g/m^2
按使用部位分类	大身衬(主胸衬)	
	挺胸衬	
	挺肩衬	
	弹袖衬(袖窿衬)	

② 品种与用途

统一编号	产品名称	底布质量/(g/m^2)	纤维品种	主要用途
WCR500 系列 超薄型-115～-150 薄型-157～-183 中型-199～-230	毛棉黏软型黑炭衬	115～150 157～183 199～230	毛、棉、黏	外衣胸衬
RCW500 系列 -201～-225	黏棉毛软型黑炭衬	201～225	黏、棉、毛	外衣胸衬
CRW500 系列 中型-215～-227 厚型-254	棉黏毛硬型黑炭衬	215～227 254	棉、黏、毛	传统西服胸衬
CRW500 -196～-235	棉黏毛类炭型黑炭衬	196～235	棉、黏、毛	制服、仿毛服装
CRW500 -227～-228	棉黏毛夹织型黑炭衬	227、228	棉、黏、毛	外衣胸衬
RCW 500 -200～-218	黏棉毛黑色型黑炭衬	201、218	黏、棉、毛	特种胸衬

注:表中 C—棉;R—黏胶纤维;W—毛纤维。

③ 技术指标

指标名称	经向	纬向	备注
折痕回复角/(°)	160	220	
水洗后尺寸变化/%	−1.5	−1.5	
干洗后尺寸变化/%	−1.8	−1.8	干洗一次
织物密度/%	−5	−5	
质(重)量/(g/m²)	±10%		内控指标
断裂强力/N	−20%		内控指标
硬挺度/cm	±1		内控指标

④ 质量要求 (FZ/T64001—2003)

<table>
<tr><th colspan="4" rowspan="2">项目</th><th colspan="3">评等规定</th></tr>
<tr><th>优等品</th><th>一等品</th><th>合格品</th></tr>
<tr><td rowspan="9">内在质量</td><td colspan="2">纬密/%</td><td>按设计规定</td><td colspan="3">−5及以内</td></tr>
<tr><td colspan="3">克重允许公差/%</td><td>−5</td><td>−7</td><td>−8</td></tr>
<tr><td colspan="3">折痕回复角/(°)(经+纬) ≥</td><td>240</td><td>220</td><td>200</td></tr>
<tr><td colspan="2" rowspan="2">水浸尺寸变化/% ≥</td><td>经</td><td>−1.0</td><td>−1.5</td><td>−2.0</td></tr>
<tr><td>纬</td><td>−1.0</td><td>−1.5</td><td>−2.0</td></tr>
<tr><td colspan="2" rowspan="2">干洗尺寸变化/% ≥</td><td>经</td><td>−1.0</td><td>−1.8</td><td>−2.0</td></tr>
<tr><td>纬</td><td>−1.0</td><td>−1.8</td><td>−2.0</td></tr>
<tr><td colspan="2">耐洗色牢度(白布沾色)</td><td>按规定标准</td><td>符合标准</td><td>符合标准</td><td>低于标准</td></tr>
<tr><td colspan="3">游离甲醛含量/(mg/kg)</td><td colspan="3"><300</td></tr>
<tr><td rowspan="8">外观质量</td><td rowspan="2">局部性疵点</td><td rowspan="2">采用结辫(或标记)/(只/50m)</td><td>幅宽100及以内</td><td>6</td><td>8</td><td>10</td></tr>
<tr><td>幅宽100以上</td><td>8</td><td>10</td><td>15</td></tr>
<tr><td rowspan="6">散布性疵点</td><td rowspan="3">幅宽允许公差/cm</td><td>幅宽100及以内</td><td>+2.0
−1.0</td><td>+2.0
−1.0</td><td>超过+2.0
超过−1.0</td></tr>
<tr><td>幅宽130及以内</td><td>+2.0
−1.5</td><td>+2.0
−1.5</td><td>超过+2.0
超过−1.0</td></tr>
<tr><td>幅宽130以上</td><td>+3.0
−2.0</td><td>+3.0
−2.0</td><td>超过+3.0
超过−1.0</td></tr>
<tr><td colspan="2">明显的松边轨皱等影响布面不能平摊</td><td>不允许</td><td>不允许</td><td>不允许</td></tr>
<tr><td colspan="2">明显的通匹疵点</td><td>顺降一个等</td><td>顺降一个等</td><td>顺降一个等</td></tr>
<tr><td colspan="2">纬斜/% ≤</td><td>6</td><td>7</td><td>8</td></tr>
</table>

续表

项目	评等规定		
	优等品	一等品	合格品
每段允许缎数、段长	一剪二段，每段不低于10m	二剪三段，每段不低于5m	三剪四段，每段不低于5m

注：内在质量与外观质量综合评等，按其中低的等级评定。

⑤ 选用

分类	内容			
黑炭衬布的选用原则	1. 面料的厚薄、克重、成分，组织以及纱线的线密度 2. 服装的风格和设计要求 3. 服装的档次			
黑炭衬布手感的选择	项目		硬挺型	软薄型
	服装工艺		传统服装	新型服装
	服装款式		大衣	西服
	季节服装		冬装	春、秋服装
	地域		较冷地区	较热地区
	服装部位		盖肩衬	胸衬、袖窿衬
	服装面料		较厚面料	较薄面料
根据面料来选择	面料类别	缩水率要求/%	选用黑炭衬	推荐品种
	全毛面料	3 及以下	高毛量品种	WCR500 系列
	毛涤面料	2 及以下	中毛量品种	RCW500 系列
	仿毛面料	1.5 及以下	低毛量品种	RCW500 系列

(2) 马尾衬（horsehair cloth；horsetail liner）

马尾衬布是采用马尾作纬纱，棉或涤棉混纺纱作经纱织成基布，再经定型和树脂加工而成。传统马尾衬主要用作西服的盖肩衬和女装的胸衬，而包芯马尾衬则可有黑炭衬同样的用途，但因其价格较贵，仅用在高档西装上。早期使用的马尾衬，制造时是将马尾鬃用手工一根根喂入的，不仅费工时，而且幅宽也受到了限制，而且不经过定时和树脂整理加工。后来开发使用的马尾包芯纱，是将马尾鬃用棉纤维包覆并一根根连接起来，使用马尾包芯纱作纬纱制作的包芯马尾衬，幅宽不再受到限制，可使用现代织机制造，并采用与黑炭衬同样的方法进行特殊后整理，大大提高了使用价值和附加值。

统一编号	产品名称	幅宽/cm	纤维品种	主要用途
WC-42～-64	纯棉马尾衬	42～64	马尾/棉	外衣肩衬、胸衬
WTC 500-42～-64	涤棉马尾衬	42～64	马尾/涤棉	外衣肩衬、胸衬

注：表中C—棉；T—涤纶；W—毛纤维(马尾)。

① 分类

分类	底布的材质
夹织衬	纬纱用包芯马尾纱夹织
纯棉马尾衬	经纱用棉，纬纱用马尾
涤棉马尾衬	经纱用涤棉混纺纱，纬纱用马尾
包芯马尾衬	经纱用棉，纬纱用马尾包芯纱

② 品种

统一编号	产品名称	幅宽/cm	纤维品种	主要用途
WC-42～WC-64	纯棉马尾衬	42～64	马尾/棉	外衣肩衬、胸衬
WTC500-42～500-64	涤棉马尾衬	42～64	马尾/涤棉	外衣肩衬、胸衬

注：表中C—棉；T—涤纶；W—毛纤维(马尾)。

技术规格　马尾衬的经纱28tex×2 ($21N_e/2$) ～14tex×2 ($42N_e/2$) 棉股线，纬纱采用单根马尾毛，用平纹组织制织，纬纱密度是经纱的2～3倍。克重150～200g/m^2，成品幅宽有152cm、229cm、279cm。布面呈灰白色，爽洁硬挺不扎手，富有自然弹性。主要用作高档服装的胸衬。

规格＼衬布名称		黑　炭　衬	马　尾　衬
英文名		hair interlining	horse hair cloth
品名			
经纬纱线密度	经纱/tex(英支)	28×2(21/2)～14×2(42/2)棉线	28×2(21/2)～14×2(42/2)棉股线
	纬纱/tex(英支)	125(8公支)～50(20公支)羊毛、牦牛毛、头发、黏胶纤维等混纺纱	单根马尾毛
经纬密度	经纱/(根/10cm)	120～200	
	纬纱/(根/10cm)	110～150	

续表

衬布名称 规格	黑炭衬	马尾衬
织物组织	平纹组织	平纹组织
成品幅宽/cm		152,229,279
特点	表面爽洁硬挺不刺手,富有自然弹性,不缩水(缩水率低于1%)	布面呈灰白色,爽洁硬挺不刺手,富有自然弹性
用途	主要用作套装上衣、礼服、大衣、中山装等正规服装胸衬和大身衬,衬于服装面料与里料绸中间	主要用作高档服装的胸衬
备注	用动物毛发交织成的衬料,因产品外观呈灰黑色,故名。一股用棉经毛纬交织,也有毛经毛纬织制的高档黑炭衬,纱的捻度常高于临界捻度纬纱用毛纺系统加工,单纱织造,坯布表面经过烧毛后,再经过机械防缩和化学防缩处理	用马尾毛作纬纱织制的衬料,故名。纬纱密度是经纱的2~3倍。布重150~200g/m^2。幅宽根据马尾毛长度而定,采用手工织造,不经过后整理

3. 树脂衬布(resin padding)

树脂衬布是以棉、化纤及混纺的机织物或针织物为底布,经过漂白或染色等其他整理,并经过树脂整理加工制成的衬布,是一种传统衬布。树脂衬布的产品类型较多,并且随着服装加工工艺与服装流行趋势的变化,品种也在不断变化。早期的产品以纯棉的中、厚织物为主,手感比较单一,现在则以涤棉混纺薄织物为主,产品手感可分为软、中、硬三个档次,以硬手感为主。

分类	名称
按底布纤维规格分类	纯棉树脂衬布 混纺树脂衬布 纯化纤树脂衬布
按树脂衬布加工特点分类	本白树脂衬布 半漂树脂衬布 漂白树脂衬布 杂色树脂衬布

衬布名称 规格	树脂衬布
英文名	resin padding cloth
品名	纯棉树脂衬布

续表

规格＼衬布名称		树脂衬布								
经纬纱线密度	经纱/tex（英支）	58(10)棉纱	48(12)棉纱	42(14)棉纱	29(20)棉纱	19.5(30)棉纱	18(32)棉纱	14.5(40)棉纱	14.5(40)棉纱	28×2(21/2)股线
	纬纱/tex（英支）	同经纱	同经纱	同经纱	同经纱	16(36)棉纱	同经纱	同经纱	同经纱	58×2(10/2)股线
经纬密度	经纱/(根/10cm)	165	228	173	236	283	224	268	236	204
	纬纱/(根/10cm)	175	181	181	236	272	152	260	236	130
织物组织		平　纹　组　织								
成品幅宽/cm		96.5	97		127		97		122	97
无浆质量/(g/m²)		181.5	207.6		120.6		68.7		66.8	293.6
特点		具有优良的防缩性和弹性，缩水率低，软硬适度，抗皱免烫。其中，纯棉树脂衬布具有缩水率小、尺寸稳定性好的特点；涤棉混纺树脂衬布弹性好，手感可在较大范围内变化；纯涤纶树脂衬布具有极优的弹性和滑爽的手感								
用途		纯棉树脂衬布，薄型软手感的主要用于生产薄型、柔软的毛、丝、混纺及针织料的衣领、上衣前身及大衣（全夹里）等，中厚较硬手感的用于原料大衣、学生装、主要用于前身、衣领等，还可用于裤腰、腰带等；涤棉混纺树脂衬布，薄型中、软的用于女装、童装等夏令服装，大衣、风衣的前身，驳头等部位，中、厚型硬手感的用于西服、雨衣、风衣、大衣的前身、衣领、口袋、袖口及夹克服、工作服等，特硬手感的用于各种腰衬、嵌条衬等；纯涤纶树脂衬布主要用于高档T恤衫、西服、风衣、大衣等								
备注		是以纯棉或涤棉混纺织物经树脂整理的衬布。要求缩水率不超过1%，纯棉树脂衬布水洗尺寸变化，经纬向应低于−1.2%，热缩率在0.3%以下。随着服装各部位用衬布的不同要求，可以选用不同纺织原料、纱线线密度、经纬密度，织制成不同厚度和硬度的衬布，供缝制服装时选用。衬布可根据服装面料色彩的需要，加工成特白、漂白、本色或各种有色衬布，供缝制服装时选用								

规格＼衬布名称		树脂衬布								
英文名		resin padding cloth								
品名		涤棉树脂衬布								
经纬纱线密度	经纱/tex（英支）	45(13)涤(65%)棉(35%)纱	36(16)涤(65%)棉(35%)纱	28(21)涤(50%)棉(50%)纱	25(23)涤(50%)棉(50%)纱	21(28)涤(65%)棉(35%)纱	13(45)涤(65%)棉(35%)纱	13(45)涤(65%)棉(35%)纱	13(45)涤(65%)棉(35%)纱	13(45)涤(65%)棉(35%)纱
	纬纱/tex（英支）	同经纱	同经纱	同经纱	同经纱	同经纱	同经纱	同经纱	同经纱	同经纱

续表

规格＼衬布名称	树脂衬布								
经纬密度 经纱/(根/10cm)	205	181	181	189	276	346	378	220	433
经纬密度 纬纱/(根/10cm)	213	205	173	177	260	252	283	169	260
织物组织	平纹组织								
成品幅宽/cm		96.5	121.9	122			119.4	121.9	119.4
无浆质量/(g/m²)		147.6	101.4	80.1			87.9	50.5	112.5
特点	防缩性和弹性较好，手感可在较大范围内变化，缩水率较低，软硬适度，抗皱免烫								
用途	涤棉混纺树脂衬布，薄型中、软的用于女装、童装等夏令服装；大衣、风衣的前身、驳头等部位，中、厚型硬手感的用于西装、雨衣、风衣、大衣的前身、衣领、口袋、袖口及夹克服、工作服等，特硬手感的用于各种腰衬、嵌条衬等								
备注	经纬向水洗尺寸变化指标（见下表）								

备注：经纬向水洗尺寸变化指标

织物＼指标	水洗尺寸变化不低于/%	
	经向	纬向
纯棉	−1.5	−1.5
涤棉	−1.2	−1.2
涤纶		

规格＼衬布名称	树脂衬布		
英文名	resin padding cloth		
品名	纯涤纶树脂衬布		
经纬纱线密度 经纱/tex(英支)	19.5(30)涤纶纱	22.2(200旦)有光涤纶丝	22.2(200旦)半无光涤纶丝
经纬纱线密度 纬纱/tex(英支)	同经纱	33.3(300旦)有光涤纶丝	33.3(300旦)半无光涤纶丝
经纬密度 经纱/(根/10cm)	202	190	190
经纬密度 纬纱/(根/10cm)	202	160	160

续表

衬布名称 规格	树脂衬布		
织物组织	平纹组织		
成品幅宽/cm	97	119.4	119.4
无浆质量/(g/m^2)		115	127
特点	具有极优的弹性和滑爽的手感		
用途	主要用于高档T恤衫、西服、风衣、大衣等		
备注	水洗尺寸变化低于:经向＜－1.2%,纬向＜－1.2%		

树脂衬布的性能和质量要求

树脂衬布的质量包括内在质量和外观质量两方面。内在质量指各项物理性能和服用性能指标，如纬纱密度、断裂强度、手感、弹性、水洗尺寸变化、吸氯泛黄、游离甲醛含量、染色牢度等。外观质量指衬布的局部性疵点和散布性疵点。

<table>
<tr><th>性能指标</th><th>质量要求</th></tr>
<tr><td>手感和弹性</td><td>树脂衬布的手感和弹性主要由衬布的用途来决定,不同的服装、不同的用途对衬布的手感要求不同,一般有软、中、硬三种手感,每种手感弹性要好,并且有持久性和保持性,即使在环境温度、湿度发生变化时或衬布经水洗后,手感和弹性也不会发生较大的变化</td></tr>
<tr><td>水洗后尺寸变化</td><td>树脂衬布水洗后尺寸变化主要是由纤维和织物的润湿膨胀和松弛收缩而引起的。由于树脂衬布经过了树脂整理,其水洗尺寸变化较小。树脂衬布经纬向水洗尺寸变化指标如下:
<table>
<tr><th rowspan="2">指标
织物</th><th colspan="2">水洗尺寸变化</th></tr>
<tr><th>经向</th><th>纬向</th></tr>
<tr><td>纯棉树脂衬布</td><td>≥－1.5</td><td>≥－1.5</td></tr>
<tr><td>涤棉树脂衬布</td><td rowspan="2">≥－1.2</td><td rowspan="2">≥－1.2</td></tr>
<tr><td>涤纶树脂衬布</td></tr>
</table></td></tr>
<tr><td>断裂强力</td><td>是树脂衬布的一个重要质量指标。它与衬布的手感是一对矛盾,衬布的手感越硬,其断裂强力降低越多,手感过硬,树脂量过大,往往会造成衬布的脆化。为克服树脂衬布断裂强力降低的不良后果,普遍采用在浸轧树脂液中加入柔软剂的方法,以提高纤维及纱线的可移动性能,减少纤维及纱线间的摩擦系数。当衬布受力时,纱线易于聚拢,使更多的纱线共同受力,从而提高了树脂衬布的强力</td></tr>
</table>

续表

性能指标	质量要求
吸氯泛黄	吸氯泛黄是树脂衬布的主要缺点，常会对面料产生不良影响，在生产树脂衬布的树脂整理剂中一般含有N-羟甲基酰胺，而N-羟甲基酰胺都含有氯，在洗涤过程中，如遇次氯酸钠或水中的有效氯，会产生泛黄物质，从而使树脂衬布出现泛黄现象
游离甲醛含量	一般的树脂衬布都含有甲醛，各国对纺织品甲醛含量的要求越来越严格，如日本规定了各类纺织品的甲醛含量控制标准如下，并颁布了相应的法律 外衣类：甲醛含量低于1000mg/kg 中衣类：甲醛含量低于300mg/kg 内衣类：甲醛含量低于75mg/kg 儿童装类：无甲醛 因此，生产低甲醛、无甲醛树脂衬布是当前树脂衬布生产企业的重大课题
纬斜	树脂衬布在经过退浆、煮练、漂白、染色、树脂整理等一系列过程中，由于受张力的影响，织物易于变形产生纬斜，影响树脂衬布的使用功能。纬斜按GB/T 2912.1执行，一般纬斜按规定指标不超过6%
杂色树脂衬布的色牢度	随着服装向个性化、成衣化、时装化、高档化方向发展，对染色树脂衬布的需求逐渐增加。但在生产杂树脂衬布时，应注意色牢度和染料的选用。棉及化纤纯纺、混纺杂色衬布的耐洗色牢度参考GB/T411和GB/T 5326的规定指标，以在实际使用中不影响面料外观与服装使用为原则
使用性能	树脂衬布应具备良好的透气性、可裁剪性、良好的缝纫性等

4. 黏合衬布

黏合衬布是指在底布上经热塑性热熔胶涂布加工后制成的热熔黏合衬布的简称，又称热熔衬布、热压衬布、可黏合衬布、涂层衬布、热封衬布等。

服装性能要求和黏合衬作用

黏合衬作用 / 服装性能要求		可缝性						穿着性				耐久性	
		不变形	随动性	易造型	易加工	斜向拉伸	易伸长	易伸缩	易复原	透气性	保暖性	手感不变	尺寸稳定
外观	造型性好	☆		☆	△	△	△						
	悬垂性好		△				△		△				△

续表

服装性能要求 \ 黏合衬作用		可缝性						穿着性				耐久性	
		不变形	随动性	易造型	易加工	斜向拉伸	易伸长	易伸缩	易复原	透气性	保暖性	手感不变	尺寸稳定
穿着舒适性	穿着感觉轻	△			△	△							
	穿着易活动		△				△	△					
	穿着暖和										☆		
	穿着凉爽									△			
消费性能	不变形	☆	△	☆	△	☆		△	☆			△	△
	不收缩	△	△										△
	不伸长	☆				△			☆				△
	手感不变		△		△							☆	△
	容易洗涤	☆										☆	△

注:☆—优良;△——一般。

黏合衬布分类

(1) 黏合衬布按原材料分类

分类		内容
按热熔胶类别分类	机织黏合衬布	按纤维成分分有涤纶、锦纶、纯棉、涤/棉混纺等几类。涤纶低弹性具有良好的回复性,纯棉热缩率小,黏胶纤维织物手感柔软,根据纤维的特点,可制成不同用途的衬布。 织物的组织规格有平纹和斜纹组织,平纹经纬向一致,斜纹手感较柔软,有较好的悬垂性,常用作外衣衬
	针织黏合衬布	分经编衬和纬编衬。经编衬又以经编衬纬为主。纬编衬是由涤纶长丝编织而成的,由于纵向横向都有弹性,俗称四面弹
	非织造黏合衬布	是由非织造布加工而成的衬布,非织造布是由涤纶、锦纶、丙纶、黏胶纤维经梳理成网再经机械或化学成型而制成的。 为了克服非织造布强力较低的缺点,出现了非织造缝编布,使其趋近机织布的性能,又显示出非织造布与机织布兼有的优点,各类非织造黏合衬布的用途见后文。 非织造布按其成网方法又可分为无定向成网、定向成网和交叉成网,其性能见后文。 非织造布按其成型方式有化学黏合法、针刺法、热轧法和水刺法,由各种不同的成型方法制成的非织造布性能和用途也不同,见后文

续表

<table>
<tr><th colspan="2">分类</th><th>内容</th></tr>
<tr><td rowspan="4">按热熔胶类别分类</td><td>聚酰胺(PA)黏合衬布</td><td>聚酰胺是由三种或三种以上不同的尼龙单位共聚而成，单体的组分和单体之间比例不同，产生的热熔胶性能也不同，但均有较好的手感，较高的黏合强力和较好的耐洗性能。
PA热熔胶的耐水洗性能和黏合温度差异较大，一般PA热熔胶只耐40℃左右的水洗。耐水洗热熔胶黏合温度要求高一些</td></tr>
<tr><td>聚乙烯(PE)黏合衬布</td><td>聚乙烯分为高密度聚乙烯(HDPE)和低密度聚乙烯(LDPE)。HDPE有很好的水洗性能，干洗性能略差，它必须在较高的温度和较大的压力下才能获得较好的黏合效果，根据它的这些特性，广泛用作衬衫黏合衬。LDPE耐水洗和耐干洗性能均较差，但它可在较低的温度下黏合并且有较好的黏合牢度，广泛用于暂时性黏合衬布</td></tr>
<tr><td>聚酯(PES)黏合衬布</td><td>聚酯是由二元酸和三元醇共聚而成，有较好的耐水洗和耐干洗性能，它对涤纶面料的黏合强力较好</td></tr>
<tr><td>乙烯醋酸乙烯(EVA)及其改性(EVAL)黏合衬布</td><td>EVA是由乙烯和醋酸乙烯共聚而成。由于两个组分含量不同可制得一系列产品，调整共聚物组分，可获得低熔点热熔胶，只需用熨斗就可完成黏合加工，特别适合于裘皮服装使用。由于其水洗和干洗性能都很差，只能用作暂时性黏合</td></tr>
<tr><td rowspan="6">按涂层形状分类</td><td>有规则点状黏合衬布</td><td>有规则点状
胶粒按一定的间距排列，按横向每2.54cm胶点的个数即为目数，目数越高，分布越密</td></tr>
<tr><td>无规则撒粉状黏合衬布</td><td>无规则撒粉状
胶粒的大小和间距均无一定规律。用撒粉法生产此类衬布，工艺比较简单</td></tr>
<tr><td>计算机点状黏合衬布</td><td>计算机点状
胶粒之间的距离相等，但排列没有规律</td></tr>
<tr><td>有规则断线状黏合衬布</td><td>有规则断线状
胶体呈有规则的断线状分布的衬布</td></tr>
<tr><td>裂纹复合膜状黏合衬布</td><td>裂纹复合膜状
热熔胶为一层薄膜复合在底布上，薄膜间有六角形裂纹，以保证底布的透气性。这类衬布黏合强力很高，但手感较硬</td></tr>
<tr><td>网状黏合衬布</td><td>网状
有两种，一种是热熔胶本身制成网状的非织造布，成为双面黏合衬；一种是以熔喷法形成网状涂布在底布上</td></tr>
</table>

续表

分类		内容
按用途分类（黏合衬布按服装用途分类见后文）	主衬	用于服装的前片（又称大身衬）、内贴边、领、驳头、后片、覆肩等，对整个服装起造型和保型作用，尤其是外衣的前片，对服装的轮廓起决定性作用。主衬常用永久性黏合衬
	补强衬	用于服装的袋口、袋盖、腰带、领口、门襟、袖头、贴边等小面积用衬，对服装起局部造型、加固补强和保型作用。补强衬根据服装要求可选用永久性黏合衬，也可选用暂时性黏合衬
	嵌条衬	用于服装的袖窿、止口、下摆衩口、袖衩、滚边等需要狭长条的部位，可起到加固补强的作用，对防止脱散、缝皱具有良好的功效。嵌条的宽度有0.5cm、0.7cm、1.0cm、1.2cm、1.5cm、2.0cm、3.0cm等不同规格。嵌条还有直嵌条和斜嵌条之分，斜嵌条有60°、45°、30°、12°等规格，其归拔效果各不相同
	双面衬	由于两面都可黏合，可以在面料与面料之间或面料与里料之间起加固作用，还可起到包边和连接作用。双面衬常制成条状使用，为了便于折叠，还打成条状小孔
按行业标准分类	行业标准按照服装及面料的种类，按其服用要求将机织（含针织）黏合衬分为衬衫衬、外衣衬、丝绸衬和裘皮衬，而将非织造黏合衬另归一大类。对不同类别的衬布内在质量有不同的指标要求，见后文	

(2) 黏合衬按服装用途分类表

服装类别		用衬部位	用衬类别	黏合类别
外衣	西服、套装、夹克、职业服、大衣	前身、挂面、领内贴边、后身	主衬	永久性黏合
		袋口、袋盖、腰、袖窿、袖口、门襟、领口、贴边、开衩、止口	补强衬、嵌条衬、双面衬	永久性黏合及暂时性黏合

续表

服装类别		用衬部位	用衬类别	黏合类别
裤裙	裤子、裙子	腰、里襟、袋口、小件	衬强衬、嵌条衬	暂时性黏合
衬衫	男衬衫、女衬衫	上领、下领、门襟、袖口、袋口	主衬、补强衬	永久性黏合
便装	工作服、运动衫、女罩衫、宽松衫	领口、门襟、袖口、袋口	补强衬	暂时性黏合

(3)按行业标准分类与其他分类比较

分类方法	衬衣黏合衬布	外衣黏合衬布	丝绸黏合衬布	裘皮黏合衬布
底布类别	机织衬为主	机织、针织、非织造布	机织、非织造布、针织	机织、非织造布
热熔胶类别	HDPE、PES、EVA-L及PA	PA、PES及EVA-L	PA、PES	EVA、PA及LDPE
涂层类别	粉点、浆点、网膜、撒粉、双点	双点、粉点、浆点、撒点	双点、粉点、浆点	浆点、撒点、网膜
用衬类别	主衬、补强衬	主衬、补强衬、嵌条、双面衬	主衬、补强衬	全面黏合
颜色类别	漂白、本白、杂色	本白、杂色	漂白、本白、杂色	本白
主要性能	耐水洗、缩水率小，硬挺而富有弹性	耐干洗及水洗，手感柔软，富有弹性	轻薄柔软，耐干洗及水洗，随动性好	不要求耐洗，黏合温度要低，手感柔软

黏合衬布的性能、规格与用途

(1) 各类非织造黏合衬布用途

种类	质(重)量/(g/m^2)	用　途
薄型	15～30	薄型毛、丝、针织料的衣领、上衣前身及大衣
中型	30～50	雨衣、风衣、童装、夹克、制服的前身、衣领、口袋
厚型	50～80	厚料大衣、套装的前身、衣领、腰带等

（2）非织造布各类成网方法的性能与用途

成网方法	性　能	用　途
无定向成网	各向同性	用途广泛，特别适合针织物
定向平行成网	经纬向强力比相差较大	适合于薄型及纬向有伸缩性的面料
交叉成网	对角线方向拉伸强力高	适合于强力要求较高的服装如制服、风雨衣等

（3）衬衫黏合衬布规格与用途

规格＼衬布名称		热熔黏合衬布						
英文名		hot-melt adhesive padding cloth						
品名		衬衫黏合衬布						
经纬纱线密度	经纱/tex（英支）	48(12)棉纱	36(16)涤(65)棉(35)纱	29(20)棉纱	28(21)涤(50)棉(50)纱	14.5(40)棉纱	7.5(80)棉纱	28×2(21/2)棉线
	纬纱/tex（英支）	同经纱	同经纱	同经纱	同经纱	同经纱	同经纱	58×2(10/2)棉线
经纬密度	经纱/(根/10cm)	228	181	236	181	236	394	203
	纬纱/(根/10cm)	181	205	236	173	236	362	132
织物组织		平纹组织						
成品幅宽/cm								
无浆质量/(g/m²)								
特点		与面料黏合牢度好、不变形、不起皱、耐洗、免烫、透气						
用途		衬衫黏合衬布，点状涂层衬布宜作衬衫主衬料，粉状涂层衬布宜作衬衫辅衬料；外衣黏合衬布，点状涂层衬布宜作西服、外衣、大衣的衬料，片状涂层衬布宜作妇女外衣衬料；裘皮黏合衬布宜作裘皮、皮革服装、人造毛皮、皮鞋、运动鞋等衬料						

续表

衬布名称 / 规格	热熔黏合衬布
备注	是热压后可与服装面料黏合的织物。大致可分为衬衫衬布、外衣衬布和裘皮衬布。织坯用棉、涤棉或涤黏纱线织制。组织一般为平纹，织物技术条件因不同用途而异。衬衫衬布经纬用棉或涤棉混纺纱线，涤与棉的混纺比例为65∶35或50∶50，织物经向和纬向紧度分别为38%～58%和33%～46%。外衣用衬布经纬所用原料，纱线线密度大致与衬衫衬布相同，也有的用棉经与涤黏混纺纱作纬进行交织，织物的经向和纬向紧度分别为33%～47%和16%～47%。裘皮衬布的经向和纬向紧度分别为33%～38%和23%～35%。黏合衬布由其织坯经煮练、漂白、黏合剂处理或涂层工艺加工而成。黏合剂有聚烯烃、聚酯、聚酰胺等热塑性或热固性树脂，可根据衬布用途进行选用。涂层方法有点状、粉状和片状工艺。衬衫黏合衬布用PE粉（低压聚乙烯）涂层。外衣黏合衬布用PA粉（尼龙胶）涂层。裘皮黏合衬布用EVA粉（乙烯和醋酸乙烯共聚物）涂层。为使热熔黏合衬布达到适宜的黏合牢度，应注意掌握热压条件

（4）外衣和裘皮黏合衬布规格与用途

衬布名称 / 规格		热熔黏合衬布									
英文名		hot-melt adhesive padding cloth									
品名		外衣黏合衬布								裘皮黏合衬布	
经纬纱线密度	经纱/tex（英支）	48(12)棉纱	36(16)涤(65)棉(35)纱	29(20)棉纱	28(21)涤(50)棉(50)纱	18(32)棉纱	18(32)棉纱	14.5(40)棉纱	24×2(24/2)棉线	14.5(40)棉纱	14.5(40)棉纱
	纬纱/tex（英支）	48(12)涤(50)棉(50)纱	同经纱	同经纱	同经纱	同经纱	16(36)棉纱	同经纱	29(20)涤(50)棉(50)纱	同经纱	同经纱
经纬密度	经纱/(根/10cm)	157	181	236	181	248	213	268	154	236	268
	纬纱/(根/10cm)	91	205	236	173	102	152	248	87	165	248
织物组织		平纹组织									
成品幅宽/cm											
无浆质量/(g/m^2)											
特点		与面料黏合牢度好、不变形、不起皱、耐洗、免烫、透气									

续表

规格 \ 衬布名称	热熔黏合衬布
用途	外衣黏合衬布、点状涂层衬布宜作西服、外衣、大衣的衬料，片状涂层衬布宜作妇女外衣衬料；裘皮黏合衬布宜作裘皮、皮革服装、人造毛皮、皮鞋、运动鞋等衬料
备注	外衣用衬布经纬所用原料，纱线线密度大致与衬衫衬布相同，也有的用棉经与涤黏混纺纱作纬进行交织，织物的经向和纬向紧度分别为33%～47%和16%～47%。裘皮衬布的经向和纬向紧度分别为33%～38%和23%～35%。黏合衬布由其织坯经煮练、漂白、黏合剂处理或涂层工艺加工而成。黏合剂有聚烯烃、聚酯、聚酰胺等热塑性或热固性树脂，可根据衬布用途进行选用。涂层方法有点状、粉状和片状工艺。外衣黏合衬布用PA粉（尼龙胶）涂层。裘皮黏合衬布用EVA粉（乙烯和醋酸乙烯共聚物）涂层。为使热熔黏合衬布达到适宜的黏合牢度，应注意掌握热压条件

(5) 非织造布各类成形方法的性能与用途

成形方法	性能	用途
化学黏合法	手感较硬，不耐水洗	作暂时性黏合衬布
针刺法	织物厚重	作领底呢，胸绒
热轧法	手感较柔软，可生产克重为20g/m^{2}以下薄型底布	可制作高档薄型衬布
水刺法	手感柔软，耐洗性好，强力较高	作中厚型黏合衬布，用作领衬、大身衬等
熔喷法	可直接制成热熔纤维网状衬布	用作双面黏合衬

(6) 各主要涂布方法的特点与适用范围

涂布方法	主要优点	主要缺点	适用范围
撒粉法	设备简单，投资少，适应性广	涂层不均匀，在相同剥离强度下耗粉量高	适用于低档产品
粉点法	成本低，质量好，规格多	设备投资高，维修操作要求高	用于各种服装的直接黏合衬布，不适于非织造布
浆点法	产品质量好，适应性强	能源消耗及生产成本略高	适于各类衬布，特别是非织造布和针织底布

续表

涂布方法	主要优点	主要缺点	适用范围
双点法	质量优，适应性强，加工范围广	成本较高，技术复杂，设备费用高	适于各类衬布，特别是难黏合的衬布
薄膜法	产品质量好	须先制成特别的裂纹薄膜	适用于衬衫黏合衬

(7) 黏合衬布的内在质量和服用性能要求

质量要求	内容
内在质量和服用性能要求	衬布上热熔胶涂布均匀，与面料黏合能达到一定的剥离强度，在使用期限内不脱胶
	衬布能在适宜的温度下与面料压烫黏合，压烫时不会损伤面料和影响织物的手感
	衬布的热收缩率在标准范围内，同时需要考虑与面料的配伍，在压烫黏合后还具有较好的保型性
	压烫黏合应以正面(面料的一面)无渗料现象，背面渗胶不影响加工使用为原则
	衬布的缩水率应在标准范围内，同时需考虑与面料的配伍，黏合后水洗仍能保持外观平整、不起皱、不打卷
	永久黏合型黏合衬布必须有良好的耐洗性能，包括耐干洗和耐水洗，洗后不脱胶、不起泡
	工艺用黏合衬布(假黏合)的黏合牢度及洗涤要求应以符合服装加工工艺要求为原则
	有特殊洗涤要求(如砂洗、酵素洗、石磨、成衣染色等)的黏合衬布，黏合牢度及洗涤要求应以符合服装加工工艺要求为原则
	甲醛、色牢度应符合《国家纺织产品基本安全技术规范》能耐蒸汽熨烫加工
	有较好的随动性和弹性，具有适宜的手感，能适应服装各部位软、中、硬不同手感的要求
	有较好的透气性，保证穿着舒适
	漂白衬布时保证吸氯不泛黄
	非织造黏合衬布必须有一定的横向断裂强力
	具有抗老化性能，在衬布储存期和使用期，黏合强度不变、无老化泛黄现象
	有良好的可裁剪性，裁剪时不会沾污刀片，衬布切边也不会相互粘贴
	有良好的缝纫性，在缝纫机上滑动自如，不会沾污针眼
	有一定的抗静电性，在使用过程中便于铺裁加工

续表

<table>
<tr><th>质量要求</th><th colspan="3">内容</th></tr>
<tr><td rowspan="3">主要指标及影响因素</td><td>剥离强力</td><td colspan="2">是指黏合衬与被黏合的面料剥离时所需的力，单位为N/(5cm×10cm)。剥离强力是考核衬布黏合力的一个重要指标，只要达到标准要求，黏合就没有问题，但并不是剥离强力越高越好。影响剥离强力的因素有：涂布量的大小；涂层的加工方法和条件；涂层的几何形态及胶粒分布的密度；热熔胶的物化性能；底布的影响；面料的影响；压烫加工的影响</td></tr>
<tr><td>尺寸稳定性</td><td colspan="2">尺寸稳定性包括：一是干热尺寸变化；二是水洗后的尺寸变化；三是黏合水洗后的尺寸变化
干热尺寸变化是指衬布在压烫过程中受热而引起的收缩现象
水洗尺寸变化又称缩水率。是由于纤维和织物的润湿膨胀和松弛收缩而引起的
黏合洗涤后尺寸变化是指面料与衬布黏合后再经水洗尺寸的变化，它与衬布和面料都有关</td></tr>
<tr><td>耐洗性能</td><td colspan="2">包括耐化学干洗性能和耐水洗性能。耐洗性能以黏合衬布洗涤后剥离强力下降率来表示。但更直观的方法是以洗涤次数和洗涤后有无脱胶、起泡现象来鉴别。对于永久性黏合衬布而言，耐洗性能是一项非常重要的指标。
洗涤次数是指在规定的条件下重复洗涤的次数，因为试验规定的条件比家庭洗涤的条件更为剧烈，而且时间较长，故一般洗涤5次不起泡，就可以保证服装在使用期内不起泡。洗涤后样品的外观等级是用“评定黏合衬耐洗外观样照”来评定，分级情况如下：
耐水洗性分级标准
<table>
<tr><th>级别</th><th>外观情况</th></tr>
<tr><td>一级</td><td>严重起泡</td></tr>
<tr><td>二级</td><td>局部起泡</td></tr>
<tr><td>三级</td><td>表面不平整，起皱</td></tr>
<tr><td>四级</td><td>轻微起皱，不起泡</td></tr>
<tr><td>五级</td><td>表面平整，无皱无泡</td></tr>
</table>
注：洗涤后表面外观情况达到四级以上即可</td></tr>
<tr><td></td><td>其他服用性能</td><td>手感</td><td>衬布的手感是一项重要的质量指标。各类服装对衬布有不同的手感要求，手感可用硬挺和悬垂性来表示。要求硬挺的衬布，可用硬挺度衡量其手感；要求柔软的衬布，可用悬垂性来衡量其手感，但更多的是凭人的感觉。手感可分为硬型、中型和软型</td></tr>
</table>

续表

质量要求	内容		
主要指标及影响因素	其他服用性能	渗透性能	黏合衬经压烫加工后，绝不允许热熔胶渗出面料，否则将会影响服装的外观和手感
		随动性能	要求衬布在经、纬向或对角线方向有一定的伸缩性，能随着面料的变化而变化，故衬布材料可选用涤纶和锦纶弹力丝
		透气性能	热熔胶本身不透气，因此用热熔胶薄膜或热熔胶涂层连接成片均会影响透气性能。衬布涂布热熔胶可采用不连接涂布方式来保证衬布的透气性和穿着舒适性
		裁剪性能和缝纫性能	好的衬布必须便于裁剪和缝纫
		抗老化性能	衬布抗老化性能较好，在储存期和使用期内其黏合能力不会有明显变化
		其他	除上述一些内在质量和服用性能的要求外，对不同面料和服装还有些特殊要求，例如对于丝绸及薄型面料，衬布要有色泽要求，衬衫衬则有白度要求

注：对黏合衬布并不要求具备以上所有性能，而是根据服装和面料的需要，按衬布类型，满足其中某些主要性能即可。在服装服饰加工选衬时，必须按照服装服饰的使用要求和面料的性能来选择衬布。

黏合衬布的应用

(1) 不同热熔胶黏合衬的性能与应用

热熔胶名称	熔点范围/℃	耐洗涤性		抗老化性	熔点指数/(g/10min)	用　途
		水洗	干洗			
聚酰胺	90～130	尚可	优良	好	15～60	应用广泛，包括经有机硅树脂整理的面料
高密度聚乙烯	125～136	优良	尚可	好	8～20	经常高温水洗而很少干洗的服装
低密度聚乙烯	100～120	尚可	差	好	70～200	暂时性黏合，常用于衬衣领衬
聚酯	115～125	较好	较好	好	18～30	经常洗涤的服装

续表

热熔胶名称	熔点范围/℃	耐洗涤性		抗老化性	熔点指数/(g/10min)	用途
		水洗	干洗			
乙烯-醋酸乙烯	70～90	差	差	好	70～150	暂时性黏合,特别适用于裘皮服装
皂化乙烯-醋酸乙烯	100～120	优良	尚可	好	60～80	用于裘皮、鞋帽和装饰用衬以及对热敏感的织物用衬
聚氯乙烯	100～120	较好	尚可	略差	—	防雨服

注:熔融指数越高,说明热熔胶的热流动性越好,有利于热熔胶对织物的浸润和扩散。但指数过高,则会产生热熔胶渗透织物的现象。熔点低的热熔胶,可在较低的温度下黏合,不会损伤衣料并避免起镜面、收缩和变色。

(2) 各类黏合衬的参考压烫条件

衬布类型	涂层方式	压烫条件		
		压烫机温度/℃	压力/0.1Mpa	时间/s
机织外衣衬	双点衬	115～145	1.5～2.5	15～18
	PA 或 PES 粉点衬	125～150	1.5～3.0	15～18
非织造衬(用于服装小件)	双点衬	115～140	1.5～2.5	13～16
	EVAL 撒粉衬	100～130	1.5～2.5	13～16
	EVA 撒粉衬	80～120	1.5～2.5	13～16
	LDPE 撒粉衬	110～130	1.5～3.0	13～16
衬衣衬	HDPE 粉点衬	160～180	2.0～4.0	15～18
	双点衬	125～145	1.5～2.5	15～18

(3) 压烫黏合常见问题的原因及解决方法

质量问题	主要原因	解决方法
黏合力差,衣片脱胶	1. 压烫温度过低,压力过小时间过短 2. 压烫温度过高,造成胶料泳移 3. 衬布储存过久,回潮率太大 4. 胶料不适合面料,与面料黏合不上 5. 两次压烫,第二次压烫温度高于第一次,造成面料与衬料错位	1. 提高压烫条件 2. 降低压烫温度 3. 将衬布烘干或更换衬布 4. 选用能与面料配伍的衬布 5. 尽量不要二次压烫,第二次压烫温度要低于第一次

续表

质量问题	主要原因	解决方法
压烫后发生衣片正面起泡	1. 衬布与面料的热收缩率不一致 2. 热熔胶涂层不均匀,有漏点 3. 有的部位漏烫 4. 黏合后未冷却就将衣片卷曲或折叠 5. 压烫机失修,压烫温度、压力不均匀	1. 改用热收缩率相近的衬布 2. 改用质量合格的衬布 3. 不允许漏烫 4. 黏合后充分冷却才可移动 5. 每日检查设备,保持良好状态
洗涤后发生衣片正面起泡	1. 黏合衬与面料的缩水率不一致 2. 压烫三要素掌握不当,黏合强力不够 3. 胶料不耐水洗或干洗	1. 改用与面料缩水率一致的衬布 2. 严格控制压烫三要素 3. 根据洗涤要求更换衬布
衣片正面渗胶	1. 压力过大,温度过高 2. 面料过薄,且黏合衬选用不当 3. 黏合衬的涂胶量过大,点粒过粗	1. 减小压力和降低温度 2. 改用薄型黏合衬 3. 改用含胶量小的细粒黏合衬
衣片打卷	1. 衬布和面料的热收缩率不一致 2. 衬布和面料的缩水率不一致,洗涤后打卷	1. 衬布热收缩率大,应更换衬布;面料热收缩率大,可预先压烫 2. 选择的面料和衬布缩水率相配伍
洗涤后衣片正面渗料	1. 热水洗时胶料溶化而渗料(蒸汽熨烫后) 2. 干洗时干洗剂使胶溶化,在烘干后渗料	1. 选用耐蒸汽熨烫和耐热水洗的衬布 2. 选用耐干洗的热熔胶衬布
衣片正面分界线出现用衬印痕(色差泛白、皱痕等)	1. 由于面料较薄,衬布较厚,黏与不黏之间相差较大分界 2. 黏合部分面料显出泛白、反光,与不黏合部分形成分界线 3. 黏合部分与不黏合部分收缩不一样,分界线出现皱痕 4. 由于面料本身重量造成伸长,使分界线出现皱痕	1. 改用薄型衬布 2. 改用与面料颜色相近的色衬 3. 将面料进行预压烫,使其达到预收缩 4. 根据制作服装的经验,考虑黏合衬的重量和大小
衣片变硬,手感粗糙	1. 压烫温度过高、时间过长 2. 涂胶量过大,影响面料手感 3. 衬布底布粗糙、表面不光滑平整	1. 降低温度、减少时间、增加压力 2. 改用涂胶量少的细粒衬布 3. 改用高质量底布的衬布

续表

质量问题	主要原因	解决方法
衣片表面变色、云纹、极光	1. 面料压烫后受热而变色或表面变化而产生色泽变化 2. 在高温高压下面料表面不能恢复原来形状(特别是起绒或蓬松面料) 3. 衬布与面料的组织密度相近,在面料上出现木纹状纹路	1. 调整压烫条件或放置一段时间使色泽恢复 2. 改用压烫条件要求较低的衬布或在面料上再覆盖一层同样面料进行压烫,特殊面料(如裘皮)用专用压烫机压烫 3. 衬布斜裁或选用衬布密度较小的底布、无纺衬布等

(4) 黏合衬布的选用原则与程序

衬布的选用	对象或程序	内　容
衬布的选用原则	服装服饰	衬布不仅能赋予服装服饰优美的造型和曲线美,还要有保型作用,使服装服饰具有较好的耐穿用性能,因此,在选用衬布时必须根据服装服饰的款式、用衬部位、服装服饰的服用性能及洗涤条件来确定
	服装服饰面料	不同的面料对衬布有不同的要求,故要考虑面料与衬布的配伍性,要充分了解面料所用的纤维、组织结构、克重、厚度、密度、手感等方面的性能以及面料的后整理情况
	黏合衬布	必须对衬布的品种、规格、特性及主要质量指标(如热收缩率、水洗收缩率、克重、水洗及干洗性能、剥离强度、回潮率等)、底布的组织结构及其性能、涂布的热熔胶类别及衬布黏合压烫条件范围有充分的了解,有时甚至还需要对衬布的品牌及生产厂的信誉有所了解
	消费者	黏合衬布直接影响到服装服饰的外观,特别是穿着洗涤以后的外观形态。这和消费者对服装的处理方式有关。在选用衬布时必须考虑服装服饰的穿着年限和洗涤方式(水洗还是干洗),使消费者在穿着期限内保持服装服饰的外形优美
衬布的选用程序	预选黏合衬	在确定服装服饰所需的各种功能后,根据面料的性能、服装的款式及用衬的部位,预选 1～2 种黏合衬布,在预选时必须对衬布的性能、压烫条件及配伍有充分的了解
	压烫试验	确定压烫试验所用设备的型号(最好与大生产一致),在压烫试验后,测定黏合强力、外形尺寸变化、手感、外观变化等主要指标。如结果正常,则进行下一程,否则,应分析原因,重新调整压烫条件进行试验,或者重新预选衬布
	整烫试验	包括中间熨烫和整烫试验,试验后测定外形、手感等指标,若结果正常,进行下一程序。若出现异常,则要重做压烫试验,或重新预选衬布
	耐洗试验	经干洗或水洗试验后,测定黏合强力变化、外观变化及尺寸变化,若出现异常,则重做压烫试验或者重新预选衬布

续表

衬布的选用	对象或程序	内　容
衬布的选用程序	耐特殊整理试验	经成衣染色、酵素洗或砂洗后，测定黏合强力变化、外观变化及尺寸变化，若出现异常，则重做压烫试验或重新预选衬布
	选定衬布及确定压烫条件	以上试验都通过后，就可以选定衬布并确定压烫条件了

(5) 黏合衬选用程序图

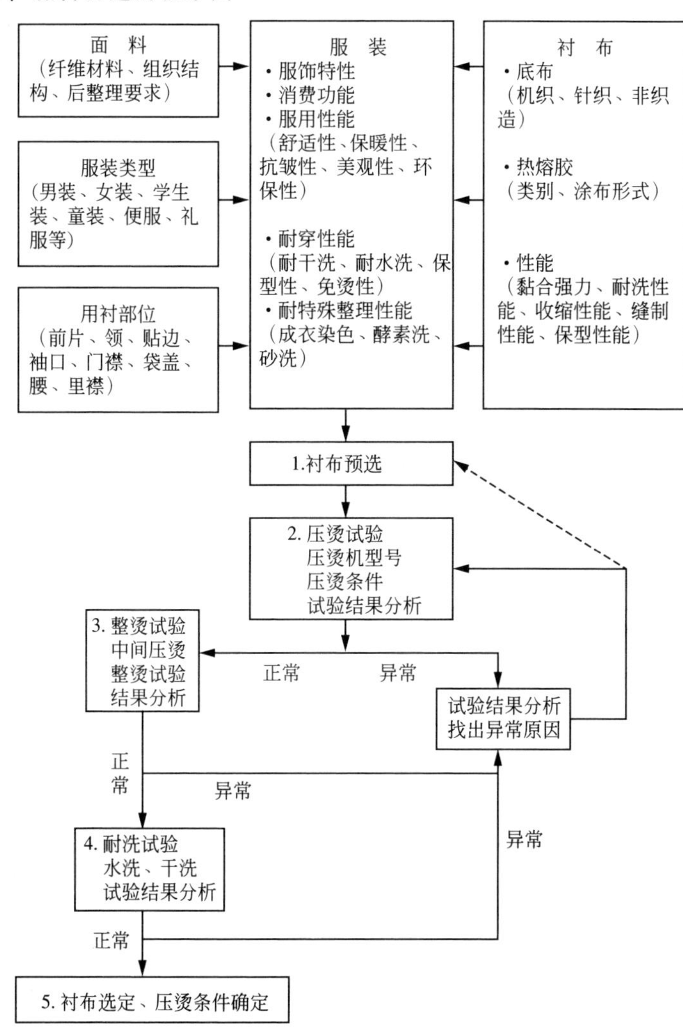

(6) 服装功能对黏合衬布的要求

对衬布的要求		内　容
不同服装类型对衬布的要求	男装	男正装面料的原料主要是纯毛或毛/涤混纺,其他男装也有用合成纤维、棉等天然纤维的。男装的款式变化较小,主要注意优美的造型和良好的保型性能。西服一般采用干洗,有些纤维材料的面料也可进行水洗。因此,男装选用衬布要求有良好的造型性、保形性和耐洗性能。而且男装的裁切和缝制工艺流程较女装为长,它必须能经受中间压烫和最后整烫
	女装	女装所用的面料品种繁多,服装款式也丰富多彩,因此女装的制作着重于时装化,衬布需要提供良好的手感和优美的造型。用无和丝绸制作的女装采用干洗,用涤纶、棉或其他纤维制作的服装一般采用水洗。因此,衬布的手感和缝制工艺比耐洗性能更为重要,但在选用衬布和确定压烫条件时,要防止出现渗料(因面料较薄)、局部收缩变形和缝制时有静电等问题出现
	童装	童装的特点是穿着周期较短,要求穿着舒适,故常选用非织造黏合衬布
服装不同部位对衬布的要求	上衣前身部位	这主要指以毛呢料或其他较考究的衣料制作的大衣、风衣、西服、女上衣的前身部位。前身部位用衬叫前片,是服装的主衬,对服装的造型和保形影响较大,选用衬布要慎重。一般均采用轻薄的非织造黏合衬
	边口部位	边口暗部,如门里襟、领口、袖口、衩袋口、底边等部位,这些部位的黏合衬粘在边口的贴边处。一般均采用轻薄的非织造黏合衬
		边口明部,如门襟边、袖口明翻边、领口明翻边、袋口明翻边等部位
	零部件	领头、驳头、袖口、腰带、门襟、袋盖等部位,这些都是服装的零部件,但它对服装的造型和保型起着重要作用,特别是领头和驳头。选用衬布时要考虑服装对衬布的手感要求和耐洗性能要求
	特殊部位	特殊部位主要防止服装的拉伸变形,对服装起到牵带作用,这些部位需用嵌条黏合衬,嵌条黏合衬分三大类:直嵌条衬、斜嵌条衬和双面嵌条黏合衬,宽度为0.5～3.0cm,特殊黏合部位大致有以下三个方面。 ①受力止口部位:斜向受力止口部位和大外弧形受力止口部位,如斜门襟止口、驳头止口、西裤斜袋止口、上衣圆下摆、裙子圆下摆等部位,宜选择12°斜嵌条黏合衬;直、横向止口部位和大内弧形受力止口部位、如门襟止口、裙衩止口、背衩止口、领止口等部位,可选用45°斜嵌条黏合衬 ②不宜伸长的斜向或圆弧边缝部位:主要指容易伸长的部位(如毛呢料)服装的斜向或圆弧形边缝部位。如前后袖窿、后领圈、套肩袖窿等部位 ③斜向双层进口部位:如驳头翻折处(即驳口)、领头翻折处等部位

(7) 黏合衬布的选用

服装名称	应用部位	衬片规格与使用方法	作　用
男西服	前衣片	衬布比衣片裁边小 0.5cm 左右	成型,保型
	前胸部	以黑炭衬和马尾衬为主的组合胸衬	挺胸保型
	肩缝	1.5～2cm 宽的嵌条	防伸,防肩部丝绺弯曲
	领面 领底 驳头	粘贴于领面前半部分及面 用领底衬贴于领底呢背面 用于驳头尖部	硬挺,补强 补强,保型 硬挺
	袖窿	前衣片袖窿处粘贴 1.5～2.0cm 宽的嵌条 用袖窿衬垫缝于前后袖窿	防伸,防布纹歪曲 改善西服造型
	袋嵌线 袋盖 大袋口	贴 2.5～3cm 宽的嵌条 用无纺衬粘贴 贴 4cm 宽的衬	防伸,改善造型 硬挺,有弹性 硬挺,防伸,加固
	袖口,袖衩	贴 4cm 宽的衬	防伸,加固
	下摆	宽 2～3cm 的嵌条贴于下摆翻边	平伏
	领座	贴 1.5～2cm 宽的嵌条	防伸
	腋下	丝缕平直粘贴	防斜伸,硬挺
	中衩	粘贴 3～4cm 宽的衬布	防斜伸,美观
男西服裤	腰	宽 5～6cm	防伸,硬挺
	门、里襟	贴于面料反面	硬挺
	侧口袋	粘于贴边布	防伸,防下垂,硬挺
	侧缝线	宽 1.5～2cm	防止缝绉
	后口袋	宽 3～4cm	防伸,防口脱散
	底撑		挺括,保型
男衬衫	上领单层	比领面小 0.2cm	造型,保型,硬挺
	上领双层	第二层较第一层小	造型,保型,硬挺
	下领	衬布比上领略厚硬	造型,保型,硬挺
	领尖	用补强衬贴于衬上	硬挺,补强
	袖口		硬挺,保型,美化
	门襟		硬挺,保型,美化

续表

服装名称	应用部位	衬片规格与使用方法	作　用
	前片	衬布比衣片小 0.3cm	造型,保型,美化
	后片	用与前片同样衬布,下摆宽 2～3cm	造型,保型,美化
	挂面	用与前片同类衬布	平挺,保型
	领衬	较衣片小 0.3cm	造型,保型,美化
	袖口	粘贴宽 3～4cm 衬	防伸,加固

5. 非织造衬布

非织造衬布是由非织造布加工制成的衬布。它除了具备粘合衬布的性能以外，还具有如下一些优良性能：①重量轻；②裁剪后，切口不脱散；③保型性良好；④回弹性优良；⑤洗涤后不回缩；⑥保暖性好；⑦透气性好；⑧与机织物相比，对方向性要求较低，使用方便；⑨价格低廉，经济实惠。

(1) 功能与用途

项目	内　容
非织造衬布的作用	①赋予服装美好的曲线与形体； ②增加服装的挺括性和弹性； ③改善服装的悬垂性和面料的手感； ④用作垫料,可增强服装的厚实感、丰满感和保温性； ⑤提高针织服装的稳定性和保型性； ⑥对服装局部部位具有加固和补强作用； ⑦可简化服装加工工艺,提高缝制效率
非织造布的用途	①外衣黏合衬:用于外衣、前身、胸下摆、嵌条、领、袋盖等衬里； ②皮革黏合衬:用于皮革、裘皮、人造革等衬里； ③鞋帽黏合衬:用黏合衬与鞋料制成复合材料做鞋帮、中间垫和后跟垫,还可用于便帽和硬帽帽檐； ④装饰用黏合衬:用黏合衬与装饰布复合制成墙板装饰品,可用于地毯布,也可制成商标标签

(2) 分类

分　类	名　称	
按其加工和使用性能分	一般非织造衬布	各向同性型 稳定型
	水溶性非织造布	
	黏合型非织造衬布	永久黏合型 暂时黏合型 双面黏合型

续表

分 类	名 称
按纤网加固方式分	化学黏合法非织造黏合衬 热轧黏合法非织造黏合衬 热轧加经编链非织造黏合衬
按涂层工艺分	热熔转移法黏合衬 撒粉法黏合衬 粉点法黏合衬 浆点法黏合衬 双点法黏合衬 网膜复合法黏合衬
按热熔胶的种类分	高密度聚乙烯黏合衬 低密度聚乙烯黏合衬 聚酯类黏合衬 乙烯-醋酯乙烯黏合衬 乙烯-醋酯乙烯皂化物黏合衬

(3) 质量要求

① 丙纶、涤纶、黏胶非织造布用纤维原料的性能特点

纤维种类	断裂强度/(cN/dtex)	断裂伸长/%	相对密度	其他性能
丙纶(PP)	2.6～5.7	20～80	0.9～0.91	不耐老化,价格低
涤纶(PET)	4.2～5.7	20～60	1.38	弹性好,价格较低
黏胶(R)	2.2～2.7	15～30	1.5～1.52	吸湿好,弹性差

② 丙烯酸树脂类非织造衬布

类 别	种类	质(重)量/(g/m^2)	特 点	用 途
各向同性型非织造衬布(multi-direction type nonwoven interlining)	薄型	15～30	手感柔软,富有伸缩性,且具有适当的回弹性	薄型、柔软的毛、丝、针织料的衣领,上衣前身等
	中型	30～50		夏令男女服装、童装、大衣等的前身,驳头用
	厚型	50～80		春秋衫、男女外衣等的前身,驳头用

续表

类　别	种类	质(重)量/(g/m^2)	特　　点	用　　途
稳定型非织造衬布(stabilized type non-woven interlining)	薄型	15～30	手感较硬,回弹性高,不伸缩,初始模量为3～4kg/5cm	薄型合纤、丝、棉的套装、连衣裙、衬衫、罩衫的前身,衣领,口袋,袋盖,袖口等
	中型	30～50		雨衣、风衣、大衣的前身,衣领,口袋,袖口;夹克、工作服、劳动服等
	厚型	50～80		厚料大衣、学生装、裤腰、腰带等,主要用作前身和衣领
特殊型非织造衬布(special type non-woven interlining)	防水型		由各向同性型和稳定型非织造衬布经防水整理而成	专门用于雨衣等防水性面料的衬布
	耐久压烫型		干热收缩率小,耐热性良好,耐水洗	适合延迟焙烘、耐久压烫的服装
	妇女胸衣用型		具备白度、耐水洗和无甲醛	有橡筋型和成形型两种,用作妇女胸衣用衬
	毡垫型			一种用于男子西服上衣补强、固袖棉、垫肩棉;另一种用于妇女服装袖窿和下摆

③ 水溶性非织造衬用聚乙烯醇纤维性能

序号	名称	指标
1	线密度/dtex	1.65
2	长度/mm	38
3	色泽	白色
4	公定回潮率/%	5
5	吸湿性	好
6	断裂强度/(cN/dtex)	4～5.7
7	断裂伸长/%	9～26

注:衬布的质量为20～40g/m^2,衬布的幅宽为120cm、146cm和158cm。

④ 水溶性非织造衬布质量指标

序号		项目		指标	测试方法
内在质量	1	质量偏差率/%		±8	FZT60003
	2	断裂强力	经向/(N/5cm)	≥60	FZT60005
			纬向/(N/5cm)	≥30	
	3	断裂伸长率	经向/%	≤10~15	FZT60005
			纬向/%	≤20~25	
	4	厚度/mm		<0.4	FZT60004
	5	水中溶解温度/℃		≥90	FZT60003
	6	水中溶解时间/min		<1	FZT60003
	7	不溶物含量/%		接近 0	FZT60005
	8	幅宽偏差率/%		+3 −2	ZBW04002
	9	布面		均匀	目测
	10	起毛、折痕、污痕		不允许	目测

⑤ 黏合型非织造基布的质量要求

项目	薄型	中型	厚型
质量偏差率/%	±8		
幅宽偏差率/%	+2.0/−1.0		
纵向断裂强力/N >	10	12	12
缩水率(纵向/横向)/%	±1.5/±1.0		
热收缩率(纵向/横向)/%	±2.0/1.5		

⑥ 非织造热熔黏合衬布单位质(重)量要求

指标 衬布类别	标准质量/(g/m²)	允许公差/%
丝绸衬	15~30	≤±5
裘皮衬	30~40	≤±6
外衣衬	15~50	≤±5
衬衣衬	≥50	≤±4

⑦非织造热熔黏合衬剥离强力技术要求

指标 衬布类别	剥离强力(5cm×10cm)/N	
	水洗或干洗前	水洗或干洗后
丝绸衬	≥6	≥4
裘皮衬	≥6	—
外衣衬	≥10	≥8
衬衣衬	≥12	≥10

⑧非织造热熔黏合衬水洗尺寸变化技术要求

项目＼指标	水洗尺寸变化/%
纵向	≥－1.0
横向	≥－1.0

⑨非织造热熔黏合衬干热尺寸变化技术要求

项目＼指标	干热尺寸变化/%
纵向	≥－1.3
横向	≥－1.3

⑩非织造热熔黏合衬布洗涤后外观变化技术要求

衬布类别＼洗涤方法和外观		洗涤方法		洗涤后外观，级数	
		水洗程序	干洗次数	水洗	干洗
丝绸衬	耐洗型	7A	3	4～5	4～5
	干洗型		5	—	4～5
裘皮衬		—	—	—	—
外衣衬	耐洗型	7A	3	4～5	4～5
	干洗型	—	5	—	4～5
衬衣衬		3A	—	4～5	—

⑪非织造热熔黏合衬游离甲醛含量技术要求

指标	游离甲醛含量	指标	游离甲醛含量
丝绸衬	75mg/kg 以内	外衣衬	300mg/kg 以内
裘皮衬	300mg/kg 以内	衬衣衬	75mg/kg 以内

⑫非织造热熔黏合衬染色牢度技术要求

项目		指标			
		衬衣衬	外衣衬	丝绸衬	裘皮衬
染色牢度/级	耐水(白布沾色)	3			
	耐酸碱汗渍(白布沾色)	3			
	耐干摩擦(白布沾色)	3			

(4) 选用

① 非织造黏合衬的品种与用途

统一编号	黏合衬名称	底布质量/(g/m^2)	纤维材质	热熔胶类别	主要用途
TR421 系列 -20～-50	涤黏高压聚乙烯热转移法非织造黏合衬	20～50	T/R	LDPE	暂时性黏合,小件
TR422 系列 -20～-70	涤黏高压聚乙烯撒粉法非织造黏合衬	20～70	T/R	LDPR	暂时性黏合,小件
TR423 系列 -20～-70	涤黏高压聚乙烯粉点法非织造黏合衬	20～70	T/R	LDPR	暂时性黏合,小件
TR434 系列 -15～-30	涤黏聚酰胺浆点法非织造黏合衬	15～30	T/R	PA	外衣永久性黏合
NT434 系列 -20～-40	锦涤聚酰胺浆点法非织造黏合衬	20～40	N/T	PA	外衣永久性黏合
RT434 系列 -60～-75	黏涤聚酰胺浆点法水刺非织造黏合衬	60～75	R/T	PA	外衣永久性黏合
TR444 系列 -15～-30	涤黏聚酯浆点法非织造黏合衬	15～30	T/R	PES	时装永久性黏合
T444 系列 -15～-30	纯涤聚酯浆点法非织造黏合衬	15～30	T100%	PES	时装永久性黏合
NT444 系列 -16～-30	锦涤聚酯浆点法非织造黏合衬	16～30	N/T	PES	时装永久性黏合
TR452 系列 -20～-70	涤黏乙烯醋酸乙烯撒粉法非织造黏合衬	20～70	T/R	EVA	裘皮、时装暂时性黏合
T452 系列 -20～-40	纯涤乙烯醋酸乙烯撒粉法非织造黏合衬	20～40	T100%	EVA	时装、裘皮暂时性黏合
TR462 系列 -20～-70	涤黏改性乙烯醋酸乙烯撒粉法非织造黏合衬	20～70	T/R	EVAL	外衣暂时性黏合
N700 系列 -10～-20	锦纶热熔纤维双面非织造黏合衬	10～20	N100%	PA	双面黏合

② 衬衫黏合衬的选用

统 一 编 号	黏合衬名称	底布质量 /(g/m²)	纤维材质	热熔胶类别	主要用途
C212 系列 －84、－120、－130	纯棉低压聚乙烯撒粉法机织黏合衬	84、120、130	C100%	HDPE	衬衫永久性黏合
TC212 系列 －60、－90、－101	涤棉低压聚乙烯撒粉法机黏合衬	80、90、101	T/C	HDPE	衬衫永久性黏合
C213 系列 薄型－63、－67、－81 中型－103、－115、－128 厚型－135、－218	纯棉低压聚乙烯粉点法机织黏合衬	63、67、81、103、115、128、135、218	C100%	HDPE	衬衫主衬永久性黏合
TC213 系列 薄型－50、－63、－80 中型－88、－100 厚型－148	涤棉低压聚乙烯粉点法机织黏合衬	50、63、80、88、100、148	T/C	HDPE	
T213－80	纯涤低压聚乙烯粉点法机织黏合衬	80	T100%	HDPE	长丝面料专用
N213－95	锦纶低压聚乙烯粉点法机织黏合衬	95	N100%	HDPE	长丝面料专用
C213-SSP 系列 －67、－115、－128	纯棉低压聚乙烯免烫机织黏合衬	67、115、128	C100%	HDPE	免烫衬衫专用
TC213-SSP －63、－100	涤棉低压聚乙烯免烫机织黏合衬	63、100	T/C	HDPE	免烫衬衫专用
C214 系列 －67、－115、－128	纯棉低压聚乙烯浆点法机织黏合衬	67、115、128	C100%	HDPE	衬衫主衬永久黏合
TC216 系列 －81、－135	纯棉低压聚乙烯网点机织黏合衬	81、135	C100%	HDPE	衬衫主衬永久黏合
C216 系列 －79、－100、－127	涤棉低压聚乙烯网点机织黏合衬	79、100、127	T/C	HDPE	衬衫主衬永久黏合

注：1. 各系列均有本白、半漂、漂白等品种。

2. 各系列按手感分有硬(H)、中(M)、软(S)三种手感。

③ 外衣黏合衬的选用

统一编号	黏合衬名称	底布质量/(g/m^2)	纤维材质	热熔胶类别	主要用途
TC232-63	涤棉聚酰胺撒粉法机织黏合衬	63	T/C	PA	外衣小料
C233系列 薄型—43～—67 中型—68～—119 厚型—218～—230	纯棉聚酰胺粉点法机织黏合衬	43、51、57、58、59、64、65、67、68、70、74、84、90、110、119、218、230	C100%	PA	薄型,女装及外衣主料;中型,外衣主衬、嵌条;厚型,腰衬
CTR233系列 —70～—110	涤棉黏聚酰胺粉点机织黏合衬	70、78、87、90、110	C/TR	PA	外衣主衬、嵌条
RC233系列 —56～—76	黏棉聚酰胺粉点法机织黏合衬	56、64、65、68、74、76	RC	PA	软薄型外衣主衬
TC233系列 薄型—41～—63 中型—92～—110	涤棉聚酰胺粉点法机织黏合衬	41、63、92、101、110	T/C	PA	薄型女装及外衣主衬、外衣胸衬
CTR237系列 —70～—110	棉涤黏聚酰胺双点法机织黏合衬	70、90、110	C/TR	PA	外衣主衬、嵌条
C237系列 —43～—78	纯棉聚酰胺双点法机织黏合衬	43、57、58、65、70、78	C100%	PA	外衣主衬、嵌条
TR333系列 —95～—110	涤黏聚酰胺粉点法经编黏合衬	95、98、100、110	T/R	PA	外衣胸衬
TR337系列 —65～—95	涤黏聚酰胺双点法经编黏合衬	65、95	T/R	PA	外衣胸衬
CRW533系列 —123～—138	棉黏毛聚酰胺粉点黑炭黏合衬	123、138	C/RW	PA	外衣胸衬

④ 时装黏合衬的选用

统一编号	黏合衬名称	底布质量/(g/m^2)	纤维材质	热熔胶类别	主要用途
TC243系列 —50～—51	涤棉聚酯粉点法机织黏合衬	50、51	T/C	PES	女衬衫、丝绸服装

续表

统一编号	黏合衬名称	底布质量/(g/m^2)	纤维材质	热熔胶类别	主要用途
T333系列-27～-70	纯涤聚酰胺粉点法经编黏合衬	27、35、67、70	T100%	PA	时装主衬、丝绸服装
T334系列-27～-35	纯涤聚酰胺浆点法经编黏合衬	27、35	T100%	PA	时装主衬、丝绸服装
T343系列-50～-67	纯涤聚酯粉点法经编黏合衬	50、52、67	T100%	PES	时装主衬、丝绸服装

6. 领带衬（necktie lining）

领带衬布是由羊毛、化纤、棉、黏胶纤维纯纺和混纺，交织或单织而成基布，再经煮练、起绒和树脂整理而成。用于领带内层起补强、造型、保形作用。领带衬布要求具有手感柔软、富有弹性、水洗后不变形等性能。

在20世纪80年代以前，我国一直是使用黑炭衬、树脂衬、毛麻衬代替领带衬布使用，直至20世纪90年代才开始生产领带衬，主要为纯棉和黏胶纤维的中低档产品和纯毛的高档领带衬产品。

(1) 服用性能

服用性能	要求
厚实感	领带衬较厚重，克重在350～550g/m^2，赋予领带厚实、丰满的感觉
手感柔软	领带虽较厚重，但手感却要求柔软，绝不能有硬板的感觉。为了取得良好的手感，均需进行起毛加工，起毛加工有单面起毛，也有双面起毛
富有弹性	领带衬的弹性要求较高，这样可保证领带的造型和风格。因为领带衬的原料（羊毛、腈纶和涤纶）本身就具有良好的弹性，再经树脂整理加工，其弹性极佳
耐洗性能良好	领带衬需耐干洗和水洗，洗后不收缩、不变形，以保证领带的形态

(2) 品种规格

类别	纤维组分	幅宽/cm	质量/(g/m^2)
纯毛	W100%	150	505
毛腈混纺	W/A 80%/20%	150	480

续表

类别	纤维组分	幅宽/cm	质量/(g/m²)
毛涤腈混纺	W/T/A 60%/20%/20%	150	450
涤毛腈混纺	T/W/A 50%/30%/20%	150	515
涤黏毛混纺	T/R/W 40%/35%/25%	150	460
黏毛混纺	R/W 70%/30%	150	425
涤腈混纺	T/A 65%/35%	90	400
涤棉混纺	T/C 65%/35%	90	250
纯棉	C100%	90	350

注:织物为平纹组织,经纬均为股线,类似帆布组织,纯棉及涤棉、涤腈混纺织物均经单面或双面起绒,并经树脂整理加工。

(3) 质量要求

序号	名称		指标	测试方法
1	质量/(g/m²)			GB4669
2	厚度/cm			参照 FZ/T60004
3	幅宽/cm		+2 −1	GB4667
4	断裂强力/N		≥200	GB3923
5	缓弹性/(°)		≥220	GB3819
6	水洗尺寸变化/%		≤(−2)×(−2)	GB8631
7	色牢度	深色/级	2～3	GB6152
		浅色/级	3～4	

7. 麻衬

麻衬由于其使用的原料为麻纤维而具有一定的弹性和韧性，广泛用于各类毛料制服、西服和大衣等服装中。比较原始的麻衬是指未经整理加工或仅上浆硬挺整理的麻布。而现在的麻衬与过去相比，其风格、用途有了很大不同。现今的麻衬是由亚麻纤维纯纺织物及其混纺或交织物经煮练、树脂整理而成，主要用于高档西服的衣领。目前国内还没有企业生产麻衬，多数服装企业选用价格较高的进口麻衬来制作高档西服。

(1) 服用性能（特点）

① 麻织物拥有与棉相似的性能。

② 麻织物具有强度高、吸湿性好、导热强的特性，尤其是强度居天然纤维之首。

③ 麻布染色性能好，色泽鲜艳，不易褪色。

④ 对碱、酸都不太敏感，在烧碱中可发生丝光作用，使强度、光泽增强；在稀酸中短时间作用1～2min后，基本上不发生变化，但强酸似能对其构成伤害。

⑤ 抗霉菌性能好，不易受潮发霉。

⑥ 风格独特、粗犷，具有良好的凉爽、透湿和保健性能。

(2) 品种规格

类别	纤维组分	幅宽/cm	质量/(g/m^2)
纯亚麻	L 100%	75、92、102	190～240
亚麻/黏胶混纺	L/R 65%/35%或30%/70%	75、92、102	190～240

8. 腰衬（belting；inside belt）

腰衬是用来加固面料，用于裤子和裙子中间层的条状衬布。与面料黏合后起到硬挺、补强、保形作用。主要是防止腰部卷缩、美化腰部的轮廓、保持腰部的张力。腰衬使用时与腰里（服装西裤腰部的附件，与腰衬同时使用）两者配套使用，一在内，一在外，即腰衬紧贴着面料，腰里紧贴着腰衬，两者相辅相成。

腰衬一般采用全涤或涤棉较粗的股线织成材质较厚的黏合树脂衬布为原料，经卷绕、切割裁成条状，其定重有160g/m^2、220g/m^2、250g/m^2 等几种，手感较硬，每卷长度约30m，宽度在2.5～5.0cm之间。

分类

分类	内容
非黏合型腰衬	是指将树脂衬直接通过切割机裁成不同规格的条状
黏合型腰衬	是指将树脂衬通过粉点法涂上聚胺烯(PA)、聚酯(PES)热熔胶或撒粉法撒上乙烯-醋酸乙烯热熔胶，形成暂时性黏合树脂衬，然后用切割机裁成条状，其规格与非黏合型相同，使用时只需用熨斗将腰衬与面料压烫黏合即可，现已逐步代替非黏合型腰衬
非织造黏合缝制腰衬	由非织造黏合衬和树脂衬一起缝合，非织造黏合衬可以是粉点或双点涂层，切割裁成比腰衬宽2cm的条状，腰衬放在非织造黏合衬的中间用双针缝纫机缝制而成，使用时只需用熨斗将非织造黏合衬与面料压烫黏合即可，既方便又实用

9. 嵌条衬（band lining cloth；panel lining cloth）

嵌条衬是西服的辅助部件，适用于西服部件衬、边衬、加固衬，起到假粘或加固的作用，能保持衣片平整主体化、防止卷边、伸长和变形。嵌条衬通常采用全棉、涤/棉、涤纶等纤维为原料，纱支较细，密度较低的衬布作材料，分黏合机织衬布、无黏合机织衬布，非织造带针织黏合衬布三种。经打卷、切割成1～4cm不同宽度的嵌条衬。

(1) 分类

分类	内容
按原料分	棉、涤/棉、棉/黏、涤纶等
按织物组织分	平纹、针织、非织造布、织带
按裁剪角度分	直切(平直)
	斜切(45°)
	半斜切(6°、12°、25°)

(2) 应用

序号	使用范围	衬料	宽度/cm	作用
1	驳头折边	直条	1.5	平整、保型
2	领围	直条	2	保持领围线
3	驳头边	半斜条	12	防止驳头的卷边和变形
4	前身	半斜条	1～1.2	保持前身的立体感,防止变形
5	肩膀	斜条、半斜条	1.2～1.5	防伸长、防肩部丝绺弯曲
6	袖窿	子母条、斜条	1～1.5	防伸长、布纹歪曲、改善西服造型
7	后领	子母条、半斜条	1～1.2	防领口伸长、变形
8	领座	直条	1.5～2	防领底伸长、变形
9	下摆	直条	4.5～5	加固、平伏、保型
10	中衩	直条、半斜条	12	加固、保型
11	袖口、袖口衩	直条、半斜条	3～4 12	加固、保型
12	袋口、袋盖	直条无纺衬粘贴	2.5～3 30	硬挺、加固、改善造型

10. 鞋帽衬

鞋帽衬用于鞋帽，起到柔软舒适、透气、防水、防风、耐磨、保形等作用，使鞋帽的外形服帖，挺括美观。

鞋帽衬的品种有树脂衬、非织造布衬、布衬、纱衬、麻衬、热熔胶衬、复合材料衬等，根据鞋帽的品种类型不同，应选择适宜的衬布作内衬。

鞋帽衬的选用：

（1）用于固定帽口的衬布，可采用树脂衬，规格一般采用 28tex（21 英支）×58tex×2（10 英支/2）涤纶基布，主要起挺括作用。

（2）用于帽徽的衬布＋＋，一般采用 19．4tex（30 英支）×19．4tex（英支）全棉黏合衬。

（3）用于帽徽的底衬，采用复合材料。

（4）用于帽围、帽顶的衬布，以选用非织造衬为主，起衬托、挺括作用。

（5）用于粘接皮鞋的衬布，采用全棉或维纶/棉黏合衬，热熔胶为改性 PA 混合胶。无需表面处理就能达到良好的粘接效果，具有很好的坚挺定形作用。要求剥离强力≥14N/(5cm×10cm)。

（6）鞋衬能增加鞋子的透气、防水、防臭、防毒、保健等功能。

（7）应用衬布与鞋面复合的复合材料，可简化鞋子的加工工艺，提高生产效率。

三、保暖絮料（thermal wadding）

保暖絮料由保暖材料构成，常以絮料或絮片的形式用于服装、褥垫、睡袋等，其最大的特点是轻而蓬松保暖。在新型保暖絮料的纤维原料中，一般都含有中空或高卷曲涤纶、腈纶短纤维，先制成纤维网，然后再进行加固而制成。根据国家标准，目前常见的保暖用絮片有以下5种：热熔型絮片、喷胶棉絮片、金属镀膜絮片、毛型复合絮片和远红外复合絮片等。保暖材料的作用是御寒保暖，在各种环境中，人体通过服装、褥垫、睡袋等与环境进行热交换，从而达到人体的热舒适感。热舒适最基本的条件是维持人体的热平衡，即人体自身产生的热量和向环境散失人体的热量之间的能量交换达到相对平衡。人体产生的热量取决于体内的生理生化过程，人体失热的主要方式是通过对流、传导、辐射及体液蒸发等途径进行的。而保暖材料的作用就是使散热途径得到加强或减弱，从而使能量交换达到相对平衡，使人体产生温暖舒适感。

1. 保暖絮料（总论）

分类

分　类	特　点
热熔絮片 (heat-bonded wadding)	全称是热熔黏合涤纶絮片。一种以涤纶为主，用热熔黏合工艺加工而成的絮片。产品规格常见的有幅宽(144±20)cm，单位面积质量200g/m^2、150g/m^2，每卷长度(40±2)m。性能指标为，纵向抗拉强度≥3.0N/g，横向抗拉强度≥20.0N/g，蓬松度≥32.0cm^3/g，压缩弹性率＞85.0%，质量偏差率－5%～＋7%；不允许有破洞，每40m允许有5处不连续的轻微拉毛，每处拉毛面积不大于0.01m^2，表面油污≤3cm^2/m^2，不允许有烘焦和板结，最厚最薄者的质量偏差率极值(平整度)为±10%
喷胶棉絮片 (spraybonded nonwoven fabric wadding)	又称喷浆絮棉，以涤纶短纤维为主要原料，经梳理成网，对纤网喷洒液体黏合剂(双面喷射)，再经热处理烘干、固化而成的絮片。使纤维间的交接点被粘接，而未被粘接的纤维仍有相当大的自由度。在纤维粘接的状态中，交叉点接触的居多，而由黏合剂架桥结块的少，使喷胶棉能够保持松软。同时，在三维网状结构中仍保留有许多有空气的空隙。因此，纤维层具有多孔性、高蓬松性的保暖作用。涤纶短纤维一般为三维立体卷曲的中空纤维

续表

分　类	特　点
金属镀膜复合絮片(metal membrane plating composite wadding)	又称太空棉、宇航棉、金属棉等。是以纤维絮片、金属镀(涂)膜(包括载体)为主体原料,经复合加工而成的复合絮片,是一种超轻、超薄、高效保温材料在防寒、保温、抗热等性能方面远远超过传统的棉、毛、羽绒、裘皮、丝棉等材料,透气性和舒适性也较蓬松棉为优。如用于服装,它更具有"轻、薄、软、挺、美、牢"等许多优点,可直接加工无需要整理及绗线,并可直接洗涤,是冬季抗寒的理想产品,也是抗热、防辐射不可多得的产品
毛型复合絮片(wool(en)type composite wadding)	毛型复合保暖材料是以纤维絮层为主体,以保暖为主要目的的多层复合结构材料,因其原料、结构及加工工艺不同而有多种类型。毛型复合絮片是对这类产品的总称。根据原料成分、组成结构等也可冠以更具体的(特征)名称,如羊毛复合絮片、毛涤(双膜)复合絮片、驼绒(非织造布膜)复合絮片等。毛型复合絮片是以毛或毛与其他纤维混合材料为絮层原料,以单层或多层薄型材料为复合基,经针刺复合加工而成。其产品分类按结构组成可根据絮层纤维、复合基、结构型式等分类;按用途则可分为服装用、被褥用及其他各种用途。常见的产品规格有幅宽(cm)100、150、180、200、220,单位面积质量(g/m^2)有60、80、100、120、160、200、250、300、350、400等
远红外棉复合絮片(far-infrared cotton composite wadding)	这是近年来最新开发的多功能高科技产品,除具有毛型复合絮片的特性外,还具有抗菌除臭作用和一定的保健功能。原料是远红外纤维,能高效地发射出人体最易吸收的4～14μm的远红外光波,它与人体细胞的分子、原子间的振动频率一致,其能量可被细胞吸收,引起共鸣共振,活化组织细胞,加速人体的微循环,促进人体的血液循环,增进新陈代谢,加强免疫能力,对人体健康最有益。此外,远红外纤维还具有高效吸湿、透湿、透气等特性

性能比较

保暖絮片品种	保暖性	透湿性	透气性	强力	耐洗性	耐磨性	缩水性	应用范围	原料来源	价格
热熔絮片	较好	好	好	一般	差	差	差	少	多	低
喷胶棉絮片	较好	好	好	一般	一般	差	差	少	多	稍低
毛型复合絮片	好	一般	一般	好	差	较好	差	多	较少	贵
远红外棉絮片	好	好	好	好	好	好	好	多	少	稍贵
金属镀膜复合絮片	较好	差	差	好	较好	好	好	多	较少	稍贵

2. 热熔絮片（heat-bonded wadding）

（1）热熔絮片性能指标参数表

项目	抗拉强度		蓬松度/(cm^3/g)	压缩弹性率/%	质量偏差率/%
	纵向/(N/g)	横向/(N/g)			
指标	≥3.0	≥20.0	≥32.0	785.0	−5～+7

（2）热熔絮片外观质量标准

项目	技术要求
破洞	不允许
拉毛	每40m允许有5处不连续的轻微拉毛，每处拉毛面积不大于0.01m^2
表面油污	≤3cm^2/m^2
烘焦、板结	不允许
平整度	标准：最厚最薄者的质量偏差率极值为±10%

注：热熔絮片的抗拉强度、克重（单位面积质量）、压缩弹性率及蓬松度的测定，按原总后勤部生产管理部标准JSB9.2—1992，JSB9.3—1992进行测定。

3. 喷胶棉絮片（spraybonded non-woven fabric wadding）

（1）性能指标

项目	等级 \ 规格/(g/m^2)	40	60	80	100	120	140	160	180	200	220	240	260	280	300
质量偏差率/%	一等品	±7				±6					±5				
	合格品	±8				±7					±6				
幅宽偏差率/%	一等品	1.5～2.0													
	合格品	−2.0～+2.5													
蓬松度（比容）/(cm^3/g)	一等品	70													
	合格品	60													
压缩弹性 压缩率/%	一等品	60													
	合格品	55													
压缩弹性 回复率/%	一等品	75													
	合格品	70													
保温率/%	—	50							65						
耐水洗性	—	水洗3次，不露地，无明显破损、分层													

(2) 外观质量标准

项目	一等品	合格品
破边	不允许	深入布边3cm以内、长5cm及以下，每20m内允许2处
纤维分层	不明显	
破洞	不允许	
布面均匀性	均匀	无明显不均匀
油污斑渍	不允许	面积在$5cm^2$及以下的，每$20m^2$内允许2处
漏胶	不允许	不明显
拉毛	不允许	不明显
拼接	每卷允许1次拼接，最短长度5m	

4. 金属镀膜絮片（metal membrane-plating composite wadding）

(1) 性能指标

项目			单位	标准			说明
				优等	一等	合格	
镀膜断裂强力≥	$<150g/m^2$	纵横	N	45～55	25～35	15～25	
	$150\sim200g/m^2$	纵横	N	55～65	30～45	20～30	
	$>200g/m^2$	纵横	N	65～75	35～50	25～35	
热阻≥	$<150g/m^2$		10^{-2} (℃·m^2/W)	12.00	10.50	9.50	
	$150\sim200g/m^2$			13.00	11.50	10.50	
	$>200g/m^2$			14.00	12.50	11.50	
耐久洗涤次数　≥			次	20	15	10	
透气量　≥			$10^{-3}m^3/(m^2\cdot s)$	100	60	40	
单位面积质量（允许）	$<150g/m^2$		%	−5	−7	−9	标准按设计要求
	$150\sim200g/m^2$			−4	−6	−8	
	$>200g/m^2$			−3	−5	−7	
镀膜耐磨牢度			次	3000	1000	500	
胀破强力≥	$<150g/m^2$		kPa	500	300	200	
	$150\sim200g/m^2$			700	450	300	
	$>200g/m^2$			900	600	400	
透湿量　≥			$g/(m^2\cdot d)$	6000	4000	2500	

续表

项目	单位	标准			说明
		优等	一等	合格	
水洗尺寸变化率(绝对值)≤	%	2	3.5	5	纵横分别测定
拼接强力	N	>25	15～25		仅考核横向

(2) 金属镀膜絮片外观疵点评定规定

序号	疵点类别		疵点程度/cm	局部性结辫规定	散布性评等	说明
1	纵向条状疵点	白条	每 5～10	1		
		折皱	每 10～15	1		
		露边	每 30～50	1		
2	横向条状疵点	白条	每 20cm～¼幅宽	1		
		折皱	每 30cm～½幅宽	1		
3	破损疵点	破洞粘玻	每 0.5～1	1		
		刺破	每 100～300	1		
		烂边	每 10～20	1		
4	油污渍		每 2～3	1		

5. 毛型复合絮片（wool(en) type composite wadding)

(1) 性能指标

序号	项目		指标			备注
			优等	一等	合格	
1	絮片纤维中毛含量不足/% ≤		3	5	7	含量按标称值
2	压缩弹性/%	服装用	90	84	80	
		被褥用	94	88	84	
3	质量偏差率/%	<$150g/m^2$	−5～+10	−7～+12	−9～+14	标准值按设计(标称)值
		150～$250g/m^2$	−4～+8	−6～+10	−8～+12	
		>$250g/m^2$	−3～+6	−5～+8	−7～+10	

续表

序号	项　　目			指　　标			备　注
				优等	一等	合格	
4	断裂强力/N	＜150g/m^2		25	15	8	
		150～250g/m^2		30	20	12	
		＞250g/m^2		35	25	16	
5	热阻/(℃·m^2/W)	≤120g/m^2		0.130	0.100	0.080	clo 值＝6.461×热阻值
		＞120～200g/m^2		0.170	0.135	0.110	
		＞200～300g/m^2		0.220	0.180	0.150	
		＞300g/m^2		0.280	0.235	0.200	
6	水洗性能(服装用)≤	松弛收缩/%	手洗型	3.0	7.0	10.0	1. 纵横均应满足； 2. 有一条不符即不符； 3. 如外形变化“严重”，则本项不合格
			机洗型	2.0	4.0	6.0	
			手洗型	5.0	—	—	
			机洗型	4.0	7.0	10.0	
7	透气量/[m^3/(m^2·s×10^{-3})]	服装用		600～2000	400～2500	≥250	
		被褥用		≥400	≥250	≥150	
8	蓬松度/(cm^3/g)	服装用		35	30	26	
		被褥用		38	32	28	
9	透湿量/(g/m^2·d)	服装用		8000	5000	3000	
		被褥用		5000	3500	2500	

注：1. 未按用途分列的项目，各类通用。
2. 单位面积质量分档按标称值。

(2) 毛型复合絮片外观质量标准（外观质量评等规定）

序号	疵点类别		疵点程度	局部性疵点结辫数	散布性疵点评等	备注
1	纵向明显疵点	折皱	每 10～20cm	1		
		针迹条纹	每 100～300cm	1		
		边不齐	每 100～200cm	1		
		露边	每 30～80cm	1		

续表

序号	疵点类别		疵点程度	局部性疵点结辫数	散布性疵点评等	备注
2	横向明显疵点	折皱	每20cm～½幅宽	1		
		针迹条纹	每5条	1		
3	油污锈色斑渍		每1～2cm	1		
4	破损疵点	破洞、破边	每1～2cm	1		
		烂边	每10～20cm	1		
		刺破	每50～150cm	1		
5	杂物	柔性	每只(0.3cm以上)	1		
		硬性	不论大小		不合格	
6	拼搭不良		轻微		一等	包括絮层拼搭和复合基拼搭
			明显		合格	
			严重		不合格	
7	厚薄段 结构分层 散布性疵点		轻微		一等	
			明显		合格	
			严重		不合格	
8	色差		4级以上		优等	1.包括卷(段)内和卷(段)间,段内指前后和左中右色差 2.按GB250评定
			3～4级		一等	
			3级		合格	
9	幅宽不足		≤1%		优等	标准按公称
			≤2%		一等	
			≤3%		合格	
10	长度不足		≤0		优等	标准按约定或标示长度
			≤0.5%		一等	
			≤1%		合格	

注:1.被褥产品,1～3项疵点程度放宽50%。

2.表中未列疵点,根据其严重程度按相似疵点评定。

3.外观质量逐卷(段)检验,按卷(段)评等。

4.外观质量的检验按表中规定,散布性疵点的评等为表中最低项的品等;局部性疵点结辫计数后按后表规定评等。

(3) 毛型复合絮片局部性疵点评等

品等		优等品	一等品	合格品	不合格品
结辫率/(个/m) ≤	幅宽＜150cm	0.1	0.15	0.2	＞0.2
	幅宽 150～200cm	0.15	0.2	0.25	＞0.25
	幅宽＞200cm	0.2	0.25	0.3	＞0.3

注：1. 外观质量的品等由局部性疵点的评等和散布性疵点的评等结合评定，并以其中较低者作为外观质量的评等。

2. 如果在 1m 内结辫数达 5 个及以上，则该卷（段）产品须降低一个等级。

3. 连续性疵点一处达不合格程度的，或在 1m 内结辫数达 5 个的，应开剪或作假开剪标记。但每处假开剪须放尺 20cm。假开剪间距不少于 10m。优等品不允许作假开剪，一等品不超过 2 处/50m，合格品不超过 3 处/50m，假开剪仅限于定长产品。

4. 超过 10cm 的破洞、油污、锈渍及严重拼搭不良、厚度不匀等，必须开剪，不允许假开剪。

(4) 编号标识

毛型复合絮片的代号由 5 个单元组成，每个单元包含若干字母或数字，各单元间用“—”隔开。如下所示：

WCP　□—□□□—□□□—□□□
(1)　(2)　(3)　(4)　(5)

其中，

第（1）单元，WCP——毛型复合絮片，在不致混淆的情况下，该单元可省略。

第（2）单元——絮层原料，用纤维缩写代号及混用百分率表示。其中：

代号	絮层原料	代号	絮层原料	代号	絮层原料
W	羊毛	S	天然丝	C	棉
T	涤纶	A	腈纶	V	维纶
P	丙纶	PA	锦纶	R	黏纤

注：对于纯羊毛产品，该单元也可省略。

第（3）单元——用途和结构形式，该单元包括一位字母和两位数字。

第一位：用途，用一位字母表示。其中：

字母	用途	字母	用途	字母	用途
C	服装用	B	被褥用	O	其他

第二位：复合基，用一位数字表示。其中：

数字	复合基	数字	复合基	数字	复合基
1	高聚膜	3	机织布	5	复合膜
2	无纺布膜	4	针织布	6	其他

第三位：结构型式，用一位数字表示。其中：

数字	结构型式	数字	结构型式	数字	结构型式
1	单膜，膜在絮片中	3	双膜，膜在絮片中	5	其他形式
2	单膜，膜在絮片表层	4	双膜，膜在絮片表层	—	—

第（4）单元——单位面积质量，用三位数字表示，单位 g/m^2。如数字在 100 以下时，最左位补上“0”。

第（5）单元——幅宽，用三位数字表示，单位 cm。

例：（W）C21-080-150，表示纯毛被服用单层非织造布膜复合絮片，其单位面积质量 $80g/m^2$，幅宽 150cm；W60/T40 B13-250-200，表示毛涤被褥用双层高聚膜复合絮片，其单位面积质量 $250g/m^2$，幅宽 200mm。

根据需要，还有增加单元以表示产品的特点，如羊绒产品、防蛀产品、防缩产品等，具体表示方法由生产者自定。

6. 远红外涤纶复合絮片(far-infrared cotton composite wadding)

该产品的规格和品种可参考毛型复合絮片的相应部分。鉴于目前国家标准尚未颁布，我们可参照执行相关的企业标准，远红外涤纶复合絮片性能指标 ($150g/m^2$) 如下。

性能指标（$150g/m^2$）

项　目	单　位	指　标	备　注
远红外线发射率	%	>8	
断裂强力	N	≥30	经、纬向均测
单位面积质量偏差	%	−5～+8	
热阻	$℃·m^2/W$	≥0.150	
缩水率	%	≤−0.9	经、纬向均测
透气量	$10^3m^3/(m^2·s)$	600～2000	
透湿量	$g/(m^2·d)$	>7000	
耐平磨	次	>3000	

注：除了表中所列的各项性能指标外，远红外复合絮片还有除臭、防菌指标，现还处于研究之中。外观质量指标参照毛型复合絮片的相关标准执行。

选用

(1) 各区冬服总保暖量配置标准

服装气候区	冬服总保暖量/clo	服装气候区	冬服总保暖量/clo
1(热区)	3.2	4(寒区)	6.0
2(亚热区)	4.2	5(高寒区)	7.0
3(温区)	5.0		

(2) 各服装气候区服装配套及其总保暖量举例

服装气候区	区界标志	服装配套	总保暖量/clo
1	福州以南	外套、200g/m^2 紧身棉上衣、绒裤、衬衣裤	3.2
2	郑州(不含)以南	外套、300g/m^2 絮片棉衣裤、200g/m^2 絮片棉背心、衬衣裤	4.3
3	张家口(不含)以南	300g/m^2 絮片短大衣、外套、300g/m^2 絮片棉衣裤、200g/m^2 絮片棉背心、衬衣裤	5.2
4	哈尔滨以南	300g/m^2 絮片短大衣、外套、400g/m^2 絮片棉衣裤、200g/m^2 絮片紧身棉衣裤、衬衣裤	6.2
5	哈尔滨(不含)以北	400g/m^2 絮片齐膝短大衣、外套、450g/m^2 絮片棉衣裤、200g/m^2 絮片紧身棉衣裤、衬衣裤	

四、垫料（cushioning material;pocket stay）

服装垫料是指为了保证服装造型并修饰人体的垫物。其基本作用是在服装的特定部位，利用制成的、用以支撑或辅衬的物品，使该特定部位能够按设计要求加高、加厚、平整、修饰等，以使服装穿着达到合体、挺拔、美观的效果，已成为现代服装不可或缺的辅助材料，使用垫料是为了弥补人体某些部位的不足，或增强服装的造型感，使服装穿着更合体、美观和舒适。

1. 垫料（总论）

分　类	特　点
胸垫(bust form;bust pads;decky;bracup)	又称胸片、胸线、胸衬。胸垫的使用可使服装的悬垂性好，立体感强，弹性好，挺括、丰满，造型美观，保型性好。早期使用的胸垫材料大多是较低级的纺织品，后来又逐步发展使用毛麻衬、黑炭衬作胸垫，近些年来开始用非织造布制造胸垫，特别是针刺技术的应用，可生产出多种规格、多种颜色、性能优越的非织造布胸垫，与其他机织物胸垫相比较，非结造布胸垫具有以下优越性，重量轻；裁剪后切口不脱散；保型性和回弹性良好；保暖性、透气性、耐霉性和手感好；与机织物相比，对方向性要求低，使用方便；价格低廉，经济适用。非织造布胸垫规格一般为 100～160g/m^2，颜色有白色、蓝色、黑灰色等。主要用于西服、大衣等服装的前胸夹里
领垫(collar cushioning material;collar pocket stay)	又称领底呢。是用于服装领里的专用材料，用于代替服装面料及其他材料做领里，可使衣领展平，面里可体、造型美观、增加弹性、便于整理定型，洗涤后缩水率小且保型性好。主要用于西服、大衣、军警服及其他行业制服，便于服装的裁剪、缝制，适合于批量服装的生产，而且用好的领垫可提高服装的档次
肩垫(pad)	又称垫肩。初期的肩垫品种比较单一，用途也只局限在西服上。随着服装行业的快速发展，肩垫也获得了飞速地发展。现在，肩垫不但品种多，档次高，而且用途也十分广泛，涉及服装的各个领域。不同的服装对垫肩的材料选用、加工工艺、大小厚薄、形状作用都有不同的要求，因而垫肩的品种规格可有数百种之多。使用垫肩可以使服装造型美观，形体优雅，产生高级感

2. 胸垫（bust form; bust pads; decky; bracup）

胸垫又称胸片、胸衬、胸绒。胸垫种类一般可分为机织物类和非机织物类，另外还有复合型胸垫和组合型胸垫，其中使用最多的是组合型胸垫。胸垫的优点是使服装悬垂性好、立体感强、弹性好、保型性好，具有一定保温性，并对一些部位起到牵制定型作用，以弥补穿着者胸部缺陷，使其造型挺括丰满，所以胸垫主要用于西服、大衣等服装的前胸部位。高档成衣的胸垫通常选用的材料有黑炭衬、马尾衬、胸绒、棉布等，并且多以组合的形式使用。

(1) 胸垫的分类与规格

项　　目		内　　容
分类	机织物胸垫(woven fabric bust form;woven fabric bust pads,woven fabric bra cup)	毛麻胸垫(wool/ramie bust form;wool/ramie bust pads)
		棉布胸垫(cotton cloth bust form;cotton cloth bust pads)
		黑炭衬胸垫(hair interlining bust form;hair interlining bust pads)
	非织造布胸垫(nonwoven bust form;nonwoven bust pads;nonwoven bra cup) 100～160g/m², 白色、蓝色、黑灰色等	纯涤纶针刺胸垫(all-polyester needle impingement bust form)
		涤纶黏胶针刺胸垫(polyester/viscose needle impingement bust form)
		涤纶锦纶针刺胸垫(polyester/polyamide needle impingement bust form)
		毛涤针刺胸垫(wool/polyester needle impingement bust form)
	复合胸垫(compound bust form;compound bust pads)	胸绒(breast fine hair;thorax fine hair)
		黑炭衬复合胸垫(组合衬)(hair interlining composite bust form)
规格(非织造布)	质量/(g/m²)	100～160
	颜色	白色、蓝色、黑灰色等

(2)（非织造布胸垫）质量标准

指标名称			要求	
			一等品	合格品
内在质量	质量偏差率/%		±6	±7
	幅宽偏差率/%		±1	±1
	断裂强力(5cm×10cm)/N	纵向	≥50	≥45
		横向	≥60	≥55
	水洗尺寸变化/%	纵向	≥-2.0	≥-2.5
		横向	≥-1.5	≥-2.0
	干热尺寸变化/%	纵向	≥-2.0	≥-2.5
		横向	≥-1.5	≥-2.0
外观质量	产品应厚薄均匀一致,表面平整,无棉结、折皱、杂质等现象,手感柔软,富有弹性,颜色均匀一致,干洗和水洗后外观良好			

3. 领底呢（collar elbow patch；neck elbow patch）

领底呢是供西服、大衣等服装领底使用的，可单独使用，也可加领底衬组合使用。领底呢分为有底布领底呢和无底布领底呢，按用料还可分为黏胶纤维领底呢、混纺领底呢和纯毛领底呢。领底呢具有造型好、挺括定型、弹性好、不易皱褶、洗烫不缩水、不起球、易于裁剪、省工省料等特点，特别适用于流水线生产，有利于提高服装档次。

（1）分类与规格

项目		内容
分类	按制造工艺分	机织起绒领底呢
		针织起绒领底呢
		非织造浸胶领底呢
	按材料组成分	毛涤领底呢（含毛量30%～70%）
		毛腈领底呢（含毛量30%～70%）
		涤腈领底呢（涤/腈50/50）
		涤黏领底呢
规格	质量/（g/m²）	100～260
	幅宽/cm	90～95
	颜色	本白色、草绿色、藏青色、灰色、蓝色、驼色、咖啡色、黑色等数十种

（2）性能指标

指标名称			要求	
			一等品	合格品
内在质量	质量偏差率/%		±6	±7
	幅宽偏差率/%		±1	±1
	断裂强力（5cm×10cm）/N	纵向	≥150	≥130
		横向	≥180	≥150
	硬挺度/（cm/2.0cm）	纵向	7～11	7～11
		横向	7～10	7～10
	水洗尺寸变化/%	纵向	≥-1.5	≥-2.0
		横向	≥-1.0	≥-1.5
	干洗尺寸变化/%	纵向	≥-1.5	≥-2.0
		横向	≥-1.0	≥-1.5
外观质量	产品应厚薄均匀一致，表面平整，无棉结、折皱、杂质等现象，手感柔软，富有弹性，颜色均匀一致，干洗和水洗后外观良好			

4. 肩垫（pad）

(1) 分类

分　类	内　容
按主要作用分	功能性肩垫，又被称为缺陷弥补型肩垫。主要适用于休闲类服装
	修饰型肩垫是用来对人体肩部进行修饰以彰显服装风格的一种服装工具，其款式繁多、造型各异，主要适用于正装、时装等。当然，修饰型肩垫也同时兼具了弥补人体肩部缺陷的功能
按成型方式分	热塑型（定型）肩垫，它是利用模具成型和熔胶黏合技术制作出款式精美、表面光洁，手感适度的肩垫，亦即通常所说的定型肩垫，广泛适用于各类服装
	缝合型（车缝）肩垫，俗称车缝肩垫。它是利用车缝设备可将不同原材料拼合成不同款式的肩垫，其产品造型和表面光洁度较差。缝合技术常和吹棉技术结合使用，用以制作西服肩垫，其优点是过渡自然，手感舒适
	穿刺缠绕（针刺）肩垫，它是利用非织造布结构疏松的特点，可采用针刺手段使不同料件的纤维相互渗透缠绕从而组合在一起制成肩垫，又称针刺肩垫。其优点是工艺简单、成本较低，缺点是表面粗糙、成型效果较差
	切割型（海绵）肩垫，又称海绵肩垫。它是利用特定的切割设备将特定的原材料进行切割而制成的肩垫，它属于较早的成型方式，简单，但使用范围非常有限，通常只限于海绵
	混合型肩垫，是指将以上不同方式加以组合，可以制成品质更好、更为耐用的肩垫。如将切割成型和缝合成型相结合，穿刺缠绕和缝合相结合，切割成型和热塑相结合等
按常用材质分	海绵肩垫，主要采用切割成型的方式予以成型。缺点是容易变形，变色，耐用性差，优点是价格便宜。适用于低档服装。结合热压成型和其他材料缝合等手段，也可以提高海绵肩垫的性能，延长使用寿命
	喷胶棉肩垫，主要是采用热压成型的方法予以成型。缺点是弹性差，易变形，外观粗糙，耐用性较差。优点是价格便宜。适用于低档服装。同样，也可以利用和其他材料缝合等手段来提高其使用性能，延长使用寿命
	非织造布肩垫，市面上可以用来制作肩垫的非织造布很多，包括针刺面、水刺棉等，每一种又根据硬度、密度、弹性等参数的不同又可分出若干种类，且其性能差异很大，所以非织造布肩垫的种类也很多，几乎涵盖了从高档到中低档的所有种类。使用高质量的非织造布和先进的成型工艺可以制作出高质量的非织造布肩垫，其特点是款式丰富、外观漂亮、弹性良好、款型稳定、耐洗耐用，广泛用于各类服装，是目前肩垫中使用最多的一种
	棉花肩垫，棉花的缺陷是不能单独成型，必须与非织造布配合车缝成型。其产品的优点是弹性良好，手感柔软舒适，耐用性较好，缺点是表面不够光洁，成型效果较差（使用时需要专门的整烫设备），不能水洗。运用先进的气流吹棉技术制成一体的棉芯，使肩垫过渡更为平顺，手感也更加舒适

续表

分　类	内　容
按表面处理方法分	拷克肩垫，在肩垫表面包裹一层布料，使肩垫表面更为光滑洁净
	非拷克肩垫
按肩垫形状分	拱形肩垫，特点是肩尾长度较小(一般小于 3cm)，又可分为半圆拱形(顺肩肩底曲线呈一直线)、尾弧拱形(顺肩肩底曲线呈一直线，而顺肩肩面曲线肩尾部分向下弯曲)和勾拱形(顺肩肩底曲线和顺肩肩面曲线肩尾部分均向下弯曲)等，拱形肩垫常用于接肩袖型服装
	窝形肩垫，它的顺肩肩底曲线和顺肩肩面曲线肩尾部分也都是向下弯曲的，但与拱形肩垫的明显区别是肩尾长度较大，而且尾部圆润饱满，窝形肩垫常用于连肩袖形服装
	翘肩型肩垫，是指肩面弧线肩上部分向下弯曲的肩垫。翘肩型肩垫的反翘效果和肩垫厚度有明显关系，肩垫越厚，反翘的效果越明显
	非翘肩型肩垫，是指肩面弧线肩上部分近乎平直的肩垫。目前市场上使用的肩垫大部分都属于非翘肩型肩垫
按使用方法分	活络式
	固定式
按造型分	齐头
	圆头
按厚度分	厚型
	薄型
按肩垫和衣服的结合方式分	缝合式肩垫，用针线将肩垫固定在衣服上的方式称为缝合式，绝大部分肩垫都属于这一类，缝合的方法包括三点式、两点式、线式和点线式
	扣合式肩垫，指采用母子扣带将肩垫固定在衣服上的方式。使用扣合式肩垫的服装在洗涤时可以将肩垫拆下后再洗，因而有效避免了肩垫在洗涤时的变形问题，也解决了带肩垫服装洗后不易干的问题
	黏合式肩垫，是指采用尼龙搭扣(又称魔术贴)将肩垫固定在衣服上的方式。其功能和扣合式一样
按服装分类的方法分	西服肩垫
	半绒衫肩垫
	大衣肩垫
	衬衫肩垫

性能

① 造型美观，与人体肩形具有良好的贴合性能

② 颜色均匀，无杂色污渍，色牢度好，不掉色，要求在 3 级以上。

③ 表面光洁，不起毛，无皱缩。

④ 手感柔软舒适，最好能与肌肉或面料的手感一致或接近。

⑤ 层次结构合理，过渡自然，边薄。

⑥ 回弹性好，能长久保持服装的款型，久挂不变形。

⑦ 具有良好的洗涤性能，不缩水、不脱层、不变形、易干。

⑧ 符合人体卫生安全需要和环保要求。

(2) 品种与规格

项　目		内　容
分类	针刺垫肩(needle-punching shoulder pads)	以棉絮或涤纶絮片、复合絮片为主要原料，辅以黑炭衬或其他衬料用针刺的方法复合成形而制成的垫肩。多用于西服、制服及大衣等服装上
	定型垫肩(finalized pads; pressed pads)	使用 EVA 粉末，把涤纶针刺棉、海绵、涤纶喷胶棉等材料通过加热复合定型模具复合在一起而制成的垫肩。多用于时装、女套装、风衣、夹克衫、羊毛衫等服装上
	海绵垫肩(sponge shoulder pads)	将海绵切削成一定形状，再黏合成形而成。也可在海绵垫肩上包布，成为海绵包布垫肩。该类垫肩多用于女衬衫、时装、羊毛衫等服装上
规格	按长×宽×厚来确定，如 25×15×1.2，即指该垫肩上长 25cm、宽 15cm、厚 1.2cm	

(3) 质量指标

指　标　名　称		单位	要求	备注
内在质量	各层位置偏差	mm	5.5	
	成品厚度偏差	mm	±1.5	
	长度、宽度偏差	mm	±2	
	干热尺寸变化		≥−4%	
	水洗尺寸变化		≥−4%	不脱胶、不起层
外观质量	要求弹性适度，表面不得起毛、起层、起球或呈毛圈状。垫肩凸面应呈自然的弧形，同一副垫肩的厚度相差应不大于 1.5cm			

(4) 肩垫的选用

服装 肩垫		服装类别								洗涤方式	
		正装	时装	休闲装	衬衫	羊绒衫	羽绒服	羊皮服装	豹皮大衣	水洗	干洗
形状	窝形		可以	可以		可以	可以	可以	可以		
	半圆拱形	可以	可以		可以	可以		可以			
	肩弧拱形	可以	可以		可以	可以		可以			
	勾拱形	可以	可以	可以				可以			
作用	功能型		可以	可以		可以	可以	可以	可以		
	修饰型	可以	可以		可以	可以		可以	可以		
主要材质	海绵		可以		可以					不可以	不可以
	喷胶棉									不可以	不可以
	无纺布	可以	可以	可以	可以	可以	可以	可以	可以	可以	可以
	棉花	可以	可以	可以						不可以	可以
黏合方式	热熔胶 PA	可以	可以	可以			可以	可以	可以	可以	可以
	热熔胶 EVA	可以	可以	可以	可以	可以	可以	可以	可以	可以	
加工方式	热塑性	可以	可以	可以	可以	可以	可以	可以	可以		
	缝合型	可以	可以	可以							
	穿刺缠绕型										
	切割型				可以						
表面处理方式	拷克	可以	可以	可以	可以	可以					
	非拷克	可以	可以	可以			可以	可以	可以		
结合方式	缝合式	可以	可以	可以	可以		可以	可以	可以		
	扣合式		可以		可以	可以					
	黏合式		可以		可以	可以					

五、纽扣(button)

纽扣又称扣子，是服装的附属品，也是服装辅料之一。最初是作为专用于服装开口处连接的扣件，随着社会的进步和科技的发展，今天的纽扣除了具有原始的连接功能外，更多地体现出它的装饰与美化的功能，对服装起点缀作用。在众多的时装上，人们常常可以看到如珠似宝、如金似钻、千姿百态的装饰纽扣正在广泛流行，为时装的美化增添了新的风采和韵味。随着纽扣装饰功能的增加，形形色色的纽扣不断出现。纽扣的花色品种很多，有方形纽扣、圆形纽扣、菱形纽扣、椭圆形纽扣、叶形纽扣，以及凸花纽扣、凹花纽扣、镶花纽扣、镶嵌纽扣、包边纽扣、涂料纽扣等。按照取材特点，可分为合成材料纽扣、金属材料纽扣、天然材料纽扣和其他材料纽扣四大类。

1. 纽扣（总论）

分　类	特　　点
合成材料纽扣(synthetic material button)	是目前世界纽扣市场上数量最大、品种最多、最为流行的一类纽扣。与人们的日常生活关系最为密切,也是现代化学工业发展的产物。大多数合成材料都可用于制作纽扣,特别是以不饱和树脂生产的纽扣占到纽扣市场很大的份额。合成材料纽扣的共同特点是:造型丰富,色泽鲜艳,可批量生产,价廉物美,深受消费者的喜爱。其缺点是耐高温性不及天然材料纽扣好,而且由于是合成高分子材料,容易污染环境。主要品种有树脂纽扣、ABS注塑纽扣、电镀纽扣、脲醛树脂纽扣、尼龙纽扣、仿皮纽扣等
天然材料纽扣(natural meterial button)	纽扣中最古老的一种,几乎所有天然材料都可用于制造纽扣。常见的天然材料纽扣有真贝纽扣、木材纽扣、毛竹纽扣、椰子壳纽扣、坚果类纽扣(corozo)、石头纽扣、宝石纽扣、布纽扣、骨纽扣、角纽扣等。由于天然材料纽扣的材质各不相同,因而具有各自的特点,人们至今仍喜欢使用该类纽扣的主要原因并不是由于它们的理化性能如何优越,而是看中它们取材于大自然,与人们的日常生活比较贴近,特别是迎合了现代人回归大自然、返璞归真的心理需要,在一定程度上满足了部分现代都市人追求自然的审美观,也体现了人们环保意识的增强。当然,也不排除各类天然材料纽扣也有其自身的优点,有些甚至是合成材料纽扣无法达到的优点。例如,海产企鹅贝纽扣,色泽犹如珍珠,质地坚硬,纹理自然高雅优美,品质极为高贵,一些高档服装和时装非它莫属,是纽扣中的上品,其品质是任何合成材料纽扣所不及的;又如某些宝石纽扣和水晶纽扣,不仅自身品质高贵、装饰性极强,而且硬度高,耐高温,耐化学清洗,也是合成材料纽扣无法达到的
组合纽扣(coordinative button)	指凡由两种或两种以上不同材料通过一定的方式组合而成的纽扣。纽扣用的材料繁多,任何两种材料的纽扣都能黏合在一起,因此组合纽扣的类型举不胜举,如ABS电镀-尼龙件组合、ABS电镀-金属件组合、ABS电镀-树脂件组合、金属-环氧树脂组合等。该类纽扣是一类较新的纽扣品种。由于各种纽扣都有各自的优点和缺点,组合纽扣就是将各种不同纽扣的优点结合在一起,克服各自的不足,即取长补短,达到完美的境界。目前有多种多样的组合纽扣

2. 合成材料纽扣（synthetic material button）

高分子合成材料纽扣是目前世界纽扣市场上数量最大、品种最多、最为流行的一类，也是与人们的日常生活关系最为密切的化工产品。从世界上最早出现的酚醛树脂、脲醛树脂到后来相继出现的尼龙、聚丙烯、聚苯乙烯、ABS及不饱和树脂等，都可用于纽扣的生产。目前，大量用于合成材料纽扣的是不饱和树脂。合成材料纽扣总的特点是：色泽鲜艳、造型丰富、价廉物美，可成批生产，为广大消费者所喜爱，其缺点是耐高温等性能不及天然材料纽扣好，并且由于它是高分子合成材料，容易污染环境。

名称	特点	分类	
树脂纽扣（resin button；composition）	是不饱和聚酯树脂纽扣的简称。英文名称为unsaturated polyester button。港台一带取其英文的译音，叫做抛力纽扣，广东一带也有的称其为胶浆纽扣。是合成材料纽扣中质量较好的一类。其主要特点是：①耐磨性较好。因其材料的强度高，可耐洗衣机的连续摩擦而不破碎，即使在砂洗的服装上用树脂纽扣，也能经受砂洗的考验；②能耐普通的高温。能耐100℃的热水处理1h左右，也能适应成衣的熨烫，但不能耐高压锅的高压煮练；③耐化学性好。能耐30%的各种无机酸及普通双氧水的腐蚀，但不能在酮类、酯类、香蕉水及碱水里长时间浸泡；④花样多样，色泽鲜艳，仿真性强，价格低廉。这是树脂纽扣区别于其他纽扣最为明显的地方，因而使其成为当今世界纽扣业的霸主而且持久不衰。任何花色品种和色彩的树脂纽扣都能方便、快速地生产出来，而仿真性更堪称世界一流。如今各种各样的贝壳纹理、色彩、各种木材、各类动物骨、角、大理石、花岗岩、玛瑙、象牙、各种花、草图案均能逼真的仿制出来；⑤染色性良好。可用于树脂纽扣染色的染料品种很多，且染色方法简单，染色效果较好，色泽鲜艳，色牢度很好	极材纽扣（片材纽扣）（plank material button）	产品大多带有珠光光泽或条纹状的纹理，以仿贝扣居多。如是大尺寸纽扣，则多为多层结构，层次分明。该类纽扣的生产速度快，生产周期相对较短，纽扣的力学强度较大
		棒材纽扣（stick-shaped button）	产品大多带有各种各样的定形花纹（俗称定形花），如各种流畅的线条，各种花、草、图案均由一根根模具管子浇铸而成
		压铸珠光纽扣（diecasting plexiglass button）	俗称曼哈顿纽扣（台湾称其为perma peanl）。该类纽扣的色彩效果为仿贝壳珠光层，材料的强度远比不饱和树脂板材和棒材高，故这类纽扣可称为高强度耐热纽扣，可用于频繁洗涤的衬衫
		裙带扣及扣环等（waistband button；waist button；snap ring）	该类产品实际上是纽扣的变种，主要用于各式男女风衣、夹克衫、女式裙带等。还有一类是仿牛角扣及异形工艺扣，这些纽扣常浇铸成有各种模糊的花纹，质感有动物骨、角的韵味，很高雅
		其他分类方法	除了上述分类方法以外，还可根据眼孔分布方式将其分为明眼纽扣和暗眼带柄纽扣，前者又有二眼和四眼之分；后者为每颗纽扣只有一个孔眼，且打在纽扣的背面，眼孔的拉力强度较大，多用于女式服装。在暗眼扣中还有一类带柄纽扣，带柄纽扣的特点是眼孔打在凸出的柄上，这类纽扣多用于布质较厚的服装及职业服装上作装饰之用

续表

<table>
<tr><th>名　称</th><th>特　点</th><th colspan="2">分　类</th></tr>
<tr><td rowspan="3">ABS注塑及电镀纽扣(ABS injection & electroplated button)</td><td rowspan="3">ABS塑料的全称为丙烯酸酯-丁二烯-苯乙烯共聚塑料，是一种热塑性塑料，其注塑成形性很好，具有良好的电镀性。电镀纽扣主要是将各种普通基体(如塑料、金属等)纽扣表面镀上一层贵金属或合金(如金、银、仿金)镀层，成为一种贵重、美观的高档次、装饰性纽扣。该类纽扣的特点是色彩艳丽、造型丰富，装饰性强；电镀可使普通的塑料、金属基体提高硬度、强度、耐磨耐烫性，增强抗腐蚀性和抗洗涤剂性能</td><td>根据电镀纽扣基本材料不同</td><td>可分为各种电镀纽扣，如塑料电镀纽扣、金属电镀纽扣、木头电镀纽扣、石膏电镀纽扣等。目前纽扣市场上大多为塑料电镀纽扣，特别是ABS塑料电镀纽扣</td></tr>
<tr><td>根据镀层的光泽不同</td><td>可分为光亮电镀纽扣、半亮光电镀纽扣和亚光电镀纽扣。光亮电镀纽扣是在各类纽扣表面镀上一层光亮贵金属镀层。半亮光和亚光电镀是指在各类纽扣表面镀上一层半光亮或无光亮的贵金属镀层，使纽扣具有庄重、典雅、大方的感觉，以迎合部分消费者追求与众不同的审美观</td></tr>
<tr><td>根据电镀纽扣镀层材料的颜色不同</td><td>可分为①镀金纽扣，有亮光、半亮光、亚光镀真金的金黄色纽扣；②镀银纽扣，有亮光、半亮光、亚光镀真银的银白色纽扣；③仿金纽扣，有亮光、半亮光、亚光镀合金的金黄色纽扣；④镀黄铜纽扣，有亮光、半亮光、亚光镀合金的黄铜色纽扣；⑤镀镍纽扣，有亮光、半亮光、亚光镀镍耐磨白色纽扣；⑥镀铬纽扣，有亮光耐磨不变色白色纽扣；⑦红铜色纽扣，有亮光、半亮光、亚光镀紫铜、红铜的纽扣；⑧仿古色纽扣，如古青铜、红古铜、古镍、古银纽扣</td></tr>
<tr><td>脲醛树脂纽扣(urea formaldehyde resin button)</td><td>是合成树脂纽扣中最古老的品种之一，已有百余年的历史，俗称电玉扣。与其他合成树脂相比，具有以下特点：一是耐温性较好。普通树脂纽扣只能耐100℃左右的热水煮(曼哈顿纽扣例外)，脲醛树脂纽扣耐温性能可达到100～120℃，短时间的电熨斗熨烫温度可更高；二是硬度高，耐磨性好。其硬度高于树脂纽扣，同时也是一种热固性交联型塑料，故耐磨性很好，不易破损，可用于经常洗涤的衬衣和西服上；三是耐有机溶剂性好，可经受干洗剂的侵蚀而不破坏。其缺点是色彩不如树脂纽扣丰富鲜艳，因而其装饰性也不如树脂纽扣</td><td colspan="2">可分成明眼纽扣和暗眼带柄纽扣两类。由于其成形方法只有一种热模压法，因此一般都做成二眼或者四眼的明眼纽扣，并且纽扣的孔眼在模压成形时一次性铸成，其型号与不饱和树脂一样，分为16、18、20、24、34等</td></tr>
</table>

续表

名称	特点	分类
尼龙纽扣(nylon button)	尼龙是一类热塑性工程塑料，采用注塑法生产纽扣，比较简单。其主要特点：一是纽扣韧性好，机械强度高，因而需做成带柄纽扣；二是具有良好的染色性。在合成树脂纽扣中，除了不饱和树脂纽扣以外，尼龙纽扣的染色性最好，经沸水浴染色以后，纽扣的尺寸不会变化，也不需要固色等后处理工艺，故尼龙纽扣常做成本色或白色，然后根据需要再染成不同颜色，同时，由于它的尺寸稳定性好，故用于组合纽扣的组件时，它的配合性极好；三是不仅力学性能好，而且耐化学性优良，能耐绝大多数有机溶剂侵蚀，还具有极好的耐磨性，尼龙纽扣可以同服装一起进行干洗、水洗；四是珠光排列效果良好，而且纽扣表面的光亮度也很好，故珠光尼龙纽扣多用于同 ABS 镀金件的组合，做成高档次的珠光尼龙-ABS 镀金组合纽扣，成为女性喜爱的时装纽扣	
仿皮纽扣(leather-like button)	在当今世界服装市场上，皮革服装占有相当的比例，这类服装除了使用树脂纽扣、组合纽扣以外，有相当一部分是采用与之相配套的仿皮纽扣。仿皮纽扣的特点：一是表面有皮纹，外观有皮质感；二是色彩丰富，纽扣表面的光亮度很容易加工成从特亮到亚光、无光的效果；三是生产效率高，价格便宜，但生产周期较长；四是仿皮纽扣整体材料均为合成树脂，故其耐热性、耐磨性和耐有机溶剂性能受到限制，使用时不能用电熨斗熨烫，不能浸入有机溶剂中，也不能放入洗衣机中长时间地搅动洗涤	主要以暗眼纽扣为主，也有部分纽扣做成明眼纽扣，此外还仿皮牛角纽扣、仿皮绳纽扣、仿皮裙带如及扣环等
有机玻璃纽扣(plexi-glass button)	有机玻璃的英文名称为 acrylub，取其英文的译音叫做亚加力或压克力等。做纽扣用的有机玻璃通常为带有珠光光泽的，即所谓的珠光有机玻璃。珠光有机玻璃纽扣的特点：着色容易，机械加工成型也容易，造型丰富多彩，整颗纽扣具有晶莹闪烁的珍珠光泽，在珠光的映射下，纽扣的色泽极其艳丽。其主要缺点是纽扣表面的耐磨划性差，不耐有机溶剂的清洗（不能干洗），耐温性也较差，不能放入沸水中煮，电熨斗接触时间略长就会融化等，因而限制了该类纽扣的发展	

续表

名　称	特　　点	分　　类	
透明注塑纽扣(clear injection button; transparent button)	用于该类纽扣的材料种类包括适于注塑的透明类塑料	透明聚苯乙烯纽扣	透明性较好，材料价格便宜，注塑容易，但易脆，且不耐高温，不耐溶剂，属于低档次的纽扣
		聚碳酸酯纽扣(PC)	聚碳酸酯属于工程塑料，不仅透明，而且材料的力学性能优异，特别是它的回弹性好，且不易破碎，故多用于注塑带有弹簧的绳扣。其缺点是成本高，注塑性能较差
		丙烯酸树脂纽扣	丙烯酸树脂是透光率最大，透明性最好的塑料。可用于注塑的树脂品种很多，国内主要型号有372、613、504等，但综合透光率稍差。由于丙烯酸树脂透光率较高，色泽纯正，故大多纽扣制造业采用这类材料制造高纯度，高透明性的纽扣，其外观有如水晶玻璃的效果，制成的纽扣或单独作时装纽扣，或与其他材料组合成组合纽扣；用于女性时装，目前甚为流行。该类纽扣的缺点是表面的耐磨划性、耐有机溶剂性及耐高温性不好，不宜用于高档、耐穿的服装上
		K树脂纽扣	K树脂是一种苯乙烯-二丁烯共聚物。其特点是透明性较好，材料的柔软性好，容易注塑，制成的塑料具有一定的弹性，多用于生产透明、半透明的绳扣，但由于材料的力学性能较差，纽扣的耐用性稍差，档次较低

续表

名称	特 点	分 类
不透明注塑纽扣(opacity injection button; opaqu-eness injection button)	通常是将染料直接掺到树脂中着色而注塑成各种颜色的纽扣。常用塑料有聚丙烯、ABS等。聚丙烯注塑纽扣的主要优点是材料价格低廉,对模具的要求低,注塑工艺性好,产品耐腐蚀性极好,纽扣的力学性能较好,其缺点主要是太轻、无法染色,经沸水煮后易变形。ABS着色塑料纽扣价格较聚丙烯高,耐有机溶剂的性能不如聚丙烯,因此ABS着色纽扣的综合性能不及聚乙烯好,用途不广	
酪素纽扣(casein button)	是用牛奶中的酪蛋白加工而成的。按其材料性能分,应属于天然材料纽扣,但由于其生产方式与一般的塑料纽扣生产方式很相似,故有人将其列入合成材料纽扣中。该类纽扣的特点是质感如动物骨,本色的酪素塑料与象牙接近,故有象牙扣之称,目前在纽扣行业,动物仿象牙纽扣通常指的就是酪素纽扣(植物仿象牙纽扣指的是美洲的坚果纽扣);酪素纽扣可做成各种极清晰的花纹,颜色可调且染色容易,安全性好,但价格昂贵	

3. 树脂纽扣(unsaturated polyester button; resin button; composition)

树脂纽扣是不饱和聚酯树脂纽扣的简称，港台一带取其英文的译音，叫做“抛力”纽扣，广东一带也有的称其为“胶浆”纽扣。

(1) 主要品种与特点

主要品种	特 点
磁白纽扣(porcelain white button)	纽扣为单一的白色,无花纹,可做成各种造型,白度可从普通的磁白到特白。磁白纽扣主要用于染色,可染成任何色彩,与各色服装配套,但产品档次较低。也可不染色直接用于服装上,主要用于素色服装,也有用于黑色的服装上,以造成颜色强烈对比的效果

续表

主要品种	特　　点
平面珠光纽扣(plan plexiglass button)	珠光亮度在整颗纽扣扣面都一样,像面镜子,色泽鲜艳,外观与珠光有机玻璃纽扣很难区别。本色的珠光纽扣大多用于衬衣扣,经染色后可呈现各种色彩
玻璃珠光纽扣(glass plexiglass button)	纽扣表面的珠光排列呈波纹状,珠光亮度高,亮斑闪耀有如猫眼的效果。波纹的宽度因纽扣规格的大小不同而不同。各种波纹纽扣的风格差别较大,与平面珠光纽扣相比,波纹珠光纽扣更为漂亮、活泼,是品位较高的一类珠光纽扣。目前已基本上取代了平面珠光纽扣
云花仿贝纽扣(natural tone imitation shell button)	是表面的珠光排列呈不规则云花,并呈现七彩效果。由于这种珠光类纽扣与天然贝壳的珠光效果较接近,故称仿贝纽扣。目前,已可生产出与真贝纽扣几乎没有差别的各类仿贝纽扣
条纹纽扣(stripe button)	纽扣表面有细腻流畅的线条,色彩自然,具有天然竹、木的纹理,故又称仿木纽扣、仿竹纽扣。该类纽扣主要用在一些休闲服上
棒材纽扣(stick-shaped button)	又名定形花。棒材纽扣是一大类纽扣品种,型号、规格极多,用途十分广泛,品位中等。其特点是具有清晰、定形的花纹,纽扣正反面的花纹一样,线条流畅。在花纹基础上还可以做成不同的造型,有许多棒材纽扣具有仿牛角、动物骨、琥珀等效果,品位较高。目前,脲醛树脂纽扣比较流行,但生产企业采用浇注棒材的方法也很容易仿出脲醛树脂纽扣的效果,但价格要比脲醛树脂纽扣便宜得多,所以在棒材纽扣中,有相当一部分是属于仿脲醛树脂纽扣
珠光棒材纽扣(plexiglass stick button)	将板材纽扣的珠光效果与棒材纽扣的定形花结合在一起,使纽扣既具有清晰的定形花纹,又具有珠光效果。纽扣的色彩鲜艳。目前,国际上采用一种新技术研制成功的珠光棒材纽扣,无论是在色彩上还是在纹理上都与天然鲍鱼壳十分相似,相当漂亮,可用于男女各种服装上
曼哈顿纽扣(manhattan button)	属于仿贝纽扣的一类,是一种采用热压成形耐高温的珠光纽扣。纽扣种类主要有单一珠光、双层珠光、双层五彩珠光等。纽扣的用材质量好,价位高,特别是其耐温性和力学强度均比普通树脂要高得多,主要用于清洗、易磨损的衣服上(如衬衣纽扣等)

续表

主要品种	特点
裙带扣及扣环 (waistband button; waist belt button;snap ring)	颜色、花纹、造型结构变化较多。型号尺寸与一般纽扣不同,通常以2.54cm(1英寸)、51cm(2英寸)为单位表示的。国外多以机制生产方式为主,价格较高,国内主要以手工浇铸法为主,反面质量较差,但衡量其产品质量常以正面为主。该类纽扣主要用于男女风衣腰带、裙带上,主要功能是装饰用
牛角纽扣 (ox horn button)	由树脂浇铸而成,外观像牛角,多用棒材切割成段再机械加工而成,或者直接由一定的模具一次性浇铸而成。产品中常饰有各种花纹,外观似角质,主要用于风衣的绳扣
工艺纽扣 (technology button; industrial art button; workmanship button; artisanry button)	主要通过手工削、刨、磨、锉等方法加工而成,无法使用自动制扣机生产。要求做工精细,因此,生产效率低,加工成本高,产品更像工艺品,故称工艺纽扣。其特点是造型别致高雅,多做成天然物体的形状,如树叶状、月亮状、别针状等,产品品位高,主要用于高档服装和时装
刻字纽扣 (slabstone button)	早期的刻字纽扣多采用机械刻字的方法,所刻的字迹及图案的清晰度受到了很大的限制,特别是在刻那些很精细的字体和图案时,清晰度较差。自20世纪90年代初研制成功自动激光刻字制扣机后,解决了字迹和图案的清晰度问题,由于采用电脑扫描制图,无论多复杂的图案都能方便地雕刻在纽扣上。同时用于雕刻的激光束可以细到零点几个毫米,即使是极细的字迹或笔画也能清楚地雕刻出来。有些服装生产企业要求在纽扣上刻上本公司的标志、标识、商标或其他图案符号,因此,激光雕刻技术在纽扣上应用越来越广。目前,激光雕刻的应用范围包括各种塑料纽扣、树脂纽扣、金属纽扣、贝壳纽扣、木头纽扣等。对于树脂纽扣而言,不仅能刻纽扣的表面或边缘,还能专刻纽扣的内层而留下表面透明层不被刻蚀。但由于这类雕刻机价格昂贵,因此刻字纽扣的价格也比一般刻字纽扣要高

(2)型号与外径尺寸对照表

纽扣型号	纽扣外径/mm	纽扣型号	纽扣外径/mm	纽扣型号	纽扣外径/mm
14	8.89	28	17.78	40	25.40
16	10.16	32	20.32	44	27.96
18	11.43	34	21.59	54	34.29
24	15.24	36	22.86		

注:纽扣直径的计算公式为纽扣直径=规格×0.635(mm)。

(3) 参考编号与规格

种　类	编　号	说　明
一般树脂纽扣	100～199 开头 501～999 开头 A1～A999 开头 T1～T999 开头	例:10018#"100"表示造型,18# 为规格,即国际通用尺码 18 型纽扣 例:50218#"502"表示造型,18# 为规格 例:A118#"A1"表示造型,18# 为规格 例:T118#"T1"表示造型,18# 为规格
树脂纽扣与金属组合成的纽扣	"H"开头	例:H10018#　"H"表示树脂纽扣与金属组合成的纽扣 "100"表示造型 18# 表示规格
树脂纽扣与塑料电镀件组合成的纽扣	"HF"开头	例:HF10018#　"HF"表示树脂纽扣与塑料电镀件组合成的纽扣 "100"表示造型 18# 表示规格
珠光棒材纽扣	"K"开头	例:K10124#　"K"表示珠光棒材纽扣 "101"表示造型(可生产各类造型纽扣) 24# 表示规格
珠光棒材纽扣与各种组件组合成的纽扣	"HK"开头	例:HK10118#　"HK"表示组合纽扣 "101"表示造型 18# 表示规格
曼哈顿纽扣	"MP"开头编号为单色珠光纽扣(又叫 JPP)	例:MPA18#　"MP"表示单色珠光纽扣 "A"表示造型(可生产各种明眼扣) 18# 表示规格
	"MA"开头编号为双色珠光纽扣(反面主要为磁白或磁黑,正面为珠光白)	例:MAA18#　"MA"表示双色珠光纽扣 "A"表示造型(可生产各种明眼扣) 18# 表示规格
	"MC"开头编号为五彩珠光纽扣	例:MCA18#　"MC"表示五彩珠光纽扣 "A"表示造型(可生产各种明眼扣) 18# 表示规格
	"MN"开头编号为各种波纹珠光纽扣(一般为单色、双色珠光纽扣)	例:MNA18#　"MN"表示波纹珠光纽扣 "A"表示造型(可生产各种明眼扣) 18# 表示规格

4. 天然材料纽扣(natural meterial button)

名　称	特　点	分　类
真贝纽扣(shell button; (mother)pearl button; pearl button)	亦即贝壳纽扣,是一类极其古老的纽扣,来源于大自然,质感高雅、光泽诱人,品质高贵。其主要特点:(1)具有柔和的珍珠光泽,不像由不饱和树脂制成的珠光纽扣那么耀眼;(2)质地坚硬,传热速度快,有凉爽感;(3)有重量感,相对密度比树脂纽扣大;(4)耐有机溶剂的清洗而不腐蚀;(5)贝壳属于天然产品,制作的纽扣是绿色环保产品。它的主要缺点是:(1)材质较脆,受冲击时容易破碎;(2)不耐双氧水腐蚀,不耐酸,遇酸即分解;(3)染色牢度比树脂纽扣差,只能达到3.5级;(4)纽扣厚度不统一,不如树脂纽扣的厚度一致;(5)由于资源有限,价格偏高	可分为:(1)尖尾螺纽扣。该类纽扣材质较厚,珠光层较好,可加工型号14~44各种造型的纽扣,经双氧水漂白后,色泽呈淡黄绿色,并可染成各种颜色,适用于各种中高档服装,多用于真丝服装上。(2)珠母贝纽扣。贝壳品种有白蝶贝、黑蝶贝、各类珍珠贝(如企鹅贝等),贝壳的形状多为中到大型,厚度为中厚到较厚,珠光层的颜色从白色到深灰色,可制作型号14~44的纽扣。纽扣表面的平整度较好,其最大特点是珠光光泽明显,属于贝壳类纽扣中的高档品种,价格较高。纽扣中浅色的小扣多用于高档衬衫和T恤衫上,深色品种多用于高档真丝服装或西服上。(3)马氏贝纽扣。俗称马氏珠母贝,贝型中而偏小,较薄,但珠光层的光泽极好,质地较韧,重量轻而坚牢。但纽扣表面的平整度较差,多做成二眼明眼扣,常用于面料轻薄的女式休闲服上。(4)鲍鱼贝纽扣。鲍鱼贝是制作纽扣的理想材料。这类纽扣的特点是扣面凹凸不平,背面有细丝状的斜纹,颜色多为棕红色,正面则呈强烈的紫红、黄绿彩虹珠光,厚度薄而质地坚硬。纽扣多为二眼明眼扣,多用于质地轻薄的服装上。(5)香蕉贝纽扣。这是一类浅水贝壳类纽扣,其特点是具有较好的白度,颜色、形状与尖尾螺很接近,但价格却要便宜得多,不少服装厂用它来代替尖尾螺纽扣。由于它色泽浅,可将其染成各种颜色。其缺点是受大小和形状的限制,难以做成30以上的大型号纽扣。(6)浅水河蚌纽扣。它的颜色从白色到棕黄色均有,珠光层光泽尚可,厚度有从薄到中等厚度,以薄的居多。最大的特点是价格便宜,但品位较低,多加工成两眼或四眼的明眼扣,经染色后可得到多种颜色。(7)其他贝壳纽扣。在纽扣市场上,还可经常见到其他一些稀有贝壳纽扣,主要有夜光螺,虎斑贝、芋头螺等贝壳做成的纽扣,这类贝壳纽扣由于资源有限,数量有限,但品位较高

续表

名　称	特　点	分　类
木材纽扣及毛竹纽扣(wood button & mao bamboo button)	都属于植物类茎秆加工而成的纽扣。在国际纽扣市场上,这类纽扣的数量不少。特别是近年来,随着人们回归大自然、返璞归真的环保意识的增强,这类植物纽扣的需求量与时俱增,特别是一些工业发达国家的消费量逐步上升。在产品结构中,以木材纽扣数量居多。这类纽扣的特点:一是天然无毒,对人体健康有益;二是朴素粗放,符合时代发展的潮流。由于木材纽扣上带有天然木质的纹理,非常朴素、自然,加上它的外观比较粗糙,与塑料类纽扣的高光泽感形成了鲜明的对比;三是耐有机溶剂,由于木材纽扣的主要成分是木质素,对有机溶剂的抵抗力极强,可与服装一起进行干洗;四是可进行漂白成很浅的颜色,经过漂白后的纽扣还可染上各种鲜艳的颜色,但经染色后的纽扣必须经过固色处理,以避免掉色与污染服装面料。但木材纽扣也有其致命的缺点,即木材吸水性很强,当遇到潮湿的天气,或是将其投入水中,就会很快吸水膨胀,当再次干燥后有可能开裂、变形,或者变得粗糙不堪,很易钩扯服装中的纤维。为了克服这一缺点,可适当选择木质致密、生长期长、树龄老的木材或部分。同时,在纽扣抛光后,采用高质量的清漆处理表面,封死所有吸水孔隙,在一定程度上可克服易吸水的毛病	木材纽扣的型号尺寸均与现行树脂纽扣的型号尺寸相同,产品类型以二眼或四眼的明眼扣为主,暗眼扣不多

续表

名　称	特　点	分　类	
椰子壳纽扣和坚果纽扣(coconut shell button & nuts button)	取材于植物的果实,椰子是热带果实,“坚果纽扣”是由拉丁美洲的厄瓜多尔与哥伦比亚一带出产的一种叫做 corozon 的坚果制作的纽扣。椰子壳非常坚硬,该类纽扣的特点为颜色呈浅褐色到深褐色,正反面的色泽不同,纽扣表面分布有斑点或条丝状的脉络。经过漂白处理后,可染成各种颜色,其缺点是吸水性强。椰子壳纽扣主要用在一些休闲衫上。坚果纽扣质地坚硬,其高雅、自然的纹理与尿素扣相似。因为南美产的这种坚果切开后,切面的颜色、纹理与象牙很相似,所以又称为植物仿象牙扣。这种纽扣做工精细,须经过十几道高难度工艺加工,其字体、图案清晰有动感,富有灵气,色泽柔和、纯朴,纹路自然,造型高雅,是高档服饰的理想配饰。也是目前纽扣中档次较高的产品,一贯成为高级绅士品位的标志,被国内外著名服饰厂家广泛使用。坚果纽扣根据取材部位不同,通常分为两类:一是取材于坚果的表皮层,做成的纽扣一面带有褐色的花纹;二是取材于坚果的内层,做成的纽扣表面带有条纹状或者同心圆状的花纹,很像树脂纽扣的定型花。在使用时需注意:①吸水膨胀性强,不能长时间浸水;②不能与强氧化性物质接触,以免出现纽扣开裂;③色泽与纹理的统一性不好;④染色扣经紫外线照射极易褪色,贮存时应避免阳光照射,同时应通风干燥,否则遇湿易发霉	椰子壳纽扣(coconut shell button)	用于制造纽扣的椰子壳非常坚硬。该类纽扣的特点为颜色呈浅褐色到深褐色,正反面的色泽不同,纽扣表面分布有斑点或条丝状的脉络。椰子壳在浸水前颜色较浅,浸水以后颜色即变深褐色,经漂白处理后,可染成各种颜色的纽扣。椰子壳纽扣的缺点与木材纽扣相似,主要是吸水性太强,但比木材纽扣略好些。椰子壳纽扣主要用一些休闲衫上
		坚果纽扣(nuts button)	该类纽扣在纽扣行业称之为植物仿象牙纽扣。这种纽扣经过适当抛光处理后,光泽很好,由于这种纽扣质感高雅以及资源有限,纽扣的档次要高于普通木头纽扣,且售价也较高,根据取材部位的不同,坚果纽扣通常分为两类,一类是取材于坚果的表皮层,做成的纽扣一面带有褐色的花纹;另一类取材于坚果的心层,做成的纽扣表面带有条纹状或同心圆状的花纹很像树脂纽扣的定形花。坚果纽扣也可以增白、染色,多加工成明眼扣。坚果纽扣的吸水膨胀也很明显,使用时需加注意

续表

名　称	特　　点	分　　类	
石头纽扣、陶瓷纽扣和宝石纽扣（stone button、ceramic button & gem button）	这是一大类天然矿物纽扣，质地坚硬、耐磨，具有较强的装饰性和一定的市场空间	石头纽扣（stone button）	目前市场上流行的石头纽扣主要是大理石纽扣。已进行批量机械生产。大理石纽扣的主要特点是具有极高的硬度与耐磨性；耐高温、耐有机溶剂，不为普通浓度的酸碱所腐蚀；纽扣上缀有各种天然花纹，自然而别致，有高雅感
		陶瓷纽扣（ceramic button）	可分为普通陶瓷纽扣和特殊陶瓷纽扣两类。前者由普通的瓷质材料经烧结、上釉、表面饰花再与金属底托组合而成。由于经过上釉处理以后，纽扣表面饰有花纹，色彩鲜艳，亮度很好，装饰效果十分明显，而且陶瓷材料有很高的表面硬度，耐磨性优异。但由于受到生产方式和工艺水平的限制，生产批量不大，成本偏高。后者是由高强度陶瓷材料（如氧化锆等）经高压成型再烧结而成。纽扣的机械强度极高，被称为不破碎纽扣，但价格较高，主要用作耐洗耐磨的衬衣纽扣
		宝石纽扣（gem button）	宝石是一种稀有的高级装饰材料，用于生产纽扣的极少。目前用于生产纽扣的宝石主要是一些低档的宝石和人造水晶。人造水晶纽扣因颜色晶莹、透亮，深受消费者的青睐，因而销售量不断增加。宝石纽扣和水晶纽扣（crystal button）的主要特点：品质高贵，宝石和水晶都是稀有物质，非常贵重；性能优异，它的耐磨性、磨划伤性，耐有机、无机清洗剂的性能是普通塑料纽扣甚至贝壳纽扣所不及的，是纽扣中的珍品，不仅具有使用价值，而且还极具收藏价值。由于宝石属于稀有物质，在加工成纽扣时，常经过精雕细琢，做成别致的造型，具有良好的装饰效果

续表

名　称	特　　点	分　　类
其他纽扣 (others button)		上面介绍的纽扣都是一些在市场有一定销售量的种类，还有一些纽扣虽在市场有售，但产品不大，用途也不广。例如，动物骨角纽扣(animal bone button; animal horn button)、蜜蜡纽扣(beeswax button)、皮纽扣(leather button)等。另外，也有人用麦草或其他植物茎秆编织成天然纽扣，但商品意义不大

5. 真贝纽扣 (shell button)

(1) 分类与特点

分　　类	特　　点
尖尾螺纽扣 (tail-pointed snail shell button)	材质较厚，珠光层较好，可以加工型号14～44各种造型的纽扣。经过双氧水漂白以后，纽扣的色泽呈淡黄绿色，在此基础上可染成各种颜色，适用于各种中高档服装。由于贝壳的价格较高，色彩较好，故售价也高，国内多用于丝绸服装上
珠母贝纽扣 (pearlies; pearl button)	使用的贝壳品种有白蝶贝、黑蝶贝、各类珍珠贝(企鹅贝)等。贝壳的形状多为中到大型，厚度为中厚到较厚，珠光层的颜色从白色到深灰色，可以制作型号14～44的纽扣，纽扣的表面平整度较好，最大的特点是珠光光泽明显，是贝壳纽扣中的中高档品种，因此售价较高。纽扣中浅色的小扣多用于高档衬衫、T恤衫上，深色的品种多用于高档真丝绸服装上
马氏贝纽扣 (mass shell button)	马氏贝又称马司贝，俗称马氏珠母贝。贝型中偏小，较薄，但珠光层的光泽极好，质地较韧，纽扣的重量轻而坚牢。该类纽扣的扣面平整性不够好，多做成二眼明眼扣，用于轻薄的女式休闲服上，售价要比尖尾螺及黑蝶贝类纽扣便宜很多
香蕉贝纽扣 (banana shell button)	这是一类浅水贝壳类纽扣。其特点是白度白，颜色、形状与尖尾螺纽扣很接近但价格要便宜很多，故有不少服装企业将其代替尖尾螺纽扣。由于其色泽浅，还可将其染成各种色泽。其缺点是由于受壳型大小及形状的限制，难做成30以上的大型号纽扣
浅水河蚌纽扣 (shallow water river freshwater button; shoal water river freshwater button)	色泽从白色到棕黄色均有，珠光层色泽较好，厚度从薄到中等厚度，以薄的居多。其最大的特点是价格便宜，但品位较低，大多加工成二眼或四眼的明眼扣，经染色可得到各种颜色

续表

分　　类	特　　点
其他贝壳纽扣 (others shell button)	除上面介绍的贝壳纽扣品种以外，市场上还有一些稀有贝壳纽扣，如夜光螺纽扣、虎斑贝纽扣、芋头螺纽扣等，这些纽扣由于受到资源的限制，数量较少，但品位较高

(2) 编号及规格

种　　类	编　　号	可生产规格	可　造　型
尖尾螺纽扣 (tail-pointed snail shell button)	"B"开头的编号 (不包括B113、B117) 例：B10118#、B10218#	14#～44#	1. 明眼扣：二眼、四眼、鱼眼及其他明眼造型； 2. 24#以下规格可生产暗眼扣、带柄扣； 3. 可生产各种异形扣
鲍鱼贝纽扣 (sea-ear shell button)	"B113"开头为四眼扣 "B117"开头为二眼扣 例：B11318# B11718#	14#～44#	主要可生产二眼扣、四眼扣
香蕉贝纽扣 (banana shell button)	"BX"开头的编号 例：BX10318#	14#～30#	主要可生产二眼扣、四眼扣、鱼眼扣及其他明眼扣造型
马司贝纽扣 (进口贝)(mass shell button)	"BR403"开头为四眼扣 例：BR40318# "BR401"开头为二眼扣 例：BR40118#	14#～44#	主要可生产二眼扣、四眼扣
马司贝纽扣 (国产贝)(mass shell button)	"B403"开头为四眼扣 例：B40318# "B401"开头为二眼扣 例：B40118#	14#～44#	主要可生产二眼扣、四眼扣
淡水珍珠贝纽扣 (freshwater pearly button; freshwater pearlies)	"BD"开头的编号 例：BD11718#	14#～44#	主要生产二眼扣、四眼扣、鱼眼扣和其他明眼扣造型

续表

种　类	编　号	可生产规格	可　造　型
黑蝶贝纽扣（black-butterfly shell button）	“BH”开头的编号 例：BH11718#		
乌龟贝纽扣（tortoise shell button）	“BW”开头的编号 例：BW11718#		

注：1. 编号说明

例：BX10318# “BX”表示该纽扣为香蕉贝纽扣；“103”表示该纽扣的造型，“18”表示规格。

2. 纽扣直径的计算公式

纽扣直径＝规格×0.635（mm）。

6. 组合纽扣（coordinative button）

组合纽扣是指由两种或者两种以上不同材料通过一定的方式组合而成的纽扣。

名　称	特　点	分　类	
树脂-ABS电镀组合纽扣	数量较多，产品的造型变化多端，树脂价格便宜，而且树脂纽扣的生产是目前机械化程度最高的，ABS注塑及电镀的生产工艺成熟，生产效率很高，故由这两类材料组合而成的纽扣价格较其他组合纽扣便宜。该类组合纽扣可分为内组合和外组合两种	树脂-ABS内组合纽扣	以树脂纽扣为基础，纽扣的底座包括纽槽都由树脂组成。在树脂的底座上挖孔、挖槽，将通常是仿金件的ABS组件嵌入槽内，然后再滴上透明树脂，重新机制，切削造型，最后成为二组分组合纽扣。这种组合纽扣由于外面层全是树脂，亮度较好，ABS组件包封于树脂内，不会受到空气氧化而变色，故纽扣的保色性较好，在服装业得到广泛的应用，纽扣的型号较多，小到18#，大到60#、80#均可生产
		树脂-ABS外组合纽扣	ABS电镀件不被树脂包封起来，树脂件与ABS镀件靠机械连接或者由合适的黏合剂胶接在一起。一是ABS电镀件作底座及外件，树脂件作表面内饰，整颗纽扣以ABS为主体，主要显示镀金纽扣的特色，比较轻飘，活泼，美观高雅，多用于夏秋时装上。二是以树脂件作底座，表面饰以ABS小饰件，这种纽扣比较稳定，主要用于秋冬装上

续表

名　　称	特　　点	分　　类
ABS电镀-环氧树脂滴胶组合纽扣	这类纽扣占据了组合纽扣市场的很大部分，纽扣结构的特点是底座全由ABS电镀件组成，电镀件的颜色大部分是金色，也有银色。在注塑件上通常预设有各种各样的沟、槽，电镀完成后，在这些构成花纹的沟槽上再滴注各色环氧树脂。由于环氧树脂的自然表面很光亮，所以不需要再进行表面处理。由于这类纽扣造型变化大，品种多，加上环氧树脂彩色点的装饰，所以纽扣的色彩很丰富。近年来，西方国家为生产这类纽扣专门设计了各种各样的环氧树脂滴胶纽扣。因为这类纽扣造型多样，色彩丰满，纽扣自身的重量较轻，故多用于各类时装和休闲装上	
其他组合纽扣(other coordinative button)	除了上面介绍的两类组合纽扣以外，还有一些常用的组合纽扣，如金属件-ABS组合、金属件-树脂组合、ABS-人造水晶组合、ABS-人造珍珠组合等。服装企业也有根据服装的特点，专门设计造型独特的纽扣	
免缝纽扣和功能纽扣(no-sew button; functional button)	这两种纽扣也可算作组合纽扣。所谓免缝纽扣是指不用线缝，而直接由纽扣上所带的某些附加装置连接在服装上的纽扣。这类纽扣出现的时间较长，品种多种多样，而且大多数是一些组合纽扣，主要用于一些特殊的场合。功能纽扣是属于一类比较新潮的纽扣，它除了具备服装的连接功能外，还结合了一些特殊的与纽扣的实用功能毫无联系的功能，如香味纽扣(perfume button; fragrance button)、药剂纽扣(medicament button; drug button)、发光纽扣(luminous button; shine button)等	

六、拉链（zip；fastener；zipper）

拉链又称拉锁，是由两条能互为啮合的柔性牙链带及其可使重复进行拉开、拉合的拉头等部件组成的连接件。由链牙、布带、拉头（包括拉片、拉头本体、帽盖）、上止、下止、插管、插座等部件组成。拉链有普通拉链和特殊拉链之分。前者固定链牙的带是纺织纱带；后者固定链牙的带是橡胶带。一般可按材料类别、功能类别和加工工艺类别进行分类。常用的拉链有尼龙拉链、金属拉链和注塑拉链三种，其中尼龙拉链的用途最为广泛，是服装、鞋、帽、睡袋以及各类包、夹、箱子等物品上作扣合用的辅料。在选择用拉链时，需要考虑与服装主料、款式之间的相容性、和谐性以及其装饰艺术性和经济实用性。

1. 拉链（总论）

（1）结构

拉链术语	含　　义
拉链	又称拉锁。是服装、鞋、帽、睡袋以及各类包、夹、箱子等物品上作扣合用的辅料。是一个可反复拉合、拉开的，由两条柔性的、可互相啮合的单侧牙链所组成的连接件。分金属拉链、树脂拉链、涤纶拉链、条装拉链、米装拉链等
链牙	是形成拉链闭合的部件，其材质决定着拉链的形状和性能。一般由金属、非金属（如尼龙、塑料等）材料按规律固定在拉链带边缘上
牙链	将两条相配的单侧链牙相互连续啮合在一起，便成为一条链牙
底带	固定链牙的编织带子，由化纤、棉或涤棉纱线织制而成
边绳	织于拉链底带的边沿，作为链牙的依托
拉头	又称拉链头。是用来拉合或拉开链牙的组装件、由金属或塑料制成
拉攀	又称把柄。用来拉动拉头的移动（闭合或开启移动）
头掣	又称上止、前码。在拉链拉合时用以阻止拉头脱离链牙的组合件，固定在底带上链牙的外侧
尾掣	又称下止、后码。固装在拉链的一侧，在拉链拉开时，用以防止拉头向拉开方向滑行，并使链牙的部分不能完全分开的骑跨在两底带间的金属件或注塑件
插针和针盒	用于闭尾拉链，在闭合拉链前，靠插针与针盒的配合将两边的底带对齐，以对准链牙和保证服装等的平整定位

续表

拉链术语	含　　义
针片	用以增加底带尾部的硬度，以便插针插入针盒时配合准确与操作方便
拉链宽度	横跨相啮合的两链牙间的宽度，或拉头在其上拉动的牙脚宽度。该宽度如以 mm 表示，其数值即为拉链的号数。如宽度为 5mm，则拉链为 5 号，号数越大，则拉链链牙越粗，扣紧力越大
自锁装置	拉头上用以防止拉头沿拉链拉开方向自动移动的装置
闭尾拉链	在完全拉开的状态时，两条单侧链牙不能互相脱开的拉链
开尾拉链	通过拉链底端的特殊构造（插口），能使两单侧链牙既能拉合，又能完全脱开的拉链
双拉头拉链	一条拉链有两个拉头，且两个相反方向的操作同样灵活方便的拉链

（2）分类

<table>
<tr><th>分类</th><th>类　别</th><th colspan="3">拉　链　名　称</th></tr>
<tr><td rowspan="11">按链牙的材质分类</td><td rowspan="9">材质类别</td><td rowspan="3">金属拉链（metal fastener；metal zipper）</td><td colspan="2">铜拉链（copper zipper）</td></tr>
<tr><td colspan="2">铝拉链（aluminium zipper）</td></tr>
<tr><td colspan="2">铸锌拉链（cast zine zipper）</td></tr>
<tr><td rowspan="2">树脂拉链（industrial zipper；decorative zipper）</td><td colspan="2">注塑拉链（塑钢拉链）（材料：聚甲醛）（mould plastic zipper）</td></tr>
<tr><td colspan="2">强化拉链（材料：尼龙 6）（strengthen zipper；intensify zipper）</td></tr>
<tr><td rowspan="4">涤纶拉链（polyester zipper）</td><td rowspan="3">螺旋拉链（spiral zipper；helix zipper）</td><td>螺旋拉链（helix zipper）</td></tr>
<tr><td>隐形拉链（conceal[ed] fastener；invisible zipper）</td></tr>
<tr><td>编织拉链（knit zipper；interlacing zipper braid zipper）</td></tr>
<tr><td colspan="2">双骨拉链（double bone zipper）</td></tr>
<tr><td rowspan="2">功能类别</td><td rowspan="2">条装拉链（支装）（twig assemble zipper）</td><td rowspan="2">闭尾拉链（closed-end fastener）</td><td>单头闭尾拉链（one-head closed-end fastener）</td></tr>
<tr><td>双头闭尾拉链（two-head closed-end fastener）</td></tr>
</table>

续表

<table>
<tr><th>分类</th><th>类 别</th><th colspan="3">拉链名称</th></tr>
<tr><td rowspan="3">按链牙的材质分类</td><td rowspan="3">功能类别</td><td rowspan="2">条装拉链（支装）（twig assemble zipper）</td><td rowspan="2">开尾拉链
(open-end fastener; split zipper; open-end zipper)</td><td>单头开尾拉链
(one-head open-end fastener one-head split zipper; one-head open-end zipper)</td></tr>
<tr><td>双头开尾拉链
(two-head open-end fastener two-head split zipper; two-head open-end zipper)</td></tr>
<tr><td>米装拉链（码装）（meter zipper; yard assemble zipper）</td><td colspan="2">以(100±0.5)m为一条。市场上还沿用英制码装，即(100±0.5)码，约合(91.44±0.45)m</td></tr>
<tr><td rowspan="6">按拉链的加工工艺分类</td><td>连续冲压排米成型</td><td colspan="3">铜拉链、铝拉链等</td></tr>
<tr><td>注塑成型</td><td colspan="3">注塑拉链等</td></tr>
<tr><td>加热挤压成型</td><td colspan="3">强化拉链等</td></tr>
<tr><td>加热缠绕成型</td><td colspan="3">螺旋拉链、隐形拉链、编织拉链、双骨拉链等</td></tr>
<tr><td>熔化压铸成型</td><td colspan="3">铸锌拉链等</td></tr>
<tr><td>其他</td><td colspan="3">根据链牙与纱带连接的工艺不同，在涤纶拉链中，可分为用缝线缝合连接的如螺旋拉链、双骨拉链、隐形拉链等。链牙与纱线同时编织在一起的有编织拉链等</td></tr>
<tr><td colspan="2">其他分类</td><td colspan="3">还有按拉链的强度性能、型号和用途分类的。我国是按拉链的规格和型号进行分类的</td></tr>
</table>

(3) 特点与用途

名称	特　点	用　途
金属拉链(metal zipper)	用铝、铜、镍、锑等金属，压制成牙后经喷镀处理。常见的有铜质拉链、铝质拉链等，其中铜拉链较高贵，其特点是耐用、柔软、高雅庄重。缺点是链牙比其他类别的拉链易脱落或移位，售价较高。铝质拉链与同型号的铜质拉链相比，其强力性能要差一些，但可以经表面处理具有仿铜、多色彩的装饰性，且主要原料价格低，生产成本也低，售价低于铜质拉链	铜质拉链主要用于高档的夹克衫、皮衣、滑雪衣、羽绒服、牛仔服装。铝质拉链主要用于中低档的夹克衫、牛仔服、休闲服、童装等

续表

名称	特　　点	用　　途
注塑拉链（mould plastics zipper）	链牙由聚酯或尼龙熔融状态的胶料注塑而成。质地坚韧、耐磨损、抗腐蚀、色泽丰富多彩，适用的范围大。此外，因其链牙上下平面的面积较大，故有利于在其平面上镶嵌人造的钻石和宝石，使拉链美观华贵，身价百倍，成为一种实用型的工艺装饰品。其缺点也在于链牙颗粒较大，有粗涩之感，拉合的轻滑度要比同型号的其他类别的拉链稍逊一筹。由于普通注塑拉链的价格比较适中，故使用量较大	主要用于面料较厚实的服装；如夹克衫、滑雪衫、羽绒服、童装、工作服、部队训练服，也可用于军械罩袋等
螺旋拉链（spiral zipper；helix zipper）	用聚酯或尼龙丝作原料制成线圈状的链牙，质地柔软，表面光滑、轻巧，色泽鲜艳多彩，链牙较薄且有可挠性。此外，螺旋拉链的生产效率高，原材料价格较低，故其生产成本较低，售价低廉，有一定的竞争优势。特别是近年广泛采用镀金、镀银等新技术，增加了螺旋拉链的花色品种，随着高档服装面料毛、涤趋向薄型化，因而需要有链牙薄、纱带薄的拉链与之配套，采用丝网平带与螺旋链牙的组合是最佳选择。其缺点是涤纶单丝易老化，对温度的适用范围较窄	主要用于各种服装和包袋，特别是内衣和薄型面料的高档服装、女式裙、裤等。还大量用于可脱卸式的各类长短外衣、皮夹克内的连接辅料，主要是利用其可挠性的特点。其中隐形拉链、双骨拉链是女式裙、裤的最佳辅料；编织拉链因无中心线而使链牙变薄、变轻柔，不会使西裤门襟处起拱，因而成为高档西裤的理想辅料

(4) 常用结构形态拉链的特点和用途

拉链名称	特点	用途
闭尾拉链（closed-end fastener）	一端或两端闭合	一端闭合用于裤子、裙子和领口等，两端封闭用于口袋等
开尾拉链（open-end fastener；split zipper；open-end zipper）	两侧牙链完全分开	用于前襟全开和可装卸衣里的服装
双头开尾拉链（two-head open-end fastener；two-head split zipper；two-head open-end zipper）	有两个拉头，可从任意端打开或闭合	用于长过臀以下的长大衣、加长羽绒服等
隐形拉链（conceal[ed] fastener；invisible zipper）	线圈牙链很细，在服装上不甚明显	用于旗袍、裙子等薄型女装

(5) 分类

(Ⅰ) 按拉链的材质分类

<table>
<tr><th>拉链名称</th><th colspan="3">分 类</th></tr>
<tr><td rowspan="7">尼龙拉链(nylon fastener; nylon zipper)</td><td rowspan="2">普通型尼龙拉链(conventional nylon zipper; regulation nylon zipper)</td><td colspan="2">有芯拉链(have rush pith zipper)</td></tr>
<tr><td colspan="2">无芯拉链(not have rush pith zipper)</td></tr>
<tr><td>隐形拉链(concea[ed] fastener; invisible zipper)</td><td colspan="2"></td></tr>
<tr><td>双骨拉链(reversible zip; reversible zipper)</td><td colspan="2"></td></tr>
<tr><td>编织拉链(knit zipper; interlacing zipper; braid zipper)</td><td colspan="2"></td></tr>
<tr><td>针织拉链(knitted zipper)</td><td colspan="2"></td></tr>
<tr style="display:none"></tr>
<tr><td rowspan="3">注塑拉链(mould plastic zipper)</td><td rowspan="2">聚甲醛拉链(mould plastic zipper)</td><td colspan="2">标志齿聚甲醛拉链(sign tooth mould plastic zipper; symbol mould plastic zipper)</td></tr>
<tr><td colspan="2">密齿聚甲醛拉链(close tooth mould plastic zipper; dense tooth mould plastic zipper)</td></tr>
<tr><td colspan="3">强化拉链(consolidate zipper; strengthen zipper; intensify zipper)</td></tr>
<tr><td rowspan="5">金属拉链(metal fastener; metal zipper)</td><td rowspan="2">铜牙拉链(copper zipper)</td><td>白铜拉链(white copper zipper)</td><td rowspan="4">半圆牙型拉链(semicircle tooth model zipper)
方牙型拉链(square tooth model zipper)</td></tr>
<tr><td>黄铜拉链(brass zipper; yellow copper zipper)</td></tr>
<tr><td rowspan="2">铝牙拉链(aluminium zipper)</td><td>电化铝拉链(electrochemical aluminium zipper)</td></tr>
<tr><td>白铝拉链(white aluminium zipper)</td></tr>
<tr><td colspan="3">压铸锌合金拉链(cast zine zipper)</td></tr>
</table>

注:1. 在金属拉链中还有比较少见的钢质拉链和银质拉链。

2. 在金属拉链链牙的造型上,目前除传统的半圆牙型和方牙型两大类,还有其他在齿形上有变化的造型。

(Ⅱ) 按拉链的形式分类

<table>
<tr><th>拉链名称</th><th colspan="2">分 类</th></tr>
<tr><td rowspan="5">条装拉链</td><td rowspan="2">开尾拉链(open-end fastener; split zipper; open-end zipper)</td><td>单头开尾拉链</td></tr>
<tr><td>双头开尾拉链</td></tr>
<tr><td rowspan="3">闭尾拉链(closed-end fastener)</td><td>单头闭尾拉链</td></tr>
<tr><td>双头闭尾拉链(双头 X. O 型闭尾拉链)</td></tr>
<tr><td>环状闭尾拉链</td></tr>
</table>

续表

拉链名称	分　类
码装拉链（链带和拉头）	

（Ⅲ）按链牙的变化分类

拉链名称	分　类	拉链名称	分　类
金属拉链（metal fastener；metal zipper）	拼色拉链（compound shade zipper；shade pitching；matching colour zipper）	注塑拉链（mould plastic zipper）	青（红）古铜牙拉链（green [red] bronze tooth zipper）
	铝牙抹油拉链（aluminium wipe oil zipper）		沙白牙拉链（sand white tooth zipper）
	电化铝牙拉链（electrochemical aluminium tooth zipper）		七彩牙拉链（seven colour tooth zipper）
	铝牙拉链（aluminium zipper）		镀金（镀银）牙拉链（gold-plated [silvered] tooth zipper）
	黄金牙拉链（golden tooth zipper）		金粉（银粉）拉链（golden powder [siver powder] zipper）
	白金牙拉链（platinum tooth zipper）		夜光牙拉链（luminous tooth zipper）
	深（浅）克叻牙拉链（full [shallow] kele tooth zipper）		配色牙拉链（colour matching tooth zipper）
	青（黑、红）古铜牙拉链（green [black，red] bronze tooth zipper）		
	黄（白）铜牙拉链（brass [white] copper tooth zipper）		
注塑拉链（mould plastic zipper）	单（双）排钻石拉链（single [double] arrange diamond zipper）	尼龙拉链（nylon fastener；nylon zipper）	拼色牙拉链（compound shade tooth zipper；shade pitching tooth zipper；matching colour tooth zipper）
	蓄能发光牙拉链（store upenergy luminous tooth zipper）		七彩牙拉链（seven colour tooth zipper）
	间色（拼色）拉链（secondary [matching colour] zipper）		青古铜牙拉链（green bronze tooth zipper）
	透明牙拉链（transparent tooth zipper）		白牙拉链（white tooth zipper）
	镭射牙拉链（radium shoot tooth zipper）		金粉（银粉）牙拉链（golden powder [siver powder] tooth zipper）
			真空镀金（银）拉链（vacuum gold-plated [silvered] zipper）
			染色拉链（dyeing zipper）

(Ⅳ)拉头按功能分类

拉头名称	分类	说明
自锁拉头	带花色拉片的自锁拉头	自锁拉头就是在拉头体内安装了一个保险装置，在无外力作用时，拉头体不会在链带上滑动，起到限位的作用。当外力将拉片提起时，带动了保险钩，从而使拉头体能够在链带上自由地滑动。从形式上看，自锁拉头有单片、双片、带轨旋转拉片之分
	单(双)拉片自锁拉头	
	带轨旋转片有锁拉头	
	反装拉头	
	双开尾下拉头	
针锁拉头	单(双)针锁拉头	针锁拉头就是拉片上设有一个或两个固定的保险钩，通过手压动拉片，达到限制拉头滑动的目的
无锁拉头	带花色拉片的无锁拉头	无锁拉头就是不带保险钩的拉头，它有单片、双片、带轨旋转片和锁孔之分
	单(双)拉片无锁拉头	
	单(双)锁孔无锁拉头	
	带轨旋转片无锁拉头	

(Ⅴ)按拉链的用途分类

拉链名称	用途分类	拉链名称	用途分类
服装服饰用拉链	女内衣、裙装及裤子	箱包用拉链	女式包
	西装裤、童装		电脑包、软包
	女胸衫、休闲服		软箱
	工作服、作训服、牛仔服		硬箱
	夹克衫		箱包内袋
	滑雪服、羽绒服	旅游用品拉链	旅游帐篷
	呢大衣、皮大衣		大帐篷
	鞋、帽、手套		睡袋
家纺用拉链	枕套	其他类用拉链	军械罩袋
	床罩		船用天篷
	沙发套		玩具
	靠垫		其他

(Ⅵ) 闭尾拉链的用途

链牙材质	型号(#)	用途范围
金属	2	女装、童装、T恤衫、裙、衬衫、手袋等
	3、4、5	牛仔裤、西装、大衣、袋口、浴袍、鞋靴等
	7、8、10	行李袋、皮手袋、工业物件等
塑胶	3、4、5	衫袋、袖口、手袋等
	8、10	行李袋、晨褛袋口等
尼龙(聚氨酯)	1、2、3	女装、童装、T恤装、裙、衬衫、女裤、套装、袋口、袖口等
	4、5	浴袍、手袋、鞋靴、背包、行李袋等
	8、10	行李袋、柜架及工业用途

(Ⅶ) 开尾拉链的用途

链牙材质	型号(#)	用途范围
金属	2、4、5	男装T恤衫、大衣、夹克、运动服、雨衣等
	7、8、10	大衣、睡袋、航空套装等
塑胶	3、4、5	夹克、大衣、罩衣、风雨衣等
	8、10	大衣、晨褛、劳保服装等
尼龙(聚氨酯)	2	男装T恤衫、衬衫、罩衣等
	4、5	夹克、大衣、套装、劳保服装等
	8、10	大衣、睡袋、航空套装、劳保服装等

(6) 规格型号

拉链名称	规格项目＼型号(#)	2	3	4	5	6	8	9	10
金属拉链(metal zipper)	规格	3.5	4.5	5.2	6.0	—	7.8*～8.0	—	9.0
	链牙厚	2.5±0.04	3.0±0.04	3.4±0.04	3.8±0.04	—	4.5±0.04	—	5.6±0.04
	带单宽	11±0.5	13±0.5	13±0.5	15±0.5	—	17±0.5	—	20±0.5

续表

拉链名称 \ 规格项目 \ 型号(#)		2	3	4	5	6	8	9	10
注塑拉链(mould plastics zipper)	规格	—	4.5	5.3*	6.0	6.7*	8.0	—	9.0
	链牙厚	—	2.4	2.4	2.6~3.0	2.6	3.0~4.0	—	3.0~4.0
	带单宽	—	13±0.5	13±0.5	15±0.5	15±0.5	17±0.5	—	20±0.5
螺旋拉链(spiral zipper; helix zipper)	规格	3.5~3.8	4.0~4.5	5.0*	5.8~6.0	6.6*~6.7	7.2~7.3	8.0*~8.1	9.0~10.5
	链牙厚	1.2±0.04	1.5±0.04	1.8±0.04	2.25±0.05	2.35±0.05	2.45±0.05	2.65±0.06	2.9±0.06
	带单宽	11±0.5	13±0.5	13±0.5	15±0.5	15±0.5	17±0.5	20±0.5	20±0.5
强化拉链(strengthen zipper; intensify zipper)	规格	—	4.2*	—	6.2*				
	链牙厚	—	1.5±0.04	—	2.8±0.04				
	带单宽	—	13±0.5	—	15±0.5				
隐形拉链(conceal[ed] fastener; invisible zipper)	规格	—	4.2*	5.0*					
	链牙厚	—	1.5±0.04	1.6±0.04					
	带单宽	—	13±0.5	13±0.5					
编织拉链(knit zipper; interlacing zipper; braid zipper)	规格	—	4.0	4.6*					
	链牙厚	—	1.4±0.04	1.5±0.04					
	带单宽	—	13±0.5	13±0.5					
双骨拉链(double bone zipper)	规格	—	4.1*						
	链牙厚	—	2.0±0.04						
	带单宽	—	13±0.5						

注：带星号（*）的系企业已生产并投放市场的拉链，但目前尚未编入我国行业标准，仅供参考。此表摘自《中国服装辅料大全》一书。

(7) 适用范围

我国拉链型号(#) 拉链用途	2	3	4	5	6		8	9	10	
女内衣、裤、裙	√	√								
西装裤、童装	√	√	√							
女胸衫、休闲服			√	√						
工作服、作训服、牛仔服装				√	√					
帽子、手套、箱包内袋、鞋子		√	√							
皮包、箱包外袋、靴子、夹克衫				√	√					
滑雪衫、羽绒服				√	√	√	√			
呢大衣、皮大衣					√	√	√			
旅游帐篷、军械罩袋						√	√	√		
天篷(船)、大帐篷								√	√	√
日本拉链强度性能等级(分6个重量级别)	超轻量级 UL	轻量级 L		中量级 M		中重量级 MH		重量级 H		超重量级 UH

2. 金属拉链（metal zipper）

拉链的链牙采用金属材料制成。链牙的金属材料包括铝质、铜质、铁质、银质等，还有锌合金材料通过压铸工艺制成的拉链。金属拉链的齿形可分为圆牙和方牙两种。

强力指标 QB/T 2171—95（优等品）　　　　单位：N

项目 / 指标值 / 型号(#) / 纱带材质		2		3		4		5		8*	10	
		化纤	棉	化纤	棉	化纤	棉	化纤	棉	化纤	化纤	棉
平拉强力	铜质	≥250	≥200	≥350	≥250	≥425	≥300	≥500	≥350	≥560	≥650	≥600
	氧化铝质	≥198	≥180	≥248	≥225	≥297	≥270	≥347	≥315	≥400	≥560	≥540
折拉强力		≥80		≥120		≥160		≥200		≥220	≥240	
拉合轻滑度		≤3.0		≤3.5		≤3.5		≤4.0		≤7.0	≤8.0	
单牙移位强力		≥25		≥35		≥40		≥50		≥80	≥120	
上止强力		≥50		≥60		≥60		≥80		≥120	≥150	
下止强力		≥35		≥40		≥40		≥55		≥110	≥150	
开尾平拉强力		—		≥80		≥90		≥100		≥150	≥180	
插座移位强力		—		≥60		≥60		≥80		≥100	≥120	

续表

项目 \ 指标值 \ 纱带材质 \ 型号(#)	2		3		4		5		8*	10	
	化纤	棉	化纤	棉	化纤	棉	化纤	棉	化纤	化纤	棉
拉头拉瓣结合强力	≥60		≥70		≥70		≥120		≥200	≥250	
负荷拉次(双次)	≥200										
拉头闭锁强力*	≥15		≥25		≥25		≥40		≥60	≥80	

注：带星号（*）的是企业标准，仅供参考。

QB/T 2171—95（一等品） 单位：N

项目 \ 指标值 \ 纱带材质 \ 型号(#)		2		3		4		5		10	
		化纤	棉	化纤	棉	化纤	棉	化纤	棉	化纤	棉
平拉强力	铜质	≥225	≥180	≥315	≥225	≥383	≥270	≥450	≥315	—	≥540
	氧化铝质	≥178	≥162	≥223	≥203	≥267	≥243	≥312	≥284	—	≥486
折拉强力		≥80		≥120		≥160		≥200		≥240	
拉合轻滑度		≤3.30		≤3.85		≤3.85		≤4.40		≤8.80	
单牙移位强力		≥23.0		≥31.5		≥36.0		≥45.0		≥108.0	
上止强力		≥45		≥54		≥54		≥72		≥135	
下止强力		≥32		≥36		≥36		≥50		≥135	
开尾平拉强力		—		≥72		≥81		≥90		≥162	
插座移位强力		—		≥54		≥54		≥72		≥108	
拉头拉瓣结合强力		≥54		≥63		≥63		≥108		≥225	
负荷拉次(双次)		≥200									
拉头闭锁强力*		≥15		≥25		≥25		≥40		≥80	

注：带星号（*）的是企业标准，仅供参考。

QB/T 2171—95（合格品） 单位：N

项目 \ 指标值 \ 纱带材质 \ 型号(#)		2		3		4		5		10	
		化纤	棉	化纤	棉	化纤	棉	化纤	棉	化纤	棉
平拉强力	铜质	≥188	≥150	≥262	≥188	≥319	≥225	≥375	≥263	—	≥450
	氧化铝质	≥149	≥135	≥186	≥169	≥223	≥203	≥261	≥231	—	≥405

续表

指标值 项目 ＼ 纱带材质 ＼ 型号(#)	2		3		4		5		10	
	化纤	棉	化纤	棉	化纤	棉	化纤	棉	化纤	棉
折拉强力	≥80		≥120		≥160		≥200		≥240	
拉合轻滑度	≤3.8		≤4.4		≤4.4		≤5.0		≤10.0	
单牙移位强力	≥19		≥26		≥30		≥38		≥90	
上止强力	≥38		≥45		≥45		≥60		≥113	
下止强力	≥26		≥30		≥30		≥41		≥113	
开尾平拉强力	—		≥60		≥68		≥75		≥135	
插座移位强力	—		≥45		≥45		≥60		≥90	
拉头拉瓣结合强力	≥45		≥53		≥53		≥90		≥188	
负荷拉次(双次)	≥200									

3. 注塑拉链（mould plastics zipper）

注塑拉链可分为聚甲醛注塑拉链和强化拉链两种。前者的链牙由聚甲醛通过注塑成型工艺固定排列在布带带筋上，这种拉链也有人称为塑钢拉链；后者的链牙由尼龙材料通过挤压、成型、缝合工序，固定排列在布带边上的拉链。

强力指标（QB/T 2172—95）　　单位：N

指标值 项目 ＼ 纱带材质 ＼ 型号(#)	3		4*	5		6*	8		10	
	化纤	棉	化纤	化纤	棉	化纤	化纤	棉	化纤	棉
平拉强力	≥200	≥180	≥300	≥330	≥300	≥410	≥430	≥390	≥500	≥450
折拉强力	≥110	≥100	≥150	≥190	≥180	≥190	≥300	≥270	≥350	≥300
拉合轻滑度	≤4.5		≤4.5	≤7		≤5	≤9		≤9	
单牙移位强力	≥30		≥45	≥50		≥60	≥70		≥80	
上止强力	≥30		≥60	≥40		≥70	≥50		≥50	
下止强力	≥50		≥50	≥60		≥70	≥80		≥80	
开尾平拉强力(包括双开尾)	≥60		≥70	≥90		≥120	≥120		≥120	
插座移位强力(包括双拉头的下拉头)	≥60		≥70	≥90		≥120	≥120		≥120	
拉头拉瓣结合强力	≥60		≥130	≥130		≥160	≥160		≥160	
负荷拉次(双次)	≥200		≥500	≥200		≥500	≥200		≥200	
拉头闭锁强力*	≥25		≥25	≥40		≥40	≥50		≥50	

注：带星号（*）的系企业标准，仅供参考。

4. 螺旋拉链（spiral zipper；helix zipper）

强力指标（QB/T 2173） 单位：N

指标值 项目 \ 型号(#) 纱带材质	2		3		4*	5		6*	8*	9*	10*
	化纤	棉	化纤	棉	化纤	化纤	棉	化纤	化纤	化纤	化纤
平拉强力	≥300	≥260	≥340	≥260	≥450	≥470	≥360	≥570	≥600	≥650	≥700
折拉强力	≥130	≥120	≥150	≥130	≥200	≥220	≥200	≥260	≥280	≥300	≥360
拉合轻滑度	≤4				≤4	≤7		≤5	≤7	≤8	≤8
上止强力	≥40				≥40	≥50		≥50	≥60	≥70	≥80
下止强力	≥30				≥40	≥50		≥60	≥80	≥90	≥100
开尾平拉强力（包括双开尾）	—				≥80	≥80		≥90	≥120	—	—
插座移位强力(包括双拉头的下拉头)	—				≥60	≥60		≥70	≥100	—	—
拉头拉瓣结合强力	≥40				≥100	≥130		≥150	≥170	≥200	≥220
负荷拉次(双次)	≥200				≥500	≥200		≥500	≥500	≥500	≥500
拉头闭锁强力*	≥10				≥10	≥25		≥25	≥40	≥50	≥50

注：带星号（*）的系企业标准，仅供参考。

5. 服装用拉链的选用

选择服装用拉链的因素	说　明	
根据强力的大小进行选择	拉链的规格尺寸是与拉链的强力指标相对应的，一般而言，型号越大，规格尺寸也越大，承受外力的能力也越强。使用的材料也与拉链承受外力的能力大小有关。但在考虑拉链承受强力性能时，主要就是选择拉链的型号	
根据拉链的链牙材质进行选择	注塑拉链	注塑拉链的特点是粗犷简练、质地坚韧、耐磨损、抗腐蚀、色泽丰富、多彩，适用的范围大。此外，因链牙的齿面较大，有利于链牙平面上镶嵌钻石或宝石，使拉链更具美观性，增加附加值，成为一种实用型的工艺装饰品。其缺点也在于链牙的块状结构，齿形较大，柔软性不够，有粗涩之感，拉合的轻滑度比同型号的其他类别拉链稍逊一筹，从而其在使用范围上受到一定的限制。但由于它的价格比较适中，故用量较大。适宜用于外套服装上，如夹克衫、滑雪衫、羽绒服、童装、工作服、部队训练服等面料较厚的服装

续表

<table>
<tr><th>选择服装用拉链的因素</th><th colspan="2">说　明</th></tr>
<tr><td rowspan="2">根据拉链的链牙材质进行选择</td><td>尼龙拉链</td><td>尼龙拉链的特点是链牙柔软、表面光滑、色彩鲜艳多彩、拉动轻滑、啮合牢固、品种门类较多，其突出特点是轻巧，链牙较薄且有可绕性。近年来，尼龙拉链链牙镀金、镀银的新技术被广泛应用，增加了拉链的装饰性。高档服装面料趋向薄型化，需要薄型的拉链与之配套，尼龙拉链的轻巧特点，可满足其需要。广泛应用于各式服装和包袋上，特别是内衣和面料薄型的高档服装，以及女裙、裤等。而隐形拉链、双骨拉链则是女裙、裤的首选辅料，编织拉链因无中芯线而使链牙变薄、变轻，不会使西裤门襟起拱，成为高档西裤的最佳辅料</td></tr>
<tr><td>金属拉链</td><td>铜拉链是拉链中的高档产品，其特点是结实耐用、拉动轻滑、粗犷潇洒，与牛仔服装特别相配。缺点是链牙表面较硬、手感不柔软，后处理不好容易划伤使用者的皮肤，成本较高，主要用于高档的夹克衫、皮衣、滑雪衫、羽绒服、牛仔服装等
铝合金拉链与同型号的铜质拉链相比，其强力略差，但经过表面处理后可达到仿铜和多色彩的装饰效果，成本比铜拉链低。主要用于中、低档的夹克衫、牛仔服、休闲服、童装等</td></tr>
<tr><td>根据服装的款式选用拉链</td><td colspan="2">拉链除了要满足服装使用中的强力要求，服装对辅料兼容要求外，还应根据着装者消费层次、服装使用的不同部位，选用不同的拉链。如上衣的门襟处，应选用开尾拉链，而上衣较长需要考虑到着装人下蹲则可选双开尾拉链。一般在衣、裤的口袋及裤子门襟、女连衣裙上等都选用闭尾拉链。对正反面都可穿的服装，门襟上可选用回转式拉头、单头双片拉头及双头双片拉头的开尾拉链。女式裤及裙子面料较薄，同时考虑时尚和流行，则可选用隐形拉链或双骨拉链，特别是带蕾丝带的隐形拉链。在裤子的门襟上也可采用反装拉头的尼龙闭尾拉链，起到类似隐形拉链的作用</td></tr>
<tr><td>根据服装的颜色和装饰性选择拉链</td><td colspan="2">考虑到服装设计中面料与辅料在颜色上的协调性，需用选择与面料色泽相一致的拉链，使主料与辅料有浑然一体的效果。有时需要主料与辅料颜色产生强烈的对比效果，这样就要选择差异性较大的颜色
拉头是拉链的重要组成部分，它不仅配合链带完成拉开和拉合以及限位的作用，同时也是一个重要的装饰品，为服装的装饰和标号标识提供了更多的选择</td></tr>
<tr><td>根据服装设计要求选择拉链</td><td colspan="2">根据服装本身的大小以及服装不同的部位，应选择适宜的拉链长度。一般而言，拉链在受外力作用时在长度上会产生一定的变化，长度越长变化越大，因此，每一条成品拉链在长度上是有允许的偏差值，只要在规定的尺寸范围内就被视为合格拉链。在服装拉链使用中，在一般口袋上应使用闭尾拉链，其长度宜取允许值的下偏差，而不可以取上偏差</td></tr>
</table>

七、服饰性辅料（〔garment〕accessories auxiliary material）

（一）花边（lace）

花边是指有各种花纹图案，作装饰用的薄型带状织物。可分为机织花边、针织（经编）花边、刺绣花边和编织花边四大类。所用的原料有棉线、蚕丝、黏胶丝、锦纶丝、涤纶丝、金银线等，个别品种还使用丝或棉的包芯氨纶线。花边的形式多样，有平边、牙边（又分为单牙边和双牙边）、波浪边、水浪边、双梅边、鱼鳞边、蜈蚣边等。在目前的花边品种中，编织花边属于档次较高的一类，可作为时装、礼服、衬衫、内衣、内裤、睡衣、睡袍、童装、羊毛衫、披肩、胸罩等各类服装服饰的装饰性辅料。

品种

名种	内容与特点
钩针	俗名钩花，古称“花绦”、“络子”。钩针是一种带弯钩的针，多用钢丝、铜丝、竹和牛角制造。操作时，右手操针，左手拉线，通过弯钩的钩拉、缠绕，就可编结出不同的花纹，通常有朝天凳、象眼块、莲花瓣等
棒槌花边	又称花边件货。其编结方法：先将图纸铺在特制的草编盘上，并在许多木制小棒槌（长约10～15cm）上分别缠绕纱线，拉出纱线的一端，用大头针固定在图纸上，然后操作小棒槌进行编织。经过线与线之间的辫、绞、钩、拉，形成图案。常用的技法有密龙、介花、方结、稀布、密布、双稀、介花关针、灯笼扣、苇竖花、六对抄等
山东青州府花边	亦称“栏杆”和“大套”。采用长约10cm、筷子般粗的几十对木制小棒槌，一端缠线，另一端系一串料珠（主要作稳定棒槌和坠线之用）。制作款式复杂的花边，需用棒槌50对左右。青州府花边可分为满工花边和镶拼花边两种，前者以精梳棉线为原料，用平织、隔织、稀织、密织手法编结成各种花式，整体具有透雕艺术效果；后者是以编织花边为主体，配镶麻布绣花而成。产品有盘垫、小镶件和台布、床罩等
雕平绣	通称绣花大套，是以平绣为主，兼顾雕镂和抽勒工艺绣制而成的传统工艺品。雕平绣高档产品多用优质本色麻布或白色棉麻交织布为面料，配以银灰色或漂白丝光线绣制；中低档雕平绣的面料多用白色或米黄色棉布，也可镶拼各色花边。产品图案既吸收了西方国家不同时期的装饰纹样和宫廷弯顶、壁柱的卷草纹样等，又有中国民族传统形式的各种吉祥纹样。纹样花卉以牡丹、菊花、月季、梅花、忍冬花、缠枝葡萄为多

续表

名种	内容与特点
梭子花边	梭子花边以金属或牛角制造的小型梭子为工具，梭腔装纱球，制作者将纱头从梭体小孔牵出，通过穿引、圈结、扣锁等行梭方法，即可编结出呈梅花形的花式，连缀编结，则成为二方连续带形花边
即墨镶边	又称即墨镶边大套。是传统编织技艺融合手拿花边技艺而形成的艺边工艺品。它以特制丝光线和优质亚麻布为原料，将图纸分解成若干小块，钉在特制的薄席上，串针甩线，自左向右按正锁顺序制作。待各块小样全部制作完毕，便按原图样连接成半成品（边子），然后用缝纫机将边子和绣花（扎花）镶拼加工，再经整修、烫平等处理后，即成为一件完整的产品
扣锁	又称雕绣，俗称威海满工扣锁，国外市场称为“威海卫工种”。威海满工扣锁是在雕镂技艺和花边的基础上融合民间刺绣针法，逐步形成的一种以扣针锁绣为主要造型手段的产品。扣锁工艺是将印刷图案的麻布紧绷于木撑上，先依花纹的边沿轮廓铺钉三根或五根底线，再沿底线锁制。待全部锁完后，剪去花纹以外的底布，形成镂空，以此衬托布面的图案造型。其图案题材，多为牡丹、葡萄、菊花、忍冬花、月季花、大卷草、缠枝莲等。花式以多层次的雕镂，配合抽勒、平绣、垫绣、编织等多项工艺，使其形成沉浮、曲直、疏密等不同对比，给人以较强的立体感
网扣	网扣的工艺是先将设计图纸描绘在透明格子纸上，晒印成生产图纸。再将用棉纱结成的网片固定在木撑上，使网片目数同图纸格数紧相对应。然后以格觅目进行编绣，一般为每英寸 3 目、5 目至 7 目不等，高档品达 12 目以上。由于习称网目为“扣”，故得名“网扣”。产品一般用于制作台布、床罩、沙发靠垫、窗帘、帷帐和壁
扣眼	又名扎目。扣眼采用棉麻布，经抽丝、勒网、掏边、抽绣四道工序制作而成。产品采用以网眼的透空去衬托所留布面上的图案花样的工艺技巧，独具一格，别有风趣，被国外用户誉为“抽纱灵魂”和“花边之冠”
手拿花边	手拿花边的编结工艺是将设计图纸分片切块，印刷在牛皮纸上，在图纸下面再铺垫 2～3 层牛皮纸，然后依照花纹边缘铺钉底线，将图纸捏于左手拇指和食指间，右手穿针走线，沿底线织网锁边。针法以扣锁为主。花式之间多锁以灯笼扣进行连缀，主要部位有掺织缠柱、织粽、扭车轮鼻、拉蟹子眼等。整块花边织完后，剪断钉线，再将分片切块的花边拼接连缀，即成为一件完整的产品
百代丽	即百代丽花边，是以机织兼手工制作的织绣工艺品。其制作工艺是先将印刷好的图纸铺在草编盘子（或纸板）上，固定后，依照图案花式铺带，并用大头针固定。带子铺好后，再以不同针法进行铺结连缀；花瓣多用 8 字针和绞针；花蕊多用桂花网、梅花针；花与花之间的透露处，则用米字针和灯笼扣连结。同时，根据图案造型需要，点缀一些葡萄、织圆饼、结苞米花等。目前，百代丽产品所用带子已有各种规格和形状，针法也由编饼、灯笼扣、8 字针演变成十余种；花型由五六瓣花发展到牡丹、菊花、月季等花卉变形图形；产品也由床单、台布等发展为工艺服装、马甲、伞面、手巾、头巾、门帘头、围裙等各种生活用品

1. 机织花边（woven lace）

机织花边是指采用织机由经纬线相互垂直交织的花边。在有梭或无梭织机上用色织工艺织制而成，可多条同时织制或独幅织制后用电热切割分条制成。除表中列出的机织花边外，还有棉锦交织花边和棉腈交织花边等。

名　称	原　料	织物组织	宽度/mm	特　点	用　途
纯棉花边(cotton lace)	经纬线为染色棉线，地经地纬用细特棉纱或股线，花经花纬用中、细特双股棉线，特殊的可用特粗三股棉线	地组织以平纹为主，少数用蜂巢等小花纹组织；花组织以缎纹为主，也可用一些特殊组织	3～170	质地坚牢，耐洗耐磨，色彩绚丽，具有立体感	用作地毯、挂毯、被单、服装、鞋子、背带等的边沿装饰
丝纱交织花边(rayon and cotton lace)	经纱为(18.5～7)tex×2(32英支/2～80英支/2)棉线，纬纱为(133.3～555.5)dtex(120～500旦)染色人造丝。两侧边组织一般以棉线或低捻的(277.8～555.5)dtex(250～500旦)人造丝作经线，用以提花(人造丝多用作花经)，无捻人造丝作纬制织	地组织以平纹为主，花组织以缎纹为主，两侧的边组织则采用缎纹或斜纹组织	3～170	质地坚牢，色泽鲜艳，不耐洗	主要用于少数民族服装的装饰，也用于制作鞋帽、童装、台布、家具盖面布的缀边及妇女的头带
尼龙花边(nylon lace)	用(22.2～50)dtex(20～45旦)锦纶丝作地经和地纬，用77.8dtex(70旦)或133.3dtex(120旦)弹力尼龙丝作花纬	地组织用平纹，花组织可根据花纹图案的要求不同，选用斜纹或缎纹。多数的边组织织制成牙口状	3～170	质地轻薄透明，色泽艳丽，光泽柔和	用于各种服装、童袜、帽子、家具布的装饰等

2. 针织花边（knitted lace）

针织花边是在装有提花机构的经编机上编织而成的花边。坯布经漂白、定形后分条，也可色织成各种彩条彩格，花边上无花纹图案。

名　称	原　　料	织物组织	宽度/mm	特　点	用　　途
经编花边(warp-knitted lace)	用(33.3～77.8)dtex的锦纶丝、涤纶丝、黏胶人造丝作原料	地组织采用六角网眼	10以上	质地稀疏、轻薄，网状透明，色泽柔和，但多洗易变形	主要用作服装、帽子、台布等的饰边
爱丽纱(knitted net lace)	用18tex×2(32英支/2)棉线或腈纶线作经纬	网眼组织		带身柔软，外观漂亮，花纹较细，价格低廉	用于童装、胸罩、枕套、玩具等作饰边

3. 编结花边（braid lace）

编结花边又称编织花边，是采用编结的方法制成的花边。手工编结花边大多为我国传统的工艺品。机械编结花边由装有提花机构的锭编机编结而成，一般是锭子越多，编结的花型越大，花边越宽。编结花边是目前花边中档次较高的一类。

名　称	原　料	织物组织	宽度/mm	特　点	用　途
手工编结花边(hand braid lace)	以棉线、腈纶、涤纶、锦纶等纱线为原料			质地轻柔，多呈网状，花型繁多	用作礼服、时装、羊毛衫、衬衫、内衣裤、睡衣、睡袍、童装、披巾、胸围等服装服饰的装饰性辅料
机械编结花边(mechanical braid lace)	以染色棉线为原料，也有少数采用锦纶丝为原料			以单色为主，成品多呈孔式，质地疏松，品种有较大的局限性	

4. 刺绣花边（embroidery lace）

刺绣花边是指以刺绣的方法制成的花边。其中，机绣花边采用自动绣花机绣制，即在提花机构控制下使坯布上获得条形的花纹图案，生产效率高，绣花机配有4色自动选色换色装置，可进行单色或多色机绣，下机后经处理开条后即成。手绣花边是我国传统手工艺品，生产效率低，绣纹常易产生不匀现象，绣品之间也会参差不齐。水溶性花边是刺绣花边中的一大类，应用广泛，是通过电脑平板刺绣机绣在底布上，再经热水处理使水溶性非织造底布溶化，留下具有立体感的花边。

名　称	原　　料	织物组织	宽度/mm	特　点	用　　途
手绣花边（hand embroidery lace）	各种原料的织物坯布，但以薄型织物居多，尤以棉和人造棉织物效果最好			花纹复杂，彩色较多，花回较长，立体感强	广泛用作各类服装的辅料及装饰用品的嵌条、镶边等装饰物
机绣花边（mechanical embroidery lace）			10～80	可进行单色或多色机绣，获得条形花纹图案。花回最长可达650mm。花型繁多，绣制精巧美观，均匀整齐划一，立体感强	
水溶性花边（water solved embroidery lace）	以水溶性非织造布为底布，黏胶长丝作绣花线			立体感强	

（二）流苏（fringe；tassel；purl）

所谓流苏是指一种下垂的以五彩羽毛或丝线制成的穗子。是我国传统的民族工艺，不仅用于服装上，而且在服饰上也得到广泛的应用，使用最多的是舞台服装的裙边，下摆等处。在我国古代流苏有两种类型：一种叫步摇，是我国古代妇女使用的流苏首饰。唐代妇女流行的头饰金步摇，便是其中的一种。古琴轸穗也叫流苏，其长短和色泽有讲究，且有道理。所谓“道家崇玄色，释门尚委黄，木子香红佳人绿。”古代妇女的流苏首饰，是附在簪、钗之上的一种金玉装饰，制作华丽。《释名释首饰》上云：“步摇，上有垂珠，步则摇动也。”《后汉书·舆服志》上云：“步摇，以黄金为山题，贯白珠为桂枝相缪，一爵（雀）九华（花），熊、虎、赤罴、天鹿、辟邪、南山丰大特六兽。”王先谦集解引陈祥道曰：“汉之步摇，以金为凤，下有邸，前有笄，缀五彩玉以垂下，行则动摇。”唐白居易《长恨歌》：“云鬓花颜金步摇。”步摇，最初流行于贵族妇女，后来逐渐流行于民间。

另一种叫冕旒，是指帝王头上戴的冕冠，其顶端有一块长形冕板，叫“延”。“延”通常是前圆后方，用以象征天圆地方。延的前后檐，垂有若干串珠玉，以彩线穿组，名曰：“冕旒”。旒的多少和质料的差异，是区分贵贱尊卑的标志。据说，置旒的目的是为了“蔽明”，意思是“王者视事观物，不可察察为明。”也就是说，一个身为领导的人，必须洞察大体而能包容细小的瑕疵。

现今，流苏得到广泛的应用，从服装、鞋、帽到各种包及头饰，如流苏带子、流苏花边、流苏花边绣、流苏花边腰带、流苏花边装饰结、流苏乐福鞋、流苏浅口鞋、流苏饰带、流苏围巾、流苏项链、流苏绣、流苏装饰长靴、流苏状便鞋等，增添了服装服饰的美。

（三）排须（fringing；fringe）

排须是由带和须穗组成的装饰性纺织品，是我国的传统民族工艺品。古代用作宫廷帐幕“华盖”等镶边装饰。一般宽度（须穗长加带面宽度）为6～12cm。常用的人造丝排须是用经纬交织而成的，纬线为采用由4针编线机编结成的管状编链，其中一段与经线交织成带体，另一段延伸至带体以外形成须穗，长短视用途需要而定。多数须穗剪断成须状，剪不断的称回龙排须。带体和须穗可以同色或异色。带体也可以采用彩条和简单的提花组织。人造丝排须的须穗悬垂性好，能随风飘拂，可镶配于锦旗、帐幔、台布上。棉纱排须和毛纱排须较厚实，有毛绒感，一般用于挂毯、线毯、毛巾毯、床沿、床罩等厚实的织物上作装饰用。

（四）珠花；珠片（beaded flower；sequin）

这是一种新型服饰性辅料，是女性发型或服装上用珠子串制的花饰。它是单一的、不同颜色和不同形状的小件，由服装设计师设计成不同的图案，然后通过缝合、熨贴、镶嵌等方式固着在服装上。珠片的产品类型有银底珠片、实色珠片、乳色珠片、彩晶珠片、透明珠片、磨砂珠片、镭射珠片、银底彩珠片、木纹珠片、斑点珠片等10大系列，每个系列的颜色都有几十种以上。它们有珍珠的光泽、金属的炫耀、鲜亮的粉红、深沉的墨绿，幽暗的海蓝、神秘的乌紫、温雅的橙色、细腻的鹅黄以及经典的黑白色，等等。任何一种色彩和款式都有着独特的韵味，将各种色彩重新组合，在当今时尚舞台上呈现出了一片纷繁的华丽色彩。

珠片产品的规格为2～30mm，有平面片、六角凹面片、方形片、树叶片、雪花片、梅花片、牙轮片、贝壳片、月牙片、五角星片等上百种规格形状。它可用于各类服装服饰辅料、装饰品及手工艺品等。

（五）水钻；水晶钻石（crystal；rhinestone）

水钻是一种俗称，其主要成分是水晶玻璃，是将人造水晶玻璃切割成钻石刻面得到的一种饰品辅料，由于这种材质较为经济，而且在视觉上又有钻石般的夺目感觉，因此颇受人们喜爱和青睐。水钻用于中档饰品设计中，现在很多花边设计产品中常用它作为辅料。因为目前全球人造水晶玻璃的制造地位于莱茵河的南北两岸，所以又叫莱茵石。产于北岸的叫做奥地利施华洛世奇（Swarovski）钻，简称奥钻，它吸收阳光很充足，光泽度很好。产于南岸的叫捷克钻，吸收的阳光不是很充足，光泽不如奥钻。此外，还有中东钻、国产水钻、亚克力钻等。水钻的切面一般有8个，水钻背面是镀上一层水银皮。通过切面的聚光，使其有很好的亮度，切面越多，亮度就越好。

水钻的分类与特点

分类	名称	内容及特点
按颜色分	白钻	
	色钻	如粉色、红色、蓝色等
	彩钻（中 AB 钻）	
	彩 AB 钻	如红 AB、蓝 AB 等
按底部形状分	夹底钻	
	平底钻	
按台面形状分	普通钻	
	异形钻	又可分为菱形钻、马眼石、梯形钻、卫星石、水滴形钻、椭圆形钻、八角形钻等
按产地分	奥钻（施华洛世奇水钻）	钻底呈橄榄绿色，其切割面多达 30 多面，能折射更多的光线，折射出来的高度有深邃感，因其硬度强，所以光泽保持持久，是水钻中的佼佼者。施华洛世奇不仅是人造水晶制品的代名词，也是一种文化的象征。它具有一种无法替代的价值，那就是情趣。目前，全世界已有多家工厂生产施华洛世奇，所以施华洛世奇只是代表了一种品质，并非一定产自奥地利
	捷克钻	钻底呈金黄色，其切割面一般有 10 多面，所以折射效果较好，可折射出很耀眼的光芒，其硬度较强，光泽保持在 3 年左右，仅次于奥钻
	中东钻	钻底呈土黄色，此钻是一些中东国家为迎合市场，低成本制造的水钻，刚开始使用时，与捷克钻区别不大，使用后，其光泽保持时间很短，逐渐变得暗淡无光，品质低于捷克钻

（六）烫片（scald slice）

烫片有各种不同的形状和图样，种类有古韩钻、捷克烫钻、PET 烫片、奥钻、平烫片、八角片等。规格有圆片（直径为 2～8mm，分有孔、无孔）、星形、六边星、心形、烫片条等。色彩有镭射片、单色、透明、生葱粉等，通过黏合剂烫贴在服装上。一般用于服装、婚纱、手袋、女鞋、工艺品等装饰用料。

（七）绳带（cordage & narrow fabric）

绳类由多股纱或线捻合而成，直径较粗。我国国家标准以直径大小来区分绳、索、缆，直径为 1～4mm 的称为绳或绳线，直径大于 4mm 的称绳索，大于 40mm 的则称缆（粗绳）或缆绳。按其制作方法，可将绳类分为编织绳、拧绞绳和编绞绳三类。编织又称锭织，是由若干根纱线以锭子循环回转作牵引沿“8”字形轨道编织而成，如松紧绳等。编织绳类又可分为有芯编织绳和无芯编织绳两类。有芯的编织绳又称包芯绳，无芯线的编织绳又称空心绳。有芯编织绳中的芯线，可采用棉纱线，也可采用橡胶丝、乳胶丝、氨纶丝，因此，该类编织绳有弹性，如各类松紧绳。编织绳主要用于服装和民间装饰品特种用途。

带是指宽度在0.3～30mm的狭条状或管状的织物，根据织物的厚薄、弹性和形状可分为五大类：(1) 弹性带类。织物中织有橡胶丝、乳胶丝或氨纶丝，具有较大的伸长性和弹性，如松紧带、袜带、胸罩带等。(2) 薄型带类。指带子的厚度为1～2mm，如饰带、花边、商标带等。(3) 重型带类。带子厚实，结构紧密，强度较高，耐磨挺括，如背包带、裤带、安全带等。(4) 管状带类。成型为空心管状，如降落伞套带、鞋带等。(5) 其他类。其结构和形状较特殊，如尼龙搭扣带、护理用带等。带类主要用于服装、服饰的辅料等。

1. 绳带（总论）

<table>
<tr><th colspan="3">分类</th><th>定义</th><th>原料</th><th>特点</th><th>用途</th></tr>
<tr><td rowspan="6">绳(cord; twine; rope; string)</td><td rowspan="3">按直径</td><td>绳(或绳线)(直径1～4mm)</td><td rowspan="6">由多股纱或线捻合后再经编织、拧绞或编绞而成直径较粗的长束，其截面多数呈圆形，也有扁形，方形等。编织绳在圆锭编织机上生产，锭数为偶数，通常为8锭、12锭、48锭或更多，直径大约在50mm以下。拧绞绳类似纱线加捻，由3股、4股或多股加捻而成，直径一般在4～50mm。编绞绳具有编织绳和拧绞绳的特点。其产品直径在40～120mm之间</td><td rowspan="6">棉、麻、毛、丝等天然纤维和锦纶、涤纶、丙纶、乙纶等化学纤维</td><td rowspan="6">强度高，伸长率小，耐磨、耐晒。质量相对较轻。为确保使用安全，绳索的强度应为实际负荷的2.5倍以上</td><td rowspan="3">用于服装上起固紧装饰作用</td></tr>
<tr><td>缆或缆绳(直径>40mm)</td></tr>
<tr><td>绳索(直径介于绳与缆之间)</td></tr>
<tr><td rowspan="3">按绳的结构</td><td>编织绳(braided rope)</td><td>服用、民用或特种用途</td></tr>
<tr><td>拧绞绳(twist rope)</td><td rowspan="2">大多用于安全、起重装卸、船舶</td></tr>
<tr><td>编绞绳(braided twist rope)</td></tr>
</table>

续表

分类		定义	原料	特点	用途
带 (belt; band; tape; strap; fascias; cintas; narrowgoods)	厚型(重型)带 (thick multiple band)	狭幅或管状的织带	棉纱线、麻线、蚕丝、人造丝、锦纶丝、涤纶丝、维纶丝、丙纶丝、金银丝线、橡胶丝、乳胶丝等	厚实、硬挺,耐磨	用于服装、服饰,起紧固、装饰及保健作用
	薄型(轻型)带 (thin band)			手感滑爽、柔软,耐磨	
	管状带 (hollow web; hollow braid; tubular fabric)			密度稀,柔软,有一定延伸性	
	弹性带 (elastic ribbon; elastic band)			弹性好,带身平整柔软	
	装饰带 (fashion tape)			带面平整,配色协调柔和,外观优美典雅	
	护身用品带 (support articles for use tape)			质地柔软,弹性适中	
	其他带(other band)			带面平整	

注:1. 服装用绳带应根据服装的用途、厚薄、款式和色彩来确定绳带的材料、颜色和粗细。

2. 在选用绳带时,应注意高档服装要用高档绳带,并配以相应的配件饰物。使用恰当可起到画龙点睛的作用,使服装显得更为典雅、潇洒和富于情趣。

3. 在服装服饰上使用较多的是编织绳,是由编织机用若干根纱线或一根弹力橡胶丝作芯线(或无芯线)以锭子循环回转作牵伸,外层有4组、8组、12组直至160组纱线,以“8”字轨道沿圆周外套式编织成一层或多层的绳。分为芯线编织绳和无芯线编织绳两种。直径在1~100mm之间,一般在50mm以下。形状有圆形,扁形及套环。

4. 带织物组织结构有机织(平纹、斜纹和缎纹组织)、编织(辫编组织)和针织(纬编平针组织等)。

2. 编织绳(braided cordage)

名称	原料	加工方法	特点	用途
松紧绳 (elastic rope)	原料为28tex×2(21英支/2)棉线、30tex×2(20英支/2)人造棉线或132dtex×2(120旦×2)、167dtex×2(150旦×2)人造丝等,弹性丝用36号×6、40号×7、48号×8、58号×10等	用12锭或16锭编织机生产,中间为橡胶片丝或其他弹性束丝,外包纱线	质地细密,弹性好,呈圆形,直径在2.5mm左右,伸长1∶2.5。色泽有本白、漂白、夹花等	用于制作衬裤束腰,防护服袖口束口,运动服,内衣裤等

续表

名 称	原 料	加工方法	特 点	用 途
扎头绳(hair bind cord)	原料用24号橡胶丝1根为芯，金银线2根及278dtex(250旦)人造丝6～10根编织包覆	用编织机生产，金银丝及人造丝包覆在橡胶丝外面	为彩色细绳状弹性织物，截面呈圆形，外观鲜艳，均匀地分布有色亮点	用作扎辫、工艺盘花、搭等服装配套辅料

3. 厚型带(thick multiple band)

名 称		经纬纱线及织物组织	宽度/cm	特 点	用 途
背包带(belt for canvas bags)		以28tex×3(21英支/3)棉线为经，60tex×3(10英支/3)棉线作纬和包芯。采用双层平纹中间隔棉线芯层，用重型织机织造	1.8、2.0、2.5、3.2	产品强度高，耐磨性好，具有一定的柔软性，无硬实感	用作背包，书包、枪背、农用喷雾器的背带等
裤带(waist band)	帆布裤带(canvas waist band)	面经、边经、连接经与纬纱均采用28tex×2(21英支/2)棉线，芯经用58tex×3(10英支/3)棉线。平纹组织	1.9、2.5、3.2、3.8。长度按需剪取，范围一般为70～140cm，级差为5cm或10cm递增	色泽有单色，以及提花、彩条等。带身厚实坚牢，有适宜的硬挺度和一定的柔软度。是一种以重型织机织造的以平纹组织为基础的多层厚型带织物	用于做裤带，使用中还要配上带扣
	锦纶裤带(chinlon waist band)	用60tex×3(10英支/3)棉线作芯经，其余均用锦纶丝线。平纹组织			
	维纶裤带(vinylon waist band)	芯经用60tex×3(10英支/3)棉线，其余用30tex×3(20英支/3)或30tex×4(20英支/4)维纶短纤维纱。平纹组织			
安全带(safety belt)		以棉或维纶为原料纺制粗特(tex)棉线或维纶线	3、4等	采用双层平纹组织在重型织机上织造，带身厚密，坚牢耐用	供高空作业人员防护用，狭带作背带，阔带作腰带

注：1. 厚型带是由棉、锦纶、涤纶、维纶等为原料纺制成较粗的纱线，以平纹组织为主，也有少量采用斜纹和提花组织，在重型有梭织机上采用双层或多层组织制织。带子的厚度、层数、宽度及颜色视品种的不同而不同。

2. 厚型带品种表中除所列用于服装的外，还有水壶带、风挡带、背枪带、传送带等。其特点是厚实，硬挺、坚牢、耐磨等。

4. 薄型带（thin band）

名　称	经纬纱线及织物组织	宽度或长度/mm	特　点	用　途
门襟带(front border)	用133.3dtex(120旦)双股人造丝加捻作经线和纬线；夹丝门襟带用133.3dtex×2(120旦×2)作经线，14tex×2(42英支/2)棉线作纬线。用平纹或缎纹在织带机上织制。经密340～890根/10cm，纬密200～360根/10cm	宽度为1.3、2.2、2.5、2.7、3.1、3.2等	手感滑爽，光泽明亮，带边平整，双边平直	用作羊毛衫、针织内衣等门襟的贴衬
滚边带(welting tape)	用133.3dtex×2(120旦×2)本白人造丝作经，14tex×2(42英支/2)本白丝光，棉线作纬，用平纹组织在织带机上分上、下两层，多条同时织制	宽度为60、76、80、97等	带面平整，宽度均匀，两边平直，手感滑爽，耐磨性好，色泽鲜艳	用于做羊毛毯、腈纶毯等滚边
号码带(number tape)	用细特双股棉线或人造丝，以平纹或缎纹组织在织带机上织制，有色织和印花两个品种。带面织出或印出所需号码和文字。力求简练显明(如白底红字)	宽度为8～16	带身手感滑爽，带边整齐，双边平直	一般缝于服装、针织品、毛巾、手套、鞋袜等商品的后领、边角等便于查看处，表明规格尺寸
绑腿带(bind leg band)	经纬线为中特棉纱2～3股，采用平纹组织织制	带长一般为650cm，由大带和小带两部分组成，大带宽8.6cm，用来裹腿，大带的两端各装有一段小带，长91.4cm，宽1.4cm，分别缝缀于大带两端折成的三角处，用于结扎绑腿带	多染成深蓝、黑、草绿等颜色。较一般薄型带厚实，带身柔软、保暖性好，使用后有舒适、温暖和行动方便等感觉	适宜于劳动、登山和长途行走的人员，如矿山、林区、铁路、邮电、建筑工人和山区农民等使用
纱带(cotton yarn tape)	以28tex棉纱为经，18tex或28tex棉纱作纬。用平纹或斜纹组织制织，经密330～340根/10cm，纬密130根/10cm	宽度为10、13、16	带身结构疏松、柔软，可见透空网眼，强度较差	用于做衬裤束腰、服装袖笼滚边或粘贴在纸盒上作固定的包扎带，也可用于小件物品的包扎

续表

名称	经纬纱线及织物组织	宽度或长度/mm	特点	用途
线带(cotton thread tape)	以14tex×2(42英支/2)棉线作经纬线、用斜纹组织在有梭织带机上织制。经密330～340根/10cm,纬密190根/10cm	宽度为10、16、18、19	色泽多为本白、漂白或草绿。带身比纱带略厚且耐磨	用于做服装袖笼、背包、旅行袋、胸罩、围涎等的滚边,以及童装滚边、衬裤束腰
行礼带(pack band)	以染色中特4股棉线作经,两股棉线作纬,采用斜纹组织在有梭织带机上织制,织物经纬密度较高	宽度为18～21	色泽以草黄色居多,经纬密度较高,是薄型带中较为厚实的一种,牢度和耐磨性较好	用于缚扎行李和其他物品
鞋口带(tape for shoe rim)	采用28tex×2棉线作经,14tex×2棉线作纬,用双面斜纹组织织制,经密430根/10cm,纬密200根/10cm	宽度为13	色泽有草绿、草黄、黑、漂白等。带面平挺,质地紧密,有一定的耐磨性	用作鞋帮口滚边
围裙带(tape for apron)	经纬线均采用14tex×2(42英支/2)棉线。总经44根,纬密139根/10cm。用平纹组织在有梭织机上制织,每条带子有33个花格	带宽18.5,带长1680,两端各有须长110	织物轻薄而柔软,带面花型具有民族风格,由大红、粉红、藏青、金黄、果绿、天蓝6色组合配织	专供藏族妇女缚围裙用
锦丝带(polyamide filament tape)	以锦纶丝为原料织制,按不同使用要求可设计成各种规格的锦丝带。采用平纹、斜纹、经重平纹、纬重平纹等组织在重磅无梭织机和一般有梭织带机上织造	宽度为5～210	色泽可视用途而定,强度高,重量轻,耐腐蚀和耐磨性好	可代替皮带用作裤带。一般用作特种工业如降落伞伞面上的加强带、滚边带和背带,飞机挡阻网带和吊带等,也可在吊重作业中代替钢丝绳等
扁花带(coloured flat tape)	一般采用28dtex×2或14tex×2棉线作经,28tex×2棉线作纬,用平纹组织制织,经纬密度均为85根/10cm	宽度有13、16等	表面有彩色条的扁薄型带织物,彩色条纹主要是由彩色经线组成。边经一般为白色,中间为彩色经线,纬纱也多为白色。带身非常柔软,色条清晰	用于童车套子缝边,结扎婴儿尿布、婴幼儿鞋子的结扎或是作束腰带、包扎带等

注:1.薄型带又称轻型带,用单层组织制织、带身轻薄的带子。采用平纹、斜纹、缎纹等组织由有梭织机织制,也有采用锭织机辫编的产品,除表中列出的品种外,还有丝交电带、密封带、打字带、锭带等。

2.薄型带的宽度一般为3～90mm,色泽有本色、漂白、染色或色织等。

5. 管状带（hollow braid）

名　称	原　　料	宽度或长度/mm	特　　点	用　途
鞋带（shoe tape）	采用 14tex×2（42 英支/2）、18tex×2（32 英支/2）、28tex×2（21 英支/2）棉线，也有少数采用支维纶线的。用 32 锭，40 锭、48 锭等圆锭编织机织制。皮鞋带采用（14～18）tex×2 棉线，编织密度为 100～170 个/10cm，其余鞋带用 28tex×2 棉线，编织密度为 70～80 个/10cm	皮鞋带长度为 350～700；力士鞋带长 450～650；球鞋带长 800～1200；足球鞋带长 1200～2000；旅游鞋带长 800～1200	多数为空心，也有少数含有芯线。两端包卷短铁片或塑料片或用化学合成物热轧头用以固头，防止纱线松开且易穿眼。鞋带具有一定的弹性，结扎后不会滑脱，受力时不易断裂	用于皮鞋、力士鞋、球鞋、足球鞋、旅游鞋等
口罩带（mouth-piece tape）	一般采用 36.9tex×（16 英支）棉纱在针织纬编机上编制	直径 3～5	多为漂白色，密度稀，带身松软，具有一定的延伸性，但强度不高	用作口罩的扎缚带

注：管状带是圆形空心带的总称。可分为两类：一类是以管状特性使用的，如消防带、出水管、输油管等，以管道的形式来输送水、油等液体介质；另一类是以承受拉力使用的，如套带、鞋带、口罩带等。前一类以平纹组织为主，在重型梭织机或大型双梭圆织机上织制。有的再经涂塑处理以提高使用性能。后一类用圆锭编织机编织，也有少量为针织产品。

6. 弹性带（总论）［elastic ribbon（general）］

分类	织物原料、工艺	品　　种	特　　点	用　途
机织弹性带（woven elastic）	用棉线、化纤线和弹性丝（包括橡胶丝、乳胶丝、氨纶丝等）作原料，以平纹，斜纹、重平、提花等组织为主在有梭或无梭织机织制后，再经上浆、整烫而成	松紧带、袜带、罗纹带、胸罩带、松紧布、医用绑带等	带身紧密，弹性良好	用于服装、鞋帽等需要有弹性的部位，也可用于医务、劳动保护、军工等物品上
针织弹性带（knitted elastic webbing）	用各种天然纤维或化学纤维作纬线，化学纤维和并圆乳胶丝作经线。在针织机上，经线通过钩针或舌针的作用，套结成编链，纬线衬于各编链之中，把分散的各根编链连接成带状，其中乳胶丝由编链包覆或由两组纬线夹持		带身平整而柔软，色彩鲜艳	用于服装、内衣裤、胸罩、长筒弹力袜口等需要松紧处，也可做头带，腰带及护身用品等
编织弹性带（braid elastic webbing）	用 28～14tex（21～42 英支）双股棉线、29.5tex（20 英支）人造棉单纱、277.8～555.5dtex（250～500 旦）人造丝、77.8dtex（70 旦）锦纶弹力丝和纱包橡胶丝等作原料，在锭织机上分别通过锭子围绕橡胶丝按“8”字形轨道辫编而成	本线宽紧带、花线宽紧带、人造丝宽紧带、人造棉宽紧带等	一般比较薄而狭，质地介于机织和针织弹性带之间	用于薄型衣服需要松紧处

注：1. 机织弹性带宽度一般为 0.9～12.5cm，伸长比为 1∶（1.5～3），也有特殊规格。边形多数平整，少量有花色边。

2. 针织弹性带宽度一般为 0.7～8cm，伸长比为 1∶（2～3.4）。根据使用的设计需要可织出各种小型花纹、文字、彩条和牙边等形式。一般为色织后再经上浆、整烫等后整理。

3. 编织弹性带宽度一般为 0.3～2.3cm，伸长比为 1∶（2.5～2.8）。编织形式有平编织、泡牙、牙边等，有的带身中间一段为波形绉条，绉条凸出部分呈人字形纹路。

7. 机织弹性带（woven elastic webbing）

名　称		原　　料	织物组织	密度/(根/10cm)		宽度/mm	特　点	用　途
				经密	纬密			
松紧带(elastic webbing)	全线松紧带(thread elastic webbing)	采用(28～10)tex(21～60英支)双股棉线，40号方橡胶丝和42号圆乳胶丝。使用28tex×2(21英支/2)14tex×2(42英支/2)等棉线，配以40号方橡胶丝、42号圆乳胶丝等织制	用平纹、斜纹、重平、提花组织在有梭或无梭织机上制成坯布，再经上浆、整烫而成			10～65，常用的有20、25、30、32	质地紧密，带身平整较厚，表面平挺，手感柔软，弹性适宜[伸长比为(1∶2.2)～(1∶2.5)]。由于气密性好，耐拉耐磨，是防毒面具的配套带	主要与内衣裤、游泳衣裤、玩具等配套，用于服装的领口、下摆、腰围、袖口等处
	夹丝松紧带(interlining elastic webbing)	采用(28～10)tex(21～60英支)双股棉线，以及278dtex(250旦)、333dtex(300旦)、556dtex(500旦)的人造丝作纬，配以40号方橡胶丝、42号圆乳胶丝等织制				10～65，常用的有30、32		
	弹力锦纶丝松紧带(elastic polyamide filament elastic webbing)	采用弹力锦纶丝，以及36号、48号橡胶丝或45号乳胶丝等织制				20、26、28		

续表

名称	原料	织物组织	密度/(根/10cm)		宽度/mm	特点	用途
			经密	纬密			
松紧布(elastic cloth)	采用14tex×2(42英支/2)、18tex×2(32英支/2)、28tex×2(21英支/2)一级优质棉纱线，36号橡胶丝，用有梭或无梭织带机织制。经纱分为表经。里经、接结经和芯经四组、一组橡胶丝和纬纱交织而成。里经用28tex×2棉纱线，根数为192～840，边经用14tex×2棉纱线，根数均为32；接结经用14tex×2棉纱线，根数为25～105；采用36号橡胶丝，根数为32～113；纬线常用18tex×2或28tex×2棉纱线	表经和里经由纬线交织成袋组织，同时通过接结经将各层连成一个整体的双重组织		150～260	40、44、55、64、70、127、152	带身厚实，布面紧密平整，经向弹性较小	主要用作松紧鞋辅料，装接子布鞋、皮鞋的鞋帮两侧或布鞋背上。也可用于做护身用品，如做练功带、护腰带等
罗纹带(ribbed band)	采用28tex×2(21英支/2)棉纱线和纱包36号橡胶丝，在有梭或无梭织带机上织制。经纬纱均为28tex×2棉线，为避免橡胶丝外露，采用纱包线，用28tex棉纱包36号橡胶丝，一组为14根。经线110根			280	60	弹性适当，外观别致，牢度好。回缩时，表面形成横向凸条，形如弹性褶裥	主要用于夹克衫下摆及袖口配套，劳动防护服袖套口，也可用作袖套的袖口及绒线裤腰头等
袜带(elastic braid)	纬纱用133dtex(120旦)人造丝，经纱采用133dtex×2(120旦×2)人造丝的称全丝袜带，用14tex×2棉纱的称夹丝袜带，橡胶丝规格为48号或58号。用棉纱或人造丝与橡胶丝交织而成弹性带织物	大多为斜纹组织			20、25	含人造丝原料的袜带，带面光洁美观，有多种色泽	用于系束袜子，以防脱落。现在由于袜子的原料结构发生了很大的变化，已很少使用袜带

续表

名　称	原　　料	织物组织	密度/(根/10cm)		宽度/mm	特　点	用　途
			经密	纬密			
芭蕾舞袜带(elastic tape for ballet stockings)	经向原料由133dtex×2(120旦×2)人造丝与48号纱包橡胶线组成,纬向原料为133dtex(120旦)人造丝,捻度为100捻/米	纱包橡胶线为 $\frac{1}{1}$ 平纹组织带子组织为重平地组织,纬浮线小提花	280根人造丝+80根纱包橡胶线	480		带面丰满、细洁、平整、挺括,色泽鲜艳,并有星形小花纹,右面带边呈圈状,回弹性好,耐拉伸	与芭蕾舞袜配套使用
弹性胸罩带(elastic tape for corsets)	经线用78dtex(70旦/24F)两股漂白弹力锦纶丝,配用42号或52号乳胶丝(或橡胶丝、氨纶丝),包覆成纱包线。纬纱用锦纶丝或消光涤纶丝,也可用人造丝,根据带子厚薄而定,在无梭织机上织制。产品需经过上浆、整烫、定型	异面经二重组织。反面一般采用经浮较长的组织		200～240	8～16	带身平挺,使用中不易扭折,微带弹性,贴身舒适。经向锦纶起绒,带面丰满,质地柔软,并可织出各种花型,洁白美观。伸长度1:(1.5～1.7)。颜色多与胸罩布相配	主要用于做胸罩四周镶边、肩带和胸带

8. 针织弹性带(knitted elastic webbing)

名　称	织物原料、工艺	宽度/mm	特　　点	用　　途
针织彩条带(knitted coloured stripe ribbon)	采用78dtex/24F(70旦/24F)或111dtex(100旦)锦纶弹力丝,合并成股线作经纬线。常用编链衬纬方式编织,也可用换经编链衬纬或双面经编编织	10～60	条纹清晰,色泽艳丽,手感柔和,纵横向有适宜的弹性,缩率与服装坯布相近,缝制方便。洗涤后变形很小	主要用作运动服辅料。装接有两种形式,一是拼缝,即彩条带作布料的一部分,连接在两块布料之间,要求带身厚实;二是贴缝,即在成衣上贴上彩条带缝制,带身宜薄。一般采用贴缝较多

续表

名　称	织物原料、工艺	宽度/mm	特　　点	用　　途
针织弹力绷带(knitted elastic bandage)	编链组织采用棉纱，经平组织采用弹性纱(如氨纶纱)，纱线细度由经编机的机号来决定。在圆形经编机或双针床经编机上织制	按人体各部位的尺寸设计	固定伤口贴切，换药方便，省时、省力，还能促进肢体静脉及淋巴回流，改善肿胀，有利于患处功能的恢复，减少痛苦	适宜在人体四肢、头部、胸腹部等部位使用

注：1.针织彩条带是一种带面上有彩条纹相间的针织装饰用带织物。也有用腈纶纱织制的腈纶彩条带，供占腈纶针织运动服配套。

2.针织弹力绷带是用于加压包扎伤口和进行压力理疗的具有一定弹性的医用针织品。该产品在加工过程中应注意满足卫生要求，并保证具有充分、均匀的弹性。

9.编织弹性带（锭织宽紧带，宽紧带）（braid elastic ribbon；braid elastic webbing）

分　类	原　料	工　艺	宽度/mm	特　点	用　途
本线宽紧带(gray elastic tape)	28～14tex×2(21～42英支/2棉线	用36号、48号或56号橡胶丝作芯线，在锭织机上分别通过锭子围绕橡胶丝按“8”字形轨道辫编而成。编织形式有平编织泡牙、牙边等，有的带身中间一段为波形绉条，凸出部分呈人字形纹路	3～23	外观质地细密，呈扁平形，花色单调，有本白、漂白、黑等。薄而狭质地介于机织和针织弹性带之间。伸长比为1∶(2.5～2.8)，弹性较好	主要用于薄型衣服以及帽子、玩具、内裤、运动裤、裙子、手套等，需要松紧处
花线宽紧带(fancy elastic tape)	77.8dtex(70旦)锦纶弹力丝				
人造丝宽紧带(artifical silk elastic tape)	277.8～555.5dtex(250～500旦)或133dtex(120旦)人造丝				
人造棉宽紧带(artificial cotton elastic tape)	29.5tex(20英支)棉纱				

注：1.编织弹性带是用编织方法织造的狭长弹性带织物。根据不同宽度，用9边、13边、17边、21边、25边、29边、33边、41边、45边等编织机生产。

2.0.35cm宽的可与钢帽子、玩具配套；0.5cm、0.6cm、0.8cm、0.9cm宽的可与内裤、运动裤、裙子及雨伞配套；1.2cm可与风镜配套；1.4cm、1.6cm、1.7cm宽的可与手套及儿童袜子配套等。

10. 装饰带（trimming;decorative ribbon）

分　类	原料与工艺	品　　种	特　　点	用　　途
机织装饰带（woven trimming）	棉线、蚕丝、有光人造丝、涤纶、锦纶、金银丝。采用有梭织带机织造，经染色整烫而成	人丝装饰带、商标带、电光带、缎带、奖章等，帽墙带	质地柔软，带面平整，配色协调和谐，色彩鲜艳，花纹图案多样，外观优美典雅	用作服装服饰辅料，服装、服饰、家纺的商标，玩具的装饰，奖章用带等
针织装饰带（knitted trimming）	用 78dtex/24F（70旦/24F）、111dtex（100旦）锦纶弹力丝或腈纶丝，合并成双股线作经纬线，用编链衬纬方式编织，也可用换经编链衬纬或双面经编机编织	彩条带等	质地轻薄，条纹清晰，条形流畅，手感柔软，色泽艳丽，色彩对比醒目，纵横向弹性适宜，缩率与服装坯布相近，缝制方便，洗涤后变形很小	用于缝贴于运动衫两袖外侧和运动裤管等两侧处。装接时可采用拼缝或贴缝，以后者居多
编织装饰带（braid trimming）	人造丝、四针线、棉线。排须用钩边机、无梭或有梭织机制织。蜈蚣边用 17 锭编织机编织	排须、蜈蚣边等	手感柔软，色彩鲜艳、夺目	排须用作锦旗、家用纺织品及家具布饰边。蜈蚣边用作童装、玩具镶边

注：1. 装饰带是专指用于服装服饰或兼有装饰作用的各种带子。

2. 针织装饰带的宽度在 10～70mm 之间，配色有红白、红黄、蓝白，也有用 3 色或 4 色的。

11. 机织装饰带（woven trimming）

名　　称	原　　料	织物组织	密度/（根/10cm）		宽度/mm	特　　点	用　途
			经密	纬密			
人丝装饰带（rayon ribbon）	采用 133.3dtex（120 旦）或 278dtex（250 旦）有光人造丝为经纬，在有梭织带机上织制后，经染色整烫而成	平纹组织	550	180	6.5、9.5、12、19、22、25、38	带面平挺，色泽艳丽，手感柔软等	成品以长条开剪 5m 束装，11m 和 33m 拼装。用作服装滚边、编织外衣（窄条），也用于高级礼品包，制作花球、工艺品装饰

续表

名称		原料	织物组织	密度/(根/10cm)		宽度/mm	特点	用途
				经密	纬密			
商标带(label cloth)	提花商标带(jacquard label cloth)	采用棉线、蚕丝、涤纶、锦纶、金银丝，用提花织机色织（纯织或交织）而成	平纹与缎纹。纬提花提织各种商标图案及文字			8～80	花型图案一般是商品的标牌，有的加上制造厂的厂名、地址及规格等。每幅（块）商标的两端留有空白地布，以供切块缝制。配制一般为 2～4 色，也有大于 4 色的。产品图案与文字清晰，色彩醒目，立体感强	用作服装、围巾、鞋帽、手帕、毛毯商标，也可用作酒类商标等
	印花商标带(printed label cloth)	采用 7.4tex×2(80 英支/2)棉线作经线，5.9tex×2(100 英支/2)棉线作纬线（也可用相应的化学纤维纱线）。用有梭织带机织制，经漂白整烫和印制商标花纹图案而成	平纹或缎纹组织			10～50 常用的为 10、16、22、32 等	有棉织带，也可用涤棉漂白布，尼龙布等开剪。成品有 50m 和 100m 长拼装。带身挺括，图案精细清晰，色彩鲜艳，图案设计灵活，工艺简单，制作方便，产量高。织物上一般印有商品牌号、制造厂名、生产国别和城市名称，规格等	主要用于各类服装、日用织物、帽子等
电光带(schreiner finish ribbon)		采用 133.3dtex(120 旦)30 孔有光黏胶人造丝作经，(22.2～24.4)dtex(20～22 旦)厂丝作纬，用有梭织带机织成坯带，经染色整烫而成	平纹组织			9、19 等	成品为 30m 长，饼状卷装。手感柔软，富有光泽，色泽鲜艳、明亮	用于儿童服装、鞋帽及玩具的装饰
缎带(satin ribbon)		采用 133.3dtex(120 旦)30 孔或 278dtex(250 旦)有光黏胶人造丝作经纬纱。在有梭织带机上织制后，经染色整烫而成	缎纹组织	520～560	180	6.5、9.5、12、15、19、21、22、28	成品为 30m 长，饼状卷装。带身质地柔软，光滑，色泽鲜艳	用于戏剧服装滚边，礼品包装、玩具及喜庆佳节时用的装饰

续表

名　　称	原　　料	织物组织	密度/(根/10cm)		宽度/mm	特　　点	用途
			经密	纬密			
奖章带(ribbon for insignia)	采用133.3dtex×2(120旦×2)30孔有光黏胶人造丝,也可嵌入涤纶、金银丝作经线,以细特双股染色丝光线作纬线,用有梭织带机织制,经整烫而成	平纹组织		100	22～32	带身挺括,表面呈横向细条,一般直向呈金黄、大红相间的对称条纹,嵌以金丝织条,或红白两色均分。带子柔软光洁,色泽鲜艳,带面具有各种彩色条纹,以区别授奖等级。产品风格庄重,美观大方	使用时可把奖章系于胸前,也可套挂在脖子上。作为表彰优胜、先进、英雄、劳模等奖励性挂饰带
帽墙布(decoration ribbon on cap)	采用黏胶人造丝或涤纶丝与棉纱交织。经纱用28tex×2(21英支/2)棉线,纬纱用278dtex×3(250旦×3)黏胶人造丝	重经组织	260	320	39	风格庄重,色泽鲜艳,带子柔软光洁,美观大方	专用于部队制服、帽子上的配套用带织物
	经纱用133.3dtex、278dtex黏胶人造丝,纬纱用14tex×2棉线	重经组织	820	240	38		

12. 编织装饰带(braid trimming)

名　称	原　料	织物组织	密度/(根/10cm)		宽度/mm	特　点	用　途
			经密	纬密			
排须(fringe)	原料主要采用133.3dtex(120旦)人造丝,纬线需先制成四针线。棉排须经纬采用14tex×3棉线,纬线为98tex×6棉线。此外,还有丝排须。用钩边机织制,也可采用无梭或有梭织机	一段为普通织物组织,另一段为无交织点散条相间组合		55～60	50～130,棉排须为75	上部为经纬交织边,下部为纬编的四针线(一种细管状织物)悬垂的装饰织物。由于下部呈须状均匀排列,故名。下垂的须线有单根分离的,也有两根底部作环状连接的。有的中部再加1～2根经线织出花纹。色泽主要有漂白、淡黄、粉红、紫红。多为色织,有单色也有多色。手感柔软色彩夺目,形象古朴优美	用作锦旗、家具套、背包袋、窗帘、台布、浴巾、灯笼、蚊帐、床罩、电视机罩、缝纫机罩等装饰

续表

名称	原料	织物组织	密度/(根/10cm)		宽度/mm	特点	用途
			经密	纬密			
蜈蚣边(crescent shape lace)	采用133.3dtex(120旦),人造丝为经,37tex×2或28tex×2棉纱线作纬,用13锭或17锭编织机进行编织				4	两侧凹凸均匀对称的狭条装饰带织物,故名。带身由两种颜色组成,中间为一色,带边为另一色。带身手感柔软,色彩鲜艳	用于童装、玩具镶边

13. 护身用品带(body supporters; support articles for use tape)

名称	原料	织物组织	密度/(根/10cm)		宽度/mm	特点	用途
			经密	纬密			
束发圈(head band)	毛圈纱采用36tex(16英支)有色棉纱,地纱为78dtex(70旦)弹力锦纶丝,衬纬纱为D2170氨纶丝,由针织圆形束发圈机编织而成。也可由有梭织带机织制成表面布满毛圈的弹性带,经开剪、缝制或胶合而成,采用色织工艺,以杂色和彩条居多	针织毛圈组织(平织抽条毛圈组织)			50(长度为170或180～250)	俗称头箍,护套人体头额的环状弹性带,起束发、吸汗、醒脑、防震等作用。表面布满毛圈,手感柔软,吸水性良好,并有一定弹性。产品配有红白蓝、深蓝、本白、淡蓝等数种颜色,外观漂亮	用于束发,能防止长发蓬散、保护头额和太阳穴,避免额角汗水淌入眼睛。适于运动或其他体力劳动时戴用
护肩(shoulder protector)	采用26.8tex(22英支)腈纶短纤纱,在针织机上制成坯布,经开剪,垫上衬料(2mm厚细羊毛毡)可得	1+1罗纹(平织罗纹)				产品规格:肩宽48cm,袖开深18cm。品种有单肩、双肩;有袖、无袖;有毡、无毡之分,护肩贴身柔软,保暖性好	用于保护肩部关节,常用于中老年人肩周炎、露肩风病疼患者的辅助医疗

续表

名　称		原　料	织物组织	密度/(根/10cm)		宽度/mm	特　点	用　途
				经密	纬密			
护肘(elbow supporter)	针织护肘/(knitted elbow supporter)	采用18tex×2(32英支/2)棉线,衬纬用58号橡胶纱包线	1+1罗纹(平织罗纹)				针织产品正面盖头内垫衬10mm厚乳胶海绵,规格为长20.5cm,宽12cm。机织产品有梭织羊毛毡护肘,规格为长21cm,宽10.5cm,由两根7cm、一根8.5cm本白松紧带拼制附毡而成,中间加一开口。此外,还有织成有毛圈的毛圈护肘,吸水性和柔软性较好。产品柔软,有缓冲作用	用于套护肘关节,可保暖和防止外伤,运动员应用较多,适合足球、排球运动员保护肘骨,减轻疼痛
	机织护肘(woven elbow supporter)	采用14tex×2棉线加纱包橡胶丝作经,28tex四根并纱作纬	平纹组织					
护臂(arm guard)		采用18tex×2(32英支/2)棉线,衬纬58号橡筋纱包线	1+1罗纹				长20.5cm,宽8cm,手感柔软,强力高,色泽为本色和漂白	用于保护臂部肌肉,适用于耗费臂力较多的运动,如射箭、射击,标枪等,在对手臂有伤害性的工矿操作,如玻璃、拉丝、印染行业也有较广的应用

续表

名称		原料	织物组织	密度/(根/10cm)		宽度/mm	特点	用途
				经密	纬密			
护腕(wrist supporter)	针织本白护腕(knitted raw white wrist supporter)	采用18tex×2(32英支/2)棉线,衬纬58号橡筋纱包线	1+1罗纹				可保护腕部韧带、静脉,增强手腕力量。产品规格为10cm×7cm	用于体育运动中,如球类、吊环、鞍马、单双杠、标枪、铁饼等,并广泛用于工农业生产中使用腕力较大的各种操作
	针织彩条毛巾护腕(knitted coloured towel supporter)	毛圈纱采用36tex(16英支)有色棉纱,地纱为78dtex(70旦)弹力锦纶丝,衬纬为D2170氨纶丝	平针毛圈组织				产品夹有彩色条纹,外观漂亮,毛圈较密,吸湿率大,可减少汗水流入手心,并能揩擦面部汗水。产品规格为6.5cm×7.5cm	常用于羽毛球、网球、篮球等运动中
护腰(waist supporter)		采用各类健身带(如20.5cm本白松紧带)轻开剪、缝制或胶合后,配以纽扣或尼龙搭扣带而成,上覆4mm厚羊毛毡,毡长64cm,或其他衬垫以增强护腰作用					色泽以本白、漂白居多,也有少量呈彩条颜色,常见规格为长50~70cm,宽6~20cm,呈圆筒形。保暖性好,对腰部可起支撑作用	围于腰间,有保暖和发挥腰部力量的作用。对腰肌劳损,腰椎骨损伤等疾病,可起到良好的辅助医疗作用

续表

名称		原料	织物组织	密度/(根/10cm)		宽度/mm	特点	用途
				经密	纬密			
护腹(athletic supporter)		由腰带、裆带和攀带组成兜状弹性带，通常用7.5cm，7cm，3cm三种本白松紧带缝制。也有用经编织物或其他织物做裆，用薄型松紧带做腰的护腹					俗称护裆、护身。规格分大、中、小三档，大号腰31.5cm，裆16.5cm，中号腰29cm，裆16cm；小号腰27.5cm，裆15cm，有本白、漂白、彩条等颜色，弹性适中，穿着舒适	常用于足球、长跑等项体育运动，可避免剧烈运动中睾丸受伤，对疝气病患者有辅助治疗作用
护膝(kneecap suppoter)	梭织护膝(woven kneecap suppoter)	采用长18.5～24.5cm，宽上口13～14cm，下口12～13cm，由三根不同阔度(6.5cm、7cm、8.5cm)的松紧带拼制，采用大宽度拼缝针脚工艺，护膝前附毡，膝后开口					拉伸性能优异，使用寿命长，抗寒能力强，行走时关节灵活	适于高寒潮湿地区、冷冻恒温车间、野外及坑道作业、油田及水电站施工等场合使用
	针织护膝(knitted kneecap suppoter)	采用14×2～28tex(42英支/2～21英支)棉纱线，衬纬58～40号橡筋纱包线针织成筒状无接缝织物，长20.5～32cm，宽11.5～13.5cm。原料还可采用腈纶，氯纶等，垫料有羊毡和海绵	1+1罗纹或2+1罗纹				厚实丰满，贴身柔软，拉力较强，穿用舒适，能加强关节韧带，增加运动力量，可防止因运动过猛而致膝关节伤筋、脱骱、避免膝部受外伤	

续表

名称		原料	织物组织	密度/(根/10cm)		宽度/mm	特点	用途
				经密	纬密			
护膝(kneecap suppoter)	针织海绵弯形护膝(knitted sponge winding kneecap suppoter)	采用14tex×2+18tex×2(42英支/2+32英支/2)棉线、衬纬40号橡筋纱包线,由针织机加工而成。缓冲型133针织海绵弯形护膝规格为27cm×15cm	1+1罗纹				利用集圈组织使产品呈弯形,适合膝部形状,高强橡胶丝拉力强,能加强膝关节韧带,正面盖头内垫衬20mm厚乳胶海绵,柔软,缓冲弹性好	适于运动员使用,对排球、足球运动跌扑抢球减少疼痛特别适用
	医用磁性护膝(hospital magnetic kneecap suppoter)	采用26.8tex(22英支)腈纶纱,衬纬58号橡筋纱包线,由针织机加工而成,规格为23cm×1.5cm	1+1罗纹				利用两块一定磁量磁铁的磁疗特性,以及以纯羊毛作填充料的良好保暖性,作用于膝部一对膝眼穴位上,从而对膝关节起到保暖、消肿、止痛作用	适于患有膝关节滑膜炎的病人使用,可起到治疗作用
护腿(leg guard)	梭织短护腿(woven short leg guard)	采用三根6.5cm本白松紧带或一根20.5cm漂白嵌条松紧带缝制而成,长20cm,宽上口12.5～14.5cm,中间13.5～15cm,下口9.5～13cm					柔软有弹性	用于保护小腿腿骨及腿肌,增强运动能力,减轻腿肌疲劳
	针织长护腿(knitted long leg guard)	采用18tex×2(32英支/2)棉线,内衬58号橡筋纱包线,由针织长条裁剪缝制而成,长36cm,上口宽12cm,中间宽13cm,下口宽10cm	1+1罗纹				柔软有弹性,穿用舒适	用于套护小腿。起保暖和防护外伤作用。也适于舞台戏剧排练,演出使用,代替绑腿,有减轻腿肌疲劳,加强舞台效果之妙用。也常适用于静脉曲张症

续表

名　　称	原　　料	织物组织	密度/(根/10cm)		宽度/mm	特　　点	用　　途
			经密	纬密			
护踝(ankle suppoter)	采用18tex×2(32英支/2)棉线，衬纬58号、40号橡筋纱包线，规格为20.5×8cm。有本白或漂白直形护踝和漂白夹彩条弯形护踝两种	1+1罗纹				柔软有弹性，穿用舒适。新产品弯形护踝采用集圈组织，使织物产生弯形符合人体脚形，穿着更服帖	用于保护踝关节、韧带的纺织护身用品。广泛用于跳高、跳远、跳伞、赛跑等运动，可加强踝部韧带，保护踝子骨，增强跳跃能力
医用高分子绷带(surgical PBT bandage)	333dtex/48F(300旦/48F)涤纶复丝，织成16～23孔/cm^2的带坯在带坯上涂以特殊高分子材料，低温干存				50、75、100	绷带呈乳白色，表面多孔	用于各种骨折固定与整形治疗。使用中要注意在患部加衬垫料，如棉花等

注：护身用品带是对人体局部起强力、缓冲、保暖和护伤等保护作用的健身带。有的护身用品带（如护膝带、护肘带、护腹带等）还衬垫海绵和加贴羊毛毡等。

14. 其他带（others braid）

名　称	原料工艺	织物组织	宽度/mm	特　点	用　途
尼龙搭扣带(self nylon tape fasteners)	圈面带用333.3dtex×12F(300旦×12F)锦纶复丝成圈，经热定型、涂胶磨绒处理，获得浓密柔软的圈状结构。钩面带用直径为0.22～0.25mm的锦纶单丝成圈，经热定型、涂胶、刻割成钩等处理，具有硬挺直立的钩子	平纹地组织、成圈组织	16、20、25、30、38、40、50、100等	带面平整，勾结强力大，撕揭强力较小	用作服装、篷帐、沙发套、皮件、手套及医疗器具、运动用品、袋子、行礼、安全设备等的连接材料

续表

名称		原料工艺	织物组织	宽度/mm	特点	用途
凸边带(double edge pigue braid)	踢脚带(stirrup narrow fabric)	一般为染色棉线，在有梭织带机上织制。起筋部位采用59tex(10英支)7～8根棉纱作芯线	斜纹组织	16	带面平整	缝于西装裤脚管后跟处，以减少裤脚管的磨损
	拉链带(fastener tape, zipper tape)	一般采用棉线，以中特(中支)纱21～40根作芯线，在有梭织带机上制织	斜纹组织	18.5、15、11.5等	起筋部位用以固装金属或尼龙拉链的牙粒。带面洁净平整	用于制作拉链
锦纶手表带(chinlon watchguard band)		以锦纶为原料，采用色织工艺在织带机制织。带坯按一定长度裁剪，经加工烫眼、装搭扣和套圈而成	双层平纹提花组织	5～19	表面织有花纹且突出，有立体感，柔软而坚牢耐用，耐酸碱变形小	专用作手表表带

注：1. 尼龙搭扣带又称锦纶搭扣带、黏合带。是一种作搭扣用的织物，由锦纶钩面带与锦纶圈面带（绒带）组成。颜色有漂白、大红、浅绿、淡蓝、草绿、草黄、元等多种，可按需要选配。筒状卷装，使用时根据需要长度裁用。

2. 凸边带是指表面形成特殊凸条的带织物。带子的宽度与凸边程度根据用途而定。凸边带除踢脚带和拉链带外，还有出边带。

3. 锦纶手表带是一种特殊规格的专用作手表表带的双层带织物。

八、金属扣件（buckle）

金属扣件指的是利用金属材料制成的，被运用于服装或与服装相关物品上，以达到一定的使用和装饰功能的系列产品。它包括各种金属纽扣、拉链片和拉链头、吊球、铆钉、吊牌、气眼、商标装饰牌、职业标志、装饰件等。按其使用功能，金属扣件可分为锁扣类、扣扣类、装饰类、紧固类四大类，其中有很多的金属扣件会同时兼备四大类中的两个或两个以上的功能。金属扣件在服装上的运用主要包括实现联结、加强等使用功能，另外还有增加成衣档次和美观的装饰功能。

1. 金属扣件（总论）

项目		说明	
定义		指利用金属材料制成的被运用在服装及与服装相关物品上的制品，包括各种金属纽扣(metal button)、吊环(hanging loop)、裤扣(trouser buttons；trouser hook；buckle)、铆钉(rivet)、吊牌(hang-tag；swing ticket)、气眼(air hole；gas hole)、商标装饰牌(brand adorn tablet；trade mark adorn tablet)、职业标志(business mark；vocational mark；professional mark)、装饰件(decorative pieces)等。金属扣件在形状、材料、色彩及功能等方面千变万化，经过表面处理后，可使金属扣件具有一定的装饰性(包括光亮度、色泽色彩、花纹等)，使其表面具有立体感，而且还具有一定的防护特性(如耐潮湿气雾、含硫含氧气体介质、盐分、化学药品和有机碳的腐蚀等)，并可提高金属表面的硬度，使之能耐磨、耐擦伤和耐碰伤等	
分类	按加工形式分	冲压成形扣件，又称五金产品，如四合扣、五爪扣、工字纽、撞钉、汽眼等	
		金属压铸型扣件，又称合金产品，如纽扣、拉片、拉头、皮带扣、帽徽、胸章等	
		组合成形扣件	
	按功能分	锁扣类金属扣件	主要是指在服装中相互连接并具有锁扣、开合功能的扣件。如四件扣、大白扣等，是目前服装行业使用最多、最广泛的一种扣件，具有经久耐用、造型别致、时代气息强、价廉物美、耐高温、耐化学气体腐蚀、装订方便、可回收、无污染、能成批量生产等特点，但制造工艺复杂，相对技术要求较高

续表

项目			说明
分类	按功能分	扣扣类金属扣件	主要是指在服装上相互连接并具有重复锁扣、开合功能的扣件。如裤扣、调节扣、葫芦扣、裙扣、"日"字扣等。一般采用冲压成形、金属压铸成形、弯曲成形等几种加工方式。该类扣件品种繁多,形状奇异,具有锁紧、调节、装饰等作用
		装饰类金属扣件	主要是在服装上以装饰为主而以扣扣、锁扣为辅的金属扣件。如金属牌、装饰扣等。在时装的应用中比较广泛,它主要有组合型、压铸型、冲压弯曲成形等,具有立体感强、色彩鲜艳等特点
		紧固类金属扣件	通常是指服装中与服装相铆合或以增加强度为目的的金属扣件。如服装中用于衣裤袋四角的铆钉,又如高品位的标牌、商标、装饰件,固定在服装上,具有装订牢固、美观大方和装饰的效果

2. 锁扣分类与特点

名称	特点
按扣 (snap [fastener]; popper; dome fastener)	选用铜带、铜丝,经过冲压、绕制加工组合而成。特点:锁扣开合自如,手感柔和,改变了习惯性注线纽扣方式;耐高温,经高压熨烫后,不变形,保证原锁扣性能;耐磨性能好,一般服装在各种洗衣机内洗涤后能保证原有形状及锁扣开合功能,不耐磨;耐化学腐蚀性能好,可适应各种化学药水洗涤、整烫;通用互换性能好,用任何一种同型号按扣的一粒配扣都能与原来性能一样;装订方式为线注型纽扣。按扣适用于服装、皮件、鞋帽、手套、玩具等,作紧扣连接使用,属线注暗扣型
四件扣 (four-piece button)	俗名五爪扣,不仅美观大方,并能在扣面上刻印各式精致的花纹图案和品牌商标,加上使用各种表面处理手段,使其能适应各种颜色的服装面料。四件扣由扣面、母扣、子扣、底扣四个部分组成,其工作原理是利用有色金属黄铜带的弹性特性,实现铆合及扣合功能。特点:制扣材料性能优越,选用了耐磨性能好、耐腐蚀能力强、弹性特性优良的黄铜带,冲压成形,保证了正常的锁扣、开合功能;花式多样,色彩丰富,仿真性能强。可在扣件表面压印各种精致的花纹、高品位的标牌和商标,加上各种彩色表面处理,以适应各种彩色服装的配套;通用互换性能好;装订牢固方便,锁扣开合自如,经久耐用;耐腐蚀能力强,适应服装在化学药水中洗涤与整烫;耐高温、耐高压,能承受100℃的沸水及在压力锅内长时间的浸泡及高温熨烫,不褪色,不变形,能使服装在任何洗衣机内洗涤,能保持原有技术性能

续表

名 称	特 点
大白扣(press stud)	近年来,大白扣在服装业流行很广,它款式独特、图案精制的特点,在服装上得到了充分的体现。由面扣、母扣、子扣和底扣组成,其工作原理是利用黄铜丝的弹性特性实行锁扣、开合功能。有铁大白扣和铜大白扣两种,由于材料选用不同,因而各有自身的特点。铁大白扣的特点是价格低廉,有丰富的图案和表面处理方法,但抗腐蚀能力极差,易生锈,影响整个服装的使用寿命,适用于低档服装及一次性服装。铜大白扣价格高于铁大白扣,有丰富的图案和表面处理,抗腐蚀能力强,服装可在任何洗衣设备上洗涤,也可适应各种化学洗涤、整烫,不生锈,不变形,耐磨,耐高温,适用于高档服装中
四合扣(no-sew snap;snap-fastener;press button; gripper fastener;post& stud)	又称弹簧四合扣。是按扣的延伸,弥补了按扣在装订、装饰使用范围的不足,是按扣与大白扣相结合的产品。由面扣、母扣、子扣和底扣组合而成。特点:除具有四件扣、按扣的性能外,适用性比较广泛;耐磨性能好,耐高压,耐高温熨烫;表面具有丰富的图案色彩,美观大方,也可根据用户的要求,在扣面上压印品牌、商标及行业标识;能适应各种色彩的表面处理。四合扣多用于非伸缩性衣料、薄衣料、厚衣料等服装上作紧扣、开合装饰用,如夹克衫、T恤衫、牛仔服装、行业服装、滑雪衫、羽绒服等。装订要求布料厚度在0.5～3.5mm之间,装订后扣面不变形,不掉漆,铆合牢固,配合应达到装订前的各项技术指标

规格与性能

单位:N

扣件名称	型 号	基本尺寸	承受静拉力范围		备 注
			松紧度	耐久度	
按扣(snap[fastener];popper;dome fastener)	3#	$\phi14$	12～26	8	适用于服装、皮件、鞋帽、手套、玩具等,作紧扣连接之用,属线注暗扣型
	2#	$\phi12$	10～20	7	
	1#	$\phi10$	8～16	5	
	0#	$\phi8.5$	6～14	4	
	00#	$\phi7$	4～12	3	
	000#	$\phi6$	3～10	1	
四件扣(press stud in four-piece set;no-sew snap;gripper;hammer-on snap)	A111	$\phi11.8$	19.6～39.2	>9.8	松紧度系指揿合松紧度。A—空心四件扣,B—装饰面四件扣,C—金属面四件扣。空心四件扣适用于毛制薄衣料、伸缩性衣料、非伸缩性衣料,如西式睡衣,针织内衣等。装饰面四件扣适用于两用衬衫、睡衣、童装等。金属面四件扣适用于儿童服装、薄衣料的羽绒衣服、滑雪装等
	B101	$\phi11.8$	19.6～39.2	>9.8	
	C101	$\phi11.8$	19.6～39.2	>9.8	
	A211	$\phi9.8$	14.7～34.3	>7.8	
	B301	$\phi9.8$	14.7～34.3	>7.8	
	C301	$\phi9.8$	14.7～34.3	>7.8	
	A311-1	$\phi21$	34.3～44.1	>9.8	

续表

扣件名称	型号	基本尺寸	承受静拉力范围		备注
			松紧度	耐久度	
大白扣(press stud)	D111-013	ϕ13	19.6～39.2	>9.8	铁大白扣适用于低档服装及一次性服装,铜大白扣适用于高档服装。大白扣主要使用在较厚衣料服装上,如羽绒服装、滑雪衫、夹克衫、工作服、牛仔服等
	D111-015	ϕ15	39.2～44.1	>10.78	
	D111-017	ϕ17	39.2～44.1	>10.78	
	D111-031	ϕ15	19.6～39.2	>9.8	
四合扣(no-sew snap; gripper fastener; snap fastener; press button; post& stud)	H635	ϕ14	17.64～31.36	>11.76	多用在非伸缩性衣料、薄衣料、厚衣料等服装上作紧扣、开合装饰用,如夹克衫、T恤衫、牛仔服装、行业服装、滑雪衫、羽绒服等
	H633	ϕ12	14.7～24.5	>9.8	
	H110	ϕ10	9.8～17.64	>5.88	
	H085	ϕ8.5	5.88～14.112	>2.94	

3. 军用四件子母扣规格与性能

单位：N

规格	松紧度	耐久度	侧掀强力	备注
	垂直开合3次后	垂直开合1000次后	参考指标	
1310	12～24	≥8	8～18	军用四件子母扣系列基本上由五种不同规格组成,规格代号中的前两位数字为扣面外径的毫米数,后两位数字为弹簧面外径的毫米数。主要材料为铜和钢
1512	18～30	≥12	10～20	
1514 1814 2014	20～35	≥15	12～24	

4. 扣扣

名 称	特 点
裤扣(trouser buttons; trouser hook; buckle)	是各种裤类中起连接作用的一种搭扣,市场需求量很大。可分为两件裤扣和四件裤扣两种。①两件裤扣(two-piece trouser buttons; two-piece trouser hook; two-piece buckle):分为装饰轻便型裙扣和普通型裤扣两种,其形状和尺寸没有统一的标准,主要是根据服装的需要及厂家内部设计制定,按材质分有铁质裤扣和铜质裤扣,它们都有丰富的造型和搭扣功能,但铁质裤扣的耐蚀能力比铜质的差,铁质裤扣只能使用在一次性服装上或低档服装上;铜质裤扣适宜中、高档服装,装订形式均为线注型。②四件裤扣(four-piece trouser buttons; four-piece trouser hook; four-piece buckle):是两件线注裤扣的演变产品,克服了两件裤扣装订不牢固的缺点,广泛使用于高档服装中。四件裤扣有两种形式:一是暗式裤扣;另一种是以装饰与搭扣相结合的裤扣。暗式裤扣由上片、钩片、搭片和底片组成。其铆合形式为上片与钩片、搭片与底片相铆合,钩片与搭片相连接,从而起到搭扣作用。而装饰式裤扣则是暗式裤扣与大白扣相结合的产品,是利用大白扣的面扣与底扣,分别与钩片、搭片相铆合,提高了裤扣的档次。四件裤扣要求使用专用的装订模具和设备,要求装订后不变形,牢固可靠,达到搭扣功能
线注金属扣(seam metal button; seam metallic button; seam cast button)	由于不需要专用装订模具和设备,花式品种较多,市场需求量较大。其种类很多,分类方法也有多种。①根据纽扣的眼孔分布方式可分为明扣和暗扣两种。其中明扣又可分为两孔和四孔两种,即纽扣在同一平面、同一圆周上均匀分布有两孔和四孔。暗扣通常只有一个位于纽扣背面的孔,而背面脚底也有焊脚底、自动脚底和铜线脚底三种类型。焊脚底纽扣是指纽扣的扣面与同类金属或异类金属制成的孔脚底用焊接工艺组合成一颗完整的金属纽扣;自动脚底纽扣是指将金属带材经过冲压成形工艺制成有孔脚底,然后与扣面组合成一颗完整的金属纽扣;铜线脚底纽扣是指将铜线通过模具绕制成有孔脚底,然后镶在扣面底部,组合成一颗完整的金属纽扣。暗扣多用于时装及职业服装作装饰或作行业标识之用。②按生产工艺可分为冲压成形金属纽扣和压铸成形金属纽扣。冲压成形金属纽扣是指将金属带料经过落料、延伸、冲孔、压印成形等工艺制成的金属纽扣。压铸成形金属纽扣是指用低熔点的有色合金通过熔化、压铸成形工艺制成的金属纽扣。这两种纽扣也有暗眼扣和明眼扣之分。明眼扣也分为两孔和四孔。暗眼扣也分为焊脚底、自动脚底和铜线脚底。在日常使用中,压铸型金属纽扣不仅具有丰富的平面图案及各种行业的标识图案,而且立体感更优于冲压型金属纽扣,但价格高于冲压型金属纽扣。③线注金属纽扣的型号及尺寸与树脂纽扣的型号及尺寸相同
工字扣(I-button; jeans button)	又称牛仔扣。由面扣和底铆针组成。目前流行的规格有 ϕ17mm,ϕ15mm,ϕ14mm 三种,一般有铁质和铜质两种材料的。装订牢固,有丰富的图案花纹及表面处理,适用于具有青春气息的牛仔系列服装(如牛仔衫、牛仔裤、牛仔套裙、牛仔背心等)、童装及工作服等,采用手工装订与机械装订均可

续表

名称	特点
金属挂扣(buckle; metal hanger; metal hook)	一般作为牛仔服装系列、夹克系列、背带裤系列服装的配件，款式千姿百态，在服装中有单独使用的(如调节扣、D字扣、拉心扣等)，也有与其他附件配套使用的(如在牛仔系列中，工字扣与葫芦扣相配套使用的)。金属挂扣选用的材料有铁、铜、合金三类。加工形式有弯曲成形、冲压成形、压铸成形三大类。其形状尺寸由各厂家自行设计、制定。挂扣名称各企业没有统一的规定，一般是根据挂扣的类似形状及功能而命名。如各种尺寸的鲍鱼扣、方形拉心扣、日字扣、三线通扣、D字扣、布带松紧扣、夹带扣等

5. 装饰类金属扣件

名称	特点
单纯性装饰扣件	一般指在服装上以装饰为主的扣件，如金属牌、爪式装饰扣、胸花、别针等。金属牌与紧固件及布带类相配套使用，其尺寸形状千变万化，可作装饰及高品位商标牌之用。其加工形式有冲压成形、压铸成形，材料有铁、铜、合金等。爪式装饰扣一般是单独使用，即用爪直接固定在需要装饰的服装上，以达到所要求的装饰性能。其形状尺寸由各企业自行设计和制定，加工形式通常用金属带料经冲压成形而制成
具有功能性的组合装饰扣件	一般是将具有锁扣、扣扣功能的纽扣与装饰件，采用包面或镶嵌工艺进行组合的新型扣件，如将形状各异(圆形、腰形、方形、菱形、六边形等)、材料不同(花纹树脂、人造钻石、大理石、木类、珠光塑料等)的装饰品与四合扣、四件扣、大白扣等扣件的面扣，通过包面工艺将其组合起来，既能实现锁扣功能，又能起到装饰作用，使服装更加鲜艳夺目，进而达到画龙点睛的效果

6. 紧固类金属扣件

名称	特点
衣角钉(garment horn tack rivet)	是以增加衣角强度为目的的空心铆钉。一般由面扣与底扣两部分组成。其加工工艺为冲压成形。材料一般选用铁质和铜质两种。尺寸一般有 $\phi7$、$\phi9$、$\phi9.5$ 等几种，其形式一般没有规定，广泛用于牛仔服装和童装
汽眼(air hole)	是以增加服装的耐磨性和强度为目的的扣件。通常与带子相配套，其结构由面料和垫片组成，加工形式为冲压成形，其形状有圆形、腰形、多边形等，主要用于夹克衫、牛仔服、工作服等系列服装中，需用专用装订模具装订
铆钉(rivet)	是指将服装附件固定在服装某个部位所使用的金属扣件。材料一般选用铝丝和铜带。其结构由面扣和垫片组成。适用于金属牌、高品位商标牌的铆合

九、缝纫线（sewing thread）

常用线材品质检验项目

线材类别	内在品质															外观品质	
	纤维含量	油脂含量	线密度	线密度变异系数	断裂强力	断裂强力变异系数	长度	质量	捻度	捻向	股数	结头	缩水率	起球	染色牢度	疵点	色差
棉蜡光缝纫线					√	√	√		√	√	√	√			√	√	√
棉缝纫线					√	√	√		√	√	√	√			√	√	√
涤纶缝纫线					√		√		√	√	√	√			√	√	√
涤棉包芯缝纫线					√	√	√		√	√	√	√			√	√	√
锦丝缝纫线			√		√	√	√		√	√	√	√			√	√	√
维纶缝纫线					√		√	√	√	√	√	√			√	√	√
黏胶长丝缝纫线					√		√	√	√	√	√	√			√	√	√
棉工艺绣花绞线			√		√				√	√	√				√	√	√
棉绣花线			√		√		√	√	√	√	√	√	√	√		√	√

1. 缝纫线（总论）

缝纫线是指用于缝纫机或手工缝合纺织材料、塑料、皮革制品和缝钉书刊的多股线。缝纫线必须具备可缝性、耐用性和外观质量。通常要求强力高，条干均匀，捻度适中，接头少，润滑柔软，弹性好，以适应服装类的高速缝纫以及鞋帽、篷帆和皮革等缝料的缝制。缝纫线品种较多，按原料分，有天然纤维型（如棉线、麻线、丝线等）、化纤型（如涤纶线、锦纶线、维纶线、人造丝线等）和混合型（如涤棉混纺线、涤棉包芯线等）。按卷装形式分，有绞线、木团线、纸芯线、纸板线、线球、线圈、宝塔线等。一般分为民用和工业用两种。民用缝纫线以小卷装为主，长度为50～1000m；工业用缝纫线多为大卷装，长度为1000～11000m，也有数万米的。

概念

缝纫线是用于缝纫机或手工缝合纺织品、塑料、皮革制品和缝订书刊等用的多股线。材质主要有棉、丝、毛、麻四种天然纤维。随着化学纤维的发展，又大量采用化学纤维原料来制作缝纫线。缝纫线除缝合功能外，还可以起装饰作用。

(1) 一般缝纫线分类

方法	种类	内容
按原料	天然纤维型(natural fibre type)	棉线、麻线、丝线等
	化纤型(chemical fibre type)	涤纶线、锦纶线、维纶线、人造丝线等
	混纺型(blending type)	涤棉混纺线、涤棉包芯纱线等
按卷装形式	绞线(skein of thread)	按规定长度和圈数绕成的线
	木纱团(轴线或辘线)(spool of thread)	卷绕在木轴上的缝纫线。也有用塑料芯的(塑芯木纱团)。分为棉蜡光线、无光线和丝光线。长度有412m(450码)、460m(500码)等
	纸芯线(cop of thread)	由纸质圆柱形筒管卷绕的缝纫线
	纸板线(card of thread)	由纸板卷绕的缝纫线

续表

方　法	种　类	内　　容
按卷装形式	纸纱团（yarn bobbin of paper）	卷绕在纸芯上的棉蜡光缝纫线，长度为 46～914m
	线球（ball of thread）	卷绕成球形的缝纫线。成品长度一般为 91.44m（100 码）。主要用于手工缝制衣服、鞋帽等，也有用于刺绣
	线圈（loop）	卷绕在纸芯管或塑芯管上的缝纫线。有丝光线圈、涤纶线圈、锦纶线圈等。一般为 45～460m（50～500 码），适用于手工与家庭缝纫机
	宝塔线（cone of thread）	卷绕在锥形纸质筒管或塑料筒管上的缝纫线。长度常用规格有 5000m、10000m 等。以质量计的，有如 0.227kg（0.5 磅）。一般强力高，滑润性好，缩水率小，耐磨等，适应于高速缝纫，用于工业缝纫，如缝纫服装、巾被和针织物等
按用途	民用线（thread for civil use）	以小卷装为主，长度为 50～1000m
	工业用线（industrial thread）	以大卷装为主，长度为 1000～11000m，也有数万米的

注：1. 缝纫线使用的单纱一般为 7.3～65tex（9～80 英支）。

2. 缝纫线的合股数有 2 股、3 股、4 股、6 股、9 股，最高为 12 股，常用的多为 3 股。2 股线稳定性较差，强力低，一般在单薄织物处使用，4 股的质量优于 3 股，但制造成本高。4 股以上大多为非衣料缝纫线（如用于皮革、鞋子的缝制等）。

3. 为了提高缝纫线的润滑性，一般均应进行后处理，棉质线一般是上蜡，涤纶线和锦纶线是上硅油乳液。

4. 对缝纫线的基本品质要求是可缝性、耐用性和外观质量。缝纫线的外观应与所缝合的产品外观具有良好的匹配性，要求条干均匀，捻度适中，结头少，柔软润滑。

（2）常用天然缝纫线类别及特征

名称	加工方法	性能特征	基本用途	主要规格	
				tex×股数	Ne/股数；或股数/旦×股数
棉手工线	纺纱后加入少量润滑油	拉伸强度差，纱支粗	一般用于手缝、包缝、线钉、扎衣样缝皮子等	29×3 19.5×3	20/3 30/3

续表

名称	加工方法	性能特征	基本用途	主要规格	
				tex×股数	Ne/股数;或股数/旦×股数
棉丝光线	精梳棉纱线经烧毛与碱液丝光处理	外观丰满富有光泽,强度较手工线强	适用于中、高档棉制品的机缝线	7.5×3 7.5×4 10×3 10×4 12×6 14×3 19.5×2	80/3 80/4 60/3 60/4 50/6 42/3 30/2
棉蜡光线	棉线经过练染、上蜡处理	线表面光滑而硬挺,捻度稳定耐磨性强	适用于硬挺面料、皮革及需高温整烫的衣物缝纫	14×3 14×5 18×5	42/3 42/5 32/5
丝手缝线	采用2.33tex(21旦)蚕丝加捻处理后,将若干根线合并而成	线体较粗,富于光泽,有相当强度,耐磨性好,价格高	适应于高档毛料的手工锁眼、缲边及丝绸服装的手工缝纫	(2.33×9)×2 22.42×2 (绢纺) (2.33×3)×2 (2.33×16)×3 (锁眼线)	9/21旦×2 26/2 (绢纺) 3/21旦×2 16/21旦×3 (锁眼线)
丝机缝线	采用2.33tex(21旦)蚕丝加捻处理后,将若根线并合而成	线体与棉机缝线相似,富于光泽,有相当的强度与耐磨性,价格高	适应于各种丝织物及其他高档服装的机缝或手线	(2.33×4)×3 (2.33×4)×2 (2.33×7)×3 (缉线) (2.33×16)×3 (缉线)	4/21旦×3 4/21旦×2 7/21旦×3 (缉线) 16/21旦×3 (缉线)

(3) 应用

缝纫线与服装面料的合理配伍选择

材料		缝线	包缝线	扣眼线	缲缝线	攥线	钉扣线	针迹密度	机针
棉	薄	蜡光线 丝光线 涤纶线 14.8~9.8tex ×2~3股 (40~60Ne/2~3)	软线 丝光线 14.8~9.8tex ×3~6股 (40~60Ne/3~6)	丝光线 涤纶线 14.8~9.8tex ×2~3股 (40~60Ne/2~3)	同缝线 丝线 透明线 (纱支较缝线稍粗)	软线 19.7~7.5tex ×2~3股 (30~80Ne/2~3)	丝光线 涤纶线 14.8~9.8tex ×2~3股 (40~60Ne/2~3)	16~18	9~11

续表

材料		缝线	包缝线	扣眼线	缲缝线	攃线	钉扣线	针迹密度	机针
棉	中厚	蜡光线 丝光线 涤纶线 14.8～9.8tex×2～3股(40～60Ne/2～3)	软线 19.7～9.8tex×3～6股(30～60Ne/3～6)	涤纶线 29.5～19.7tex×3股(20～30Ne/3)	同缝线 丝线 透明线 (纱支较缝线稍粗)	软线 19.7～7.5tex×2～3股(30～80Ne/2～3)	丝光线 涤纶线 29.5～14.8tex×3～6股(20～40Ne/3～6)	15～17	12～14
毛	薄	丝线 涤纶线 14.8～9.8tex×2～3股(40～60Ne/2～3)	丝光线 14.8～9.8tex×3～6股(40～60Ne/3～6)	丝光线 涤纶线 14.8～9.8tex×2～3股(40～60Ne/2～3)	同缝线 丝线 透明线 (纱支较缝线稍粗)	软线 19.7～7.5tex×2～3股(30～80Ne/2～3)	丝线 涤纶线 19.7～11.8tex×2～3股(30～50Ne/2～3)	16～18	9～11
	中厚	丝线 涤纶线 14.8～9.8tex×2～3股(40～60Ne/2～3)	软线 丝光线 19.7～9.8tex×3～6股(30～60Ne/3～6)	丝线 涤纶线 29.5～19.7tex×3股(20～30Ne/3)	同缝线 丝线 透明线 (纱支较缝线稍粗)	软线 19.7～7.5tex×2～3股(30～80Ne/2～3)	涤纶线 丝光线 锦纶线 29.5～14.8tex×3～6股(20～40Ne/3～6)	15～17	12～14
	厚	丝线 涤纶线 19.7～11.8tex×2～3股(30～50Ne/2～3)	软线 丝光线 19.7～9.8tex×3～6股(30～60Ne/3～6)	丝线 涤纶线 29.5～19.7tex×3股(20～30Ne/3)	同缝线 丝线 透明线 (纱支较缝线稍粗)	软线 19.7～7.5tex×2～3股(30～80Ne/2～3)	涤纶线 丝光线 锦纶线 29.5～14.8tex×3～6股(20～40Ne/3～6)	14～16	14～16
化纤	薄	涤纶线 14.8～9.8tex×2～3股(40～60Ne/2～3)	软线 涤纶线 14.8～9.8tex×2～3股(40～60Ne/2～3)	涤纶线 14.8～9.8tex×3股(40～60Ne/3)	同缝线 丝线 透明线 (纱支较缝线稍粗)	软线 19.7～7.5tex×2～3股(30～80Ne/2～3)	锦纶线 涤纶线 14.8～9.8tex×2～3股(40～60Ne/2～3)	16～18	9～11

续表

材料		缝线	包缝线	扣眼线	缲缝线	攥线	钉扣线	针迹密度	机针
化纤	中厚	涤纶线 14.8～9.8tex ×2～3股 (40～60Ne/2～3)	软线 丝光线 19.7～9.8tex ×3～6股 (30～60Ne/3～6)	涤纶线 29.5～19.7tex ×3股 (20～30Ne/3)	同缝线 丝线 透明线 (纱支较缝线稍粗)	软线 19.7～7.5tex ×2～3股 (30～80Ne/2～3)	锦纶线 涤纶线 29.5～14.8tex ×3～6股 (20～40Ne/3～6)	15～17	12～14
	厚	涤纶线 19.7～11.8tex ×2～3股 (30～50Ne/2～3)	软线 丝光线 19.7～9.8tex ×3～6股 (30～60Ne/3～6)	涤纶线 29.5～19.7tex ×3股 (20～30Ne/3)	同缝线 丝线 透明线 (纱支较缝线稍粗)	软线 19.7～7.5tex ×2～3股 (30～80Ne/2～3)	锦纶线 涤纶线 29.5～14.8tex ×3～6股 (20～40Ne/3～6)	14～16	14～16
丝绸	薄	丝线 丝光线 涤纶线 9.8～7.5tex ×2～3股 (60～80Ne/2～3)	丝光线 14.8～9.8tex ×2～3股 (40～60Ne/2～3)	丝线 丝光线 14.8～9.8tex ×3股 (40～60Ne/3)	同缝线 丝线 透明线 (纱支较缝线稍粗)	软线 19.7～7.5tex ×2～3股 (30～80Ne/2～3)	丝线 丝光线 涤纶线 14.8～9.8tex ×2～3股 (40～60Ne/2～3)	16～18	9～11
	中厚	丝线 丝光线 涤纶线 14.8～9.8tex ×2～3股 (40～60Ne/2～3)	软线 丝光线 19.7～9.8tex ×3～6股 (30～60Ne/3～6)	丝线 丝光线 29.5～11.8tex ×3股 (20～50Ne/3)	同缝线 丝线 透明线 (纱支较缝线稍粗)	软线 19.7～7.5tex ×2～3股 (30～80Ne/2～3)	丝线 丝光线 涤纶线 29.5～11.8tex ×3～6股 (20～50Ne/3～6)	15～17	12～14
裘皮	薄	锦纶线 涤纶线 19.7～8.4tex ×2～3股 (30～70Ne/2～3)		丝线 涤纶线 锦纶线 29.5～19.7tex ×3股 (20～30Ne/3)		软线 19.7～14.8tex ×2～3股 (30～40Ne/2～3)	锦纶线 涤纶线 29.5～14.8tex ×3～6股 (20～40Ne/3～6)	6～10	12～14
	厚	锦纶线 涤纶线 29.7～11.8tex ×2～3股 (20～50Ne/2～3)		涤纶线 锦纶线 29.5～19.7tex ×3股 (20～30Ne/3)		软线 19.7～14.8tex ×2～3股 (30～40Ne/2～3)	锦纶线 涤纶线 29.5～14.8tex ×3～6股 (30～40Ne/3～6)	14～16	14～16

注:表中Ne表示英支。

2. 棉缝纫线（cotton sewing thread）

棉缝纫线以棉纤维为原料制成，俗称棉线。是较早用于缝合服装的缝纫线，其特点是强度较好，弹性较差，吸湿性好，导热性差，但不耐酸。棉线没有软化点与融熔点，耐热性能比化纤缝纫线好，在缝纫时能经受较高的针温。

分　类	种　类	原料与规格	特　　点
按加工方法	棉无光缝纫线(cotton dull sewing thread)	7.3～65tex(9～80英支)，单纱一般为s捻和z捻，并捻时与单纱捻向相反。单纱采用一次并捻，多股可分两次并捻	只经过漂染不经过烧毛、丝光和上浆处理。延伸性较好，伸长率约6%，柔软，润滑性较差，表面较毛，色泽暗淡，用于低速缝纫或手工缝纫
	棉丝光缝纫线(cotton mercerized sewing thread)		光洁柔软、美观，具有近似丝线的光泽，可缝性好，缩水率为1.5%～2%，断裂伸长率为4%左右。卷装形式以木纱团、宝塔线居多。用于缝纫中、高档棉制品
	棉蜡光缝纫线(cotton glazed sewing thread)		富于光泽，润滑，外观光滑，耐磨性好，强度高，有一定的硬挺度。卷装形式有绞线、宝塔线、纸纱团、木纱团、筒线和纸板线等
按卷装形式	绞线(skein of thread)		
	木纱团(spool of thread)		长度为183～914m
	纸纱团(yarn bobbin of paper)		长度为46～914m
	纸板线(card of thread)		
	蜡筒线(glazed bobbin thread)		
	宝塔线(cone of thread)		长度为1000～11000m

3. 棉无光缝纫线（cotton dull sewing thread）

棉无光缝纫线是指不经过烧毛、丝光、上浆等处理的棉缝纫线，可分为本白、漂白、染色三类线，一般也作柔软处理，这样生产的线称为无光缝纫线或毛线。该线线质柔软，延伸性较好，伸长率约为6%。无光线因未经过烧毛，表面粗糙，在通过织物时的摩擦阻力要比其他纱线大，因此，只适用于手工缝纫与低速缝纫，缝制对象主要是低档棉织品，或用于缝制外观质量要求不高的制品。

规　　格		捻度/(捻/10cm)	用　　途
tex×股数	英支/股数		
28×4	21/4	51～55	用于面粉袋、棉毯拷边
18×3	32/3	67～71	用于棉服、钉扣、锁眼、制鞋
18×6	32/6	60～64	用于钉扣、锁眼、制鞋
14×3	42/3	75～79	用于服装拷边、草帽与枕席缝边
14×5	42/5	56～60	用于印染缝布接头、布鞋鞋帮
14×6	42/6	68～72	用于制鞋
10×6	60/6	52～56	用于油布伞、胶鞋夹里拷边
7.5×6	80/6		用于薄型棉织内衣衫裤

4. 棉丝光缝纫线（cotton mercerized sewing thread）

棉丝光缝纫线是指采用氢氧化钠（烧碱）溶液进行丝光工艺处理的棉缝纫线。纱线在较强张力状态下浸于氢氧化钠溶液中，棉纤维会发生物理变化，天然卷曲消失，纤维膨胀直径增大，横截面近似椭圆形，致使纱线对光线产生有规律反射，呈现出天然丝质般的光泽，这种现象称为丝光效应。经丝光工艺处理过的棉线，分子排列紧密，不仅表面光滑，而且还能提高棉线的强力与对染料的吸附能力。丝光棉线有本白、漂白和染色线三种。经过丝光的棉线缩水率较低，约为1.5%～2.0%，伸长率为4%左右。

规　　格		捻度/(捻/10cm)	用　　途
tex×股数	英支/股数		
19.5×2	30/2	82～86	用于拷边、衬衣裤
14×6	42/6	50～54	用于印染缝布接头、制鞋、装订
14×3	42/3	75～79	用于内外衣拷边、衬衣裤
12×6	50/6	86～90	用于厚棉织衣裤
10×4	60/4	52～56	用于卡其、灯芯绒服装
10×3	60/3	93～97	用于各种棉织衫裤、手帕缝边
7.5×4	80/4	90～94	用于薄型棉织衫裤
7.5×3	80/3	108～112	用于薄型棉织衫裤

5. 棉蜡光缝纫线（cotton glazed sewing thread）

棉蜡光缝纫线是指经过上浆、上蜡和刷光处理的棉缝纫线。早期蜡光线生产主要是采用手工蜡光，即把无光线（白线或色线）分绞在蜡光机上用手工进行揩蜡，以后又改进为拖浆上蜡，即把棉线经过天然淀粉浆液或化学浆液（如羧甲基纤维素CMC），在浆液中并加入柔软剂和防腐剂，一边烘燥，一边采用高速毛刷将棉线刷光。经过蜡光处理，无光棉线表面的茸毛黏附于线的表面，有规则地倒向一边，浆料便在线的表面形成一层薄膜，从而减少了摩擦阻力，表面光滑，缝纫时不易断线，而且浆液还能渗入到线的内部，从而增强了纤维间的黏结力，可提高缝纫线的强力6%左右，耐磨性好，具有一定的硬挺度。伸长率在5%左右，由于在张力状态下生产，故缩水率较大，缝线易起皱。

规格		捻度/(捻/10cm)	用途
tex×股数	英支/股数		
36×3	16/3	50～54	用于手缝针线包
36×2	16/2	64～68	用于手缝针线包
28×6	21/6	47～51	用于帆布、鞋帮、装订
18×9	32/9	42～46	用于锭带接头、皮鞋、篷帆
18×6	32/6	48～52	用于鞋帮、篷帆
18×5	32/5	55～59	用于旅行袋、书包、皮革、胶鞋
18×3	32/3	67～71	用于劳动服装、薄帆布、装订
14×6	42/6	50～54	用于胶鞋、印染缝布接头、装订
14×5	42/5	56～60	用于印染缝布接头、皮件、塑料提包
14×3	42/3	75～79	用于服装、鞋帽
10×6	60/6	52～56	用于胶鞋、雨伞、帽子、背包、装订
10×4	60/4	58～62	用于印刷装订
(10～6)×2	(60～100)/2	100左右	用于裘皮服装

6. 麻缝纫线（sewing threads of ramie/jute/flax/hemp）

麻缝纫线是指采用麻纤维制成的线。常用的麻纤维有苎麻、亚麻和黄麻。其中，苎麻强度居天然纤维之首，伸长率小，是一种典型的高强低伸的缝纫线，被列为特种工业用线，但也常用于皮鞋与皮革制品的缝制，在军用制品（如武器罩衣及帐篷的缝制等）也有广泛的应用。苎麻线的外观较毛粗，经蜡光处理后表面光滑，可增加其可缝性。

分类	原料	特点	用途
苎麻缝纫线(sewing thread of ramie)	全脱胶苎麻纤维，经精梳纺制成长麻单纱，再并捻而成多股线	线密度高(纱支粗)，断裂强力高，着水后膨胀，湿强高于干强，伸长率低，耐海水侵蚀	皮鞋、皮革制品、麻袋、篷帐类制品、军工等
亚麻缝纫线(sewing thread of flax)	亚麻束纤维		
黄麻缝纫线(sewing thread of jute)	黄麻束纤维		
槿麻缝纫线(sewing thread of kenaf)	槿麻束纤维		

7. 苎麻缝纫线 (ramie sewing thread)

规格与用途

规格		细纱捻系数 $\alpha_t(\alpha_m)$	用途
tex×股数	公支/股数		
105.3×6	9.6/6	2844～3062(90～95)	用于皮鞋、皮革制品、篷帆类制品、军工等
105.3×9	9.6/9	2844～3062(90～95)	用于皮鞋、皮革制品、篷帆类制品、军工等

注：苎麻缝纫线表面较毛糙，经上浆上蜡等处理可改善光滑程度。

质量指标

规格/tex×股数(公支/股数)	等别	品等指标			级别	品级指标
		单线强力/N	强力不匀率/%	质量偏差率/%		粗节数/(个/km)
105.3×6(9.6/6)	上	>186	<4	±3	优	<2
	一	>167	<8		一	<10
	二	>152	<12		二	<20

续表

规格 /tex×股数 (公支/股数)	等别	品等指标			级别	品级指标
		单线强力 /N	强力不匀率 /%	质量偏差率 /%		粗节数 /(个/km)
105.3×9(9.6/9)	上	>269.5	<4	±3	优	<2
	一	>246	<8		一	<10
	二	>225	<12		二	<20

8. 丝缝纫线（silk sewing thread）

丝缝纫线是采用天然桑蚕丝制得的缝纫线。它是使用最早的动物缝纫线之一。丝缝纫线特点是：比棉、麻、毛的细度细，且是长丝结构，分子取向度较高，故对光线的反射较有规律，富有光泽，手感细腻滑爽，可缝性较好，缝制的针迹丰满挺括而不易皱缩，干强高于棉线而湿强低于棉线，伸长率较大，约为15%～25%，弹性好，回潮率较高，易吸湿发霉，不耐日晒，耐弱酸而不耐强酸，耐碱性较差。

规格		特点	用途	备注
dtex×生丝根数×股数	旦×生丝根数×股数			
(22～24)×7×2	(20～22)×7×2	有光泽,色泽鲜艳,手感滑爽,可缝性好,伸长率较大(15%～25%),弹性好,缝制针迹丰满、挺括,不易皱缩,耐热性尚好,不需光,色泽度较差	缝制各种高级丝绸服装	俗称细衣线
(22～24)×11×3	(20～22)×11×3		用于机器锁纽、钉扣	俗称细纽扣线
(22～24)×16×2	(20～22)×16×2		缝制各种呢绒服装	俗称粗衣线
(22～24)×21×2	(20～22)×21×2		用于手工锁纽、钉扣	俗称粗纽扣线
(22～24)×26×2	(20～22)×26×2		缝制真丝被面	俗称缝被线
(22～24)×7×3	(20～22)×7×3		缝制皮革制品	俗称皮革线

9. 化纤长丝缝纫线(chemical fiber filament sewing thread)

名　称	原　料	特　点	用　途	备　注
涤纶长线(丝束)缝纫线(polyester filament sewing thread)	83dtex(75 旦)×3、111dtex(100 旦)×3、167dtex(150 旦)×3 涤纶长丝,捻度(59~63)捻/10cm	有丝质光泽,柔软,可缝性好,线迹挺括,强力高,伸长率小(8%~15%),物理与化学性能稳定,耐磨不霉变,实用性优于桑丝缝纫线	我国制鞋工业标准用线。用于缝制皮鞋、拉链、皮革制品、滑雪衫、手套等	使用单边宝塔筒子卷装,长度有 1000m、2000m、20000m 等数种
涤纶低弹丝缝纫线(stretch polyester sewing thread)	122dtex(110 旦)×2 有光低弹涤纶变形长丝,捻度约 6 捻/10cm	有丝质光泽,弹性较好,可与弹性织物相匹配,针迹美观	用于缝制弹性织物、针织涤纶外衣、腈纶运动衫、尼龙滑雪衫等。可替代传统的蚕丝缝纫线	使用单边宝塔筒子卷装,长度 5000m。涤纶长丝经假捻变形处理,使纤维获得低弹卷曲,在一定负荷下其伸长率为 15%~40%
锦纶弹力丝缝纫线(nylon stretch sewing thread)	78dtex(70 旦)×2、122dtex(110 旦)×2 等尼龙 6 和尼龙 66 的假捻变形长丝	具有丝质光泽,线质光滑,弹性较好,耐磨,强力高	用于缝制针织物、胸罩、内衣裤、游泳衣、长筒袜、紧身衣裤等伸缩性较大的弹性织物	
锦纶复丝缝纫线(nylon tow sewing thread)	56dtex(50 旦)×3 尼龙 6 或尼龙 66 变形弹力长丝	具有丝质光泽,弹性较好,耐磨,强力高,手感滑爽,柔软度较好	用于妇女胸衣拷边、内衣裤、被褥、制伞、提包、手套	捻度在 34~40 捻/10cm 左右,初捻捻向为 s,复捻捻向为 z
	78dtex(70 旦)×3 尼龙 6 或尼龙 66 变形弹力长丝			
	100dtex(90 旦)×9 尼龙 6 或尼龙 66 变形弹力长丝		用于化纤服装、羊毛衫、皮鞋、皮手套	
	117dtex(105 旦)×9 尼龙 6 或尼龙 66 变形弹力长丝			
	122dtex(110 旦)×3 尼龙 6 或尼龙 66 变形弹力长丝		用于车篷、带子、提包、鞋类、手套、地毯、人造革制品、牙刷、渔网、缝化工用袋等	
	133dtex(120 旦)×3 尼龙 6 或尼龙 66 变形弹力长丝			
	156dtex(140 旦)×3 尼龙 6 或尼龙 66 变形弹力长丝			
	233dtex(210 旦)×3 尼龙 6 或尼龙 66 变形弹力长丝			
	289dtex(260 旦)×3 尼龙 6 或尼龙 66 变形弹力长丝			

续表

名　称	原　料	特　点	用　途	备　注
锦纶透明缝纫线(nylon transparent sewing thread)	133dtex(120 旦)×1 尼龙 6 或尼龙 66 单丝	弹性好，耐拉耐磨，不易断裂，但线质较硬，不适宜于缝制服装。可用于任何色泽的缝制物，透明缝纫线有无色、浅烟色和深烟色。浅色织物用无色，深色织物用烟色。可取代各种色泽的缝线，可降低用户的色彩配货	用于缝制外衣、套装、游泳衣、提包、窗帘、皮革制品、商标标签	单丝透明度为 70%左右，经处理后可达 85%以上。卷装为菠萝锭型
	167dtex(150 旦)×1 尼龙 6 或尼龙 66 单丝			
	233dtex(210 旦)×1 尼龙 6 或尼龙 66 单丝			
	367dtex(330 旦)×1 尼龙 6 或尼龙 66 单丝		用于缝制鞋、帽、提包、篷帐、地毯、室内装饰织物	
	467dtex(420 旦)×1 尼龙 6 或尼龙 66 单丝			
	700dtex(630 旦)×1 尼龙 6 或尼龙 66 单丝			
丙纶缝纫线(polypropylene sewing thread)	111dtex(100 旦)×3、111dtex(100 旦)×9 丙纶长丝	强度高，吸湿性小，弹性好，具有优良的耐酸碱性，但手感较差，耐晒性和耐热性较差	用于对缝纫线要求不高的产品和缝制染化工业中的过滤袋	

10. 化纤短纤维缝纫线(chemical staple fiber sewing thread)

名　称	原　料	特　点	用　途	备　注
涤纶短纤维缝纫线(polyester spun thread)	7.5tex×3(80 英支/3)涤纶短纤维纱线	线质柔软，强力高，耐磨性好	用于缝制各种薄型涤/棉织物、化纤织物	84～88 捻/10cm
	8.5tex×3(70 英支/3)涤纶短纤维纱线		用于涤/棉布、花布及各种薄型化纤织物的缝制	82～86 捻/10cm
	10tex×3(60 英支/3)涤纶短纤维纱线		用于缝制各类棉、涤/棉、化纤服装及中长纤维服装等	80～84 捻/10cm
	12tex×3(50 英支/3)涤纶短纤维纱线		用于缝制涤卡与较厚的混纺织物、中长纤维织物	78～82 捻/10cm

续表

名称	原料	特点	用途	备注
丙纶短纤维缝纫线(poly propylene spun thread)	30tex×4(20英支/4)丙纶短纤维纱线	吸湿性低,耐磨性好,耐一般的酸,耐碱,不霉不蛀	用于民用锁边、钉扣、缝被褥等	该缝纫线除了2股、4股、5股外,还有3股、6股、9股、12股、16股等产品
	17tex×5(34英支/5)丙纶短纤维纱线		用于缝布鞋、胶鞋的鞋帮等	
	17tex×2(34英支/2)丙纶短纤维纱线		用于各种服装拷边	
	13tex×2(45英支/2)丙纶短纤维纱线		用于各种服装拷边	

11. 混纺缝纫线[sewing thread of blended (mixed, union)]

名称	原料	特点	用途	备注
涤/棉混纺缝纫线(polyester and cotton blended thread)	8.5tex×3(70英支/3)涤棉混纺纱线	具有涤纶强度高、耐磨性好和棉耐热的特点,能适应4000r/min的高速工业缝纫机使用,且针脚平挺,缩水率低(1%)	用于薄型高档棉织物、涤/棉衬衫、针织品拷边	混纺比例为38mm涤纶65%、棉35%的精梳棉纱线作原料
	10tex×3(60英支/3)涤棉混纺纱线		用于缝制针织棉毛衫裤、内衣裤、化纤织物	
	13tex×3(45英支/3)涤棉混纺纱线		用于缝制卡其、灯芯绒、厚织物	
涤/棉包芯缝纫线(core-spun polyester/cotton sewing thread)	11.8tex×2(50英支/2)涤/棉包芯纱	具有涤纶的强度高,棉的耐热性,品质优良,线质柔软,缩水率低(<0.5%),可缝纫性好,能适应5000~7000r/min的高速缝纫	用于高速缝制厚实的棉织物、化纤织物。也可用于一般缝制,如缝制各种服装外套、衬衫硬领、鞋帽等	以涤纶复丝56dtex/18F、56dtex/24F、70dtex/12F、78dtex/24F等高强低伸涤长丝为芯。棉组分为3~7tex,线中包棉量约为15%~40%。捻度皆在92~102捻/10cm如13tex×2(45英支/2)涤棉包芯线含棉量为35%,捻向为sz
	12tex×2(48英支/2)涤/棉包芯纱			
	12.5tex×2(47英支/2)涤/棉包芯纱			
	13tex×2(45英支/2)涤/棉包芯纱			

十、工艺装饰线

（skeining thread for art trimming purpose）

工艺装饰线是指采用一定的工艺方法制成的以装饰功能为主的专用线。它包括绣花线、编结线和金银线三类。绣花线是工艺装饰线的主要品种，是一种专供刺绣用的工艺装饰线；编结线又称工艺绞线、抽纱线、工艺编结线，是一种专供手工编结各种装饰工艺品与实用工艺品用的绞装色线；而金银线则是指闪烁金银色光的纱线，通常是用手工或机械方法将其嵌入织物或其他装饰物中，起到美化装饰作用。其中，绣花线起源最早，品种也较多，有棉绣花线、蚕丝绣花线、毛绣花线、黏胶丝绣花线、腈纶绣花线、涤纶丝绣花线等；作为中国四大名绣的苏绣、湘绣、粤绣、蜀绣均采用蚕丝绣花线。绣花线的特点是光泽鲜艳、质地柔软、捻度小、不易褪色、制得的绣品十分华贵典雅。

1. 工艺装饰线（总论）

分类		原料	特点	用途
绣花线（embroidery thread）	棉绣花线（cotton embroidery thread）	丝光棉线	丝一般光泽，染色性能稳定，色牢度好，色泽鲜艳，缩水率低	用于刺绣、手绣、编结等
	蚕丝绣花线（silk embroidery thread）	蚕丝	光泽悦目，色彩鲜艳，绣品华美，丝质光洁滑爽，可缝性好	用于刺绣、手绣、绷绣
	毛绣花线（wool embroidery thread）	澳毛线	柔软蓬松，毛型威强，富有弹性，可染各种颜色，色谱齐全，线条粗犷厚实	用于手绣
	人造丝绣花线（rayon embroidery thread）	黏胶人造丝	质地柔软，表面滑爽，手感似丝线，吸色性强，可染成各种颜色，色泽光亮	用于手绣和机绣
	腈纶绣花线（acrylic embroidery thread）	腈纶	毛型感强，白度好，但色谱较少，吸湿性较差，不宜用于内衣的绣花	用于童装及腈纶针织套裙的刺绣

续表

分类	原料	特点	用途
编结线(braid thread)	普梳或精梳棉纱	强力高,光泽较好,色泽鲜艳	用于编结服装外套、工艺衫及帽子、台布、茶巾、手套、鞋面等
金银线(metallic yarn)	仿制金银线,即在聚酯薄膜上进行真空镀膜	延展性好,重量轻,成本低,色泽鲜艳	用于花式织物、戏剧服装、染色织物

注：1.工艺装饰线是指采用一定的工艺方法制成的以装饰功能为主的专用线。

2.绣花线是工艺装饰线中的主要品种，是一种专供刺绣用的工艺装饰线。棉绣花线的加工一般要经过烧毛、练漂、增白、丝光（用浓氢氧化钠液处理）、柔软和上光处理。蚕丝绣花线主要以桑蚕丝为原料，必须经精练，去除丝胶、杂质及部分色素。毛绣花线线体较粗，可在组织较粗、孔隙较大的麻布底坯上做满地绣或仿绣名画，线条粗犷厚实，具有独特的美观。人造丝绣花线强力较低，湿强更低，不耐磨，不耐酸碱，绣品不宜多洗。腈纶绣花线制线时无需漂白，可直接进行膨化、染色（或加白）后进行柔软处理。

3.编结线又称工艺绞线、抽纱线、工艺编结线，专供手工编结各种装饰工艺品与实用工艺品用的绞装色线。根据需要，有的不烧毛不丝光，具有仿毛效果；有的要经过1～2次丝光，以增强光泽，具有仿丝效果，可染成多种颜色，供配色使用。

4.金银线指闪烁金银色光的纱线。用手工或机械方法将其嵌入织物或其他装饰物中，起美化装饰作用。仿金银线主要是采用聚酯薄膜为底基，用真空镀膜技术在其表面镀上一层铝，再覆以颜色涂料层与保护层，经切割成细条形成金银线。根据涂覆颜色不同，可获得金色、银色、变色及五彩金银线等品种。线的厚度为12～25μm，宽度为0.25～0.36mm，线密度为70～140tex。

2.绣花线（embroidery thread）

绣花线是指供刺绣用的工艺装饰线，它起源很早，在我国古代即有丝线绣品，最早广泛用于绣花线的是蚕丝线，自17世纪以后，棉精梳纱线作绣花线被广泛采用。绣花线的生产工艺重点是丝光，经丝光处理后的绣花线线质光泽好、强力高、缩水率小、对染料吸附力强、色泽鲜艳。绣花线品种较多，有棉绣花线、蚕丝绣花线、毛绣花线、黏胶丝绣花线、腈纶绣花线和涤纶绣花线等，其中丝绣花线是中国四大名绣（苏绣、湘绣、粤绣、蜀绣）专用的绣花线。绣花线的特点是光泽鲜艳、质地柔软、捻度小，不易褪色。

名　　称	规　　格		用　　途
棉绣花线（cotton embroidery thread）	18tex×2	32英支/2	用于各种薄型织物的刺绣
	18tex×12	32英支/12	用于较厚织物的手绣，也可用作编结线
	20tex×2	30英支/2	用于各种薄型织物的刺绣
	20tex×12	30英支/12	用于较厚织物的手绣，也可用作编结线
	66tex×2	9英支/2	用于编结、刺绣、缝制牛仔裤等
蚕丝绣花线（silk embroidery thread）	(22～24dtex)×6×2	(20～22旦)×6×2	用于薄型织物刺绣中的拉、抽、扣、刀针等
	(22～24dtex)×12×2	(20～22旦)×12×2	用于薄型织物中的苏绣、手绣和绷绣
毛绣花线（wool embroidery thread）	90.9tex×4	11Nm/4	用于厚型织物手绣
人造丝绣花线（viscose rayon embroidery thread）	133dtex×2	120旦×2	用于薄型织物手绣与机绣
	267dtex×2	240旦×2	用于中薄型织物的手绣，可绣于特丽纶、华春纺、真丝双绉等制作的服装、枕套、裙衫上及工艺鞋面、手帕上
腈纶绣花线（acrylic embroidery thread）			用于童装及腈纶针织套裙的刺绣

注：1.绣花线对其外观要求极为严格，尤其要求光泽好，色花色差小。成形方式有小支线球和宝塔筒子，以适应手绣和机绣的不同需要。

2.蚕丝绣花线的耐热、耐洗性不如棉绣花线，易吸湿霉变，应注意保管与使用。中国四大名绣的苏绣、湘绣、粤绣、蜀绣均采用蚕丝绣花线。

3. 编结线（braided thread）

规　　格		用　　途
tex×股数	英支/股数	
7.5×2×3	80/2×3	可编抽纱制品万缕丝及山东的即墨镶拼
14×2×3	42/2×3	可用钩针编织帽子等
18×3	32/3	可钩编万缕丝、台布、茶巾等
24.6×4	24/4	用于钩编台布、茶巾、手套等
28×3	21/3	用于钩编手套等
29.5×2×2	22/2×2	用于钩编服装外套、工艺衫、手套等

续表

规格		用途
tex×股数	英支/股数	
30×4	19/4	用于钩编服装外套、工艺衫等
58×3	10/3	用于钩编台布、茶巾、鞋面等
60×3	10/3	用于钩编台布、茶巾、鞋面等
66×2	9/2	用于编结各种工艺品或刺绣

注:编结线一般以普梳或精梳纱为原料,线密度为5.8～97tex,合纱股数为2～9股,也有多于9股的。用于大面积编结,对色花色差要求严格,以免影响绣品的外观风貌,并要求色线无白芯。捻度要高于绣花线。

4. 金银线(metallic yarn)

金银线是指以金银为原料制作的线及其仿制品。金银均有极好的延展性。现在使用的金银线主要是指仿制品。金银丝的生产主要采用聚酯薄膜为基底,运用真空镀膜技术,在其表面镀上一层铝,再覆以颜色涂料层与保护层,经切割成细条,形成金银线。因涂覆的颜色不同,可获金线、银线、变色线及五彩金银线等多个品种。金银线的厚度一般为12～25μm,宽度0.25～0.36mm,每千克约长7～14km,有多种色泽品种。主要供织物作装饰彩条,也可并捻在纱线中作为一种新颖的编结线。

名称	规格	特点	用途
涤纶金银线(polyester metallized thread)	常用规格宽度为0.254mm(1/100英寸),纤度为94.4～116.7dtex(85～105旦),卷绕在塑料有边筒管上,净重100g,用于织造、服装工业。卷绕在纸芯或纸板上的金银线长度为30～60m。颜色除金银两色外,还有红、绿、蓝、粉红、雪青等,以及正反面异色的金银丝	线质柔软光亮,色泽鲜艳,质轻,纤度细,加工方便,成本低,能耐轻度的酸碱和皂洗处理	广泛用于棉、毛、丝、化纤织物,以及商标、花边、围巾、服装、针织、绣品、工艺装饰等产品
复合型金银线(compound type metallized thread)	由两层涤纶薄膜夹一层铝箔构成		用于被染色的织物
圆金线(gold circular thread)	以片金线螺旋形裹覆于芯线表面的圆形金线制作时,用预经染色(色调与金色协调一致)的蚕丝或棉线作芯线,在其上涂黏合料,然后将片金线以螺旋形绕于芯线外而成		用于制织高级绸缎作纬线

续表

名　　称	规　　格	特　　点	用　　途
彩虹变色金银线(rainbow change colour metallized thread)			用于花色织物，尤其是装饰性织物

十一、标签与吊牌

（docket；tag；label&hang-tag；swing ticket）

1. 标识（logo）（总论）

（1）商标和标志的区别

区别点	说明
性质不同	商标是某些标志在法律上的称呼，是一个法律名称，而标志仅仅是一种符号
内容不同	商标是由企业依法根据自身特点制定的形象，是由图案、文字及厂名、地址等构成的。标志则是由国家颁布的标准说明和图形符号构成的
涵盖范围不同	在同一地区，不同的厂家，使用不同的原料，生产同一种服装，可以使用相同的标志。但是不可使用相同的商标（在无协议的情况下）。商标作为企业的专用标记，使用的目的在于区别，是不能通用的。而标志的大部分内容是通用的，使用的目的是为了进行说明
适用法律不同	商标不仅在我国有明确的法律，而且在世界各国及国际组织间都有明确、单独的法律，这些法律都对商标的使用做出了明确的规定。而标志则不同于商标，一些国家对标志的内容和条款都做出了规范和明确的规定，我国在产品质量法中对标志的使用做出了规定

（2）制作方法与特点

制作方法	特点
印刷	目前，在各种原料上均可采用印制方法印制标识。在商标和标志的制作上，利用印刷方法最广泛。印刷的工艺流程是出底稿→扫描、分色→修稿、拼图→出胶片→制版→印刷后工序→裁切→后工序→检验、包装。特点：①适应性广。制作商标、标志的主要原料是经过处理的纺织品、纸、皮革、金属板材等。这些材料几乎都可以采用印刷方法。商标中的大部分，标志中的绝大部分都是印刷的；②印刷方法多样。针对不同的原料、质量要求，可采用不同的印刷方法，如平版印刷、凸版印刷、凹版印刷、丝网货币印刷等；③表现力丰富。印刷可根据要求，制成单色组面的图案和原色网点组成的图案，绚丽多彩，可印刷制成类似相片的效果。对要求较高的条形码只能用印刷方法；④制作周期短；⑤防伪能力差。印刷是防伪手段中最有效的技术。通过多种印刷方法并用，先进的制版技术，甚至可以制成三维空间的图像

续表

制作方法	特　　点
编织	工艺流程是制作底稿→写花输入织机→编织→后整理。其种类很多,有切边、织边、平纹、缎纹、外平内缎等。其特点:①编织生产出的商标漂亮、美观,有立体感,给人以高档的感觉;②表现力不够丰富,特别是色彩不如印刷方法,相对的适应性差,生产周期长;③生产环境要求较高
模切	工艺流程是底稿→开模具→加温加压→出成品。其特点:①速度较慢,适用于单一品种大批量生产,且材料选择性差,局限性较大;②表现力不太丰富,一般多采用文字和简单的图案和颜色

2. 商标［brand（name）］

所谓商标是指用以区别一个企业出售的产品与其竞争的企业出售的同类产品或服务的标志。它是根据人类生产、生活实践的需要应运而生，既是一种脑力劳动成果和知识产权，又是工业产权的一部分，是企业的一种无形财产。服装商标就是服装的牌子，其实就是服装生产、经销企业专用于本企业服装上的标记。一般采用文字、图案或二者兼用来表示。实际上，服装商标就是服装质量的标志，意思就是生产、经销单位要对使用其商标的服装质量负责。商标的专用权要经企业注册、有关部门批准后取得。因此，商标具有如下特征：① 显著性；② 独占性；③ 价值性；④ 竞争性；⑤ 个性和艺术性；⑥ 代表性等。

使用商标的作用：一是区分和识别作用；二是监督质量作用；三是指导消费和广告宣传作用；四是企业的无形资产。

名　　称	特　　点
内衣用商标	要求薄、小、软。要适用轻柔的原料,使人穿着舒适
外衣用商标	相对于内衣用商标要大、厚、挺。一般可选用编织商标、纺织品和纸制的印刷商标
用纺织品印制的商标	可用经过涂层的纺织品印制。目前,广泛使用的是尼龙涂层布(又称胶带)、涤纶涂层布(又称绑带)、纯棉涂层布和涤棉混纺涂层布
纸制商标(吊牌)	是服装上最常用的商标。有正反两面,既可作商标,又可将标识的内容印制在吊牌的反面,还可将日历、宣传标语等内容印在其中。不干胶标贴也在此范围内
编织商标(织标)	用41.7～62.5tex涤纶丝,制作按图案要求,用专用设备编织而成。通常用作服装的主要商标
革制商标(皮标)	是以原皮或合成革为原料,用特制的模具、经高温浇烫形成图案,或是用印刷的方法将图案印刷在皮牌上。革制商标主要用在牛仔系列服装上
金属制商标	是用薄金属板材,按图案开出模具,经冷压形成。常用于牛仔系列服装上

注：商标是商品的标志，俗称牌子。它具有专用性、个性和艺术性、代表性特征，主要起区分和识别作用、监督质量作用以及指导消费和广告宣传作用。

3. 标志（mark）

标志是用一种特殊的文字或图案组成的大众传播符号，是消费者与供应商相互交流和传递信息的视觉语言。标志所包含的内容有：成分组成（品质表示）、使用说明、尺寸规格、原产地（国）、条形码、缩水率、阻燃性等。它具有比文字表达思想、传递信息更快速、明了、概括的特点，同时也是集商品学、图形学、符号学和传播学等多种学科背景为一体的概念范畴（标有水洗、氯漂、熨烫、干洗、水洗后干燥等6种文字和相应的图形符号）。标志具有识别性、象征性和审美性的特征，其作用是：(1) 为企业生产提供依据；(2) 指导消费者选择和保养服装；(3) 广告宣传作用。

分类与名称	特　点
品质标志	又称组成或成分表示。用于表示服装面料所用纤维种类及纤维的比例。是服装企业销售单位、消费者选购服装档次考虑价格的主要依据。通常按纤维含量的多少排列。例如：T/C65/35表示面料中含涤纶65%、棉纤维35%
使用标志	又称洗涤标识。是指导消费者根据服装原料，采用正确的洗涤、熨烫、干燥、保管方法
规格标志	表示服装的规格，一般用号型表示。根据服装不同。规格标志表示的内容也不同。如衬衣用领围表示，裤子用裤长和腰围表示，大衣用身长表示等
原产地标志	标明服装产地。通常表示在标志底部，便于消费者识别服装来源。出口服装必须注明产地
合格证标志	是企业对上市服装检验合格后，由检验人员加盖合格章，表示服装经检验合格的表示，通常印在吊牌上
条形码标志	利用条码数字表示商品的产地、名称、价格、款式、颜色、生产日期及其他信息，并能用读码扫描设备将其内容读出来。目前，世界上有三种条形码系列，我国采用的是同欧共体相同的EAN码。服装采用的条码大多印制在吊牌或不干胶标志上
环保标志	表示两层含义：①原料虽然经过特殊处理，但原料中有害物质的含量低于对人体造成危害的标准。例如，日本厚生省对服装面中的游离甲醛含量有明确的规定；外衣不大于1000mg/kg，中衣不大于300mg/kg，内衣不大于75mg/kg。欧美国家也有类似的限量标准；②原料是用天然材料制成的，不含对人体有害物质
按使用原料分类标志	同商标的制作原料基本相同，除有些规格标志用编织标志外，大部分标志都是用纸制品和纺织品印制的

4. 吊牌（hang-tag；swing ticket）

服装吊牌是常见的一种标志物，一般吊挂在服装上，用来标明服装所使用的原料、规格、注意事项及生产厂家、地址等。吊牌的设计、印刷、制作都十分讲究，内涵也很广泛，富有艺术价值，可作为消费者的收藏品。

吊牌的制作材料大多为纸质，也有塑料的、金属的。另外，近年还出现了用全息防伪材料制成的新型吊牌。吊牌的造型更是五花八门、多种多样的，有长条形的、对折形的、圆形的、三角形的、插袋式的以及其他特殊造型的，真是多姿多彩，琳琅满目。

服装吊牌的设计、印刷、制作必须十分讲究，特别是平面设计，要把它当作一张小小的平面广告来对待，要细致考虑以下因素：必要的成分说明和洗涤指导，特别是洗涤指导，不要过于简单；对于像羽绒服、塑体内衣、保暖服等功能性服装要有细致的说明，不要简单地使用几个标准的洗涤图标反映。服装吊牌虽小，但却是时装本身联结消费者的一种纽带。它是现代服装文化的必然产物，对提高和保护服装企业的声誉，推销产品都有着积极的意义。

质量要求如下：

① 吊牌

项目	要　求	检验方法
用料	同客户要求相同	观察,用测厚仪检验,称重
颜色	同客户要求相同	色谱对照观察
墨量	不掉色,均匀	用放大镜观察,用手轻搓
结构	图案居中、对称,间距合适	对照原样观察
规矩	准确,各色要标准	用放大镜观察,看规矩线
条形码	用识码器扫描有嘀声	扫描,观察印刷质量,条码线不粘不断
裁切	刀口整齐,不刮手、垂直	观察,用手摸
覆膜	光亮度,无气泡,粘连紧密	观察、用手撕膜,膜把颜色粘掉为粘连紧密
穿线	穿线孔位置离边 5～7mm,孔距合适,线长比吊牌略长	用线套吊牌观察
模切	刀口整齐、不粘连,折曲线整齐,点线深浅适度	观察,对折整齐,轻撕可扯断
光油	光亮或不光亮需均匀	观察

②织标

项目	要　求	检验方法
织制密度	同原样相同	同密度镜观察
表面平整	无折皱	观察
切(烧边)	不刮手	用手摸

续表

项目	要　求	检验方法
切折	折线位置准确，整齐、不张口	观察
字迹图案	字体清晰，无间断	观察

③纺织品商品

项目	要　求	检验方法
缝纫线	距边 10mm	观察
对折线	距中线上下各留 1mm	观察
字迹、图案	清晰，同原样	观察
色牢度	3 级以上（含 3 级）	用洗衣粉搓 50 次
原料	不脱丝，不掉线	观察

④ 皮牌

项目	要求	检验方法
图案内容	清晰	观察
材料	不卷丝	观察
裁切	刀口垂直，不凹心	观察

部分辅料见彩图 151～彩图 177。

附录一　织物幅宽公、英制对照表

英寸	厘米	英寸	厘米	英寸	厘米	英寸	厘米	英寸	厘米
27.00	68.6	36.50	92.7	46.00	116.8	55.50	140.9	65.00	165.1
27.25	69.2	36.75	93.3	46.25	117.4	55.75	141.6	65.25	165.7
27.50	69.8	37.00	93.9	46.50	118.1	56.00	142.2	65.50	166.3
27.75	70.4	37.25	94.6	46.75	118.7	56.25	142.8	65.75	167.0
28.00	71.1	37.50	95.2	47.00	119.3	56.50	143.5	66.00	167.6
28.25	71.7	37.75	95.8	47.25	120.0	56.75	144.1	66.25	168.2
28.50	72.3	38.00	96.5	47.50	120.6	57.00	144.7	66.50	168.9
28.75	73.0	38.25	97.1	47.75	121.2	57.25	145.4	66.75	169.5
29.00	73.6	38.50	97.7	48.00	121.9	57.50	146.0	67.00	170.1
29.25	74.2	38.75	98.4	48.25	122.5	57.75	146.6	67.25	170.8
29.50	74.9	39.00	99.0	48.50	123.1	58.00	147.3	67.50	171.4
29.75	75.5	39.25	99.6	48.75	123.8	58.25	147.9	67.75	172.0
30.00	76.2	39.50	100.3	49.00	124.4	58.50	148.5	68.00	172.7
30.25	76.8	39.75	100.9	49.25	125.0	58.75	149.2	68.25	173.3
30.50	77.4	40.00	101.6	49.50	125.7	59.00	149.8	68.50	173.9
30.75	78.1	40.25	102.2	49.75	126.3	59.25	150.4	68.75	174.6
31.00	78.7	40.50	102.8	50.00	127.0	59.50	151.1	69.00	175.2
31.25	79.3	40.75	103.5	50.25	127.6	59.75	151.7	69.25	175.8
31.50	80.0	41.00	104.1	50.50	128.2	60.00	152.4	69.50	176.5
31.75	80.6	41.25	104.7	50.75	128.9	60.25	153.0	69.75	177.1
32.00	81.2	41.50	105.4	51.00	129.5	60.50	153.6	70.00	177.8
32.25	81.9	41.75	106.0	51.25	130.1	60.75	154.3	70.25	178.4
32.50	82.5	42.00	106.6	51.50	130.8	61.00	154.9	70.50	179.0
32.75	83.1	42.25	107.3	51.75	131.4	61.25	155.5	70.75	179.7
33.00	83.8	42.50	107.9	52.00	132.0	61.50	156.2	71.00	180.3
33.25	84.4	42.75	108.5	52.25	132.7	61.75	156.8	71.25	180.9
33.50	85.0	43.00	109.2	52.50	133.3	62.00	157.4	71.50	181.6
33.75	85.7	43.25	109.8	52.75	133.9	62.25	158.1	71.75	182.2
34.00	86.3	43.50	110.4	53.00	134.6	62.50	158.7	72.00	182.8
34.25	86.9	43.75	111.1	53.25	135.2	62.75	159.3	72.25	183.5
34.50	87.6	44.00	111.7	53.50	135.8	63.00	160.0	72.50	184.1
34.75	88.2	44.25	112.3	53.75	136.5	63.25	160.6	72.75	184.7
35.00	88.9	44.50	113.0	54.00	137.1	63.50	161.2	73.00	185.4
35.25	89.5	44.75	113.6	54.25	137.7	63.75	161.9	73.25	186.0
35.50	90.1	45.00	114.3	54.50	138.4	64.00	162.5	73.50	186.6
35.75	90.8	45.25	114.9	54.75	139.0	64.25	163.1	73.75	187.3
36.00	91.4	45.50	115.5	55.00	139.7	64.50	163.8	74.00	187.9
36.25	92.0	45.75	116.2	55.25	140.3	64.75	164.4		

注：公制 1 厘米＝英寸×2.54。

附录二　织物密度公、英制对照表

英制/(根/英寸)	公制/(根/10cm)	英制/(根/英寸)	公制/(根/10cm)	英制/(根/英寸)	公制/(根/10cm)	英制/(根/英寸)	公制/(根/10cm)	英制/(根/英寸)	公制/(根/10cm)
20	78.7	55	216.5	90	354.3	125	492.1	160	629.9
21	82.7	56	220.4	91	358.3	126	496.1	161	633.9
22	86.6	57	224.4	92	362.2	127	500	162	637.8
23	90.6	58	228.3	93	366.1	128	503.9	163	641.7
24	94.5	59	232.3	94	370.1	129	507.9	164	645.7
25	98.4	60	236.2	95	374	130	511.8	165	649.6
26	102.4	61	240.2	96	378	131	515.7	166	653.5
27	106.3	62	244.1	97	381.9	132	519.7	167	657.5
28	110.2	63	248	98	385.8	133	523.6	168	661.4
29	114.2	64	252	99	389.8	134	527.6	169	665.4
30	118.1	65	255.9	100	393.7	135	531.5	170	669.3
31	122.0	66	259.8	101	397.6	136	535.4	171	673.2
32	126	67	263.8	102	401.6	137	539.4	172	677.2
33	129.9	68	267.7	103	405.5	138	543.3	173	681.1
34	133.9	69	271.7	104	409.4	139	547.2	174	685
35	137.8	70	275.6	105	413.4	140	551.2	175	689
36	141.7	71	279.5	106	417.3	141	555.1	176	692.9
37	145.7	72	283.5	107	421.3	142	559.1	177	696.8
38	149.6	73	287.4	108	425.2	143	563	178	700.8
39	153.5	74	291.3	109	429.1	144	566.9	179	704.7
40	157.5	75	295.3	110	433	145	570.9	180	708.7
41	161.4	76	299.2	111	437	146	574.8	181	712.6
42	165.4	77	303.1	112	440.9	147	578.7	182	716.5
43	169.3	78	307.1	113	444.9	148	582.7	183	720.5
44	173.2	79	311	114	448.8	149	586.6	184	724.4
45	177.2	80	315	115	452.8	150	590.6	185	728.3
46	181.1	81	318.9	116	456.7	151	594.5	186	732.3
47	185	82	322.8	117	460.6	152	598.4	187	736.2
48	189	83	326.8	118	464.6	153	602.4	188	740.2
49	192.9	84	330.7	119	468.5	154	606.3	189	744.1
50	196.9	85	334.6	120	472.4	155	610.2	190	748
51	200.8	86	338.6	121	476.4	156	614.2	191	752
52	204.7	87	342.5	122	480.3	157	618.1	192	755.9
53	208.7	88	346.5	123	484.3	158	622	193	759.8
54	212.6	89	350.4	124	488.2	159	626	194	763.8

注：公制制织物密度换算公式：公制密度(根/10cm)＝3.937×英制密度(根/英寸)，英制密度(根/英寸)＝0.254×公制密度(根/10cm)。

附录三　常用纺织专业计量单位及其换算表

名　称	原用单位		法定计量单位			换算关系	备　注
	名　称	中文简称	名　称	符号	中文简称		
纯棉纱线密度（细度）	英制支数 号数	英支 号	特(克斯) 特(克斯)	tex tex	特 特	特克斯(tex)数$=\frac{583.1}{英制支数}$	今后不单独用“英支”
毛纱、麻纱线密度(细度)	公制支数	公支	特(克斯)	tex	特	特克斯(tex)数$=\frac{1000}{公制支数}$	今后不单独用“公支”
丝线密度(细度、纤度)	旦尼尔 公制支数	旦 公支	特(克斯) 分特(克斯) 特(克斯)	tex dtex tex	特 分特 特	特克斯(tex)数≈0.11×旦尼尔数 1tex=10dtex 特克斯(tex)数$=\frac{1000}{公制支数}$	今后不单独用“旦尼尔”“公支”
棉纤维线密度、麻工艺纤维线密度(细度)	公制支数	公支	特(克斯) 分特(克斯)	tex dtex	特 分特	特克斯(tex)数$=\frac{1000}{公制支数}$	
羊毛线密度(细度)	平均直径 公制支数 品质支数	微米 公支 支	微米 特(克斯)	μm tex	微米 特	特克斯(tex)数$=\frac{1000}{公制支数}$	品质支数仍用原单位“支”，不用“公支”
捻度	每米捻数 每10厘米捻数	捻/米 捻/10厘米	捻每米 捻每10厘米	捻/m 捻/10cm	捻/米 捻/10厘米		
经纬密度	每10厘米根数	根/10厘米	根每10厘米	根/10cm	根/10厘米		

附录四　各式服装用料计算参考表

表 1　男式上装用料计算表　　　单位:cm(寸)

服装种类	计算公式	胸围	胸围大 3.3(1)加料	幅宽以 89.1(27)为标准,幅狭 3.3(1)加料
中山装套装	(衣长×3)+(裤长×2)−13.2(4)	108.9(33)	10(3)	16.5(5)
中山装上装	衣长×3+13.2(4)	108.9(33)	6.6(2)	9.9(3)
男长袖衬衫	衣长×2+56.1(17)	108.9(33)	6.6(2)	8.25(2.5)
男短袖衬衫	衣长×2+26.4(8)	108.9(33)	6.6(2)	6.6(2)

注：缩水另加。

表 2　女式上装用料计算表　　　单位：cm（寸）

服装种类	计算公式	胸围	胸围大 3.3(1)加料	幅宽以 89.1(27)为标准,幅狭 3.3(1)加料
女两用衫	衣长×2+66(20)	105.6(32)	6.6(2)	8.3(2.5)
女中西式衫	衣长×2+66(20)	108.9(33)	6.6(2)	8.3(2.5)
女长袖衬衫	衣长×2+39.6(12)	99(30)	6.6(2)	6.6(2)
女短袖衬衫	衣长×2+6.6(2)	99(30)	6.6(2)	6.6(2)

注：缩水另加。

表 3　男女成人中心规格用料计算表　　单位：cm（寸）

服装种类	中心规格					用料数量	衣长3.3(1)加料	衣短3.3(1)减料	裤长3.3(1)加料	裤短3.3(1)减料	胸围大3.3(1)加料	幅宽以90(27)为标准,幅狭3.3(1)加料
	衣长	胸围	裤长	裤腰	臀围							
中山装套装	72.6(22)	108.9(33)	104(31.5)	75.9(23)	105.6(32)	4.2m(12.5尺)	10(3)	10(3)	6.6(2)	6.6(2)	10(3)	16.5(5)
中山装上装	72.6(22)	108.9(33)	袖长 59.4(18)			2.3m(7尺)	10(3)	10(3)	—	—	6.6(2)	10(3)
男长袖衬衫	71(21.5)	108.9(33)	袖长 38.6(11.7)			2m(6尺)	6.6(2)	6.6(3)	—	—	6.6(2)	8.3(2.5)
男短袖衬衫	71(21.5)	108.9(33)	袖长 21.5(6.6)			1.7m(5.1尺)	6.6(2)	6.6(2)	—	—	6.6(2)	6.6(2)
女两用衫	6.6(20)	105.6(32)	袖长 54.5(16.5)			2m(6尺)	6.6(2)	6.6(2)	—	—	6.6(2)	8.3(2.5)
女中西式衫	6.6(20)	108.9(33)	袖长 54.5(16.5)			2m(6尺)	6.6(2)	6.6(2)	—	—	6.6(2)	8.3(2.5)

续表

服装种类	中心规格					用料数量	衣长3.3(1)加料	衣短3.3(1)减料	裤长3.3(1)加料	裤短3.3(1)减料	胸围大3.3(1)加料	幅宽以90(27)为标准,幅狭3.3(1)加料
	衣长	胸围	裤长	裤腰	臀围							
女长袖衬衫	62.7(19)	10(30)	袖长 52.8(16)			1.66m(5尺)	6.6(2)	6.6(2)	—	—	6.6(2)	6.6(2)
女短袖衬衫	62.7(19)	10(30)	袖长 19.8(6)			1.33m(4尺)	6.6(2)	6.6(2)	—	—	6.6(2)	6.6(2)

注：缩水另加。

1.计算用料要求，计算用料尾数到3.3cm（1寸），不满3.3cm（1寸）作为一寸计算。如遇布幅换算时，应先加料后再换算。

2.青年装、军便装与中山装用料相同，如做双层本色荡袋，加料10cm（3寸）；学生装、春秋衫减料6.6cm（2寸）。

3.男长袖两用领衬衫按长袖衬衫用料加料6.6cm（2寸），如果做衬衫备领，另加料13.2cm（4寸）；短袖两用领衬衫与短袖衬衫用料相同；女式衬衫做斜格门襟加料6.6cm（2寸）。

4.倒顺毛衣料加料6.6cm（2寸），倒顺花纹加料6.6cm（2寸），格子料加一格料，倒顺格者加料两格。

表4　儿童上衣用料计算表

服装种类	用料数量/m(尺)	衣长3.3cm(1寸)加料/cm(寸)	衣短3.3cm(1寸)减料/cm(寸)	年龄大一岁加料/cm(寸)	年龄小一岁减料/cm(寸)	布幅狭3.3cm(1寸)加料/cm(寸)	备注
男上装	1.33(4)	10(3)	10(3)	5(1.5)	5(1.5)	按用料数量加4%	① 胸围标准：衣长加33cm(10寸)[其中风雪大衣是按1/2衣长加66cm(20寸)],胸围大3.3cm(1寸)加料6.6cm(2寸) ②臀围标准：[2/10裤长＋13.2cm(4寸)]×3等于臀围大 [2/10裤长＋11.88cm(3.6寸)]等于横裆 ③ 夹里用料：棉人民装按面料数量打8折，风雪大衣按面料数打7.5折 ④ 倒顺料加6.6cm(2寸)，格子料加1格，倒顺格加2格。如遇92.4cm(28寸)及以上布幅，换算后再加料 ⑤ 娃娃衫用料与女两用衫相同 ⑥ 幅宽89.1cm(27寸)为标准，缩水另加
女两用衫	1.23(3.7)	10(3)	10(3)	5(1.5)	5(1.5)		
男长袖衬衫	1.23(3.7)	10(3)	10(3)	5(1.5)	5(1.5)		
女长袖衬衫	1.17(3.5)	10(3)	10(3)	5(1.5)	5(1.5)		
男短袖衬衫	1(3)	10(3)	10(3)	5(1.5)	5(1.5)		
女短袖衬衫	0.93(2.8)	10(3)	10(3)	5(1.5)	5(1.5)		
套装	2.4(7.4)	20(6)	20(6)	10(3)	10(3)		
棉人民装	1.6(4.8)	13.2(4)	13.2(4)	6.6(2)	6.6(2)		
风雪大衣	2.2(6.6)	13.2(4)	13.2(4)	6.6(2)	6.6(2)		

注：儿童上衣用料以8岁儿童为计算依据，衣长49.5cm（15寸）[其中棉人民装56.1cm（17寸）、风雪大衣75.9cm（23寸）]，年龄大1岁长1.65cm（0.5寸），小1岁短1.65cm（0.5寸）；裤长69.3cm（21寸），年龄大1岁长3.3cm（1寸），小1岁短3.3cm（1寸）。

表 5　男女长裤用料计算方法

计算方法	计　算　公　式
两幅一条	一般以 75.9cm(23 寸)门幅的布料,幅宽比较狭,不能套裁 计算公式:用料=(裤长+贴边)×2 臀围标准为 115.5cm(35 寸),超过 115.5cm(35 寸)时,大 3.3cm(1 寸)加料 6.6cm(2 寸)
三幅两条	一般以 89.1cm(27 寸)门幅的布料,因幅宽较阔,可以采用套裁,三幅做两条裤子 计算公式:两条裤子用料=(裤长+贴边)×3 臀围标准为 105.6cm(32 寸),超过 105.6cm(32 寸),不宜套裁 如遇裤子一条长一条短,裤长的算两幅,短的算一幅
四幅三条	一般以 105.6cm(32 寸)门幅的布料,因幅宽特阔,可以采用套裁,四幅做三条裤子 计算公式:三条裤子用料=(裤长+贴边)×4 臀围标准为 105.6cm(32 寸),超过 105.6cm(32 寸),不宜套裁 如遇长、短裤套裁,凡是一长两短,长的算两幅,短的算两幅。两长一短,则长的算三幅,短的算一幅,一长一中一短,可分两步计算。第一步,长短相加为第一数,中间×2 为第二数;第二步,两数相比,区别长短。如果中间长,两数就相加,若中间短,第一数×2
一幅一条	一般以 141.9cm(43 寸)门幅的料子,主要指呢绒 141.9cm(43 寸)的双幅料 计算公式:用料=裤长+贴边 臀围标准为 110.6cm(33.5 寸),超过 110.6cm(33.5 寸),臀围大 3.3cm(1 寸)加料 3.3cm(1 寸) 长裤的贴边尺寸计算:卷脚裤(即翻边)贴边为 10cm(3 寸),平脚裤(不翻边)贴边为 5cm(1.5 寸),女裤贴边为 3.3cm(1 寸),童装裤贴边为 3.3cm(1 寸)

表 6　中式棉袄用料计算表　　单位：cm

名　　称	门幅标准	计算公式	备　　注
男式棉袄和罩衫	89.1(27 寸)	[衣长+5(1.5 寸)]×2+49.5(15 寸)+23.1(7 寸)	上腰超过 29.7(9 寸),每大 3.3(1 寸)加料 6.6(2 寸)
女式棉袄和罩衫	89.1(27 寸)	[衣长+1.65(0.5 寸)]×2+42.9(13 寸)	上腰超过 26.4(8 寸),每大 3.3(1 寸)加料 6.6(2 寸)

注：缩水另加。

表 7　棉背心用料计算表　　单位：cm

裁　法　名　称	计算公式	门幅标准
两幅料	(衣长+1)×2 幅	不足两个肩阔
两幅减挂肩(套袖笼)	衣长×2-16.5(5 寸)	两个肩阔加 5(1.5 寸)
一幅半料(套中腰)	衣长×1.5 幅	一个肩阔,两个下摆+5(1.5 寸)
一幅料(掉头裁)	衣长+3.3cm(1 寸)	整个下摆+5(1.5 寸)

注：棉背心式样有肩缝、有叠门、装挂面（门襟加贴边）；参考规格，一般肩阔 40cm（12 寸），下摆 27.4cm（8.3 寸），上腰 25.7cm（7.8 寸）。缩水另加。

表 8　呢绒（双幅料）服装用料计算表　　　单位：cm

服装种类	计算公式	胸围标准	胸围大 1cm 加料	备　注
中山装上装	衣长×2	113	1	
中山装套装	衣长×2＋裤长	113	2	胸大加料(包括臀大)
单排纽男式短大衣	衣长×2	120	2	贴袋(中长大衣计算相同)
双排纽男式短大衣	衣长×2＋10	120	2	贴袋(中长大衣计算相同)
女中西式衫	衣长＋袖长	107	1	凡是格子料加 1 格
女两用衫	衣长＋袖长＋5	107	1	倒顺格加 2 格
女短大衣	衣长＋袖长＋10	115	2	倒顺毛料加 10
女中长大衣	衣长＋袖长＋15	115	2	波浪式加 30
女马甲	衣长＋5	107	1	

注：男式西装、长袖猎装、卡曲衫用料与中山装相同，西装连马甲，加料 30cm。

表 9　呢绒西长裤和短裤的用料计算表　　　单位：cm

裤子种类	计算公式	臀围标准	臀围大 1cm 加料
男式西长裤(卷脚)	裤长＋10	108	1.5
男式西长裤(平脚)	裤长＋5	108	1.5
男式西短裤	裤长＋12	108	1.5
女西长裤	裤长＋8	110	1.5

注：1. 臀围标准是指排料时裤片长度与经向平行，不宜歪斜且不拼裆。

2. 西裤也可用腰围计算，以 80cm 腰围为标准，腰围大 1cm 加料 1.5cm。

表 10　西式棉服装用料计算表　　　单位：cm

服装种类	计算公式	胸围标准	胸围大 1cm 加料	袖长标准	袖长 1cm 加料	幅宽以 90cm 为标准，幅狭 1cm 加料
棉列宁装	衣长×2＋145	119	3	64	2	4
男风雪短大衣	衣长×2＋158	119	3	64	2	4
男风雪长大衣	衣长×2＋158	125	3	64	2	5
女风雪大衣	衣长×2＋132	119	3	58	2	4
女中西式棉袄	衣长×2＋59	106	2	54	2	2.5
切线棉袄	衣长×2＋73	112	2	61	2	2.5

注：1. 男女风雪大衣可做脱卸、明纽、贴袋、无帽，如要做风帽，加料 26cm。

2. 夹里按同等门幅计算，切线棉袄与面料一样，女中西式里布料打 9 折，棉列宁装衣里打 8 折，风雪大衣为 7.5 折计算用料。

附录五　服装面料的选择

服装名称	面　料　的　选　择
中山装	①棉布类:主要品种有士林灰布、士林蓝布、凡拉明蓝布、各色斜纹哔叽、各色卡其和华达呢等; ②呢绒类:主要品种有毛华达呢(包括缎背、单面等)、毛哔叽、驼丝锦、凡立丁、派力司、加厚毛涤纶、毛涤纶、凉爽呢、板司呢、平素啥味呢、海军呢、麦尔登、制服呢、平素法兰绒等; ③麻布类:主要品种有苎麻的确良、苎麻棉混纺平布、亚麻粗布等; ④化纤布类:主要品种有黏锦华达呢、涤纶华达呢、锦纶华达呢、哔叽、涤棉卡其、涤棉克罗丁、涤黏华达呢、纯化纤仿毛华达呢、哔叽、巧克丁、克罗丁等
学生服	一般多选用具有一定坚挺性和易于洗涤的面料。主要是棉、棉与化纤混纺、纯化纤等面料,如涤棉卡其、涤棉线呢、涤黏华达呢、纯化纤仿毛华达呢、哔叽、纯棉色卡其、色华达呢、纱卡其、斜纹布、细条灯芯绒等
军便服	基本上同于中山服,但可较低档些
青年装	一般同学生装,但可适当选择厚重些的面料,如马裤呢、巧克丁、灯芯绒等,也有采用较高档的面料,如纯毛和毛混纺产品
猎装	①棉布类:主要品种有色卡其、马裤呢、克罗丁、涤棉卡其、薄帆布、牛仔布、灯芯绒、粗支劳动布、牛津纺等; ②呢绒类:主要品种有华达呢、粗支哔叽、啥味呢、驼丝锦、马裤呢、贡呢、巧克丁、板司呢、巴拉瑟亚军服呢、凹凸毛织物、粗花呢、克瑟密绒厚呢、麦尔登、海军呢、制服呢等。短袖猎装选用凡立丁、派力司、毛涤纶、凉爽呢等; ③麻布类:主要品种有苎麻的确良、漂白亚麻布、亚麻粗布、亚麻西服布等; ④化纤布类:中长仿毛黏锦华达呢、马裤呢、涤黏华达呢、巧克丁、长丝巧克丁、贡呢、涤纶绸等
夹克衫	①棉布类:各种华达呢、卡其、贡呢、马裤呢、灯芯绒、厚重的色织物、牛仔布等; ②呢绒类:杂色华达呢、马裤呢、驼丝锦、贡呢、巧克丁、花呢、麦尔登、海军呢等; ③丝绸类:各种厚重的丝织物,如绸、缎、呢、绒类等; ④麻布类:平纹布、涤麻混纺布、麻细帆布、亚麻西服布等; ⑤化纤布类:混色华达呢、卡其、仿毛花呢、中长巧克丁、贡呢、马裤呢等
男衬衫	①棉布类:纯棉 80～120 支精梳纱优质府绸、棉的确良、各色麻纱、各色纱罗、绉布、色织薄条格布、泡泡纱、凹凸轧纹布等; ②呢绒类:毛高级薄绒、亮光薄呢、毛薄纱、毛薄软绸、高支毛涤纶、麦司林、毛葛、毛巴里纱、毛维也纳、精毛和时纺等; ③丝绸类:各类绉、绸、绫、罗、缎等平整、滑爽、紧密的丝及其混纺织物; ④麻布类:苎麻细布、丝光布、亚麻漂白布、细布、夏布、麻的确良、荷兰亚麻布等; ⑤化纤布类:各类化纤仿毛、仿麻、仿丝细布(如尼丝塔夫绸、涤丝绸)等
女衬衫	①棉布类:高支纯棉府绸、棉巴里纱、各色高支细布、印花布、提花布等轻薄滑爽的纯棉织物; ②呢绒类:高级毛薄绒、亮光薄呢、薄毛呢、毛雪尼尔、达马斯克、精纺薄花呢、毛薄纱、麦司林、缪斯薄呢、派力司、毛巴里纱、肥比司呢、鲍别林、舒挺美薄织物、维也纳、凡立丁、精毛和时纺、啥味呢、法兰绒、粗纺薄花呢等;

续表

服装名称	面料的选择
女衬衫	③丝绸类：各色绉、绸、绫、罗、锦、缎、绒、纱等艳丽的丝及其混纺织物； ④麻布类：各色苎麻细布、丝光布、亚麻漂白布、细布、麻的确良等； ⑤化纤布类：各色化纤仿毛、仿麻、仿丝细布、提花布、印花布等
中式上衣	①棉布类：蓝平布、灰平布、色府绸等； ②呢绒类：精纺凡立丁、毛涤纶等； ③化纤布类：仿毛黏锦凡立丁、仿毛黏涤凡立丁等
男装两用衫	①棉布类：各类平纹细布、府绸、色织布、棉派力司、卡其、华达呢等； ②呢绒类：精纺纯毛或混纺花呢、凡立丁、派力司、毛涤纶、啥味呢、粗纺法兰绒和花呢等； ③丝绸类：各类绉、绸、纺、绢及部分锦、缎、呢等挺爽丝织物； ④麻布类：各种麻类平布、细布、印花布、涤麻混纺布等； ⑤化纤布类：各类混纺仿毛、仿麻、仿丝细布、色织布、印花布等
女装两用衫	①棉布类：各类鲜艳的印花细布、府绸、色织布、提花布等； ②呢绒类：各种精纺薄花呢、麦司林、毛涤花呢、派力司、凡立丁、粗纺法兰绒、粗纺花呢、火姆司本等； ③丝绸类：各类绉、绸、纺、绢、纱、锦、缎及部分的呢、绒等丝织物； ④麻布类：各种印花或色织平布、细布及混纺麻类织物； ⑤化纤布类：各种印花或色织的仿毛、仿麻、仿丝织物
坎肩	①呢绒类：精纺花呢、啥味呢、驼丝锦、板司呢、法兰绒、麦尔登等； ②丝绸类：锦、缎、绸、呢、绨类等； ③化纤布类：长丝织物
马甲	①棉布类：各种印花布、色织布、平绒、条绒和金丝绒等； ②呢绒类：华达呢、哔叽、花呢、毛涤花呢、麦尔登和法兰绒等； ③丝绸类：锦、绸类等
背心	紧密光滑的丝绸、化纤绸、羽绒绸及涂层织物等
裙类	①棉布类：府绸、细布、印花布、牛仔布等； ②呢绒类：毛花呢、金银花呢、巴厘纱、麦司林、维也纳、苏格兰花呢、法兰绒、麦尔登等； ③丝绸类：绉、绸、纱、罗、锦、缎、呢、绒等； ④麻布类：丝光布、细布等； ⑤化纤布类：长丝织物、短纤混纺织物等
旗袍	①日常穿用的多选用棉、棉和化纤混纺织物等； ②礼服、节日穿用的多选用丝织物缎类的织锦缎、软缎、金雕缎、绣花缎、库缎等；锦类的云锦、宋锦等；绸类的蓓花绸、双宫绸等；绉类的乔其绉、碧绉、留香绉、涤丝绉等；也有用绢类、纺类较光滑厚重的真丝或混纺丝织物。毛织物主要选用高支精纺花呢，如高级毛薄绒、亮光薄呢、维也纳、精毛和时纺、高支毛涤纶、金银花呢、毛薄软绸、毛葛等

续表

服装名称		面 料 的 选 择
风雨衣		宜选用紧密、拒水，重量适中，抗风沙，耐脏污，挺括的织物。 ①棉布类：丝光线卡（纱卡）、丝光华达呢等； ②呢绒类：毛华达呢、克莱文特呢、驼丝锦等； ③化纤布类：涤卡、长丝织物； ④丝绸类：涤丝、尼丝塔夫绸、羽绒绸； ⑤麻布类：绦麻丝光平布等
男大衣		双排扣棉短大衣：多选用棉华达呢、卡其，涤棉华达呢、卡其、中长纤维华达呢等。也有用灯芯绒、牛仔布、贡呢、薄帆布等缝制的。 双排扣棉长大衣：面料基本上同棉短大衣，多用棉及其与化纤混纺织物，或纯化纤仿毛织物，如黏锦华达呢、纯涤巧克丁等。 双排扣呢绒短大衣：多选用比较厚暖的粗纺呢绒，如雪花大衣呢、平厚大衣呢、立绒大衣呢、长顺毛大衣呢、拷花大衣呢、银枪大衣呢，以及各种花式大衣呢等，也有用较厚些的制服呢、粗服呢、劳动呢、海军呢缝制的。 呢料西服领短大衣：面料同双排扣呢绒短大衣。 暗扣倒关领大衣：大多选用精纺或粗纺呢绒，如精纺华达呢、缎背华达呢、驼丝锦、巧克丁、马裤呢、贡呢等；粗纺有麦尔登、海军呢、劳动呢、制服呢、平厚大衣呢、雪花大衣呢等。也有用毛与化纤、棉与化纤、纯化纤仿毛产品缝制的。 呢绒双排扣大衣：多选用粗纺中较厚重的纯毛或毛与化纤混纺的呢料，如平厚大衣呢、雪花大衣呢、立绒大衣呢、长顺毛大衣呢、拷花大衣呢、银枪大衣呢、羊绒大衣呢、驼绒大衣呢以及各种花色大衣呢等。 插肩袖大衣：一般采用精纺或粗纺呢绒缝制，其面料同暗扣倒关领大衣。 风雪大衣：面料多选用坚牢、耐磨的棉灯芯绒、牛仔布、色卡其、涤卡、克罗丁、贡呢以及化纤仿毛的黏锦华达呢、涤黏华达呢、哔叽、巧克丁，也有用涤棉府绸、丝光防雨府绸、锦纶绸、涤纶绸及其化纤涂层织物等。 拉链短风雪大衣：多选用纯棉卡其、灯芯绒、色织华达呢、卡其、牛仔布等
女大衣		普通女大衣：主要用粗纺呢绒，如麦尔登、法兰绒、海军呢、粗纺花呢、女式呢、平厚大衣呢、雪花大衣呢、立绒大衣呢、长顺毛大衣呢、拷花大衣呢、银枪大衣呢、羊绒大衣呢、牦牛绒大衣呢等，也有用毛混纺和纯化纤仿粗纺毛织物缝制的。 时髦女大衣：多选用平素深色的麦尔登、海军呢、驼丝锦等。也可采用绸缎为面料（加以绣花、贴花）缝制的
西装	正规西装	燕尾服：多选用纯毛礼服呢、横贡呢、驼丝锦、麦尔登等光泽好、较厚重的高档毛织物。 晨礼服：裤子可选用条纹面料，如纯毛花呢、单面花呢；坎肩的面料质地和色泽可以与上衣不同，可选用灰色法兰绒或凸条纹毛料；上衣面料以黑色为主，也可用深灰色，一般选用精纺礼服呢、横贡呢、驼丝锦、麦尔登、开司米等。 半正式礼服：夜会用半正式礼服的上衣面料多选用黑色或深藏蓝的精纺礼服呢、贡呢、驼丝锦、马海毛织物，以及纯毛中厚花呢、银枪花呢、克瑟密绒厚呢等。夏季多用白色的纯毛华达呢、缎背华达呢、贡呢等。裤子的质地和色泽与上衣相同。昼间用半正式礼服的一般选用精纺贡呢、礼服呢、驼丝锦、麦尔登和开司米等，上衣为黑色，裤子为显条纹的黑色或灰色。黑色套服多选用黑色的精纺礼服呢、贡呢、驼丝锦等

续表

服装名称		面料的选择
西装	正规西装	正规套装(正统西装):一般选用高档精纺纯毛花呢、啥味呢,也有选用毛涤花呢产品,色泽多为藏青、蓝、中灰、深炭灰等。花型有平素、中细条子,多数是绒面产品,也有光面产品
	非正规西装	非正规西套装(西便装):一般选用精纺花呢、啥味呢、海力蒙、板司呢、混纺花呢、马海毛织物、单面花呢、巧克丁、贡呢、哔叽、华达呢、舒挺美、羊绒花呢、金银毛花呢等;粗纺产品有粗纺花呢、海力斯粗花呢、法兰绒、毛圈粗呢、火姆司本、席纹粗呢、雪特兰织物、苏格兰呢、斯保特克斯等;也有用丝织物的绸、缎、锦及其化纤仿毛织物和亚麻西服布、混仿毛麻织物,如真丝塔夫绸、织锦缎、软缎、宋锦、仿毛花呢、毛麻涤花呢等。 搭配西装:又称不配套西装,属于自由化西装。讲究面料质地协调,如上衣可选用粗纺产品,裤子选用精纺产品,起到上重下轻的感觉,不仅行动自由方便,而且也给人一种上宽下窄的雄威感。通常上下衣的面料颜色不一样,但要协调,要有衬托性和色调和谐感。因此,搭配西装的上衣面料一般多选用粗纺花呢、低支粗花呢、火姆司本、钢花呢、萨克森法兰绒、多内加耳粗呢等富有彩点、粗犷美的毛织物。裤子的色泽多与上衣相配合,较挺括的平素精纺毛织物,一般多选用哔叽、华达呢、啥味呢、单面花呢、马海毛织物和波拉呢等。 运动装:这是男女老少均可穿用的西装便装,可分为猎装、骑马服、登山服、滑雪服、棒球服、橄榄球服、高尔夫球服等。上衣多以格型为主,裤子以条子为主。其面料一般多选用萨克森法兰绒、苏格兰呢、雪特兰呢、马裤呢、巧克丁、啥味呢、雪克斯金细呢等。 夹克:属于轻便服装,常和西裤搭配,给人以紧身潇洒、干净利落感。面料多选用精纺啥味呢、芝麻呢、舒挺美、钢花呢、急斜纹细哔叽、粗纺花呢、法兰绒、马裤呢、巧克丁等
	时装	又称流行时髦装,具有强烈的时新性。面料质地高、中、低档均可,通常以中、低档为多见。时装主要是以女装为主,男装以青年为主。所用面料一般为精纺花呢、混纺花呢、啥味呢、女式呢、粗纺花呢、粗纺女式呢和法兰绒等
男西装衬衫		多选用中支(15～10tex)、高支(6～3tex)纯棉府绸、丝绸织物和高支(15tex 以下)麻织物,也有高支(7.3tex 以下)纯毛及其混纺毛织物,如 6tex 毛涤纶、5tex 精毛和时纺、6tex 维也纳、6tex 羊绒毛涤纶、高支麦司林、毛巴厘纱等。此外,还有纯合纤长丝(如涤纶长丝、锦纶长丝等)和经编针织物等
牛仔裤		多为纯棉及棉与涤纶、氨纶混纺或交织织物
军服		①棉布类:人字呢、卡其、马裤呢、平纹的确良、涤棉卡其和华达呢等; ②呢绒类:纯毛凡立丁、毛涤纶、马裤呢、驼丝锦、海军呢、麦尔登、巴拉瑟亚军服呢、军用大衣呢等
婴儿服		婴儿衫裤:多选用纯棉布、薄平绒布等。 幼童田鸡裤:多选用纯棉织物的平纹绒布、本色或漂白斜纹绒布以及稀薄柔软、吸湿性好的平纹细布和各类纯棉针织品
童装		棉、毛、丝、麻、化纤织物均可

续表

服装名称	面　料　的　选　择
艺装	①棉布类:各种组织的平纹、斜纹、缎纹等纯棉布; ②呢绒类:凡立丁、华达呢、海军呢、军用马裤呢、女式呢、粗花呢等; ③丝绸类:主要是纺、绢、绸、缎、罗、纱、绡、呢、绒等类的真丝或混纺交织物; ④麻布类:主要是丝光、高支细麻布和绣饰台布等; ⑤化纤布类:主要是长丝和化纤仿毛产品等
运动服	主要是纯棉、化纤织物和针织品(如弹力涤纶织物、弹力锦纶针织品)、化纤绸、毛织物和麻织物等

附录六　服装面料常见污渍的去除方法

污渍种类	去　渍　方　法
机械油	将染有机械油污渍的织物浸在汽油内用手轻轻揉搓,取出后用旧布或旧毛巾在污渍处稍稍用力擦拭。如留有残迹,可用软牙刷蘸少量的汽油顺衣料的纹路稍稍用力刷擦,最后用温洗涤液洗去残痕。若采用米糠擦洗,效果也很好。其方法是取少量的米糠(约 50g),用水淋涂到沾有油污的地方用力揉擦,然后用清水洗净
食用油	一般选用优质汽油进行擦洗。对于面积较大的油渍,要放入汽油内揉搓,然后用温洗涤液洗净;对于面积较小的油渍,可用软毛刷或干净的旧布蘸少量的汽油,再用干毛巾擦拭圈痕,效果也较好,但擦后仍要用干毛巾擦拭
圆珠笔油渍	将污渍用冷水浸湿,用苯或四氯化碳擦洗。也可用冷水浸湿,涂上些牙膏加少量肥皂轻轻揉搓。如有残痕,再用酒精洗除,还可用藕涂擦,切忌用开水泡
涂料和沥青渍	新沾上的涂料或沥青迹,可用松节油或汽油洗除(汽油效果不如松节油好)。陈旧的涂料或沥青迹,可先把污迹处浸入 1∶1 的乙醚和松节油的混合液中,待污迹浸软后,再用苯或汽油擦拭
皮鞋油渍	染色衣服上沾污了皮鞋油迹,可用汽油、松节油或酒精擦拭去除,如果是白色织物上沾污了黑皮鞋油或棕色皮鞋油迹时,可先用汽油润湿,然后用 10% 的氨水洗,再用酒精擦拭
煤油渍	煤油迹可用汽油去除。其方法同皮鞋油渍
烟道油渍	用丙酮或苯擦拭,重渍用全氯乙烯搓洗
烟油渍	用西瓜汁擦洗。没有西瓜时,可用西瓜子肉捣烂后揉搓。还可用 50℃ 的甘油刷洗,再用碱水或含酒精的肥皂水洗除
铁锈渍	可先用热水浸湿,然后再涂上醋酸或草酸溶液洗除,最后用清水洗干净。陈旧的铁锈渍可用草酸、柠檬酸的混合水溶液(10% 的草酸液 0.5 份重,10% 的柠檬酸液 0.5 份重,水 10 份重)微加热后,涂在锈迹上,随后用清水洗除。但对染色织物,应先做试验,避免发生色泽的变化。如果对染色织物有影响,可用 0.5 份重的甘油、0.5 份重的草酸钾与 50 份重的水混合溶液涂在污迹上,静置 3～4h 后,用清水漂洗

续表

污渍种类	去 渍 方 法
汗渍	去除的方法很多，一般有以下三种方法：①把衣服上有汗渍的地方浸入较浓的食盐水中约3h，然后用洗涤液洗去；②用5%的醋酸溶液和5%的氨水轮流擦拭汗渍处，然后用冷水投洗干净；③用生姜汁或冬瓜汁擦洗。但是，过于陈旧的汗渍，由于其中沾上了其他的污垢，就不容易去除
尿渍	新的尿渍可用温水洗除。陈旧的尿渍可用温洗涤液或28%氨水和酒精(1∶1)的混合液洗除
乳汁渍	刚沾上的乳汁渍可立即泡入冷水内(约5～10min)，在污渍处擦些肥皂轻轻揉搓即可去除。较陈旧的乳汁渍可用小刷蘸汽油涂沾污处，去其油脂，然后把污渍浸泡在用1份氨水、5份水配成的溶液内轻轻搓揉。污渍去除后用温洗涤液洗一遍，再用清水投洗干净。菜汤渍也可参照此方法去除
印泥油渍	沾污的印泥油可先用苯或汽油擦拭，去除油脂，再用洗涤剂洗。如是红色印泥，还要放在加有苛性钾的酒精溶液里洗涤
复写纸色渍	先用温水洗后，再用汽油擦拭，最后用酒精去除。如果是蜡笔渍，也可用此方法去除
蓝墨水渍	新渍立即浸泡于冷水内，擦肥皂后反复轻轻揉搓即除，陈旧的蓝墨水渍可用2%的草酸液浸洗(温度为40～60℃)，然后用洗涤液洗净
红墨水渍	先在冷水内浸泡，再擦肥皂反复揉搓，然后用高锰酸钾液漂除残迹。也可用热的酒精溶液处理(注意酒精用沸水加温，千万不可接近火源!)。还可用少许温牛奶或酸牛奶去除。如果是陈旧的红墨水迹，可以先用洗涤剂洗，然后再放入10%的酒精溶液去除
墨渍	新墨渍先用温洗涤液洗，再用米饭粒涂于污渍处轻轻揉搓即可去除。也可浸在冷水内用枣肉或灯芯草洗除。如果洗后白色织物上还留有斑迹，可用10%的草酸溶液、柠檬酸溶液或酒石酸溶液去除。随后再用清水漂洗
红药水渍	将沾污处用甘油润湿反复轻轻揉搓几下，再用含氨皂液反复搓洗。若加几滴稀醋酸液，再用肥皂水洗，效果更好。也可先用温水洗涤，然后用2%的草酸或高锰酸钾液处理
红划粉污渍	先用小毛刷刷去表面粉污，再将污处浸入冷水内用少量肥皂涂擦，轻轻揉搓即可去除
紫药水渍	将少量保险粉用温水化开，再用小毛刷蘸其溶液擦拭。操作要迅速，用保险粉和清水轮换擦洗，反复几次即可去除，但用直接染料染色的混纺毛织物不宜用此法
碘酒渍	浸入酒精或热水中使碘溶解，然后洗涤。也可将小苏打或淀粉调成糊状，薄薄地涂在污渍处，呈蓝黑色后，再用肥皂或清水洗去
膏药渍	用挥发油或四氯化碳洗除。亦可用酒精(加水数滴)涂于污渍处，反复揉搓即可去除
口红印渍	先用小刷蘸汽油轻轻刷擦，去其油脂后，再用温洗涤液洗除。严重的可先在汽油内浸泡揉洗，再用洗涤液洗除
胶渍	将污渍处浸在香蕉水内泡几分钟，取出后反复揉搓或用小刷刷，直至干净。最后用洗涤液洗除残痕。残痕不掉时，可用一片维生素片，蘸点水在黄褐色污渍处反复涂擦，便可褪色(以维生素E效果最好)
霉斑渍	霉斑渍的去除方法较多，一般有以下三种方法：①新渍先用刷子刷净，再用酒精洗除。陈旧的霉斑渍，可在斑渍上面先涂上氨水，再涂上高锰酸钾溶液，然后用亚硫酸钠溶液处理和水洗。处理时要防止霉斑扩散；②用热的浓肥皂液反复刷洗。淡渍日晒可除；③用绿豆芽揉搓，再用清水洗净

续表

污渍种类	去渍方法
血渍	其主要成分是蛋白质，遇热就要凝固。所以，织物上沾污的新血渍要在冷水中先浸泡，然后再擦些肥皂反复揉搓即可去除。对于陈旧的血渍，可用硼砂、氨水的水溶液（硼砂2份重，10%氨水1份重，水20份重）去除，然后用清水洗净
化妆油渍	染色织物上沾污了化妆用的油渍（包括膏渍），可先用酒精或汽油擦拭后，再用清水洗。如白色织物染上了这类污渍后，可先用10%的氨水润湿后，再用4%的草酸溶液擦拭，然后用洗涤剂洗涤
黄泥渍	泥干后用衣刷或用手搓除，再用生姜涂擦污处，然后用清水洗净
衣领袖口污渍	用热肥皂水或汽油轻轻洗刷；也可用市售领洁净润湿衣领袖脏污处，待3～5min后，在洗涤液中洗涤即可去除
轻微焦斑渍	置日光灯下照射，或用软面包屑擦
烟草渍	即尼古丁渍。新的烟草渍可用温水洗涤。陈旧的烟草渍可用盐酸、亚硫酸钾的水溶液去除（37%盐酸1份重，亚硫酸钾12份重，水25份重）。白色织物上的烟草渍，还可用3%的过氧化氢18份重，90%酒精4份重，氨水1份重的混合液擦拭去除，然后用清水洗涤
鱼鳞渍	可先用甘油将污处润湿，再用刷子轻轻地刷洗擦拭，静置一会儿后，用温水洗涤；也可先用温水擦拭，再用温肥皂液洗净。必要时，肥皂液中可加点酒精
汤及调味渍	可先用汽油把油脂去除，再用10%的氨水的水溶液（10%氨水1份重，水5份重）擦拭，最后用水洗涤
酱油渍	新沾上的酱油渍应立即用冷水搓洗，再用肥皂等洗涤剂去除。陈旧酱油渍则要在温热的洗涤剂溶液中，加入少量氨水或硼砂，洗涤去除
茶或咖啡渍	用热肥皂水洗。也可先用洗涤剂洗后，再在水中加入几滴氨水和甘油的混合液洗涤。还可以用10%的草酸溶液，润湿十几分钟后，用水洗涤。陈旧渍可用硼砂水或含酒精的肥皂液洗。必要时也可先搽些甘油
醋渍	新沾污的立即用清水洗，再用肥皂洗，也可用藕涂擦。陈旧的可用少量氨水和硼砂的混合水溶液洗涤。还可以用肥皂、松节油、氨水的混合液擦拭，然后用清水洗。其配比为肥皂10份重，松节油2份重，氨水1份重
果汁渍	新的果汁渍，应及时用肥皂水洗去。如果洗不掉，可用酒石酸或双氧水或硼砂水等洗去。也可立即把食盐撒在斑渍上面，停一段时间后，再用清水洗除。红梅果汁和桃子果汁，可用氨水洗涤
蟹黄渍	用已煮熟的蟹中白鳃搓拭，再投入凉水中用肥皂洗净
鸡蛋清渍	用稍浓的茶水洗，然后用温洗涤液洗涤，再投漂干净，或用新鲜萝卜汁洗涤也有效
柿子渍	由于陈渍很难除掉，所以一旦沾上应立即用葡萄酒加些浓盐水一起揉搓。然后用温洗涤液洗除，投漂干净即可
呕吐液渍	可先用汽油擦拭，再用5%的氨水擦拭，之后用水洗涤。或者用10%的氨水将斑渍润湿，再用酒精和肥皂配制液擦拭，之后用洗涤剂洗涤
花、草、蔬菜渍	可视沾色的程度由轻到重分别用冷水、10%食盐水、酒精、洗发香波、含氨的皂液来洗。特别难除者，丝绸可用肥皂的酒精溶液来洗，棉、毛、麻等织物可用每100mL中含15g的酒石酸拭洗

续表

污渍种类	去渍方法
复写纸色渍	先用温水洗后，再用汽油擦拭，最后用酒精去除。如果是蜡笔迹，也可用此法去除
打印油渍	下垫软毛巾或卫生纸，用松节油充分湿润，再用肥皂的酒精溶液刷洗，最后用汽油揩拭，必要时重复几次，直至除净。也可先用甘油湿润，再用含氨的皂液洗涤
阴沟水渍	如果织物不能落水洗，可用少量水湿润，再用洗发香波刷洗，然后用少量水润洗漂清
雨滴渍	由于大气中的尘埃或烟中的酸分和硫质，会使白色织物上产生小暗点，可用含氨的浓皂液洗除
屋檐滴水渍	多为灰色渍，比较难除，含有大气中的烟煤、尘埃、屋面泥、锈，由雨水冲下。可先用洗发香波刷洗，再洗清。残渍可用3%的双氧水漂洗
水果渍	在棉、麻织物上比较容易去除，可在约1m高的位置上以沸水浇下冲洗，必要时再用3%双氧水漂洗；丝绸和化纤织物上可用稀氨液和酒精的混合液拭洗；呢绒上可用酒石酸溶液揩拭，对于特别娇嫩的衣料可用肥皂的酒精溶液拭洗
麦乳精渍	湿水后，用蛋白酶化剂处理，必要时再用含氨浓皂液刷洗
冰淇淋渍	用石油精或四氯化碳湿润，再用水洗，如有残迹，可用蛋白酶化剂处理30min后再进行水洗
西瓜汁渍	浸水后加几滴10%醋酸刷洗，再用水洗清
果酱渍	用水湿润后，用洗发香波刷洗，加几滴10%的醋酸，再洗净。也可先试用酒精揩拭，再用湿水洗清
柑橘渍	先用50℃的温甘油刷污迹，水洗后再用几滴10%的醋酸刷，最后用清水洗净
单宁渍	单宁渍来源于桃、梨、苹果、草莓、酒类、皮革、青草、咖啡、烟油等。在丝绸和毛织物上很难洗除，棉、麻织物上的陈渍也不易去除干净。先用50℃的甘油刷洗，再加几滴10%的醋酸，刷洗后再洗清，必要时可再用蛋白酶化剂处理或双氧水漂白
咳嗽糖浆渍	先用水湿润以除去糖分，再用加有几滴10%醋酸的酒精刷洗，必要时可再用洗发香波洗净
染发水渍	用水湿润后，再用50℃温甘油刷洗，洗清后加几滴10%醋酸再洗，如有锈斑，按锈渍处理；有染料斑，按染料渍处理
染料渍	先用松节油刷，再用石油精或汽油漂洗。如有残迹，用洗发香波加酒精洗污迹，再用酒精洗除
胭脂渍	先用汽油或石油精湿润，再用含氨的浓皂液洗，或再用洗发香波洗，最后用汽油揩拭
酒类和饮料渍	新渍可用清水洗除或用酒精湿润后加甘油轻擦，1h后水洗。该渍起初可能无色，如未洗净而经熨烫，会生棕色斑痕，较难去除，可用10%醋酸处理，水洗后用氨水中和，再用水洗。必要时，用3%双氧水漂洗
啤酒渍	污渍颜色由黄到浅棕。水浸后加几滴醋酸，温水洗净
番茄酱渍	先用水湿润，用50℃甘油湿润0.5h，刷洗后用清水洗，再做常规皂洗
发蜡、发油渍	先用水湿润，以洗发香波刷洗，加几滴10%醋酸，再漂洗干净。有时单用皂液也可洗除

续表

污渍种类	去　渍　方　法
鼻涕渍	用含氨水的浓皂液洗，硬固难除者需另用蛋白酶化剂处理
缝折污痕渍	大多为暗线状，先用肥皂的酒精溶液刷洗，再用含氨的皂液洗除
呢绒“极光”	臀部和膝部受到过多的摩擦，产生不悦目的亮光，俗称为“极光”。可用稀氨液多次湿润搓洗，倒毛严重时可在蒸汽上熏

附录七　服装面料、辅料的物理机械指标

指　标	意　义	测　试	影响因素
拉伸强度/(cN/dtex)	面、辅料在服用过程中，受到较大的拉伸力作用时，会产生拉伸断裂。将面、辅料受力断裂破坏时的拉伸力称为断裂强度	利用电子织物强力机测试。试样的剪取方法有平行法和梯形法。实验过程中，拉伸到试样断裂仪器自动记录断裂强度和断裂伸长率，必要时进行结果修正	面、辅料的拉伸断裂性能决定于纤维的性质、纱线的结构、面、辅料的组织以及染整后加工等因素。拉伸强度和断裂伸长率决定面、辅料的坚牢度，国际上通用经纬向断裂功之和作为面、辅料的坚韧性指标
断裂伸长率/%	面、辅料在拉伸断裂时所产生的变形与原长的百分率，称为断裂伸长率		
撕裂强度/(cN/dtex)	在服装穿着过程中面、辅料上的纱线会被异物钩住而发生断裂，或是面、辅料局部被夹持受拉而被撕成两半。这种损坏现象称为撕裂或撕破。目前，我国在经树脂整理的棉型面、辅料和其他化纤面、辅料测试中，有评定面、辅料撕裂强度的项目	国家标准中规定有三种测试方法：单缝法、梯形法、落锤法。这三种方法分别适合于测试经染整加工处理的各种梭织面、辅料及轻薄非织造面、辅料。针织面、辅料一般不作撕裂试验	面、辅料撕裂强度的影响因素同拉伸性能，所不同的是撕裂性能还与纱线在面、辅料中的交织阻力有关，因而表现出平纹组织面、辅料的撕裂强度最小，方平组织面、辅料最大，缎纹和斜纹组织处于两者之间。面、辅料的撕裂性能在一定程度上能反映出面、辅料的活络、板结等风格特性
顶裂强度/(cN/dtex)	面、辅料局部在垂直于面、辅料平面的负荷作用下受到破坏，称其为顶裂或顶破	国家标准中规定，顶裂试验采用弹子式或气压式顶裂试验机进行。测试指标为顶破强度和顶破伸长	顶破与衣着用面、辅料的拱肘拱膝现象相关，也与手套及袜子的受力情况相似。顶破试验可提供面、辅料多向强伸特征的信息，特别适用于针织面、辅料、非织造布及降落伞用布等

续表

指　　标	意　　义	测　　试	影响因素
抗皱性与弹性	抗皱性是指面、辅料抵抗弯曲变形的能力，也称为折痕回复性；弹性是指面、辅料变形后的恢复能力。二者同归于面、辅料的弯曲性能	利用折皱弹性测试仪测试。面、辅料抗皱性的指标为折痕回复角，而反映弹性大小的指标是弹性恢复率。它们的测定均有国家标准统一的测试方法	面、辅料在外力作用下会产生可变的弹性变形和不可变的塑性变形。影响抗皱性和弹性的主要因素有纤维性质、纱线结构、面辅料组织及染整后加工等
耐磨性	面、辅料在穿着和使用过程中会受到各种磨损而引起面、辅料损坏，将面、辅料抵抗磨损的特性称为耐磨性	磨损分平磨、曲磨和折边磨等。衣服的袖口与裤脚属平磨，而衣裤的肘、膝部是曲磨，上衣领口、裤脚边则属折边磨。面、辅料耐磨性能的测试有实际穿着试验与仪器试验两类	磨损是服装面、辅料损坏的主要原因之一，其影响因素仍是纤维的性质、纱线的结构、面、辅料组织及染整后加工特性

附录八　服装面料等级检验指标

服装面料的等级评定以匹为单位。其中，织物组织、幅宽、布面疵点按匹评等；密度、断裂强力、棉结杂质疵点格率、棉结疵点格率按批评等，以其中最低的一项品等作为该匹布品等。等级评定规定参见表 1、表 2、表 3、表 4。

表 1　织物品等评定标准

项　　目	标　　准	允　许　偏　差			
		优等品	一等品	二等品	三等品
织物组织	设计规定	符合设计要求	符合设计要求	符合设计要求	—
幅宽/cm	产品规格	−1.0%～+1.5%	−1.0%～+1.5%	−1.5%～+2.0%	超过(−1.5%～+2.0%)
密度/(根/10cm)	产品规格	经密:1.5% 纬密:1.0%	经密:1.5% 纬密:1.0%	经密超过:1.5% 纬密超过:1.0%	—
断裂强力/N	按断裂强力公式计算	经向:−8.0% 纬向:−8.0%	经向:−8.0% 纬向:−8.0%	经向超过:−8.0% 纬向超过:−8.0%	—

表 2　织物疵点分等

织物分类	织物总紧度	棉结杂质疵点格百分率不大于		棉结疵点格百分率不大于	
		优等品	一等品	优等品	一等品
精梳织物	85%以下	18	23	5	12
	85%及以上	21	27	5	14
半精梳织物		28	36	7	18

续表

织物分类		织物总紧度	棉结杂质疵点格百分率不大于		棉结疵点格百分率不大于	
			优等品	一等品	优等品	一等品
非精梳织物	细织物	65%以下	28	36	7	18
		65%～75%以下	32	41	8	21
		75%及以上	35	45	9	23
	中粗织物	70%以下	35	45	9	23
		70%～80%以下	39	50	10	25
		80%及以上	42	54	11	27
	粗织物	70%以下	42	54	11	27
		70%～80%以下	46	59	12	30
		80%及以上	49	63	12	32
	全线或半线织物	90%以下	34	47	9	24
		90%及以上	36	47	9	24

表 3　布面疵点评分等级

	幅宽/cm 品等	110 及以下	110 以上～150 以下	150 及以上～190 以下	190 及以上
布面疵点评分限度/(平均分/米)	优等品	0.20	0.30	0.40	0.50
	一等品	0.40	0.50	0.60	0.70
	二等品	0.80	1.00	1.20	1.40
	三等品	1.60	2.00	2.40	2.80

表 4　疵点分类评分

评分数 疵点长度 疵点分类		1	3	5	10
经向明显疵点条		5cm 及以下	5cm 及以上～20cm	20cm 以上～50cm	50cm 以上～100cm
纬向明显疵点条		5cm 及以下	5cm 及以上～20cm	20cm 以上～半幅	半幅以上
横档	不明显	半幅及以下	半幅以上	—	—
	明显	—	—	半幅及以下	半幅以上
严重疵点	根数评分	—	—	3～4 根	5 根及以上
	长度评分	—	—	1cm 以下	1cm 以上

参 考 文 献

[1] 陈维稷．中国大百科全书（纺织）[M]．北京：中国大百科全书出版社，1984.
[2] 钱宝钧．纺织词典 [M]．上海：上海辞书出版社，1991.
[3] 蔡黎明．纺织品大全 [M]．北京：中国纺织出版社，1992.
[4] 周永元．织物词典 [M]．北京：中国纺织出版社，1992.
[5] 上海纺织品采购供应站．纺织商品手册 [M]．北京：中国财政经济出版社，1986.
[6] 山东省商业厅教育处．纺织品商品知识与养护 [M]．济南：山东人民出版社，1983.
[7] 周世洪编．服装面料 [M]．北京：中国纺织出版社，1991.
[8] 包铭新主编．衣料选购指南 [M]．北京：金盾出版社，1992.
[9] 朱松文等．服装材料学 [M]．北京：中国纺织出版社，1996.
[10] 孔繁薏，罗大旺．中国服装辅料大全 [M]．北京：中国纺织出版社，1998.
[11] 郑雄周，邢声远．实用毛织物手册 [M]．长春：吉林科学技术出版社，1987.
[12] 王淮，杨瑞丰．服装材料与应用 [M]．沈阳：辽宁科学技术出版社，2005.
[13] 朱焕良，许先智．服装材料 [M]．北京：中国纺织出版社，2002.
[14] 徐军．服装材料 [M]．北京：中国轻工业出版社，2001.
[15] 万融，邢声远．服用纺织品质量分析与检测 [M]．北京：中国纺织出版社，2006.
[16] 周璐英，吕逸华等．现代服装材料 [M]．北京：中国纺织出版社，2000.
[17] 邢声远，孔丽萍．纺织纤维鉴别方法 [M]．北京：中国纺织出版社，2004.
[18] 范雪荣，王强等．针织物染整技术 [M]．北京：中国纺织出版社，2004.
[19] 刘国联．服装新材料 [M]．北京：中国纺织出版社，2005.
[20] 邢声远．纤维辞典 [M]．北京：化学工业出版社，2007.
[21] 邢声远．服装面料选用与维护保养 [M]．北京：化学工业出版社，2007.
[22] 邢声远．服装服饰辅料简明手册 [M]．北京：化学工业出版社，2011.
[23] 邢声远．服装面料简明手册 [M]．北京：化学工业出版社，2012.
[24] 邢声远．非织造布 [M]．北京：化学工业出版社，2003.
[25] 邢声远．服装基础知识手册 [M]．北京：化学工业出版社，2014.
[26] 郭凤芝，邢声远等．新型服装面料开发 [M]．北京：中国纺织出版社，2014.
[27] 孔繁薏，姬生力．中国服装辅料大全．第二版 [M]．北京：中国纺织出版社，2008.
[28] 赵翰生，邢声远．服装·服饰史话．北京：化学工业出版社，2018.

面料、辅料名称索引

A

B

C

D

E

F

G

H

J

K

L

M

N

O

P

Q

R

S

T

W

X

Y

Z

其他